中国国家标准汇编

2009年修订-7

中国标准出版社　编

中国标准出版社
北　京

图书在版编目（CIP）数据

中国国家标准汇编：2009 年修订．7/中国标准出版社编．—北京：中国标准出版社，2010
ISBN 978-7-5066-6039-6

Ⅰ.①中… Ⅱ.①中… Ⅲ.①国家标准-汇编-中国-2009 Ⅳ.①T-652.1

中国版本图书馆 CIP 数据核字（2010）第 170298 号

中国标准出版社出版发行
北京复兴门外三里河北街 16 号
邮政编码：100045
网址 www.spc.net.cn
电话：68523946　68517548
中国标准出版社秦皇岛印刷厂印刷
各地新华书店经销
*
开本 880×1230　1/16　印张 38.5　字数 1 166 千字
2010 年 10 月第一版　2010 年 10 月第一次印刷
*
定价 220.00 元

ISBN 978-7-5066-6039-6

出 版 说 明

1.《中国国家标准汇编》是一部大型综合性国家标准全集。自1983年起，按国家标准顺序号以精装本、平装本两种装帧形式陆续分册汇编出版。它在一定程度上反映了我国建国以来标准化事业发展的基本情况和主要成就，是各级标准化管理机构，工矿企事业单位，农林牧副渔系统，科研、设计、教学等部门必不可少的工具书。

2.《中国国家标准汇编》收入我国每年正式发布的全部国家标准，分为"制定"卷和"修订"卷两种编辑版本。

"制定"卷收入上一年度我国发布的、新制定的国家标准，顺延前年度标准编号分成若干分册，封面和书脊上注明"20××年制定"字样及分册号，分册号一直连续。各分册中的标准是按照标准编号顺序连续排列的，如有标准顺序号缺号的，除特殊情况注明外，暂为空号。

"修订"卷收入上一年度我国发布的、修订的国家标准，视篇幅分设若干分册，但与"制定"卷分册号无关联，仅在封面和书脊上注明"20××年修订-1，-2，-3，……"字样。"修订"卷各分册中的标准，仍按标准编号顺序排列(但不连续)；如有遗漏的，均在当年最后一分册中补齐。需提请读者注意的是，个别非顺延前年度标准编号的新制定的国家标准没有收入在"制定"卷中，而是收入在"修订"卷中。

读者配套购买《中国国家标准汇编》"制定"卷和"修订"卷则可收齐上一年度我国制定和修订的全部国家标准。

3. 由于读者需求的变化，自1996年起，《中国国家标准汇编》仅出版精装本。

4. 2009年我国制修订国家标准共3 158项。本分册为"2009年修订-7"，收入新制修订的国家标准27项。

中国标准出版社

2010年8月

目　录

ICS 77.100
H 11

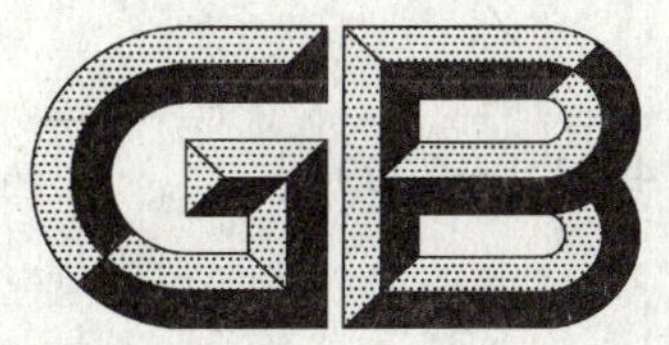

中华人民共和国国家标准

GB/T 4701.1—2009
代替 GB/T 4701.1—1984

钛铁 钛含量的测定 硫酸铁铵滴定法

Ferrotitanium—Determination of titanium content—The ammonium ferric sulfate titration method

2009-10-30 发布　　　　2010-05-01 实施

中华人民共和国国家质量监督检验检疫总局
中国国家标准化管理委员会　发布

前　言

GB/T 4701 的本部分代替 GB/T 4701.1 —1984《钛铁化学分析方法　硫酸铁铵容量法测定钛量》。

本部分与 GB/T 4701.1—1984 比较，其主要变化为：

——硫酸铁溶液的配制由纯铁改为硫酸铁铵。

本部分由中国钢铁工业协会提出。

本部分由全国生铁和铁合金标准化技术委员会归口。

本部分起草单位：四川川投峨眉铁合金(集团)有限责任公司。

本部分主要起草人：唐华应、方艳、吴翠萍、唐敏。

本部分所代替标准的历次版本发布情况为：

——GB/T 4701.1—1984。

钛铁　钛含量的测定
硫酸铁铵滴定法

警告：使用GB/T 4701本部分的人员应有正规实验室工作的实践经验。本部分并未指出所有可能的安全问题。使用者有责任采取适当的安全和健康措施，并保证符合国家有关法规规定的条件。

1　范围

GB/T 4701的本部分规定了用硫酸铁铵滴定法测定钛铁中的钛含量。

本部分适用于钛铁中钛含量的测定。测定范围(质量分数)：20.00%～80.00%。

2　规范性引用文件

下列文件中的条款通过在GB/T 4701的本部分的引用而成为本部分的条款。凡是注日期的引用文件，其随后所有的修改单(不包括勘误的内容)或修订版均不适用于本部分，然而，鼓励根据本部分达成协议的各方研究是否可使用这些文件的最新版本。凡是不注日期的引用文件，其最新版本适用于本部分。

GB/T 4010　铁合金化学分析用试样的采取和制备

3　原理

试料用硫酸、硝酸、盐酸和氢氟酸溶解。如存在铬、钒、钼和锡干扰元素，可在过氧化氢存在下，沉淀氢氧化钛与干扰元素分离。在二氧化碳或氮气气氛中用金属铝将钛还原为三价。以硫氰酸盐为指示剂，用硫酸铁铵标准滴定溶液滴定，根据硫酸铁铵标准滴定溶液的消耗量计算得出试样中钛的含量。

4　试剂和材料

除非另有说明，在分析中仅使用确认为分析纯的试剂和蒸馏水或与其纯度相当的水。

4.1　铝，(Al≥99.5%)，厚度0.10 mm，不含钛的铝箔。用时将1g铝箔叠成长约3 cm～4 cm，宽约1 cm的长方形。

4.2　碳酸氢钠，固体。

4.3　硫酸，ρ1.84 g/mL。

4.4　硝酸，ρ1.42 g/mL。

4.5　盐酸，ρ1.19 g/mL。

4.6　氢氟酸，ρ1.15 g/mL。

4.7　过氧化氢，ρ1.10 g/mL。

4.8　硫酸，1+1。

4.9　硫酸，1+4。

4.10　氢氧化钠溶液，100 g/L。贮于塑料瓶中。

4.11　氢氧化钠溶液，20 g/L。贮于塑料瓶中。

4.12　硫氰酸铵溶液，100 g/L。

4.13　氮气，不含氧(以体积计氧含量小于 10×10^{-6})，纯度 99.99%。

4.14　二氧化碳，不含氧(以体积计氧含量小于 10×10^{-6})，纯度 99.99%。

4.15　硫酸铁铵溶液，35 g/L。称取 35 g 硫酸铁铵[$NH_4Fe(SO_4)_2\cdot12H_2O$]，置于 400 mL 烧杯中，加入 100 mL 水和 100 mL 硫酸(1+1)，溶解后移入 1 000 mL 容量瓶中，以水稀释至刻度，混匀。此溶液 1 mL 含铁约 4 mg。

4.16　钛标准溶液

称取 0.834 0 g 预先在 800 ℃灼烧 2 h 的二氧化钛(Ti≥99.9%)，置于带铂盖的铂坩埚中，加入 10 g 焦硫酸钾熔融，取出冷却后置于 400 mL 烧杯中，加入 50 mL 硫酸(4.9)，100 mL 温水，在低温电炉上加热浸出熔融物，取出铂坩埚，用水洗净，继续加热至溶液完全澄清，冷却，移入 1 000 mL 容量瓶中，以水稀释至刻度，混匀。此溶液 1 mL 含钛 0.5 mg。

4.17　硫酸铁铵标准滴定溶液

4.17.1　配制

称取 10.2 g 硫酸铁铵[$NH_4Fe(SO_4)_2\cdot12H_2O$]，置于 400 mL 烧杯中，加入 100 mL 水和 50 mL 硫酸(4.8)，溶解后移入 1 000 mL 容量瓶中，以水稀释至刻度，混匀。

4.17.2　标定

移取 50.00 mL 钛标准溶液(4.16)，置于 500 mL 锥形瓶中，加入 5 mL 硫酸(4.8)和 80 mL 盐酸(4.5)，以下按 7.3.4～7.3.6 进行。

同时做空白实验。

按式(1)计算出硫酸铁铵标准滴定溶液对钛的滴定度。

$$T=\frac{m}{V_1-V_{01}} \qquad \cdots\cdots(1)$$

式中：

T——1 mL 硫酸铁铵标准滴定溶液相当于钛的质量，单位为克每毫升(g/mL)；

m——移取的钛的质量，单位为克(g)；

V_1——标定时所消耗硫酸铁铵标准滴定溶液体积的平均值，单位为毫升(mL)；

V_{01}——空白试验消耗硫酸铁铵标准滴定溶液的体积，单位为毫升(mL)。

5　仪器

分析中，除使用通常的实验室仪器、设备外，还使用以下分析装置。

5.1　本生阀(见图 1)包含胶皮塞，穿过两个玻璃管，胶皮管连接玻璃管，上端以玻璃塞封闭。

在玻璃管上面的胶皮管中间部位用刀片切开长度为 10 mm～15 mm 切口，玻璃管下端距被测定溶液水平面上方约 5 cm 处，以导入氮气或二氧化碳气来取代瓶中气体从胶皮管释放出来。

5.2　磁力搅拌器，带有以聚四氟乙烯包着的搅拌棒。

5.3　在氮气气氛中的滴定装置(见图 2)。

1——胶皮塞；
2——玻璃管；
3——胶皮管；
4——切口；
5——玻璃塞。

图1 本生阀

1——500 mL 锥形瓶；
2——氮气入口；
3——氮气出口；
4——滴定管。

图2 氮气保护滴定装置

6 取制样

按照 GB/T 4010 的规定进行取制样，试样应通过 0.125 mm 筛孔。

7 分析步骤

7.1 试料量

称取 1.000 g 试样，准确至 0.000 1 g。

7.2 空白试验

随同试料进行空白试验。

7.3 测定

7.3.1 试液的制备

将试料(7.1)置于 250 mL 聚四氟乙烯烧杯中，加入 20 mL 水和 35 mL 硫酸(4.8)，当反应缓慢时，加入 20 mL 盐酸(4.5)和 1 mL 氢氟酸(4.6)，以聚四氟乙烯表皿盖上烧杯，边冷却边缓慢加入 5 mL 硝酸(4.4)氧化，待反应完全后移去表皿，加热至出现硫酸烟，继续加热约 5 min，取下冷却，加入 30 mL 盐酸(4.5)，仔细搅拌，盖上聚四氟乙烯表皿，加热至溶液澄清，取下，以 5 mL 盐酸(4.5)洗涤表皿，冷却后移入 500 mL 容量瓶中，以水稀释至刻度，混匀。

7.3.2 无干扰元素

如预计试样中钛量为 20%～45%，移取 50.00 mL 试液(7.3.1)；如钛量为 45%～75%，移取 25.00 mL 试液(7.3.1)。将试液置于 500 mL 锥形瓶中，加入 85 mL 盐酸(4.5)和 25 mL 水，以下按 7.3.4和 7.3.5 或按 7.3.4 和 7.3.6 进行。

7.3.3 干扰元素的分离

如预计试样中钛量为 20%～45%，移取 50.00 mL 试液(7.3.1)；如钛量为 45%～75%，移取 25.00 mL 试液(7.3.1)。将试液置于盛有 10 mL 硫酸铁铵溶液(4.15)的 250 mL 烧杯中，加入 50 mL 氢氧化钠溶液(4.10)和 2 mL 过氧化氢溶液(4.7)，加热煮沸 5 min，取下待沉淀下沉后，用双层快速滤纸过滤，然后将沉淀全部移入滤纸上，每次用约 10 mL 氢氧化钠溶液(4.11)充分洗涤烧杯和沉淀 6 次，再用氢氧化钠溶液(4.11)充分洗涤滤纸及沉淀，用水洗涤漏斗颈，然后将漏斗置于 500 mL 锥形瓶上，于原 250 mL 烧杯中加入 45 mL 盐酸(4.5)和 15 mL 硫酸(4.9)，加热至 60 ℃～70 ℃，用此混合酸分 6 次加入到滤纸上使沉淀溶解(每次须待酸液流尽后再加下一次)。再以 35 mL 60 ℃～70 ℃的盐酸(4.5)分三次洗涤滤纸，最后以不超过 40 mL 的 70 ℃～80 ℃水洗涤烧杯、滤纸和漏斗颈。以下按7.3.4 和 7.3.5 或按 7.3.4 和 7.3.6 进行。

7.3.4 钛的还原

于试液(7.3.2 或 7.3.3)中加入 2 g 碳酸氢钠(4.2)和 4 g 铝箔(4.1)，立即盖上本生阀或盛有饱和碳酸氢钠溶液的盖氏漏斗。还原时应不断摇动溶液。

注：还原结束后，盖氏漏斗中产生负压，所以必须补加饱和碳酸氢钠溶液。

7.3.5 在氮气(4.13)气氛中滴定

铝完全被溶解前，将本生阀下行管上端的胶皮管取下，然后下行管与氮气相接，调节氮气流速 0.7 L/min±0.1 L/min，当铝完全被溶解后(气泡停止)，将锥形瓶浸入冷水中，并使氮气自胶皮管切口逸出，直到溶液达到室温(约 7 min)，在继续通氮气情况下，取下本生阀，加入 10 mL 硫氰酸铵溶液(4.12)和磁力搅拌棒(5.2)，以煮沸过的冷水冲洗下行管，用接通氮气的滴定装置(见图 2)代替本生阀，置于磁力搅拌器上(见 5.2)，然后用硫酸铁铵标准滴定溶液(4.17)滴定至稳定的红色即为终点。

7.3.6 在二氧化碳(4.14)气氛中滴定

当铝被完全溶解后，用冷水冷却至室温，取下本生阀或盖氏漏斗，加入 10 mL 硫氰酸铵溶液(4.12)，用硫酸铁铵标准滴定溶液(4.17)滴定至稳定的红色即为终点。

8 分析结果的计算

按式(2)计算试样中钛的含量(质量分数)$w(\mathrm{Ti})$,数值以%表示:

$$w(\mathrm{Ti}) = \frac{T \cdot (V_2 - V_{02}) \cdot V}{m_0 \cdot V_3} \times 100 \qquad \cdots\cdots(2)$$

式中:

T——1 mL硫酸铁铵标准滴定溶液相当于钛的质量,单位为克每毫升(g/mL);

V_2——滴定时试样溶液所消耗硫酸铁铵标准滴定溶液的体积,单位为毫升(mL);

V_{02}——滴定时随同空白试液消耗硫酸铁铵标准滴定溶液的体积,单位为毫升(mL);

V——试液的总体积,单位为毫升(mL);

m_0——试样量,单位为克(g);

V_3——分取试液的体积,单位为毫升(mL)。

9 允许差

实验室之间分析结果的差值应不大于表1所列允许差。

表1 允许差

%

钛含量(质量分数)	允 许 差
20.00~40.00	0.40
>40.00~80.00	0.50

10 试验报告

试验报告应包括下列内容:

a) 鉴别试料、实验室和分析日期的资料;

b) 遵守本部分规定的程度;

c) 分析结果及其表示;

d) 测定中观察到的异常现象;

e) 对分析结果可能有影响而本部分未包括的操作或者任选的操作。

ICS 77.100
H 11

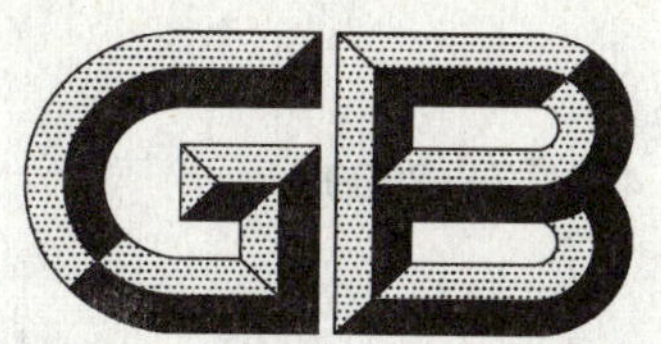

中华人民共和国国家标准

GB/T 4701.2—2009
代替 GB/T 4701.2—1984

钛铁 硅含量的测定 硫酸脱水重量法

Ferrotitanium—Determination of silicon content—The sulphuric acid dehydration gravimetric method

2009-07-08 发布　　　　2010-04-01 实施

中华人民共和国国家质量监督检验检疫总局
中国国家标准化管理委员会　发布

前言

本部分代替 GB/T 4701.2—1984《钛铁化学分析方法　重量法测定硅量》。

本部分与 GB/T 4701.2—1984 比较，主要变化为：

——对试样的分解方法进行了修改，增加了对酸溶后残渣的处理步骤；

——调整硫酸(1+4)的用量，由 100 mL 改为 120 mL；

——沉淀两次灼烧温度由 1 100 ℃改为 1 050 ℃。

本部分由中国钢铁工业协会提出。

本部分由全国生铁及铁合金标准化技术委员会归口。

本部分起草单位：四川川投峨眉铁合金(集团)有限责任公司。

本部分主要起草人：唐华应、方艳、薛秀萍、杜增勇。

本部分所代替标准的历次版本发布情况为：

——GB/T 4701.2—1984。

钛铁　硅含量的测定
硫酸脱水重量法

警告——使用本部分的人员应有正规实验室工作的实践经验。本部分并未指出所有可能的安全问题。使用者有责任采取适当的安全和健康措施，并保证符合国家有关法规规定的条件。

1　范围

本部分规定了用硫酸脱水重量法测定钛铁中的硅含量。

本部分适用于钛铁中硅含量的测定。测定范围(质量分数)：1.00%～6.00%。

2　规范性引用文件

下列文件中的条款通过在本部分的引用而成为本部分的条款。凡是注日期的引用文件，其随后所有的修改单(不包括勘误的内容)或修订版均不适用于本部分，然而，鼓励根据本部分达成协议的各方研究是否可使用这些文件的最新版本。凡是不注日期的引用文件，其最新版本适用于本部分。

GB/T 4010　铁合金化学分析用试样的采取和制备

3　原理

试料以硫酸和盐酸溶解至无反应后过滤，残渣用过氧化钠和碳酸钠的混合熔剂熔融处理后与原滤液合并，再以过氧化氢氧化，将溶液蒸发至冒硫酸烟，使硅酸脱水，以盐酸溶解可溶性盐类，分离沉淀，经过滤洗涤后将沉淀于1 050 ℃灼烧至恒重，然后用硫酸和氢氟酸处理，使硅以四氟化硅逸出，由氢氟酸处理前后的质量差，计算得出试样中硅的含量。

4　试剂和材料

除非另有说明，在分析中仅使用确认为分析纯的试剂和蒸馏水或与其纯度相当的水。

4.1　过氧化钠，固体。

4.2　无水碳酸钠，固体。

4.3　盐酸，ρ1.19 g/mL。

4.4　氢氟酸，ρ1.15 g/mL。

4.5　过氧化氢，ρ1.10 g/mL。

4.6　硫酸，1+1。

4.7　硫酸，1+4。

4.8　洗涤液：移取20 mL盐酸(4.3)于960 mL水中，混匀后，加入20 mL过氧化氢(4.5)，混匀。

5　取制样

按照GB/T 4010的规定进行取制样，试样应通过0.125 mm筛孔。

6　分析步骤

6.1　试料量

称取1.00 g试样，准确至0.000 1 g。

6.2　空白试验

随同试料进行空白试验。

6.3 测定

6.3.1 试料分解

将试料(6.1)置于500 mL烧杯中,加入120 mL硫酸(4.7),盖上表皿低温加热至试样无明显反应后取下,缓慢加入30mL盐酸(4.3),继续加热试样至无明显反应,取下。用快速定量滤纸过滤于500 mL烧杯中,擦净杯壁上附着的残渣,以热水洗净烧杯,并洗涤沉淀3次～5次,保存滤液。将沉淀及滤纸置于镍坩埚中,烘干,缓慢加热至滤纸灰化后,取出稍冷,加入2 g过氧化钠(4.1),搅拌均匀,覆盖1 g无水碳酸钠(4.2),于850 ℃高温炉中熔融6 min～8 min,取出稍冷,放于盛有滤液的烧杯中,待熔融物溶解后,用热水洗净坩埚,取出。

6.3.2 硅酸脱水

缓慢加入10 mL过氧化氢(4.5)使钛等氧化,加热至冒硫酸烟约5 min,取下稍冷,加入20 mL盐酸(4.3)和200 mL热水,加热溶解盐类,煮沸1 min。

6.3.3 沉淀的分离与洗涤

趁热以中速定量滤纸过滤,将附在杯壁上的白色晶体沉淀擦净,先用温洗涤液(4.8)洗净烧杯,并将沉淀及滤纸洗涤至无黄色,再以温水洗涤至无氯离子。将滤液再次加热至冒硫酸烟约5 min,取下稍冷,加入20 mL盐酸(4.3)和200 mL热水,加热煮沸1 min,立即以中速定量滤纸过滤,将附在杯壁上的沉淀擦净,先用温洗涤液洗净烧杯,并将沉淀及滤纸洗涤至无黄色,再以温水洗涤至无氯离子。

6.3.4 沉淀的灼烧与称量

将两次所得到的沉淀及滤纸置于铂坩埚中,缓慢加热至滤纸灰化后,置于高温炉中,在1 050 ℃灼烧30 min,取出稍冷,置于干燥器中,冷却至室温称量,反复灼烧至恒量m_1。向坩埚中滴加2滴～3滴硫酸(4.6),使残渣湿润,加入5 mL氢氟酸(4.4),低温加热至冒尽硫酸烟,置于高温炉中,在1 050 ℃灼烧30 min,取出稍冷置于干燥器中,冷却至室温称量,反复灼烧至恒量m_2。

7 分析结果计算

按式(1)计算试样中硅的含量(质量分数)$w(\mathrm{Si})$,数值以%表示:

$$w(\mathrm{Si}) = \frac{[(m_1 - m_2) - (m_3 - m_4)] \times 0.467\,4}{m_0} \times 100 \quad \cdots\cdots(1)$$

式中:

m_1——挥硅前测得的不纯二氧化硅和铂坩埚质量,单位为克(g);

m_2——挥硅后测得残渣和铂坩埚质量,单位为克(g);

m_3——空白试验中测得的不纯二氧化硅和铂坩埚质量,单位为克(g);

m_4——空白试验中测得残渣和铂坩埚质量,单位为克(g);

m_0——试料量,单位为克(g);

0.467 4——二氧化硅换算成硅的换算因数。

8 允许差

实验室之间分析结果的差值应不大于表1所列允许差。

表1 允许差

%

硅含量(质量分数)	允 许 差
1.00～4.00	0.20
>4.00～6.00	0.25

9 试验报告

试验报告应包括下列内容:

a) 鉴别试料、实验室和分析日期等资料；

b) 遵守本部分规定的程度；

c) 分析结果及其表示；

d) 测定中观察到的异常现象；

e) 对分析结果可能有影响而本部分未包括的操作，或者任选的操作。

ICS 77.100
H 11

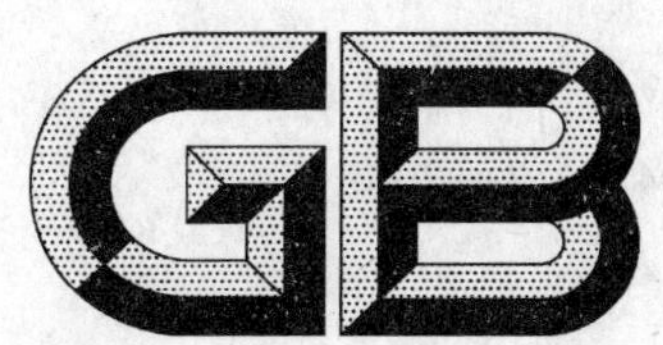

中华人民共和国国家标准

GB/T 4701.3—2009
代替 GB/T 4701.3—1984

钛铁 铜含量的测定 铜试剂光度法和火焰原子吸收光谱法

Ferrotitanium—Determination of copper content—
The DDTC photometric method and the flame
atomic absorption spectrometric method

2009-07-08 发布　　2010-04-01 实施

中华人民共和国国家质量监督检验检疫总局
中国国家标准化管理委员会
发布

前　言

本部分代替 GB/T 4701.3—1984《钛铁化学分析方法　铜试剂光度法测定铜量》。

本部分与 GB/T 4701.3—1984 比较，主要变化为：

—— 新增加了火焰原子吸收光谱法。

本部分由中国钢铁工业协会提出。

本部分由全国生铁及铁合金标准化技术委员会归口。

本部分起草单位：四川川投峨眉铁合金（集团）有限责任公司。

本部分主要起草人：唐华应、方艳、张映霞。

本部分所代替标准的历次版本发布情况为：

——GB/T 4701.3—1984。

钛铁 铜含量的测定 铜试剂光度法和火焰原子吸收光谱法

警告——使用本部分的人员应有正规实验室工作的实践经验。本部分并未指出所有可能的安全问题。使用者有责任采取适当的安全和健康措施,并保证符合国家有关法规规定的条件。

1 范围

本部分规定了用铜试剂光度法和火焰原子吸收光谱法测定钛铁中的铜含量。

本部分适用于钛铁中铜含量的测定。测定范围(质量分数):0.10%~1.00%。

2 规范性引用文件

下列文件中的条款通过本部分的引用而成为本部分的条款。凡是注日期的引用文件,其随后所有的修改单(不包括勘误的内容)或修订版均不适用于本部分,然而,鼓励根据本部分达成协议的各方研究是否可使用这些文件的最新版本。凡是不注日期的引用文件,其最新版本适用于本部分。

GB/T 4010 铁合金化学分析用试样的采取和制备

3 方法一 铜试剂光度法

3.1 原理

试料用硝酸、氢氟酸溶解,加柠檬酸掩蔽铁、钛等干扰元素,在氨性溶液中,加二乙基二硫代氨基甲酸钠(DDTC)与铜生成难溶的棕黄胶体溶液,加入阿拉伯胶溶液后于分光光度计上 460 nm 波长处,测量其吸光度,在校准曲线上查得铜的质量,计算得出试样中铜的含量。

3.2 试剂和材料

除非另有说明,在分析中仅使用确认为分析纯的试剂和蒸馏水或与其纯度相当的水。

3.2.1 尿素,固体。

3.2.2 氢氟酸,ρ1.15 g/mL。

3.2.3 硝酸,2+1。

3.2.4 氨水,1+1。

3.2.5 硼酸溶液,50 g/L。

3.2.6 柠檬酸铵溶液,500 g/L。

3.2.7 DDTC 溶液,2 g/L。

3.2.8 阿拉伯胶溶液,10 g/L。称取 2 g 阿拉伯胶,溶解于 100 mL 热水中,加入一小粒百里香酚,用脱脂棉过滤后,以水稀释至 200 mL,混匀。

3.2.9 铜标准溶液:称取 0.500 0 g 纯铜(Cu≥99.9%),置于 200 mL 烧杯中,加入 30 mL 硝酸(3+5),加热溶解并煮沸除去氮的氧化物,冷却至室温,移入 1 000 mL 容量瓶中,以水稀释至刻度,混匀。此溶液 1 mL 含铜 500 μg。

3.3 仪器

分析中使用通常的实验室仪器。

3.4 取制样

按照 GB/T 4010 的规定进行取制样,试样应通过 0.125 mm 筛孔。

3.5 分析步骤

3.5.1 试料量

称取 0.250 g 试料，准确至 0.000 1 g。

3.5.2 空白试验

随同试料进行空白试验。

3.5.3 测定

3.5.3.1 试料溶液的制备

将试料(3.5.1)置于铂皿中，加入 18 mL 硝酸(3.2.3)，缓慢滴加 1 mL 氢氟酸(3.2.2)，低温加热使试样完全溶解。加入 25 mL 硼酸溶液(3.2.5)，混匀，冷却至室温。移入 50 mL 容量瓶中，以水稀释至刻度，混匀。

3.5.3.2 显色与测定

3.5.3.2.1 移取 10.00 mL 溶液(3.5.3.1)两份，分别置于两个 50 mL 容量瓶中，各加入 0.2 g 尿素(3.2.1)，摇动使其溶解。

3.5.3.2.2 参比溶液：依次加入 5 mL 柠檬酸铵溶液(3.2.6)、5 mL 阿拉伯胶溶液(3.2.8)和 10 mL 氨水(3.2.4)，用水稀释至刻度，混匀。

3.5.3.2.3 显色溶液：将另一份溶液加入 5 mL 柠檬酸铵溶液(3.2.6)、5 mL 阿拉伯胶溶液(3.2.8)和 10 mL 氨水(3.2.4)，在不断摇动下加入 5 mL DDTC 溶液(3.2.7)，用水稀释至刻度，混匀。

3.5.3.2.4 将部分溶液(3.5.3.2.3)移入吸收皿中，于分光光度计上 460 nm 波长处，用对应参比溶液调零，测量其吸光度，减去随同试料空白溶液的吸光度得到试料溶液的净吸光度，从校准曲线(3.5.3.3)上查出相应的铜的质量。

3.5.3.3 校准曲线的绘制

称取 0.250 0 g 钛铁(Cu≤0.005%)试料 7 份，置于一组铂皿中，分别加入 0 mL、0.50 mL、1.00 mL、2.00 mL、3.00 mL、4.00 mL、5.00 mL 铜标准溶液(3.2.9)，以下按 3.5.3.1～3.5.3.2.4 进行。测量其吸光度，减去试剂空白溶液的吸光度为净吸光度，以铜的质量(μg)为横坐标，净吸光度为纵坐标，绘制校准曲线。

3.6 分析结果的计算

按式(1)计算试样中铜的含量(质量分数)$w(\mathrm{Cu})$，数值以%表示：

$$w(\mathrm{Cu}) = \frac{m_1 \cdot V}{m \cdot V_1 \times 10^6} \times 100 \qquad \cdots\cdots(1)$$

式中：

m_1——从校准曲线上查得的铜的质量，单位为微克(μg)；

V——试液的总体积，单位为毫升(mL)；

m——试料量，单位为克(g)；

V_1——分取试液的体积，单位为毫升(mL)。

3.7 允许差

实验室之间分析结果的差值应不大于表 1 所列允许差。

表 1 允许差 %

铜含量(质量分数)	允许差
0.10～0.30	0.03
>0.30～0.60	0.04
>0.60～1.00	0.05

4 方法二 火焰原子吸收光谱法

4.1 原理

试料用硝酸、氢氟酸、硫酸分解，硫酸冒烟近干。在硝酸介质中，于原子吸收光谱仪，波长327.4 nm或324.8 nm处，用空气-乙炔火焰，铜空心阴极灯作光源，测定其吸光度，通过校准曲线计算试样中铜的含量。

4.2 试剂和材料

除非另有说明，在分析中仅使用确认为分析纯的试剂和蒸馏水或与其纯度相当的水。

4.2.1 氢氟酸，ρ1.15 g/mL。

4.2.2 硝酸，1+1。

4.2.3 硫酸，1+4。

4.2.4 铁溶液，约10 mg/mL。

称取硝酸铁15 g(Cu≤0.005%)，放入400 mL烧杯中，加入少许水，用10 mL硝酸(4.2.2)低温加热至完全溶解，冷却至室温，移入200 mL容量瓶中，用水稀释至刻度，混匀。

4.2.5 铝溶液，1 mg/mL。

称取1.000 g高纯金属铝(≥99.9%)，置于300 mL锥形瓶中，加入100 mL盐酸(1+1)，低温加热溶解后，取下，冷却至室温，移入1 000 mL容量瓶中，以水稀释至刻度，混匀。此溶液1 mL含铝1.0 mg。

4.2.6 钛溶液，约20 mg/mL。

取三氯化钛(15%～20%)溶液100 mL于250 mL容量瓶中，加入10 mL硝酸(4.2.2)以水稀释至刻度，混匀。用时配制，此溶液1mL含钛约20 mg。

4.2.7 铜标准溶液

4.2.7.1 称取1.000 0 g铜(Cu≥99.9%)，置于200 mL烧杯中，加入25 mL硝酸(1+1)，加热溶解并煮沸除去氮的氧化物，冷却至室温，移入1 000 mL容量瓶中，以水稀释至刻度，混匀。此溶液1 mL含铜1.00 mg。

4.2.7.2 移取10.00 mL铜标准溶液(4.2.7.1)于100 mL容量瓶中，以水稀释至刻度，混匀。此溶液1 mL含铜100 μg。

4.3 仪器与设备

分析中，除使用通常的实验室仪器、设备外，还使用原子吸收光谱仪。原子吸收光谱仪应备有空气-乙炔火焰燃烧器，铜空心阴极灯。

所用原子吸收光谱仪应达到下列技术指标：

4.3.1 精密度的最低要求

用最高浓度的校准溶液，测定10次吸光度，并计算其吸光度平均值和标准偏差。该标准偏差不超过平均值的1.0 %。

用最低浓度的标准溶液(不是零校准溶液)，测定10次吸光度，并计算其吸光度平均值和标准偏差。该标准偏差不超过最高浓度标准溶液的平均吸光度值的0.5%。

4.3.2 特征浓度

本部分铜的特征浓度应小于0.10 μg/mL。

4.3.3 检出限

本部分铜的检出限应小于0.10 μg/mL。

4.3.4 校准曲线的线性

校准曲线按浓度分为五段，最高段的吸光度差值与最低段的吸光度差值之比不应小于0.8。

4.4 取制样

按照 GB/T 4010 的规定进行取制样，试样应通过 0.125 mm 筛孔。

4.5 分析步骤

4.5.1 试料量

按表 2 称取试样，精确至 0.000 1 g。

表 2 试料量

铜含量(质量分数)/%	试料量/g
0.10～0.50	0.20
>0.50～1.00	0.10

4.5.2 空白试验

随同试料进行空白试验。

4.5.3 测定

4.5.3.1 试料溶液的制备

将试料(4.5.1)置于铂皿中，加入 10 mL 硝酸(4.2.2)，分次缓慢滴加 1 mL～2 mL 氢氟酸(4.2.1)，低温加热使试样溶解后，取下，加入 10 mL 硫酸(4.2.3)，加热至硫酸冒烟尽干，取下稍冷，加入 10 mL 硝酸(4.2.2)，加热溶解盐类，取下，冷却至室温。移入 100 mL 容量瓶中，以水稀释至刻度，混匀。干过滤，弃去滤纸。

4.5.3.2 测定

将干过滤滤液(4.5.3.1)在原子吸收光谱仪上，波长 327.4 nm 或 324.8 nm 处，用空气-乙炔火焰，以水调零点，测量试料溶液的吸光度和随同试料空白溶液的吸光度，从校准曲线上查出相应的铜的质量浓度，通过计算得出铜的含量。

4.5.3.3 校准曲线的绘制

4.5.3.3.1 向 6 个 100 mL 容量瓶中分别加入 4.00 mL 钛溶液(4.2.6)、10.00 mL 铝溶液(4.2.5)和 5.00 mL 铁溶液(4.2.4)。然后依次加入 0 mL、2.00 mL、4.00 mL、6.00 mL、8.00 mL、10.00 mL 铜标准溶液(4.2.8)，加入 10 mL 硝酸(4.2.2)，用水稀释至刻度，混匀。

4.5.3.3.2 按 4.5.3.2 测出校准曲线系列每一溶液的吸光度，减去零浓度溶液的吸光度后为铜校准曲线系列溶液的净吸光度，以铜的质量浓度(μg/mL)为横坐标，净吸光度为纵坐标，绘制校准曲线。

4.6 分析结果的计算

按式(2)计算试样中铜的含量(质量分数)$w(\mathrm{Cu})$，数值以%表示：

$$w(\mathrm{Cu})=\frac{(\rho-\rho_0)\cdot V}{m\times 10^6}\times 100 \qquad \cdots\cdots(2)$$

式中：

ρ——从校准曲线上查得试样溶液中铜的质量浓度，单位为微克每毫升(μg/mL)；

ρ_0——从校准曲线上查得空白溶液中铜的质量浓度，单位为微克每毫升(μg/mL)；

V——试液的总体积，单位为毫升(mL)；

m——试料量，单位为克(g)。

4.7 允许差

实验室之间分析结果的差值应不大于表 3 所列允许差。

表 3　允许差

%

铜含量(质量分数)	允许差
0.10～0.30	0.03
>0.30～0.60	0.04
>0.60～1.00	0.05

5　试验报告

试验报告应包括下列内容：

a)　鉴别试料、实验室和分析日期等资料；

b)　遵守本部分规定的程度；

c)　分析结果及其表示；

d)　测定中观察到的异常现象；

e)　对分析结果可能有影响而本部分未包括的操作，或者任选的操作。

ICS 77.100
H 11

中华人民共和国国家标准

GB/T 4701.7—2009
代替 GB/T 4701.7—1985

钛铁 磷含量的测定 铋磷钼蓝分光光度法和钼蓝分光光度法

Ferrotitanium—Determination of phosphorus content—Molybdobismuthylphosphoric blue spectrophotometric method and the molybdenum blue spectrophotometric method

2009-07-08 发布　　2010-04-01 实施

中华人民共和国国家质量监督检验检疫总局
中国国家标准化管理委员会 发布

前 言

本部分代替 GB/T 4701.7—1985《钛铁化学分析方法　钼蓝分光光度法测定磷量》。

本部分与 GB/T 4701.7—1985 比较，主要变化为：

——新增了铋磷钼蓝分光光度法；

——在方法 2 钼蓝分光光度法中吸光度测定时将“随同试料空白为参比”改为“以水为参比”。

本部分由中国钢铁工业协会提出。

本部分由全国生铁及铁合金标准化技术委员会归口。

本部分起草单位：四川川投峨眉铁合金(集团)有限责任公司。

本部分主要起草人：唐华应、方艳、张映霞、史本兵。

本部分所代替标准的历次版本发布情况为：

——GB/T 4701.7—1985。

钛铁　磷含量的测定　铋磷钼蓝分光光度法和钼蓝分光光度法

警告——使用本部分的人员应有正规实验室工作的实践经验。本部分并未指出所有可能的安全问题。使用者有责任采取适当的安全和健康措施，并保证符合国家有关法规规定的条件。

1　范围

本部分规定了用铋磷钼蓝分光光度法和钼蓝分光光度法测定钛铁中的磷含量。

本部分适用于钛铁中磷含量的测定。测定范围(质量分数)：0.010%～0.150%。

2　规范性引用文件

下列文件中的条款通过本部分的引用而成为本部分的条款。凡是注日期的引用文件，其随后所有的修改单(不包括勘误的内容)或修订版均不适用于本部分，然而，鼓励根据本部分达成协议的各方研究是否可使用这些文件的最新版本。凡是不注日期的引用文件，其最新版本适用于本部分。

GB/T 4010　铁合金化学分析用试样的采取和制备

3　方法一　铋磷钼蓝分光光度法

3.1　原理

试料用硝酸、氢氟酸分解，硫酸和高氯酸冒烟氧化磷，以氢氧化钠使铁、钛等生成沉淀与磷分离。滤液用硫酸酸化后，在硫酸介质中，用硫代硫酸钠还原高价砷，磷与硝酸铋、钼酸铵形成磷铋钼三元配位物，用抗坏血酸还原后磷形成铋磷钼蓝，于分光光度计上700 nm波长处测量其吸光度，在校准曲线上查得磷的质量，计算得出试样中磷的含量。

3.2　试剂和材料

除非另有说明，在分析中仅使用确认为分析纯的试剂和蒸馏水或与其纯度相当的水。

3.2.1　硝酸，ρ1.42 g/mL。

3.2.2　氢氟酸，ρ1.15 g/mL。

3.2.3　高氯酸，ρ1.67 g/mL。

3.2.4　硫酸，ρ1.84 g/mL。

3.2.5　硫酸，1+5。

3.2.6　硫酸，1+7。

3.2.7　氢氧化钠溶液，200 g/L。贮存于塑料瓶中。

3.2.8　硫代硫酸钠溶液，10 g/L。1 L中含20 g无水亚硫酸钠，用时配制。

3.2.9　硝酸铋溶液，30 g/L。称取15 g硝酸铋[$Bi(NO_3)_3 \cdot 5H_2O$]，置于600 mL烧杯中，加入50 mL硝酸(1.42 g/mL)中，待完全溶解后，加入2 g尿素，450 mL水，混匀。

3.2.10　钼酸铵溶液，35 g/L。称取3.5 g钼酸铵[$(NH_4)_6Mo_7O_{24} \cdot 4H_2O$]，置于200 mL烧杯中，加入100 mL水，温热溶解，混匀。过滤后使用。

3.2.11　抗坏血酸溶液，10 g/L。称取抗坏血酸5 g，置于600 mL烧杯中，加入500 mL乙醇(1+1)，混匀。用时配制。

3.2.12　硫酸铁铵溶液，90 g/L。称取45 g硫酸铁铵($NH_4Fe(SO_4)_2 \cdot 12H_2O$)置于600 mL烧杯中，加入85 mL水，加入15 mL硫酸(3.2.5)，溶解完全后，加入400 mL水，混匀。

3.2.13 磷标准溶液

3.2.13.1 称取 0.439 4 g 预先在 105 ℃ ～110 ℃烘干至恒量的磷酸二氢钾(KH_2PO_4，基准试剂)，置于 250 mL 烧杯中，以水溶解后移入 1 000 mL 容量瓶中，以水稀释至刻度，混匀。此溶液 1 mL 含磷 100 μg。

3.2.13.2 移取 50.00 mL 磷标准溶液(3.2.13.1)于 500 mL 容量瓶，用水稀释至刻度，混匀。此溶液 1 mL 含磷 10 μg。

3.3 仪器

分析中使用通常的实验室仪器。

3.4 取制样

按照 GB/T 4010 的规定进行取制样，试样应通过 0.125 mm 筛孔。

3.5 分析步骤

3.5.1 试料量

按表 1 称取试样，准确至 0.000 1 g。

表 1 试料量

磷含量(质量分数)/%	试料量/g
0.010～0.080	1.00
>0.080～0.150	0.50

3.5.2 空白试验

随同试料进行空白试验。

3.5.3 测定

3.5.3.1 试料溶液的制备

将试料(3.5.1)置于铂皿或聚四氟乙烯烧杯中，盖上表皿，加入 20 mL 硝酸(3.2.1)，缓慢分次滴加少量氢氟酸(3.2.2)至试样溶解，取下表皿，加入 10 mL 硫酸(3.2.4)和 10 mL 高氯酸(3.2.3)于低温电热板上加热至几乎不再冒硫酸白烟，取下冷却。加入 10 mL 硫酸(3.2.5)，40 mL 温水，加热溶解可溶性盐类，移入 500 mL 烧杯中，以热水稀释至约 100 mL，边搅拌边加入氢氧化钠溶液(3.2.7)至生成沉淀并一次过量 40 mL。加热煮沸 3 min～5 min，取下，冷却至室温。移入 200 mL 容量瓶中，以水稀释至刻度，混匀。以中速滤纸干过滤，弃去最初滤液。

3.5.3.2 显色与测定

3.5.3.2.1 移取 10.00 mL 滤液(3.5.3.1)于 50 mL 容量瓶中，加入 10 mL 硫酸(3.2.6)，加入 1.00 mL 硫酸铁铵溶液(3.2.12)，5 mL 硫代硫酸钠溶液(3.2.8)，5 mL 硝酸铋溶液(3.2.9)，加入 5 mL 钼酸铵溶液(3.2.10)，混匀，再加入 5 mL 抗坏血酸溶液(3.2.11)，混匀，以水稀释至刻度，混匀。

3.5.3.2.2 常温静置 15 min，于分光光度计上 700 nm 波长处，用适当吸收皿，以蒸馏水为参比，测量其吸光度，减去随同空白的吸光度得到试料溶液的净吸光度，从校准曲线(3.5.4)上查出相应的磷的质量。

3.5.4 校准曲线的绘制

3.5.4.1 在一组 50 mL 容量瓶中，分别加入 0 mL、1.00 mL、2.00 mL、3.00 mL、4.00 mL、5.00 mL 磷标准溶液(3.2.13.2)，加入 10 mL 硫酸溶液(3.2.6)，加入 1.00 mL 硫酸铁铵溶液(3.2.12)，以下按照 3.5.3.2.1 中“加入 5 mL 硫代硫酸钠溶液(3.2.8)”及后续步骤进行。常温静置 15 min，以蒸馏水为参比，于分光光度计上 700 nm 波长处，用适当吸收皿测量其吸光度。

3.5.4.2 校准曲线系列每一溶液的吸光度减去零浓度溶液的吸光度，为磷校准曲线系列溶液的净吸光度，以磷的质量(μg)为横坐标，净吸光度为纵坐标，绘制校准曲线。

3.6 分析结果的计算

按式(1)计算试样中磷的含量(质量分数)$w(P)$，数值以%表示：

$$w(P)=\frac{m_1 \cdot V}{m \cdot V_1 \times 10^6}\times 100 \qquad \cdots\cdots(1)$$

式中：

m_1——从校准曲线上查得的磷的质量，单位为微克(μg)；

V——试液的总体积，单位为毫升(mL)；

m——试料量，单位为克(g)；

V_1——分取试液的体积，单位为毫升(mL)。

3.7 允许差

实验室之间分析结果的差值应不大于表2所列允许差。

表2 允许差

%

磷含量(质量分数)	允 许 差
0.010～0.040	0.006
>0.040～0.080	0.008
>0.080～0.150	0.010

4 方法二 钼蓝分光光度法

4.1 原理

试料用硝酸和氢氟酸分解，以氢氧化钠使铁、钛等生成沉淀与磷分离。滤液用盐酸酸化，在三氯化铁存在下，加入氨水使磷生成磷酸铁沉淀。将其溶解于硝酸中，加高氯酸冒烟除去硝酸。以亚硫酸氢钠还原铁，加入钼酸铵使磷与钼酸铵生成磷钼杂多酸，以硫酸肼还原为磷钼蓝，于分光光度计上825 nm波长处测量其吸光度，在校准曲线上查得磷的质量，计算得出试样中磷的含量。

4.2 试剂和材料

除非另有说明，在分析中仅使用确认为分析纯的试剂和蒸馏水或与其纯度相当的水。

4.2.1 硝酸，ρ1.42 g/mL。

4.2.2 氢氟酸，ρ1.15 g/mL。

4.2.3 高氯酸，ρ1.67 g/mL。

4.2.4 硝酸，1+2。

4.2.5 硝酸，1+50。

4.2.6 盐酸，1+1。

4.2.7 硫酸，1+1。

4.2.8 氨水，1+1。

4.2.9 氢氧化钠溶液，200 g/L。贮存于塑料瓶中。

4.2.10 三氯化铁溶液，100 g/L。称取50 g三氯化铁($FeCl_3 \cdot 6H_2O$)置于600 mL烧杯中，加90 mL水，加入10 mL盐酸(1+1)，溶解完全后，加入400 mL水，混匀。

4.2.11 亚硫酸氢钠溶液，100 g/L。

4.2.12 显色剂溶液

4.2.12.1 钼酸铵溶液：称取20 g钼酸铵[$(NH_4)_6Mo_7O_{24} \cdot 4H_2O$]溶解于约100 mL温水中，加入700 mL硫酸(1+1)，冷却后以水稀释至1 000 mL，混匀。

4.2.12.2 硫酸肼溶液，1.5 g/L。称取1.5 g硫酸肼[$(NH_2)_2 \cdot H_2SO_4$]，加水溶解后，以水稀释至1 000 mL，混匀。

4.2.12.3 使用时，取25 mL钼酸铵溶液(4.2.12.1)、10 mL硫酸肼溶液(4.2.12.2)及65 mL水，混匀。用时配制。

4.2.13 磷标准溶液：称取 0.439 4 g 预先在 105 ℃ ～110 ℃烘干至恒量并保存于干燥器中的磷酸二氢钾(KH_2PO_4，基准试剂)，置于 400 mL 烧杯中，加入适量水溶解后，移入 1 000 mL 容量瓶中，用水稀释至刻度，混匀。此溶液 1 mL 含磷 100 μg。

4.3 仪器

分析中使用通常的实验室仪器。

4.4 取制样

按照 GB/T 4010 的规定进行取制样，试样应通过 0.125 mm 筛孔。

4.5 分析步骤

4.5.1 试料量

按表 3 称取试样，准确至 0.000 1 g。

表 3 试料量

磷含量(质量分数)/%	试料量/g
0.010～0.080	1.00
＞0.080～0.150	0.50

4.5.2 空白试验

随同试料进行空白试验。

4.6 测定

4.6.1 将试料(4.5.1)置于 100 mL 铂皿中或聚四氟乙烯烧杯中，盖上表皿，加入 20 mL 硝酸(4.2.1)，分次滴加少量氢氟酸(4.2.2)至试样溶解，取下表皿，加入 10 mL 硫酸(4.2.7)，加热蒸发至几乎不再冒硫酸白烟，取下冷却，加入 20 mL 盐酸(4.2.6)，加热溶解可溶性盐类，移入 500 mL 烧杯中，以温水稀释至约 200 mL，边搅拌边缓慢加入氢氧化钠溶液(4.2.9)至生成沉淀并过量 40 mL。加热煮沸 3 min～5 min，取下冷却至室温，移入 500 mL 容量瓶中，以水稀释至刻度，混匀。

4.6.2 将带有沉淀的溶液(4.6.1)用中速滤纸干过滤于 250 mL 干燥的容量瓶中至刻度，将溶液倒入 500 mL 烧杯中，用少量水洗净容量瓶并入烧杯中，用盐酸(4.2.6)中和至中性并过量 10 mL，加热煮沸 1 min～2 min。取下，加入 5 mL 三氯化铁溶液(4.2.10)，用氨水(4.2.8)中和至生成沉淀并过量 5 mL，煮沸约 1 min，取下稍静置待沉淀沉降，用中速滤纸过滤，用温水洗涤 2 次～3 次，在漏斗上用热硝酸(4.2.4)溶解沉淀，溶液收集于原烧杯中，用热硝酸(4.2.5)充分洗净滤纸。加入 10 mL 高氯酸(4.2.3)，盖上表皿，加热蒸发至高氯酸蒸气沿烧杯内壁呈逆流状态，继续加热约 10 min，待溶液体积约为 5 mL～6 mL时，取下稍冷，加入约 30 mL 热水，加热溶解盐类并煮沸 1 min～2 min，用快速滤纸过滤于 100 mL 容量瓶中，用热水洗净滤纸，冷却至室温，以水稀释至刻度，混匀。

4.6.3 移取 10.00 mL 溶液(4.6.2)于 100 mL 容量瓶中，加入 10 mL 亚硫酸氢钠溶液(4.2.11)，在沸水浴中加热至溶液无色，加入 25 mL 显色剂溶液(4.2.12.3)再于沸水浴中加热约 15 min，取下，流水冷却至室温，以水稀释至刻度，混匀。

4.6.4 将部分溶液(4.6.3)移入吸收皿中，以水为参比，于分光光度计上 825 nm 波长处测量其吸光度，减去随同试料空白溶液的吸光度得到试料溶液的净吸光度。从校准曲线上查得相应磷的质量。

4.7 校准曲线的绘制

4.7.1 称取与试样量相同克数的钛铁(磷量小于 0.002%)五份，分别置于一组 100 mL 铂皿或聚四氟乙烯烧杯中，分别加入 0 mL、2.00 mL、4.00 mL、6.00 mL、8.00 mL 磷标准溶液(4.2.13)，以下按 4.6.1 自盖上表皿起至 4.6.3 止进行。

4.7.2 将部分溶液(4.7.1)移入吸收皿中，于分光光度计上 825 nm 波长处，以水为参比，测量其吸光度。

4.7.3 校准曲线系列每一溶液的吸光度减去零浓度溶液的吸光度，为磷校准曲线系列溶液的净吸光度，以磷的质量（μg）为横坐标，净吸光度为纵坐标，绘制校准曲线。

4.8 分析结果的计算

按式(2)计算试样中磷的含量（质量分数）$w(\mathrm{P})$，数值以%表示：

$$w(\mathrm{P})=\frac{m_1\cdot V}{m\cdot V_1\times 10^6}\times 100 \qquad (2)$$

式中：

m_1——从校准曲线上查得的磷的质量，单位为微克（μg）；

V——试液的总体积，单位为毫升（mL）；

m——试料量，单位为克（g）；

V_1——分取试液的体积，单位为毫升（mL）。

4.9 允许差

实验室之间分析结果的差值应不大于表4所列允许差。

表4 允许差

%

磷含量（质量分数）	允许差
0.010～0.040	0.006
>0.040～0.080	0.008
>0.080～0.150	0.010

5 试验报告

试验报告应包括下列内容：

a) 鉴别试料、实验室和分析日期等资料；

b) 遵守本部分规定的程度；

c) 分析结果及其表示；

d) 测定中观察到的异常现象；

e) 对分析结果可能有影响而本部分未包括的操作，或者任选的操作。

ICS 77.100
H 11

中华人民共和国国家标准

GB/T 4701.8—2009
代替 GB/T 4701.8—1988

钛铁 碳含量的测定 红外线吸收法

Ferrotitanium—Determination of carbon content—The infrared absorption method

2009-07-08 发布　　2010-04-01 实施

中华人民共和国国家质量监督检验检疫总局
中国国家标准化管理委员会　发布

前 言

本部分代替 GB/T 4701.8—1988《钛铁化学分析方法　红外线吸收法测定碳量》。

本部分与 GB/T 4701.8—1988 比较，其主要变化为：

——允许差第一档≤0.025%修改为 0.010%～0.025%。

本部分由中国钢铁工业协会提出。

本部分由全国生铁及铁合金标准化技术委员会归口。

本部分起草单位：四川川投峨眉铁合金(集团)有限责任公司。

本部分主要起草人：唐华应、方艳、蒋晓红。

本部分所代替标准的历次版本发布情况为：

——GB/T 4701.8—1988。

钛铁　碳含量的测定
红外线吸收法

警告——使用本部分的人员应有正规实验室工作的实践经验。本部分并未指出所有可能的安全问题。使用者有责任采取适当的安全和健康措施，并保证符合国家有关法规规定的条件。

1　范围

本部分规定了用红外线吸收法测定钛铁中的碳含量。

本部分适用于钛铁中碳含量的测定。测定范围(质量分数)：0.010%～0.400%。

2　规范性引用文件

下列文件中的条款通过本部分的引用而成为本部分的条款。凡是注日期的引用文件，其随后所有的修改单(不包括勘误的内容)或修订版均不适用于本部分，然而，鼓励根据本部分达成协议的各方研究是否可使用这些文件的最新版本。凡是不注日期的引用文件，其最新版本适用于本部分。

GB/T 4010　铁合金化学分析用试样的采取和制备

3　原理

试料于高频感应炉的氧气流中加热燃烧，生成的二氧化碳由氧气载至红外分析的测量室，二氧化碳吸收某特定波长的红外能，其吸收能与其浓度成正比，根据检测器接受能量的变化可测得碳量。

4　试剂和材料

4.1　丙酮，蒸发后的残余物碳量小于0.000 5%。

4.2　高氯酸镁，无水，粒状。

4.3　烧碱石棉，粒状。

4.4　玻璃棉。

4.5　钨粒，碳量小于0.002%，粒度0.8 mm～1.4 mm。

4.6　锡粒，碳量小于0.002%，粒度0.4 mm～0.8 mm。必要时用丙酮清洗表面，并在室温下干燥。

4.7　氧气，纯度大于99.95%，其他级别氧气若能获得低而一致的空白时，也可以使用。

4.8　动力气源，氮气或压缩空气，其杂质(水和油)含量小于0.5%。

4.9　瓷坩埚，直径×高度：23 mm×23 mm或25 mm×25 mm，并在高于1 200 ℃的高温加热炉中灼烧4 h或通氧灼烧至白值为最低。

5　仪器及设备

5.1　红外线吸收定碳仪(灵敏度为0.1×10^{-6})，其装置如图1。

5.1.1　洗气瓶，内装烧碱石棉(4.3)。

5.1.2　干燥管，内装高氯酸镁(4.2)。

5.2　气源

5.2.1　载气系统包括氧气容器，两级压力调节器及保证提供合适压力和额定流量的时序控制部分。

5.2.2　动力气源系统包括动力气(氮气或压缩空气)，两级压力调节器及保证提供合适压力和额定流量的时序控制部分。

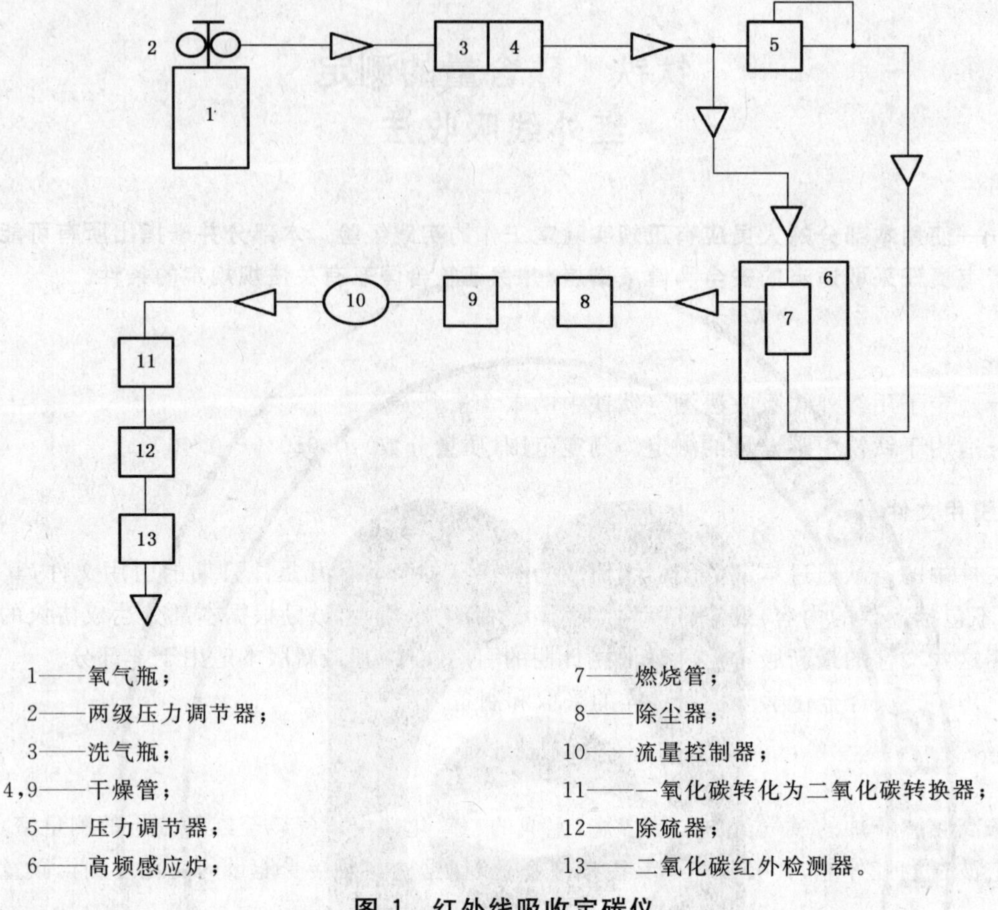

1——氧气瓶；
2——两级压力调节器；
3——洗气瓶；
4,9——干燥管；
5——压力调节器；
6——高频感应炉；
7——燃烧管；
8——除尘器；
10——流量控制器；
11——一氧化碳转化为二氧化碳转换器；
12——除硫器；
13——二氧化碳红外检测器。

图1　红外线吸收定碳仪

5.3　高频感应炉

应满足试样熔融温度要求。

5.4　控制系统

5.4.1　微处理系统包括中央处理机、存储器、键盘输入设备、信息中心显示屏、分析结果打印机等。

5.4.2　控制功能包括自动装卸坩埚和炉台升降自动清扫，分析条件选择设置，分析过程的监控和报警中断，分析数据的采集，计算，校正及处理等。

5.5　测量系统

主要由微处理机控制的电子天平(感量不大于1.0 mg)，红外线分析器和电子测量元件组成。

6　制取样

按照GB/T 4010的规定进行取制样，试样应全部通过0.125 mm筛孔。

7　分析步骤

7.1　试料量

称取0.50 g试样，准确至0.001 g。

7.2　分析准备

按仪器使用说明书调试检查仪器，使仪器处于正常稳定状态，并选用最佳分析条件。

7.3　空白试验

随同试料做空白试验，重复足够次数，记录最小的、比较稳定一致的三次读数，计算平均值并输入到仪器中，在测定试样时仪器会自动扣除空白值。

7.4 校准曲线的绘制

根据待测试样的含碳量，选择相应的量程或通道，并选择三个同类型有证标准物质（待测试样含碳量应落在所选三个有证标准物质含碳量的范围内）依次进行校正，以确认系统的线性。校正后测得有证标准物质的结果波动应在允许差范围内。

7.5 测定

称取试料(7.1)置于预先盛有0.50 g锡粒(4.6)的坩埚(4.9)内，覆盖1.50 g钨粒(4.5)，进行分析测定，由校准曲线查得分析结果。

8 允许差

实验室之间分析结果的差值应不大于表1所列允许差。

表1 允许差

%

碳含量（质量分数）	允许差
0.010～0.025	0.003
>0.025～0.070	0.006
>0.070～0.120	0.008
>0.120～0.400	0.012

9 试验报告

试验报告应包括下列内容：

a) 鉴别试料、实验室和分析日期等资料；
b) 遵守本部分规定的程度；
c) 分析结果及其表示；
d) 测定中观察到的异常现象；
e) 对分析结果可能有影响而本部分未包括的操作，或者任选的操作。

ICS 13.260
K 09

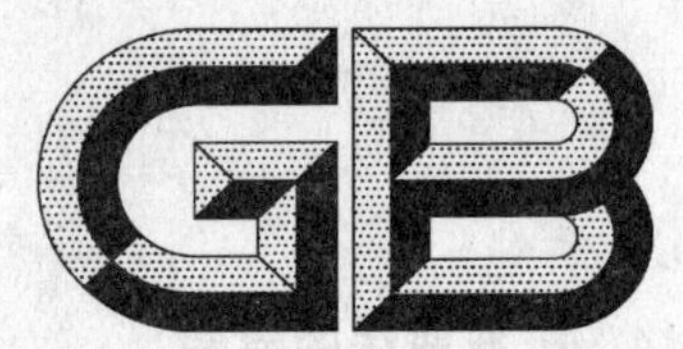

中华人民共和国国家标准

GB 4706.48—2009/IEC 60335-2-98:2005(Ed 2.1)
代替 GB 4706.48—2000

家用和类似用途电器的安全 加湿器的特殊要求

Household and similar electrical appliances—Safety—Particular requirements for humidifers

(IEC 60335-2-98:2005(Ed 2.1),IDT)

2009-03-19 发布　　2010-05-01 实施

中华人民共和国国家质量监督检验检疫总局
中国国家标准化管理委员会 发布

前言

本部分的全部技术内容为强制性。

本部分等同采用 IEC 60335-2-98:2005《家用和类似用途电器的安全　第 2 部分:加湿器的特殊要求》。本部分应与 GB 4706.1—2005《家用和类似用途电器的安全　第 1 部分:通用要求》配合使用。

本部分中写明“适用”的部分,表示 GB 4706.1—2005 中的相应条文适用于本部分;本部分写明“代替”的部分,则以本部分中的条文为准;本部分写明“增加”的部分,表示除要符合 GB 4706.1—2005 中的相应条文外,还必须符合本部分条文中所增加的条文。

为便于使用,本部分对 IEC 60335-2-98 作了下列编辑性修改:

“第 1 部分”一词改为“GB 4706.1—2005”。

本部分是对 GB 4706.48—2000《家用和类似用途电器的安全　加湿器的特殊要求》的修订。

本部分与 GB 4706.48—2000 相比,主要变化如下:

——第 1 章增加电压范围,注 1 中增加了适用范围,注 2 中删去了热带地区使用的注意情况,注 3 中不适用范围增加了液体加热器;

——3.1.6 增加了注释;

——7.1 增加电极式加湿器应标注额定输入功率;

——7.12 增加说明书应包括除垢细节;

——第 10 章删去了测量电极式加湿器的最大输入功率和最大输入电流;

——22.103 中两极断开距离修改为满足过电压类别Ⅲ条件下的全极断开;

——增加 29.2;

——删去了 GB 4706.48—2000 中的 30.3。

本部分由中国轻工业联合会提出。

本部分由全国家用电器标准化技术委员会归口。

本部分主要起草单位:中国家用电器研究院、美的集团有限公司、北京亚都室内科技股份有限公司。

本部分主要起草人:鲁建国、刘开、陈卉、魏国庆、朱焰。

本部分于 2000 年首次发布,本次为第一次修订。

IEC 前言

1） 国际电工委员会（IEC）是由所有的国家电工委员会(IEC NC)组成的国际范围的标准化组织。其宗旨是促进在电气和电子领域有关标准化问题上的国际间合作。为此，IEC开展相关活动，并出版国际标准、技术规范、技术报告、公共可用规范(PAS)、指南(以后统称为IEC出版物)。这些标准的制定委托各技术委员会完成。任何对该技术问题感兴趣的IEC国家委员会均可参加制定工作。与IEC有联系的国际、政府及非政府组织也可以参加标准的制定工作。IEC与国际标准化组织(ISO)在两个组织协议的基础上密切合作。

2） IEC在技术方面的正式决议或协议，是由对其感兴趣的所有国家委员会参加的技术委员会制定的。因此，这些决议或协议都尽可能表述了相关问题在国际上的一致意见。

3） IEC标准以推荐性的方式供国际使用，并在此意义上被各国家委员会接受。在为了确保IEC出版物技术内容的准确性而做出任何合理的努力时，IEC对其标准被使用的方式以及任何最终用户的误解不负有任何责任。

4） 为了促进国际上的统一，各国家委员会要保证在其国家或区域标准中最大限度地采用国际标准。IEC标准与相应的国家或区域标准之间的任何差异必须清楚地在后者中表明。

5） IEC规定了表示其认可的无标志程序，但并不表示对某一设备声称符合某一标准承担责任。

6） 所有的使用者应确保他们拥有本部分的最新版本。

7） IEC或其管理者、雇员、后勤人员或代理(包括独立专家和技术委员会的成员)和IEC国家委员会不应对使用或依靠本IEC出版物或其他IEC出版物造成的任何个人伤害、财产损失或其他任何属性的直接或间接损失，或源于本出版物之外的成本(包括法律费用)和支出承担责任。

8） 应注意在本部分中罗列的引用标准(规范性引用文件)。对于正确使用本部分来讲，使用引用标准(规范性引用文件)是不可缺少的。

9） 应注意本国际标准的某些条款可能涉及专利权的内容，IEC将不承担确认专利权的责任。

国际标准IEC 60335的本部分由IEC第61技术委员会“家用和类似用途电器的安全”制定。

经过整理的IEC 60335-2-98的本版本是基于第二版(2002)[文件61/2231/FDIS和61/2306/RVD]和他的第1增补件(2004)[文件61/2746/FDIS和61/2797/RVD]形成的。

本部分的版本号为2.1。

页边空白处的竖线表示在该处基本出版物已经被第1增补件修改。

本部分的法文版未进行投票表决。

这本双语对照版(2005-10)取代英文版本。

本部分应与IEC 60335-1及其增补件的最新版本配合使用。本部分是根据IEC 60335-1的第4版(2001)制定的。

注1：本部分中提到的“第1部分”是指IEC 60335-1。

本部分增补或修改了IEC 60335-1的相应条款，从而将其转化为本部分：加湿器的特殊要求。

凡第一部分中的条款没有在本部分中特别提及的，只要合理，即应采用。本部分写明“增加”、“修改”或“替代”时，第一部分中的有关内容须作相应修改。

注2：使用下列编号方式

——在GB 4706.1—2005的基础上曾加的条款、表格、图表从101开始；

——除了新增条款的注释，以及与GB 4706.1—2005相关的注释，其他编号都要从101开始，包括那些被替代的章节与条款；

——曾加的附录用字母AA、BB等标明。

注 3：采用下列字体表示

——要求：印刷体。

——试验规程：斜体。

——注释：小写印刷体。

某些国家存在下述差异：

——第 1 章：只有打算永久连接到固定布线的情况下，才允许使用电极型器具(荷兰)。

——7.12.1：最小额定压力为 1.0 MPa(丹麦、瑞典和挪威)。

——24.101：此项要求不适用(美国)。

委员会决定，在 IEC 网站“http://webstore.iec.ch”指定的保持结果日期之前，基本出版物和其增补件的相关内容中与特殊出版物有关的数据保持不变。在此日期，出版物将：

- 重新确认；
- 撤消；
- 被一个修订版标准取代；
- 被修正。

引 言

在起草本部分时已假定，由取得适当资格并富有经验的人来执行本部分的各项条款。

本部分所认可的是家用和类似用途电器在注意到制造商使用说明的条件下按正常使用时，对器具的电气、机械、热、火灾以及辐射等危险防护的一个国际可接受水平，它也包括了使用中预计可能出现的非正常情况，并且考虑电磁干扰对于器具的安全运行的影响方式。

在制定本部分时已经尽可能地考虑了 GB 16895 中规定的要求，以使得器具在连接到电网时与电气布线规则的要求协调一致。

如果一台器具的多项功能涉及到 GB 4706 的第 2 部分中不同的特殊要求，则只要是在合理的情况下，相关的第 2 部分特殊要求标准要分别应用于每一功能。如果适用，应考虑到一种功能对其他功能的影响。

本部分是一个涉及器具安全的产品族标准，并在覆盖相同主题的同一水平和同一类别的标准中处于优先地位。

一个符合本部分文本的器具，当进行检查和试验时，发现该器具的其他特性会损害本部分要求所涉及的安全水平时，则将未必判定其符合本部分中的各项安全准则。

产品使用了本部分要求中规定以外的各种材料或各种结构形式时，则该产品可以按照本部分中这些要求的意图进行检查和试验。如果查明其基本等效，则可以判定其符合本部分要求。

家用和类似用途电器的安全
加湿器的特殊要求

1 范围

GB 4706.1—2005 中的该章用下述内容代替：

本部分涉及单相器具额定电压不超过 250 V，其他器具额定电压不超过 480 V 的家用和类似用途电加湿器的安全。

注 1：以下器具在适用范围内：

——雾化水的器具；

——由加热蒸发水的器具；

——使空气吹过潮湿介质的器具。

不作为一般家用，但对公众仍可能引起危险的加湿器，例如打算在商店、轻工业和农场中由非专业的人员使用的加湿器也属于本标准的范围。

就实际情况而言，本部分所涉及的加湿器存在的普通危险，是在住宅和住宅周围环境中所有的人可能会遇到的。

然而，一般来说本部分并未涉及：

——无人照看的幼儿和残疾人使用器具时的危险；

——幼儿玩耍器具的情况。

注 2：注意下述情况：

——对于打算用在车辆、船舶或航空器上的加湿器，可能需要附加要求；

——在许多国家中，全国性的卫生保健部门、全国性劳动保护部门以及类似的部门都对器具规定了附加要求。

注 3：本部分不适用于：

——液体加热器(GB 4706.19)；

——打算使用在加热、通风或空气调节系统的加湿器(IEC 60335-2-88)；

——医用电气设备(GB 9706.1)；

——工业专用的器具；

——打算使用在经常产生腐蚀性或爆炸性气体(如灰尘、蒸气或瓦斯气体)特殊环境场所的加湿器。

2 规范性引用文件

GB 4706.1—2005 中的该章适用。

3 定义

GB 4706.1—2005 中的该章除下述内容外，均适用。

3.1.6 增加：

注：对于电极式加湿器，如果没有为器具规定电流，则额定电流是通过额定的电压和运行期间内第一个 2 min 输入功率的平均值计算，器具以额定电压在正常工作条件下运行。

3.1.9 代替：

正常工作 normal operation

器具要在下述条件下工作：

按照使用说明的要求，器具注入最大量的水。除非加湿器连接到供水管道，并且加水是自动控制的。

电极式加湿器，水的电阻率在 20 ℃时应约为 500 Ω·cm。

注：导电率可由在水中加氯化钠获得。

3.101

电极式加湿器　electrode-type appliance

通过电流流过导电性液体将液体加热的器具。

4　一般要求

GB 4706.1—2005 中的该章适用。

5　试验的一般条件

GB 4706.1—2005 中的该章除下述内容外，均适用。

5.6　增加：

湿度调节器被短路或使其不起作用。

6　分类

GB 4706.1—2005 中的该章适用。

7　标志和说明

GB 4706.1—2005 中的该章除下述内容外，均适用。

7.1　修改：

电极式加湿器应标注额定输入功率。

增加：

手动注水的器具，应有一个水位标志或其他方式表示其已被冲注至额定容量，除非超过额定容量的水注不进去。器具注水时这个标志应是可见的。

如果水蒸气的温度超过 60 ℃，器具应标出下列内容：

注意：烫的水蒸气

7.12　增加：

说明书应包括注水清洗和除垢的细节。

说明书应声明下述内容：

——由于会喷出烫的水蒸气，请小心使用器具；

——注水和清洁时拔掉电源插头。

电极式加湿器使用说明书应包括：

——所用溶液的用量及成分，如果使用盐水，应警告不能用盐过量；

——不能使用直流电源。

7.12.1　增加：

连接到供水管线的器具在安装说明中应标明允许的最大水压，单位以 Pa 表示。

8　对触及带电部件的防护

GB 4706.1—2005 中的该章适用。

9　电动器具的启动

GB 4706.1—2005 中的该章不适用。

10 输入功率和电流

GB 4706.1—2005 中的该章除下述内容外,均适用。

10.1 增加:

电极式加湿器不限制负偏差。

11 发热

GB 4706.1—2005 中的该章除下述内容外,均适用。

11.4 修改:

电极式加湿器在 1.06 倍额定电压下工作。

增加:

如果装有电动机、变压器或电子电路的器具温升超过限定值,且输入功率低于额定输入功率,器具在 1.06 倍额定电压下重复试验。

11.6 代替:

组合型器具按照电热器具操作。

11.7 代替:

器具运行至稳定状态。

11.8 增加:

当器具在 1.15 倍额定输入功率下工作时,电动机、变压器或电子电路的元件及直接受它们影响的零部件的温升有可能超过它们各自的温升限定值。

12 空章

13 工作温度下的泄漏电流和电气强度

GB 4706.1—2005 中的该章除下述内容外,均适用。

13.1 修改:

电极式加湿器在 1.06 倍额定电压下工作。

13.2 增加:

对电极式加湿器测量放置在蒸汽中距出口 10 mm 处的金属网与易触及部件(包括金属箔)之间的泄漏电流。

泄漏电流不应超过 0.25 mA。

14 瞬态过电压

GB 4706.1—2005 中的该章适用。

15 耐潮湿

GB 4706.1—2005 中的该章除下述内容外,均适用。

15.2 增加:

如有怀疑,溢水试验在器具偏离正常使用位置的角度不应超过 5°的条件下进行。

打算直接与水源连接的器具,运行至达到最高水位。进水阀保持打开状态,并在第一次有溢水迹象后再继续注水 15 min,或者直到由其他装置自动停止注水为止。

16 泄漏电流和电气强度

GB 4706.1—2005 中的该章适用。

17 变压器和相关电路的过载保护

GB 4706.1—2005 中的该章适用。

18 耐久性

GB 4706.1—2005 中的该章不适用。

19 非正常工作

GB 4706.1—2005 中的该章除下述内容外，均适用。

19.2 增加：

电极式加湿器进行试验时，水箱内注入(20±5)℃的氯化钠(NaCl)饱和溶液，器具以额定电压供电。

注：饱和溶液指食盐不再溶解时的水溶液。

19.3 增加：

此项试验不适用于电极式加湿器。

19.4 修改：

器具注入刚好覆盖发热元件的水。

关闭风扇。

20 稳定性和机械危险

GB 4706.1—2005 中的该章适用。

21 机械强度

GB 4706.1—2005 中的该章适用。

22 结构

GB 4706.1—2005 中的该章除下述内容外，均适用。

22.6 增加：

排水孔直径至少为 5 mm，或者最小尺寸为 3 mm，截面积至少为 20 mm^2。

通过测量确定是否合格。

22.33 修改：

液体若使用电极加热，则液体可以直接和带电部件接触。

22.101 装有加热水装置器具的蒸汽出口处应能避免可能引起容器内压力明显升高的阻塞。水箱应通过开口直径至少为 5 mm，或最小尺寸为 3 mm，截面积至少为 20 mm^2 的孔与大气连通。

通过视检和测量确定是否合格。

22.102 安装在墙壁上的器具应通过独立于水源连接的可靠措施固定在墙壁上。

通过视检确定是否合格。

22.103 电极式加湿器的结构应确保，当水箱注水口打开时，两电极断开以提供过电压类别Ⅲ条件下的全极断开。

本要求不适用于需取下一个器具连接器才可以注水的器具。

通过视检确定是否合格。

22.104 打算连接到水源的器具应能承受正常使用所要求的水压。

通过将器具连接到水压等于两倍最大进口水压或 1.2 MPa 的水源。两者取其较高者，经受 5 min

试验,来确定是否合格。

承受水压的部件应无泄漏。

23 内部布线

GB 4706.1—2005 中的该章适用。

24 元件

GB 4706.1—2005 中的该章除下述内容外,均适用。

24.101 装在器具中使其符合第 19 章要求的热断路器,不应是自复位的。

通过视检确定是否合格。

25 电源连接和外部软线

GB 4706.1—2005 中的该章适用。

26 外部导线用接线端子

GB 4706.1—2005 中的该章适用。

27 接地措施

GB 4706.1—2005 中的该章适用。

28 螺钉和连接

GB 4706.1—2005 中的该章适用。

29 电气间隙、爬电距离和固体绝缘

GB 4706.1—2005 中的该章除下述内容外,均适用。

29.2 增加:

电极式加湿器,支撑电极绝缘的微观环境为 3 级污染。

30 耐热和耐燃

GB 4706.1—2005 中的该章除下述内容外,均适用。

30.2.2 不适用。

31 防锈

GB 4706.1—2005 中的该章适用。

32 辐射、毒性和类似危险

GB 4706.1—2005 中的该章适用。

附　录

GB 4706.1—2005 中的附录适用。

参 考 文 献

GB 4706.1—2005 中的参考文献除下述内容外,均适用。

增加:

IEC 60335-2-88　家用和类似用途电器的安全　用于加热、通风或空气调节系统的加湿器的特殊要求

ICS 13.120
Y 63

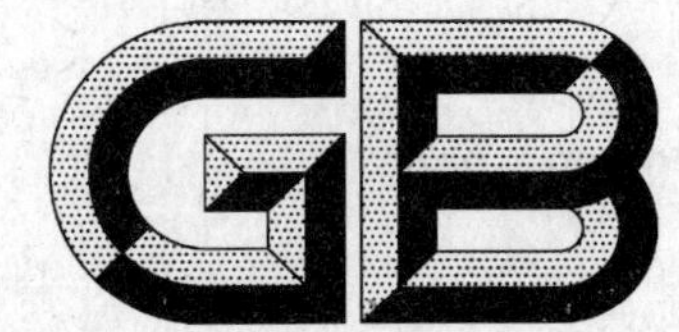

中华人民共和国国家标准

GB 4706.99—2009

家用和类似用途电器的安全 储热式电热暖手器的特殊要求

Household and similar electrical appliances—Safety—Particular requirements for thermal-storage hand warmers

2009-12-15 发布　　2010-11-01 实施

中华人民共和国国家质量监督检验检疫总局
中国国家标准化管理委员会　发布

前言

本部分的全部技术内容为强制性。

GB 4706《家用和类似用途电器的安全》由若干部分组成，第 1 部分为通用要求，其他部分为特殊要求。

本部分是 GB 4706 的第 99 部分。

本部分应与 GB 4706.1—2005《家用和类似用途电器的安全　第 1 部分：通用要求》配合使用。

本部分通过增补或修改 GB 4706.1 而形成，写明“适用”的部分，表示 GB 4706.1 的相应条文适用于本部分；写明“代替”的部分，则以本部分的条文为主；写明“修改”的部分，表示 GB 4706.1 相应条文的相关内容应以本部分修改后的内容为准，而该条文中的其他内容仍适用；写明“增加”的部分，表示除要符合 GB 4706.1 相应条文外，还应符合本部分所增加的条文。

对 GB 4706.1 增加的条款从 101 开始编号。

本部分由中国轻工业联合会提出。

本部分由全国家用电器标准化技术委员会(SAC/TC 46)归口。

本部分起草单位：广州电器科学研究院、成都彩虹电器(集团)股份有限公司、广东美的集团有限公司、佛山市顺德区美美创新电器有限公司、广东省顺德出入境检验检疫局、广州威凯认证检测技术研究所。

本部分主要起草人：徐艳容、刘向东、李政勇、陈璐诗、李德宁、路东琪、曾文礼。

家用和类似用途电器的安全
储热式电热暖手器的特殊要求

1 范围

GB 4706.1—2005 的该章用下述内容代替：

本部分适用于家用和类似用途的、额定电压不超过 250 V 的储热式电热暖手器(以下简称“暖手器”)及类似器具的安全。

本部分也适用于随器具一起提供的控制装置。

本部分所涉及的器具存在的普通危险，是在住宅和住宅周围环境中所有的人可能会遇到的。然而，一般说来本部分并未涉及：

——无人照看的幼儿和残疾人使用器具时的危险；

——幼儿玩耍器具的情况。

注 101：当孩子们从家长或监护人那里得到充分指导，并被认为可以安全使用器具时，才可以在无监管的情况下使用器具。

注 102：注意下述情况：

——对于打算用在车辆、船舶或航空器上的器具，可能需要附加要求；

——在许多国家中，全国性的卫生保健部门、全国性劳动保护部门以及类似的部门都对器具规定了附加要求；

注 103：本部分不适用于：

——打算使用在经常产生腐蚀性或爆炸性气体(如灰尘、蒸气或瓦斯气体)特殊环境场所的器具；

——电热毯、电热垫及类似柔性发热器具(GB 4706.8)；

——室内加热器(GB 4706.23)；

——水床加热器(GB 4706.58)；

——动物繁殖和饲养用电加热器(GB 4706.47)；

——暖脚器和热脚垫(GB 4706.80)；

——非储热式电热暖手器；

——医疗监护中人员使用的专用器具(IEC 60601-2-35)。

2 规范性引用文件

下列文件中的条款通过 GB 4706 的本部分的引用而成为本部分的条款。凡是注明日期的引用文件，其随后所有的修改单(不包括勘误的内容)或修订版均不适用于本部分，然而，鼓励根据本部分达成协议的各方研究是否使用这些文件的最新版本。凡是不注日期的引用文件，其最新版本适用于本部分。

GB 4706.1—2005 的该章适用。

3 术语和定义

GB 4706.1—2005 确立的以及下列术语和定义适用于 GB 4706 本部分。

3.1.9 代替：

正常工作 normal operation

器具在下述条件下工作：

把暖手器水平放置或按使用说明的要求放置，接通电源，当控制储热芯体温度的装置第一次将所有的电热元件断电时，储热过程结束。

3.101

暖手器 hand warmer

把电能转化为热能，由使用者握持，供手部取暖的器具。

3.102

储热式电热暖手器 thermal storage hand warmer

把从电能获得的热能储存到一个储热芯体内并随即自然释放的暖手器，这种暖手器在握持暖手时与电源断开。

3.103

硬壳暖手器 hard hand warmer

外壳为硬质材料的暖手器。

3.104

柔性暖手器 soft hand warmer

外壳为软质材料的暖手器。

4 一般要求

GB 4706.1—2005 的该章适用。

5 试验的一般条件

GB 4706.1—2005 的该章除下述内容外，均适用：

5.2 增加：

根据试验要求增加满足试验需要的样品。

增加一个样品来进行 21.101 的试验。

对于柔性暖手器，需要提供尺寸为 1 200 mm×1 200 mm 的外壳材料来进行 21.102、21.103 和 30.101 的试验。

5.3 增加：

对于柔性暖手器，21.104 的试验在第 29 章试验之后进行。

5.5 增加：

如果器具带有一个可拆卸的外套，则试验应在带或不带外套两种情况中选取较不利者进行。如果使用说明要求必须带外套使用，则试验应在带外套情况下进行。

如果电热元件可以移动，则应将电热元件移动到最不利的位置进行试验。

5.7 修改：

试验的环境温度为 23 ℃±2 ℃。

6 分类

GB 4706.1—2005 的该章除下述内容外，均适用。

6.1 修改：

器具应为Ⅱ类或Ⅲ类，Ⅲ类器具的额定电压应不超过 24 V。

7 标志和说明

GB 4706.1—2005 的该章除下述内容外，均适用：

7.1 修改：

器具应标有额定输入功率。

增加：

器具应标有下述内容：

——禁止在通电时使用。

硬壳暖手器应标有下述内容：

——禁止覆盖或 IEC 60417-5641(DB:2002-10)图示符号。

柔性暖手器应标有下述内容：

——不得插入销钉或图 101 所示的符号。

7.12 增加：

使用说明应包含下述内容：

重要说明：注意保存以备后用；不得由不能自理人员、婴幼儿或对热不敏感的人使用。

使用说明应包括下述内容：

——必须与配套的连接器一起使用；

——如果器具上使用“禁止覆盖”符号进行标示时，应解释其含义；

——通电储热时请将暖手器放在儿童不可触及的地方；

——存放器具前先让器具冷却至室温；

——在通电和存放期间，不要把物品压放在器具上面；

——经常检查器具上是否有磨损或损坏的迹象，如果有这种迹象请不要使用。

柔性暖手器的使用说明应包括下述内容：

——禁止用水冲洗；

——不能与锋利或尖状物体碰触；

——避免摔打、重压；

——不可用汽油、甲苯或其他强溶剂等擦洗。

使用说明应说明此器具不宜被儿童使用，除非家长或监护人已事先对其进行设置，或已对儿童就其使用方法给予充分指导。

7.14 增加：

图 101 和禁止覆盖的图示符号高度至少应为 15 mm。

“重要说明”及其内容字体的高度至少应为 6 mm。

通过测量来确定是否合格。

8 对触及带电部件的防护

GB 4706.1—2005 的该章适用。

9 电动器具的启动

GB 4706.1—2005 的该章不适用。

10 输入功率和电流

GB 4706.1—2005 的该章适用。

11 发热

GB 4706.1—2005 的该章除下述内容外，均适用：

11.2 修改：

把暖手器按正常工作条件放置在测试角内，靠近一边壁并远离另一边壁。

11.8 增加：

暖手器表面、测试角边壁和底板的温升应不超过表 101 所示的值：

表 101 最大正常温升

表 面	温升 K
暖手器表面	75
测试角边壁和底板	75

12 空章

13 工作温度下的泄漏电流和电气强度

GB 4706.1—2005 的该章适用。

14 瞬态过电压

GB 4706.1—2005 的该章适用。

15 耐潮湿

GB 4706.1—2005 的该章适用。

16 泄漏电流和电气强度

GB 4706.1—2005 的该章适用。

17 变压器和相关电路的过载保护

GB 4706.1—2005 的该章适用。

18 耐久性

GB 4706.1—2005 的该章不适用。

19 非正常工作

GB 4706.1—2005 的该章除下述内容外，均适用：

19.2 增加：

把暖手器按正常工作条件放置在测试角内，靠近一边壁并远离另一边壁。用一块厚约 36 mm 的隔热材料垫在暖手器的下面，另取一块同样厚度的隔热材料将暖手器全部或部分覆盖，选较不利情况。

对于需用户自行加液的柔性暖手器，在充满液体与未充液体间取其较不利者。

隔热材料具有下述组成成分：

开孔聚醚；

孔数：18^{+2}_{0} 个/cm；

规定质量：30^{+3}_{0} kg/m³；

硬度：在按照 GB/T 10807 标准测得的压痕的 40%时为 120 N～170 N。

19.13 增加：

在试验期间，与隔热材料相接触的暖手器表面的温升应不超过 155 K。

20 稳定性和机械危险

GB 4706.1—2005 的该章适用。

21 机械强度

GB 4706.1—2005 的该章除下述内容外，均适用：

21.1 增加：

暖手器还需经受 21.101 的试验；

对于柔性暖手器，还需经受 21.102、21.103 和 21.104 的试验。

试验后，器具不应出现：

——影响符合本部分要求的外壳损坏；

——电热元件的断裂；

——结构缝合处损坏，或影响符合本部分要求的胶合或焊接点的破裂；

——器具输入插口的松脱；

——电气连接的松脱或断裂。

增加：

21.101 取一个暖手器，以最不利位置朝下，使其从 900 mm 的高处自由跌落到一块固定放置的、厚度约 20 mm 的水平硬木板上，此试验进行 3 次。暖手器上的电源软线要从器具输入插口拔出，这些软线不经受本试验。

试验后，暖手器上应没有影响符合本部分要求的损坏。如果暖手器仍能继续工作，则应使器具经受第 11 章的试验。

21.102 对于柔性暖手器，取尺寸为 1 000 mm×1 000 mm 的外壳材料紧紧地连接到附录 AA 描述的装置上。

外壳材料通过驱动杆牵拉，此驱动齿轮以 33 转/min 的速度工作。

将外壳材料的一端连接在此驱动杆上转动 1 000 次，然后将其旋转 90°，再进行 1 000 次转动。

注：此试验在与外壳材料的同一面靠近滚轴的情况下进行。

21.103 柔性暖手器的外壳材料在使用的正常条件下应有足够的耐撕裂能力。

通过下述试验来确定是否合格。

将五个如图 102 所示的外壳材料样品放在 23 ℃±2 ℃的环境温度中处理。

把每个样品短边的整个边长固定在一个拉伸机械的夹具上，样品和夹具处于同一平面。使夹具以 50 mm/min 的速率分开直至样品撕裂，测量最大断裂负荷。

五个样品的断裂负荷平均值不得小于 12.5 N。

21.104 柔性暖手器应能经受挤压试验。

通过下述试验来确定是否合格。

用一块厚度约为 20 mm 的胶合板把暖手器完全支撑住，取一块尺寸为 300 mm×300 mm×20 mm 的胶合板以最不利位置放在暖手器上表面，把质量为 80 kg 的重物放置在胶合板上 5 min。

试验后，暖手器不应有液体渗漏或破裂。

注：胶合板的边缘应圆滑。

22 结构

GB 4706.1—2005 的该章除下述内容外，均适用。

22.7 修改：

柔性暖手器在结构上应有防止在通电过程中出现暖手器内气压过高的保护装置。

通过视检，如器具没有安装过压保护装置，则判该器具不合格；如装有过压保护装置，则需要进行下述试验来确定其是否合格：

暖手器在第11章规定的条件下,输入功率为1.15倍的额定输入功率。

所有热控制器均要同时短路。

使暖手器工作直至过压保护装置动作。

试验后,暖手器应没有破裂或液体的渗漏。

增加:

22.101 暖手器的结构应使电热元件和内部布线保持在它们预定的位置上。

通过视检来确定是否合格。

22.102 对于柔性暖手器,除Ⅲ类器具以外,电热元件及内部布线的绝缘应和导线构成一个整体。

通过视检来检查是否合格。

22.103 柔性暖手器的内部结构、连线接头等不应出现可以损坏柔性材料的毛刺。

通过视检来检查是否合格。

23 内部布线

GB 4706.1—2005的该章适用。

24 元件

GB 4706.1—2005的该章除下述内容外,均适用:

增加:

24.1.4 修改:

自复位热断路器的工作循环应为10 000次。

24.101 对于柔性暖手器,至少应有一个限制储热芯体温度的热断路器是非自复位型的。

通过视检来确定是否合格。

25 电源连接和外部软线

GB 4706.1—2005的该章适用。

26 外部导线用接线端子

GB 4706.1—2005的该章适用。

27 接地措施

GB 4706.1—2005的该章不适用。

28 螺钉和连接

GB 4706.1—2005的该章适用。

29 电气间隙、爬电距离和固体绝缘

GB 4706.1—2005的该章适用。

30 耐热和耐燃

GB 4706.1—2005的该章除下述内容外,均适用:

30.1 增加:

本要求不适用于柔性部分。

30.2 增加：

本要求不适用于柔性部分。

增加：

30.101 柔性材料应有耐燃性。

通过下述的火花燃烧试验来确定是否合格。

从外壳材料上切下六块尺寸为100 mm×200 mm的样品，应使得在同一根经线或纬线上不会有两个样品。如果做不到，则在挑选样品时应使同一根线不会出现两个以上的样品。

如果外壳材料不可分离，则用双层材料进行试验。

试验装置如图103所示，它带有两个直径为3 mm的铜电极，这些电极通过两根铜柱安装在一个绝缘材料基板上，以使它们的轴线成一直线。基板上还支撑着一个尺寸为100 mm×100 mm的绝缘材料的平台，此平台位于两根铜柱中间，并带有调节平台高度的装置。

固定一个电极而使另一个电极可移动，以使得样品可以被插入。固定电极的尖顶有一个45°的角，应使此电极距铜柱的最远点位于电极的顶部，而且距平台的中心约为3 mm。可移动电极带有一个扁平端部。

将如图103a的详图A所示的一块硬木模板的下构件放在可调平台的指定位置上。

将试验设备，包括如图103a的详图B所示的模板的上构件一起放进一个加热箱内，此加热箱具有一个带观察窗的门，且空气能自然对流循环。将电极与一个可调的非感性电阻一起串联到一个具有10 kV的正弦额定输出电压的电源上。此电源具有当流过电流为1 mA时，输出电压不会减少100 V以上的特性。

把加热箱的温度升到65 ℃±2 ℃。然后将电极短路，并调整电阻使流过的电流为1 mA。接着断开电源，并把样品放进加热箱内保持3 h。

试验装置不从加热箱取出，把可移动电极移开，将一个样品拉到固定电极上以使得此电极位于电热元件占有空间的中心。调整样品使它的一端与可调平台的边缘近似平行，然后将可移动电极插入电热元件空间的另一端并固定，使两个电极之间的距离为6.0 mm±0.1 mm。之后将样品弄平，并把模板的上构件放置就位。随后关闭加热箱的门5 min以使温度稳定。

然后接通电源，并允许火花在两极之间通过2 min。如果样品点燃，则记录下从电源接通的瞬间至火花到达模板内部边缘的时间，表面纤维的燃烧持续时间不超过3 s者可以忽略不计。如果样品不点燃，则记录时间为120 s。

然后把样品取出，并把样品的另一面向上重新放入两个电极之间，以使相对的一端经受此试验。

在另外五个样品上重复进行上述试验。

如果任何一个记录的时间少于30 s，则要求在第二组的六个样品上重复全部的试验，在这种情况下，样品的记录时间均应不少于30 s。

计算12个记录的平均值，此值应不小于80 s。舍去所有与平均值之差大于30 s的数值，如有必要，再次计算剩余的平均值。

31 防锈

GB 4706.1—2005的该章适用。

32 辐射、毒性和类似危险

GB 4706.1—2005的该章适用。

图 101 “不得插入销钉”的符号

单位为毫米

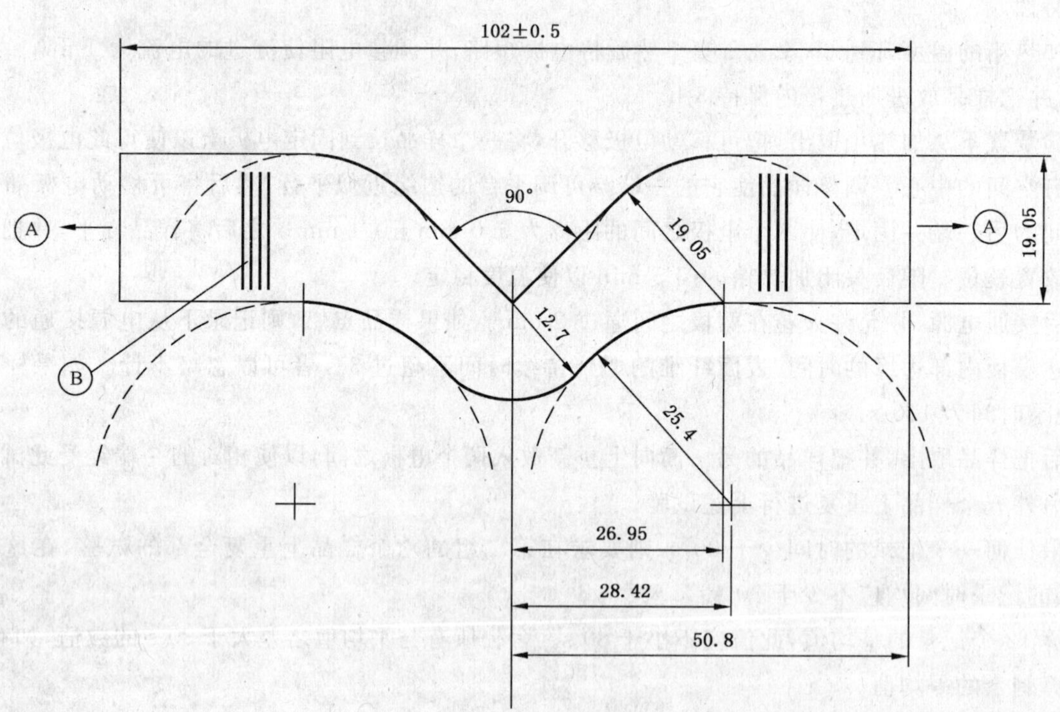

A——拉力方向；

B——条痕方向。

图 102 耐撕裂试验的样品形状

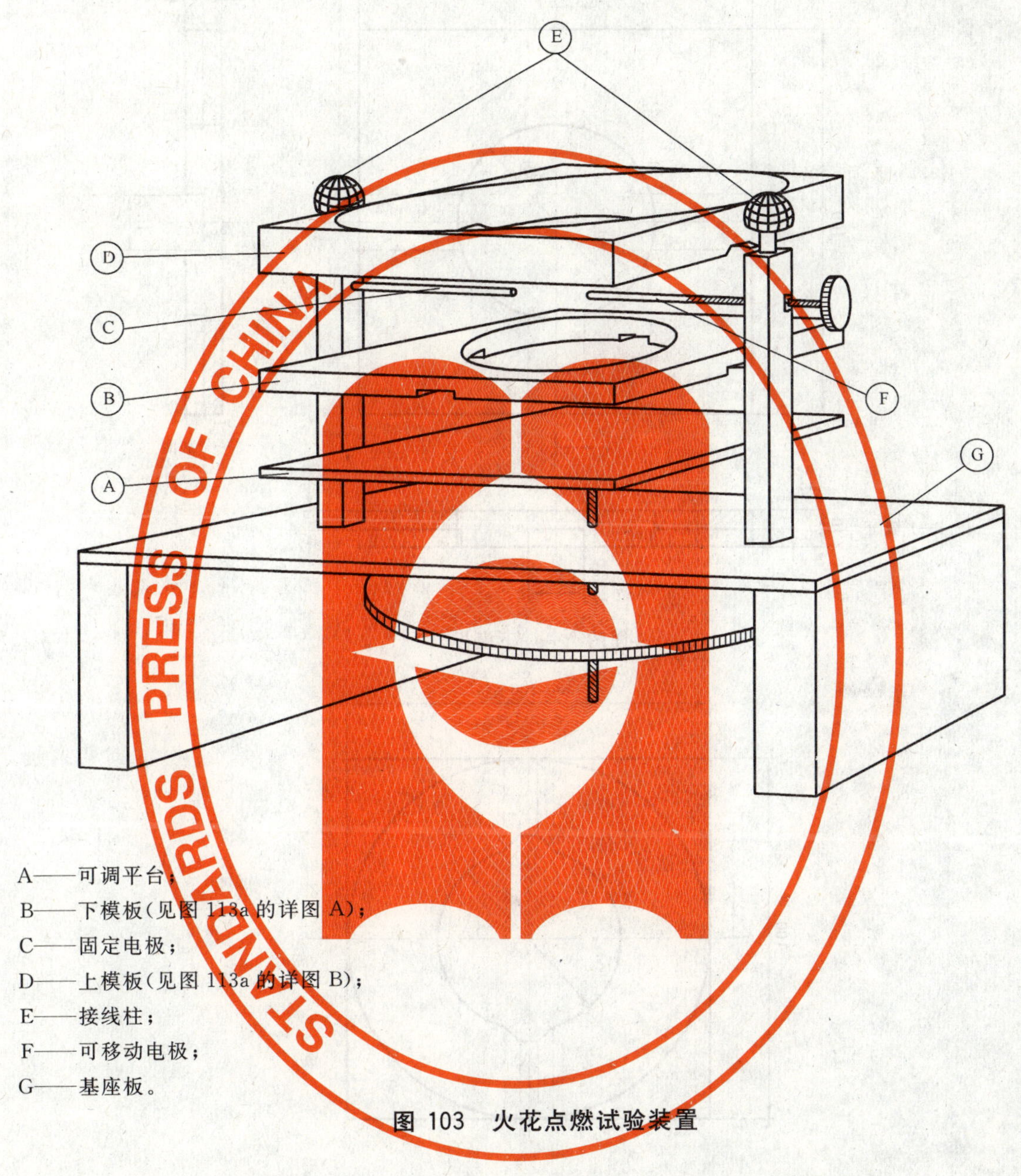

A——可调平台；

B——下模板(见图 113a 的详图 A)；

C——固定电极；

D——上模板(见图 113a 的详图 B)；

E——接线柱；

F——可移动电极；

G——基座板。

图 103 火花点燃试验装置

单位为毫米

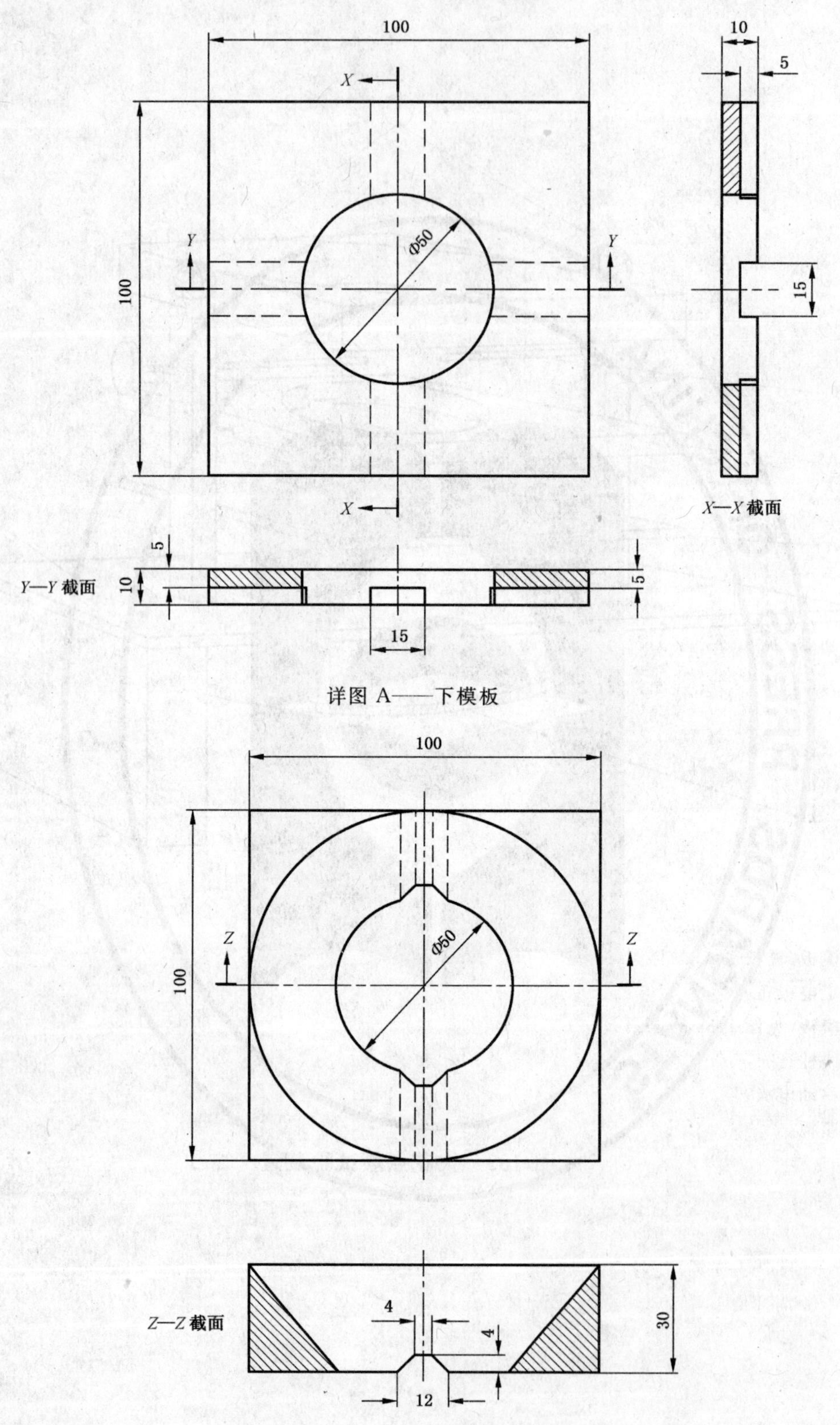

注：上模板的质量为 100 g，可通过修整它的厚度来达到。

图 103a　模板详图

附 录

GB 4706.1 的附录除下述内容外，均适用。

附 录 AA
（规范性附录）
机械强度试验装置

试验装置如图 AA.1 所示，具有一根直径为 160 mm 的转动滚轴，且长度足以容纳下外壳材料的全长，将一个直径为 60 mm±2.5 mm、洛氏硬度为 40～50 的固体橡胶球切开，并装在滚轴上，使它们从表面上突起 25 mm。这些球体绕滚轴的圆周均匀分六排，球体互相分开 320 mm。每个球体都位于相邻一排的一对球体的中间位置（如图 AA.2 所示）。此滚轴能绕其支承轴自由转动。

在滚轴的下面连有一根边长为 25 mm×25 mm 的方形截面棒，以使它可以装在导轨上，并可在自由上下移动的承载器内自由转动。可以在承载器上加重物以调节棒和承载器的总质量。

一些直径为 65 mm、长为 140 mm 的光滑硬木圆柱位于滚轴的上方，每个圆柱都由一对臂固定住，此臂与绕之转动的圆柱轴心之间的距离为 160 mm。这些圆柱的位置应使每一个凸球都在一个圆柱的中心下面通过。枢轴棒的位置应使得：当圆柱与滚轴的顶部接触时，这些臂的轴心线与水平成 25°角。由每一个圆柱施加在滚轴上的力为 5.1 N。

一个截面直径为 230 mm 的齿轮被牢固地装在滚轴支承轴的两端，一根带动传动杆的环状链条在此齿轮上环绕过，并从方形截面棒的最低位置处绕过。

用直径为 3.5 mm 的螺钉将夹紧杆与传动杆连上（如图 AA.3 所示），在夹紧杆的边缘上连有钢丝转环。

将外壳材料的整个长度用夹子和可调的编织带牢固地连接在这些钢丝转环上。然后让它从滚轴上绕过，并绕过方形截面棒的下面与编织带的另一端夹紧。外壳材料和编织带形成一条连续的带状物，它通过在承载器上增加重量而受到拉力，从而使杆组件和承载器的总质量为使外壳材料的连接边上受重 6 kg。调节编织带使方形截面棒和承载器从它们的不工作位置上提高 50 mm，编织带上的拉力此后不能变化。编织带的位置应使它们在滚轴上凸球中间通过。

注 1：应使用足够多的编织带以防止外壳材料折皱；

注 2：所有电源软线与传动杆连接的方式都不能对试验的结果造成影响；

注 3：应装有当传动杆从滚轴上越过时升高圆柱的装置，以避免对试验装置造成损坏；

注 4：应分别驱动传动杆。滚轴和方形截面棒都是由外壳材料从其上越过而被带动旋转。

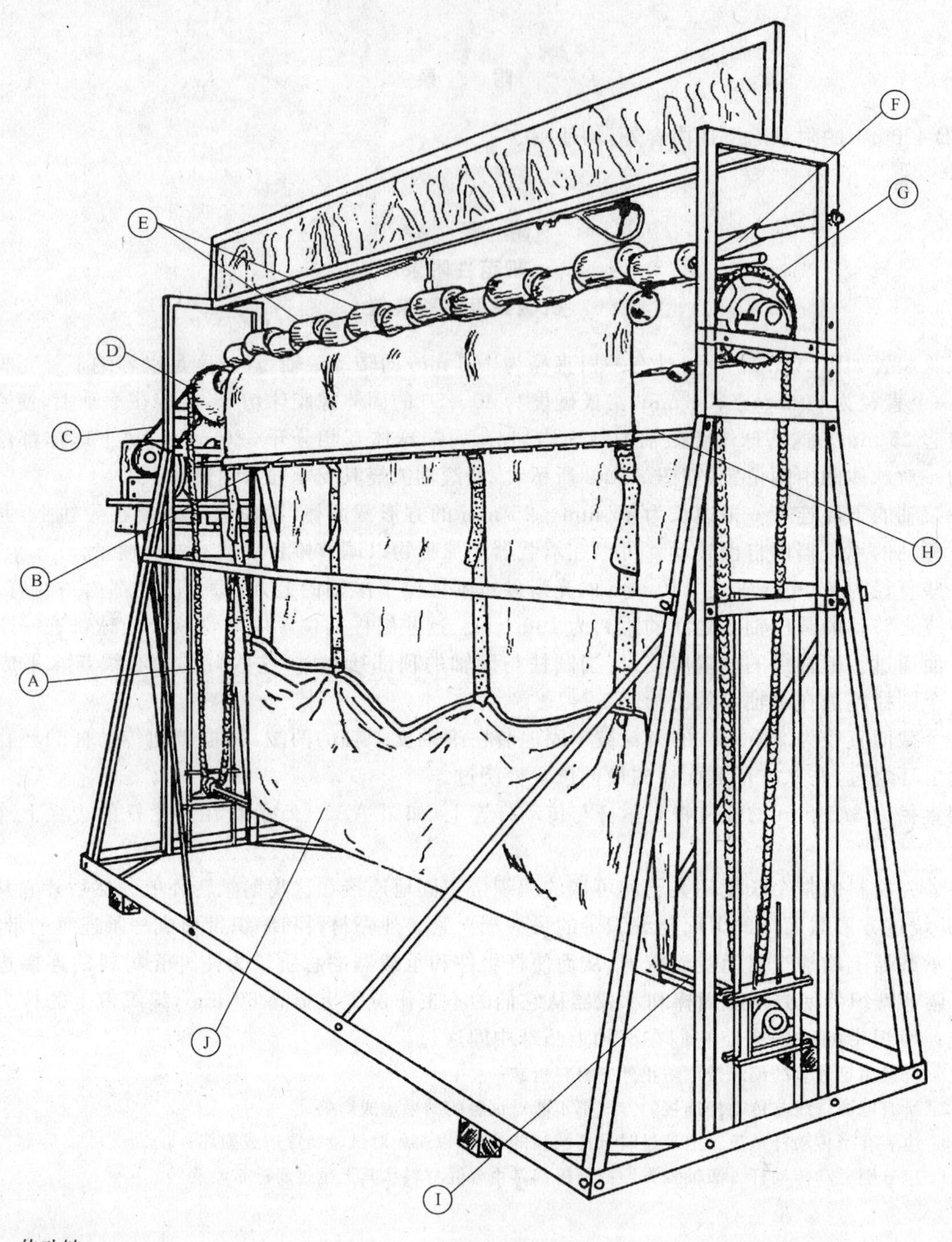

A——传动链；
B——夹紧杆；
C——传动链；
D——自调节轴承；
E——锁紧圆柱；
F——圆柱臂；
G——齿轮；
H——牵引杆；
I——方形截面棒；
J——试验中的外壳材料。

图 AA.1 外壳材料的机械强度试验装置

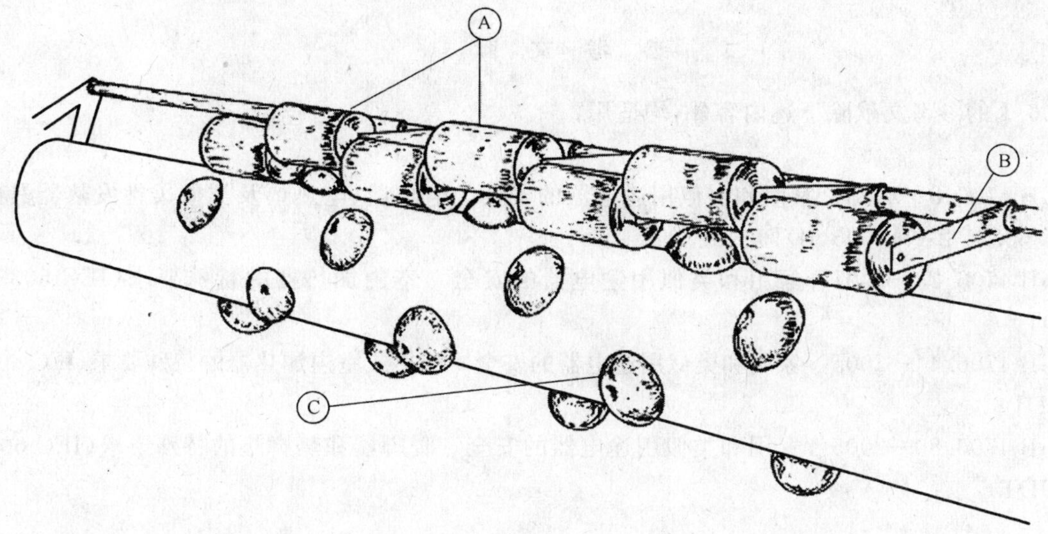

A——圆柱；
B——圆柱臂；
C——固体橡胶球。

图 AA.2　滚轴和圆柱的详图

单位为毫米

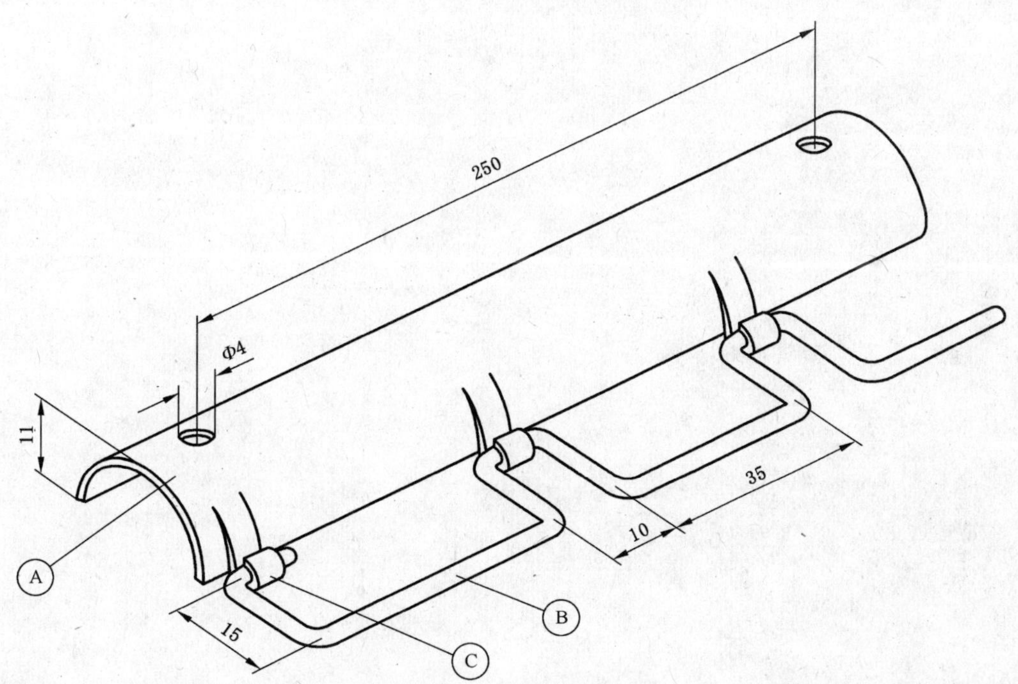

A——直径为 25 mm、壁厚为 1.6 mm 的钢通管；
B——直径为 2.5 mm 钢丝转环；
C——焊在钢通管上的铰链。

图 AA.3　夹紧杆详图

参 考 文 献

GB 4706.1 的参考文献除下述内容外，均适用：

增加：

[1] GB 4706.8—2008 家用和类似用途电器的安全 电热毯、电热垫及类似柔性发热器具的特殊要求(IEC 60335-2-17:2006,IDT)

[2] GB 4706.23—2007 家用和类似用途电器的安全 室内加热器的特殊要求(IEC 60335-2-30:2002,IDT)

[3] GB 4706.44—2005 家用和类似用途电器的安全 贮热式室内加热器的特殊要求(IEC 60335-2-61:2002,IDT)

[4] GB 4706.80—2005 家用和类似用途电器的安全 暖脚器和热脚垫的特殊要求(IEC 60335-2-81:2002,IDT)

ICS 13.120
Y 69

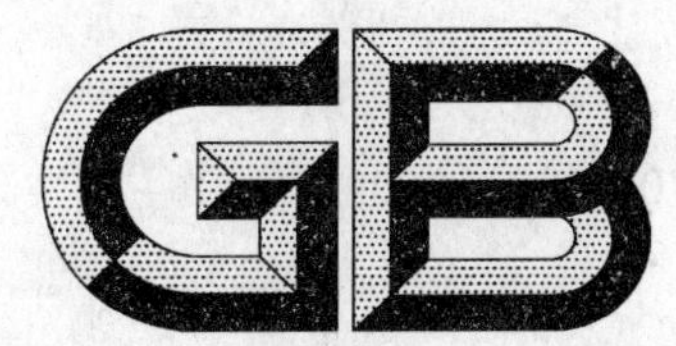

中华人民共和国国家标准

GB 4706.100—2009

家用和类似用途电器的安全 多功能淋浴房的特殊要求

Household and similar electrical appliances—Safety—Particular requirements for multifunctional shower room

2009-12-15 发布 2010-11-01 实施

中华人民共和国国家质量监督检验检疫总局
中国国家标准化管理委员会 发布

前言

本部分全部技术内容为强制性。

GB 4706《家用和类似用途电器的安全》由若干部分组成，第1部分为通用要求，其他部分为特殊要求。

本部分是GB 4706的第100部分。

本部分应与GB 4706.1—2005《家用和类似用途电器的安全　第1部分：通用要求》配合使用。

本部分中写明“适用”的部分，表示GB 4706.1—2005中的相应条文适用于本部分；本部分中写明“代替”或“修改”的部分应以本部分为准；本部分中写明“增加”的部分，表示除要符合GB 4706.1—2005中的相应条文外，还应符合本部分所增加的条文。

本部分由中国轻工业联合会提出。

本部分由全国家用电器标准化技术委员会归口。

本部分主要起草单位：中国家用电器研究院、国家家用电器质量监督检验中心。

本部分主要起草人：马德军、鲁建国、朱焰、许振刚、孙鹏。

家用和类似用途电器的安全 多功能淋浴房的特殊要求

1 范围

GB 4706.1—2005 中该章由下述内容代替：

本部分规定了单相器具额定电压不超过 250 V，其他器具额定电压不超过 480 V 的家用和类似用场合使用的多功能淋浴房的安全。

不打算作为一般家用但对公众仍可以构成危险源的器具，例如：在酒店、健身中心和类似场所由非专业人员使用的器具，属于本部分的范围。

本部分涉及的器具存在的普通危险，是在住宅和住宅周围环境中所有的人可能会遇到的。

本部分未涉及：

——无人照看的幼儿和残疾人使用器具时的危险；

——幼儿玩耍器具的情况。

注 1：注意下述情况：

——对于用在车辆、船舶或航空器上的淋浴房，可能需要附加要求；

——全国性的卫生保健部门、全国性劳动保护部门、全国性供水管理部门以及类似的部门都对器具规定了附加要求。

注 2：本部分不适用于：

——设计用于医疗目的的器具；

——打算使用在经常产生腐蚀性或爆炸性气体（如灰尘、蒸气或瓦斯气体）特殊环境场所的器具。

2 规范性引用文件

下列文件中的条款通过 GB 4706 的本部分的引用而成为本部分的条款。凡是注明日期的引用文件，其随后所有的修改单（不包括勘误的内容）或修订版均不适用于本部分，然而，鼓励根据本部分达成协议的各方研究是否使用这些文件的最新版本。凡是不注日期的引用文件，其最新版本适用于本部分。

GB 4706.1—2005 中的该章适用。

3 术语和定义

GB 4706.1—2005 确立的以及下列术语和定义适用于 GB 4706 本部分。

3.1.9 代替：

正常工作 normal operation

器具要在下述条件下工作。

淋浴房的所有喷水口均达到最大流量，带有加热功能的加热装置打开到最大挡位。

3.101

多功能淋浴房 multifunctional shower room

能够从顶部、侧面等部位提供喷射水流或电磁场，并可带有水加热功能的封闭间室。

4 一般要求

GB 4706.1—2005 中的该章适用。

5 试验的一般条件

GB 4706.1—2005 中的该章除下述内容外，均适用。

5.7 增加：

如果试验受水温影响，则水温要保持 40 ℃或控制器允许的最高温度，两者取较大值。

6 分类

GB 4706.1—2005 中的该章除下述内容外，均适用。

6.1 修改：

多功能淋浴房应为Ⅰ类、Ⅱ类或Ⅲ类。

6.2 增加：

多功能淋浴房应为至少为 IPX5。

7 标志和说明

GB 4706.1—2005 中的该章除下述内容外，均适用。

7.12 增加：

使用说明书应包含有关清洁和其他维护方面的详细说明。

多功能淋浴房的使用说明书应包括以下信息：

——水可维持的纯净程度，特别是水的 pH 值和氯的浓度；

——清洁和消毒；

——顶部的使用和安装；

——水的处理；

——防止由于水结冰而造成损坏的警示；

——防止由于器具长期空置而造成损坏的警示。

7.12.1 增加：

安装说明书应包含下述内容：

——接地连接器具必须永久连接到固定布线上；

——装有电气元件的部件，除遥控装置外，必须适当放置或固定，使它们不会掉入间室底部；

——应通过一个额定剩余工作电流不超过 30 mA 的剩余电流装置(RCD)给器具供电。

安装说明书应详细说明如何做到符合布线规则，例如，详细规定部件安装在正确的区域，并进行等电位的连接。

如果器具打算用螺钉或其他永久固定方式进行固定，则安装说明书应详细说明如何对器具进行固定。

注 101：如果固定方式是明显的，则不需要本说明。

多功能淋浴房的安装说明应规定以下内容：

——地板可以支持预期的负重；

——需要提供适当的排水系统来处理溢出的水。

8 对触及带电部件的防护

GB 4706.1—2005 中的该章除下述内容外，均适用。

8.1.4 修改：

所有通电部件均为带电部件。

9 电动器具的启动

GB 4706.1—2005 中的该章不适用。

10 输入功率和电流

GB 4706.1—2005 中的该章适用。

11 发热

GB 4706.1—2005 中的该章除下述内容外，均适用。

11.8 增加：

如果器具装有加热元件，多功能淋浴房喷水口的水温不应超过 50 ℃。

12 空章

13 工作温度下的泄漏电流和电气强度

GB 4706.1—2005 中的该章适用。

14 瞬态过电压

GB 4706.1—2005 中的该章适用。

15 耐潮湿

GB 4706.1—2005 中的该章除下述内容外，均适用。

15.1 增加：

由不超过 12 V 的安全特低电压供电的部件绝缘表面存在水迹可以忽略。

15.1.2 增加：

多功能淋浴房所有喷水口均以最大流量喷水 10 min。

16 泄漏电流和电气强度

GB 4706.1—2005 中的该章适用。

17 变压器和相关电路的过载保护

GB 4706.1—2005 中的该章除下述内容外，均适用。

增加：

装有氯化单元的器具重复本试验，试验电流为使保护装置动作最低电流的 95%，试验到稳定状态。

18 耐久性

GB 4706.1—2005 中的该章不适用。

19 非正常工作

GB 4706.1—2005 中的该章除下述内容外，均适用。

19.2 增加：

对于水在内部循环的器具，在开关断开和排空间室的水之后，器具喷水并让器具工作，发热元件通电，如果可能，泵处于工作或不工作状态，两者取最不利的情况。

19.7 增加：

试验时器具喷水量为正常工作时所规定的水量。

19.13 增加：

按照 11 章要求测量时，对加热水温有规定的多功能淋浴放喷水口水温不应超过 55 ℃。

20 稳定性和机械危险

GB 4706.1—2005 中的该章适用。

21 机械强度

GB 4706.1—2005 中的该章除下述内容外，均适用。

21.1 增加：

除非仅在室内使用的器具，多功能淋浴放在－10 ℃环境中保持 24 h 后进行冲击试验。

注 101：如果器具相对于环境试验室过大，器具部件可以分开进行试验。在这种情况下，冲击试验需在环境试验后立即进行，且不重新组装。

对于易触及带电部件提供保护的部分，冲击能量为(1.00±0.04)J。

22 结构

GB 4706.1—2005 中的该章除下述内容外，均适用。

22.33 增加：

导电液体若与带电部件直接相连，此带电部件应由不超过 12 V 的安全特低电压供电。

注：不允许与第 8 章规定的易触及部件直接接触。

如果开关和控制装置为多功能易触及部件，则仅使用低于 12 V 的安全特低电压供电。

22.101 带有循环水功能的多功能淋浴房的结构应保证排空水箱后，留存在器具内作为下次使用的水量应不超过 0.5 L 或水箱容量的 0.2%，两者取较小值。

通过任何适当的方法确定是否合格，如使用化学稀释剂进行测量、称重或测定体积。

22.102 如果毛发被吸入孔口会导致危险的话，带有循环水功能的多功能淋浴房的结构应保证不能由于水的抽吸使毛发被吸入孔口。

通过下述试验确定是否合格。

给器具充满正常工作所规定水量。

将总质量为 50 g 中等或细的天然头发附着到一根直径为 25 mm、长度为 300 mm 的木棒上，头发自由端长度为 400 mm，此棒有足够的长度使头发达到抽吸开口，头发放在水中至少 2 min，充分浸透。

器具在额定电压下工作，将头发的自由端放到抽吸口上。在 2.5 min 内使头发从一边移动到另一边，试图使头发被完全吸入到开口内。

拉木棒使头发从水中抽出，并在下述条件下测量拉力：

——垂直方向拉木棒；

——与垂直方向成约 40°拉木棒。

拉力不超过 20 N。

如果多功能淋浴房底座带有一个可拆卸盖子用于覆盖抽吸开口，将盖子置于安装位置进行试验。试验过程中，使头发掠过盖子试图将盖子移开。

试验进行 5 次。

注 1：如果淋浴房有一个以上的抽吸开口，则依次进行试验。

注 2：周期性地用刷子刷头发，使头发保持不缠结。

22.103 多功能淋浴房可与水过滤系统结合使用，使水的纯净程度达到要求。

注：这并不意味着过滤系统需自动控制水的 pH 值。

通过视检确定是否合格。

23 内部布线

GB 4706.1—2005 中的该章适用。

24 元件

GB 4706.1—2005 中的该章除下述内容外，均适用。

24.101 为符合 19.4 而装在器具内的热断路器不应是自复位的。

通过视检确定是否合格。

24.102 Ⅲ类器具应装有一个等级至少为 IPX5 的安全隔离变压器。

通过视检确定是否合格。

25 电源连接和外部软线

GB 4706.1—2005 中的该章除下述内容外，均适用。

25.1 修改：

Ⅰ类器具应仅装有与固定布线作永久连接的供电装置。

26 外部导线用接线端子

GB 4706.1—2005 中的该章适用。

27 接地措施

GB 4706.1—2005 中的该章除下述内容外，均适用。

27.2 增加：

Ⅰ类器具应装有一个用于连接外部等电位导体的端子。

28 螺钉和连接

GB 4706.1—2005 中的该章适用。

29 电气间隙、爬电距离和固体绝缘

GB 4706.1—2005 中的该章除下述内容外，均适用。

29.2 增加：

微环境是 3 级污染，除非绝缘被封闭或者其放置位置能保证在器具正常使用过程中绝缘不可能受到污染。

30 耐热和耐燃

GB 4706.1—2005 中的该章除下述内容外，均适用。

30.2.2 不适用。

31 防锈

GB 4706.1—2005 中的该章适用。

32 辐射、毒性和类似危险

GB 4706.1—2005 中的该章适用。

附 录

GB 4706.1—2005 中附录适用。

参 考 文 献

GB 4706.1—2005 中参考文献除下述内容外，均适用。

增加：

[1] GB 4706.31—2003 家用和类似用途电器的安全 桑那浴加热器具的特殊要求(IEC 60335-2-53:1997,IDT)

[2] GB 4706.73—2004 家用和类似用途电器的安全 涡流浴缸和涡流水疗器具的特殊要求(IEC 60335-2-60:2002,IDT)

ICS 59.080.20
W 04

中华人民共和国国家标准

GB/T 4743—2009
代替 GB/T 4743—1995

纺织品 卷装纱 绞纱法线密度的测定

Textiles—Yarn from packages—Determination of linear density (mass per unit length) by the skein method

(ISO 2060:1994,MOD)

2009-06-19 发布 2010-02-01 实施

中华人民共和国国家质量监督检验检疫总局
中国国家标准化管理委员会 发布

前　言

本标准采用重新起草法修改采用ISO 2060:1994《纺织品　卷装纱　绞纱法线密度的测定(单位长度质量)》(英文版)。

本标准与ISO 2060:1994主要差异如下:

——在规范性引用文件中,引用了与国际标准对应的我国标准;

——增加了术语3.2中的注;

——增加了线密度偏差率的计算公式(见11.5)。

本标准代替GB/T 4743—1995《纱线线密度的测定　绞纱法》,本标准与GB/T 4743—1995的主要差异如下:

——范围细化,并明确“不适用于张力自0.5 cN/tex增加到1.0 cN/tex时伸长率大于0.5%的纱线”;

——规范性引用文件中增加了GB/T 8693;

——删除了规范性引用文件中的GB/T 9995;

——第3章的术语由2个增加至9个;

——第4章原理中增加了7个程序的具体描述(见4.1和4.2);

——5.1中明确绞纱卷绕张力采用0.5 cN/tex;

——增加了在产品标准或协议中无规定时的批样及实验室试样的取样方法;

——将原第8章中的调湿、摇取试验绞纱分别列为第8章、第9章和第10章;

——将原第8章中的称重和第9章计算合并为第11章,并给出每一个程序的计算公式,增加了线密度偏差率的计算公式;

——增加了附录C“抽样程序”、附录D“实验室样品与试样调湿的推荐方法”。

本标准附录A和附录C为规范性附录,附录B、附录D和附录E为资料性附录。

本标准由中国纺织工业协会提出。

本标准由全国纺织品标准化技术委员会基础标准分会(SAC/TC 209/SC 1)归口。

本标准起草单位:中纺标(北京)检验认证中心有限公司、国家纺织制品质量监督检验中心。

本标准主要起草人:章辉。

本标准所代替标准的历次版本发布情况为:

——GB/T 4743—1984,GB/T 4743—1995。

纺织品 卷装纱 绞纱法线密度的测定

1 范围

本标准规定了测定各种类型卷装纱线线密度的方法。

本标准根据不同的调湿或准备方法分为7种程序。由于不同程序可能给出不同的结果，有必要根据产品标准规定和有关各方商定来选用。

本标准适用于各类纱线，包括单纱、并绕纱、股线和缆线。

本标准不适用于张力自0.5 cN/tex增加到1.0 cN/tex时伸长率大于0.5%的纱线，协议认可者除外，这类纱线可以在有关各方都接受的张力条件下进行试验。

本标准不适用于线密度大于2 000 tex的纱线。对这类纱线，可以根据有关各方的协议，规定其绞纱长度和卷绕条件。

2 规范性引用文件

下列文件中的条款通过本标准的引用而成为本标准的条款。凡是注日期的引用文件，其随后所有的修改单(不包括勘误的内容)或修订版均不适用于本标准，然而，鼓励根据本标准达成协议的各方研究是否可使用这些文件的最新版本。凡是不注日期的引用文件，其最新版本适用于本标准。

GB/T 2910(所有部分) 纺织品 定量化学分析

GB/T 6529 纺织品 调湿和试验用标准大气(GB/T 6529—2008,ISO 139:2005,MOD)

GB/T 8693 纺织品 纱线的标示(GB/T 8693—2008,ISO 1139:1973,MOD)

FZ/T 01035 纺织材料 标示线密度的通用制(特克斯制)(FZ/T 01035—1993,eqv ISO 1144:1973)

3 术语和定义

下列术语和定义适用于本标准。

3.1

线密度 linear density

纱线单位长度的质量，以特克斯或其倍数单位和分数单位表示(见GB/T 8693和FZ/T 01035)。

3.2

商业回潮率 commercial moisture regain

与纺织材料烘干质量共同用于计算线密度或商业质量的回潮率的约定值。

注：在无约定的情况下，本标准中可用公定回潮率代替商业回潮率来计算纱线线密度。

3.3

商业允贴 commercial allowance

与纺织材料烘干质量共同用于计算线密度或商业质量的一个约定值，此约定值等于商业回潮率与对整理剂的认可允贴之和。

3.4

调湿平衡 moisture equilibrium

在规定的温湿度条件下，试样的吸湿与放湿达到平衡，其质量变化趋近于零的状态。

3.5

吸湿平衡　moisture equilibrium for testing

纺织材料在试验环境大气条件下达到吸湿平衡的状态，其与空气中水分交换达到平衡，质量达到恒重。一般使样品或试样从低湿度以吸湿状态达到平衡。当其吸湿增量未超过 GB/T 6529 规定时即可认为到达试验用吸湿平衡。

3.6

干重　moisture-free mass

试样在温度为 105 ℃±3 ℃的干空气气流中干燥后得到的恒重。

3.7

烘干质量　oven-dry mass

试样在指定的温湿度条件下，在烘箱内烘干得到的恒重。

注：一般情况下，烘箱的干燥温度为 105 ℃±3 ℃，通往烘箱的空气温度为 20 ℃，湿度为 65%。在这种条件下，试样达不到干重状态。

3.8

卷装纱线　yarn package

适合于使用、运输、储存等形式的纱线。卷装可以是有支撑物的如管纱、筒子纱，或者是无支撑物的如绞纱、饼型纱或球型纱。

3.9

试验绞纱　test skein

由规定长度的纱线组成的一小段绞纱。

4　原理

在规定的条件下，称量一定长度纱线的质量，经计算得到其线密度，用特克斯(tex) 表示。在规定条件下从已调湿的样品中摇出长度合适的试验绞纱；根据 4.1.1～4.1.3 和 4.2.1～4.2.4 中所示的不同条件测定试验绞纱质量。可以根据有关各方协商来选择 4.1 和 4.2 中任意一种程序。

4.1　未洗净纱线

4.1.1　程序 1：在试验用标准大气条件下已调湿平衡的纱线的质量(见 11.3.1)。

4.1.2　程序 2：烘干纱线的质量(见 11.3.2)。

4.1.3　程序 3：烘干纱线结合商业回潮率的质量(见 11.3.1)。

4.2　洗净纱线

4.2.1　程序 4：在试验用标准大气条件下已调湿平衡的洗净纱线的质量(见 11.3.1)。

4.2.2　程序 5：洗净烘干纱线的质量(见 11.3.1)。

4.2.3　程序 6：洗净烘干纱线结合商业回潮率的质量(见 11.3.1)。

4.2.4　程序 7：洗净烘干纱线结合商业允贴的质量(见 11.3.1)。

注：推荐使用程序 1、3 或 7。

5　仪器

5.1　缕纱测长器

纱框周长应满足由整圈数摇得所需纱长，推荐周长为 1 000 mm±2.5 mm。且具有避免纱线聚集的横动导纱装置。

其应是下列两者之一：

a)　装有能控制张力为 0.5 cN/tex±0.1 cN/tex 的主动喂入系统；

b)　装有可调节的张力装置，这种情况需要用合适的方法(见附录 A)的来校检绞纱圈长。

纱框上各处周长的差异率要足够小，能使摇出的绞纱圈长在如附录 A 规定的允差范围内。

注：根据有关各方商定，可以选择除 1 000 mm 以外的其他纱框周长。

5.2 烘箱

5.2.1 可使试样保持在温度为 105 ℃±3 ℃的环境中，且不受来自各发热元件的直接热辐射。

5.2.2 通入烘箱的空气应为预干燥过的空气（每 1 000 L 空气中，水的含量少于 0.01 g），其换气速率至少要达到每 4 min 一次。若有商定，通入烘箱的空气也可为经各方认可的任何温湿度。

5.2.3 烘箱要设计得便于空气能自由通过试样，具有关断气流的装置和试样箱内称重装置。

注：标准大气条件下（相对湿度 65%，20 ℃）的空气，水蒸气压强为 1 515 Pa，当这种空气温度上升到 105 ℃，空气相对湿度将为 1.25%。在该条件下，一些回潮率较高的纺织品试样，如再生纤维素或羊毛，仍会保留高达 0.5%的水分。因此烘箱内只有通入预干燥过的空气，才能得到准确、可靠的试验结果。

5.3 天平

应使用容量适宜、灵敏度不低于绞纱质量千分之一的天平，该允差适用于所有使用的天平，无论其是否与烘箱连在一起。

5.4 辅助器具

适合样品及待用程序的器具，包括常规样品架、带有磨砂玻璃塞的称量瓶和标明净重的抗腐蚀金属丝网称重篮等。

5.5 洗净或萃取设备

如需要则配备洗净或萃取设备（参见附录 B）。

6 标准大气

预调湿、调湿与试验用标准大气应按 GB/T 6529 中的规定。

注：标准大气条件下（相对湿度 65%，20 ℃）的空气，水蒸气压强为 1 515 Pa，当其加热到 47 ℃±3 ℃，空气相对湿度将会达到 12.3%～16.7%。在标准大气最高温度 22 ℃，湿度为 65%时，水蒸气压强为 1 770 Pa，当其加热到 47 ℃～50 ℃，空气相对湿度将会达到 14.3%～19.4%。任何与预调湿规定标准大气条件有偏差的试验条件应经有关各方认可后才能使用，并在试样报告中记录其温湿度。

7 取样

7.1 按下列方法之一取样。

a) 按照产品标准规定的方法。

b) 如果产品标准不包含抽样方法，按照其他被认可的纺织产品的抽样方法。

c) 按照附录 C 规定的抽样方法。

7.2 大批样应以代表性抽样方式抽取（见附录 C）。

7.3 从每个实验室卷装样品中绕取一缕试验绞纱，绞纱长度应满足所有测试要求。在绕取绞纱时，若按照正常的使用方法，应在卷装的末端抽取，否则，应在卷装的外边抽取。为了避免受损的部分要舍弃卷装开头或末尾的几米纱。

8 预调湿与调湿

将试验室样品按 8.1 和 8.2 规定进行预调湿与调湿。

8.1 将实验室样品在按第 6 章规定的标准大气中预调湿至少 4 h，样品预调湿期间不应被完全烘干。

8.2 将室验室样品按 8.1 预调湿后，为了使其达到吸湿平衡，应将样品暴露于标准大气中 24 h；或暴露于标准大气中，连续间隔至少 30 min 称重时，质量变化不大于 0.1%（参见附录 D）。

9 试样

9.1 试验绞纱长度

9.1.1 不论是单纱、并绕纱、股线或缆线,测定线密度用的试验绞纱长度为:

a) 当线密度小于 12.5 tex 时:200 m;

b) 当线密度介于 12.5 tex～100 tex 之间:100 m;

c) 当线密度大于 100 tex 时:10 m。

注:试验绞纱长度允差见附录 A,对于并绕纱、股线或缆线,规定的线密度界限是指纱线的最终线密度。

9.1.2 如果在测定绞纱线密度时,要同时测定其他性质如绞纱强力或商业质量,应尽量使用 9.1.1 指定的长度,当测定绞纱强力试验需要较短的绞纱长度时,为了获得本方法中所需要的长度,要摇取附加绞纱,如从一个卷装中连续摇取两缕 50 m 的绞纱,合并作为需要的 100 m 长度。需要时还可以为其他目的而摇取规定长度的附加纱线。

9.2 试样数量

按照相关产品标准规定其试样数量,若无规定,则从每个实验室样品卷装中抽取一缕试验绞纱。

10 试样准备

10.1 将已调湿好的、按第 7 章抽取的实验室样品卷装装在纱架上。

10.2 按 5.1 规定的卷绕张力绕取需要的圈数,以得到规定的绞纱长度。在摇取绞纱时,纱线要在缕纱测长器允许的全动程上横动,以减少纱线重叠。把纱线的头尾结好,松开端剪短,结头要小于 2.5 cm,然后从缕纱测长器取下试验绞纱,以便称量。

注:若对纱线长度有争议,可用缕纱圈长计法或其他各方相互认可的方法进行校验。

10.3 重复 10.2 以摇取所需要的试样数量。

10.4 如果试验绞纱用于测定单纱或绞纱强力,则在取下纱线前将纱框的一个或几个臂缩拢。

11 程序与计算

11.1 单位

对所有任选程序,线密度都用 Tex 制单位(见 FZ/T 01035) 表示,计算结果保留三位有效数字。

11.2 变异系数

如果需要,计算线密度变异系数,则至少要取 20 个试样,其变异系数保留至整数位,同时要考虑到测量每个试样长度与称重时的精确度。

注:绞纱线密度的变异系数随试验绞纱长度增加而减小。因此本方法计算出的变异系数仅与其他由相同绞纱长度计算出来的变异系数可比较。

11.3 未洗净试样

11.3.1 程序 1:在试验用标准大气条件下已调湿平衡的纱线的质量(见 4.1.1)

11.3.1.1 在试验标准大气条件下称量每个试验绞纱的质量,单位为克(g)。

11.3.1.2 按式(1) 由绞纱的质量与长度计算已调湿平衡的绞纱线密度 T_{tc},用特克斯(tex) 表示:

$$T_{tc} = \frac{1\,000 \times m_c}{L} \qquad \cdots\cdots(1)$$

式中:

m_c——已调湿试验绞纱的质量,单位为克(g);

L——试验绞纱长度,单位为米(m)。

注:若只计算纱线的平均线密度,则可将 2 缕或以上的试验绞纱放在一起称重。

11.3.2 程序 2:烘干纱线的质量(见 4.1.2)

11.3.2.1 把已调湿好的试验绞纱安排好放在烘箱内金属丝称重篮或其他相似容器内，使烘箱内空气可以自由通过试样，烘箱内温度要保持在103 ℃±3 ℃。

11.3.2.2 将纱线烘干至恒重，即在下列称量时间间隔下质量变化不大于0.1%：

a) 在箱内称重，时间间隔20 min质量变化不大于0.1%；

b) 在箱外冷却后称重，时间间隔40 min质量变化不大于0.1%。

11.3.2.3 根据精度要求(按11.3.2.3.1和11.3.2.3.2)，称量每个干燥试验绞纱的质量，单位为克(g)。

11.3.2.3.1 如果试样在箱内称重，关断气流后称重。

11.3.2.3.2 如果试样在箱外称重，将装有试样的称重篮放入适合的已标明空重的称量罐或瓶中，并迅速盖好容器盖后将其放入干燥器中冷却，在试样冷却过程中，周期性地、轻轻地提起称量容器的盖子以平衡空气压力，再盖好盖子，待冷却时称量。

11.3.2.4 按式(2)计算烘干纱线线密度 T_{tod}，用特克斯(tex)表示：

$$T_{tod}=\frac{1\,000\times m_{od}}{L} \quad \cdots\cdots(2)$$

式中：

m_{od}——已烘干试验绞纱的质量，单位为克(g)；

L——试验绞纱长度，单位为米(m)。

11.3.3 程序3：烘干纱线结合商业回潮率的质量(见4.1.3)

11.3.3.1 按程序2中步骤11.3.2.1～11.3.2.3烘干与称重。

11.3.3.2 按式(3)计算其线密度 T_{tpr}，用特克斯(tex)表示：

$$T_{tpr}=\frac{T_{tod}\times(100+R)}{100} \quad \cdots\cdots(3)$$

式中：

R——商业回潮率，%；

11.3.3.3 若样品是由两种或两种以上具有不同商业回潮率的纤维类型组成，则应根据不同纤维含量比例来计算混纺纱商业回潮率如式(4)，含量比例是已知的或按GB/T 2910分析测定。

$$R=\frac{P_A\times R_A+P_B\times R_B+\cdots}{100} \quad \cdots\cdots(4)$$

式中：

R——混纺纱商业回潮率，%；

P_A、P_B…——各种纤维的干重混纺比；

R_A、R_B…——各种纤维的商业回潮率，%。

11.3.3.4 如果试样包含一种或几种未确定商业回潮率的纤维类型，则应由有关方商定合适的数值。

11.4 洗净纱线

11.4.1 根据有关方的商定的煮练或萃取程序对绞纱进行处理，建议采取附录B中的方法

11.4.2 程序4：在试验用标准大气下已调湿平衡的洗净纱线的质量(见4.2.1)

11.4.2.1 将试验绞纱洗净，并在试验温度下烘干后，按8.1对试验绞纱进行预调湿处理，使其按8.2在合适的试验标准大气条件下，达到试验用吸湿平衡。

11.4.2.2 按11.3.1.1称量已调湿的试验绞纱，并按11.3.1.2计算其线密度。

11.4.3 程序5：洗净烘干纱线的质量(见4.2.2)

11.4.3.1 按程序2中的步骤11.3.2.1～11.3.2.3烘干并称量洗净后的试验绞纱。

11.4.3.2 按程序2中的11.3.2.4计算洗净烘干纱线的线密度。

11.4.4 程序6：洗净烘干纱线结合商业回潮率的质量(见4.2.3)

11.4.4.1 按程序2中的步骤11.3.2.1～11.3.2.3烘干并称量洗净后的试验绞纱。

11.4.4.2 按程序3中的步骤11.3.3.2～11.3.3.4计算其线密度。

11.4.5 程序7:洗净烘干纱线结合商业允贴的质量(见4.2.4)

11.4.5.1 按程序2中的步骤11.3.2.1～11.3.2.3烘干并称量洗净后的试验绞纱。

11.4.5.2 按式(5)计算洗净烘干纱线带商业允贴的线密度 T_{tsod},用特克斯(tex)表示:

$$T_{tsod}=\frac{T_{tod}\times(100+K)}{100} \qquad (5)$$

式中:

K——商业允贴,%。

11.4.5.3 若样品是由两种或两种以上具有不同商业允贴的纤维类型组成,则应根据不同纤维含量比例来计算混纺纱总的商业允贴如式(6),含量比例是已知的或按GB/T 2910分析测定。

$$K=\frac{P_A\times K_A+P_B\times K_B+\cdots}{100} \qquad (6)$$

式中:

K——混纺纱总的商业允贴,%;

P_A、P_B…——各种纤维的干重混纺比;

K_A、K_B…——各种纤维的商业允贴,%。

11.4.5.4 如果试样包含一种或几种未确定商业允贴的纤维类型,则应由有关方商定合适的数值。

11.5 如需要,按式(7)计算线密度偏差率,结果保留2位有效数字。

$$D=\frac{T-T'}{T'}\times 100 \qquad (7)$$

式中:

D——线密度偏差率,%;

T——线密度测定值,单位为特克斯(tex);

T'——线密度名义值,单位为特克斯(tex)。

12 试验报告

试验报告应包括以下内容:

a) 说明试验是按本标准进行的;

b) 样品的描述;

c) 以Tex制表示的平均线密度;

d) 使用的抽样方案及试样数量;

e) 每绞试验绞纱长度;

f) 试样线密度变异系数和线密度偏差率(如需要);

g) 所选用的程序,所用的商业回潮率或商业允贴;

h) 供应烘箱空气的温湿度;

i) 任何偏离本标准的细节。

附 录 A
（规范性附录）
校验绞纱长度的方法 缕纱圈长计法

A.1 仪器

缕纱圈长计是检验在一定负荷下绞纱圈长的仪器，它由两个直径为1.25 cm，长5 cm～6 cm，处于同一垂直平面的圆金属挂钉组成。其中一个固定于仪器的机架上，另一个装在一个简单加负荷系统的杠杆上。杠杆支点是一低摩擦滚动的轴承，也装在机架上。两个挂钉中至少有一个能绕轴自由回转。杠杆末端有指示标记，并有一刻度尺安装于机架上，用于指示绞纱实际圈长与纱框周长之比 r。

A.2 步骤

将绞纱挂在两个挂钉上，务必避免集聚成束，并施加合适的预张力，如选取合适的砝码挂在杠杆的水平臂上，通过移动砝码在水平臂上的位置来调节到合适的预张力。绞纱的圈长通过连接在水平臂末端的指针所对应的标尺刻度，读取 r 值测出。

两挂钉轴线间的实际距离 D 可按式(A.1)计算：

$$D=\frac{L}{2}-\frac{\pi d}{2} \qquad \text{(A.1)}$$

式中：

L——绞框实际周长，单位为厘米(cm)；

d——金属钉直径，单位为厘米(cm)。

测量绞纱长度时，按名义线密度每特克斯施加0.5 cN±0.1 cN计算。则其施加张力等于2×绞纱圈数×名义线密度(tex)×(0.5 cN±0.1 cN)。

A.3 要求

当 r 超出±0.2%的界限时，应调节缕纱测长器卷绕张力，并重新绕取绞纱。

附　录　B
（资料性附录）
洗净纱线除去整理物的方法

B.1　原理

绞纱宜在能去除所有的油、整理剂或其他物质的条件下煮练，这些物质在对用这种纱线制成的织物湿加工过程中通常是会被去除的。当用一种或多种对被试验的纤维无膨胀作用的合适的整理剂萃取纱线，而显示残留剂小于 0.1%时，就认为已达到此条件。

B.2　试剂和设备

煮练试验纱线需下列试剂和设备：

B.2.1　中性的皂片或洗涤剂。

B.2.2　软水、蒸馏水或脱矿质水。

B.2.3　水锅，用诸如蒙乃尔合金(Monel)、铝、不锈钢或搪瓷等抗腐蚀材料制成，由闭合的蒸汽盘管或蒸汽套加热，或由煤气或电加热，装有排水和供应设备，并设计成能由溢流来冲洗。

B.2.4　滚筒轧水器或离心脱水器。

B.2.5　口袋，用已漂白的尼龙、涤纶纤维织物或其他材料做成的口袋，这些口袋已预先经煮练并已知烘干质量。各个口袋的尺寸应足够大，使试验绞纱放在里面能形成多孔松散的一团，并让煮练溶液能自由进出绞纱。

B.2.6　烘箱(见 5.2)。

B.2.7　天平(见 5.3)。

B.3　程序

把绞纱放入一口袋，把各个装有绞纱的口袋浸入水锅内，锅内每克被煮练的绞纱应至少有 25 mL 水，每升水含 0.5 g 中性皂或等效的其他洗涤剂。水锅保持煮沸搅动状态 30 min。煮练后，用 75 ℃±3 ℃的软水溢流冲洗，直至除去表面浮垢为止。

如果已知煮沸对试验中的纤维有损害，则洗涤液的温度应经双方同意。排除过量的液体，轧干，然后用 75 ℃±3 ℃的软水边搅拌边彻底冲洗 10 min。重复轧水和冲洗 10 min 后。再次重复轧水和用室温软水边搅拌边冲洗 10 min。再把纱线最后一次轧水。

B.4　检验煮练的效果

用一种不能溶解被试验纤维的溶剂，萃取一些已经煮练烘干的纱线，由此检验煮练的效果。如果得到的可萃取物质的量超过 0.1%，则必须改进煮练的效果，通过用更多或更好的洗涤剂，较高的温度，较剧烈地搅拌，较长的时间或第二次煮练加以改进。

当显示由萃取得到的结果与煮练程序得到的结果相同或二者有一定的常数比时，萃取可以用于已知产品的常规试验，但对新材料或未知材料，不能以萃取代替煮练。

附 录 C
（规范性附录）
抽 样 程 序

C.1 批量样品（从一批或一次卸载货物中抽取的箱数）

从待试验的一批货物中，按照表 C.1 抽取批量样品。注意所抽取的箱子若损坏或受潮，应另行取样替代，并在试验报告中说明。

表 C.1

一批或一次装卸的箱数	随机抽取的最少箱数
≤3	1
4～10	2
11～30	3
31～75	4
≥76	5

C.2 实验室样品的卷装数量

C.2.1 根据对试验结果要求的精密度和概率水平确定实验室样品的卷装数量。如果产品标准没有规定其精密度和概率水平，则应经过有关各方商定按照统计的方法计算出合适的试样数量。如果试验卷装数不切实际，就有必要修订所规定的精密度或概率水平。

C.2.2 在无产品标准或双方没有协议时，在满足 95％的概率水平下，试验结果精度为±3％（平均值可允许的最大误差）时所取的卷装数 $0.43V^2$ 计算，其中 V 是从多个卷装得到的线密度变异系数估计值，是以相同绞纱长度为基础已往同类材料大量试验的统计数。

C.2.3 如果没有 V 值，则长丝纱至少取 4 个卷装，短纤纱至少取 10 个卷装。

C.2.4 在无产品标准时，从批量样品中抽需要的卷装数，且尽量从每箱中抽取相同的数量。从箱内的上、中、下层的中间和边上随机抽取卷装。从每个卷装中尽量取相同数目的试样。

注：一般从每个实验室卷装中抽取一缕试验绞纱。由于不同卷装间的线密度通常有一定差异，所以即使从每个卷装中抽取一缕以上的绞纱也不能使精密度得到较大的提高。

附　录　D
（资料性附录）
室验室样品与试样调湿的推荐方法

达到试验用吸湿平衡所需要的时间取决于纱线中存在的纤维的性质，一般绞装形式的纱线可以在小于规定的24 h内完成。建议把表D.1中列举的时间作为调湿周期的参考时间，随后应通过实际称重来核对其是否达到吸湿平衡。

表D.1　调湿周期

在相对湿度65%、20 ℃的回潮率/%	最小调湿周期/h
>11（如亚麻、羊毛、铜氨纤维、粘胶、莫代尔、脱乙酰化醋酯纤维、丝）	8
>7，≤11（如棉、再生蛋白纤维）	6
>5，≤7（如醋酯纤维）	4
≤5（聚丙烯腈纤维、聚酰胺纤维、聚酯纤维、三醋酯纤维）	2

注：表中规定的周期是近似的，仅适用于自由松散暴露于流动的标准大气中绞装形式的纱线。如果某种纱线含有一种以上的纤维，则它要以其成分中任意一种需要时间最长的周期来调湿（如，对含羊毛或粘胶纤维的混纺纱要8 h）。

附 录 E
（资料性附录）
线密度单位转换系数

特克斯制是标示纺织纱线线密度的标准制。

由特克斯制线密度换算成其他直接制线密度和间接制支数的转换系数如下(见 FZ/T 01035)：

a） 其他直接制的换算

线密度(tex)×9.0＝旦数(den)

线密度(tex)×0.029 03＝锭数(spindle)

b） 间接制的换算

$$\frac{1\ 000.0}{线密度(tex)}=米制支数(m/g)$$

$$\frac{496\ 055.0}{线密度(tex)}=英制支数(yd/lb)$$

$$\frac{310.0}{线密度(tex)}=粗纺毛纱(美国轮制)支数(100\ yd\ runs/oz)$$

$$\frac{1\ 938.0}{线密度(tex)}=粗纺毛纱支数[约克郡纱(256\ yd\ hanks/lb)]$$

$$\frac{590.5}{线密度(tex)}=棉纱(英制)支数(840\ yd\ hanks/lb)$$

$$\frac{885.8}{线密度(tex)}=精纺毛纱(英制)支数(560\ yd\ hanks/lb)$$

$$\frac{1\ 654}{线密度(tex)}=亚麻纱支数(300\ yd\ leas/lb)$$

$$\frac{1\ 654}{线密度(tex)}=粗纺毛纱支数(300\ yd\ cuts/lb)$$

$$\frac{4\ 961}{线密度(tex)}=石棉纱(美制)支数(100\ yd\ hanks/lb)$$

注：通过以 100 码为长度的间接制单位，能方便换算出其他以不同码数为长度的间接制单位。

ICS 27.020
J 93

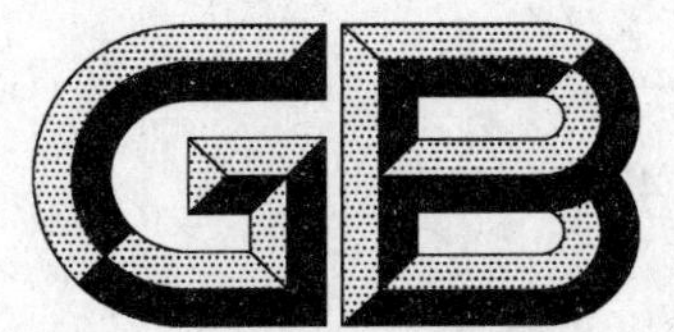

中华人民共和国国家标准

GB/T 4759—2009
代替 GB/T 4759—1995

内燃机排气消声器 测量方法

Exhaust silencers for internal combustion engines—Measurement procedure

2009-03-19 发布　　2009-11-01 实施

中华人民共和国国家质量监督检验检疫总局
中国国家标准化管理委员会　发布

前言

本标准是对 GB/T 4759—1995《内燃机排气消声器测量方法》的修订。

本标准与 GB/T 4759—1995 的主要区别是：

——修改了范围；

——修改了术语和定义；

——增加了 90°方向上的声学测量；

——增加了排气噪声表面声压级和声功率级的计算；

——增加了排气背压测量；

——修改了试验报告。

本标准自实施之日起，代替 GB/T 4759—1995。

本标准的附录 A 为资料性附录。

本标准由中国机械工业联合会提出。

本标准由全国内燃机标准化技术委员会(SAC/TC 177)归口。

本标准起草单位：上海内燃机研究所、上海汽车集团股份有限公司技术中心。

本标准主要起草人：袁卫平、彭美君、蔡相儒、叶怀汉、陈伟芳。

本标准所代替标准的历次版本发布情况为：

——GB 4759—1984、GB/T 4759—1995。

内燃机排气消声器　测量方法

1　范围

本标准规定了内燃机排气消声器(以下简称消声器)的声学性能和气动(气体动力性)性能的测量方法。同时给出了对测量仪器、测量条件和测量位置的要求,以及排气噪声表面声压级和声功率级的计算方法。本标准工程法可用于验收试验。

本标准声学测量旨在获得2级准确度等级(工程法)的测量结果。如背景噪声修正值大于1.3 dB但小于或等于3 dB,和/或环境条件不能满足本标准工程法要求时,则获得3级准确度等级(简易法)的测量结果。

本标准适用于GB/T 6072.1使用范围的中、小功率内燃机消声器的试验,尚无合适国家标准可以使用的其他用途消声器(包括进气消声器)亦可参照使用。

2　规范性引用文件

下列文件中的条款通过本标准的引用而成为本标准的条款。凡是注日期的引用文件,其随后所有的修改单(不包括勘误的内容)或修订版均不适用于本标准,然而,鼓励根据本标准达成协议的各方研究是否可使用这些文件的最新版本。凡是不注日期的引用文件,其最新版本适用于本标准。

GB/T 3241　倍频程和分数倍频程滤波器(GB/T 3241—1998,eqv IEC 61260:1995)

GB/T 3785—1983　声级计的电、声性能及测试方法

GB/T 3947　声学名词术语

GB/T 6072.1　往复式内燃机　性能　第1部分:功率、燃料消耗和机油消耗的标定及试验方法　通用发动机的附加要求(GB/T 6072.1—2008,ISO 3046-1:2002,IDT)

GB/T 6072.3　往复式内燃机　性能　第3部分:试验测量(GB/T 6072.3—2008,ISO 3046-3:2006,IDT)

JJG 176　声校准器检定规程

3　术语和定义

GB/T 3947确立的以及下列术语和定义适用于本标准。

3.1

排气消声器　exhaust silencer

具有吸声衬里或特殊结构形式能有效降低噪声的气流管道。

注:内燃机排气消声器一般包括从消声器进气口开始的整个消声器部件,不包括内燃机排气歧管和排气管。

3.2

插入损失　insertion loss

装置消声器前后,声源通过排气口向外辐射噪声的声功率级之差。符号:D;单位:dB。

当排气管管口位置、大小、形状和声场分布保持不变,这时插入损失就等于给定测点处装置消声器前后声源通过排气口向外辐射噪声的声压级之差。

3.3

功率损失比　power loss ratio

内燃机在标定工况下,装置消声器前后的功率差值与没有装消声器时的功率值之比,用百分比表示。符号:γ。

3.4

排气背压差　exhaust back pressure difference

按 GB/T 6072.3 设置排气背压测量点，装置消声器前后测点处的相对压力值之差。符号：ΔP_{ex}；单位：kPa。

4　测量仪器

4.1　应采用符合 GB/T 3785—1983 规定的 1 型或 2 型的声级计或其他声学测量仪器测量声压级。2 型仪器仅适用于简易法。

4.2　进行频谱分析使用的 1/1 倍频程或 1/3 倍频程滤波器，应符合 GB/T 3241 的有关规定。

4.3　每次连续测量前后，应使用声校准器对测量仪器进行校准。声校准器应符合 JJG 176 的有关规定。测量仪器两次校准值相差应小于等于 0.3 dB(工程法)或小于等于 0.5 dB(简易法)。

4.4　内燃机台架试验的测量仪器应符合 GB/T 6072.3 的有关规定。

5　测量条件

5.1　在试验室测量中，内燃机应按 GB/T 6072.1 中规定的标定工况，即在标定功率和相应转速下稳定运转。油温、水温(风温)达到稳定时方能进行测量。如果需要，也可根据使用要求在不同工况时进行测量，并在报告中予以说明。

5.2　内燃机排气系统(包括消声器、管道)的长度、管径及形状要与其实际使用情况尽可能保持一致。

5.3　除排气噪声外，其他噪声均作为测量时的背景噪声。工程法要求各测点测量噪声与背景噪声声压级之差值应在 6 dB 以上，最好 10 dB 以上；简易法要求应在 3 dB 以上。若测量噪声与背景噪声声压级之差低于 10 dB，则应进行背景噪声修正(即测量噪声声压级减去背景噪声修正值)。修正值 K_1 按公式(1)计算：

$$K_1 = 10\lg[1 - 10^{-0.1(L_p - L_p')}] \quad \cdots\cdots(1)$$

式中：

K_1——背景噪声修正值，单位为分贝(dB)；

L_p——测量噪声声压级，单位为分贝(dB)；

L_p'——背景噪声声压级，单位为分贝(dB)。

5.4　测点位置的风速超过 1 m/s 时，应使用防风罩；当风速超过 5 m/s 时，应停止测量。

5.5　为保持测量时声场分布状况不变，测点附近应符合自由场条件，或测点和周围环境中反射面保持相对位置不变。

6　测量位置

6.1　总则

45°测量仅适用于插入损失测量，而 90°测量不仅适用于插入损失测量，还可用于排气噪声声压级和声功率级的测量。无论是选用 45°测量还是选用 90°测量都应在试验报告中注明。

6.2　45°测量位置

测量位置在与排气口气流轴向成 45°方向上，测距 d 通常为 0.5 m，取一个测点，如图 1 和图 2 所示。对于大型内燃机，测距 d 可适当增加；对小型内燃机，测距 d 可适当减小。但测距 d 应大于 3 倍的管口直径 A 且不小于 0.25 m；对于两个排气口，测距 d 应大于 3 倍的两管口中心距离 B 且不小于 0.25 m，测量结果应不受气流影响。对于工程法，测点和排气口距地面和其他反射面的距离应大于2 倍测距，排气出口方向上应无反射物，或排气出口距反射面的距离应大于 6 倍测距。此外，测距 d 还应大于 2 倍的排气口中心距消声器本体边缘最大距离。在试验中，测点和排气口相对位置保持不变。如果条件允许亦可增加测点，以减少测量误差。

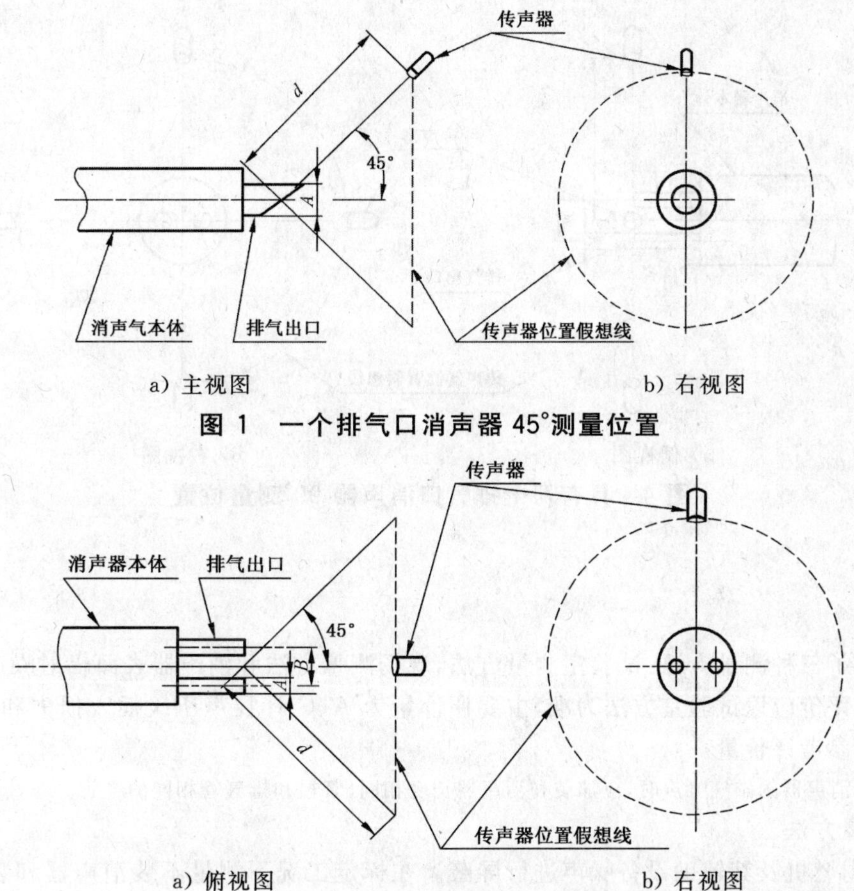

图 1　一个排气口消声器 45°测量位置

图 2　具有两个排气口消声器 45°测量位置

6.3　90°测量位置

测量位置在与排气口气流轴向成 90°方向上，测距 d 通常为 0.5 m，取四个测点，如图 3 和图 4 所示。若有其中一点不能符合测距要求，可用其对称点的测量结果来代替。对于大型内燃机，测距 d 可适当增加；对小型内燃机，测距 d 可适当减小。但测距 d 应大于 3 倍的管口直径 A 且不小于 0.25 m；对于两个排气口，测距 d 应大于 3 倍的两管口中心距离 B 且不小于 0.25 m，测量结果应不受气流影响。对于工程法，测点和排气口距地面和其他反射面的距离应大于 2 倍测距，排气出口方向上应无反射物，或排气出口距反射面的距离应大于 6 倍测距。此外，测距 d 还应大于 2 倍的排气口中心距消声器本体边缘最大距离。在试验中，测点和排气口相对位置保持不变。

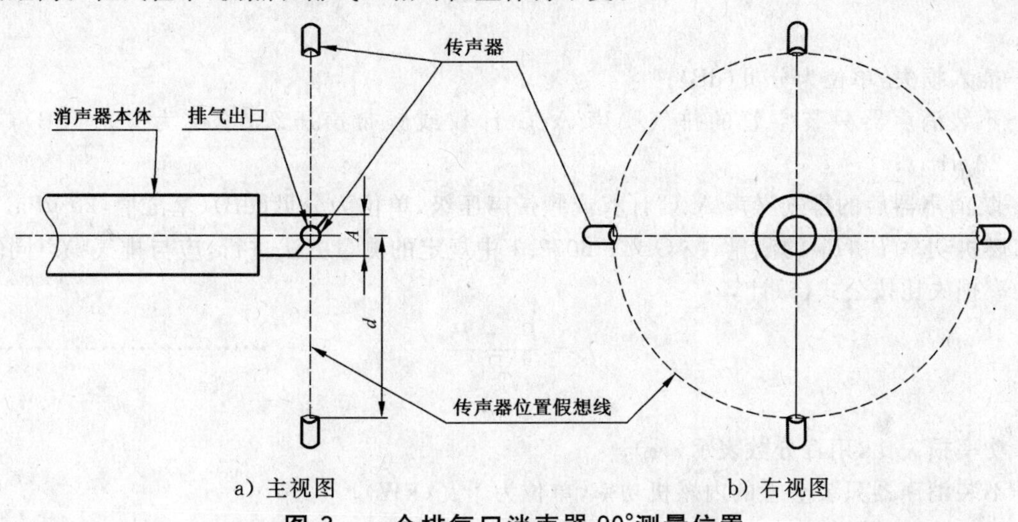

图 3　一个排气口消声器 90°测量位置

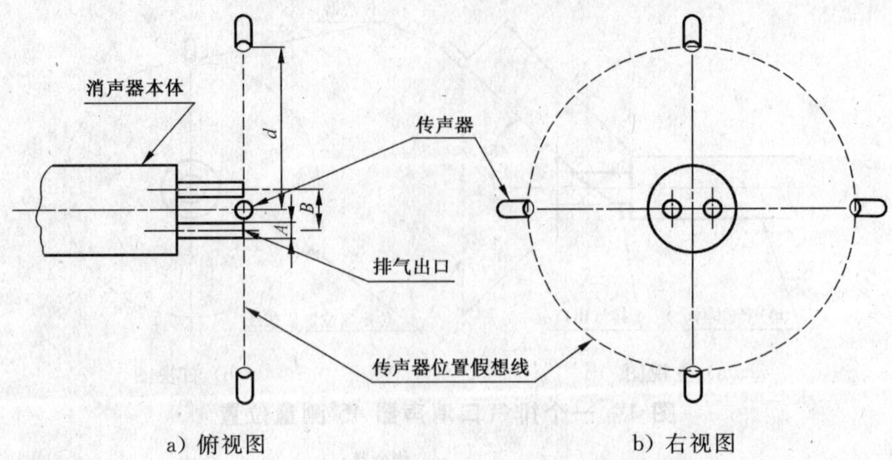

a) 俯视图　　b) 右视图

图 4　具有两个排气口消声器 90°测量位置

7　测量方法

7.1　总则

本标准规定了三种测量方法：试验室测量方法，现场测量方法和消声器表面辐射噪声测量方法。消声器性能的全面评价应以试验室方法为准，主要评价量为 A、C 计权声压级插入损失和功率损失比，排气背压差可作为参考评价量。

注：测量不装消声器的排气噪声时，应加装和消声器长度相同，管径和排气管相同的空管。

7.2　试验室测量方法

7.2.1　首先对内燃机及其辅助设备噪声进行屏蔽。在标定工况下测量不装消声器和装消声器的排气噪声的 A、C 计权声压级或频带声压级。进行两次测量，其测量结果差值应小于 2 dB。测量结果均应记录，数据处理时应取两次平均值。为减小大气条件和其他因素对测量结果所产生的影响，上述测量应在一次试验中进行，停车时间应不超过 30 min。

7.2.2　测量 A、C 计权声压级时，应使用声级计的"慢"挡测量，并读取声级计指针在观察范围内的平均值。

示例：如进行频谱分析，应使用中心频率 31.5 Hz～8 000 Hz 的倍频程或 1/3 倍频程滤波器，读取平均值的观察时间，对于中心频率在 200 Hz 及以上者为 10 s，对于中心频率在 160 Hz 及以下者为 30 s。

7.2.3　插入损失按公式(2)计算：

$$D = L_{p1} - L_{p2} \qquad \cdots\cdots(2)$$

式中：

D——插入损失，单位为分贝(dB)；

L_{p1}——不装消声器只装空管的排气噪声 A、C 计权或频带声压级，单位为分贝(dB)(基准值：20 μPa)；

L_{p2}——装消声器后的排气噪声 A、C 计权或频带声压级，单位为分贝(dB)(基准值：20 μPa)。

7.2.4　内燃机功率 P_1，P_2 的测量，按 GB/T 6072.1 中规定的测量方法进行，应与排气噪声同时测量。

7.2.5　功率损失比按公式(3)计算：

$$\gamma = \frac{P_1 - P_2}{P_1} \qquad \cdots\cdots(3)$$

式中：

γ——功率损失比，用百分数表示(%)；

P_1——不装消声器只装空管的内燃机功率，单位为千瓦(kW)；

P_2——装消声器后的内燃机功率，单位为千瓦(kW)。

7.2.6 如果需要，也可以用消声器在不同工况下的功率比来评价。

7.2.7 内燃机台架应具有压力传感器。按 GB/T 6072.3 的规定设置排气背压测量点，应与排气噪声同时测量。

7.2.8 排气背压差按公式(4)计算：

$$\Delta P_{ex} = P_{ex1} - P_{ex2} \qquad \cdots\cdots(4)$$

式中：

ΔP_{ex}——排气背压差，单位为千帕(kPa)；

P_{ex1}——装消声器时测点的压力，单位为千帕(kPa)；

P_{ex2}——不装消声器只装空管时测点的压力，单位为千帕(kPa)。

7.3 现场测量方法

7.3.1 本方法适合于现场实际使用条件下内燃机(如处于空挡的内燃机驱动的车辆、设备等)消声器插入损失的测量，它仅能提供同一台内燃机不同消声器性能的相对比较。

7.3.2 消声器测量应在配套的内燃机上进行。不同消声器测量插入损失时，内燃机应保持相同工况，并在报告中予以说明。

7.3.3 消声器插入损失值，按 7.2.2 和 7.2.3 进行。

7.4 消声器表面辐射噪声测量方法 简易法

7.4.1 本方法适用于内燃机消声器表面辐射噪声测量。

7.4.2 除消声器表面辐射噪声外，其他噪声均作为背景噪声处理。

7.4.3 消声器表面辐射噪声测量位置在与消声器轴向成 90°方向上，距辐射表面 0.5 m 处，测点数目同消声器的长度有关；消声器长度 0.5 m 以下，可采用一个测点，每增加 0.5 m，增加一个测点。

7.4.4 消声器表面辐射噪声用各测点的 A 计权声压级的平均值来评价。

7.4.5 测量按 7.2.2 进行。

8 排气噪声表面声压级和声功率级的计算

8.1 总则

进行排气噪声声压级和声功率级测量时测量位置应按 6.3 选择 90°，并按以下方法进行排气噪声表面声压级和声功率级计算。

8.2 背景噪声的修正

每个传声器位置处测得的 A 计权或频带声压级应首先按公式(1)修正背景噪声的影响。

8.3 表面声压级计算

背景噪声修正后的 A 计权或频带声压级 L_{pi} 用公式(5)计算 A 计权或频带表面声压级 $\overline{L}_p$：

$$\overline{L}_p = 10\lg\left[\frac{1}{N}\sum_{i=1}^{N}10^{0.1L_{pi}}\right] \qquad \cdots\cdots(5)$$

式中：

$\overline{L}_p$——A 计权或频带表面声压级，单位为分贝(dB)(基准值：20 μPa)；

L_{pi}——背景噪声修正后第 i 个测点处 A 计权或频带声压级，单位为分贝(dB)(基准值：20 μPa)；

N——测量位置总数。

8.4 声功率级计算

排气噪声的 A 计权或频带声功率级 L_W 应按公式(6)计算：：

$$L_W = \overline{L}_p + 10\lg(S/S_0) \qquad \cdots\cdots(6)$$

$$S = 4\pi d^2$$

式中：

L_W——A 计权或频带声功率级，单位为分贝(dB)(基准值：1 pW)；

S——测量表面面积，单位为平方米(m^2)(基准值：$S_0 = 1\ m^2$)；

d——测量距离，单位为米(m)，一般取 0.5 m。

9 试验报告

9.1 报告中应包括准确度等级(工程法或简易法)，并说明已完全按本标准的程序测定排气噪声 A 计权或频带声功率级。

9.2 将试验内燃机及消声器参数、内燃机消声器试验数据、测量结果和计算结果等记入附录 A 的表中。

附 录 A
（资料性附录）
试验数据记录

表 A.1 内燃机和消声器参数记录

制造厂		大气压/kPa	
内燃机型号		环境温度/℃	
生产编号		环境湿度	
排量/L		背景噪声/dB	
标定功率/kW		测量仪器	
标定转速/(r/min)		测距 d/m	
消声器容积/L		试验地点	
消声器质量/kg		测量时间	
测量位置		测量人员	
备注：			

表 A.2 内燃机消声器试验数据记录

测量序号	内燃机转速/(r/min)	输出扭矩/(N·m)	输出功率/kW	排气背压/kPa	排气温度/℃	冷却水温/℃	机油温度/℃	A计权声压级 L_{pi}/dB	频带声压级/dB（倍频带中心频率/Hz）							
									31.5	63	125	500	1 000	2 000	4 000	8 000
注：注明安装消声器前后的序号。																

表 A.3.1 试验结果记录(45°测量)

测量序号	不装消声器排气口声压级 L_{p1}/dB	装消声器排气口声压级 L_{p2}/dB	插入损失 D/dB	不装消声器排气背压 P_{ex1}/kPa	装消声器排气背压 P_{ex2}/kPa	排气背压差 ΔP_{ex}/kPa	不装消声器功率 P_1/kW	装消声器功率 P_2/kW	功率损失比 γ

表 A.3.2 试验结果记录(90°测量)

测量序号	不装消声器排气口声压级 L_{p1}/dB	装消声器排气口声压级 L_{p2}/dB	不装消声器排气噪声声功率级 L_{W1}/dB	装消声器排气噪声声功率级 L_{W2}/dB	插入损失 D/dB	不装消声器排气背压 P_{ex1}/kPa	装消声器排气背压 P_{ex2}/kPa	排气背压差 ΔP_{ex}/kPa	不装消声器功率 P_1/kW	装消声器功率 P_2/kW	功率损失比 γ

ICS 13.060.30
U 47

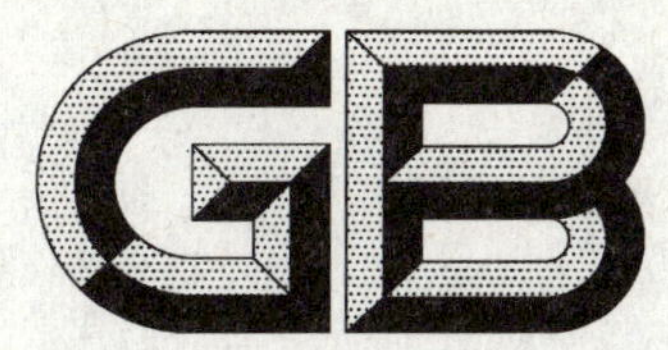

中华人民共和国国家标准

GB/T 4795—2009
代替 GB/T 4795—1999

15 ppm 舱底水分离器

15 ppm bilge separators

2009-03-09 发布　　　　2009-11-01 实施

中华人民共和国国家质量监督检验检疫总局
中国国家标准化管理委员会　发布

前　言

本标准对应于国际海事组织(IMO)海上环境保护委员会 MEPC.107(49)决议——《修订的船舶机舱舱底水防污染设备指南和技术条件》,与 MEPC.107(49)决议一致性程度为非等效。

本标准代替 GB/T 4795—1999《船用舱底油污水分离装置》,与 GB/T 4795—1999 相比主要差异如下:

——修改了标准名称。

——删去“型式”、“型号”和“标记示例”。

——增加了试验液体 C,即油水乳化液。增加了对乳化液的试验程序。

——试验台架和试验流程图做了改进。删去原清洗剂适应性部分。

——制定了制备乳化稳定的试验液体 C 的严格程序。

——删去清洗剂试验和滤油元件浸泡试验。

——修改了含油量分析方法。

本标准的附录 A、附录 B、附录 C 为规范性附录。

本标准由中国船舶重工集团公司提出。

本标准由全国船用机械标准化技术委员会归口。

本标准起草单位:中国船舶重工集团公司第七〇四研究所。

本标准主要起草人:顾培韻、陈志斌。

本标准所替代标准的历次版本发布情况为:

——GB/T 4795—1984(所有部分),GB/T 4795—1999。

15 ppm 舱底水分离器

1 范围

本标准规定了15 ppm舱底水分离器(以下简称分离器)的分类、要求、试验方法、检验规则以及标志、包装、运输和贮存等。

本标准适用于额定处理量为0.1 m^3/h～50 m^3/h的分离器的设计、制造和验收。

2 规范性引用文件

下列文件中的条款通过本标准的引用而成为本标准的条款。凡是注日期的引用文件,其随后所有的修改单(不包括勘误的内容)或修订版均不适用于本标准,然而,鼓励根据本标准达成协议的各方研究是否可使用这些文件的最新版本。凡是不注日期的引用文件,其最新版本适用于本标准。

GB/T 191 包装储运图示标志(GB/T 191—2008,ISO 780:1997,MOD)

GB/T 569 船用法兰 连接尺寸和密封面

GB/T 2501 船用法兰连接尺寸和密封面(四进位)

GB/T 11037 船用锅炉及受压容器强度和密性试验方法

CB* 3250 船舶辅机电气控制设备通用技术条件

CB/T 3869 船用油污水分离装置 管状电加热器技术条件

ISO 9377-2:2000 水质 烃油指数的测定 第2部分:溶剂萃取法和气相色谱法

3 术语和定义

下列术语和定义适用于本标准。

3.1

等运动取样 isokinetic sampling

样品以出水管的平均流速进入取样管的取样。取样可以用控制取样时间来达到,取样时间按公式(1)计算。

$$t = \frac{VR^2}{Qr^2} \qquad \cdots\cdots(1)$$

式中:

t——取样时间的数值,单位为秒(s);

V——样品容积的数值,单位为毫升(mL);

R——装置水管的半径的数值,单位为厘米(cm);

Q——装置水管中的流量的数值,单位为毫升每秒(mL/s);

r——取样管内半径的数值,单位为厘米(cm),r=0.3 cm。

3.2

ppm parts per million

水所含油量的百万分比,按体积计。

4 分类

分离器的额定处理量系列值为:0.10 m^3/h、0.25 m^3/h、0.50 m^3/h、1.00 m^3/h、2.00 m^3/h、3.00 m^3/h、4.00 m^3/h、5.00 m^3/h、10.00 m^3/h、25.00 m^3/h、50.00 m^3/h。

5 要求

5.1 外观

5.1.1 分离器表面涂层应光洁、均匀。

5.1.2 分离器的进出口管路设置应整齐。

5.1.3 分离器的设计应美观，布置合理，便于操作维修。

5.2 设计与结构

5.2.1 分离器一般由分离器本体、配套泵和电控箱等组装而成。

5.2.2 分离器的配套泵宜为容积式，在额定工况时排量应不低于分离器的额定处理量，但不超过额定处理量的110%。

5.2.3 电控箱应至少具有泵启动、停止、排油控制等功能。如果分离器设有排出含油量监控设备时，电控箱还应具有排出水含油量超标停泵或排回舱底的控制功能。电控箱的其他要求应符合CB* 3250的有关要求。

5.2.4 分离器应配有自动排油系统。多级处理的分离器，除第一级外，其后各级可为手动排油，但应具有油水界面监测报警功能，在排油系统的油水界面传感器同一水平位置上应设有探水旋塞或油水界面观测器。

5.2.5 分离器加热及排油自动控制部分应能转换为手动控制。

5.2.6 分离器应在无人照管情况下，也能以正常功能运行至少24 h。

5.2.7 分离器配套泵吸入管路上应设置能去除固体杂质的设备。

5.2.8 为了达到等运动取样，分离器进出水管的垂直部分应设置符合图1的取样装置。

单位为毫米

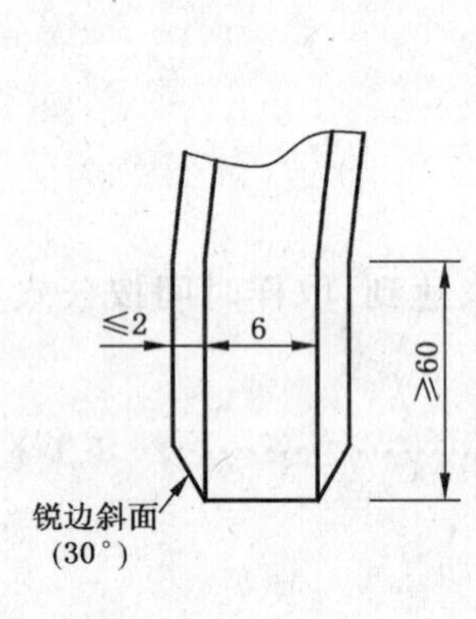

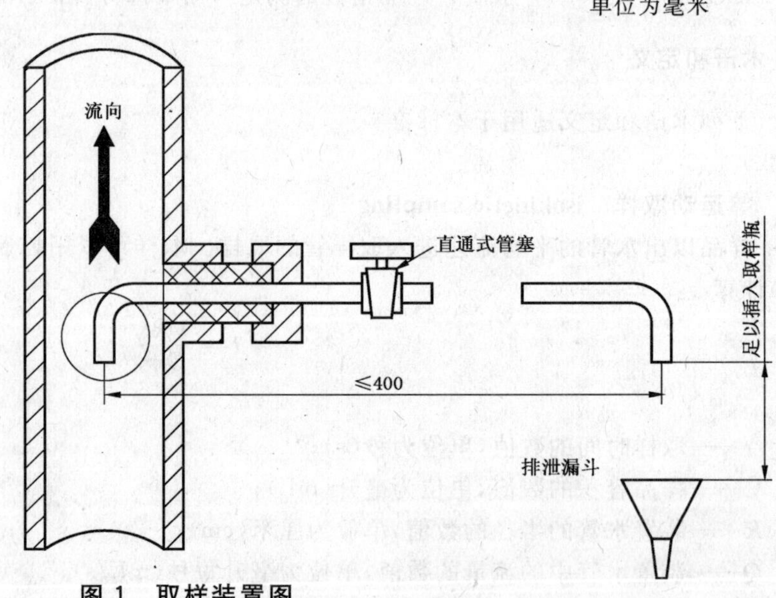

图1 取样装置图

5.2.9 分离器设有电加热器时，应具有超温保护功能。

5.2.10 分离器采用的电加热器应符合CB/T 3869的有关规定。

5.2.11 分离器所有易损坏的活动部件应方便维修。

5.2.12 分离器设有15 ppm舱底水报警装置时，该装置的安装布置应使从分离器排出水含油量超过15 ppm起至阻止舷外排放的自动关停装置开动所需时间在任何情况下不多于20 s。

5.2.13 分离器的结构，应适于船上使用，并应注意在船上的布置位置。若将分离器设在可能有易燃空气的位置，则应符合此类处所的相关安全规定。作为分离器一部分的任何电气设备应设在非危险区域，或应由主管机关认证为可危险区域安全使用。设在危险区域的所有活动部件的布置应避免形成静电。

5.2.14 分离器应设计为自动运转，且有故障保护措施以避免在出现故障时有任何排放。

5.2.15 分离器应能在海洋环境条件下抗腐蚀。

5.3 性能

5.3.1 向分离器给送油、乳化舱底水或空气，不得导致排向舷外的任何混合物的含油量超过 15 ppm。

5.3.2 分离器的安全阀或其他超压保护装置，其开启压力为最大工作压力的 1.05 倍时应能动作。

5.3.3 分离器的受压容器的强度应能承受 1.5 倍设计压力，无结构损坏和永久变形。

5.3.4 分离器组装后的密性应能承受 1.25 倍设计压力，各部件应无渗漏。

5.3.5 分离器应能分离在 15 ℃时相对密度为 0.83 的轻质油(试验液体 B)至相对密度为 0.98 的燃料油(试验液体 A)。

5.3.6 分离器应能分离含油量在 0%～100% 的油污水，且当分离器的供入液发生从含油的水到油或从油到空气或从水到空气的变化时，其排出水含油量仍应不超过 15 ppm。

5.3.7 分离器应能分离下列密度的油水混合液：

a) 分离器应能分离 15 ℃时相对密度为 0.98 的含油量为 0.5%～1.0% 的油水混合液；

b) 分离器应能分离 15 ℃时相对密度为 0.98 的含油量为 25% 的油水混合液；

c) 分离器应能分离 15 ℃时相对密度为 0.98 的 100% 油；

d) 分离器应能分离 15 ℃时相对密度为 0.98 的 0%～25% 的油水混合液；

e) 分离器应能分离 15 ℃时相对密度为 0.83 的含油量为 0.5%～1.0% 的油水混合液；

f) 分离器应能分离 15 ℃时相对密度为 0.83 的含油量为 25% 的油水混合液；

g) 分离器应能分离含乳化混合液含量为 6% 的油水混合液。

5.3.8 分离器在表 1 工况下，经处理后的排出水含油量应不超过 15 ppm。

表 1 分离器工况

额定处理量/(m^3/h)	排出水压力/MPa
<1	≥0.07
≥1	≥0.12

5.4 接口

分离器的外接法兰的连接尺寸应符合 GB/T 569 或 GB/T 2501 的有关要求。

6 试验方法

6.1 性能试验

6.1.1 试验系统

6.1.1.1 试验系统应包括水柜、管路、观察窗、空气吸入阀、流量计、压力表、温度计、阀门等。试验系统图见图 2。

6.1.1.2 试验用供给油水混合液的泵，可直接采用分离器的专用配套泵。若无专用配套泵，则须用转速为 1 000 r/min 以上的离心泵“A”供给油水混合液(见图 2 的虚线)，该离心泵的排量在试验所要求的排出压力下，应不小于分离器额定容量的 1.1 倍，其多余输出量应用该泵排放试验液体一侧的节流阀予以消除。若分离器有专用配套泵，应用该泵对分离器进行试验。

6.1.1.3 应设有离心泵“B”来使柜内的试验液体 C 再循环，确保试验液体 C 在整个试验期间保持稳定状态。试验液体 A 和 B 不需再循环。

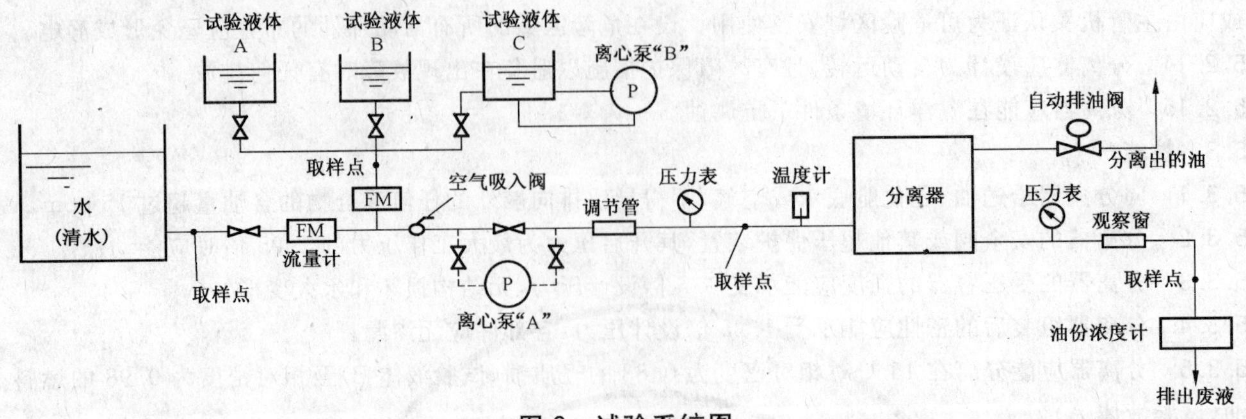

图2 试验系统图

6.1.1.4 为确保试验液体与水充分混合，紧邻分离器前部装设规定的调节管，管道应按最大液体流速为 3 m/s 设计。该管系布置应使分离器流入物的雷诺数按淡水计算不小于 10 000，流速不小于 1 m/s，并且从油污水注入口至分离器入口的管路长度应不小于其直径的 20 倍。应在分离器进口旁设一混合液进口取样点和一个温度计插孔。

6.1.1.5 在分离器入口和排水的垂直管路上应分别设置取样点，取样装置按图 1 设置。

6.1.1.6 在排水管路上应设置观察窗。

6.1.1.7 在泵吸入管路上应设置空气吸入阀，并能有效地吸入空气。

6.1.1.8 在试验柜、水柜中应设置加热装置。

6.1.1.9 供液管路上应分别设置油、水量的流量计和调节阀，流量计的精度应不低于 1.5 级。

6.1.1.10 分离器供液管路和排水管路上均应设置压力表，压力表的精度应不低于 1.5 级。

6.1.1.11 供液管路上应设置温度计，温度计的精度应不低于 1.5 级。

6.1.2 试验条件

6.1.2.1 试验使用下列三种等级的试验液体进行：

a) 试验液体 A 是一种燃料油，其相对密度在 15 ℃时不小于 0.98。

b) 试验液体 B 是一种轻质油，其相对密度在 15 ℃时不小于 0.83。

c) 试验液体 C 是一种油和淡水的乳化混合液，其组成与配制按附录 A。

6.1.2.2 试验用的淡水，在 20 ℃时相对密度应不大于 1.015。

6.1.2.3 试验开始前，应按 6.1.2.1、6.1.2.2 的要求，对试验液体 A 和 B 的密度、水的密度进行测定。

6.1.2.4 试验时输入分离器的油水混合液应保持不大于 40 ℃的温度。

6.1.2.5 在整个试验期间，不得中途维修或更换零部件。

6.1.2.6 输入分离器的油水混合液在处理过程中不得稀释。

6.1.2.7 输入分离器的油水比例由流量计测定，同时从分离器前供液管路上的取样点将混合液放入量筒静置片刻后，检验油水比例。

6.1.2.8 在整个试验过程中，额定处理量不小于 1 m^3/h 的分离器，其排出水压力应大于 0.12 MPa，小于 1 m^3/h 的分离器，其排出水压力应大于 0.07 MPa。

6.1.2.9 每次取样之前，应将取样旋塞打开，放泄 1 min 以上，然后取样。

6.1.2.10 盛装试样的瓶子应在主管检验机关的代表在场时加以密封和标签，并由主管检验机关指定的单位进行分析。

6.1.3 试验程序及要求

6.1.3.1 分离器试验程序见图 3。在 6.1.3.2～6.1.3.8 规定的各项试验中，分离器的排放水质应符合含油量不超过 15 ppm 要求。

启动泵向分离器供水，待各腔室充满淡水后，核定配套泵的供水量，用 6.1.2.1a) 或 6.1.2.1b) 或 6.1.2.1c) 规定的试验液体连续进行 6.1.3.2～6.1.3.8 规定的各项试验。

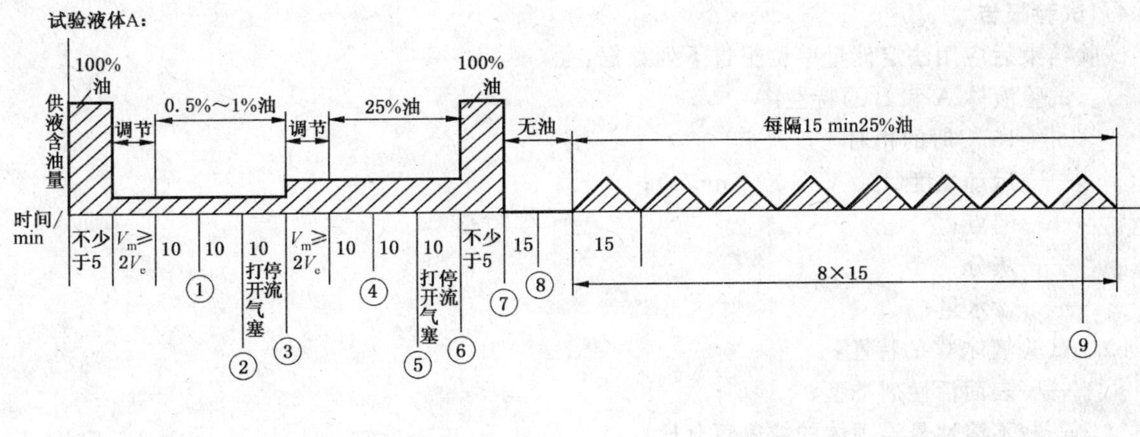

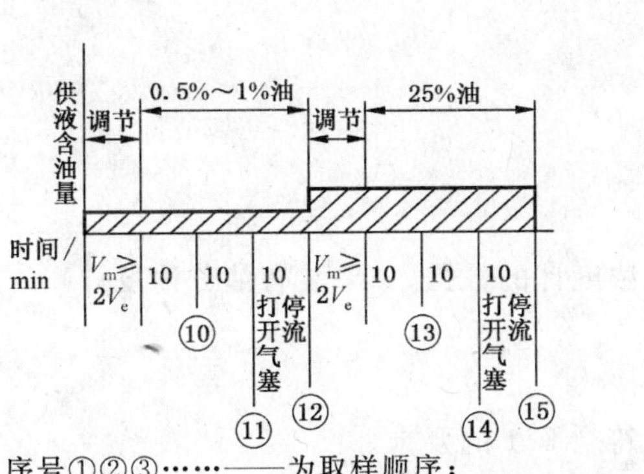

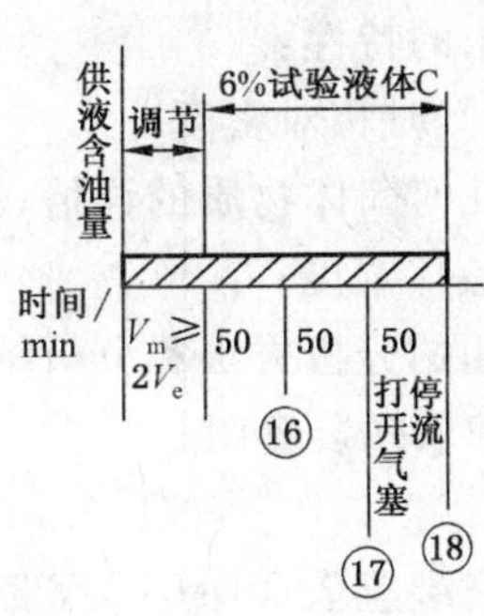

序号①②③……——为取样顺序；

V_e——分离器容积，单位为立方米(m^3)；

V_m——油/水混合液量，单位为立方米每小时(m^3/h)。

图3　分离器试验程序图

6.1.3.2　向分离器输入100%的试验液体A，持续5 min以上。

6.1.3.3　向分离器输入含油量0.5%～1.0%的油水混合液，使其达到稳定状态。稳定状态指的是通过分离器的油水混合液不少于分离器容积的2倍之后所形成的状态。然后在此状态试验30 min。其中第10 min和第20 min时分别从分离器排水口的取样点取样。在30 min结束时，开启泵吸入端的空气阀，同时，供油和供水阀应慢慢关闭，当供液管路的液体停止流动时，在排水口取样。检验油水混合液的含油量，结果应符合5.3.1、5.3.6和5.3.7a)的要求。

6.1.3.4　向分离器供入含油量为25%±2%的油水混合液，按6.1.3.2规定程序进行试验。检验油水混合液的含油量，结果应符合5.3.1、5.3.6和5.3.7b)的要求。

6.1.3.5　用100%的油输入分离器，待排油阀自动开启后，还要继续供入100%的油试验至少5 min。检验油水混合液的含油量，结果应符合5.3.1、5.3.6和5.3.7c)的要求。

6.1.3.6　分离器供水逐渐转换成含油量为25%±2%的油水混合液，然后又逐渐重新变为100%的水，每15 min替换一次，至少持续2 h。在最后一次开始供入含油量为25%±2%的油水混合液时从排水口取样。检验油水混合液的含油量，结果应符合5.3.1、5.3.6和5.3.7d)的要求。

6.1.3.7　在分离器充满清水后，用6.1.2.1规定的试验液体B重复6.1.3.3和6.1.3.4规定的试验。检验油水混合液的含油量，结果应符合5.3.1、5.3.6、5.3.7e)和5.3.7f)的要求。

6.1.3.8　向分离器输入6%的试验液体C，使其达到6.1.3.2规定的稳定状态。然后在此状态试验150 min。其中第50 min和第100 min时分别从分离器排水口的取样点取样(若属出厂试验，第150 min时在排水口取样)。在150 min结束时，开启泵吸入端的空气阀，同时，供油和供水阀应慢慢关闭，当供液管路的液体停止流动时，在排水口取样。检验油水混合液的含油量，含油量分析方法见附录B，结果应符合5.3.1、5.3.6和5.3.7g)的要求。

6.1.4 试验报告

试验结束后应用法定计量单位报告下列数据：

a) 试验液体A和B的特性：

——15 ℃时的相对密度；

——运动黏度(100 ℃/40 ℃ m^2/s)；

——闪点；

——灰分；

——含水量；

b) 试验液体C的特性：

——表面活性剂类型；

——不溶性悬浮固体的粒度百分比；

——表面活性剂和氧化铁质量验证；

c) 试验用的淡水的特性：

——水在20 ℃时相对密度；

——存在的任何固体物质的详情；

d) 分离器进口液体温度；

e) 全部试样所用的分析方法和分析结果，以及油分浓度计的数据(如果装有油分浓度计)；

f) 试验系统图和取样装置图。

6.2 外观质量检查

用目测法检查分离装置表面涂层及管路设置，结果应符合5.1的要求。

6.3 安全阀动作试验

试验时将分离器灌满水，启动泵，将分离器出口截止阀调至压力表指示为预定动作值时，检查安全阀起跳情况，连续三次，结果应符合5.3.2的要求。

6.4 受压容器强度试验

强度试验按GB/T 11037的有关规定进行，结果应符合5.3.3的要求。

6.5 密性试验

密性试验按GB/T 11037的有关规定进行，结果应符合5.3.4的要求。

6.6 接口试验

用常规量具检验分离器的连接尺寸，结果应符合5.4的要求。

6.7 试验用液密度

轻质油(试验液体B)和燃料油(试验液体A)的油品，应由国家认可的质量监督检验站化验，数据应符合5.3.5的要求。

6.8 试验排出水压力

用目测法检查分离装置上的压力表指示值，结果应符合5.3.8的要求。

7 检验规则

7.1 检验分类

本标准规定的检验分类如下：

a) 型式检验；

b) 出厂检验。

7.2 型式检验

7.2.1 检验时机

属下列情况之一者，应进行型式检验：

a) 申请国家型式认可证书时；

b) 首制产品，包括转厂生产的首制产品；

c) 因产品的结构、工艺或主要材料的更改而影响产品性能时；

d) 国家主管检验机关提出要求时。

7.2.2 检验项目和顺序

型式检验的项目和顺序按表2规定。

表2 检验项目和顺序表

序号	检验项目	型式检验	出厂检验	要求章条号	试验方法章条号
1	外观质量检查	●	●	5.1	6.2
2	安全阀动作试验	●	●	5.3.2	6.3
3	受压容器强度试验	●	●	5.3.3	6.4
4	密性试验	●	●	5.3.4	6.5
5	0.5%～1.0%试验液体A试验	●	—	5.3.1、5.3.6、5.3.7a)	6.1.3.3
6	25%试验液体A试验	●	—	5.3.1、5.3.6、5.3.7b)	6.1.3.4
7	100%试验液体A试验	●	—	5.3.1、5.3.6、5.3.7c)	6.1.3.5
8	0%～25%试验液体A循环水试验	●	—	5.3.1、5.3.6、5.3.7d)	6.1.3.6
9	0.5%～1.0%试验液体B试验和25%试验液体B试验	●	—	5.3.1、5.3.6、5.3.7e)、5.3.7f)	6.1.3.7
10	6%试验液体C试验	●	—	5.3.1、5.3.6、5.3.7g)	6.1.3.8
11	接口试验	●	●	5.4	6.6
12	试验用液密度	●	●	5.3.5	6.7
13	试验排出水压力	●	●	5.3.8	6.8
注：●表示必检项目；—表示不检项目。					

7.2.3 受检样品数

对结构型式相同而规格不同的系列产品，在进行型式试验时可只试验两种规格，以代替对每个规格的试验。这两种规格应针对系列中最小和最大的型号。

7.2.4 合格判据

当分离器型式检验所有项目均符合要求时，则判定该分离器为型式检验合格；当型式检验项目中的任何一项不符合要求时，应加倍取样进行复验。若复验符合要求，仍判定该分离器为型式检验合格。若复验仍不符合要求，则判定该分离器为型式检验不合格。

7.3 出厂检验

7.3.1 检验时机

每台分离器出厂前均需作出厂检验。

7.3.2 检验项目

出厂检验项目按表2规定。

7.3.3 合格判据

当分离器出厂检验所有项目均符合要求时，则判定该分离器为出厂检验合格；当出厂检验项目中的任何一项不符合要求时，则应在采取纠正措施后重新进行全部项目检验或只对不合格项目进行复验。若复验符合要求，仍判定该分离器为出厂检验合格。若复验仍不符合要求，则判定该分离器为出厂检验不合格。

8 标志、包装、运输和贮存

8.1 标志

每台产品应在醒目的部位设置永久性耐腐蚀铭牌，其上应标明：

a) 产品型号和名称；

b) 主要技术规格；

c) 国家主管机关签发的型式试验认可证书编号或印章；

d) 制造厂名；

e) 出厂编号及制造年月；

f) 外形尺寸及总重量。

8.2 包装

8.2.1 分离器采用木箱包装，底座应能适合多次装卸运输。

8.2.2 分离器采用组装方式，应能固定在包装箱内。

8.2.3 每台装置应附有下列文件：

a) 主管机关签发的认可证书；

b) 产品合格证；

c) 使用说明书；

d) 外形布置图，电路及外部接线图；

e) 备件清单；

f) 装箱清单一份。

文件应放在防潮袋内并固定于装置包装箱内部。

8.3 运输

8.3.1 装箱完毕的分离器应能用汽车、火车或船舶等运输工具运输。

8.3.2 应严格按照 GB/T 191 规定的储运图示标记进行作业，不能曝晒、雨淋；不能剧烈冲击和碰撞；不能倒置和翻滚等。

8.4 贮存

8.4.1 产品中转时，应堆放在库房内，临时露天堆放时应用毡布覆盖。

8.4.2 产品应贮存于干燥、清洁、通风的库房内。

8.4.3 产品入库后应及时检查是否完好，并按产品制造厂使用说明书有关规定对产品进行定期保养。

附 录 A
（规范性附录）
试验液体C的组成与配制

A.1 试验液体C的组成

试验液体C混合比例为1 kg该液体由以下成分组成：

a) 947.8 g淡水；

b) 25.0 g试验液体A；

c) 25.0 g试验液体B；

d) 0.5 g干型表面活性剂(十二烷基苯磺酸钠盐)；

e) 1.7 g“氧化铁”[“氧化铁”一词用以描述黑色氧化正亚铁(Fe_3O_4)，其粒度分布状况为90%小于10 μm，其余的最大粒度为100 μm]。

A.2 试验液体C的配制

试验液体C的制备程序如下：

a) 按6.1.3.8所述，称量出所需表面活性剂量的1.2倍；

b) 将其在一个小容器(例如烧杯或水桶)内与淡水混合并充分搅拌至表面活性剂彻底溶解，制成混合液(即混合液D，见图4)；

c) 以6.1.3.8所述试验所需试验液体C内总水量之体积的1.2倍向试验液体柜注入淡水；

d) 开动运行速度(额定转速)不小于3 000 r/min的离心泵，流速为每分钟至少更换全部试验液体一次；

e) 先向柜内淡水添加混合液D，然后按要求数量的1.2倍分别添加油和悬浮固体(氧化铁)；

f) 为使乳化状态稳定下来，让离心泵“B”运行1 h，确认试验液体表面无浮油；

g) 在以上A.2a)～f)所述1 h之后，让离心泵“B”减速运行，流速约为原来的10%，直至试验结束。

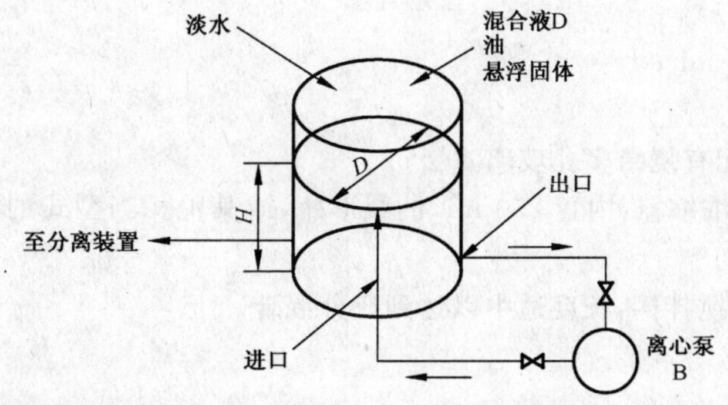

注1：该柜应为圆柱形。水位应为：

$$0.5D < H < 2D$$，在制备试验液体C时。

注2：通向离心泵“B”的出口应尽量设在该柜的低位。

注3：该柜的进口应设在柜底的中心位置，使混合液向上流动形成均匀的乳化液。

图A.1 试验液体C柜

附　录　B
（规范性附录）
含油量分析方法

本附录修改采用 ISO 9377-2:2000《水质　烃油指数的测定　第 2 部分:溶剂萃取法和气相色谱法》。

B.1　应用范围

B.1.1　本方法适合于大多数馏分油的测量,即使在萃取样品时挥发成分有些损失。

B.1.2　本方法的最小检测浓度为 0.1 mg/L。

B.2　样品的采集和储存

B.2.1　将水样注入样品瓶[B.3f)],至约 90%样品瓶容量后加盖瓶塞并称重(m_1)。采集水样后应尽快分析,如不能及时分析,可在 4 ℃下保存,不得超过 4 d。

B.2.2　如有必要,可以使用盐酸[B.4 h)]将水样酸化至 pH 值为 2 后避光保存。

B.3　仪器

分析仪器如下:

a)　气相色谱仪:配备有无差别注射系统和火焰离子化检测器;

b)　记录仪:与仪器匹配的记录仪;

c)　色谱柱:石英玻璃填充柱,长 2 m,内径 0.53 mm;

d)　固定液:非极性、100%二甲聚硅氧烷,或 95%二甲聚硅氧烷+5%二苯聚硅氧烷,或改良的硅氧烷聚合物;

e)　数据处理系统:积分仪;

f)　样品瓶:容量为 250 mL～1 000 mL 的玻璃瓶,具磨口玻璃塞,或具涂有聚四氟乙烯(PTFE)的旋盖;

g)　离心分离器;

h)　具塞离心管:100 mL;

i)　微型分离器;

j)　净化柱:玻璃制,配有烧结多孔玻璃滤层;

k)　Kuderna Danish 浓缩器:内置 250 mL 的梨形瓶,或其他相当型式的浓缩设备,如回转式真空蒸发浓缩器;

l)　磁性搅拌器:备有搅拌棒,长度适中以达到充分混合。

B.4　试剂和材料

试剂和材料如下:

a)　载气:高纯度的氮气;

b)　燃烧气:高纯度的氢气;

c)　助燃气:空气;

d)　蒸馏水;

e)　萃取剂:含一种烃类物质的烃类溶剂,或者烃类工业混合剂,沸程为 36 ℃～69 ℃;

f)　无水硫酸钠(Na_2SO_4):分析纯,使用前 300 ℃烘 4 h 备用;

g) 七水硫酸镁($MgSO_4 \cdot 7H_2O$):分析纯;

h) 盐酸溶液:$c(HCl)=12$ mol/L,$\rho=1.19$ g/mol;

i) 丙酮(C_3H_6O):分析纯;

j) 硅酸镁担体:粒径 15 μm~250 μm(60 目~100 目),在 140 ℃下加热 16 h 后置于干燥器内保存;

k) 矿物油标准混合液:准确称取两份等量、不同类型(A 类和 B 类,不含任何添加剂)的矿物油溶液,加入足量的萃取剂标准溶液[B. 4q)]使烃类物质的总浓度达 10 mg/mL 左右;

l) 矿物油校准混合液:将等量的标准混合液[B. 4k)]用萃取剂标准溶液[B. 4q)]稀释,配制 5 种以上不同浓度的校准溶液,浓度可为:

0 mg/mL(空白)、0.2 mg/mL、0.4 mg/mL、0.6 mg/mL、0.8 mg/mL 和 1.0 mg/mL;

m) 矿物油质量控制(QC)标准溶液:按 B. 4k)的步骤,制备某一浓度(如:1 mg/mL)的丙酮[B. 4i)]标准溶液。实际浓度约为预期应用范围的 1 000 倍;

n) 烷烃标准混合溶液:将碳原子数相同(C_{20}、C_{40}以及三个烷基以上的)的烷烃物质溶于萃取剂[B. 4e)],使各组分的浓度均达 50 μg/mL 左右。必要时使用不同溶剂(如:庚烷)先将其溶解,然后再用萃取剂稀释该溶剂;

o) 色谱标准物:癸烷($C_{10}H_{22}$)、四十烷($C_{40}H_{82}$)、二十烷($C_{20}H_{42}$);

p) 萃取剂储备溶液:取 20 mg 四十烷($C_{40}H_{82}$)溶于萃取剂[B. 4e)]中,再加入 20 μL 癸烷($C_{10}H_{22}$)用萃取剂稀释至 1 000 mL;

q) 萃取剂标准溶液:使用之前,用萃取剂将储备溶液[B. 4p)]稀释 10 倍即可;

r) 硬脂酸测试溶液($C_{36}H_{72}O_2$):称取 200 mg 硬脂酸溶于 100 mL 萃取剂标准溶液[B. 4q)]。

B.5 操作步骤

B.5.1 空白试验

各项空白试验的操作步骤可按 B. 5. 2 进行。

B.5.2 萃取

B.5.2.1 将水样冷却至 10 ℃左右,从而避免由于萃取剂的挥发性造成的损失。

B.5.2.2 对未经酸化处理的水样,加入盐酸[B. 4h)]于样品瓶内,将水样酸化至 pH 值为 2。

B.5.2.3 在每 900 mL 水样中加入约 80 g 硫酸镁[B. 4g)],以免产生乳化现象。若水样不会产生乳化现象,则无需投加硫酸镁。

B.5.2.4 加入 50 mL 萃取剂标准溶液[B. 4q)]于样品瓶内,插入磁力搅拌棒[B. 3l)],加塞,用搅拌器充分搅拌 30 min。

B.5.2.5 打开瓶塞,在瓶口处安装微型分离器[B. 3i)]。

B.5.2.6 注入足量的水[B. 4d)]使萃取剂层从微型分离器中分离出来,移入净化柱[B. 3j)]内并按 B. 5. 3步骤操作进行净化。

B.5.2.7 当有机相流入净化柱时,应防止水同时进入净化柱,可用移液管分步操作使有机相逐步流入净化柱;当使用微型分离器[B. 3i)]时,应注意旋塞阀下凹凸液面位置的确定。

B.5.2.8 若产生严重乳化现象,则可按如下方法对萃取液进行离心操作。将乳化液与萃取相一起移入 100 mL 的离心分离器[B. 3g)]内,加塞,通过离心萃取液从而达到破乳的目的。通常离心 10 min~15 min 即可。

B.5.3 净化

B.5.3.1 用少量(几毫升)萃取剂预清洗净化柱,以有效防止短流的形成。

B.5.3.2 将萃取剂相(B. 5. 2)移入净化柱内,净化柱内填有 2 g 硅酸镁担体[B. 4j)],且其表面涂了一层等量的硫酸钠[B. 4f)]。

B.5.3.3 注入 10 mL 萃取剂[B.4e)],使萃取剂相流经净化柱后流入浓缩器[B.3k)]。

B.5.3.4 再加入 10 mL 萃取剂清洗净化柱。

B.5.4 浓缩

B.5.4.1 用蒸发浓缩器[B.3k)]将萃取液体积浓缩至 6 mL。

B.5.4.2 用低速氮气将萃取液浓缩至 1 mL 以下,再用萃取剂[B.4e)]将其稀释至 1 mL,或称量出浓缩萃取液的体积。等分最终萃取液,注入玻璃管进行气相色谱分析。

B.5.4.3 若采用大容积注射器,则应将萃取液经硅酸镁担体[B.4j)]处理后浓缩至某一确定的体积,如:50 mL 或 100 mL,并且降低矿物油校准溶液[B.4l)]和烷烃标准混合溶液[B.4n)]的浓度值。

B.5.4.4 排空采样瓶内水样,5 min 后用胶帽塞住瓶口,测它的重量(m_2),精确到 1 g。

B.5.5 硅酸镁担体的适用性测试

定期检验硅酸镁担体的适用性,每次检验时重新使用一份干燥的硅酸镁担体。操作如下。

a) 选用硬脂酸测试溶液[B.4r)]和矿物油校准混合液[B.4l)]。

b) 用 10 mL 硬脂酸溶液清洗净化柱(B.5.3),然后加入萃取剂[B.4e)]稀释至 25 mL。将其净化后注入玻璃管内并进行气相色谱分析。待硅酸镁担体处理后,测量硬脂酸峰面积。将 0.5 mL 硬脂酸溶液用萃取剂[B.4e)]稀释至 25 mL 并进行气相色谱分析。计算经硅酸镁担体处理的硬脂酸溶液的峰面积与未经硅酸镁担体处理的硬脂酸溶液的峰面积之比。该值应小于 1。如若不然,按 B.4j)活化硅酸镁担体。

c) 用 10 mL、2 mg/mL 的矿物油校准混合液清洗色谱柱[B.3.c)](B.5.3),然后加入萃取剂标准溶液[B.4q)]稀释至 25 mL。将其净化后注入玻璃管内并进行气相色谱分析。

d) 由经(硅酸镁担体)处理和未经处理的碳原子数在 10～40 间烷烃校准溶液的峰面积,确定矿物油的回收率。回收率不得小于 80%。若不满足该标准,则用足量的水冲洗掉硅酸镁担体并按 B.4j)将其活化。若重复多次仍不达标准,则应重新换一份硅酸镁担体。

B.5.6 气相色谱法测定

B.5.6.1 调整气相色谱仪如下:

选择一种毛细管柱内的固定液[B.3d)],备色谱分析用。调整气相色谱仪,使其达到最佳的分离状态。烷烃标准混合溶液[B.4n)]的气相色谱峰是偏离基准线的。与二十烷($C_{20}H_{42}$)相比,相应的四十烷($C_{40}H_{82}$)响应值(峰面积)不得低于 0.8。否则,注射器进样差别过大,则应该优化注射器或将其替换。

B.5.6.2 校准如下:

a) 绝对校准:将不同浓度的矿物油校准混合液[B.4l)]进行分析,从而确定初始工作范围。

b) 常规校准:确定最终工作范围后,将上述矿物油校准混合液[B.4l)]中浓度最小的那份进行分析,通过校正峰面积线性回归分析计算校准函数。该方法实际的灵敏度可以从计算得到的回归函数中估算出。

c) 检验校准函数的有效性:在分析每 10 个水样后分析一次标准溶液,根据水样中各组分的常规校准检验校准函数的有效性。该标准溶液的浓度应介于 40%～80%的工作范围之间。各个结果值都不得超出工作校准线±10%的范围。若能够满足,即认为校准有效。否则,则按 B.5.6.3 重新校准。

d) 对于大批量水样的校准,可适当减少标准溶液分析的次数,但最少不能低于 3 次,并计算其均值。

B.5.6.3 测量如下:

将水样、矿物油校准混合液[B.4l)]和空白溶液进行气相色谱测定。定期注入萃取剂[B.4e)],记录空白气相色谱图,并在与水样相同的条件下进行分析。用萃取剂的色谱图校正水样色谱图的峰面积。

B.5.6.4 积分参数如下：

将癸烷($C_{10}H_{22}$)和四十烷($C_{40}H_{82}$)之间的气相色谱(面积)积分。从在溶剂峰高前呈现信号水平的癸烷峰末端处开始积分，至出现相同信号水平的四十烷峰始端处结束。通过目视检查色谱，确保积分无误。将上述两点用直线连接，并在色谱图上标出积分的起点和终点。

B.6 分析质量控制

为了控制质量，试剂空白应于样品分析的同时按以上步骤进行，在进行型式试验认可试验前，分析方法按附录C进行评定。

B.7 计算

烃油指标可按公式(B.1)计算：

$$\rho = \frac{(A_m - b) \cdot f \cdot V \cdot w}{a(m_1 - m_2)} \qquad \cdots\cdots (B.1)$$

式中：

ρ——烃油指标的数值，单位为毫克每升(mg/L)，保留2位有效数字；

A_m——样品萃取液峰积分面积的数值，与仪器有关；

b——y轴上的截距的数值；

f——样品萃取液的稀释因子；

V——最终萃取液的体积的数值，单位为毫升(mL)；

w——水样密度的数值，单位为克每毫升(g/mL)，纯水密度用1.0 g/mL；

a——校准函数的斜率的数值，单位为升每毫克(L/mg)；

m_1——采样瓶盛有水样时的重量的数值，单位为克(g)；

m_2——采样瓶空瓶时的重量的数值，单位为克(g)。

附 录 C
（规范性附录）
分析方法的评定

分离装置型式试验时，可采用下列方法评定分析方法的准确度和精密度。

C.1 测定回收率

将 900 mL 水[B.4d)]注入 1 mL 矿物油质量控制标准溶液[B.4m)]中，测定并计算其回收率。

在原试样中加入已知量的标准溶液后的试样与原试样测定值之差除以加入的标准溶液的含油量，即为回收率，见公式(C.1)。

$$回收率(\%)=\frac{X_1-X_2}{S}\times 100 \quad\cdots\cdots(C.1)$$

式中：

X_1——原试样中含油量的测定值，单位为毫克每升(mg/L)；

X_2——原试样加标准溶液后含油量的测定值，单位为毫克每升(mg/L)；

S——所加入的标准溶液的含油量，单位为毫克每升(mg/L)。

本方法使用色谱分析仪进行分析得到的回收率应在 80%～110%之间。

C.2 评定各次测定值之间的符合程度

评定各次测定值之间的符合程度，可按公式(C.2)计算。

$$\delta=\pm\sqrt{\frac{\sum_{i=1}^{n}(X_i-\overline{X})^2}{n-1}} \quad\cdots\cdots(C.2)$$

式中：

δ——标准偏差；

X_i——每次测定值；

$\overline{X}$——n 次测定值的算术平均值；

n——测定的次数（至少测定 6 次）。

分析结果精密度表示为$\overline{X}\pm\delta$。

精密度也可以用相对值表示，按公式(C.3)计算。

$$相对标准偏差(\%)=\frac{\delta}{\overline{X}}\times 100 \quad\cdots\cdots(C.3)$$

使用色谱分析仪进行分析的相对标准偏差应小于 10%。

ICS 59.080.30
W 04

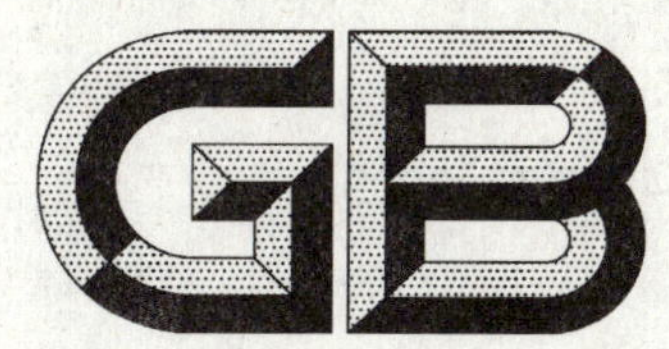

中华人民共和国国家标准

GB/T 4802.4—2009

纺织品 织物起毛起球性能的测定 第4部分:随机翻滚法

Textiles—Determination of fabric propensity to surface fuzzing and to pilling—Part 4: Random rolling method

2009-06-19 发布 2010-02-01 实施

中华人民共和国国家质量监督检验检疫总局
中国国家标准化管理委员会 发布

前　言

GB/T 4802《纺织品　织物起毛起球性能的测定》分为 4 个部分：

——第 1 部分：圆轨迹法；

——第 2 部分：改型马丁代尔法；

——第 3 部分：起球箱法；

——第 4 部分：随机翻滚法。

本部分为 GB/T 4802 的第 4 部分。

本部分由中国纺织工业协会提出。

本部分由全国纺织品标准化技术委员会基础标准分会(SAC/TC 209/SC 1)归口。

本部分起草单位：上海市毛麻纺织科学技术研究所。

本部分主要起草人：刘炜卿、曹宪华。

纺织品　织物起毛起球性能的测定
第4部分:随机翻滚法

1　范围

GB/T 4802的本部分规定了采用随机翻滚法测定纺织品起毛起球性能及表面变化的方法。

本部分适用于各类机织物和针织物。

2　规范性引用文件

下列文件中的条款通过GB/T 4802的本部分的引用而成为本部分的条款。凡是注日期的引用文件,其随后所有的修改单(不包括勘误的内容)或修订版均不适用于本部分,然而,鼓励根据本部分达成协议的各方研究是否可使用这些文件的最新版本。凡是不注日期的引用文件,其最新版本适用于本部分。

GB/T 6529　纺织品　调湿和试验用标准大气(GB/T 6529—2008,ISO 139:2005,MOD)

3　术语和定义

下列术语和定义适用于GB/T 4802的本部分。

3.1

起毛　fuzzing

织物表面纤维凸出或纤维端伸出形成毛绒所产生的明显表面变化。

注:此种变化可能发生在水洗、干洗、穿着或使用过程中。

3.2

毛球　pills

纤维缠结形成的凸出于织物表面、致密且光线不能透过并产生投影的球。

注:毛球的形成可能发生在水洗、干洗、穿着或使用过程中。

3.3

起球　pilling

织物表面产生毛球的过程。

4　原理

采用随机翻滚式起球箱使织物在铺有软木衬垫,并填有少量灰色短棉的圆筒状试验仓中随意翻滚摩擦。在规定光源条件下,对起毛起球性能进行视觉描述评定。

5 仪器和材料

5.1 起球箱(见图 1、图 2)

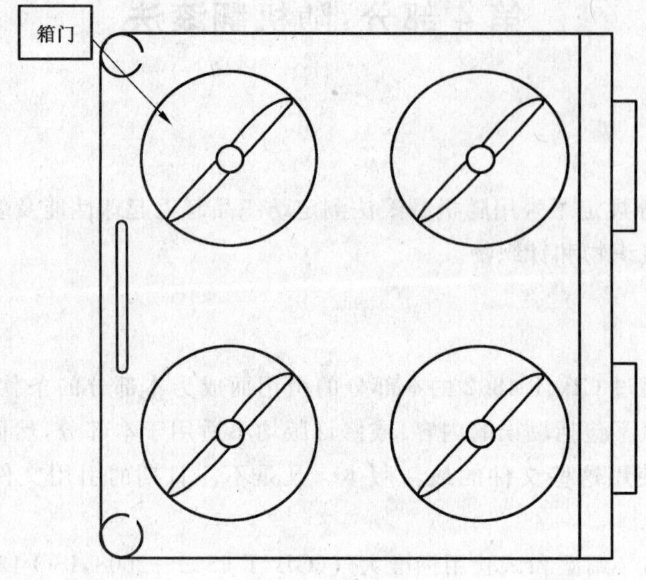

图 1 起球箱

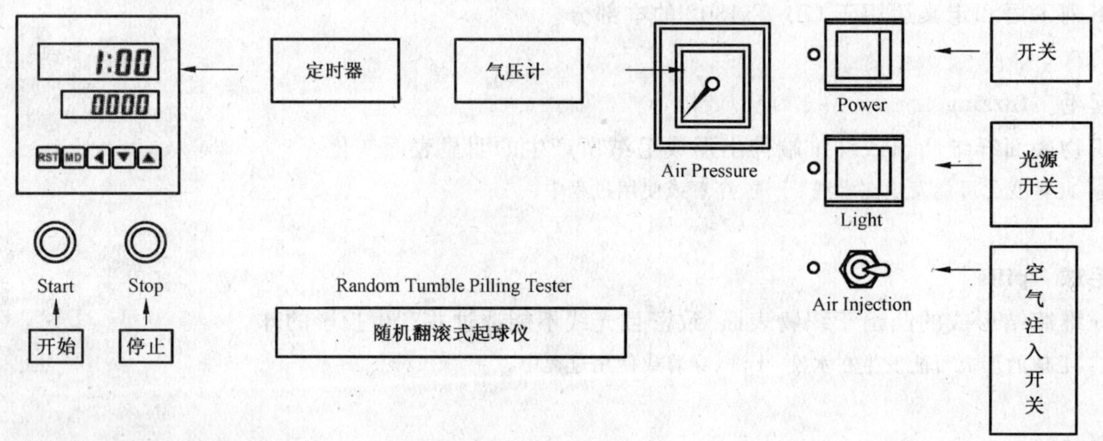

图 2 操作面板

5.1.1 软木圆筒衬垫

软木圆筒衬垫长 452 mm，宽 146 mm，厚 1.5 mm。

注：软木圆筒衬垫使用一小时后需要更换。

5.1.2 空气压缩装置

每个试验仓的空气压力需要达到 14 kPa～21 kPa。

5.2 胶粘剂

用来封合试样的边缘。

5.3 真空除尘器

家用除尘器即可，用来清洁试验后的试验仓。

5.4 灰色短棉

灰色短棉用来改善试样的起球性能。

5.5 评级箱

用白色荧光管或灯泡照明，保证在试样的整个宽度上均匀照明，并且应满足观察者不直视光线。光源的位置与试样的平面应保持5°～15°(见图3)。观察方向与试样平面应保持90°±10°(见图3)，正常校正视力的眼睛与试样的距离应在30 cm～50 cm。

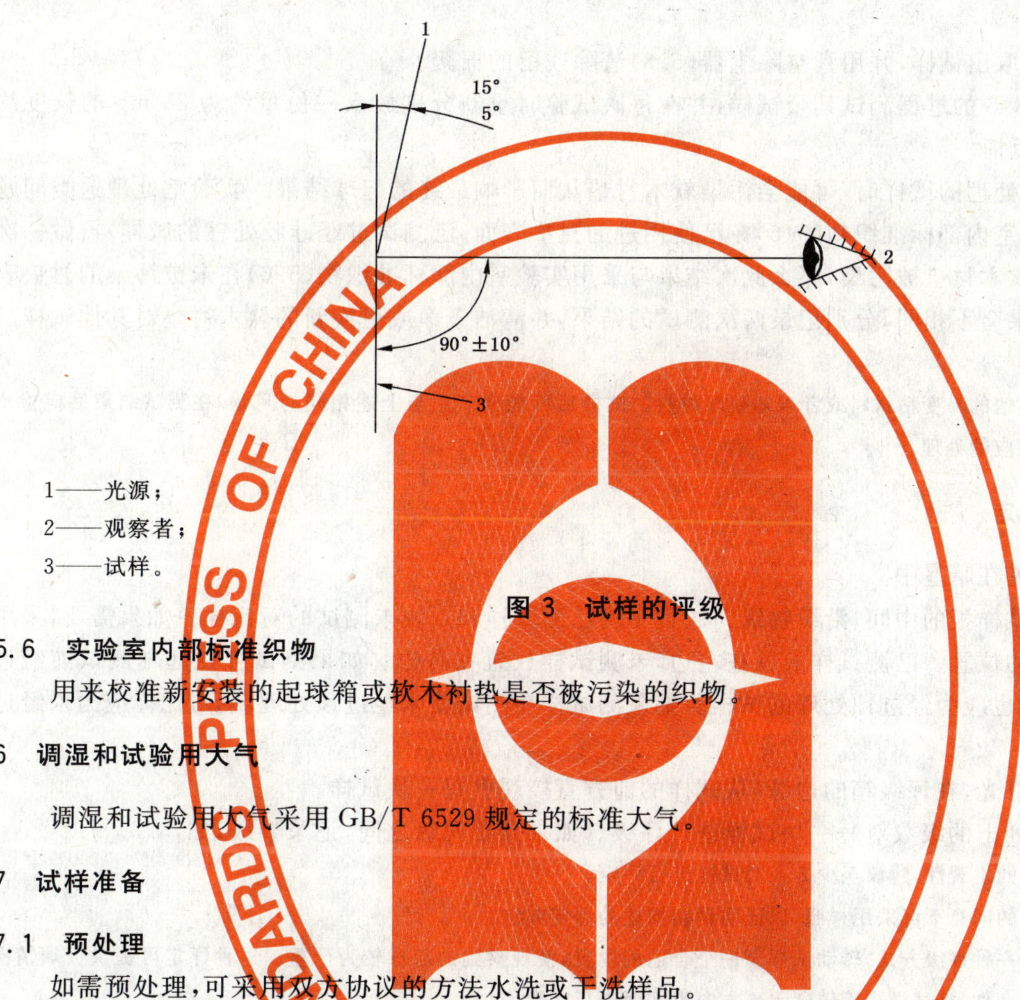

1——光源；
2——观察者；
3——试样。

图3 试样的评级

5.6 实验室内部标准织物

用来校准新安装的起球箱或软木衬垫是否被污染的织物。

6 调湿和试验用大气

调湿和试验用大气采用GB/T 6529规定的标准大气。

7 试样准备

7.1 预处理

如需预处理，可采用双方协议的方法水洗或干洗样品。

注：GB/T 8629或GB/T 19981.1和GB/T 19981.2中的程序可能是适合的。

7.2 试样

7.2.1 每个样品中各取三个试样，尺寸为(105±2)mm×(105±2)mm。

7.2.2 在整幅实验室样品中均匀取样或从服装样品上三个不同衣片剪取试样，避免每两块试样中含有相同的经纱或纬纱，试样应具有代表性，且避开织物的褶皱、疵点部位。

注：如果没有特别的要求，不要从布边附近剪取样品(距布边的距离不小于幅宽1/10)。

7.3 标记与制样

7.3.1 在每个试样的一角分别标注"1"、"2"或"3"以作区分。

7.3.2 使用粘合剂将试样的边缘封住，边缘不可超过3 mm。将试样悬挂在架子上直到试样边缘完全干燥为止，干燥时间至少为2 h。

8 试验步骤

8.1 同一个样品的试样应分别在不同的试验仓内进行试验。

8.2 将取自于同一实验室样品中的三个试样，与重约为25 mg、长度约为6 mm的灰色短棉(5.4)一起放入试验仓内，每一个试验仓内放入一个试样，盖好试验仓盖，并将试验时间设置为30 min。

8.3 启动仪器，打开气流阀。

8.4 在运行过程中，应经常检查每个试验仓。如果试样缠绕在叶轮上不翻转或卡在试验仓的底部、侧面静止，关闭空气阀，切断气流，停止试验，并将试样移出。记录试验的意外停机或者其他不正常情况。

8.5 当试样被叶轮卡住时，停止测试，移出试样，并使用清洁液或水清洗叶轮片。待叶轮干燥后，继续试验。

8.6 试验结束后取出试样，并用真空除尘器(5.3)清除残留的棉絮。

8.7 重复8.2～8.6的过程测试其余试样，并在每次试验时重新分别放入一份重约为25 mg的长度约为6 mm的灰色短棉。

8.8 测试经硅胶处理的试样时，可能会污染软木衬垫从而影响最终的起球结果。实验室处理这类问题时，需要采用实验室内部标准织物(5.6)在已使用过的衬垫表面(已测试过经硅胶处理的试样)再做一次对比试验。如果软木衬垫被污染，那么此次结果与采用实验室内部标准织物(5.6)在未被污染的衬垫表面所作的试验结果会不相同，分别记录两次测试的结果，并清洁干净或更换新的软木衬垫对其他试样进行测试。

注：测试含有其他的易变粘材料或者未知整理材料的试样后可能会产生与上述相同的问题，在测试结束后应检测衬垫并做相应的处理。

9 起毛起球的评定

评级箱应放置在暗室中。

在评级箱的试样板的中间，沿织物纵向放置1块已测试样和1块未测试的对比样。如果需要，采用胶带固定在正确的位置。已测试样放置在左边，未测试样放置在右边。如果测试样在起球测试前经过预处理，则对比样也应为经过预处理的试样。如果测试样在测试前未经过预处理，则对比样应为未经过预处理的试样。

为防止直视灯光，在评级箱的边缘，从试样的前方直接观察每一块试样。

依据表1中列出的级数对每一块试样进行评级。如果介于两级之间，记录半级，如，3.5。

注1：由于评定的主观性，建议至少2人对试样进行评定。

注2：在有关方的同意下可采用样照，以证明最初描述的评定方法。

注3：可采用另一种评级方式，转动试样至一个合适的位置，使观察到的起球较为严重。这种评定可提供极端情况下的数据。如，将试样表面转到水平方向沿平面进行观察。

注4：记录表面外观变差的任何其他状况。

表1 视觉描述评级

级数	状态描述
5	无变化。
4	表面轻微起毛和(或)轻微起球。
3	表面中度起毛和(或)中度起球。不同大小和密度的球覆盖试样的部分表面。
2	表面明显起毛和(或)起球。不同大小和密度的球覆盖试样的大部分表面。
1	表面严重起毛和(或)起球。不同大小和密度的球覆盖试样的整个表面。

10 结果

记录每一块试样的级数，单个人员的评级结果为其对所有试样评定等级的平均值。

样品的试验结果为全部人员评级的平均值，如果平均值不是整数，修约至最近的0.5级，并用“-”表示，如3-4。如单个测试结果与平均值之差超过半级，则应同时报告每一块试样的级数。

11 试验报告

试验报告应包含以下内容：

a） 本部分的标准号；

b） 试验样品描述；

c） 如需要，描述试验样品的预处理；

d） 测试样数量和评级者的人数；

e） 仪器参数类型；

f） 试验日期；

g） 起毛、起球或起毛起球的最终评定等级，必要时同时报告每一块试样的级数（见第10章）；

h） 经预处理后试样与未经过预处理试样相比，试样起毛、起球或起毛起球的评定级数；

i） 偏离本部分的细节。

参 考 文 献

［1］ GB/T 8629　纺织品　试验用家庭洗涤和干燥程序

［2］ GB/T 19981.1　纺织品　织物和服装的专业维护、干洗和湿洗　第1部分：干洗和整烫后性能的评价

［3］ GB/T 19981.2　纺织品　织物和服装的专业维护、干洗和湿洗　第2部分：使用四氯乙烯干洗和整烫时性能试验的程序

ICS 79.020
B 60

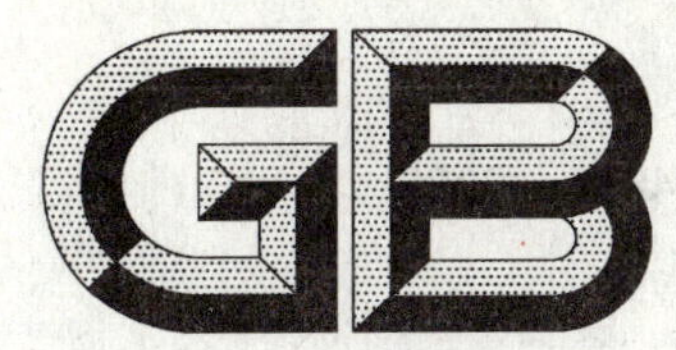

中华人民共和国国家标准

GB/T 4815—2009
代替 GB 4815—1984

杉原条材积表

Volume table of Chinese fir-tree poles

2009-02-23 发布　　　　2009-08-01 实施

中华人民共和国国家质量监督检验检疫总局
中国国家标准化管理委员会　发布

前　言

本标准代替 GB 4815—1984《杉原条材积表》。

本标准与 GB 4815—1984 相比主要变化如下：

——修订了杉原条材积计量范围；

——修订了检尺径大于等于 10 cm 且检尺长小于等于 19 m 杉原条材积计算公式中的参数。

本标准由国家林业局提出。

本标准由全国木材标准化技术委员会归口。

本标准起草单位：安徽农业大学。

本标准主要起草人：黄庆丰、吴文友、汪佑宏。

本标准所代替标准的历次版本发布情况为：

——GB 4815—1984。

杉原条材积表

1 范围

本标准规定了杉原条的材积计量和检验方法。

本标准适用于生产、收购和销售的只经打枝剥皮的杉原条材积计量。

2 规范性引用文件

下列文件中的条款通过本标准的引用而成为本标准的条款。凡是注日期的引用文件，其随后所有的修改单(不包括勘误的内容)或修订版均不适用于本标准，然而，鼓励根据本标准达成协议的各方研究是否可使用这些文件的最新版本。凡是不注日期的引用文件，其最新版本适用于本标准。

GB/T 5039　杉原条

3 杉原条材积计量

3.1 检尺径小于等于 8 cm 的杉原条材积计量

检尺径小于等于 8 cm 的杉原条材积按式(1)计算。

$$V = 0.4902 \times L/100 \qquad (1)$$

式中：

V——材积，单位为立方米(m^3)；

L——检尺长，单位为米(m)。

3.2 检尺径大于等于 10 cm 且检尺长小于等于 19 m 的杉原条材积计量

检尺径大于等于 10 cm 且检尺长小于等于 19 m 的杉原条材积按式(2)计算。

$$V = 0.394 \times (3.279 + D)^2 \times (0.707 + L)/10\,000 \qquad (2)$$

式中：

V——材积，单位为立方米(m^3)；

D——检尺径，单位为厘米(cm)；

L——检尺长，单位为米(m)。

3.3 检尺径大于等于 10 cm 且检尺长大于等于 20 m 的杉原条材积计量

检尺径大于等于 10 cm 且检尺长大于等于 20 m 的杉原条材积按式(3)计算。

$$V = 0.39 \times (3.50 + D)^2 \times (0.48 + L)/10\,000 \qquad (3)$$

式中：

V——材积，单位为立方米(m^3)；

D——检尺径，单位为厘米(cm)；

L——检尺长，单位为米(m)。

4 杉原条检验方法

杉原条检验方法按 GB/T 5039 规定执行。

5 杉原条材积表

杉原条材积表见表 1。

表 1　杉原条材积表

检尺径/cm	检尺长/m										
	5	6	7	8	9	10	11	12	13	14	15
	材积/m^3										
8	0.025	0.029	0.034	0.039	0.044	0.049	—	—	—	—	—
10	0.040	0.047	0.054	0.060	0.067	0.074	0.081	0.088	0.095	0.102	0.109
12	0.052	0.062	0.071	0.080	0.089	0.098	0.108	0.117	0.126	0.135	0.144
14	0.067	0.079	0.091	0.102	0.114	0.126	0.138	0.149	0.161	0.173	0.185
16	0.084	0.098	0.113	0.128	0.142	0.157	0.171	0.186	0.201	0.215	0.230
18	0.102	0.120	0.137	0.155	0.173	0.191	0.209	0.227	0.245	0.262	0.280
20	—	0.143	0.165	0.186	0.207	0.229	0.250	0.271	0.293	0.314	0.335
22	—	—	0.194	0.219	0.244	0.270	0.295	0.320	0.345	0.370	0.395
24	—	—	—	0.255	0.285	0.314	0.343	0.373	0.402	0.431	0.461
26	—	—	—	—	0.328	0.362	0.395	0.429	0.463	0.497	0.531
28	—	—	—	—	—	0.413	0.451	0.490	0.528	0.567	0.605
30	—	—	—	—	—	—	0.511	0.554	0.598	0.642	0.685
32	—	—	—	—	—	—	—	0.623	0.672	0.721	0.770
34	—	—	—	—	—	—	—	—	0.751	0.805	0.860
36	—	—	—	—	—	—	—	—	—	0.894	0.955
38	—	—	—	—	—	—	—	—	—	—	1.055
40	—	—	—	—	—	—	—	—	—	—	1.159
42	—	—	—	—	—	—	—	—	—	—	—
44	—	—	—	—	—	—	—	—	—	—	—
46	—	—	—	—	—	—	—	—	—	—	—
48	—	—	—	—	—	—	—	—	—	—	—
50	—	—	—	—	—	—	—	—	—	—	—
52	—	—	—	—	—	—	—	—	—	—	—
54	—	—	—	—	—	—	—	—	—	—	—
56	—	—	—	—	—	—	—	—	—	—	—
58	—	—	—	—	—	—	—	—	—	—	—
60	—	—	—	—	—	—	—	—	—	—	—

表 1（续）

检尺径/cm	检尺长/m														
	16	17	18	19	20	21	22	23	24	25	26	27	28	29	30
	材积/m^3														
8	—	—	—	—	—	—	—	—	—	—	—	—	—	—	—
10	0.116	0.123	0.130	0.137	0.146	0.153	0.160	0.167	0.174	0.181	0.188	0.195	0.202	0.210	0.217
12	0.154	0.163	0.172	0.181	0.192	0.201	0.211	0.220	0.229	0.239	0.248	0.257	0.267	0.276	0.286
14	0.197	0.208	0.220	0.232	0.245	0.257	0.268	0.280	0.292	0.304	0.316	0.328	0.340	0.352	0.364
16	0.245	0.259	0.274	0.289	0.304	0.319	0.333	0.348	0.363	0.378	0.393	0.408	0.422	0.437	0.452
18	0.298	0.316	0.334	0.352	0.369	0.387	0.405	0.423	0.441	0.459	0.477	0.495	0.513	0.531	0.549
20	0.357	0.378	0.399	0.421	0.441	0.463	0.484	0.506	0.527	0.549	0.570	0.592	0.613	0.635	0.656
22	0.421	0.446	0.471	0.496	0.519	0.545	0.570	0.595	0.621	0.646	0.672	0.697	0.722	0.748	0.773
24	0.490	0.519	0.548	0.578	0.604	0.634	0.663	0.693	0.722	0.752	0.781	0.810	0.840	0.869	0.899
26	0.564	0.598	0.632	0.666	0.695	0.729	0.763	0.797	0.831	0.865	0.899	0.933	0.967	1.001	1.034
28	0.644	0.683	0.721	0.760	0.793	0.831	0.870	0.909	0.947	0.986	1.025	1.063	1.102	1.141	1.180
30	0.729	0.773	0.816	0.860	0.896	0.940	0.984	1.028	1.071	1.115	1.159	1.203	1.247	1.290	1.334
32	0.819	0.868	0.917	0.966	1.007	1.056	1.105	1.154	1.203	1.252	1.301	1.351	1.400	1.449	1.498
34	0.915	0.970	1.024	1.079	1.123	1.178	1.233	1.288	1.343	1.397	1.452	1.507	1.562	1.617	1.672
36	1.016	1.076	1.137	1.198	1.246	1.307	1.368	1.429	1.490	1.550	1.611	1.672	1.733	1.794	1.855
38	1.122	1.189	1.256	1.323	1.376	1.443	1.510	1.577	1.644	1.711	1.779	1.846	1.913	1.980	2.047
40	1.233	1.307	1.381	1.454	1.511	1.585	1.659	1.733	1.807	1.880	1.954	2.028	2.102	2.176	2.249
42	1.350	1.430	1.511	1.592	1.654	1.734	1.815	1.896	1.977	2.057	2.138	2.219	2.299	2.380	2.461
44	1.471	1.559	1.648	1.736	1.802	1.890	1.978	2.066	2.154	2.242	2.330	2.418	2.506	2.594	2.682
46	1.599	1.694	1.790	1.886	1.957	2.053	2.148	2.244	2.339	2.435	2.530	2.626	2.722	2.817	2.913
48	1.731	1.835	1.938	2.042	2.118	2.222	2.325	2.429	2.532	2.636	2.739	2.842	2.946	3.049	3.153
50	1.869	1.980	2.092	2.204	2.286	2.398	2.509	2.621	2.733	2.844	2.956	3.068	3.179	3.291	3.402
52	2.011	2.132	2.252	2.373	2.460	2.580	2.701	2.821	2.941	3.061	3.181	3.301	3.421	3.541	3.662
54	2.160	2.289	2.418	2.547	2.641	2.770	2.899	3.028	3.157	3.285	3.414	3.543	3.672	3.801	3.930
56	2.313	2.452	2.590	2.728	2.828	2.966	3.104	3.242	3.380	3.518	3.656	3.794	3.932	4.070	4.208
58	2.472	2.620	2.768	2.916	3.021	3.168	3.316	3.463	3.611	3.758	3.906	4.054	4.201	4.349	4.496
60	2.636	2.794	2.951	3.109	3.221	3.378	3.535	3.692	3.850	4.007	4.164	4.321	4.479	4.636	4.793

ICS 79.040
B 69

中华人民共和国国家标准

GB/T 4817—2009
代替 GB/T 4817—1995

阔叶树锯材

Broadleaved sawn timber

2009-02-23 发布　　　　2009-08-01 实施

中华人民共和国国家质量监督检验检疫总局
中国国家标准化管理委员会　发布

前言

本标准代替 GB/T 4817—1995《阔叶树锯材》。

本标准与 GB/T 4817—1995 相比，主要变化如下：

——增加了阔叶树锯材方材的规格尺寸和材质指标；

——对阔叶树锯材长度、宽度、厚度允许偏差做了修订；

——对阔叶树锯材材质指标缺陷限度中节子、腐朽、钝棱做了修订。

本标准由国家林业局提出。

本标准由全国木材标准化技术委员会归口。

本标准起草单位：黑龙江省林产工业研究所、广西林威木材产品检验有限公司、桂林市林业局木材总公司、国家林业局原木锯材产品质量监督检验站。

本标准主要起草人：张妍、何灵芝、黄善忠、许斌、侯建筠、李晓琴、张冬梅、韩彬、董晓岛。

本标准所代替标准的历次版本分布情况为：

——GB 4817.1—1984、GB 4817.2—1984、GB/T 4817—1995。

阔 叶 树 锯 材

1 范围

本标准规定了阔叶树锯材树种、尺寸、材质指标及检验方法。

本标准适用于除毛边锯材、专用锯材以外的所有阔叶树锯材产品。

2 规范性引用文件

下列文件中的条款通过本标准的引用而成为本标准的条款。凡是注日期的引用文件,其随后所有的修改单(不包括勘误的内容)或修订版均不适用于本标准,然而,鼓励根据本标准达成协议的各方研究是否可使用这些文件的最新版本。凡是不注日期的引用文件,其最新版本适用于本标准。

GB/T 449 锯材材积表

GB/T 4822 锯材检验

GB/T 17659.2 原木锯材批量检查抽样、判定方法 第2部分:锯材批量检查抽样、判定方法

3 要求

3.1 树种

所有阔叶树种。

3.2 尺寸

3.2.1 长度:1 m~6 m。

3.2.2 长度进级:自 2 m 以上按 0.2 m 进级,不足 2 m 的按 0.1 m 进级。

3.2.3 板材、方材规格

板材、方材规格尺寸见表1。

表1 板材、方材规格尺寸

单位为毫米

分类	厚度	宽度	
		尺寸范围	进级
薄板	12,15,18,21	30~300	10
中板	25,30,35		
厚板	40,45,50,60		
方材	25×20,25×25,30×30,40×30,60×40,60×50,100×55,100×60		
注:表中以外规格尺寸由供需双方协议商定。			

3.2.4 尺寸偏差

尺寸允许偏差见表2。

表2 尺寸允许偏差

种类	尺寸范围	偏差
长度	不足 2.0 m	+3 cm −1 cm
	自 2.0 m 以上	+6 cm −2 cm
宽度、厚度	不足 30 mm	±1 mm
	自 30 mm 以上	±2 mm

3.3 材质指标

阔叶树锯材分为特等、一等、二等和三等四个等级，各等级材质指标见表3。

表3 材质指标

缺陷名称	检量与计算方法	允许限度			
		特等	一等	二等	三等
死节	最大尺寸不得超过板宽的	15%	30%	40%	不限
	任意材长 1 m 范围内个数不得超过	3	6	8	
腐朽	面积不得超过所在材面面积的	不允许	2%	10%	30%
裂纹夹皮	长度不得超过材长的	10%	15%	40%	不限
虫眼	任意材长 1 m 范围内个数不得超过	1	2	8	不限
钝棱	最严重缺角尺寸不得超过材宽的	5%	10%	30%	40%
弯曲	横弯最大拱高不得超过内曲水平长的	0.5%	1%	2%	4%
	顺弯最大拱高不得超过内曲水平长的	1%	2%	3%	不限
斜纹	斜纹倾斜程度不得超过	5%	10%	20%	不限
注：长度不足 1 m 的锯材不分等级，其缺陷允许限度不低于三等材，其检量计算方法参照本标准执行。					

4 检验方法

4.1 尺寸检量、材质评定

按 GB/T 4822 的规定执行。

4.2 锯材材积

按 GB/T 449 的规定执行。

4.3 检查抽样、判定方法

按 GB/T 17659.2 的规定执行。

ICS 65.100
G 23

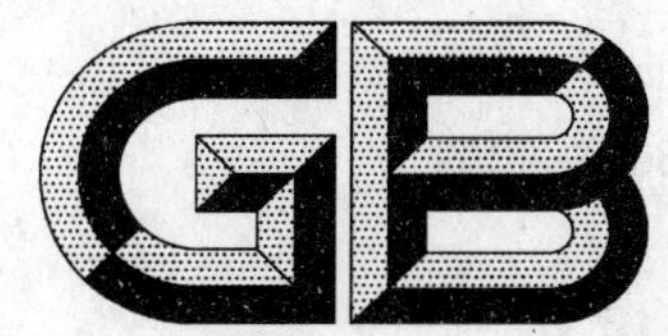

中华人民共和国国家标准

GB 4839—2009
代替 GB 4839—1998

农药中文通用名称

Chinese common name for pesticides

2009-04-27 发布 2009-11-01 实施

中华人民共和国国家质量监督检验检疫总局
中国国家标准化管理委员会 发布

前言

本标准的第3章为强制性的,其余为推荐性的。

本标准是对GB 4839—1998《农药通用名称》的修订。

本标准与GB 4839—1998的主要差异为:

——标准名称由《农药通用名称》修改为《农药中文通用名称》。

——标准增加了农药中文通用名称化合物的数量。

——重新进行排序。

——增加了英文索引。

本标准的附录A是资料性附录。

本标准自实施之日起代替GB 4839—1998《农药通用名称》。

本标准由中国石油和化学工业协会提出。

本标准由全国农药标准化技术委员会(SAC/TC 133)归口。

本标准负责起草单位:沈阳化工研究院。

本标准参加起草单位:农业部农药检定所、江苏省农药研究所。

本标准主要起草人:楼少巍、王以燕、曹斌、兆奇。

本标准于1984年首次发布,1998年7月第一次修订,本次是第二次修订。

农药中文通用名称

1 范围

本标准规定了国内外常用农药的中文通用名称。

本标准适用于国内农药管理、科研、生产、商贸、农药使用、卫生、防疫、环保、出版、广告等有关领域，凡用到农药名称的，都应使用本标准规定的中文通用名称。

2 规范性引用文件

下列文件中的条款通过本标准的引用而成为本标准的条款。凡是注日期的引用文件，其随后所有的修改单（不包括勘误的内容）或修订版均不适用于本标准，然而，鼓励根据本标准达成协议的各方研究是否可使用这些文件的最新版本。凡是不注日期的引用文件，其最新版本适用于本标准。

HG 3308—2001 农药通用名称及制剂名称命名原则和程序

3 农药中文通用名称

序号	中文通用名称	英文名称[a]	化学名称及 CAS 登录号[b]	结构式
中文通用名称为以数字开头的农药				
1	1-甲基环丙烯	1-methylcyclopropene (1-MCP)	1-甲基环丙烯	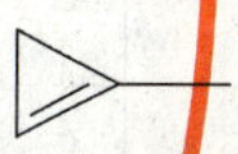
2	2-(乙酰氧基)苯甲酸	aspirin	2-(乙酰氧基)苯甲酸	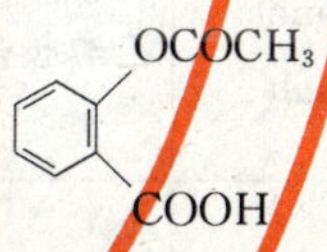
	2,4,5-涕	2,4,5-T	2,4,5-三氯苯氧乙酸 [93-76-5]	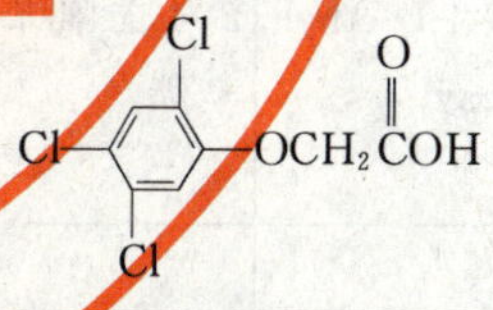
3	2,4,5-涕丙酸	fenoprop	2-(2,4,5-三氯苯氧基)丙酸[93-72-1]	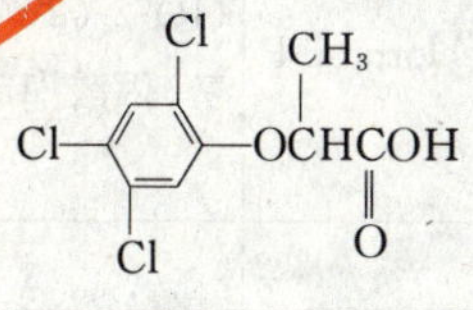
	2,4,5-涕丁酸	2,4,5-TB	4-(2,4,5-三氯苯氧基)丁酸[93-80-1]	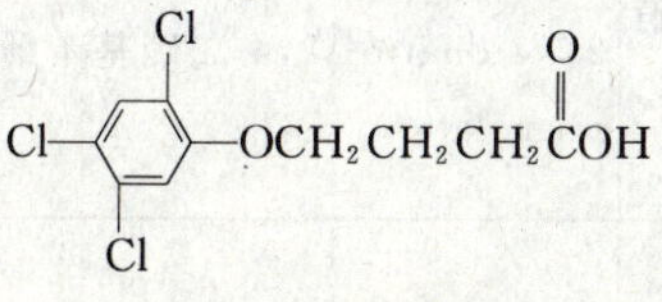
4	2,4-滴	2,4-D	2,4-二氯苯氧乙酸 [94-75-7]	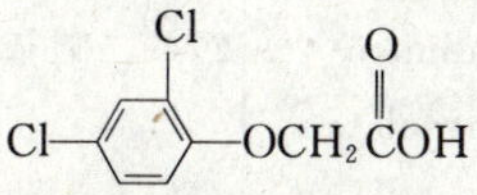

表(续)

序号	中文通用名称	英文名称[a]	化学名称及CAS登录号[b]	结构式
4	2,4-滴丙酸	dichlorprop	2-(2,4-二氯苯氧基)丙酸[120-36-5]	Cl CH_3 Cl— —OCHCOOH O
	2,4-滴丁酸	2,4-DB	4-(2,4-二氯苯氧基)丁酸[94-82-6]	Cl O Cl— —$OCH_2CH_2CH_2COH$
	2,4-滴丁酯	2,4-D butylate	2,4-二氯苯氧乙酸丁酯	Cl O —O—CH_2—C—O—CH_2—CH_2—CH_2—CH_3 Cl
	2,4-滴二甲胺盐	2,4-D dimethyl amine salt	2,4-二氯苯氧乙酸二甲胺盐	Cl O CH_3 —O—CH_2—C—O—H · NH CH_3 Cl
	2,4-滴钠盐	2,4-D Na	2,4-二氯苯氧乙酸钠盐	Cl O —O—CH_2—C—ONa Cl
	2,4-滴三乙醇胺盐	2,4-D triethanolamine salt	2,4-二氯苯氧乙酸三乙醇胺盐	Cl O C_2H_4OH —O—CH_2—C—OH · HOC_2H_4—N C_2H_4OH Cl
	2,4-滴异辛酯	2,4-D-ethylhexyl	2,4-二氯苯氧乙酸异辛酯	Cl O CH_2—CH_2—CH_2—CH_3 —O—CH_2—C—O—CH_2—CH—CH_2—CH_3 Cl
	精2,4-滴丙酸	dichlorprop-P	(R)-2-(2,4-二氯苯氧基)丙酸[15165-67-0]	CH_3 Cl— —O—C—COOH Cl H
5	2,4-二硝基苯酚铵	ammonium 2,4-dinitrophenolate	2,4-二硝基苯酚铵	ONH_4 NO_2 NO_2
6	2,4-二硝基苯酚钾	potassium 2,4-dinitrophenolate	2,4-二硝基苯酚钾	OK NO_2 NO_2

表（续）

序号	中文通用名称	英文名称[a]	化学名称及 CAS 登录号[b]	结构式
7	2，4-二硝基苯酚钠	sodium 2,4-dinitro-phenolate	2,4-二硝基苯酚钠	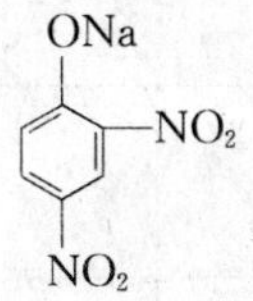
8	2甲4氯	MCPA	2-甲基-4-氯苯氧乙酸[94-74-6]	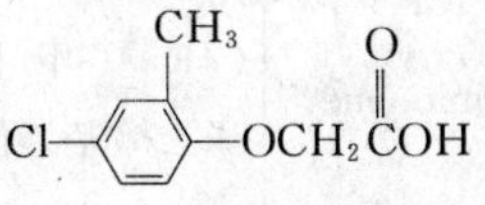
	2甲4氯丙酸	mecoprop	2-(4氯-2-甲基苯氧基)丙酸[93-65-2]	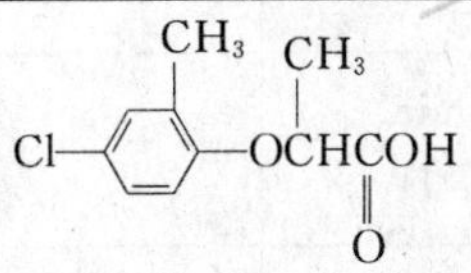
	2甲4氯丁酸	MCPB	4-(4氯-2-甲基苯氧基)丁酸[94-81-5]	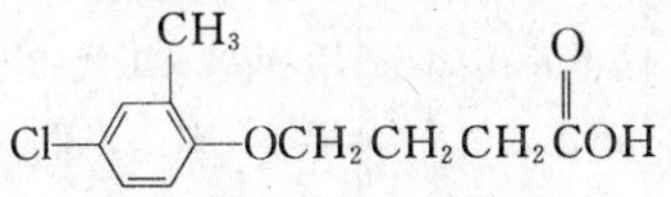
	2甲4氯丁酸乙酯	MCPB-ethylate	4-氯-邻甲苯氧基乙酸丁酸乙酯	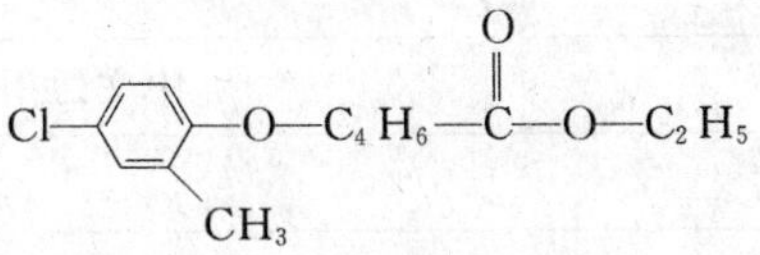
	2甲4氯钠	MCPA-sodium	4-氯-邻甲苯氧基乙酸钠	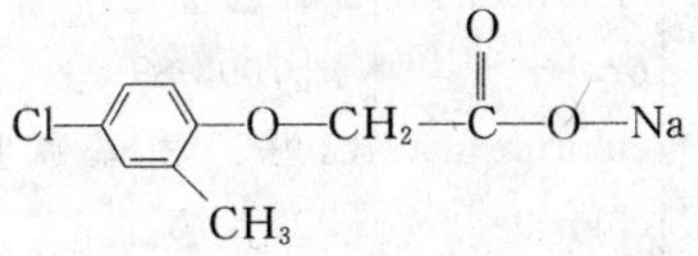
	2甲4氯乙硫酯	MCPA-thioethyl	S-乙基-4-氯-2-甲基苯氧基硫代乙酸酯[25319-90-8]	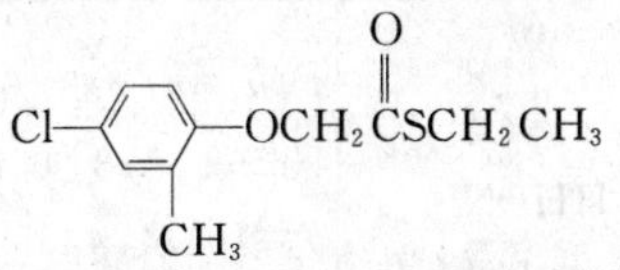
	2甲4氯异辛酯	MCPA-isooctyl	4-氯-邻甲苯氧基乙酸异辛酯	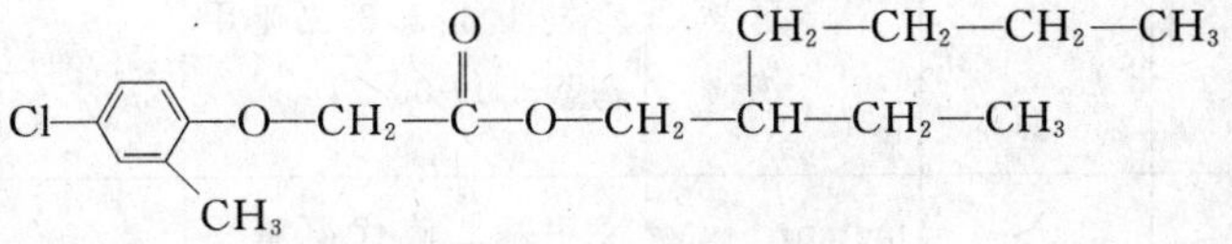
	精2甲4氯丙酸	mecoprop-P	(R)-2-(4氯-2-甲基苯氧基)丙酸[94596-45-9]	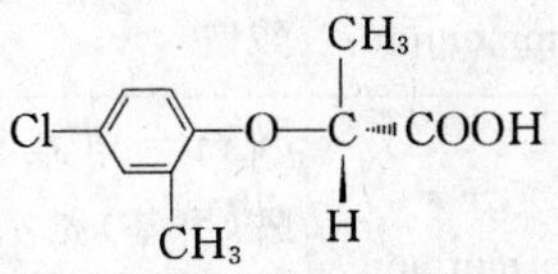
9	5-硝基邻甲氧基苯酚钠	sodium 5-nitroguaia-colate	5-硝基邻甲氧基苯酚钠	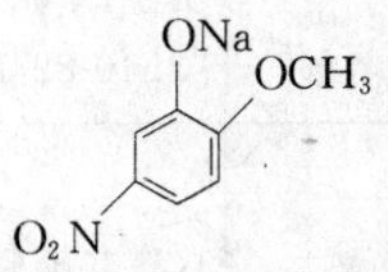
10	8-羟基喹啉	8-hydroxy-quino-line suphate	双(8-羟基喹啉)硫酸盐[134-31-6]	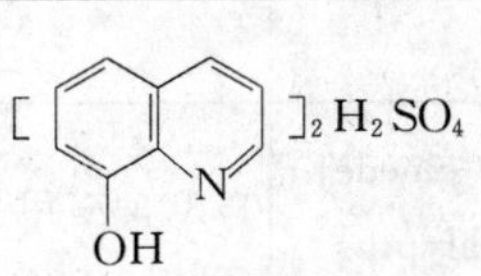

表（续）

序号	中文通用名称	英文名称[a]	化学名称及 CAS 登录号[b]	结 构 式
中文通用名称为以字母开头的农药				
11	C 型肉毒梭菌毒素	Botulin type C		
12	d-柠檬烯	d-limonene	(4R)-1-甲基-4-(1-甲基乙烯基)环己烯	
13	D 型肉毒梭菌毒素	Botulin type D		
14	S-诱抗素	(+)-abscisic acid	5-(1′-羟基 2′,6′,6′-三甲基-4′-氧代-2′-环己烯-1′-基)-3-甲基-2-顺-4-反-戊二烯酸	
中文通用名称为以汉字开头的农药				
A				
15	矮壮素	chlormequat or chlormequat-chloride	2-氯乙基三甲基铵离子[7003-89-6]或 2-氯乙基三甲基氯化铵[999-81-5]	$ClCH_2CH_2N^+(CH_3)_3\ Cl^-$
16	艾氏剂	HHDN or aldrin	(1α, 4α, 4aβ, 5α, 8α, 8aβ)-1,2,3,4,10,10-六氯-1,4,4a,5,8,8a-六氢-1,4:5,8-二亚甲基萘[309-00-2]	
17	安百亩	metam-ammonium	N-甲基二硫代氨基甲酸铵	$CH_3NHC(=S)SNH_4$
18	安硫磷	formothion	O,O-二甲基-S-[N-甲酰(甲基)氨基甲酰甲基]二硫代磷酸酯[2540-82-1]	$(CH_3O)_2P(=S)SCH_2C(=O)N(CHO)CH_3$
19	安妥	antu	1-萘基硫脲[86-88-4]	
20	桉叶油	1,8-cinede, eucalyptus oil	1,3,3-三甲基-2-氧双环[2,2,2]辛烷	

表（续）

序号	中文通用名称	英文名称[a]	化学名称及 CAS 登录号[b]	结构式
21	氨氟乐灵	prodiamine	N,N-二丙基-4-三氟甲基-5-氨基-2,6-二硝基苯胺[29091-21-2]	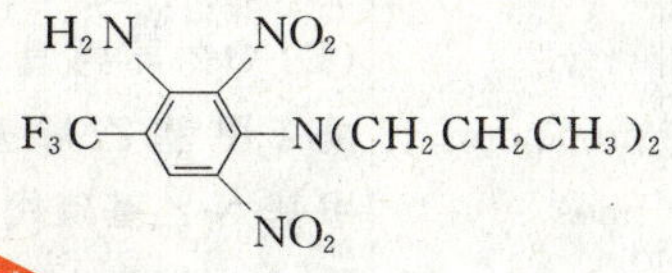
22	氨氟灵	dinitramine	N,N-二乙基-4-三氟甲基-2,6-二硝基间苯二胺[29091-05-2]	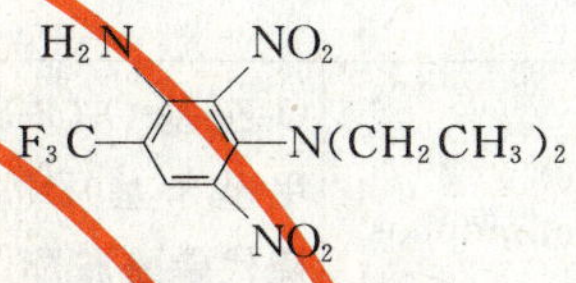
23	氨磺乐灵	oryzalin	N,N-二丙基-4-氨基磺酰基-2,6-二硝基苯胺[19044-88-3]	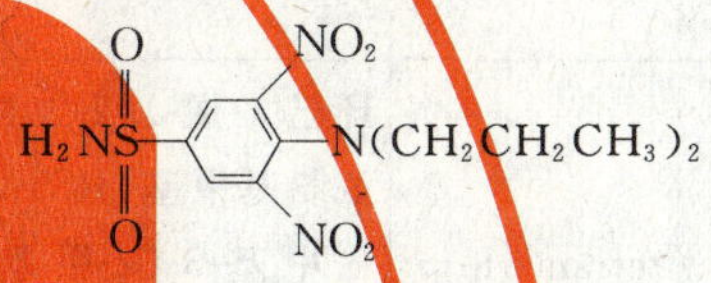
24	氨基寡糖素	oligochito-sac charins	[(1，4)-2-氨基-2-脱氧-β-D-葡萄糖]$_n$	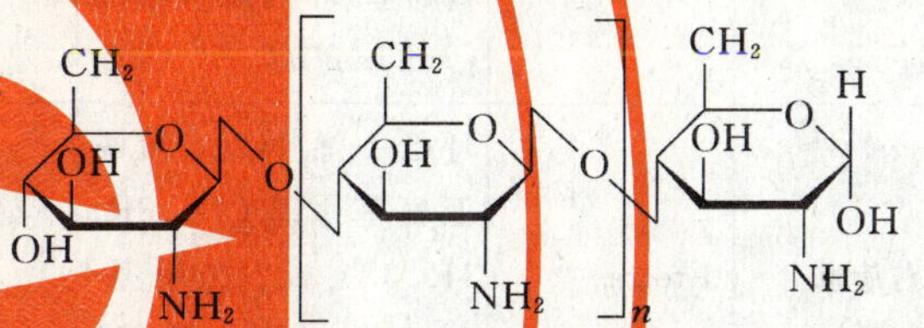 $n=0\sim20$
25	氨基氰	amino nitrile	氨基氰	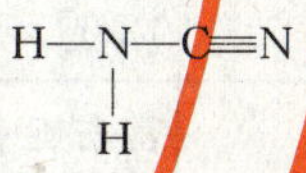
26	氨氯吡啶酸	picloram	4-氨基-3,5,6-三氯吡啶-2-羧酸[1918-02-1]	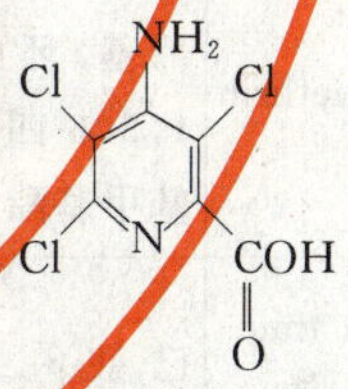
27	氨唑草酮	amicarba-zone	4-氨基-4,5-二氢-N-叔丁基-3-异丙基-5-氧-1氢-1,2,4-三唑-1-酰胺	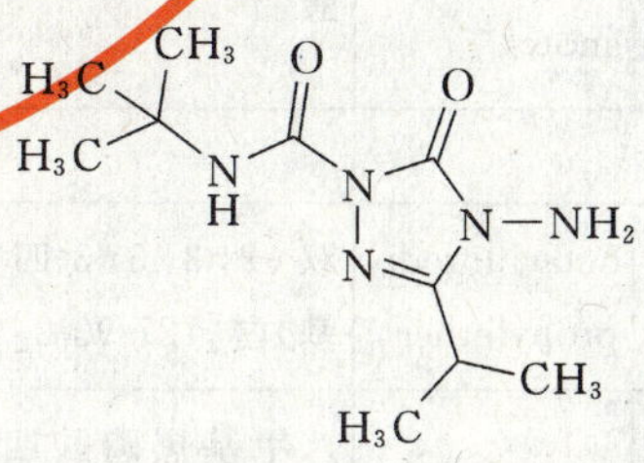
28	胺苯磺隆	ethametsul-furon	3-(4-乙氧基-6-甲氨基-1,3,5-三嗪-2-基)-1-(2-甲氧基甲酰基苯基)磺酰脲[97780-06-8]，[111353-84-5](酸)	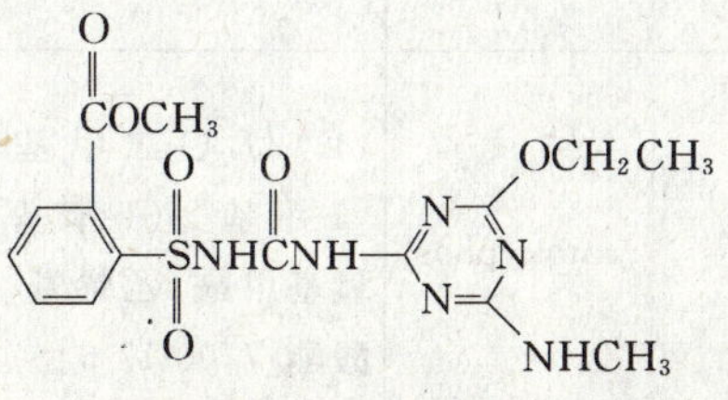

表（续）

序号	中文通用名称	英文名称[a]	化学名称及 CAS 登录号[b]	结 构 式
29	胺丙畏	propetamphos	(E)-O-2-异丙氧基甲酰-1-甲基乙烯基-O-甲基-N-乙基硫代磷酰胺[31218-83-4]	$CH_3CH_2NH-P(=S)(OCH_3)-O-C(CH_3)=CH-COOCH(CH_3)_2$
30	胺草磷	amiprophos	O-乙基-O-(2-硝基-4-甲基苯基)-N-异丙基硫代磷酰胺酯[33857-23-7]	$(CH_3)_2CHNHP(=S)(OC_2H_5)-O-C_6H_3(NO_2)-CH_3$
31	胺菊酯	tetramethrin	环已-1-烯-1,2-二羧酰亚氨基甲基(RS)-2,2-二甲基-3-(2-甲基丙-1-烯基)环丙烷羧酸酯[7696-12-0]	$(H_3C)_2C=CH-$ 环丙烷$(CH_3)_2$$-COOCH_2N$(环己烯二羧酰亚胺)
	右旋胺菊酯	d-tetramethrin	环已-1-烯-1,2-二羧酰亚氨基甲基(1R,3R;1R,3S)-2,2-二甲基-3-(2-甲基丙-1-烯基)环丙烷羧酸酯[7696-12-0]	$(H_3C)_2C=CH-$ 环丙烷$(CH_3)_2$$-COOCH_2N$(环己烯二羧酰亚胺)
	富右旋反式胺菊酯	rich-d-tetra methrin	富右旋-顺反式-2,2-二甲基-3-(2-甲基-1-丙烯基)环丙烷羧酸-3,4,5,6-四氢酞酰亚胺基甲基酯	$(H_3C)_2C=CH-$ 环丙烷$(CH_3)_2$$-C(=O)OCH_2N$(环己烯二羧酰亚胺)
32	胺鲜酯	diethyl aminoethyl hexanote	己酸-β-二乙氨基乙醇酯	$CH_3(CH_2)_4-COOCH_2CH_2N(CH_2CH_3)_2$
B				
33	八氯二丙醚	octachlorodi propylether	双(2,3,3,3-四氯丙基)醚[127-90-2]	$(Cl_3CCHClCH_2)_2O$
34	八甲磷	schradan	八甲基焦磷酸四酰胺[151-26-9]	$[(CH_3)_2N]_2P(=O)-O-P(=O)[N(CH_3)_2]_2$
35	巴毒磷	crotoxyphos	(E)-O,O-二甲基-O-[1-甲基-2-(1-苯基-乙氧基甲酰)乙烯基]磷酸酯[7700-17-6]	$(CH_3O)_2P(=O)O-C(CH_3)=CH-COOCH(CH_3)-C_6H_5$

表(续)

序号	中文通用名称	英文名称[a]	化学名称及CAS登录号[b]	结构式
36	百部碱	tuberostemonine		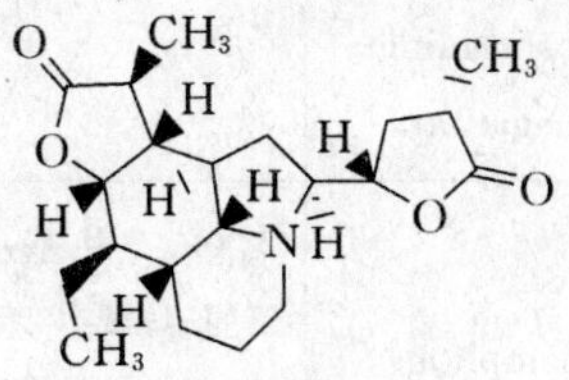
37	百草枯	paraquat	1,1′-二甲基-4,4′-联吡啶阳离子[4685-14-7]	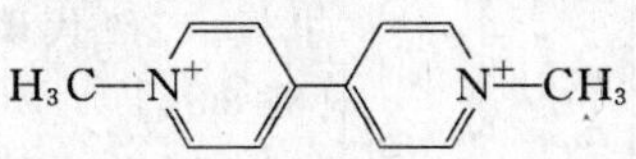
38	百菌清	chlorothalonil	2,4,5,6-四氯-1,3-苯二甲腈(四氯间苯二腈)[1897-45-6]	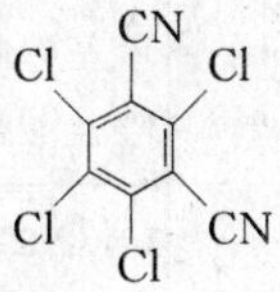
39	百治磷	dicrotophos	(E)-O,O-二甲基-O-[1-甲基-2-(二甲基氨基甲酰)乙烯基]磷酸酯[141-66-2],即(E)-异构体,[18250-63-0]为(Z)-异构体,[3735-78-3]为(Z+E)-化合物	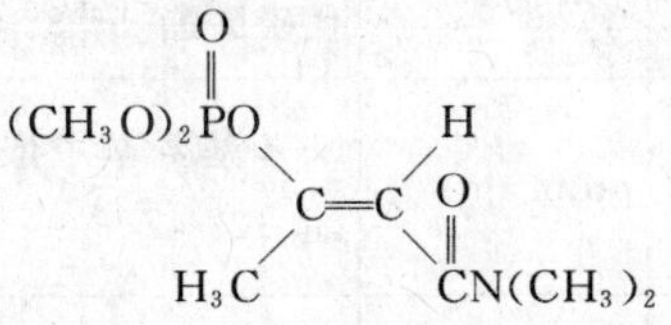 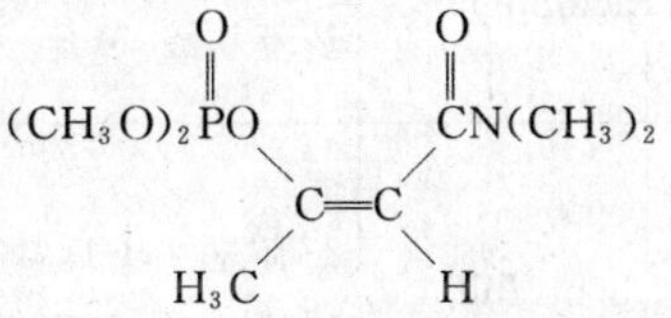
40	稗草丹	pyributicarb[d]	N-甲基-N-6-甲氧基吡啶-2-基)硫代氨基甲酸-O-3-特丁基苯基酯[88678-67-5]	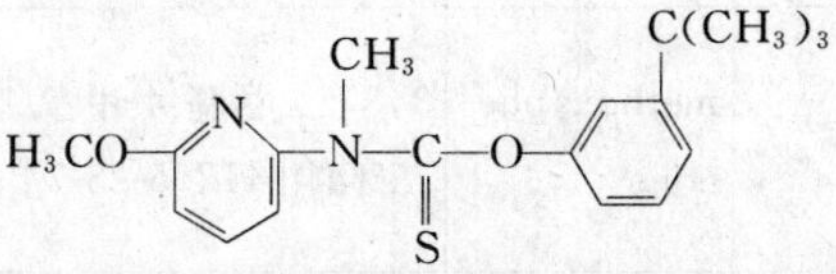
41	稗草烯	tavron	1-(2,2,2-三氯乙基)苯乙烯[20057-31-2]	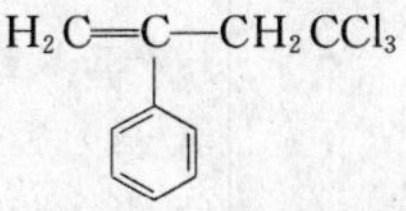
42	拌种灵	amicarthiazol	2-氨基-4-甲基-5-苯基氨基甲酰基噻唑	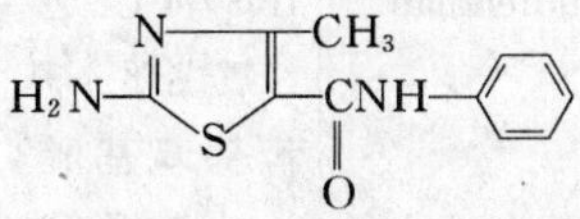
43	拌种咯	fenpiclonil[d]	4-(2,3-二氯苯基)吡咯-3-腈[74738-17-3]	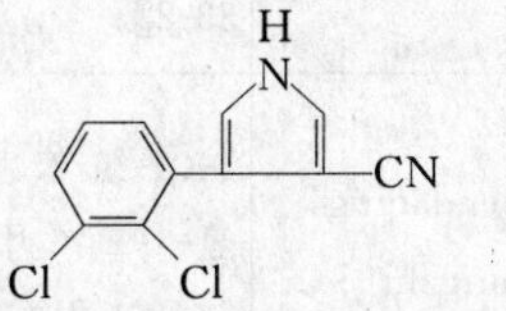

表（续）

序号	中文通用名称	英文名称[a]	化学名称及 CAS 登录号[b]	结构式
44	胞嘧啶核苷肽	baomiding-hegantai[q]		
45	保棉磷	azinphos-methyl	O,O-二甲基-S-(3,4-二氢-4-氧代苯并[d]-[1,2,3]-三氮苯-3-基甲基)二硫代磷酸酯[86-50-0]	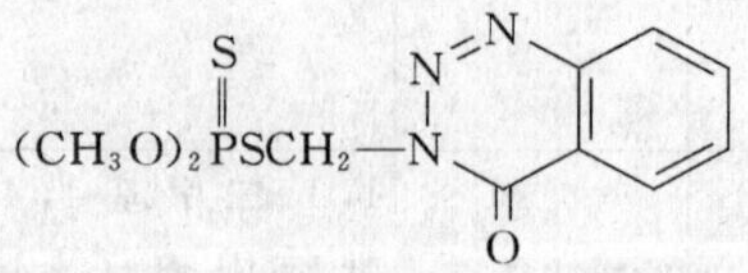
46	保松噻	levamisole	(RS)-2,3,5,6-四氢-6-苯基咪唑并[2,1-b]噻唑盐酸盐[16595-80-5]	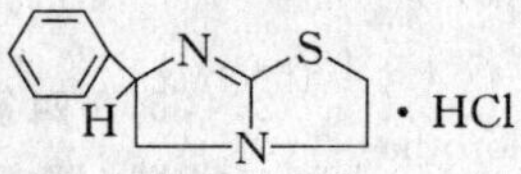
47	倍硫磷	fenthion	O,O-二甲基-O-(4-甲硫基-3-甲基苯基)硫代磷酸酯[55-38-9]	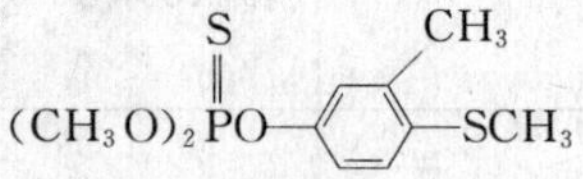
48	苯胺灵	propham	N-苯基氨基甲酸异丙酯[122-42-9]	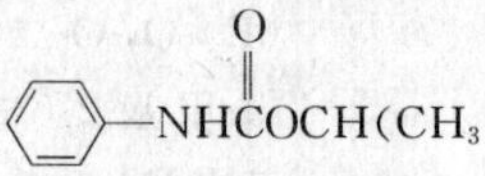
49	苯草醚	aclonifen[d]	2-氯-3-氨基-4-硝基苯基苯基醚[74070-46-5]	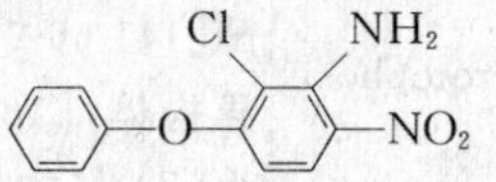
50	苯草灭	bentranil	2-苯基-4H-1,3-苯并噁嗪-4-酮[1022-46-4]	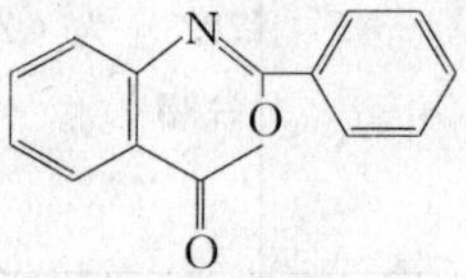
51	苯草酮	methoxyphenone[e]	3,3′-二甲基-4-甲氧基二苯酮[41295-28-7]	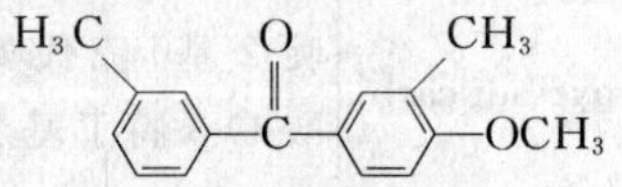
52	苯虫醚	diofenolan	(2RS,4SR)-4-(2-乙基-1,3-二氧戊环-4-基甲氧基)苯基苯基醚(50%～80%)和(2RS,4RS)-4-(2-乙基-1,3-二氧戊环-4-基甲氧基)苯基苯基醚(50%～20%)的混合物[63837-33-2]	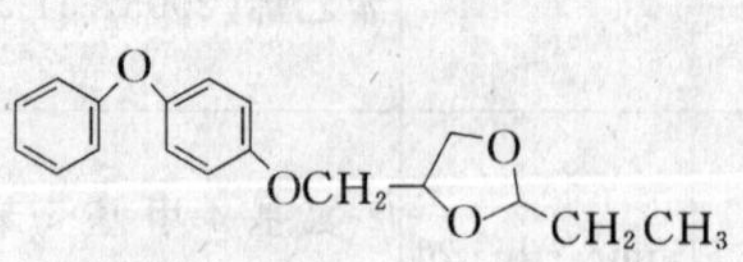
53	苯哒嗪丙酯	bendaqing-bingzhi[q]	1-(4-氯苯基)-1,4-二氢-4-氧-6-甲基哒嗪-3-羧酸正丙酯	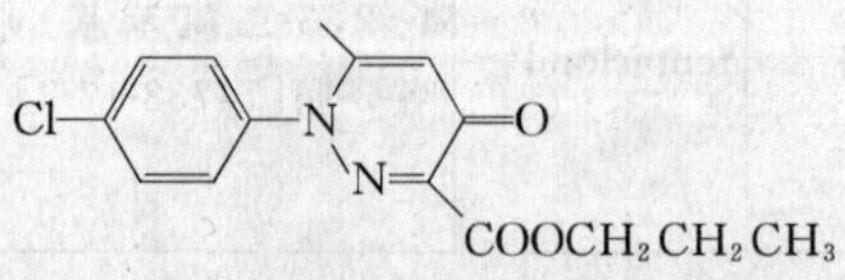

表（续）

序号	中文通用名称	英文名称[a]	化学名称及CAS登录号[b]	结构式
54	苯哒嗪钾	clofencet potassium	4-哒嗪羧酸,2-(4-氯苯基)-3-乙基-2,5-二氢-5-氧-钾盐	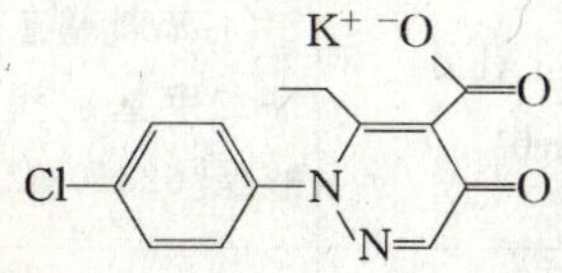
55	苯稻瘟净	inezin	O-乙基-S-苄基苯基硫代膦酸酯	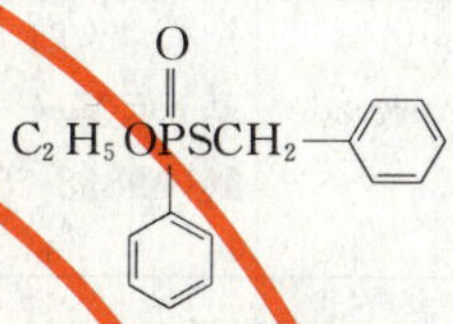
56	苯丁锡	fenbutatin oxide	双[三(2-甲基-2-苯基丙基)锡]氧化物[20156-08-6]	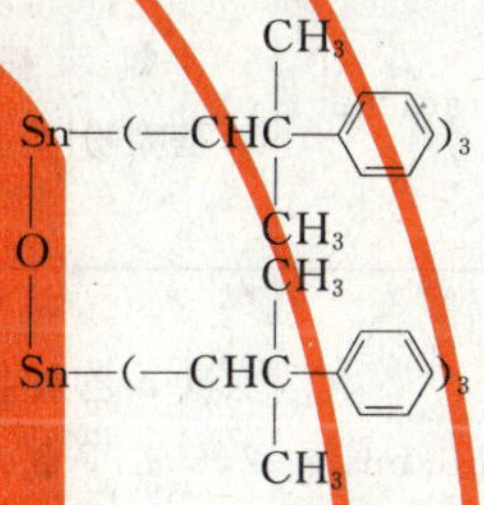
57	苯氟磺胺	dichlofluanid	N,N-二甲基-N′-苯基-N′-(氟二氯甲硫基)磺酰胺[1085-98-9]	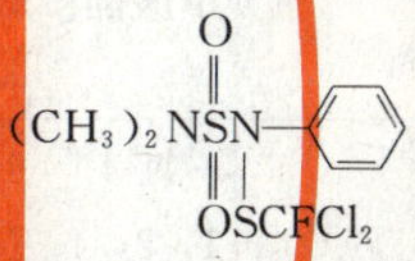
58	苯磺隆	tribenuron-methyl tribenuron (acid)	2-[4-甲氧基-6-甲基-1,3,5-三嗪-2-基(甲基)氨基甲酰基氨基磺酰基]苯甲酸甲酯[101200-48-0],[106040-48-6](酸)	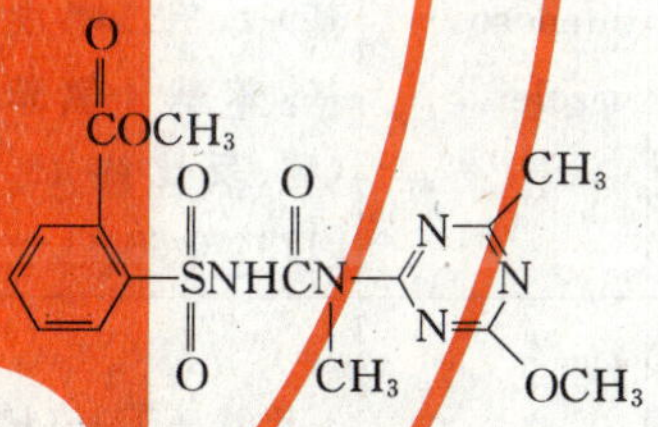
59	苯甲酸	benzoate	苯甲酸	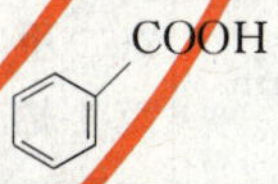
60	苯腈膦	cyanofenphos	O-乙基-O-(4-氰基苯基)苯基硫代膦酸酯[13067-93-1]	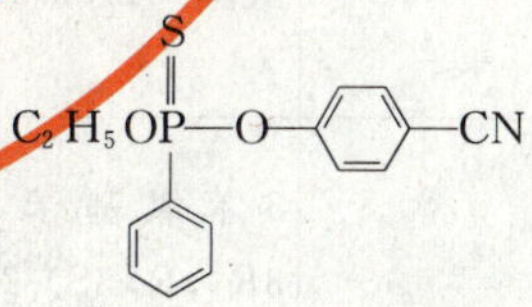
61	苯菌灵	benomyl	N-(1-正丁氨基甲酰基-2-苯并咪唑基)氨基甲酸甲酯[17804-35-2]	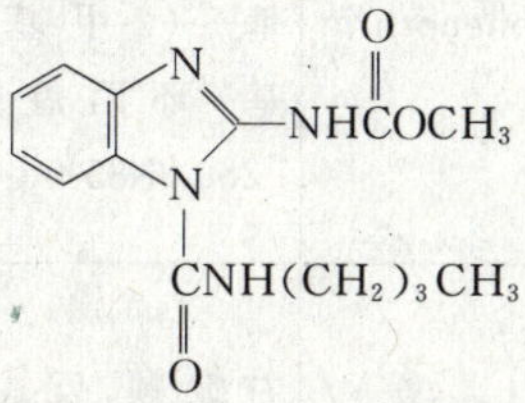
62	苯硫膦	EPN[g]	O-乙基-O-(4-硝基苯基)苯基硫代膦酸酯[2104-64-5]	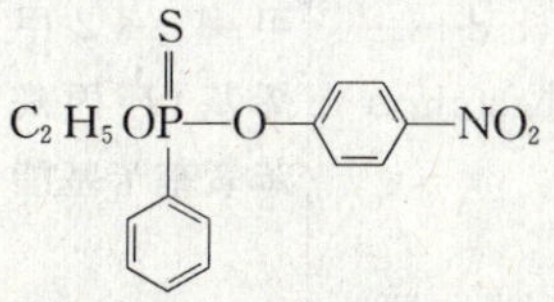

表（续）

序号	中文通用名称	英文名称[a]	化学名称及 CAS 登录号[b]	结构式
63	苯硫威	fenothio-carb[d]	S-(4-苯氧基丁基)-N,N-二甲基硫代氨基甲酸酯[62850-32-2]	C_6H_5—$OCH_2CH_2CH_2CH_2SC(=O)N(CH_3)_2$
64	苯螨醚	phenproxide	4-氯-3-(丙基亚磺酰基)苯基-4′-硝基苯基醚[49828-75-3]	O_2N-C_6H_4-O-C_6H_3(Cl)-S(=O)$CH_2CH_2CH_3$
65	苯螨噻	triarathene[d]	5-(4-氯苯基)-2,3-二苯基噻吩[65691-00-1]	
66	苯螨特	benzoximate	3-氯-α-乙氧基亚氨基-2,6-二甲氧基苄基苯甲酸酯[29104-30-1]	Cl, OCH_3, $O—C_2H_5$, C=N, O—CO—C_6H_5, OCH_3
67	苯醚甲环唑	difenoco-nazole[d]	3-氯-4-[4-甲基-2-(1H-1,2,4-三唑-1-基甲基)-1,3-二噁戊烷-2-基]苯基 4-氯苯基醚(顺、反比约 45：55)[119446-68-3]	Cl, O, Cl, H_3C, O, CH_2, N, N, N
	苯醚菊酯	phenothrin	3-苯氧基苄基(RS)-2,2-二甲基-3-(2-甲基丙-1-烯基)环丙烷羧酸酯[51186-88-0]	H_3C, H_3C, C=CH, CH_3, COOCH₂ → $COOCH_2$, H, H, CH_3, O
68	右旋苯醚菊酯	d-phenothrin	3-苯氧基苄基(1R,3R;1R,3S)-2,2-二甲基-3-(2-甲基丙-1-烯基)环丙烷羧酸酯[26046-85-5]	H, CH_3, $COOCH_2$, H_3C, C=C, H, H, CH_3, H_3C, O
	富右旋反式苯醚菊酯	rich-d-t-phenothrin	右旋-顺,反式-2,2-二甲基-3-(2-甲基-1-丙烯基)环丙烷羧酸-3-苯氧基苄基酯	H_3C, CH_3, H_3C, H_3C, O, O, O

表（续）

序号	中文通用名称	英文名称[a]	化学名称及 CAS 登录号[b]	结构式
69	苯醚氰菊酯	cyphenothrin[d]	(RS)-α-氰基-3-苯氧基苄基(1R,3R;1R,3S)-2,2-二甲基-3-(2-甲基丙-1-烯基)环丙烷羧酸酯[39515-40-7]	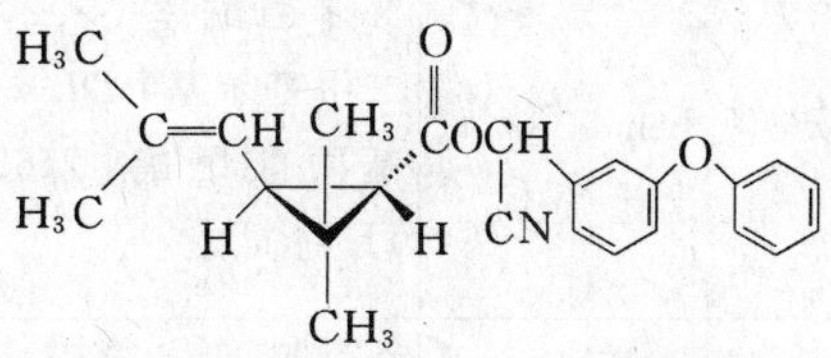
	右旋苯醚氰菊酯	d-cyphenothrin		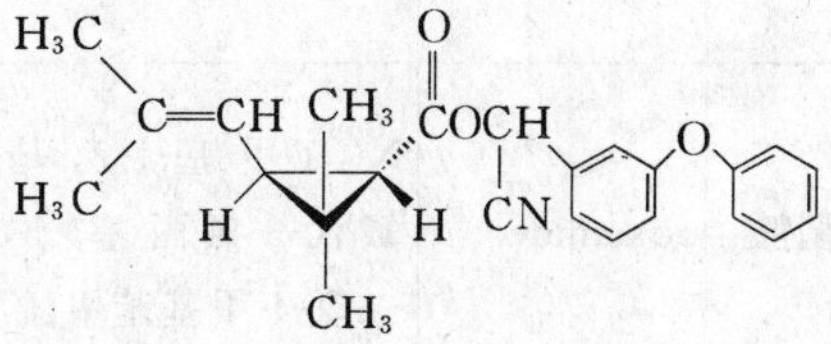
	精右旋苯醚氰菊酯	d-d-t-cyphenothrin		
	富右旋反式苯醚氰菊酯	rich-d-t-cyphenothrin	右旋-顺，反式-2,2-二甲基-3-(2-甲基-1-丙烯基)环丙烷羧酸-(±)α-氰基-3-苯氧基苄基酯	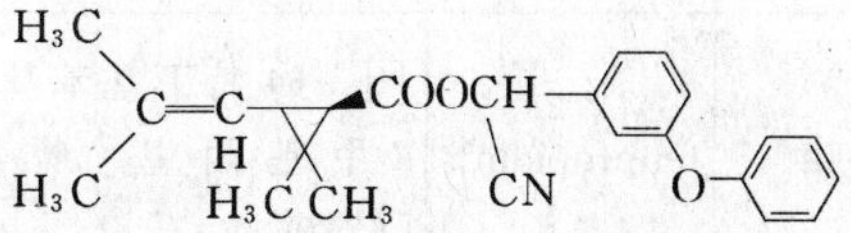
70	苯嘧磺草胺	benmihuangcaoan[q]	N′-[2-氯-4-氟-5-(3-甲基-2,6-二氧-4-(三氟甲基)-3，6-二氢-1(2H)-嘧啶)苯甲酰]-N-异丙基-N-甲基硫酰胺	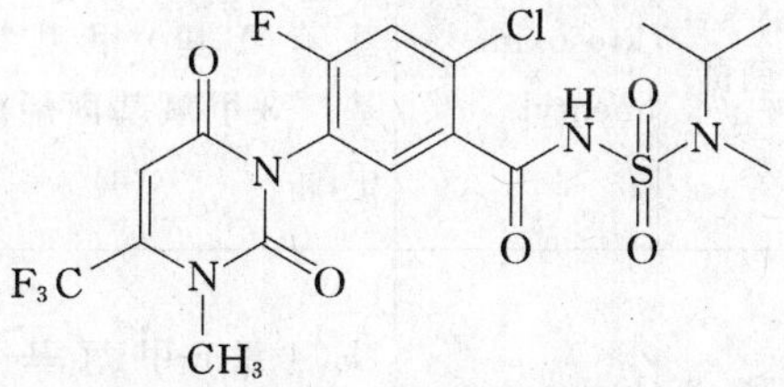
71	苯嗪草酮	metamitron	3-甲基-4-氨基-6-苯基-4,5-二氢-1,2,4-三嗪-5-酮[41394-05-2]	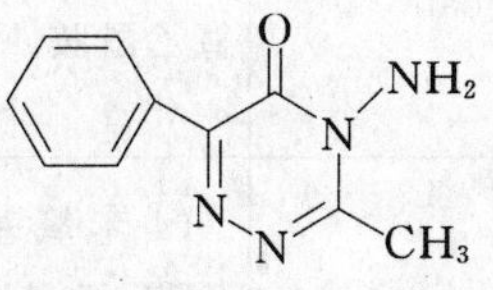
72	苯噻硫氰	benthiazole[o]	2-(硫氰基甲硫基)-1,3-苯并噻唑[21564-17-0]	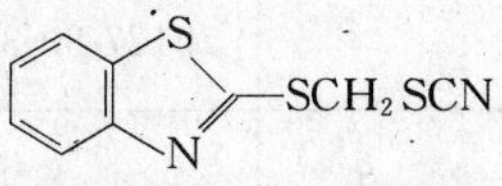
73	苯噻隆	benzthiazuron	1-甲基-3-(苯并噻唑-2-基)脲[1929-88-0]	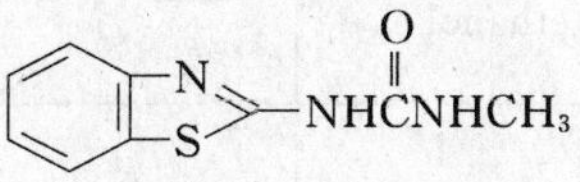
74	苯噻酰草胺	mefenacet[d]	N-甲基-N-苯基-2-(1,3-苯并噻唑-2-基氧)乙酰胺[73250-68-7]	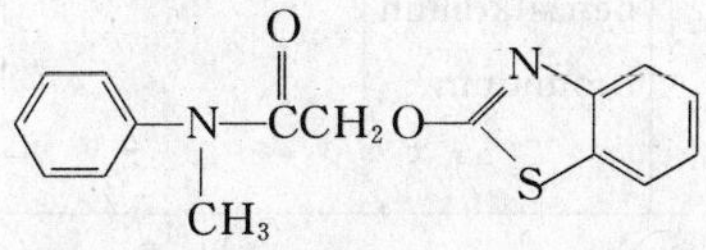

表（续）

序号	中文通用名称[c]	英文名称[a]	化学名称及 CAS 登录号[b]	结构式
75	苯霜灵	benalaxyl	N-苯乙酰基-N-(2,6-二甲基苯基)-*DL*-α-氨基丙酸甲酯［71626-11-4］	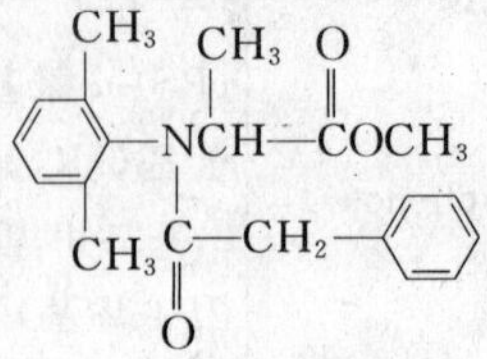
76	苯肽胺酸	phthalanilc acid	邻-(N-苯甲酰基)苯甲酸	
77	苯酰菌胺	zoxamide	N-(1-甲基-1-乙基-2-氧代-3-氯丙基)-3,5-二氯-4-甲基苯甲酰胺	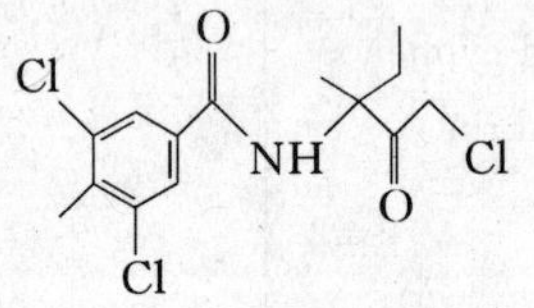
78	苯线磷	fenamiphos	O-乙基-O-(3-甲基-4-甲硫基)苯基-N-异丙基磷酰胺［22224-92-6］	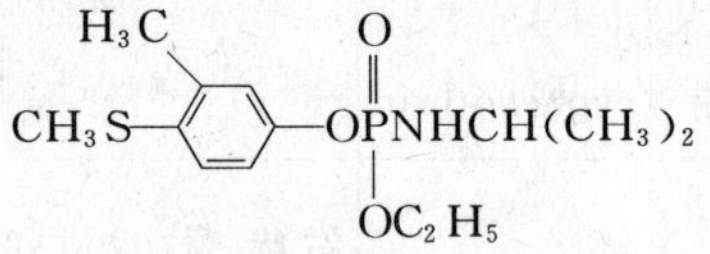
79	苯锈啶	fenpropidin[d]	1-［3-(4-特丁基苯基)-2-甲基丙基］哌啶［67306-00-7］	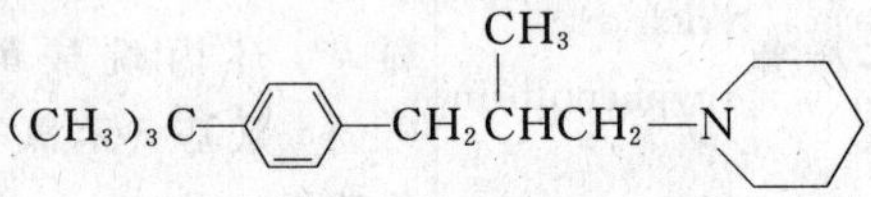
80	苯氧菌酯	kresoxim-mehtyl	(E)-2-(2-((2,5-二甲基苯氧基)甲基苯基))-3-甲氧基丙烯酸甲酯	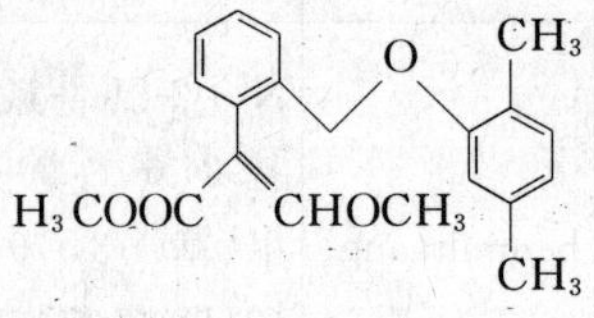
81	苯氧嘧草胺	benyangmi-caoan	N-(4-氯-6-甲氧基-2-嘧啶基)-2,4-二氯苯氧乙酰胺	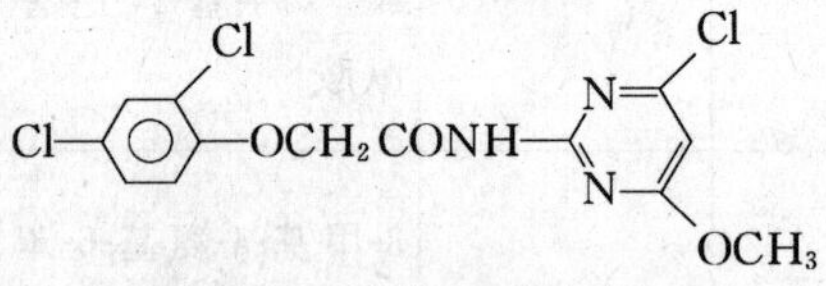
82	苯氧威	fenoxycarb[d]	2-(4-苯氧基苯氧基)乙基氨基甲酸乙酯［79127-80-3］	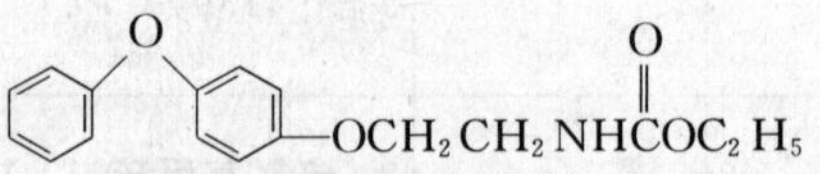
83	苯乙醇	ß-phenyl ethanol	苯乙醇	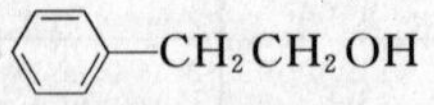
84	苯扎溴胺	benzalkoniun bromidum		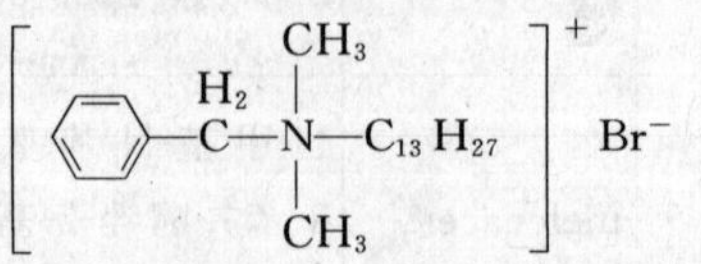

表(续)

序号	中文通用名称	英文名称[a]	化学名称及 CAS 登录号[b]	结构式
85	苯唑草酮	benzuocaotong[q]	[3-(4,5-二氢-3-异噁唑基)-4-甲基磺酰-2-甲基苯]-5-羟基-1-甲基-1H-吡唑-4-基)甲酮	
86	吡丙醚	pyriproxyfen[d]	4-苯氧基苯基(RS)-[2-(2-吡啶基氧)丙基]醚[95737-68-1]	
87	吡草醚	pyraflufen-ethyl	2-氯-5-(4-氯-5-二氟甲氧基-1-甲基吡唑-3-基)-4-氟苯氧基乙酸乙酯	
88	吡草酮	benzofenap[d]	2-[4-(2,4-二氯-3-甲基苯甲酰)-1,3-二甲基吡唑-5-基氧]-4′-甲基苯乙酮[82692-44-2]	
89	吡虫啉	imidacloprid	1-(6-氯吡啶-3-基甲基)-N-硝基亚咪唑烷-2-基胺[105827-78-9]	
90	吡啶醇	pyripropanol	3-(α-吡啶基)丙醇	
91	吡氟禾草灵	fluazifop[d]	(RS)-2-[4-(5-三氟甲基-2-吡啶氧基)苯氧基]丙酸[69335-91-7],[69806-50-4](丁酯)	
92	吡氟菌酯	bifujunzhi[q]	3-氟甲氧基-2-[2-(3,5,6-三氯吡啶基-2-氧基甲基)-苯基]-丙烯酸甲酯	

表(续)

序号	中文通用名称	英文名称[a]	化学名称及CAS登录号[b]	结构式
93	吡氟酰草胺	diflufenican[d]	N-(2,4-二氟苯基)-2-(3-三氟甲基苯氧基)-3-吡啶甲酰胺[83164-33-4]	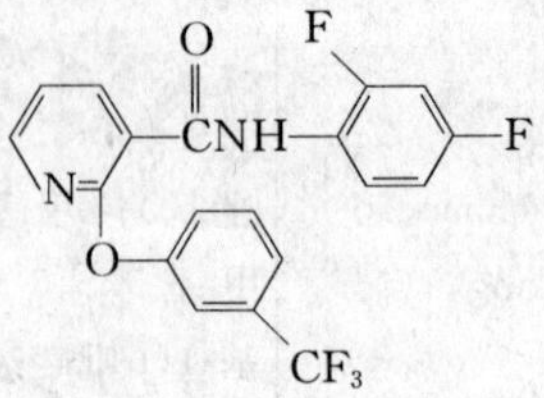
94	吡菌磷	pyrazophos	O,O-二乙基 O-6-乙氧基甲酰-5-甲基吡唑[1,5-a]并嘧啶-2-基硫代磷酸酯[13457-18-6]	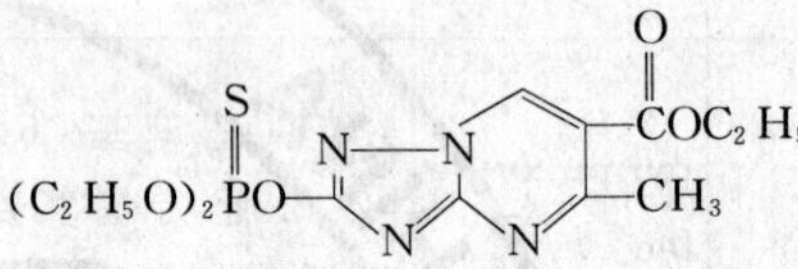
95	吡硫磷	pyrazothion	O,O-二乙基-O-(3-甲基吡唑-5-基)硫代磷酸酯[108-35-0]	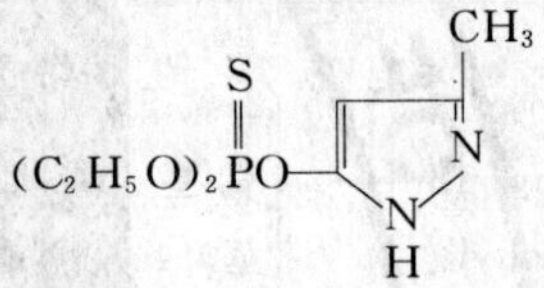
96	吡氯氰菊酯	fenpirithrin	(RS)-氰基(6-苯氧基-2-吡啶基)甲基(RS)-3-(2,2-二氯乙烯基)-2,2-二甲基环丙烷羧酸酯[68523-18-2]	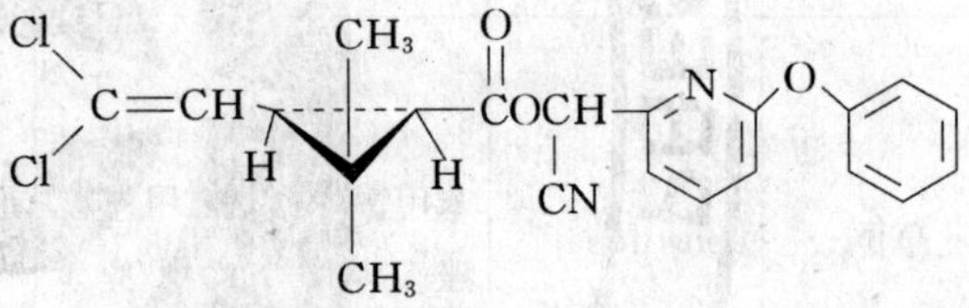
97	吡螨胺	tebufen-pyrad[d]	N-(4-特丁基苄基)-4-氯-3-乙基-1-甲基吡唑-5-基甲酰胺[119168-77-3]	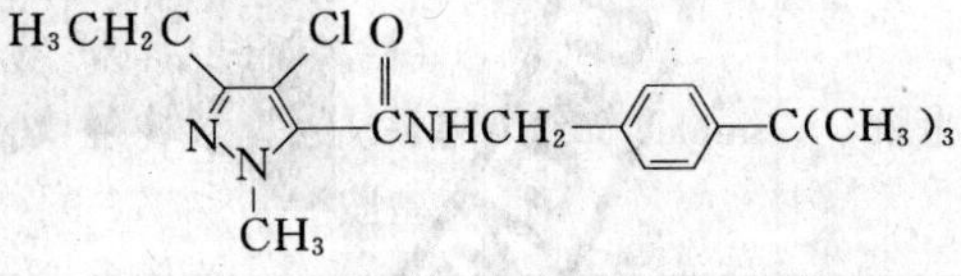
98	吡嘧磺隆	pyrazosul-furon-ethyl pyrazosul-furon (acid)	3-(4,6-二甲氧基嘧啶-2-基)-1-(1-甲基-4-乙氧基甲酰基吡唑-5-基)磺酰脲[93699-74-6],[98389-04-9](酸)	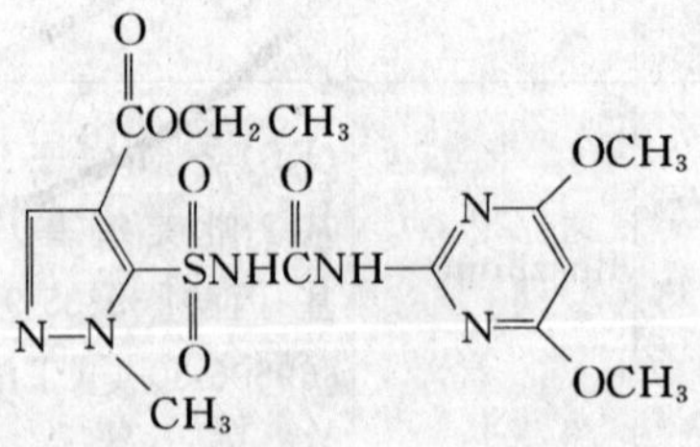
99	吡喃草酮	teproloxydim	(EZ)-(RS)-2-{1-[(2E)-3-氯丙烯氧基亚胺]丙基}-3-羟基-5-四氢吡喃-4-基环己-2-烯-1-酮	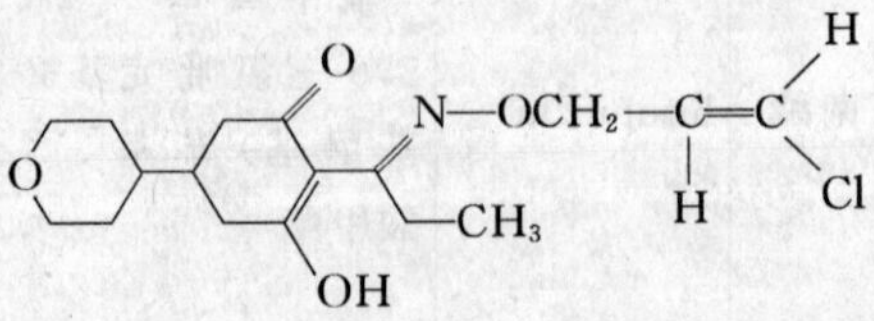

表（续）

序号	中文通用名称	英文名称[a]	化学名称及CAS登录号[b]	结构式
100	吡喃灵	pyracarbolid	6-甲基-3,4-二氢吡喃-5-甲酰苯胺[24691-76-7]	
101	吡喃隆	metobenzuron	(RS)-1-甲氧基-3-[4-(2-甲氧基-2,4,4-三甲基苯并二氢吡喃-7-基氧)苯基]-1-甲基脲[111578-32-6]	
102	吡蚜酮	pymetrozine	(E)-4,5-二氢-6-甲基-4-(3-吡啶亚甲基氨基)-1,2,4-三嗪-3(2H)-酮[123312-89-0]	
103	吡唑草胺	metazachlor	N-(2,6-二甲基苯基)-N-(吡唑-1-基甲基)-氯乙酰胺[67129-08-2]	
104	吡唑硫磷	pyraclofos[d]	O-[1-(4-氯苯基)吡唑-4-基]-O-乙基-S-丙基硫代磷酸酯[77458-01-6]	
105	吡唑醚菌酯	pyraclostrobin		
106	吡唑特	pyrazolate[d]	4-(2,4-二氯苯甲酰基)-1,3-二甲基吡唑-5-基甲苯-4-磺酸酯[58011-68-0]	
107	吡唑威	pyrolan[j]	1-苯基-3-甲基吡唑-5-基-N,N-二甲基氨基甲酸酯[87-47-8]	
108	蓖麻油酸	ricinoleic acid	顺式-1,2-羟基十八碳-9-烯酸	$CH_3(CH_2)_5CH(OH)CH_2CH{=}CH(CH_2)_7COOH$
109	避虫醇	2-(octylthio)ethanol	2-(辛基硫)乙醇[3547-33-9]	$CH_3(CH_2)_7SCH_2CH_2OH$

表(续)

序号	中文通用名称	英文名称[a]	化学名称及 CAS 登录号[b]	结构式
110	避蚊胺	diethyltoluamide	N,N-二乙基-3-甲基苯甲酰胺[134-62-3]	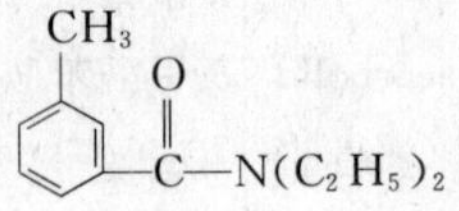 CH_3 O $C—N(C_2H_5)_2$
111	避蚊酮	butopyronoxyl[m]	6,6-二甲基-4-氧代 3,4-二氢吡喃-2-甲酸丁酯[532-34-3]	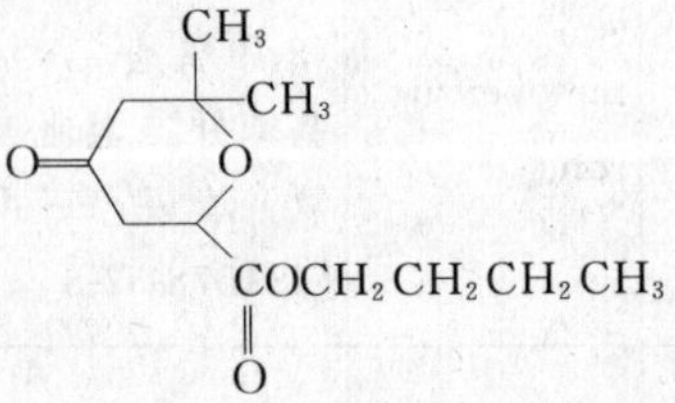 CH_3 CH_3 O O $COCH_2CH_2CH_2CH_3$ O
112	避蚊酯	dimethyl phthalate	邻苯二甲酸二甲酯[131-11-3]	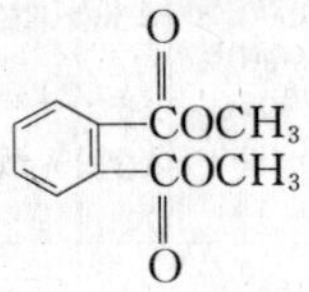 O $COCH_3$ $COCH_3$ O
113	苄氨基嘌呤	6-benzylaminopurine	6-(N-苄基)氨基嘌呤[1214-39-7]	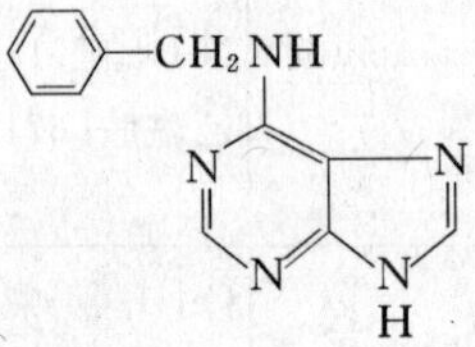 CH_2NH N N N N H
114	苄胺灵	dichlormate	N-甲基氨基甲酸(3,4-二氯苄基)酯[1966-58-1]	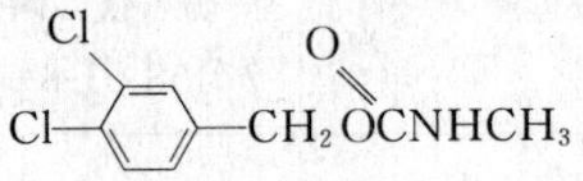 Cl Cl O $CH_2OCNHCH_3$
115	苄草丹	prosulfocarb[d]	N,N-二丙基硫代氨基甲酸-S-苄基酯[52888-80-9]	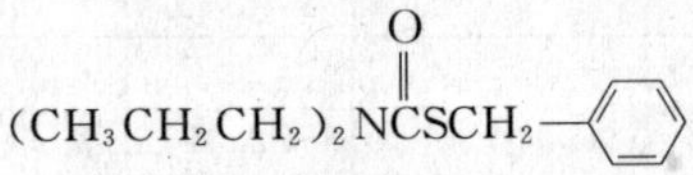 O $(CH_3CH_2CH_2)_2NCSCH_2$—
116	苄草唑	pyrazoxyfen[d]	2-[4-(2,4-二氯苯甲酰基)-1,3-二甲基吡唑-5-基氧]乙酰苯[71561-11-0]	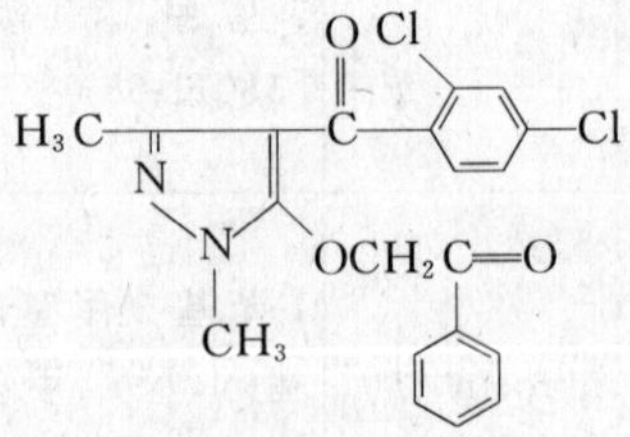 O Cl H_3C C Cl N N OCH_2C=O CH_3
117	苄呋菊酯	resmethrin	5-苄基-3-呋喃甲基(RS)-2,2-二甲基-3-(2-甲基丙-1-烯基)环丙烷羧酸酯[10453-86-8]	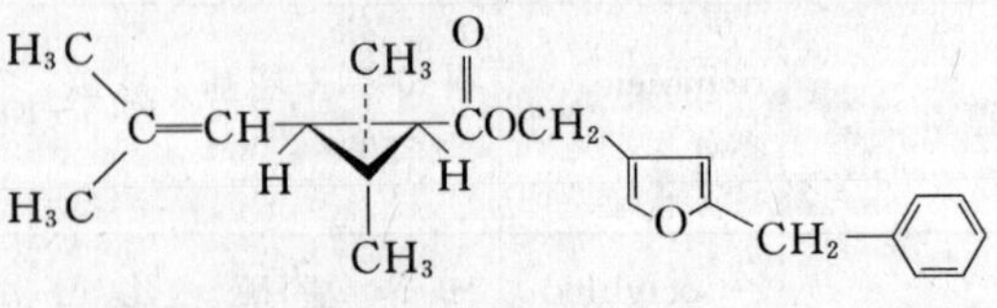 H_3C C=CH H CH_3 CH_3 H O $COCH_2$ O CH_2 H_3C

表（续）

序号	中文通用名称	英文名称[a]	化学名称及 CAS 登录号[b]	结构式
117	右旋苄呋菊酯	d-resmethrin	右旋-顺，反式-2，2-二甲基-3-(2-甲基-1-丙烯基)-环丙烷羧酸-5-苄基-3-呋喃甲基酯	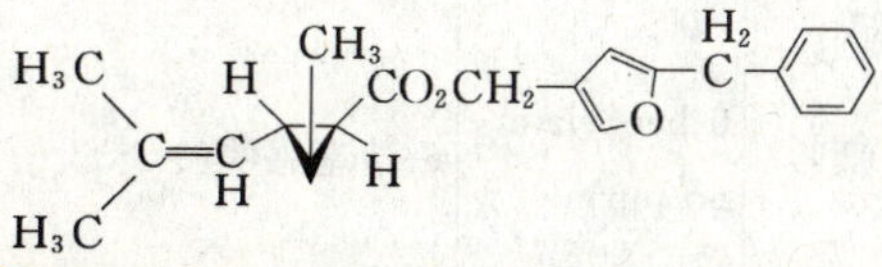
	生物苄呋菊酯	bioresmethrin	5-苄基-3-呋喃甲基(1R,3R)-2,2-二甲基-3-(2-甲基丙-1-烯基)环丙烷羧酸酯[28434-01-7]	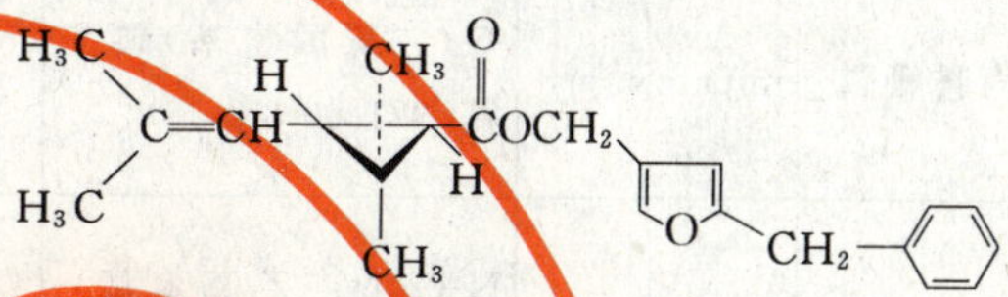
118	苄菊酯	dimethrin	2,4-二甲基苄基(RS)-2,2-二甲基-3-(2-甲基丙-1-烯基)环丙烷羧酸酯[70-38-2]	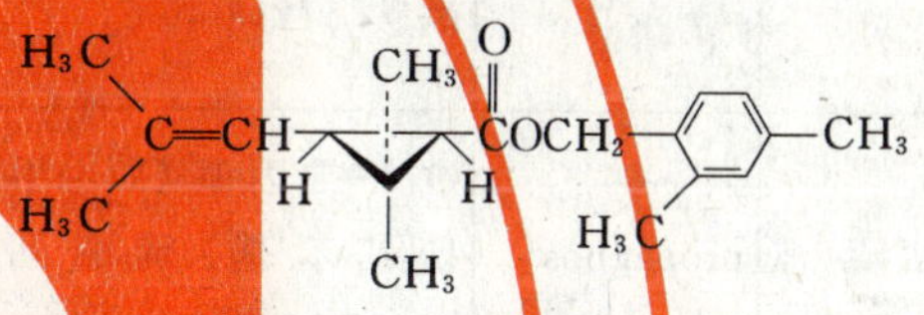
119	苄氯三唑醇	diclobutrazol[d]	1-(2，4-二氯苯基)-2-(1H-1，2，4-三唑-1-基)-4,4-二甲基-戊-3-醇[75736-33-3]	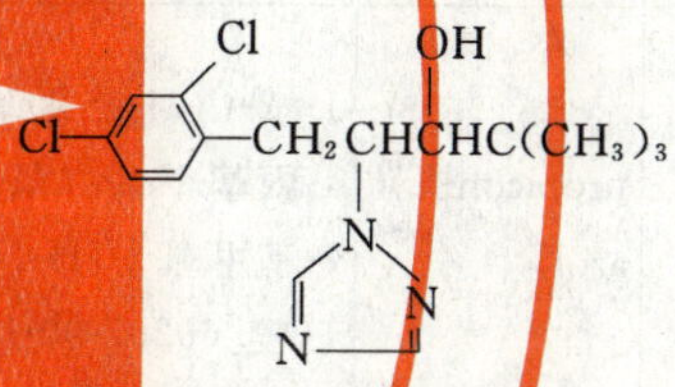
120	苄螨醚	halfenprox	2-(4-溴二氟甲氧基苯基)-2-甲基丙基 3-苯氧基苄基醚[111872-58-3]	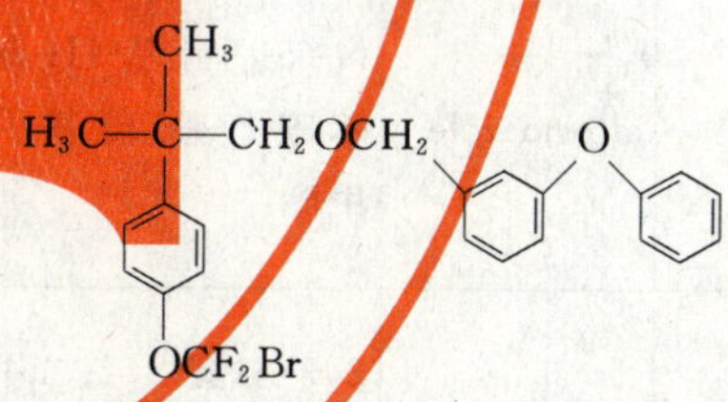
121	苄嘧磺隆	bensulfuron-methyl bensulfuron (acid)	3-(4,6-二甲氧基嘧啶-2-基)-1-(2-甲氧基甲酰基苄基）磺酰脲[83055-99-6],[99283-01-9](酸)	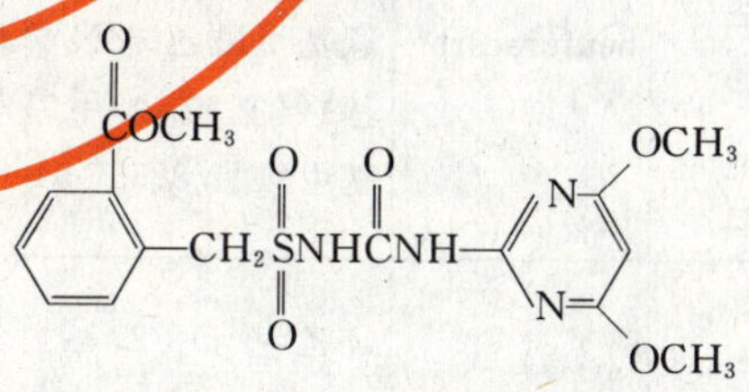
122	苄烯菊酯	butethrin[e]	3-氯-4-苯基丁-2-烯基(RS)-2，2-二甲基-3-(2-甲基丙-1-烯基)环丙烷羧酸酯[28288-05-3]	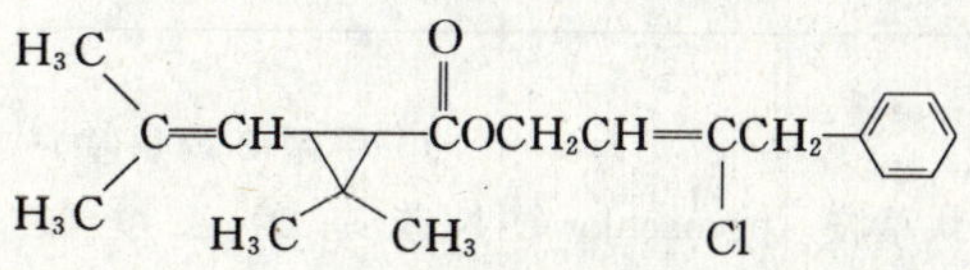

表（续）

序号	中文通用名称	英文名称[a]	化学名称及 CAS 登录号[b]	结构式
123	苄腺嘌呤	6-benzylamino-purine	6-苄基腺嘌呤	$NHCH_2$—苯基；N，N，N，N，H（嘌呤环）
124	丙胺氟磷	mipafox	双(二异丙氨基)磷酰氟[371-86-8]	$[(CH_3)_2CHNH]_2\overset{O}{\overset{\Vert}{P}}F$
125	丙草胺	pretilachlor	N-(2,6-二乙基苯基)-N-(丙氧基乙基)-氯乙酰胺[51218-49-6]	C_2H_5，$CH_2CH_2OCH_2CH_2CH_3$，N—$\underset{\underset{O}{\Vert}}{C}CH_2Cl$，$C_2H_5$
126	丙虫磷	propaphos[d]	O,O-二丙基-O-(4-甲硫基苯基)磷酸酯[7292-16-2]	$(CH_3CH_2CH_2O)_2\overset{O}{\overset{\Vert}{P}}O$—苯基—$SCH_3$
127	丙环唑	propiconazol[d]	1-[2-(2,4-二氯苯基)-4-丙基-1,3-二氧戊环-2-基甲基]-1H-1,2,4-三唑[60207-90-1]	Cl，Cl—苯基—C—CH_2—N（三唑，N，N）；O，O；$CH_2CH_2CH_3$
128	丙硫多菌灵	albendazole	N-(5-丙硫基-1H-苯并咪唑-2-基)氨基甲酸甲酯	C_3H_7S—苯并咪唑（H，N，N）—$NH\overset{O}{\overset{\Vert}{C}}OCH_3$
129	丙硫克百威	benfuracarb[d]	2,3-二氢-2,2-二甲基苯并呋喃-7-基[(N-乙氧基甲酰乙基 N-异丙基)氨基硫]N-甲基氨基甲酸酯[82560-54-1]	H_3C，H_3C，O；$O\overset{O}{\overset{\Vert}{C}}NSNCH_2CH_2\underset{\underset{O}{\Vert}}{C}OC_2H_5$；$CH(CH_3)_2$；$CH_3$
130	丙硫磷	prothiofos	O-乙基 O-(2,4-二氯苯基)-S-丙基二硫代磷酸酯[34643-46-4]	$C_2H_5O\overset{S}{\overset{\Vert}{P}}$—O—苯基（Cl，Cl）；$SCH_2CH_2CH_3$
131	丙炔草胺	prynachlor	N-(1-甲基-2-丙炔基)-N-苯基氯乙酰胺[21267-72-1]	CH_3，$CH—C\equiv CH$，苯基—N—$\underset{\underset{O}{\Vert}}{C}CH_2Cl$

表(续)

序号	中文通用名称	英文名称[a]	化学名称及 CAS 登录号[b]	结构式
132	丙炔噁草酮	oxadiargyl	5-特丁基-3-(2,4-二氯-5-(炔丙氧基)苯基)-1,3,4-噁二唑-2-(3H)-酮	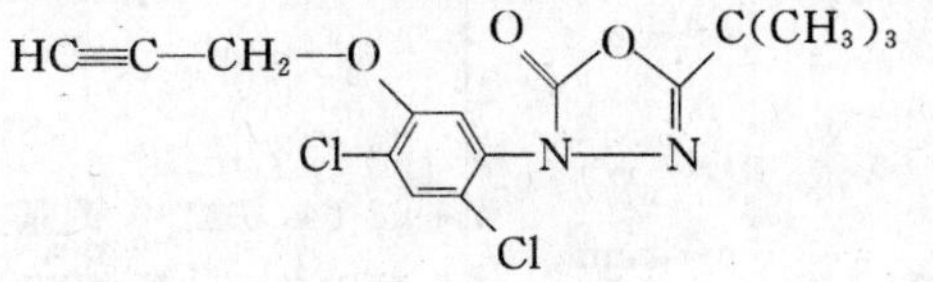
133	丙炔氟草胺	flumioxazin[d]	N-(7-氟-3,4-二氢-3-氧代-4-丙炔-2-基-2H-1,4-苯并噁嗪-6-基)环己烯-1-基-1,2-二甲酰胺[103361-09-7]	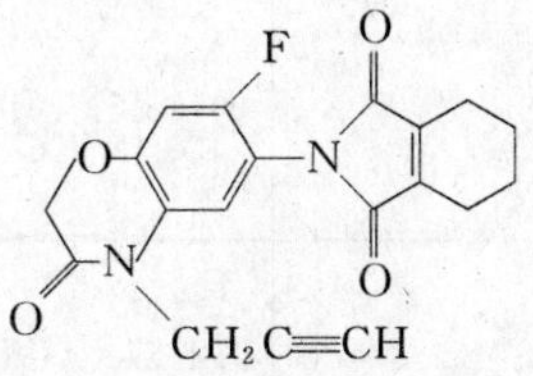
134	丙森锌	propineb	聚合的1,2-亚丙基(双二硫代氨基甲酸)锌[9016-72-7]	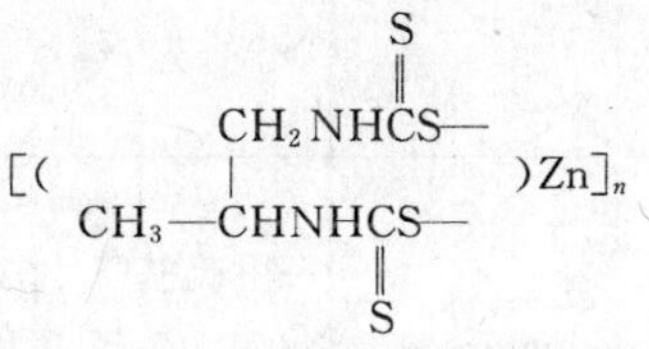
135	丙烷脒	propamidine	1,3-二(4-脒基苯氧基)丙烷	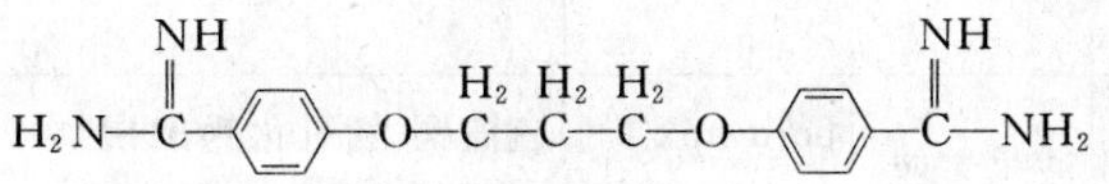
136	丙烯酸	acrylic acid	丙烯酸	$H_2C{=}CHCOOH$
137	丙烯酸喹啉酯	halacrinate	7-溴-5-氯喹啉-8-基丙烯酸酯[34462-96-9]	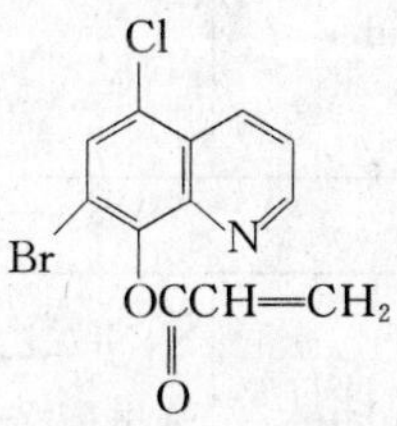
138	丙酰云苔素内酯	Le-brassinolide brassinolide	(24S)-2α、3α-二丙酰氧基-22R、23R-环氧-7-氧-5α-豆甾-6-酮	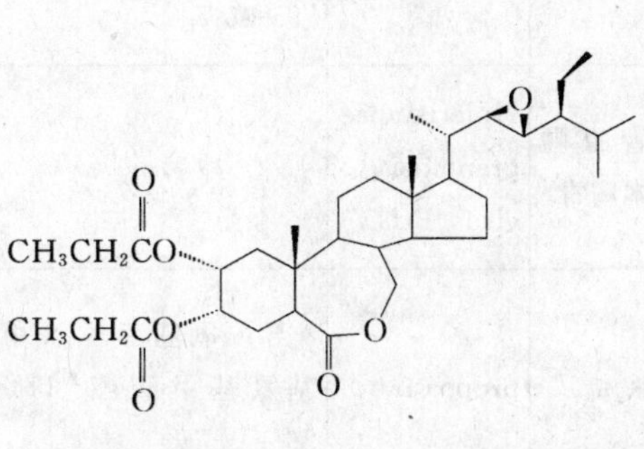
139	丙溴磷	profenofos	O-乙基-O-(4-溴-2-氯苯基)-S-丙基硫代磷酸酯[41198-08-7]	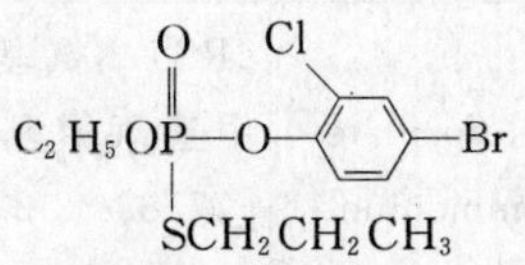

表（续）

序号	中文通用名称	英文名称[a]	化学名称及 CAS 登录号[b]	结构式
140	丙酯草醚	pyribam benz-propyl	4-[2-(4,6-二甲氧基-2-嘧啶氧基)苄氨基]苯甲酸正丙酯	
141	丙酯杀螨醇	chloropropylate	1,1-双(4-氯苯基)-1-羟基乙酸异丙酯[5836-10-2]	
142	病氰硝	bingqingxiao	3-甲硫基-3-(2-硝基苯氨基)-2-氰基丙烯酸乙酯	
143	波尔多液	bordeaux mixture	硫酸铜-氢氧化钙的混合物[8011-63-0]	$CuSO_4 \cdot xCu(OH)_2 \cdot yCa(OH)_2 \cdot zH_2O$
144	补骨内酯	prosuler		
C				
145	菜草畏	sulfallate	N,N-二乙基二硫代氨基甲酸-2-氯烯丙基酯[95-06-7]	$(C_2H_5)_2NC(=S)SCH_2C(Cl)=CH_2$
146	菜青虫颗粒体病毒	Hpierisrapae granulosis virus(PrGV)		
147	残杀威	propoxur	2-异丙氧基苯基 N-甲基氨基甲酸酯[114-26-1]	
148	草铵膦	glufosinate-ammonium	(RS)-2-氨基-4-(羟基甲基氧膦基)丁酸铵[77182-82-2],[53369-07-6](酸)	

表(续)

序号	中文通用名称	英文名称[a]	化学名称及 CAS 登录号[b]	结构式
149	草不隆	neburon	1-丁基-1-甲基-3-(3,4-二氯苯基)脲[555-37-3]	Cl, Cl, O, —NHCNCH$_2$CH$_2$CH$_2$CH$_3$, CH$_3$
150	草除灵	benazolin benazolin-ethyl	4-氯-2-氧代苯并噻唑-3-基乙酸[3813-05-6],(乙酯)[25059-80-7]	O, CH$_2$COH(C$_2$H$_5$), Cl, N, O, S
151	草达津	trietazine	2-氯-4-(二乙氨基)-6-乙氨基-1,3,5-三嗪[1912-26-1]	(C$_2$H$_5$)$_2$N, N, Cl, N, N, NHC$_2$H$_5$
152	草甘膦	glyphosate	N-(膦羧甲基)甘氨酸[1071-83-6]	HO—C(=O)—CH$_2$NH—CH$_2$—P(=O)(OH)—OH
	草甘膦铵盐	glyhosate ammonium	N-(膦酸基甲基)甘氨酸铵盐	HO—P(=O)(OH)—CH$_2$—NH—CH$_2$—C(=O)—OH · NH$_3$
	草甘膦异丙胺盐	glyphosate-isopropylammonium	N-(膦酸基甲基)甘氨酸异丙铵盐	HO—P(=O)(OH)—CH$_2$—NH—CH$_2$—C(=O)—OH · H$_2$N—CH(CH$_3$)CH$_3$
153	草枯醚	chlornitrofen	2,4,6-三氯苯基-4′-硝基苯基醚[1836-77-7]	Cl, Cl, Cl, —O—, —NO$_2$
154	草硫膦	sulphosate	N-(膦羧甲基)甘氨酸三甲基锍盐[87090-28-6]	[HOPCH$_2$NHCH$_2$COH] · (CH$_3$)$_3$S$^+$ (O, O, O$^-$)
155	草灭畏	chloramben	3-氨基-2,5-二氯苯甲酸[133-90-4]	H$_2$N, Cl, O, COH, Cl
156	草完隆	noruron	1,1-二甲基-3-(六氢-4,7-亚甲基茚-5-基)脲[18530-56-8]	O, —NHCN(CH$_3$)$_2$

表（续）

序号	中文通用名称	英文名称[a]	化学名称及CAS登录号[b]	结构式
157	草芽畏	2,3,6-TAB	2,3,6-三氯苯甲酸[50-31-7]	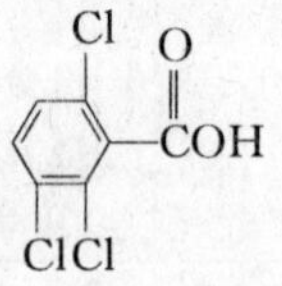
158	草原毛虫核多角体病毒	caoyuanmao chongheduoji aotibingdu[q]		
159	茶尺蠖核型多角体病毒	*ectropis obliqua hypulina* nuclear polyhedrosis virus		
160	长川霉素	changchuan meisu[q]		
161	肠炎沙门氏菌阴性赖氨酸丹尼氏变体，6a噬菌体	salmonella enteritidis var. danysz, lysine-. phagetype 6a		
162	超敏蛋白	harpin protein		
163	赤霉酸	gibberellic acid (GA3)	2β,4α,7-三羟基-1-甲基-8-亚甲基-4αa,β-赤霉-3-烯-1α,10β-二羧酸-1,4a-内酯[77-06-5]	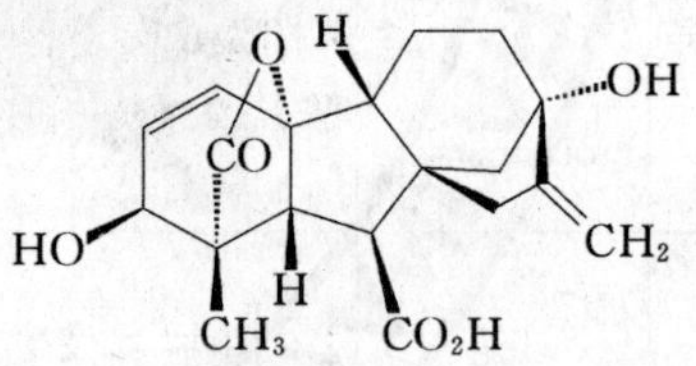
	赤霉酸A3	Gibberellic acid (GA3)		
	赤霉酸A4	Gibberellin acid (GA4)	(3S,3aR,4S,4aR,7R,9aR,12S)-12-羟基-3-甲基-6-亚甲基-2-氧全氢化-4a,7-亚甲基-3,9b-次丙[1,2-b]呋喃-4-羧酸	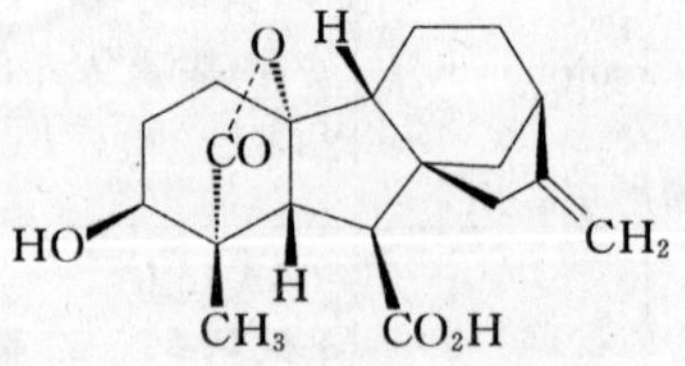
	赤霉酸A7	Gibberellin A7	(3S,3aR,4S,4aR,7R,9aR,12S)-12-羟基-3-甲基-6-亚甲基-2-氧全氢化-4a,7-亚甲基-3,9b-次丙烯[1,2-b]呋喃-4-羧酸	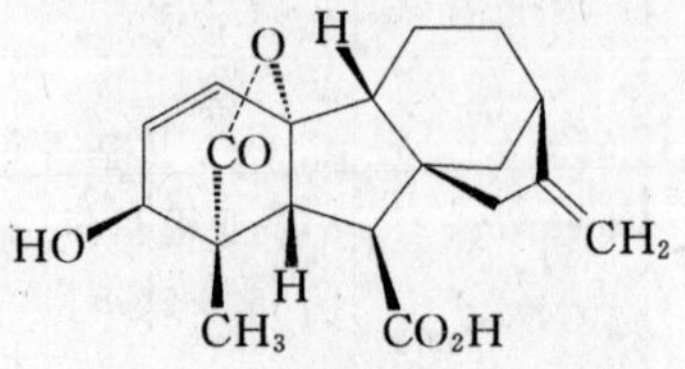

表（续）

序号	中文通用名称	英文名称[a]	化学名称及 CAS 登录号[b]	结 构 式
164	虫螨腈	chlorfenapyr	4-溴-2-(4-氯苯基)-1-乙氧基甲基-5-三氟甲基吡咯-3-腈[122453-73-0]	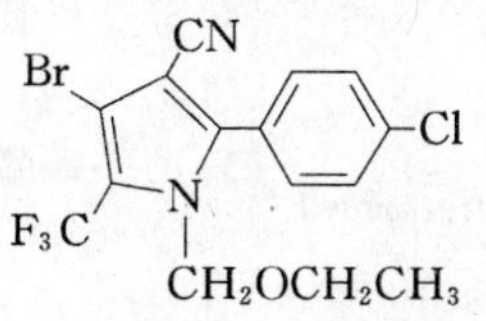
165	虫螨磷	chlorthiophos	O,O-二乙基 O-2,5-二氯-4-甲硫基苯基硫代磷酸酯[60238-56-4]	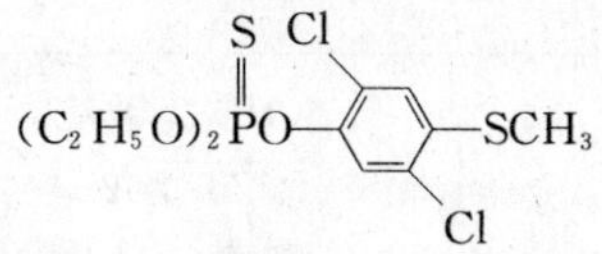
166	虫螨畏	methacrifos	(E)-O,O-二甲基-O-(2-甲氧基甲酰丙烯-1-基）硫代磷酸酯[62610-77-9]	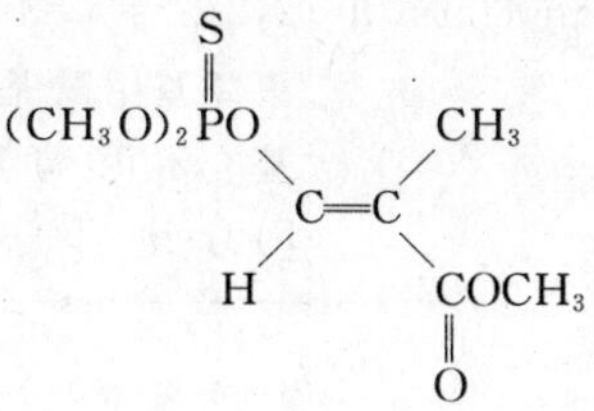
167	虫酰肼	tebufenozide	N-特丁基-N'-(4-乙基苯甲酰基)-3,5-二甲基苯酰肼[112410-23-8]	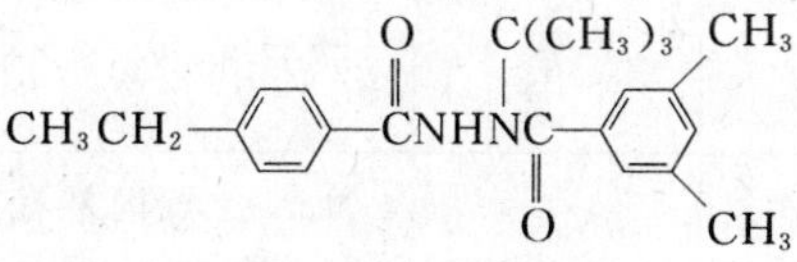
168	虫线磷	thionazin	O,O-二乙基-O-2-吡嗪基硫代磷酸酯[297-97-2]	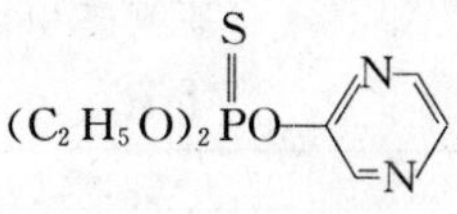
169	除草定	bromacil	3-仲丁基-5-溴-6-甲基-脲嘧啶-2,4-二酮[314-40-9]	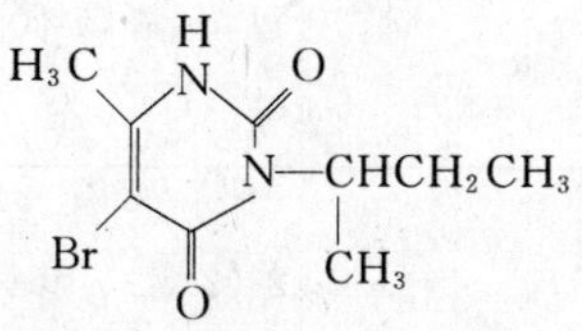
170	除草醚	nitrofen	2,4-二氯苯基-4'-硝基苯基醚[1836-75-5]	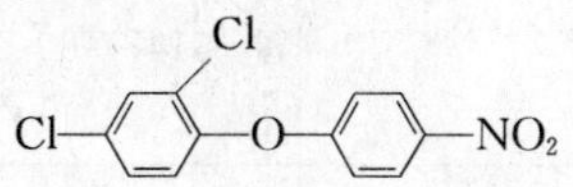
171	除虫菊素	pyrethrins	六种杀虫组分的混合物，即 pyrethrin Ⅰ pyrethrin Ⅱ cinerin Ⅰ cinerin Ⅱ jasomolin Ⅰ jasomolin Ⅱ [8003-34-7]	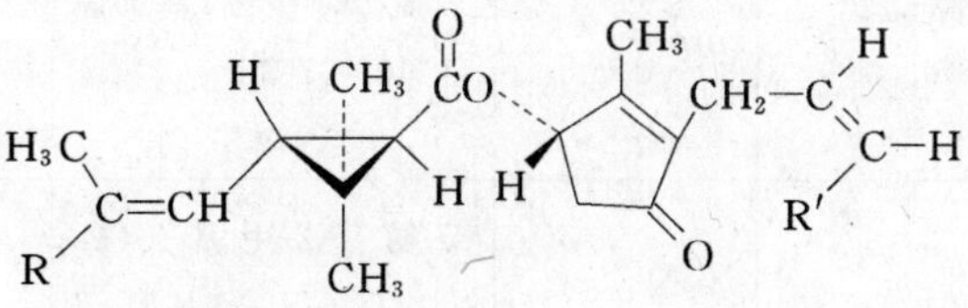 R：$-CH_3$，$-COOCH_3$ R'：$-CH{=}CH_2$，$-CH_3$，$-CH_2CH_3$

表（续）

序号	中文通用名称	英文名称[a]	化学名称及 CAS 登录号[b]	结构式
171	除虫菊素Ⅰ	pyrethrin Ⅰ	(1S)-2-甲基-4-氧代-3-[(Z)-戊-2,4-二烯基]环戊-2-烯基(1R,3R)-2,2-二甲基-3-(2-甲基-丙-1-烯基)环丙烷羧酸酯[121-21-1]	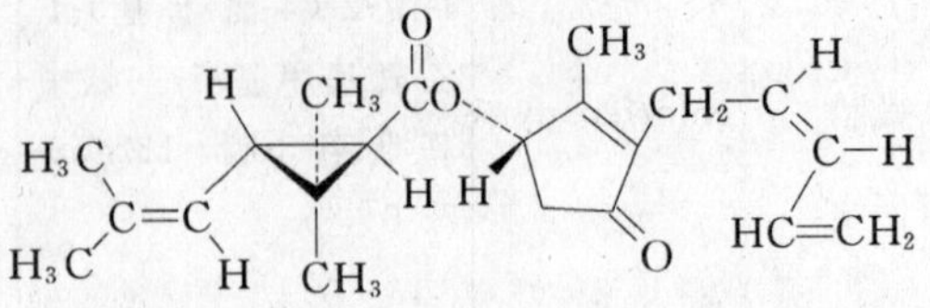
	除虫菊素Ⅱ	pyrethrin Ⅱ	(1S)-2-甲基-4-氧代-3-[(Z)-戊-2,4-二烯基]环戊-2-烯基(1R,3R)-2,2-二甲基-3-[(E)-2-甲氧基甲酰基丙-1-烯基]环丙烷羧酸酯[121-29-9]	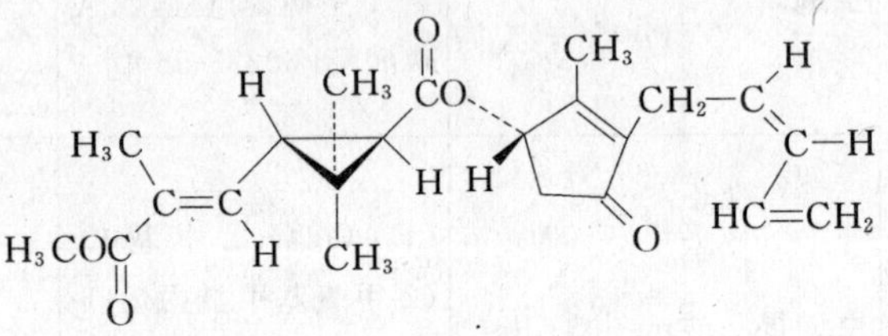
172	除虫脲	diflubenzuron	1-(4-氯苯基)-3-(2,6-二氟苯甲酰基)脲[35367-38-5]	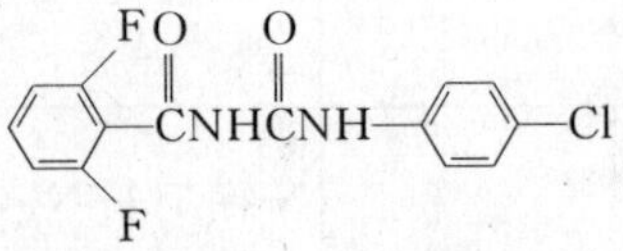
173	除害威	allyxycarb	4-N,N-二烯丙基氨基-3,5-二甲基苯基 N-甲基氨基甲酸酯[6392-46-7]	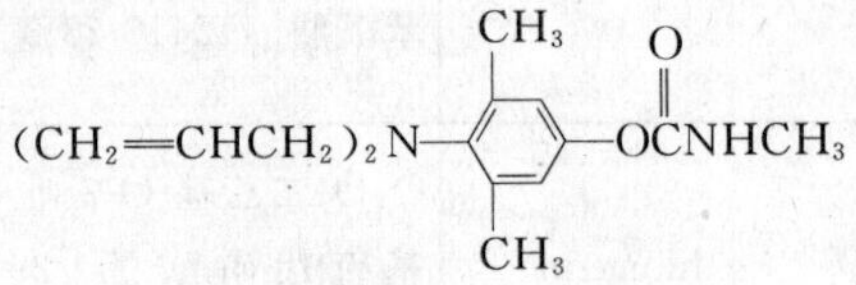
174	除线磷	dichlofenthion	O,O-二乙基-O-2,4-二氯苯基硫代磷酸酯[97-17-6]	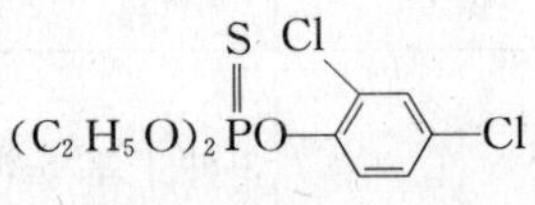
175	除线威	cloethocarb[d]	2-(2-氯-1-甲氧基乙氧基)苯基甲基氨基甲酸酯[51487-69-5]	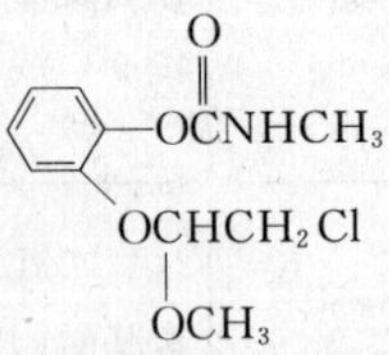
176	除幼脲	dichlorbenzuron	1-(4-氯苯基)-3-(2,6-二氯苯甲酰基)脲[35409-97-3]	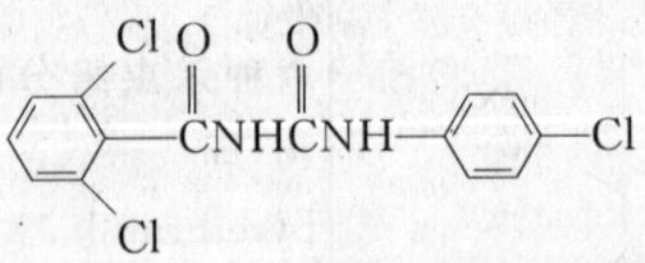
177	春雷霉素	kasugamycin[e]	[5-氨基-2-甲基-6-(2,3,4,5,6-五羟基环己基氧代)四氢吡喃-3-基]氨基-α-亚胺乙酸[6980-18-3]	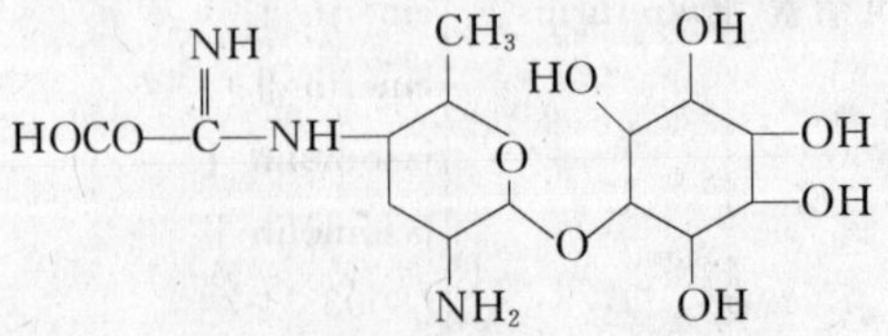

表(续)

序号	中文通用名称	英文名称[a]	化学名称及CAS登录号[b]	结构式
D				
178	哒草特	pyridate	6-氯-3-苯基哒嗪-4-基硫代碳酸-S-辛基酯[55512-33-9]	
179	哒菌酮	diclomezin[d]	6-(3,5-二氯-4-甲基苯基)-3(2H)哒嗪酮[62865-36-5]	
180	哒螨灵	pyridaben[d]	2-特丁基-5-(4-特丁基苄硫基)-4-氯-2H-哒嗪-3-酮[96489-71-3]	
181	哒嗪硫磷	pyridaphenthione[e]	O,O-二乙基-O-(2,3-二氢-3-氧代-2-苯基-6-哒嗪基)硫代磷酸酯[119-12-0]	
182	哒幼酮	dayoutong[o]	4-氯-5-(6-氯吡啶-3-基甲氧基)-2-(3,4-二氯苯基)哒嗪-3(2H)-酮[107360-34-9]	
183	大蒜素	Allicin	2-烯丙基硫代亚磺酸烯丙酯	
184	代森铵	amobam[o]	1,2-亚乙基双二硫代氨基甲酸二铵	$CH_2NHC(=S)SNH_4$ / $CH_2NHC(=S)SNH_4$
185	代森福美锌	polycarbamate[o]	双(N,N-二甲基二硫代氨基甲酸)-1,2-亚乙基双(二硫代氨基甲酸)二锌盐[64440-88-6][60605-72-3]	$CH_2NHC(=S)SZnSC(=S)N(CH_3)_2$ / $CH_2NHC(=S)SZnSC(=S)N(CH_3)_2$

表（续）

序号	中文通用名称	英文名称[a]	化学名称及 CAS 登录号[b]	结构式
186	代森环	milneb[h]	3,3′-亚乙基双（四氢-4,6-二甲基-1,3,5-噻二唑-2-硫酮［3773-49-7］	CH_3 CH_3 HN N—CH_2—CH_2—N NH H_3C S S S S CH_3
187	代森联	metriam	三{氨[乙烯双(二硫氨基甲酸酯)锌(2+)]}[四氢-1,4,7-二噻二氮芳辛-3,8-连二硫酮],聚合体	H S CH_2—N—C—S— {[|]$_3$ CH_2—N—C—S—Zn(NH_3) H S H S CH_2—N—C—S— [|]$_x$ CH_2—N—C—S— H S
188	代森硫	etem[h]	1,2-亚乙基秋兰姆-硫化物[33813-20-6]	S H H_2C—N—C S H H_2C—N—C S
189	代森锰	maneb	1,2-亚乙基双二硫代氨基甲酸锰［12427-38-2］	S CH_2NHCS— [(|)Mn]$_n$ CH_2NHCS— S
190	代森锰铜	mancopper	1,2-亚乙基双(二硫代氨基甲酸)盐与金属配合物的混合物，含约13.7%锰和约4%铜[53988-93-5]	
191	代森锰锌	mancozeb	代森锰和锌离子的配位化合物[8018-01-7]	S CH_2NHCS— [(|)Mn]$_x$$Zn_y$ CH_2NHCS— S
192	代森钠	nabam	1,2-亚乙基双二硫代氨基甲酸二钠［142-59-6］	S CH_2NHCS—Na | CH_2NHCS—Na S

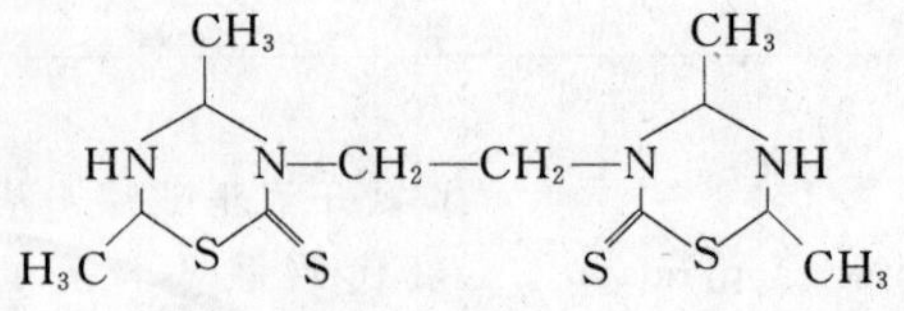

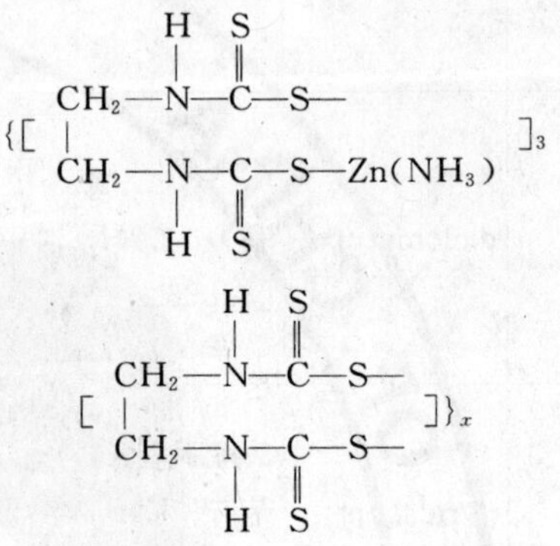

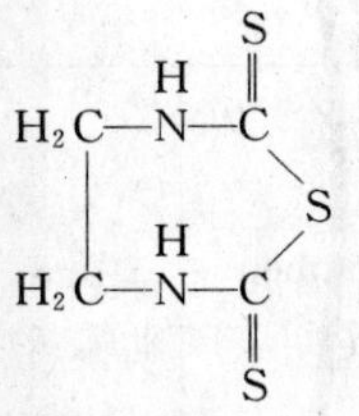

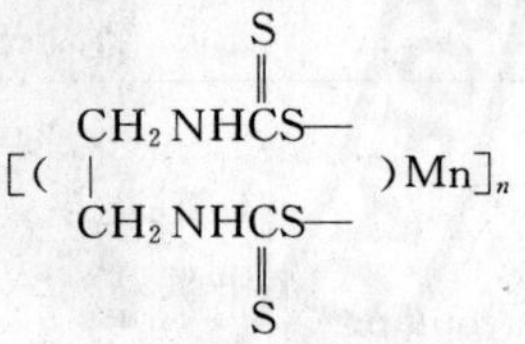

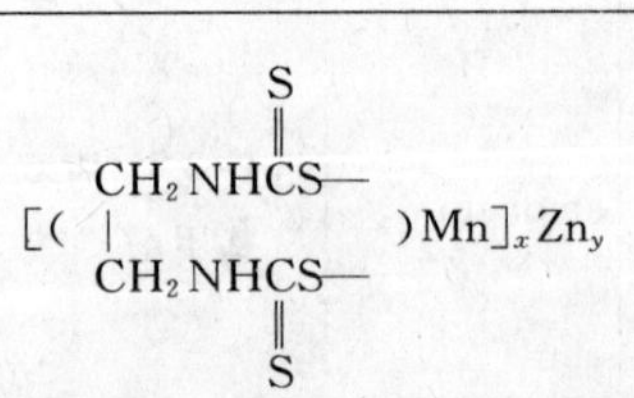

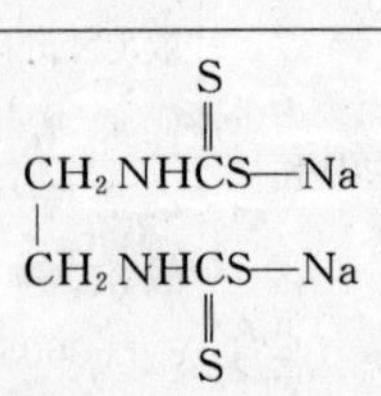

表（续）

序号	中文通用名称	英文名称[a]	化学名称及CAS登录号[b]	结构式
193	代森锌	zineb	1,2-亚乙基双二硫代氨基甲酸锌[12122-67-7]	$[(CH_2NHC(=S)S-)_2Zn]_n$
194	单甲脒	semiamitraz	N-(2,4-二甲基苯基)-N′-甲基甲脒盐酸盐[51550-40-4]	$H_3C-C_6H_3(CH_3)-N=CHNHCH_3 \cdot HCl$
	单甲脒盐酸盐	semiamitraz chloride		
195	单嘧磺隆	monosulfuron		
196	单嘧磺酯	monosulfuron-ester	2-(4-甲基嘧啶基)苯磺酰脲	$C_6H_4(COOCH_3)-SO_2NH-C(=O)-NH-C_4HN_2(CH_3)$
197	单氰胺	cyanamide	氰基胺	$H_2N-C\equiv N$
198	淡紫拟青霉菌	*Paecilomyce slilacinus*		
199	稻丰散	phenthoate	O,O-二甲基-S-(α-乙氧基甲酰苄基)二硫代磷酸酯[2597-03-7]	$(CH_3O)_2P(=S)SCH(C_6H_5)C(=O)OCH_2CH_3$
200	稻瘟净	EBP[c]	O,O-二乙基-S-苄基硫代磷酸酯[13286-32-3]	$(C_2H_5O)_2P(=O)SCH_2-C_6H_5$
201	稻瘟灵	isoprothiolane	1,3-二硫戊环-2-亚基丙二酸二异丙酯[50512-35-1]	$[(CH_3)_2CHOC(=O)]_2C=C(SCH_2CH_2S)$
202	稻瘟酰胺	fenoxanil	N-(1-氰基-1,2-二甲基丙基)-2-(2,4-二氯苯氧基)丙酰胺	$H_3C-CH(O-C_6H_3Cl_2)-C(=O)-NH-C(CN)(CH_3)-CH(CH_3)_2$

表（续）

序号	中文通用名称	英文名称[a]	化学名称及 CAS 登录号[b]	结构式
203	稻瘟酯	pefurazoate[d]	N-糠基-N-咪唑-1-基甲酰基-*DL*-α-丁氨酸戊-4-烯基酯[101903-30-4]	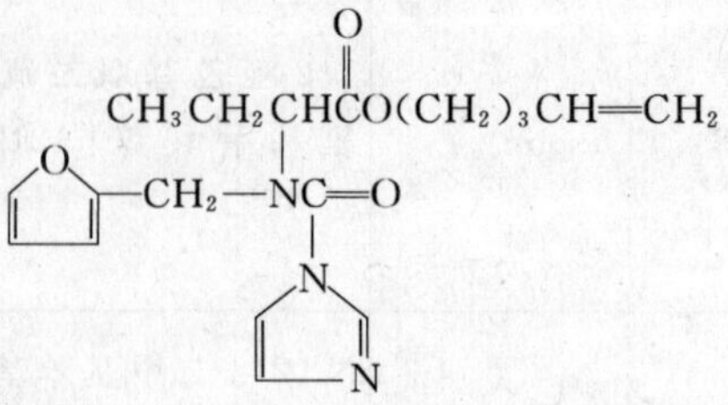 $CH_3CH_2CH(C(=O)O(CH_2)_3CH{=}CH_2)$—N(—$CH_2$—呋喃基)—C(=O)—咪唑-1-基
204	滴·滴混剂	dichoropropene-dichoropropane-mixture	含 1，3-二氯丙烯 53.0%，1，2-二氯丙烷 27.1% 等混合物[8003-19-8]	$ClCH{=}CHCH_2Cl$ （Ⅰ） $ClCH_2CHClCH_3$ （Ⅱ）
205	滴滴涕	DDT	1，1，1-三氯-2，2-双（4-氯苯基）乙烷[50-29-3]	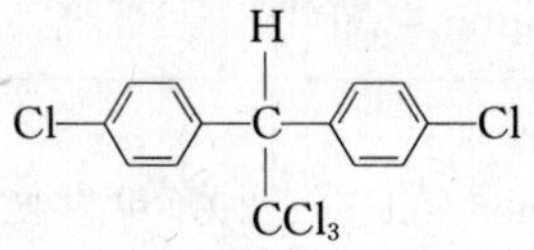 Cl—C₆H₄—CH(CCl_3)—C₆H₄—Cl
206	狄氏剂	HEOD dieldrin	（1R，4S，4aS，5R，6R，7S，8S，8aR）-1，2，3，4，10，10-六氯-1，4，4a，5，6，7，8，8a-八氢-6，7-环氧-1，4，5，8-二亚甲基萘[60-57-1]	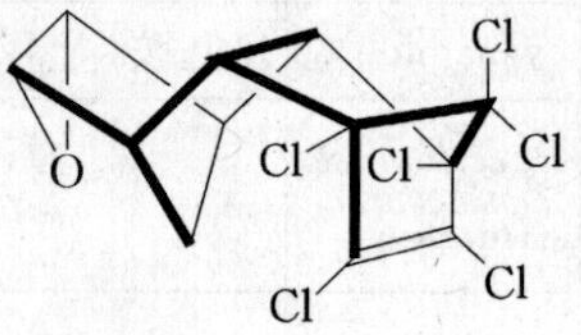 O；Cl；Cl；Cl；Cl；Cl；Cl
207	敌百虫	trichlorfon	O，O-二甲基-（2，2，2-三氯-1-羟基乙基）膦酸酯[52-68-6]	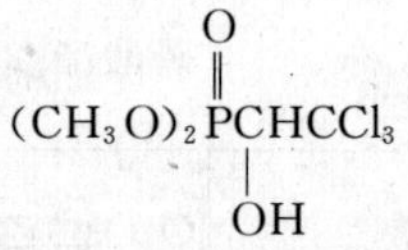 $(CH_3O)_2P(=O)CH(OH)CCl_3$
208	敌稗	propanil	N-（3，4-二氯苯基）丙酰胺[709-98-8]	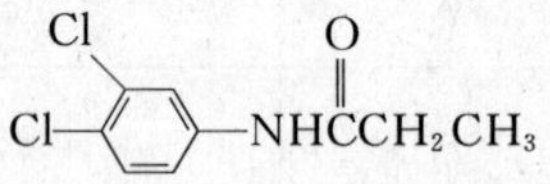 3，4-二氯苯基—$NHC(=O)CH_2CH_3$
209	敌草胺	napropamide	N，N-二乙基-2-（1-萘氧基）丙酰胺[15299-99-7]	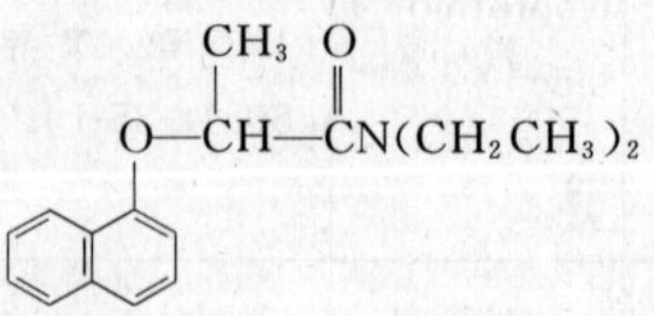 1-萘基—O—$CH(CH_3)$—$C(=O)N(CH_2CH_3)_2$
	R-左旋敌草胺	R(-)-napropamide	N，N-二乙基-2-（α-萘氧基）丙酰胺	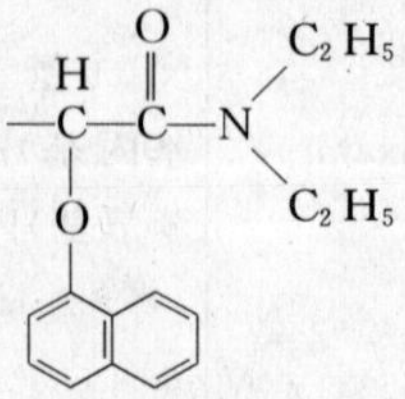 —CH(O—1-萘基)—C(=O)—$N(C_2H_5)_2$

表（续）

序号	中文通用名称	英文名称[a]	化学名称及 CAS 登录号[b]	结 构 式
210	敌草腈	dichlobenil	2,6-二氯苄腈[1194-65-6]	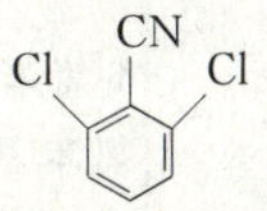
211	敌草净	desmetryn	2-甲硫基-4-甲氨基-6-异丙氨基-1,3,5-三嗪[1014-69-3]	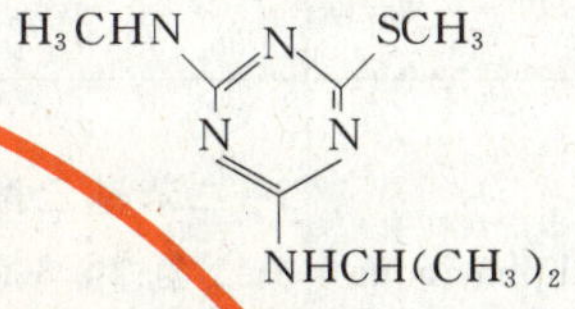
212	敌草快	diquat	1,1′-亚乙基-2,2′-联吡啶阳离子或二溴盐[231-36-7]或[85-00-7],二溴盐水合物为[6385-62-2]	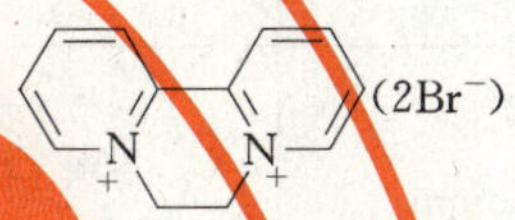
213	敌草隆	diuron	1,1-二甲基-3-(3,4-二氯苯基)脲[330-54-1]	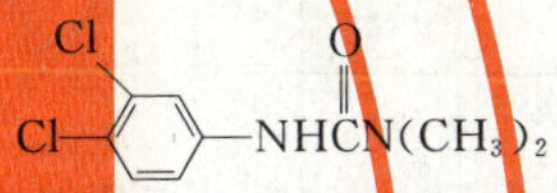
214	敌敌钙	calvinphos	O-(2,2-二氯乙烯基)-O-甲基磷酸钙和 O-(2,2-二氯乙烯基)-O,O-二甲基磷酸酯的络合物[6465-92-5]	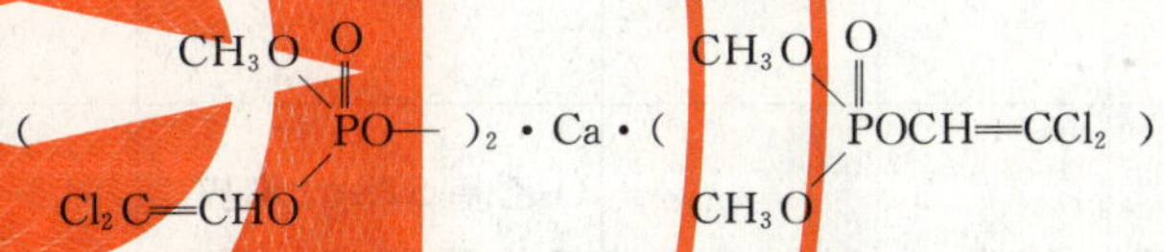 $((CH_3O)(Cl_2C{=}CHO)P(O)O-)_2 \cdot Ca \cdot ((CH_3O)_2P(O)OCH{=}CCl_2)$
215	敌敌畏	dichlorvos	O,O-二甲基-O-(2,2-二氯乙烯基)磷酸酯[62-73-7]	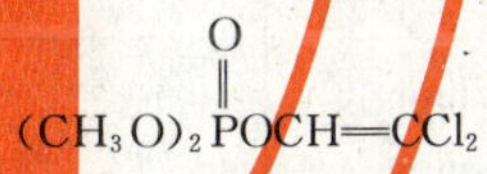 $(CH_3O)_2P(O)OCH{=}CCl_2$
216	敌噁磷	dioxathion	S,S′-(1,4-二噁烷 2,3-二基)O,O,O′,O′-四乙基双(二硫代磷酸酯)[78-34-2]	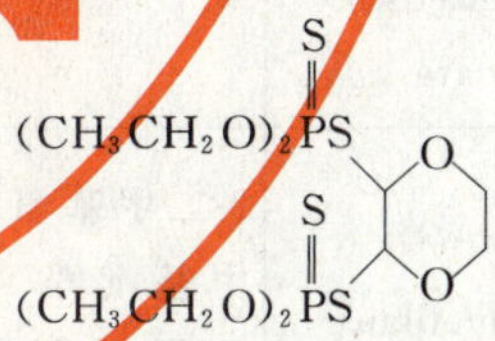
217	敌磺钠	fenaminosulf	4-二甲氨基苯重氮磺酸钠[140-56-7]	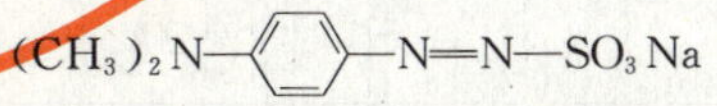
218	敌菌丹	captafol	N-(1,1,2,2-四氯乙硫基)-1,2,3,6-四氢苯邻二甲酰亚胺[2425-06-1]	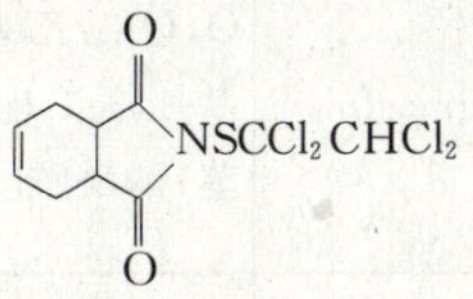
219	敌菌灵	anilazine	N-(4,6-二氯-1,3,5-三嗪-2-基)-2-氯苯胺[101-05-3]	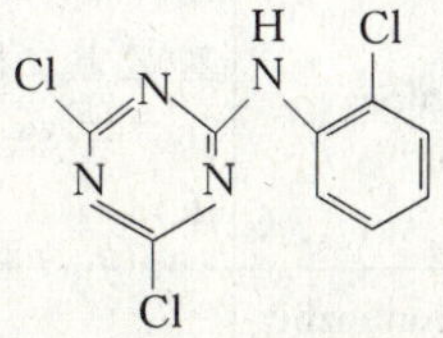

表（续）

序号	中文通用名称	英文名称[a]	化学名称及 CAS 登录号[b]	结构式
220	敌螨特	chlorfensul-phi-de	4-氯苯硫基 2,4,5-三氯苯基偶氮物[2274-74-0]	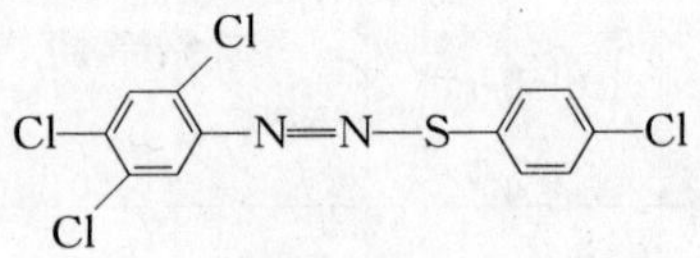
221	敌鼠	diphacinone	2-(二苯基乙酰基)-2,3-二氢-1，3-茚二酮[82-66-6]	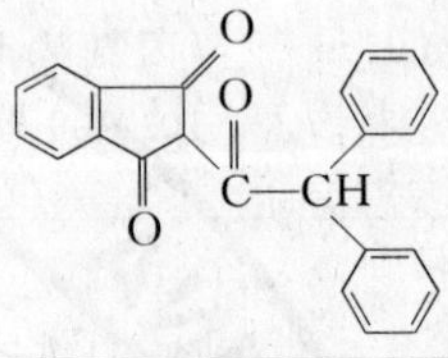
	敌鼠钠	sodium diphacinone	2-(二苯基乙酰基)-2,3-二氢-1，3-茚二酮钠盐	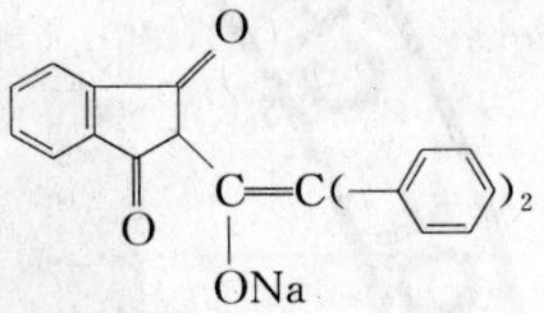
222	敌鼠灵	melitoxin	3,3′-亚甲基双[(4-羟基)香豆素][66-76-2]	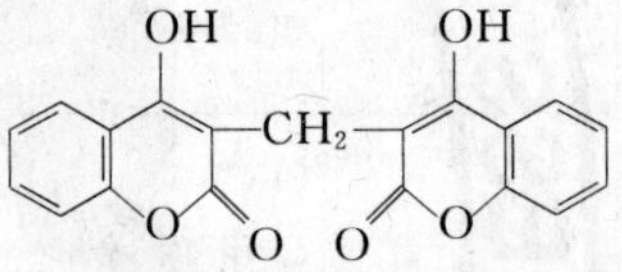
223	敌瘟磷	edifenphos	O-乙基-S,S-二苯基二硫代磷酸酯[17109-49-8]	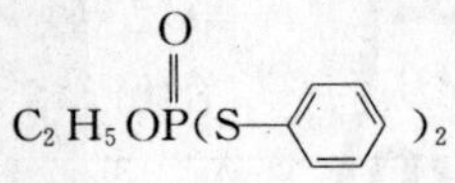
224	敌锈钠	sodium *p*-amino benzensul-fonate	对氨基苯磺酸钠	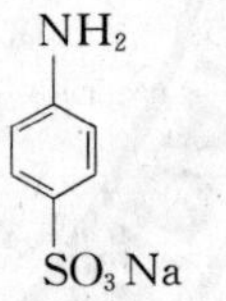
225	敌蝇威	dimetilan[h]	2-二甲基氨基甲酰-3-甲基吡唑-5-基 N,N-二甲基氨基甲酸酯[644-64-4]	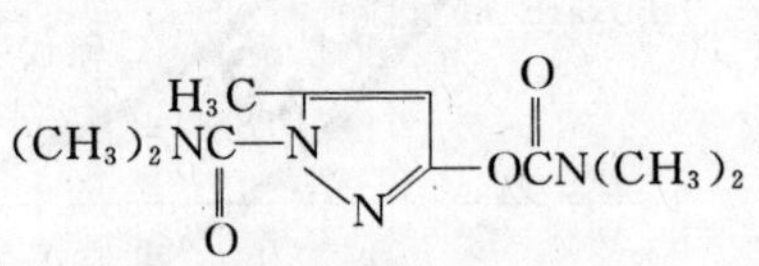
226	地胺磷	mephosfolan	O,O-二乙基-N-(4-甲基-1,3-二硫戊环-2-亚基)磷酰胺[950-10-7]	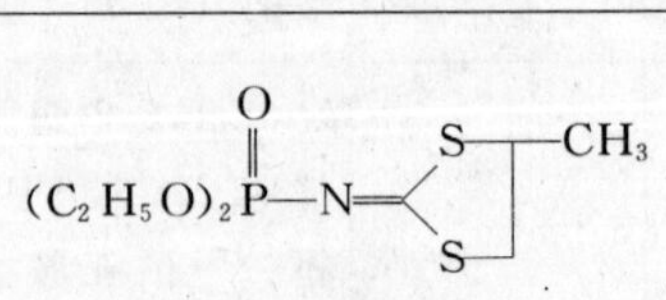
227	地虫硫膦	fonofos	(R，S)-O-乙基-S-苯基-乙基二硫代膦酸酯[66767-39-3](外消旋体)	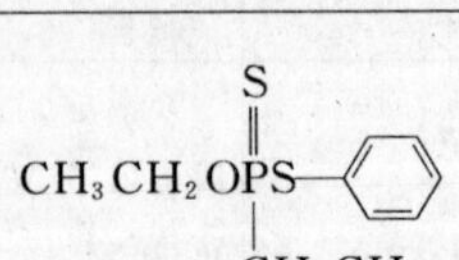
228	地芬诺酯	difennuozhi[q]		

表(续)

序号	中文通用名称	英文名称[a]	化学名称及 CAS 登录号[b]	结构式
229	地乐酚	dinoseb	2-仲丁基-4,6-二硝基酚[88-85-7]	NO_2; O_2N—; —OH; $CHCH_2CH_3$; CH_3
230	地乐灵	dipropalin	N,N-二正丙基-2,6-二硝基对甲苯胺	NO_2; H_3C—; —$N(CH_2CH_2CH_3)_2$; NO_2
231	地乐酯	dinoseb acetate	乙酸(2-仲丁基-4,6-二硝基)苯基酯[2813-95-8]	NO_2 O; O_2N—; —OCCH_3; H_3C—$CHCH_2CH_3$
232	地麦威	dimetan[j]	5,5-二甲基-3-氧代环己烯-1-基-N,N-二甲基氨基甲酸酯[122-15-6]	O; O; $(CH_3)_2$; —OCN$(CH_3)_2$
233	地散磷	bensulide	O,O-二异丙基-S-(2-苯磺酰胺基)乙基二硫代磷酸酯[741-58-2]	S O; $[(CH_3)_2CHO]_2PSCH_2CH_2NHS$—; O
234	地衣芽孢杆菌	*Bacillus licheniformis*		
235	诱蝇羧酯	trimedlure	4(或5)-氯-2-甲基环己烷羧酸特-丁酯;叔-丁基-4(或5)-氯-2-甲基环己烷羧酸酯	Cl—; O; CH_3; CH_3 O—C—CH_3; CH_3 / Cl; O; CH_3; CH_3 O—C—CH_3; CH_3
236	碘	iodine	碘	I_2
237	碘苯腈	ioxynil	4-羟基-3,5-二碘苄腈[1689-83-4]	CN; I; I; OH
238	碘硫磷	iodfenphos	O,O-二甲基-O-(4-碘-2,5-二氯苯基)硫代磷酸酯[18181-70-9]	S Cl; $(CH_3O)_2PO$—; —I; Cl

表(续)

序号	中文通用名称	英文名称[a]	化学名称及CAS登录号[b]	结构式
239	调呋酸	dikegulac	2,3:4,6-二(异亚丙基-α-L-木-2-己酮呋喃糖酸[18467-77-1],[52508-35-7](钠盐)	CH_3, CH_3, O, O, HOOC, CH_2, O, O, CH_3, H_3C
240	调果酸	cloprop	(RS)-2-(3-氯苯氧基)丙酸[101-10-0]	CH_3 O; —O—CH—COH; Cl
241	调环酸	prohexadione[d]	3,5-二氧代-4-丙酰基环己烷羧酸[88805-35-0],[124537-28-6](钙盐)	$H_3CH_2C\overset{O}{C}$—(环)—$\overset{O}{C}OH$; O O; O
242	调节安	tiaojiean[q]	1,1-二甲基吗啉翁氯化物	CH_2—CH_2, O, $\overset{+}{N}$, CH_3Cl^-, CH_2—CH_2, CH_3
243	丁苯硫磷	fosmethilan[d]	O,O-二甲基-S-[N-(2-氯苯基)丁酰氨基甲基]二硫代磷酸酯[83733-82-8]	$(CH_3O)_2\overset{S}{P}SCH_2$—N—$\overset{O}{C}CH_2CH_2CH_3$; Cl
244	丁苯吗啉	fenpropimorph	(RS)-顺-4-[3-(4-特丁基苯基)-2-甲基丙基]-2,6-二甲基吗啉[67306-03-0],顺式为[67564-91-4]	$(CH_3)_3C$—(苯环)—$CH_2\overset{CH_3}{C}HCH_2$—N(吗啉环)O; CH_3; CH_3
245	丁草胺	butachlor	N-(2,6-二乙基苯基)-N-丁氧基甲基-氯乙酰胺[23184-66-9]	C_2H_5 $CH_2O(CH_2)_3CH_3$; —N—$\overset{O}{C}CH_2Cl$; C_2H_5

表（续）

序号	中文通用名称	英文名称[a]	化学名称及 CAS 登录号[b]	结构式
246	丁草敌	butylate	N,N-二异丁基硫代氨基甲酸-S-乙基酯[2008-41-5]	$[(CH_3)_2CHCH_2]_2NC(=O)SCH_2CH_3$
247	丁氟螨酯	cyflumetofen	2-甲氧基乙基-(RS)-2-(4-叔丁基苯基)-2-氰基-3-氧-3-(2-三氟甲基苯基)丙酸酯	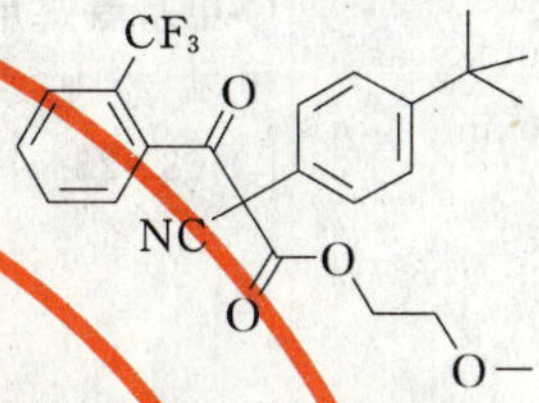 CF_3; NC; O; O; O—
248	丁硫啶	buthiobate	4-特丁基苄基-N-(3-吡啶基)亚氨基二硫代碳酸丁酯[51308-54-4]	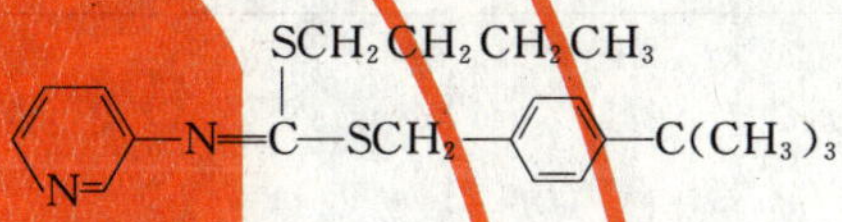 $SCH_2CH_2CH_2CH_3$; N=C—SCH_2—C$(CH_3)_3$
249	丁硫环磷	fosthietan	O,O-二乙基-N-1,3-二噻丁环-2-亚基磷酰胺[21548-32-3]	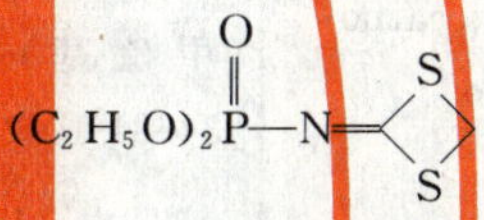 $(C_2H_5O)_2P(=O)$—N= (S, S)
250	丁硫克百威	carbosulfan	2,3-二氢-2,2-二甲基苯并呋喃-7-基(二丁基氨基硫)-N-甲基氨基甲酸酯[55285-14-8]	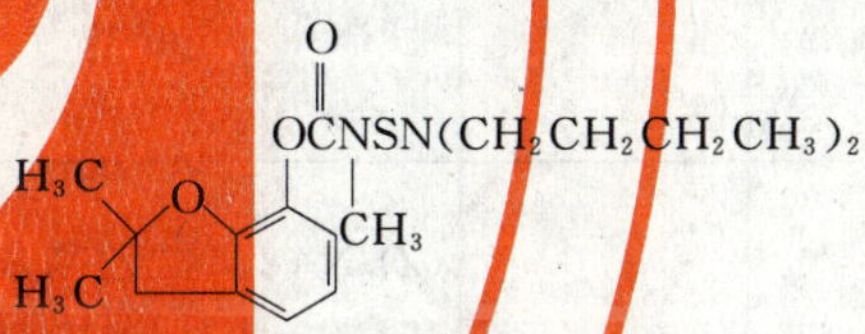 $OC(=O)NSN(CH_2CH_2CH_2CH_3)_2$; CH_3; H_3C; H_3C; O
251	丁咪酰胺	isocarbamide	N-异丁基-2-氧代咪唑啉-1-甲酰胺[30979-48-7]	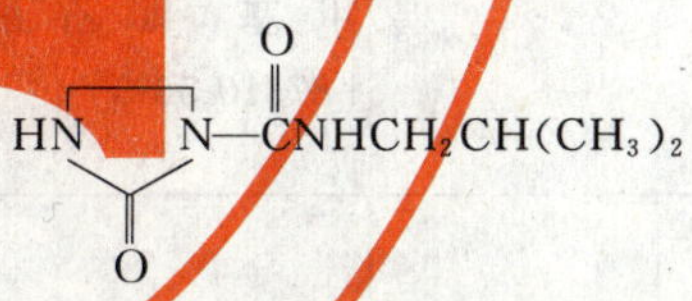 HN; N—C(=O)NHCH$_2$CH$(CH_3)_2$; O
252	丁醚脲	diafenthiuron	1-特丁基-3-(2,6-二异丙基-4-苯氧基苯基)硫脲[80060-09-9]	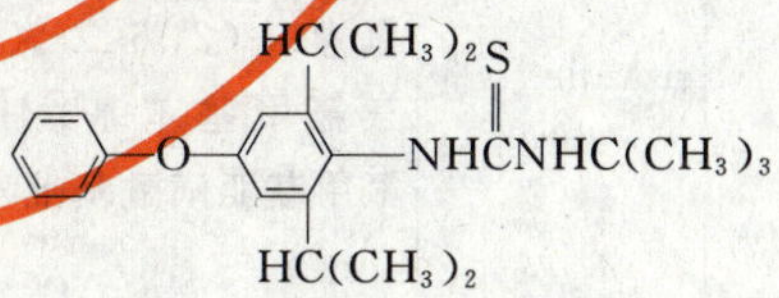 $HC(CH_3)_2$; O; NHC(=S)NHC$(CH_3)_3$; $HC(CH_3)_2$
253	丁嗪草酮	isomethiozin	6-特丁基-4-异亚丁基氨基-3-甲硫基-1,2,4-三嗪-5-酮[57052-04-7]	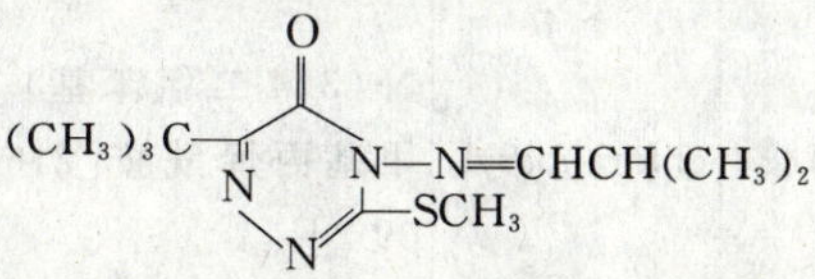 $(CH_3)_3C$; O; N—N=CHCH$(CH_3)_2$; SCH_3; N; N
254	丁噻隆	tebuthiuron	1,3-二甲基-3-(5-特丁基-1,3,4-噻二唑-2-基)脲[34014-18-1]	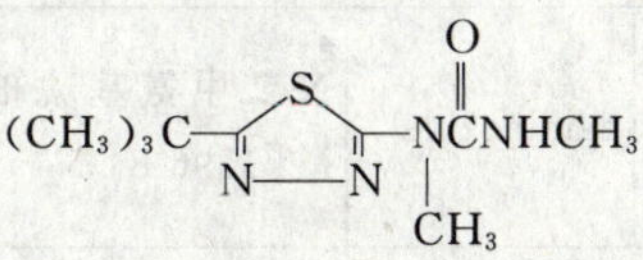 $(CH_3)_3C$; S; N—N; NC(=O)NHCH$_3$; CH_3

表（续）

序号	中文通用名称	英文名称[a]	化学名称及 CAS 登录号[b]	结构式
255	丁酮砜威	butoxycarboxim	O-甲基氨基甲酰基-3-甲磺酰基-2-丁酮肟[34681-23-7]	O CH_3 CH_3S—$CHCCH_3$ (E) O NOCNHCH_3 O O CH_3 CH_3S—$CHCCH_3$ (Z) O $H_3CHNCON$ O
256	丁酮威	butocarboxim	O-甲基氨基甲酰基-3-(甲硫基)-2-丁酮肟[34681-10-2]	CH_3 $CH_3SCHCCH_3$ (E) NOCNHCH_3 O CH_3 $CH_3SCHCCH_3$ (Z) $H_3CHNCON$ O
257	丁烯草胺	butenachlor[d]	(Z)-N-(2,6-二乙基苯基)-N-(丁-2-烯基氧甲基)-氯乙酰胺[87310-56-3]	C_2H_5 CH_2OCH_2 CH_3 N C=C C_2H_5 CCH_2Cl H H O
258	丁烯氟虫腈	rizazole	5-甲代烯丙基氨基-3-氰基-1-(2,6-二氯-4-三氟甲基苯基)-4-三氟甲基亚磺酰基吡唑	Cl N CN F_3C— N Cl $SOCF_3$ $NHCH_2$—C—CH_3 CH_2
259	丁酰草胺	chloranocryl	N-(3,4-二氯苯基)-2-甲基丙烯酰胺[2164-09-2]	Cl O Cl— —NHCC=CH_2 CH_3
260	丁酰肼	daminozide	N-二甲氨基琥珀酰胺酸[1596-84-5]	CH_2—CO—NH—N$(CH_3)_2$ CH_2—COOH

表(续)

序号	中文通用名称	英文名称[a]	化学名称及CAS登录号[b]	结构式
261	丁香菌酯	SYP-3375	(E)-2-(2-((3-丁基-4-甲基香豆素-7基-氧基)甲基)苯基)-3-甲氧基丙烯酸甲酯	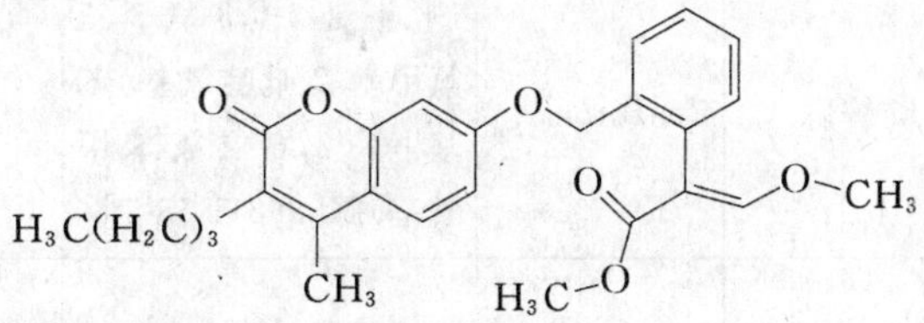
262	丁酯膦	butonate	O,O-二甲基-(2,2,2-三氯-1-丁酰氧基)乙基膦酸酯[126-22-7]	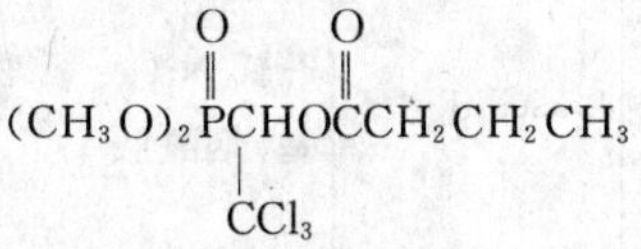
263	丁香酚	eugenol	4-烯丙基-2-甲氧基苯酚	
264	啶斑肟	pyrifenox	2-(3-吡啶基)-2′,4′-二氯苯乙酮-O-甲基肟[88283-41-4]	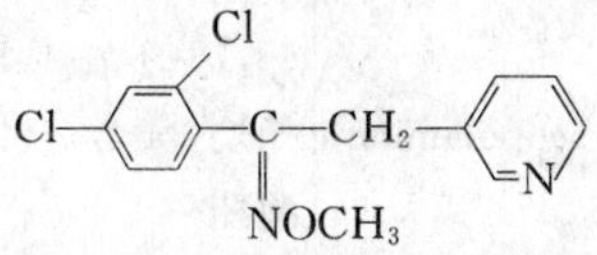
265	啶虫脒	acetamiprid	(E)-N1-[(6-氯吡啶-3-基)甲基]-N2-腈基-N′-甲基乙酰胺	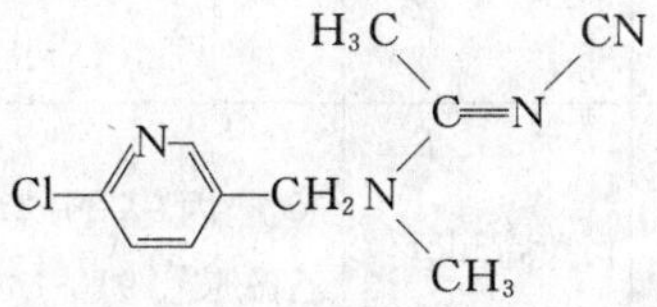
266	啶磺草胺	pyroxsulam	N-(5,7-二甲氧基[1,2,4]三唑[1,5-a]嘧啶-2-基)-2-甲氧基-4-(三氟甲基)-3-吡啶磺酰胺	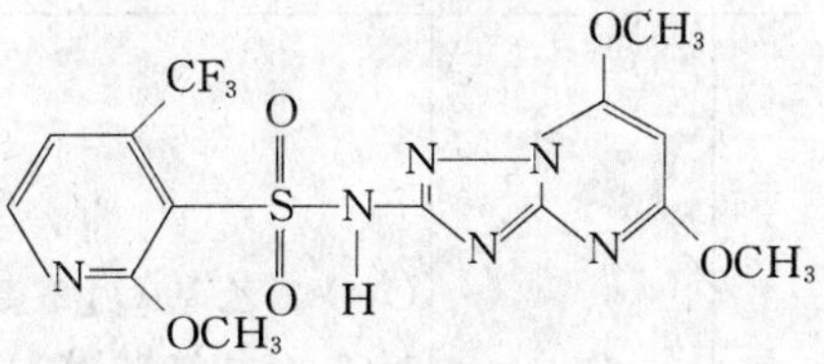
267	啶菌噁唑	dingjunezuo[q]	5-(4-氯苯基)-2,3-二甲基-3-(吡啶-3-基)异噁唑啉	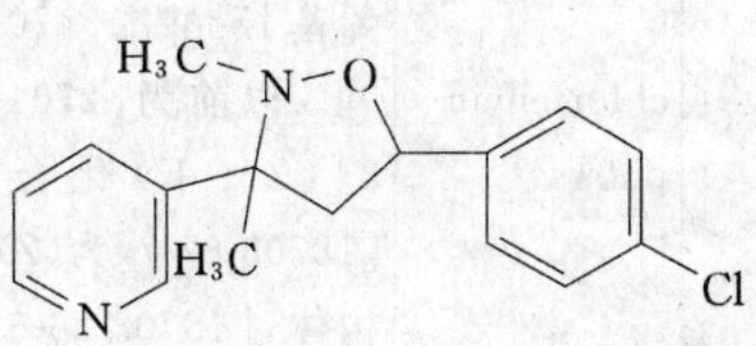
268	啶菌腈	pyridinitril	2,6-二氯-3,5-二氰基-4-苯基吡啶[1086-02-8]	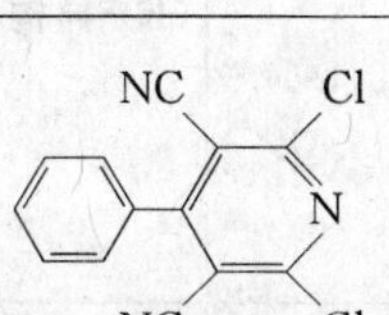
269	啶嘧磺隆	flazasulfuron[d]	3-(4,6-二甲氧基嘧啶-2-基)-1-(3-三氟甲基吡啶-2-基)磺酰脲[104040-78-0]	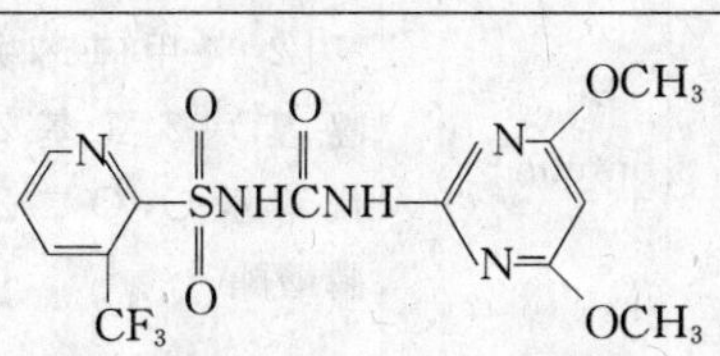

表（续）

序号	中文通用名称	英文名称[a]	化学名称及 CAS 登录号[b]	结构式
270	啶蜱脲	fluazuron	1-[4-氯-3-(3-氯-5-三氟甲基-2-吡啶氧基)苯基]-3-(2,6-二氟苯甲酰基)脲[86811-58-7]	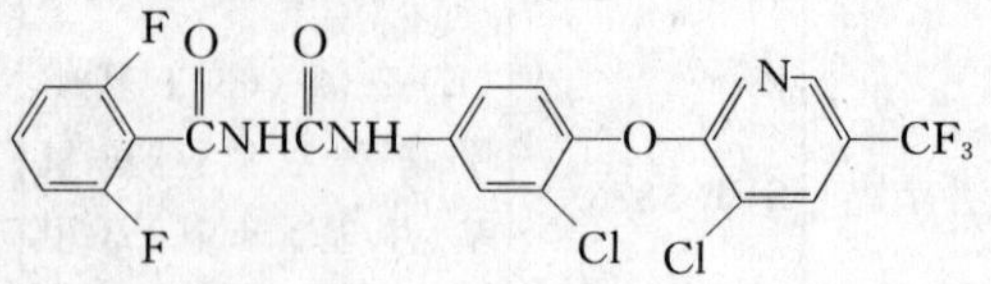
271	啶酰菌胺	boscalid	2-氯-N-(4′-氯联苯-2-基)烟酰胺	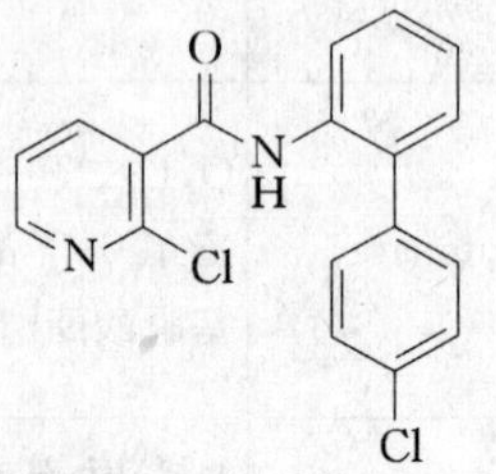
272	东莨菪	scopolamine	6β,7β-环氧-1aH,5aH-托烷-3a-醇(-)托品酸酯	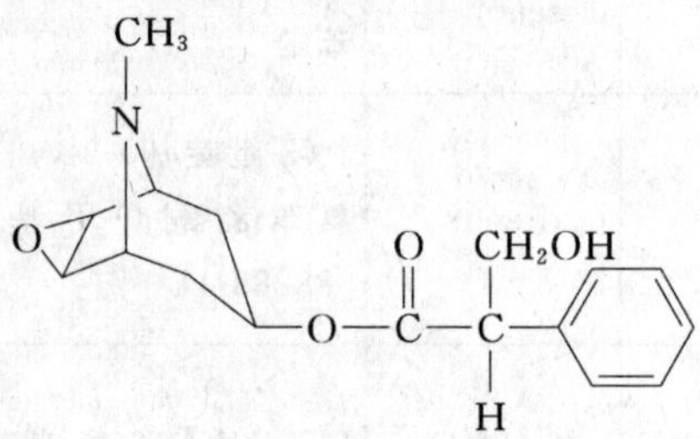
273	毒草胺	propachlor	N-异丙基-N-苯基-氯乙酰胺[1918-16-7]	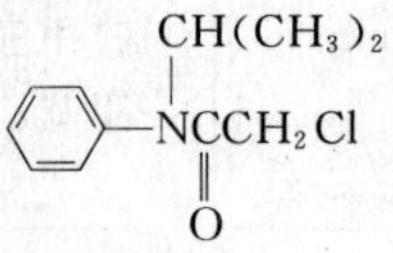
274	毒虫畏	chlorfenvin-phos	O,O-二乙基-O-[2-氯-1-(2,4-二氯苯基)乙烯基]磷酸酯[470-90-9]。以前为[2701-86-2](Z+E)化合物，[18708-87-7]为(Z)-异构体，[18708-86-6]为(E)-异构体	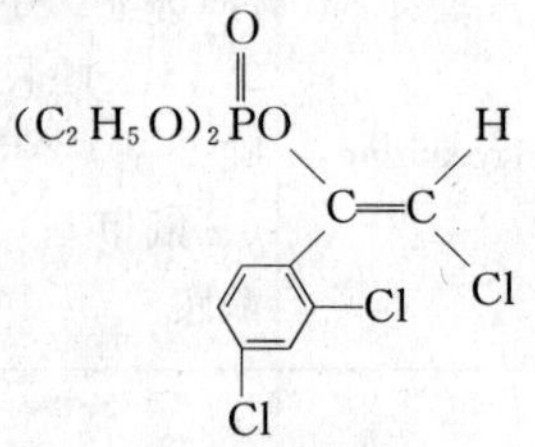 (E) 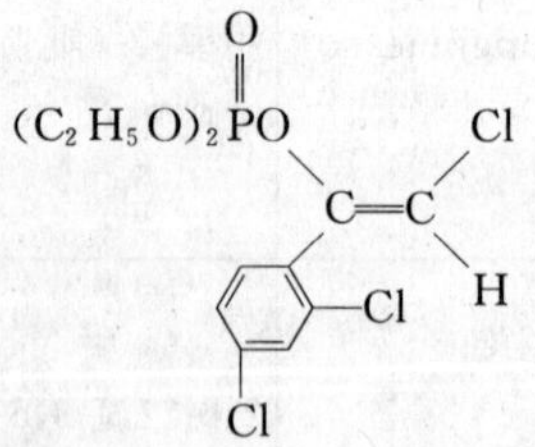 (Z)
275	毒氟磷	dufulin	N-[2-(4-甲基苯并噻唑基)]-2-氨基-2′-氟代苯基-O,O-二乙基膦酸酯	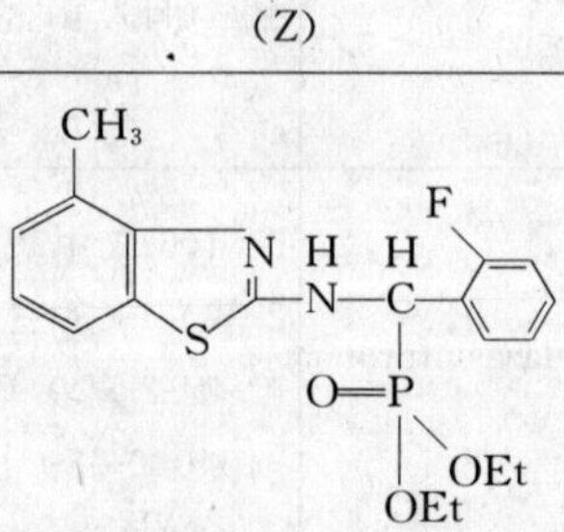

表（续）

序号	中文通用名称	英文名称[a]	化学名称及 CAS 登录号[b]	结构式
276	毒菌酚	hexachlorophene	二-(2-羟基-3,5,6-三氯苯基)甲烷[70-30-4]	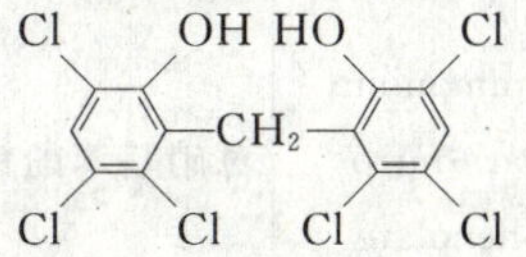 Cl OH HO Cl; $-CH_2-$; Cl Cl Cl Cl
277	毒壤膦	trichloronat	O-乙基-O-2,4,5-三氯苯基-乙基硫代膦酸酯[327-98-0]	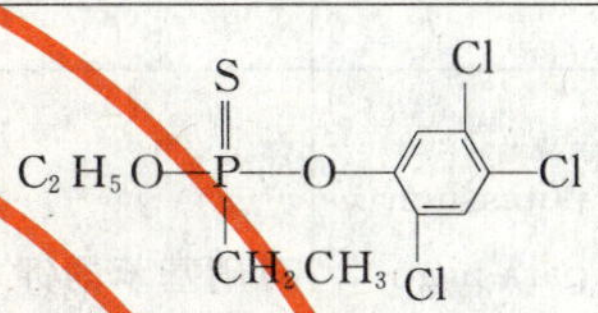 $C_2H_5O-P(=S)(CH_2CH_3)-O-C_6H_2Cl_3$
278	毒杀芬	camphechlor	含67%～69%氯的氯化莰烯反应混合物[8001-35-2]	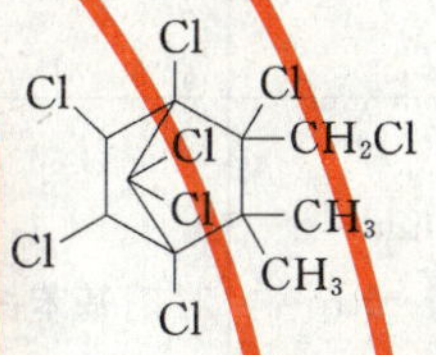 Cl, Cl, Cl, Cl, CH_2Cl, Cl, CH_3, Cl, CH_3, Cl
279	毒鼠硅	silatrane	1-(4-氯苯基)-2,8,9-三氧代-5-氮-1-硅双环[3,3,3]十一烷[29025-67-0]	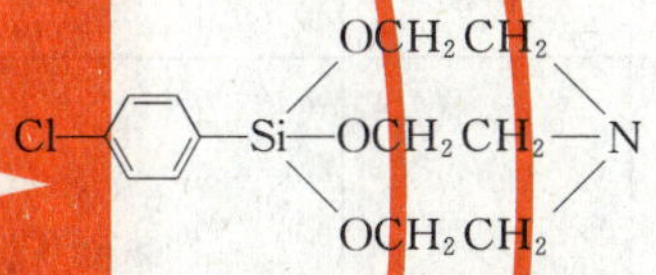 $Cl-C_6H_4-Si(-OCH_2CH_2-)_3N$
280	毒鼠磷	phosazetin	O,O-双(4-氯苯基)N-(1-亚氨基)乙基硫代磷酰胺[4104-14-7]	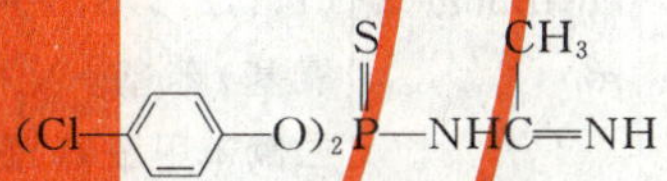 $(Cl-C_6H_4-O)_2P(=S)-NHC(CH_3)=NH$
281	毒死蜱	chlorpyrifos	O,O-二乙基-O-(3,5,6-三氯-2-吡啶基)硫代磷酸酯[2921-88-2]	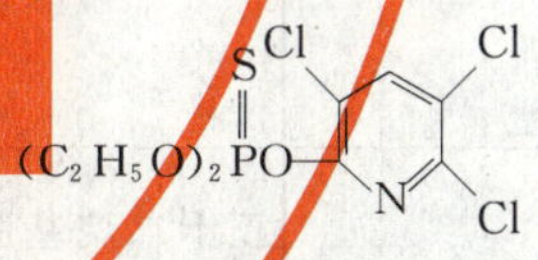 $(C_2H_5O)_2P(=S)O-$（3,5,6-三氯-2-吡啶基）Cl Cl N Cl
282	对二氯苯	p-dichlorobenzene	对二氯苯[106-46-7]	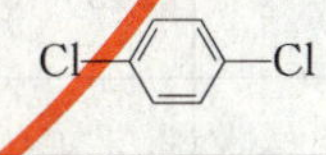 $Cl-C_6H_4-Cl$
283	对硫磷	parathion	O,O-二乙基-O-(4-硝基苯基)硫代磷酸酯[56-38-2]	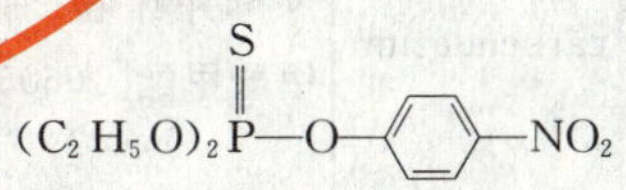 $(C_2H_5O)_2P(=S)-O-C_6H_4-NO_2$
284	对氯苯氧乙酸钾	potassium 4-CPA	对氯苯氧乙酸钾	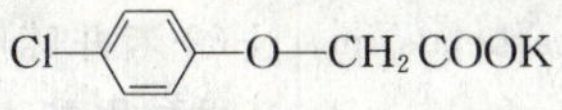 $Cl-C_6H_4-O-CH_2COOK$
285	对氯苯氧乙酸钠	sodium 4-CPA	对氯苯氧乙酸钠	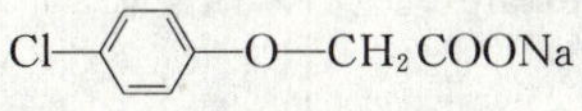 $Cl-C_6H_4-O-CH_2COONa$
286	对羟基苯乙醇	4-hydroxyphenethyl alcohol	对羟基苯乙醇	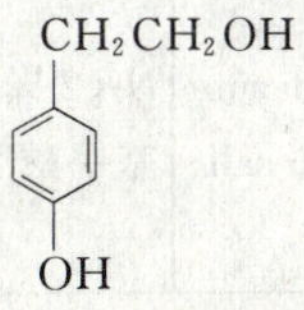 $CH_2CH_2OH-C_6H_4-OH$

表（续）

序号	中文通用名称	英文名称[a]	化学名称及CAS登录号[b]	结构式
287	对硝基苯酚铵	ammonium para-nitro-phenolate	对硝基苯酚铵	ONH_4 NO_2
288	对硝基苯酚钾	potassium para-nitro-phenolate	对硝基苯酚钾	OK NO_2
289	对硝基苯酚钠	sodium para-nitro-phenolate	对硝基苯酚钠	ONa NO_2
290	多氟脲	noviflumuron	N-[3,5-二氯-2-氟-4-(1,1,2,3,3,3-六氟丙氧基)苯基]-N′-(2,6-二氟苯甲酰基)脲	Cl O F F H F F F F Cl O NH F O NH F F
291	多果定	dodine	正十二烷基胍乙酸盐[2439-10-3]	$C_{12}H_{25}NHC(=NH)NH_2 \cdot CH_3C(=O)OH$
292	多菌灵	carbendazim	N-苯并咪唑-2-基氨基甲酸甲酯[10605-21-7]	N H NHC(=O)OCH₃
	多菌灵苯磺酸盐	carbendazim benzene sulfonate	N-(2-苯并咪唑基)氨基甲酸甲酯十二烷基苯磺酸盐	H N N $NHCO_2CH_3 \cdot$ SO_3H SO_3H
	多菌灵磺酸盐	carbendazim sulfonic salf	N-(2-苯并咪唑基)氨基甲酸甲酯磺酸盐	H N N $NHCO_2CH_3 \cdot HSO_3H$

表（续）

序号	中文通用名称	英文名称[a]	化学名称及CAS登录号[b]	结构式
293	多抗霉素	polyoxin[e]	肽嘧啶核苷类抗生素，主要成分是 polyoxin B（C17H23N5O14）和 polyoxin D，前者为 5-[[2-氨基-5-O-(氨基甲酰基)-2-脱氧-L-木糖基]氨基]-1,5-二脱氧-1-[1,2,3,4-四氢-5-(羟基甲基)-2,4-二氧代(2H)-嘧啶-1-基]-β-*D*-别呋喃糖醛酸[22976-86-9]（polyoxin D）[19396-06-6]（polyoxin B）	(polyoxin D 为 COH)
	多抗霉素 B	Polyoxin B	5-(2-氨基-5-O-氨基甲酰基-2-脱氧-L-木质酰胺基)-1-5-二脱氧-1-(1,2,3,4-四氢-5-羟基甲基 2,4-二氧代嘧啶-1-基)-β-D-别呋喃糖醛酸	
294	多噻烷	polythialan	7-二甲基氨基-1,2,3,4,5-五硫杂环辛烷	

表（续）

序号	中文通用名称	英文名称[a]	化学名称及CAS登录号[b]	结构式
295	多杀霉素	Spinosad	(2R,3aS,5aR,5bS,9S,13S,14R,16aS,16bR)-13-(5-(二甲基胺)-6-甲基四氢-2H-吡喃-2-氧)-9-乙基-14-甲基-2-(3,4,5-三甲氧基-6-甲基四氢-2H-吡喃-2-氧)-3,3a,5b,6,9,10,11,12,13,14,16a,16b-十二氢-1H-不对称-indaceno并[3,2-d][1]氧杂环十二烷-7,15(2H,5aH)-二酮(spinosyn A)(2R,3aS,5aR,5bS,9S,13S,14R,16aS,16bR)-13-(5-(二甲基胺)-6-甲基四氢-2H-吡喃-2-氧)-9-乙基-4,14-二甲基-2-(3,4,5-三甲氧基-6-甲基四氢-2H-吡喃-2-氧)-3,3a,5b,6,9,10,11,12,13,14,16a,16b-十二氢-1H-不对称-indaceno并[3,2-d][1]氧杂环十二烷-7,15(2H,5aH)-二酮(spinosyn D)	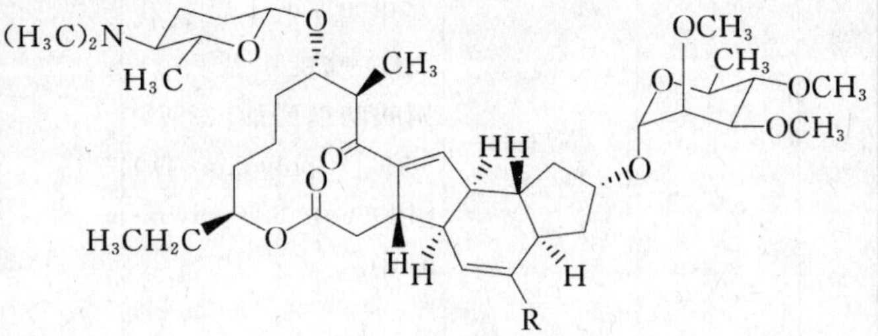
296	多杀威	EMPC[c]	4-乙硫基苯基-N-甲基氨基甲酸酯	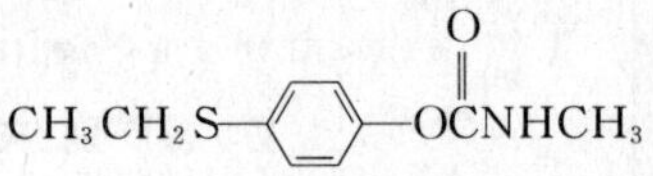 $CH_3CH_2S-C_6H_4-OC(=O)NHCH_3$
297	多效缩醛	furalane	2-(2-呋喃基)-1,3-二氧五环	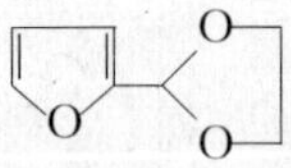
298	多效唑	paclobutrazol	(2RS,3RS)-1-(4-氯苯基)-4,4-二甲基-2-(1H-1,2,4-三唑-1-基)戊-3-醇[76738-62-0]	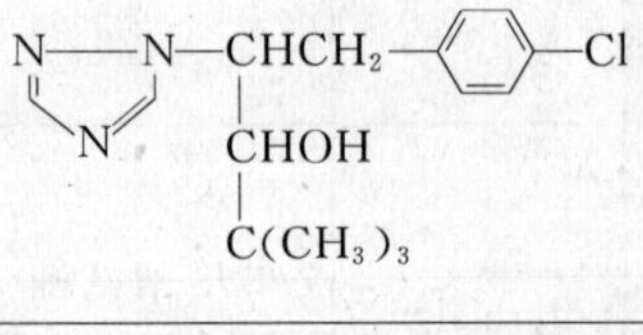
299	多粘类芽孢杆菌	Paenibacillus polymyza		

表（续）

序号	中文通用名称	英文名称[a]	化学名称及CAS登录号[b]	结构式
E				
300	莪术醇	curcumenol	莪术醇	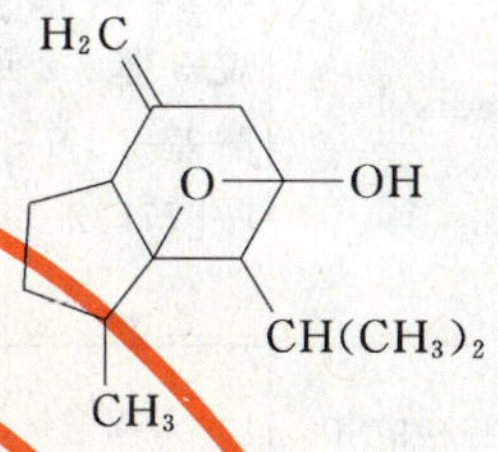
301	噁嗪草酮	oxaziclomefone	3-[1-(3,5-二氯苯基)-1-甲基乙基]-2,3-二氢-6-甲基-5-苯基-4H-1,3-噁嗪-4-酮	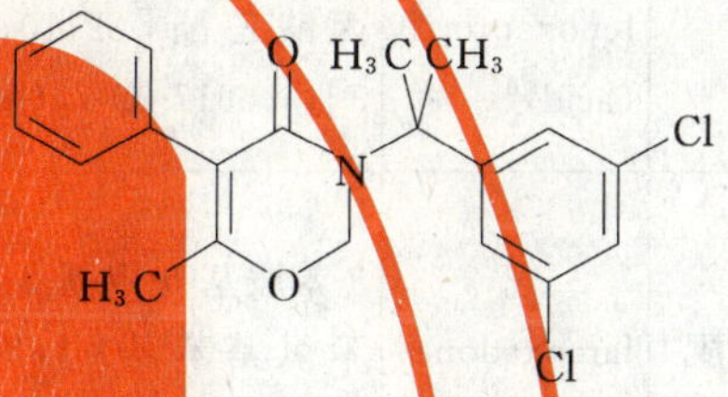
302	噁唑酰草胺	metamifop	(R)-N-甲基-N-4-氟苯基-2-[4-(6-氯-苯并噁唑-2-氧基)苯基]苯氧基-丙酰胺	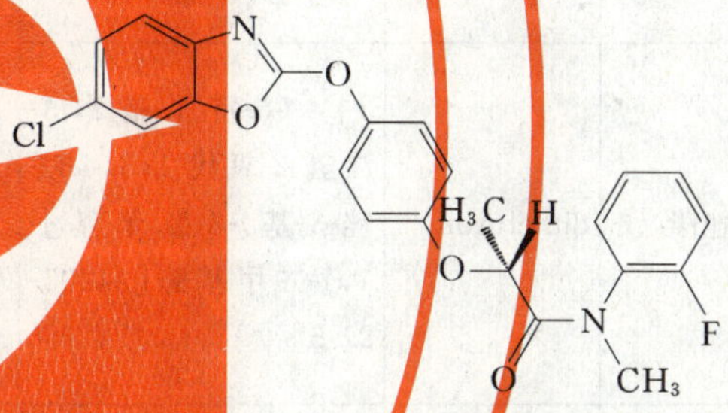
303	噁草酮	oxadiazon	5-特丁基-3-(2，4-二氯-5-异丙氧基苯基)-1，3，4-噁二唑-2-酮[19666-30-9]	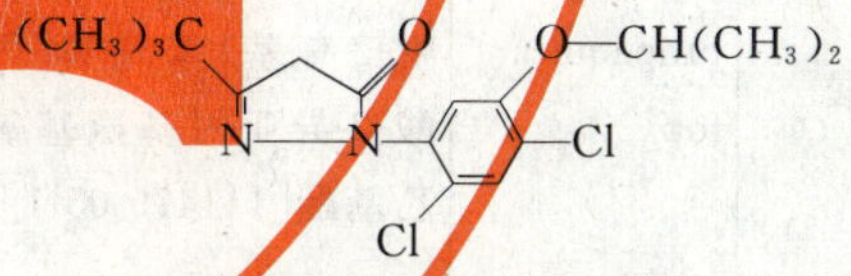
304	噁虫酮	metoxadiazone[d]	5-甲氧基-3-(2-甲氧基苯基)-1,3,4-噁二唑-2(3H)-酮[60589-06-2]	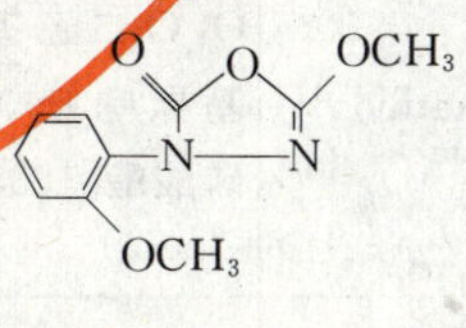
305	噁虫威	bendiocarb	2,3-(异亚丙基二氧)苯基N-甲基氨基甲酸酯[22781-23-3]	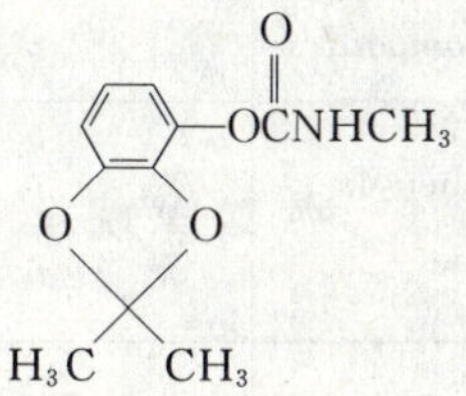
306	噁霉灵	hymexazol	3-羟基-5-甲基异噁唑[10004-44-1]	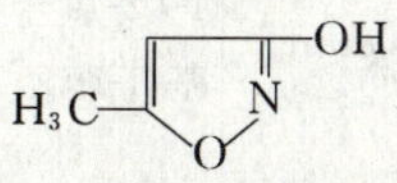

表（续）

序号	中文通用名称	英文名称[a]	化学名称及CAS登录号[b]	结构式
307	噁霜灵	oxadixyl	N-(2-氧代-1,3-噁唑烷-3-基)-2-甲氧基乙酰基-2′,6′-二甲基苯胺[77732-09-3]	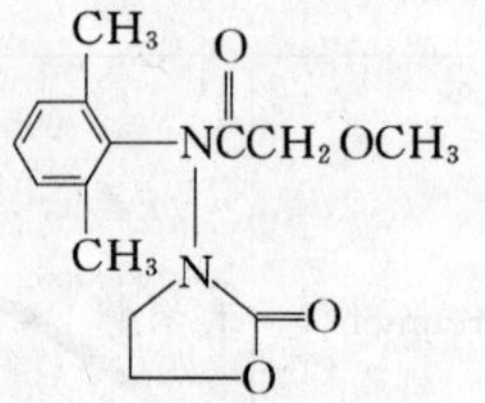
308	噁唑禾草灵	fenoxaprop-ethyl fenoxaprop (acid)[d]	(RS)-2-[4-(6-氯-2-苯并噁唑氧基)苯氧基]丙酸乙酯[82110-72-3],[95617-09-7](酸)	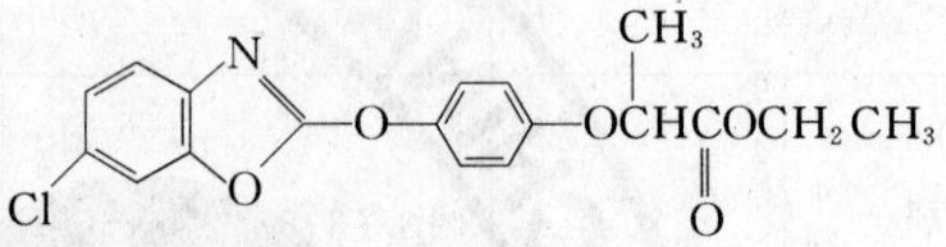
309	噁唑菌酮	famoxadone	3-苯胺基-5-甲基-5-(4-苯氧基苯基)-1,3-唑啉-2,4-二酮	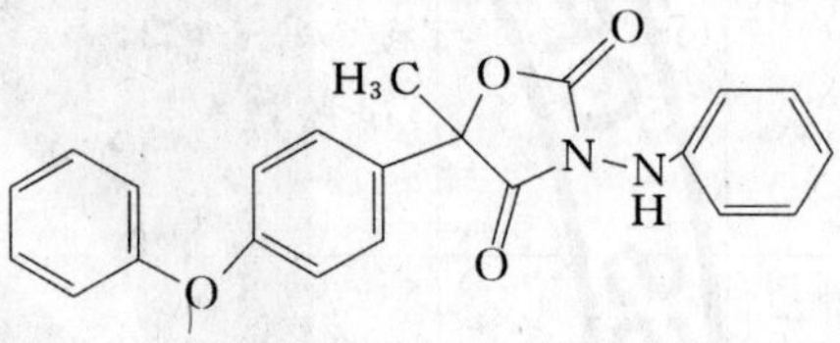
310	噁唑隆	dimefuron	3-[4-(5-特丁基-2,3-二氢-2-氧代-1,3,4-噁唑-3-基)-3-氯苯基]-1,1-二甲基脲[34205-21-5]	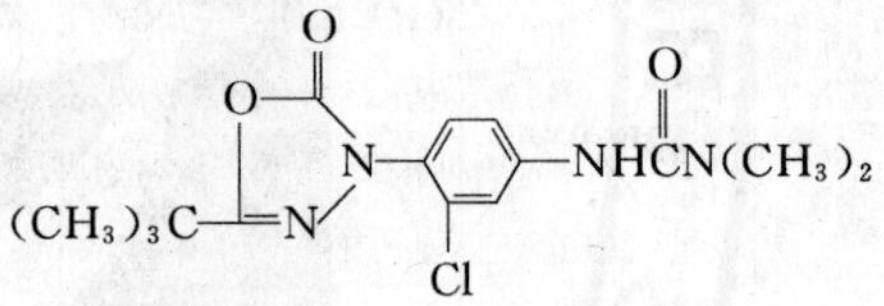
311	噁草酸	propaquizafop[d]	(R)-2-[4-(6-氯喹噁啉-2-氧基)苯氧基]丙酸-2-异亚丙基氨基氧乙基酯[111479-05-1]	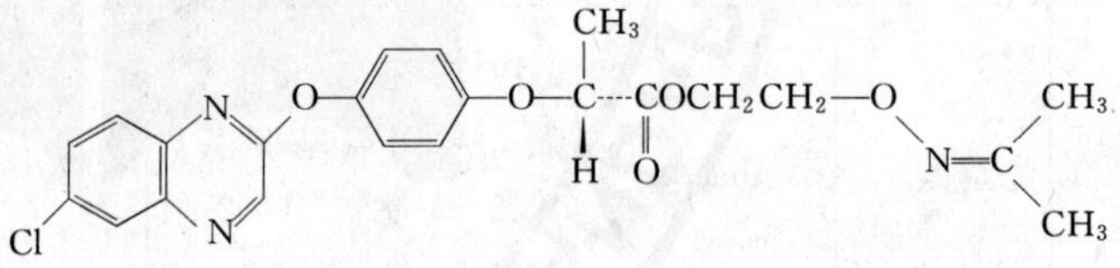
312	噁唑磷	isoxathion[d]	O,O-二乙基-O-(5-苯基异噁唑-3-基)硫代磷酸酯[18854-01-8]	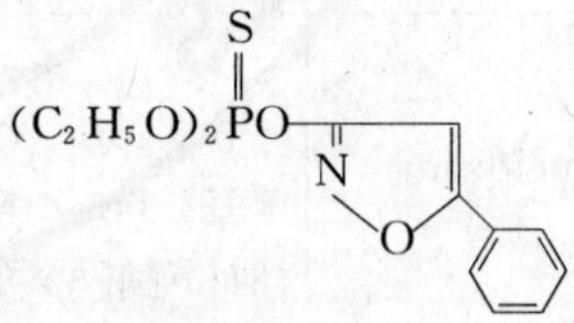
313	耳霉菌	*Conidioblous thromboides*		
314	二苯胺	diphenylamine	二苯胺	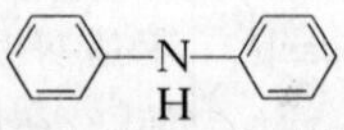
315	二苯隆	cumyleron	1-(2-氯苄基)-3-(1-甲基-1-苯乙基)脲	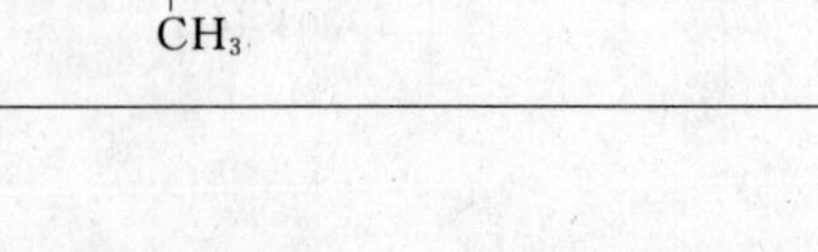

表（续）

序号	中文通用名称	英文名称[a]	化学名称及 CAS 登录号[b]	结构式
316	二丙烯草胺	allidochlor	N,N-二烯丙基氯乙酰胺[93-71-0]	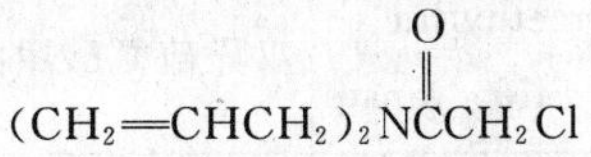 O $(CH_2{=}CHCH_2)_2NCCH_2Cl$
317	二甲苯草胺	xylachlor[p]	N-(2,3-二甲基苯基)-N-异丙基-氯乙酰胺[63114-77-2]	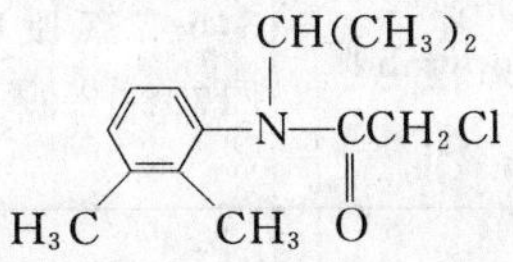 $CH(CH_3)_2$ $N{-}CCH_2Cl$ H_3C CH_3 O
318	二甲草胺	dimethachlor	N-(2,6-二甲基苯基)-N-(2-甲氧基乙基)-氯乙酰胺[50563-36-5]	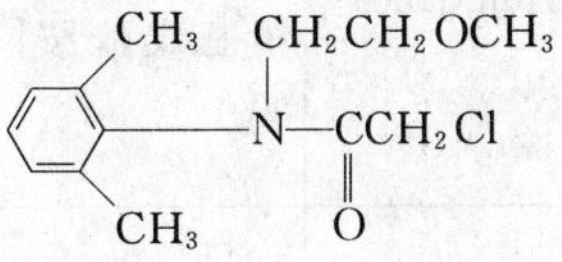 CH_3 $CH_2CH_2OCH_3$ $N{-}CCH_2Cl$ CH_3 O
319	二甲吩草胺	dimethenamid	N-(2,4-二甲基噻吩-3-基)-N-(1-甲基-2-甲氧基乙基)-氯乙酰胺[87674-68-8]	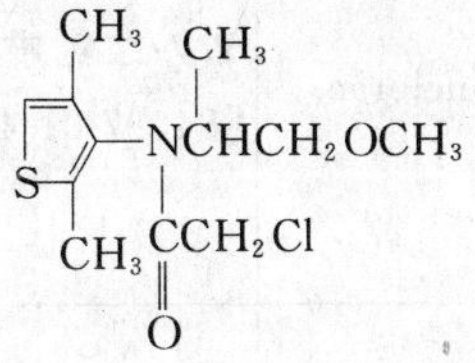 CH_3 CH_3 $NCHCH_2OCH_3$ S CH_3 CCH_2Cl O
	二甲吩草胺-P	dimethenamid-P	S-N-(2,4-二甲基噻吩-3-基)-N-((1-甲基-2-甲氧基)乙基)-氯乙酰胺	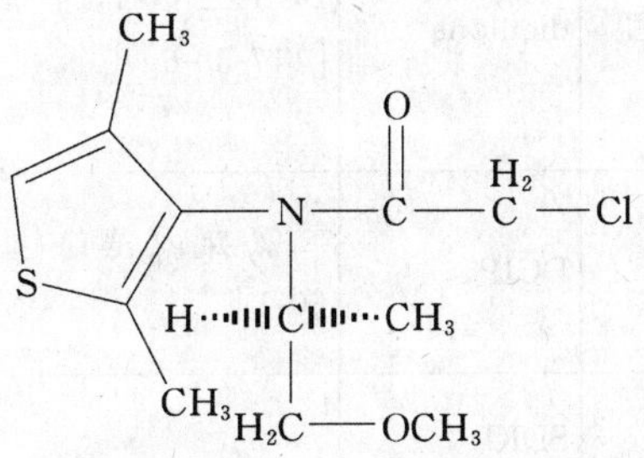 CH_3 O H_2 N—C—C—Cl S H‥‥C‥‥CH_3 CH_3 H_2C—OCH_3
320	二甲呋酰胺	furcarbanil	2,5-二甲基呋喃-3-甲酰苯胺[28562-70-1]	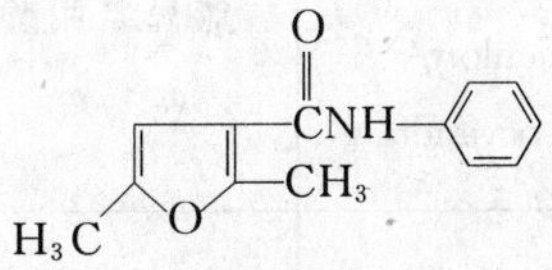 O CNH— CH_3 H_3C O
321	二甲基二硫醚	dithioether	二甲基二硫化物	$CH_3{-}S{-}S{-}CH_3$
322	二甲嘧酚	dimethirimol	5-丁基-2-二甲基氨基-4-羟基-6-甲基嘧啶[5221-53-4]	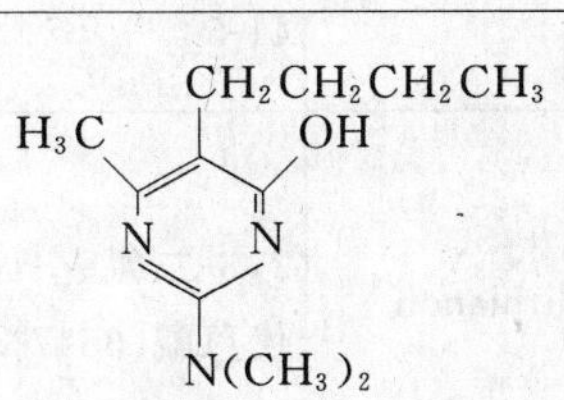 $CH_2CH_2CH_2CH_3$ H_3C OH N N $N(CH_3)_2$
323	二甲戊灵	pendimethalin	N-(乙基丙基)-3,4-二甲基-2,6-二硝基苯胺[40487-42-1]	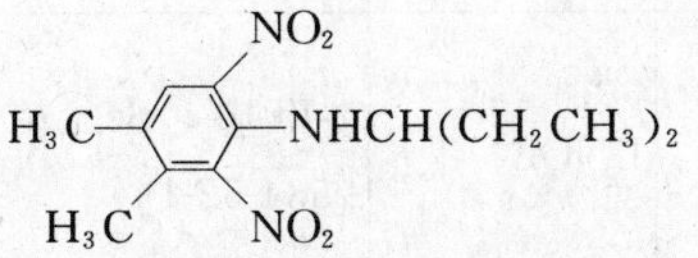 NO_2 H_3C —$NHCH(CH_2CH_3)_2$ H_3C NO_2

表(续)

序号	中文通用名称	英文名称[a]	化学名称及CAS登录号[b]	结构式
324	二硫氰基甲烷	methylrne dithiocyanate	双异硫氰酸甲酯	NCS—CH_2—SCN
325	二氯吡啶酸	clopyralid[d]	3,6-二氯吡啶-2-羧酸[1702-17-6]	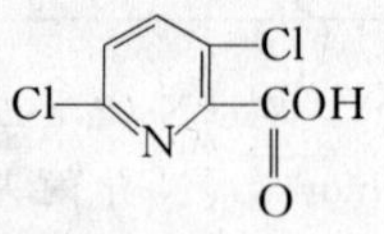
326	二氯己酰草胺	erlujixiancaoan[q]	N-(3,4-二氯苯基)-2-甲基戊酰胺[2533-89-3]	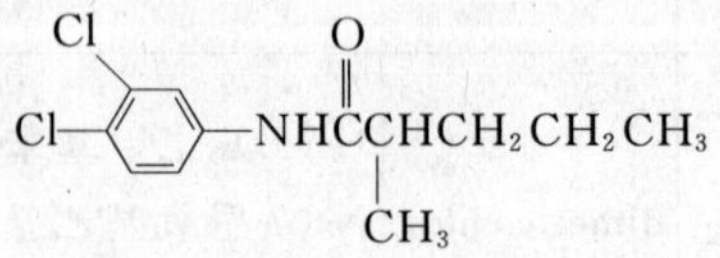
327	二氯喹啉酸	quinclorac	3,7-二氯喹啉-8-羧酸[84087-01-4]	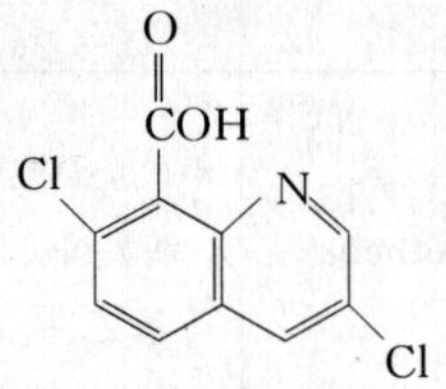
328	二氯萘醌	dichlone	2,3-二氯-1,4-萘醌[117-80-6]	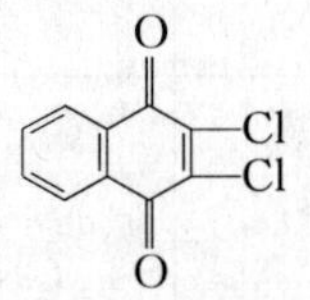
329	二氯异丙醚	DCIP[e]	二氯异丙基醚[108-60-1]	$ClCH_2CH(CH_3)OCH(CH_3)CH_2Cl$
330	二氯异氰尿酸钠	SDIC (sodium dichloroisocvanurate)	二氯异氰尿酸钠	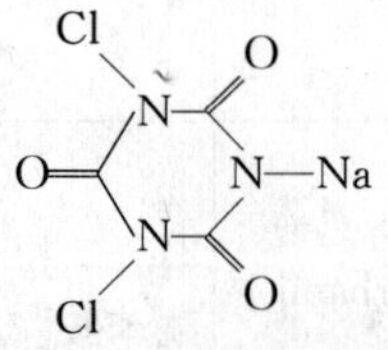
331	二嗪磷	diazinon	O,O-二乙基-O-(2-异丙基-6-甲基嘧啶-4-基)硫代磷酸酯[333-41-5]	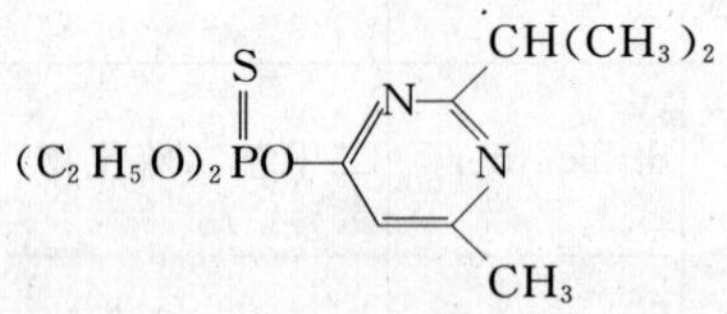
332	二氰蒽醌	dithianon	2,3-二氰基-1,4-二硫代蒽醌[3347-22-6]	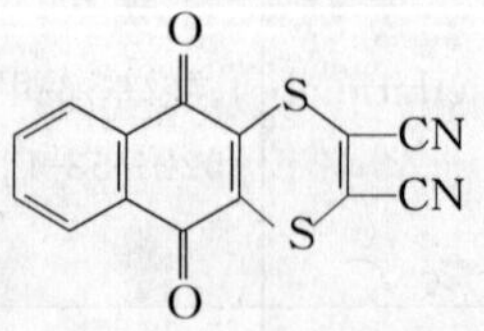
333	二硝酚	DNOC	2-甲基-4,6-二硝基酚[534-52-1]	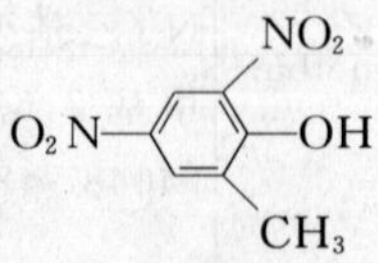

表（续）

序号	中文通用名称	英文名称[a]	化学名称及 CAS 登录号[b]	结构式
334	二溴磷	naled	O,O-二甲基-O-(1,2-二溴-2,2-二氯乙基)磷酸酯[300-76-5]	$(CH_3O)_2P(=O)OCHBrCBrCl_2$
335	二溴氯丙烷	dibromochloropropane	1,2-二溴-3-氯丙烷[96-12-8]	$CH_2BrCHBrCH_2Cl$
336	二氧威	dioxacarb	2-(1,3-二氧戊环-2-基)苯基-N-甲基氨基甲酸酯[6988-21-2]	$OC(=O)NHCH_3$
F				
337	发硫磷	prothoate	O,O-二乙基-S-(异丙基氨基甲酰甲基)二硫代磷酸酯[2275-18-5]	$(C_2H_5O)_2P(=S)SCH_2C(=O)NHCH(CH_3)_2$
338	伐虫脒	formetanate	3-二甲基氨基亚甲基亚氨基苯基-N-甲基氨基甲酸酯（或其盐酸盐）[22259-30-9]（盐酸盐为 23422-53-9]	$CH_3NHC(=O)O-C_6H_4-N=CHN(CH_3)_2$ (· HCl)
339	伐灭磷	famphur[g]	O,O-二甲基-O-(4-二甲氨基磺酰基苯基)硫代磷酸酯[52-85-7]	$(CH_3O)_2P(=S)O-C_6H_4-S(=O)_2N(CH_3)_2$
340	放射土壤杆菌	*Agrobacterium radibacter*		
341	放线菌酮	cycloheximide	3-[2-(3,5-二甲基-2-氧代环己基)-2-羟基乙基]戊二酰胺[66-81-9]	HN, O, O, CH_2, C, H, OH, O, CH_3, CH_3
342	非草隆	fenuron	1,1-二甲基-3-苯基脲[101-42-8]	$C_6H_5-NHC(=O)N(CH_3)_2$
343	芬硫磷	phenkapton	O,O-二乙基-S-(2,5-二氯苯硫基甲基)二硫代磷酸酯[2275-14-1]	$(C_2H_5O)_2P(=S)SCH_2S-C_6H_3Cl_2$ (Cl, Cl)

表（续）

序号	中文通用名称	英文名称[a]	化学名称及 CAS 登录号[b]	结 构 式
344	芬螨酯	fenson	苯磺酸 4-氯苯酯[80-38-6]	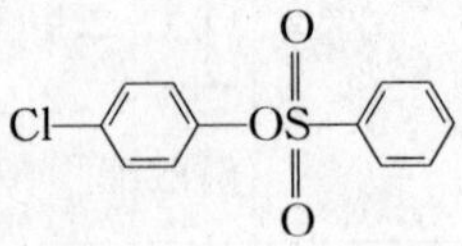
345	酚菌酮	fenjuntong[q]	1-邻羟基苯基丁酮	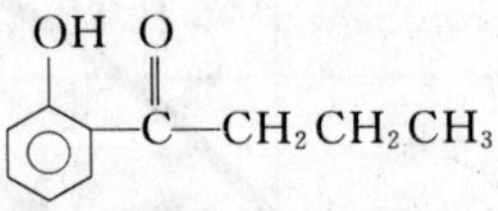
346	粉唑醇	flutriafol[d]	α-(2-氟苯基)-α-(4-氟苯基)-1H-1,2,4-三唑-1-乙醇[76674-21-0]	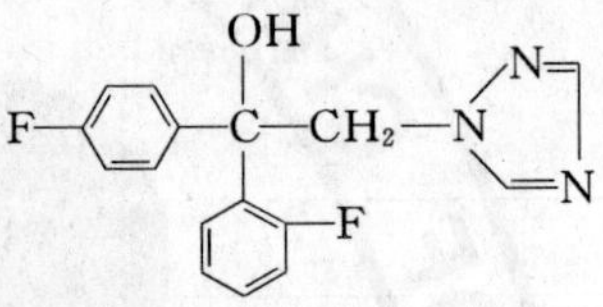
347	丰索磷	fensulfothion	O,O-二乙基-O-(4-甲基亚磺酰基苯基)硫代磷酸酯[115-90-2]	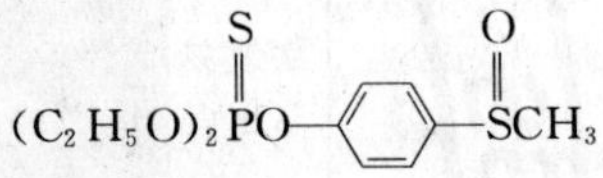
348	砜拌磷	oxydisulfoton	O,O-二乙基-S-(2-乙基亚磺酰基乙基)二硫代磷酸酯[2497-07-6]	
349	砜嘧磺隆	rimsulfuron	3-(4,6-二甲氧基嘧啶-2-基)-3-(3-乙基磺酰基吡啶-2-基)磺酰脲[122931-48-0]	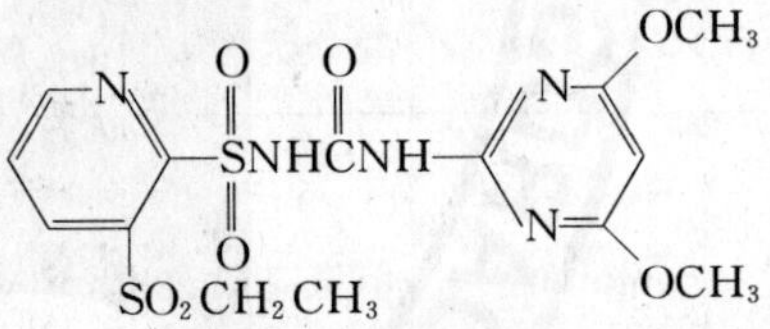
350	砜吸磷	demeton-S-methylsulphone	O,O-二甲基-S-(2-乙基磺酰乙基)硫代磷酸酯[17040-19-6]	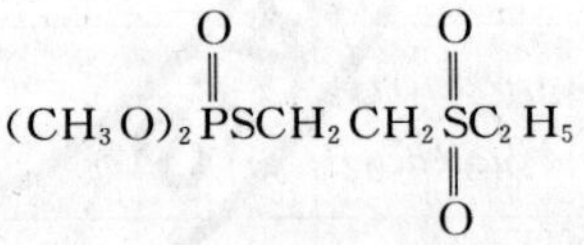
351	呋苯硫脲	fuphen-thiourae	N-(5-邻氯苯基-2-呋喃甲酰基)-(邻硝基苯甲酰胺基)硫脲	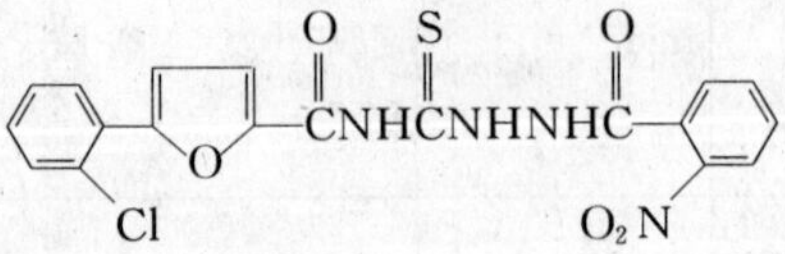
352	呋草黄	benfuresate[d]	2,3-二氢-3,3-二甲基苯并呋喃-5-基乙基磺酸酯[68505-69-1]	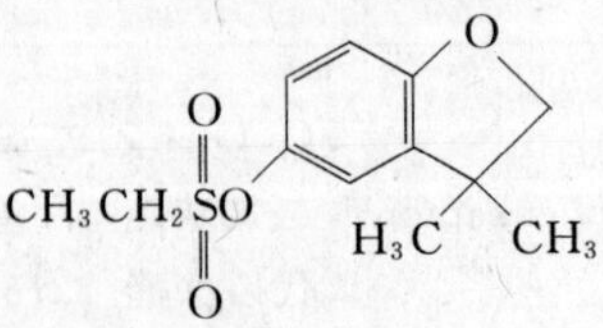

表（续）

序号	中文通用名称	英文名称[a]	化学名称及CAS登录号[b]	结构式
353	呋草酮	flurtamone[d]	(RS)-5-甲基氨基-2-苯基-4-(3-三氟甲基苯基)呋喃-3(2H)-酮[96525-23-4]	
354	呋菌胺	methfuroxam[d]	2,4,5-三甲基-3-呋喃基甲酰苯胺[28730-17-8]	
355	呋菌唑	furconazole[d]	5-(2,4-二氯苯基)-5-(1H-1,2,4-三唑-1-基甲基)-2-四氢呋喃基-2,2,2-三氟乙基醚[112839-33-5]	
356	呋醚唑	furconazole-cis[d]	(2RS,5RS)-5-(2,4-二氯苯基)-5-(1H-1,2,4-三唑-1-基甲基)-2-四氢呋喃基-2,2,2-三氟乙基醚[112839-32-4]	
357	呋嘧醇	flurprimidol[d]	(RS)-1-嘧啶-5-基-1-(4-三氟甲氧基苯基)异丁醇[56425-91-3]	
358	呋喃虫酰肼	furan tebufeno zide	1-(2,7-二甲基-2,3-二氢苯并呋喃-6-)酰基-2-(3,5-二甲基苯-1-)酰基-2-特丁基肼	

表（续）

序号	中文通用名称	英文名称[a]	化学名称及CAS登录号[b]	结构式
359	呋霜灵	furalaxyl	N-(2-呋喃基甲酰基)-N-(2,6-二甲基苯基)-DL-α-氨基丙酸甲酯[57646-30-7]	
360	呋酰胺	ofurace	N-(2,6-二甲基苯基)-N-(四氢-2-氧代-3-呋喃基)-2-氯乙酰胺[58810-48-3]	
361	呋线威	furathiocarb[d]	2,3-二氢-2,2-二甲基苯并呋喃-7-基 N,N′-二甲基-N,N′-硫代二氨基甲酸丁酯[65907-30-4]	
362	呋氧草醚	furyloxyfen[d]	(RS)-5-(2-氯-4-三氟甲基苯氧基)-2-硝基苯基四氢-3-呋喃基醚[80020-41-3]	
363	伏杀硫磷	phosalone	O,O-二乙基-S-(6-氯-2-氧代苯并噁唑啉-3-基甲基)二硫代磷酸酯[2310-17-0]	
364	氟胺草唑	flupoxam[d]	1-[4-氯-3-(2,2,3,3,3-五氟丙氧基甲基)苯基]-3-氨基甲酰基-5-苯基-1H-1,2,4-三唑[119126-15-7]	
365	氟胺磺隆	triflusulfuron-methyl triflusulfuron (acid)	3-[4-二甲基氨基-6-(2,2,2-三氟乙氧基)-1,3,5-三嗪-2-基]-1-(2-甲氧基甲酰基-6-甲基苯基)磺酰脲[126535-15-7],[135990-29-3](酸)	

表(续)

序号	中文通用名称	英文名称[a]	化学名称及 CAS 登录号[b]	结构式
366	氟胺氰菊酯	tau-fluvalinate[d]	(RS)-α-氰基-3-苯氧基苄基-N-(2-氯-4-三氟甲基苯基)-D-氨基异戊酸酯[102851-06-9]	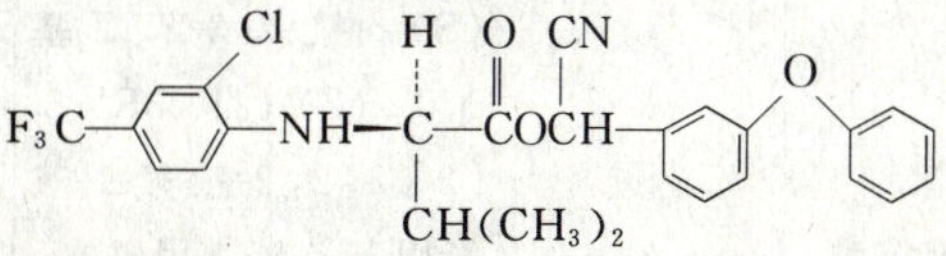
367	氟苯虫酰胺	flubendiamide	N-(2-甲磺酰基-2,2-二甲基)丙基-N′-{2-甲基-4-七氟异丙基}苯基-3-碘代邻苯二甲酸酰胺	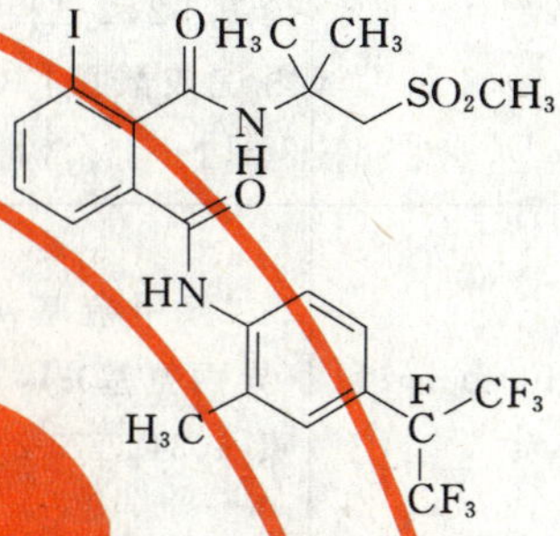
368	氟苯嘧啶醇	nuarimol	2-氯苯基-4-氟苯基-α-嘧啶-5-基甲醇[63284-71-9]	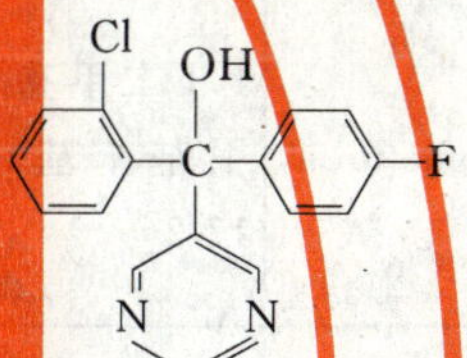
369	氟苯脲	teflubenzuron[d]	1-(3,5-二氯-2,4-二氟苯基)-3-(2,6-二氟苯甲酰基)脲[83121-18-0]	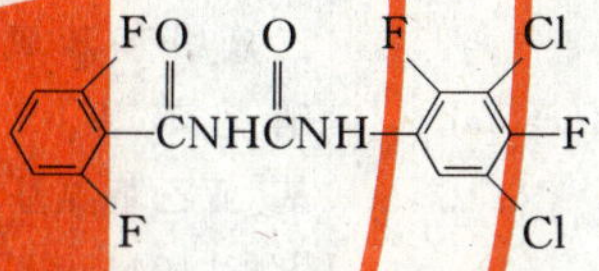
370	氟吡禾灵 氟吡甲禾灵 氟吡乙禾灵	haloxyfop haloxyfop-methyl haloxyfop-etotyl[d]	(RS)-2-[4-(3-氯-5-三氟甲基-2-吡啶氧基)苯氧基]丙酸[69806-34-4],[69806-40-2](甲酯),[87237-48-7](乙氧基乙酯)	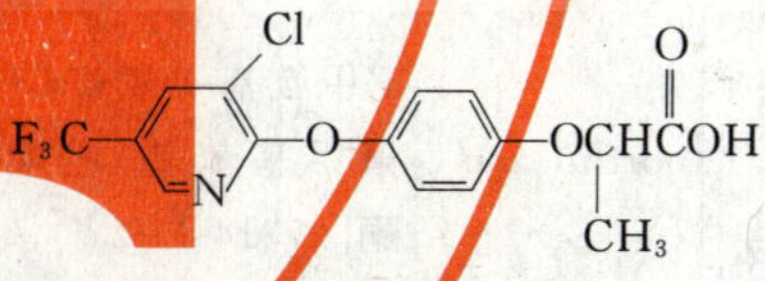 (或 CH_3、$C_2H_5OCH_2CH_2$)
	高效氟吡甲禾灵	haloxyfop-P-methyl	2-(4-(3-氯-5-三氟甲基)-2-吡啶氧基)苯氧基)丙酸甲酯	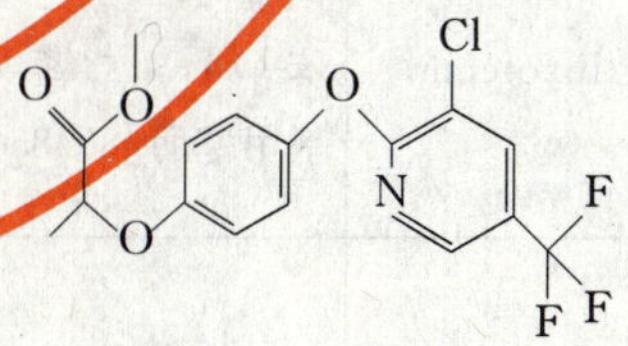
371	氟吡菌胺	fluopicolide	N-[(3-氯-5-三氟甲基-2-吡啶基)甲基]-2,6-二氯苯甲酰胺	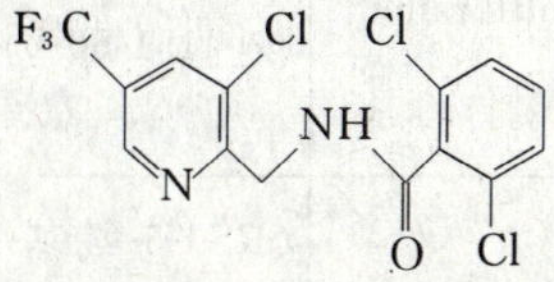
372	氟吡菌酰胺	fluopyram	N-{2-[3-氯-5-(三氟甲基)-2-吡啶基]乙基}-α,α,α-三氟-o-甲苯酰胺	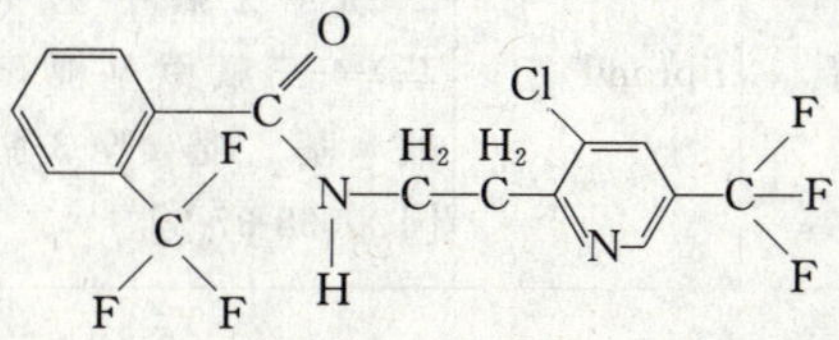

表(续)

序号	中文通用名称	英文名称[a]	化学名称及 CAS 登录号[b]	结构式
373	氟丙菊酯	acrinathrin[d]	(S)-α-氰基-3-苯氧基苄基-(Z)-(1R,3R)-3-[2-(2,2,2-三氟-1-三氟甲基乙氧基甲酰)乙烯基]-2,2-二甲基环丙烷羧酸酯[101007-06-1]	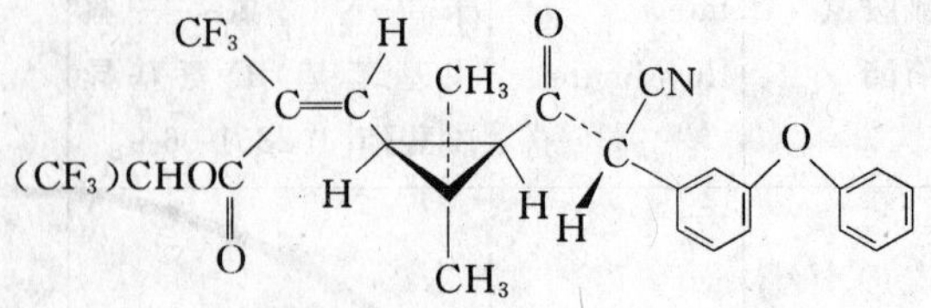
374	氟草净	fucaojing[q]	2-二氟甲硫基-4,6-双(异丙氨基)-1,3,5-三嗪[103427-73-2]	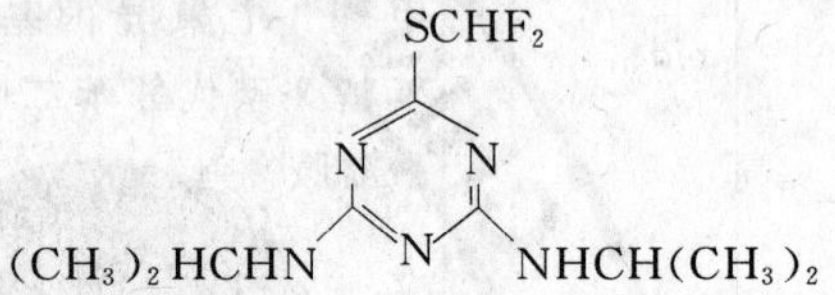
375	氟草隆	fluometuron	1,1-二甲基-3-(3-三氟甲基苯基)脲[2164-17-2]	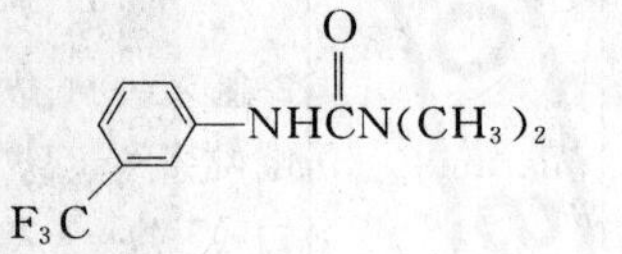
376	氟草醚	fucaomi[q]	(Z,E)-1-[5-(2-氯-4-三氟甲基苯氧基)-2-硝基苯基]-2-[甲氧基]亚乙基氨基氧乙酸甲酯[104459-82-7]	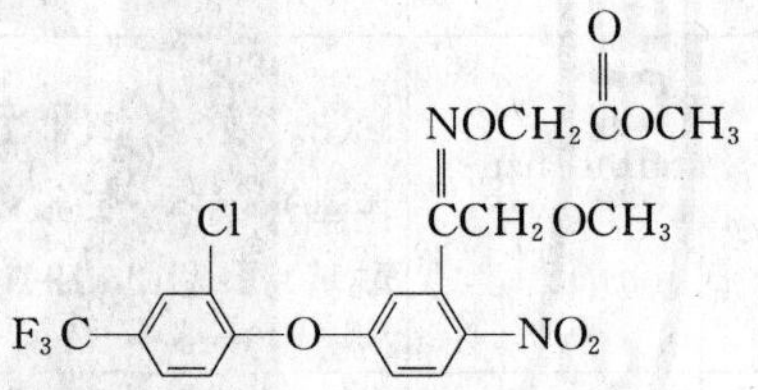
377	氟草敏	norflurazon	5-甲氨基-4-氯-2-(3-三氟甲基苯基)哒嗪-3-酮[27314-13-2]	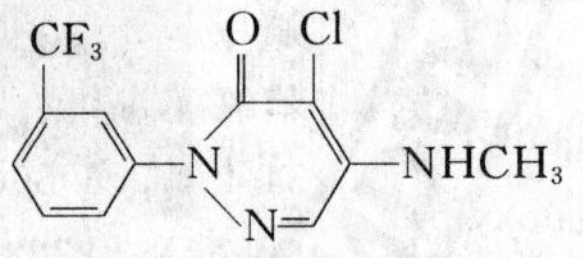
378	氟草肟	fluxofenim[d]	4'-氯-2,2,2-三氟乙酰苯-O-1,3-二氧戊环-2-基甲基肟[88485-37-4]	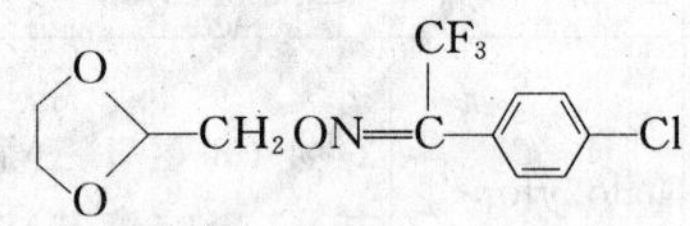
379	氟虫胺	sulfluramid[d]	N-乙基全氟辛烷磺酰胺[4151-50-2]	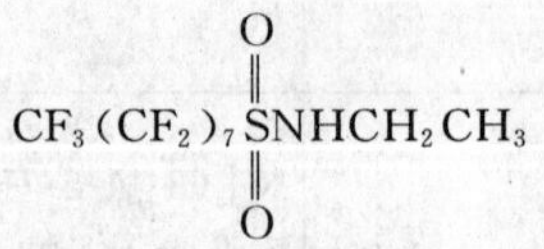
380	氟虫腈	fipronil	(RS)-5-氨基-1-(2,6-二氯-4-三氟甲基苯基)-4-三氟甲基亚磺酰基吡唑-3-腈[120068-37-3]	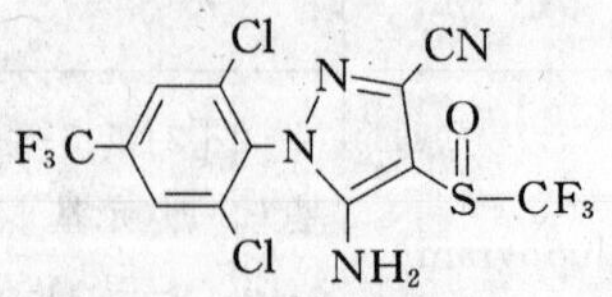

表（续）

序号	中文通用名称	英文名称[a]	化学名称及 CAS 登录号[b]	结构式
381	氟虫脲	flufenoxuron[d]	1-[2-氟-4-(2-氯-4-三氟甲基苯氧基)苯基]-3-(2,6-二氟苯甲酰基)脲[101463-69-8]	
382	氟除草醚	fluoronitrofen	2,4-二氯-6-氟苯基-4′-硝基苯基醚[13738-63-1]	
383	氟啶胺	fluazinam[d]	N-(3-氯-5-三氟甲基-2-吡啶基)-3-氯-4-三氟甲基-2,6-二硝基苯胺[79622-59-6]	
384	氟啶草酮	fluridone	1-甲基-3-苯基-5-(3-三氟甲基苯基)-4-吡啶酮[59756-60-4]	
385	氟啶脲	chlorfluazuron[d]	1-[3,5-二氯-4-(3-氯-5-三氟甲基-2-吡啶氧基)苯基]-3-(2,6-二氟苯甲酰基)脲[71422-67-8]	
386	氟硅菊酯	salifluofen	(4-乙氧基苯基)[3-(4-氟-3-苯氧基苯基)丙基](二甲基)硅烷[105024-66-6]	
387	氟硅酸钠	sodium fluosilicate	氟硅酸钠[16893-85-9]	Na_2SiF_6
388	氟硅唑	flusilazole[d]	双(4-氟苯基)-(1H-1,2,4-三唑-1-基甲基)甲硅烷[85509-19-9]	

表(续)

序号	中文通用名称	英文名称[a]	化学名称及 CAS 登录号[b]	结构式
389	氟环脲	flucycloxuron[d]	1-[α-(α-环丙基-4-氯亚苄基氨基氧)-4-甲基苯基]-3-(2,6-二氟苯甲酰基)脲[比例为 50%～80%(E)-和 50%～20%(Z)-异构体][94050-52-9][(E)-异构体][94050-53-0][(Z)-异构体]	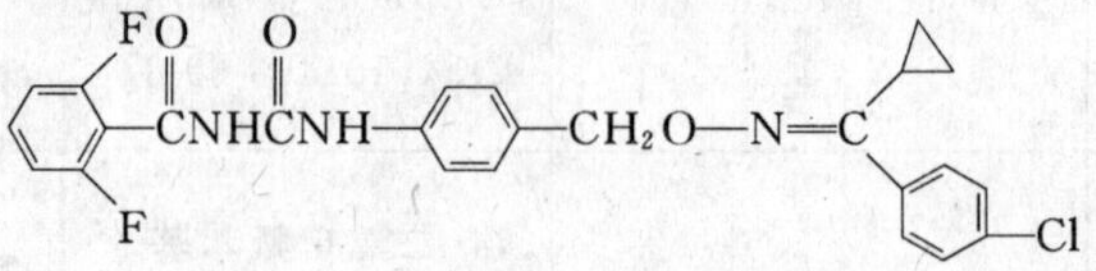
390	氟环唑	epoxiconazole	(2RS,3SR)-1-[3-(2-氯苯基)-2,3-氧桥-2-(4-氟苯基)丙基]-1H-1,2,4-三唑[106325-08-0]	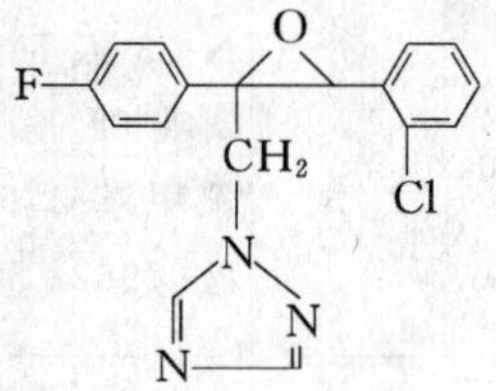
391	氟磺胺草醚	fomesafen	2-氯-4-三氟甲基苯基-3′-甲磺酰基氨基甲酰基-4′-硝基苯基醚[72178-02-0]	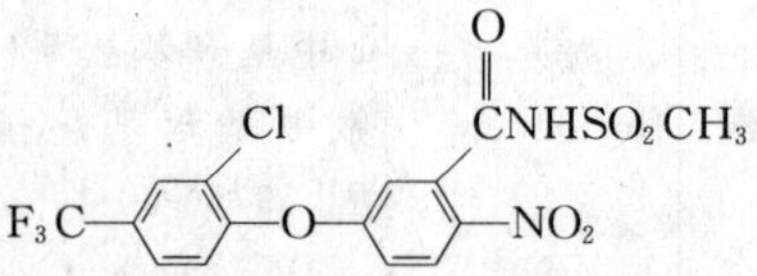
392	氟磺隆	prosulfuron	3-(4-甲氧基-6-甲基-1,3,5-三嗪-2-基)-1-[2-(2-三氟甲基乙基)苯基]磺酰脲[94125-34-5]	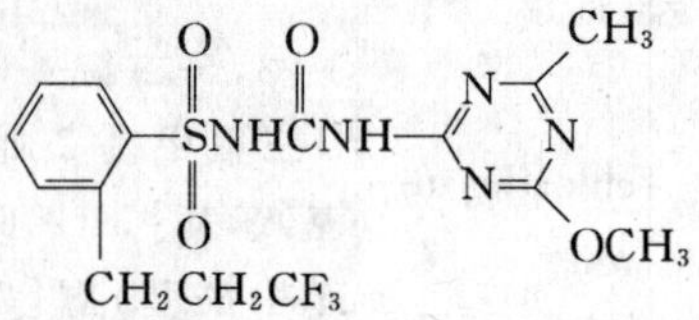
393	氟磺酰胺	flursulamid	N-正丁基全氟辛烷磺酰胺	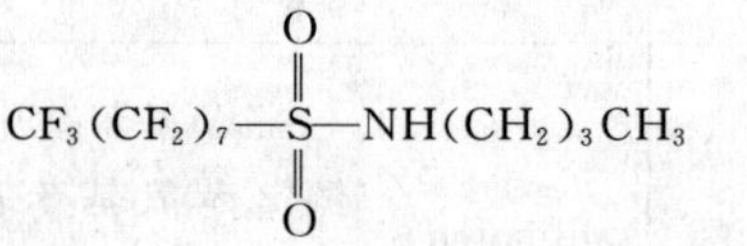
394	氟磺酰草胺	mefluidide	N-[2,4-二甲基-5-(三氟甲基磺酰氨基)苯基]乙酰胺[53780-34-0]	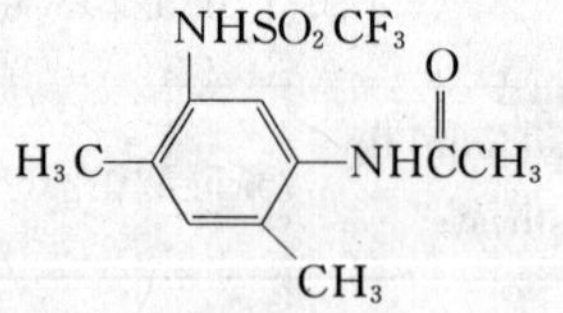
395	氟磺唑草胺	fuhuangzuocaoan[q]	2′,4′-二氯-5′-(4-二氟甲基-4,5-二氢-3-甲基-5-氧-1氢-1,2,4-三唑-1-基)甲磺胺	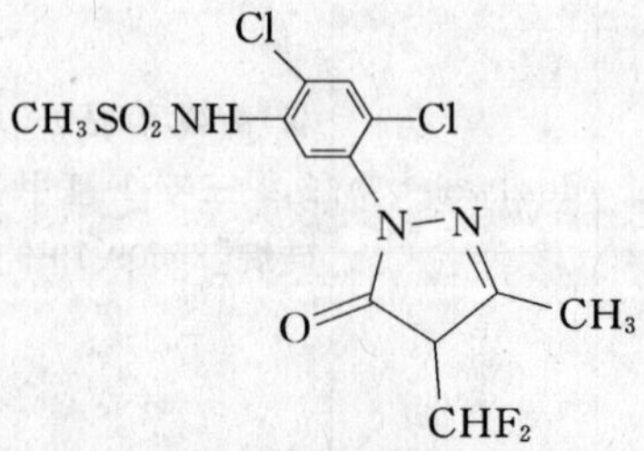

表(续)

序号	中文通用名称	英文名称[a]	化学名称及CAS登录号[b]	结构式
396	氟节胺	flumetralin[d]	N-(2-氯-6-氟苄基)-N-乙基-4-三氟甲基-2,6-二硝基苯胺[62924-70-3]	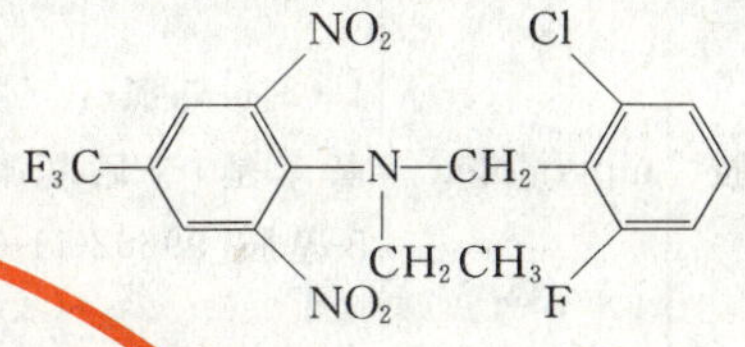
397	氟菌唑	triflumizole[d]	(E)-N-(1-咪唑-1-基-2-丙氧亚乙基)-4-氯-2-三氟甲基苯胺[68694-11-1],[99387-89-0](为(E)-异构体)	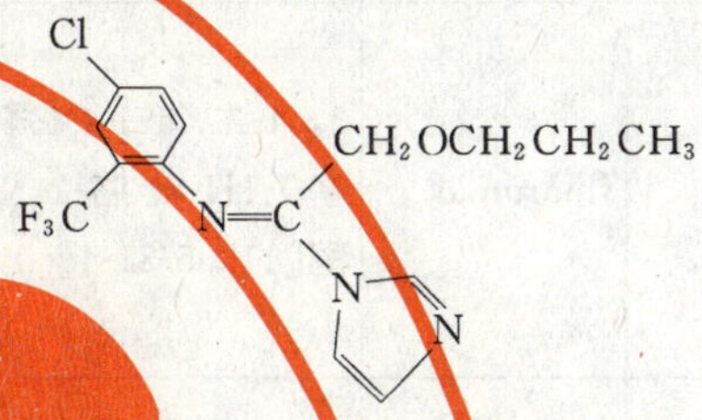
398	氟喹唑	fluquinconazole[d]	3-(2,4-二氯苯基)-6-氟-2-(1H-1,2,4-三唑-1-基)喹唑啉-4(3H)-酮[136426-54-5]	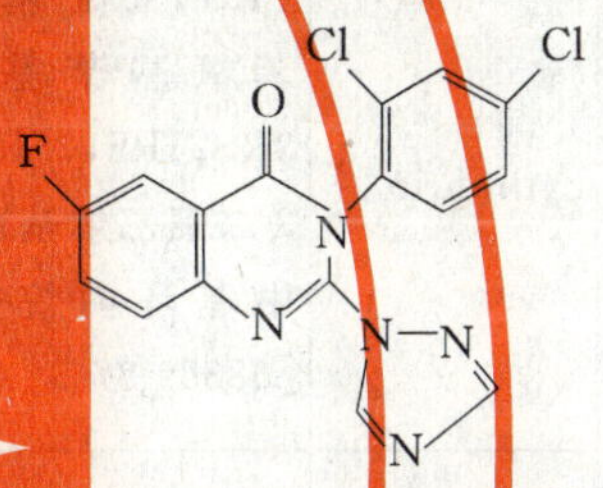
399	氟乐灵	trifluralin	N,N-二丙基-4-三氟甲基-2,6-二硝基苯胺[1582-09-8]	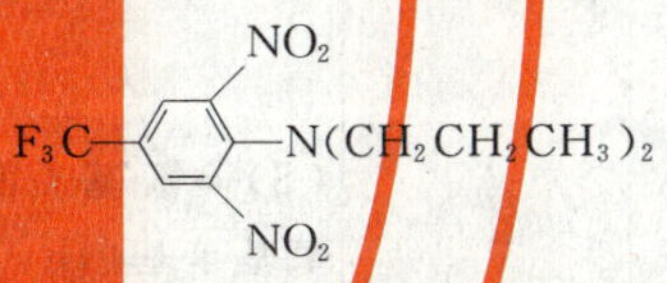
400	氟铃脲	hexaflumuron[d]	1-[3,5-二氯-4-(1,1,2,2-四氟乙氧基)苯基]-3-(2,6-二氟苯甲酰基)脲[86479-06-3]	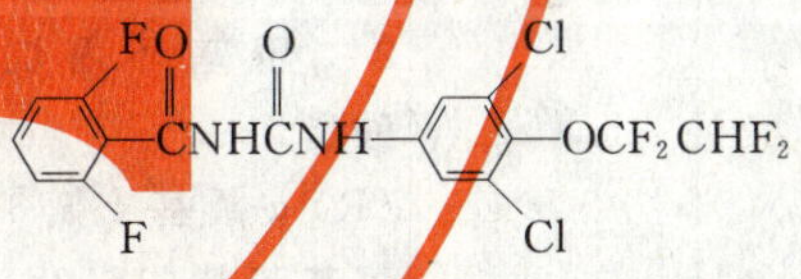
401	氟硫草定	dithiopyr[d]	2-二氟甲基-4-异丁基-6-三氟甲基-3,5-[二(甲硫基甲酰基)]吡啶[97886-45-8]	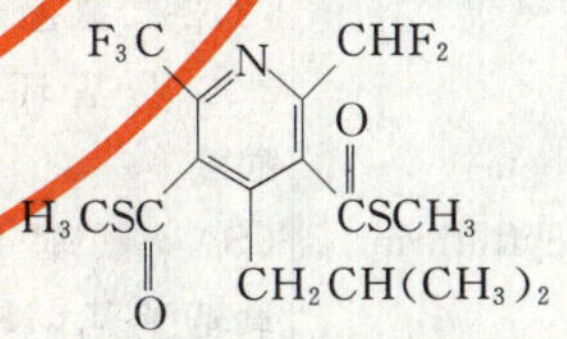
402	氟咯草酮	fluorochloridone[d]	(3RS,4RS;3RS,4SR)-3-氯-4-氯甲基-1-(3-三氟甲基苯基)-2-吡咯烷酮(比例为3:1)[61213-25-0]	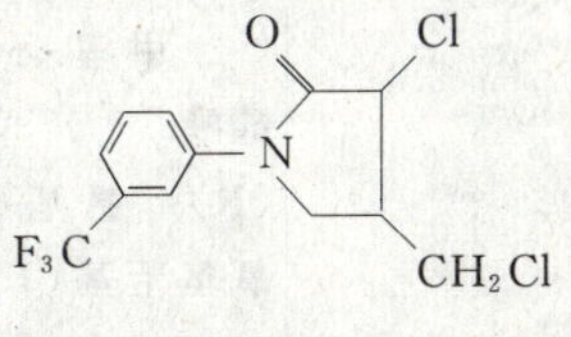
403	氟氯苯菊酯	flumethrin[l]	α-氰基-4-氟-3-苯氧基苄基 3-[2-氯-2-(4-氯苯基)乙烯基]-2,2-二甲基环丙烷羧酸酯[69770-45-2]	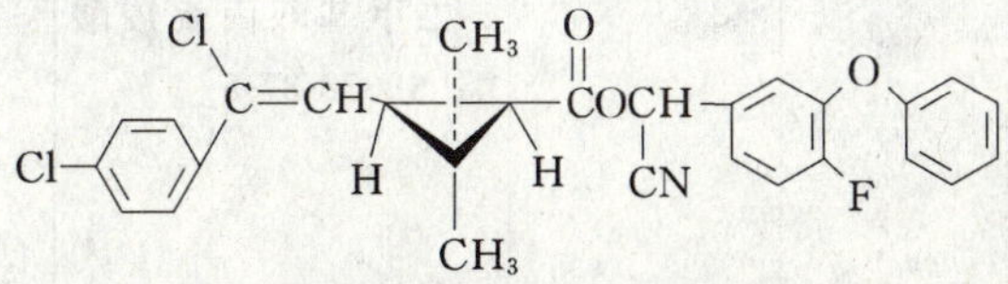

表(续)

序号	中文通用名称	英文名称[a]	化学名称及 CAS 登录号[b]	结构式
404	氟氯草胺	nipyralofen[d]	1-(2,6-二氯-4-三氟甲基苯基)-4-硝基吡唑-5-基胺[99662-11-0]	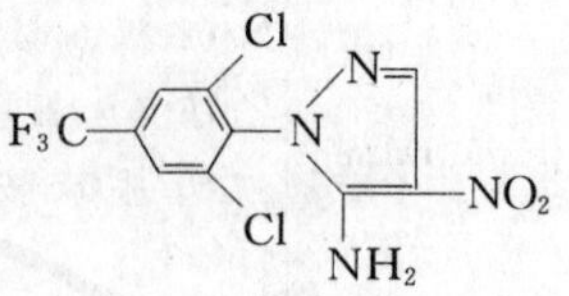
405	氟氯菌核利	fluoromid[e]	3,4-二氯-1-(4-氟苯基)-1H-吡咯-2,5-二酮[41205-21-4]	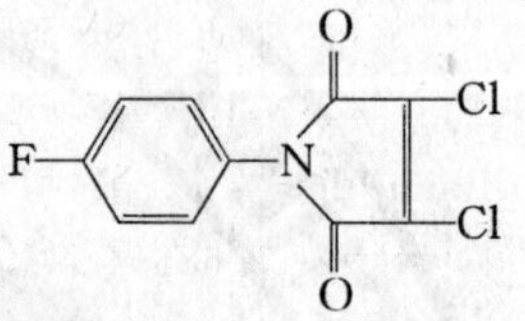
406	氟氯氰菊酯	cyfluthrin	(RS)-α-氰基-4-氟-3-苯氧基苄基(1RS,3RS;1RS,3SR)-3-(2,2-二氯乙烯基)-2,2-二甲基环丙烷羧酸酯[68359-37-5]	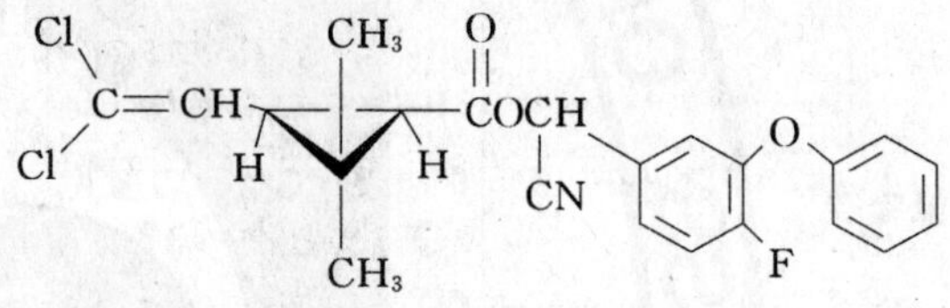
	高效氟氯氰菊酯	beta-cyfluthrin	(S)-α-氰基-4-氟-3-苯氧基苄基(1R,3R)-3-(2,2-二氯乙烯基)-2,2-二甲基环丙烷羧酸酯 (R)-α-氰基-4-氟-3-苯氧基苄基(1S,3S)-3-(2,2-二氯乙烯基)-2,2-二甲基环丙烷羧酸酯 (S)-α-氰基-4-氟-3-苯氧基苄基(1R,3S)-3-(2,2-二氯乙烯基)-2,2-二甲基环丙烷羧酸酯 (R)-α-氰基-4-氟-3-苯氧基苄基(1S,3R)-3-(2,2-二氯乙烯基)-2,2-二甲基环丙烷羧酸酯[68358-37-5]	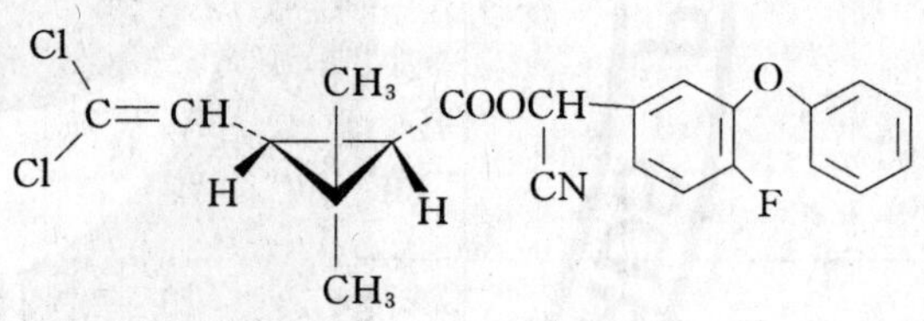 (S)(1R,3R)-异构体 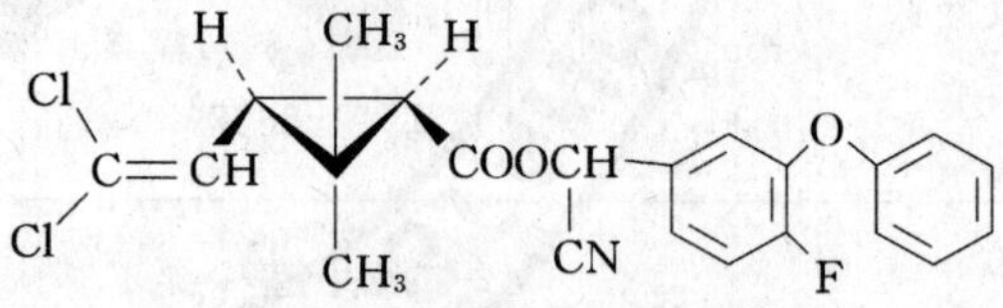 (R)(1S,3S)-异构体 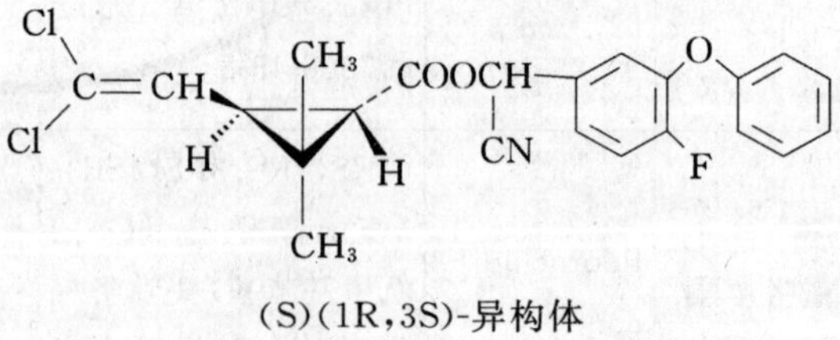 (S)(1R,3S)-异构体 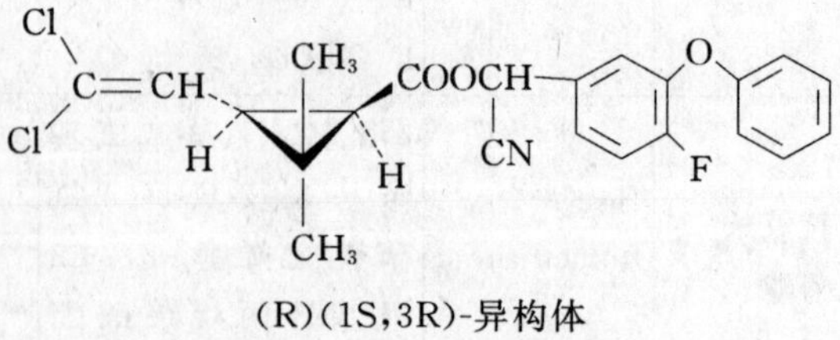 (R)(1S,3R)-异构体

表(续)

序号	中文通用名称	英文名称[a]	化学名称及 CAS 登录号[b]	结构式
407	氟吗啉	flumorph	(E,Z) 4-[3-(4-氟苯基)-3-(3,4-二甲氧基苯基)丙烯酰]吗啉	
408	氟嘧磺隆	primisulfuron-methyl primisulfuron (acid)[d]	3-[4,6-双(二氟甲氧基嘧啶-2-基]-1-(2-甲氧基甲酰基苯基)磺酰脲[86209-51-0],[113036-87-6](酸)	
409	氟萘禾草灵	funaihecaoling[q]	(R)-2-[7-(2-氯-4-三氟甲基苯氧基)萘-2-氧基]丙酸甲酯[103055-25-0]	
410	氟氰戊菊酯	flucythrinate[d]	(RS)-α-氰基-3-苯氧基苄基-(S)-2-(4-二氟甲氧基苯基)-3-甲基丁酸酯[70124-77-5]	
411	氟乳醚	fulumi[q]	O-[2-氯-5-(2-氯-4-三氟甲基苯氧基)苯甲酰基]-L-乳酸乙酯[131086-42-5]	
412	氟鼠啶	flupropadine[d]	4-特丁基-1-[[(3,5-二(三氟甲基)苯基]丙-2-炔基]哌啶[81613-59-4]	

表(续)

序号	中文通用名称	英文名称[a]	化学名称及 CAS 登录号[b]	结构式
413	氟鼠灵	flocoumafen	3-[4-(4'-三氟甲基苄氧基)苯基-1,2,3,4-四氢-1-萘基]-4-羟基香豆素[90035-08-8]	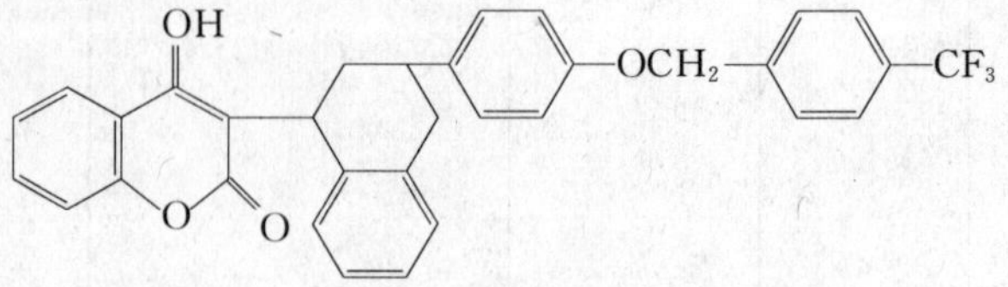
414	氟烯草酸	flumiclorac flumiclorac-pentyl	[2-氯-5-(环己-1-烯-1,2-二甲酰亚氨基)-4-氟苯氧基]乙酸[87547-04-4],[87546-18-7](戊酯)	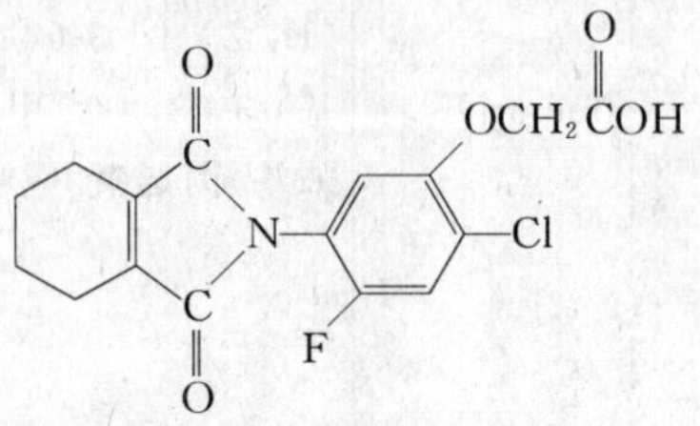
415	氟酰胺	flutolanil[d]	N-(3-异丙氧基苯基)-2-(三氟甲基)苯甲酰胺[66332-96-5]	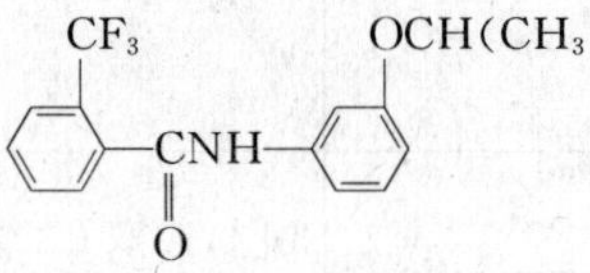
416	氟酰脲	novaluron	(±)-1-[3-氯-4-(1,1,2-三氟-2-三氟甲氧乙氧基)苯基]-3-(2,6-二氟苯酰基)脲	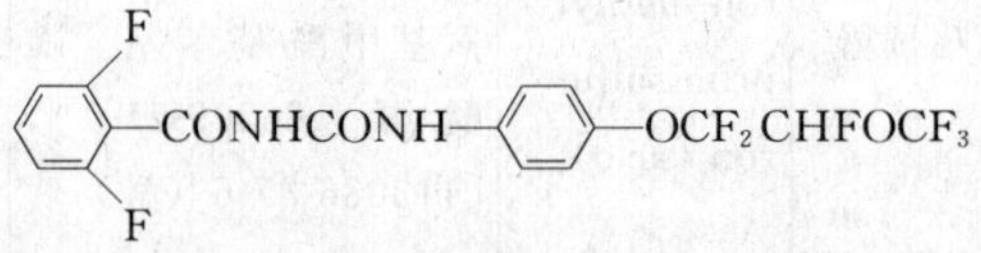
417	氟乙酰胺	fluoroacetamide	氟乙酰胺[640-19-7]	FCH_2CONH_2
418	氟蚁灵	nifluridide[d]	N-[2-氨基-3-硝基-5-(三氟甲基)苯基]-2,2,3,3-四氟丙酰胺[61444-62-0]	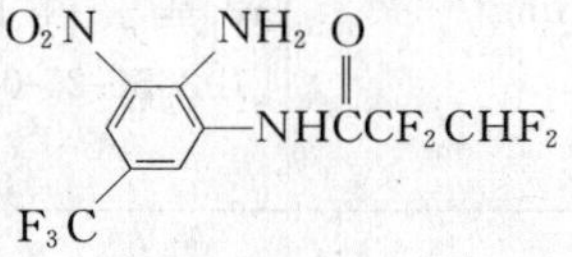
419	氟蚁腙	hydramethylnon[d]	5,5-二甲基全氢亚嘧啶-2-基双(4-三氟甲基苯乙烯基)次甲基连氮[67485-29-4]	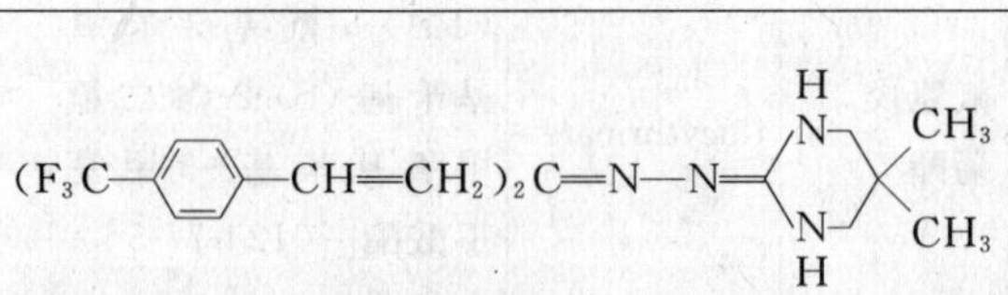
420	氟幼脲	penfluron	1-(4-三氟甲基苯基)-3-(2,6-二氟苯甲酰基)脲[35367-31-8]	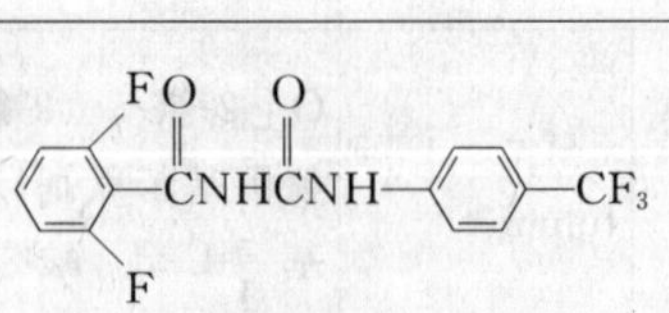
421	氟唑磺隆	flucarbazone-sodium	1H-1,2,4-三唑-1-氨甲酰,4,5-2H-3-甲氧基-4-甲基-5-O-N-[[2-(三氟甲氧)苯]磺酰]钠盐	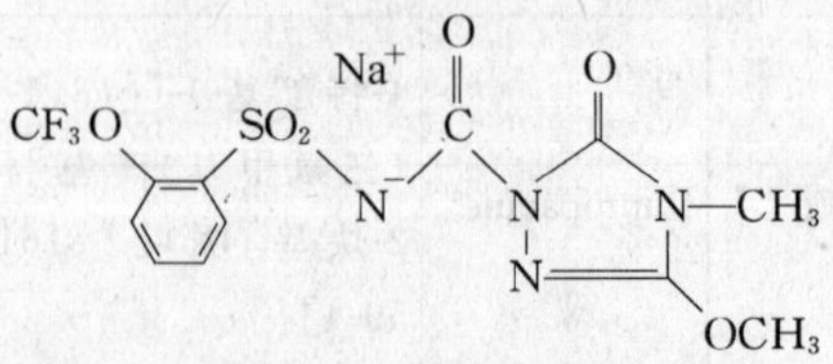

表(续)

序号	中文通用名称	英文名称[a]	化学名称及 CAS 登录号[b]	结构式
422	福美甲胂	urbacide[e]	双(N,N-二甲基二硫代氨基甲酸)甲基胂[2445-07-0]	$[(CH_3)_2NC(=S)S]_2AsCH_3$
423	福美胂	asomate	三(N,N-二甲基二硫代氨基甲酸)砷	$[(CH_3)_2NC(=S)S]_3As$
424	福美双	thiram	双(N,N-二甲基甲硫酰)二硫化物[137-26-8]	$(CH_3)_2NC(=S)SSC(=S)N(CH_3)_2$
425	福美铁	ferbam	N,N-二甲基二硫代氨基甲酸铁[14484-64-1]	$[(CH_3)_2NC(=S)S-]_3Fe$
426	福美锌	ziram	N,N-二甲基二硫代氨基甲酸锌[137-30-4]	$[(CH_3)_2NC(=S)S-]_2Zn$
427	腐霉利	procymidone	N-(3,5-二氯苯基)-1,2-二甲基环丙烷-1,2-二甲酰基亚胺[32809-16-8]	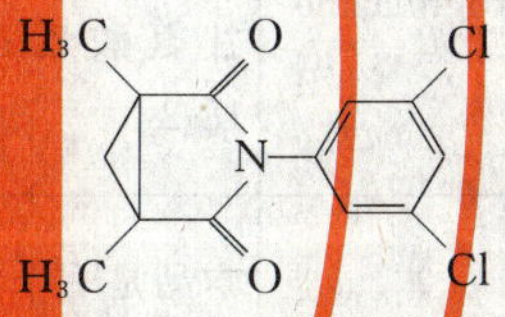
428	腐殖酸	humic acid		
	腐殖酸钠	sodium humic acid		$(RCOOH)_nNa$
	腐殖酸铜	copper humic acid		$(RCOOH)_nCu$
429	复硝酚钠	sodium nitrophenolate	邻硝基苯酚钠(Ⅰ) 对硝基苯酚钠(Ⅱ) 5-硝基邻甲氧基苯酚钠(Ⅲ)	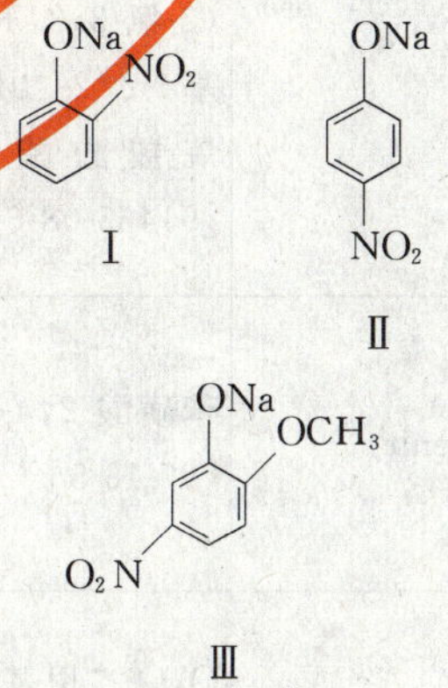 Ⅰ Ⅱ Ⅲ
430	富表甲氨基阿维菌素	*Methylamine avermectin*		

表（续）

序号	中文通用名称	英文名称[a]	化学名称及CAS登录号[b]	结构式
431	富右旋反式炔丙菊酯	rich-d-t-prallethrin	富右旋-2,2-二甲基-3-(2-甲基-1-丙烯基)环丙烷羧酸-2-甲基(2-炔丙基)-4-氧代-环戊-2-烯基酯	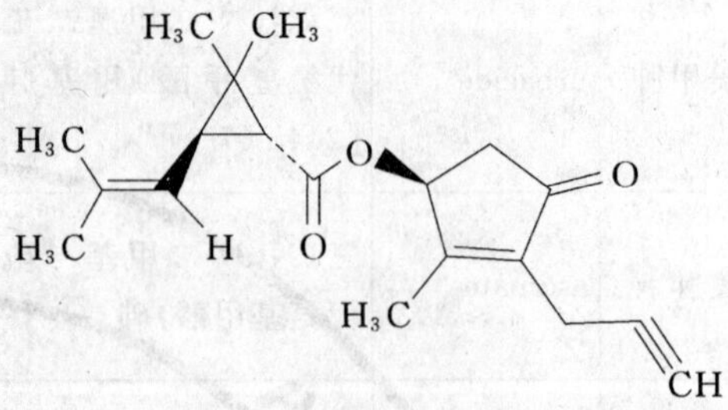
G				
432	甘氨硫磷	phosglycin	O,O-二乙基-N,N-二丙基氨基甲酰甲基-N-乙基硫代磷酰胺[105084-66-0]	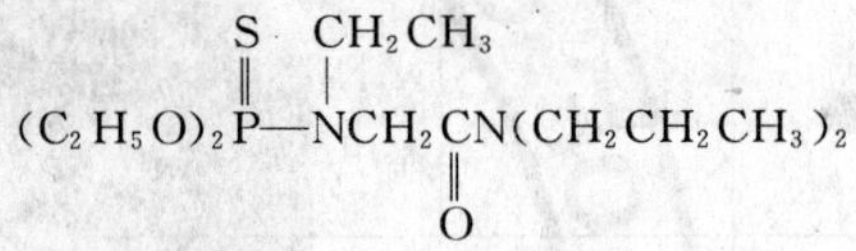 $(C_2H_5O)_2P(S)—N(CH_2CH_3)CH_2C(O)N(CH_2CH_2CH_3)_2$
433	甘扑津	proglinazine	N-(4-氯-6-异丙基氨基-1,3,5-三嗪-2-基)甘氨酸乙酯[68228-18-2]	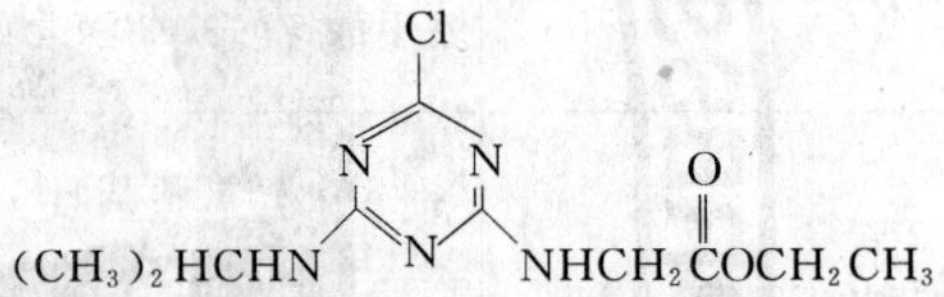
434	高效氯氟氰菊酯	lambda-cyhalothrin	本品是一个混合物,含等量的(S)-α-氰基-3-苯氧基苄基(Z)-(1R,3R)-3-(2-氯-3,3,3-三氟丙烯基)-2,2-二甲基环丙烷羧酸酯和(R)-α-氰基-3-苯氧基苄基(Z)-(1S,3S)-3-(2-氯-3,3,3-三氟丙烯基)-2,2-二甲基环丙烷羧酸酯(1∶1)[91465-08-6]	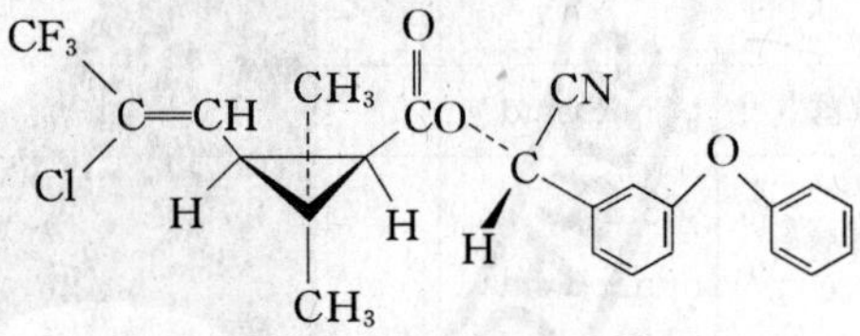 (S)(Z)-(1R,3R)-异构体 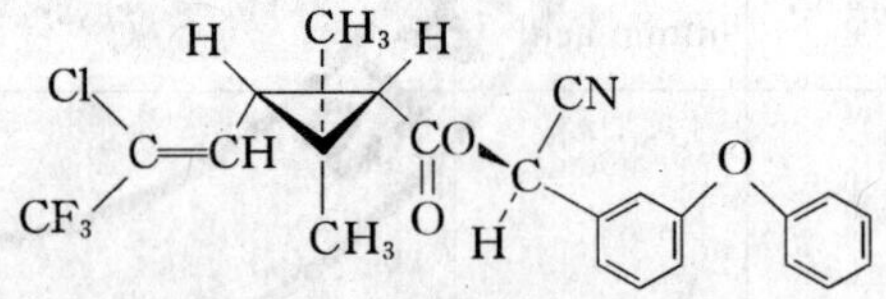 (R)(Z)-(1S,3S)-异构体
435	格螨酯	genit[j]	苯磺酸2,4-二氯苯酯[97-16-5]	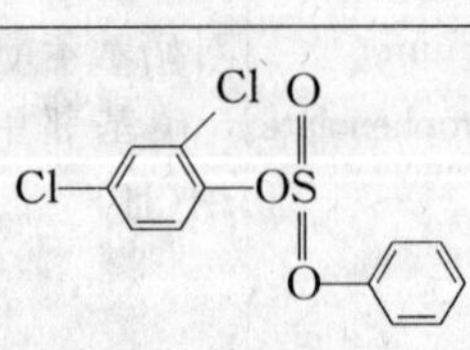
436	庚烯磷	heptenopos	O,O-二甲基-O-7-氯双环[3.2.0]庚-2,6-二烯-6-基磷酸酯[23560-59-0]	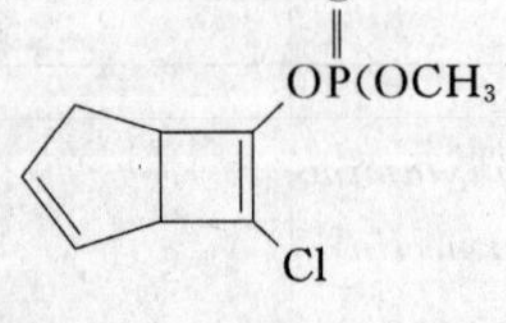

表（续）

序号	中文通用名称	英文名称[a]	化学名称及 CAS 登录号[b]	结构式
437	庚酰草胺	monalide	N-(4-氯苯基)-2,2-二甲基戊酰胺[7287-36-7]	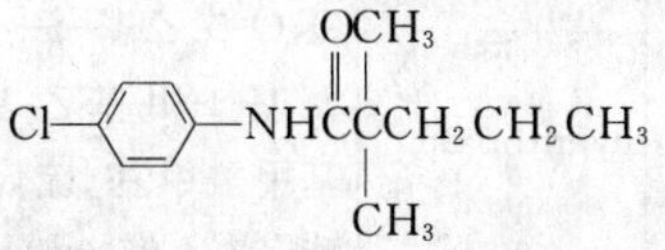 Cl-⟨苯环⟩-NHC(=O)C(CH_3)(CH_3)$CH_2CH_2CH_3$
438	香茹多糖	fungous proteoglycan	菇类蛋白多糖	$(C_6H_{12}O_6)_m \cdot (C_5H_{10}O_5)_n RNH_2$
439	瓜叶菊素Ⅰ	cinerin Ⅰ	(1S)-2-甲基-4-氧代-3-[(Z)-丁烯-2-基]环戊-2-烯基(1R,3R)-2,2-二甲基-3-(2-甲基丙-1-烯基)环丙烷羧酸酯[25402-06-6]	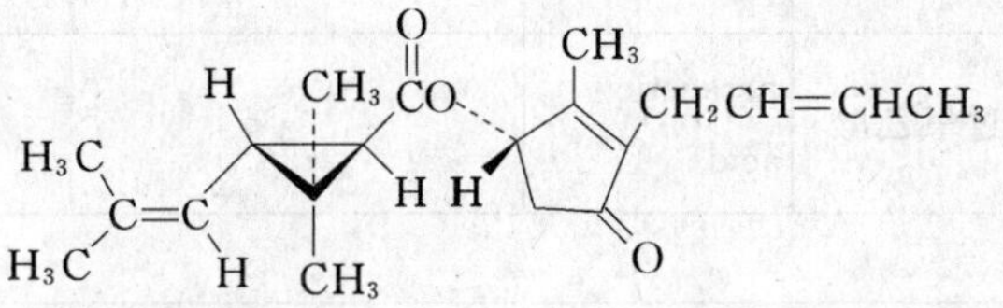
440	瓜叶菊素Ⅱ	cinerin Ⅱ	(1S)-2-甲基-4-氧代-3-[(Z)-丁烯-2-基]环戊-2-烯基(1R,3R)-2,2-二甲基-3-[(E)-2-甲氧基甲酰丙-1-烯基]环丙烷羧酸酯[121-20-0]	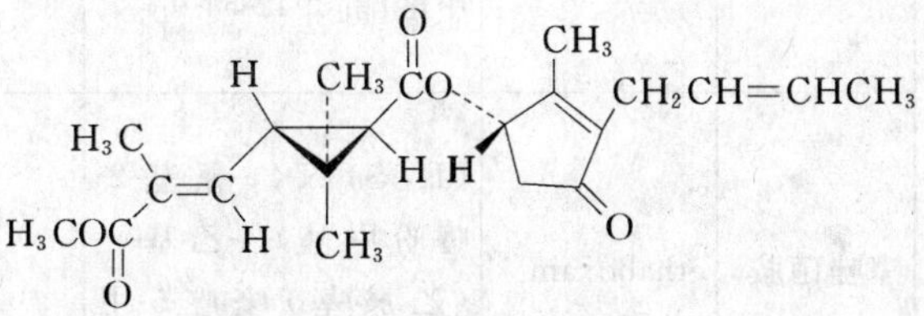
441	硅丰环	silatrane	1-取代-2.8.9-三氧杂-5-氮杂-1-硅三环十一碳烷	
442	硅氟唑	simeconazole	(RS)-2(4-氟苯基)-1-(1氢-1,2,4-三唑-1-基)-3-(三甲基硅烷基)丙-2-醇	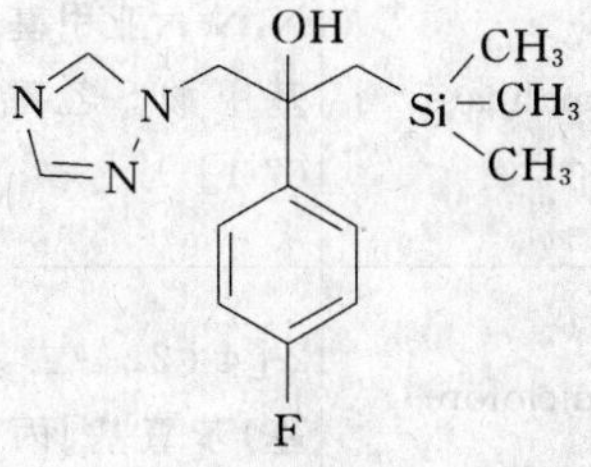
443	硅噻菌胺	silthiophan	N-烯丙基-4,5-二甲基-2-三甲基硅烷-噻酚-3-羧酸酰胺	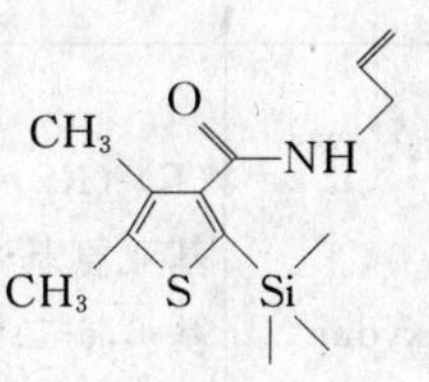
444	硅藻土	silicon dioxide		

表（续）

序号	中文通用名称	英文名称[a]	化学名称及CAS登录号[b]	结构式
445	果虫磷	cyanthoate	O,O-二乙基-S-[N-(1-氰基-1-甲基乙基)氨基甲酰甲基]硫代磷酸酯[3734-95-0]	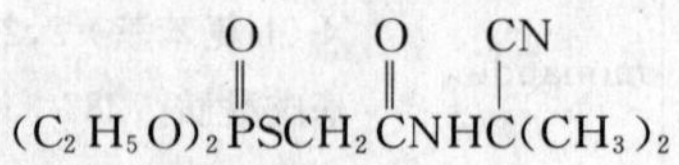 $(C_2H_5O)_2P(=O)SCH_2C(=O)NHC(CN)(CH_3)_2$
446	果绿啶	glyodin	2-十七烷基-2-咪唑啉乙酸酯[556-22-9]	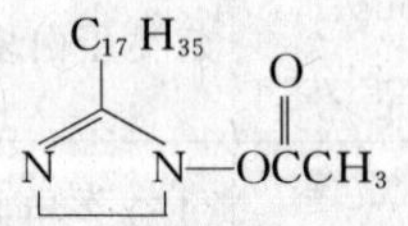 $C_{17}H_{35}$; N; N—$OC(=O)CH_3$
447	过氧乙酸	peracetic acid		
			H	
448	害扑威	CPMC[c]	2-氯苯基N-甲基氨基甲酸酯[3942-54-9]	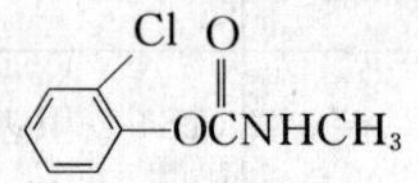 Cl; $OC(=O)NHCH_3$
449	噻唑菌胺	ethaboxam	(R，S)-N-(α-氰基-2-噻吩甲基)-4-乙基-2-(乙胺基)噻唑-5-甲酰胺	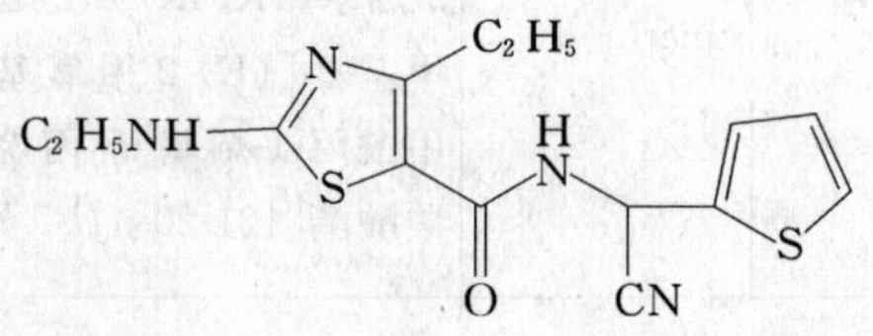 C_2H_5NH; N; C_2H_5; S; O; H; N; CN; S
450	禾草丹	thiobencarb	N,N-二乙基硫代氨基甲酸-S-4-氯苄酯[28249-77-6]	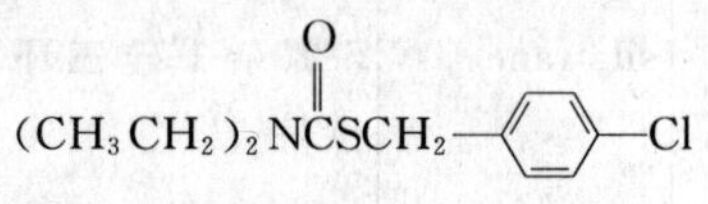 $(CH_3CH_2)_2NC(=O)SCH_2-C_6H_4-Cl$
451	禾草敌	molinate	N,N-六亚甲基硫代氨基甲酸-S-乙酯[2212-67-1]	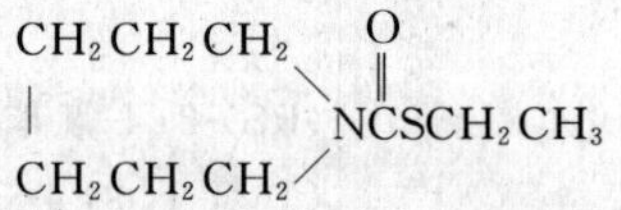 $CH_2CH_2CH_2$ / $CH_2CH_2CH_2$ > $NC(=O)SCH_2CH_3$
452	禾草灵	diclofop-methyl	2-[4-(2,4-二氯苯氧基)苯氧基]丙酸甲酯[51338-27-3]	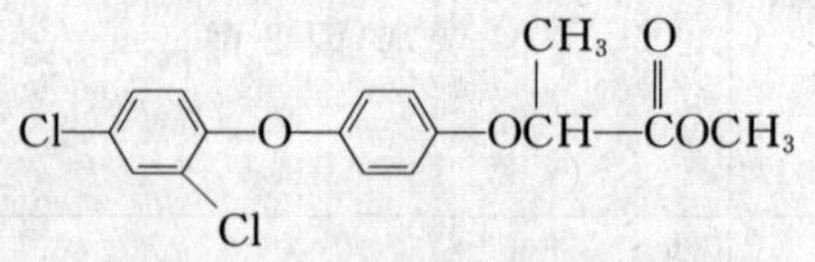 Cl—(Cl)—O—⟨⟩—$OCH(CH_3)-C(=O)OCH_3$
453	禾草灭	alloxydim	(E)-(RS)-[1-(烯丙氧基亚氨基)丁基]-4-羟基-6,6-二甲基-2-氧代环己-3-烯甲酸甲酯[55634-91-8]	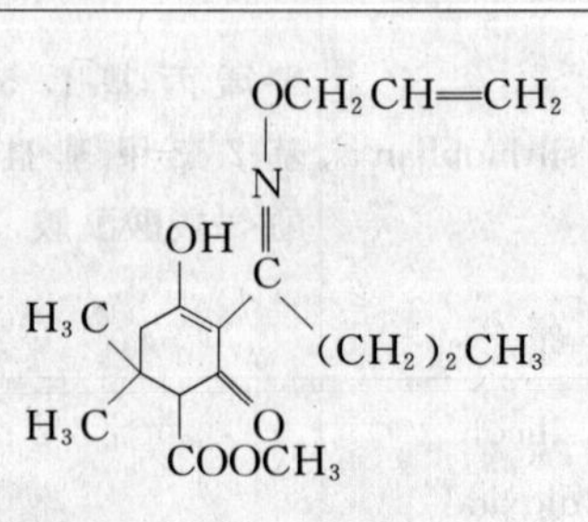 $OCH_2CH=CH_2$; N; OH; C; H_3C; $(CH_2)_2CH_3$; H_3C; O; $COOCH_3$

表（续）

序号	中文通用名称	英文名称[a]	化学名称及CAS登录号[b]	结构式
454	合杀威	bufencarb	3-(1-甲基丁基)苯基-N-甲基氨基甲酸酯[2282-34-0]和3-(1-乙基丙基)苯基-N-甲基氨基甲酸酯[672-04-8]的混合物	$OCNHCH_3$ (O); $H_3C—CHCH_2CH_2CH_3$；$OCNHCH_3$ (O); $H_3CH_2C—CHCH_2CH_3$
455	核苷酸	*Nucleotide*		
456	信铃酯	Gossyplure	顺(Z)顺(Z)和顺(Z)反(E)7—n十六碳双烯1醇乙酸酯的两种异构体按1∶1配比的化合物	$CH_3(CH_2)_3$—CH=CH—$(CH_2)_2$—CH=CH—$(CH_2)_6OCOCH_3$ (Z,Z)-；$CH_3(CH_2)_3$—CH=CH—$(CH_2)_2$—CH=CH—$(CH_2)_6OCOCH_3$ (Z,E)-
457	厚孢轮枝菌	*Verticillium chlamydosporium*		
458	琥胶肥酸铜	copper (succinate+glutarate+adipate)	丁二酸铜、戊二酸铜、琥珀酸铜	$H_2C—C(=O)—O$ / $H_2C—C(=O)—O$ Cu；$H_2C—C(=O)—O$ / CH_2 / $H_2C—C(=O)—O$ Cu；$H_2C—C(=O)—O$ / $(CH_2)_2$ / $H_2C—C(=O)—O$ Cu
459	琥珀酸铜	huposuantong	丁二酸铜、戊二酸铜和己二酸铜	$H_2C—C(=O)—O$ / $H_2C—C(=O)—O$ Cu；$H_2C—C(=O)—O$ / CH_2 / $H_2C—C(=O)—O$ Cu；$H_2C—C(=O)—O$ / $(CH_2)_2$ / $H_2C—C(=O)—O$ Cu
460	华光霉素	nikkomycin	2-[2-氨基-4-羟基-4-(5-羟基-2-吡啶)-3-甲基丁酰]氨基-6-(3-甲酰-4-咪唑啉-5-酮)己糖醛酸盐酸盐	HO, N, OH, $NH_2 \cdot HCl$, CH_3, O, NH-CH, O=COH, HN, O=, N, CH=O, O, H, H, H, H, OH, OH

表（续）

序号	中文通用名称	英文名称[a]	化学名称及 CAS 登录号[b]	结构式
461	环丙氟灵	profluralin	N-环丙基甲基-N-丙基-4-三氟甲基-2,6-二硝基苯胺[26399-36-0]	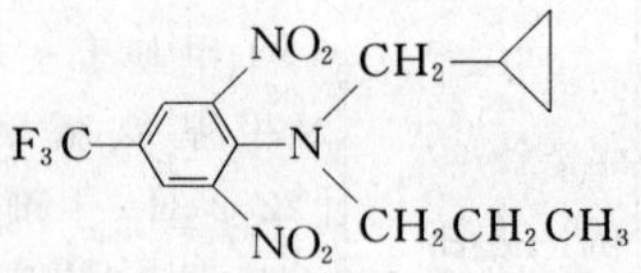
462	环丙津	cyprazine	2-氯-4-异丙氨基-6-环丙氨基-1,3,5-三嗪[22936-86-3]	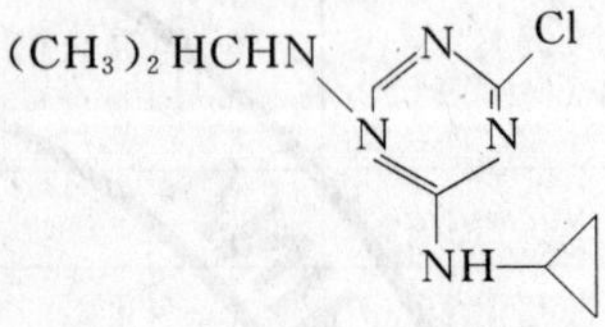
463	环丙嘧啶醇	ancymidol	α-环丙基-α-(嘧啶-5-基)-4-甲氧基苯甲醇[12771-68-5]	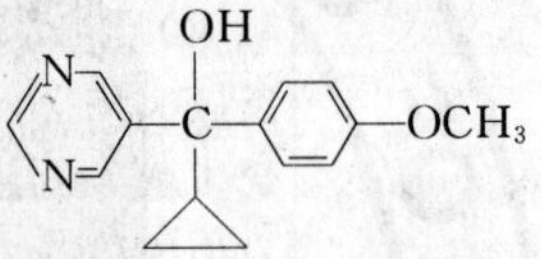
464	环丙嘧磺隆	cyclosulfamuron	3-(4,6-二甲氧基嘧啶-2-基)-1-{[2-(环丙基甲酰基)苯基]氨基}磺酰脲[136849-15-5]	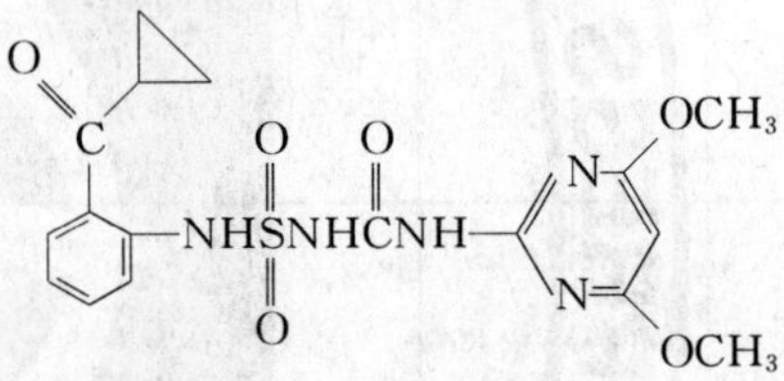
465	环丙唑醇	cyproconazole[d]	2-(4-氯苯基)-3-环丙基-1-(1H-1,2,4-三唑-1-基)丁-2-醇[113096-99-4]	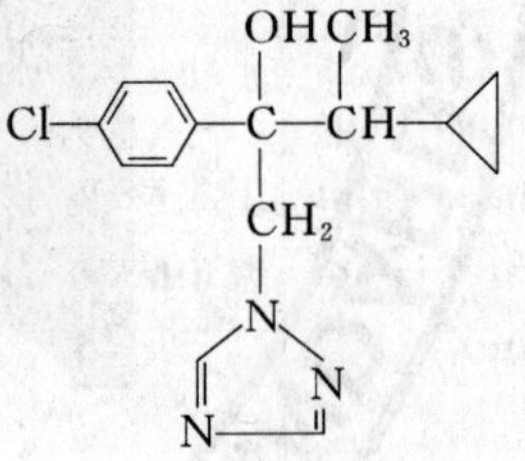
466	环草敌	cycloate	N-环己基-N-乙基硫代氨基甲酸-S-乙基酯[1134-23-2]	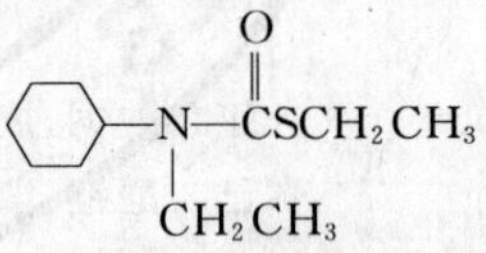
467	环草定	lenacil	3-环己基-6,7-二氢-1H-戊环并嘧啶-2,4-二酮[2164-08-1]	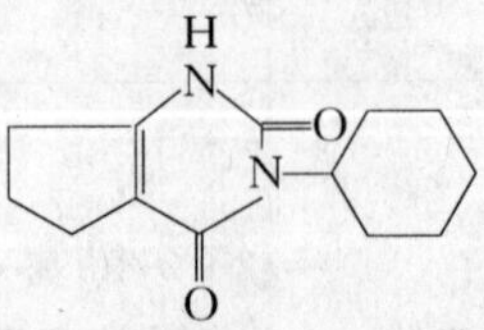
468	环草隆	siduron	1-(2-甲基环己基)-3-苯基脲[1982-49-6]	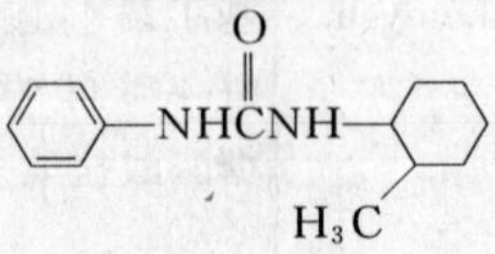

表（续）

序号	中文通用名称	英文名称[a]	化学名称及 CAS 登录号[b]	结构式
469	环草肟	huancaiwo	O-(4,7-二苯并-1,3-二氧杂环辛烷-2-酰基)丙酮肟	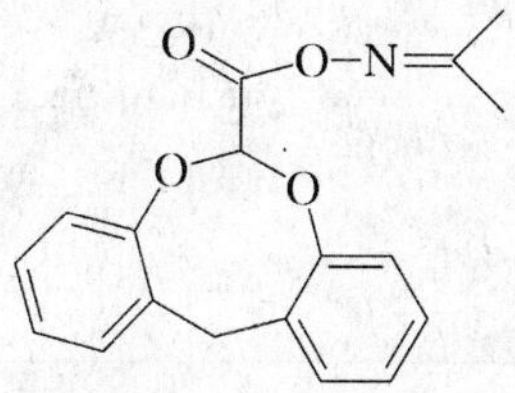
470	环虫腈	huanchong-jing[q]	4,6-二氨基-2-环丙基氨基嘧啶-5-腈[112636-83-6]	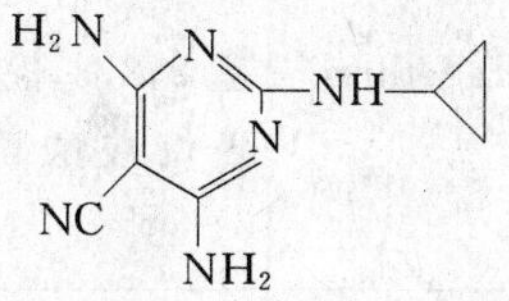
471	环虫菊酯	cyclethrin	(RS)-3-(2-环戊烯-1-基)-2-甲基-4-氧代-2-环戊烯-1-基(RS)-2,2-二甲基-3-(2-甲基丙-1-烯基)环丙烷羧酸酯	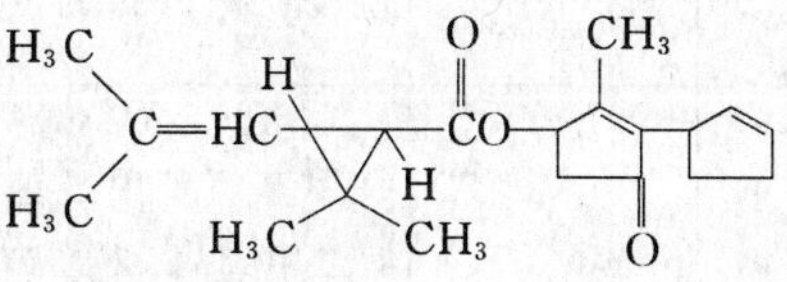
472	环庚草醚	cinmethylin[d]	(1RS,2SR,4SR)-1,4-桥氧-对-苧-2-基 2-甲基苄基醚[87818-31-3](exo-(±)-异构体),[87818-61-9](exo-(+)-异构体),[87819-60-1](exo-(-)-异构体)	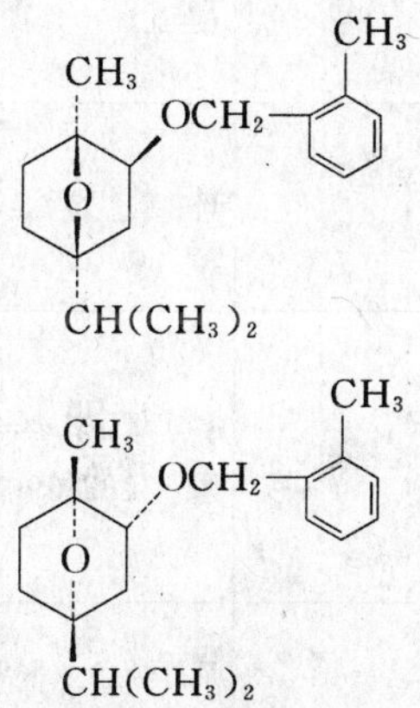
473	环己基甲酸锌	zinc cyclohexane-carboxylate	环己基甲酸锌	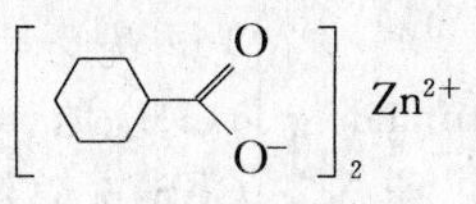
474	环菌唑	huanjunzuo[q]	(RS)-顺-1-(4-氯苯基)-2-(1H-1,2,4-三唑-1-基)环庚醇[129586-32-9]	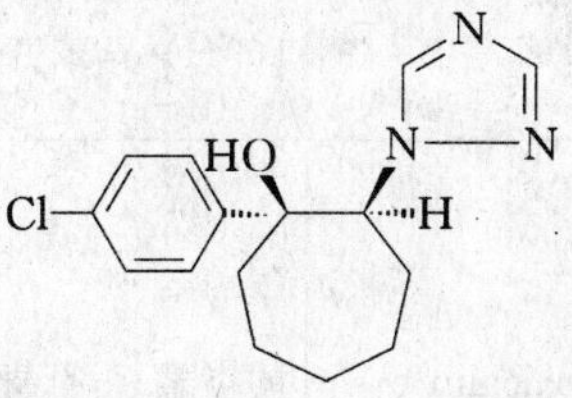
475	环螨酯	cycloprate	环丙烷基甲酸十六烷基酯[54460-46-7]	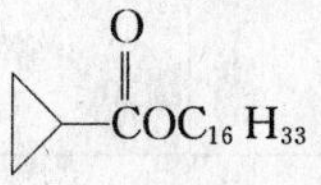

表（续）

序号	中文通用名称	英文名称[a]	化学名称及CAS登录号[b]	结 构 式
476	环嗪酮	hexazinone	3-环己基-6-二甲基氨基-1-甲基-1，3，5-三嗪-2，4-二酮［51235-04-2］	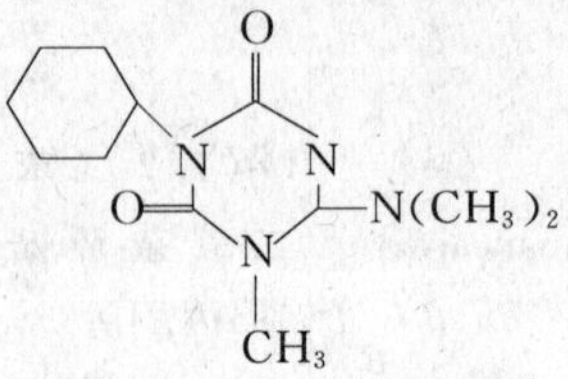
477	环戊烯丙菊酯	terallethrin	(RS)-3-烯丙基-2-甲基-4-氧代环戊-2-烯基-2,2,3,3-四甲基环丙烷羧酸酯［15589-31-8］	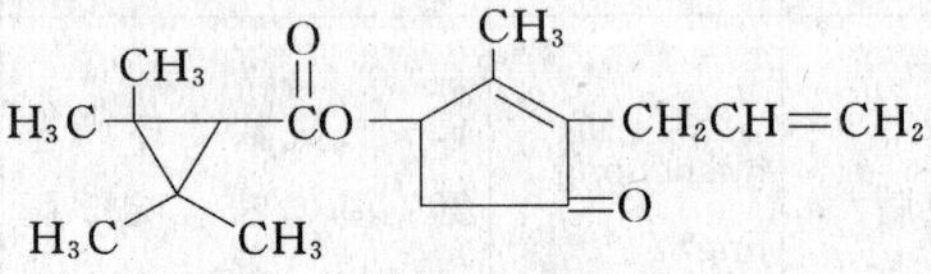
478	环酰草胺	cypromid	N-(3,4-二氯苯基)环丙烷羧酰胺[2759-71-9]	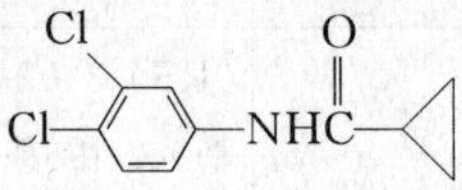
479	环线威	tirpate[j]	O-甲基氨基甲酰基-2,4-二甲基-1,3-二硫戊环-2-甲醛肟［26419-73-8］	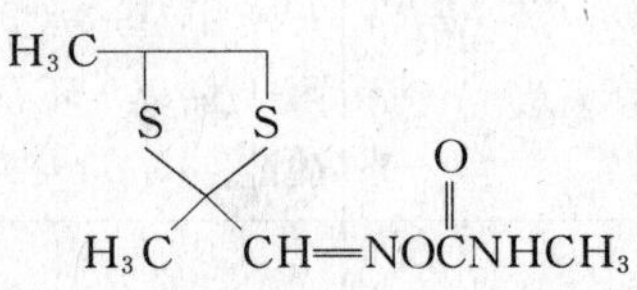
480	环氧乙烷	ethylene oxide	环氧乙烷	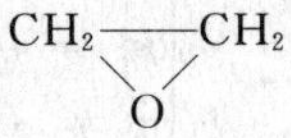
481	环莠隆	cycluron	1,1-二甲基-3-环辛基脲[2163-69-1]	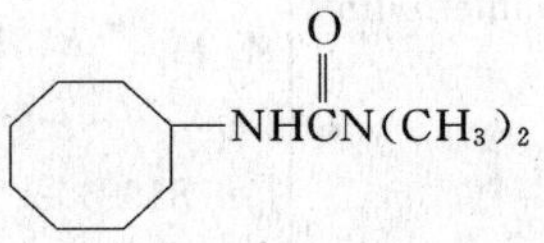
482	环酯草醚	pyriftalid	IUPAC:(RS)-7-(4,6二甲氧嘧啶-2-基硫)-3-甲基-2-苯并呋喃-1(3H)-酮 CAS:7-(4,6二甲氧-2-嘧啶基)硫]-3-甲基-1(3H)-异苯并呋喃酮	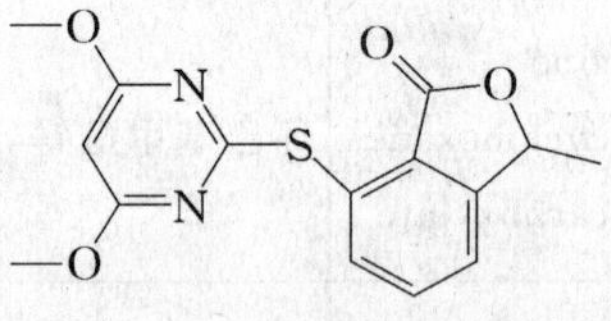
483	黄芩甙	baicalin[q]	黄岑素-7-葡萄糖醛酸	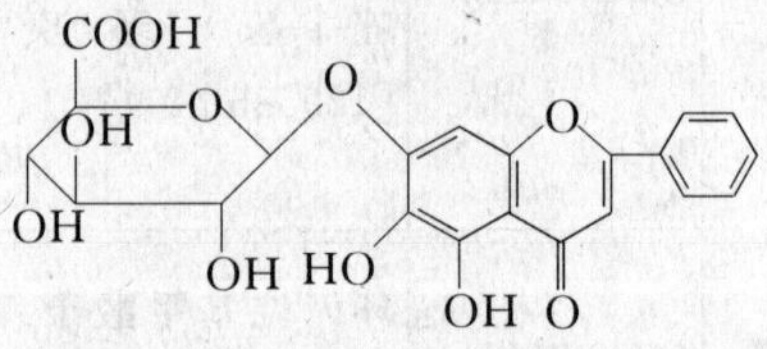

表（续）

序号	中文通用名称	英文名称[a]	化学名称及CAS登录号[b]	结构式
484	黄酮	huangtong[q]	5,6-二羟基丙酮-4-氧-2-苯基-4H-1-苯并吡喃-7基-β-D-吡喃葡萄糖苷酸	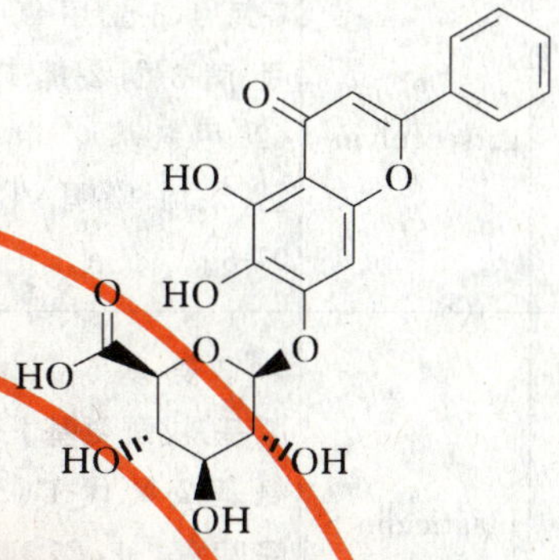 O, HO, HO, O, O, HO, O, O, HO, OH, OH
485	磺草膦	huangcaoling[q]	甲磺酰基(甲基)氨基甲酰甲基氨基甲基膦酸[98565-18-5]	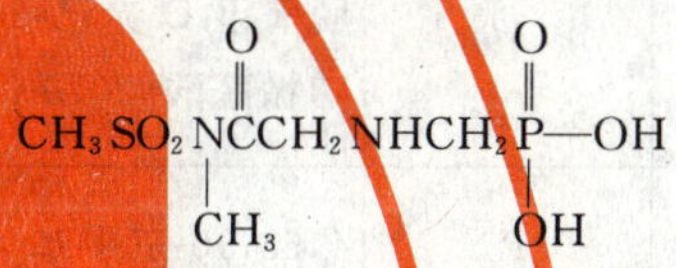 $CH_3SO_2N(CH_3)C(O)CH_2NHCH_2P(O)(OH)—OH$
486	磺草灵	asulam	N-(4-氨基苯磺基)氨基甲酸甲酯[3337-71-1]	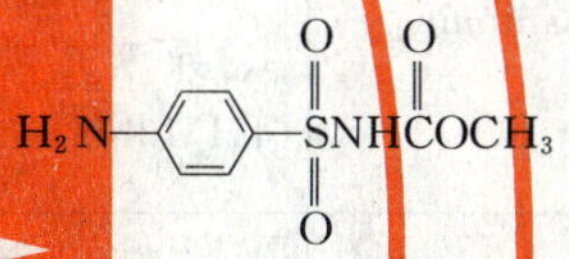 H_2N—C₆H₄—$S(O)(O)NHC(O)OCH_3$
487	磺草酮	sulcotrione[h]	2-(2-氯-4-甲磺酰基苯甲酰基)环己烷-1,3-二酮[99105-77-8]	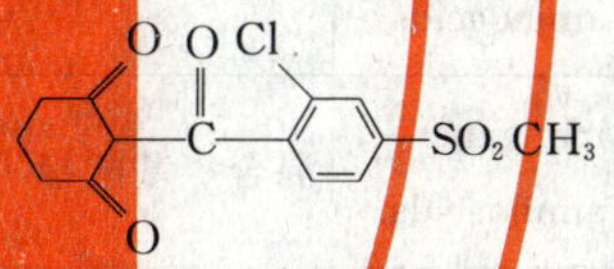 O, O, Cl, —C(O)—, SO_2CH_3, O
488	磺草唑胺	metosulam	2′,6′-二氯-5,7-二甲氧基-3′-甲基[1,2,4]三唑并[1,5a]嘧啶-2-基磺酰基苯胺[139528-85-1]	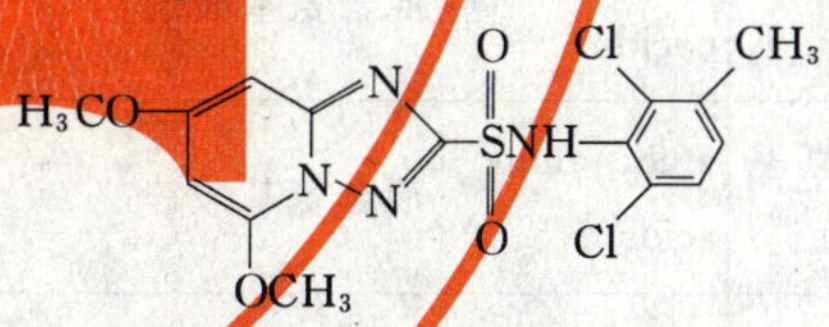 H_3CO, N, N, N, OCH_3, $S(O)(O)NH$, Cl, CH_3, Cl
489	磺菌胺	flusulfamide[d]	N-(2-氯-4-硝基苯基)-3-三氟甲基-4-氯苯磺酰胺[106917-52-6]	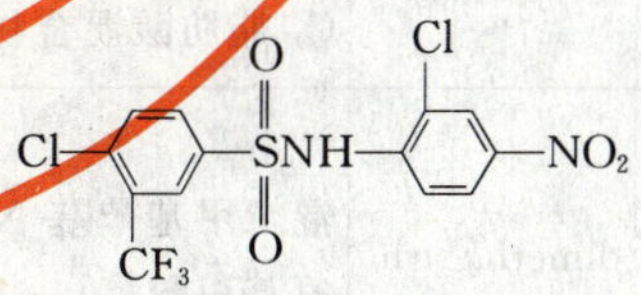 Cl, CF_3, $S(O)(O)NH$, Cl, NO_2
490	磺菌威	methasulfocarb[d]	N-甲基硫代氨基甲酸S-(4-甲基磺酰氧苯基)酯[66925-49-6]	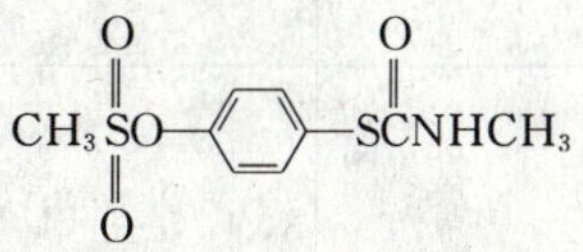 $CH_3S(O)(O)O$—C₆H₄—$SC(O)NHCH_3$
491	磺噻隆	ethidimuron	1-(5-乙基磺酰基-1,3,4-噻二唑-2-基)-1,3-二甲基脲[30043-49-3]	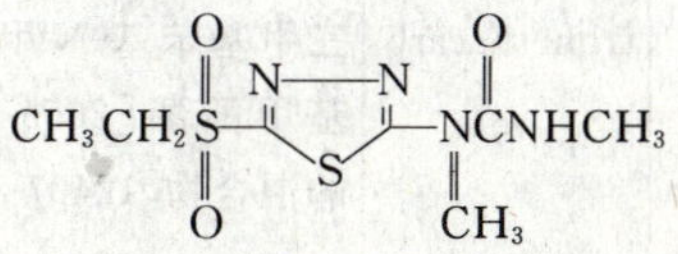 $CH_3CH_2S(O)(O)$, N, N, S, $N(CH_3)C(O)NHCH_3$

表(续)

序号	中文通用名称	英文名称[a]	化学名称及CAS登录号[b]	结构式
492	灰黄霉素	griseofulvin	7-氯-4,6-二甲氧基香豆满-3-酮-2-螺环-1′-(2′-甲氧基-6′-甲基环己-2′-烯-4′-酮)[126-07-8]	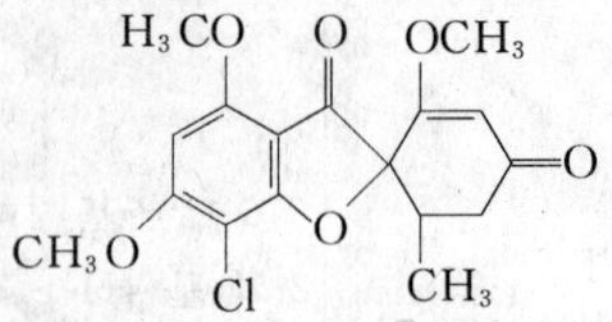
493	灰瘟素	blasticidin S	4-[3-氨基-5-(1-甲基胍基)戊酰氨基]-1-[4-氨基-2-氧代-1(2H)-嘧啶基]-1,2,3,4-四脱氧-β,D-赤己-2-烯吡喃糖醛酸[2079-00-7]	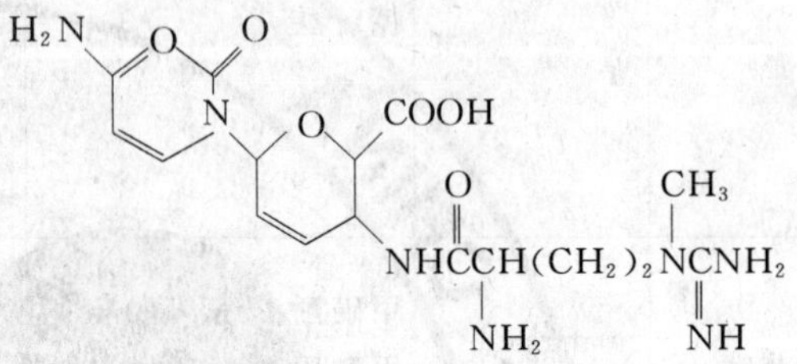
494	茴蒿素	santonin	4,6a,10-三甲基-4a,5,6,6a-四氢-1H-苯并[h]异苯并吡喃-3,9(4H,10bH)-二酮	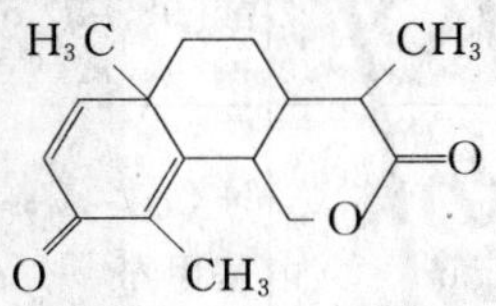
495	混合氨基酸镁	magnesium aminoacids	混合氨基酸镁	$[RCH(NH_2)COO]_2Mg$
496	混合氨基酸锰	manganes aminoacids	混合氨基酸锰	$[RCH(NH_2)COO]_2Mn$
497	混合氨基酸铜	copper aminoacids	混合氨基酸铜	$[RCH(NH_2)COO]_2Cu$
498	混合氨基酸锌	zinc amino-acids	混合氨基酸锌	$[RCH(NH_2)COO]_2Zn$
499	混合脂肪酸	fattyacids	混合脂肪酸,为 C_{13}～C_{15} 脂肪酸混合物	$CH_3(CH_2)_nCOOH$ $n=11\sim13$
500	混灭威	dimethacarb	混二甲基苯基-N-甲基氨基甲酸酯	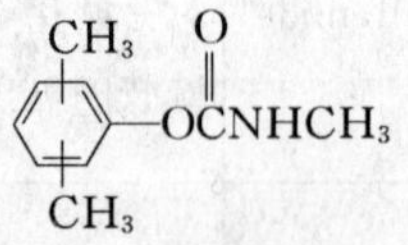
501	混杀威	trimethacarb	3,4,5-三甲基苯基[2686-99-9]和2,3,5-三甲基苯基-N-甲基氨基甲酸酯[2655-15-4]的混合物[12407-86-2]	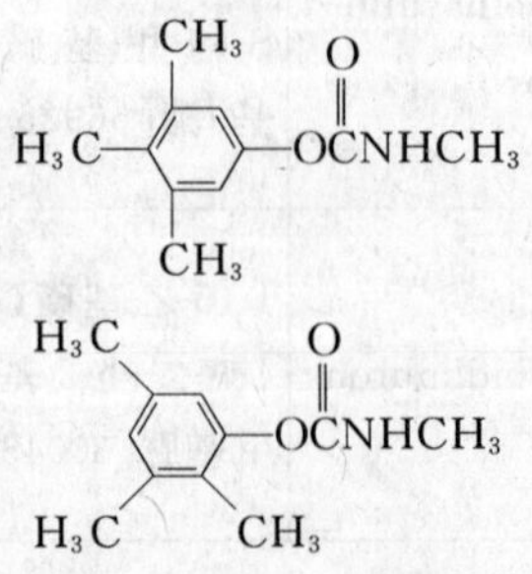

表（续）

序号	中文通用名称	英文名称[a]	化学名称及 CAS 登录号[b]	结构式
J				
502	几丁聚糖	*Chltosan*	（1 → 4）-2-氨基-2-脱氧-D-葡聚糖	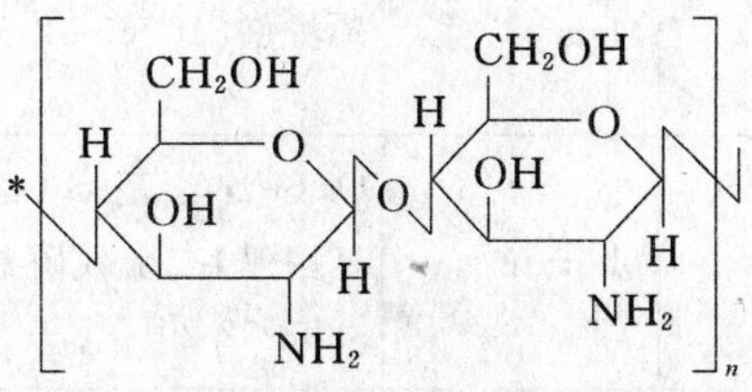
503	己唑醇	hexaconazole[d]	2-（2，4-二氯苯基）-1-（1H-1，2，4-三唑-1-基）己-2-醇［79983-71-4］	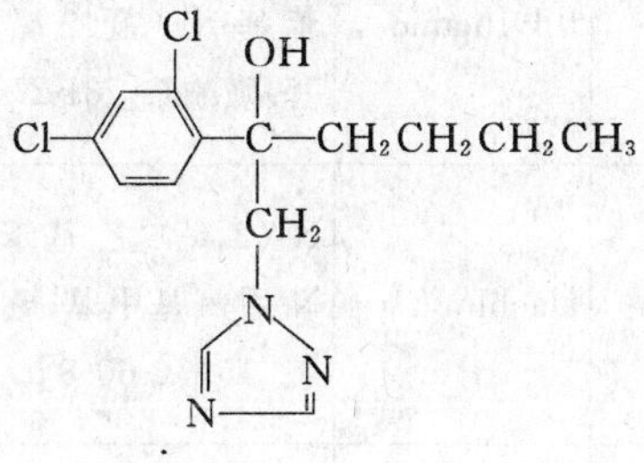
504	家蝇磷	acethion	O,O-二乙基-S-乙氧基甲酰甲基二硫代磷酸酯[919-54-0]	$(C_2H_5O)_2\overset{S}{\overset{\Vert}{P}}SCH_2\overset{O}{\overset{\Vert}{C}}OCH_2CH_3$
505	甲氨基阿维菌素	Abamectin-aminomethyl	4"-表-甲胺基-4"-脱氧阿维菌素苯甲酸盐	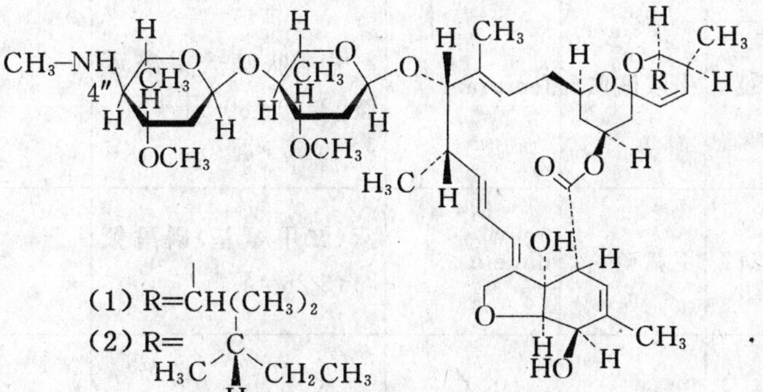 (1) R=CH(CH$_3$)$_2$ (2) R= H$_3$C—C(H)—CH$_2$CH$_3$
	甲氨基阿维菌素苯甲酸盐	Emamectin benzoate		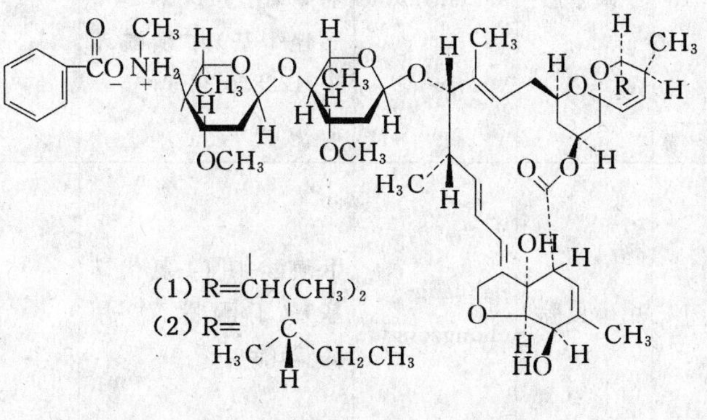 (1) R=CH(CH$_3$)$_2$ (2) R= H$_3$C—C(H)—CH$_2$CH$_3$

表（续）

序号	中文通用名称	英文名称[a]	化学名称及 CAS 登录号[b]	结构式
506	甲胺磷	methamido-phos	O-甲基-S-甲基-硫代磷酰胺[10265-92-6]	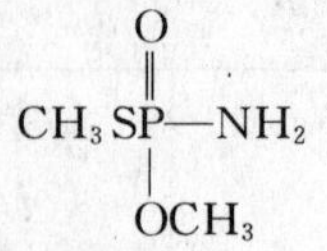 $CH_3S\overset{O}{\underset{OCH_3}{P}}—NH_2$
507	甲拌磷	phorate	O,O-二乙基-S-(乙硫基甲基)二硫代磷酸酯[298-02-2]	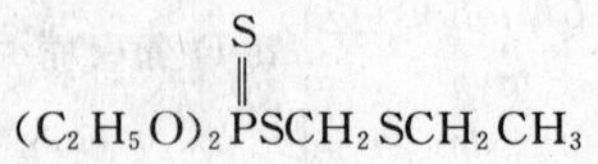 $(C_2H_5O)_2\overset{S}{P}SCH_2SCH_2CH_3$
508	甲苯氟磺胺	tolyfluanid	N,N-二甲基-N′-4-甲基苯基-N′-(氟二氯甲硫基)磺酰胺[731-27-1]	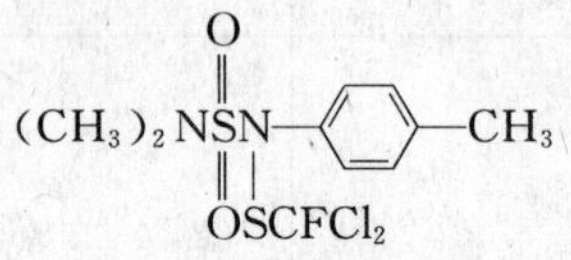 $(CH_3)_2NSN$—(苯环)—CH_3；O，$OSCFCl_2$
509	甲草胺	alachlor	N-(2,6-二乙基苯基)-N-甲氧基甲基-氯乙酰胺[15972-60-8]	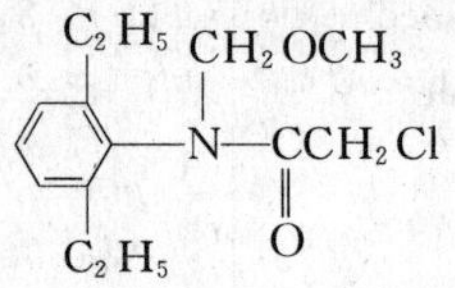 C_2H_5，CH_2OCH_3，N—$\overset{}{C}CH_2Cl$，O，C_2H_5
510	甲呋炔菊酯	proparthrin[e]	2-甲基-5-(2-丙炔基)呋喃-3-基甲基(RS)-2,2-二甲基-3-(2-甲基丙-1-烯基)环丙烷羧酸酯[27223-49-0]	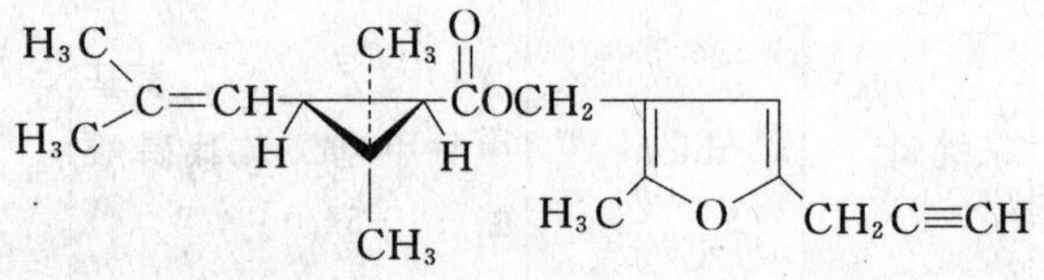 H_3C，H_3C，C=CH，H，CH_3，CH_3，O，$COCH_2$，H，H_3C，O，$CH_2C≡CH$
511	甲呋酰胺	fenfuram	2-甲基呋喃-3-甲酰苯胺[24691-80-3]	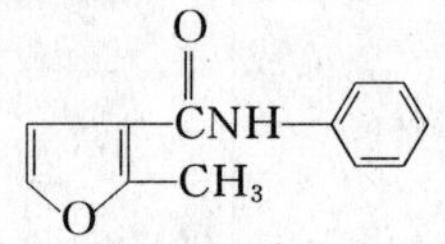 O，CNH—(苯环)，CH_3，O
512	甲氟磷	dimefox	双(二甲氨基)磷酰氟[115-26-4]	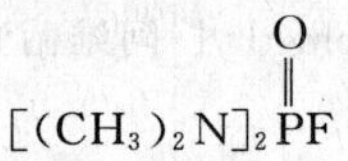 $[(CH_3)_2N]_2\overset{O}{P}F$
513	甲磺草胺	sulfentrazone	2′,4′二氯-5′-(4-二氟甲基-4，5-二氢-3-甲基-5-氧代-1H-1，2，4-三唑-1-基)甲磺酰苯胺[122836-35-5]	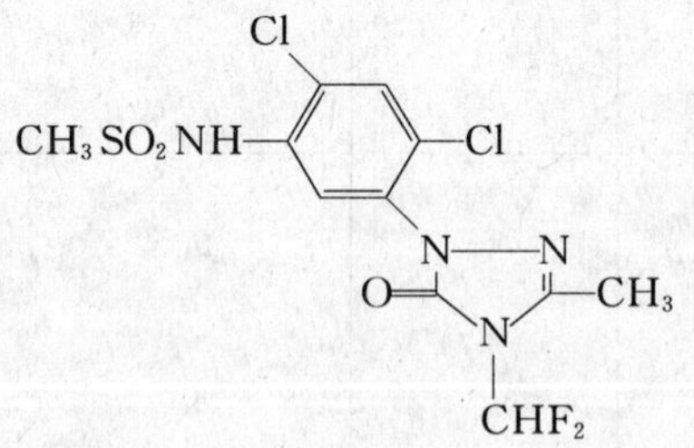 Cl，CH_3SO_2NH，Cl，N—N，O，CH_3，N，CHF_2
514	甲磺虫腙	jiahuang-chongzong[q]	甲磺酸-4-[(4-氯代苯基)-(丁酮腙叉)-甲基]苯酯	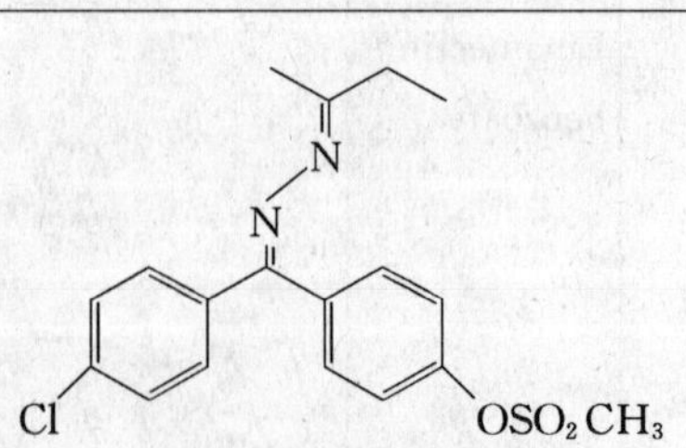 N，N，Cl，OSO_2CH_3

表(续)

序号	中文通用名称	英文名称[a]	化学名称及 CAS 登录号[b]	结构式
515	甲磺乐灵	nitralin	N,N-二丙基-4-甲磺酰基-2,6-二硝基苯胺[4726-14-1]	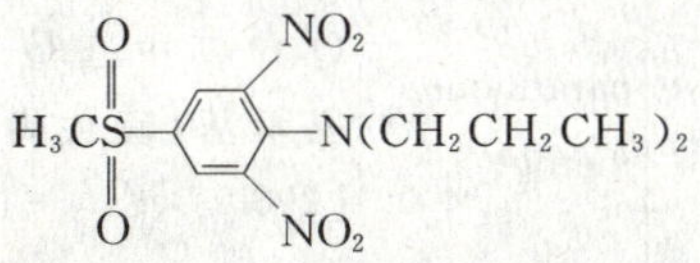
516	甲磺隆	metsulfuron-methyl metsulfuron (acid)	3-(4-甲氧基-6-甲基-1,3,5-三嗪-2-基)-1-(2-甲氧基甲酰基苯基)磺酰脲[74223-64-6],[79510-48-8](酸)	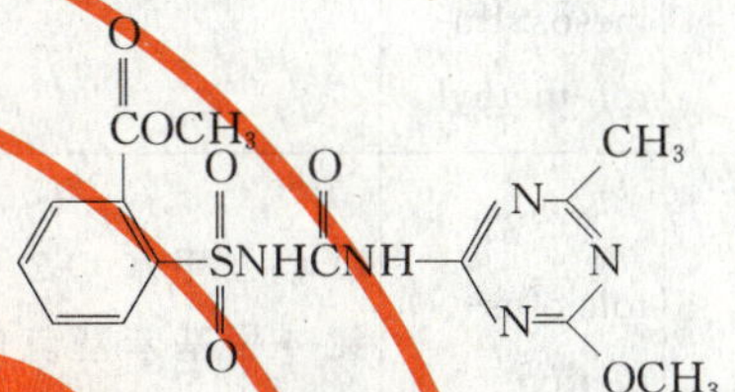
	甲磺隆钠盐	sodium metsulfuron methyl	2-(4-甲氧基6-甲基-1,3,5-三嗪-2-基氨基甲酰氨基磺酰基)-邻-苯甲酸钠	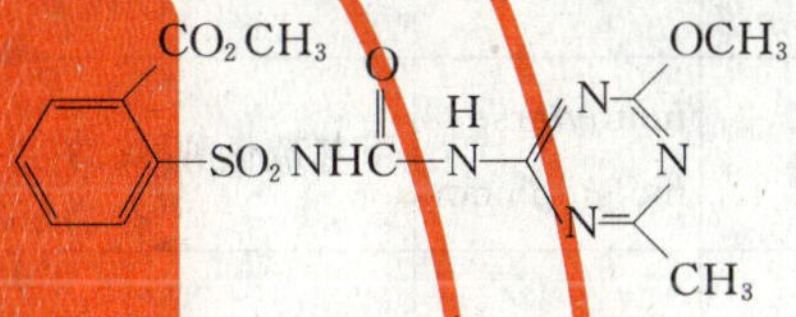
517	甲基胺草磷	amiprophos-methyl	O-甲基-O-(2-硝基-4-甲基苯基)-N-异丙基硫代磷酰胺酯[36001-88-4]	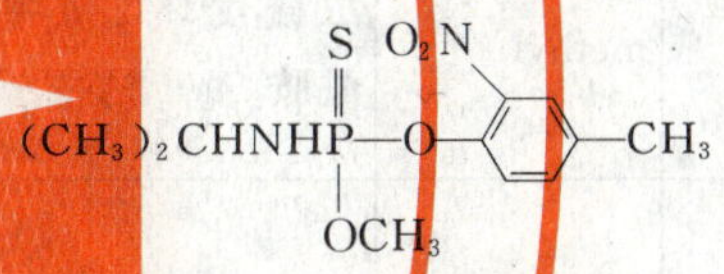
518	甲基苯噻隆	methabenz-thiazuron	1,3-二甲基-3-(苯并噻唑-2-基)脲[18691-97-9]	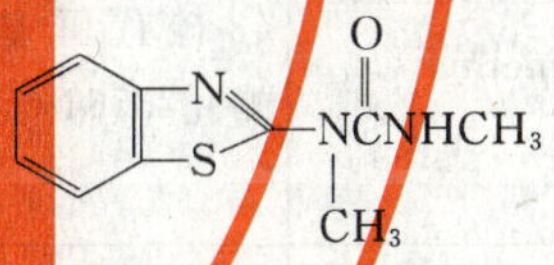
519	甲基吡噁磷	azame-thiphos	O,O-二甲基-S-[(6-氯-2,3-二氢-2-氧-1,3-噁唑[4,5-b]吡啶-3-基)甲基]硫代磷酸酯[35575-96-3]	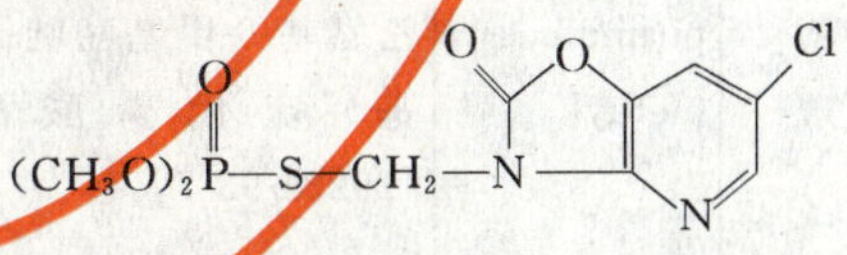
520	甲基碘磺隆钠盐	iodosulfuron-methyl-sodium		
521	甲基毒虫畏	dimethylvin-phos[e]	O,O-二甲基-O-[2-氯-1-(2,4-二氯苯基)乙烯基]磷酸酯[2274-67-1]	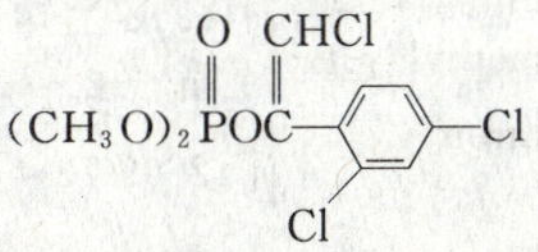
522	甲基毒死蜱	chlorpyrifos-methyl	O,O-二甲基-O-(3,5,6-三氯-2-吡啶基)硫代磷酸酯[5598-13-0]	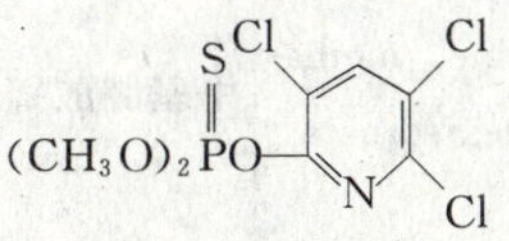

表（续）

序号	中文通用名称	英文名称[a]	化学名称及 CAS 登录号[b]	结构式
523	甲基对硫磷	parathion-methyl	O,O-二甲基-O-(4-硝基苯基)硫代磷酸酯[298-0-0]	$(CH_3O)_2P(=S)$—O—C₆H₄—NO_2
524	甲基二磺隆	mesosulfuron-methyl		
525	甲基立枯磷	tolclofos-methyl	O,O-二甲基-O-2,6-二氯-4-甲基苯基硫代磷酸酯[57018-04-9]	$(CH_3O)_2P(=S)O$—(2,6-Cl₂)C₆H₂—CH_3
526	甲基硫化胂	methylarsenic sulphide	甲基硫化胂[2533-82-6]	$CH_3As{=}S$
527	甲基硫环磷	phosfolan-methyl	O,O-二甲基-N-(1,3-二硫戊环-2-亚基)磷酰胺	$(CH_3O)_2P(=O)$—N=(1,3-二硫戊环)
528	甲基硫菌灵	thiophanate-methyl	4,4'-(1,2-亚苯基)双(3-硫代脲基甲酸甲酯)[23564-05-8]	C₆H₄[NHC(=S)NHC(=O)OCH_3]₂
529	甲基嘧啶磷	pirimiphos-methyl	O,O-二甲基-O-(2-二乙氨基-6-甲基嘧啶-4-基)硫代磷酸酯[29232-93-7]	$(CH_3O)_2P(=S)O$—嘧啶环（2-$N(C_2H_5)_2$，6-CH_3）
530	甲基内吸磷	demeton-S-methyl	O,O-二甲基-S-[2-(乙硫基)乙基]硫代磷酸酯[919-86-8]	$(CH_3O)_2P(=O)SCH_2CH_2SCH_2CH_3$
531	甲基杀草隆	methyldymron[e]	1-(α,α-二甲基苄基)-3-甲基-3-苯基脲[42609-73-4]	C₆H₅—C(CH_3)₂—NHC(=O)N(CH_3)—C₆H₅
532	甲基胂酸锌	zine methanearso-nate	甲基胂酸锌	$CH_3As(=O)$(O)₂Zn

表（续）

序号	中文通用名称	英文名称[a]	化学名称及 CAS 登录号[b]	结构式
533	甲基辛硫磷	phoxim-methyl	O,O-二甲基-O-[(α-氰基亚苄氨基)氧]硫代磷酸酯	S; CN; $(CH_3O)_2P$—O—N═C—
534	甲基乙拌磷	thiometon	O,O-二甲基-S-(2-乙硫基乙基)二硫代磷酸酯[640-15-3]	S; $(CH_3O)_2PSCH_2CH_2SCH_2CH_3$
535	甲基乙酯磷	methylacetophos	O,O-二甲基-S-乙氧甲酰甲基硫代磷酸酯	O O; $(CH_3O)_2PSCH_2COCH_2CH_3$
536	甲基异柳磷	isofenphos-methyl	O-甲基-O-[(2-异丙氧基甲酰)苯基]-N-异丙基硫代磷酰胺	$(CH_3)_2CHNH$; S; P—O; H_3CO; $COCH(CH_3)_2$; O
537	甲基增效磷	jiajizengxiaolin[q]	O,O-二甲基-O-苯基硫代磷酸酯	S; $(CH_3O)_2PO$—
538	甲菌利	myclozolin	3-(3,5-二氯苯基)-5-甲氧基甲基-5-甲基-1,3-噁唑烷-2,4-二酮[54864-61-8]	Cl; O; O; N; Cl; CH_2OCH_3; O; CH_3
539	甲硫嘧磺隆	methiopyrisulfuron	2-(4-甲氧基-6-甲硫基嘧啶-2-基氨基甲酰氨基磺酰基)苯甲酸甲酯	$COOCH_3$; SCH_3; N; $SO_2NHCONH$—; N; OCH_3
540	甲硫威	methiocarb	3,5-二甲基-4-甲硫基苯基 N-甲基氨基甲酸酯[2032-65-7]	CH_3; O; H_3CS—; —$OCNHCH_3$; CH_3
541	甲氯酰草胺	pentanochlor	N-(3-氯-4-甲基苯基)-2-甲基戊酰胺[2307-68-8]	Cl; O; CH_3—; —$NHCCHCH_2CH_2CH_3$; CH_3

表（续）

序号	中文通用名称	英文名称[a]	化学名称及 CAS 登录号[b]	结构式
542	甲咪唑烟酸	imazapic	(RS)-2-(4-异丙基-4-甲基-5-氧代-2-咪唑啉-2-基)-5-甲基吡啶-3-羧酸[104098-48-8]，[104098-49-9](铵盐)	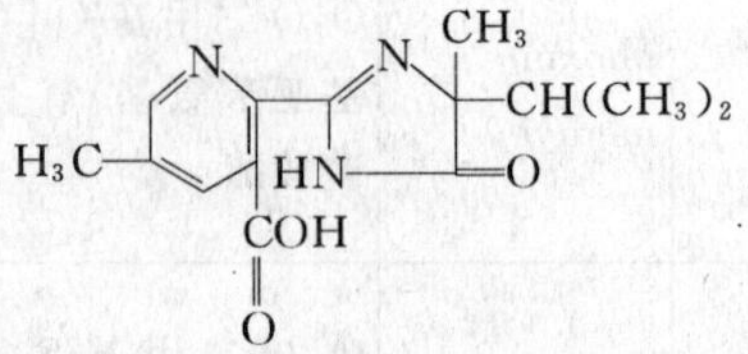
543	甲醚菊酯	methothrin	(1R,S)-顺、反式-2,2-二甲基-3-(2-甲基-1-丙烯基)环丙烷羧酸-4-(甲氧甲基)-苄基酯	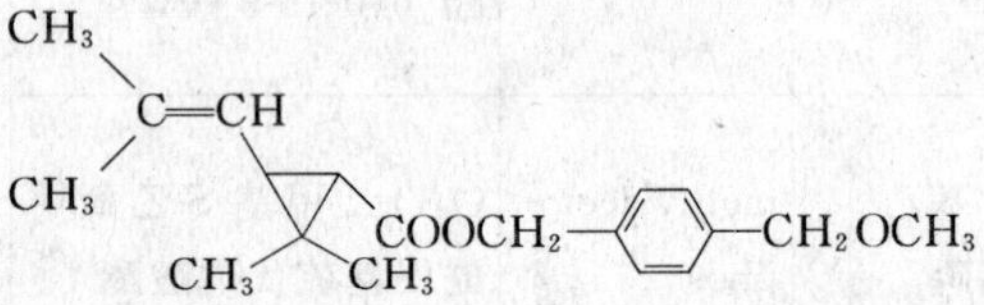
544	甲嘧磺隆	sulfometuron-methyl sulfometuron (acid)	3-(4,6-二甲基嘧啶-2-基)-1-(2-甲氧基甲酰基苯基)磺酰脲[74222-97-6]，[74223-56-6](酸)	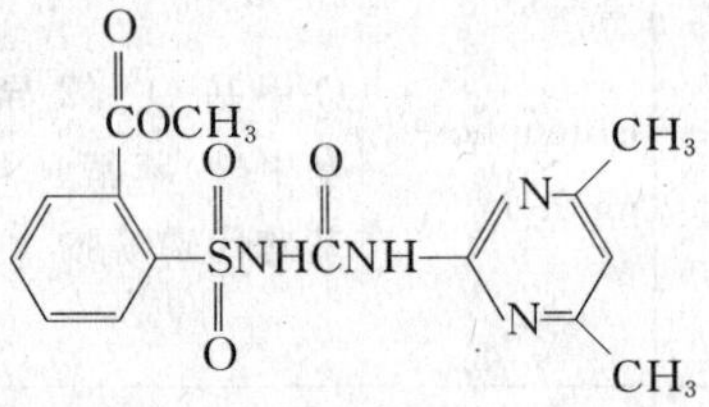
545	甲萘威	carbaryl	1-萘基-N-甲基氨基甲酸酯[63-25-2]	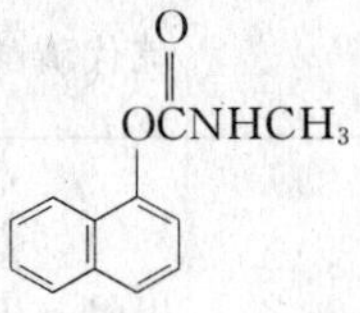
546	甲哌鎓	mepiquat chloride	1,1-二甲基哌啶氯化铵[24307-26-4]	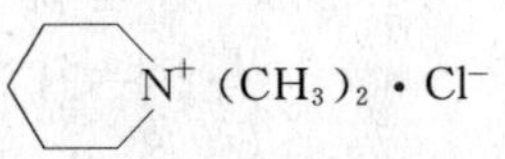 $N^{+}(CH_3)_2 \cdot Cl^{-}$
547	甲羟鎓	jiaqiangweng[q]	聚 N,N-二甲基-2-羟基丙基鎓氯化物	$(C_5H_{12}OClN)_3$
548	甲氰菊酯	fenpropathrin	(RS)-α-氰基-3-苯氧基苄基 2,2,3,3-四甲基环丙烷羧酸酯[64257-84-7]	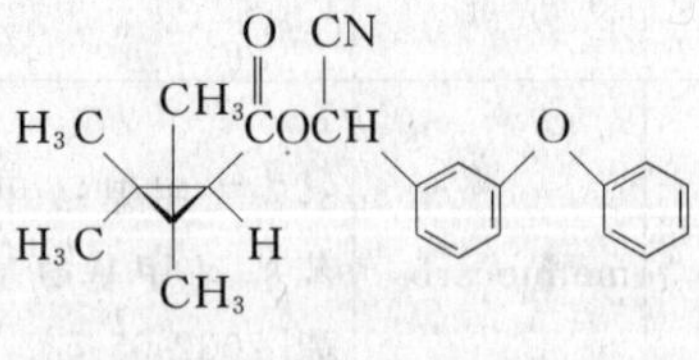
	S-甲氰菊酯	S-fenpropathrin	(S)-α-氰基-3-苯氧基苄基-2,2,3,3-四甲基环丙烷羧酸酯	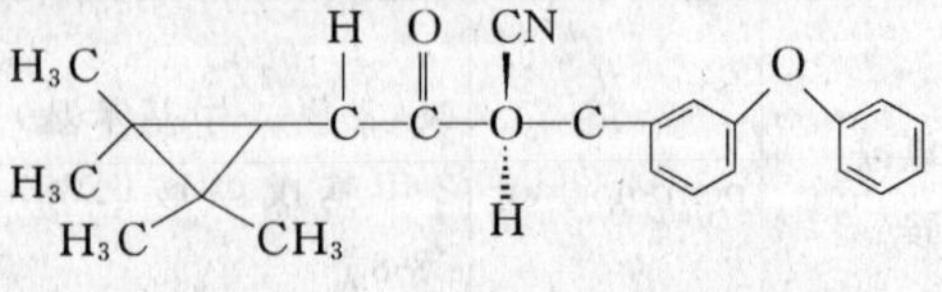

表（续）

序号	中文通用名称	英文名称[a]	化学名称及 CAS 登录号[b]	结 构 式
549	甲霜灵	metalaxyl	N-(2-甲氧基乙酰基)-N-(2,6-二甲基苯基)-DL-α-氨基丙酸甲酯[57837-19-1]	
	R-甲霜灵	R-metalaxyl	(R)-N-(2-甲氧基乙酰基)-N-(2,6-二甲基苯基)-α-丙氨酸甲酯	
550	甲羧除草醚	bifenox	2,4-二氯苯基-3′-甲氧基甲酰基-4′-硝基苯基醚[42576-02-3]	
551	甲酰氨基嘧磺隆	foramsul-furon		
552	甲香菌酯	jiaxiangjun-zhi[a]	(E)-2-(2-((3,4-二甲基-香豆素-7 基-氧基)甲基)苯基)-3-甲氧基丙烯酸甲酯	
553	甲氧苄氟菊酯	metofluthrin	2,3,5,6-四氟-4-甲氧基甲基苄基（*EZ*)-(1RS, 3RS; 1RS, 3SR)-2,2-二甲基-3-(丙-1-烯基)	
554	甲氧虫酰肼	methoxyfeno-zide	N-叔丁基-N′-(3-甲基-2-甲苯甲酰基)-3,5-二甲基苯甲酰肼	
555	甲氧除草醚	chlomethoxy-fen	2,4-二氯苯基-3′-甲氧基-4′-硝基苯基醚[32861-85-1]	

表（续）

序号	中文通用名称	英文名称[a]	化学名称及CAS登录号[b]	结构式
556	甲氧滴滴涕	methoxy-chlor	1,1,1-三氯-2,2-双(4-甲氧基苯基)乙烷[72-43-5]	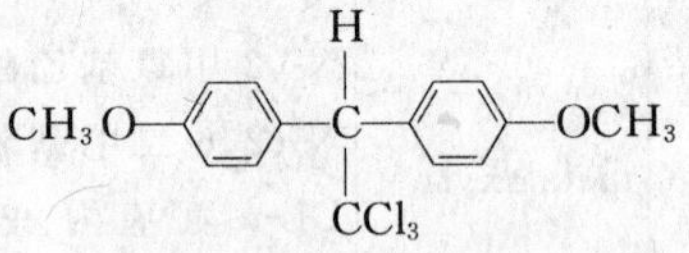
557	甲氧隆	metoxuron	1,1-二甲基-3-(3-氯-4-甲氧基苯基)脲[19937-59-8]	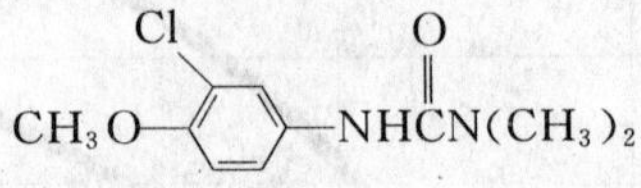
558	甲氧咪草烟	imazamox	(RS)-2-(4-异丙基-4-甲基-5-氧代-2-咪唑啉-2-基)-5-甲氧甲基烟酸	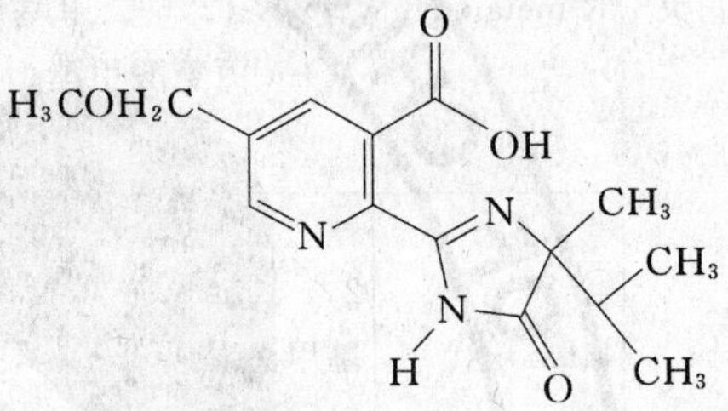
559	碱式硫酸铜	basic copper sulfate	$Cu_4(OH)_6SO_4$	$Cu_4(OH)_6SO_4$
560	碱式碳酸铜	copper carbonate	碱式碳酸铜[12069-69-1]	$Cu(OH)_2 \cdot CuCO_3$
561	解草胺	flurazole[p]	2-氯-4-三氟甲基-1,3-噻唑-5-甲酸苄酯[72850-64-7]	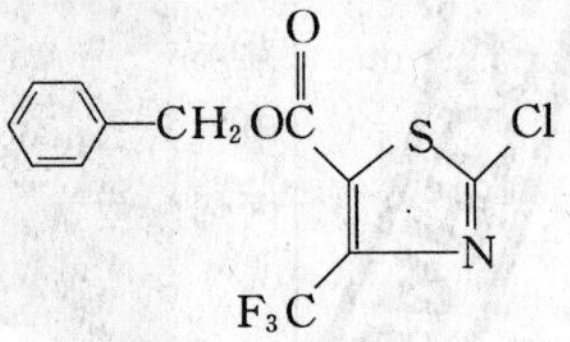
562	解草胺腈	cyometrinil[d]	(Z)-氰基甲氧基亚氨基苯乙腈[78370-21-5]	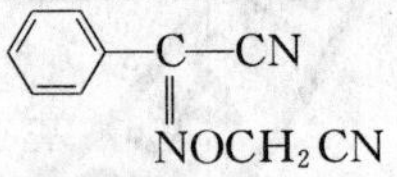
563	解草啶	fenclorim[d]	4,6-二氯-2-苯基嘧啶[3740-92-9]	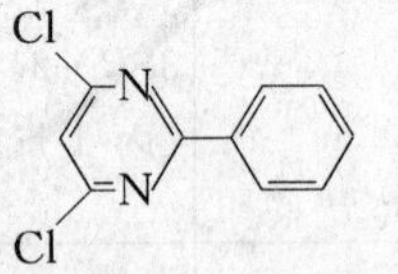
564	解草噁唑	furilazole	(RS)-3-二氯乙酰基-5-(2-呋喃基)-2,2-二甲基噁唑啉[121776-33-8]	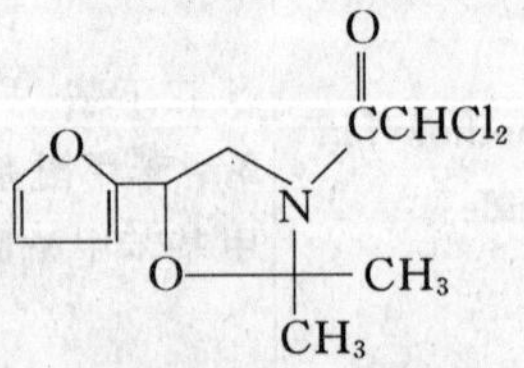
565	解草腈	oxabetrinil[d]	(Z)-1,3-二氧戊环-2-基甲氧基亚氨基苯乙腈[74782-23-3]	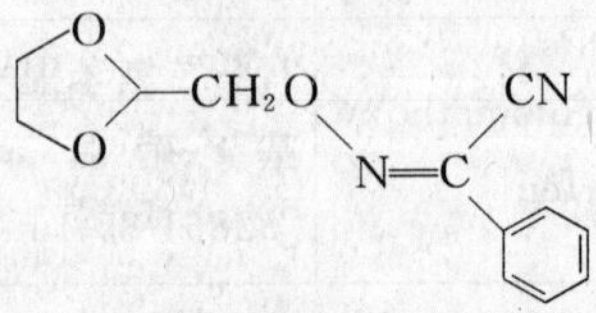

表（续）

序号	中文通用名称	英文名称[a]	化学名称及 CAS 登录号[b]	结构式
566	解草嗪	benoxacor[d]	(RS)-4-二氯乙酰基-3,4-二氢-3-甲基-2H-1,4-苯并噁嗪[98730-04-2]	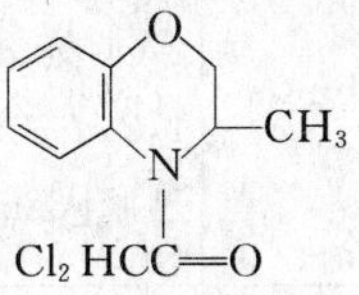
567	解草烷	jiecaowan[q]	2-二氯甲基-2-甲基-1,3-二氧戊烷[96420-72-3]	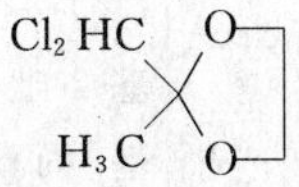
568	解草烯	jiecaoxi[q]	N^1,N^2-二烯丙基-N^2-二氯乙酰基甘氨酰胺[97454-00-7]	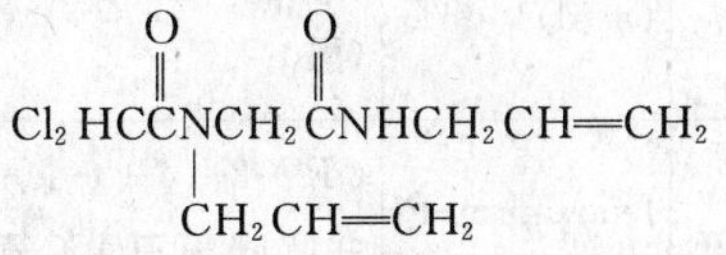 $Cl_2HC(=O)N(CH_2CH{=}CH_2)CH_2C(=O)NHCH_2CH{=}CH_2$
569	解草酯	cloquitocet-mexyl	(5-氯喹啉-8-基氧)乙酸 1-甲基己基酯[99607-70-2]	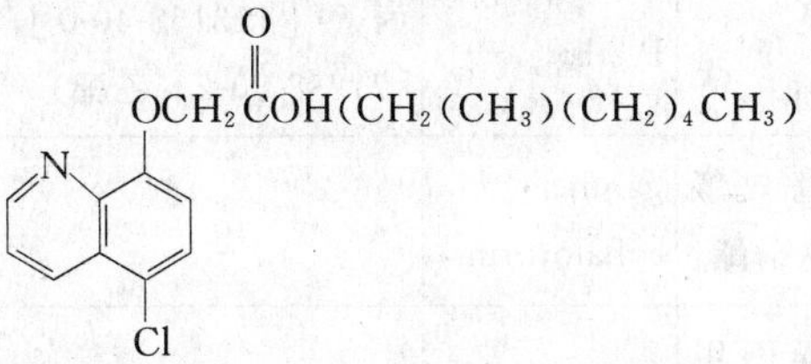
570	解草唑	fenchlorazole[d]	1-(2,4-二氯苯基)-5-三氯甲基-1H-1,2,4-三唑-3-羧酸[103112-36-3][103112-35-2](乙酯)	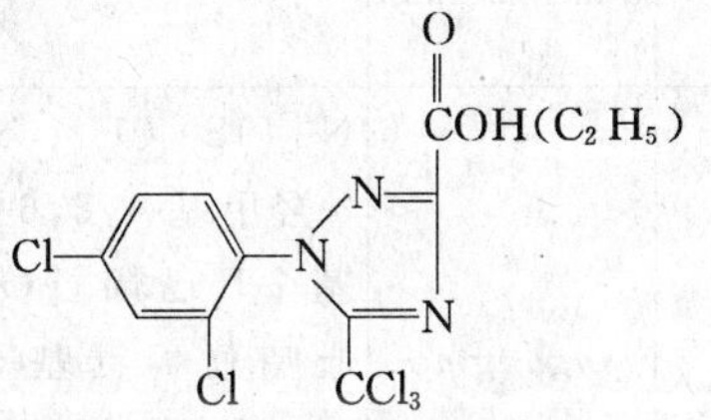
571	金龟子绿僵菌	*Metarhizium anisopliae*		
572	金核霉素	*Aureonucleomycin*		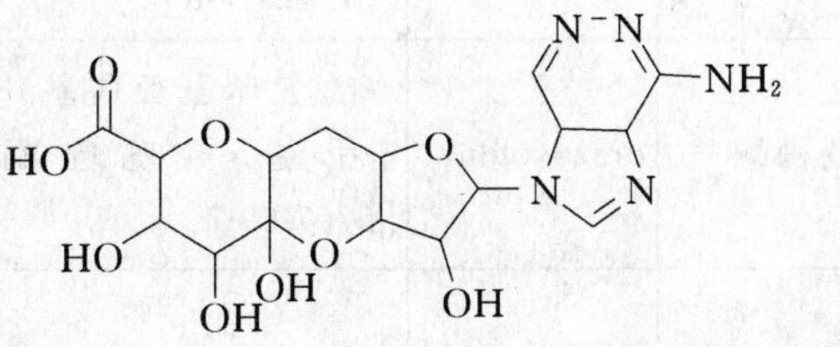
573	浸种磷	izopamfos	甲氧基膦酸-3-壬基氧丙基铵盐	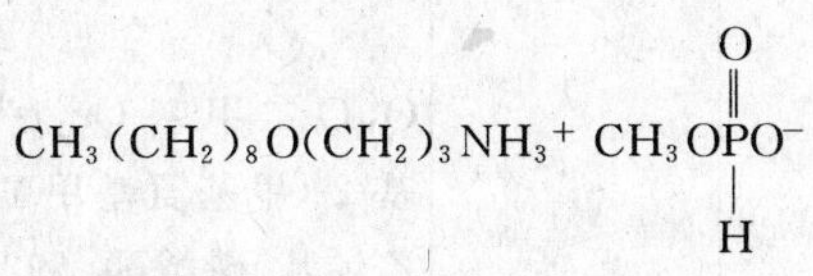 $CH_3(CH_2)_8O(CH_2)_3NH_3^+\ CH_3OP(=O)(H)O^-$
574	腈苯唑	fenbuconazole[d]	4-(4-氯苯基)-2-苯基-2-(1H-1,2,4-三唑-1-基甲基)丁腈[114369-43-6]	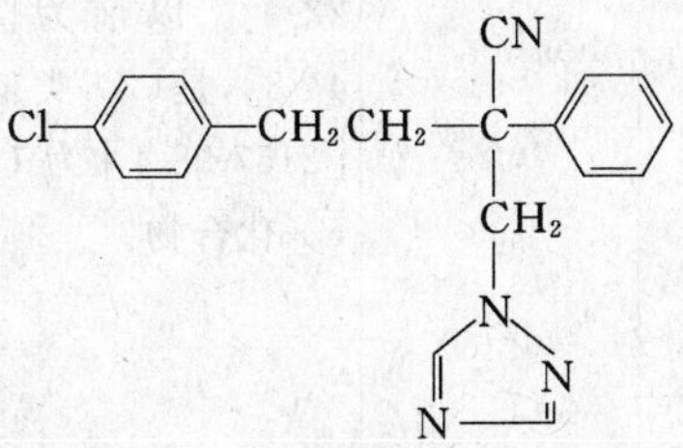

表（续）

序号	中文通用名称	英文名称[a]	化学名称及 CAS 登录号[b]	结构式
575	腈菌唑	myclobutanil[d]	2-(4-氯苯基)-2-(1H-1,2,4-三唑-1-基甲基)己腈[88671-89-0]	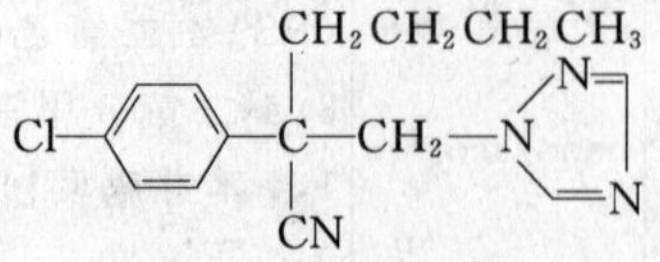
576	精吡氟禾草灵	fluazifop-P-butyl fluazifop-P (acid)[d]	(R)-2-[4-(5-三氟甲基-2-吡啶氧基)苯氧基]丙酸丁酯[79241-46-6]，[83066-88-0](酸)	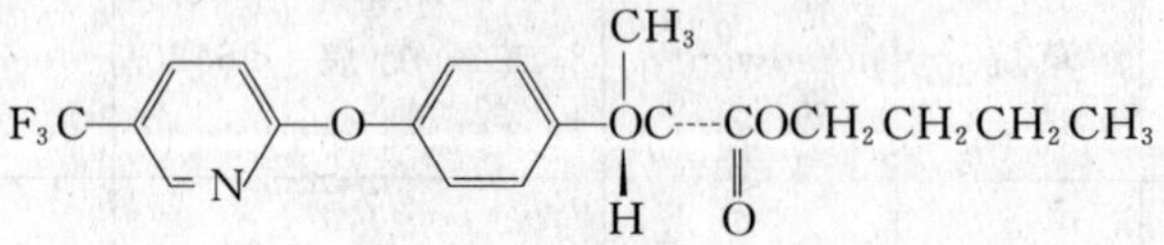
577	精噁唑禾草灵	fenoxaprop-P fenoxaprop-P-ethyl[d]	(R)-2-[4-(6-氯-2-苯并噁唑氧基)苯氧基]丙酸[113158-40-0]，[71238-80-2](乙酯)	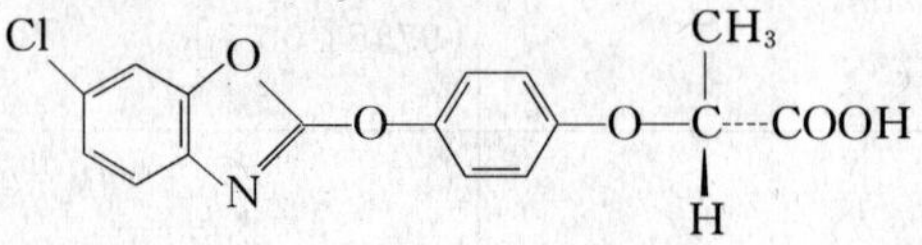
578	精高效氯氟氰菊酯	gamma cyhalothrin		
579	精异丙甲草胺	s-metolachlor		
580	井冈霉素	*Jingangmycin A*	N-[(1S)-(1,4,6/5)-3-羟甲基-4,5,6-三羟基-2-环己烯][O-β-D-吡喃葡萄糖基-(1→3)]-1S-(1,2,4/3,5)-2,3,4-三羟基-5-羟甲基环己胺(A组份)[37248-47-8]	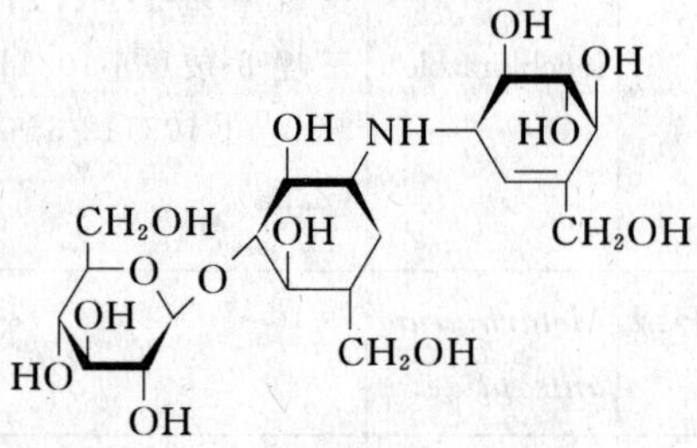
581	肼菌酮	drazoxolon	4-(2-氯苯基亚肼基)-3-甲基-5-异噁唑酮[5707-69-7]	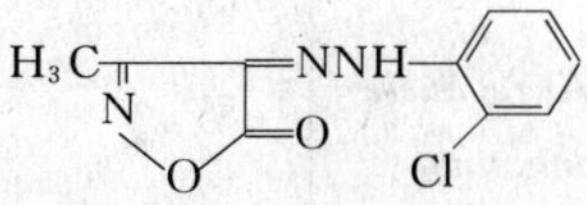
582	久效磷	monocrotophos	O,O-二甲基-O-[1-甲基-2-(甲基氨基甲酰)乙烯基]磷酸酯[6923-22-4]。以前为[919-44-8]，是(Z)-类似物；[2157-98-4]为(Z+E)-化合物。	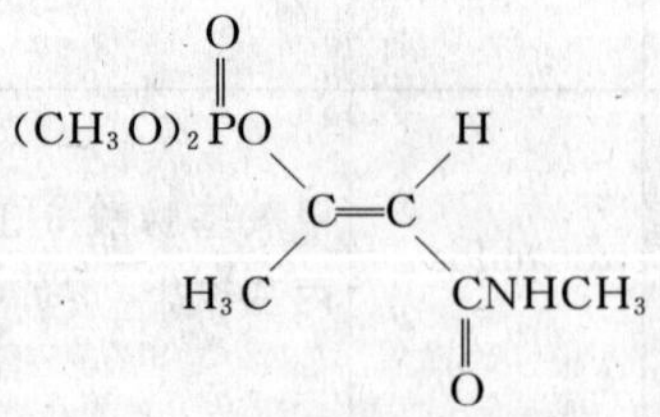 (E) 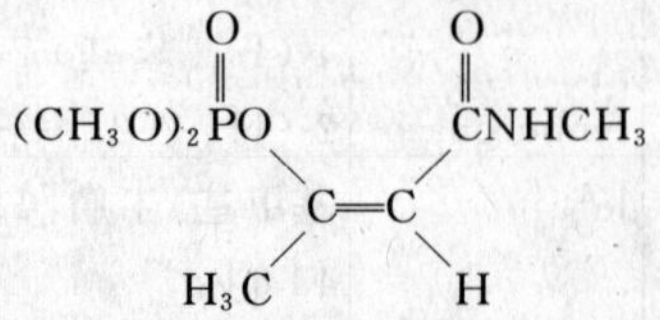 (Z)

表（续）

序号	中文通用名称	英文名称[a]	化学名称及CAS登录号[b]	结构式
583	久效威	thiofanox	O-甲基氨基甲酰基-3,3-二甲基-1-(甲硫基)丁醛肟[39196-18-4]	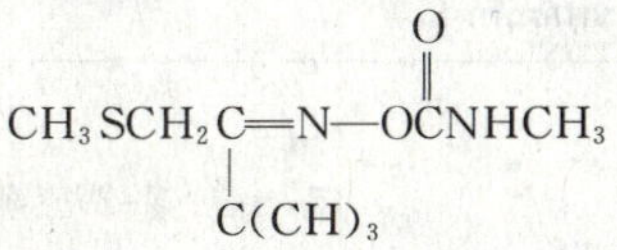 $CH_3SCH_2C(=N-OC(=O)NHCH_3)C(CH)_3$
584	甲基丁香酚	methyl eugenol	1,2-二甲氧基-4(2-丙烯基)苯	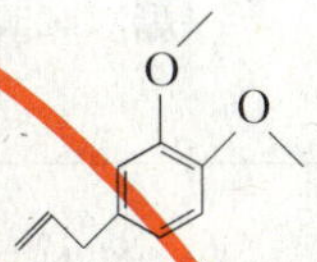
585	菊乙胺酯	bachme desh	N,N-二乙胺基乙基-4-氯-α-异丙基苄基羧酸酯盐酸盐	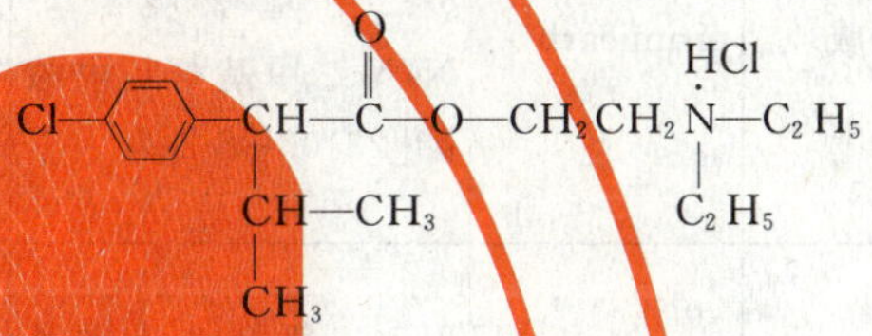
586	菌核净	dimetachlone	N-(3,5-二氯苯基)丁二酰亚胺[24096-53-5]	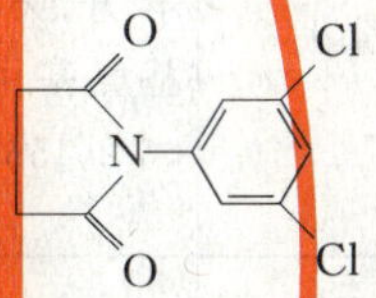
587	菌核利	dichlozolin	3-(3,5-二氯苯基)-5,5-二甲基-1,3-噁唑烷-2,4-二酮[24201-58-9]	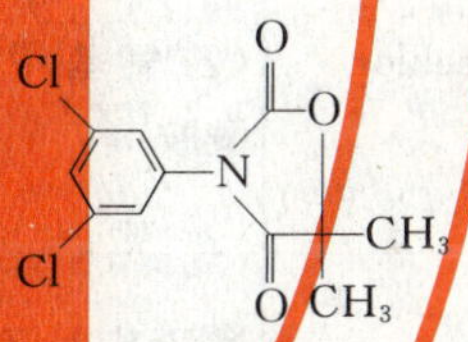
588	糠菌唑	bromuconazole[d]	2-(2,4-二氯苯基)-2-(1H-1,2,4-三唑-1-基甲基)-4-溴四氢呋喃[116255-48-2]	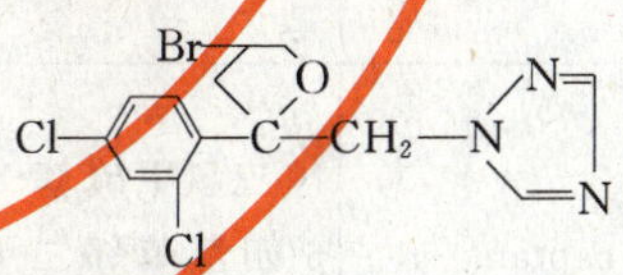
589	抗倒胺	inabenfide[d]	N-[4-氯-2-(α-羟基苄基)]-4-吡啶甲酰胺[82211-24-3]	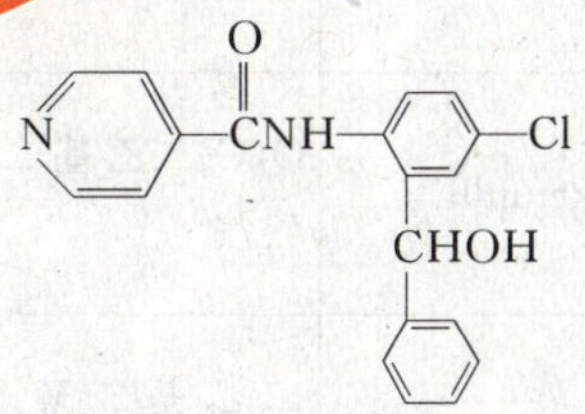
590	抗倒酯	trinexapac trinexapac-ethyl	4-环丙基(羟基)亚甲基-3,5-二氧代环己烷甲酸甲酯[95266-40-3]	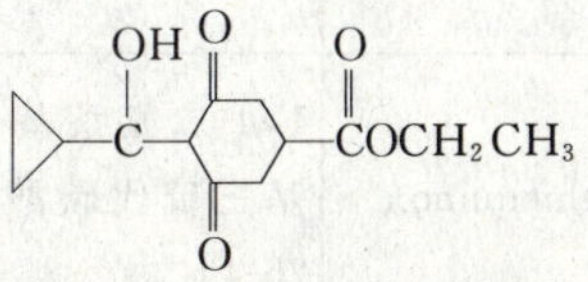

表(续)

序号	中文通用名称	英文名称[a]	化学名称及CAS登录号[b]	结构式
591	抗坏血酸	vitamin C		
592	抗螨唑	fenazaflor	5,6-二氯-2-三氟甲基苯并咪唑-1-基甲酸苯酯[14255-88-0]	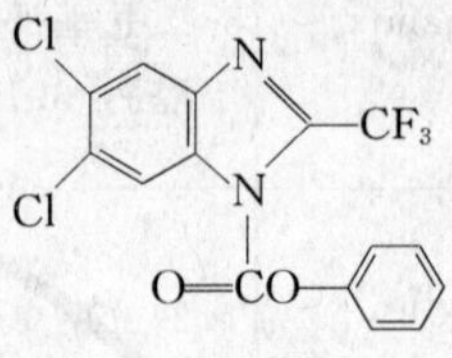 Cl, Cl, N, CF_3, N, O=C—O—苯基
593	抗蚜威	pirimicarb	2-N,N-二甲基氨基-5,6-二甲基嘧啶-4-基-N,N-二甲基氨基甲酸酯[23103-98-2]	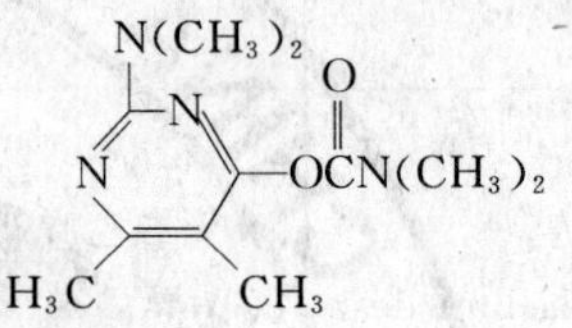 $N(CH_3)_2$, N, N, $OCN(CH_3)_2$ (C=O), H_3C, CH_3
594	克百威	carbofuran	2,3-二氢-2,2-二甲基苯并呋喃-7-基-N-甲基氨基甲酸酯[1563-66-2,1563-38-8]	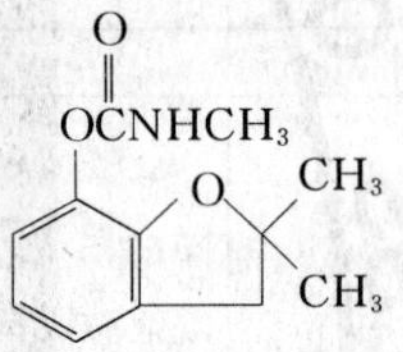 $OCNHCH_3$ (C=O), O, CH_3, CH_3
595	克草胺	ethachlor	N-(2-乙基苯基)-N-(乙氧基甲基)-氯乙酰胺	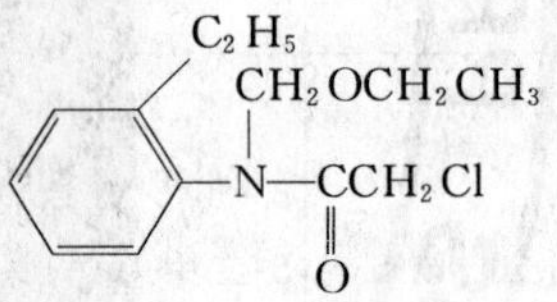 C_2H_5, $CH_2OCH_2CH_3$, N—CCH_2Cl (C=O)
596	克草敌	pebulate	N-丁基-N-乙基硫代氨基甲酸-S-丙基酯[1114-71-2]	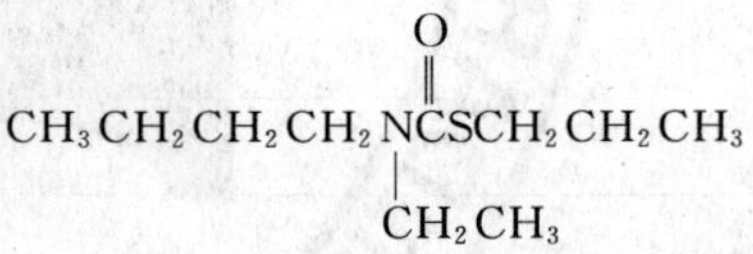 $CH_3CH_2CH_2CH_2NCSCH_2CH_2CH_3$ (C=O; N—CH_2CH_3)
597	克菌丹	captan	N-三氯甲硫基-1,2,3,6-四氢苯邻二甲酰亚胺[133-06-2]	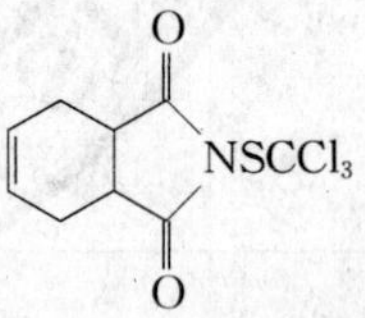 O, $NSCCl_3$, O
598	克菌磷	kejunlin[q]	O,O-二乙基二硫代磷酸铵	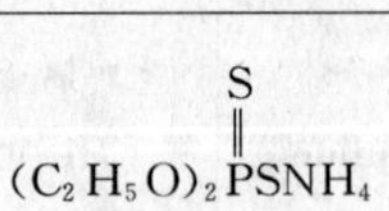 $(C_2H_5O)_2PSNH_4$ (P=S)
599	克菌壮	kejunzhuang[q]	二乙基二硫代磷酸铵盐	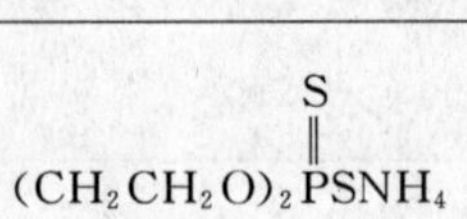 $(CH_2CH_2O)_2PSNH_4$ (P=S)
600	克杀螨	thioquinox	1,4-二氮萘基-2,3-二基三硫代碳酸酯[93-75-4]	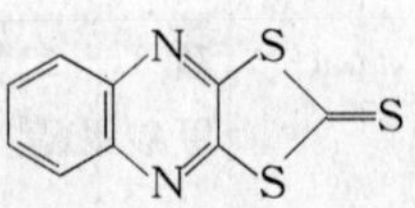 N, S, N, S, =S

表（续）

序号	中文通用名称	英文名称[a]	化学名称及CAS登录号[b]	结构式
601	克鼠灵	coumafuryl	3-(α-乙酰甲基糠醛基)-4-羟基香豆素[117-52-2]	
602	枯草隆	chloroxuron	1,1-二甲基-3-[4-(4-氯苯氧基)苯基]脲[1982-47-4]	
603	枯草芽孢杆菌	*Brevibacterium*		
604	枯莠隆	difenoxuron	1,1-二甲基-3-[4-(4-甲氧基苯氧基)苯基]脲[14214-32-5]	
605	苦参碱	matrine		
606	苦豆子总碱	*total alkaloids in Sophora alopecuroides*		
607	苦皮藤素	celangulin		
608	喹草烯	kuicaoxi[q]	2-(2-(4-(6-氯喹喔啉-2-基氧)苯氧)丙酰氧基)-3-甲基丁-3-烯酸乙酯	
609	喹禾糠酯	quizalofop-P-tefuryl[d]	(RS)-2-[4-(6-氯喹喔啉-2-氧基)苯氧基]丙酸-2-四氢呋喃甲基酯[119738-06-6]	
610	喹禾灵	quizalofop[d]	(RS)-2-[4-(6-氯喹噁啉-2-氧基)苯氧基]丙酸乙酯[76578-14-8],[76578-12-6](酸)	

表（续）

序号	中文通用名称	英文名称[a]	化学名称及 CAS 登录号[b]	结构式
610	精喹禾灵	quizalofop-P-ethyl quizalofop-P (acid)[d]	(R)-2-[4-(6-氯喹喔啉-2-氧基)苯氧基]丙酸乙酯[100646-51-3],[94051-08-8](酸)	
611	喹菌酮	oxolinic acid[d]	5-乙基-5,8-二氢-8-氧代[1,3]二氧戊环并[4,5-g]喹啉-7-羧酸[14698-29-4]	
612	喹啉铜	oxine-copper	8-羟基喹啉酮[10380-28-6]	
613	喹硫磷	quinalphos	O,O-二乙基-O-喹噁啉-2-基硫代磷酸酯[13593-03-8]	
614	喹螨醚	fenazaquin[d]	4-特丁基苯乙基-喹唑啉-4-基醚[120928-09-8]	
615	醌肟腙	benquinox	N′-苯甲酰基-1-苯醌腙-4-肟[495-73-8]	
		L		
616	蜡质芽孢杆菌	*Bacillus cereus*		
617	辣椒碱	capsaicin		
618	莨菪碱	hyoscyamine	a-(羟甲基)-苯乙酸-8-甲基-8-氮杂双环[3,2,1]-辛-3-酯	
619	乐果	dimethoate	O,O-二甲基-S-(甲基氨基甲酰甲基)二硫代磷酸酯[60-51-5]	$(CH_3O)_2P(=S)SCH_2C(=O)NHCH_3$

表（续）

序号	中文通用名称	英文名称[a]	化学名称及 CAS 登录号[b]	结构式
620	乐杀螨	binapacry	2-仲丁基-4,6-二硝基苯基-3-甲基丁-2-烯酸酯[485-31-4]	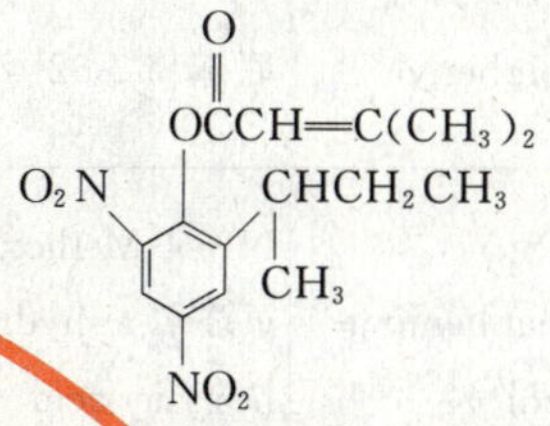
621	雷公藤甲素	triptolide	[3bR-(3bα，4aα，5aS*，6β，6aβ，7aβ，7bα，8aS*，8bβ)]-3b,4,4a,6,6a,7a,7b,8b,9,10-十氢-6-羟基-8b-甲基-6a-(1-甲基乙基)三环氧[4b,5:6,7:8a,9]-菲并[1,2-c]呋喃(3H)-酮	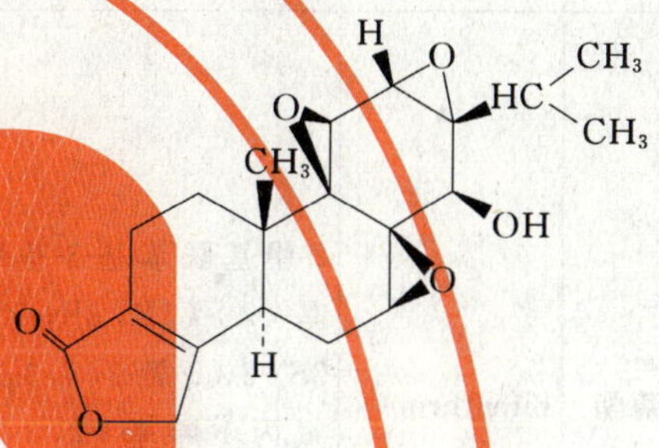
622	雷公藤内酯醇	triptolide		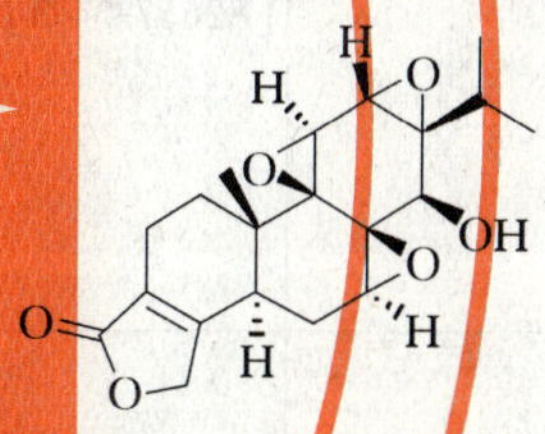
623	类产碱假单孢菌	*Pseudomonas Pseudoalcaligenes*		
624	藜芦碱	vertrine	3,4,12,14,16,17,20-七羟基-4,9-环氧-3-(2-甲基-2-丁烯酸酯[3β(Z),4α,16β]-沙巴达碱	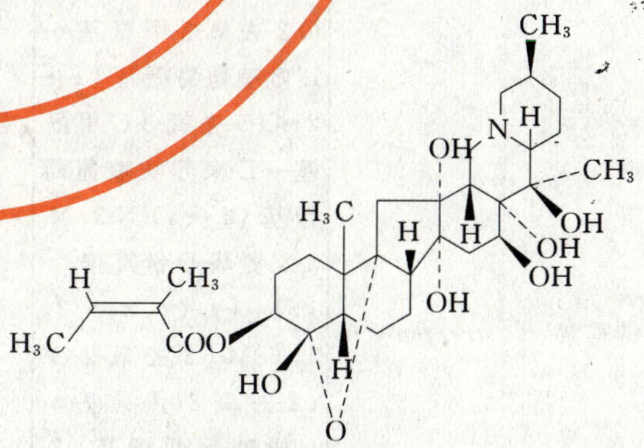
625	利谷隆	linuron	1-甲氧基-1-甲基-3-(3,4-二氯苯基)脲[330-55-2]	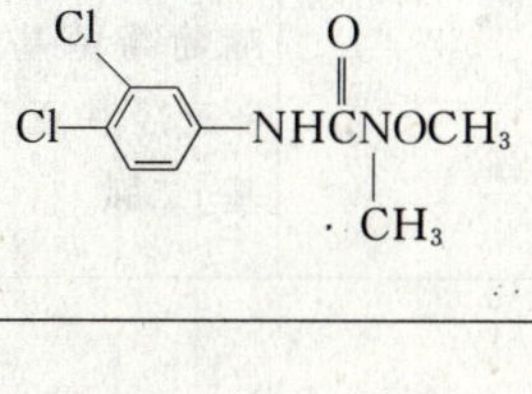

表(续)

序号	中文通用名称	英文名称[a]	化学名称及CAS登录号[b]	结构式
626	联苯	biphenyl	联苯[92-52-4]	
627	联苯肼酯	lianbenjingzhi[q]	N′-(4-Methoxy-biphenyl-3-yl) hydrazinecarboxylic acid isopropyl ester(IUPAC)	NHNHCOCH$(CH_3)_2$ (C=O); OCH_3
628	联苯菊酯	bifenthrin	2-甲基联苯基-3-基甲基-(Z)-(1R,3R;1S,3S)-3-(2-氯-3,3,3-三氟丙-1-烯基)-2,2-二甲基环丙烷羧酸酯[82657-04-3]	(Z)-(1R,3R)-异构体 (Z)-(1S,3S)-异构体
629	联苯三唑醇	bitertanol[d]	1-(联苯-4-基氧)-1-(1H-1,2,4-三唑-1-基)-3,3-二甲基丁-2-醇[55179-31-2]	O—CHCHC$(CH_3)_3$ (OH)
630	链霉素	*streptomycin*	O-2-去氧-2-甲氨基-α-L-吡喃葡萄糖基-(1→2)-O-5-去氧-3-C-甲酰基-α-L-来苏呋喃葡萄糖基-(1→4)-N-3,N-3-二氨基-D-链霉胺;1,1-[1-L-(1,3,5/2,4,6)-4-[5-去氧-2-O-(2-去氧-2-甲氨基-α-L-吡喃葡萄糖基)-3-C-甲酰基-α-L-来苏呋喃葡萄糖基氧]-2,5,6-三羟基亚环己-1,3-基]二胍	

表（续）

序号	中文通用名称	英文名称[a]	化学名称及 CAS 登录号[b]	结构式
631	楝素	toosedarin	呋喃三萜	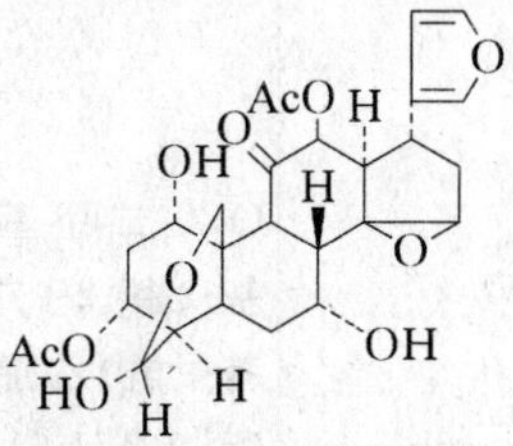
632	邻苯基苯酚	2-phenylphenol	2-苯基苯酚[90-43-7]	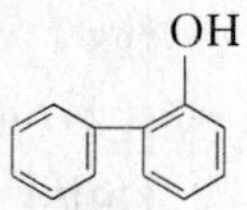
633	邻甲氧基酚	2-methoxy-phenol	邻甲氧基苯酚	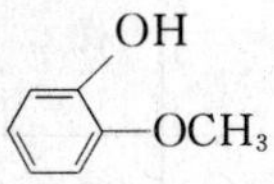
634	邻烯丙基苯酚	2-allyl phenol	邻烯丙基苯酚	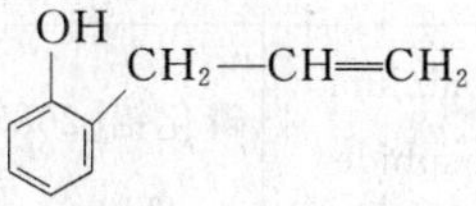
635	邻酰胺	mebenil	2-甲基-N-苯基苯甲酰胺[7055-03-0]	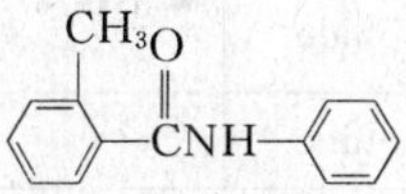
636	邻硝基苯酚铵	ammonium-ortho-nitrophenolate	邻硝基苯酚铵	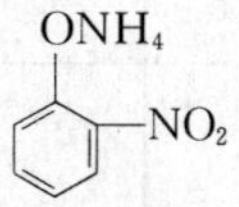
637	邻硝基苯酚钾	potassium ortho-nitrophenolate	邻硝基苯酚钾	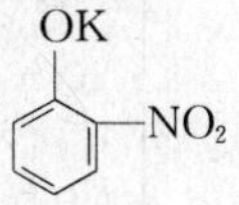
638	邻硝基苯酚钠	sodium ortho-nitrophenol	邻硝基苯酚钠	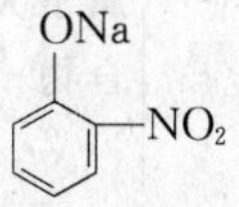
639	林丹	lindane	γ-(1,2,4,5/3,6)-六氯环己烷[58-89-9]	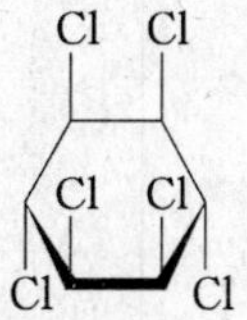

表（续）

序号	中文通用名称	英文名称[a]	化学名称及CAS登录号[b]	结构式
640	磷胺	phosphamidon	O,O-二甲基-O-[1-甲基-2-氯-2-(二乙基氨基甲酰)乙烯基]磷酸酯[13171-21-6]为(E+Z)-化合物,[23783-98-4]为(Z)-异构体,[297-99-4]为(E)-异构体	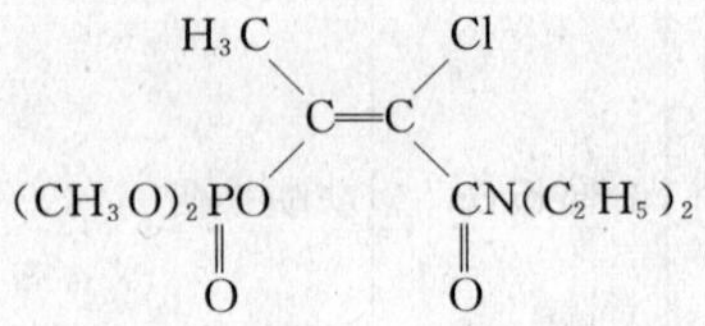 (E)；(Z) 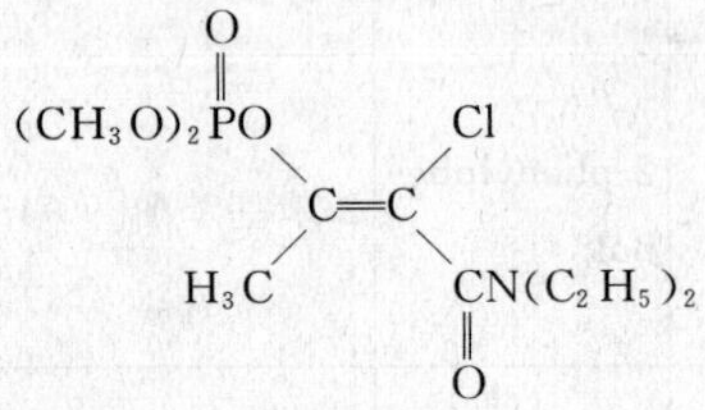
641	磷化钙	calcium phosphide	磷化钙	Ca_3P_2
642	磷化铝	aluminium phosphide	磷化铝[20859-73-8]	AlP
643	磷化镁	megnesium phosphide	磷化镁	Mg_3P_2
644	磷化氢	phosphine		H_3P
645	磷化锌	zine phosphide	磷化锌[1314-84-7]	Zn_3P_2
646	浏阳霉素	liuyangmycin	属于大环四内酯类混合物	见下表

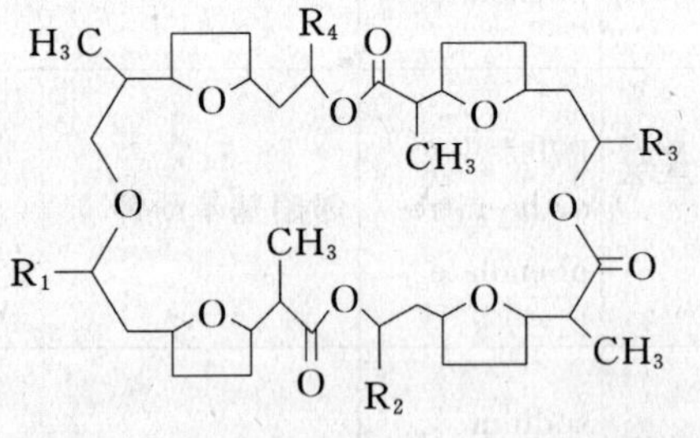

646 浏阳霉素结构式取代基：

	R_1	R_2	R_3	R_4
1	CH_3	CH_3	CH_3	CH_3
2	CH_3	C_2H_5	CH_3	CH_3
3	C_2H_5	C_2H_5	CH_3	CH_3
4	C_2H_5	C_2H_5	C_2H_5	CH_3
5	C_2H_5	C_2H_5	C_2H_5	C_2H_5

表（续）

序号	中文通用名称	英文名称[a]	化学名称及 CAS 登录号[b]	结构式
647	硫丙磷	sulprofos	O-乙基-O-(4-甲硫基苯基)-S-丙基二硫代磷酸酯[35400-43-2]	S; C_2H_5OP—O—⟨苯环⟩—SCH_3; $SCH_2CH_2CH_3$
648	硫草敌	ethiolate	N,N-二乙基硫代氨基甲酸-S-乙酯[2941-55-1]	O; $(CH_3CH_2)_2NCSCH_2CH_3$
649	硫丹	endosulfan	(1,4,5,6,7,7-六氯-8,9,10-三降冰片-5-烯-2,3-亚基双亚甲基)亚硫酸酯[115-29-7]	Cl; Cl; Cl; Cl; Cl; Cl; O; SO; O
650	硫氟肟醚	thiofluoximate	1-(3-氟-4-氯苯基)-2-甲硫基乙酮肟-O-(2-甲基联苯基-3-甲基)醚	Cl; F; C═N—O—$\overset{H_2}{C}$; CH_2SCH_3; H_3C
651	硫环磷	phosfolan	O,O-二乙基-N-(1,3-二硫戊环-2-亚基)磷酰胺[947-02-4]	O; $(C_2H_5O)_2P$—N═; S; S
652	硫磺	sulfur	硫[7704-34-9]	S
653	硫菌灵	thiophanate	4,4′-(1,2-亚苯基)双(3-硫代脲基甲酸乙酯)[23564-05-9]	S; O; $NHCNHCOCH_2CH_3$; $NHCNHCOCH_2CH_3$; S; O
654	硫菌威	prothiocarb	N-(3-二甲氨基丙基)硫代氨基甲酸-S-乙基酯[19622-08-3]	O; $(CH_3)_2NCH_2CH_2CH_2NHCSCH_2CH_3$
655	硫双威	thiodicarb[d]	3,7,9,13-四甲基-5,11-二氧杂-2,8,14-三硫杂-4,7,9,12-四氮杂十五烷-3,12-二烯-6,10-二酮[59669-26-0]	O; CH_3; CH_3C═NOCNSNCON═CCH_3; SCH_3; CH_3 O; SCH_3

表（续）

序号	中文通用名称	英文名称[a]	化学名称及 CAS 登录号[b]	结 构 式
656	硫酸链霉素	*streptomycin sulfate*		
657	硫酸四氨络合锌	zinc tetrammino-sulfate	硫酸四氨络合锌	$Zn(NH_3)_4SO_4$
658	硫酸铜	copper sulfate	硫酸铜[7758-98-7]	$CuSO_4 \cdot 5H_2O$
659	硫酸铜钙	copper calcium sulphate	硫酸铜钙	$CuSO_4 \cdot 3Cu(OH)_2 \cdot 3CaSO_4$
660	硫酸锌	zinc sulfate	硫酸锌	$ZnSO_4 \cdot 7H_2O$
661	硫酸亚铊	thallous sulphate	硫酸亚铊	Tl_2SO_4
662	硫肟醚	sulfoxime	1-(2-甲硫基)-对氯苯基丙酮肟-氧-(3-苯氧基苄基)醚	Cl-⟨苯环⟩-C=N-OCH₂-⟨苯环⟩-O-⟨苯环⟩；C 上连 CH(H₃CS)(CH₃)
663	硫酰氟	sulfuryl fluoride	硫酰氟[2699-79-8]	$O=S(=O)(F)-F$
664	硫线磷	cadusafos[d]	O-乙基-S,S-二仲丁基二硫代磷酸酯[95465-99-9]	$C_2H_5OP(O)(SCH(CH_3)CH_2CH_3)_2$
665	六六六	HCB	1,2,3,4,5,6-六氯环己烷[608-73-1]	环己烷，每个碳上连一个 Cl（$C_6H_6Cl_6$）
666	六氯苯	hexachloro-benzene	六氯苯[118-74-1]	苯环，每个碳上连一个 Cl（C_6Cl_6）
667	咯草隆	cisanilide	1-(2,5-二甲基吡咯烷基)-3-苯基脲[34484-77-0]	⟨苯环⟩-NHC(=O)-N⟨2,5-二甲基吡咯烷环，两个 H_3C⟩

表（续）

序号	中文通用名称	英文名称[a]	化学名称及CAS登录号[b]	结构式
668	咯菌腈	fludioxonil	4-(2,2-二氟-1,3-苯并二氧杂环戊烯-4-基)吡咯-3-腈[131341-86-1]	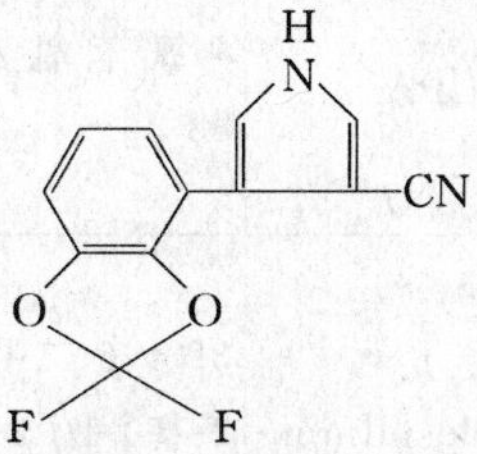
669	咯喹酮	pyroquilon[d]	1,2,5,6-四氢吡咯并[3,2,1-ij]喹啉-4-酮[57369-32-1]	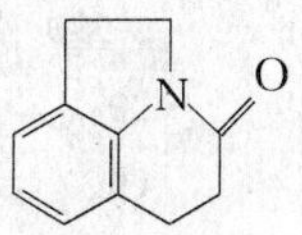
670	绿谷隆	monolinuron	1-甲氧基-1-甲基-3-(4-氯苯基)脲[1746-81-2]	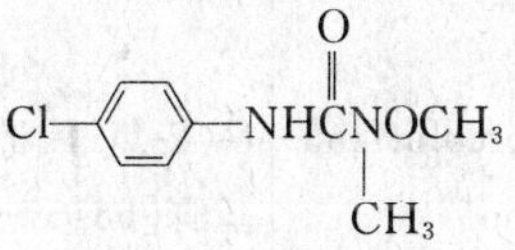
671	绿麦隆	chlortoluron	1,1-二甲基-3-(3-氯-4-甲基苯基)脲[15545-48-9]	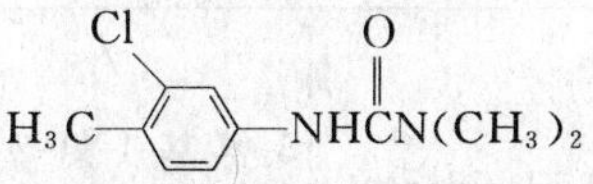
672	氯胺磷	chloramine phosphorus	O,S-二甲基(2,2,2-三氯-1-羟基乙基)硫代磷酰胺	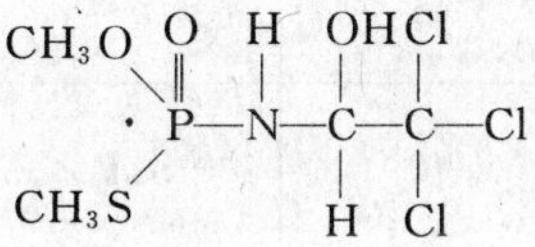
673	氯苯胺灵	chlorpropham	N-(3-氯苯基)氨基甲酸异丙酯[101-21-3]	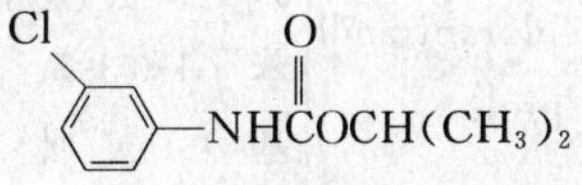
674	氯苯吡啶	parinol[f]	α,α-双(4-氯苯基)-3-吡啶甲醇[17781-31-6]	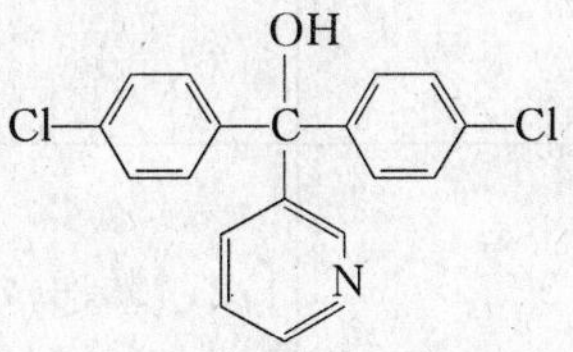
675	氯苯甲醚	chloroneb	1,4-二氯-2,5-二甲氧基苯[2675-77-6]	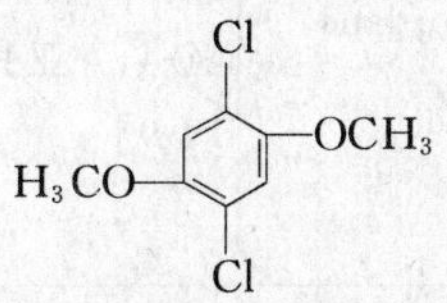
676	氯苯嘧啶醇	fenarimol	2-氯苯基-4-氯苯基-α-嘧啶-5-基甲醇[60168-88-9]	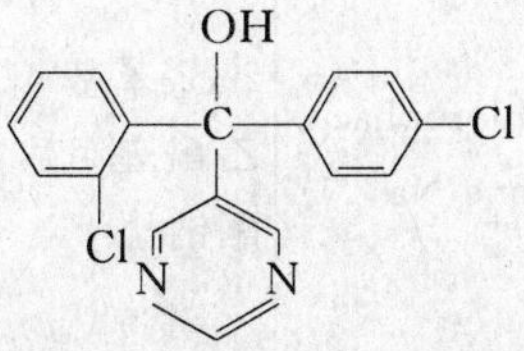

表（续）

序号	中文通用名称	英文名称[a]	化学名称及 CAS 登录号[b]	结构式
677	氯苯氧乙酸	4-CPA	4-氯苯氧乙酸［122-88-3］	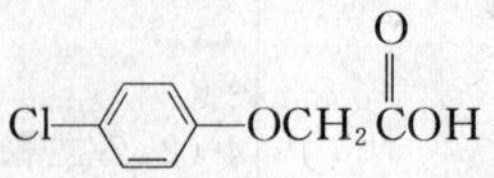 Cl-⟨苯环⟩-OCH$_2$COH（C=O）
678	氯吡嘧磺隆	halosulfuron-methyl halosulfuron (acid)	3-(4,6-二甲氧基嘧啶-2-基)-1-(1-甲基-3-氯-4-甲氧基甲酰基吡唑-5-基)磺酰脲［100784-20-1］，［135397-30-7］(酸)	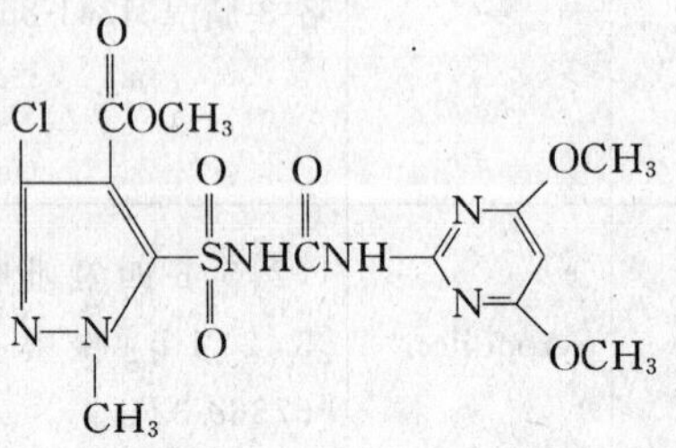
679	氯吡脲	forchlorfenuron[d]	1-(2-氯-4-吡啶)-3-苯基脲［68157-60-8］	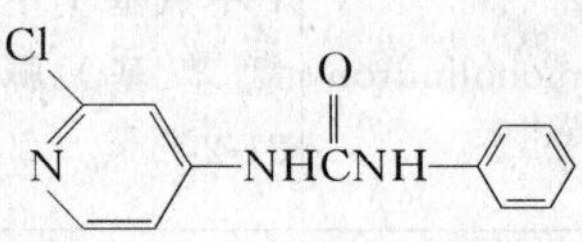
680	氯草敏	chloridazon	5-氨基-4-氯-2-苯基哒嗪-3-酮［1698-60-8］	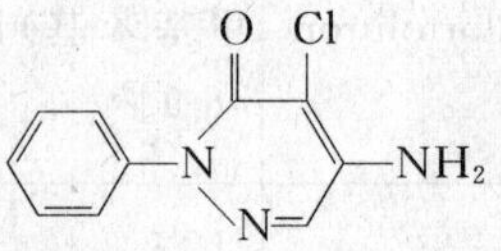
681	氯虫苯甲酰胺	chlorantraniliprole	3-溴-N-［4-氯-2-甲基-6-［(甲氨基甲酰基)苯］-1-(3-氯吡啶-2-基)-1-氢-吡唑-5-甲酰胺	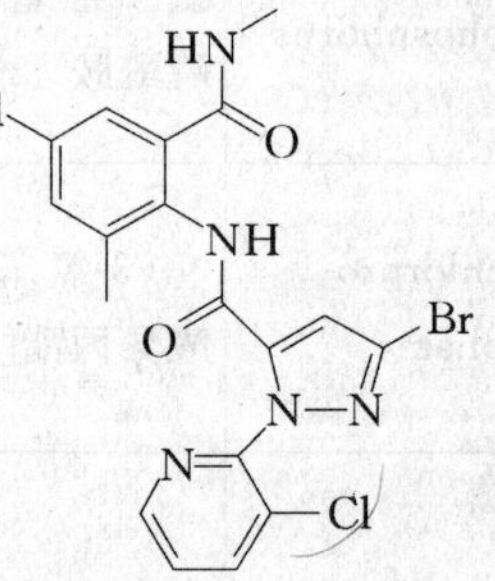
682	氯丹	chlordane	1,2,4,5,6,7,8,8-八氯-2,3,3a,4,7,7a-六氢-4,7-亚甲基茚［57-74-9］	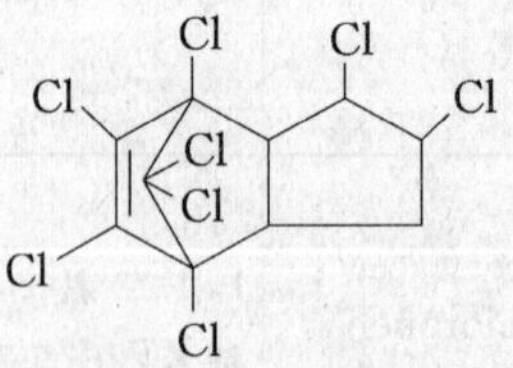
683	氯敌鼠钠盐	chlorophacinone Na	2-(2-苯基-4-对氯苯基乙酰基)-1,3-茚满二酮钠盐	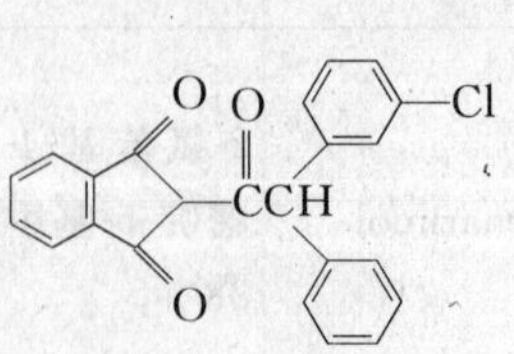

表（续）

序号	中文通用名称	英文名称[a]	化学名称及 CAS 登录号[b]	结构式
684	氯啶菌酯	lvdingjunzhi[q]	N-甲氧基-N-[2-[[(3,5,6-三氯吡啶-2-基)氧]甲基]苯基]氨基甲酸甲酯	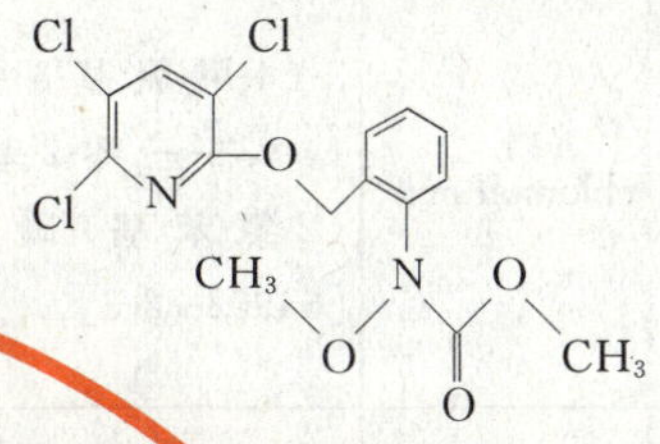
685	氯氟吡氧乙酸	fluroxypyr	4-氨基-3,5-二氯-6-氟-2-吡啶氧乙酸[69377-81-7],[81406-37-3]	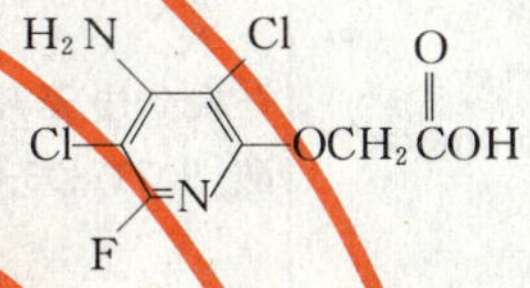
	氯氟吡氧乙酸异辛酯	fluroxypyr-mepthyl[q]	4-氨基-3,5-二氯-6-氟-2-吡啶氧乙酸异辛酯[69377-81-7],[81406-37-3]	
686	氯氟醚菊酯	lvfumijvzhi[q]	2,3,5,6-四氟-4-甲氧甲基苄基(1R,3S)-3-(2,2-二氯乙烯基)-2,2-二甲基环丙烷羧酸酯	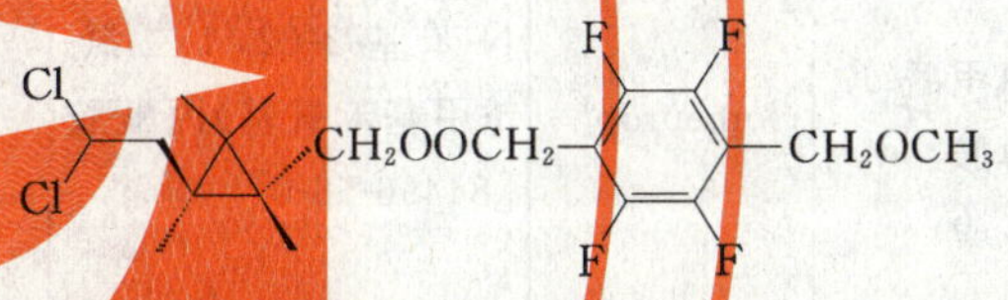
687	氯氟氰菊酯	cyhalothrin	(RS)-α-氰基-3-苯氧基苄基(Z)-(1RS,3RS)-(2-氯-3,3,3-三氟丙烯基)-2,2-二甲基环丙烷羧酸酯[68085-85-8]	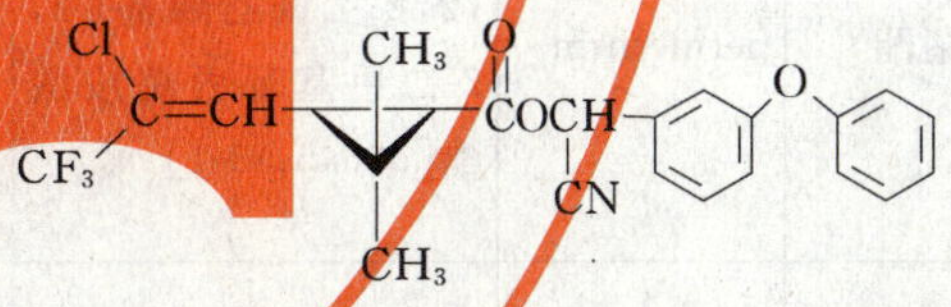
688	氯化苯汞	phenylmercury chloride	氯化苯汞	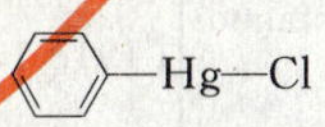 C_6H_5—Hg—Cl
689	氯化胆碱	choline chloride	氯化胆碱	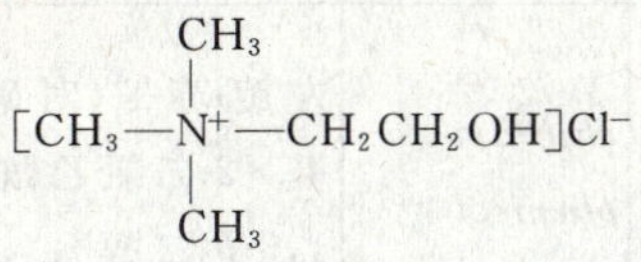 $[CH_3—N^+(CH_3)_2—CH_2CH_2OH]Cl^-$
690	氯化苦	choropicrin	三氯硝基甲烷[76-06-2]	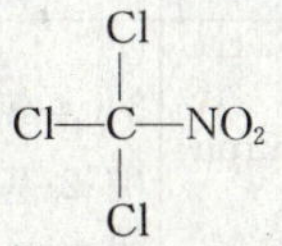 CCl_3NO_2
691	氯化乙基汞	ethylmercury chloride	氯化乙基汞[107-27-7]	CH_3CH_2HgCl

表(续)

序号	中文通用名称	英文名称[a]	化学名称及CAS登录号[b]	结构式
692	氯磺隆	chlorsulfuron	3-(4-甲氧基-6-甲基-1,3,5-三嗪-2-基)-1-(2-氯苯基)磺酰脲[64902-72-3]	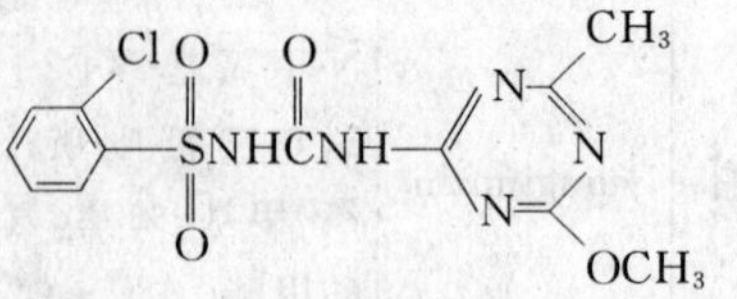
693	氯甲喹啉酸	quinmerac[d]	7-氯-3-甲基喹啉-8-羧酸[90717-03-6]	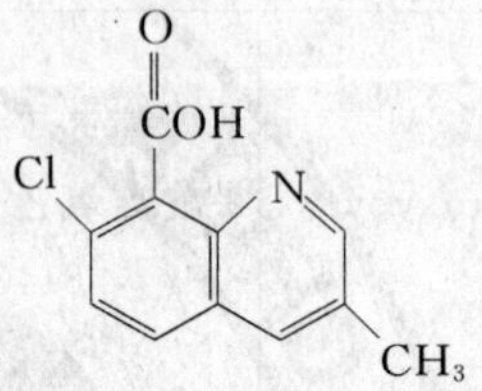
694	氯甲硫磷	chlormephos	O,O-二乙基-S-氯甲基二硫代磷酸酯[24934-91-6]	$(C_2H_5O)_2P(S)SCH_2Cl$
695	氯甲酰草胺	clomeprop[d]	N-苯基-2-(2,4-二氯-3-甲基苯氧基)丙酰胺[84496-56-0]	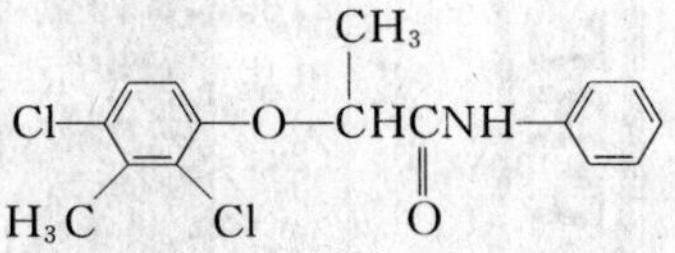
696	氯菊酯	permethrin	3-苯氧基苄基(RS)-3-(2,2-二氯乙烯基)-2,2-二甲基环丙烷羧酸酯[52645-53-1]	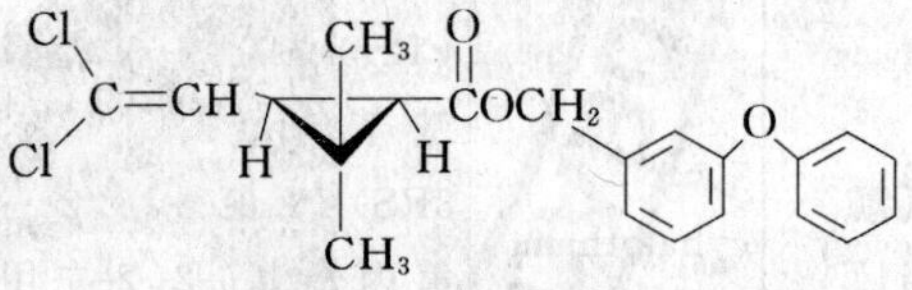
697	氯硫酰草胺	chlorthiamid	2,6-二氯硫代甲酰胺[1918-13-4]	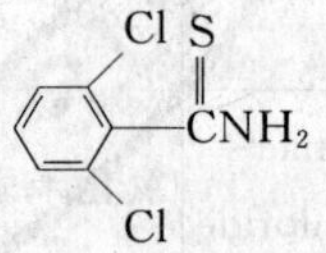
698	氯霉素	*chloramphenicol*	左旋-苏-1-(对硝基苯基)-2-二氯乙酰氨基-1,3-丙二醇	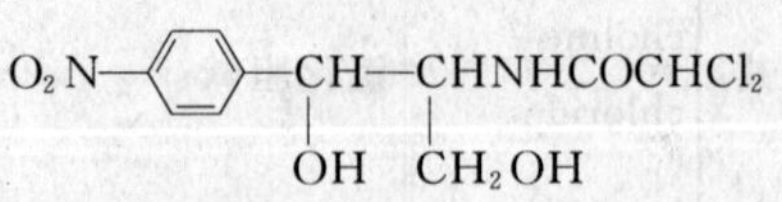 $O_2N-C_6H_4-CH(OH)-CH(CH_2OH)-NHCOCHCl_2$
699	氯嘧磺隆	chlorimuron-ethyl chlo-rimuron (acid)	3-(4-氯-6-甲氧基嘧啶-2-基)-1-(2-乙氧基甲酰基苯基)磺酰脲[90982-32-4],[99283-00-8](酸)	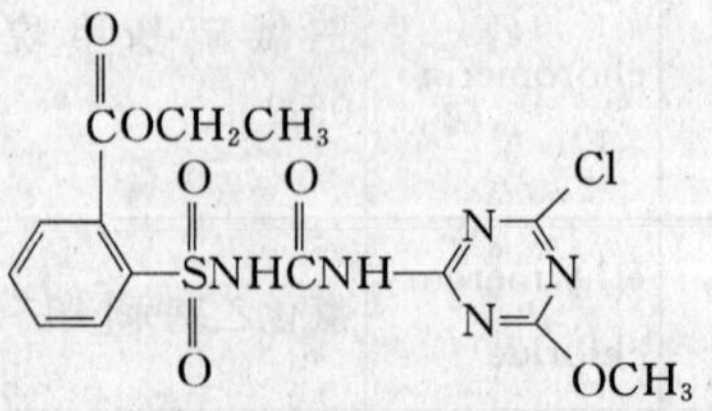

表（续）

序号	中文通用名称	英文名称[a]	化学名称及 CAS 登录号[b]	结构式
700	氯灭鼠灵	coumachlor	3-(α-乙酰甲基-4-氯苄基)-4-羟基香豆素[81-82-3]	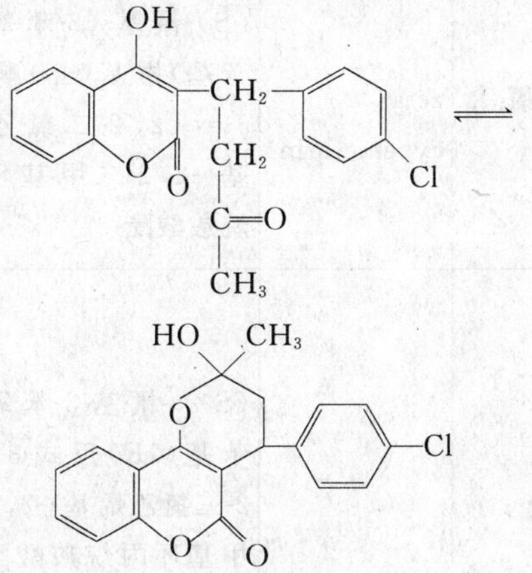
	氯氰菊酯	cypermethrin	(RS)-α-氰基-3-苯氧基苄基(SR)-3-(2,2-二氯乙烯基)-2,2-二甲基环丙烷羧酸酯[52315-07-8]	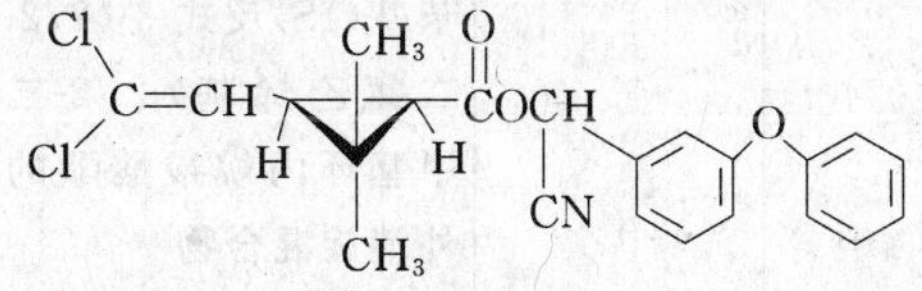
701	高效氯氰菊酯	bata-cypermethrin	(S)-α-氰基-3-苯氧基苄基(1R,3R)-3-(2,2-二氯乙烯基)-2,2-二甲基环丙烷羧酸酯 (R)-α-氰基-3-苯氧基苄基(1S,3S)-3-(2,2-二氯乙烯基)-2,2-二甲基环丙烷羧酸酯 (S)-α-氰基-3-苯氧基苄基(1R,3S)-3-(2,2-二氯乙烯基)-2,2-二甲基环丙烷羧酸酯 (R)-α-氰基-3-苯氧基苄基(1S,3R)-3-(2,2-二氯乙烯基)-2,2-二甲基环丙烷羧酸酯	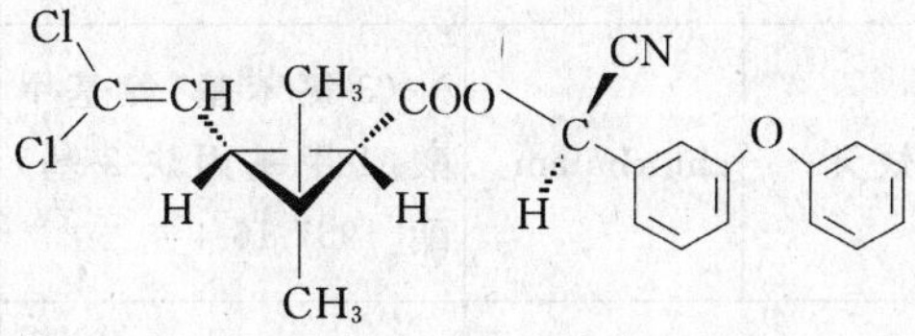 (S)(1R,3R)-异构体 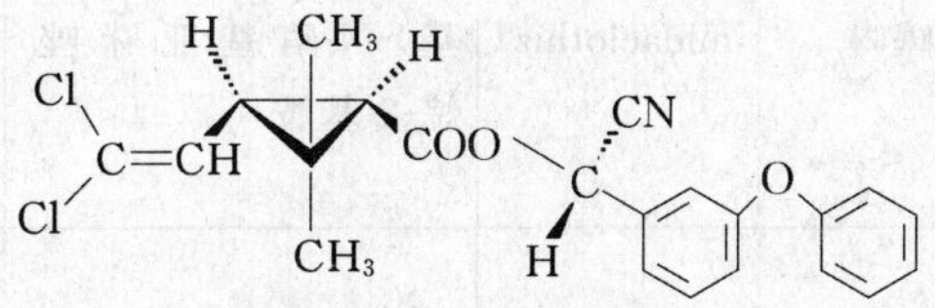 (R)(1S,3S)-异构体 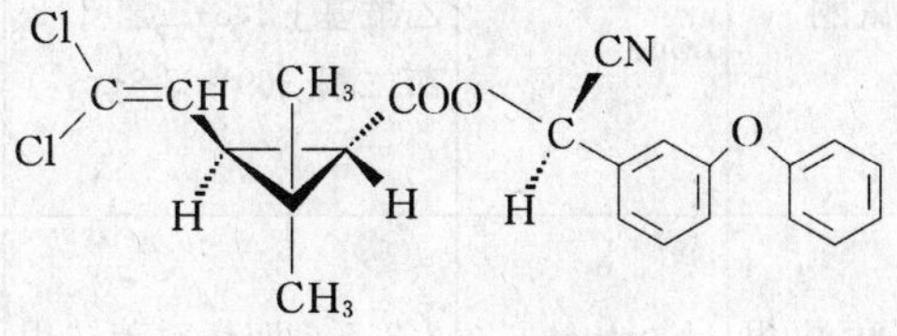 (S)(1R,3S)-异构体 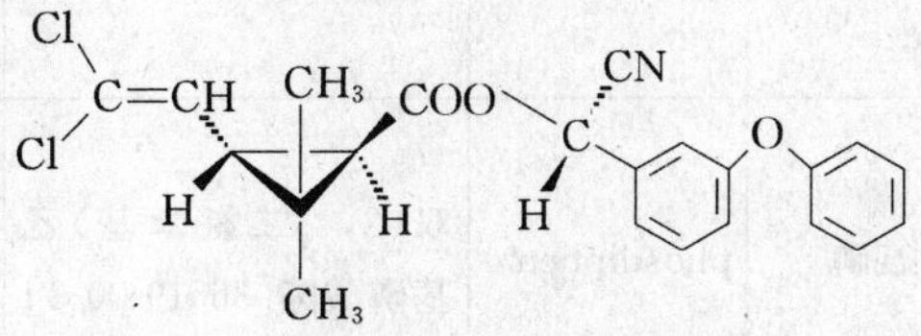 (R)(1S,3R)-异构体

表（续）

序号	中文通用名称	英文名称[a]	化学名称及CAS登录号[b]	结构式
701	Zeta-氯氰菊酯	zeta-cypemethrin	(S)-氰基-(3-苯氧基苄基)甲基(±)顺反-3-=(2,2-二氯乙烯基)-2,2-二甲基环丙烷羧酸酯	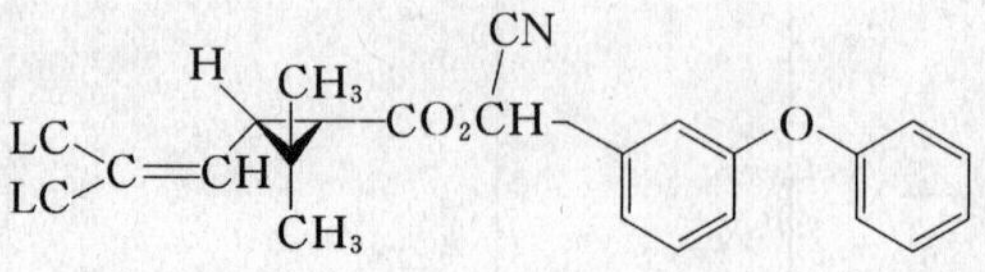
	高效反式氯氰菊酯	theta-cypermethrin	(S)-α-氰基-3-苯氧基苄基(1R)反式-3-(2,2-二氯乙烯基)-2,2-二甲基环丙烷羧酸酯和(R)-α-氰基-3-苯氧基苄基(1S)反式-3-(2,2-二氯乙烯基)-2,2-二甲基环丙烷羧酸酯的外消旋混合物	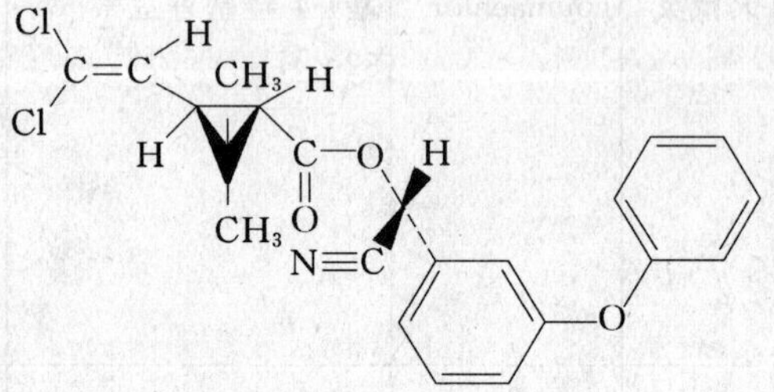 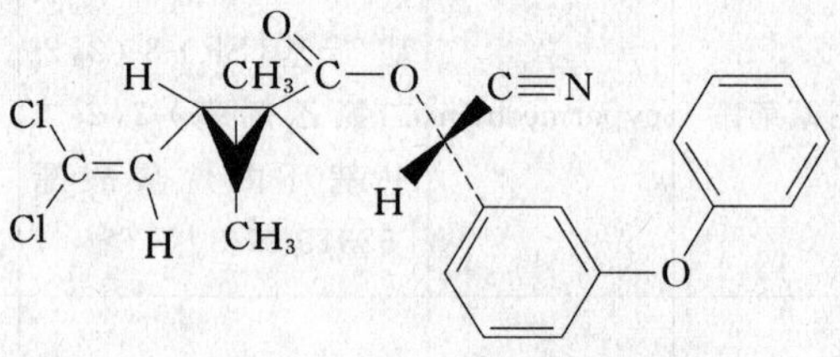
702	氯炔灵	chlorbufam	N-(3-氯苯基)氨基甲酸(1-甲基丙炔-2-基)酯[1967-16-4]	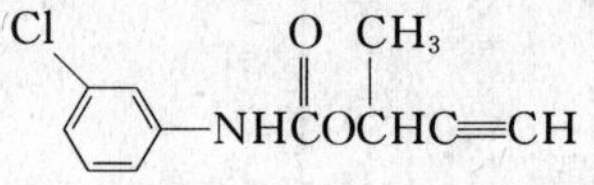
703	氯噻啉	imidaclothiz	1-(5-氯-2-噻唑基甲基)-N-硝基亚咪唑烷-2-基胺	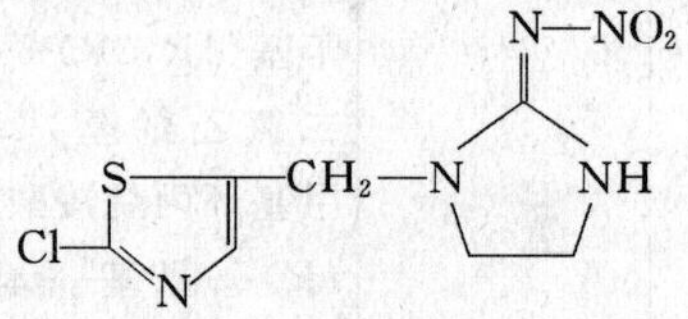
704	氯鼠酮	chlorophacinone	2-[2-(4-氯苯基)-2-苯基乙酰基]-2,3-二氢-1,3-茚二酮[3691-35-8]	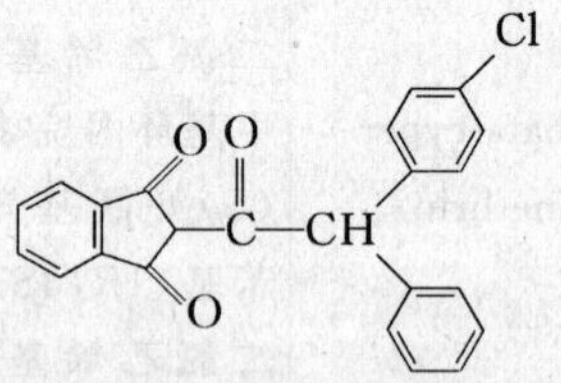
705	氯酞酸甲酯	chlorthal-dimethyl	2,3,5,6-四氯对苯二甲酸二甲酯[1861-32-1]	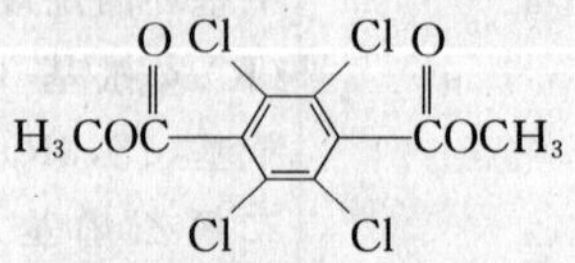
706	氯瘟磷	phosdiphen[e]	双(2,4-二氯苯基)乙基磷酸酯[36519-00-3]	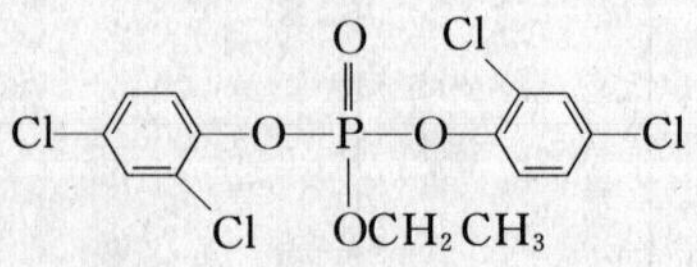

表(续)

序号	中文通用名称	英文名称[a]	化学名称及 CAS 登录号[b]	结构式
707	氯烯炔菊酯	chlorempenthrin	1-乙炔基-2-甲基戊-2-烯基-(RS)-2,2-二甲基-3-(2,2-二氯乙烯基)环丙烷羧酸酯[54407-47-5]	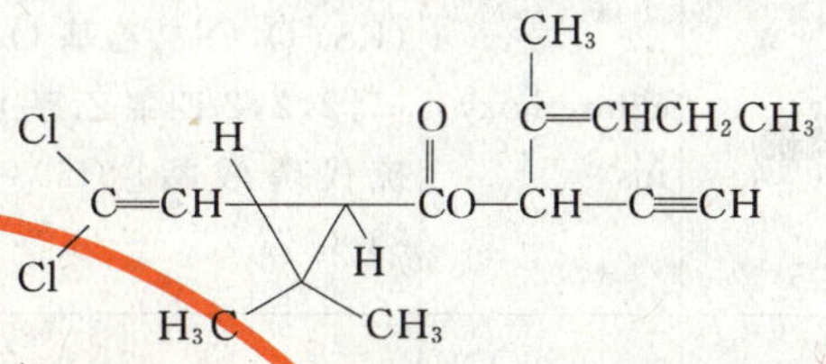
708	氯酰草膦	lvxiancaolin[g]	O,O-二甲基-1-(二氯苯氧基乙酰氧基)乙基膦酸酯	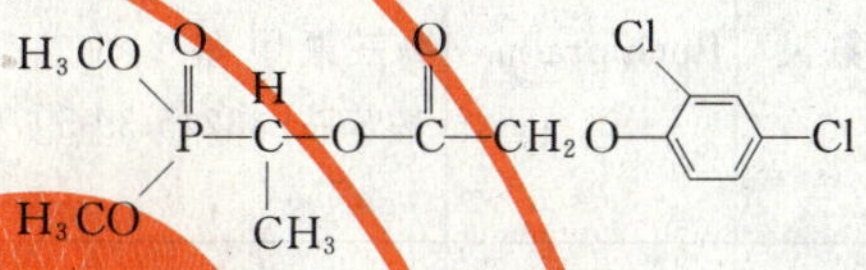
709	氯硝胺	dicloran[b]	2,6-二氯-4-硝基苯胺[99-30-9]	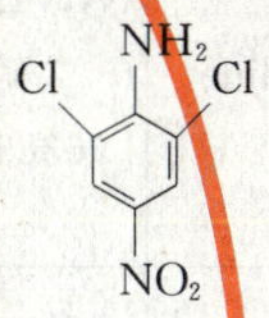
710	氯硝丙烷	chloronitroprop-ane	1-氯-2-硝基丙烷[2425-66-3]	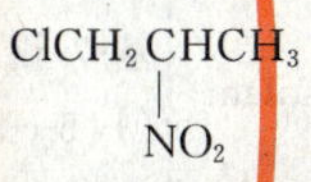
711	氯辛硫磷	chlorphoxim	O,O-二乙基-O-[(2-氯-α-氰基亚苄氨基)氧]硫代磷酸酯[14816-20-7]	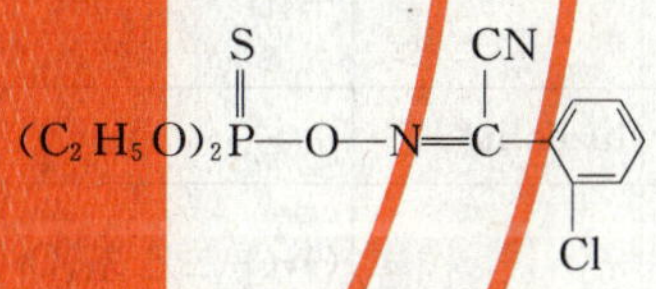
712	氯溴隆	chlorbromuron	1-甲氧基-1-甲基-3-(3-氯-4-溴苯基)脲[13360-45-7]	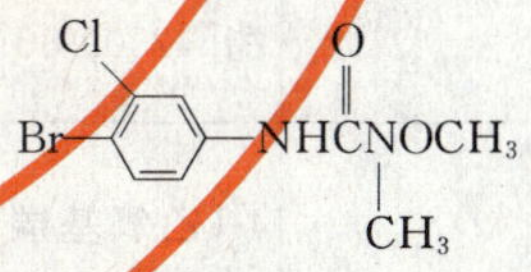
713	氯溴异氰尿酸	chloroisobromine cyanuric acid	氯溴异氰尿酸	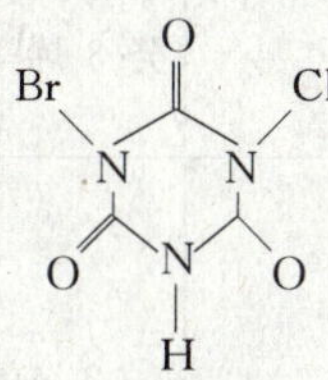
714	氯亚胺硫磷	dialifos	O,O-二乙基-S-(2-氯-1-酞酰亚氨基乙基)二硫代磷酸酯[10311-84-9]	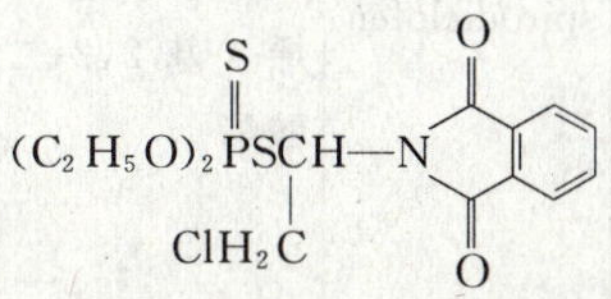

表（续）

序号	中文通用名称	英文名称[a]	化学名称及 CAS 登录号[b]	结构式
715	氯氧磷	chlorethoxyfos	(RS)-O,O-二乙基-O-(1,2,2,2-四氯乙基)硫代磷酸酯[54593-83-8]	$(CH_3CH_2O)_2P(=S)OCHClCCl_3$
716	氯乙氟灵	fluchloralin	N-(2-氯乙基)-N-丙基-4-三氟甲基-2,6-二硝基苯胺[33245-39-5]	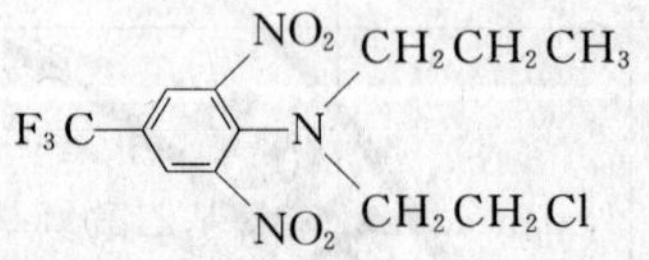
717	氯乙灵	chlornidine	N,N-二(2-氯乙基)-2,6-二硝基对甲苯胺[26389-78-6]	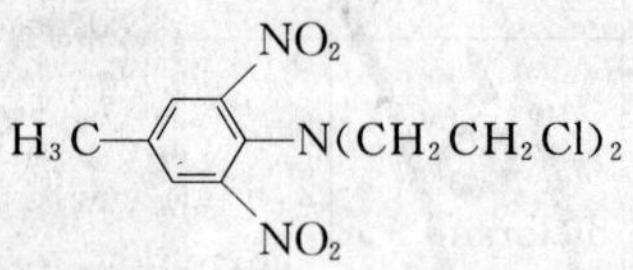
718	氯酯磺草胺	cloransulam-methyl	3-氯基-2-〔〔(5-乙氧基-7-氟〔1,2,4〕三唑〔1,5-c〕嘧啶-2-基)磺酰基〕氨基〕苯甲酸甲酯	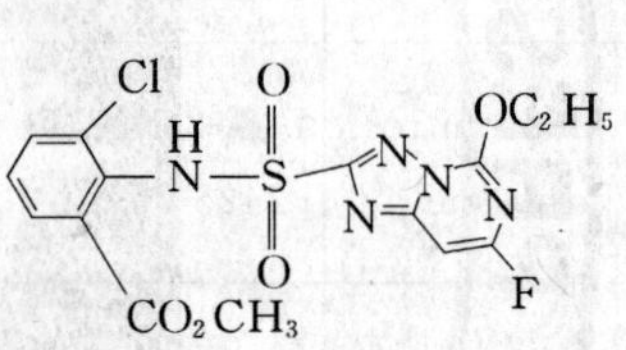
719	氯唑啉	luzuolin[q]		
720	氯唑磷	isazofos	O,O-二乙基-O-(5-氯-1-异丙基-1H-1,2,4-三唑-3-基)硫代磷酸酯[42509-80-8]	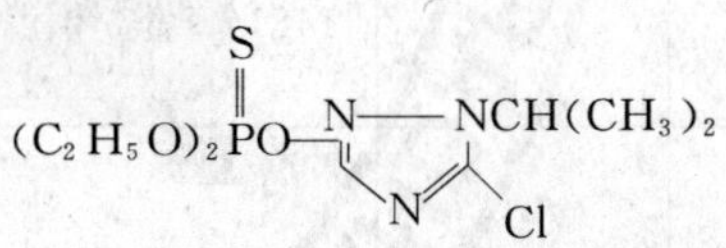
721	螺虫乙酯	spirotetramat (ISO)	4-(乙氧基羰基氧基)-8-甲氧基-3-(2,5-二甲苯基)-1-氮杂螺[4.5]-癸-3-烯-2-酮	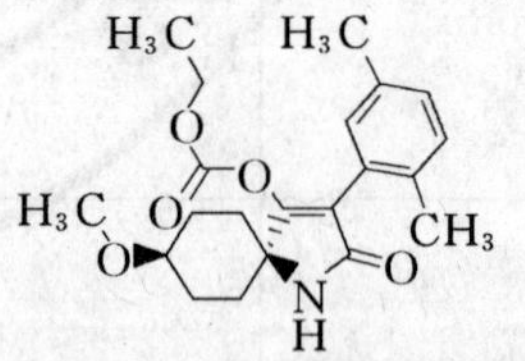
722	螺螨酯	spirodiclofen	3-(2,4-二氯苯基)-2-氧-1-氧螺[4.5]癸-3-烯-4-基 2,2-二甲基丁酸酯	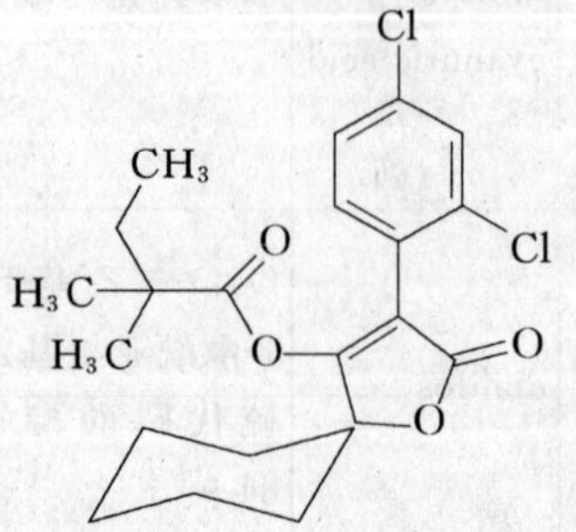

表（续）

序号	中文通用名称	英文名称[a]	化学名称及 CAS 登录号[b]	结构式
723	螺威	luowei[q]	(3β,16α)-28-氧代-D-吡喃（木）糖基-(1→3)-O-β-D-吡喃（木）-(1→4)-O-6-脱氧-α-L-吡喃甘露糖基-(1→2)-β-D-吡喃（木）糖-17-甲羟基-16,21,22-三羟基齐墩果-12-烯	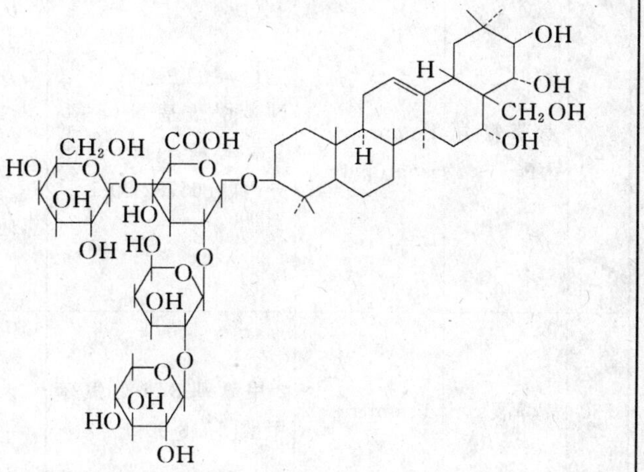
724	络氨铜	cuaminosulfate	硫酸四氨络合铜	$Cu(NH_3)_4SO_4$
M				
725	马拉硫磷	malathion	O,O-二甲基-S-[1,2-双(乙氧基甲酰)乙基]二硫代磷酸酯[121-75-5]	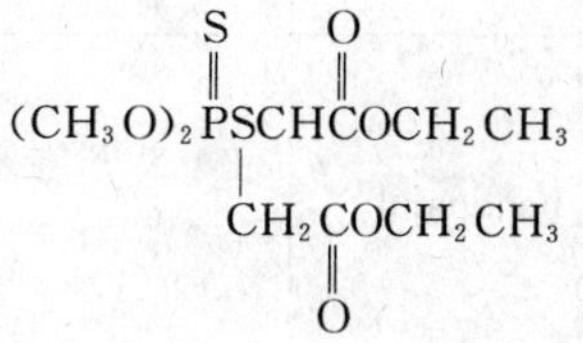 $(CH_3O)_2P(=S)SCH(COOCH_2CH_3)CH_2COOCH_2CH_3$
726	马钱子碱	strychnine		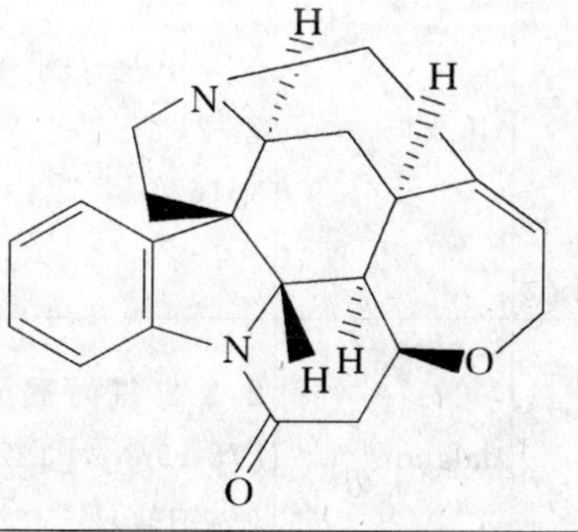
727	吗菌威	carbamorph	N,N-二甲基二硫代氨基甲酸 S-吗啉代甲基酯[31848-11-0]	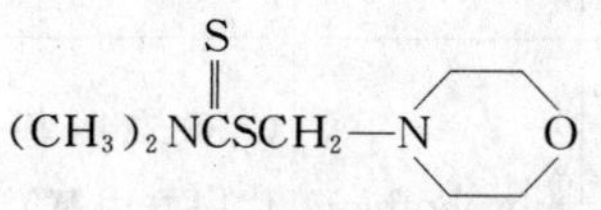 $(CH_3)_2NC(=S)SCH_2$—N(吗啉)
728	麦草氟甲酯	flamprop-methyl	N-苯甲酰基-N-(3-氯-4-氟苯基)-D-丙氨酸甲酯[63729-98-6]	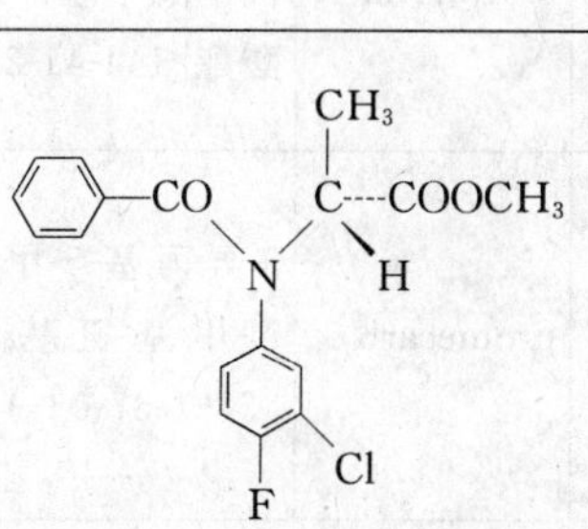

表（续）

序号	中文通用名称	英文名称[a]	化学名称及 CAS 登录号[b]	结构式
729	麦草氟异丙酯	flamprop-isopropyl	N-苯甲酰基-N-(3-氯-4-氟苯基)-D-丙氨酸异丙酯[63782-90-1]	CH_3; CO; N; C; $COOCH(CH_3)_2$; H; Cl; F
730	麦草畏	dicamba	2-甲氧基-3,6-二氯苯甲酸[1918-00-9]	Cl; O; COH; Cl; OCH_3
731	麦穗宁	fuberidazole	2-(2-呋喃基)苯并咪唑[3878-19-1]	N; N; H; O
732	麦锈灵	benodanil	2-碘-N-苯基苯甲酰胺[15310-01-7]	O; CNH; I
733	螨蜱胺	tifatol[j]	N-3-甲基-4-亚噻唑-2-基-2,4-二甲基苯胺[61676-87-7]	H_3C; S; N; N; CH_3; CH_3
734	茅草枯	dalapon[h]	2,2-二氯丙酸或钠盐[75-99-0],[127-20-8](为钠盐)	O; $CH_3CCl_2COH(Na)$
735	茂硫磷	morphothion	O,O-二甲基-S-(吗啉代甲酰甲基)二硫代磷酸酯[144-41-2]	S; O; $(CH_3O)_2PSCH_2C$—N; O
736	猛杀威	promecarb	3-异丙基-5-甲基苯基N-甲基氨基甲酸酯[2631-37-0]	H_3C; O; $OCNHCH_3$; $CH(CH_3)_2$

表（续）

序号	中文通用名称	英文名称[a]	化学名称及CAS登录号[b]	结构式
737	咪草酸	imazamethabenz-methyl-imazamethabenz[d]	含(RS)-6-(4-异丙基-4-甲基-5-氧代-2-咪唑啉-2-基)-4-甲基苯甲酸甲酯(Ⅰ,50%)和(RS)-6-(4-异丙基-4-甲基-5-氧代-2-咪唑啉-2-基)-3-甲基苯甲酸甲酯(Ⅱ,50%)[81405-85-8]，[100728-84-5](酸)	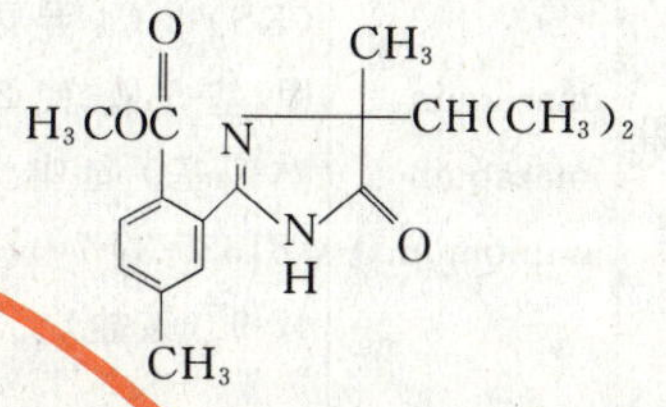 (Ⅰ) 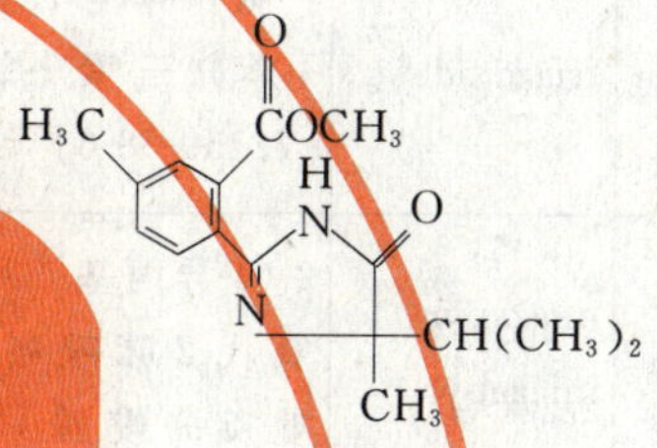 (Ⅱ)
738	咪菌腈	fenapanil	2-正丁基-2-苯基-3-(1H-咪唑-1-基)丙腈[61019-78-1]	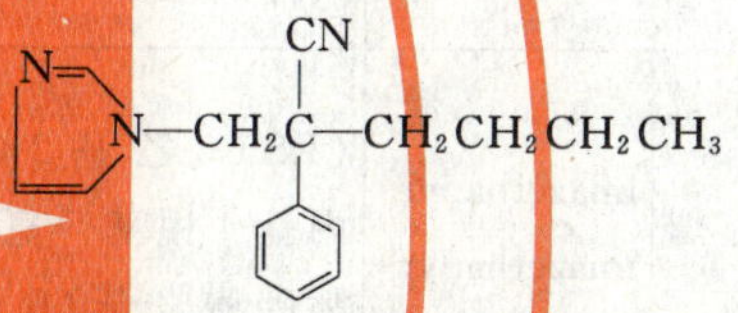
739	咪菌酮	climbazole[l]	1-(4-氯苯氧基)-1-(1H-咪唑-1-基)-3,3-二甲基丁-2-酮[38083-17-6]	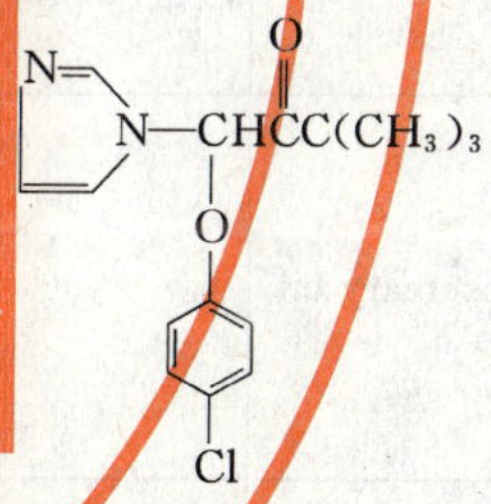
740	咪菌威	debacarb	α-(2-乙氧基乙氧基)乙基苯并咪唑-2-基氨基甲酸酯[62732-91-6]	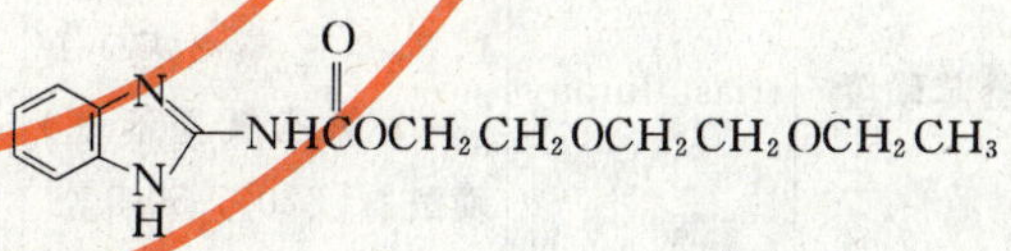
741	咪鲜胺	prochloraz	N-丙基-N-[2-(2,4,6-三氯苯氧基)乙基]-1H-咪唑-1-甲酰胺[67747-09-5]	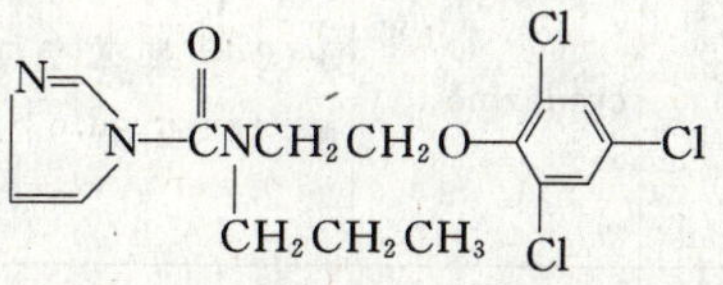
742	咪鲜胺锰	prochloraz-manganese chloride complex	N-丙基-N-[2-(2,4,6-三氯苯氧基)乙基]咪唑-1-甲酰胺氯化锰复合物	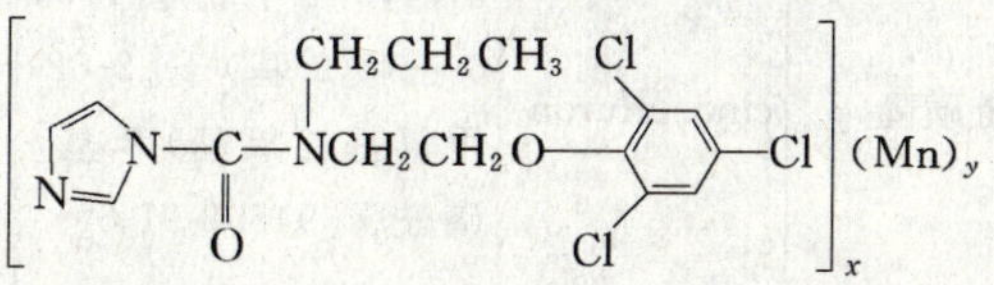

表（续）

序号	中文通用名称	英文名称[a]	化学名称及 CAS 登录号[b]	结构式
743	咪唑喹啉酸	imazaquin imazaquin-ammonium[d]	(RS)-2-(4-异丙基-4-甲基-5-氧代-2-咪唑啉-2-基)喹啉-3-羧酸[81335-37-7],[81335-47-9](铵盐)	
744	咪唑嗪	triazoxide[d]	7-氯-3-咪唑-1-基-1,2,4-苯并三嗪 1-氧化物[72459-58-6]	
745	咪唑烟酸	imazapyr imazapyr-isopro-pyl-ammo-nium[d]	2-(4-异丙基-4-甲基-5-氧代-2-咪唑啉-2-基)吡啶-3-羧酸[81334-34-1]，[81510-83-0](异丙铵盐)	
746	咪唑乙烟酸	imazethapyr imazethapyr-ammonium[d]	(RS)-5-乙基-2-(4-异丙基-4-甲基-5-氧代-2-咪唑啉-2-基)吡啶-3-羧酸[81385-77-5]	
747	迷蝶香油	rosemary oil		
748	醚苯磺隆	triasulfuron	3-(4-甲氧基-6-甲基-1,3,5-三嗪-2-基)-1-[2-(2-氯乙氧基苯基)磺酰脲[82097-50-5]	
749	醚草敏	credazine[e]	3-(2-甲基苯氧基)哒嗪[14491-59-9]	
750	醚磺隆	cinosulfuron	3-(4,6-二甲氧基-1,3,5-三嗪-2-基)-1-[2-(2-甲氧基乙氧基)苯基]磺酰脲[94593-91-6]	

表（续）

序号	中文通用名称	英文名称[a]	化学名称及 CAS 登录号[b]	结构式
751	醚菊酯	etofenprox[d]	2-(4-乙氧基苯基)-2-甲基-丙基-3-苯氧基苄基醚[80844-07-1]	C_2H_5O—C(CH$_3$)$_2$—CH$_2$OCH$_2$—
752	醚菌酯	kresoxim-methyl	甲氧基亚氨基-α-(2-甲基苯氧基)-2-甲基苯基乙酸甲酯[143390-89-0]	CH$_3$ H_3CO NOCH$_3$ O
753	嘧草硫醚	pyrithiobac-sodium	2-氯-6-(4,6-二甲氧基嘧啶-2-基硫)苯甲酸钠[123343-16-8]，[123342-93-8](酸)	Cl CONa OCH$_3$ S N N OCH$_3$
754	嘧草醚	pyriminobac-methyl	2-[(4,6-二甲氧基嘧啶-2-基)氧]-6-[1-(甲氧基亚氨基)乙基]苯甲酸甲酯[136191-64-5]，[136191-56-5](酸)	OCH$_3$ N H_3CC COH(CH$_3$) OCH$_3$ O N N OCH$_3$
755	嘧啶核苷类抗菌素	midingheganleikangjunsu[q]	嘧啶核苷	
756	嘧啶磷	pirimiphos-ethyl	O,O-二乙基-O-(2-二乙氨基-6-甲基嘧啶-4-基)硫代磷酸酯[23505-41-1]	S N(C$_2$H$_5$)$_2$ (C_2H_5O)$_2$PO N N CH$_3$
757	嘧啶威	pyramat[j]	2-正丙基-6-甲基嘧啶-4-基 N,N-二甲基氨基甲酸酯[2532-49-2]	CH$_2$CH$_2$CH$_3$ N N OCN(CH$_3$)$_2$ O CH$_3$
758	嘧啶肟草醚	pyribenzoxim	O-[2,6-双[(4,6-二甲氧-2-嘧啶基)氧基]苯甲酰基]二苯酮肟	OCH$_3$ N N H_3CO O O—N= N N H_3CO OCH$_3$

表（续）

序号	中文通用名称	英文名称[a]	化学名称及 CAS 登录号[b]	结构式
759	嘧啶氧磷	pirimioxyphos[c]	O,O-二乙基-O-(2-甲氧基-6-甲基嘧啶-4-基)硫代磷酸酯	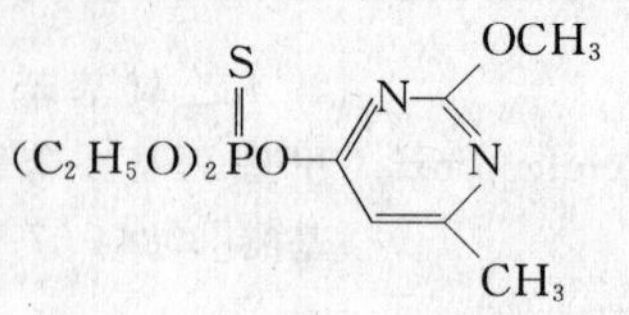
760	嘧菌胺	mepanipyrim[d]	N-(4-甲基-6-丙-1-炔基嘧啶-2-基)苯胺［110235-47-7］	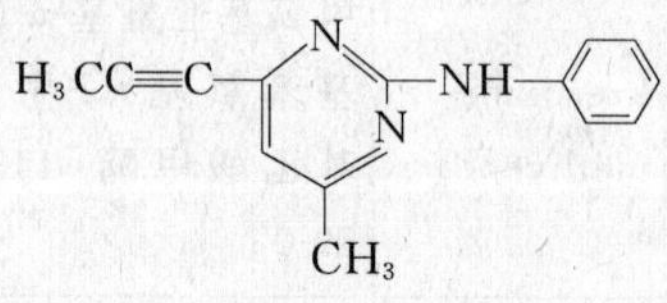
761	嘧菌环胺	cyprodinil[h]	N-(4-甲基-6-环丙基嘧啶-2-基)苯胺［121552-61-2］	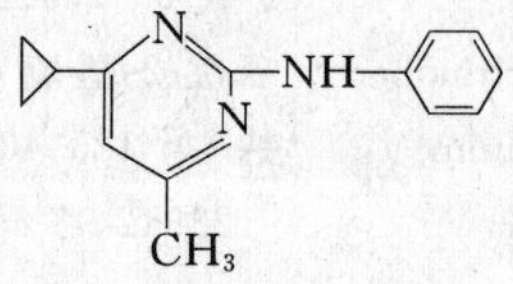
762	嘧菌酯	azoxystrobin	(E)-［2-［6-(2-氰基苯氧基)嘧啶-4-基氧］苯基］-3-甲氧基丙烯酸甲酯［131860-33-8］	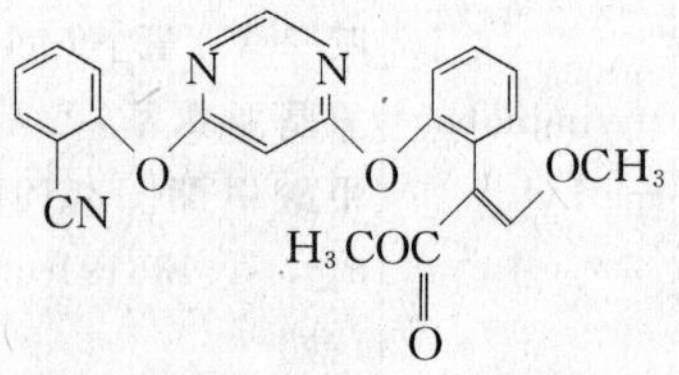
763	嘧菌腙	ferimzone[d]	(Z)-2′-甲基苯乙酮-4,6-二甲基嘧啶-2-基腙［89269-64-7］	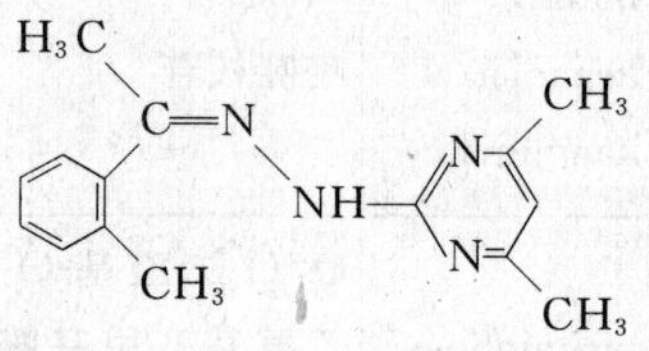
764	嘧螨醚	pyrimidifen	5-氯-N-［2-［4-(2-乙氧基乙基)-2,3-二甲基苯氧基］乙基］-6-乙基嘧啶-4-胺［105779-78-0］	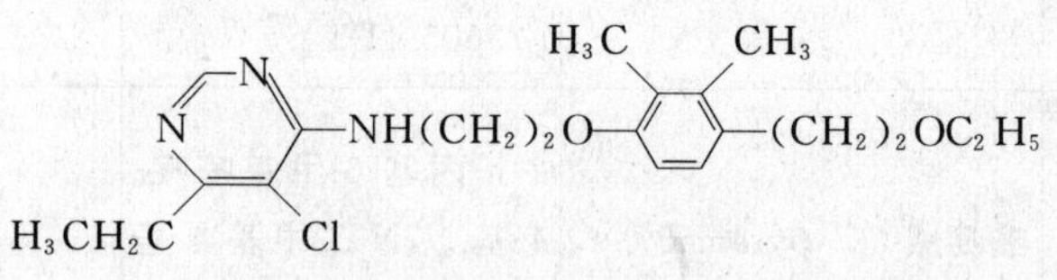
765	嘧螨酯	fluacrypyrim	甲基(E)-2-{α-［2-异丙氧基-6-(三氟甲基)嘧啶-4-苯氧基］-O-甲苯基}-3-甲氧丙烯酸酯	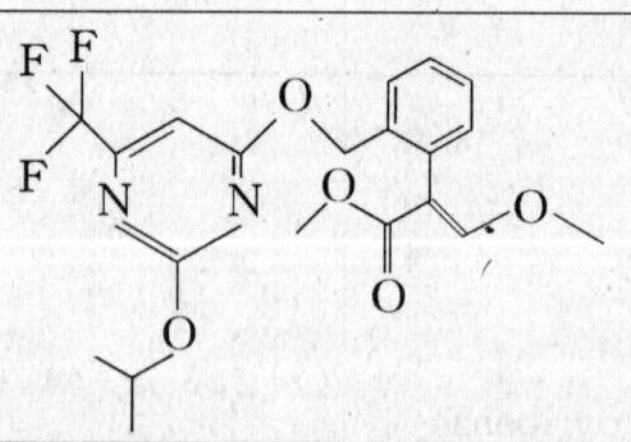
766	嘧霉胺	pyrimethanil[d]	N-(4,6-二甲基嘧啶-2-基)苯胺［53112-28-0］	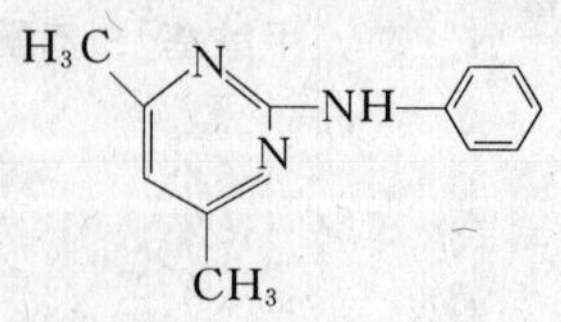

表（续）

序号	中文通用名称	英文名称[a]	化学名称及 CAS 登录号[b]	结构式
767	嘧肽霉素	*cytosinpentidemycin*	胞嘧啶核苷肽	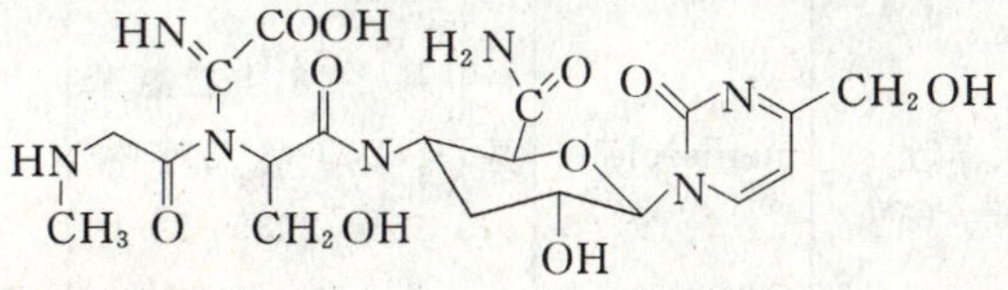
768	棉胺宁	phenisopham	N-[3-(N-乙基-N-苯基氨基甲酰氧基)]苯基-氨基甲酸异丙酯[57375-63-0]	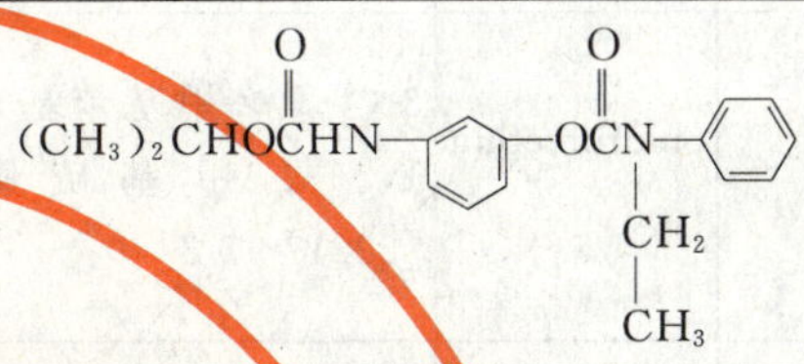
769	棉铃虫核型多角体病毒	*Helicoverpa armigera* nucleopolyhedrovirus (HaNPV)		
770	棉铃威	alanycarb[d]	(Z)-N-苄基-N-[[甲基(1-甲硫基亚乙基氨基氧甲酰基)氨基]硫]-β-丙氨酸乙酯[83130-01-2]	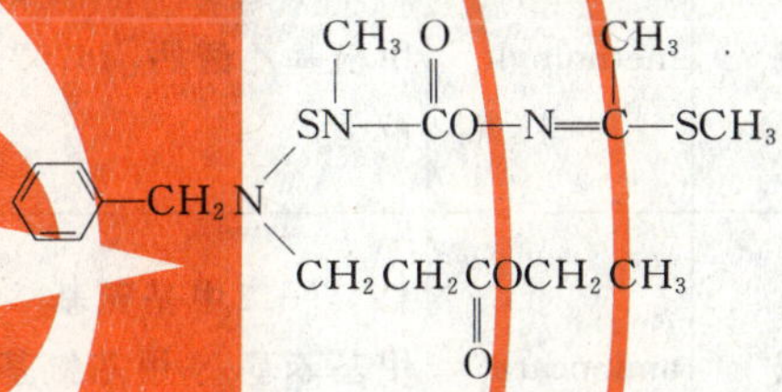
771	棉隆	dazomet	3,5-二甲基-1,3,5-噻二嗪-2-硫酮[533-74-4]	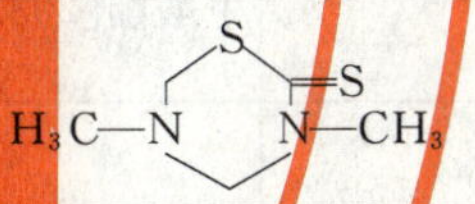
772	灭草敌	vernolate	N,N-二丙基硫代氨基甲酸-S-丙基酯[1929-77-7]	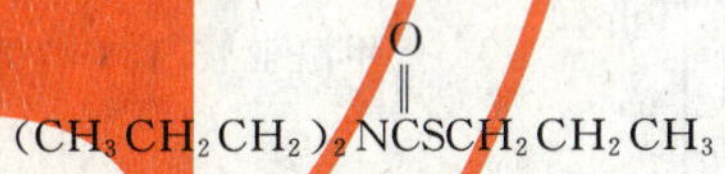 $(CH_3CH_2CH_2)_2NC(O)SCH_2CH_2CH_3$
773	灭草环	tridiphane[d]	(RS)-2-(3,5-二氯苯基)-2-(2,2,2-三氯乙基)环氧乙烷[58138-08-2]	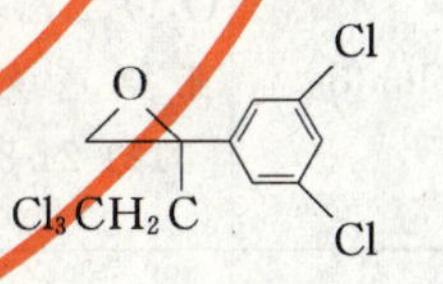
774	灭草灵	swep	N-(3,4-二氯苯基)氨基甲酸酯[1918-18-9]	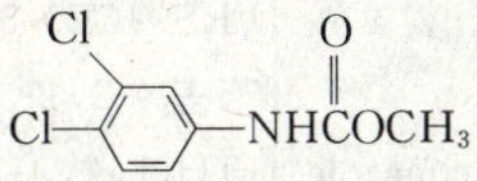 $3,4-Cl_2C_6H_3-NHC(O)OCH_3$
775	灭草隆	monuron	1,1-二甲基-3-(4-氯苯基)脲[150-68-5]	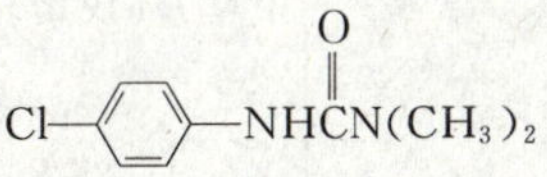 $4-ClC_6H_4-NHC(O)N(CH_3)_2$
776	灭草松	bentazone	3-异丙基-(1H)-苯并-2,1,3-噻二嗪-4-酮-2,2-二氧化物[25057-89-0]	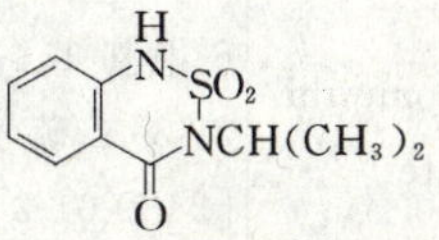

表（续）

序号	中文通用名称	英文名称[a]	化学名称及 CAS 登录号[b]	结构式
777	灭草唑	methazole[h]	4-甲基-2-(3,4-二氯苯基)-1,2,4-噁二唑啉-3,5-二酮[20354-26-1]	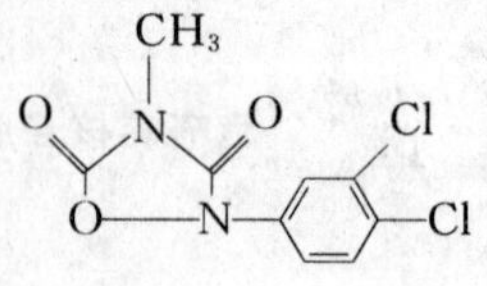
778	灭虫脲	chloromethiu-ron	3-(4-氯-2-甲基苯基)-1，1-二甲基硫脲[28217-97-2]	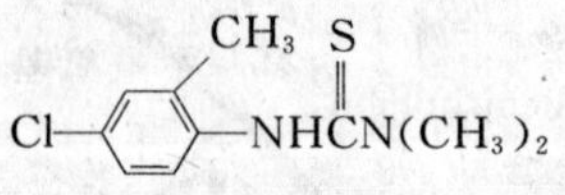
779	灭除威	miechuwei[q]	3,5-二甲基苯基 N-甲基氨基甲酸酯[2655-14-3]	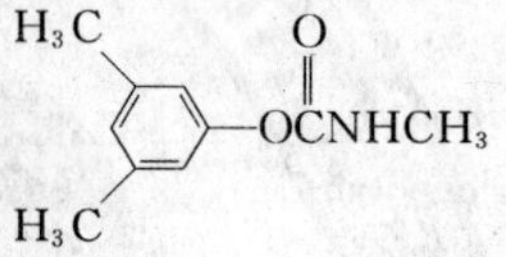
780	灭多威	methomyl	O-甲基氨基甲酰基-2-甲硫基乙醛肟[16752-77-5]	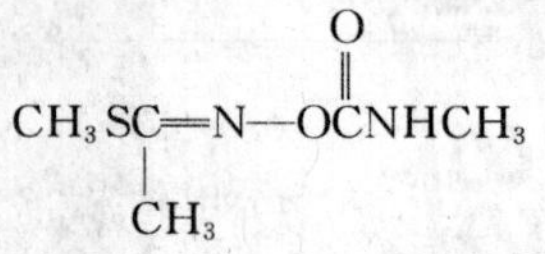
781	灭害威	aminocarb	4-N,N-二甲基氨基-3-甲基苯基 N-甲基氨基甲酸酯[2032-59-9]	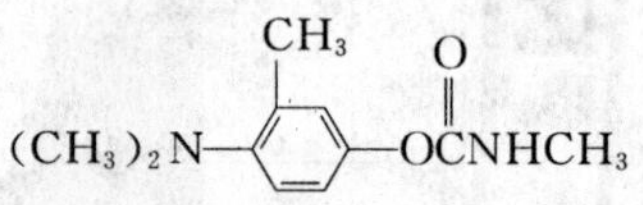
782	灭菌丹	folpet	N-三氯甲硫基苯邻二甲酰亚胺[133-07-3]	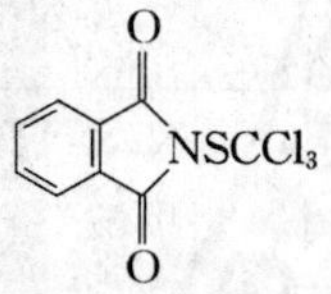
783	灭菌磷	ditalimfos	O,O-二乙基苯二甲酰亚氨基硫代磷酸酯[5131-24-8]	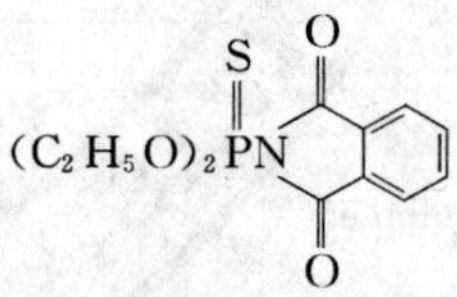
784	灭菌唑	triticonazole	(RS)-(E)-5-(4-氯亚苄基)-2,2-二甲基-1-(1H-1,2,4-三唑-1-基甲基)环戊醇[131983-72-7]	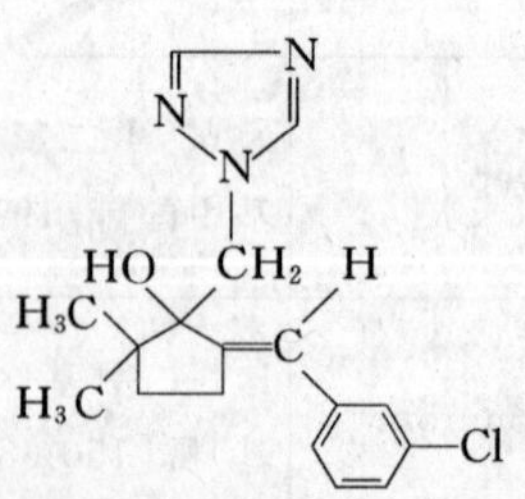
785	灭螨猛	chinome-thi-on-ate	6-甲基-1,4-二氮萘基-2,3-二硫代碳酸酯[2439-01-2]	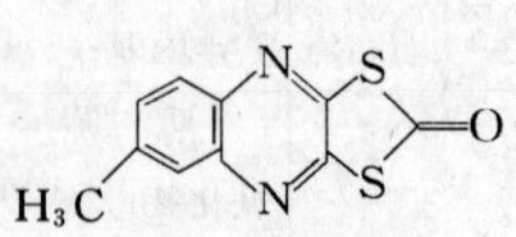

表（续）

序号	中文通用名称	英文名称[a]	化学名称及CAS登录号[b]	结构式
786	灭杀威	xylylcarb[d]	3,4-二甲基苯基 N-甲基氨基甲酸酯[2425-10-7]	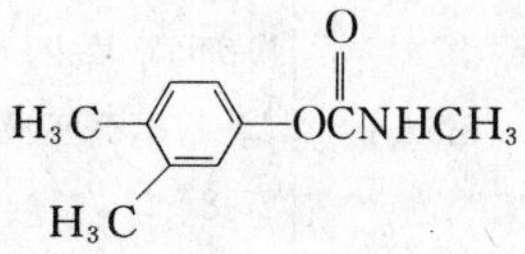 H_3C, H_3C, O, OCNHCH_3
787	灭鼠安	mieshuan[q]	N-(4-硝基苯基)-3-吡啶甲基氨基甲酸酯[51594-83-3]	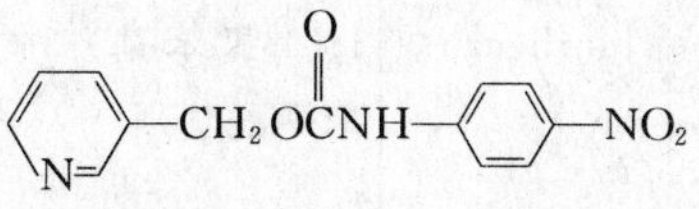 N, O, CH_2OCNH, NO_2
788	灭鼠肼	promurit	3,4-二氯苯基偶氮硫脲[5836-73-7]	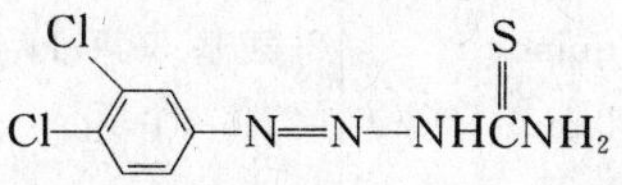 Cl, Cl, N=N—NHCNH_2, S
789	灭鼠特	thiosemicar-ba-zide	氨基硫脲[79-19-6]	 S, H_2NNHCNH_2
790	灭鼠优	pyrinuron	1-(3-吡啶甲基)-3-(4-硝基苯基)脲[53558-25-1]	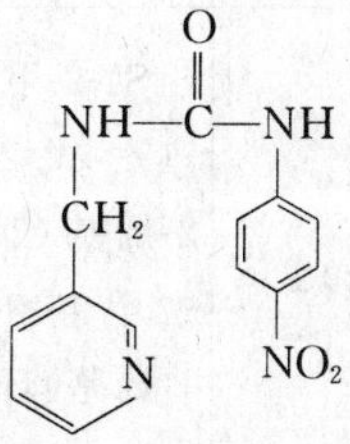 O, NH—C—NH, CH_2, N, NO_2
791	灭线磷	ethoprophos	O-乙基-S,S-二丙基二硫代磷酸酯[13194-48-4]	 O, $C_2H_5OP(SCH_2CH_2CH_3)_2$
792	灭锈胺	mepronil[d]	N-(3-异丙氧基苯基)-2-甲基苯甲酰苯胺[55814-41-0]	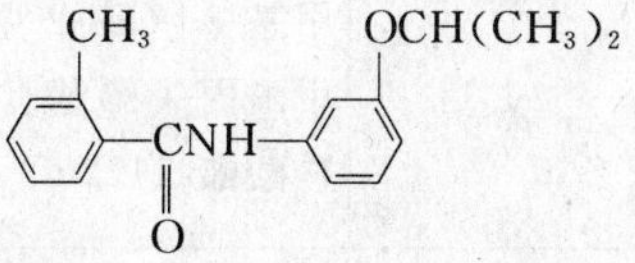 CH_3, OCH$(CH_3)_2$, CNH, O
793	灭蚜磷	mecarbam	O,O-二乙基-S-(N-乙氧甲酰-N-甲基氨基甲酰甲基)二硫代磷酸酯[2595-54-2]	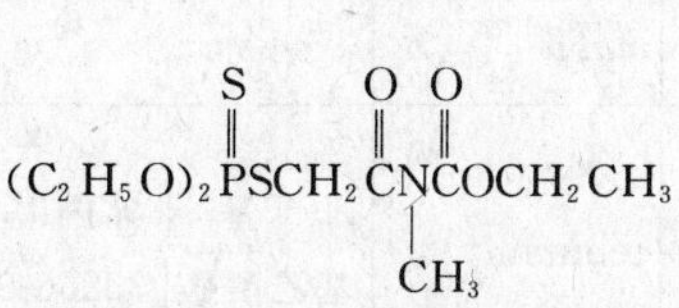 S, O, O, $(C_2H_5O)_2PSCH_2CNCOCH_2CH_3$, CH_3
794	灭蚜硫磷	menazon	O,O-二甲基-S-[(4,6-二氨基)-1,3,5-三嗪-2-基甲基]二硫代磷酸酯[78-57-9]	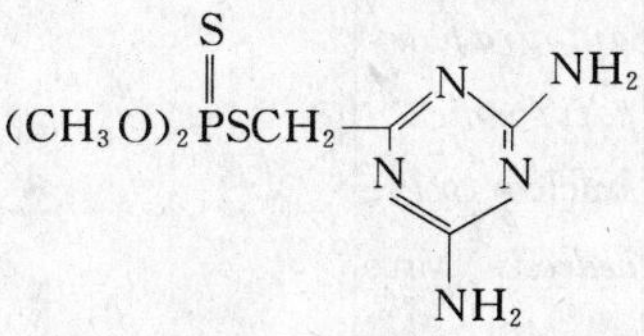 S, $(CH_3O)_2PSCH_2$, N, N, N, NH_2, NH_2

表（续）

序号	中文通用名称	英文名称[a]	化学名称及CAS登录号[b]	结构式
795	灭蝇胺	cyromazine[d]	N-环丙基-2,4,6-三氨基-1,3,5-三嗪[66215-27-8]	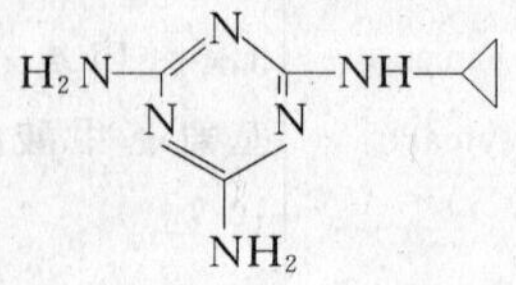
796	灭幼脲	chlorbenzuron	1-(4-氯苯基)-3-(2-氯苯甲酰基)脲	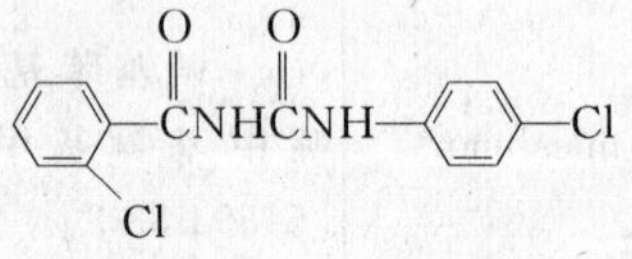
797	灭藻醌	quinoclamine[d]	2-氨基-3-氯-1,4-萘醌[2797-51-5]	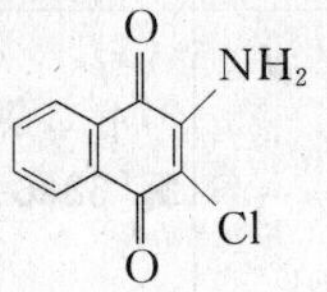
798	蘑菇醇	moguchun[q]	戊基乙烯基甲醇	OH $CH_2{=}CHCHCH_2CH_2CH_2CH_2CH_3$
799	茉酮菊素Ⅰ	jasmolinⅠ	(1S)-2-甲基-4-氧代-3-[(Z)-戊-2-烯基]环戊-2-烯基(1R,3R)-2,2-二甲基-3-(2-甲基丙-1-烯基)环丙烷羧酸酯[4466-14-2]	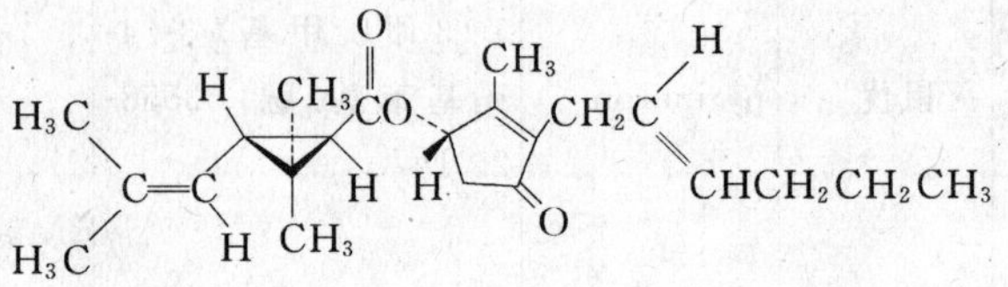
800	茉酮菊素Ⅱ	jasmolinⅡ	(1S)-2-甲基-4-氧代-3-[(Z)-戊-2-烯基]环戊-2-烯基(1R,3R)-2,2-二甲基-3-[(E)-2-甲氧基甲酰丙-1-烯基]环丙烷羧酸酯[1172-63-0]	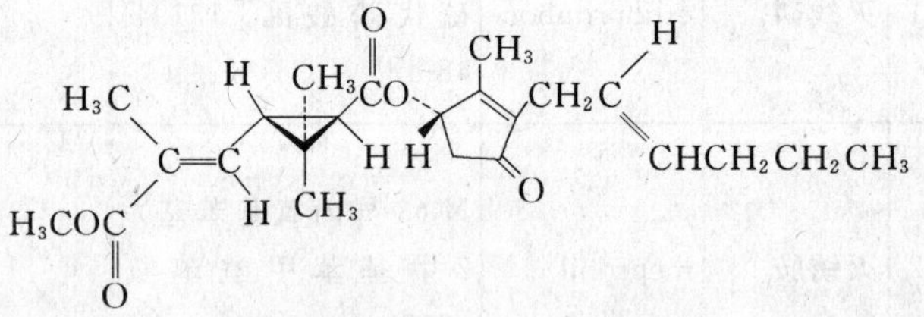
801	木霉菌	*trichodermasp*		
802	牧草胺	tebutam[d]	N-苄基-N-异丙基三甲基乙酰胺[35256-85-0]	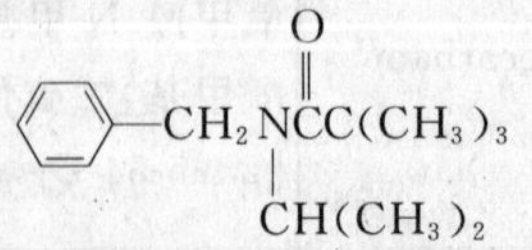
803	苜蓿银纹夜蛾核型多角体病毒	*autographa californica* nuclear *polyhedrosis* virus (*AcNPV*)		

表（续）

序号	中文通用名称	英文名称[a]	化学名称及CAS登录号[b]	结构式
			N	
804	内吸磷	demeton[g]	O,O-二乙基-O-(2-乙硫基乙基)硫代磷酸酯[298-03-3]与O,O-二乙基-S-(2-乙硫基乙基)硫代磷酸酯[126-75-0]的混合物[8065-48-3]	$(C_2H_5O)_2P(=S)-O-CH_2-CH_2-S-CH_2-CH_3$ $(C_2H_5O)_2P(=O)-S-CH_2-CH_2-S-CH_2-CH_3$
805	萘丙胺	naproanilide[e]	N-苯基-2-(2-萘氧基)丙酰胺[52570-16-8]	
806	萘草胺	naptalam	2-[(1-萘基氨基)甲酰基]苯甲酸[132-66-1]	
807	萘乙酸	1-naphthyl acetic acid	2-(1-萘基)乙酸[86-87-3]	
	α-萘乙酸钠	sodium 1-naphthal acitic acid	α-萘乙酸钠	
808	喃烯菊酯	japothrins[j]	5-(2-烯丙基)-2-呋喃基甲基(RS)-2,2-二甲基-3-(2-甲基丙-1-烯基)环丙烷羧酸酯[10597-73-6]	
809	闹羊花素-Ⅲ	rhodojaponin-Ⅲ	闹羊花素-Ⅲ	
810	宁南霉素	*Ningnanmycin*	1-(4-肌氨酰胺-L-丝氨酰胺-4-脱氧-β-D-吡喃葡萄糖醛酰胺)胞嘧啶	

表（续）

序号	中文通用名称	英文名称[a]	化学名称及 CAS 登录号[b]	结构式
811	柠檬酸钛	citricacide-titatnium chelate	柠檬酸钛	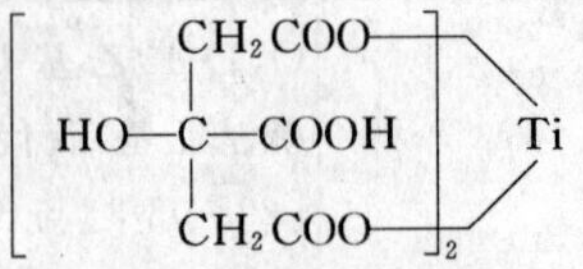
812	柠檬酸铜	copper citrate	柠檬酸铜络合物	
813	牛心朴碱	niuxinpujian[q]	7-脱甲氧基娃儿藤碱	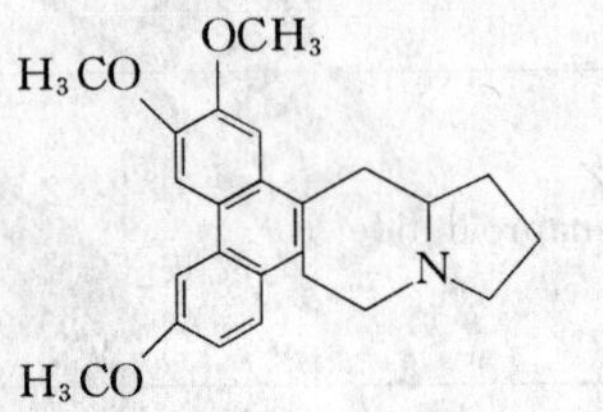
P				
814	哌丙灵	piperalin	3,4-二氯苯甲酸-3-(2-甲基哌啶基)丙基酯[3478-94-2]	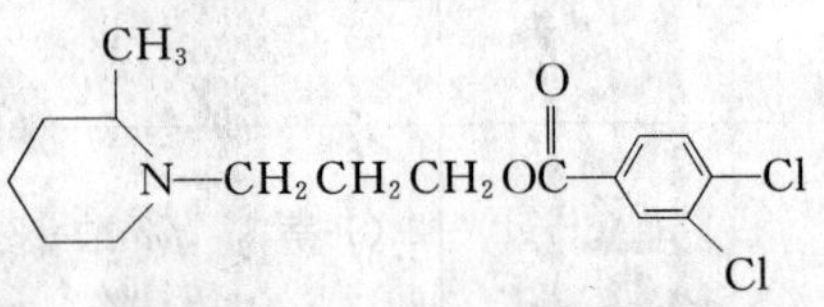
815	哌草丹	dimepiperate[d]	N,N-五亚甲基硫代氨基甲酸-S-(α,α-二甲基)苄基酯[61432-55-1]	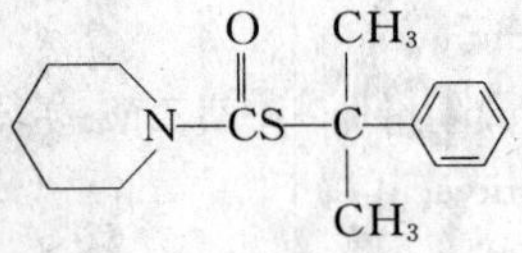
816	哌草磷	piperophos	O,O-二丙基 S-(2-甲基哌啶基甲酰基甲基)二硫代磷酸酯[24151-93-7]	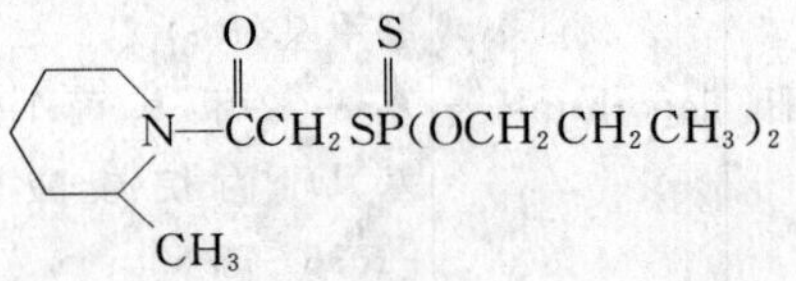
817	哌虫啶	paichongding[q]	1-((6-氯吡啶-3-基)甲基)-5-丙氧基-7-甲基-8-硝基-1,2,3,5,6,7-六氢咪唑[1,2-a]吡啶	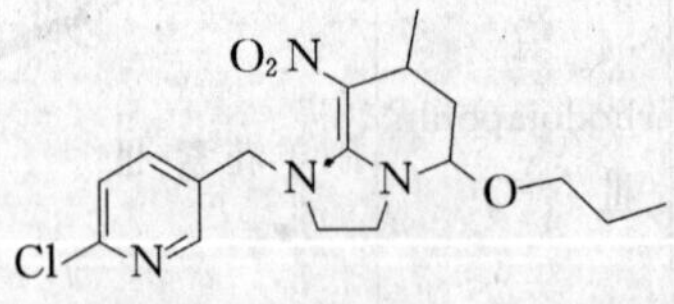
818	哌壮素	piproctanly piproctanly-bromide	1-烯丙基-1-(3,7-二甲基辛基)哌啶溴化铵[56717-11-4]	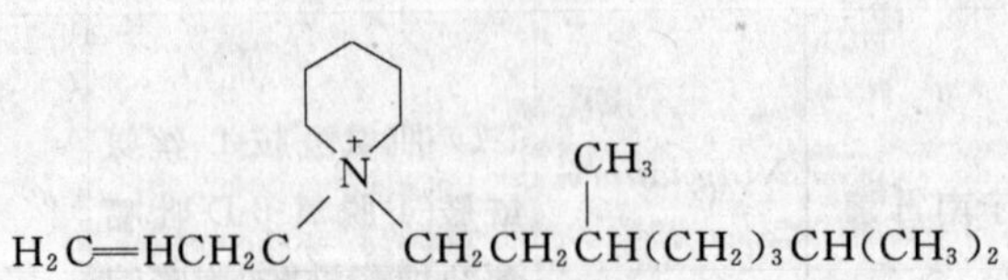
819	硼酸	boric acid		H_3BO_3

表（续）

序号	中文通用名称	英文名称[a]	化学名称及CAS登录号[b]	结构式
820	皮蝇磷	fenchlorphos	O,O-二甲基-O-(2,4,5-三氯苯基)硫代磷酸酯[299-84-3]	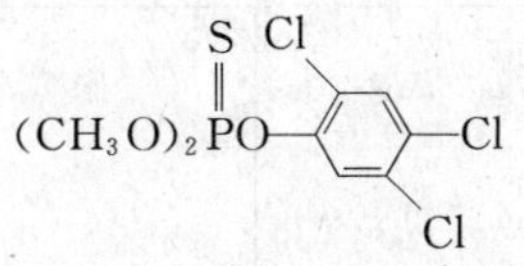 S Cl $(CH_3O)_2PO$ Cl Cl
821	蜱虱威	promacyl[r]	O-(3-异丙基-5-甲基苯基)-N-丙基甲酰基N-甲基氨基甲酸酯[34264-24-9]	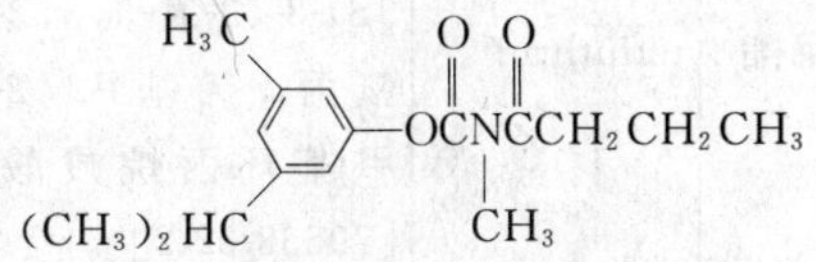 H_3C O O OCNCCH$_2$CH$_2$CH$_3$ $(CH_3)_2HC$ CH_3
822	坪草丹	orbencarb[d]	N,N-二乙基硫代氨基甲酸-S-(2-氯苄基)酯[34622-58-7]	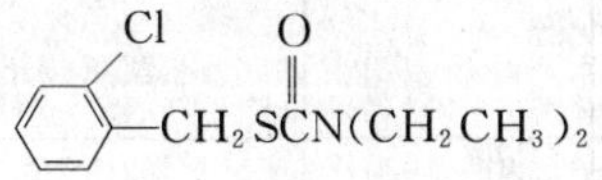 Cl O $CH_2SCN(CH_2CH_3)_2$
823	扑草净	prometryn	2-甲硫基-4,6-双(异丙氨基)-1,3,5-三嗪[7287-19-6]	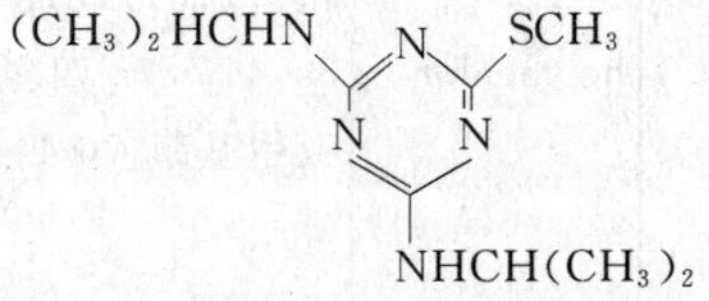 $(CH_3)_2HCHN$ N SCH_3 N N $NHCH(CH_3)_2$
824	扑灭津	propazine	2-氯-4,6-双(异丙氨基)-1,3,5-三嗪[139-40-2]	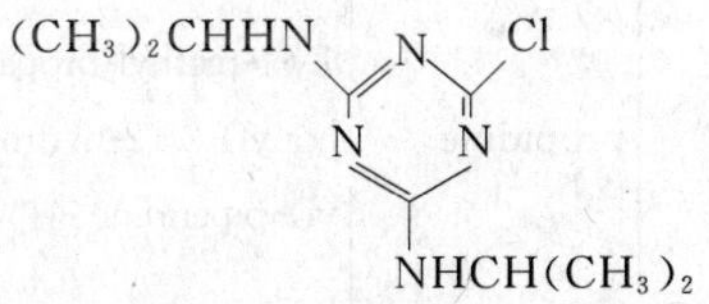 $(CH_3)_2CHHN$ N Cl N N $NHCH(CH_3)_2$
825	扑灭通	prometon	2-甲氧基-4,6-双(异丙氨基)-1,3,5-三嗪[1610-18-0]	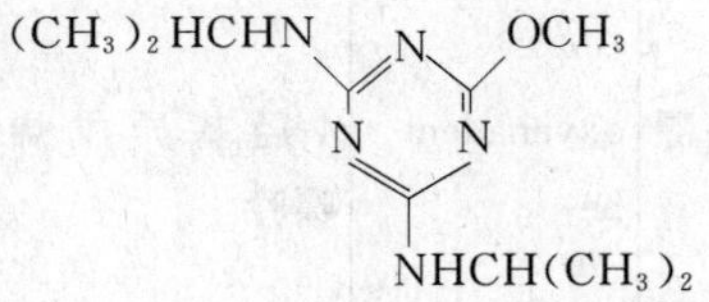 $(CH_3)_2HCHN$ N OCH_3 N N $NHCH(CH_3)_2$
826	葡聚寡糖素	heptaglucoside	{β-D-葡萄糖-(1→6)β-D-葡萄糖[(3→1)-β-D-葡萄糖]-(1→6)β-D-葡萄糖(1→6)β-D-葡萄糖[(3→1)-β-D-葡萄糖]-(1→6)β-D-葡萄糖}*n*	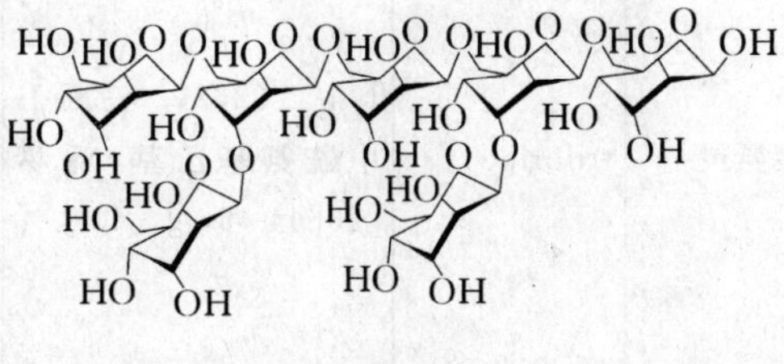 HO HO O O HO O O HO O O HO O O HO O OH HO HO HO HO HO HO OH OH OH O O OH HO HO HO HO HO OH HO OH

表（续）

序号	中文通用名称	英文名称[a]	化学名称及 CAS 登录号[b]	结构式
Q				
827	七氟菊酯	tefluthrin[d]	2,3,5,6-四氟-4-甲基苄基(Z)-(1R,3R;1S,3S)-3-(2-氯-3,3,3-三氟丙-1-烯基)-2,2-二甲基环丙烷羧酸酯［79538-32-2］	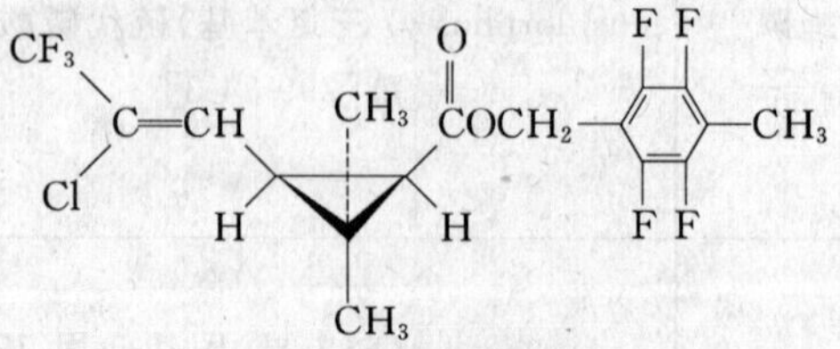 (Z)-(1S,3S)-异构体 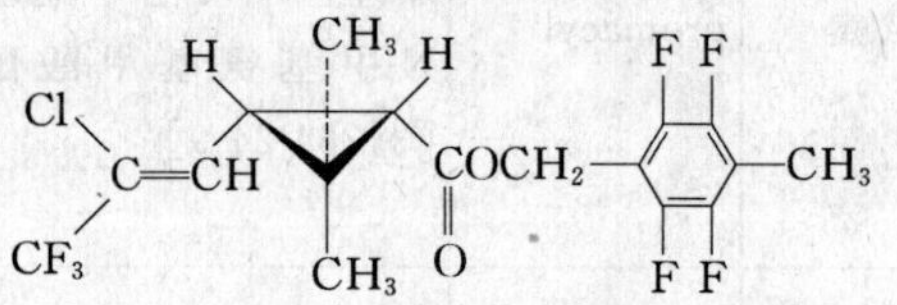 (Z)-(1R,3R)-异构体
828	七氯	heptachlor	1,4,5,6,7,8,8-七氯-3a,4,7,7a-四氢-4,7-亚甲基茚［76-44-8］	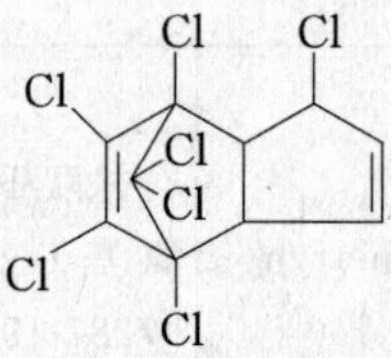
829	羟哌酯	propidine	1-(1-methyl-propaxycarbonyl)-2-(2-hydroxyethyl)-piperidine	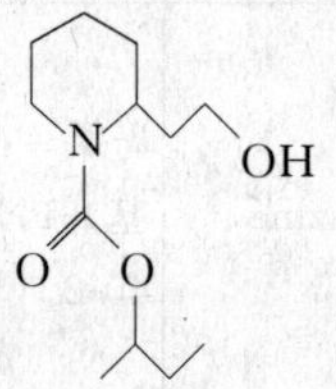
830	羟烯腺嘌呤	oxyenadenine	4-羟基异戊烯基腺嘌呤	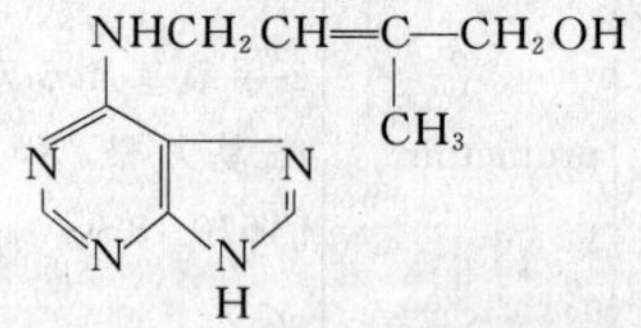
831	嗪氨灵	triforine	1,4-二(2,2,2-三氯-1-甲酰氨基乙基)哌嗪［26644-46-2］	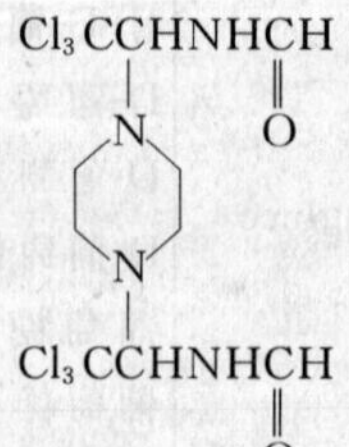

表（续）

序号	中文通用名称	英文名称[a]	化学名称及 CAS 登录号[b]	结构式
832	嗪草酸	qincaosuan[q]	[[2-氯-4-氟-5-[(四氢-3-氧代-1H,3H-[1,3,4]噻二唑[3,4a]亚哒嗪-1-基)氨基]苯基]硫]乙酸甲酯[117337-19-6],[149253-65-6](酸)	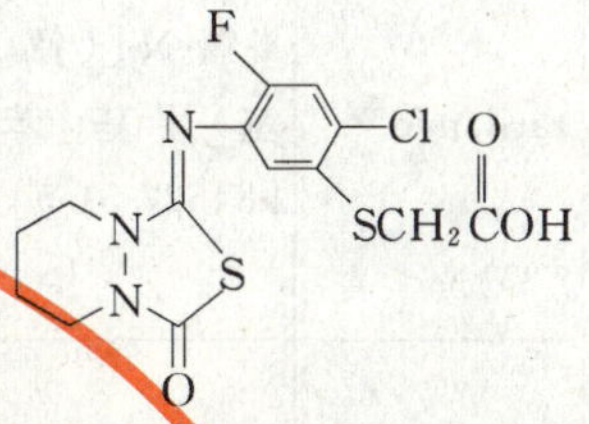
833	嗪草酸甲酯	eluthiacet-methyl		
834	嗪草酮	metribuzin	3-甲硫基-4-氨基-6-特丁基-4,5-二氢-1,2,4-三嗪-5-酮[21087-64-9]	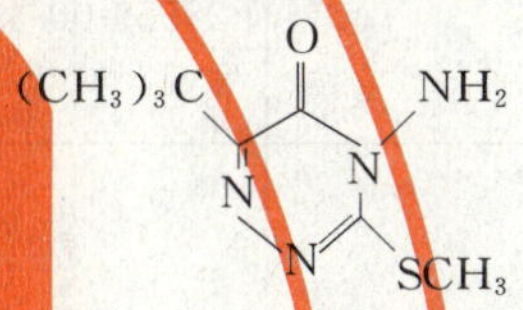
835	氢氧化铜	copper hydroxide	氢氧化铜[20427-59-2]	$Cu(OH)_2$
836	氰氨化钙	calcium cyanamide	氰氨化钙	Ca═N—C≡N
837	氰草津	cyanazine	2-氯-4-(1-氰基-1-甲基乙基氨基)-6-乙氨基-1,3,5-三嗪[21725-46-2]	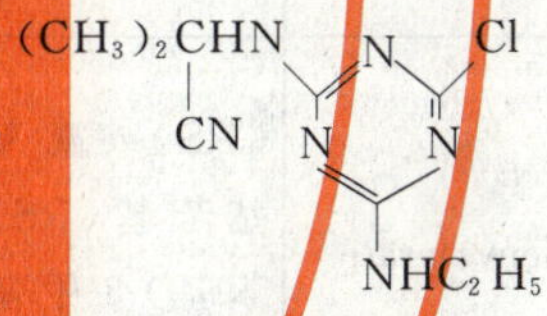
838	氰草净	cyanatryn	2-甲硫基-4-乙氨基-6-(1-氰基-1-甲基乙基氨基)-1,3,5-三嗪[21689-84-9]	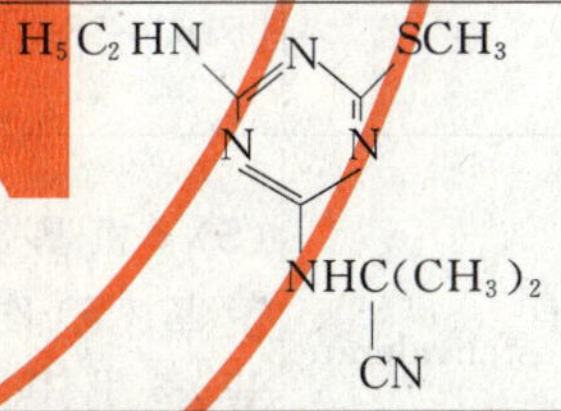
839	氰氟草酯	cyhalofop-butyl[h]	(R)-2-[4-(4-氰基-2-氟苯氧基)苯氧基]丙酸丁酯[122008-78-0](酸)	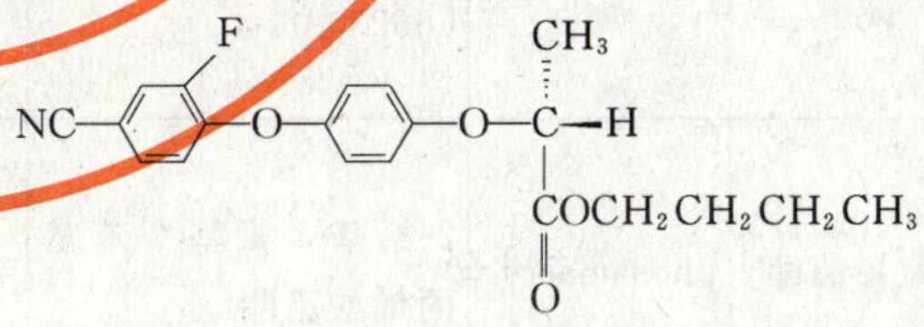
840	氰氟虫腙	metaflumizone	(E+Z)2-[2-(4-氰基苯)-1-[3-(三氟甲基)苯]亚乙基]-N-[4-(三氟甲氧基)苯]-联氨羰草酰胺	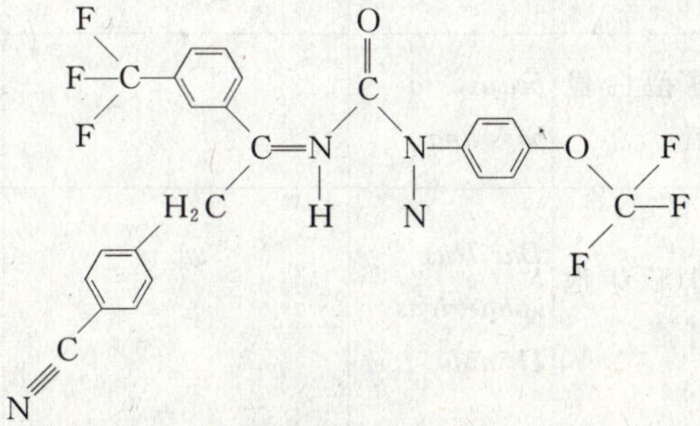

表（续）

序号	中文通用名称	英文名称[a]	化学名称及 CAS 登录号[b]	结构式
841	氰菌胺	zarilamid[d]	4-氯-N-[(氰基乙氧基)甲基]苯甲酰胺 [84527-51-5]	O OCH$_2$CH$_3$ CNHCHCN Cl
842	氰菌灵	cypendazole	1-(5-氰基亚戊基氨基甲酰基)-2-苯并咪唑基氨基甲酸甲酯 [28559-00-4]	O N NHCOCH$_3$ N CNH(CH$_2$)$_5$CN O
843	氰霜唑	cyazofamid	4-氯-2-氰基-5-对甲基苯基咪唑-1-N,N-二甲基磺酰胺	CH$_3$ O CH$_3$ S—N Cl N O CH$_3$ N CN
844	氰戊菊酯	fenvalerate	(RS)-α-氰基-3-苯氧基苄基(RS)-2-(4-氯苯基)-3-甲基丁酸酯 [51630-58-1]	O O Cl—CH—COCH— CN H$_3$C—CH CH$_3$
	S-氰戊菊酯	esfenvalerate	(S)-α-氰基-3-苯氧基苄基(S)-2-(4-氯苯基)-3-甲基丁酸酯 [66230-04-4]	COO CN Cl—C—H C O H CH(CH$_3$)$_2$
845	氰烯菌酯	phenamacril	2-氰基-3-氨基 3-苯基丙烯酸乙酯	CO$_2$C$_2$H$_5$ H$_2$N CN
846	球孢白僵菌	*beauveria bassiana*		
847	球形芽孢杆菌	*Bacillus sphaericus H5a5b*		

表（续）

序号	中文通用名称	英文名称[a]	化学名称及 CAS 登录号[b]	结构式
848	驱虫特	dibutyl succinate	琥珀酸二正丁酯[141-03-7]	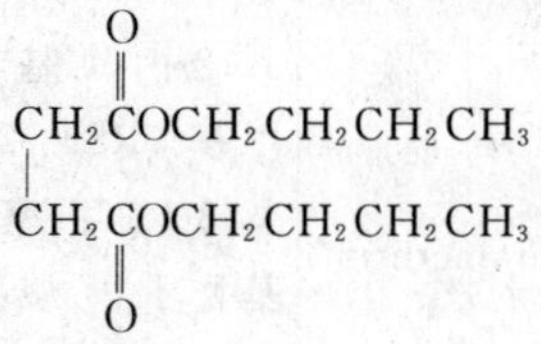 O $CH_2COCH_2CH_2CH_2CH_3$ $CH_2COCH_2CH_2CH_2CH_3$ O
849	驱蚊醇	ethohexadiol[m]	2-乙基-1，3-己二醇[94-96-2]	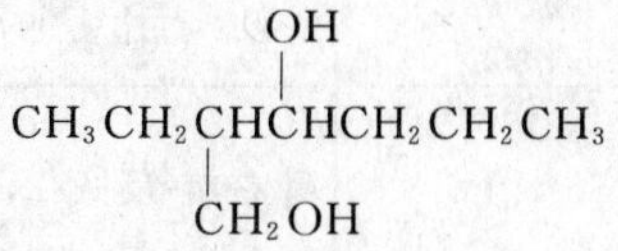 OH $CH_3CH_2CHCHCH_2CH_2CH_3$ CH_2OH
850	驱蚊灵	dimethylcarbate	顺-双环[2,2,1]庚-5-烯-2,3-二甲酸二甲酯[5826-73-3]	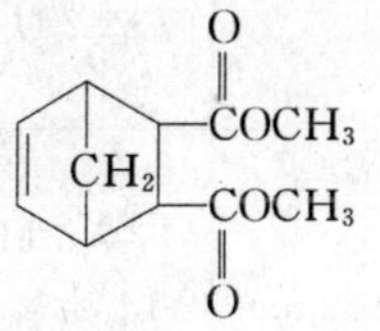 O $COCH_3$ CH_2 $COCH_3$ O
851	驱蚊酯	quwenzhi[q]	3-(N-丁基乙酰胺)丙酸乙酯	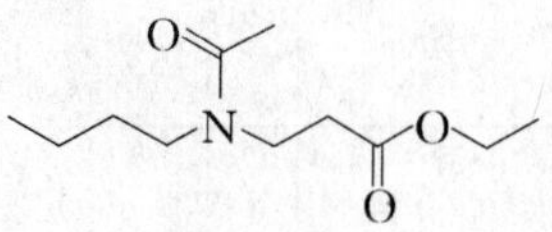 O N O O
852	驱蝇啶	quyingding[q]	吡啶-2,5-二甲酸二丙酯[136-45-8]	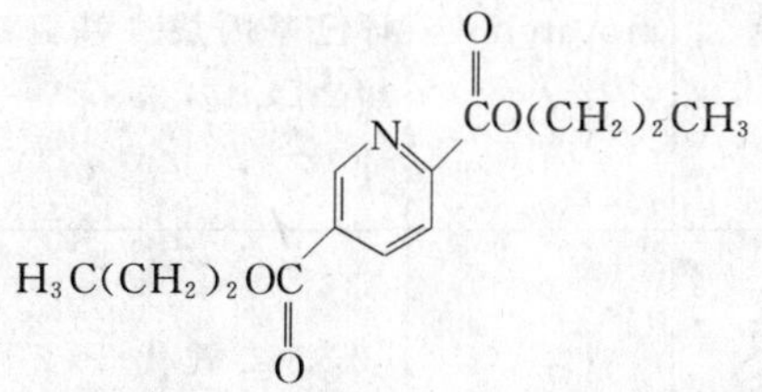 O N $CO(CH_2)_2CH_3$ $H_3C(CH_2)_2OC$ O
853	炔苯酰草胺	propyzamide	N-(1,1-二甲基炔丙基)-3,5-二氯-苯甲酰胺[23950-58-5]	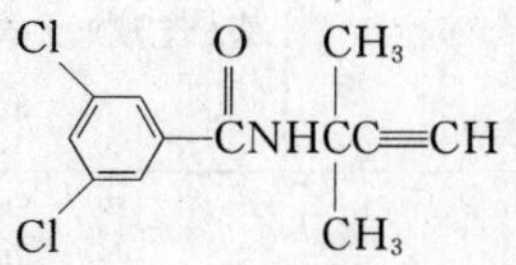 Cl O CH_3 $CNHCC{\equiv}CH$ Cl CH_3
854	炔草隆	buturon	1-甲基-1-(1-甲基丙炔-2-基)-3-(4-氯苯基)脲[3766-60-7]	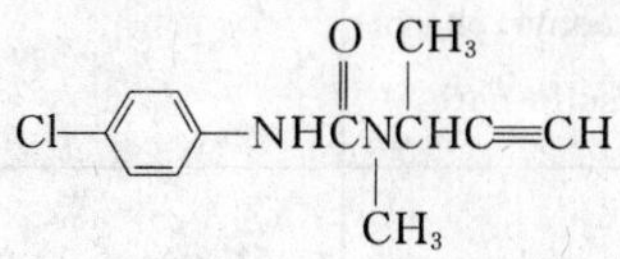 O CH_3 Cl- -$NHCNCHC{\equiv}CH$ CH_3
855	炔草酯	clodinafop-propargyl	(R)-2-[4-(5-氯-3-氟-2-吡啶氧基)苯氧基]丙酸炔丙基酯[105512-06-9]	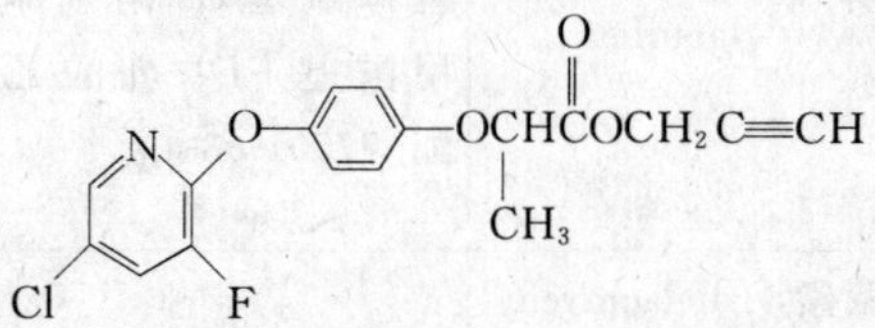 O N O- -$OCHCOCH_2C{\equiv}CH$ CH_3 Cl F

表（续）

序号	中文通用名称	英文名称[a]	化学名称及CAS登录号[b]	结构式
856	炔呋菊酯	furamethrin[e]	5-(2-丙炔基)-2-呋喃甲基-(RS)-2,2-二甲基-3-(2-甲基丙-1-烯基)环丙烷羧酸酯[23031-38-1、23031-15-4]	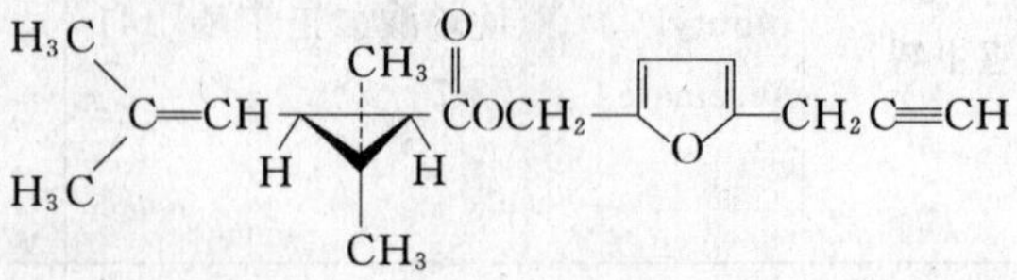
	右旋炔呋菊酯	d-furamethrin	富右旋-反式-2,2-二甲基-3-(2-甲基-1-丙稀基)环丙烷羧基-5-炔丙基-2-呋喃甲酯	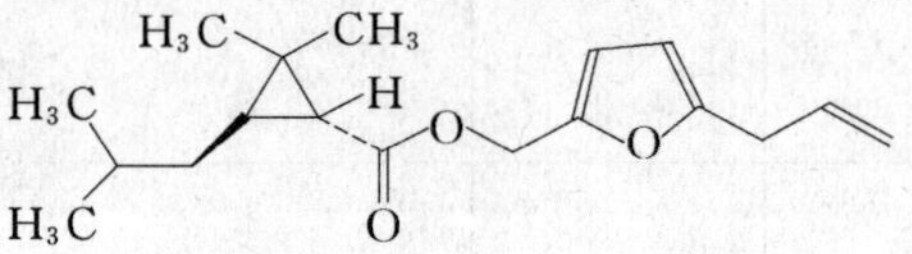
857	炔禾灵	chloroazifop-propynyl	(RS)-2-[4-(3,5-二氯-2-吡啶氧基)苯氧基]丙酸炔丙酯[72280-52-5]	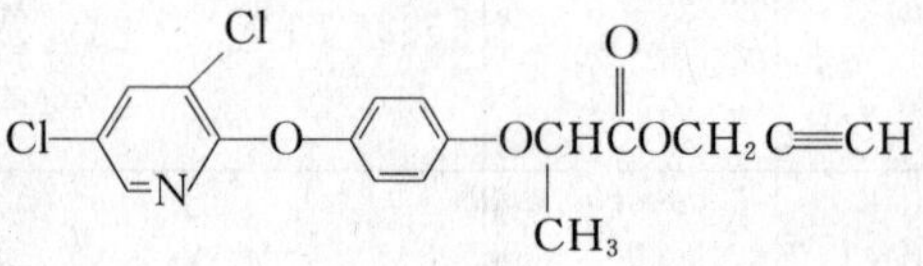
858	炔螨特	propargite	2-(4-特丁基苯氧基)环已基丙炔-2-基亚硫酸酯[2312-35-8]	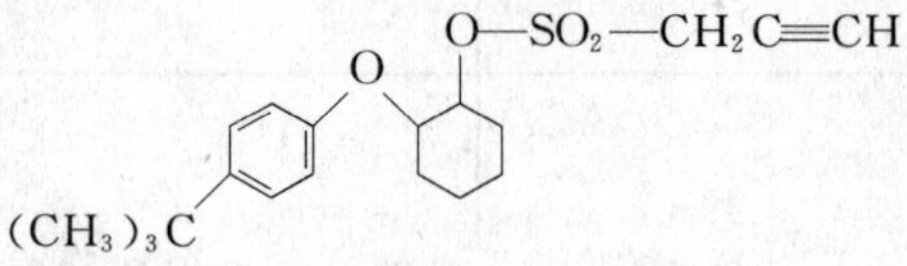
859	炔咪菊酯	imiprothrin	[2,5-二氧代-3-(2-丙炔基)-1-咪唑烷基]甲基(±)顺反式菊酸酯	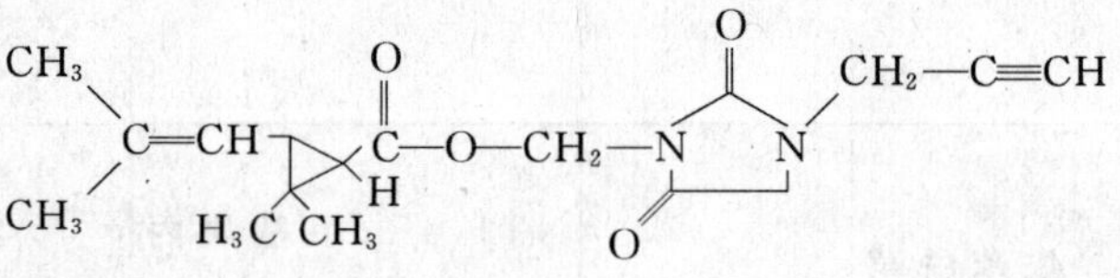
		R		
860	壬菌铜	cuppric nonyl phenol-sulfo-nate		
861	乳氟禾草灵	lactofen[n]	O-[5-(2-氯-4-三氟甲基苯氧基)-2-硝基苯甲酰基]-*DL*-乳酸乙酯[77501-63-4]	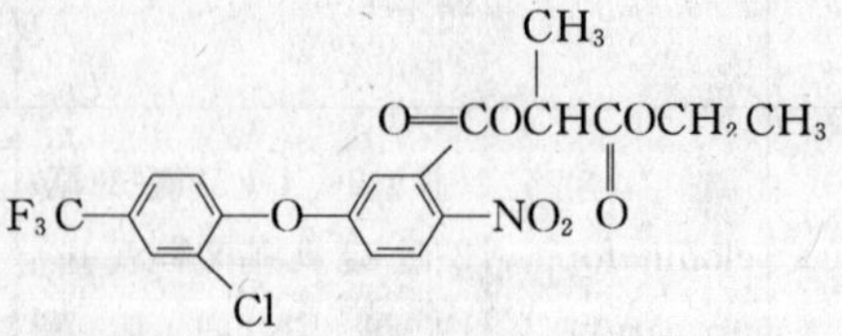
862	瑞拉菌素	zuelacmycin		

表(续)

序号	中文通用名称	英文名称[a]	化学名称及CAS登录号[b]	结构式
S				
863	噻苯隆	thidiazuron	1-苯基-3-(1,2,3-噻二唑-5-基)脲[51707-55-2]	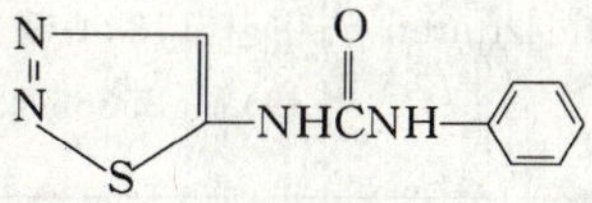
864	噻丙腈	thiapronil	(E)-2-氯苯甲酰基(2,3-二氢-4-苯基亚噻唑-2-基)乙腈[77768-58-2]	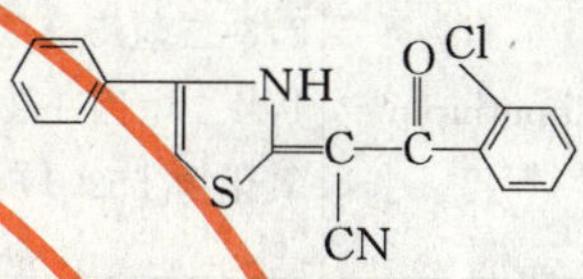
865	噻草酮	cycloxydim[d]	(RS)-2-[1-(乙氧基亚氨基)丁基]-3-羟基-5-噻烷-3-基环己-2-烯酮[101205-02-1]]	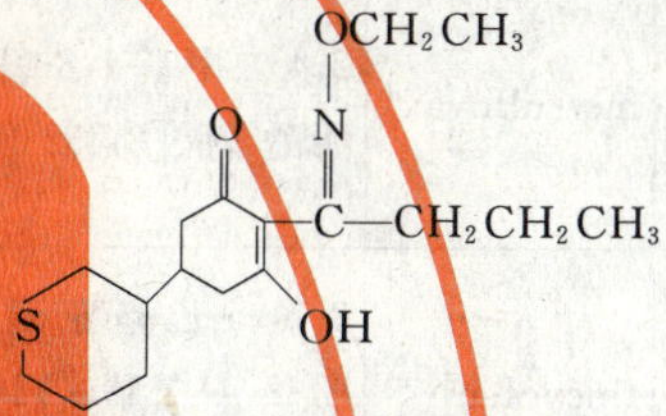
866	噻虫嗪	thiamethoxam	(EZ)-3-(2-氯-1,3噻唑基-5-甲基)-5-甲基-1,3,5-噁二嗪-4-基叉(硝基)胺	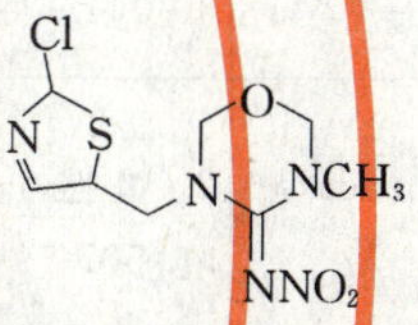
867	噻恩菊酯	kadethrin	(E)-5-苄基-3-呋喃基甲基(1R,3S)-2,2-二甲基-3-(2,3,4,5-四氢-2-氧代噻恩-3-亚基甲基)环丙烷羧酸酯[58769-20-3]	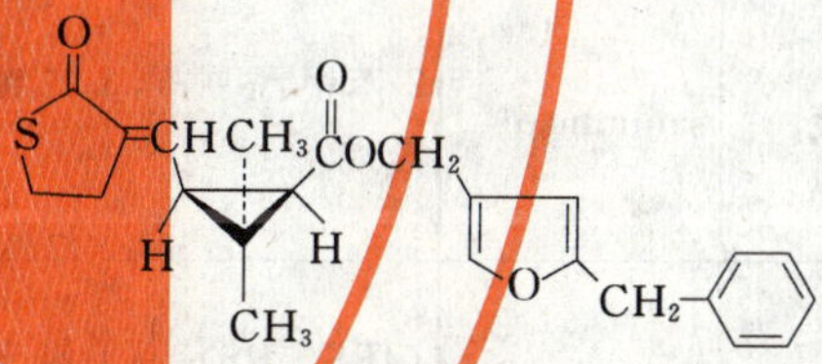
868	噻吩草胺	thenylchlor	N-(3-甲氧基噻吩-2-基甲基)-N-(2,6-二甲基苯基)-氯乙酰胺[96491-05-3]	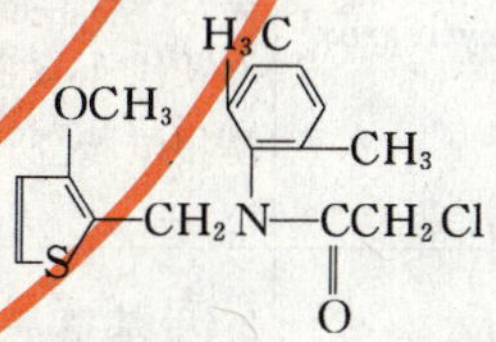
869	噻吩磺隆	thifensulfuron-methyl-thifensulfuron (acid)[d]	3-(4-甲氧基-6-甲基-1,3,5-三嗪-2-基)-1-(2-甲氧基甲酰基噻吩-3-基)磺酰脲[79277-27-3],[79277-67-1](酸)	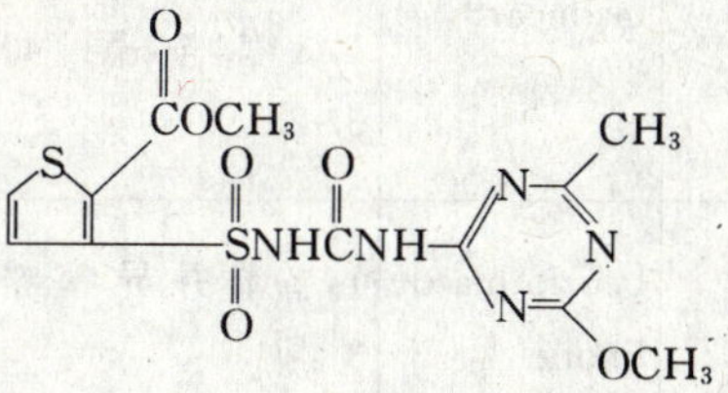
870	噻呋酰胺	thifluzamide	2′,6′-二溴-2-甲基-4′-三氟甲氧基-4-三氟甲基-1,3-噻唑-5-甲酰苯胺[130000-40-7]	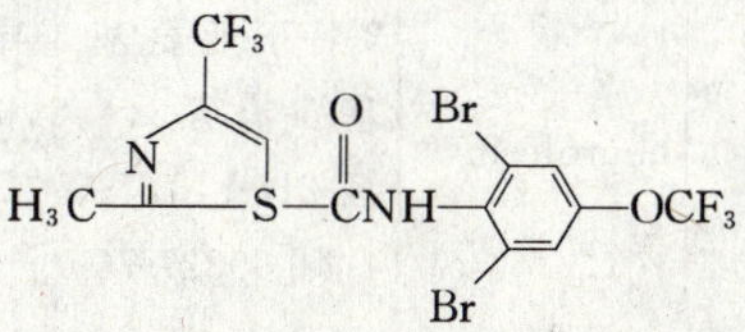

表（续）

序号	中文通用名称	英文名称[a]	化学名称及 CAS 登录号[b]	结构式
871	噻氟隆	thiazfluron	1,3-二甲基-3-(5-三氟甲基-1,3,4-噻二唑-2-基)脲[25366-23-8]	F_3C S N N O NCNHCH$_3$ CH$_3$
872	噻节因	dimethipin[d]	2,3-二氢-5,6-二甲基-1,4-二噻因-1,1,4,4-四氧化物[55290-64-7]	O O S CH$_3$ S CH$_3$ O O
873	噻菌胺	metsulfovax[d]	2,4-二甲基-1,3-噻唑-5-甲酰苯胺[21452-18-6]	NH—C(O) S CH$_3$ H_3C N
874	噻菌腈	thicyofen[d]	3-氯-5-乙基亚磺酰噻吩-2,4-二腈［116170-30-0］	O CH_3CH_2S S CN NC Cl
875	噻菌灵	thiabendazole	2-(噻唑-4-基)苯并咪唑[507-79-8]	N N H N S
876	噻菌茂	saijunmao[q]	2-苯甲酰肼-1,3-二噻茂烷	O H C—N—N=C S S
877	噻螨酮	hexythiazox[d]	(4RS,5RS)-5-(4-氯苯基)-N-环己基-4-甲基-2-氧代-1,3-噻唑烷-3-基甲酰胺[78587-05-0]	Cl S O N H_3C CONH—
878	噻螨威	tazimcarb	2-(甲基氨基甲酰基氧亚氨基)-3,5,5-三甲基-1,3-噻唑-4-酮［40085-57-2]	S =NOCNHCH$_3$ N H_3C H_3C CH$_3$ O
879	噻霉酮	benziothiazolinone	1,2-苯并异噻唑啉-3-酮	O S NH
880	噻嗪酮	buprofezin	2-特丁亚氨基-3-异丙基-5-苯基-3,4,5,6-四氢-2H-1,3,5-噻二嗪-4-酮[69327-76-0]	O CH(CH$_3$)$_2$ N N =N—C(CH$_3$)$_3$ S

表（续）

序号	中文通用名称	英文名称[a]	化学名称及 CAS 登录号[b]	结构式
881	噻森铜	saisentong	N，N′-甲撑-双（2-氨基-5-巯基 1，3，4 噻二唑）铜	$CH_2-[HN-$(1,3,4-噻二唑)$-S]_2Cu$
882	噻鼠灵	difethialone[d]	3-[3-(4-溴联苯-4-基)-1,2,3,4-四氢-1-萘基]-4-羟基-1-苯并硫杂环己烯-2-酮[104653-34-1]	OH; S; O; Br
883	噻唑禾草灵	fenthiaprop-ethyl fenthiaprop (acid)[d]	(RS)-2-[4-(6-氯-2-苯并噻唑氧基)苯氧基]丙酸乙酯[93921-16-5],[95721-12-3]（酸）	CH_3; Cl; N; S; O; $OCHCOCH_2CH_3$; O
884	噻唑磷	fosthiazate[d]	O-乙基-S-仲丁基-2-氧代-1,3-噻唑烷-3-基硫代膦酸酯[98886-44-3]	$C_2H_5O-P(=O)-SCH(CH_3)CH_2CH_3$; N; O; S
885	噻唑硫磷	colophonate	O,O-二甲基-S-(5-氯-1,3-噻唑-2-基甲基)二硫代磷酸酯[50398-69-1]	$(CH_3O)_2P(=S)SCH_2-$(噻唑, N, S)$-Cl$
886	噻唑锌	zinc thiozole	2-氨基-5-巯基-1,3,4-噻二唑锌	Zn; S; S; N; N; S; H_2N; N; S; NH_2
887	噻唑烟酸	thiazopyr	2-二氟甲基-5-(4,5-二氢-1,3-噻唑-2-基)-4-异丁基-6-三氟甲基吡啶-3-羧酸甲酯[117718-60-2]	$CH_2CH(CH_3)_2$; S; N; $COCH_3$; O; F_3C; N; CHF_2
888	赛硫磷	amidithion	O，O-二甲基-S-[(N-甲氧基乙基)氨基甲酰甲基]二硫代磷酸酯[919-76-6]	$(CH_3O)_2P(=S)SCH_2C(=O)NHCH_2CH_2OCH_3$

表(续)

序号	中文通用名称	英文名称[a]	化学名称及CAS登录号[b]	结构式
889	三苯基氯化锡	fentin chloride	三苯基氯化锡[639-58-7]	[ ]$_3$SnCl
890	三苯基氢氧化锡	fentin hydroxide	三苯基氢氧化锡[76-87-9]	[ ]$_3$SnOH
891	三苯基乙酸锡	fentin acetate	三苯基乙酸锡[900-95-8]	O [ ]$_3$SnOCCH$_3$
892	三苯锡	fentin	三苯基锡[668-34-8]	[ ]$_3$Sn
893	三氮唑核苷	*Ribavirin*		
894	三碘苯甲酸	triiodobenzoic acid	2,3,5-三碘苯甲酸[88-82-4]	I I O COH I
895	三丁氯苄膦	chlorphonium	三丁基-2,4-二氯苄基氯化膦[115-78-6]	Cl [Cl— —CH$_2$P(C$_4$H$_9$)$_3$]$^+$ · Cl$^-$
896	三氟苯唑	fluotrimazole	α,α-二苯基-3-(三氟甲基)苄基-1H-1,2,4-三唑[31251-03-3]	CF$_3$ C N N N
897	三氟啶磺隆钠盐	trifloxysulfuron sodium	N-[(4,6-二甲氧基-2-嘧啶基)氨基甲酰]-3-(2,2,2-三氟乙氧基)-2-吡啶磺酰胺钠	H$_3$C O N O O N H$_3$C O N N N S O O Na$^+$ CF$_3$
898	三氟羧草醚	acifluorfen (acid) acifluorfen-sodium	2-氯-4-三氟甲基苯基-3′-羧基-4′-硝基苯基醚[50594-66-6],[62476-59-9](钠盐)	O Cl COH(Na) F$_3$C— —O— —NO$_2$
899	三氟硝草醚	fluorodifen	4-硝基苯基-2′-硝基-4′-三氟甲基苯基醚[15457-05-3]	O$_2$N O$_2$N— —O— —CF$_3$

表（续）

序号	中文通用名称	英文名称[a]	化学名称及 CAS 登录号[b]	结构式
900	三环菌胺	sanhuanjunan[q]	2-[2-(1-(2-(4-氟-3-甲基苯基)-2-甲基环丙基)乙亚胺基-氧甲基)苯基]-2-甲氧亚胺基-N-甲基-乙酰胺	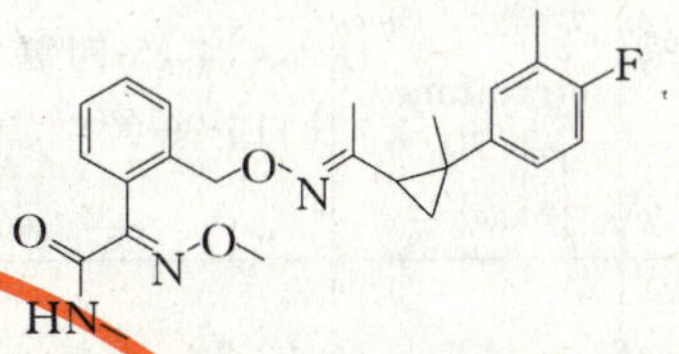
901	三环锡	cyhexatin	三环己基氢氧化锡[13121-70-5]	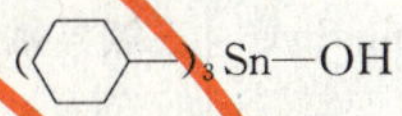
902	三环唑	tricyclazole	5-甲基-1,2,4-三唑并[3,4-b][1,3]苯并噻唑[41814-78-2]	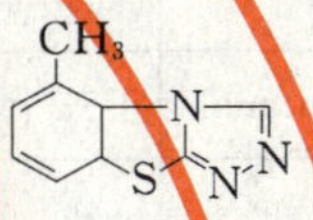
903	三甲苯草酮	tralkoxydim[d]	2-[1-(乙氧基亚氨基)丙基]-3-羟基-5-(2,4,6-三甲基苯基)环已-2-烯-1-酮[87820-88-0]	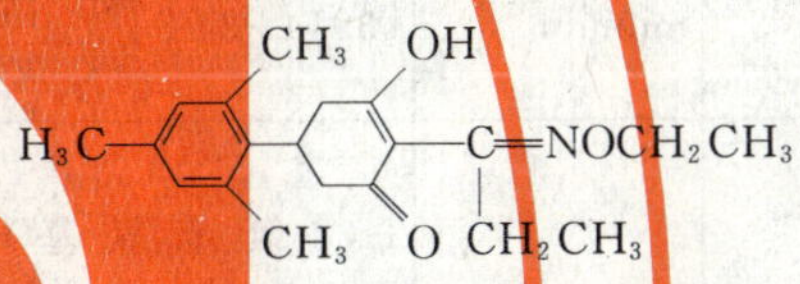
904	三磷锡	phostin	O,O-二乙基二硫代磷酸三环已基锡	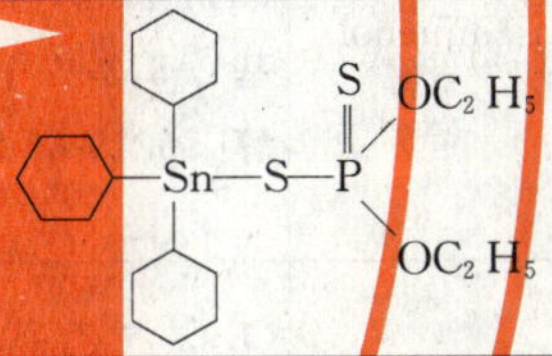
905	三硫磷	carbophenothion	O,O-二乙基-S-(4-氯苯硫基甲基)二硫代磷酸酯[786-19-6]	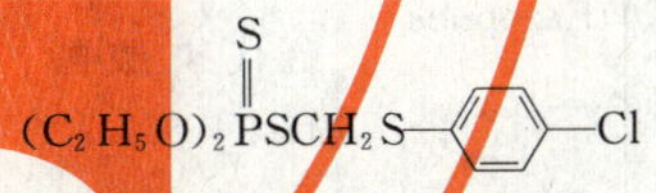
906	三氯吡氧乙酸	trichlopyr	[(3,5,6-三氯-2-吡啶)氧基]乙酸[55335-06-3]	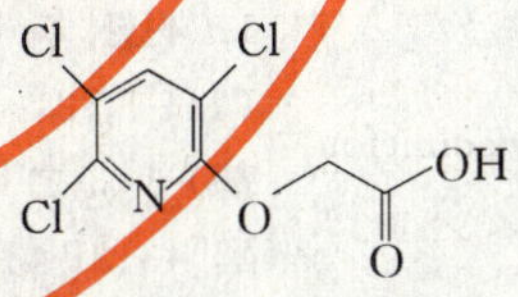
907	三氯甲基吡啶	nitrapyrin	2-氯-6-三氯甲基吡啶[1929-82-4]	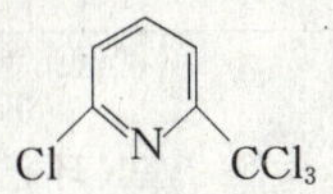
908	三氯杀虫酯	plifenate[c]	2,2,2-三氯-1-(3,4-二氯苯基)乙基乙酸酯[21757-82-4]	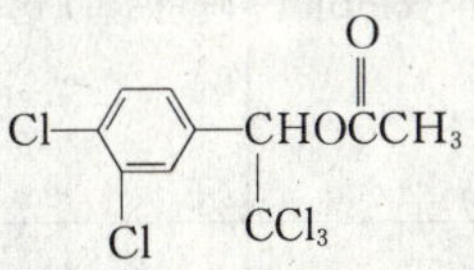
909	三氯杀螨醇	dicofol	2,2,2-三氯-1,1-双(4-氯苯基)乙醇[115-32-2]	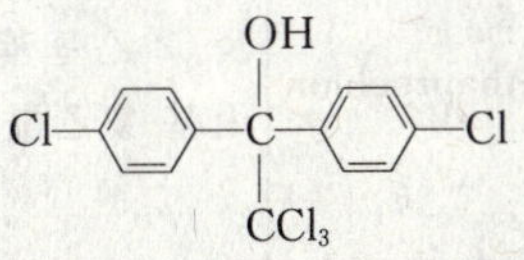

表(续)

序号	中文通用名称	英文名称[a]	化学名称及 CAS 登录号[b]	结构式
910	三氯杀螨砜	tetradifon	2,4,4′,5-四氯二苯砜[116-29-0]	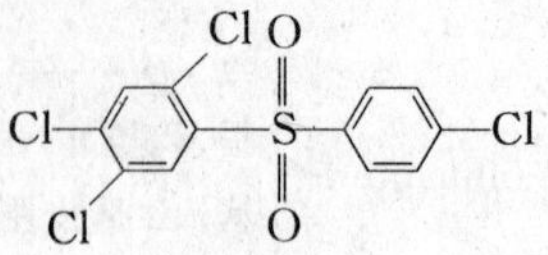
911	三氯异氰尿酸	bromochlorodimethyl acid	三氯异氰尿酸	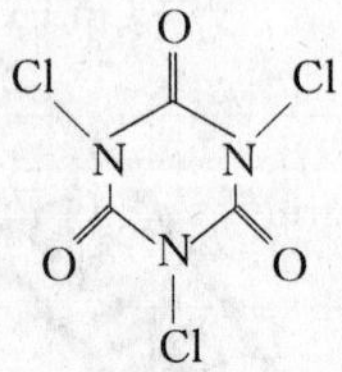
912	三十烷醇	triacontanol	正三十烷醇	$CH_3(CH_2)_{28}CH_2OH$
913	三乙膦酸铝	fosetyl-aluminium	三(乙基膦酸)铝[39148-24-8]	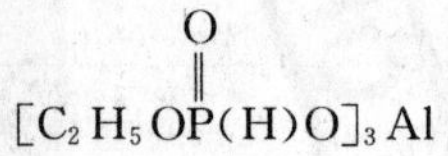 $[C_2H_5OP(H)O]_3Al$ (P=O)
914	三唑醇	triadimenol	1-(4-氯苯氧基)-1-(1H-1,2,4-三唑-1-基)-3,3-二甲基-丁-2-醇[55219-65-3]	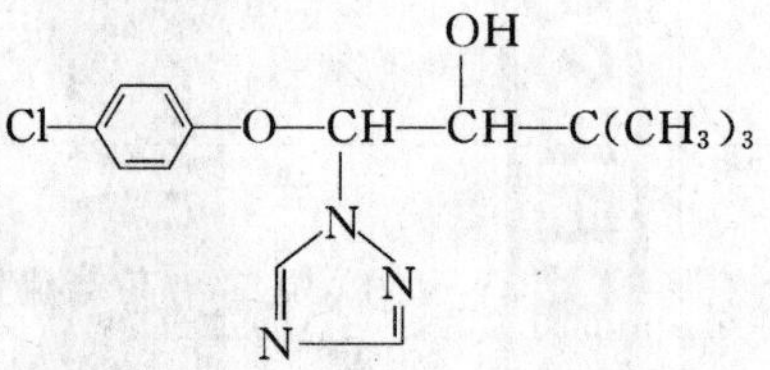
915	三唑磷	triazophos	O,O-二乙基-O-(1-苯基-1,2,4-三唑-3-基)硫代磷酸酯[24017-47-8]	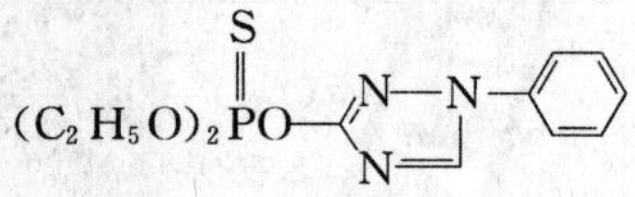
916	三唑酮	triadimefon	1-(4-氯苯氧基)-1-(1H-1,2,4-三唑-1-基)-3,3-二甲基丁-2-酮[43121-43-3]	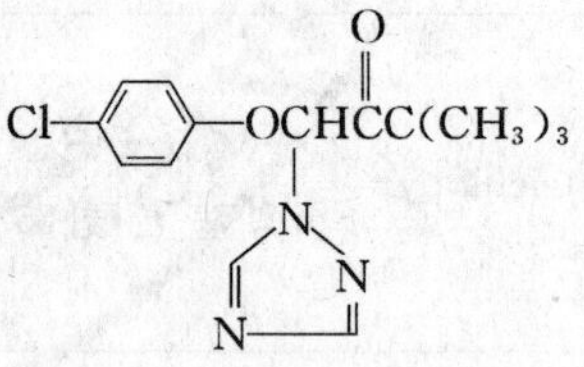
917	三唑锡	azocyclotin	三(环己基)-1,2,4-三唑-1-基)锡[41083-11-8]	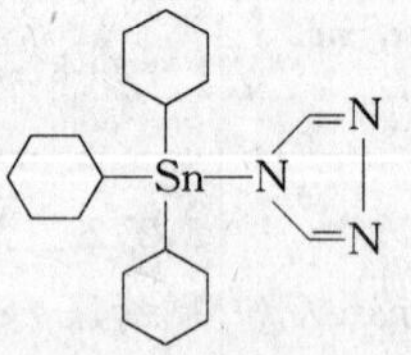
918	杀草胺	ethaprochlor	N-(2-乙基苯基)-N-异丙基-氯乙酰胺	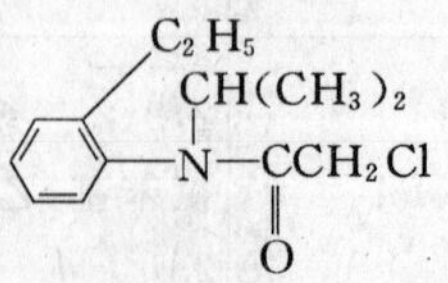

表（续）

序号	中文通用名称	英文名称[a]	化学名称及CAS登录号[b]	结构式
919	杀草隆	dimuron[d]	1-(4-甲基苯基)-3-(α，α-二甲基苄基)脲[42609-52-9]	$C_6H_5-C(CH_3)_2-NHC(O)NH-C_6H_4-CH_3$
920	杀草强	amitrole	3-氨基-1，2，4-三唑[61-82-5]	1H-1,2,4-三唑环，3位 NH_2
921	杀草畏	tricamba	2-甲氧基-3，5，6-三氯苯甲酸[2037-49-5]	苯环：Cl，Cl，Cl，$C(O)OH$，OCH_3
922	杀虫单	thiosultap-monosodium	1-硫代磺酸钠基-2-二甲氨基-3-硫代磺酸基丙烷	$CH_2SSO_3H-CHN(CH_3)_2-CH_2SSO_3Na \cdot 2H_2O$
923	杀虫钉	trithialan	N，N-二甲基-1，2，3-三硫杂环己-5-胺盐酸盐	1,2,3-三硫杂环己烷-5-基$-N(CH_3)_2 \cdot HCl$
924	杀虫环	thiocyclam	N，N-二甲基-1，2，3-三硫杂环己-5-胺草酸盐[31895-21-3]	1,2,3-三硫杂环己烷-5-基$-N(CH_3)_2 \cdot HOOC-COOH$
925	杀虫磺	bensultap	1，3-二(苯磺酰硫基)-2-二甲氨基丙烷[17606-31-4]	$C_6H_5SO_2S-CH_2-CHN(CH_3)_2-CH_2SSO_2C_6H_5$
926	杀虫双胺	profurite-aminium	2-二甲氨基-1，3-双硫代	$(H_3C)_2N-CH(CH_2SSO_3NH_4)_2$
927	杀虫脒	chlordime-form	N-(4-氯-2-甲基苯基)-N′，N′-二甲基甲脒[6164-98-3]	$Cl-C_6H_3(CH_3)-N=CH-N(CH_3)_2$

表（续）

序号	中文通用名称	英文名称[a]	化学名称及CAS登录号[b]	结构式
928	杀虫双	bisultap thiosultap-disodium	1,3-双硫代磺酸钠基-2-二甲氨基丙烷	CH_2SSO_3Na / $CHN(CH_3)_2 \cdot 2H_2O$ / CH_2SSO_3Na
929	杀虫畏	tetrachlor-vinph-os	(Z)-O,O-二甲基-O-[2-氯-1-(2,4,5-三氯苯基)乙烯基]磷酸酯[22248-79-9]	$(CH_3O)_2P(=O)O$–C(=CHCl)–2,4,5-三氯苯基 (Z)
930	杀铃脲	triflumuron[d]	1-(4-三氟甲氧基苯基)-3-(2-氯苯甲酰基)脲[64628-44-0]	2-氯苯基–C(=O)NHC(=O)NH–苯基–OCF_3
931	杀螺胺	niclosamide	N-(2-氯-4-硝基苯基)-2-羟基-5-氯苯甲酰胺[50-65-1]	O_2N–(2-Cl苯基)–NHC(=O)–(2-HO-5-Cl苯基)
932	杀螺胺乙醇胺盐	niclosamide-clamine	N-(2-氯-4-硝基苯基)-2-羟基-5-氯-苯甲酰胺·2-氨基乙醇盐	(2-OH-5-Cl苯基)–CONH–(2-Cl苯基)–NO_2 · $H_2NCH_2CH_2OH$
933	杀螺吗啉	trifenmorph	4-(三苯甲基)吗啉[1420-06-0]	$(C_6H_5)_3C$–N(吗啉)
934	杀螨醇	chlorfenethol	1,1-双(4-氯苯基)乙醇[80-06-8]	Cl–苯基–C(OH)(CH_3)–苯基–Cl
935	杀螨醚	chlorbenside	4-氯苄基-4′-氯苯基硫醚[103-17-3]	Cl–苯基–CH_2S–苯基–Cl
936	杀螨脒	medimeform	N-(2,4-二甲基苯基)-N,′N′-二甲基甲脒盐酸盐[69618-84-4]	CH_3–(2-CH_3苯基)–N=CHN$(CH_3)_2$ · HCl

表（续）

序号	中文通用名称	英文名称[a]	化学名称及 CAS 登录号[b]	结构式
937	杀螨特	aramite[e]	2-(4-特丁基苯氧基)异丙基-2′-氯乙基亚硫酸酯[140-57-8]	$O{=}S(OCH_2CH_2Cl)-OCH(CH_3)CH_2O-C_6H_4-C(CH_3)_3$
938	杀螨酯	chlorfenson	4-氯苯磺酸 4-氯苯酯[80-33-1]	$Cl-C_6H_4-OS(O_2)-C_6H_4-Cl$
939	杀螟丹	cartap	1,3-二(氨基甲酰硫)-2-二甲氨基丙烷[15263-53-3]	$CH_2SC(O)NH_2-CHN(CH_3)_2-CH_2SC(O)NH_2$
940	杀螟腈	cyanophos	O,O-二甲基-O-(4-氰基苯基)硫代磷酸酯[2636-26-2]	$(CH_3O)_2P(S)O-C_6H_4-CN$
941	杀螟硫磷	fenitrothion	O,O-二甲基-O-(4-硝基-3-甲基苯基)硫代磷酸酯[122-14-5]	$(CH_3O)_2P(S)-O-C_6H_3(CH_3)-NO_2$
942	杀木膦	fosamine	O-乙基氨基甲酰基膦酸[69682-52-9],[25954-13-6](铵盐)	$H_2N-C(O)-P(O)(OH)-OCH_2CH_3$
943	杀扑磷	methidathion	O,O-二甲基-S-(2,3-二氢-5-甲氧基-2-氧代-1,3,4-噻二唑-3-基甲基)二硫代磷酸酯[950-37-8]	$(CH_3O)_2P(S)SCH_2-N$（1,3,4-噻二唑-2-酮环，5-位 OCH_3）
944	杀鼠灵	warfarin	3-(α-乙酰甲基苄基)-4-羟基香豆素[81-81-2]	4-羟基香豆素-3-基 $-CH(C_6H_5)CH_2C(O)CH_3$
945	杀鼠醚	coumatetralyl	3-(1,2,3,4-四氢-1-萘基)-4-羟基香豆素[5836-29-3]	4-羟基香豆素-3-基-1,2,3,4-四氢萘-1-基 (OH)

表（续）

序号	中文通用名称	英文名称[a]	化学名称及 CAS 登录号[b]	结 构 式
946	杀鼠酮	valone[j]	2-异戊酰基-2,3-二氢-1,3-茚二酮[83-28-3]	
947	杀线威	oxamyl	O-甲基氨基甲酰基-1-二甲氨基甲酰-1-甲硫基甲醛肟[23135-22-0]	
948	莎稗磷	anilofos[d])	O,O-二甲基-S-(N-4-氯苯基-N-异丙胺基甲酰甲基)-二硫代磷酸酯[64249-01-0]	
949	山莨菪碱	anisodamine	a-(羟甲基)-苯乙酸(6s)-羟基-8-甲基-8-氮杂双环[3,2,1]-辛-3-酯	
950	蛇床子素	osthol	7-甲氧基-8-异物烯基香豆素	
951	申嗪霉素	Phenazino-1-carboxylic acid	吩嗪-1-羧酸	
952	砷酸钙	calcium arsenate	砷酸钙[1333-25-1]	$Ca_3(AsO_4)_2$
953	砷酸铅	lead arsenate	砷酸铅[7645-25-2]	$PbHAsO_4$
954	生物氯菊酯	biopermethrin	3-苯氧基苄基(1R,3S)-3-(2,2-二氯乙烯基)-2,2-二甲基环丙烷羧酸酯[51877-74-8]	
955	虱螨脲	lufenuron	(RS)-1-[2,5-二氯-4-(1,1,2,3,3,3-六氟丙氧基)苯基]-3-(2,6-二氟苯甲酰基)脲[103055-07-8]	

表（续）

序号	中文通用名称	英文名称[a]	化学名称及 CAS 登录号[b]	结构式
956	十八烷基三甲基氯化铵	octadecyl trimethyl ammonium chioride		
957	十二环吗啉	dodemorph	4-环十二烷基-2,6-二甲基吗啉[1593-77-7]	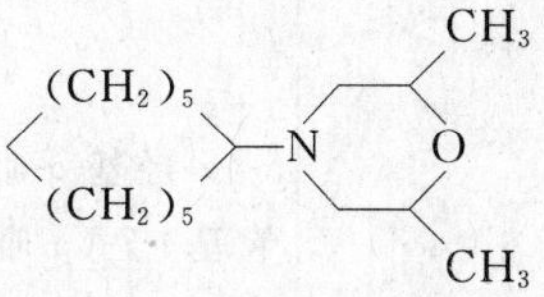
958	十二烷基苄基二甲基氯化铵	toshin	十二烷基苄基二甲基氯化铵	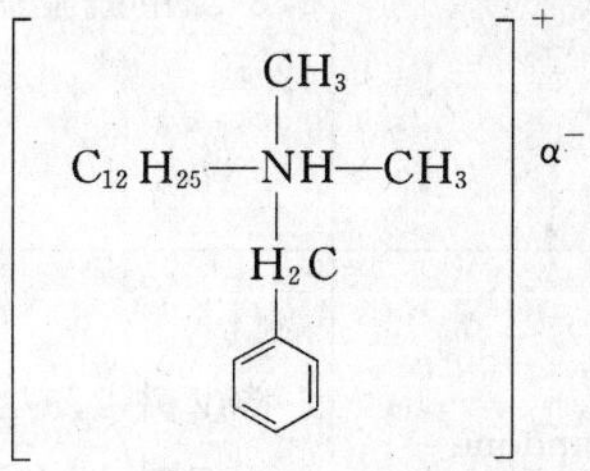 $[C_{12}H_{25}—NH(CH_3)—CH_3(CH_2C_6H_5)]^+ α^-$
959	十二烷基硫酸钠	dodecyl sodium sulphate	十二烷基硫酸钠	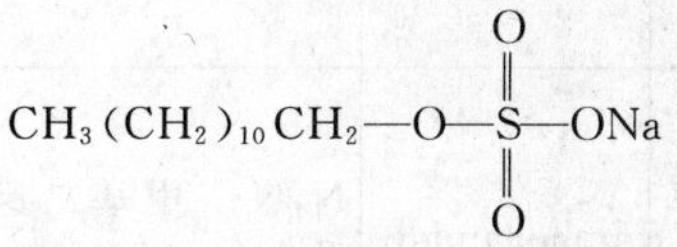 $CH_3(CH_2)_{10}CH_2—O—S(O_2)—ONa$
960	十三吗啉	tridemorph	4-十三烷基-2,6-二甲基吗啉[24662-86-6]	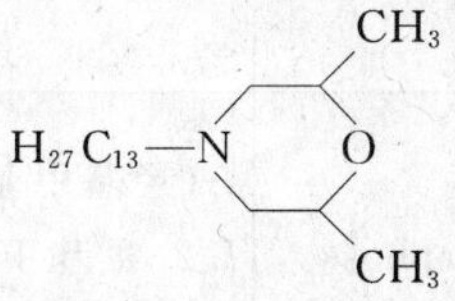
961	石蜡油	paraffinic oil		
962	石硫合剂	lime sulfur[g]	多硫化钙[1344-81-6]	CaS_x
963	蔬果磷	dioxabenzofos[d]	2-甲氧基-4(H)-1,3,2-苯并二氧杂磷-2-硫化物[3811-49-2]	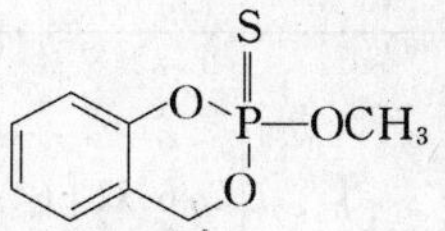
964	鼠得克	difenacoum	3-[(3-联苯-4-基)-1,2,3,4-四氢-1-萘基]-4-羟基香豆素[56073-07-5]	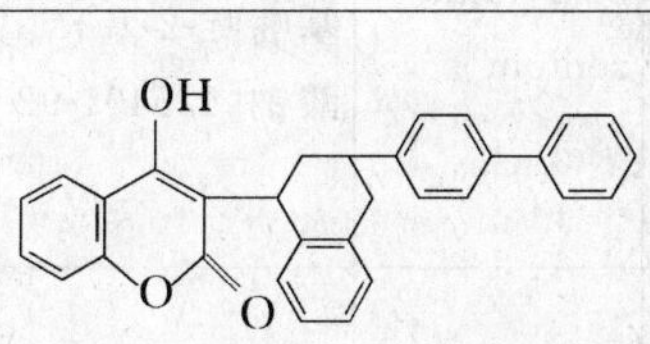
965	鼠甘伏	glitor	1,3-二氟丙-2-醇(Ⅰ)与 1-氯-3-氟丙-2-醇(Ⅱ)的混合物	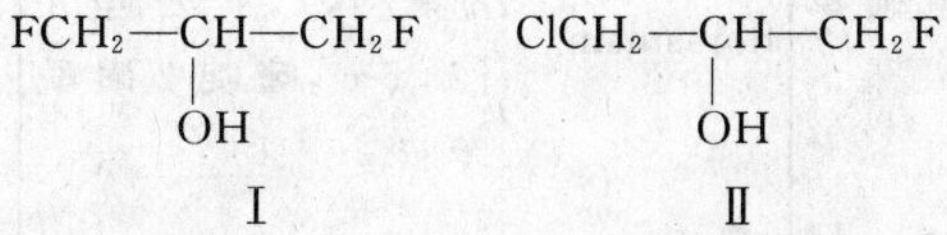 Ⅰ: $FCH_2—CH(OH)—CH_2F$; Ⅱ: $ClCH_2—CH(OH)—CH_2F$

表（续）

序号	中文通用名称	英文名称[a]	化学名称及CAS登录号[b]	结构式
966	鼠立死	crimidine	2-氯-4-二甲氨基-6-甲基嘧啶[535-89-7]	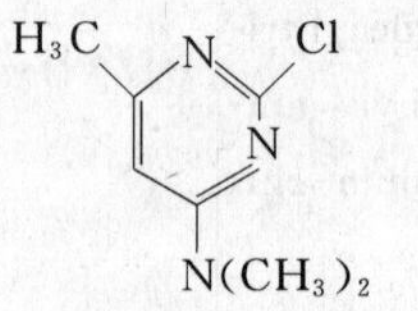
967	鼠特灵	norbormide	5-(α-羟基-α-吡啶-2-基苄基)-7-(α-吡啶-2-基亚苄基)-5-降冰片烯-2,3-二甲酰亚胺[991-42-4]	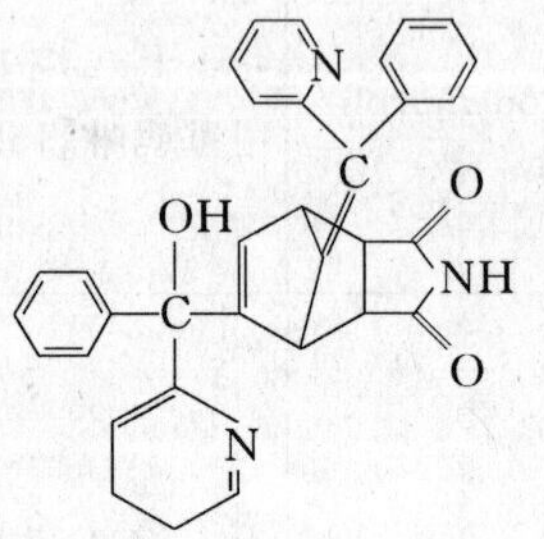
968	鼠完	pindone	2-特戊酰-2,3-二氢-1,3-茚二酮[83-26-1]	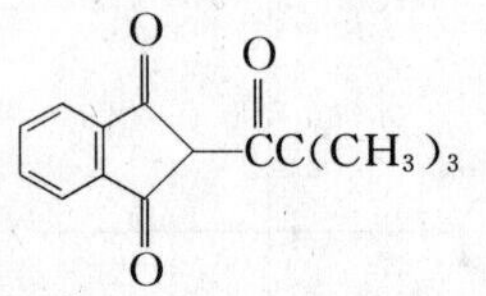
969	双苯酰草胺	diphenamide	N,N-二甲基二苯基乙酰胺[957-51-7]	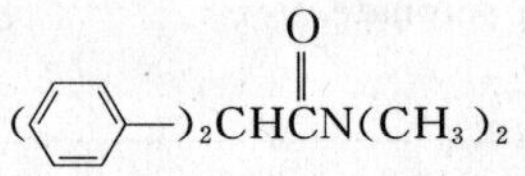
970	双丙氨膦	bialaphos-sodium bialaphos (acid)	4-(羟基甲基氧膦基)-*L*-2-氨基丁酰-*L*-丙氨酰基-*L*-丙氨酸钠[71048-99-2],[35599-43-4](酸)	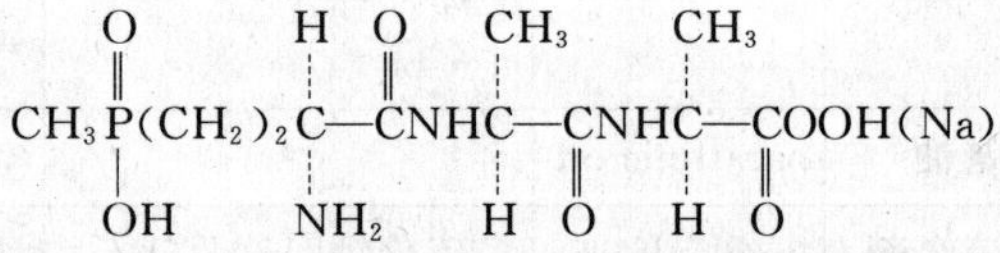
971	双草醚	bispyribac-sodium	2,6-双[(4,6-二甲氧基嘧啶-2-基)氧]苯甲酸钠[125401-92-5]	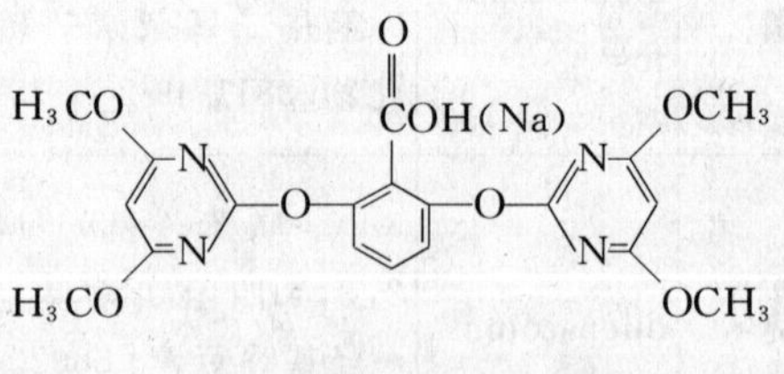
972	双氟磺草胺	florasulam	2′,6′-二氟-5-甲氧基-8-氟[1,2,4]三唑并[1,5-c]嘧啶-2-磺酰苯胺	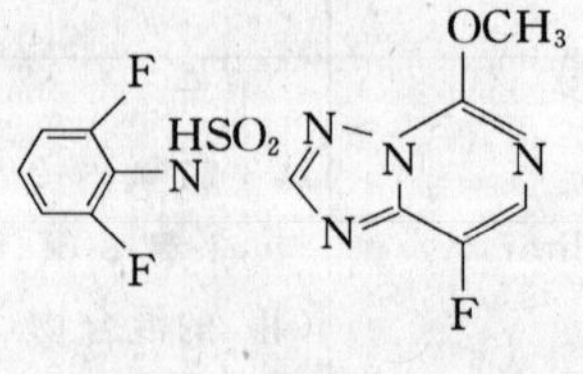

表(续)

序号	中文通用名称	英文名称[a]	化学名称及CAS登录号[b]	结构式
973	双胍三辛烷基苯磺酸盐	*iminoctadine tris (albesilate)*	1',1-亚氨基(辛基亚甲基)双胍三(烷基苯磺酸盐)	$\left[H_2\overset{+}{N} \left((CH_2)_8\text{-}NH\text{-}C(NH_2)\overset{+}{=}NH_2 \right)_2 \right]_3 [C_{12}H_{25}-C_6H_4-SO_3^-]$
974	双胍辛胺	iminoctadine[d]	二(8-胍基辛基)胺[13516-27-3]	$H_2N-C(=NH)-NH(CH_2)_8NH(CH_2)_8NH-C(=NH)-NH_2$
	双胍辛胺乙酸盐	iminoctadinetriacetate[d]	二(8-胍基辛基)胺乙酸盐[39202-36-6]	$[H_2N-C(=NH)-NH(CH_2)_8NH(CH_2)_8NH-C(=NH)-NH_2]\cdot H_3C-C(=O)-OH$
	双胍辛乙酸盐	guazatine acetate[d]	聚胺反应混合物,主要有1,8-亚辛基二胺、亚氨基二(1,8-亚辛基)二胺、1,8-亚辛基双(亚氨基-1,8-亚辛基)二胺以及氨基化氰。其乙酸盐[115044-19-4]	$RNH(CH_2)_8-N(R)-[(CH_2)_8-N(R)]_nH$(或·$CH_3COOH$) $n=0,1,2$ 等 R=任一取代基,-H(17%~23%)或 $-C(NH_2)=NH$(83%~77%)
975	双甲胺草磷	shuangjiaancaolin[q]	O-甲基-O-(4,6-二甲基-2-硝基苯基)-N-异丙基硫代磷酰胺酯	$H_3C-C_6H_2(CH_3)-O-P(=S)(OCH_3)NHCH(CH_3)_2$
976	双甲脒	amitraz	N,N-双(2,4-二甲基苯基亚氨基甲基)甲胺[33089-61-1]	$CH_3-C_6H_3(CH_3)-N=CHN(CH_3)CH=N-C_6H_3(CH_3)-CH_3$
977	双硫磷	temephos	4,4'-双(O,O-二甲基硫代磷酰氧基)苯硫醚[3383-96-8]	$(CH_3O)_2P(=S)O-C_6H_4-S-C_6H_4-OP(=S)(OCH_3)_2$
978	双氯酚	dichlorophen	二-(5-氯-2-羟基苯基)甲烷[97-23-4]	$HO(Cl)C_6H_3-CH_2-C_6H_3(Cl)OH$

表（续）

序号	中文通用名称	英文名称[a]	化学名称及CAS登录号[b]	结构式
979	双炔酰菌胺	mandipropamid	2-(4-氯-苯基)-N-[2-(3-甲氧基-4-(2-丙炔氧基)-苯基)-乙烷基]-2-(2-丙炔氧基)-乙酰胺	
980	双三氟虫脲	bistrifluron	1-[[2-氯-3,5-二(三氟甲基)苯基]-3-(2,6-二氟苯甲酰基)脲	
981	双酰草胺	carbetamide	(R)-N-乙基-2-(苯基氨基甲酰氧)丙酰胺[16118-49-3]	
982	霜霉威	propamocarb	N-[3-(二甲基氨基)丙基]氨基甲酸丙酯[24579-73-5]	$(CH_3)_2NCH_2CH_2CH_2NHC(=O)OCH_2CH_2CH_3$
	霜霉威盐酸盐	propamocarb hydrochloride	N-3-二乙胺基丙基氨基甲酸丙基酯盐酸盐	$[(CH_3)_2N(CH_2)_3NHC(=O)OCH_2CH_2CH_3]\cdot HCl$
983	霜脲氰	cymoxanil	1-(2-氰基-2-甲氧基亚氨基乙酰基)-3-乙基脲[57966-95-7]	$CH_3CH_2NHC(=O)NHC(=O)C(=N-OCH_3)-CN$
984	水胺硫磷	isocarbophos	O-甲基-O-(2-异丙氧基甲酰基苯基)硫代磷酰胺[24353-61-5]	
985	水合霉素	*Oxytetracycli-ni hydrochloric-dum*		
986	水杨菌胺	trichlamide[d]	N-(1-正丁氧基)-N-(2,2,2-三氯乙基)水杨酰胺[70193-21-4]	

表（续）

序号	中文通用名称	英文名称[a]	化学名称及 CAS 登录号[b]	结 构 式
987	水杨酸	salicylic acid	邻羟基苯甲酸	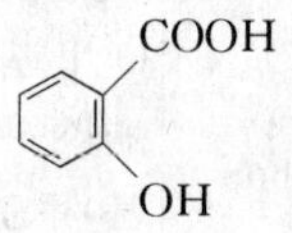 COOH, OH
988	顺-11-十六碳烯醛	(Z)-hexadec-5-enal	顺-11-十六碳烯醛	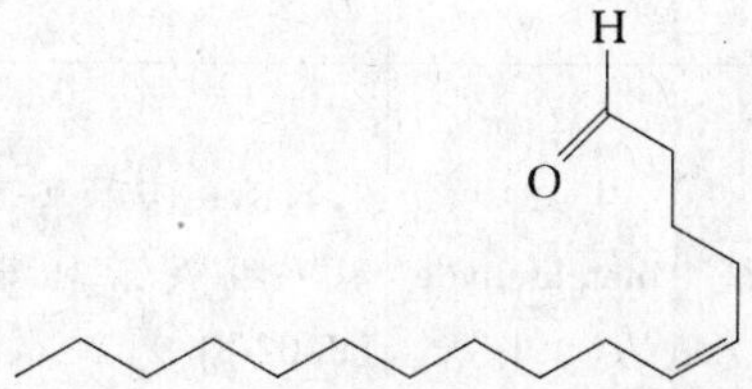 H, O
989	四氟苯菊酯	transfluthrin	(2,3,5,6)-四氟苄基(1R,3S)-3-(2,2-二氯乙烯基)-2,2-二甲基环丙烷羧酸酯[118712-89-3]	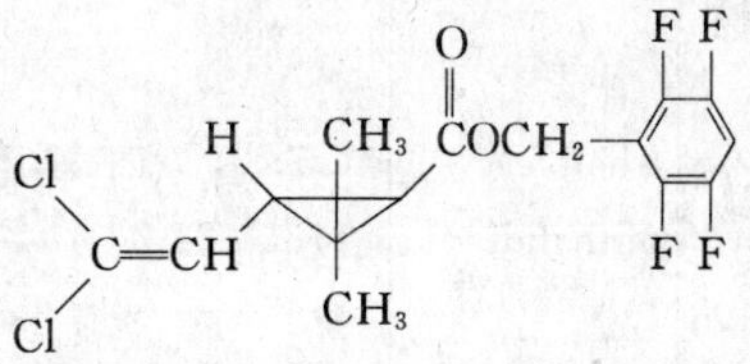 Cl, Cl, C=CH, H, CH_3, CH_3, O, $COCH_2$, F F, F F
990	四氟甲醚菊酯	dimefluthrin	2,3,5,6-四氟-4-(甲氧甲基)苄基(1RS,3RS;1RS,3SR)-2,2-二甲基-3-(2-甲基丙烯基)环丙烷羧酸酯	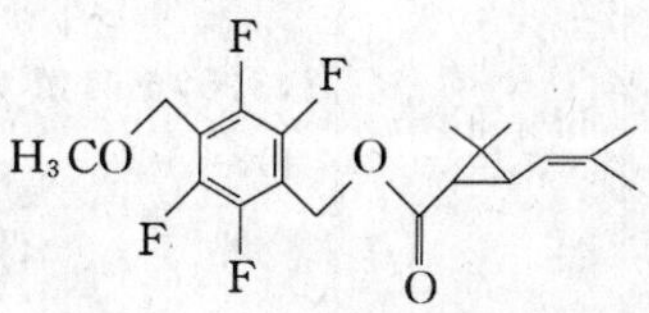 H_3CO, F, F, F, F, O, O
991	四氟醚菊酯	sifumijvzhi[q]	2,2,3,3-四甲基环丙烷羧酸-2,3,5,6-四氟-4-甲氧甲基苄基酯	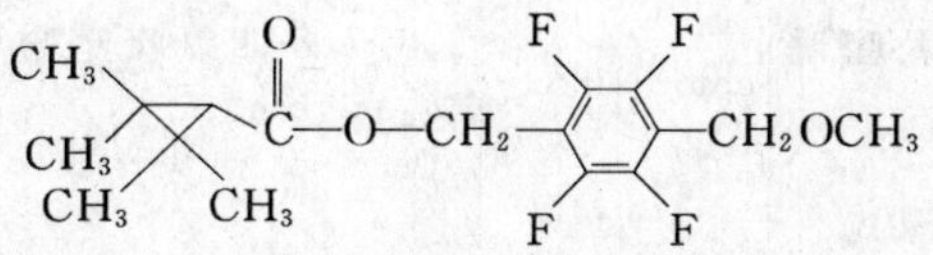 CH_3, CH_3, CH_3, CH_3, O, C—O—CH_2, F, F, F, F, CH_2OCH_3
992	四氟醚唑	tetraconazole[d]	2-(2,4-二氯苯基)-3-(1H-1,2,4-三唑-1-基)丙基1,1,2,2-四氟乙基醚[112281-77-3]	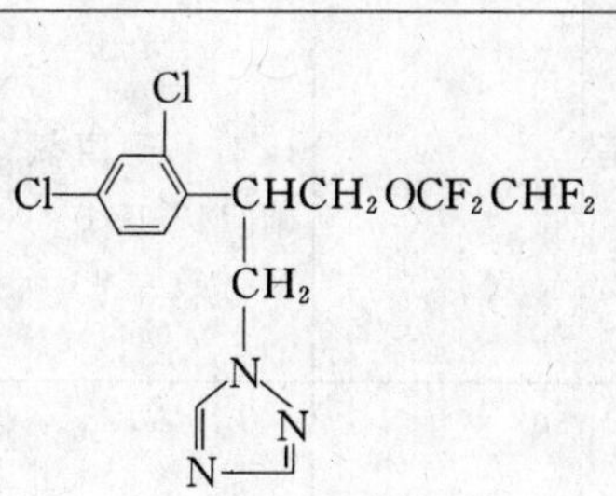 Cl, Cl, $CHCH_2OCF_2CHF_2$, CH_2, N, N, N
993	四环唑	tetcyclacis	5-(4-氯苯基)-3,4,5,9,10-五氮杂四环[5,4,1,$O^{2,6}$,$O^{8,11}$]十二-3,9-二烯[77788-21-7]	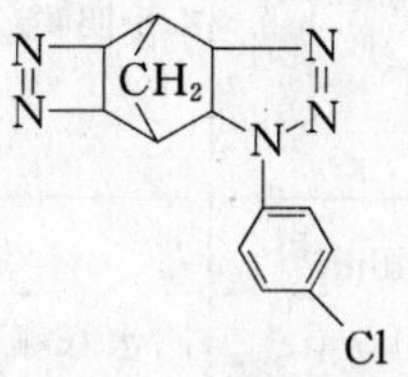 CH_2, N, N, N, N, N, Cl

表（续）

序号	中文通用名称	英文名称[a]	化学名称及 CAS 登录号[b]	结 构 式
994	四甲磷	mecarphon	O-甲基-S-(N-甲氧甲酰-N-甲基氨基甲酰甲基)甲基二硫代膦酸酯[29173-31-7]	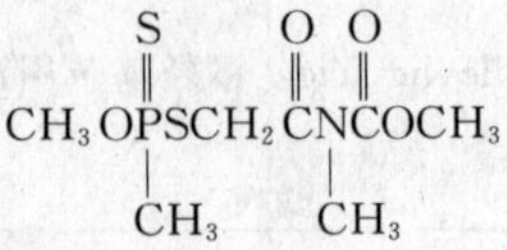 $CH_3OP(=S)(CH_3)SCH_2C(=O)N(CH_3)C(=O)OCH_3$
995	四聚乙醛	metaldehyde	2,4,6,8-四甲基-1,3,5,7-四氧杂环辛烷[9002-91-9]	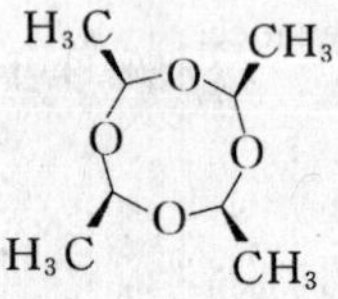
996	四氯苯酞	fthalide phthalide[d]	4,5,6,7-四氯苯酞[27355-22-2]	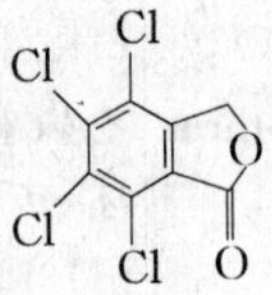
997	四氯对醌	chloranil	2,3,5,6-四氯对苯醌[118-75-2]	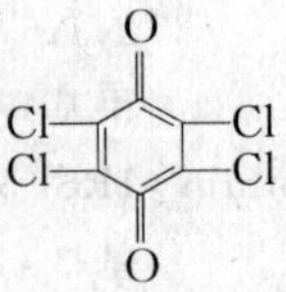
998	四氯喹噁啉	chlorquinox	5,6,7,8-四氯喹噁啉[3495-42-9]	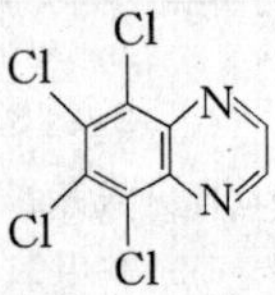
999	四氯硝基苯	tecnazene	1,2,4,5-四氯-3-硝基苯[117-18-0]	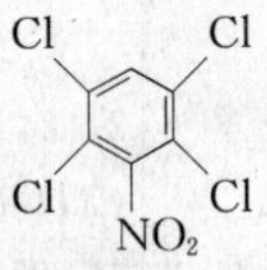
1000	四螨嗪	clofentezine[d]	3,6-双(2-氯苯基)-1,2,4,5-四嗪[74115-24-5]	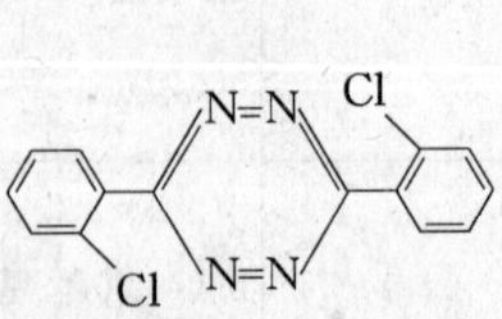
1001	四水八硼酸二钠	disodium octaborate tetrahydrate	四水八硼酸二钠	$Na_2B_8O_{13} \cdot 4H_2O$

表（续）

序号	中文通用名称	英文名称[a]	化学名称及CAS登录号[b]	结构式
1002	四溴菊酯	tralomethrin[d]	(S)-α-氰基-3-苯氧基苄基（1R，3R）-3-[(RS)-1，2，2，2-四溴乙基]-2，2-二甲基环丙烷羧酸酯[66841-25-6]	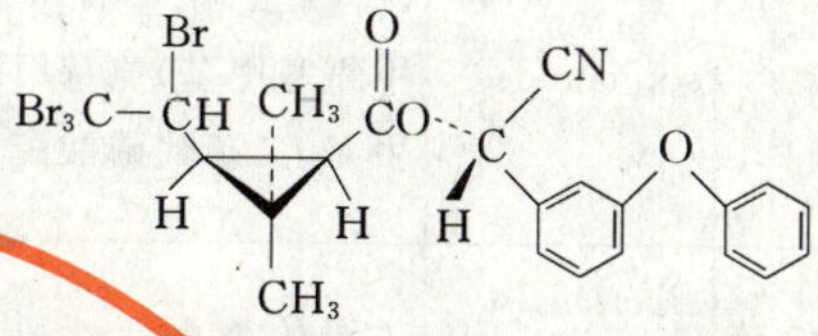
1003	四唑嘧磺隆	azimsulfuron	3-(4，6-二甲氧基嘧啶-2-基)-1-[1-甲基-4-(2-甲基-2H-四唑-5-基)吡唑-5-基]磺酰脲[120162-55-2]	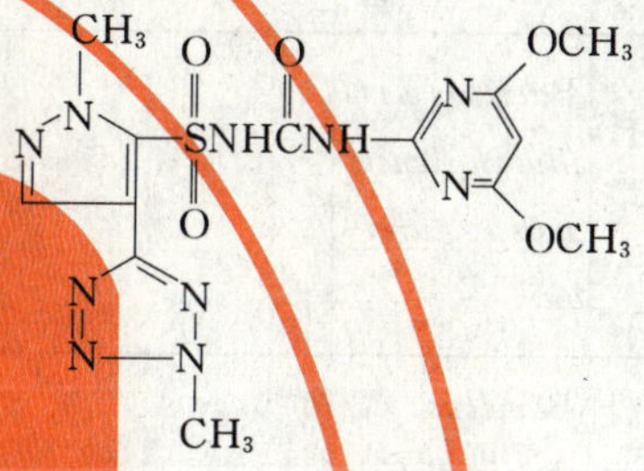
1004	四唑酰草胺	fentrazamide	4-(2-氯苯基)-5-氧代-4，5-二氢四唑-1-(N-环己基-N-乙基)甲酰胺	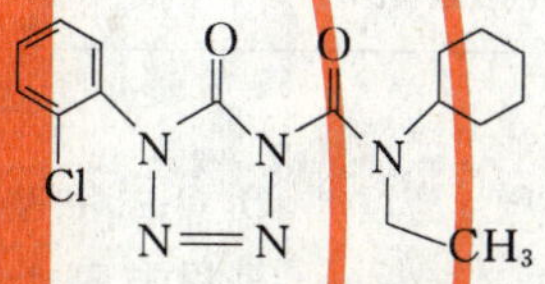
1005	松碱柴油	songjianchaiyou[f]		
1006	松毛虫质型多角体病毒	*dendrolimus punctatus cytoplasmic polyhedrosis* virus (*DpCPV*)		
1007	松脂酸钠	sodium pimaric acid	松脂酸钠	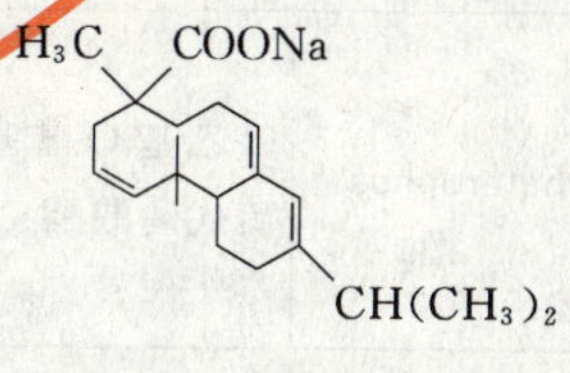
1008	松脂酸铜	copper zabietate	松脂酸铜	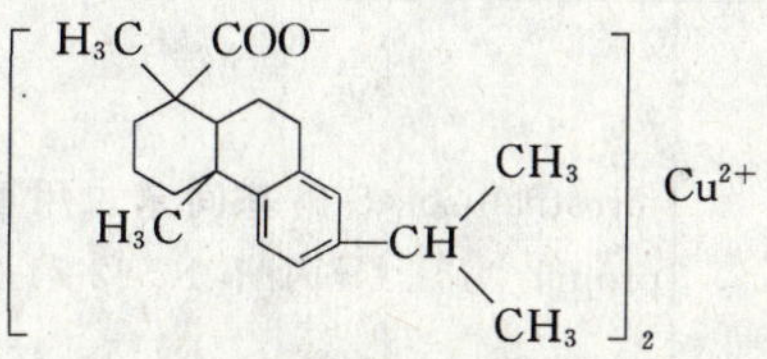

表（续）

序号	中文通用名称	英文名称[a]	化学名称及 CAS 登录号[b]	结构式
1009	苏硫磷	sophamide	O,O-二甲基-S-[(N-甲氧基甲基)氨基甲酰甲基]二硫代磷酸酯	$(CH_3O)_2P(=S)SCH_2C(=O)NHCH_2OCH_3$
1010	苏云金芽孢杆菌	*Bacillus thuringiensis* (*Bt*)	主要的杀虫活性成分为β-外毒素	$C_{22}H_{32}N_5O_{16}P$
	苏云金杆菌库斯塔克亚种	*Bacillus thuringiensis subsp. kurstaki*		
	苏云金杆菌以色列亚种	*Bacillus thuringiensis subsp. israelensis*		
1011	速灭磷	mevinphos	O,O-二甲基-O-(2-甲氧甲酰基-1-甲基)乙烯基磷酸酯[26718-65-0]。以前[298-01-1]为(E)-异构体，[338-34-7]为(Z)-异构体，[7786-34-7]为混合异构体	(Z): $(CH_3O)_2P(=O)O-C(CH_3)=CH-COOCH_3$ (E): $(CH_3O)_2P(=O)O-C(CH_3)=CH-COOCH_3$
1012	速灭威	metolcarb	3-甲基苯基 N-甲基氨基甲酸酯[1129-41-5]	$3-CH_3-C_6H_4-OC(=O)NHCH_3$
1013	速杀硫磷	heterophos	O-乙基 O-苯基 S-丙基硫代磷酸酯	$(C_2H_5O)(C_3H_7S)P(=O)-O-C_6H_5$
T				
1014	酞菌酯	nitrothal-isopropyl	5-硝基间苯二甲酸二异丙酯[10552-74-6]	$O_2N-C_6H_3-(COOCH(CH_3)_2)_2$

表（续）

序号	中文通用名称	英文名称[a]	化学名称及CAS登录号[b]	结构式
1015	碳酸钡	barium carbonate	碳酸钡[513-77-9]	$BaCO_3$
1016	糠氨基嘌呤	kinetin	6-糠基氨基嘌呤[525-79-1]	NH—CH_2—(呋喃基)，嘌呤环结构式
1017	特胺灵	karbutilate	N-特丁基氨基甲酸[3-(3,3-二甲基脲基)苯基]酯[4849-32-5]	$(CH_3)_3CNHC(=O)O$—(苯环)—$NHC(=O)N(CH_3)_2$
1018	特草定	terbacil	3-特丁基-5-氯-6-甲基嘧啶-2,4-二酮[5902-51-2]	H_3C, H, N, O, N—$C(CH_3)_3$, Cl, O（嘧啶二酮环结构式）
1019	特草灵	terbucarb	N-甲基氨基甲酸(2,6-二特丁基-4-甲基苯基)酯[1918-11-2]	$CH_3NHC(=O)O$—(苯环，2,6-位 $C(CH_3)_3$，4-位 CH_3)
1020	特丁草胺	terbuchlor	N-(2-特丁基-6-甲基苯基)-N-(丁氧基甲基)-氯乙酰胺[4212-93-5]	(苯环，$C(CH_3)_3$，CH_3)—N($CH_2OCH_2CH_2CH_2CH_3$)—$C(=O)CH_2Cl$
1021	特丁津	terbuthylazine	2-氯-4-特丁氨基-6-乙氨基-1，3，5-三嗪[5915-41-3]	$(CH_3)_3CHN$, Cl, NHC_2H_5（三嗪环结构式）
1022	特丁净	terbutryn	2-甲硫基-4-乙氨基-6-特丁氨基-1,3,5-三嗪[886-50-0]	H_5C_2HN, SCH_3, $NHC(CH_3)_3$（三嗪环结构式）
1023	特丁硫磷	terbufos	O,O-二乙基-S-(特丁硫基甲基)二硫代磷酸酯[13071-79-9]	$(C_2H_5O)_2P(=S)SCH_2SC(CH_3)_3$

表（续）

序号	中文通用名称	英文名称[a]	化学名称及 CAS 登录号[b]	结构式
1024	特乐酚	dinoterb	2-特丁基-4,6-二硝基酚[1420-07-1],[6365-83-9]（铵盐）	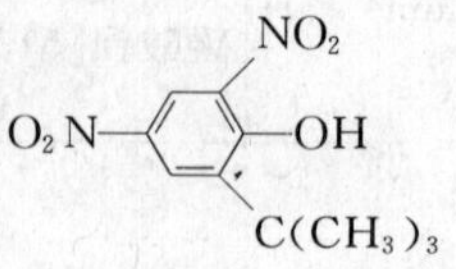
1025	特乐酯	dinoterb acetate	乙酸(2-特丁基-4,6-二硝基)苯基酯[3204-27-1]	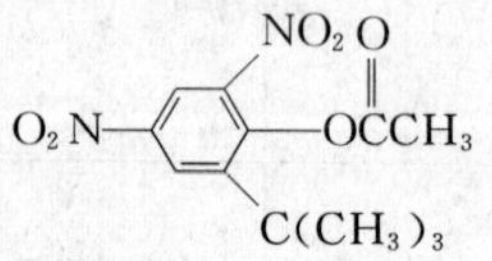
1026	涕灭砜威	aldoxycarb	O-(甲基氨基甲酰基)2-甲基-2-甲磺酰基丙醛肟[1646-88-4]	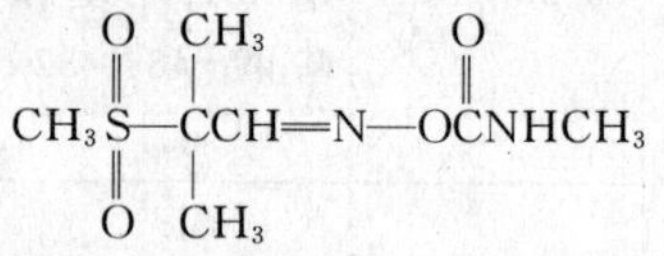
1027	涕灭威	aldicarb	O-甲基氨基甲酰基-2-甲基-2-(甲硫基)丙醛肟[16752-77-5]	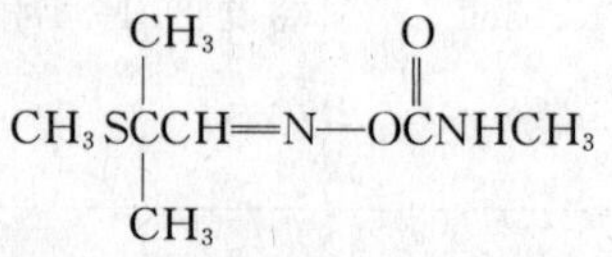
1028	田安	tianan[q]	甲基胂酸铁铵	$(CH_3AsO_3)_2FeNH_4$
1029	田乐磷	demephion demephion O(Ⅰ) demephion-S (Ⅱ)[h]	O,O-二甲基-O-(2-甲硫基乙基)硫代磷酸酯(Ⅰ)[682-80-4]；O,O-二甲基-S-(2-甲硫基乙基)二硫代磷酸酯(Ⅱ)[2587-90-8]；[8065-62-1](Ⅰ+Ⅱ)	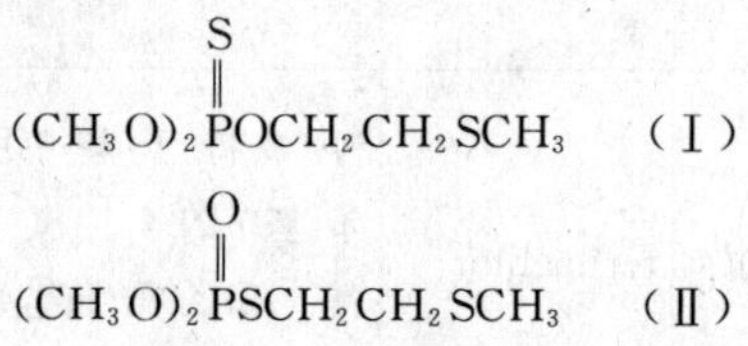 $(CH_3O)_2P(S)OCH_2CH_2SCH_3$ (Ⅰ) $(CH_3O)_2P(O)SCH_2CH_2SCH_3$ (Ⅱ)
1030	甜菜安	desmedipham	N-苯基氨基甲酸[3-(乙氧基甲酰基氨基)苯基]酯[13684-56-5]	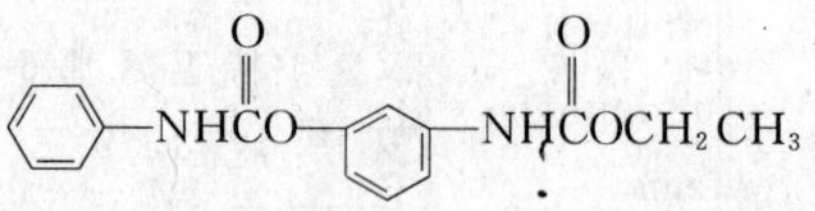
1031	甜菜宁	phenmedipham	N-(3-甲基苯基)氨基甲酸[3-(甲氧甲酰基氨基)苯基]酯[13684-63-4]	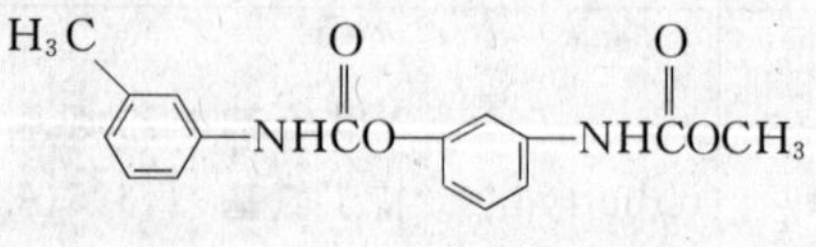
1032	甜菜夜蛾核型多角体病毒	*Spodoptera litura nucleopolyhedrovirus* (*SpltNPV*)		

表（续）

序号	中文通用名称	英文名称[a]	化学名称及 CAS 登录号[b]	结构式
1033	土菌灵	etridiazole	5-乙氧基-3-三氯甲基-1,2,4-噻二唑[2593-15-9]	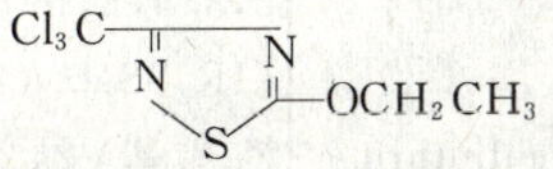 Cl_3C N N S OCH_2CH_3
1034	脱叶磷	tuoyelin[q]	S,S,S-三丁基三硫代磷酸酯[78-48-8]	$(CH_3CH_2CH_2CH_2S)_3P{=}O$
			W	
1035	王铜	copperchloride	氯化氧铜[1332-40-7]	$3Cu(OH)_2CuCl_2$
1036	威百亩	metam-sodium	N-甲基二硫代氨基甲酸钠[144-54-7]	 $CH_3NHC(=S)SNa$
1037	威菌磷	triamiphos	5-氨基-3-苯基-1-[双(N,N-二甲基氨基氧膦基)]-1,2,4-三唑[1031-47-6]	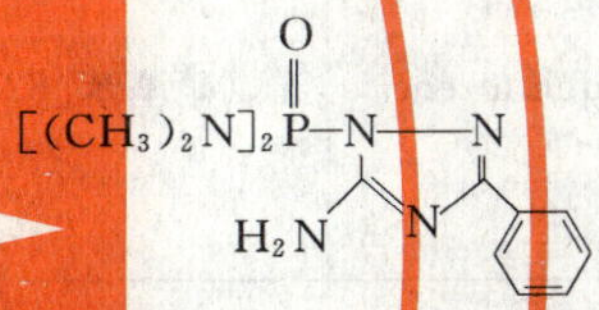 $[(CH_3)_2N]_2P(=O)$–N N N H_2N
1038	微晶蜡	micro-crystal wax		
1039	萎锈灵	carboxin	2-甲基-5,6-二氢-1,4-氧硫杂环己二烯-3-甲酰苯胺[5234-68-4]	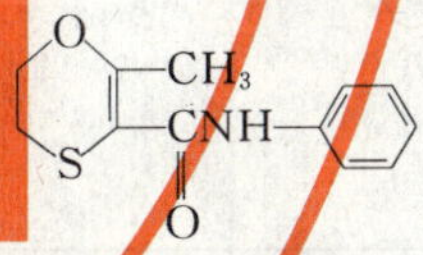 O S CH_3 CNH O
1040	肟菌酯	trifloxystrobin	甲基(E)-甲氧基亚胺基-{(E)-α-[1-(α,α,α-三氟-m-甲苯基)-亚乙基氨基氧基]-邻甲苯基}乙酸甲酯	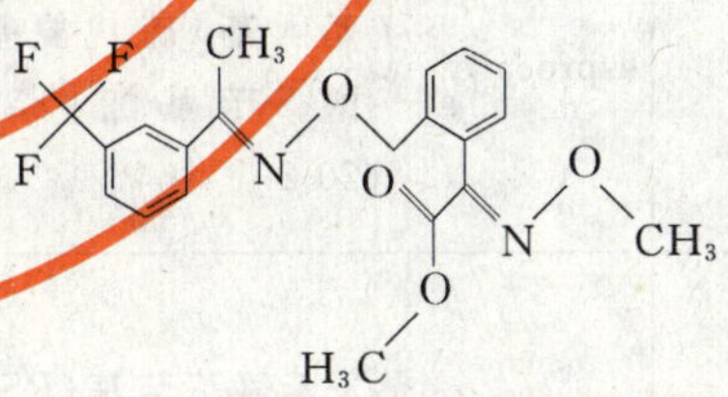 F F F CH_3 N O O O N O CH_3 O H_3C
1041	无定型二氧化硅	unformed silica	1,1,1-三甲基-N-(三甲基甲硅烷基)硅烷胺和二氧化硅的水解物	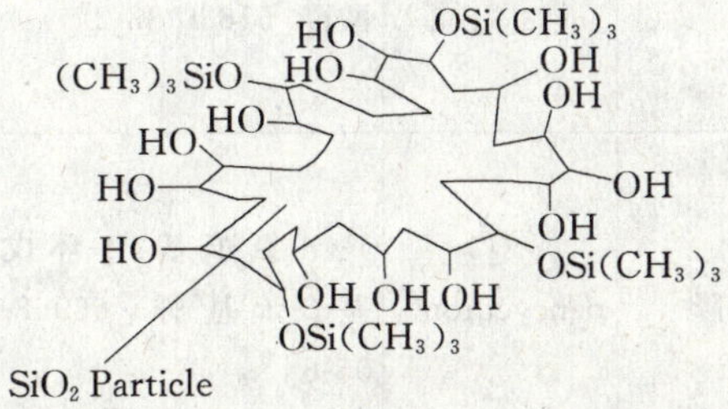 $(CH_3)_3SiO$ HO HO HO HO HO HO $OSi(CH_3)_3$ OH OH OH OH $OSi(CH_3)_3$ OH OH OH $OSi(CH_3)_3$ SiO_2 Particle

表（续）

序号	中文通用名称	英文名称[a]	化学名称及CAS登录号[b]	结构式
1042	五氟苯菊酯	fenfluthrin	2,3,4,5,6-五氟苄基(1R,3S)-3-(2,2-二氯乙烯基)-2,2-二甲基环丙烷羧酸酯[75867-00-4]	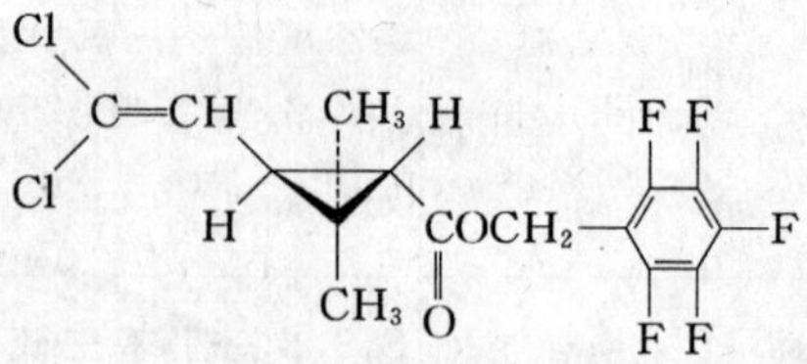
1043	五氟磺草胺	penoxsulam		
1044	五氯酚(钠)	PCP	五氯酚（钠）[608-93-5],钠盐[131-52-2]	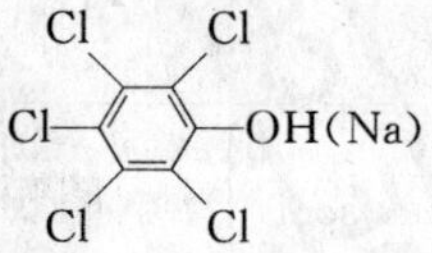
1045	五氯硝基苯	quintozene	五氯硝基苯[82-68-8]	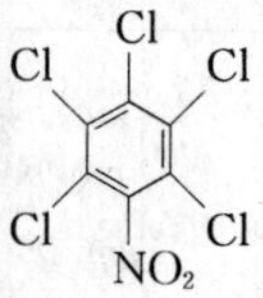
1046	武夷菌素	Wuyiencin		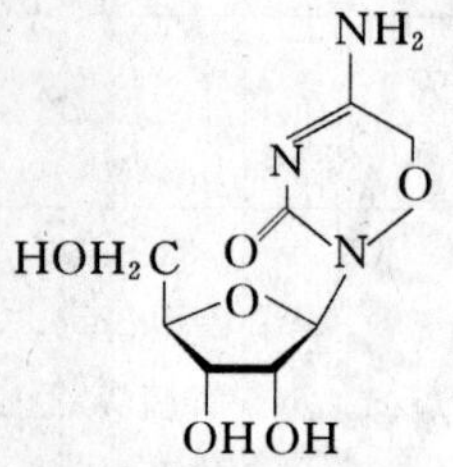
1047	戊草丹	esprocarb[d]	N-乙基-N-(1,2-二甲基丙基)硫代氨基甲酸-S-苄基酯[85785-20-2]	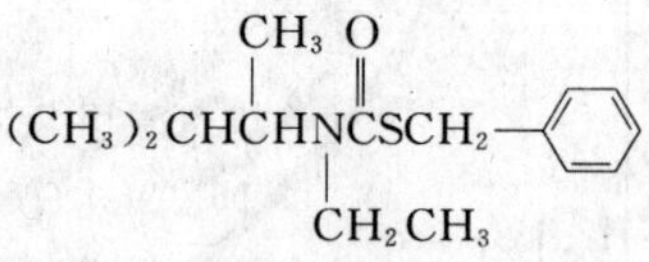
1048	戊菊酯	valerate	3-苯氧基苄基(RS)-2-(4-氯苯基)-3-甲基丁酸酯[51630-33-2]	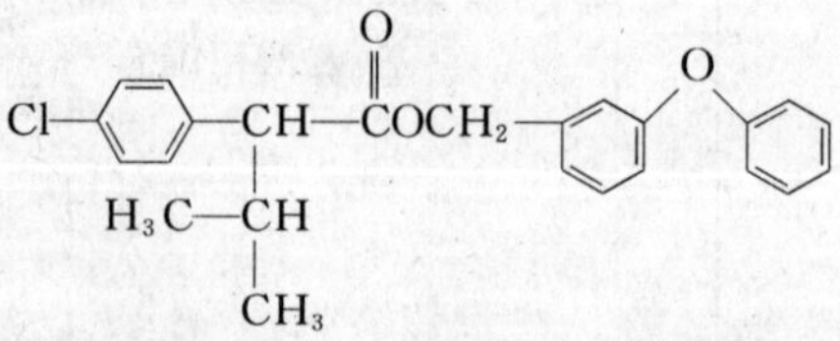
1049	戊菌隆	pencycuron[d]	1-(4-氯苄基)-1-环戊基-3-苯基脲[66063-05-6]	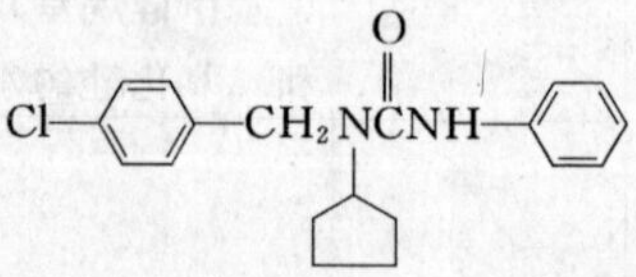

表（续）

序号	中文通用名称	英文名称[a]	化学名称及CAS登录号[b]	结构式
1050	戊菌唑	penconazole[d]	2-(2,4-二氯苯基戊基)-1H-1,2,4-三唑[66246-88-6]	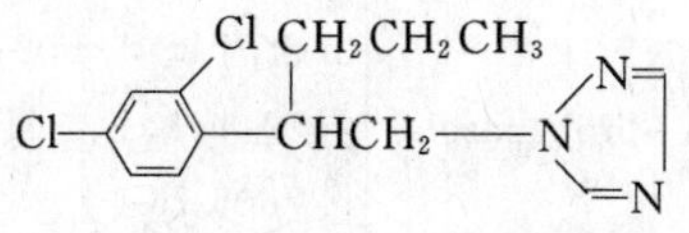 Cl $CH_2CH_2CH_3$ Cl— —$CHCH_2$—N N N
1051	戊氰威	nitrilacarb	4,4-二甲基-5-(甲基氨基甲酰氧基亚氨基)戊腈[29672-19-3]	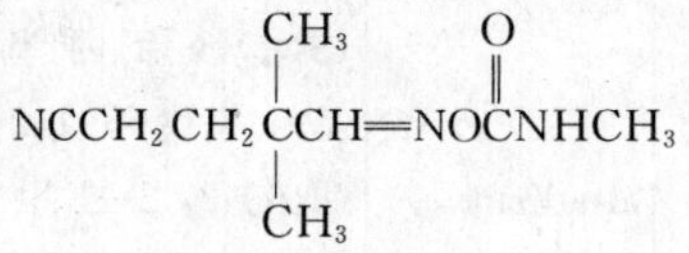 CH_3 O $NCCH_2CH_2CCH{=}NOCNHCH_3$ CH_3
1052	戊烯氰氯菊酯	pentmethrin	(1-氰基-2-甲基)戊-2-烯基(RS)-3-(2,2-二氯乙烯基)-2,2-二甲基环丙烷羧酸酯	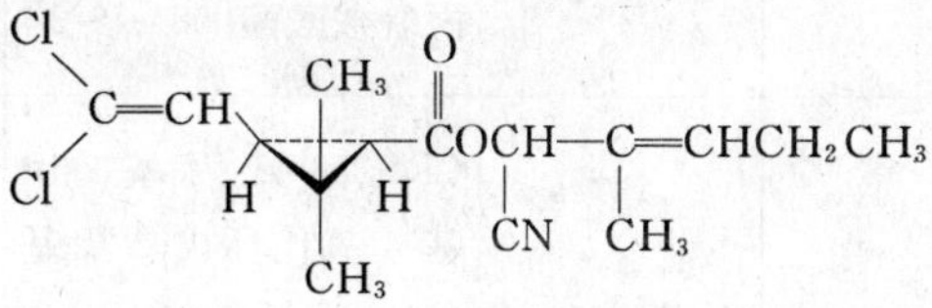 Cl Cl C=CH CH_3 H H CH_3 O $COCH—C{=}CHCH_2CH_3$ CN CH_3
1053	戊硝酚	dinosam	2-仲丁基-4,6-二硝基酚[4097-36-3]	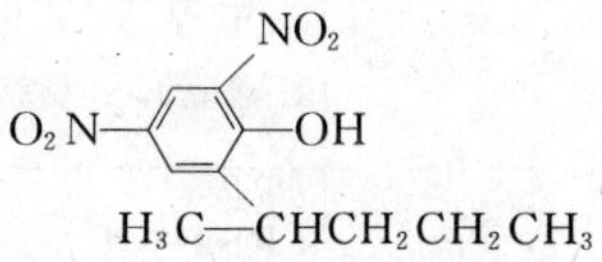 NO_2 O_2N— —OH $H_3C—CHCH_2CH_2CH_3$
1054	戊唑醇	tebuconazole[d]	1-(4-氯苯基)-3-(1H-1,2,4-三唑-1-基甲基)-4,4-二甲基戊-3-醇[107534-96-3]	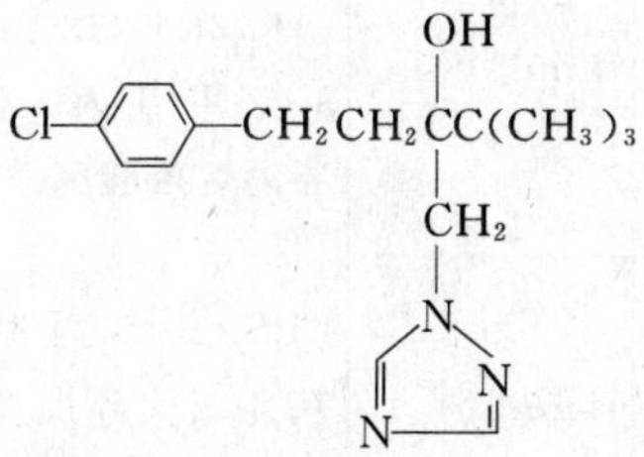 OH Cl— —CH_2CH_2C—$C(CH_3)_3$ CH_2 N N N
1055	芴丁酯	flurenol	9-羟基芴-9-羧酸丁酯[2314-09-2],[467-69-6](酸)	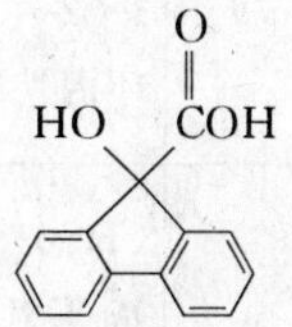 O HO COH
X				
1056	西草净	simetryn	2-甲硫基-4,6-双(乙氨基)-1,3,5-三嗪[1014-70-6]	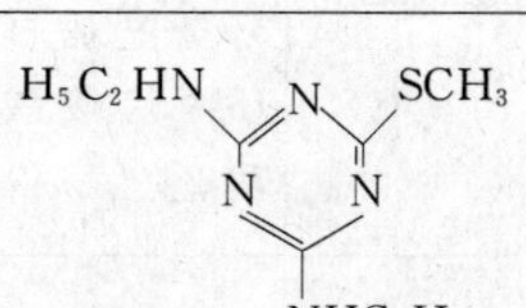 H_5C_2HN N SCH_3 N N NHC_2H_5
1057	西玛津	simazine	2-氯-4,6-双(乙氨基)-1,3,5-三嗪[122-34-9]	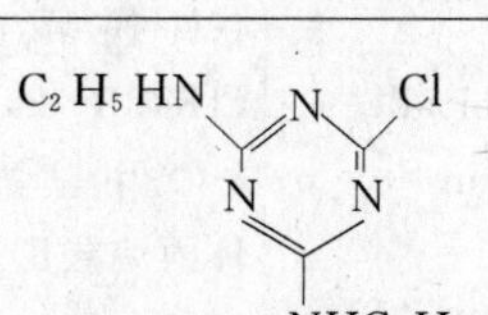 C_2H_5HN N Cl N N NHC_2H_5

表(续)

序号	中文通用名称	英文名称[a]	化学名称及 CAS 登录号[b]	结构式
1058	烯丙苯噻唑	probenazole[e]	3-烯丙氧基-1,2-苯并异噻唑-1,1-二氧化物[27605-76-1]	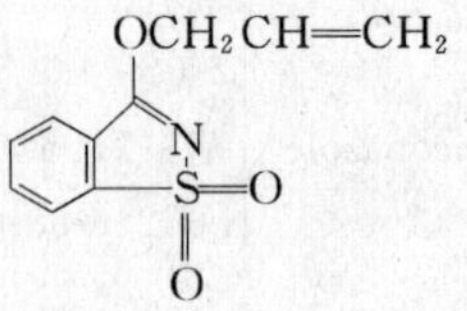
1059	烯丙菊酯	allethrin	(RS)-3-烯丙基-2-甲基-4-氧代环戊-2-烯基(RS)-2,2-二甲基-3-(2-甲基丙-1-烯基)环丙烷羧酸酯[584-79-2]	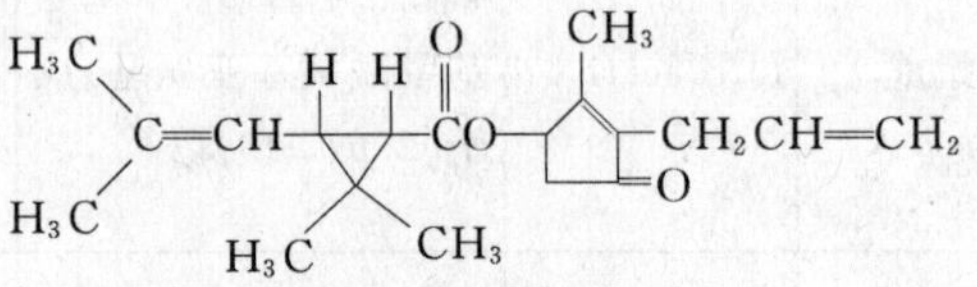
	右旋烯丙菊酯	*d*-allethrin	(RS)-3-烯丙基-2-甲基-4-氧代环戊-2-烯基(1R,3R;1R,3S)-2,2-二甲基-3-(2-甲基丙-1-烯基)环丙烷羧酸酯	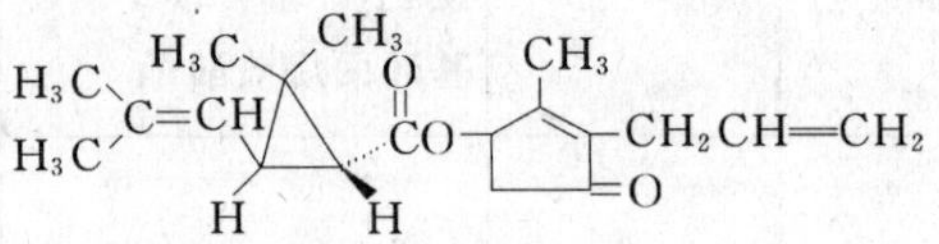
	右旋反式烯丙菊酯	*d*-transallethrin	(RS)-3-烯丙基-2-甲基-4-氧代环戊-2-烯基(1R,3R)-2,2-二甲基-3-(2-甲基丙-1-烯基)环丙烷羧酸酯	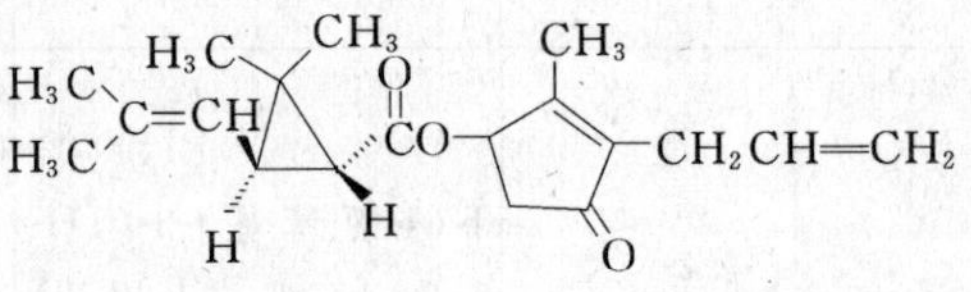
	富右旋反式烯丙菊酯	rich-*d*-transallethrin	(RS)-3-烯丙基-2-甲基-4-氧代环戊-2-烯基(1R,3R)-2,2-二甲基-3-(2-甲基丙-1-烯基)环丙烷羧酸酯	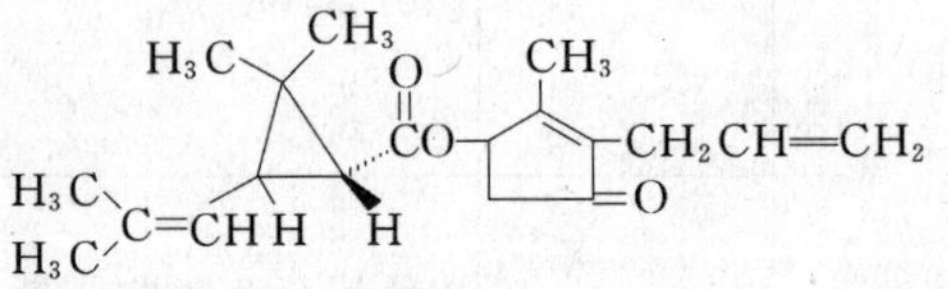
	生物烯丙菊酯	bioallethrin	(RS)-3-烯丙基-2-甲基-4-氧代环戊-2-烯基(1R,3R)-2,2-二甲基-3-(2-甲基丙-1-烯基)环丙烷羧酸酯[584-79-2]	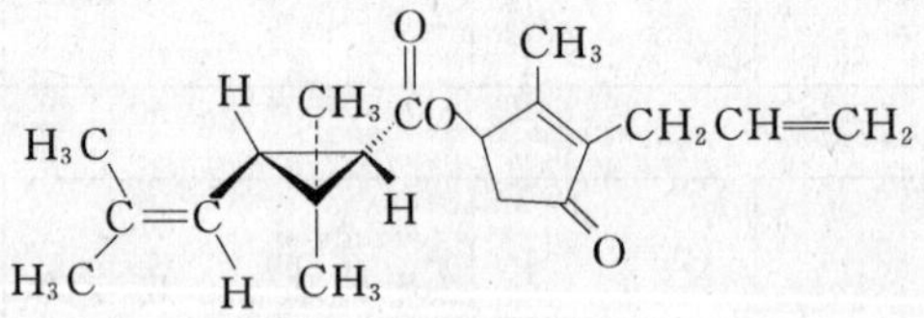
	S-生物烯丙菊酯	S-bioallethrin	(S)-3-烯丙基-2-甲基-4-氧代环戊-2-烯基(1R,3R)-2,2-二甲基-3-(2-甲基丙-1-烯基)环丙烷羧酸酯[28434-00-6]	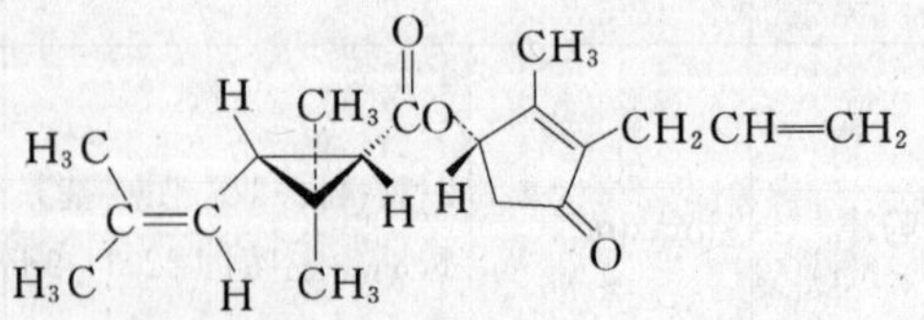

表（续）

序号	中文通用名称	英文名称[a]	化学名称及 CAS 登录号[b]	结构式
1060	烯丙酰草胺	dichlormid[p]	N,N-二烯丙基-2,2-二氯乙酰胺[37764-25-3]	O ‖ $Cl_2CHCN(CH_2CH{=}CH_2)_2$
1061	烯草酮	clethodim[d]	(RS)-2-[(E)-1-[(E)-3-氯烯丙氧基亚氨基]丙基]-5-[2-(乙硫基)丙基]-3-羟基环己-2-烯酮[99129-21-2]	$OCH_2CH{=}CHCl$ N O ‖ C—CH_2CH_3 $CH_3CH_2SCHCH_2$—（环） OH CH_3
1062	烯虫硫酯	triprene	S-乙基(E,E)-(RS)-11-甲氧基-3,7,11-三甲基硫代十二碳-2,4-二烯酸酯[40596-80-3]	OCH_3 CH_3 $(CH_3)_2CCH_2CH_2CH_2CHCH_2$ H C=C H H C=C H_3C $COSCH_2CH_3$
1063	烯虫炔酯	kinoprene	(E,E)-3,7,11-三甲基十二碳-2,4-二烯酸丙-2-炔酯[37882-31-8]	CH_3 $(CH_3)_2CHCH_2CH_2CH_2CHCH_2$ H C=C H H C=C H_3C $COOCH_2C{\equiv}CH$
1064	烯虫乙酯	hydroprene[d]	(E,E)-3,7,11-三甲基十二碳-2,4-二烯酸乙酯[36557-30-9]	CH_3 $(CH_3)_2CHCH_2CH_2CH_2CHCH_2$ H C=C H H C=C H_3C $COOCH_2CH_3$
1065	烯虫酯	methoprene	(E,E)-(RS)-11-甲氧基-3,7,11-三甲基十二碳-2,4-二烯酸异丙酯[36557-27-4]	OCH_3 CH_3 $(CH_3)_2CCH_2CH_2CH_2CHCH_2$ H C=C H H C=C H_3C $COOCH(CH_3)_2$
1066	烯啶虫胺	nitenpyram	(E)-N-(6-氯-3-吡啶基甲基)-N-乙基-N′-甲基-2-硝基亚乙烯基二胺[150824-47-8]	CH_2CH_3 Cl—（吡啶环，N）—CH_2N H C=C CH_3—NH NO_2

表（续）

序号	中文通用名称	英文名称[a]	化学名称及CAS登录号[b]	结构式
1067	烯禾啶	sethoxydim	2-[1-(乙氧基亚氨基)丁基]-5-[2-(乙硫基)丙基]-3-羟基环己-2-烯酮[74051-80-2]	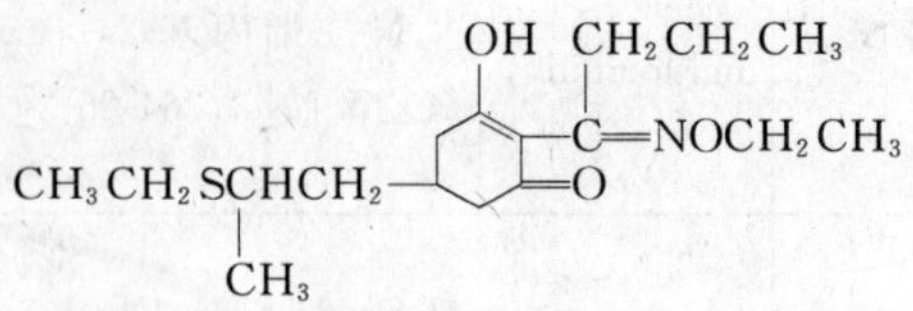
1068	烯肟菌胺	xiwojunan[q]	2-甲基-2-[2-((((1-甲-3-(2′，6′-二氯苯基)-2-丙烯基)亚氨基)氧基)甲基)苯基]-2-甲氧基亚氨基乙酰胺	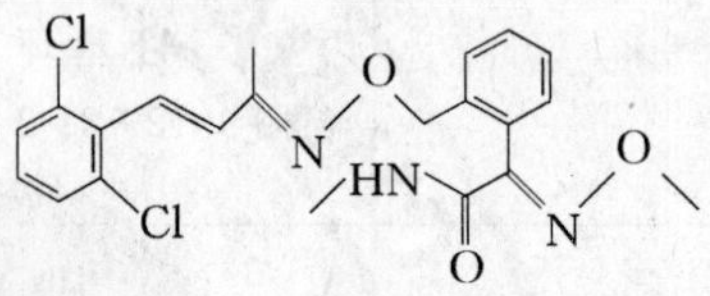
1069	烯肟菌酯	enestro burin	3-甲氧基-2-[2-((((1-甲基-3-(4′-氯苯基)-2-丙烯基叉)氨基)氧)-甲基)苯基]丙烯酸甲酯	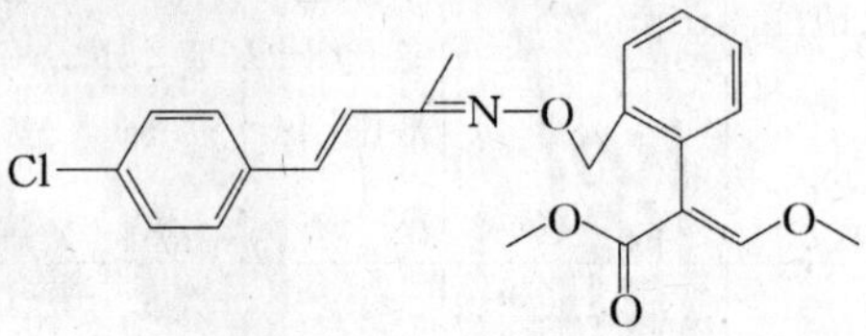
1070	烯酰吗啉	dimethomorph	4-[3-(4-氯苯基)-3-(3,4-二甲氧基苯基)丙烯酰基]吗啉(Z与E的比一般为4:1)[110488-70-5]	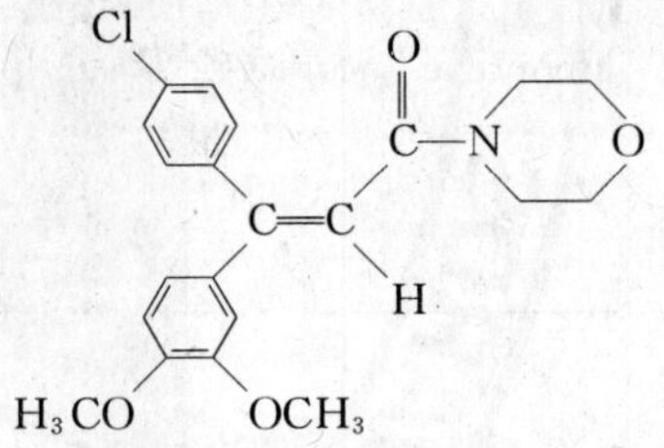 (E) 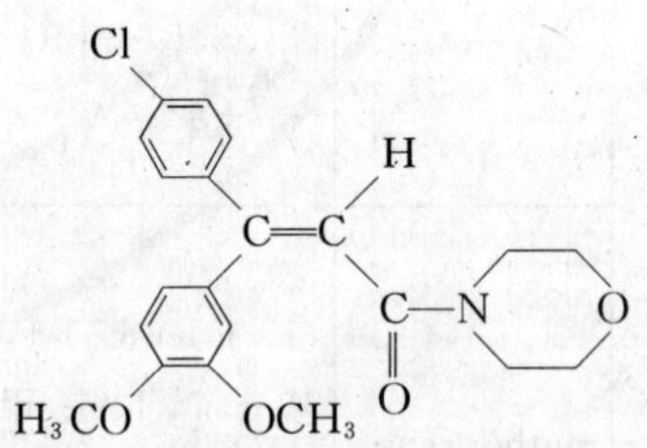 (Z)
1071	烯腺嘌呤	*enadenine*	异戊烯基腺嘌呤	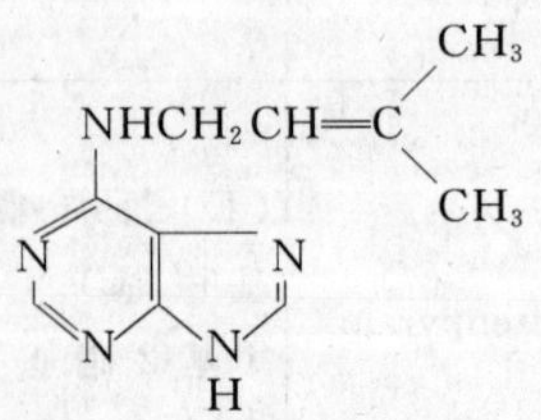

表（续）

序号	中文通用名称	英文名称[a]	化学名称及 CAS 登录号[b]	结构式
1072	烯效唑	uniconazole	(E)-(RS)-1-(4-氯苯基)-4,4-二甲基-2-(1H-1,2,4-三唑-1-基)戊-1-烯-3-醇[83657-22-1]	
1073	烯唑醇	diniconazole[d]	(E)-(RS)-1-(2,4-二氯苯基)-2-(1H-1,2,4-三唑-1-基)-4,4-二甲基戊-1-烯-3-醇［83657-24-3］	
	R-烯唑醇	diniconazole-M[d]	(E)-(R)-1-(2,4-二氯苯基)-4,4-二甲基-2-(1H-1,2,4-三唑-1-基)戊-1烯-3 醇[83657-18-5]	
1074	酰草隆	phenobenzuron	1,1-二甲基-3-苯甲酰基-3-(3,4-二氯苯基)脲[3134-12-1]	
1075	酰嘧磺隆	amidosulfuron	3-(4,6-二甲氧基嘧啶-2-基)-1-甲磺酰基(甲基)氨基磺酰脲[120923-37-7]	
1076	腺嘌呤	adenine	6-氨基嘌呤,腺嘌呤	
1077	香芹酚	carvacrol	2-甲基-5-异丙基苯酚	

表（续）

序号	中文通用名称	英文名称[a]	化学名称及CAS登录号[b]	结构式
1078	消螨酚	dinex	2,4-二硝基-6-环己基苯酚[131-89-5]	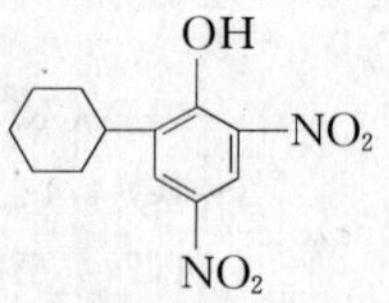
1079	消螨通	dinobuton	2-仲丁基-4,6-二硝基苯基异丙基碳酸酯[973-21-7]	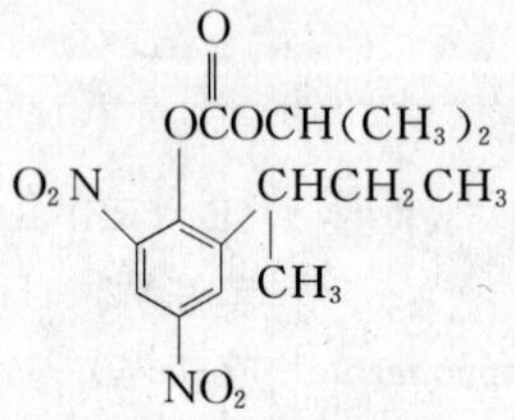
1080	硝虫硫磷	xiaochongliulin[q]	O,O-二乙基-O-(2,4-二氯-6-硝基苯基)硫代磷酸酯	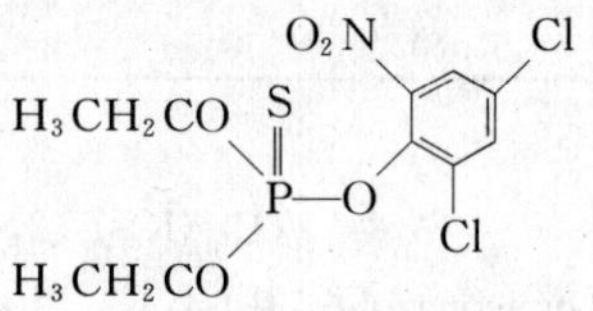
1081	硝磺草酮	mesotrione	2-硝基-4-甲磺酰苯基(1,3-二氧代环己基)甲酮	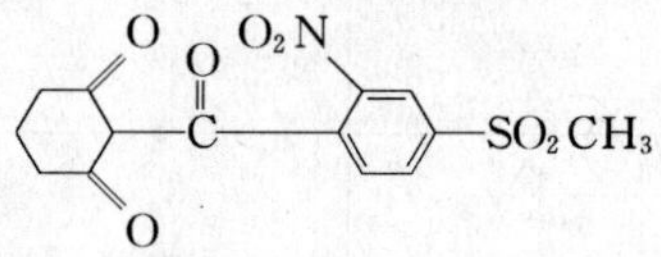
1082	硝基腐殖酸铜	nitrohumic acid + copper sulfate		
1083	小檗碱	berberine		
1084	小菜蛾颗粒体病毒	*Plutella xylostella granulosis* virus (PxGV)		
1085	斜纹夜蛾核型多角体病毒	*Spodoptera litura* nucleopolyhedrovirus(SlNPV)		
1086	缬霉威	iprovalicarb		

表（续）

序号	中文通用名称	英文名称[a]	化学名称及CAS登录号[b]	结构式
1087	辛菌胺	xinjunan[q]	二正辛基二乙烯三胺	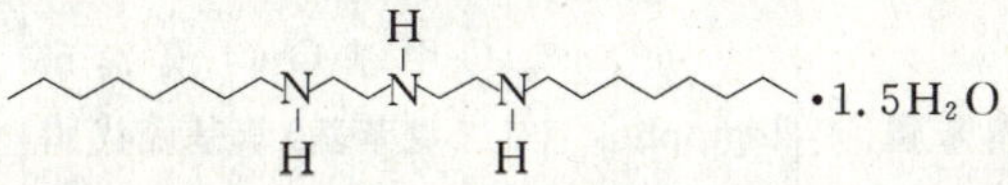 $\cdot 1.5H_2O$
	辛菌胺盐酸盐	xinjunan[q]	二正辛基二乙烯三胺盐酸盐	
	辛菌胺乙酸盐	xinjunan[q]	二正辛基二乙烯三胺乙酸盐	
1088	辛硫磷	phoxim	O,O-二乙基-O-[(α-氰基亚苄氨基)氧]硫代磷酸酯[14816-18-3]	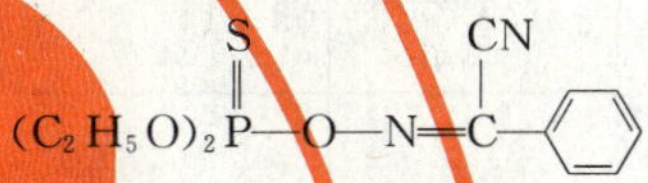 $(C_2H_5O)_2P(=S)—O—N=C(CN)—C_6H_5$
1089	辛噻酮	octhilinone	2-辛基异噻唑-3(2H)-酮[26530-20-1]	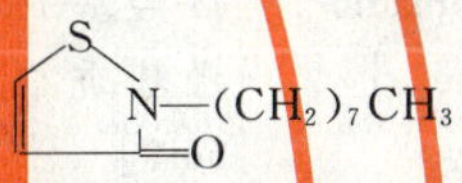 $N—(CH_2)_7CH_3$
1090	辛酰碘苯腈	ioxynil octanoate	3,5-二碘-4-辛酰氧基苄腈[3861-47-0]	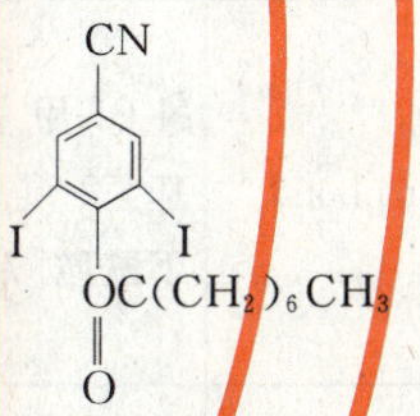 CN, I, I, $OC(=O)(CH_2)_6CH_3$
1091	辛酰溴苯腈	bromoxynil octanoate	3,5-二溴-4-辛酰氧基苄腈[1689-99-2]	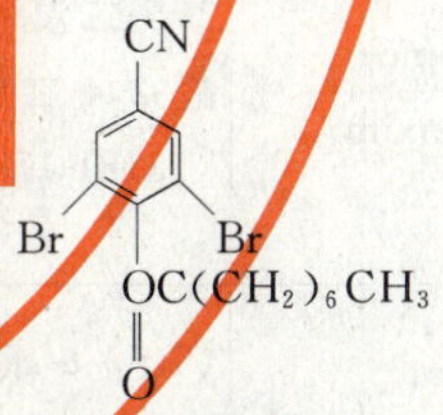 CN, Br, Br, $OC(=O)(CH_2)_6CH_3$
1092	新烟碱	anabasine[e]	(S)-3-(哌啶-2-基)吡啶[494-52-0]	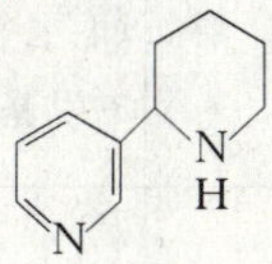
1093	新燕灵	benzoylprop-ethyl	N-苯甲酰-N-(3,4-二氯苯基)-*DL*-丙氨酸乙酯[22212-55-1]	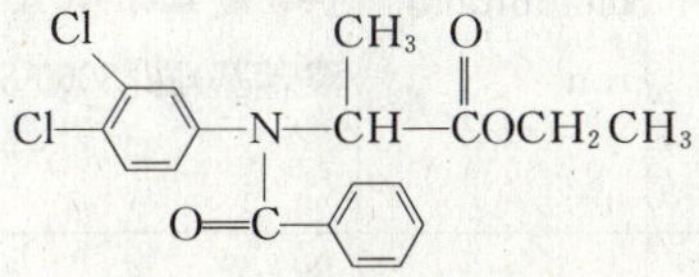 $N—CH(CH_3)—C(=O)OCH_2CH_3$
1094	溴苯腈	bromoxynil	3,5-二溴-4-羟基苄腈[1689-84-5]	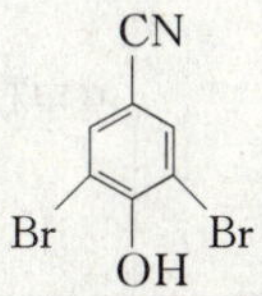 CN, Br, Br, OH

表（续）

序号	中文通用名称	英文名称[a]	化学名称及 CAS 登录号[b]	结构式
1095	溴苯膦	leptophos	O-甲基-O-(4-溴-2,5-二氯苯基)苯基硫代膦酸酯[21609-90-5]	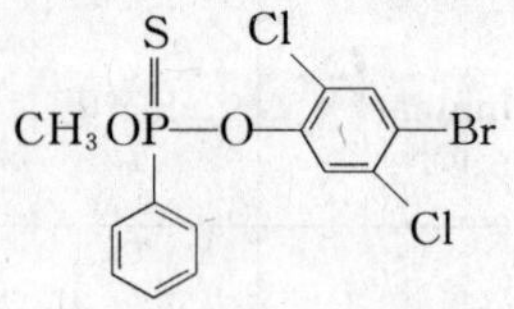
1096	溴苄呋菊酯	bromethrin	5-苄基-3-呋喃甲基(1RS，3RS；1RS，3SR)-3-(2,2-二溴乙烯基)-2,2-二甲基环丙烷羧酸酯[42789-03-7]	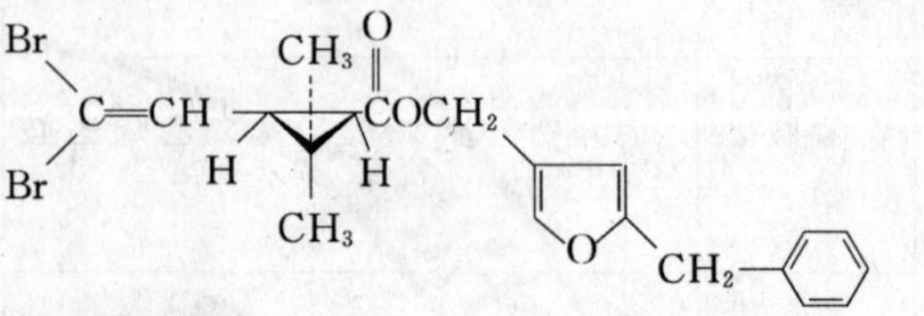
1097	溴敌隆	bromadiolone	3-[3-(4-溴联苯-4-基)-3-羟基-1-苯丙基]-4-羟基香豆素[28772-56-7]	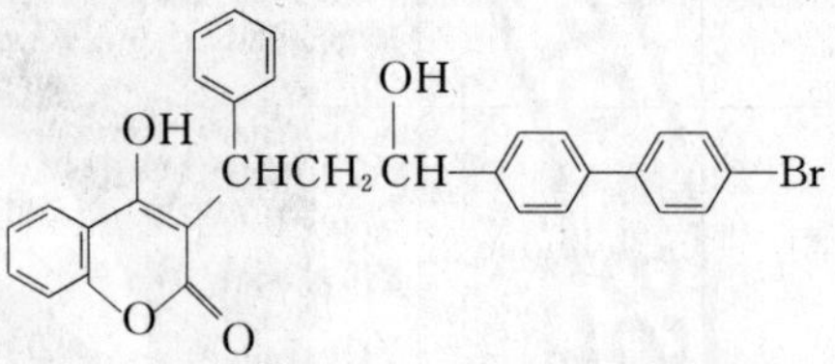
1098	溴丁酰草胺	bromobutide[d]	N-(1-甲基-1-苯基乙基)-2-溴-3,3-二甲基丁酰胺[74712-19-9]	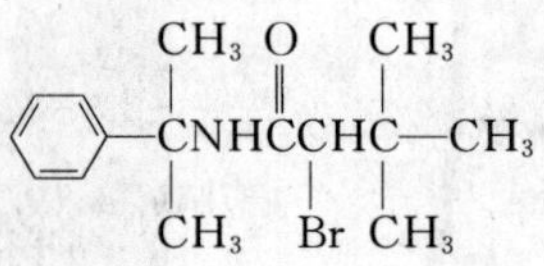
1099	溴酚肟	bromofenoxim	3,5-二溴-4-羟基苯甲醛-2,4-二硝基苯基肟[13181-17-4]	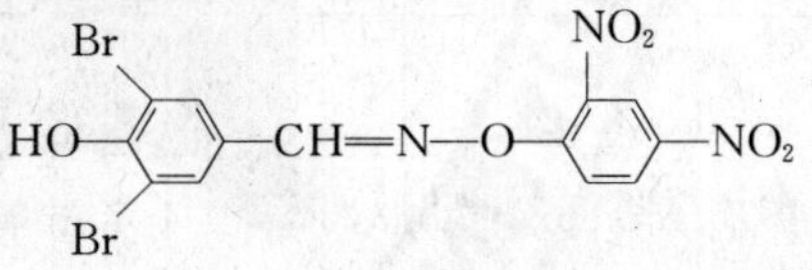
1100	溴氟菊酯	brofluthrinate	(RS)-α-氰基-3-(4-溴苯氧基)苄基(RS)-2-(4-二氟甲氧基苯基)-3-甲基丁酸酯	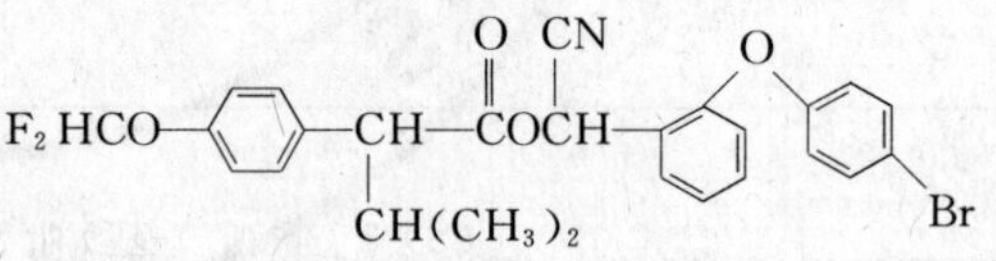
1101	溴谷隆	metobromuron	1-甲氧基-1-甲基-3-(4-溴苯基)脲[3060-89-7]	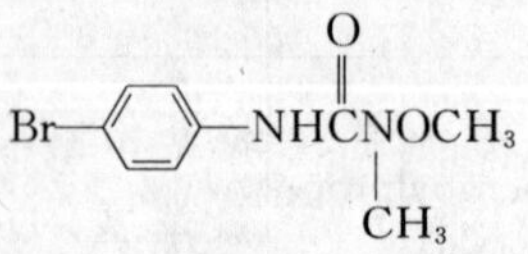
1102	溴甲烷	methyl bromide	溴甲烷[74-83-9]	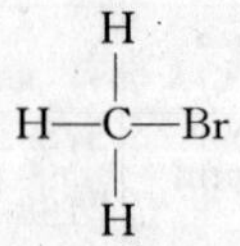

表（续）

序号	中文通用名称	英文名称[a]	化学名称及CAS登录号[b]	结构式
1103	溴菌腈	bromothalonil	2-溴-2-溴甲基戊二腈	$NCCH_2CH_2C(Br)(CH_2Br)CN$
1104	溴硫磷	bromophos	O,O-二甲基-O-(4-溴-2,5-二氯苯基)硫代磷酸酯[2104-96-3]	$(CH_3O)_2P(S)O-C_6H_2Cl_2Br$
1105	溴氯二甲基脲酸	bromochlorodimethyl hydantoin	溴氯二甲基脲酸	1-Br, 3-Cl, 5,5-$(CH_3)_2$ hydantoin ring (Br—N, N—Cl, O=C, C—CH_3, CH_3)
1106	溴氯氰菊酯	tralocythrin	(RS)-α-氰基-3-苯氧基苄基[(RS)-1,2-二溴-2,2-二氯乙基]-2,2-二甲基环丙烷羧酸酯[66841-26-7]	$Cl_2CBr-CHBr$-cyclopropane($(CH_3)_2$)-$CO\cdot O-CH(CN)-C_6H_4-O-C_6H_5$
1107	溴螨酯	bromopropylate	2,2-双(4-溴苯基)-2-羟基乙酸异丙酯[18181-80-1]	$(Br-C_6H_4)_2C(OH)-C(=O)OCH(CH_3)_2$
1108	溴嘧草醚	bromopyriminobacmethyl	2-(4,6二甲氧基-2-嘧啶氧基)N-(2-溴苯基)苄胺	4,6-$(OCH_3)_2$-嘧啶-2-基-O-$C_6H_4-CH_2-NH-C_6H_4Br$
1109	溴灭菊酯	brofenvalerate	(RS)-α-氰基-3-(4-溴苯氧基)苄基(RS)-2-(4-氯苯基)-3-甲基丁酸酯	$Cl-C_6H_4-CH(CH(CH_3)_2)-COOCH(CN)-C_6H_4-O-C_6H_4-Br$

表（续）

序号	中文通用名称	英文名称[a]	化学名称及CAS登录号[b]	结构式
1110	溴氰菊酯	deltamethrin	(S)-α-氰基-3-苯氧基苄基(1R,3R)-3-(2,2-二溴乙烯基)-2,2-二甲基环丙烷羧酸酯[52918-63-5]	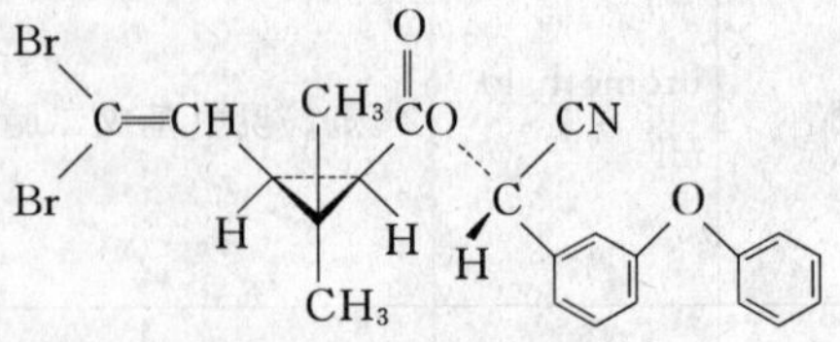
1111	溴鼠胺	bromethalin[d]	N-甲基-N-(2,4,6-三溴苯基)-2,4-二硝基-6-(三氟甲基)苯胺[63333-35-7]	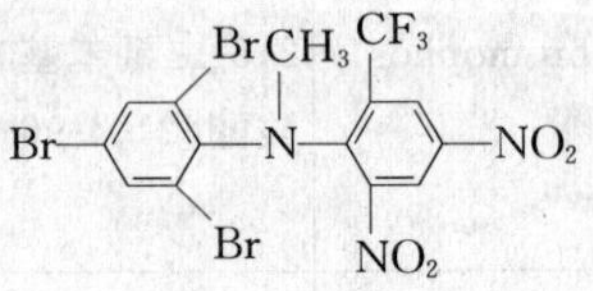
1112	溴鼠灵	brodifacoum	3-[3-(4′-溴联苯-4-基)-1,2,3,4-四氢-1-萘基]-4-羟基香豆素[56073-10-0]	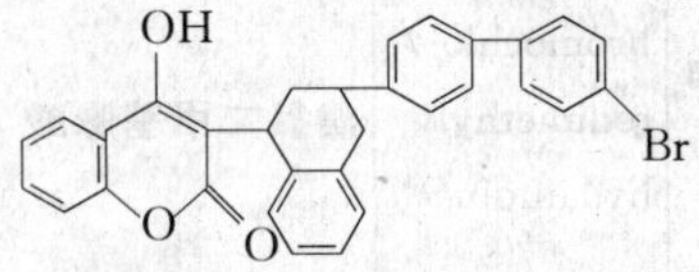
1113	溴硝醇	bronopol[l]	2-溴-2-硝基-1,3-丙二醇[52-51-7]	$HOH_2C-C(Br)(NO_2)-CH_2OH$
1114	溴乙酰胺	bromoacetamide	溴乙酰胺	$BrCH_2CONH_2$
1115	溴莠敏	brompyrazon	5-氨基-4-溴-2-苯基哒嗪-3-酮[3042-84-0]	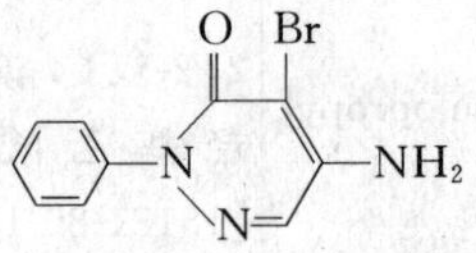
1116	畜虫磷	coumithoate	O,O-二乙基-O-(7,8,9,10-四氢-6-氧代苯并二氢吡喃-3-基)硫代磷酸酯[512-48-5]	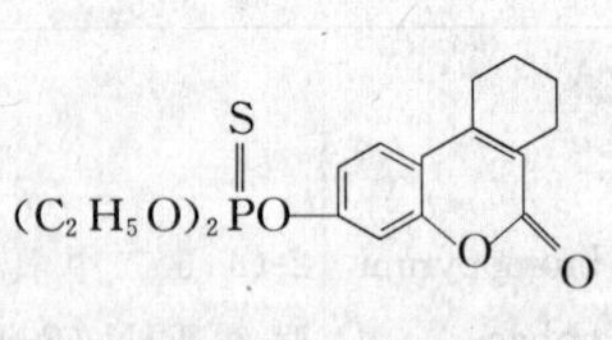
1117	畜虫威	butacarb	3,5-二特丁基苯基N-甲基氨基甲酸酯[2655-19-8]	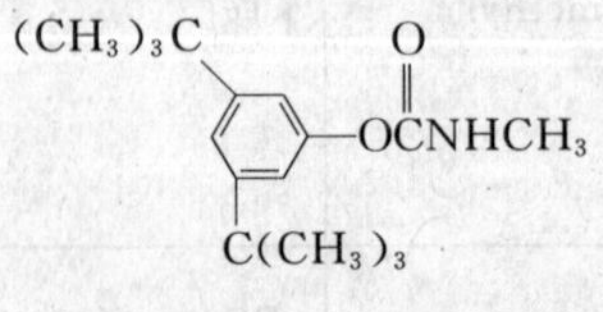
1118	畜蜱磷	cythioate	O,O-二甲基-O-对磺酰胺基苯基硫代磷酸酯[115-93-5]	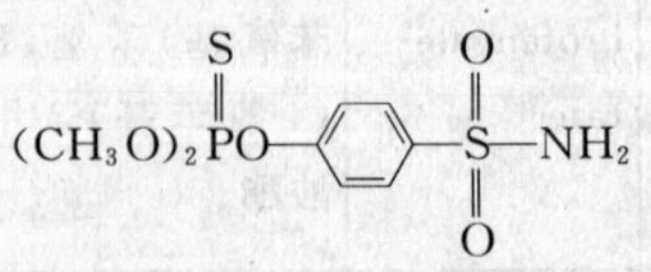

表（续）

序号	中文通用名称	英文名称[a]	化学名称及 CAS 登录号[b]	结构式
1119	血根碱	sanguinarine	(13-甲基[1,3]苯并二氧杂戊环[5,6-C]-1,3-二氧杂戊环[4,5-I])菲啶鎓	N^{+}—CH_3
			Y	
1120	蚜灭磷	vamidothion	O,O-二甲基-S-[2-(1-甲基氨基甲酰乙硫基)乙基]硫代磷酸酯[2275-23-2]	$(CH_3O)_2P(=O)SCH_2CH_2SCH(CH_3)C(=O)NHCH_3$
1121	亚胺硫磷	phosmet	O,O-二甲基-S-(酞酰亚氨基甲基)二硫代磷酸酯[732-11-6]	$(CH_3O)_2P(=S)SCH_2$—N(邻苯二甲酰亚胺基)
1122	亚胺唑	imibenconazole[d]	S-(4-氯苄基)-N-2,4-二氯苯基-2-(1H-1,2,4-三唑-1-基)硫代乙酰亚胺酯[86598-92-7]	Cl-(2-Cl-苯基)-N=C(SCH_2-C_6H_4-Cl)CH_2-N(1,2,4-三唑)
1123	亚砜磷	oxydemeton-methyl	O,O-二甲基-S-(2-乙基亚磺酰基乙基)硫代磷酸酯[301-12-2]	$(CH_3O)_2P(=O)SCH_2CH_2S(=O)CH_2CH_3$
1124	烟碱	nicotine	(S)-3-(1-甲基吡咯烷-2-基)吡啶[54-11-5]	吡啶-3-基-(S)-吡咯烷(N-CH_3, H)
1125	烟嘧磺隆	nicosulfuron[d]	2-(4,6-二甲氧基嘧啶-2-基)-1-(3-二甲基氨基甲酰吡啶-2-基)磺酰脲[111991-09-4]	吡啶-$S(=O)_2NHC(=O)NH$-嘧啶(OCH_3)$_2$；O=$CN(CH_3)_2$
1126	盐酸吗啉胍	*moroxydine hydrochloride*	盐酸吗啉胍	吗啉-N—C(=NH)—NH—C(=NH)—NH_2 (HCl)
1127	燕麦敌	di-allate	N,N-二异丙基硫代氨基甲酸-S-2,3-二氯烯丙基酯[2303-16-4]	$[(CH_3)_2CH]_2NC(=O)SCH_2C(Cl)$=CHCl
1128	燕麦灵	barban	N-(3-氯苯基)氨基甲酸(4-氯丁炔-2-基)酯[101-27-9]	3-Cl-C_6H_4-$NHC(=O)OCH_2C\equiv CCH_2Cl$

表（续）

序号	中文通用名称	英文名称[a]	化学名称及 CAS 登录号[b]	结构式
1129	燕麦酯	chlorphen-prop-methyl	2-氯-3-(4-氯苯基)丙酸甲酯[14437-17-3]，[59604-11-4](酸)	$Cl-C_6H_4-CH_2CH(Cl)COOCH_3$
1130	氧化钙	calcium oxide	氧化钙	CaO
1131	氧化苦参碱	oxymatrine		
1132	氧化萎锈灵	oxycarboxin	2-甲基-5,6-二氢-1,4-氧硫杂环己二烯-3-甲酰苯胺-4,4-二氧化物[5259-88-1]	
1133	氧化亚铜	cuprous oxide	氧化亚铜[1317-39-1]	Cu_2O
1134	氧环唑	azaconazole[d]	1-[[2-(2,4-二氯苯基)-1,3-二氧戊环-2-基]甲基]-1H-1,2,4-三唑[60207-31-0]	
1135	氧乐果	omethoate	O,O-二甲基-S-(N-甲基氨基甲酰甲基)硫代磷酸酯[1113-02-6]	$(CH_3O)_2P(O)SCH_2C(O)NHCH_3$
1136	野麦畏	tri-allate	N,N-二异丙基硫代氨基甲酸-S-2,3,3-三氯烯丙基酯[2303-17-5]	$[(CH_3)_2CH]_2NC(O)SCH_2C(Cl)=CCl_2$
1137	野燕枯	difenzoquat	1,2-二甲基-3,5-二苯基吡唑阳离子或硫酸甲酯[43222-48-6]	$(CH_3SO_4^-)$
1138	叶菌唑	metconazole	(1RS，5RS；1RS，5SR)-5-(4-氯苄基)-2,2-二甲基-1-(1H-1,2,4-三唑-1-基甲基)环戊醇[125116-23-6]	

表（续）

序号	中文通用名称	英文名称[a]	化学名称及CAS登录号[b]	结构式
1139	叶枯净	phenazine oxide[c]	5-氧吩嗪[92-82-0]	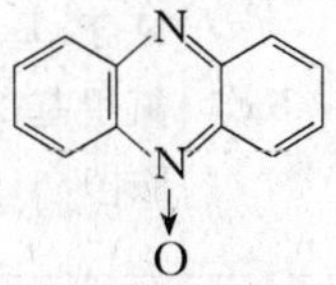
1140	叶枯炔	cellocidin	乙炔二甲酰胺	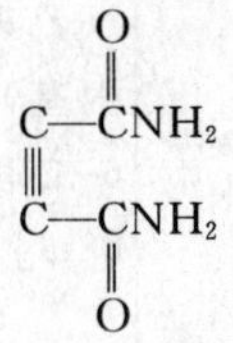
1141	叶枯酞	tecloftalam[d]	2-[N-(2,3-二氯苯基)氨基甲酰基]-3,4,5,6-四氯苯甲酸[76280-91-6]	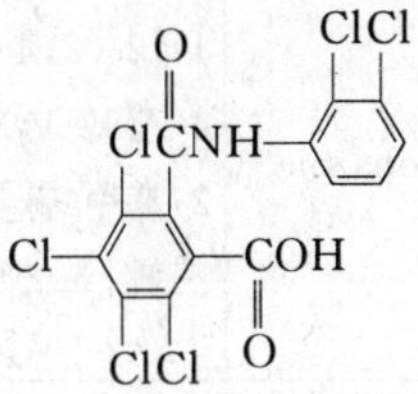
1142	叶枯唑	bismerthiazol	N,N′-亚甲基-双(2-氨基-5-巯基-1,3,4-噻二唑)	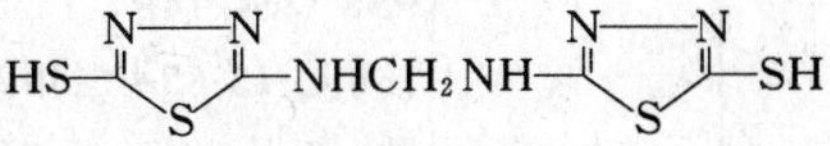
1143	叶锈特	butrizol	4-正丁基-1,2,4-三唑	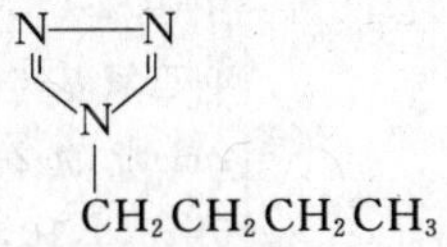
1144	乙拌磷	disulfoton	O,O-二乙基-S-(2-乙硫基乙基)二硫代磷酸酯[298-04-4]	 $(C_2H_5O)_2P(=S)SCH_2CH_2SCH_2CH_3$
1145	乙草胺	acetochlor	N-(2-乙基-6-甲基苯基)-N-乙氧基甲基-氯乙酰胺[34256-82-1]	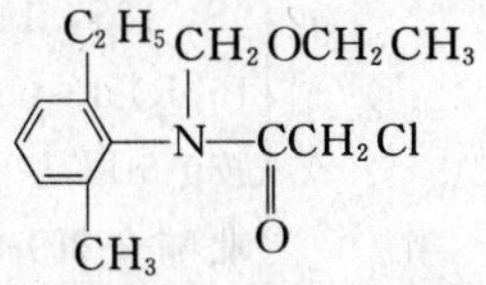
1146	乙虫腈	ethiprole	5-氨基-1-(2,6-二氯对三氟甲基苯基)-4-乙基亚磺(硫)酰基吡唑-3-腈基	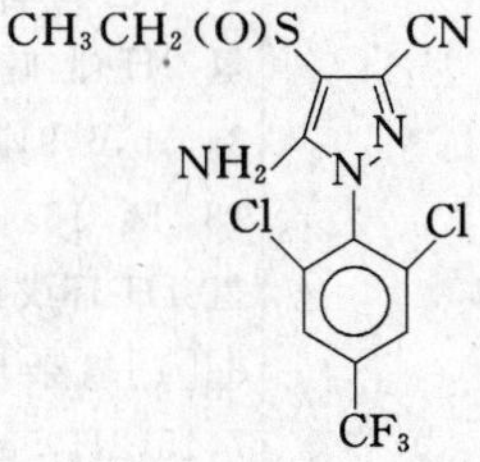

表（续）

序号	中文通用名称	英文名称[a]	化学名称及CAS登录号[b]	结构式
1147	乙丁氟灵	benfluralin	N-丁基-N-乙基-4-三氟甲基-2,6-二硝基苯胺[1861-40-1]	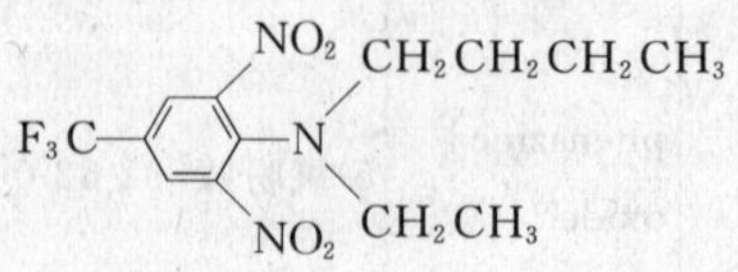
1148	乙丁烯氟灵	ethalfluralin	N-乙基-N-(2-甲基烯丙基)-4-三氟甲基-2,6-二硝基苯胺[55283-68-6]	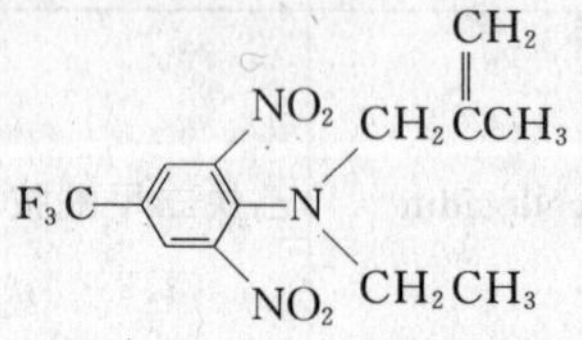
1149	乙环唑	etaconazole	1-[2-(2,4-二氯苯基)-4-乙基-1,3-二氧戊环-2-基甲基]-1H-1,2,4-三唑[60207-93-4]	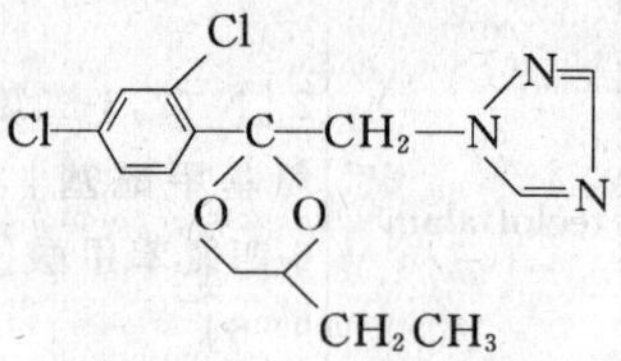
1150	乙基多杀菌素	spinetoram	(2R,3aS,5aR,5bS,9S,13S,14R,16aS,16bR)-13-(5-(二甲基胺)-6-甲基四氢-2H-吡喃-2-氧)-9-乙基-14-甲基-2-(3,5-二甲氧-4-乙氧基-6-甲基四氢-2H-吡喃-2-氧)-3,3a,5b,6,9,10,11,12,13,14,16a,16b-十二氢-1H-环戊芴并[3,2-d][1]氧杂环十二烷-7,15(2H,5aH)-二酮 (2R,3aS,5aR,5bS,9S,13S,14R,16aS,16bR)-13-(5-(二甲基胺)-6-甲基四氢-2H-吡喃-2-氧)-9-乙基-4,14-二甲基-2-3,5-二甲氧-4-乙氧基-6-甲基四氢-2H-吡喃-2-氧)-3,3a,5b,6,9,10,11,12,13,14,16a,16b-十二氢-1H-环戊芴并[3,2-d][1]氧杂环十二烷-7,15(2H,5aH)-二酮	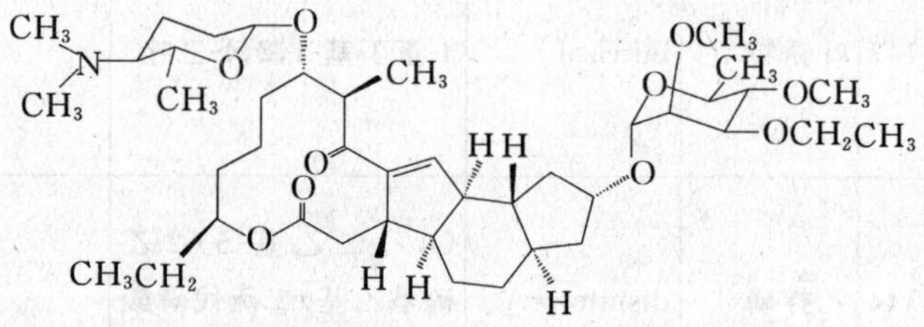 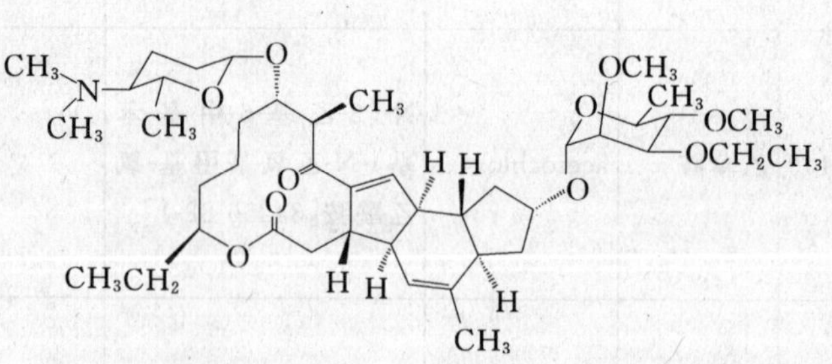

表（续）

序号	中文通用名称	英文名称[a]	化学名称及 CAS 登录号[b]	结构式
1151	乙基溴硫磷	bromophos-ethyl	O,O-二乙基-O-(4-溴-2,5-二氯苯基)硫代磷酸酯[4824-78-6]	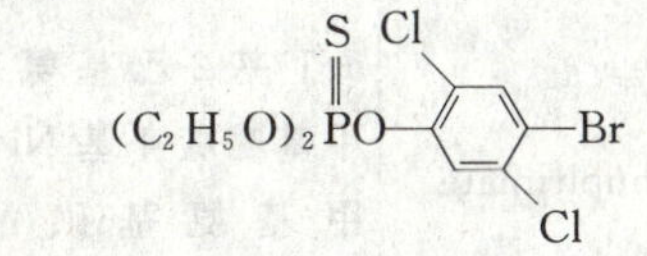
1152	乙基芸苔素内酯	brassinolide-ethyl	2α,3α,22R,23R-四羟基-24S-乙基-β-高-7-氧杂-5α-胆甾-6-酮	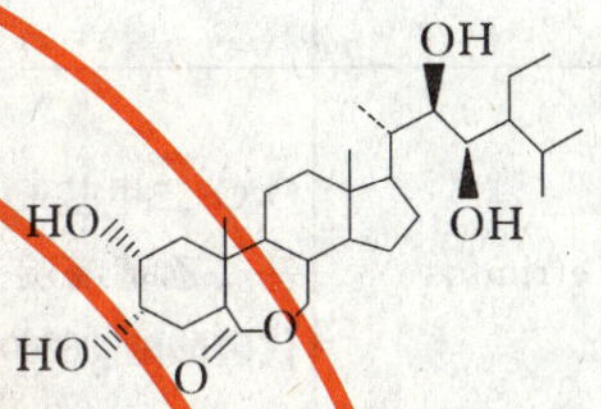
1153	乙菌利	chlozolinate[d]	3-(3,5-二氯苯基)-5-乙氧基甲酰基-5-甲基-1,3-噁唑烷-2,4-二酮[72391-46-9]	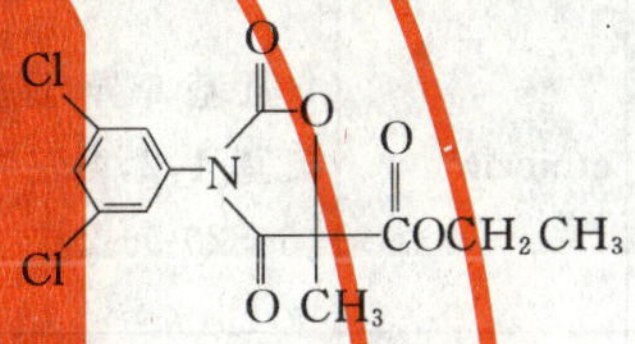
1154	乙硫苯威	ethiofencarb	2-乙硫基苄基 N-甲基氨基甲酸酯[29973-13-5]	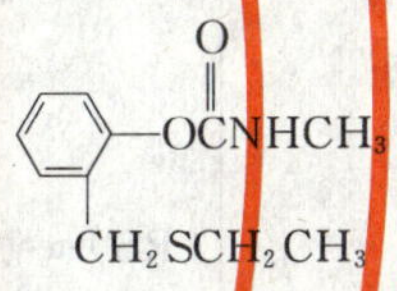
1155	乙硫磷	ethion	O,O,O′,O′-四乙基 S,S′-亚甲基双(二硫代磷酸酯)[563-12-2]	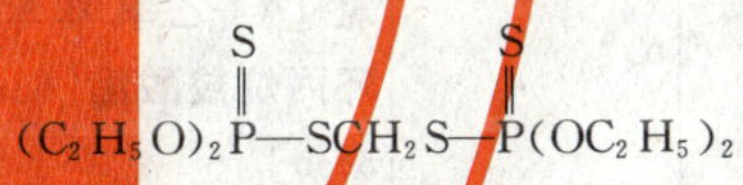 $(C_2H_5O)_2P(=S)—SCH_2S—P(=S)(OC_2H_5)_2$
1156	乙螨唑	etoxazole	(RS)-5-叔-丁基-2-[2-(2,6-二氟苯基)-4,5-二氢-1,3-噁唑-4-基]苯乙醚	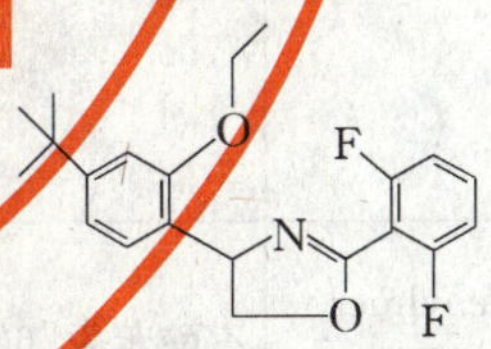
1157	乙霉威	diethofencarb	N-(3,4-二乙氧基苯基)氨基甲酸异丙酯[87130-88-9]	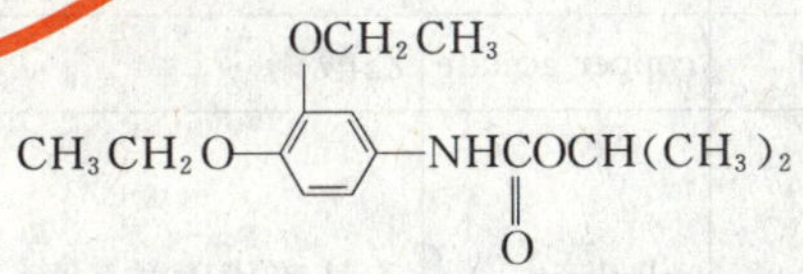
1158	乙嘧酚	ethirimol	5-丁基-2-乙基氨基-4-羟基-6-甲基嘧啶[23947-60-6]	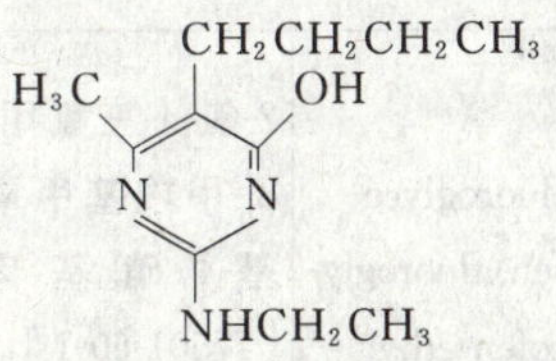

表（续）

序号	中文通用名称	英文名称[a]	化学名称及CAS登录号[b]	结构式
1159	乙嘧酚磺酸酯	bupirimate	5-丁基-2-乙基氨基-6-甲基嘧啶-4-基N,N-二甲基氨基磺酸酯[41483-43-6]	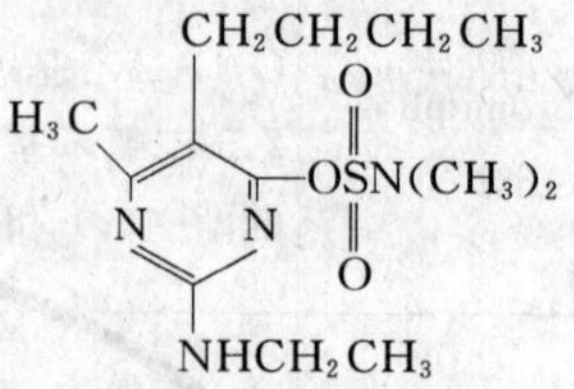
1160	乙嘧硫磷	etrimfos	O,O-二甲基-O-(6-乙氧基-2-乙基嘧啶-4-基)硫代磷酸酯[38260-54-7]	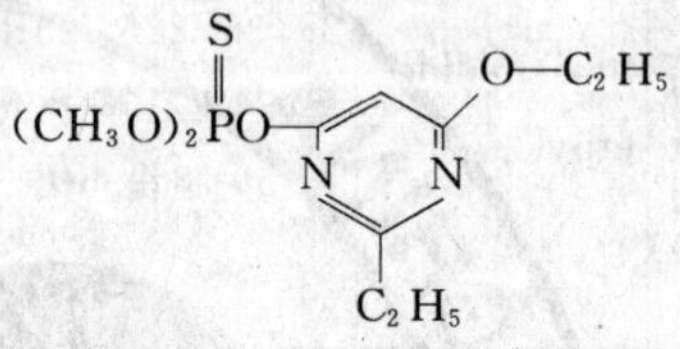
1161	乙嗪草酮	ethiozin[d]	4-氨基-6-异丁基-3-乙硫基-1,2,4-三嗪-5-酮[64529-56-2]	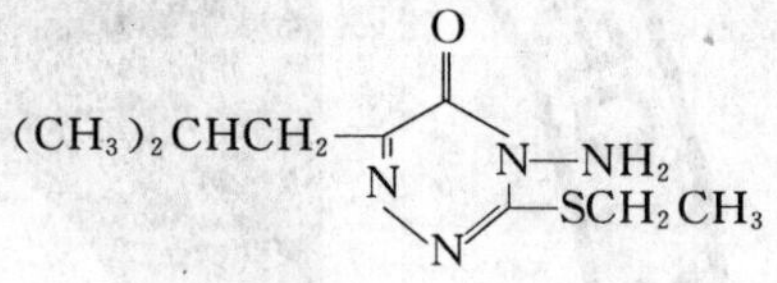
1162	乙氰菊酯	cycloprothrin[d]	(RS)-α-氰基-3-苯氧基苄基(RS)-2,2-二氯-1-(4-乙氧基苯基)环丙烷羧酸酯[63935-38-6]	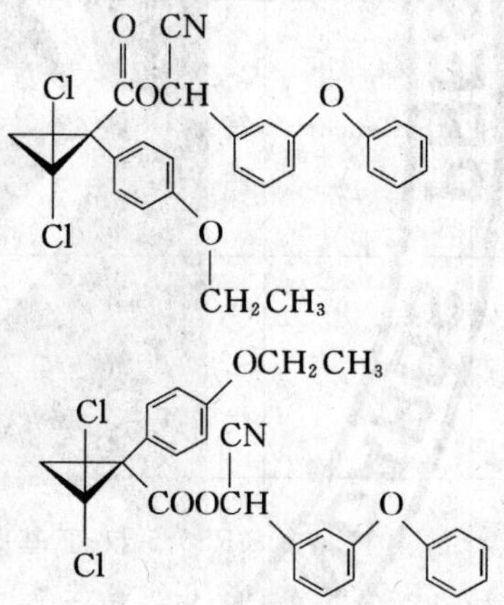
1163	乙酸苯汞	phenylmercury acetate	乙酸苯汞[62-38-4]	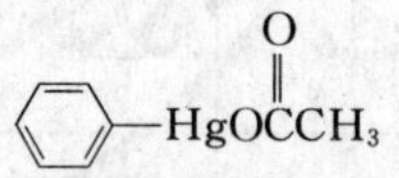
1164	乙酸铜	copper acetate	乙酸铜	$(CH_3COO)_2Cu$
1165	乙蒜素	ethylicin	乙基硫代磺酸乙酯	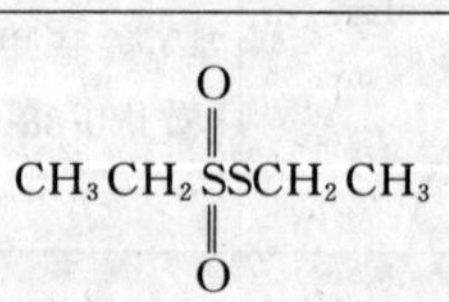 $CH_3CH_2S(O_2)SCH_2CH_3$
1166	乙羧氟草醚	fluoroglycofen fluoroglycofen-ethyl[d]	2-氯-4-三氟甲基苯基-3′-甲羧基甲氧基甲酰基-4′-硝基苯基醚[77501-60-1]，[77501-90-7]（乙酯）	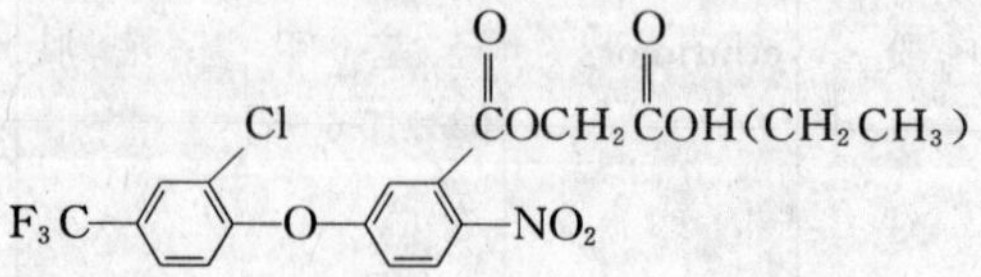

表（续）

序号	中文通用名称	英文名称[a]	化学名称及 CAS 登录号[b]	结构式
1167	乙烯硅	etacelasil	2-氯乙基-三(2-甲氧基乙氧基)硅烷[37894-46-5]	$(CH_3OCH_2CH_2O)_3SiCH_2CH_2Cl$
1168	乙烯菌核利	vinclozolin	3-(3,5-二氯苯基)-5-甲基-5-乙烯基-1,3-噁唑烷-2,4-二酮[50471-44-8]	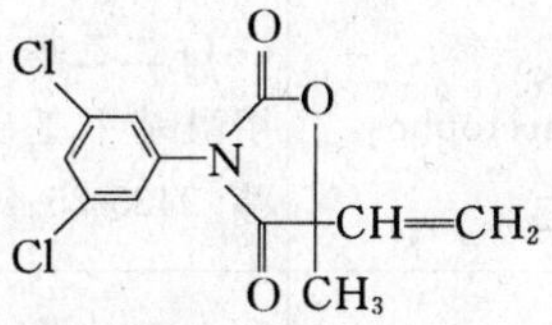
1169	乙烯利	ethephon	2-氯乙基膦酸[16672-82-0]	$Cl—C_2H_4PO(OH)_2$
1170	乙酰甲胺磷	acephate	O-甲基-S-甲基-N-乙酰基-硫代磷酰胺[30560-19-1]	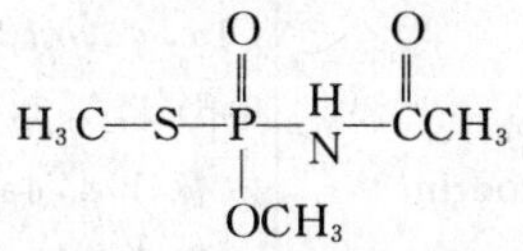
1171	乙酰甲草胺	diethatyl-ethyl diethatyl (acid)	N-(2,6-二乙基苯基)-N-(乙氧基甲酰甲基)-氯乙酰胺[38727-55-8],[38725-95-0](酸)	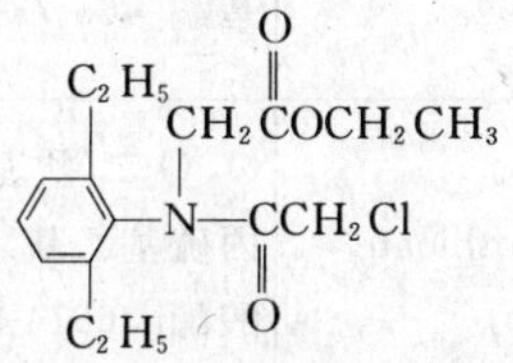
1172	乙氧苯草胺	ethobenzanid	N-(2,3-二氯苯基)-4-乙氧基甲氧基苯甲酰苯胺[79540-50-4]	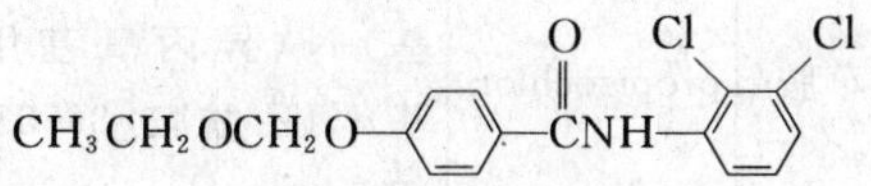
1173	乙氧呋草黄	ethofumesate	2-乙氧基-2,3-二氢-3,3-二甲基苯并呋喃-5-基甲磺酸酯[26225-79-6]	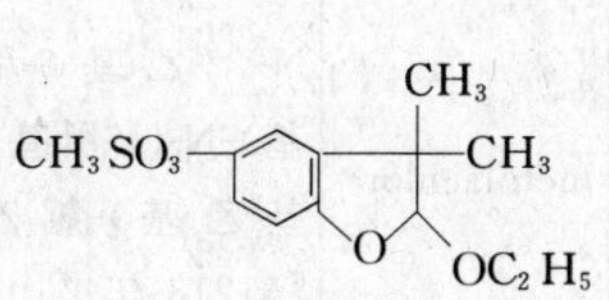
1174	乙氧氟草醚	oxyfluorfen	2-氯-4-三氟甲基苯基-4′-硝基-3′-乙氧基苯基醚[42874-03-3]	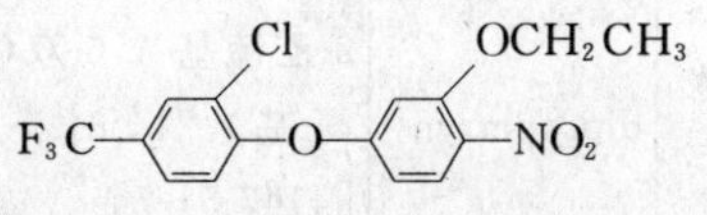
1175	乙氧磺隆	ethoxysulfuron	3-(4,6-二甲氧基嘧啶-2-基)-1-(2-乙氧基苯氧基磺酰基)脲	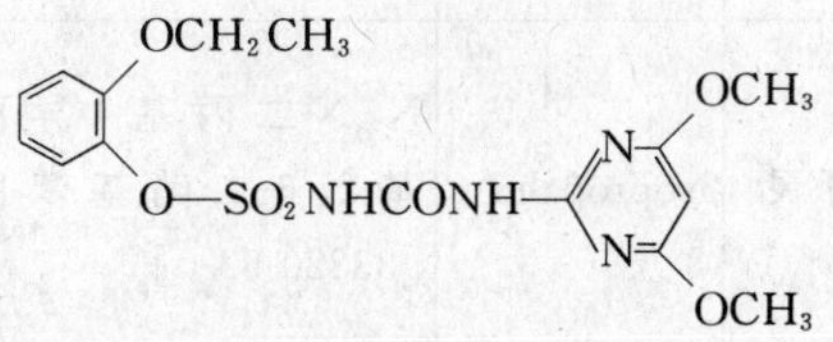

表（续）

序号	中文通用名称	英文名称[a]	化学名称及 CAS 登录号[b]	结构式
1176	乙氧喹啉	ethoxyquin	6-乙氧基-2,2,4-三甲基-1,2-二氢喹啉[91-53-2]	
1177	乙酯磷	acetophos	O,O-二乙基-S-乙氧基甲酰基甲基硫代磷酸酯[2425-25-4]	$(C_2H_5O)_2P(=O)SCH_2C(=O)OCH_2CH_3$
1178	乙酯杀螨醇	chlorobenzilate	2,2-双(4-氯苯基)-2-羟基乙酸乙酯[510-15-6]	
1179	异艾氏剂	isodrin	(1α,4α,4aβ,5α,8α,8aβ)-1,2,3,4,10,10-六氯-1,4,4a,5,8,8a-六氢-1,4:5,8-二亚甲基萘[465-73-6]	
1180	异拌磷	isothioate	O,O-二甲基-S-(2-异丙硫基乙基)二硫代磷酸酯[36614-38-7]	$(CH_3O)_2P(=S)SCH_2CH_2SCH(CH_3)_2$
1181	异丙草胺	propisochlor	N-(2-乙基-6-甲基苯基)-N-(异丙氧基甲基)-氯乙酰胺[86763-47-5]	
1182	异丙甲草胺	metolachlor	N-(2-乙基-6-甲基苯基)-N-(1-甲基-2-甲氧基乙基)-氯乙酰胺[51218-45-2]	
1183	异丙净	dipropetryn	2-乙硫基-4,6-双(异丙氨基)-1,3,5-三嗪[4147-51-7]	
1184	异丙乐灵	isopropalin	N,N-二丙基-4-异丙基-2,6-二硝基苯胺[33820-53-0]	

表（续）

序号	中文通用名称	英文名称[a]	化学名称及 CAS 登录号[b]	结构式
1185	异丙隆	isoproturon	1,1-二甲基-3-(4-异丙基苯基)脲[34123-59-6]	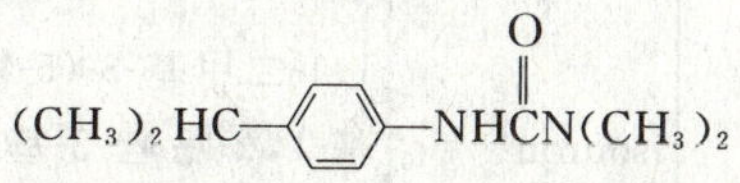
1186	异丙威	isoprocarb	2-异丙基苯基 N-甲基氨基甲酸酯[2631-40-5]	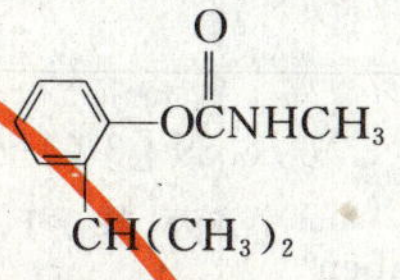
1187	异丙酯草醚	pyribambenz-isopropyl	4-[2-(4,6-二甲氧基嘧啶-2-氧基)苄氨基]苯甲酸异丙酯	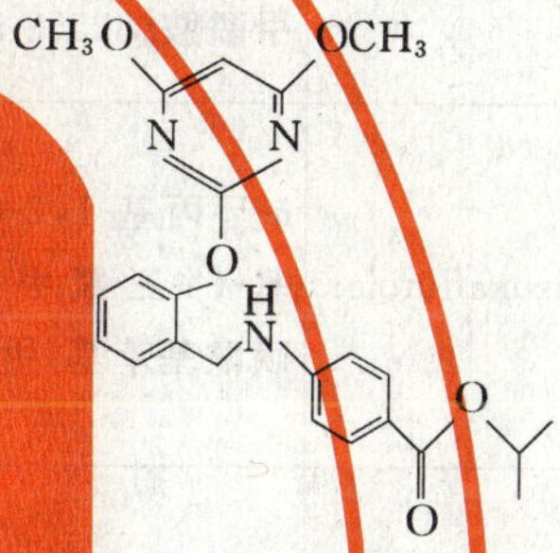
1188	异稻瘟净	Iprobenfos[d]	O,O-二异丙基 S-苄基硫代磷酸酯[26087-47-8]	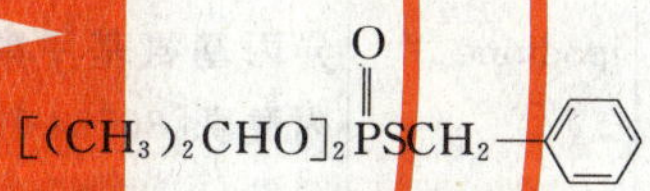
1189	异狄氏剂	endrin	(1R,4S,5R,8S)-1,2,3,4,10,10-六氯-1,4,4a,5,6,7,8,8a-八氢-6,7-环氧-1,4:5,8-二亚甲基萘[72-20-8]	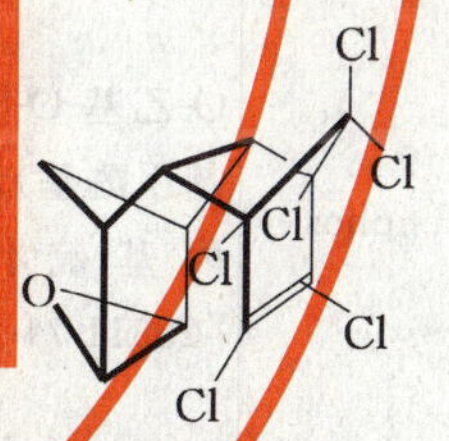
1190	异丁草胺	delachlor	N-(2,6-二甲基苯基)-N-异丁氧基甲基-氯乙酰胺[24353-58-0]	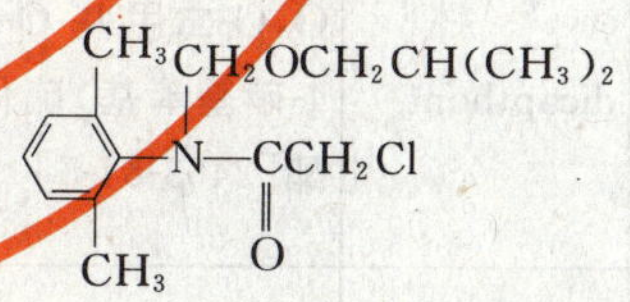
1191	异噁草醚	isoxapyrifop[d]	2-[2-[4-(3,5-二氯-2-吡啶基-4′-[2-(2-噁唑烷基甲酰基)乙氧基]苯基醚[87757-18-4]	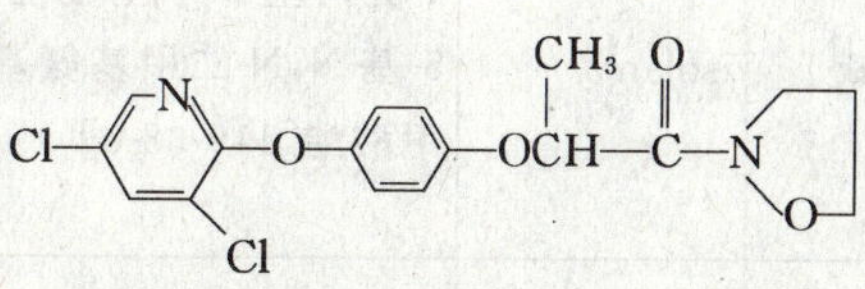
1192	异噁草酮	clomazone[d]	2-(2-氯苄基)-4,4-二甲基异噁唑-3-酮[81777-89-1]	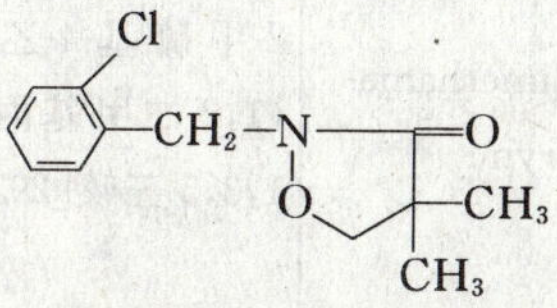

表（续）

序号	中文通用名称	英文名称[a]	化学名称及 CAS 登录号[b]	结构式
1193	异噁隆	isouron[d]	1,1-二甲基-3-(5-特丁基-1,2-噁唑-3-基)脲[55861-78-4]	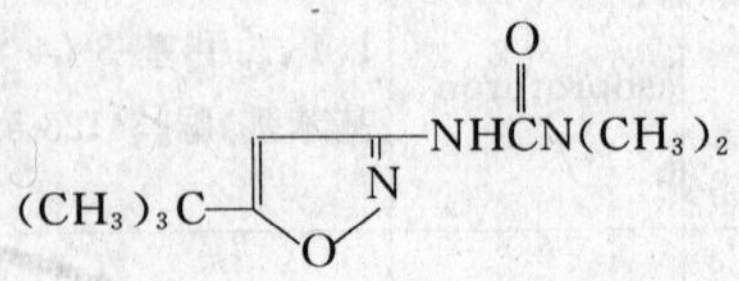 $(CH_3)_3C$- … -$NHCN(CH_3)_2$
1194	异噁酰草胺	ixoxaben[d]	N-[3-(1-乙基-1-甲基丙基)-1,2-噁唑-5-基]-2,6-二甲氧基苯甲酰胺[82558-50-7]	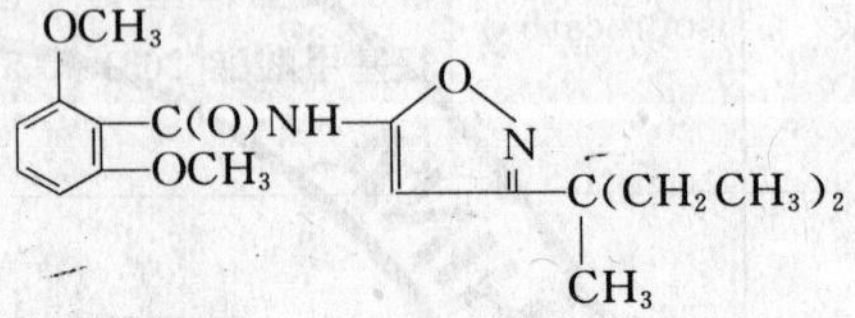 OCH_3, C(O)NH, OCH_3, $C(CH_2CH_3)_2$, CH_3
1195	异噁唑草酮	isoxaflutole	5-环丙基-1,2-噁唑-4-基-(4-三氟甲基-2-甲磺酰基苯基)甲酮	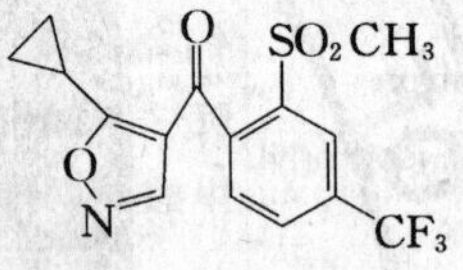 SO_2CH_3, CF_3
1196	异菌脲	ipodione	3-(3,5-二氯苯基)-1-异丙基氨基甲酰基乙内酰脲[36734-19-7]	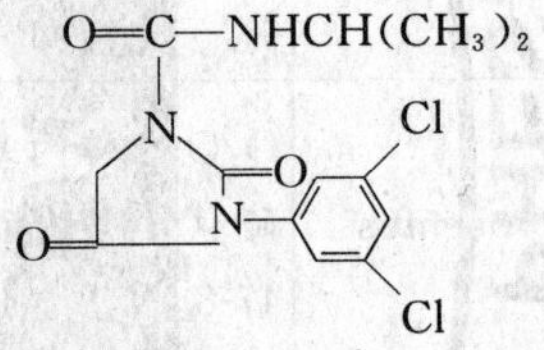 $O=C-NHCH(CH_3)_2$, Cl, Cl
1197	异柳磷	isofenphos	O-乙基-O-[(2-异丙氧基甲酰基)苯基]-N-异丙基硫代磷酰胺[25311-71-1]	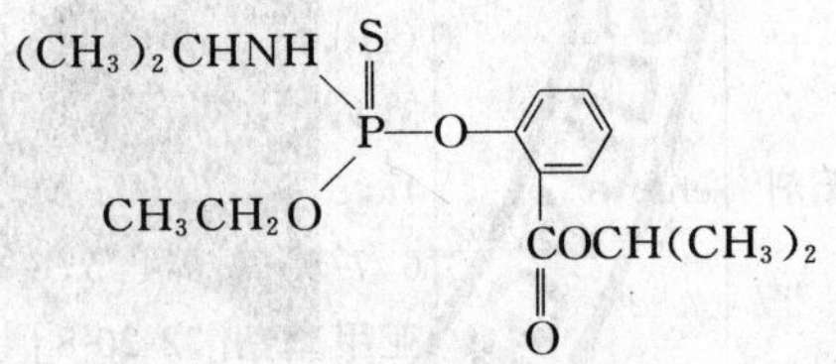 $(CH_3)_2CHNH$, CH_3CH_2O, $COCH(CH_3)_2$
1198	异氯磷	dicapthon[g]	O,O-二甲基-O-(2-氯-4-硝基苯基)硫代磷酸酯[2463-84-5]	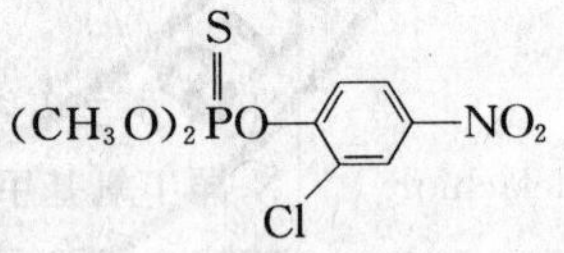 $(CH_3O)_2PO$, NO_2, Cl
1199	异索威	isolan[i]	1-异丙基-3-甲基吡唑-5-基 N,N-二甲基氨基甲酸酯[119-38-0]	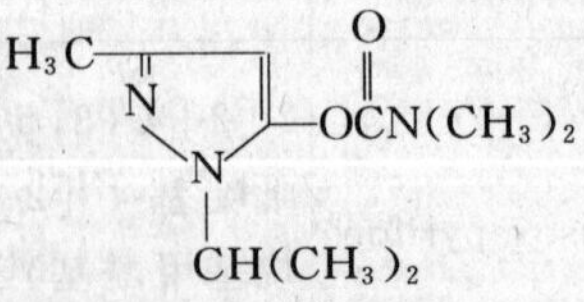 H_3C, $OCN(CH_3)_2$, $CH(CH_3)_2$
1200	异戊乙净	dimethametryn	2-甲硫基-4-乙氨基-6-(1,2-二甲基丙氨基)-1,3,5-三嗪[2936-75-0]	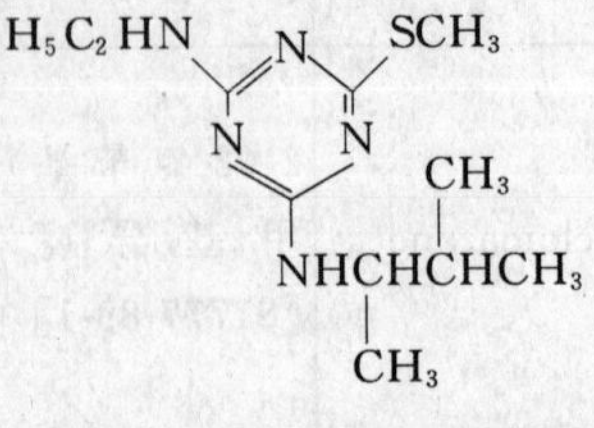 H_5C_2HN, SCH_3, $NHCHCHCH_3$, CH_3, CH_3

表（续）

序号	中文通用名称	英文名称[a]	化学名称及 CAS 登录号[b]	结构式
1201	异亚砜磷	oxydeprofos	O,O-二甲基-S-[(2-乙基亚磺酰基-1-甲基)乙基]硫代磷酸酯[2674-91-1]	$(CH_3O)_2\overset{O}{\overset{\|}{P}}S\overset{CH_3}{\overset{\|}{C}}HCH_2\overset{O}{\overset{\|}{S}}CH_2CH_3$
1202	抑草磷	butamifos	O-乙基 O-(5-甲基-2-硝基苯基)-N-仲丁基氨基硫代磷酰胺酯[36335-67-8]	CH_3 S O_2N ; $CH_3CH_2CHNHP—O$; H_3CH_2CO ; CH_3
1203	抑草蓬	erbon	2,2-二氯丙酸 2-(2,4,5-三氯苯氧基)乙基酯[136-25-4]	Cl ; Cl— —$OCH_2CH_2O\overset{O}{\overset{\|}{C}}CCl_2CH_3$; Cl
1204	抑霉胺	vangard[j]	α-[N-(3-氯-2,6-二甲基苯基)-2-甲氧基乙酰胺]-γ-丁内酯[67932-85-8]	Cl CH_3 O ; N O ; CH_3 $C\overset{}{}CH_2OCH_3$; O
1205	抑霉唑	imazalil	1-[2-(2,4-二氯苯基)-2-(2-烯丙氧基)乙基]-1H-咪唑[35554-44-0]	N ; N—$CH_2CHOCH_2CH{=}CH_2$; Cl ; Cl
1206	抑食肼	yishijing[q]	N-苯甲酰基-N′-特丁基苯甲酰肼	O $C(CH_3)_3$; $\overset{}{C}NHN\overset{}{C}$; O
1207	抑芽丹	maleic hydrazide	1,2-二氢-3,6-哒嗪二酮[123-33-1]	N—N ; O O
1208	抑芽唑	triapenthenol[d]	(E)-(RS)-1-环己基-4,4-二甲基-2-(1H-1,2,4-三唑-1-基)戊-1-烯-3-醇[76608-88-3]	OH CH_3 ; CH—C—CH_3 ; C=C CH_3 ; H N—N ; N

表（续）

序号	中文通用名称	英文名称[a]	化学名称及CAS登录号[b]	结构式
1209	益硫磷	ethoate-methyl	O,O-二甲基-S-(乙基氨基甲酰甲基)二硫代磷酸酯[116-01-8]	$(CH_3O)_2P(=S)SCH_2C(=O)NHCH_2CH_3$
1210	益棉磷	azinphos-ethyl	O,O-二乙基-S-(3,4-二氢-4-氧代苯并[d]-[1,2,3]-三氮苯-3-基甲基)二硫代磷酸酯[2642-71-9]	$(C_2H_5O)_2P(=S)SCH_2$—N(苯并三嗪酮)
1211	因毒磷	endothion	O,O-二甲基-S-[(5-甲氧基-4-氧代-4H-吡喃-2-基)甲基]硫代磷酸酯[2278-04-3]	$(CH_3O)_2P(=O)SCH_2$-(5-OCH_3-4-氧代吡喃-2-基)
1212	茵草敌	EPTC	N,N-二丙基硫代氨基甲酸-S-乙基酯[759-94-4]	$(CH_3CH_2CH_2)_2NC(=O)SCH_2CH_3$
1213	茵多酸	endothal	7-氧杂双环[2,2,1]庚烷-2,3-二羧酸[145-73-3],[129-67-9](钠盐)	7-氧杂双环庚烷-2,3-(COOH)$_2$
1214	吲哚丁酸	4-indolylbutyric acid	4-吲哚-3-基丁酸[133-32-4]	吲哚-3-$(CH_2)_3COOH$
1215	吲哚乙酸	indol-3-ylacetic acid	吲哚-3-基乙酸[87-51-4]	吲哚-3-CH_2COOH
1216	吲熟酯	ethychlozate[c]	5-氯-1H-吲唑-3-基乙酸乙酯[27512-72-7]	5-Cl-1H-吲唑-3-$CH_2C(=O)OCH_2CH_3$

表（续）

序号	中文通用名称	英文名称[a]	化学名称及 CAS 登录号[b]	结构式
1217	印楝素	azadirachtin		
1218	茚虫威	indoxacarb		
1219	荧光假单胞杆菌	*pseudomonas fluorescens*		
1220	蝇毒磷	coumaphos	O,O-二乙基-O-(3-氯-4-甲基香豆素-7-基)硫代磷酸酯[56-72-4]	
1221	油酸	oleic acid		
1222	油桐尺蠖核型多角体病毒	*Buzura suppressaria* nuclear polyhedrosis virus (BsNPV)		
1223	莠灭净	ametryn	2-甲硫基-4-乙氨基-6-异丙氨基-1,3,5-三嗪[834-12-8]	
1224	莠去津	atrazine	2-氯-4-乙氨基-6-异丙氨基-1，3，5-三嗪[1912-24-9]	
1225	右旋反式氯炔丙菊酯	d-fanshiluquebingjuzhi	(+)-2,2-二甲基-3-反式-(2,2-二氯乙烯基)环丙烷羧酸-(S)-2-甲基-3-(2-炔丙基)-4-氧代环戊-2-烯基酯	
1226	炔丙菊酯	prallethrin[d]	(S)-2-甲基-4-氧代-3-丙-2-炔基环戊-2-烯基(1R,3R;1R,3S)-2,2-二甲基-3-(2-甲基丙-1-烯基)环丙烷羧酸酯[103065-19-6(1R,3R)][114026-47-6 (1R,3S)]	

表（续）

序号	中文通用名称	英文名称[a]	化学名称及 CAS 登录号[b]	结构式
1227	右旋烯炔菊酯	empenthrin[d]	(E)-(RS)-1-乙炔基-2-甲基戊-2-烯(1R,3R;1R,3S)-2,2-二甲基-3-(2-甲基丙-1-烯基)环丙烷羧酸酯[54406-48-3]	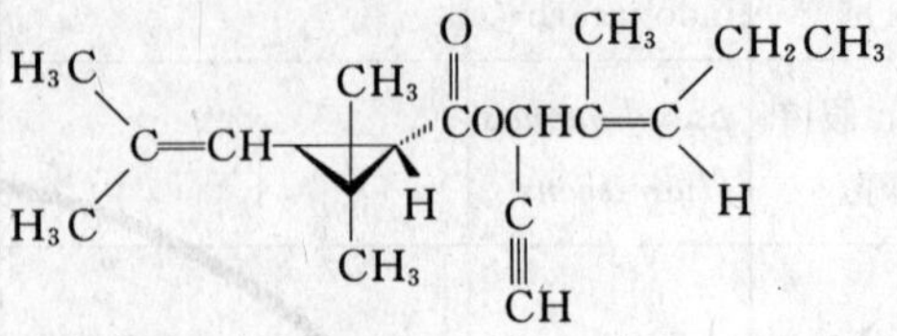
1228	富右旋反式烯炔菊酯	rich-d-t-empenthrin	右旋-顺,反式-2,2-二甲基-3-(2-甲基-1-丙烯基)环丙烷羧酸-(±)-E-1-乙炔基-2-甲基-戊-2-烯基酯	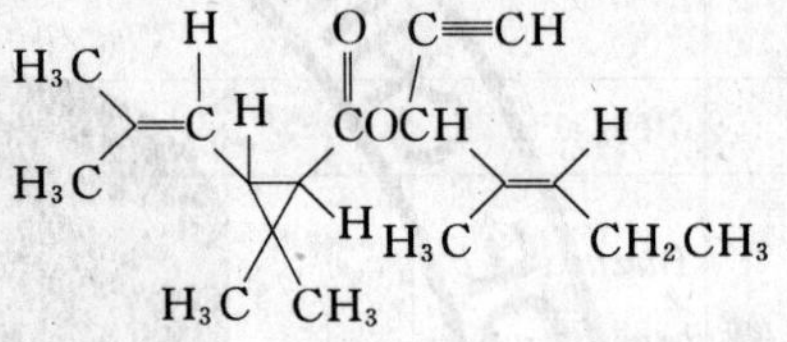
1229	诱虫烯	muscalure[g]	(Z)-二十三碳-9-烯[27519-02-4]	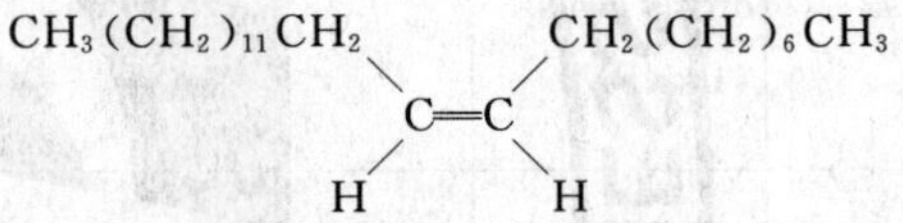
1230	鱼藤酮	rotenone	(2R,6aS,12aS)-1,2,6,6a,12,12a-六氢-2-异丙烯基-8,9-二甲氧基苯并吡喃[3,4-b]呋喃并[2,3-h]吡喃-6-酮[83-79-7]	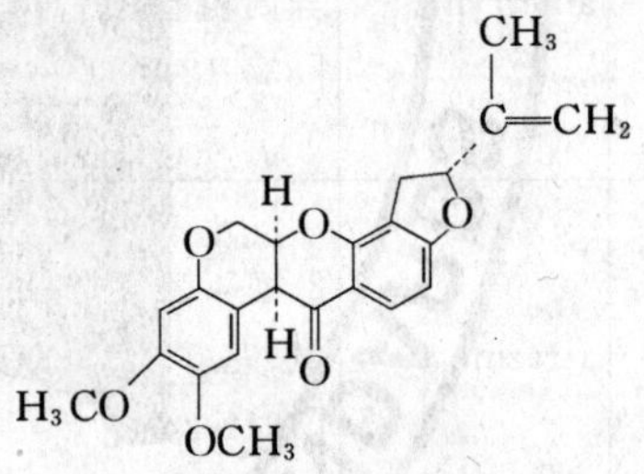
1231	育畜磷	crufomate	O-甲基-O-(2-氯-4-特丁基苯基)-N-甲基磷酰胺[299-86-5]	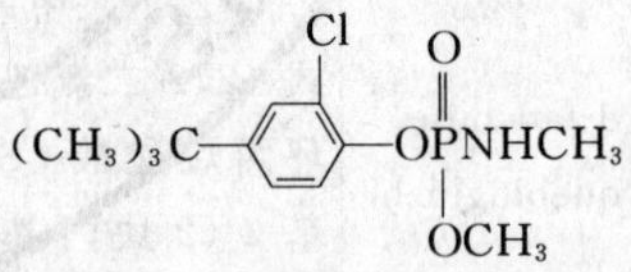
1232	愈创木酚	cresol mixed isomer	2-甲氧基苯酚	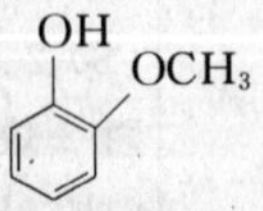
1233	原烟碱	nornicotine	3-(吡咯烷-2-基)吡啶[494-97-3]	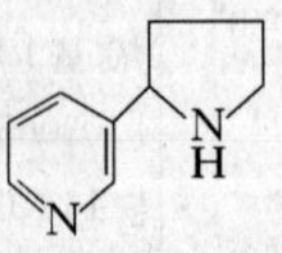

表（续）

序号	中文通用名称	英文名称[a]	化学名称及 CAS 登录号[b]	结构式
1234	芸苔素内酯	brassinolide (BR)	2α,3α,22R,23R-四羟基-24-S-甲基-β-7-氧杂-5α-胆甾烷-6-酮[72962-43-7]	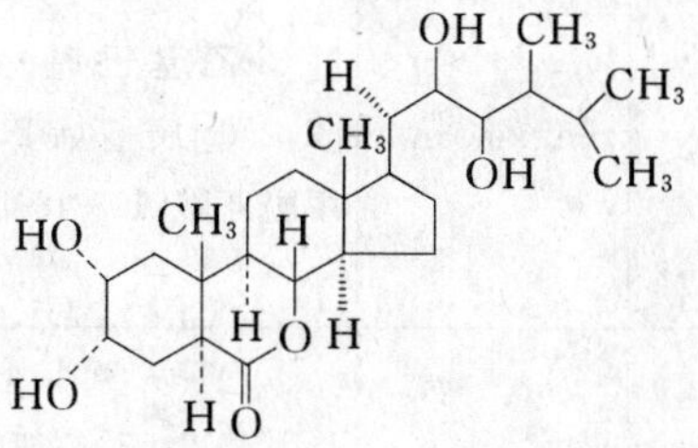
Z				
1235	藻酸丙二醇酯	propylene-glycol alginate	藻酸 1,2-丙二醇聚合物	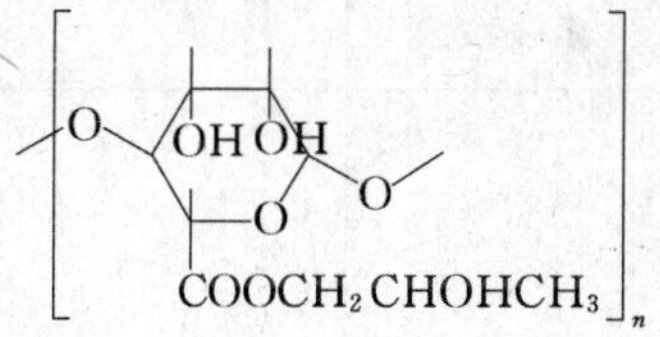
1236	增产胺	DCPTA[e]	2-(3,4-二氯苯氧基)三乙胺[65202-07-5]	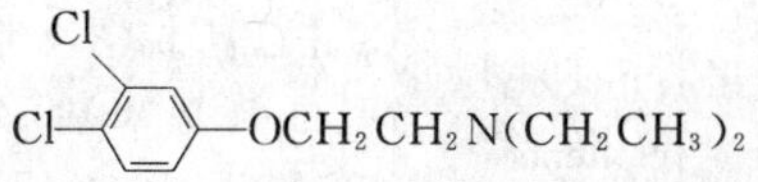
1237	增产肟	heptopargil[d]	(E)-(1RS,4RS)-莰-2-酮 O-丙-2-炔基肟[73886-28-9]	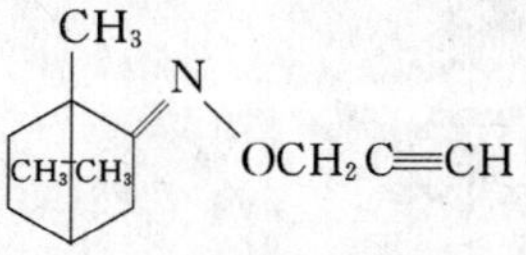
1238	增甘膦	glyphosine	N,N-双(膦酸基甲基)甘氨酸[2439-99-8]	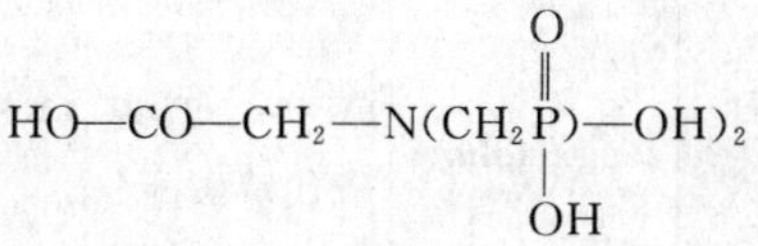 $HO-CO-CH_2-N(CH_2P(=O)(OH)-OH)_2$
1239	增甘膦钠	glyphosate or sesquisodium	N-(膦酸基甲基)甘氨酸的一个半钠盐[70393-85-0]	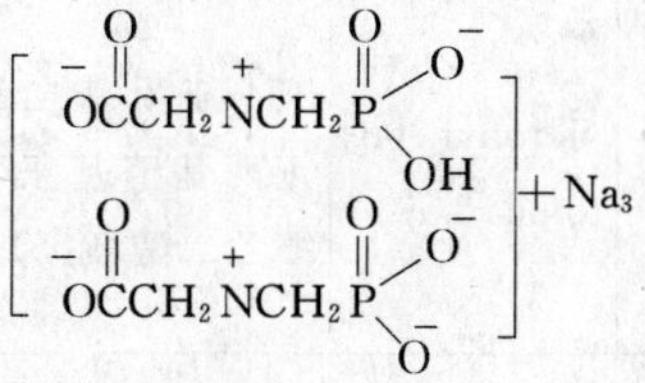
1240	增糖胺	fluoridamid	2-(三氟甲基磺酰氨基)-4-乙酰替甲苯胺[47000-42-0]	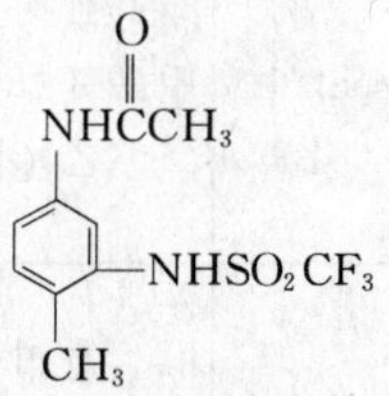
1241	增糖酯	dicamba-methyl	3,6-二氯-2-甲氧基苯甲酸甲酯[6597-78-0]	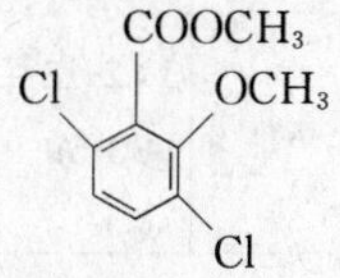

表（续）

序号	中文通用名称	英文名称[a]	化学名称及 CAS 登录号[b]	结构式
1242	增效胺	zengxiaoan[q]	N-(2-乙基己基)双环[2,2,1]庚-5-烯-2,3-二甲酰亚胺[113-48-4]	O; N—$CH_2CH(CH_2)_3CH_3$; CH_2CH_3; O
1243	增效砜	sufoxide[g]	1-甲基-2-(3,4-亚甲基二氧基苯基)乙基辛基亚砜[120-62-7]	H_2C O O —$CH_2CHS(CH_2)_7CH_3$ (S=O); CH_3
1244	增效环	piperonyl cyclonene	3-正己基-5-(3,4-亚甲基二氧基苯基)-2-环己烯酮[119-89-1]	Ⅰ: H_2C O O, O, R; R=$CH_2(CH_2)_4CH_3$; Ⅱ: O=$COCH_2CH_3$, O, H_2C O O, R
1245	增效磷	zengxiaolin[q]	O,O-二乙基 O-苯基硫代磷酸酯	$(C_2H_5O)_2P$(=S)—O—苯基
1246	增效醚	pieronyl butoxide	3,4-亚甲基二氧基-6-正丙基苄基正丁基二缩乙二醇醚[51-03-6]	H_2C O O —$CH_2CH_2CH_3$; —$CH_2O(CH_2)_2O(CH_2)_2OC_4H_9$
1247	增效特	bucarpolate[i]	3,4-亚甲基二氧基苯甲酸 2-(2-正丁氧基乙氧基乙酯[136-63-0]	H_2C O O —$CO(CH_2CH_2O)_2C_4H_9$ (C=O)
1248	增效酯	propylisome[g]	6,7-亚甲基二氧基-3-甲基-1,2,3,4-四氢萘-1,2-二甲酸二正丙酯[83-59-0]	O; $COCH_2CH_2CH_3$; H_2C O O; $COCH_2CH_2CH_3$; CH_3; O

表（续）

序号	中文通用名称	英文名称[a]	化学名称及 CAS 登录号[b]	结构式
1249	粘虫核型多角体病毒	*mythimna separata*. Nuclear *Polyhedrosis* Virus (*MsNPV*)		
1250	粘虫颗粒体病毒	*pseudaletia unipuncta granulosis* virus (*PuGV-Ps*)		
1251	樟脑	camphor	1,7,7-三甲基-双环[2,2,1]-2-庚酮	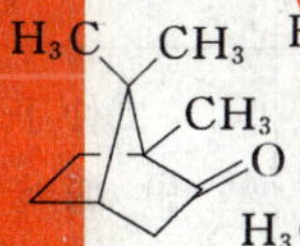 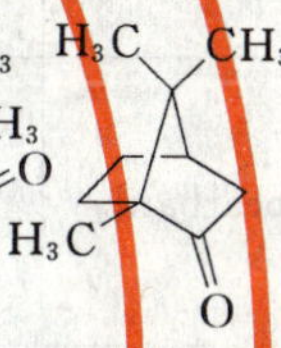
	右旋樟脑	*d*-camphor	1,7,7-三甲基-双环[2,2,1]-2-庚酮	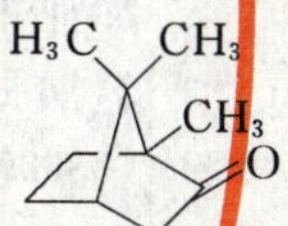
1252	蟑螂浓核病毒	*periplaneta fuliginosad-en sovirus* (*PfDNV*)		
1253	整形醇	chlorflurenol	2-氯-9-羟基芴-9-羧酸甲酯[2536-31-4]，[2464-37-1](酸)	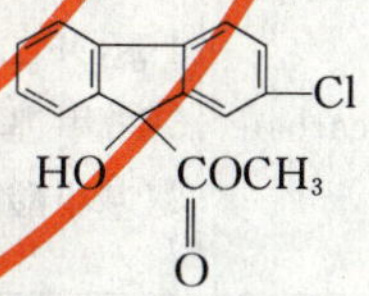
1254	酯菌胺	cyprofuram	α-[N-(3-氯苯基)环丙烷基甲酰胺]-γ-丁内酯[69581-33-5]	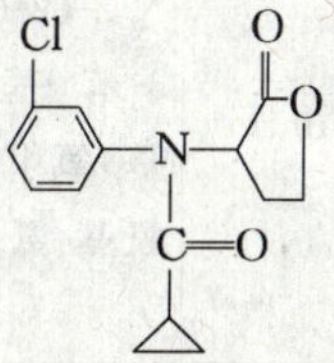
1255	治螟磷	sulfotep	O,O,O′,O′-四乙基二硫代焦磷酸酯[3689-24-5]	$(C_2H_5O)_2P(=S)—O—P(=S)(OC_2H_5)_2$

表（续）

序号	中文通用名称	英文名称[a]	化学名称及 CAS 登录号[b]	结 构 式
1256	中生菌素	Zhongsheng mycin		
1257	种菌唑	ipconazole	(1RS,2SR,5RS;1RS,2SR,5SR)-2-(4-氯苄基)-5-异丙基-1-(1H-1,2,4-三唑-1-基甲基)环戊醇[125225-28-7]	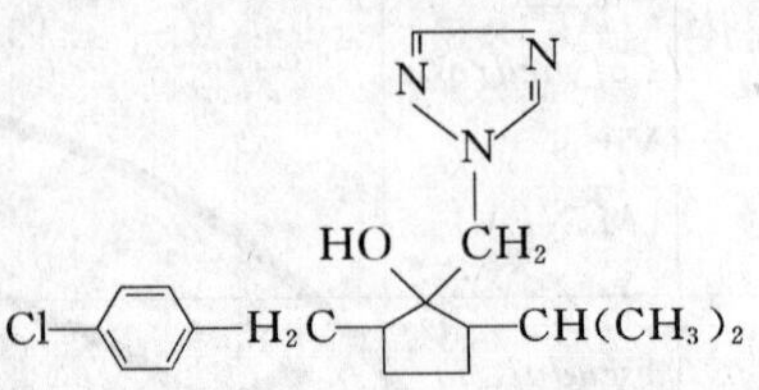
1258	种衣酯	fenitropan[d]	3-硝基-4-苯基-4-乙酰氧基丁酸甲酯[65934-95-4]	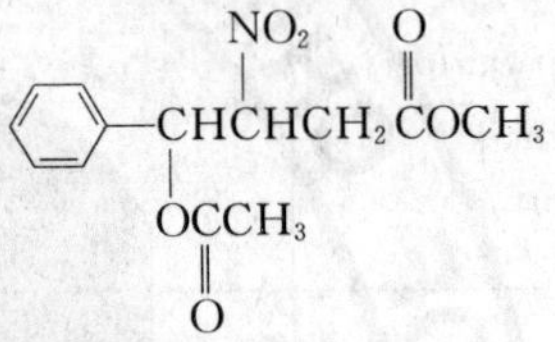
1259	仲草丹	tiocarbazil[d]	N,N-二仲丁基硫代氨基甲酸-S-苄基酯[36756-79-3]	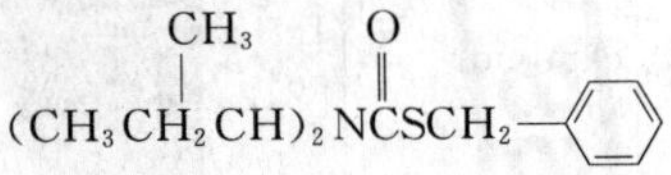
1260	仲丁灵	butralin	N-仲丁基-4-特丁基-2,6-二硝基苯胺[33629-47-9]	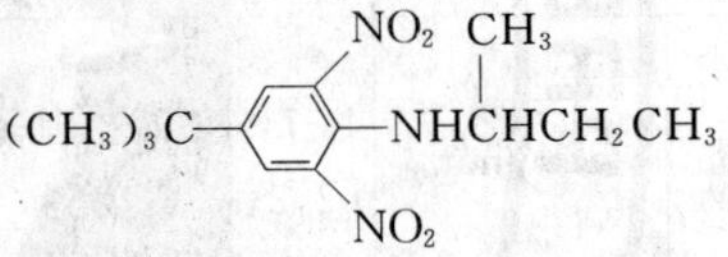
1261	仲丁威	fenobucarb[d]	2-仲丁基苯基 N-甲基氨基甲酸酯[3766-81-2]	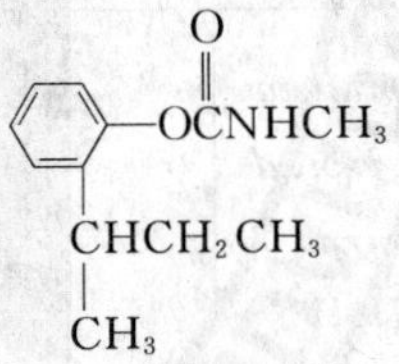
1262	兹克威	mexacarbate	4-N,N-二甲基氨基-3,5-二甲基苯基 N-甲基氨基甲酸酯[315-18-4]	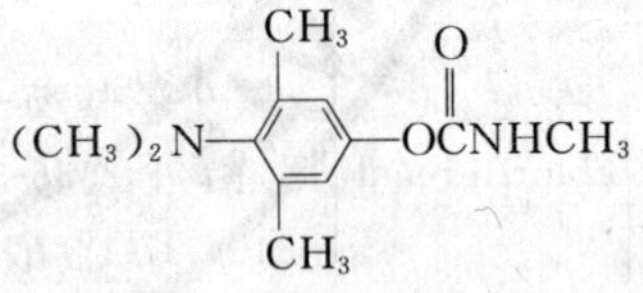
1263	唑胺菌酯	zuoanjunzhi[q]	N-2-(2-(1,4-二甲基-3-苯基-1*H*-吡唑-5-基)氧甲基)苯基 *N*-甲氧基-氨基甲酸甲酯	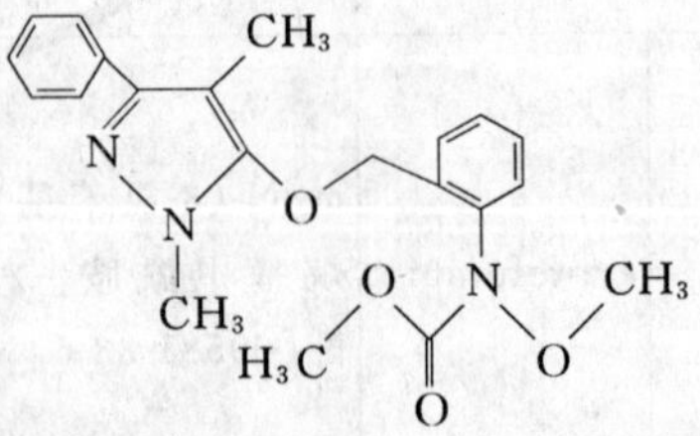
1264	唑吡嘧磺隆	imazosulfuron	3-(4,6-二甲氧基嘧啶-2-基)-1-(2-氯咪唑并[1,2-a]吡啶-3-基]磺酰脲[122548-33-8]	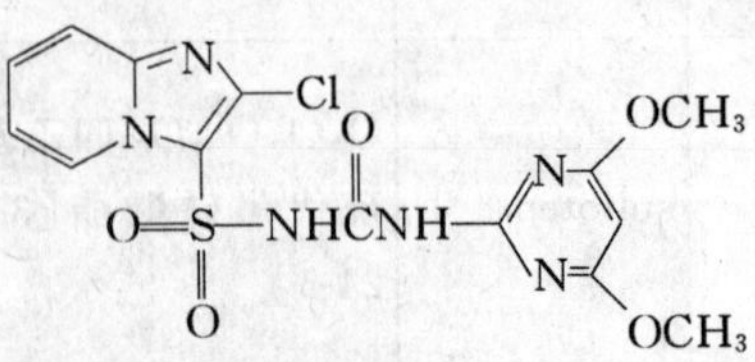

表(续)

序号	中文通用名称	英文名称[a]	化学名称及CAS登录号[b]	结构式
1265	唑草胺	zuocaoan[q]	N,N-二乙基-3-(2,4,6-三甲基苯基)磺酰基-1H-1,2,4-三唑-1-甲酰胺[125306-83-4]	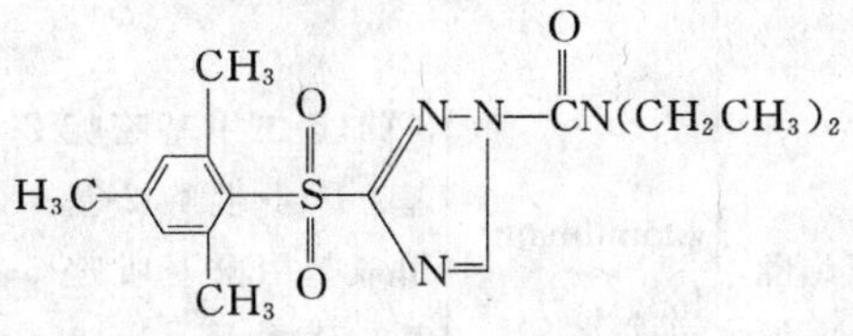
1266	唑草酮	carfentrazone-ethyl	(RS)-2-氯-3-[2-氯-5-(4-二氟甲基-4,5-二氢-3-甲基-5-氧-1H-1,2,3-三唑-1-基)-3-氟苯基]丙酸乙酯	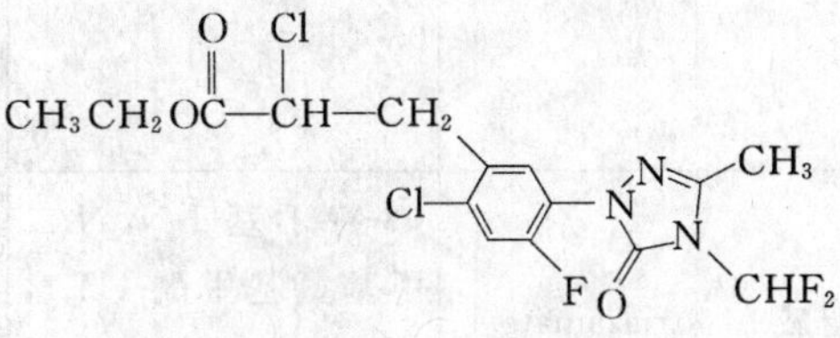
1267	唑草酯	zuocaozhi[q]	2-氯-3-[2-氯-4-氟-5-(4-二氟甲基-4,5-二氢-3-甲基-5-氧代-1H-1,2,4-三唑-1-基)苯基]丙酸乙酯	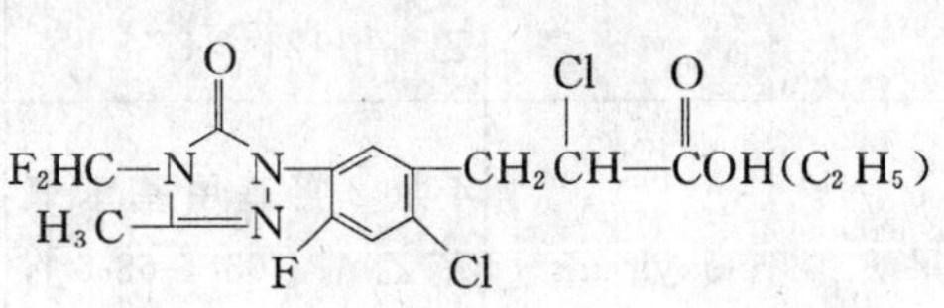
1268	唑菌酯	zuojunzhi[q]	(*E*)-2-(2-((3-(4-氯苯基)-1-甲基-1*H*-吡啶-5-基-氧基)甲基)苯基)-3-甲氧基丙烯酸甲酯	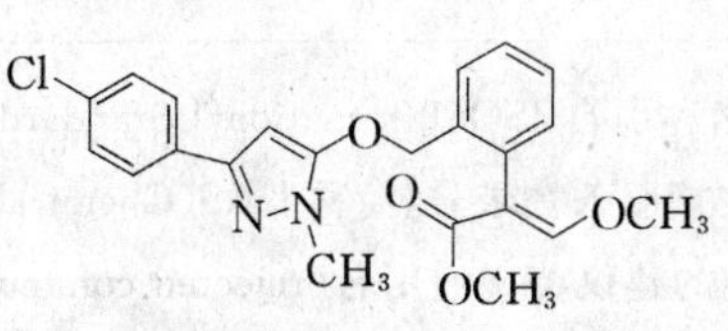
1269	唑啉草酯	pinoxaden	8-(2,6-二乙基-p-甲苯基-1,2,4,5-四氢-7-氧-7H-吡唑[1,2-d][1,4,5]氧二唑频-9-基-2,2-二甲基丙酸酯	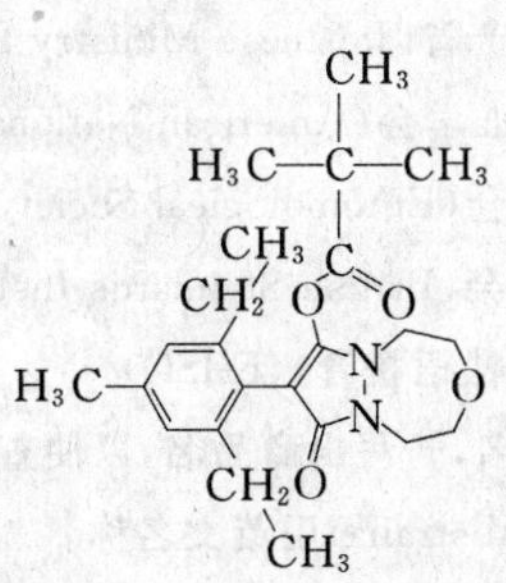
1270	唑螨酯	fenpyroximate[d]	(E)-α-(1,3-二甲基-5-苯氧基吡唑-4-基亚甲基氨基氧)-4-甲基苯甲酸特丁酯[111812-59-9]	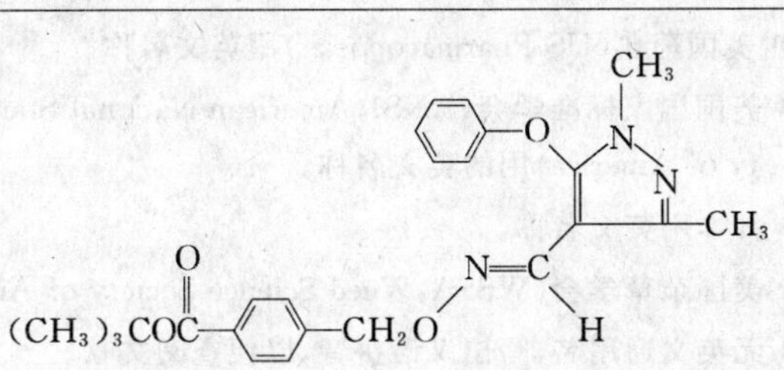
1271	唑嘧磺草胺	flumetsulam	2′,6′二氟-5-甲基[1,2,4]三唑并[1,5a]嘧啶-2-磺酰苯胺[98967-40-9]	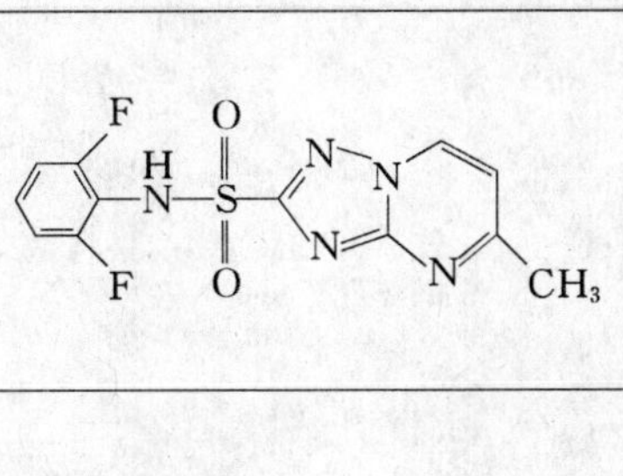

表(续)

序号	中文通用名称	英文名称[a]	化学名称及 CAS 登录号[b]	结构式
1272	唑嘧磺隆	zuomihuang-long[q]	3-(4,6-二甲基嘧啶-2-基)-1-(1-吡啶-2-基-4-甲氧基甲酰基吡唑-5-基)磺酰脲[114874-05-4]	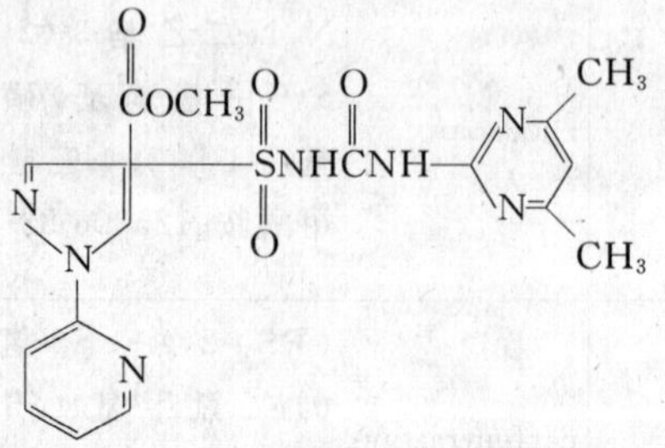
1273	唑蚜威	triazamate	(3-特丁基-1-N,N-二甲基氨基甲酰-1H-1,2,4-三唑-5-基硫)乙酸乙酯[112143-82-5]	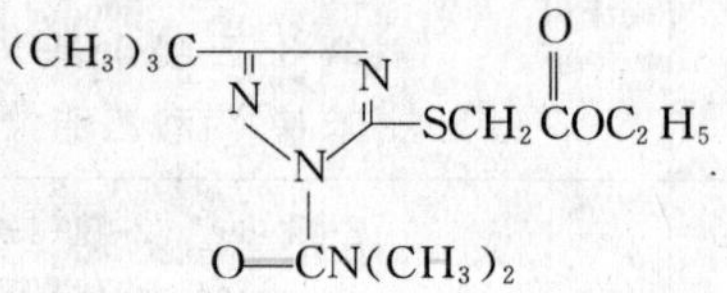
1274	座果酸	cloxyfonac[d]	4-氯-2-羟基甲基苯氧基乙酸[6386-63-6],[32791-87-0](钠盐)	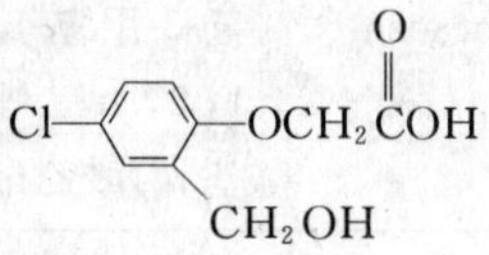

a 英文名称引自 ISO(International Standardization Organization)

b 化学文摘服务登录号,简称 CAS(Chemical Abstracts Service registry number)登录号。

c 未采纳的建议英文通用名(rejected common name proposals)。

d 拟定中的英文通用名(draft E-ISO)。

e 日本农林水产省(Japanese Ministry for Agriculture,Forestry and Fisheries)用英文名称。

f 美国国家标准学会(American National Standards Institute)认可的英文名称。

g 美国昆虫学会(Entomological Society of America)用英文名称。

h 英国标准学会(British Standards Institution)用英文名称。

i ISO 通用名(法语拼音)(F-ISO)。

j 无英文通用名,暂写出商品名,以便查阅文献。

k 澳大利亚(Australia)用英文名称。

l 由英国药典委员会(BAN:British Pharmacopoeia Commission Approved Name)认可的英文名称。

m 美国药典(US Pharmacopoeia)用英文名称。

n 美国国家标准学会(ANSI,American National Standards Institute)和美国杂草学会(WSSA,Weed Science Society of America)用的英文名称。

o 日本用英文名称。

p 美国杂草学会(WSSA,Weed Science Society of America)用的英文名称。

q 无英文通用名,写出汉语拼音,以便查阅文献。

附 录 A
（资料性附录）
英文索引

英文名称	序号	英文名称	序号
ancymidol	463	*beauveria bassiana*	846
anilazine	219	benalaxyl	75
anilofos	948	benazolin benazolin-ethyl	150
anisodamine	949		
antu	19	bendaqingbingzhi	53
aramite	937	bendiocarb	306
asomate	423	benfluralin	1147
aspirin	2	benfuracarb	129
asulam	486	benfuresate	352
atrazine	1224	benmihuangcaozhi	70
Aureonucleomycin	572	benodanil	732
Autographa californica nuclear polyhedrosis virus (*AcNPV*)	803	benomyl	61
		benoxacor	566
azaconazole	1134	benquinox	615
azadirachtin	1217	bensulfuron-methyl bensulfuron (acid)	121
azamethiphos	519		
azimsulfuron	1003	bensulide	233
azinphos-ethyl	1210	bensultap	925
azinphos-methyl	45	bentazone	776
azocyclotin	917	benthiazole	72
azoxystrobin	762	bentranil	50
bachme desh	585	benyangmicaoan	81
Bacillus cereus	616	benzalkoniun bromidum	84
Bacillus licheniformis	234	benziothiazolinone	879
Bacillus sphaericus H5a5b	847	benzoate	59
Bacillus subtilis	603	benzofenap	88
Bacillus thuringiensis	1010	benzoximate	66
Bacillus thuringiensis subsp. israelensis	1010	benzoylprop-ethyl	1093
Bacillus thuringiensis subsp. kurstaki	1010	benzthiazuron	73
Bacillus thuringiensis (*Bt*)	1010	benzuocaotong	85
baicalin	483	berberine	1083
baomidinghegantei	44	beta-cyfluthrin	406
barban	1128	bialaphos-sodium bialaphos (acid)	970
barium carbonate	1015		
basic copper sulfate	559	bifenox	550
bata-cypermethrin	701	bifenthrin	628

英文名称	序号	英文名称	序号
bifujunzhi	92	bromothalonil	1103
binapacry	620	bromoxynil	1094
bingqingxiao	142	bromoxynil octanoate	1091
bioallethrin	1059	brompyrazon	1115
biopermethrin	954	bromuconazole	588
bioresmethrin	117	bronopol	1113
biphenyl	626	bucarpolate	1247
bismerthiazol	1142	bufencarb	454
bispyribac-sodium	971	bupirimate	1159
bistrifluron	980	buprofezin	880
bisultap thiosultap-disodium	927	butacarb	1117
bitertanol	629	butachlor	245
blasticidin S	493	butamifos	1202
bordeaux mixture	143	butenachlor	257
boric acid	819	butethrin	122
boscalid	271	buthiobate	248
Botulin type C	11	butocarboxim	256
Botulin type D	13	butonate	262
brassinolide (BR)	1234	butopyronoxyl	111
brassinolide-ethyl	1152	butoxycarboxim	255
brodifacoum	1112	butralin	1260
brofenvalerate	1109	butrizol	1143
brofluthrinate	1100	buturon	854
bromacil	169	butylate	246
bromadiolone	1097	*Buzura suppressaria* nuclear polyhedrosis virus (BsNPV)	1222
bromethalin	1111		
bromethrin	1096	cadusafos	664
bromoacetamide	1114	calcium arsenate	952
bromobutide	1098	calcium cyanamide	836
bromochlorodimethyl acid	911	calcium oxide	1130
bromochlorodimethyl hydantoin	1105	calcium phosphide	641
bromofenoxim	1099	calvinphos	214
bromophos	1104	camphechlor	278
bromophos-ethyl	1151	camphor	1251
bromopropylate	1107	caoyuanmaochongheduojiaotibingdu	158
bromopyriminobac-methyl	1108	capsaicin	617

英文名称	序号	英文名称	序号
captafol	218	chlorfenson	938
captan	597	chlorfensulphi-de	220
carbamorph	727	chlorfenvinphos	274
carbaryl	545	chlorfluazuron	385
carbendazim	292	chlorflurenol	1253
carbendazim benzene sulfonate	292	chloridazon	680
carbendazim sulfonic salf	292	chlorimuron-ethyl chlorimuron(acid)	699
carbetamide	981	chlormephos	694
carbofuran	594	chlormequat or chlormequat-chloride	15
carbophenothion	905	chlornidine	717
carbosulfan	250	chlornitrofen	153
carboxin	1039	chloroazifop-propynyl	857
carfentrazone-ethyl	1266	chlorobenzilate	1178
cartap	939	chloroisobromine cyanuric acid	713
carvacrol	1077	chloromethiuron	778
celangulin	607	chloroneb	675
cellocidin	1140	chloronitroprop-ane	710
changchuanmeisu	160	chlorophacinone	704
chinomethion-ate	785	chlorophacinone Na	683
chlomethoxyfen	555	chloropropylate	141
chloramben	155	chlorothalonil	38
chloramine phosphorus	672	chloroxuron	602
Chloramphenicol	698	chlorphenprop-methyl	1129
chloranil	997	chlorphonium	895
chloranocryl	259	chlorphoxim	711
chlorantraniliprole	681	chlorpropham	673
chlorbenside	935	chlorpyrifos	281
chlorbenzuron	796	chlorpyrifos-methyl	522
chlorbromuron	712	chlorquinox	998
chlorbufam	702	chlorsulfuron	692
chlordane	682	chlorthal-dimethyl	705
chlordimeform	926	chlorthiamid	697
chlorempenthrin	707	chlorthiophos	165
chlorethoxyfos	715	chlortoluron	671
chlorfenapyr	164	chlozolinate	1153
chlorfenethol	934	*Chltosan*	502

英文名称	序号	英文名称	序号
choline chloride	689	coumaphos	1220
choropicrin	690	coumatetralyl	945
cinerin Ⅰ	439	coumithoate	1116
cinerin Ⅱ	440	CPMC	448
cinmethylin	472	credazine	749
cinosulfuron	750	cresol mixed isomer	1232
cisanilide	667	crimidine	966
citricacide-titatnium chelate	811	crotoxyphos	35
clethodim	1061	crufomate	1231
climbazole	739	cuaminosulfate	724
clodinafop-propargyl	855	cumyleron	315
cloethocarb	175	cuppric nonyl phenolsulfonate	860
clofencet potassium	54	cuprous oxide	1133
clofentezine	1000	curcumenol	300
clomazone	1192	cyanamide	197
clomeprop	695	cyanatryn	838
cloprop	240	cyanazine	837
clopyralid	325	cyanofenphos	60
cloquitocet-mexyl	569	cyanophos	940
cloransulam-methyl	718	cyanthoate	445
cloxyfonac	1274	cyazofamid	843
colophonate	885	cyclethrin	471
Conidioblous thromboides	313	cycloate	466
copper acetate	1164	cycloheximide	341
copper aminoacids	497	cycloprate	475
copper calcium sulphate	659	cycloprothrin	1162
copper carbonate	560	cyclosulfamuron	464
copper citrate	812	cycloxydim	865
copper humic acid	428	cycluron	481
copper hydroxide	835	cyflumetofen	247
copper sulfate	658	cyfluthrin	406
copper zabietate	1008	cyhalofop-butyl	839
copper(succinate＋glutarate＋adipate)	458	cyhalothrin	687
copperchloride	1035	cyhexatin	901
coumachlor	700	cymoxanil	983
coumafuryl	601	cyometrinil	562

英文名称	序号
cypendazole	842
cypermethrin	701
cyphenothrin	69
cyprazine	462
cyproconazole	465
cyprodinil	761
cyprofuram	1254
cypromid	478
cyromazine	795
cythioate	1118
Cytosinpentidemycin	767
dalapon	734
d-allethrin	1059
daminozide	260
dayoutong	182
dazomet	771
d-camphor	1251
DCIP	329
DCPTA	1236
d-cyphenothrin	69
DDT	205
d-d-t-cyphenothrin	69
debacarb	740
delachlor	1190
deltamethrin	1110
demephion demephion-O(Ⅰ) demephion-S(Ⅱ)	1029
demeton	804
demeton-S-methyl	530
demeton-S-methylsulphone	350
dendrolimus punctatus cytoplasmic polyhedrosis virus (*DpCPV*)	1006
desmedipham	1030
desmetryn	211
d-fanshiluquebingjuzhi	1225

英文名称	序号
d-furamethrin	856
diafenthiuron	252
dialifos	714
di-allate	1127
diazinon	331
dibromochloropropane	335
dibutyl succinate	848
dicamba	730
dicamba-methyl	1241
dicapthon	1198
dichlobenil	210
dichlofenthion	174
dichlofluanid	57
dichlone	328
dichlorbenzuron	176
dichlormate	114
dichlormid	1060
dichlorophen	978
dichlorprop	4
dichlorprop-P	4
dichlorvos	215
dichlozolin	587
dichoropropene-dichoropropanemixture	204
diclobutrazol	119
diclofop-methyl	452
diclomezin	179
dicloran	709
dicofol	909
dicrotophos	39
diethatyl-ethyl diethatyl (acid)	1171
diethofencarb	1157
diethyl aminoethyl hexanote	32
diethyltoluamide	110
difenacoum	964
difennuozhi	228

英文名称	序号	英文名称	序号
difenoconazole	67	dinoterb	1024
difenoxuron	604	dinoterb acetate	1025
difenzoquat	1137	diofenolan	52
difethialone	882	dioxabenzofos	963
diflubenzuron	172	dioxacarb	336
diflufenican	93	dioxathion	216
dikegulac	239	diphacinone	221
dimefluthrin	990	diphenamide	969
dimefox	512	diphenylamine	314
dimefuron	312	dipropalin	230
dimepiperate	815	dipropetryn	1183
dimetachlone	586	diquat	212
dimetan	232	disodium octaborate tetrahydrate	1001
dimethacarb	500	disulfoton	1144
dimethachlor	318	ditalimfos	783
dimethametryn	1200	dithianon	332
dimethenamid	319	dithioether	321
dimethenamid-P	319	dithiopyr	401
dimethipin	872	diuron	213
dimethirimol	322	d-limonene	12
dimethoate	619	DNOC	333
dimethomorph	1070	dodecyl sodium sulphate	959
dimethrin	118	dodemorph	957
dimethyl phthalate	112	dodine	291
dimethylcarbate	850	d-phenothrin	68
dimethylvinphos	521	drazoxolon	581
dimetilan	225	d-resmethrin	117
dimuron	919	d-tetramethrin	31
dinex	1078	d-transallethrin	1059
dingjunezuo	267	dufulin	275
diniconazole	1073	EBP	200
dinitramine	22	*Ectropis obliqua hypulina* Nuclear Polyhedrosis Virus	159
dinobuton	1079		
dinosam	1053	edifenphos	223
dinoseb	229	eluthiacet-methyl	833
dinoseb acetate	231	*Emamectin benzoate*	505

英文名称	序号	英文名称	序号
EMPC	296	ethoxyquin	1176
empenthrin	1227	ethoxysulfuron	1175
Enadenine	1071	ethychlozate	1216
endosulfan	649	ethylene oxide	480
endothal	1213	ethylicin	1165
endothion	1211	ethylmercury chloride	691
endrin	1189	etofenprox	751
enestro burin	1069	etoxazole	1156
EPN	62	etridiazole	1033
epoxiconazole	390	etrimfos	1160
EPTC	1212	eugenol	263
erbon	1203	famoxadone	310
erlujixiancaoan	326	famphur	339
esfenvalerate	844	fattyacids	499
esprocarb	1047	fenaminosulf	217
etacelasil	1167	fenamiphos	78
etaconazole	1149	fenapanil	738
etem	188	fenarimol	676
ethaboxam	449	fenazaflor	592
ethachlor	595	fenazaquin	614
ethalfluralin	1148	fenbuconazole	574
ethametsulfuron	28	fenbutatin oxide	56
ethaprochlor	918	fenchlorazole	570
ethephon	1169	fenchlorphos	820
ethidimuron	491	fenclorim	563
ethiofencarb	1154	fenfluthrin	1042
ethiolate	648	fenfuram	511
ethion	1155	fenitropan	1258
ethiozin	1161	fenitrothion	941
ethiprole	1146	fenjuntong	345
ethirimol	1158	fenobucarb	1261
ethoate-methyl	1209	fenoprop	3
ethobenzanid	1172	fenothiocarb	63
ethofumesate	1173	fenoxanil	202
ethohexadiol	849	fenoxaprop-ethyl fenoxaprop (acid)	308
ethoprophos	791		

英文名称	序号	英文名称	序号
fenoxaprop-P fenoxaprop-P-ethyl	577	flucarbazone-sodium	421
		fluchloralin	716
fenoxycarb	82	flucycloxuron	389
fenpiclonil	43	flucythrinate	410
fenpirithrin	96	fludioxonil	668
fenpropathrin	548	flufenoxuron	380
fenpropidin	79	flumethrin	403
fenpropimorph	244	flumetralin	396
fenpyroximate	1270	flumetsulam	1271
fenson	344	flumiclorac flumiclorac-pentyl	414
fensulfothion	347		
fenthiaprop-ethyl fenthiaprop (acid)	883	flumioxazin	133
		flumorph	407
fenthion	47	fluometuron	374
fentin	892	fluopicolide	370
fentin acetate	891	fluopyram	371
fentin chloride	889	fluoridamid	1240
fentin hydroxide	890	fluoroacetamide	417
fentrazamide	1004	fluorochloridone	402
fenuron	342	fluorodifen	899
fenvalerate	844	fluoroglycofen fluoroglycofen-ethyl	1166
ferbam	425		
ferimzone	763	fluoromid	405
fipronil	379	fluoronitrofen	382
flamprop-isopropyl	729	fluotrimazole	896
flamprop-methyl	728	flupoxam	364
flazasulfuron	269	flupropadine	412
flocoumafen	413	fluquinconazole	398
florasulam	972	flurazole	561
fluacrypyrim	765	flurenol	1055
fluazifop	91	fluridone	384
fluazifop-P-butyl fluazifop-P (acid)	576	fluroxypyr fluroxypyr-mepthyl	685
fluazinam	383	flurprimidol	357
fluazuron	270	flursulamid	393
flubendiamide	381	flurtamone	353

英文名称	序号	英文名称	序号
flusilazole	388	gamma cyhalothrin	578
flusulfamide	489	genit	435
flutolanil	415	gibberellic acid (GA)	163
flutriafol	346	*Gibberellic acid* (*GA*3)	163
fluxofenim	377	*Gibberellin A*7	163
folpet	782	*Gibberellin acid* (*GA*4)	163
fomesafen	391	glitor	965
fonofos	227	glufosinate-ammonium	148
foramsulfuron	551	glyhosate ammonium	152
forchlorfenuron	679	glyodin	446
formetanate	338	glyphosate	152
formothion	18	glyphosate or sesquisodium	1239
fosamine	942	glyphosate-isopropylammonium	152
fosetyl-aluminium	913	glyphosine	1238
fosmethilan	243	Gossyplure	456
fosthiazate	884	griseofulvin	492
fosthietan	249	guazatine acetate	974
fthalide phthalide	996	halacrinate	137
fuberidazole	731	halfenprox	120
fucaojing	373	halosulfuron-methyl halosulfuron (acid)	678
fucaomi	375	haloxyfop	
fuhuangzuocaoan	395	haloxyfop-methyl	369
fulumi	411	haloxyfop-etotyl	
funaihecaoling	409	haloxyfop-P-methyl	370
fungous proteoglycan	438	*Harpin protein*	162
fuphenthiourae	351	HCB	665
furalane	297	*Helicoverpa armigera* nucleopolyhedrovirus (HaNPV)	769
furalaxyl	359		
furamethrin	856	HEOD	206
furan tebufeno zide	358	dieldrin	
furathiocarb	361	heptachlor	828
furcarbanil	320	heptaglucoside	826
furconazole	355	heptenopos	436
furconazole-cis	356	heptopargil	1237
furilazole	564	heterophos	1013
furyloxyfen	362	hexachlorobenz-ene	666

英文名称	序号
hexachloroph-ene	276
hexaconazole	503
hexaflumuron	400
hexazinone	476
hexythiazox	877
HHDN or aldrin	16
Hpierisrapae granulosis virus(*PrGV*)	146
huancaiwo	469
huanchongjing	470
huangcaoling	485
huangtong	484
huanjunzuo	474
humic acid	428
huposuantong	459
hydramethylnon	419
hydroprene	1064
hymexazol	306
hyoscyamine	619
imazalil	1205
imazamethabenz-methyl imazamethabenz	737
imazamox	558
imazapic	542
imazapyr imazapyr-isopro-pylammonium	745
imazaquin imazaquin-ammonium	743
imazethapyr imazethapyrammonium	746
imazosulfuron	1264
imibenconazole	1122
imidacloprid	89
imidaclothiz	703
iminoctadine	974
Iminoctadine triacetate	974
Iminoctadine tris(albesilate)	973
imiprothrin	859

英文名称	序号
inabenfide	589
indol-3-yl acetic acid	1215
indoxacarb	1218
inezin	55
iodfenphos	238
iodine	236
iodosulfuron-methyl-sodium	520
ioxynil	237
ioxynil octanoate	1090
ipconazole	1257
ipodione	1196
Iprobenfos	1188
iprovalicarb	1086
isazofos	720
isocarbamide	251
isocarbophos	984
isodrin	1179
isofenphos	1197
isofenphos-methyl	536
isolan	1199
isomethiozin	253
isoprocarb	1186
isopropalin	1184
isoprothiolane	201
isoproturon	1185
isothioate	1180
isouron	1193
isoxaflutole	1195
isoxapyrifop	1191
isoxathion	311
ixoxaben	1194
izopamfos	573
japothrins	808
jasmolin Ⅰ	799
jasmolin Ⅱ	800
jiahuangchongzong	514

英文名称	序号	英文名称	序号
jiajizengxiaolin	537	malathion	725
jiaqiangweng	547	maleic hydrazide	1207
jiaxiangjunzhi	552	mancopper	190
jiecaowan	567	mancozeb	191
jiecaoxi	568	mandipropamid	979
Jingangmycin A	580	maneb	189
kadethrin	867	manganes aminoacids	496
karbutilate	1017	matrine	605
kasugamycin	177	MCPA	8
kejunlin	598	MCPA-isooctyl	8
kejunzhuang	599	MCPA-sodium	8
kinetin	1016	MCPA-thioethyl	8
kinoprene	1063	MCPB	8
kresoxim-mehtyl	80	MCPB-ethylate	8
kresoxim-methyl	752	mebenil	635
kuicaoxi	608	mecarbam	793
lactofen	861	mecarphon	994
lambda-cyhalothrin	434	mecoprop	8
lead arsenate	953	mecoprop-P	8
Le-brassinolide brassinolide	138	medimeform	936
		mefenacet	74
lenacil	467	mefluidide	394
leptophos	1095	megnesium phosphide	643
levamisole	46	melitoxin	222
lianbenjingzhi	627	menazon	794
lime sulfur	962	mepanipyrim	760
lindane	639	mephosfolan	226
linuron	625	mepiquat chloride	546
liuyangmycin	646	mepronil	792
lufenuron	955	mesosulfuron-methyl	524
luowei	723	mesotrione	1081
luzuolin	719	metaflumizone	840
lvdingjunzhi	684	metalaxyl	549
lvfumijvzhi	686	metaldehyde	995
lvxiancaolin	708	metam-ammonium	17
magnesium aminoacids	495	metamifop	302

英文名称	序号	英文名称	序号
metamitron	71	metribuzin	834
metam-sodium	1036	metsulfovax	873
Metarhizium anisopliae	571	metsulfuron-methyl metsulfuron (acid)	516
metazachlor	103		
metconazole	1138	mevinphos	1011
methabenzthiazuron	518	mexacarbate	1262
methacrifos	166	micro-crystal wax	1038
methamidophos	506	midingheganleikangjunsu	755
methasulfocarb	490	miechuwei	779
methazole	777	mieshuan	787
methfuroxam	354	milneb	186
methidathion	943	mipafox	124
methiocarb	540	moguchun	798
methiopyrisulfuron	539	molinate	451
methomyl	780	monalide	437
methoprene	1065	monocrotophos	582
methothrin	543	monolinuron	671
methoxychlor	556	monosulfuron	195
methoxyfenozide	554	monosulfuron-ester	196
methoxyphen-one	51	monuron	775
methyl bromide	1102	*Moroxydine hydrochloride*	1126
methyl eugenol	584	morphothion	735
methylacetophos	535	muscalure	1229
Methylamineavermectin	430	myclobutanil	575
methylarsenic sulphide	526	myclozolin	538
methyldymron	531	*Mythimna separata Nuclear Polyhedrosis Virus (MsNPV)*	1249
methylrne dithiocyanate	324		
metobenzuron	101	nabam	192
metobromuron	1101	naled	334
metofluthrin	553	naproanilide	805
metolachlor	1182	napropamide	209
metolcarb	1012	naptalam	806
metosulam	488	neburon	149
metoxadiazone	305	niclosamide	931
metoxuron	557	niclosamide -clamine	932
metriam	187	nicosulfuron	1125

英文名称	序号	英文名称	序号
nicotine	1124	oxazi clomefone	301
nifluridide	418	oxine-copper	612
nikkomycin	460	oxolinic acid	611
Ningnanmycin	810	oxycarboxin	1132
nipyralofen	404	oxydemeton-methyl	1123
nitenpyram	1066	oxydeprofos	1201
nitralin	515	oxydisulfoton	348
nitrapyrin	907	oxyenadenine	830
nitrilacarb	1051	oxyfluorfen	1174
nitrofen	170	oxymatrine	1131
nitrohumic acid + copper sulfate	1082	*Oxytetracyclini hydrochloridum*	985
nitrothal-isopropyl	1014	paclobutrazol	298
niuxinpujian	813	*Paecilomyceslilacinus*	198
norbormide	967	*Paenibacillus polymyza*	299
norflurazon	376	paichongding	817
nornicotine	1233	paraffinic oil	961
noruron	156	paraquat	37
novaluron	416	parathion	283
noviflumuron	290	parathion-methyl	523
nuarimol	367	parinol	675
Nucleotide	455	PCP	1044
octachlorodipropylether	33	p-dichlorobenzene	282
octadecyl trimethyl ammonium chioride	956	pebulate	597
octhilinone	1089	pefurazoate	203
ofurace	360	penconazole	1050
oleic acid	1221	pencycuron	1049
oligochitosaccharins	24	pendimethalin	323
omethoate	1135	penfluron	420
orbencarb	822	penoxsulam	1043
oryzalin	23	pentanochlor	541
osthol	950	pentmethrin	1052
oxabetrinil	565	peracetic acid	447
oxadiargyl	132	*Periplaneta fuliginosadensovirus*(*PfDNV*)	1252
oxadiazon	304	permethrin	696
oxadixyl	308	phenamacril	845
oxamyl	947	phenazine oxide	1139

英文名称	序号	英文名称	序号
Phenazino-1-carboxylic acid	951	pirimiphos-methyl	529
phenisopham	768	plifenate	908
phenkapton	343	*Plutella xylostella* granulosis virus (PxGV)	1084
phenmedipham	1031	polycarbamate	185
phenobenzuron	1074	polyoxin	293
phenothrin	68	*Polyoxin B*	293
phenproxide	64	polythialan	294
phenthoate	199	potassium 4-CPA	284
phenylmercury acetate	1163	potassium 2,4-dinitrophenolate	6
phenylmercury chloride	688	potassium ortho-nitrophenolate	637
phorate	507	potassium para-nitrophenolate	288
phosalone	363	prallethrin	1226
phosazetin	280	pretilachlor	125
phosdiphen	706	primisulfuron-methyl primisulfuron (acid)	408
phosfolan	651		
phosfolan-methyl	527	probenazole	1058
phosglycin	432	prochloraz	741
phosmet	1121	prochloraz-manganese chloride complex	742
phosphamidon	640	procymidone	427
phosphine	644	prodiamine	21
phostin	904	profenofos	139
phoxim	1088	profluralin	461
phoxim-methyl	533	profurite-aminium	928
phthalanilc acid	76	proglinazine	433
picloram	26	prohexadione	241
pieronyl butoxide	1246	promacyl	821
pindone	968	promecarb	736
pinoxaden	1269	prometon	825
piperalin	814	prometryn	823
piperonyl cyclonene	1244	promurit	788
piperophos	816	propachlor	273
piproctanly piproctanly-bromide	818	propamidine	135
		propamocarb	974
pirimicarb	593	propamocarb hydrochloride	974
pirimioxyphos	759	propanil	208
pirimiphos-ethyl	756	propaphos	126

英文名称	序号
propaquizafop	303
propargite	858
proparthrin	510
propazine	824
propetamphos	29
propham	48
propiconazol	127
propidine	829
propineb	134
propisochlor	1181
propoxur	147
propyleneglycol alginate	1235
propylisome	1248
propyzamide	853
prosuler	144
prosulfocarb	115
prosulfuron	392
prothiocarb	654
prothiofos	130
prothoate	337
prynachlor	131
Pseudaletia unipuncta granulosis virus (*PuGV-Ps*)	1250
Pseudomonas fluorescens	1219
Pseudomonas Pseudoalcaligenes	623
pymetrozine	102
pyracarbolid	100
pyraclofos	104
pyraclostrobin	105
pyraflufen-ethyl	87
pyramat	757
pyrazolate	106
pyrazophos	94
pyrazosulfuron-ethyl pyrazosulfuron (acid)	98
pyrazothion	95
pyrazoxyfen	116
pyrethrin Ⅰ	171
pyrethrin Ⅱ	171
pyrethrins	171
pyribam benz-isopropyl	1187
pyribam benz-propyl	140
pyribenzoxim	758
pyributicarb	40
pyridaben	180
pyridaphen-thione	181
pyridate	178
pyridinitril	268
pyrifenox	264
pyriftalid	482
pyrimethanil	766
pyrimidifen	764
pyriminobac-methyl	754
pyrinuron	790
pyripropanol	90
pyriproxyfen	86
pyrithiobac-sodium	753
Pyrolan	107
pyroquilon	669
pyroxsulam	266
qincaosuan	832
quinalphos	613
quinclorac	327
quinmerac	693
quinoclamine	797
quintozene	1045
quizalofop	610
quizalofop-P-ethyl quizalofop-P(acid)	610
quizalofop-P-tefuryl	609
quwenzhi	851
quyingding	852
resmethrin	117

英文名称	序号	英文名称	序号
rhodojaponin-Ⅲ	809	silicon dioxide	444
Ribavirin	893	silthiophan	443
rich-d-t-cyphenothrin	69	simazine	1057
rich-d-t-empenthrin	1228	simeconazole	442
rich-d-t-phenothrin	68	simetryn	1056
rich-d-t-prallethrin	431	s-metolachlor	579
rich-d-transallethrin	1059	sodium 1-naphthal acitic acid	807
rich-d-t-tetramethrin	31	sodium 2,4-dinitrophenolate	7
ricinoleic acid	108	sodium 4-CPA	285
rimsulfuron	349	sodium 5-nitroguaiacolate	9
rizazole	258	sodium diphacinone	221
R-metalaxyl	549	sodium fluosilicate	387
R-napropamide	209	Sodium humic acid	428
rosemary oil	747	sodium metsulfuron methyl	516
rotenone	1230	sodium nitrophenolate	429
saijunmao	876	sodium ortho-nitrophenol	638
saisentong	881	sodium *p*-amino benzensulfonate	224
salicylic acid	987	sodium para-nitrophenolate	289
salifluofen	386	sodium pimaric acid	1007
salmonella enteritidis var. danysz, lysine-. phagetype 6a	161	songjianchaiyou	1005
sanguinarine	1119	sophamide	1009
sanhuanjunan	900	*Spinetoram*	1150
santonin	494	*Spinosad*	295
S-bioallethrin	1059	spirodiclofen	722
schradan	34	spirotetramat (ISO)	721
scopolamine	272	*Spodoptera litura nucleopolyhedrovirus* (*Splt-NPV*)	1032
SDIC(sodium dichloro-isocvanurate)	330		
semiamitraz	194	*Spodoptera litura* nucleopolyhedrovirus(SlNPV)	1085
semiamitraz chloride	194	β-phenyl ethanol	83
sethoxydim	1067	*Streptomycin*	630
S-fenpropathrin	548	*Streptomycin sulfate*	656
shuangjiaancaolin	975	strychnine	726
siduron	468	sufoxide	1243
sifumijvzi	991	sulcotrione	487
silatrane	279	sulfallate	145
silatrane	441	sulfentrazone	513

英文名称	序号	英文名称	序号
sulfluramid	378	tetradifon	910
sulfometuron-methyl sulfometuron(acid)	544	tetramethrin	31
		thallous sulphate	661
sulfotep	1255	thenylchlor	868
sulfoxime	662	theta-cypermethrin	701
sulfur	652	thiabendazole	875
sulfuryl fluoride	663	thiamethoxam	866
sulphosate	154	thiapronil	864
sulprofos	647	thiazfluron	871
swep	774	thiazopyr	887
SYP-3375	261	thicyofen	874
tatal alkaloids in Sophora alopecuroides	606	thidiazuron	863
tau-fluvalinate	366	thifensulfuron-methyl thifensulfuron (acid)	869
tavron	41		
tazimcarb	878	thifluzamide	870
tebuconazole	1054	thiobencarb	450
tebufenozide	167	thiocyclam	924
tebufenpyrad	97	thiodicarb	655
tebutam	802	thiofanox	583
tebuthiuron	254	thiofluoximate	650
tecloftalam	1141	thiometon	534
tecnazene	999	thionazin	168
teflubenzuron	368	thiophanate	653
tefluthrin	827	thiophanate-methyl	528
temephos	977	thioquinox	600
teproloxydim	99	thiosemicarba-zide	789
terallethrin	477	thiosultap-monosodium	922
terbacil	1018	thiram	424
terbucarb	1019	tianan	1028
terbuchlor	1020	tiaojiean	242
terbufos	1023	tifatol	733
terbuthylazine	1021	tiocarbazil	1259
terbutryn	1022	tirpate	479
tetcyclacis	993	tolclofos-methyl	525
tetrachlorvinph-os	929	tolyfluanid	508
tetraconazole	992	toosedarin	631

英文名称	序号
toshin	958
tralkoxydim	903
tralocythrin	1106
tralomethrin	1002
transfluthrin	989
triacontanol	912
triadimefon	916
triadimenol	914
tri-allate	1136
triamiphos	1037
triapenthenol	1208
triarathene	65
triasulfuron	748
triazamate	1273
triazophos	915
triazoxide	744
tribenuron-methyl tribenuron (acid)	58
tricamba	921
trichlamide	986
trichlopyr	906
trichlorfon	207
trichloronat	277
Trichoderma sp	801
tricyclazole	902
tridemorph	960
tridiphane	773
trietazine	151
trifenmorph	933
trifloxystrobin	1040
trifloxysulfuron sodium	897
triflumizole	397
triflumuron	930
trifluralin	399
triflusulfuron-methyl triflusulfuron(acid)	365

英文名称	序号
triforine	831
triiodobenzoic acid	894
trimedlure	235
trimethacarb	501
trinexapac trinexapac-ethyl	590
triprene	1062
triptolide	621
triptolide	622
trithialan	923
triticonazole	784
tuberostemonine	36
tuoyelin	1034
unformed silica	1041
uniconazole	1072
urbacide	422
valerate	1048
valone	946
vamidothion	1120
vangard	1204
vernolate	772
Verticillium chlamydosporium	457
vertrine	624
vinclozolin	1168
vitamin C	591
warfarin	944
Wuyiencin	1046
xiaochongliulin	1080
xinjunan	1087
xiwojunan	1068
xylachlor	317
xylylcarb	786
yishijing	1206
zarilamid	841
zengxiaoan	1242
zengxiaolin	1245

英文名称	序号	英文名称	序号
zeta-cypemethrin	701	zineb	193
Zhongshengmycin	1256	ziram	426
zinc aminoacids	498	zoxamide	77
zinc cyclohexane-carboxylate	473	zuelacmycin	862
zinc sulfate	660	zuoanjunzhi	1263
zinc tetramminosulfate	657	zuocaoan	1265
zinc thiozole	886	zuocaozhi	1267
zine methanearsonate	532	zuojunzhi	1268
zine phosphide	645	zuomihuanglong	1272

ICS 01.140.20
A 22

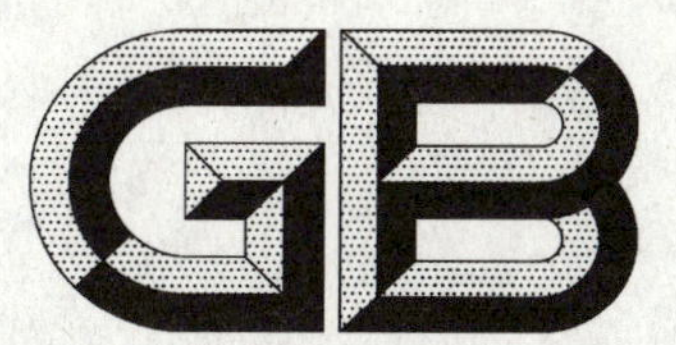

中华人民共和国国家标准

GB/T 4880.3—2009/ISO 639-3:2007

语种名称代码 第3部分:所有语种的3字母代码

Codes for the representation of names of languages—
Part 3:Alpha-3 code for comprehensive coverage of languages

(ISO 639-3:2007,IDT)

2009-03-13 发布 2009-09-01 实施

中华人民共和国国家质量监督检验检疫总局
中国国家标准化管理委员会 发布

前　言

GB/T 4880《语种名称代码》系列国家标准包括以下3部分：

——第1部分：2字母代码；

——第2部分：3字母代码；

——第3部分：所有语种的3字母代码。

以下部分正在筹备中：

——第4部分：语种编码指南及基本原则；

——第5部分：语系和语族的3字母代码；

——第6部分：所有语种变体的4字母代码。

本部分为GB/T 4880的第3部分。

本部分等同采用ISO 639-3:2007《语种名称代码　第3部分：所有语种的3字母代码》，本部分的语种代码完全与ISO 639-3:2007一致。

本部分的附录A为规范性附录。

本部分由全国术语标准化技术委员会提出并归口。

本部分主要起草单位：中国标准化研究院、北京语言大学、山东交通学院等。

本部分主要起草人：程永红、于欣丽、周长青、高莹、肖玉敬、王海涛、荀恩东、朱晓莉等。

引　　言

GB/T 4880 系列国家标准提供三个语种代码组表示语种名称,一个是 2 字母代码组(见 GB/T 4880.1—2005),另两个是 3 字母代码组(见 GB/T 4880.2—2000 和本部分)。GB/T 4880.1—2005 适用于术语学、辞书编纂和语言学;GB/T 4880.2—2000 适用于术语学和文献学领域,不仅包括 GB/T 4880.1—2005 所涉及的全部语种,还包括 GB/T 4880.1—2005 以外的语种以及集合语种,以便当需要更详细编码时能进行特殊目的的编码;本部分包括所有语种的代码,旨在涵盖所有已知语种,应用范围极广,主要用于语言学、辞书编纂和国际化的信息系统。

GB/T 4880.2—2000 和本部分的 3 字母代码组既相互补充又相互兼容。但设计这两个代码组的目的有所不同。GB/T 4880.2—2000 列出的语种是本部分语种的子集,GB/T 4880.2—2000 不仅包括单一语种代码也包括集合语种代码,而本部分包括所有已知单一语种代码,不包括集合语种。总体而言,本部分包括的单一语种数量远远大于 GB/T 4880.2—2000 的数量。

GB/T 4880.1—2005 列出的语种是 GB/T 4880.2—2000 列出语种的子集;2 字母代码组的每个语种代码在 GB/T 4880.2—2000 中都有对应的代码,而 3 字母代码组中的每个代码不一定在 2 字母代码表中有对应代码。同样,GB/T 4880.2—2000 列出的非集合性语种是本部分语种的子集,GB/T 4880.2—2000列出的非集合性语种都包含于本部分,而本部分列出的非集合性语种不一定包含在 GB/T 4880.2—2000 中。GB/T 4880.2—2000 和本部分对应的 3 字母代码指称含义相同,GB/T 4880.1—2005中的 2 字母代码与 GB/T 4880.2—2000 和本部分对应的 3 字母代码指称含义相同。

本部分与 GB/T 4880.2—2000 相比,其多出的大量语种代码主要来自《人类文化学》[1],少量古代语种、历史语种和人造语种代码来自《语言学家列表》[2]、[3]中。三种语种代码表都是开放性的。

GB/T 4880 系列国家标准还包括制定语种代码的指南和一些应用语种代码的规范。

语种名称代码
第3部分:所有语种的3字母代码

1 范围

GB/T 4880的本部分提供了一种表示语种的代码组,该代码组由包含语种代码要素的三字母语种代码构成。本部分制定的语种代码,应用范围广泛,特别适用于计算机系统。GB/T 4880.1—2005和GB/T 4880.2—2000包括了世界文献资料中经常出现的主要语种;而本部分尽可能地涵盖所有语种,包括现有语种、灭绝语种、古代语种和人造语种,甚至大量不为人所知的语种,与重要程度无关。本部分不包括专为机器应用而设计的语种代码,例如计算机编程语言、重构语言等。

人类对于世界语种的认识在不断变化中,如果一个语种与其他语种有显著区别,则需建立新的语种代码(见第3章、第4章);如果语种代码已经不能精确地反映语种间区别,则已有语种代码也可能被修订,或者受到质疑。因此,制定标准时必须慎重考虑以确保已有标准不会受到各种变化的影响。

2 规范性引用文件

下列文件中的条款通过GB/T 4880的本部分的引用而成为本部分的条款,凡是注日期的引用文件,其随后所有的修改单(不包括勘误的内容)或修订版均不适用于本部分,然而,鼓励根据本部分达成协议的各方研究是否可使用这些文件中的最新版本。凡是不注日期的引用文件,其最新版本适用于本部分。

GB/T 2659—2000　世界各国和地区名称代码(eqv ISO 3166-1:1997)

GB/T 4880.1—2005　语种名称代码第1部分　2字母代码(ISO 639-1:2002,MOD)

GB/T 4880.2—2000　语种名称代码第2部分　3字母代码(eqv ISO 639-2:1998)

ISO 15924:2004　文字名称代码

3 术语和定义

下列术语和定义适用于本部分。

3.1

代码　code

按照预先确定的一组规则以不同形式变换或表示的数据。

[GB/T 4880.1—2005]

3.2

代码要素　code element

一个代码中的单个条目。

[GB/T 4880.1—2005]

3.3

语种代码　language identifier

语种符号　language symbol

表明语种名称的信息。

注1:在本部分中,每个语种代码由三个字母组成。

注2:在本部分中,每个语种代码代表不同的语种名称。

[GB/T 4880.1—2005]

3.4

语种名称　name

语种参考名称　reference name

用于指称某个语种的语言表述。

注1：在本部分中，语种用于指明一种特定的语言。

注2：在本部分中，一个语种名称可能来源于一种或更多的源语言，例如英语或法语。但是，无法保证所有特殊语种都能够被命名，也无法保证为所有源语言提供语种名称。

注3：在GB/T 4880.1—2005、GB/T 4880.2—2000中，很多语种名称来源于人类文化学；在本部分中，这些语种名称可能被修订。

注4：在本部分中，语种名称因指称语种而具有规范性，但语种名称的实际形式是可变动的。

注5：在本部分中，语种参考名称包含附加信息，用来区别具有相同语种名称的不同语言(见4.3)。

3.5

语种代码要素　language code element

语种代码表中的代码要素(3.2)。

注：在本部分中，语种代码要素包括一个语种代码和一个或多个语种名称。

3.6

范围　scope

语种代码要素(3.5)的一个属性，与语种的多样化程度及语种代码要素之间的关系有关。

注：在本部分中，语种代码要素有4种范围：单一语种、宏语种、语种集合和特殊用途语种。

3.7

单一语种代码要素　individual language code element

语种代码要素(3.5)的一个范围(3.6)属性，用来表示某一单个语言。

注：每个单一语种代码都具有唯一性，不同的单一语种代码之间不具有任何对应关系。单一语种代码要素的详细解释，见4.2.2。

3.8

宏语种代码要素　macrolanguage code element

语种代码要素(3.5)的一个范围(3.6)属性，用来描述多种有亲属关系的、在某些情况下被认为是同一语种的单一语种。

注：每个宏语种代码要素与包含于宏语种中的单一语种要素有着规范的对应关系(见本部分的代码表)，宏语种定义见4.2.3。

3.9

集合语种代码要素　collective language code element

语种代码要素(3.5)的一个范围(3.6)属性，用于代表一组独立语言的语种代码要素，在任何情况下这些语言都不会被认为是一种语言。

注：本部分的语种代码要素不包括集合语种代码要素。

4　3字母语种代码要素

4.1　语种代码的构成

3字母语种代码由下列26个小写拉丁字母组成，即a、b、c、d、e、f、g、h、i、j、k、l、m、n、o、p、q、r、s、t、u、v、w、x、y、z。语言代码不使用变音符号或变音标记。

语种代码不是语种的简写形式，而是语种名称的唯一标识。语种是成千上万的，很多具有相似的名称。在多数情况下，语种代码与语种名称具有相似性，许多语种被不同的组织使用时具有不同的名称，在这种情况下，某一语种代码的形式并非意味着该语种名称是最佳的。

为了保证连续性和稳定性，不应随意更换任何语种的代码，但与代码有关的语种名称可以变动(见

4.5.2)。有时,由于强制性原因,某些语种的代码可能不再使用。一旦某个代码不再使用,该代码将不再分配给其他语种。

当对本部分进行改编以适应其他字母(例如:古斯拉夫字母)的语种时,应遵守本部分的原则来构成语种代码。

4.2 语种代码含义

4.2.1 概述

一个语种代码代表一个或多个语种名称。语种标识的最终目标是语种本身,语种的多样性决定了语种代码的多样性。

每个语种在语言表达上都有不同,本部分假设语种代码可以指称一些语种变体,语种变体包括以下三种范围属性:单一语种、宏语种和语种集合。

语种名称代码系列标准也包括一些特殊用途语种变体(例如:"未确定语种"),本部分将这种情况作为特殊范围以"特殊用途"予以处理。本部分中每个代码条目均代表下列四种范围属性之一:单一语种、宏语种、语种集合和特殊用途语种。

语种名称代码系列标准中的语种分为现代语种、古代语种和人造语种等。

本部分为不同类型、不同范围的语种提供代码标识,并将进一步解释不同语种范围和不同语种代码的分配情况(见 4.2.2~4.2.10)。

4.2.2 单一语种

本部分中,大多数代码用来指代不同的单一语种。无论是现有语种,还是已灭绝语种;无论是口语、书面语还是符号语言,本部分尽可能为有文字记载的人类语种提供代码。

语种的定义根据使用目的和场合的不同而发生变化,因此,很难判断两种语言形态到底是同一语种的不同方言还是属于两个语种。本部分中,根据语种相似性、可理解度、文献共通性、语种使用者的观点等因素来判断两种语言形态属于同一语种的不同方言还是属于两个不同的语种。具体规则如下:

——如果语种变体的使用者能够在功能层面理解另一个语种变体的意义(即能够从自身语种变体的知识出发理解另一语种变体,无需学习另一语种变体),则两相关语种变体被认为是同一语种的变体;

——虽然语种变体在口语上可理解性不强,但存在文献上的共通性或可相互理解、且具有共同族群语言特征的核心变体,则语种变体可被视为同一语种的变体;

——虽然语种变体间的可理解性可以满足交际需要,但存在明显相互区别的族群特征,则语种变体被视为不同语种。

上述规则适用于大多数情况但并非所有情况(见 4.6)。

4.2.3 宏语种

GB/T 4880.1—2005 和 GB/T 4880.2—2000 包含的单一语种代码,以"一对多"的方式与本部分中的单一语种代码对应。例如,本部分包含 30 个单一语种代码,用于标识不同的阿拉伯语语种变体,而 GB/T 4880.1—2005 和 GB/T 4880.2—2000 各只包含一种阿拉伯语代码,分别是"ar"和"ara"。GB/T 4880.1—2005 和 GB/T 4880.2—2000 中的单个阿拉伯语代码与本部分中的多个阿拉伯语变体的集合代码相对应。

GB/T 4880.1—2005 和 GB/T 4880.2—2000 中的阿拉伯语代码表面上应该划分到集合语种代码中,但实际上并没有这样划分。根据 4.2.2 中的规则,世界上的亲属语种变体一般被视为单一语种,需要单一语种标识。典型情况如下:

——一种先进的语种变体被各种亲属语言的使用者广泛应用,导致各语种都具有共同的语种特征。例如,虽然有多种不同的阿拉伯口语,但是在商业和媒体中一般只使用标准阿拉伯口语,最终具有明显的共同语种特征;

——多种亲属语言运用一种文字形式。例如,汉语的多种亲属语言使用一种文字形式;

——随着社会语言的变迁，某些单一语种社团的子社团逐渐与原语种社团分离，有时，为了某种需求或目的被视为独立语种，但一般情况下，单一语种的共同特征仍然被认可。例如，一些场合需要区分波斯尼亚语、克罗地亚语和塞尔维亚语，但是在其他场合中却无需区分。

如果出现以上情况，本部分中的单个语种和通用语种代码均被视为宏语种代码。

宏语种与集合语种不同，与宏语种对应的单一语种间必须具有亲属关系，并且必须在某个领域内可以识别出单一语种的特征。

4.2.4 方言

本部分中的语种变体代码旨在标识不同的语种，不是标识某个语种的方言。

“方言”是指基于地域、年龄、性别、社会地位、时代等因素而产生的某一语种的子变体。一个语种的方言应包含于该语种代码表示的语种中。因此，各语种代码代表各语种的所有口语或书面形式变体，即包括所有标准化的语言形式。

为了在实际应用中标识方言，可以为创建方言代码开发一种独立的标准，或者将本部分中的各部分代码与其他独特的代码结合起来（见 4.7）。

4.2.5 集合语种代码要素

GB/T 4880.2—2000 包含集合语种代码要素，并且也使用了 3 字母代码，但本部分仅为单一语种和宏语种提供代码。

4.2.6 特殊用途语种代码要素

本部分包含了指代特殊用途语种的代码，例如“未确定语种”。与其他范围的语种代码要素不同，特殊用途语种代码要素没有直接涉及任何语种变体，只是为了满足某些特定的应用需求。

例如，如果某个应用程序要求数据库中的每条记录都被分配一个语种代码，则可使用代码“und”，代表“未确定语种”，这样即使特定记录的相关语种还未确定或无法确定，也可以满足此应用程序的要求。

本部分和 GB/T 4880.2—2000 中的特殊用途代码要素是“mul”，代表“多语种”，可以用于表示包含多语言的信息对象。大多数情况下，每个语种代码不会代表一个以上的语种，因此，“mul”并不经常使用。

4.2.7 灭绝语种、古代语种和历史语种

本部分包括表示灭绝语种和现存语种的代码。在实际操作中，可以把代码分配给具有独特文献记录并得到学术界共识的古代语种。本代码表中的语种，必须有公认的文献记录或详细记载，证明这个语种在历史上某个时期和某些社区使用过，不是通过历史比较分析方式重新构建的语种。本代码表还包含了历史语种代码，现代语种则与这些历史语种截然不同，并且可能是从这些历史语种中发展而来的（例如：古代英语和中古英语）。在这里，其区别标准即具有在学术界给予明显区别看待的文献记录。

4.2.8 人造语种

本部分包括指代人造语种（人工语种）的代码，具体规则如下：

——该语种有文献记录，并且被某个社会团体阅读使用；

——该语种为人类交际目的而产生并使用。

特殊的人造语言和计算机程序语言排除在外。

4.2.9 文字

即使某一语种使用多种文字，仍需要为这一语种提供单一语种代码（见 4.7）。

4.2.10 本地应用代码

从“qaa”至“qtz”是为本地语言保留的代码，包括本地方言的处理。这些代码只能在本地使用，不能进行国际信息交换。

4.3 语种代码表编制

本部分提供一个由一组语种代码要素组成的代码表。此代码表由 ISO 639-3 注册责任者（ISO 639-

3/RA)出版并维护(见4.5)。

标准的语种代码要素由两部分组成:语种代码、一个或多个语种名称(见3.3和3.4)。本部分中使用的语种名称没有其他特殊地位,即这些语种名称或特定的拼写方式并不一定被语言社团广泛接受或可以应用到其他领域。这些名称仅作为某一语种的归档记录,并且具有可变性,只要指定的语种没有发生改变,语种名称可以在维护语种代码表时被修改。

在语种代码表中,语种代码必须至少与代码表中的一个语种名称相对应(即专门用来标识某一种给定的语种)。如果两个或多个不同的语种具有相同名称,则使用包括附加说明的语种参考名称来区分这些语种。这样做可以区分不同语种,也可以使每个语种要素都有独特的语种参考名称。例如,国家的参考名称"中国"和"日本"可以将都叫做"Ainu",却在两个国家使用的两个语种区分开来。

有些情况下,宏语种可能与其范围内的单一语种具有相同的名称,可以使用附加说明"宏语种"和"单一语种"来区分,并作为参考名称。

本部分中,指称某一语种的名称可能来源于一种或多种源语言,例如英语和法语。但不能保证所有语种都具有语种名称。如果指代清楚,用于命名语种名称的源语种无需详细说明。只要指代单一语种概念,本部分注册责任者(见4.5.1)便可以从大量源语言中选择语种名称列于语种名称表上。GB/T 4880.1—2005和GB/T 4880.2—2000中,许多语种名称来源于人类学,本部分对这些语种名称有所修订。

在实践中,语种名称常常不能够提供足够的信息,不能帮助使用者明确一个语种代码的含义。尤其在两种互不关联的语种具有相同的语种名称时。为了进一步明确各种代码的确切含义,本部分注册责任者(见4.5.1)可以为某语种提供更多的附加说明信息,例如大致人口、人种分类、语言使用者的地理分布等。

4.4 GB/T 4880.2—2000和本部分之间的关系

GB/T 4880.2—2000和本部分的3字母代码相互重合。尤其是GB/T 4880.2—2000中的每个术语学单一语种代码要素均包含于本部分中。但GB/T 4880.2—2000和本部分不存在子集关系。GB/T 4880.2—2000中的集合语种代码要素在本部分中无对应的代码要素,而本部分的众多单一语种代码要素在GB/T 4880.2—2000中无对应代码要素。GB/T 4880系列标准中包含的3字母代码是互相兼容的,即每个3字母语种代码都有唯一指代。

GB/T 4880.2—2000的特点是优先选择成熟的语种,而本部分试图涵盖所有语种。如果申请在GB/T 4880.2—2000中增加一种新的单一语种代码要素,则这种单一语种一般已经列于本部分列表中。因此,在GB/T 4880.2—2000中增加单一语种代码要素一般要从本部分存在的代码要素中获取。

GB/T 4880.2—2000中已有的代码要素和GB/T 4880.1—2005中对应的代码要素都用于指代单一语种,与本部分中的单一语种代码要素呈"一对多"的关系,并被称为宏语种代码要素。

在某些情况下,GB/T 4880.1—2005和GB/T 4880.2—2000中的宏语种代码要素可能与本部分中的单一语种具有相同语种名称。为了保存本部分中的独特名称,代码"宏语种"将添加到宏语种代码要素名称中(见4.3),但这并不意味着变更标准中的任何名称。

GB/T 4880.2—2000包括两种代码要素组合:术语代码和辞书编纂代码。因此,在少数情况下,某一给定语种可能分配到一个术语代码和一个具有区分意义的辞书编纂代码。本部分使用GB/T 4880.2—2000中的术语代码;但是,GB/T 4880.2—2000中没有辞书编纂代码用于本部分中,本部分代码表中的辞书编纂代码与GB/T 4880.2—2000有所区别。

除需协调3字母代码以确保3字母代码在标准中指代的唯一性、连贯性外,GB/T 4880.2—2000中的辞书编纂代码对本部分没有影响,3字母标识的协调原则应遵循A.1.3。

除需协调3字母代码以确保GB/T 4880.2—2000中集合语种代码要素不被本部分使用外,

GB/T 4880.2—2000中的集合语种代码要素也不会影响本部分，3字母代码的调整应遵循A.1.3。

4.5 注册责任者及代码维护

4.5.1 注册责任者

国际术语信息中心为ISO 639-1的注册责任者；美国华盛顿国会图书馆为ISO 639-2的注册责任者；萨默语言学院为ISO 639-3的注册责任者。

4.5.2 代码维护

语言的发展变化会导致代码的变更，应确保已有代码的使用不会受到严重影响。

为了保证连接性和稳定性，只有在迫不得已时才改变语种代码。如果一种代码要素不再使用，这种代码将不再分配给其他语种。

如果理由充足，一个给定代码的语种名称可以变更，但不得变更其指称含义。

如果理由充足，可以增加新的代码要素，或者扩大既定代码要素的指称含义，但不得缩小一个代码要素的含义，因为这样会导致不明数量的代码要素无效。如果代码要素的含义太广(例如，一个已有语种的方言，最终被确定为一个独立的语种)，则已有的代码要素将不再使用，并被两种新的含义较窄的代码要素取代。

如果一个语种在经过进一步调查研究后确定是另一个语种的方言，则前者的含义将合并到后者中，后者的指称含义将扩大。同时，前者使用的代码要素将不再使用，其与后者代码要素之间的关系将被记录下来。

不再使用的代码要素仍然是代码表中的一部分，并保留其代码和含义。在实践使用时，本部分仍然适用。但是，一般不宜使用不再使用的代码要素。

如果已有的代码要素变更，则应明确说明变更是影响名称、还是影响指称含义，或者既影响名称又影响指称含义。

如果申请在标准中增加或变更代码要素，则应将申请提交到注册责任者ISO 639-3/RA手中(见附录A)。

4.6 语种代码的应用

语种代码的应用广泛，包括但不仅限于下列范围：

a) 表示书写、记录文献时所使用的语种；

示例：某个社区健康小册子翻译成“Gawwada”语，并且使用“gwd”将其编入开发署的记录索引中(“Gawwada”的语种代码为“gwd”)。

b) 表示语料库中词条的语种；

示例：霍皮语词条存储在数据库中，使用“hop”作为检索方法(“hop”是霍皮语的语种代码)。

c) 表示软件资源使用的语种；

示例：四川彝族语在软件系统使用“iii”对其进行检索(四川彝族语的语种代码为“iii”)。

d) 表示口译员的语言表达能力；

示例：人力资源数据库在标记泰国-老挝语(即“Thai-Khmu”)口译员时，使用“tha”和“kjg”(“tha”是泰国语的语种代码，“kjg”是老挝语的代码)。

e) 表示描述语种的某一专题。

示例：斐济语“Fijian”语法在存档时使用“fij”代码(“fij”是“Fijian”的代码)。

4.7 文字和地区差异

有些语种因使用社团的差异而导致文字不同。本部分为语种提供单一语种代码不考虑多种文字。但在实际应用中区分同一语种的不同文字系统很必要，因此，需要制定一个能够融合GB/T 4880系列标准和ISO 15924:2004的标准。

某些语种因在不同地区使用，而产生用法差异，如方言和拼写的区别。在实际应用中，识别语种地区变体是非常必要的，因此，需要制定一个能够融合GB/T 4880系列标准和GB/T 2659—2000的标准。

语种代码的分类问题与语种自身特点(例如:语种的文字、拼写规则和方言等)有所联系,见参考文献[4]。融合 ISO 15924:2004 和 GB/T 2659—2000 的独立代码草案,见参考文献[5]。

5 语种代码表

本部分的语种代码由以下表格信息构成:

——语种代码表要素表;

——宏语种代码要素与个体语种代码要素对照表。

注:表格的注册责任者网址为 http://www.sil.org/iso639-3/,本部分的语种代码可在上述网址获得。

附 录 A
（规范性附录）
负责注册机构和注册责任顾问委员会

A.1 授权

A.1.1 负责注册机构(ISO 639-3/RA)

建立本部分注册责任者旨在出版和维护本部分的3字母代码。萨默语言学院为本部分的注册责任者，负责依据下列程序进行3字母语种代码的注册和维护工作。

A.1.2 联合顾问委员会(ISO 639/RA-JAC)

GB/T 4880.1—2005和GB/T 4880.2—2000中的A.3均设立了联合顾问委员会(ISO 639/RA-JAC)，为本部分注册责任者提供建议和监督，并且指导本部分编码规则的应用。

A.1.3 ISO 639-3/RA，ISO 639-1/RA，ISO 639-2/RA与ISO 639/RA-JAC之间的关系

注册责任者(ISO 639-3/RA)可以就增加和变更语种代码（仅包含于本部分中的代码要素）做出决策，但是不得单方面就包含在GB/T 4880.2—2000中的代码要素做出相关决策，应该与ISO 639-1/RA、ISO 639-2/RA和联合顾问委员会就变更问题进行协商。同样，ISO 639-2/RA应该就变更ISO 639-2/RA和ISO 639-3/RA中列出的代码要素问题与ISO 639-3/RA进行协商。ISO 639-2/RA和ISO 639-3/RA应相互合作，共同增加或变更3字母语种代码。

联合顾问委员会应向注册责任者(ISO 639-3/RA)提供建议并进行监督，以确保遵守本部分要求。注册责任者(ISO 639-3/RA)可与联合顾问委员会协商增加或变更代码事宜。

A.2 注册责任者的责任

A.2.1 申请新语种代码的注册和已有语种代码的变更

本部分注册责任者应接收和复审新语种代码的注册申请和已有语种代码的变更申请。如果相关申请符合下列条件，应将语种代码予以分配：

——申请中提供了基本的身份信息，如申请单位名称、从属关系和电子邮件地址；

——申请中提供了合适的文件资料，以支持增加和变更代码。

只要满足上述要求，注册责任者(ISO 639-3/RA)将依据A.2.3和A.2.4中的规定做出决议，并将注册责任者的决策告知申请者。在此过程中，注册责任者可以与相关领域内的专家进行协商。

A.2.2 语种代码表的维护

已经注册的语种代码构成一个准确的信息表，本部分注册责任者应对该表进行维护。如果需要，注册责任者应负责保护任何机密信息。注册责任者在处理已经注册的语种代码的更新工作后，应以规定的形式将其分发给订购者和其他团体。

A.2.3 代码的保留

如果本部分增加新语种代码的申请被拒绝，联合顾问委员会可以为申请者或其他可能的使用者保留所申请的代码。注册责任者(ISO 639-3/RA)将对这些保存的代码进行存档记录，并将相关情况通知给ISO 639-1/RA和ISO 639-2/RA。

A.2.4 语种代码的编制

语种代码按照GB/T 4880.1—2005中的4.1、GB/T 4880.2—2000中的4.1、本部分中的4.1和4.2给出的规则进行编制。

A.2.5 其他基本责任

本部分注册责任者应做好以下工作：

a) 依据良好的业务流程处理全部注册程序；

b) 其活动应遵循 ISO 639-1/RA 指示；

c) 向联合顾问委员会提供周期报告，报告所有变更申请的处理事项；

d) 向 ISO 中央秘书处以及 ISO/TC 37 和 ISO/TC 46 秘书处提交年度工作总结；

e) 如果需要，提供实施和使用本部分的建议。

A.3 联合顾问委员会(ISO 639/RA-JAC)的组成和责任

在 GB/T 4880.1—2005 和 GB/T 4880.2—2000 中的 A.3，联合顾问委员会(ISO 639/RA-JAC)的组成和责任有详细规定。本部分中增加以下说明：

——联合顾问委员会应包括一名注册责任者(ISO 639-3/RA)代表；

——联合顾问委员会应接受注册责任者关于变更申请的处理事项的周期报告；

——联合顾问委员会应督促注册责任者(ISO 639-3/RA)的工作，以确保其工作与本部分中的规定相一致；

——本部分注册责任者与联合顾问委员会协商删除或变更语种代码时，联合顾问委员会应在一个月内做出答复；

——联合顾问委员会应解决所有因代码要素定义含糊不清而产生的问题。

参 考 文 献

[1] GORDON，Raymond G.，ed. Ethnologue[OL]. 15th edition. Dallas：SIL International. http://www.Ethnologue.com.

[2] Linguist List Codes for Ancient and Extinct Languages[OL]. http://linguistlist.org/forms/Langs/GetListofAncientLgs.html.

[3] Linguist List Codes for Constructed Languages[OL]. http://linguistlist.org/forms/Langs/GetListofConstructedLgs.html.

[4] CONSTABLE，Peter. Toward a model for language identification：defining an ontology of languagerelated categories(SIL electronic working papers，2002-003.)[OL]. Dallas：Summer Institute of Linguistics. http://www.sil.org/silewp/abstract.asp? ref=2002-003.

[5] PHILLIPS，A. and DAVIS，M.(eds.). Tags for identifying languages[OL]. RFC 4646：September 2006. http://www.rfc-editor.org/rfc/rfc4646.

ICS 03.120.30
A 41

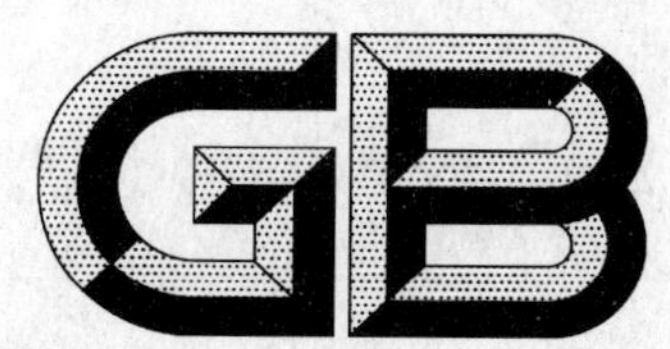

中华人民共和国国家标准

GB/T 4885—2009
代替 GB/T 4885—1985

正态分布完全样本可靠度置信下限

Lower confidence limit of reliability for complete sample from normal distribution

2009-10-15 发布　　2010-02-01 实施

中华人民共和国国家质量监督检验检疫总局
中国国家标准化管理委员会　发布

前　言

“数据的统计处理和解释”包括以下国家标准：

——GB/T 3359　数据的统计处理和解释　统计容忍区间的确定

——GB/T 3361　数据的统计处理和解释　在成对观测值情形下两个均值的比较

——GB/T 4087　数据的统计处理和解释　二项分布可靠度单侧置信下限

——GB/T 4088　数据的统计处理和解释　二项分布参数的估计与检验

——GB/T 4089　数据的统计处理和解释　泊松分布参数的估计和检验

——GB/T 4882　数据的统计处理和解释　正态性检验

——GB/T 4883　数据的统计处理和解释　正态样本离群值的判断和处理

——GB/T 4885　正态分布完全样本可靠度置信下限

——GB/T 4889　数据的统计处理和解释　正态分布均值和方差的估计与检验

——GB/T 4890　数据的统计处理和解释　正态分布均值和方差检验的功效

——GB/T 6380　数据的统计处理和解释　Ⅰ型极值分布样本离群值的判断和处理

——GB/T 8055　数据的统计处理和解释　Γ分布（皮尔逊Ⅲ型分布）的参数估计

——GB/T 8056　数据的统计处理和解释　指数分布样本离群值的判断和处理

——GB/T 10092　数据的统计处理和解释　测试结果的多重比较

——GB/T 10094　正态分布分位数与变异系数的置信限

本标准代替 GB/T 4885—1985《正态分布完全样本可靠度单侧置信下限》。

本标准与 GB/T 4885—1985 相比主要变化如下：

——按 GB/T 1.1—2000《标准化工作导则　第 1 部分：标准的结构和编写规则》的要求对标准格式进行了修订；

——对直接法（GB/T 4885—1985 的 2.2，本标准的 4.2）进行了改写，将主要方程用非中心 t 分布的分布函数表示，这样有利于编制计算程序；

——删除了 GB/T 4885—1985 中计算机程序的附录 B；

——增加了新的附录 B：双侧规范限的 K 系数表。

本标准的附录 A 和附录 B 为规范性附录。

本标准由全国统计方法应用标准化技术委员会（SAC/TC 21）提出并归口。

本标准起草单位：北京大学、中国科学技术大学、中国标准化研究院、航天科技集团。

本标准主要起草人：房祥忠、吴耀华、孙山泽、于振凡、丁文兴、周正发等。

本标准所代替标准的历次版本发布情况为：

——GB/T 4885—1985。

正态分布完全样本可靠度置信下限

1 范围

本标准规定了产品特性值总体均值和总体方差都未知，基于产品特性值的简单随机样本、给定的置信水平和特性值上(下)规范限，确定可靠度置信下限的方法。

本标准适用于产品特性值服从正态分布的情形。

2 规范性引用文件

下列文件中的条款通过本标准的引用而成为本标准的条款。凡是注日期的引用文件，其随后所有的修改单(不包括勘误的内容)或修订版均不适用于本标准，然而，鼓励根据本标准达成协议的各方研究是否可使用这些文件的最新版本。凡是不注日期的引用文件，其最新版本适用于本标准。

GB/T 2900.13 电工术语 可信性与服务质量(GB/T 2900.13—2008,IEC 60050(191):1990、Amend.1:1999 And Amend.2:2002,IDT)

GB/T 3358.1 统计学词汇及符号 第1部分:一般统计术语与用于概率的术语(GB/T 3358.1—2009,ISO 3534-1:2006,IDT)

GB/T 3358.2 统计学词汇及符号 第2部分:应用统计(GB/T 3358.2—2009,ISO 3534-2:2006,IDT)

GB/T 4086.1 统计分布数值表 正态分布

3 术语、定义和符号

3.1 术语和定义

GB/T 2900.13、GB/T 3358.1 和 GB/T 3358.2 确立的以及下列术语和定义适用于本标准。为便于参考，某些术语和定义直接引自上述标准。

3.1.1

正态分布 normal distribution

具有如下概率密度函数

$$f(x)=\frac{1}{\sigma\sqrt{2\pi}}\exp\left[-\frac{1}{2}\left(\frac{x-\mu}{\sigma}\right)^2\right],-\infty<x<+\infty$$

的连续分布，其中 μ 为总体均值，σ 为总体标准差。

3.1.2

规范限 specification limit

某种特性的极限值。

3.1.3

上规范限 upper specification limit

规定了上限值的规范限。

3.1.4

下规范限 lower specification limit

规定了下限值的规范限。

3.1.5

可靠度 reliability

只规定产品特性值的上规范限时，可靠度 R 是指产品特性值不超过上规范限的概率。只规定产品特性值的下规范限时，可靠度 R 是指产品特性值不小于下规范限的概率。同时规定产品特性值的上、下规范限时，可靠度 R 是指产品特性值介于上、下规范限之间的概率。

注：可靠度的一般定义为：产品在规定的条件下和规定的时间区间内具有规定功能的概率。

3.1.6

可靠度置信下限　one side lower confidence limit of reliability

对于给定的置信水平 γ，如果样本的函数 R_L 满足 $P(R \geqslant R_L) \geqslant \gamma$，则称 R_L 为置信水平为 γ 的可靠度置信下限。

3.1.7

非中心 t 分布　non-central t distribution

具有以下概率密度函数

$$f(x)=\frac{n^{\frac{n}{2}}}{\sqrt{\pi}\,\Gamma\left(\frac{n}{2}\right)}\cdot\frac{\exp(-c^2/2)}{(n+x^2)^{(n+1)/2}}\cdot\sum_{i=0}^{\infty}\Gamma\left(\frac{n+i+1}{2}\right)\frac{(cx)^i}{i\,!}\left(\frac{2}{n+x^2}\right)^{\frac{i}{2}},-\infty<x<\infty$$

的连续分布，其中参数 n 取正整数并称为自由度，参数 c 可取任意实数并称为非中心参数。其分布函数 $F_{n,c}(x)$ 有如下表达式

$$F_{n,c}(x)=\int_0^{\infty}2nu\Phi(xu-c)f_{\chi_n^2}(nu^2)\mathrm{d}u$$

其中 $\Phi(\cdot)$ 表示标准正态分布的分布函数，$f_{\chi_n^2}(\cdot)$ 表示自由度为 n 的卡方分布的概率密度函数。

3.2　符号

下列符号适用于本标准。

n	样本量
$x_1,x_2,\cdots,x_n$	样本量为 n 的简单随机样本
μ	总体均值
σ	总体标准差
γ	置信水平
R_L	可靠度置信下限
U	上规范限
L	下规范限

4　单侧规范限时可靠度置信下限的确定

4.1　总则

本标准给出了查表法和直接法两种确定给定单侧规范限时可靠度置信下限的方法。查表法简便易行，但精度较低。在精度要求较高的场合或者出现争议时应采用直接法。

4.2　查表法

4.2.1　计算样本均值和标准差

由样本 $x_1,x_2,\cdots,x_n$ 计算样本均值 $\bar{x}$ 和样本标准差 s：

$$\bar{x}=\frac{1}{n}\sum_{i=1}^{n}x_i$$

$$s=\sqrt{\frac{1}{n-1}\sum_{i=1}^{n}(x_i-\bar{x})^2}$$

4.2.2　根据上(下)规范限计算系数 K

当规定上规范限 U 时，令 $K=(U-\bar{x})/s$；当规定下规范限 L 时，令 $K=(\bar{x}-L)/s$。

4.2.3 查表

由给定的置信水平 γ、样本量 n 及算得的 K 值，反查本标准附录 A 的单侧规范限的 K 系数表，即得产品可靠度置信下限 R_L。

4.2.4 示例

某压力容器承受内压，其抗压强度服从正态分布。该种容器 10 次静力试验的破坏应力分别为(单位:kg/cm^2):2 565,2 960,2 685,2 755,2 790,2 720,2 634,2 860,2 905,2 825。容器抗压的下规范限为 $L=2\ 200\ kg/cm^2$。给定置信水平 $\gamma=0.90$，要求估计该容器可靠度置信下限。

根据破坏应力的 10 个试验数据计算样本均值 $\bar{x}$ 和样本标准差 s：

$$\bar{x}=2\ 769.9, s=123.1$$

相应的系数

$$K=\frac{\bar{x}-L}{s}=\frac{2\ 769.9-2\ 200}{123.1}=4.630\ 0$$

根据 $\gamma=0.90, n=10, K=4.630\ 0$，查附录 A 中的 K 系数表得：

$$R_L=0.999\ 0$$

即该容器在置信水平 $\gamma=0.90$ 之下的可靠度置信下限为 0.999 0。

4.3 直接法

4.3.1 求解非线性方程

对下面非线性方程求解 w。

$$F_{n-1,\sqrt{n}w}(\sqrt{n}K)=\gamma \quad \cdots\cdots(1)$$

式中 $F_{n-1,\sqrt{n}w}(\sqrt{n}K)$ 表示自由度为 $n-1$，非中心参数为 $\sqrt{n}w$ 的非中心 t 分布的分布函数在 $\sqrt{n}K$ 的值。方程的解记为 w_L。

4.3.2 计算可靠度置信下限

计算

$$R_L=\Phi(w_L)$$

式中 $\Phi(\cdot)$ 表示标准正态分布函数。

4.3.3 示例

某种规格的拉杆，要求强度不得小于 85(单位:N/mm^2)。今从批产品中随机抽取 20 根进行强度试验，得样本均值 $\bar{x}=125.3$，样本标准差 $s=10.24$。已知拉杆强度服从正态分布，给定置信水平 $\gamma=0.90$，要求确定拉杆强度的可靠度置信下限。

由于方程(1)的左端是 w 的严格单调递减连续函数，可以用二分法求解方程。取误差 $\varepsilon=0.000\ 1$，编制程序算得 $R_L=0.998\ 8$。

5 双侧规范限时可靠度置信下限的确定

5.1 计算步骤

5.1.1 根据规范限计算系数 K_L 和 K_U

根据给定的规范限(L,U)，计算系数 K_L 和 K_U：

$$K_L=\frac{\bar{x}-L}{s}, K_U=\frac{U-\bar{x}}{s} \quad \cdots\cdots(2)$$

5.1.2 查表

a) 利用附录 B 的双侧规范限的 K 系数表进行线性插值来得到 $u_{p_U(L)}$ 和 $u_{p_U(U)}$；

b) 查正态分位数表(见 GB/T 4086.1)得到 $p_U(L)$ 和 $p_U(U)$。

5.1.3 计算 R 的置信下限 R_L

$$R_L=1-[p_U(L)+p_U(U)] \quad \cdots\cdots(3)$$

5.2 示例

设在稳定生产条件下，加工的芯轴直径服从正态分布。芯轴直径的设计要求为 $\phi 20^{+0.03}_{-0.05}$。从一批产品中随机抽取 15 件进行测量。根据测量结果，算得：

$$\bar{x} = 19.980, s = 0.015$$

给定置信水平 $1-\alpha$ 为 0.80，求满足设计要求的性能可靠性 R 的置信下限 R_L。

由式(2)求得：

$$K_L = 2.0000, K_U = 3.3333$$

根据 $1-\alpha=0.80, n=15$，查附录 B，经线性插值得到：

$$u_{p_U(L)} = -1.4158, u_{p_U(U)} = -2.5260$$

查正态分位数表(见 GB/T 4086.1)得到：

$$p_U(L) = 0.0784, p_U(U) = 0.0059$$

由式(3)，计算得到：

$$R_L = 1-(0.0784+0.0059) = 0.9157$$

附 录 A
（规范性附录）
单侧规范限的 K 系数表

本系数表的参数范围与表距为：

γ＝0.01，0.05，0.10，0.20，0.40（0.10）0.90，0.95，0.99

R_L＝0.50，0.60（0.05）0.95，0.99，$0.9^2 5$，0.9^3，$0.9^3 5$，0.9^4，$0.9^4 5$，0.9^5，0.9^6，0.9^7

n＝2（1）50（10）120

γ=.01

n \ R_L	.5000000	.6000000	.6500000	.7000000	.7500000	.8000000
2.0	−22.50050	−13.82057	−10.38587	−7.49399	−5.10993	−3.20381
3.0	−4.02099	−2.72777	−2.16862	−1.66198	−1.20445	−.79235
4.0	−2.27035	−1.56282	−1.24579	−.94930	−.67027	−.40463
5.0	−1.67569	−1.14491	−.90191	−.67023	−.44679	−.22724
6.0	−1.37373	−.92414	−.71523	−.51345	−.31568	−.11743
7.0	−1.18782	−.78401	−.59430	−.40935	−.22598	−.03965
8.0	−1.05994	−.68526	−.50775	−.33344	−.15915	.01973
9.0	−.96549	−.61089	−.44174	−.27471	−.10659	.06727
10.0	−.89222	−.55225	−.38917	−.22740	−.06371	.10660
11.0	−.83331	−.50445	−.34596	−.18814	−.02776	.13993
12.0	−.78464	−.46450	−.30959	−.15484	.00300	.16869
13.0	−.74358	−.43044	−.27839	−.12609	.02974	.19389
14.0	−.70832	−.40094	−.25124	−.10092	.05329	.21622
15.0	−.67764	−.37506	−.22730	−.07862	.07427	.23621
16.0	−.65062	−.35211	−.20599	−.05868	.09311	.25425
17.0	−.62659	−.33157	−.18684	−.04070	.11017	.27066
18.0	−.60503	−.31304	−.16952	−.02437	.12572	.28566
19.0	−.58556	−.29621	−.15373	−.00944	.13998	.29946
20.0	−.56785	−.28083	−.13927	.00427	.15311	.31221
21.0	−.55165	−.26671	−.12596	.01692	.16527	.32405
22.0	−.53676	−.25368	−.11364	.02865	.17656	.33507
23.0	−.52302	−.24160	−.10221	.03957	.18710	.34538
24.0	−.51028	−.23036	−.09155	.04977	.19696	.35504
25.0	−.49843	−.21988	−.08159	.05932	.20622	.36413
26.0	−.48737	−.21006	−.07224	.06830	.21493	.37269
27.0	−.47701	−.20084	−.06345	.07675	.22314	.38079
28.0	−.46729	−.19216	−.05517	.08473	.23091	.38846
29.0	−.45814	−.18397	−.04734	.09228	.23828	.39573
30.0	−.44950	−.17623	−.03993	.09944	.24527	.40265
31.0	−.44134	−.16889	−.03289	.10624	.25192	.40924
32.0	−.43360	−.16192	−.02621	.11272	.25826	.41552
33.0	−.42626	−.15529	−.01984	.11889	.26430	.42152
34.0	−.41928	−.14898	−.01377	.12478	.27008	.42727
35.0	−.41263	−.14296	−.00797	.13041	.27561	.43277
36.0	−.40629	−.13720	−.00242	.13581	.28091	.43805
37.0	−.40023	−.13169	.00289	.14098	.28600	.44312
38.0	−.39443	−.12641	.00798	.14594	.29089	.44799
39.0	−.38888	−.12135	.01288	.15071	.29559	.45268
40.0	−.38356	−.11649	.01758	.15529	.30011	.45720
41.0	−.37845	−.11181	.02210	.15971	.30447	.46156
42.0	−.37354	−.10731	.02645	.16397	.30867	.46577
43.0	−.36881	−.10298	.03065	.16807	.31273	.46983
44.0	−.36426	−.09880	.03470	.17204	.31665	.47376
45.0	−.35988	−.09477	.03862	.17587	.32044	.47756
46.0	−.35565	−.09087	.04240	.17957	.32411	.48124
47.0	−.35156	−.08711	.04605	.18316	.32766	.48481
48.0	−.34761	−.08347	.04959	.18663	.33111	.48827
49.0	−.34380	−.07994	.05302	.18999	.33445	.49162
50.0	−.34010	−.07652	.05635	.19326	.33769	.49488
60.0	−.30871	−.04735	.08480	.22127	.36557	.52298
70.0	−.28466	−.02484	.10685	.24307	.38734	.54502
80.0	−.26548	−.00677	.12460	.26067	.40498	.56292
90.0	−.24971	.00815	.13929	.27527	.41965	.57784
100.0	−.23646	.02074	.15172	.28765	.43211	.59054
110.0	−.22512	.03156	.16241	.29832	.44287	.60152
120.0	−.21526	.04098	.17174	.30764	.45228	.61114

γ=.01

R_L / n	.8500000	.9000000	.9500000	.9900000	.9950000	.9990000
2.0	−1.74767	−.70711	−.00015	.56421	.70758	.96918
3.0	−.41961	−.07193	.29478	.78155	.93221	1.22211
4.0	−.14533	.12260	.44286	.92360	1.08063	1.38846
5.0	−.00420	.23770	.54313	1.02718	1.18935	1.51035
6.0	.08886	.31886	.61829	1.10763	1.27403	1.60542
7.0	.15736	.38100	.67787	1.17278	1.34275	1.68268
8.0	.21103	.43093	.72685	1.22713	1.40017	1.74731
9.0	.25481	.47239	.76817	1.27348	1.44921	1.80258
10.0	.29153	.50765	.80374	1.31371	1.49181	1.85065
11.0	.32299	.53817	.83481	1.34910	1.52932	1.89301
12.0	.35038	.56498	.86232	1.38059	1.56273	1.93078
13.0	.37455	.58879	.88690	1.40888	1.59276	1.96475
14.0	.39611	.61015	.90907	1.43449	1.61997	1.99555
15.0	.41551	.62947	.92922	1.45784	1.64479	2.02367
16.0	.43310	.64706	.94763	1.47926	1.66757	2.04948
17.0	.44915	.66318	.96456	1.49900	1.68857	2.07330
18.0	.46389	.67803	.98021	1.51729	1.70804	2.09539
19.0	.47749	.69176	.99472	1.53430	1.72615	2.11595
20.0	.49009	.70453	1.00824	1.55017	1.74306	2.13515
21.0	.50181	.71643	1.02088	1.56504	1.75890	2.15315
22.0	.51276	.72757	1.03273	1.57901	1.77379	2.17007
23.0	.52301	.73803	1.04388	1.59217	1.78781	2.18602
24.0	.53265	.74787	1.05438	1.60459	1.80106	2.20109
25.0	.54172	.75716	1.06432	1.61635	1.81360	2.21536
26.0	.55030	.76595	1.07373	1.62750	1.82550	2.22890
27.0	.55841	.77427	1.08266	1.63810	1.83681	2.24177
28.0	.56610	.78218	1.09115	1.64819	1.84758	2.25404
29.0	.57341	.78971	1.09924	1.65781	1.85786	2.26574
30.0	.58037	.79688	1.10696	1.66701	1.86767	2.27692
31.0	.58701	.80372	1.11434	1.67580	1.87706	2.28763
32.0	.59334	.81027	1.12140	1.68422	1.88606	2.29788
33.0	.59940	.81653	1.12816	1.69230	1.89469	2.30772
34.0	.60521	.82254	1.13466	1.70006	1.90298	2.31717
35.0	.61078	.82831	1.14089	1.70752	1.91095	2.32626
36.0	.61612	.83385	1.14689	1.71469	1.91862	2.33502
37.0	.62126	.83918	1.15267	1.72161	1.92602	2.34345
38.0	.62620	.84431	1.15823	1.72828	1.93315	2.35159
39.0	.63096	.84926	1.16360	1.73472	1.94003	2.35945
40.0	.63555	.85403	1.16878	1.74094	1.94668	2.36704
41.0	.63998	.85864	1.17379	1.74695	1.95311	2.37438
42.0	.64426	.86310	1.17864	1.75277	1.95934	2.38149
43.0	.64840	.86741	1.18333	1.75841	1.96537	2.38838
44.0	.65240	.87158	1.18787	1.76387	1.97121	2.39505
45.0	.65628	.87562	1.19227	1.76917	1.97688	2.40152
46.0	.66003	.87954	1.19654	1.77431	1.98238	2.40781
47.0	.66367	.88334	1.20068	1.77930	1.98772	2.41391
48.0	.66720	.88702	1.20470	1.78415	1.99291	2.41984
49.0	.67063	.89061	1.20861	1.78886	1.99795	2.42561
50.0	.67395	.89409	1.21241	1.79344	2.00286	2.43122
60.0	.70274	.92426	1.24543	1.83335	2.04560	2.48010
70.0	.72540	.94809	1.27160	1.86508	2.07959	2.51902
80.0	.74385	.96755	1.29303	1.89113	2.10752	2.55100
90.0	.75927	.98385	1.31101	1.91303	2.13102	2.57794
100.0	.77242	.99777	1.32639	1.93181	2.15116	2.60103
110.0	.78380	1.00984	1.33976	1.94814	2.16869	2.62114
120.0	.79379	1.02045	1.35152	1.96252	2.18413	2.63886

γ=.01

n \ R_L	.9995000	.9999000	.9999500	.9999900	.9999990	.9999999
2.0	1.06470	1.25885	1.33469	1.49715	1.70455	1.89060
3.0	1.33007	1.55508	1.64344	1.83363	2.07786	2.29788
4.0	1.50436	1.74733	1.84314	2.04992	2.31628	2.55683
5.0	1.63195	1.88771	1.98882	2.20739	2.48949	2.74464
6.0	1.73144	1.99710	2.10229	2.32996	2.62418	2.89060
7.0	1.81229	2.08599	2.19449	2.42950	2.73354	3.00905
8.0	1.87995	2.16037	2.27164	2.51280	2.82503	3.10814
9.0	1.93782	2.22400	2.33763	2.58405	2.90329	3.19289
10.0	1.98815	2.27935	2.39505	2.64605	2.97138	3.26663
11.0	2.03252	2.32817	2.44569	2.70073	3.03143	3.33167
12.0	2.07208	2.37170	2.49085	2.74949	3.08500	3.38968
13.0	2.10768	2.41087	2.53149	2.79339	3.13322	3.44190
14.0	2.13995	2.44641	2.56836	2.83321	3.17696	3.48928
15.0	2.16942	2.47885	2.60202	2.86957	3.21692	3.53256
16.0	2.19648	2.50865	2.63294	2.90298	3.25362	3.57232
17.0	2.22146	2.53617	2.66149	2.93383	3.28752	3.60904
18.0	2.24461	2.56168	2.68797	2.96243	3.31896	3.64309
19.0	2.26617	2.58543	2.71262	2.98907	3.34823	3.67481
20.0	2.28631	2.60763	2.73566	3.01397	3.37560	3.70446
21.0	2.30519	2.62844	2.75726	3.03731	3.40125	3.73226
22.0	2.32293	2.64801	2.77757	3.05926	3.42538	3.75840
23.0	2.33966	2.66645	2.79671	3.07996	3.44813	3.78305
24.0	2.35547	2.68388	2.81481	3.09952	3.46964	3.80636
25.0	2.37044	2.70040	2.83195	3.11805	3.49001	3.82843
26.0	2.38465	2.71607	2.84822	3.13564	3.50936	3.84939
27.0	2.39817	2.73098	2.86369	3.15237	3.52775	3.86933
28.0	2.41104	2.74518	2.87844	3.16831	3.54528	3.88833
29.0	2.42332	2.75873	2.89251	3.18353	3.56201	3.90646
30.0	2.43506	2.77168	2.90595	3.19807	3.57800	3.92379
31.0	2.44629	2.78408	2.91882	3.21199	3.59331	3.94038
32.0	2.45705	2.79596	2.93116	3.22533	3.60798	3.95629
33.0	2.46738	2.80736	2.94300	3.23813	3.62207	3.97155
34.0	2.47731	2.81831	2.95437	3.25043	3.63560	3.98622
35.0	2.48685	2.82885	2.96532	3.26227	3.64862	4.00033
36.0	2.49604	2.83900	2.97585	3.27366	3.66115	4.01392
37.0	2.50490	2.84878	2.98601	3.28465	3.67324	4.02702
38.0	2.51344	2.85821	2.99580	3.29525	3.68490	4.03966
39.0	2.52169	2.86732	3.00527	3.30548	3.69616	4.05187
40.0	2.52966	2.87613	3.01441	3.31538	3.70704	4.06367
41.0	2.53738	2.88464	3.02326	3.32495	3.71757	4.07508
42.0	2.54484	2.89289	3.03182	3.33421	3.72776	4.08613
43.0	2.55207	2.90088	3.04011	3.34319	3.73764	4.09684
44.0	2.55908	2.90862	3.04816	3.35189	3.74721	4.10722
45.0	2.56588	2.91613	3.05596	3.36033	3.75650	4.11729
46.0	2.57248	2.92342	3.06353	3.36852	3.76552	4.12707
47.0	2.57889	2.93051	3.07089	3.37648	3.77428	4.13657
48.0	2.58512	2.93739	3.07804	3.38422	3.78279	4.14580
49.0	2.59118	2.91408	3.08499	3.39174	3.79107	4.15478
50.0	2.59707	2.95060	3.09175	3.39906	3.79913	4.16351
60.0	2.64842	3.00736	3.15071	3.46288	3.86937	4.23968
70.0	2.68932	3.05258	3.19769	3.51374	3.92536	4.30040
80.0	2.72295	3.08977	3.23633	3.55557	3.97142	4.35037
90.0	2.75126	3.12109	3.26888	3.59081	4.01023	4.39247
100.0	2.77554	3.14796	3.29680	3.62106	4.04354	4.42860
110.0	2.79669	3.17136	3.32112	3.64740	4.07255	4.46008
120.0	2.81532	3.19199	3.34256	3.67062	4.09813	4.48784

γ=.05

R_L / n	.5000000	.6000000	.6500000	.7000000	.7500000	.8000000
2.0	−4.46450	−2.71769	−2.02205	−1.43100	−.93469	−.52144
3.0	−1.68585	−1.08959	−.82575	−.58033	−.34938	−.12736
4.0	−1.17668	−.74556	−.54681	−.35547	−.16799	.02072
5.0	−.95339	−.58284	−.40819	−.23707	−.06600	.11001
6.0	−.82264	−.48284	−.32046	−.15961	.00313	.17273
7.0	−.73445	−.41311	−.25806	−.10333	.05449	.22037
8.0	−.66983	−.36073	−.21052	−.05980	.09482	.25834
9.0	−.61985	−.31943	−.17264	−.02473	.12768	.28962
10.0	−.57968	−.28574	−.14147	.00437	.15518	.31602
11.0	−.54648	−.25754	−.11521	.02906	.17868	.33872
12.0	−.51843	−.23347	−.09267	.05038	.19909	.35854
13.0	−.49432	−.21260	−.07303	.06904	.21704	.37606
14.0	−.47330	−.19427	−.05570	.08557	.23299	.39169
15.0	−.45477	−.17799	−.04027	.10035	.24731	.40576
16.0	−.43826	−.16341	−.02640	.11367	.26025	.41851
17.0	−.42344	−.15025	−.01385	.12576	.27203	.43016
18.0	−.41003	−.13828	−.00241	.13680	.28282	.44084
19.0	−.39782	−.12734	.00807	.14694	.29275	.45069
20.0	−.38665	−.11729	.01772	.15630	.30193	.45982
21.0	−.37636	−.10801	.02665	.16497	.31045	.46830
22.0	−.36686	−.09940	.03494	.17304	.31838	.47622
23.0	−.35805	−.09140	.04267	.18057	.32580	.48363
24.0	−.34984	−.08392	.04989	.18762	.33276	.49059
25.0	−.34218	−.07692	.05666	.19424	.33930	.49714
26.0	−.33499	−.07034	.06303	.20047	.34547	.50332
27.0	−.32825	−.06415	.06904	.20635	.35129	.50917
28.0	−.32189	−.05831	.07471	.21191	.35681	.51471
29.0	−.31589	−.05278	.08009	.21719	.36204	.51997
30.0	−.31022	−.04754	.08518	.22220	.36702	.52498
31.0	−.30484	−.04257	.09003	.22696	.37175	.52975
32.0	−.29973	−.03783	.09464	.23150	.37627	.53430
33.0	−.29487	−.03333	.09904	.23583	.38058	.53865
34.0	−.29024	−.02902	.10324	.23997	.38471	.54282
35.0	−.28582	−.02491	.10726	.24393	.38866	.54681
36.0	−.28160	−.02098	.11110	.24773	.39245	.55064
37.0	−.27755	−.01720	.11479	.25137	.39609	.55432
38.0	−.27368	−.01359	.11833	.25487	.39958	.55785
39.0	−.26997	−.01011	.12173	.25823	.40294	.56126
40.0	−.26640	−.00677	.12501	.26147	.40618	.56454
41.0	−.26297	−.00356	.12816	.26459	.40931	.56771
42.0	−.25967	−.00046	.13120	.26760	.41232	.57076
43.0	−.25650	.00252	.13413	.27051	.41523	.57371
44.0	−.25343	.00541	.13696	.27331	.41804	.57657
45.0	−.25047	.00819	.13969	.27603	.42076	.57933
46.0	−.24762	.01088	.14234	.27865	.42339	.58200
47.0	−.24486	.01348	.14490	.28119	.42595	.58460
48.0	−.24219	.01600	.14738	.28365	.42842	.58711
49.0	−.23960	.01844	.14978	.28604	.43081	.58955
50.0	−.23710	.02081	.15211	.28836	.43314	.59192
60.0	−.21574	.04108	.17211	.30827	.45319	.61234
70.0	−.19927	.05679	.18765	.32380	.46886	.62836
80.0	−.18608	.06944	.20019	.33635	.48156	.64136
90.0	−.17521	.07991	.21059	.34678	.49212	.65219
100.0	−.16604	.08876	.21940	.35562	.50109	.66141
110.0	−.15818	.09637	.22698	.36325	.50884	.66937
120.0	−.15133	.10301	.23360	.36991	.51562	.67635

$\gamma = .05$

R_L / n	.8500000	.9000000	.9500000	.9900000	.9950000	.9990000
2.0	−.17385	.13802	.47479	.95381	1.10789	1.40923
3.0	.09477	.33448	.63914	1.12967	1.29577	1.62643
4.0	.21906	.44389	.74330	1.24616	1.41979	1.76807
5.0	.29928	.51878	.81778	1.33091	1.50995	1.87069
6.0	.35757	.57482	.87477	1.39644	1.57968	1.94994
7.0	.40276	.61904	.92037	1.44925	1.63589	2.01382
8.0	.43927	.65521	.95803	1.49310	1.68258	2.06690
9.0	.46965	.68557	.98987	1.53034	1.72226	2.11201
10.0	.49550	.71157	1.01730	1.56253	1.75657	2.15103
11.0	.51786	.73419	1.04127	1.59076	1.78667	2.18527
12.0	.53748	.75412	1.06247	1.61579	1.81337	2.21565
13.0	.55489	.77187	1.08141	1.63821	1.83729	2.24289
14.0	.57048	.78782	1.09848	1.65845	1.85889	2.26750
15.0	.58456	.80226	1.11397	1.67686	1.87855	2.28989
16.0	.59736	.81543	1.12812	1.69371	1.89654	2.31039
17.0	.60906	.82749	1.14112	1.70920	1.91309	2.32926
18.0	.61983	.83861	1.15311	1.72352	1.92839	2.34671
19.0	.62978	.84890	1.16423	1.73682	1.94260	2.36291
20.0	.63901	.85846	1.17458	1.74920	1.95584	2.37802
21.0	.64760	.86738	1.18425	1.76078	1.96822	2.39215
22.0	.65563	.87572	1.19330	1.77164	1.97983	2.40540
23.0	.66316	.88355	1.20181	1.78186	1.99075	2.41788
24.0	.67024	.89092	1.20982	1.79149	2.00105	2.42964
25.0	.67691	.89788	1.21739	1.80059	2.01079	2.44076
26.0	.68321	.90445	1.22455	1.80921	2.02002	2.45130
27.0	.68918	.91068	1.23135	1.81740	2.02878	2.46131
28.0	.69484	.91660	1.23780	1.82518	2.03711	2.47083
29.0	.70022	.92222	1.24395	1.83259	2.04504	2.47990
30.0	.70534	.92758	1.24981	1.83966	2.05261	2.48856
31.0	.71022	.93270	1.25540	1.84642	2.05985	2.49683
32.0	.71488	.93759	1.26075	1.85289	2.06677	2.50475
33.0	.71935	.94227	1.26588	1.85909	2.07341	2.51234
34.0	.72362	.94675	1.27079	1.86503	2.07978	2.51963
35.0	.72771	.95106	1.27551	1.87074	2.08590	2.52663
36.0	.73165	.95519	1.28004	1.87624	2.09178	2.53336
37.0	.73543	.95917	1.28441	1.88152	2.09744	2.53984
38.0	.73907	.96299	1.28861	1.88662	2.10290	2.54608
39.0	.74257	.96668	1.29266	1.89153	2.10816	2.55211
40.0	.74595	.97024	1.29657	1.89627	2.11325	2.55793
41.0	.74921	.97367	1.30035	1.90085	2.11816	2.56355
42.0	.75236	.97699	1.30399	1.90529	2.12291	2.56899
43.0	.75540	.98020	1.30752	1.90957	2.12750	2.57425
44.0	.75834	.98330	1.31094	1.91373	2.13196	2.57935
45.0	.76119	.98631	1.31425	1.91775	2.13627	2.58429
46.0	.76395	.98922	1.31746	1.92165	2.14045	2.58909
47.0	.76663	.99205	1.32058	1.92544	2.14452	2.59374
48.0	.76922	.99479	1.32360	1.92912	2.14846	2.59826
49.0	.77174	.99745	1.32653	1.93269	2.15229	2.60265
50.0	.77419	1.00003	1.32939	1.93617	2.15602	2.60691
60.0	.79533	1.02242	1.35412	1.96632	2.18836	2.64399
70.0	.81195	1.04005	1.37364	1.99018	2.21397	2.67336
80.0	.82547	1.05442	1.38959	2.00970	2.23492	2.69741
90.0	.83675	1.06644	1.40294	2.02607	2.25250	2.71760
100.0	.84636	1.07668	1.41433	2.04006	2.26753	2.73486
110.0	.85468	1.08555	1.42421	2.05220	2.28057	2.74985
120.0	.86197	1.09334	1.43289	2.06287	2.29205	2.76303

$\gamma = .05$

R_L / n	.9995000	.9999000	.9999500	.9999900	.9999990	.9999999
2.0	1.52275	1.76082	1.85482	2.05791	2.31989	2.55679
3.0	1.75221	2.01747	2.12255	2.35006	2.64427	2.91080
4.0	1.90117	2.18263	2.29434	2.53652	2.85016	3.13463
5.0	2.00893	2.30176	2.41812	2.67060	2.99791	3.29502
6.0	2.09212	2.39361	2.51352	2.77384	3.11157	3.41831
7.0	2.15915	2.46758	2.59033	2.85693	3.20300	3.51745
8.0	2.21483	2.52902	2.65411	2.92592	3.27889	3.59973
9.0	2.26216	2.58123	2.70832	2.98454	3.34337	3.66962
10.0	2.30310	2.62639	2.75521	3.03525	3.39914	3.73008
11.0	2.33903	2.66603	2.79636	3.07975	3.44808	3.78312
12.0	2.37092	2.70121	2.83289	3.11925	3.49152	3.83021
13.0	2.39950	2.73275	2.86563	3.15466	3.53047	3.87242
14.0	2.42533	2.76125	2.89523	3.18666	3.56567	3.91057
15.0	2.44883	2.78719	2.92216	3.21579	3.59770	3.94530
16.0	2.47035	2.81094	2.94682	3.24246	3.62704	3.97710
17.0	2.49016	2.83281	2.96952	3.26702	3.65405	4.00638
18.0	2.50848	2.85303	2.99052	3.28973	3.67904	4.03347
19.0	2.52549	2.87182	3.01003	3.31083	3.70225	4.05863
20.0	2.54135	2.88933	3.02822	3.33051	3.72390	4.08209
21.0	2.55619	2.90571	3.04523	3.34891	3.74414	4.10405
22.0	2.57011	2.92109	3.06120	3.36618	3.76315	4.12465
23.0	2.58321	2.93555	3.07622	3.38244	3.78103	4.14404
24.0	2.59556	2.94920	3.09039	3.39777	3.79791	4.16233
25.0	2.60724	2.96211	3.10380	3.41228	3.81386	4.17963
26.0	2.61831	2.97434	3.11650	3.42602	3.82899	4.19603
27.0	2.62883	2.98595	3.12856	3.43907	3.84335	4.21161
28.0	2.63882	2.99700	3.14004	3.45149	3.85702	4.22642
29.0	2.64835	3.00753	3.15097	3.46332	3.87004	4.24054
30.0	2.65745	3.01758	3.16141	3.47462	3.88247	4.25402
31.0	2.66614	3.02718	3.17139	3.48542	3.89436	4.26691
32.0	2.67446	3.03638	3.18094	3.49576	3.90574	4.27925
33.0	2.68244	3.04519	3.19010	3.50567	3.91664	4.29108
34.0	2.69009	3.05365	3.19889	3.51518	3.92711	4.30243
35.0	2.69744	3.06178	3.20733	3.52432	3.93717	4.31334
36.0	2.70452	3.06960	3.21545	3.53311	3.94685	4.32384
37.0	2.71133	3.07713	3.22328	3.54158	3.95617	4.33394
38.0	2.71789	3.08439	3.23082	3.54974	3.96515	4.34369
39.0	2.72422	3.09139	3.23809	3.55761	3.97382	4.35309
40.0	2.73034	3.09815	3.24511	3.56522	3.98219	4.36216
41.0	2.73625	3.10468	3.25190	3.57256	3.99028	4.37094
42.0	2.74196	3.11100	3.25847	3.57967	3.99811	4.37943
43.0	2.74749	3.11712	3.26482	3.58655	4.00568	4.38764
44.0	2.75285	3.12305	3.27098	3.59322	4.01302	4.39560
45.0	2.75804	3.12879	3.27695	3.59968	4.02013	4.40332
46.0	2.76308	3.13436	3.28273	3.60595	4.02703	4.41080
47.0	2.76797	3.13977	3.28835	3.61203	4.03373	4.41807
48.0	2.77272	3.14502	3.29381	3.61794	4.04024	4.42512
49.0	2.77734	3.15013	3.29911	3.62368	4.04656	4.43198
50.0	2.78182	3.15509	3.30427	3.62926	4.05271	4.43865
60.0	2.82080	3.19821	3.34907	3.67778	4.10613	4.49660
70.0	2.85168	3.23239	3.38459	3.71625	4.14850	4.54257
80.0	2.87698	3.26039	3.41369	3.74777	4.18322	4.58024
90.0	2.89820	3.28389	3.43811	3.77422	4.21236	4.61186
100.0	2.91636	3.30399	3.45901	3.79686	4.23731	4.63893
110.0	2.93212	3.32146	3.47716	3.81653	4.25898	4.66244
120.0	2.94599	3.33682	3.49313	3.83383	4.27804	4.68313

γ=.10

R_L / n	.5000000	.6000000	.6500000	.7000000	.7500000	.8000000
2.0	−2.17625	−1.28581	−.92443	−.60954	−.33295	−.08379
3.0	−1.08866	−.65024	−.45108	−.26085	−.07533	.11142
4.0	−.81887	−.46298	−.29500	−.12982	.03632	.20878
5.0	−.68567	−.36269	−.20730	−.05232	.10584	.27243
6.0	−.60253	−.29701	−.14829	.00127	.15523	.31880
7.0	−.54418	−.24941	−.10479	.04147	.19291	.35474
8.0	−.50025	−.21275	−.07088	.07319	.22299	.38373
9.0	−.46561	−.18333	−.04341	.09911	.24778	.40781
10.0	−.43735	−.15900	−.02055	.12084	.26870	.42826
11.0	−.41373	−.13844	−.00111	.13942	.28667	.44591
12.0	−.39359	−.12074	.01570	.15555	.30235	.46138
13.0	−.37615	−.10530	.03042	.16974	.31619	.47507
14.0	−.36085	−.09166	.04347	.18236	.32854	.48732
15.0	−.34729	−.07950	.05514	.19367	.33964	.49837
16.0	−.33515	−.06857	.06565	.20389	.34969	.50839
17.0	−.32421	−.05866	.07520	.21319	.35886	.51755
18.0	−.31428	−.04964	.08393	.22171	.36726	.52596
19.0	−.30521	−.04136	.09193	.22954	.37501	.53373
20.0	−.29689	−.03374	.09932	.23677	.38217	.54092
21.0	−.28921	−.02669	.10616	.24348	.38883	.54761
22.0	−.28210	−.02015	.11253	.24973	.39504	.55386
23.0	−.27550	−.01405	.11847	.25557	.40085	.55971
24.0	−.26933	−.00834	.12403	.26105	.40630	.56521
25.0	−.26357	−.00299	.12925	.26619	.41142	.57038
26.0	−.25816	.00203	.13416	.27103	.41626	.57526
27.0	−.25307	.00677	.13879	.27561	.42082	.57988
28.0	−.24827	.01125	.14317	.27994	.42515	.58426
29.0	−.24373	.01549	.14733	.28405	.42926	.58842
30.0	−.23943	.01951	.15127	.28795	.43316	.59238
31.0	−.23536	.02334	.15502	.29166	.43688	.59615
32.0	−.23148	.02697	.15859	.29520	.44043	.59975
33.0	−.22779	.03044	.16200	.29858	.44381	.60319
34.0	−.22428	.03375	.16525	.30181	.44706	.60648
35.0	−.22092	.03692	.16837	.30491	.45016	.60964
36.0	−.21770	.03995	.17135	.30787	.45314	.61267
37.0	−.21463	.04286	.17421	.31072	.45600	.61557
38.0	−.21168	.04565	.17696	.31345	.45875	.61837
39.0	−.20884	.04833	.17960	.31608	.46139	.62106
40.0	−.20612	.05091	.18214	.31861	.46394	.62366
41.0	−.20351	.05339	.18459	.32105	.46639	.62616
42.0	−.20099	.05578	.18695	.32340	.46876	.62858
43.0	−.19856	.05809	.18923	.32567	.47105	.63091
44.0	−.19622	.06032	.19143	.32787	.47326	.63317
45.0	−.19396	.06247	.19356	.32999	.47540	.63535
46.0	−.19177	.06455	.19562	.33204	.47747	.63747
47.0	−.18966	.06656	.19761	.33403	.47948	.63952
48.0	−.18761	.06851	.19954	.33596	.48142	.64151
49.0	−.18563	.07040	.20141	.33783	.48331	.64343
50.0	−.18372	.07224	.20322	.33964	.48514	.64531
60.0	−.16732	.08795	.21880	.35523	.50091	.66145
70.0	−.15466	.10015	.23093	.36740	.51325	.67410
80.0	−.14449	.10998	.24071	.37724	.52324	.68437
90.0	−.13610	.11812	.24883	.38541	.53155	.69293
100.0	−.12902	.12500	.25571	.39234	.53861	.70020
110.0	−.12294	.13093	.26164	.39832	.54470	.70649
120.0	−.11764	.13610	.26681	.40355	.55003	.71199

$\gamma = .10$

R_L / n	.8500000	.9000000	.9500000	.9900000	.9950000	.9990000
2.0	.15337	.40257	.71734	1.22515	1.39733	1.74058
3.0	.30876	.53478	.84005	1.36082	1.54215	1.90734
4.0	.39642	.61707	.92238	1.45520	1.64277	2.02230
5.0	.45623	.67525	.98218	1.52454	1.71668	2.10651
6.0	.50079	.71941	1.02822	1.57830	1.77399	2.17175
7.0	.53580	.75450	1.06516	1.62165	1.82020	2.22435
8.0	.56432	.78333	1.09570	1.65763	1.85858	2.26803
9.0	.58818	.80759	1.12153	1.68817	1.89115	2.30512
10.0	.60854	.82840	1.14378	1.71454	1.91929	2.33717
11.0	.62621	.84653	1.16322	1.73763	1.94395	2.36526
12.0	.64173	.86251	1.18041	1.75810	1.96580	2.39017
13.0	.65553	.87674	1.19576	1.77641	1.98536	2.41246
14.0	.66790	.88954	1.20958	1.79292	2.00301	2.43259
15.0	.67907	.90112	1.22213	1.80793	2.01905	2.45088
16.0	.68924	.91168	1.23358	1.82165	2.03372	2.46761
17.0	.69855	.92136	1.24409	1.83426	2.04720	2.48300
18.0	.70711	.93028	1.25379	1.84591	2.05965	2.49722
19.0	.71502	.93853	1.26277	1.85671	2.07121	2.51041
20.0	.72236	.94620	1.27113	1.86677	2.08197	2.52270
21.0	.72920	.95335	1.27893	1.87616	2.09203	2.53419
22.0	.73559	.96004	1.28624	1.88497	2.10145	2.54496
23.0	.74158	.96631	1.29310	1.89325	2.11031	2.55509
24.0	.74721	.97222	1.29956	1.90105	2.11866	2.56463
25.0	.75252	.97779	1.30566	1.90842	2.12655	2.57365
26.0	.75754	.98305	1.31143	1.91540	2.13403	2.58220
27.0	.76228	.98804	1.31690	1.92202	2.14111	2.59030
28.0	.76678	.99278	1.32209	1.92831	2.14785	2.59801
29.0	.77106	.99728	1.32704	1.93430	2.15427	2.60535
30.0	.77514	1.00157	1.33175	1.94001	2.16039	2.61235
31.0	.77902	1.00566	1.33625	1.94547	2.16623	2.61904
32.0	.78273	1.00957	1.34055	1.95069	2.17183	2.62544
33.0	.78628	1.01332	1.34467	1.95569	2.17718	2.63157
34.0	.78968	1.01690	1.34862	1.96048	2.18232	2.63745
35.0	.79294	1.02034	1.35241	1.96508	2.18725	2.64310
36.0	.79607	1.02364	1.35605	1.96951	2.19200	2.64853
37.0	.79907	1.02682	1.35955	1.97377	2.19656	2.65376
38.0	.80196	1.02988	1.36292	1.97787	2.20096	2.65880
39.0	.80475	1.03282	1.36617	1.98182	2.20520	2.66365
40.0	.80743	1.03566	1.36931	1.98564	2.20929	2.66834
41.0	.81002	1.03841	1.37233	1.98933	2.21324	2.67287
42.0	.81253	1.04105	1.37526	1.99289	2.21707	2.67725
43.0	.81494	1.04362	1.37809	1.99634	2.22076	2.68148
44.0	.81728	1.04609	1.38083	1.99967	2.22434	2.68559
45.0	.81955	1.04849	1.38348	2.00291	2.22781	2.68956
46.0	.82174	1.05082	1.38605	2.00604	2.23117	2.69342
47.0	.82387	1.05307	1.38854	2.00909	2.23444	2.69716
48.0	.82593	1.05526	1.39096	2.01204	2.23760	2.70079
49.0	.82793	1.05738	1.39331	2.01491	2.24068	2.70432
50.0	.82987	1.05944	1.39559	2.01769	2.24367	2.70774
60.0	.84665	1.07727	1.41536	2.04186	2.26961	2.73749
70.0	.85983	1.09131	1.43095	2.06096	2.29011	2.76102
80.0	.87055	1.10273	1.44366	2.07655	2.30686	2.78025
90.0	.87949	1.11227	1.45429	2.08961	2.32088	2.79636
100.0	.88709	1.12040	1.46335	2.10076	2.33286	2.81013
110.0	.89367	1.12744	1.47121	2.11043	2.34326	2.82207
120.0	.89943	1.13361	1.47810	2.11892	2.35239	2.83256

γ=.10

R_L / n	.9995000	.9999000	.9999500	.9999900	.9999990	.9999999
2.0	1.87138	2.14759	2.25714	2.49459	2.80203	3.08087
3.0	2.04729	2.34378	2.46162	2.71734	3.04895	3.35002
4.0	2.16817	2.47771	2.60088	2.86839	3.21562	3.53113
5.0	2.25662	2.57547	2.70245	2.97839	3.33680	3.66263
6.0	2.32510	2.65110	2.78100	3.06340	3.43036	3.76411
7.0	2.38031	2.71204	2.84428	3.13185	3.50569	3.84579
8.0	2.42615	2.76263	2.89681	3.18867	3.56819	3.91355
9.0	2.46508	2.80559	2.94141	3.23691	3.62125	3.97106
10.0	2.49872	2.84271	2.97996	3.27859	3.66710	4.02076
11.0	2.52820	2.87525	3.01374	3.31513	3.70729	4.06432
12.0	2.55434	2.90410	3.04370	3.34753	3.74292	4.10295
13.0	2.57774	2.92993	3.07052	3.37654	3.77483	4.13753
14.0	2.59887	2.95325	3.09474	3.40273	3.80364	4.16876
15.0	2.61808	2.97446	3.11675	3.42655	3.82984	4.19716
16.0	2.63565	2.99386	3.13690	3.44834	3.85381	4.22315
17.0	2.65180	3.01170	3.15543	3.46838	3.87586	4.24705
18.0	2.66673	3.02819	3.17255	3.48690	3.89624	4.26914
19.0	2.68059	3.04349	3.18844	3.50409	3.91515	4.28964
20.0	2.69350	3.05774	3.20325	3.52011	3.93277	4.30875
21.0	2.70556	3.07107	3.21709	3.53509	3.94925	4.32661
22.0	2.71687	3.08357	3.23006	3.54913	3.96470	4.34337
23.0	2.72751	3.09532	3.24227	3.56234	3.97923	4.35912
24.0	2.73754	3.10640	3.25378	3.57479	3.99294	4.37398
25.0	2.74701	3.11687	3.26465	3.58656	4.00589	4.38802
26.0	2.75599	3.12679	3.27495	3.59770	4.01815	4.40132
27.0	2.76450	3.13620	3.28473	3.60828	4.02980	4.41395
28.0	2.77260	3.14515	3.29403	3.61834	4.04087	4.42595
29.0	2.78031	3.15367	3.30288	3.62793	4.05142	4.43739
30.0	2.78767	3.16180	3.31133	3.63707	4.06148	4.44830
31.0	2.79470	3.16957	3.31940	3.64580	4.07109	4.45873
32.0	2.80142	3.17701	3.32712	3.65416	4.08030	4.46871
33.0	2.80786	3.18413	3.33452	3.66217	4.08911	4.47827
34.0	2.81404	3.19096	3.34162	3.66986	4.09757	4.48744
35.0	2.81998	3.19753	3.34844	3.67724	4.10570	4.49625
36.0	2.82569	3.20384	3.35499	3.68434	4.11351	4.50473
37.0	2.83118	3.20991	3.36131	3.69117	4.12103	4.51288
38.0	2.83647	3.21577	3.36739	3.69775	4.12828	4.52074
39.0	2.84158	3.22141	3.37325	3.70410	4.13527	4.52832
40.0	2.84651	3.22686	3.37891	3.71023	4.14202	4.53564
41.0	2.85127	3.23212	3.38438	3.71615	4.14853	4.54271
42.0	2.85587	3.23721	3.38967	3.72188	4.15484	4.54955
43.0	2.86032	3.24214	3.39479	3.72742	4.16094	4.55617
44.0	2.86463	3.24691	3.39974	3.73278	4.16685	4.56258
45.0	2.86881	3.25153	3.40455	3.73798	4.17257	4.56879
46.0	2.87286	3.25601	3.40920	3.74303	4.17813	4.57481
47.0	2.87680	3.26036	3.41372	3.74792	4.18351	4.58065
48.0	2.88061	3.26459	3.41811	3.75267	4.18875	4.58633
49.0	2.88432	3.26869	3.42237	3.75729	4.19383	4.59184
50.0	2.88793	3.27268	3.42652	3.76178	4.19877	4.59720
60.0	2.91920	3.30729	3.46248	3.80072	4.24166	4.64373
70.0	2.94394	3.33467	3.49094	3.83154	4.27561	4.68056
80.0	2.96416	3.35706	3.51421	3.85675	4.30338	4.71069
90.0	2.98111	3.37583	3.53371	3.87788	4.32666	4.73596
100.0	2.99559	3.39187	3.55038	3.89594	4.34656	4.75755
110.0	3.00816	3.40578	3.56485	3.91162	4.36383	4.77629
120.0	3.01920	3.41801	3.57756	3.92540	4.37901	4.79277

$\gamma = .20$

R_L / n	.5000000	.6000000	.6500000	.7000000	.7500000	.8000000
2.0	—.97325	—.49282	—.28503	—.09088	.09696	.28764
3.0	—.61237	—.27587	—.11588	.04310	.20548	.37738
4.0	—.48924	—.18658	—.03873	.11075	.26580	.43213
5.0	—.42081	—.13296	.00950	.15470	.30646	.47034
6.0	—.37540	—.09578	.04366	.18649	.33645	.49908
7.0	—.34232	—.06793	.06962	.21097	.35984	.52175
8.0	—.31679	—.04599	.09025	.23061	.37877	.54025
9.0	—.29630	—.02812	.10720	.24685	.39452	.55574
10.0	—.27936	—.01317	.12144	.26058	.40791	.56897
11.0	—.26505	—.00042	.13365	.27239	.41948	.58045
12.0	—.25274	.01062	.14426	.28270	.42960	.59053
13.0	—.24202	.02032	.15361	.29180	.43858	.59948
14.0	—.23256	.02891	.16192	.29992	.44660	.60751
15.0	—.22413	.03661	.16938	.30723	.45382	.61475
16.0	—.21656	.04356	.17613	.31384	.46039	.62134
17.0	—.20971	.04986	.18226	.31987	.46638	.62737
18.0	—.20348	.05563	.18788	.32540	.47188	.63291
19.0	—.19777	.06092	.19304	.33049	.47695	.63802
20.0	—.19251	.06580	.19782	.33520	.48165	.64277
21.0	—.18766	.07033	.20224	.33958	.48602	.64719
22.0	—.18316	.07454	.20637	.34365	.49009	.65131
23.0	—.17896	.07846	.21022	.34747	.49391	.65518
24.0	—.17504	.08214	.21383	.35104	.49749	.65881
25.0	—.17137	.08559	.21722	.35441	.50086	.66223
26.0	—.16792	.08884	.22041	.35758	.50405	.66546
27.0	—.16467	.09191	.22343	.36058	.50705	.66852
28.0	—.16161	.09480	.22628	.36341	.50990	.67141
29.0	—.15870	.09755	.22899	.36610	.51261	.67417
30.0	—.15595	.10015	.23156	.36866	.51518	.67679
31.0	—.15334	.10263	.23400	.37110	.51764	.67928
32.0	—.15086	.10499	.23633	.37342	.51997	.68167
33.0	—.14849	.10724	.23856	.37564	.52221	.68395
34.0	—.14623	.10940	.24068	.37776	.52435	.68613
35.0	—.14407	.11145	.24272	.37979	.52640	.68822
36.0	—.14200	.11342	.24467	.38174	.52836	.69022
37.0	—.14002	.11532	.24654	.38361	.53025	.69215
38.0	—.13812	.11713	.24834	.38541	.53206	.69401
39.0	—.13630	.11888	.25007	.38714	.53381	.69579
40.0	—.13454	.12055	.25173	.38880	.53549	.69751
41.0	—.13286	.12217	.25333	.39041	.53711	.69917
42.0	—.13123	.12373	.25488	.39195	.53868	.70077
43.0	—.12966	.12523	.25637	.39345	.54019	.70232
44.0	—.12815	.12669	.25781	.39489	.54165	.70382
45.0	—.12669	.12809	.25921	.39629	.54307	.70526
46.0	—.12528	.12945	.26056	.39764	.54443	.70666
47.0	—.12391	.13076	.26186	.39895	.54576	.70802
48.0	—.12259	.13203	.26313	.40022	.54705	.70934
49.0	—.12131	.13327	.26435	.40145	.54829	.71062
50.0	—.12007	.13446	.26554	.40264	.54950	.71186
60.0	—.10944	.14473	.27577	.41291	.55993	.72257
70.0	—.10122	.15272	.28373	.42093	.56809	.73096
80.0	—.09461	.15915	.29017	.42742	.57469	.73776
90.0	—.08914	.16449	.29551	.43282	.58019	.74343
100.0	—.08453	.16901	.30003	.43739	.58486	.74825
110.0	—.08056	.17290	.30393	.44133	.58889	.75242
120.0	—.07711	.17629	.30733	.44478	.59241	.75606

$\gamma = .20$

R_L / n	.8500000	.9000000	.9500000	.9900000	.9950000	.9990000
2.0	.49377	.73728	1.07699	1.67207	1.88149	2.30532
3.0	.56869	.79914	1.12597	1.71027	1.91850	2.34222
4.0	.61926	.84680	1.17239	1.76012	1.97067	2.40014
5.0	.65583	.88260	1.20882	1.80105	2.01387	2.44858
6.0	.68384	.91053	1.23781	1.83422	2.04900	2.48814
7.0	.70620	.93308	1.26148	1.86160	2.07804	2.52092
8.0	.72459	.95176	1.28125	1.88464	2.10251	2.54859
9.0	.74007	.96759	1.29809	1.90437	2.12349	2.57234
10.0	.75336	.98123	1.31267	1.92152	2.14174	2.59302
11.0	.76493	.99315	1.32545	1.93660	2.15781	2.61124
12.0	.77512	1.00368	1.33679	1.95002	2.17210	2.62747
13.0	.78420	1.01309	1.34693	1.96205	2.18493	2.64204
14.0	.79235	1.02155	1.35608	1.97293	2.19653	2.65522
15.0	.79973	1.02922	1.36439	1.98283	2.20710	2.66724
16.0	.80644	1.03622	1.37198	1.99189	2.21677	2.67824
17.0	.81260	1.04264	1.37896	2.00023	2.22567	2.68837
18.0	.81826	1.04856	1.38540	2.00794	2.23390	2.69775
19.0	.82350	1.05404	1.39137	2.01510	2.24155	2.70646
20.0	.82837	1.05914	1.39692	2.02176	2.24867	2.71457
21.0	.83290	1.06389	1.40211	2.02800	2.25533	2.72217
22.0	.83714	1.06834	1.40697	2.03384	2.26158	2.72929
23.0	.84111	1.07251	1.41154	2.03934	2.26745	2.73599
24.0	.84485	1.07644	1.41584	2.04452	2.27299	2.74231
25.0	.84837	1.08014	1.41990	2.04941	2.27823	2.74828
26.0	.85170	1.08365	1.42374	2.05405	2.28319	2.75394
27.0	.85485	1.08697	1.42738	2.05844	2.28789	2.75931
28.0	.85784	1.09012	1.43084	2.06262	2.29237	2.76442
29.0	.86068	1.09312	1.43413	2.06661	2.29663	2.76929
30.0	.86339	1.09597	1.43727	2.07040	2.30069	2.77393
31.0	.86597	1.09870	1.44027	2.07403	2.30458	2.77837
32.0	.86844	1.10130	1.44314	2.07750	2.30829	2.78262
33.0	.87079	1.10379	1.44588	2.08082	2.31185	2.78668
34.0	.87305	1.10618	1.44851	2.08401	2.31526	2.79059
35.0	.87522	1.10847	1.45103	2.08707	2.31854	2.79433
36.0	.87729	1.11067	1.45346	2.09002	2.32169	2.79794
37.0	.87929	1.11278	1.45579	2.09285	2.32473	2.80141
38.0	.88121	1.11482	1.45804	2.09558	2.32765	2.80475
39.0	.88307	1.11678	1.46020	2.09821	2.33047	2.80798
40.0	.88485	1.11867	1.46229	2.10075	2.33319	2.81109
41.0	.88657	1.12050	1.46431	2.10320	2.33582	2.81409
42.0	.88823	1.12226	1.46625	2.10557	2.33836	2.81700
43.0	.88984	1.12396	1.46814	2.10786	2.34081	2.81981
44.0	.89140	1.12561	1.46996	2.11008	2.34319	2.82254
45.0	.89290	1.12721	1.47173	2.11223	2.34550	2.82518
46.0	.89436	1.12876	1.47344	2.11432	2.34773	2.82774
47.0	.89577	1.13026	1.47510	2.11634	2.34990	2.83022
48.0	.89714	1.13171	1.47671	2.11830	2.35201	2.83263
49.0	.89847	1.13313	1.47828	2.12021	2.35405	2.83497
50.0	.89976	1.13450	1.47980	2.12207	2.35604	2.83725
60.0	.91091	1.14637	1.49296	2.13814	2.37328	2.85700
70.0	.91967	1.15570	1.50333	2.15083	2.38690	2.87262
80.0	.92679	1.16330	1.51178	2.16119	2.39803	2.88539
90.0	.93272	1.16964	1.51885	2.16987	2.40734	2.89608
100.0	.93777	1.17504	1.52487	2.17727	2.41530	2.90521
110.0	.94213	1.17971	1.53009	2.18369	2.42220	2.91314
120.0	.94596	1.18381	1.53467	2.18933	2.42825	2.92010

$\gamma = .20$

R_L / n	.9995000	.9999000	.9999500	.9999900	.9999990	.9999999
2.0	2.46833	2.81450	2.95235	3.25192	3.64109	3.99497
3.0	2.50572	2.85350	2.99215	3.29368	3.68572	4.04243
4.0	2.56610	2.91945	3.06041	3.36711	3.76609	4.12926
5.0	2.61674	2.97496	3.11793	3.42909	3.83403	4.20273
6.0	2.65812	3.02039	3.16502	3.47987	3.88972	4.26298
7.0	2.69244	3.05809	3.20411	3.52204	3.93598	4.31304
8.0	2.72141	3.08995	3.23715	3.55769	3.97510	4.35538
9.0	2.74630	3.11732	3.26554	3.58833	4.00873	4.39178
10.0	2.76796	3.14117	3.29027	3.61503	4.03805	4.42352
11.0	2.78706	3.16219	3.31208	3.63858	4.06391	4.45152
12.0	2.80407	3.18092	3.33152	3.65957	4.08696	4.47647
13.0	2.81935	3.19775	3.34898	3.67843	4.10768	4.49891
14.0	2.83318	3.21299	3.36479	3.69551	4.12644	4.51923
15.0	2.84578	3.22687	3.37920	3.71108	4.14354	4.53775
16.0	2.85732	3.23959	3.39240	3.72535	4.15922	4.55473
17.0	2.86795	3.25131	3.40457	3.73849	4.17367	4.57038
18.0	2.87779	3.26216	3.41582	3.75066	4.18704	4.58487
19.0	2.88693	3.27224	3.42628	3.76196	4.19947	4.59833
20.0	2.89544	3.28163	3.43604	3.77251	4.21106	4.61089
21.0	2.90341	3.29042	3.44516	3.78237	4.22190	4.62264
22.0	2.91089	3.29867	3.45373	3.79163	4.23208	4.63367
23.0	2.91792	3.30643	3.46179	3.80034	4.24166	4.64405
24.0	2.92456	3.31376	3.46939	3.80856	4.25070	4.65384
25.0	2.93083	3.32068	3.47657	3.81634	4.25925	4.66310
26.0	2.93677	3.32724	3.48338	3.82370	4.26735	4.67188
27.0	2.94241	3.33347	3.48985	3.83069	4.27504	4.68022
28.0	2.94777	3.33939	3.49600	3.83735	4.28235	4.68814
29.0	2.95288	3.34503	3.50186	3.84368	4.28932	4.69570
30.0	2.95776	3.35042	3.50745	3.84973	4.29598	4.70291
31.0	2.96242	3.35556	3.51280	3.85551	4.30233	4.70980
32.0	2.96688	3.36049	3.51791	3.86105	4.30842	4.71640
33.0	2.97115	3.36521	3.52281	3.86635	4.31425	4.72272
34.0	2.97525	3.36974	3.52752	3.87144	4.31985	4.72879
35.0	2.97919	3.37409	3.53203	3.87632	4.32523	4.73462
36.0	2.98298	3.37827	3.53638	3.88102	4.33040	4.74023
37.0	2.98662	3.38230	3.54056	3.88555	4.33538	4.74563
38.0	2.99013	3.38618	3.54459	3.88991	4.34018	4.75083
39.0	2.99352	3.38992	3.54848	3.89412	4.34481	4.75585
40.0	2.99679	3.39353	3.55223	3.89818	4.34928	4.76069
41.0	2.99995	3.39702	3.55586	3.90210	4.35359	4.76537
42.0	3.00300	3.40040	3.55936	3.90590	4.35777	4.76990
43.0	3.00596	3.40367	3.56276	3.90957	4.36181	4.77428
44.0	3.00882	3.40683	3.56604	3.91313	4.36573	4.77853
45.0	3.01159	3.40990	3.56923	3.91657	4.36952	4.78264
46.0	3.01428	3.41287	3.57232	3.91992	4.37320	4.78663
47.0	3.01689	3.41575	3.57531	3.92316	4.37677	4.79050
48.0	3.01943	3.41856	3.57822	3.92631	4.38024	4.79426
49.0	3.02189	3.42128	3.58105	3.92937	4.38360	4.79791
50.0	3.02428	3.42392	3.58380	3.93235	4.38688	4.80147
60.0	3.04504	3.44688	3.60765	3.95817	4.41531	4.83230
70.0	3.06146	3.46505	3.62653	3.97860	4.43781	4.85670
80.0	3.07488	3.47990	3.64196	3.99532	4.45621	4.87666
90.0	3.08613	3.49235	3.65489	4.00933	4.47164	4.89340
100.0	3.09573	3.50298	3.66595	4.02130	4.48483	4.90771
110.0	3.10407	3.51221	3.67553	4.03168	4.49627	4.92012
120.0	3.11139	3.52031	3.68396	4.04081	4.50633	4.93104

γ=.40

R_L / n	.5000000	.6000000	.6500000	.7000000	.7500000	.8000000
2.0	−.22975	.09237	.25457	.42457	.60878	.81586
3.0	−.16667	.12012	.26662	.41983	.58443	.76726
4.0	−.13834	.13677	.27796	.42572	.58435	.76025
5.0	−.12107	.14826	.28684	.43195	.58775	.76048
6.0	−.10908	.15684	.29387	.43744	.59161	.76256
7.0	−.10010	.16356	.29957	.44214	.59528	.76509
8.0	−.09304	.16902	.30431	.44618	.59860	.76765
9.0	−.08731	.17356	.30833	.44969	.60159	.77008
10.0	−.08252	.17743	.31180	.45276	.60427	.77235
11.0	−.07845	.18078	.31482	.45548	.60669	.77445
12.0	−.07493	.18370	.31749	.45791	.60887	.77639
13.0	−.07184	.18630	.31987	.46009	.61085	.77817
14.0	−.06911	.18862	.32201	.46206	.61267	.77982
15.0	−.06667	.19070	.32395	.46386	.61433	.78135
16.0	−.06447	.19260	.32572	.46551	.61586	.78277
17.0	−.06248	.19433	.32734	.46702	.61728	.78410
18.0	−.06066	.19591	.32883	.46842	.61860	.78533
19.0	−.05899	.19738	.33020	.46972	.61983	.78649
20.0	−.05745	.19873	.33148	.47094	.62098	.78758
21.0	−.05603	.19999	.33268	.47207	.62205	.78861
22.0	−.05470	.20117	.33379	.47313	.62307	.78958
23.0	−.05347	.20227	.33483	.47412	.62402	.79049
24.0	−.05232	.20330	.33582	.47506	.62492	.79136
25.0	−.05123	.20427	.33674	.47595	.62577	.79218
26.0	−.05022	.20518	.33762	.47679	.62658	.79296
27.0	−.04926	.20605	.33844	.47759	.62735	.79371
28.0	−.04835	.20686	.33923	.47834	.62808	.79442
29.0	−.04749	.20764	.33998	.47906	.62878	.79510
30.0	−.04668	.20838	.34069	.47975	.62945	.79575
31.0	−.04591	.20908	.34136	.48040	.63008	.79637
32.0	−.04517	.20976	.34201	.48103	.63069	.79697
33.0	−.04447	.21040	.34263	.48163	.63128	.79754
34.0	−.04380	.21101	.34322	.48220	.63184	.79809
35.0	−.04316	.21160	.34379	.48276	.63238	.79862
36.0	−.04255	.21216	.34433	.48328	.63289	.79913
37.0	−.04196	.21270	.34485	.48379	.63339	.79962
38.0	−.04140	.21322	.34536	.48428	.63387	.80009
39.0	−.04085	.21372	.34584	.48476	.63434	.80055
40.0	−.04033	.21420	.34631	.48521	.63479	.80100
41.0	−.03983	.21467	.34676	.48565	.63522	.80142
42.0	−.03935	.21511	.34720	.48608	.63564	.80184
43.0	−.03888	.21555	.34762	.48649	.63604	.80224
44.0	−.03843	.21596	.34802	.48689	.63643	.80263
45.0	−.03800	.21637	.34842	.48727	.63681	.80301
46.0	−.03758	.21676	.34880	.48765	.63718	.80337
47.0	−.03717	.21714	.34917	.48801	.63754	.80373
48.0	−.03678	.21751	.34952	.48836	.63789	.80407
49.0	−.03639	.21786	.34987	.48870	.63823	.80441
50.0	−.03602	.21821	.35021	.48903	.63855	.80474
60.0	−.03285	.22118	.35312	.49190	.64140	.80758
70.0	−.03040	.22350	.35540	.49415	.64364	.80984
80.0	−.02842	.22538	.35725	.49599	.64548	.81169
90.0	−.02679	.22694	.35879	.49752	.64702	.81324
100.0	−.02540	.22826	.36010	.49883	.64833	.81457
110.0	−.02421	.22940	.36123	.49996	.64946	.81573
120.0	−.02318	.23040	.36222	.50094	.65046	.81674

$\gamma=.40$

R_L / n	.8500000	.9000000	.9500000	.9900000	.9950000	.9990000
2.0	1.05979	1.36890	1.82659	2.67232	2.97779	3.60303
3.0	.97998	1.24692	1.64048	2.37154	2.63724	3.18289
4.0	.96455	1.22056	1.59798	2.30027	2.55596	3.08150
5.0	.96101	1.21226	1.58274	2.27280	2.52424	3.04130
6.0	.96101	1.20967	1.57643	2.26002	2.50922	3.02184
7.0	.96225	1.20932	1.57383	2.25355	2.50143	3.01145
8.0	.96394	1.20996	1.57299	2.25022	2.49726	3.00564
9.0	.96576	1.21104	1.57306	2.24859	2.49507	3.00236
10.0	.96757	1.21232	1.57360	2.24795	2.49404	3.00058
11.0	.96933	1.21367	1.57441	2.24790	2.49372	2.99974
12.0	.97099	1.21502	1.57536	2.24822	2.49384	2.99949
13.0	.97256	1.21635	1.57637	2.24876	2.49424	2.99964
14.0	.97404	1.21764	1.57742	2.24945	2.49483	3.00004
15.0	.97543	1.21887	1.57846	2.25023	2.49553	3.00062
16.0	.97674	1.22005	1.57949	2.25106	2.49631	3.00131
17.0	.97797	1.22118	1.58050	2.25192	2.49713	3.00208
18.0	.97912	1.22225	1.58147	2.25279	2.49798	3.00290
19.0	.98022	1.22328	1.58242	2.25366	2.49883	3.00375
20.0	.98125	1.22425	1.58333	2.25452	2.49969	3.00461
21.0	.98222	1.22518	1.58421	2.25536	2.50054	3.00547
22.0	.98315	1.22607	1.58506	2.25619	2.50137	3.00633
23.0	.98403	1.22691	1.58588	2.25701	2.50220	3.00719
24.0	.98487	1.22772	1.58667	2.25780	2.50300	3.00803
25.0	.98566	1.22849	1.58743	2.25857	2.50379	3.00886
26.0	.98642	1.22924	1.58816	2.25933	2.50456	3.00968
27.0	.98715	1.22995	1.58886	2.26006	2.50531	3.01048
28.0	.98784	1.23063	1.58954	2.26077	2.50604	3.01126
29.0	.98851	1.23128	1.59020	2.26146	2.50675	3.01202
30.0	.98914	1.23191	1.59083	2.26213	2.50744	3.01277
31.0	.98975	1.23252	1.59144	2.26278	2.50812	3.01350
32.0	.99034	1.23310	1.59203	2.26342	2.50877	3.01421
33.0	.99091	1.23367	1.59261	2.26403	2.50941	3.01490
34.0	.99145	1.23421	1.59316	2.26463	2.51004	3.01558
35.0	.99197	1.23473	1.59369	2.26521	2.51064	3.01624
36.0	.99248	1.23524	1.59421	2.26578	2.51123	3.01688
37.0	.99297	1.23573	1.59472	2.26633	2.51181	3.01751
38.0	.99344	1.23620	1.59521	2.26687	2.51237	3.01812
39.0	.99390	1.23666	1.59568	2.26739	2.51291	3.01872
40.0	.99434	1.23711	1.59614	2.26790	2.51344	3.01930
41.0	.99476	1.23754	1.59659	2.26840	2.51396	3.01987
42.0	.99518	1.23796	1.59702	2.26888	2.51447	3.02043
43.0	.99558	1.23837	1.59744	2.26935	2.51496	3.02097
44.0	.99597	1.23876	1.59785	2.26981	2.51544	3.02151
45.0	.99635	1.23914	1.59825	2.27026	2.51591	3.02203
46.0	.99672	1.23952	1.59864	2.27070	2.51637	3.02253
47.0	.99707	1.23988	1.59902	2.27112	2.51682	3.02303
48.0	.99742	1.24023	1.59939	2.27154	2.51726	3.02352
49.0	.99776	1.24058	1.59976	2.27195	2.51769	3.02399
50.0	.99809	1.24091	1.60011	2.27235	2.51811	3.02446
60.0	1.00096	1.24386	1.60322	2.27589	2.52184	3.02861
70.0	1.00325	1.24622	1.60573	2.27880	2.52491	3.03205
80.0	1.00514	1.24818	1.60783	2.28124	2.52750	3.03495
90.0	1.00673	1.24984	1.60961	2.28333	2.52971	3.03744
100.0	1.00809	1.25126	1.61115	2.28514	2.53163	3.03961
110.0	1.00928	1.25250	1.61250	2.28673	2.53333	3.04153
120.0	1.01033	1.25360	1.61369	2.28814	2.53483	3.04323

$\gamma = .40$

R_L \ n	.9995000	.9999000	.9999500	.9999900	.9999990	.9999999
2.0	3.84528	4.36193	4.56833	5.01789	5.60350	6.13716
3.0	3.39473	3.84706	4.02791	4.42202	4.93572	5.40407
4.0	3.28567	3.72178	3.89621	4.27639	4.77205	5.22405
5.0	3.24223	3.67155	3.84328	4.21763	4.70578	5.15098
6.0	3.22110	3.64689	3.81723	4.18858	4.67286	5.11457
7.0	3.20973	3.63346	3.80299	4.17261	4.65466	5.09437
8.0	3.20330	3.62575	3.79478	4.16332	4.64399	5.08246
9.0	3.19962	3.62123	3.78993	4.15777	4.63756	5.07524
10.0	3.19757	3.61862	3.78710	4.15448	4.63368	5.07084
11.0	3.19653	3.61720	3.78554	4.15260	4.63141	5.06822
12.0	3.19616	3.61656	3.78479	4.15164	4.63019	5.06677
13.0	3.19621	3.61643	3.78460	4.15131	4.62968	5.06612
14.0	3.19655	3.61665	3.78477	4.15139	4.62966	5.06601
15.0	3.19709	3.61711	3.78521	4.15177	4.62997	5.06627
16.0	3.19775	3.61773	3.78581	4.15235	4.63052	5.06681
17.0	3.19851	3.61847	3.78654	4.15307	4.63124	5.06753
18.0	3.19932	3.61928	3.78735	4.15389	4.63208	5.06838
19.0	3.20017	3.62013	3.78822	4.15477	4.63299	5.06933
20.0	3.20104	3.62102	3.78912	4.15570	4.63396	5.07034
21.0	3.20191	3.62193	3.79004	4.15665	4.63496	5.07139
22.0	3.20279	3.62284	3.79097	4.15762	4.63599	5.07247
23.0	3.20366	3.62376	3.79190	4.15860	4.63702	5.07356
24.0	3.20453	3.62466	3.79282	4.15957	4.63805	5.07466
25.0	3.20538	3.62556	3.79374	4.16053	4.63909	5.07575
26.0	3.20621	3.62645	3.79465	4.16149	4.64011	5.07684
27.0	3.20703	3.62732	3.79554	4.16243	4.64112	5.07791
28.0	3.20784	3.62817	3.79642	4.16336	4.64211	5.07897
29.0	3.20862	3.62901	3.79728	4.16427	4.64310	5.08002
30.0	3.20939	3.62983	3.79813	4.16516	4.64406	5.08105
31.0	3.21014	3.63064	3.79895	4.16604	4.64500	5.08206
32.0	3.21088	3.63143	3.79976	4.16690	4.64593	5.08305
33.0	3.21159	3.63219	3.80055	4.16774	4.64684	5.08402
34.0	3.21229	3.63295	3.80133	4.16857	4.64773	5.08498
35.0	3.21298	3.63368	3.80208	4.16937	4.64860	5.08591
36.0	3.21364	3.63440	3.80282	4.17016	4.64946	5.08683
37.0	3.21429	3.63510	3.80355	4.17093	4.65029	5.08772
38.0	3.21493	3.63579	3.80425	4.17168	4.65111	5.08860
39.0	3.21555	3.63646	3.80494	4.17242	4.65191	5.08946
40.0	3.21616	3.63711	3.80562	4.17314	4.65269	5.09030
41.0	3.21675	3.63775	3.80628	4.17385	4.65346	5.09112
42.0	3.21733	3.63838	3.80693	4.17454	4.65421	5.09192
43.0	3.21789	3.63899	3.80756	4.17521	4.65494	5.09271
44.0	3.21844	3.63959	3.80818	1.17587	4.65566	5.09348
45.0	3.21898	3.64018	3.80878	4.17652	4.65636	5.09424
46.0	3.21951	3.64075	3.80937	4.17715	4.65705	5.09498
47.0	3.22003	3.64131	3.80995	4.17777	4.65772	5.09570
48.0	3.22053	3.64186	3.81052	4.17838	4.65838	5.09641
49.0	3.22103	3.64239	3.81107	4.17897	4.65903	5.09711
50.0	3.22151	3.64292	3.81161	4.17955	4.65966	5.09779
60.0	3.22584	3.64764	3.81649	4.18478	4.66536	5.10393
70.0	3.22943	3.65155	3.82054	4.18914	4.67012	5.10906
80.0	3.23246	3.65487	3.82398	4.19283	4.67416	5.11342
90.0	3.23506	3.65773	3.82693	4.19601	4.67764	5.11718
100.0	3.23734	3.66022	3.82951	4.19879	4.68069	5.12047
110.0	3.23934	3.66242	3.83179	4.20125	4.68338	5.12338
120.0	3.24112	3.66438	3.83383	4.20344	4.68578	5.12598

$\gamma=.50$

R_L / n	.5000000	.6000000	.6500000	.7000000	.7500000	.8000000
2.0	.00000	.32031	.49223	.67899	.88735	1.12703
3.0	.00000	.28667	.43745	.59798	.77324	.97068
4.0	.00000	.27540	.41962	.57246	.73847	.92456
5.0	.00000	.26979	.41083	.56002	.72173	.90263
6.0	.00000	.26645	.40561	.55268	.71191	.88984
7.0	.00000	.26423	.40216	.54784	.70546	.88147
8.0	.00000	.26265	.39971	.54441	.70091	.87557
9.0	.00000	.26148	.39788	.54186	.69752	.87119
10.0	.00000	.26056	.39646	.53988	.69490	.86781
11.0	.00000	.25983	.39533	.53830	.69281	.86512
12.0	.00000	.25924	.39441	.53702	.69111	.86294
13.0	.00000	.25874	.39364	.53595	.68970	.86112
14.0	.00000	.25832	.39300	.53505	.68851	.85959
15.0	.00000	.25796	.39244	.53428	.68749	.85828
16.0	.00000	.25765	.39196	.53361	.68661	.85715
17.0	.00000	.25738	.39154	.53303	.68584	.85616
18.0	.00000	.25714	.39117	.53252	.68517	.85530
19.0	.00000	.25693	.39085	.53206	.68457	.85452
20.0	.00000	.25674	.39055	.53165	.68403	.85384
21.0	.00000	.25657	.39029	.53129	.68355	.85322
22.0	.00000	.25641	.39005	.53096	.68311	.85266
23.0	.00000	.25627	.38983	.53066	.68272	.85215
24.0	.00000	.25615	.38964	.53038	.68235	.85169
25.0	.00000	.25603	.38946	.53013	.68202	.85126
26.0	.00000	.25592	.38929	.52990	.68172	.85087
27.0	.00000	.25582	.38914	.52969	.68144	.85051
28.0	.00000	.25573	.38899	.52949	.68118	.85018
29.0	.00000	.25564	.38886	.52931	.68094	.84987
30.0	.00000	.25556	.38874	.52914	.68071	.84958
31.0	.00000	.25549	.38862	.52898	.68050	.84932
32.0	.00000	.25542	.38852	.52883	.68031	.84907
33.0	.00000	.25536	.38842	.52869	.68013	.84883
34.0	.00000	.25529	.38832	.52856	.67995	.84861
35.0	.00000	.25524	.38823	.52844	.67979	.84840
36.0	.00000	.25518	.38815	.52832	.67964	.84821
37.0	.00000	.25513	.38807	.52821	.67950	.84802
38.0	.00000	.25508	.38800	.52811	.67936	.84785
39.0	.00000	.25504	.38793	.52801	.67923	.84768
40.0	.00000	.25499	.38786	.52792	.67911	.84753
41.0	.00000	.25495	.38779	.52783	.67899	.84738
42.0	.00000	.25491	.38773	.52774	.67888	.84724
43.0	.00000	.25488	.38768	.52766	.67878	.84710
44.0	.00000	.25484	.38762	.52759	.67868	.84698
45.0	.00000	.25481	.38757	.52751	.67858	.84685
46.0	.00000	.25477	.38752	.52744	.67849	.84674
47.0	.00000	.25474	.38747	.52738	.67840	.84662
48.0	.00000	.25471	.38742	.52731	.67832	.84652
49.0	.00000	.25468	.38738	.52725	.67824	.84641
50.0	.00000	.25466	.38734	.52720	.67816	.84632
60.0	.00000	.25443	.38700	.52672	.67754	.84552
70.0	.00000	.25428	.38675	.52638	.67709	.84495
80.0	.00000	.25416	.38657	.52613	.67676	.84453
90.0	.00000	.25407	.38643	.52594	.67651	.84420
100.0	.00000	.25399	.38632	.52578	.67630	.84394
110.0	.00000	.25393	.38623	.52565	.67614	.84373
120.0	.00000	.25389	.38615	.52555	.67600	.84355

γ=.50

R_L / n	.8500000	.9000000	.9500000	.9900000	.9950000	.9990000
2.0	1.41451	1.78422	2.33873	3.37597	3.75294	4.52669
3.0	1.20329	1.49848	1.93842	2.76448	3.06643	3.68821
4.0	1.14282	1.41887	1.82951	2.60082	2.88304	3.46458
5.0	1.11439	1.38182	1.77928	2.52577	2.79900	3.36214
6.0	1.09791	1.36046	1.75046	2.48284	2.75094	3.30358
7.0	1.08717	1.34659	1.73179	2.45508	2.71987	3.26572
8.0	1.07961	1.33685	1.71872	2.43567	2.69814	3.23925
9.0	1.07401	1.32965	1.70908	2.42134	2.68210	3.21971
10.0	1.06970	1.32410	1.70163	2.41032	2.66978	3.20469
11.0	1.06627	1.31970	1.69574	2.40160	2.66001	3.19279
12.0	1.06348	1.31613	1.69096	2.39451	2.65209	3.18313
13.0	1.06117	1.31316	1.68700	2.38864	2.64552	3.17514
14.0	1.05923	1.31067	1.68366	2.38371	2.64000	3.16841
15.0	1.05756	1.30854	1.68082	2.37949	2.63528	3.16266
16.0	1.05612	1.30670	1.67836	2.37586	2.63121	3.15771
17.0	1.05487	1.30509	1.67621	2.37268	2.62767	3.15339
18.0	1.05377	1.30368	1.67433	2.36990	2.62455	3.14958
19.0	1.05279	1.30243	1.67266	2.36742	2.62178	3.14621
20.0	1.05191	1.30131	1.67116	2.36522	2.61931	3.14320
21.0	1.05113	1.30030	1.66982	2.36323	2.61709	3.14050
22.0	1.05042	1.29939	1.66861	2.36144	2.61509	3.13806
23.0	1.04977	1.29857	1.66752	2.35982	2.61327	3.13585
24.0	1.04918	1.29782	1.66651	2.35834	2.61162	3.13383
25.0	1.04865	1.29713	1.66560	2.35698	2.61010	3.13199
26.0	1.04815	1.29650	1.66475	2.35574	2.60871	3.13029
27.0	1.04769	1.29592	1.66398	2.35459	2.60742	3.12872
28.0	1.04727	1.29538	1.66326	2.35353	2.60624	3.12728
29.0	1.04688	1.29488	1.66259	2.35255	2.60514	3.12594
30.0	1.04652	1.29441	1.66197	2.35163	2.60411	3.12469
31.0	1.04618	1.29398	1.66140	2.35078	2.60316	3.12352
32.0	1.04586	1.29357	1.66086	2.34998	2.60226	3.12244
33.0	1.04556	1.29319	1.66035	2.34923	2.60143	3.12142
34.0	1.04528	1.29284	1.65988	2.34853	2.60064	3.12046
35.0	1.04502	1.29250	1.65943	2.34787	2.59990	3.11956
36.0	1.04477	1.29219	1.65901	2.34725	2.59921	3.11871
37.0	1.04454	1.29189	1.65861	2.34666	2.59855	3.11791
38.0	1.04432	1.29161	1.65823	2.34610	2.59793	3.11716
39.0	1.04411	1.29134	1.65788	2.34558	2.59734	3.11644
40.0	1.04391	1.29109	1.65754	2.34508	2.59678	3.11576
41.0	1.04372	1.29085	1.65722	2.34461	2.59626	3.11512
42.0	1.04354	1.29062	1.65692	2.34416	2.59575	3.11450
43.0	1.04337	1.29040	1.65663	2.34373	2.59527	3.11392
44.0	1.04321	1.29019	1.65635	2.34332	2.59482	3.11337
45.0	1.04306	1.28999	1.65609	2.34293	2.59438	3.11283
46.0	1.04291	1.28981	1.65584	2.34256	2.59397	3.11233
47.0	1.04277	1.28962	1.65559	2.34221	2.59357	3.11184
48.0	1.04263	1.28945	1.65536	2.34187	2.59319	3.11138
49.0	1.04250	1.28929	1.65514	2.34154	2.59282	3.11094
50.0	1.04238	1.28913	1.65493	2.34123	2.59247	3.11051
60.0	1.04136	1.28784	1.65321	2.33869	2.58963	3.10705
70.0	1.04065	1.28692	1.65199	2.33689	2.58762	3.10460
80.0	1.04011	1.28624	1.65109	2.33555	2.58612	3.10277
90.0	1.03970	1.28571	1.65038	2.33451	2.58496	3.10136
100.0	1.03936	1.28529	1.64982	2.33368	2.58403	3.10023
110.0	1.03910	1.28494	1.64937	2.33301	2.58328	3.09931
120.0	1.03887	1.28466	1.64898	2.33245	2.58265	3.09854

γ=.50

n \ R_L	.9995000	.9999000	.9999500	.9999900	.9999990	.9999999
2.0	4.82701	5.46829	5.72470	6.28347	7.01187	7.67605
3.0	3.93004	4.44705	4.65395	5.10509	5.69358	6.23048
4.0	3.69087	4.17481	4.36851	4.79097	5.34216	5.84511
5.0	3.58132	4.05011	4.23777	4.64708	5.18117	5.66855
6.0	3.51869	3.97881	4.16302	4.56480	5.08910	5.56757
7.0	3.47820	3.93272	4.11469	4.51160	5.02957	5.50228
8.0	3.44989	3.90049	4.08089	4.47441	4.98795	5.45662
9.0	3.42899	3.87670	4.05595	4.44694	4.95721	5.42291
10.0	3.41293	3.85842	4.03677	4.42584	4.93359	5.39700
11.0	3.40021	3.84393	4.02158	4.40911	4.91487	5.37646
12.0	3.38988	3.83217	4.00925	4.39554	4.89967	5.35979
13.0	3.38132	3.82243	3.99904	4.38429	4.88709	5.34599
14.0	3.37413	3.81423	3.99044	4.37483	4.87650	5.33437
15.0	3.36798	3.80724	3.98311	4.36676	4.86746	5.32445
16.0	3.36268	3.80120	3.97678	4.35979	4.85966	5.31590
17.0	3.35806	3.79594	3.97126	4.35371	4.85286	5.30843
18.0	3.35399	3.79131	3.96640	4.34836	4.84687	5.30187
19.0	3.35039	3.78720	3.96210	4.34363	4.84157	5.29605
20.0	3.34717	3.78354	3.95826	4.33940	4.83683	5.29085
21.0	3.34428	3.78025	3.95481	4.33560	4.83258	5.28619
22.0	3.34167	3.77728	3.95169	4.33217	4.82874	5.28198
23.0	3.33931	3.77458	3.94886	4.32905	4.82526	5.27815
24.0	3.33715	3.77212	3.94629	4.32622	4.82208	5.27467
25.0	3.33517	3.76988	3.94393	4.32362	4.81917	5.27148
26.0	3.33336	3.76781	3.94176	4.32123	4.81650	5.26855
27.0	3.33168	3.76590	3.93976	4.31903	4.81404	5.26584
28.0	3.33014	3.76414	3.93791	4.31700	4.81176	5.26335
29.0	3.32870	3.76251	3.93620	4.31511	4.80965	6.26103
30.0	3.32737	3.76099	3.93461	4.31336	4.80768	5.25887
31.0	3.32612	3.75957	3.93312	4.31172	4.80585	5.25686
32.0	3.32496	3.75824	3.93173	4.31019	4.80414	5.25498
33.0	3.32387	3.75700	3.93043	4.30876	4.80253	5.25322
34.0	3.32285	3.75584	3.92921	4.30741	4.80103	5.25157
35.0	3.32188	3.75474	3.92806	4.30615	4.79961	5.25002
36.0	3.32098	3.75371	3.92698	4.30495	4.79828	5.24855
37.0	3.32012	3.75274	3.92595	4.30383	4.79702	5.24717
38.0	3.31931	3.75181	3.92499	4.30277	4.79583	5.24586
39.0	3.31855	3.75094	3.92407	4.30176	4.79470	5.24463
40.0	3.31782	3.75012	3.92321	4.30080	4.79363	5.24345
41.0	3.31713	3.74933	3.92238	4.29990	4.79262	5.24234
42.0	3.31648	3.74858	3.92160	4.29903	4.79165	5.24128
43.0	3.31585	3.74787	3.92085	4.29821	4.79073	5.24027
44.0	3.31526	3.74720	3.92014	4.29743	4.78986	5.23931
45.0	3.31469	3.74655	3.91947	4.29669	4.78902	5.23840
46.0	3.31415	3.74593	3.91882	4.29597	4.78822	5.23752
47.0	3.31363	3.74534	3.91820	4.29529	4.78746	5.23668
48.0	3.31313	3.74478	3.91761	4.29464	4.78673	5.23588
49.0	3.31266	3.74424	3.91704	4.29401	4.78603	5.23511
50.0	3.31220	3.74372	3.91650	4.29341	4.78536	5.23438
60.0	3.30850	3.73950	3.91208	4.28855	4.77991	5.22840
70.0	3.30588	3.73652	3.90894	4.28510	4.77605	5.22416
80.0	3.30392	3.73429	3.90661	4.28253	4.77317	5.22101
90.0	3.30241	3.73257	3.90480	4.28054	4.77094	5.21856
100.0	3.30120	3.73119	3.90336	4.27895	4.76917	5.21661
110.0	3.30022	3.73007	3.90218	4.27766	4.76772	5.21502
120.0	3.29940	3.72914	3.90121	4.27658	4.76651	5.21370

$\gamma = .60$

R_L / n	.5000000	.6000000	.6500000	.7000000	.7500000	.8000000
2.0	.22975	.58070	.77891	.99975	1.25098	1.54430
3.0	.16667	.46491	.62592	.79989	.99224	1.21135
4.0	.13834	.42095	.57171	.73325	.91046	1.11086
5.0	.12107	.39620	.54218	.69801	.86832	1.06029
6.0	.10908	.37982	.52303	.67557	.84194	1.02908
7.0	.10010	.36796	.50936	.65976	.82356	1.00757
8.0	.09304	.35887	.49899	.64788	.80987	.99169
9.0	.08731	.35161	.49078	.63855	.79919	.97937
10.0	.08252	.34564	.48408	.63097	.79058	.96949
11.0	.07845	.34063	.47848	.62468	.78345	.96135
12.0	.07493	.33634	.47371	.61934	.77743	.95450
13.0	.07184	.33262	.46958	.61474	.77227	.94865
14.0	.06911	.32935	.46597	.61072	.76777	.94356
15.0	.06667	.32644	.46277	.60718	.76381	.93910
16.0	.06447	.32384	.45992	.60403	.76030	.93515
17.0	.06248	.32149	.45735	.60120	.75715	.93161
18.0	.06066	.31936	.45502	.59864	.75431	.92843
19.0	.05899	.31742	.45290	.59631	.75173	.92554
20.0	.05745	.31563	.45096	.59418	.74938	.92291
21.0	.05603	.31399	.44917	.59222	.74722	.92050
22.0	.05470	.31246	.44752	.59041	.74523	.91829
23.0	.05347	.31104	.44598	.58874	.74338	.91624
24.0	.05232	.30972	.44455	.58718	.74167	.91433
25.0	.05123	.30849	.44322	.58573	.74008	.91256
26.0	.05022	.30733	.44197	.58437	.73858	.91091
27.0	.04926	.30624	.44079	.58309	.73719	.90936
28.0	.04835	.30521	.43969	.58189	.73587	.90791
29.0	.04749	.30424	.43864	.58076	.73463	.90654
30.0	.04668	.30332	.43766	.57969	.73347	.90525
31.0	.04591	.30245	.43672	.57868	.73236	.90403
32.0	.04517	.30162	.43583	.57772	.73131	.90287
33.0	.04447	.30083	.43499	.57680	.73032	.90178
34.0	.04380	.30008	.43418	.57594	.72937	.90073
35.0	.04316	.29936	.43341	.57511	.72847	.89974
36.0	.04255	.29868	.43268	.57432	.72761	.89880
37.0	.04196	.29802	.43198	.57356	.72679	.89789
38.0	.04140	.29739	.43131	.57284	.72600	.89703
39.0	.04085	.29679	.43066	.57214	.72525	.89620
40.0	.04033	.29621	.43005	.57148	.72453	.89541
41.0	.03983	.29565	.42945	.57084	.72383	.89465
42.0	.03935	.29511	.42888	.57023	.72317	.89392
43.0	.03888	.29460	.42833	.56964	.72253	.89322
44.0	.03843	.29410	.42780	.56907	.72191	.89254
45.0	.03800	.29362	.42729	.56852	.72132	.89189
46.0	.03758	.29315	.42679	.56799	.72074	.89127
47.0	.03717	.29270	.42632	.56748	.72019	.89066
48.0	.03678	.29227	.42585	.56698	.71966	.89008
49.0	.03639	.29185	.42541	.56650	.71914	.88951
50.0	.03602	.29144	.42498	.56604	.71864	.88897
60.0	.03285	.28797	.42129	.56211	.71440	.88434
70.0	.03040	.28529	.41846	.55909	.71116	.88082
80.0	.02842	.28315	.41621	.55669	.70858	.87802
90.0	.02679	.28138	.41435	.55472	.70647	.87574
100.0	.02540	.27989	.41279	.55307	.70471	.87383
110.0	.02421	.27862	.41145	.55166	.70320	.87220
120.0	.02318	.27751	.41029	.55043	.70189	.87079

$\gamma=.60$

R_L / n	.8500000	.9000000	.9500000	.9900000	.9950000	.9990000
2.0	1.90025	2.36237	3.06139	4.37970	4.86084	5.85031
3.0	1.47195	1.80552	2.30676	3.25582	3.60429	4.32339
4.0	1.34781	1.64973	2.10217	2.95847	3.27310	3.92274
5.0	1.28659	1.57429	2.00471	2.81874	3.11783	3.73548
6.0	1.24932	1.52890	1.94672	2.73639	3.02650	3.62558
7.0	1.22388	1.49819	1.90780	2.68154	2.96574	3.55262
8.0	1.20522	1.47582	1.87964	2.64208	2.92210	3.50029
9.0	1.19085	1.45869	1.85818	2.61217	2.88903	3.46071
10.0	1.17937	1.44506	1.84119	2.58859	2.86301	3.42959
11.0	1.16996	1.43393	1.82737	2.56947	2.84191	3.40439
12.0	1.16206	1.42463	1.81585	2.55360	2.82441	3.38350
13.0	1.15533	1.41672	1.80609	2.54019	2.80963	3.36588
14.0	1.14951	1.40989	1.79769	2.52867	2.79694	3.35077
15.0	1.14441	1.40393	1.79036	2.51866	2.78592	3.33765
16.0	1.13989	1.39867	1.78392	2.50986	2.77624	3.32613
17.0	1.13587	1.39398	1.77818	2.50206	2.76766	3.31593
18.0	1.13225	1.38978	1.77305	2.49508	2.75999	3.30681
19.0	1.12898	1.38598	1.76842	2.48880	2.75309	3.29861
20.0	1.12600	1.38253	1.76422	2.48311	2.74684	3.29119
21.0	1.12328	1.37937	1.76039	2.47792	2.74115	3.28444
22.0	1.12077	1.37648	1.75687	2.47317	2.73593	3.27825
23.0	1.11846	1.37381	1.75364	2.46881	2.73114	3.27257
24.0	1.11631	1.37133	1.75065	2.46478	2.72672	3.26733
25.0	1.11432	1.36904	1.74787	2.46104	2.72262	3.26247
26.0	1.11246	1.36690	1.74528	2.45756	2.71881	3.25796
27.0	1.11072	1.36490	1.74287	2.45432	2.71525	3.25375
28.0	1.10909	1.36302	1.74061	2.45129	2.71193	3.24982
29.0	1.10755	1.36126	1.73849	2.44845	2.70881	3.24613
30.0	1.10611	1.35961	1.73649	2.44577	2.70588	3.24267
31.0	1.10474	1.35804	1.73461	2.44325	2.70312	3.23940
32.0	1.10345	1.35656	1.73283	2.44088	2.70052	3.23633
33.0	1.10222	1.35516	1.73115	2.43863	2.69806	3.23341
34.0	1.10106	1.35383	1.72955	2.43649	2.69572	3.23065
35.0	1.09995	1.35256	1.72803	2.43447	2.69350	3.22803
36.0	1.09889	1.35135	1.72659	2.43254	2.69139	3.22555
37.0	1.09789	1.35020	1.72521	2.43071	2.68939	3.22318
38.0	1.09692	1.34911	1.72390	2.42896	2.68747	3.22092
39.0	1.09600	1.34806	1.72264	2.42729	2.68565	3.21876
40.0	1.09512	1.34705	1.72144	2.42569	2.68390	3.21670
41.0	1.09428	1.34609	1.72029	2.42416	2.68223	3.21472
42.0	1.09346	1.34517	1.71918	2.42270	2.68062	3.21283
43.0	1.09268	1.34428	1.71812	2.42129	2.67908	3.21102
44.0	1.09193	1.34342	1.71711	2.41994	2.67761	3.20928
45.0	1.09121	1.34260	1.71613	2.41864	2.67619	3.20760
46.0	1.09051	1.34181	1.71518	2.41739	2.67482	3.20599
47.0	1.08984	1.34105	1.71427	2.41619	2.67350	3.20444
48.0	1.08919	1.34031	1.71340	2.41503	2.67224	3.20295
49.0	1.08857	1.33960	1.71255	2.41391	2.67101	3.20150
50.0	1.08796	1.33891	1.71173	2.41282	2.66983	3.20011
60.0	1.08284	1.33312	1.70485	2.40373	2.65990	3.18842
70.0	1.07896	1.32873	1.69965	2.39690	2.65244	3.17965
80.0	1.07588	1.32527	1.69556	2.39153	2.64659	3.17278
90.0	1.07337	1.32244	1.69224	2.38718	2.64184	3.16721
100.0	1.07127	1.32009	1.68947	2.38356	2.63790	3.16258
110.0	1.06949	1.31809	1.68712	2.38050	2.63456	3.15867
120.0	1.06795	1.31636	1.68509	2.37786	2.63169	3.15530

γ=.60

n \ R_L	.9995000	.9999000	.9999500	.9999900	.9999990	.9999999
2.0	6.23487	7.05660	7.38535	8.10209	9.03687	9.88957
3.0	4.60350	5.20286	5.44289	5.96654	6.65005	7.27395
4.0	4.17590	4.71776	4.93480	5.40840	6.02670	6.59117
5.0	3.97620	4.49147	4.69788	5.14830	5.73639	6.27331
6.0	3.85908	4.35889	4.55911	4.99604	5.56652	6.08738
7.0	3.78136	4.27099	4.46714	4.89516	5.45403	5.96429
8.0	3.72564	4.20802	4.40125	4.82293	5.37351	5.87621
9.0	3.68351	4.16043	4.35147	4.76838	5.31272	5.80973
10.0	3.65040	4.12304	4.31238	4.72554	5.26500	5.75755
11.0	3.62359	4.09279	4.28075	4.69090	5.22642	5.71537
12.0	3.60139	4.06775	4.25457	4.66223	5.19450	5.68047
13.0	3.58265	4.04662	4.23248	4.63805	5.16758	5.65105
14.0	3.56658	4.02852	4.21356	4.61734	5.14453	5.62586
15.0	3.55264	4.01281	4.19714	4.59937	5.12453	5.60401
16.0	3.54041	3.99903	4.18274	4.58361	5.10700	5.58486
17.0	3.52957	3.98682	4.16998	4.56966	5.09148	5.56790
18.0	3.51989	3.97593	4.15860	4.55721	5.07763	5.55277
19.0	3.51118	3.96613	4.14836	4.54601	5.06518	5.53917
20.0	3.50330	3.95726	4.13910	4.53588	5.05391	5.52687
21.0	3.49612	3.94919	4.13067	4.52666	5.04367	5.51568
22.0	3.48956	3.94181	4.12296	4.51823	5.03430	5.50545
23.0	3.48353	3.93503	4.11588	4.51049	5.02569	5.49605
24.0	3.47797	3.92877	4.10934	4.50335	5.01775	5.48739
25.0	3.47281	3.92298	4.10329	4.49674	5.01040	5.47937
26.0	3.46803	3.91760	4.09767	4.49060	5.00358	5.47191
27.0	3.46356	3.91258	4.09243	4.48487	4.99722	5.46497
28.0	3.45939	3.90789	4.08754	4.47952	4.99128	5.45848
29.0	3.45548	3.90350	4.08295	4.47451	4.98571	5.45241
30.0	3.45180	3.89937	4.07864	4.46980	4.98048	5.44670
31.0	3.44834	3.89548	4.07458	4.46537	4.97555	5.44132
32.0	3.44507	3.89182	4.07075	4.46118	4.97090	5.43625
33.0	3.44199	3.88835	4.06713	4.45723	4.96651	5.43146
34.0	3.43906	3.88506	4.06370	4.45348	4.96235	5.42692
35.0	3.43628	3.88195	4.06045	4.44993	4.95841	5.42262
36.0	3.43364	3.87898	4.05735	4.44655	4.95466	5.41853
37.0	3.43113	3.87616	4.05441	4.44334	4.95109	5.41463
38.0	3.42874	3.87348	4.05161	4.44028	4.94769	5.41092
39.0	3.42645	3.87091	4.04893	4.43735	4.94444	5.40738
40.0	3.42426	3.86846	4.04637	4.43456	4.94134	5.40400
41.0	3.42217	3.86611	4.04392	4.43188	4.93837	5.40076
42.0	3.42017	3.86386	4.04157	4.42932	4.93553	5.39766
43.0	3.41824	3.86171	4.03932	4.42686	4.93280	5.39468
44.0	3.41640	3.85963	4.03716	4.42451	4.93018	5.39183
45.0	3.41462	3.85765	4.03508	4.42224	4.92767	5.38908
46.0	3.41292	3.85573	4.03309	4.42006	4.92525	5.38644
47.0	3.41127	3.85389	4.03116	4.41796	4.92292	5.38390
48.0	3.40969	3.85211	4.02931	4.41594	4.92067	5.38145
49.0	3.40816	3.85040	4.02752	4.41399	4.91851	5.37909
50.0	3.40669	3.84875	4.02580	4.41210	4.91642	5.37682
60.0	3.39431	3.83487	4.01132	4.39631	4.89890	5.35771
70.0	3.38502	3.82447	4.00047	4.38447	4.88577	5.34340
80.0	3.37774	3.81632	3.99197	4.37520	4.87549	5.33220
90.0	3.37184	3.80972	3.98508	4.36770	4.86717	5.32313
100.0	3.36695	3.80424	3.97938	4.36148	4.86028	5.31562
110.0	3.36280	3.79961	3.97454	4.35622	4.85444	5.30926
120.0	3.35924	3.79563	3.97039	4.35169	4.84943	5.30380

$\gamma = .70$

R_L / n	.5000000	.6000000	.6500000	.7000000	.7500000	.8000000
2.0	.51374	.94086	1.19152	1.47571	1.80320	2.18934
3.0	.35635	.68113	.86059	1.05695	1.27634	1.52846
4.0	.29219	.59065	.75268	.92803	1.12206	1.34319
5.0	.25431	.54080	.69503	.86105	1.04388	1.25138
6.0	.22839	.50805	.65784	.81859	.99510	1.19489
7.0	.20916	.48440	.63133	.78867	.96109	1.15592
8.0	.19414	.46628	.61121	.76616	.93572	1.12705
9.0	.18198	.45182	.59526	.74844	.91587	1.10461
10.0	.17186	.43994	.58223	.73404	.89982	1.08655
11.0	.16328	.42995	.57132	.72204	.88651	1.07163
12.0	.15587	.42139	.56202	.71184	.87523	1.05903
13.0	.14939	.41396	.55396	.70303	.86553	1.04823
14.0	.14365	.40742	.54690	.69534	.85707	1.03883
15.0	.13854	.40161	.54064	.68853	.84960	1.03056
16.0	.13393	.39641	.53504	.68246	.84296	1.02321
17.0	.12976	.39172	.53000	.67701	.83700	1.01663
18.0	.12595	.38745	.52543	.67207	.83161	1.01069
19.0	.12247	.38355	.52126	.66756	.82671	1.00530
20.0	.11925	.37997	.51743	.66344	.82223	1.00038
21.0	.11628	.37667	.51391	.65965	.81811	.99585
22.0	.11352	.37361	.51065	.65615	.81431	.99169
23.0	.11095	.37077	.50762	.65290	.81079	.98783
24.0	.10854	.36811	.50480	.64987	.80751	.98424
25.0	.10629	.36563	.50216	.64704	.80446	.98090
26.0	.10417	.36330	.49968	.64439	.80160	.97778
27.0	.10217	.36110	.49736	.64191	.79891	.97485
28.0	.10028	.35904	.49517	.63956	.79639	.97209
29.0	.09850	.35708	.49310	.63736	.79400	.96950
30.0	.09680	.35523	.49114	.63527	.79175	.96705
31.0	.09519	.35348	.48928	.63329	.78962	.96473
32.0	.09366	.35181	.48752	.63141	.78760	.96253
33.0	.09220	.35022	.48584	.62962	.78568	.96044
34.0	.09081	.34870	.48424	.62792	.78385	.95845
35.0	.08948	.34726	.48272	.62629	.78211	.95656
36.0	.08820	.34587	.48126	.62474	.78044	.95475
37.0	.08698	.34455	.47986	.62326	.77885	.95303
38.0	.08581	.34328	.47852	.62184	.77733	.95138
39.0	.08468	.34206	.47724	.62048	.77587	.94979
40.0	.08360	.34089	.47601	.61917	.77446	.94828
41.0	.08255	.33976	.47482	.61791	.77312	.94682
42.0	.08155	.33868	.47369	.61670	.77182	.94542
43.0	.08058	.33763	.47259	.61554	.77058	.94407
44.0	.07965	.33663	.47153	.61442	.76938	.94277
45.0	.07874	.33565	.47051	.61333	.76822	.94152
46.0	.07787	.35472	.46952	.61229	.76711	.94031
47.0	.07702	.33381	.46857	.61128	.76603	.93915
48.0	.07621	.33293	.46765	.61030	.76499	.93802
49.0	.07541	.33208	.46675	.60936	.76398	.93693
50.0	.07465	.33125	.46589	.60845	.76300	.93588
60.0	.06807	.32421	.45852	.60066	.75470	.92693
70.0	.06297	.31878	.45284	.59468	.74834	.92009
80.0	.05887	.31443	.44830	.58990	.74326	.91464
90.0	.05548	.31084	.44456	.58597	.73910	.91017
100.0	.05261	.30781	.44141	.58267	.73560	.90643
110.0	.05015	.30521	.43871	.57984	.73261	.90322
120.0	.04800	.30295	.43637	.57738	.73001	.90045

$\gamma = .70$

n \ R_L	.8500000	.9000000	.9500000	.9900000	.9950000	.9990000
2.0	2.66150	3.27836	4.21669	5.99615	6.64746	7.98867
3.0	1.83064	2.22008	2.80914	3.93204	4.34583	5.20126
4.0	1.60644	1.94402	2.45308	3.42287	3.78048	4.52019
5.0	1.49752	1.81228	2.28594	3.18732	3.51965	4.20711
6.0	1.43137	1.73320	2.18674	3.04898	3.36677	4.02413
7.0	1.38615	1.67961	2.12008	2.95674	3.26502	3.90260
8.0	1.35289	1.64046	2.07170	2.89022	3.19173	3.81525
9.0	1.32718	1.61036	2.03469	2.83963	3.13604	3.74897
10.0	1.30659	1.58634	2.00531	2.79962	3.09205	3.69669
11.0	1.28963	1.56665	1.98129	2.76705	3.05627	3.65421
12.0	1.27537	1.55013	1.96122	2.73993	3.02650	3.61890
13.0	1.26317	1.53604	1.94415	2.71692	3.00125	3.58899
14.0	1.25258	1.52385	1.92941	2.69710	2.97953	3.56327
15.0	1.24329	1.51317	1.91653	2.67983	2.96059	3.54087
16.0	1.23505	1.50371	1.90515	2.66460	2.94391	3.52116
17.0	1.22768	1.49528	1.89501	2.65106	2.92908	3.50364
18.0	1.22104	1.48768	1.88590	2.63892	2.91580	3.48795
19.0	1.21502	1.48081	1.87767	2.62796	2.90381	3.47380
20.0	1.20953	1.47455	1.87018	2.61801	2.89292	3.46096
21.0	1.20449	1.46882	1.86333	2.60892	2.88298	3.44924
22.0	1.19986	1.46354	1.85704	2.60058	2.87387	3.43850
23.0	1.19557	1.45867	1.85124	2.59289	2.86547	3.42860
24.0	1.19159	1.45415	1.84586	2.58578	2.85770	3.41945
25.0	1.18789	1.44995	1.84086	2.57918	2.85048	3.41096
26.0	1.18442	1.44603	1.83620	2.57302	2.84376	3.40305
27.0	1.18118	1.44235	1.83184	2.56727	2.83749	3.39567
28.0	1.17813	1.43891	1.82775	2.56189	2.83161	3.38875
29.0	1.17526	1.43566	1.82390	2.55682	2.82608	3.38226
30.0	1.17256	1.43260	1.82028	2.55206	2.82088	3.37614
31.0	1.17000	1.42971	1.81686	2.54756	2.81597	3.37038
32.0	1.16757	1.42697	1.81362	2.54331	2.81134	3.36493
33.0	1.16527	1.42437	1.81055	2.53928	2.80694	3.35976
34.0	1.16308	1.42191	1.80763	2.53545	2.80277	3.35486
35.0	1.16099	1.41956	1.80485	2.53182	2.79880	3.35021
36.0	1.15900	1.41732	1.80221	2.52835	2.79503	3.34578
37.0	1.15710	1.41518	1.79969	2.52505	2.79143	3.34155
38.0	1.15528	1.41313	1.79728	2.52190	2.78799	3.33752
39.0	1.15354	1.41118	1.79497	2.51888	2.78471	3.33367
40.0	1.15188	1.40930	1.79277	2.51600	2.78156	3.32998
41.0	1.15027	1.40750	1.79065	2.51323	2.77855	3.32644
42.0	1.14874	1.40577	1.78861	2.51058	2.77566	3.32305
43.0	1.14726	1.40411	1.78666	2.50803	2.77288	3.31980
44.0	1.14583	1.40252	1.78478	2.50558	2.77021	3.31667
45.0	1.14446	1.40098	1.78297	2.50322	2.76764	3.31366
46.0	1.14314	1.39949	1.78123	2.50094	2.76517	3.31075
47.0	1.14186	1.39806	1.77955	2.49875	2.76278	3.30796
48.0	1.14063	1.39668	1.77792	2.49664	2.76048	3.30526
49.0	1.13943	1.39534	1.77635	2.49460	2.75826	3.30266
50.0	1.13828	1.39405	1.77484	2.49262	2.75611	3.30014
60.0	1.12849	1.38310	1.76201	2.47596	2.73798	3.27892
70.0	1.12102	1.37477	1.75228	2.46334	2.72426	3.26287
80.0	1.11509	1.36816	1.74456	2.45337	2.71342	3.25021
90.0	1.11023	1.36275	1.73827	2.44525	2.70459	3.23990
100.0	1.10616	1.35822	1.73301	2.43847	2.69723	3.23130
110.0	1.10268	1.35436	1.72852	2.43270	2.69097	3.22399
120.0	1.09967	1.35102	1.72465	2.42772	2.68556	3.21769

γ=.70

R_L / n	.9995000	.9999000	.9999500	.9999900	.9999990	.9999999
2.0	8.51039	9.62581	10.07224	11.04582	12.31601	13.47500
3.0	5.53488	6.24929	6.53556	7.16036	7.97633	8.72147
4.0	4.80881	5.42706	5.67485	6.21579	6.92239	7.56778
5.0	4.47538	5.05004	5.28038	5.78324	6.44015	7.04018
6.0	4.28064	4.83012	5.05036	5.53119	6.15932	6.73307
7.0	4.15139	4.68430	5.89790	5.36422	5.97339	6.52982
8.0	4.05852	4.57962	5.78848	5.24444	5.84008	6.38413
9.0	3.98810	4.50030	4.70559	5.15374	5.73916	6.27387
10.0	3.93257	4.43778	4.64027	5.08229	5.65970	6.18708
11.0	3.88747	4.38704	4.58726	5.02433	5.59525	6.11670
12.0	3.84998	4.34489	4.54323	4.97620	5.54175	6.05829
13.0	3.81824	4.30921	4.50597	4.93548	5.49649	6.00888
14.0	3.79095	4.27855	4.47395	4.90049	5.45762	5.96646
15.0	3.76719	4.25186	4.44609	4.87005	5.42381	5.92956
16.0	3.74628	4.22838	4.42157	4.84328	5.39407	5.89711
17.0	3.72770	4.20753	4.39981	4.81950	5.36767	5.86830
18.0	3.71107	4.18886	4.38032	4.79823	5.34405	5.84253
19.0	3.69607	4.17203	4.36276	4.77905	5.32276	5.81931
20.0	3.68246	4.15677	4.34682	4.76166	5.30346	5.79826
21.0	3.67004	4.14284	4.33229	4.74580	5.28585	5.77906
22.0	3.65866	4.13008	4.31897	4.73126	5.26972	5.76146
23.0	3.64817	4.11832	4.30671	4.71788	5.25487	5.74527
24.0	3.63848	4.10746	4.29537	4.70551	5.24115	5.73031
25.0	3.62949	4.09738	4.28485	4.69404	5.22842	5.71643
26.0	3.62111	4.08799	4.27506	4.68336	5.21658	5.70351
27.0	3.61329	4.07923	4.26592	4.67339	5.20552	5.69146
28.0	3.60596	4.07103	4.25736	4.66405	5.19516	5.68017
29.0	3.59909	4.06332	4.24933	4.65529	5.18544	5.66957
30.0	3.59261	4.05607	4.24177	4.64704	5.17630	5.65961
31.0	3.58651	4.04924	4.23464	4.63927	5.16768	5.65021
32.0	3.58074	4.04278	4.22790	4.63192	5.15953	5.64133
33.0	3.57527	4.03666	4.22152	4.62496	5.15182	5.63292
34.0	3.57009	4.03086	4.21546	4.61836	5.14450	5.62495
35.0	3.56516	4.02534	4.20971	4.61209	5.13755	5.61738
36.0	3.56047	4.02009	4.20424	4.60613	5.13094	5.61017
37.0	3.55600	4.01509	4.19902	4.60044	5.12463	5.60330
38.0	3.55173	4.01031	4.19404	4.59501	5.11862	5.59675
39.0	3.54765	4.00575	4.18928	4.58982	5.11287	5.59048
40.0	3.54375	4.00138	4.18473	4.58486	5.10737	5.58449
41.0	3.54001	3.99720	4.18037	4.58011	5.10210	5.57875
42.0	3.53642	3.99319	4.17618	4.57555	5.09705	5.57324
43.0	3.53298	3.98933	4.17216	4.57117	5.09220	5.56796
44.0	3.52966	3.98563	4.16830	4.56696	5.08753	5.56288
45.0	3.52648	3.98207	4.16459	4.56291	5.08305	5.55799
46.0	3.52341	3.97864	4.16101	4.55901	5.07873	5.55329
47.0	3.52045	3.97533	4.15756	4.55526	5.07457	5.54875
48.0	3.51760	3.97214	4.15424	4.55163	5.07055	5.54438
49.0	3.51484	3.96906	4.15103	4.54814	5.06668	5.54016
50.0	3.51218	3.96608	4.14792	4.54476	5.06293	5.53608
60.0	3.48974	3.94100	4.12178	4.51627	5.03139	5.50172
70.0	3.47277	3.92205	4.10202	4.49476	5.00757	5.47578
80.0	3.45938	3.90710	4.08644	4.47780	4.98879	5.45534
90.0	3.44849	3.89494	4.07377	4.46401	4.97352	5.43871
100.0	3.43940	3.88480	4.06320	4.45251	4.96079	5.42486
110.0	3.43168	3.87618	4.05423	4.44274	4.94998	5.41309
120.0	3.42502	3.86875	4.04648	4.43431	4.94066	5.40294

$\gamma=.80$

R_L / n	.5000000	.6000000	.6500000	.7000000	.7500000	.8000000
2.0	.97325	1.57666	1.94030	2.35728	2.84180	3.41664
3.0	.61237	.99113	1.20490	1.44130	1.70779	2.01628
4.0	.48924	.81851	1.00037	1.19903	1.42063	1.67494
5.0	.42081	.72885	.89714	1.07981	1.28246	1.51394
6.0	.37540	.67167	.83246	1.00630	1.19849	1.41735
7.0	.34232	.63112	.78713	.95537	1.14089	1.35171
8.0	.31679	.60042	.75313	.91746	1.09835	1.30357
9.0	.29630	.57612	.72640	.88786	1.06533	1.26642
10.0	.27936	.55628	.70468	.86394	1.03878	1.23668
11.0	.26505	.53967	.68659	.84409	1.01683	1.21219
12.0	.25274	.52550	.67122	.82728	.99832	1.19159
13.0	.24202	.51323	.65795	.81282	.98243	1.17397
14.0	.23256	.50247	.64634	.80020	.96860	1.15867
15.0	.22413	.49294	.63608	.78908	.95644	1.14523
16.0	.21656	.48441	.62692	.77916	.94562	1.13332
17.0	.20971	.47672	.61868	.77027	.93593	1.12265
18.0	.20348	.46975	.61122	.76222	.92718	1.11304
19.0	.19777	.46338	.60442	.75490	.91923	1.10432
20.0	.19251	.45754	.59819	.74820	.91197	1.09636
21.0	.18766	.45216	.59246	.74204	.90530	1.08906
22.0	.18316	.44718	.58715	.73636	.89914	1.08234
23.0	.17896	.44255	.58223	.73109	.89345	1.07612
24.0	.17504	.43823	.57765	.72618	.88815	1.07034
25.0	.17137	.43420	.57337	.72160	.88321	1.06495
26.0	.16792	.43041	.56936	.71732	.87859	1.05992
27.0	.16467	.42685	.56559	.71329	.87426	1.05521
28.0	.16161	.42350	.56204	.70951	.87018	1.05077
29.0	.15870	.42033	.55869	.70593	.86634	1.04660
30.0	.15595	.41733	.55552	.70256	.86271	1.04266
31.0	.15334	.41449	.55252	.69936	.85928	1.03893
32.0	.15086	.41178	.54966	.69632	.85602	1.03540
33.0	.14849	.40921	.54695	.69344	.85292	1.03204
34.0	.14623	.40676	.54437	.69069	.84998	1.02885
35.0	.14407	.40442	.54190	.68807	.84717	1.02581
36.0	.14200	.40218	.53954	.68557	.84449	1.02290
37.0	.14002	.40004	.53729	.68318	.84193	1.02013
38.0	.13812	.39798	.53513	.68089	.83948	1.01748
39.0	.13630	.39601	.53306	.67869	.83713	1.01494
40.0	.13454	.39412	.53107	.67658	.83487	1.01250
41.0	.13286	.39230	.52916	.67456	.83271	1.01017
42.0	.13123	.39055	.52732	.67261	.83063	1.00792
43.0	.12966	.38886	.52555	.67073	.82862	1.00576
44.0	.12815	.38724	.52384	.66893	.82670	1.00367
45.0	.12669	.38567	.52219	.66718	.82484	1.00167
46.0	.12528	.38415	.52060	.66550	.82304	.99973
47.0	.12391	.38268	.51906	.66388	.82131	.99786
48.0	.12259	.38127	.51758	.66231	.81963	.99606
49.0	.12131	.37989	.51614	.66079	.81801	.99431
50.0	.12007	.37856	.51475	.65932	.81644	.99262
60.0	.10944	.36721	.50287	.64679	.80311	.97828
70.0	.10122	.35846	.49374	.63718	.79290	.96732
80.0	.09461	.35145	.48643	.62950	.78476	.95859
90.0	.08914	.34567	.48042	.62319	.77808	.95144
100.0	.08453	.34080	.47535	.61788	.77246	.94543
110.0	.08056	.33662	.47102	.61334	.76766	.94031
120.0	.07711	.33299	.46725	.60940	.76350	.93586

$\gamma = .80$

R_L / n	.8500000	.9000000	.9500000	.9900000	.9950000	.9990000
2.0	4.12294	5.04938	6.46375	9.15557	10.14267	12.17711
3.0	2.38835	2.87059	3.60400	5.00997	5.52965	6.60560
4.0	1.97958	2.37247	2.96827	4.11007	4.53248	5.40767
5.0	1.79016	2.14532	2.68273	3.71140	4.09190	4.88031
6.0	1.67785	2.01208	2.51697	3.48227	3.83919	4.57867
7.0	1.60217	1.92301	2.40703	3.33146	3.67312	4.38089
8.0	1.54703	1.85853	2.32792	3.22360	3.55451	4.23989
9.0	1.50470	1.80926	2.26779	3.14203	3.46490	4.13352
10.0	1.47095	1.77014	2.22024	3.07780	3.39440	4.04997
11.0	1.44327	1.73816	2.18150	3.02567	3.33724	3.98229
12.0	1.42006	1.71143	2.14922	2.98237	3.28979	3.92616
13.0	1.40024	1.68867	2.12181	2.94570	3.24963	3.87871
14.0	1.38309	1.66901	2.09819	2.91418	3.21512	3.83796
15.0	1.36805	1.65181	2.07757	2.88672	3.18508	3.80252
16.0	1.35474	1.63661	2.05937	2.86255	3.15865	3.77135
17.0	1.34284	1.62305	2.04318	2.84106	3.13516	3.74367
18.0	1.33214	1.61086	2.02864	2.82182	3.11413	3.71890
19.0	1.32244	1.59984	2.01551	2.80446	3.09517	3.69658
20.0	1.31360	1.58980	2.00357	2.78869	3.07796	3.67632
21.0	1.30550	1.58062	1.99266	2.77431	3.06225	3.65785
22.0	1.29805	1.57218	1.98264	2.76111	3.04785	3.64092
23.0	1.29116	1.56438	1.97340	2.74895	3.03458	3.62532
24.0	1.28477	1.55716	1.96484	2.73770	3.02231	3.61091
25.0	1.27882	1.55043	1.95689	2.72726	3.01092	3.59753
26.0	1.27326	1.54416	1.94947	2.71753	3.00031	3.58508
27.0	1.26806	1.53829	1.94253	2.70844	2.99041	3.57345
28.0	1.26317	1.53278	1.93603	2.69993	2.98113	3.56256
29.0	1.25857	1.52760	1.92992	2.69193	2.97241	3.55233
30.0	1.25423	1.52271	1.92416	2.68440	2.96420	3.54271
31.0	1.25013	1.51810	1.91872	2.67729	2.95646	3.53363
32.0	1.24624	1.51373	1.91357	2.67057	2.94914	3.52505
33.0	1.24255	1.50958	1.90869	2.66420	2.94220	3.51692
34.0	1.23904	1.50564	1.90405	2.65816	2.93562	3.50921
35.0	1.23570	1.50189	1.89965	2.65242	2.92937	3.50188
36.0	1.23252	1.49831	1.89545	2.64695	2.92341	3.49491
37.0	1.22947	1.49490	1.89144	2.64173	2.91774	3.48826
38.0	1.22657	1.49164	1.88761	2.63675	2.91231	3.48191
39.0	1.22378	1.48852	1.88395	2.63198	2.90713	3.47584
40.0	1.22111	1.48553	1.88044	2.62743	2.90217	3.47003
41.0	1.21855	1.48266	1.87708	2.62305	2.89741	3.46447
42.0	1.21609	1.47990	1.87385	2.61886	2.89285	3.45913
43.0	1.21372	1.47725	1.87075	2.61483	2.88847	3.45400
44.0	1.21144	1.47471	1.86776	2.61096	2.88426	3.44907
45.0	1.20925	1.47225	1.86489	2.60723	2.88020	3.44433
46.0	1.20713	1.46988	1.86212	2.60364	2.87630	3.43976
47.0	1.20508	1.46760	1.85945	2.60018	2.87253	3.43536
48.0	1.20311	1.46539	1.85687	2.59684	2.86890	3.43111
49.0	1.20120	1.46326	1.85438	2.59361	2.86539	3.42701
50.0	1.19936	1.46120	1.85197	2.59049	2.86200	3.42304
60.0	1.18371	1.44375	1.83160	2.56416	2.83338	3.38961
70.0	1.17177	1.43047	1.81613	2.54421	2.81171	3.36431
80.0	1.16229	1.41993	1.80388	2.52844	2.79459	3.34433
90.0	1.15452	1.41131	1.79387	2.51558	2.78064	3.32806
100.0	1.14801	1.40409	1.78551	2.50485	2.76899	3.31449
110.0	1.14245	1.39794	1.77838	2.49571	2.75908	3.30294
120.0	1.13764	1.39261	1.77222	2.48782	2.75052	3.29297

$\gamma = .80$

R_L / n	.9995000	.9999000	.9999500	.9999900	.9999990	.9999999
2.0	12.96895	14.66249	15.34048	16.81932	18.74917	20.51040
3.0	7.02567	7.92578	8.28663	9.07453	10.10395	11.04436
4.0	5.74955	6.48242	6.77632	7.41816	8.25702	9.02353
5.0	5.18832	5.84863	6.11346	6.69184	7.44780	8.13862
6.0	4.86755	5.48685	5.73522	6.27768	6.98670	7.63461
7.0	4.65736	5.25003	5.48771	6.00681	6.68529	7.30529
8.0	4.50759	5.08142	5.31154	5.81411	6.47097	7.07120
9.0	4.39466	4.95438	5.17883	5.66902	6.30965	6.89505
10.0	4.30598	4.85468	5.07471	5.55521	6.18317	6.75696
11.0	4.23417	4.77400	4.99046	5.46315	6.08089	6.64533
12.0	4.17463	4.70713	4.92064	5.38689	5.99619	6.55289
13.0	4.12431	4.65064	4.86167	5.32249	5.92467	6.47486
14.0	4.08111	4.60216	4.81107	5.26724	5.86333	6.40795
15.0	4.04354	4.56002	4.76708	5.21922	5.81003	6.34981
16.0	4.01051	4.52297	4.72842	5.17702	5.76320	6.29873
17.0	3.98119	4.49009	4.69412	5.13959	5.72166	6.25344
18.0	3.95494	4.46068	4.66343	5.10611	5.68451	6.21293
19.0	3.93129	4.43418	4.63578	5.07594	5.65105	6.17644
20.0	3.90984	4.41015	4.61071	5.04859	5.62072	6.14338
21.0	3.89028	4.38823	4.58785	5.02366	5.59307	6.11323
22.0	3.87235	4.36815	4.56690	5.00082	5.56774	6.08562
23.0	3.85584	4.34967	4.54762	4.97980	5.54442	6.06021
24.0	3.84058	4.33258	4.52980	4.96037	5.52288	6.03674
25.0	3.82642	4.31673	4.51327	4.94235	5.50291	6.01497
26.0	3.81324	4.30198	4.49789	4.92557	5.48431	5.99471
27.0	3.80093	4.28821	4.48352	4.90992	5.46696	5.97580
28.0	3.78940	4.27531	4.47007	4.89526	5.45072	5.95809
29.0	3.77858	4.26321	4.45745	4.88150	5.43547	5.94148
30.0	3.76840	4.25181	4.44557	4.86856	5.42112	5.92585
31.0	3.75879	4.24107	4.43437	4.85635	5.40760	5.91111
32.0	3.74971	4.23092	4.42378	4.84481	5.39481	5.89719
33.0	3.74111	4.22130	4.41376	4.83389	5.38271	5.88401
34.0	3.73296	4.21218	4.40425	4.82353	5.37123	5.87150
35.0	3.72520	4.20352	4.39521	4.81369	5.36033	5.85963
36.0	3.71783	4.19527	4.38662	4.80432	5.34995	5.84832
37.0	3.71079	4.18740	4.37842	4.79539	5.34006	5.83755
38.0	3.70408	4.17990	4.37060	4.78687	5.33062	5.82727
39.0	3.69766	4.17273	4.36312	4.77873	5.32160	5.81744
40.0	3.69152	4.16586	4.35596	4.77093	5.31297	5.80804
41.0	3.68563	4.15929	4.34911	4.76347	5.30470	5.79904
42.0	3.67999	4.15298	4.34253	4.75630	5.29677	5.79040
43.0	3.67456	4.14692	4.33622	4.74943	5.28916	5.78211
44.0	3.66935	4.14110	4.33015	4.74282	5.28184	5.77414
45.0	3.66434	4.13550	4.32431	4.73646	5.27480	5.76647
46.0	3.65951	4.13010	4.31869	4.73034	5.26802	5.75909
47.0	3.65485	4.12490	4.31327	4.72444	5.26148	5.75197
48.0	3.65036	4.11988	4.30804	4.71874	5.25518	5.74511
49.0	3.64603	4.11504	4.30299	4.71325	5.24909	5.73848
50.0	3.64183	4.11036	4.29812	4.70794	5.24321	5.73208
60.0	3.60649	4.07090	4.25699	4.66317	5.19366	5.67813
70.0	3.57976	4.04106	4.22590	4.62933	5.15621	5.63737
80.0	3.55866	4.01752	4.20138	4.60264	5.12668	5.60523
90.0	3.54147	3.99835	4.18140	4.58092	5.10264	5.57907
100.0	3.52713	3.98236	4.16475	4.56280	5.08260	5.55726
110.0	3.51494	3.96877	4.15059	4.54739	5.06556	5.53872
120.0	3.50441	3.95703	4.13836	4.53410	5.05086	5.52272

γ=.90

R_L \ n	.5000000	.6000000	.6500000	.7000000	.7500000	.8000000
2.0	2.17625	3.34271	4.05664	4.88058	5.84241	6.98747
3.0	1.08866	1.60242	1.89802	2.22801	2.60281	3.03939
4.0	.81887	1.21941	1.44464	1.69301	1.97224	2.29487
5.0	.68567	1.04158	1.23926	1.45576	1.69779	1.97613
6.0	.60253	.93480	1.11789	1.31754	1.53987	1.79475
7.0	.54418	.86185	1.03592	1.22512	1.43526	1.67557
8.0	.50025	.80801	.97594	1.15803	1.35984	1.59021
9.0	.46561	.76620	.92967	1.10659	1.30234	1.52546
10.0	.43735	.73252	.89260	1.06559	1.25672	1.47430
11.0	.41373	.70463	.86206	1.03195	1.21943	1.43263
12.0	.39359	.68107	.83634	1.00372	1.18824	1.39789
13.0	.37615	.66080	.81430	.97960	1.16167	1.36837
14.0	.36085	.64314	.79514	.95869	1.13870	1.34291
15.0	.34729	.62756	.77829	.94035	1.11859	1.32067
16.0	.33515	.61370	.76333	.92409	1.10080	1.30102
17.0	.32421	.60125	.74992	.90955	1.08491	1.28352
18.0	.31428	.59000	.73782	.89645	1.07063	1.26779
19.0	.30521	.57975	.72682	.88457	1.05769	1.25357
20.0	.29689	.57038	.71678	.87373	1.04590	1.24063
21.0	.28921	.56177	.70755	.86379	1.03510	1.22880
22.0	.28210	.55381	.69905	.85463	1.02517	1.21792
23.0	.27550	.54643	.69117	.84616	1.01598	1.20787
24.0	.26933	.53957	.68385	.83829	1.00747	1.19856
25.0	.26357	.53316	.67702	.83096	.99954	1.18990
26.0	.25816	.52715	.67063	.82411	.99213	1.18182
27.0	.25307	.52152	.66463	.81769	.98520	1.17426
28.0	.24827	.51621	.65899	.81165	.97869	1.16717
29.0	.24373	.51121	.65368	.80597	.97256	1.16049
30.0	.23943	.50647	.64866	.80060	.96677	1.15420
31.0	.23536	.50199	.64390	.79552	.96130	1.14825
32.0	.23148	.49773	.63939	.79070	.95612	1.14262
33.0	.22779	.49368	.63510	.78613	.95120	1.13728
34.0	.22428	.48983	.63102	.78178	.94653	1.13220
35.0	.22092	.48615	.62714	.77764	.94208	1.12737
36.0	.21770	.48264	.62342	.77368	.93783	1.12277
37.0	.21463	.47928	.61987	.76991	.93377	1.11837
38.0	.21168	.47606	.61648	.76629	.92990	1.11417
39.0	.20884	.47298	.61322	.76283	.92618	1.11015
40.0	.20612	.47001	.61009	.75951	.92262	1.10630
41.0	.20351	.46717	.60709	.75632	.91921	1.10260
42.0	.20099	.46443	.60421	.75325	.91592	1.09905
43.0	.19856	.46179	.60143	.75030	.91277	1.09563
44.0	.19622	.45925	.59875	.74746	.90973	1.09235
45.0	.19396	.45680	.59617	.74473	.90680	1.08918
46.0	.19177	.45444	.59368	.74208	.90397	1.08613
47.0	.18966	.45215	.59128	.73953	.90125	1.08319
48.0	.18761	.44994	.58895	.73707	.89861	1.08034
49.0	.18563	.44780	.58670	.73469	.89607	1.07760
50.0	.18372	.44573	.58453	.73238	.89361	1.07494
60.0	.16732	.42808	.56600	.71279	.87271	1.05242
70.0	.15466	.41451	.55180	.69780	.85676	1.03527
80.0	.14449	.40366	.54046	.68586	.84407	1.02166
90.0	.13610	.39473	.53115	.67607	.83368	1.01051
100.0	.12902	.38722	.52332	.66784	.82496	1.00118
110.0	.12294	.38078	.51662	.66081	.81752	.99322
120.0	.11764	.37518	.51080	.65471	.81107	.98632

$\gamma=.90$

R_L / n	.8500000	.9000000	.9500000	.9900000	.9950000	.9990000
2.0	8.39818	10.25271	13.08974	18.50008	20.48617	24.58159
3.0	3.56877	4.25816	5.31148	7.34044	8.09237	9.65117
4.0	2.68366	3.18784	3.95657	5.43823	5.98813	7.12931
5.0	2.31027	2.74235	3.39983	4.66598	5.13590	6.11130
6.0	2.09992	2.49369	3.09188	4.24253	4.66945	5.55551
7.0	1.96274	2.33265	2.89380	3.97202	4.37189	5.20171
8.0	1.86505	2.21859	2.75428	3.78255	4.16372	4.95460
9.0	1.79130	2.13287	2.64990	3.64144	4.00885	4.77103
10.0	1.73326	2.06567	2.56837	3.53166	3.88846	4.62850
11.0	1.68614	2.01129	2.50262	3.44342	3.79176	4.51415
12.0	1.64697	1.96620	2.44825	3.37067	3.71210	4.42003
13.0	1.61378	1.92808	2.40240	3.30948	3.64513	4.34098
14.0	1.58520	1.89534	2.36311	3.25716	3.58790	4.27347
15.0	1.56029	1.86684	2.32898	3.21182	3.53831	4.21502
16.0	1.53832	1.84177	2.29900	3.17206	3.49486	4.16383
17.0	1.51878	1.81949	2.27240	3.13685	3.45640	4.11855
18.0	1.50126	1.79954	2.24862	3.10542	3.42207	4.07815
19.0	1.48543	1.78154	2.22720	3.07714	3.39120	4.04184
20.0	1.47104	1.76521	2.20778	3.05154	3.36326	4.00899
21.0	1.45790	1.75029	2.19007	3.02823	3.33782	3.97909
22.0	1.44582	1.73662	2.17385	3.00689	3.31454	3.95175
23.0	1.43469	1.72401	2.15891	2.98727	3.29314	3.92662
24.0	1.42438	1.71235	2.14510	2.96915	3.27339	3.90343
25.0	1.41480	1.70152	2.13229	2.95236	3.25508	3.88194
26.0	1.40587	1.69144	2.12037	2.93675	3.23806	3.86197
27.0	1.39752	1.68201	2.10924	2.92218	3.22219	3.84335
28.0	1.38968	1.67318	2.09881	2.90854	3.20733	3.82593
29.0	1.38232	1.66488	2.08903	2.89575	3.19340	3.80960
30.0	1.37538	1.65706	2.07982	2.88372	3.18030	3.79425
31.0	1.36883	1.64969	2.07113	2.87239	3.16795	3.77978
32.0	1.36263	1.64271	2.06292	2.86168	3.15629	3.76612
33.0	1.35675	1.63610	2.05514	2.85154	3.14526	3.75319
34.0	1.35116	1.62983	2.04776	2.84193	3.13480	3.74094
35.0	1.34585	1.62386	2.04075	2.83280	3.12486	3.72931
36.0	1.34079	1.61818	2.03407	2.82412	3.11541	3.71824
37.0	1.33596	1.61276	2.02771	2.81584	3.10640	3.70770
38.0	1.33135	1.60758	2.02164	2.80794	3.09781	3.69765
39.0	1.32693	1.60263	2.01583	2.80040	3.08961	3.68805
40.0	1.32270	1.59789	2.01027	2.79318	3.08175	3.67886
41.0	1.31865	1.59335	2.00494	2.78627	3.07423	3.67006
42.0	1.31475	1.58899	1.99983	2.77964	3.06702	3.66163
43.0	1.31101	1.58480	1.99493	2.77327	3.06010	3.65354
44.0	1.30741	1.58077	1.99021	2.76716	3.05345	3.64576
45.0	1.30395	1.57689	1.98567	2.76127	3.04705	3.63828
46.0	1.30061	1.57316	1.98130	2.75561	3.04090	3.63108
47.0	1.29738	1.56955	1.97708	2.75015	3.03496	3.62415
48.0	1.29427	1.56607	1.97302	2.74488	3.02924	3.61746
49.0	1.29127	1.56271	1.96909	2.73980	3.02371	3.61100
50.0	1.28836	1.55947	1.96529	2.73489	3.01838	3.60477
60.0	1.26377	1.53203	1.93327	2.69352	2.97343	3.55228
70.0	1.24507	1.51121	1.90903	2.66228	2.93951	3.51270
80.0	1.23026	1.49474	1.88988	2.63765	2.91278	3.48152
90.0	1.21815	1.48130	1.87428	2.61761	2.89103	3.45618
100.0	1.20802	1.47006	1.86125	2.60090	2.87290	3.43506
110.0	1.19938	1.46049	1.85017	2.58670	2.85751	3.41713
120.0	1.19191	1.45222	1.84059	2.57445	2.84422	3.40166

$\gamma = .90$

R_L / n	.9995000	.9999000	.9999500	.9999900	.9999990	.9999999
2.0	26.17612	29.58710	30.95285	33.93219	37.82065	41.36975
3.0	10.26031	11.56628	12.09008	13.23411	14.72944	16.09591
4.0	7.57560	8.53297	8.91713	9.75642	10.85389	11.85713
5.0	6.49283	7.31138	7.63988	8.35763	9.29629	10.15445
6.0	5.90210	6.64569	6.94411	7.59614	8.44889	9.22852
7.0	5.52626	6.22256	6.50199	7.11253	7.91099	8.64099
8.0	5.26390	5.92742	6.19368	6.77544	7.53623	8.23177
9.0	5.06906	5.70839	5.96492	6.52542	7.25838	7.92846
10.0	4.91785	5.53850	5.78753	6.33160	7.04306	7.69345
11.0	4.79657	5.40230	5.64533	6.17629	6.87057	7.50523
12.0	4.69677	5.29028	5.52840	6.04861	6.72879	7.35055
13.0	4.61296	5.19625	5.43026	5.94146	6.60985	7.22081
14.0	4.54141	5.11600	5.34651	5.85005	6.50839	7.11015
15.0	4.47948	5.04656	5.27404	5.77097	6.42064	7.01446
16.0	4.42524	4.98576	5.21061	5.70176	6.34386	6.93073
17.0	4.37727	4.93201	5.15453	5.64058	6.27599	6.85674
18.0	4.33448	4.88408	5.10452	5.58603	6.21549	6.79078
19.0	4.29603	4.84101	5.05959	5.53703	6.16115	6.73154
20.0	4.26125	4.80205	5.01896	5.49272	6.11202	6.67799
21.0	4.22959	4.76662	4.98200	5.45242	6.06733	6.62929
22.0	4.20065	4.73421	4.94820	5.41558	6.02648	6.58477
23.0	4.17405	4.70444	4.91716	5.38173	5.98896	6.54389
24.0	4.14950	4.67697	4.88851	5.35051	5.95436	6.50618
25.0	4.12676	4.65154	4.86198	5.32159	5.92231	6.47126
26.0	4.10563	4.62789	4.83733	5.29473	5.89254	6.43882
27.0	4.08593	4.60585	4.81435	5.26968	5.86478	6.40858
28.0	4.06750	4.58524	4.79286	5.24626	5.83884	6.38032
29.0	4.05022	4.56592	4.77271	5.22431	5.81452	6.35382
30.0	4.03397	4.54776	4.75378	5.20368	5.79166	6.32892
31.0	4.01867	4.53064	4.73594	5.18425	5.77013	6.30547
32.0	4.00422	4.51449	4.71910	5.16590	5.74980	6.28333
33.0	3.99055	4.49921	4.70317	5.14855	5.73058	6.26239
34.0	3.97759	4.48473	4.68807	5.13210	5.71237	6.24255
35.0	3.96529	4.47098	4.67373	5.11649	5.69507	6.22372
36.0	3.95358	4.45790	4.66010	5.10164	5.67863	6.20581
37.0	3.94244	4.44545	4.64712	5.08750	5.66297	6.18876
38.0	3.93181	4.43357	4.63474	5.07402	5.64804	6.17250
39.0	3.92165	4.42222	4.62291	5.06114	5.63378	6.15697
40.0	3.91194	4.41137	4.61161	5.04883	5.62014	6.14212
41.0	3.90264	4.40098	4.60078	5.03703	5.60709	6.12791
42.0	3.89372	4.39102	4.59040	5.02573	5.59457	6.11428
43.0	3.88517	4.38147	4.58044	5.01489	5.58257	6.10120
44.0	3.87694	4.37228	4.57087	5.00447	5.57103	6.08865
45.0	3.86904	4.36345	4.56167	4.99445	5.55994	6.07657
46.0	3.86143	4.35496	4.55281	4.98481	5.54927	6.06495
47.0	3.85410	4.34677	4.54428	4.97552	5.53898	6.05375
48.0	3.84703	4.33888	4.53605	4.96656	5.52907	6.04296
49.0	3.84020	4.33126	4.52811	4.95792	5.51950	6.03254
50.0	3.83361	4.32390	4.52045	4.94957	5.51026	6.02249
60.0	3.77814	4.26198	4.45593	4.87936	5.43255	5.93789
70.0	3.73632	4.21532	4.40731	4.82645	5.37401	5.87418
80.0	3.70339	4.17859	4.36905	4.78482	5.32795	5.82405
90.0	3.67662	4.14874	4.33795	4.75099	5.29053	5.78334
100.0	3.65432	4.12387	4.31205	4.72283	5.25938	5.74944
110.0	3.63538	4.10277	4.29007	4.69891	5.23294	5.72067
120.0	3.61904	4.08456	4.27111	4.67830	5.21014	5.69587

$\gamma = .95$

R_L / n	.5000000	.6000000	.6500000	.7000000	.7500000	.8000000
2.0	4.46450	6.77814	8.19964	9.84277	11.76299	14.05093
3.0	1.68585	2.39898	2.81302	3.27720	3.80619	4.42412
4.0	1.17668	1.67205	1.95348	2.26541	2.61761	3.02603
5.0	.95339	1.36980	1.60346	1.86075	2.14969	2.48330
6.0	.82264	1.19901	1.40847	1.63810	1.89503	2.19075
7.0	.73445	1.08675	1.28165	1.49463	1.73225	2.00512
8.0	.66983	1.00609	1.19128	1.39312	1.61782	1.87538
9.0	.61985	.94466	1.12289	1.31676	1.53220	1.77875
10.0	.57968	.89592	1.06892	1.25678	1.46524	1.70348
11.0	.54648	.85605	1.02497	1.20814	1.41114	1.64288
12.0	.51843	.82266	.98832	1.16772	1.36631	1.59281
13.0	.49432	.79419	.95716	1.13346	1.32843	1.55061
14.0	.47330	.76953	.93026	1.10396	1.29590	1.51444
15.0	.45477	.74791	.90673	1.07822	1.26758	1.48303
16.0	.43826	.72876	.88594	1.05553	1.24265	1.45542
17.0	.42344	.71164	.86739	1.03532	1.22049	1.43093
18.0	.41003	.69622	.85072	1.01719	1.20064	1.40902
19.0	.39782	.68224	.83562	1.00079	1.18272	1.38927
20.0	.38665	.66948	.82187	.98589	1.16645	1.37136
21.0	.37636	.65778	.80928	.97226	1.15159	1.35502
22.0	.36686	.64700	.79770	.95973	1.13795	1.34004
23.0	.35805	.63703	.78699	.94817	1.12538	1.32624
24.0	.34984	.62777	.77706	.93745	1.11374	1.31348
25.0	.34218	.61914	.76782	.92749	1.10292	1.30164
26.0	.33499	.61107	.75919	.91820	1.09284	1.29060
27.0	.32825	.60351	.75110	.90950	1.08342	1.28030
28.0	.32189	.59640	.74351	.90134	1.07458	1.27064
29.0	.31589	.58970	.73637	.89366	1.06627	1.26157
30.0	.31022	.58338	.72962	.88643	1.05845	1.25303
31.0	.30484	.57739	.72324	.87959	1.05106	1.24498
32.0	.29973	.57171	.71720	.87311	1.04407	1.23736
33.0	.29487	.56632	.71147	.86697	1.03744	1.23014
34.0	.29024	.56119	.70601	.86113	1.03114	1.22328
35.0	.28582	.55630	.70082	.85557	1.02515	1.21677
36.0	.28160	.55164	.69586	.85028	1.01945	1.21056
37.0	.27755	.54718	.69113	.84522	1.01400	1.20464
38.0	.27368	.54291	.68661	.84039	1.00880	1.19899
39.0	.26997	.53882	.68227	.83576	1.00382	1.19359
40.0	.26640	.53490	.67812	.83133	.99905	1.18841
41.0	.26297	.53113	.67413	.82707	.99448	1.18345
42.0	.25967	.52751	.67029	.82299	.99009	1.17869
43.0	.25650	.52403	.66661	.81906	.98587	1.17411
44.0	.25343	.52067	.66306	.81528	.98181	1.16972
45.0	.25047	.51743	.65963	.81163	.97791	1.16548
46.0	.24762	.51431	.65634	.80812	.97414	1.16140
47.0	.24486	.51129	.65315	.80473	.97050	1.15747
48.0	.24219	.50838	.65007	.80146	.96700	1.15367
49.0	.23960	.50556	.64710	.79830	.96361	1.15000
50.0	.23710	.50283	.64422	.79524	.96033	1.14646
60.0	.21574	.47963	.61978	.76930	.93259	1.11649
70.0	.19927	.46185	.60110	.74953	.91149	1.09376
80.0	.18608	.44766	.58623	.73383	.89476	1.07576
90.0	.17521	.43601	.57403	.72096	.88108	1.06106
100.0	.16604	.42622	.56380	.71018	.86963	1.04878
110.0	.15818	.41784	.55505	.70098	.85987	1.03832
120.0	.15133	.41056	.54746	.69301	.85142	1.02926

$\gamma=.95$

R_L / n	.8500000	.9000000	.9500000	.9900000	.9950000	.9990000
2.0	16.87151	20.58147	26.25967	37.09358	41.07165	49.27562
3.0	5.17515	6.15528	7.65590	10.55273	11.62755	13.85707
4.0	3.51977	4.16193	5.14387	7.04236	7.74817	9.21418
5.0	2.88521	3.40663	4.20268	5.74108	6.31319	7.50189
6.0	2.54613	3.00626	3.70768	5.06199	5.56553	6.61178
7.0	2.33239	2.75543	3.39947	4.64172	5.10343	6.06266
8.0	2.18379	2.58191	3.18729	4.35386	4.78725	5.68753
9.0	2.07359	2.45376	3.03124	4.14302	4.55590	5.41340
10.0	1.98807	2.35464	2.91096	3.98112	4.37838	5.20330
11.0	1.91942	2.27531	2.81499	3.85234	4.23727	5.03646
12.0	1.86286	2.21013	2.73634	3.74708	4.12202	4.90031
13.0	1.81530	2.15544	2.67050	3.65920	4.02583	4.78678
14.0	1.77463	2.10877	2.61443	3.58451	3.94413	4.69041
15.0	1.73937	2.06837	2.56600	3.52013	3.87373	4.60743
16.0	1.70844	2.03300	2.52366	3.46394	3.81232	4.53509
17.0	1.68104	2.00171	2.48626	3.41440	3.75820	4.47136
18.0	1.65656	1.97380	2.45295	3.37033	3.71006	4.41471
19.0	1.63452	1.94870	2.42304	3.33082	3.66692	4.36396
20.0	1.61456	1.92599	2.39600	3.29516	3.62799	4.31819
21.0	1.59637	1.90532	2.37142	3.26277	3.59265	4.27665
22.0	1.57971	1.88641	2.34896	3.23320	3.56039	4.23875
23.0	1.56438	1.86902	2.32832	3.20607	3.53080	4.20400
24.0	1.55022	1.85297	2.30929	3.18108	3.50354	4.17199
25.0	1.53708	1.83810	2.29167	3.15796	3.47833	4.14240
26.0	1.52486	1.82427	2.27530	3.13649	3.45494	4.11495
27.0	1.51344	1.81137	2.26005	3.11650	3.43315	4.08939
28.0	1.50276	1.79930	2.24578	3.09782	3.41280	4.06552
29.0	1.49273	1.78798	2.23241	3.08033	3.39374	4.04318
30.0	1.48330	1.77733	2.21984	3.06390	3.37584	4.02220
31.0	1.47440	1.76729	2.20800	3.04844	3.35900	4.00246
32.0	1.46598	1.75781	2.19682	3.03384	3.34311	3.98384
33.0	1.45802	1.74884	2.18625	3.02005	3.32809	3.96624
34.0	1.45046	1.74033	2.17623	3.00699	3.31387	3.94959
35.0	1.44328	1.73225	2.16672	2.99459	3.30037	3.93378
36.0	1.43645	1.72456	2.15768	2.98281	3.28755	3.91877
37.0	1.42993	1.71724	2.14906	2.97160	3.27535	3.90448
38.0	1.42371	1.71025	2.14085	2.96090	3.26371	3.89087
39.0	1.41776	1.70357	2.13300	2.95070	3.25261	3.87787
40.0	1.41207	1.69718	2.12549	2.94094	3.24199	3.86545
41.0	1.40662	1.69106	2.11831	2.93160	3.23184	3.85357
42.0	1.40139	1.68519	2.11142	2.92266	3.22210	3.84218
43.0	1.39636	1.67955	2.10481	2.91407	3.21277	3.83126
44.0	1.39153	1.67414	2.09846	2.90583	3.20380	3.82078
45.0	1.38689	1.66893	2.09235	2.89791	3.19519	3.81071
46.0	1.38241	1.66391	2.08648	2.89029	3.18690	3.80101
47.0	1.37809	1.65908	2.08081	2.88294	3.17892	3.79168
48.0	1.37393	1.65441	2.07535	2.87587	3.17122	3.78269
49.0	1.36991	1.64991	2.07008	2.86904	3.16380	3.77401
50.0	1.36602	1.64556	2.06499	2.86245	3.15664	3.76564
60.0	1.33323	1.60891	2.02216	2.80705	3.09644	3.69533
70.0	1.30840	1.58122	1.98987	2.76539	3.05119	3.64252
80.0	1.28878	1.55937	1.96444	2.73265	3.01565	3.60106
90.0	1.27278	1.54158	1.94376	2.70607	2.98680	3.56744
100.0	1.25942	1.52675	1.92654	2.68396	2.96281	3.53948
110.0	1.24805	1.51414	1.91191	2.66520	2.94247	3.51578
120.0	1.23823	1.50324	1.89929	2.64903	2.92494	3.49537

$\gamma = .95$

R_L / n	.9995000	.9999000	.9999500	.9999900	.9999990	.9999999
2.0	52.47006	59.30383	62.04017	68.00956	75.80070	82.91207
3.0	14.72865	16.59779	17.34763	18.98556	21.12684	23.08389
4.0	9.78787	11.01900	11.51316	12.59303	14.00548	15.29696
5.0	7.96720	8.96596	9.36692	10.24324	11.38966	12.43806
6.0	7.02135	7.90050	8.25346	9.02490	10.03417	10.95718
7.0	6.43814	7.24412	7.56769	8.27490	9.20014	10.04631
8.0	6.03990	6.79623	7.09986	7.26347	8.63164	9.42561
9.0	5.74899	6.46926	6.75840	7.39032	8.21700	8.97300
10.0	5.52610	6.21887	6.49696	7.10471	7.89973	8.62675
11.0	5.34916	6.02020	6.28955	6.87818	7.64817	8.35227
12.0	5.20480	5.85818	6.12043	6.69352	7.44314	8.12860
13.0	5.08445	5.72315	5.97950	6.53968	7.27237	7.94232
14.0	4.98232	5.60862	5.85997	6.40921	7.12758	7.78441
15.0	4.89438	5.51003	5.75709	6.29695	7.00301	7.64857
16.0	4.81774	5.42412	5.66745	6.19915	6.89451	7.53026
17.0	4.75023	5.34847	5.58853	6.11305	6.79900	7.42613
18.0	4.69023	5.28125	5.51841	6.03657	6.71417	7.33366
19.0	4.63649	5.22106	5.45562	5.96809	6.63823	7.25087
20.0	4.58802	5.16678	5.39900	5.90635	6.56977	7.17626
21.0	4.54404	5.11754	5.34764	5.85035	6.50768	7.10859
22.0	4.50392	5.07263	5.30080	5.79927	6.45106	7.04688
23.0	4.46713	5.03145	5.25786	5.75246	6.39917	6.99033
24.0	4.43326	4.99355	5.21833	5.70937	6.35141	6.93829
25.0	4.40194	4.95851	5.18179	5.66955	6.30727	6.89020
26.0	4.37289	4.92600	5.14789	5.63261	6.26634	6.84560
27.0	4.34584	4.89575	5.11635	5.59823	6.22824	6.80409
28.0	4.32059	4.86751	5.08690	5.56614	6.19268	6.76535
29.0	4.29694	4.84106	5.05933	5.53610	6.15940	6.72910
30.0	4.27475	4.81625	5.03345	5.50791	6.12816	6.69507
31.0	4.25386	4.79290	5.00911	5.48139	6.09878	6.66307
32.0	4.23417	4.77088	4.98616	5.45638	6.07108	6.63289
33.0	4.21556	4.75007	4.96447	5.43275	6.04491	6.60439
34.0	4.19794	4.73038	4.94394	5.41039	6.02014	6.57741
35.0	4.18123	4.71170	4.92447	5.38918	5.99665	6.55182
36.0	4.16535	4.69396	4.90597	5.36903	5.97433	6.52752
37.0	4.15024	4.67707	4.88837	5.34986	5.95310	6.50440
38.0	4.13584	4.66098	4.87160	5.33160	5.93288	6.48237
39.0	4.12209	4.64563	4.85559	5.31417	5.91358	6.46135
40.0	4.10896	4.63095	4.84030	5.29752	5.89513	6.44127
41.0	4.09640	4.61692	4.82567	5.28158	5.87749	6.42206
42.0	4.08436	4.60347	4.81165	5.26632	5.86060	6.40366
43.0	4.07281	4.59058	4.79822	5.25169	5.84440	6.38602
44.0	4.06173	4.57820	4.78531	5.23764	5.82884	6.36909
45.0	4.05108	4.56630	4.77292	5.22415	5.81390	6.35282
46.0	4.04084	4.55486	4.76099	5.21116	5.79953	6.33717
47.0	4.03097	4.54384	4.74951	5.19866	5.78569	6.32211
48.0	4.02146	4.53323	4.73845	5.18662	5.77236	6.30759
49.0	4.01229	4.52299	4.72778	5.17500	5.75950	6.29359
50.0	4.00344	4.51311	4.71748	5.16379	5.74709	6.28008
60.0	3.92913	4.43016	4.63105	5.06972	5.64296	6.16673
70.0	3.87333	4.36790	4.56618	4.99912	5.56485	6.08172
80.0	3.82953	4.31904	4.51528	4.94375	5.50359	6.01505
90.0	3.79402	4.27944	4.47402	4.89887	5.45394	5.96102
100.0	3.76450	4.24652	4.43973	4.86157	5.41269	5.91614
110.0	3.73947	4.21862	4.41068	4.82997	5.37774	5.87811
120.0	3.71791	4.19459	4.38565	4.80275	5.34765	5.84538

γ=.99

R_L / n	.5000000	.6000000	.6500000	.7000000	.7500000	.8000000
2.0	22.50050	34.03826	41.13574	49.34382	58.93952	70.37580
3.0	4.02099	5.59339	6.51269	7.54667	8.72802	10.11085
4.0	2.27035	3.10211	3.57967	4.11178	4.71515	5.41739
5.0	1.67569	2.28720	2.63460	3.01954	3.45410	3.95812
6.0	1.37373	1.88449	2.17248	2.49037	2.84809	3.26192
7.0	1.18782	1.64176	1.89626	2.17633	2.49072	2.85367
8.0	1.05994	1.47764	1.71076	1.96668	2.25337	2.58379
9.0	.96549	1.35814	1.57646	1.81565	2.08314	2.39098
10.0	.89222	1.26655	1.47403	1.70094	1.95433	2.24557
11.0	.83331	1.19367	1.39286	1.61038	1.85297	2.13148
12.0	.78464	1.13400	1.32665	1.53675	1.77079	2.03923
13.0	.74358	1.08405	1.27139	1.47548	1.70259	1.96284
14.0	.70832	1.04147	1.22443	1.42354	1.64491	1.89837
15.0	.67764	1.00463	1.18392	1.37883	1.59536	1.84309
16.0	.65062	.97238	1.14852	1.33986	1.55224	1.79508
17.0	.62659	.94384	1.11727	1.30551	1.51431	1.75290
18.0	.60503	.91836	1.08942	1.27496	1.48063	1.71551
19.0	.58556	.89543	1.06442	1.24757	1.45048	1.68207
20.0	.56785	.87467	1.04180	1.22284	1.42329	1.65196
21.0	.55165	.85575	1.02123	1.20037	1.39862	1.62468
22.0	.53676	.83842	1.00242	1.17985	1.37611	1.59981
23.0	.52302	.82247	.98512	1.16101	1.35548	1.57703
24.0	.51028	.80773	.96916	1.14364	1.33647	1.55607
25.0	.49843	.79405	.95437	1.12756	1.31889	1.53670
26.0	.48737	.78132	.94061	1.11263	1.30257	1.51874
27.0	.47701	.76943	.92777	1.09870	1.28738	1.50203
28.0	.46729	.75829	.91576	1.08568	1.27319	1.48643
29.0	.45814	.74782	.90449	1.07348	1.25989	1.47182
30.0	.44950	.73797	.89389	1.06201	1.24740	1.45812
31.0	.44134	.72868	.88390	1.05121	1.23565	1.44522
32.0	.43360	.71989	.87445	1.04100	1.22455	1.43306
33.0	.42626	.71156	.86551	1.03135	1.21407	1.42158
34.0	.41928	.70365	.85703	1.02220	1.20413	1.41070
35.0	.41263	.69613	.84897	1.01351	1.19470	1.40038
36.0	.40629	.68897	.84130	1.00525	1.18574	1.39058
37.0	.40023	.68214	.83399	.99737	1.17721	1.38125
38.0	.39443	.67562	.82701	.98986	1.16907	1.37236
39.0	.38888	.66938	.82033	.98268	1.16130	1.36387
40.0	.38356	.66340	.81395	.97582	1.15387	1.35576
41.0	.37845	.65767	.80783	.96925	1.14676	1.34800
42.0	.37354	.65217	.80196	.96294	1.13994	1.34057
43.0	.36881	.64689	.79632	.95689	1.13340	1.33344
44.0	.36426	.64181	.79090	.95107	1.12711	1.32659
45.0	.35988	.63691	.78568	.94548	1.12107	1.32001
46.0	.35565	.63219	.78065	.94009	1.11526	1.31368
47.0	.35156	.62764	.77581	.93490	1.10966	1.30758
48.0	.34761	.62325	.77113	.92989	1.10425	1.30170
49.0	.34380	.61901	.76662	.92506	1.09904	1.29603
50.0	.34010	.61490	.76225	.92039	1.09401	1.29056
60.0	.30871	.58018	.72540	.88102	1.05165	1.24457
70.0	.28466	.55377	.69746	.85125	1.01970	1.20997
80.0	.26548	.53282	.67534	.82775	.99453	1.18277
90.0	.24971	.51568	.65729	.80859	.97406	1.16067
100.0	.23646	.50132	.64219	.79261	.95699	1.14228
110.0	.22512	.48907	.62932	.77900	.94249	1.12667
120.0	.21526	.47846	.61819	.76724	.92997	1.11321

γ=.99

R_L / n	.8500000	.9000000	.9500000	.9900000	.9950000	.9990000
2.0	84.47739	103.02861	131.42629	185.61696	205.51670	246.55747
3.0	11.79457	13.99541	17.37020	23.89556	26.31886	31.34776
4.0	6.26902	7.37989	9.08345	12.38728	13.61767	16.17556
5.0	4.56780	5.36172	6.57834	8.93902	9.81892	11.64933
6.0	3.76150	4.41108	5.40555	7.33457	8.05368	9.54992
7.0	3.29110	3.85913	4.72786	6.41194	7.03966	8.34576
8.0	2.98144	3.49721	4.28525	5.81180	6.38065	7.56416
9.0	2.76099	3.24041	3.97226	5.38888	5.91660	7.01440
10.0	2.59526	3.04791	3.73831	5.07373	5.57102	6.60540
11.0	2.46557	2.89766	3.55619	4.82903	5.30287	6.28830
12.0	2.36095	2.77672	3.40993	4.63300	5.08816	6.03460
13.0	2.27450	2.67699	3.28956	4.47203	4.91193	5.82650
14.0	2.20168	2.59313	3.18854	4.33718	4.76437	5.65238
15.0	2.13936	2.52148	3.10237	4.22236	4.63877	5.50426
16.0	2.08531	2.45943	3.02787	4.12325	4.53040	5.37652
17.0	2.03790	2.40509	2.96270	4.03670	4.43579	5.26505
18.0	1.99592	2.35703	2.90515	3.96036	4.35237	5.16681
19.0	1.95843	2.31416	2.85388	3.89244	4.27817	5.07948
20.0	1.92471	2.27565	2.80787	3.83156	4.21168	5.00124
21.0	1.89419	2.24081	2.76630	3.77662	4.15169	4.93068
22.0	1.86639	2.20913	2.72852	3.72675	4.09725	4.86667
23.0	1.84096	2.18016	2.69402	3.68124	4.04758	4.80829
24.0	1.81758	2.15355	2.66235	3.63951	4.00205	4.75479
25.0	1.79599	2.12901	2.63317	3.60109	3.96014	4.70555
26.0	1.77599	2.10628	2.60616	3.56557	3.92139	4.66005
27.0	1.75739	2.08517	2.58109	3.53261	3.88546	4.61786
28.0	1.74004	2.06548	2.55774	3.50194	3.85201	4.57861
29.0	1.72381	2.04708	2.53592	3.47331	3.82080	4.54198
30.0	1.70859	2.02983	2.51549	3.44651	3.79158	4.50770
31.0	1.69428	2.01363	2.49629	3.42135	3.76417	4.47554
32.0	1.68079	1.99836	2.47823	3.39769	3.73838	4.44530
33.0	1.66805	1.98395	2.46119	3.37538	3.71408	4.41680
34.0	1.65600	1.97033	2.44508	3.35430	3.69111	4.38988
35.0	1.64458	1.95741	2.42982	3.33435	3.66938	4.36441
36.0	1.63372	1.94516	2.41535	3.31543	3.64878	4.34027
37.0	1.62340	1.93351	2.40159	3.29747	3.62921	4.31734
38.0	1.61357	1.92241	2.38850	3.28037	3.61060	4.29554
39.0	1.60419	1.91183	2.37602	3.26409	3.59287	4.27477
40.0	1.59523	1.90173	2.36411	3.24855	3.57596	4.25496
41.0	1.58666	1.89207	2.35273	3.23371	3.55980	4.23604
42.0	1.57845	1.88282	2.34184	3.21951	3.54435	4.21795
43.0	1.57058	1.87395	2.33140	3.20592	3.52955	4.20063
44.0	1.56303	1.86545	2.32139	3.19288	3.51536	4.18402
45.0	1.55577	1.85728	2.31178	3.18037	3.50175	4.16809
46.0	1.54879	1.84943	2.30254	3.16835	3.48867	4.15278
47.0	1.54207	1.84187	2.29366	3.15679	3.47609	4.13807
48.0	1.53560	1.83459	2.28510	3.14566	3.46399	4.12391
49.0	1.52935	1.82757	2.27685	3.13494	3.45233	4.11027
50.0	1.52333	1.82080	2.26890	3.12461	3.44109	4.09711
60.0	1.47276	1.76406	2.20235	3.03826	3.34719	3.98735
70.0	1.43481	1.72158	2.15263	2.97392	3.27727	3.90568
80.0	1.40504	1.68830	2.11376	2.92372	3.22274	3.84202
90.0	1.38089	1.66135	2.08234	2.88320	3.17875	3.79069
100.0	1.36081	1.63898	2.05629	2.84965	3.14232	3.74822
110.0	1.34379	1.62003	2.03424	2.82130	3.11156	3.71235
120.0	1.32913	1.60372	2.01529	2.79694	3.08514	3.68156

$\gamma = .99$

R_L / n	.9995000	.9999000	.9999500	.9999900	.9999990	.9999999
2.0	262.53824	296.72597	310.41539	340.27941	379.25780	414.83565
3.0	33.31431	37.53250	39.22495	42.92232	47.75660	52.17543
4.0	17.17715	19.32743	20.19078	22.07788	24.54687	26.80493
5.0	12.36643	13.90649	14.52502	15.87727	17.64700	19.26593
6.0	10.13621	11.39552	11.90135	13.00732	14.45491	15.77929
7.0	8.85756	9.95691	10.39851	11.36406	12.62793	13.78427
8.0	8.02791	9.02404	9.42417	10.29906	11.44425	12.49202
9.0	7.44453	8.36842	8.73953	9.55094	10.61301	11.58473
10.0	7.01064	7.88103	8.23063	8.99500	9.99547	10.91081
11.0	6.67434	7.50341	7.83640	8.56443	9.51731	10.38907
12.0	6.40531	7.20145	7.52119	8.22025	9.13516	9.97216
13.0	6.18471	6.95391	7.26283	7.93819	8.82205	9.63061
14.0	6.00014	6.74688	7.04676	7.70234	8.56029	9.34512
15.0	5.84317	6.57085	6.86307	7.50186	8.33781	9.10249
16.0	5.70781	6.41910	6.70472	7.32907	8.14609	8.89343
17.0	5.58971	6.28673	6.56661	7.17839	7.97892	8.71116
18.0	5.48565	6.17012	6.44494	7.04566	7.83169	8.55064
19.0	5.39314	6.06647	6.33681	6.92772	7.70088	8.40804
20.0	5.31028	5.97366	6.23999	6.82212	7.58377	8.28038
21.0	5.23556	5.88998	6.15270	6.72693	7.47821	8.16532
22.0	5.16779	5.81408	6.07354	6.64061	7.38250	8.06100
23.0	5.10598	5.74488	6.00136	6.56191	7.29525	7.96591
24.0	5.04934	5.68148	5.93523	6.48982	7.21532	7.87881
25.0	4.99721	5.62313	5.87438	6.42348	7.14179	7.79868
26.0	4.94905	5.56924	5.81818	6.36221	7.07388	7.72468
27.0	4.90439	5.51926	5.76606	6.30541	7.01093	7.65608
28.0	4.86285	5.47278	5.71759	6.25258	6.95238	7.59229
29.0	4.82408	5.42942	5.67237	6.20330	6.89776	7.53279
30.0	4.78781	5.38884	5.63007	6.15719	6.84667	7.47713
31.0	4.75378	5.35078	5.59038	6.11395	6.79876	7.42493
32.0	4.72179	5.31500	5.55307	6.07330	6.75371	7.37585
33.0	4.69163	5.28128	5.51791	6.03499	6.71127	7.32962
34.0	4.66316	5.24943	5.48472	5.99882	6.67120	7.28597
35.0	4.63621	5.21931	5.45331	5.96460	6.63330	7.24468
36.0	4.61067	5.19075	5.42354	5.93217	6.59737	7.20555
37.0	4.58642	5.16365	5.39528	5.90138	6.56327	7.16841
38.0	4.56336	5.13787	5.36840	5.87211	6.53084	7.13309
39.0	4.54139	5.11331	5.34281	5.84423	6.49996	7.09946
40.0	4.52044	5.08990	5.31840	5.81764	6.47052	7.06739
41.0	4.50043	5.06754	5.29509	5.79226	6.44240	7.03677
42.0	4.48129	5.04615	5.27280	5.76798	6.41552	7.00749
43.0	4.46298	5.02568	5.25146	5.74474	6.38978	6.97947
44.0	4.44542	5.00606	5.23101	5.72247	6.36512	6.95261
45.0	4.42857	4.98724	5.21139	5.70111	6.34146	6.92685
46.0	4.41238	4.96916	5.19255	5.68058	6.31874	6.90210
47.0	4.39682	4.95178	5.17443	5.66086	6.29689	6.87832
48.0	4.38185	4.93505	5.15700	5.64187	6.27587	6.85543
49.0	4.36743	4.91894	5.14021	5.62359	6.25563	6.83339
50.0	4.35352	4.90341	5.12402	5.60597	6.23612	6.81214
60.0	4.23749	4.77384	4.98899	5.45896	6.07338	6.63496
70.0	4.15117	4.67749	4.88859	5.34968	5.95244	6.50332
80.0	4.08391	4.60243	4.81039	5.26458	5.85827	6.40083
90.0	4.02968	4.54193	4.74736	5.19601	5.78240	6.31826
100.0	3.98481	4.49189	4.69523	5.13929	5.71966	6.24999
110.0	3.94693	4.44965	4.65123	5.09143	5.66671	6.19238
120.0	3.91441	4.41339	4.61346	5.05035	5.62129	6.14295

附　录　B
（规范性附录）
双侧规范限的 K 系数表

B.1　参数范围与表距

γ=0.50,0.60,0.70,0.75,0.80,0.85,0.90,0.95,0.99;

p=0.15,0.125,0.10(−0.01)0.01(−0.001)0.001,0.000 5,0.000 1,0.000 01;

n=2(1)50(10)120。

B.2　插值

表中给出了标准正态分布的 p 分位数 u_p。先根据算得的系数 k_L（或 k_U），利用数表线性插值求得 $u_{p_U(L)}$（或 $u_{p_U(U)}$），再由标准正态分布分位数表线性插值求得 $p_U(L)$（或 $p_U(U)$）。通过中间变量 u_p 进行二次插值比直接用 k 进行插值可以提高插值精度。

B.3　正态分布双侧容许限系数 k 表

正态分布双侧容许限系数 k 表

$\gamma = 0.990$

n \ p / u_p	0.15000	0.12500	0.10000	0.09000	0.08000	0.07000	0.06000	0.05000
	−1.03643	−1.15035	−1.28155	−1.34076	−1.40507	−1.47579	−1.55477	−1.64485
2	127.70711	136.79611	147.26431	151.98796	157.11957	162.76205	169.06381	176.25099
3	15.32209	16.43163	17.71372	18.29349	18.92408	19.61826	20.39447	21.28077
4	7.64444	8.20466	8.85339	9.14715	9.46692	9.81920	10.21341	10.66388
5	5.37822	5.77665	6.23868	6.44809	6.67616	6.92753	7.20897	7.53072
6	4.33106	4.65525	5.03152	5.20216	5.38806	5.59304	5.82259	6.08512
7	3.73095	4.01296	4.34047	4.48906	4.65097	4.82954	5.02956	5.25836
8	3.34117	3.59605	3.89217	4.02655	4.17301	4.33455	4.51553	4.72258
9	3.06663	3.30259	3.57680	3.70127	3.83692	3.98657	4.15424	4.34609
10	2.86200	3.08400	3.34203	3.45916	3.58684	3.72769	3.88552	4.06611
11	2.70305	2.91430	3.15987	3.27136	3.39288	3.52695	3.67719	3.84911
12	2.57560	2.77832	3.01398	3.12097	3.23760	3.36628	3.51047	3.67548
13	2.47085	2.66662	2.89421	2.99753	3.11017	3.23444	3.37370	3.53307
14	2.38301	2.57300	2.79387	2.89414	3.00346	3.12406	3.25921	3.41388
15	2.30815	2.49325	2.70843	2.80612	2.91262	3.03012	3.16179	3.31248
16	2.24345	2.42436	2.63466	2.73014	2.83422	2.94905	3.07773	3.22499
17	2.18690	2.36417	2.57024	2.66379	2.76577	2.87828	3.00436	3.14865
18	2.13696	2.31104	2.51339	2.60525	2.70539	2.81586	2.93966	3.08133
19	2.09249	2.26375	2.46281	2.55317	2.65168	2.76035	2.88213	3.02148
20	2.05258	2.22133	2.41745	2.50648	2.60352	2.71059	2.83056	2.96784
21	2.01653	2.18302	2.37651	2.46434	2.56007	2.66569	2.78404	2.91946
22	1.98378	2.14823	2.33933	2.42607	2.52062	2.62493	2.74181	2.87555
23	1.95386	2.11646	2.30540	2.39115	2.48463	2.58774	2.70329	2.83550
24	1.92640	2.08731	2.27427	2.35913	2.45161	2.55364	2.66797	2.79878
25	1.90110	2.06045	2.24560	2.32963	2.42122	2.52225	2.63545	2.76497
26	1.87768	2.03561	2.21909	2.30235	2.39311	2.49322	2.60539	2.73372
27	1.85594	2.01255	2.19448	2.27705	2.36703	2.46629	2.57750	2.70474
28	1.83569	1.99108	2.17157	2.25348	2.34275	2.44122	2.55155	2.67777
29	1.81677	1.97102	2.15018	2.23149	2.32009	2.41783	2.52732	2.65260
30	1.79904	1.95223	2.13015	2.21089	2.29887	2.39592	2.50464	2.62904
31	1.78240	1.93459	2.11135	2.19155	2.27895	2.37536	2.48336	2.60692
32	1.76672	1.91799	2.09365	2.17336	2.26022	2.35602	2.46334	2.58613
33	1.75194	1.90233	2.07697	2.15620	2.24255	2.33778	2.44447	2.56652
34	1.73796	1.88753	2.06120	2.13999	2.22585	2.32055	2.42664	2.54800
35	1.72472	1.87351	2.04627	2.12464	2.21005	2.30424	2.40976	2.53047
36	1.71216	1.86021	2.03211	2.11009	2.19506	2.28878	2.39376	2.51385
37	1.70022	1.84757	2.01865	2.09626	2.18082	2.27409	2.37856	2.49806
38	1.68885	1.83555	2.00585	2.08310	2.16728	2.26011	2.36410	2.48305
39	1.67802	1.82409	1.99365	2.07056	2.15437	2.24679	2.35032	2.46874
40	1.66767	1.81315	1.98201	2.05860	2.14206	2.23409	2.33718	2.45510
41	1.65779	1.80269	1.97088	2.04717	2.13029	2.22195	2.32462	2.44206
42	1.64832	1.79268	1.96024	2.03623	2.11903	2.21034	2.31261	2.42959
43	1.63926	1.78310	1.95004	2.02576	2.10825	2.19922	2.30111	2.41765
44	1.63056	1.77391	1.94026	2.01571	2.09791	2.18855	2.29008	2.40620
45	1.62221	1.76508	1.93088	2.00607	2.08799	2.17832	2.27949	2.39521
46	1.61418	1.75659	1.92186	1.99680	2.07845	2.16849	2.26932	2.38466
47	1.60646	1.74843	1.91318	1.98789	2.06928	2.15903	2.25954	2.37451
48	1.59902	1.74057	1.90482	1.97931	2.06045	2.14992	2.25013	2.36473
49	1.59185	1.73300	1.89678	1.97104	2.05195	2.14115	2.24106	2.35532
50	1.58493	1.72570	1.88901	1.96307	2.04374	2.13269	2.23231	2.34625
60	1.52702	1.66457	1.82409	1.89640	1.97517	2.06201	2.15924	2.27043
70	1.48371	1.61891	1.77564	1.84667	1.92403	2.00931	2.10478	2.21395
80	1.44982	1.58319	1.73777	1.80782	1.88409	1.96816	2.06228	2.16988
90	1.42239	1.55431	1.70717	1.77643	1.85183	1.93494	2.02797	2.13431
100	1.39962	1.53036	1.68181	1.75041	1.82510	1.90741	1.99955	2.10486
110	1.38034	1.51009	1.66035	1.72841	1.80250	1.88415	1.97553	2.07997
120	1.36376	1.49265	1.64191	1.70950	1.78308	1.86415	1.95489	2.05859

$\gamma=0.990$

p / u_p / n	0.04000	0.03000	0.02000	0.01000	0.00900	0.00800	0.00700	0.00600
	−1.75069	−1.88079	−2.05375	−2.32635	−2.32635	−2.40892	−2.45727	−2.51215
2	184.69502	195.07587	208.87540	230.62521	233.75846	237.21303	241.07057	245.44936
3	22.32332	23.60659	25.31477	28.01130	28.40012	28.82890	29.30780	29.85155
4	11.19416	11.84740	12.71767	14.09283	14.29123	14.51004	14.75447	15.03204
5	7.90967	8.37673	8.99930	9.98367	10.12574	10.28244	10.45750	10.65631
6	6.39442	6.77576	7.28426	8.08859	8.20470	8.33278	8.47587	8.63838
7	5.52798	5.86048	6.30396	7.00562	7.10693	7.21868	7.34354	7.48534
8	4.96661	5.26760	5.66910	6.30448	6.39623	6.49743	6.61051	6.73894
9	4.57222	4.85116	5.22329	5.81227	5.89732	5.99114	6.09597	6.21504
10	4.27900	4.54161	4.89200	5.44660	5.52669	5.61504	5.71376	5.82589
11	4.05177	4.30179	4.63539	5.16345	5.23971	5.32384	5.41783	5.52460
12	3.87000	4.10999	4.43021	4.93711	5.01031	5.09107	5.18130	5.28380
13	3.72095	3.95274	4.26202	4.75163	4.82233	4.90034	4.98749	5.08649
14	3.59621	3.82117	4.12134	4.59651	4.66514	4.74084	4.82543	4.92151
15	3.49012	3.70928	4.00172	4.46466	4.53151	4.60527	4.68768	4.78128
16	3.39860	3.61278	3.89857	4.35099	4.41632	4.48840	4.56894	4.66041
17	3.31874	3.52859	3.80860	4.25186	4.31587	4.38649	4.46539	4.55501
18	3.24835	3.45439	3.72932	4.16452	4.22736	4.29670	4.37417	4.46216
19	3.18576	3.38843	3.65885	4.08690	4.14872	4.21692	4.29311	4.37966
20	3.12968	3.32933	3.59572	4.01739	4.07829	4.14546	4.22052	4.30577
21	3.07910	3.27604	3.53881	3.95473	4.01479	4.08105	4.15509	4.23918
22	3.03320	3.22769	3.48717	3.89789	3.95720	4.02263	4.09574	4.17877
23	2.99134	3.18359	3.44009	3.84607	3.90470	3.96937	4.04163	4.12371
24	2.95297	3.14317	3.39694	3.79859	3.85659	3.92057	3.99206	4.07325
25	2.91765	3.10598	3.35723	3.75490	3.81232	3.87567	3.94645	4.02684
26	2.88500	3.07160	3.32054	3.71453	3.77143	3.83419	3.90431	4.98395
27	2.85472	3.03972	3.28652	3.67711	3.73351	3.79573	3.86524	3.94420
28	2.82655	3.01006	3.25487	3.64230	3.69824	3.75995	3.82890	3.90722
29	2.80025	2.98238	3.22533	3.60982	3.66533	3.72658	3.79500	3.87272
30	2.77564	2.95647	3.19770	3.57943	3.63455	3.69535	3.76328	3.84044
31	2.75255	2.93217	3.17177	3.55092	3.60567	3.66606	3.73353	3.81017
32	2.73083	2.90931	3.14739	3.52412	3.57851	3.63852	3.70556	3.78170
33	2.71036	2.88777	3.12441	3.49886	3.55292	3.61256	3.67920	3.75488
34	2.69102	2.86742	3.10271	3.47501	3.52876	3.58806	3.65431	3.72955
35	2.67272	2.84816	3.08217	3.45244	3.50590	3.56487	3.63076	3.70559
36	2.65537	2.82991	3.06271	3.43105	3.48423	3.54289	3.60844	3.68288
37	2.63889	2.81257	3.04422	3.41074	3.46366	3.52203	3.58724	3.66131
38	2.62322	2.79609	3.02664	3.39143	3.44409	3.50219	3.56709	3.64081
39	2.60829	2.78038	3.00990	3.37303	3.42546	3.48329	3.54790	3.62128
40	2.59405	2.76540	2.99393	3.35549	3.40769	3.46527	3.52960	3.60266
41	2.58044	2.75109	2.97868	3.33874	3.39072	3.44806	3.51212	3.58487
42	2.56743	2.73740	2.96409	3.32271	3.37449	3.43160	3.49540	3.56787
43	2.55497	2.72430	2.95013	3.30738	2.35895	3.41584	3.47940	3.55159
44	2.54302	2.71174	2.93674	3.29268	3.34406	3.40074	3.46406	3.53598
45	2.53156	2.69969	2.92389	3.27857	3.32977	3.38625	3.44935	3.52101
46	2.52055	2.68811	2.91155	3.26502	3.31605	3.37233	3.43522	3.50663
47	2.50996	2.67697	2.89969	3.25200	3.30285	3.35895	3.42163	3.49281
48	2.49976	2.66626	2.88827	3.23946	3.29016	3.34608	3.40855	3.47951
49	2.48995	2.65593	2.87727	3.22739	3.27793	3.33368	3.39596	3.46670
50	2.48048	2.64598	2.86667	3.21575	3.26614	3.32172	3.38382	3.45434
60	2.40141	2.56288	2.77816	3.11862	3.16776	3.22197	3.28252	3.35129
70	2.34253	2.50103	2.71231	3.04639	3.09460	3.14779	3.20720	3.27467
80	2.29660	2.45279	2.66097	2.99010	3.03760	3.08999	3.14851	3.21498
90	2.25954	2.41388	2.61957	2.94472	2.99164	3.04340	3.10121	3.16687
100	2.22886	2.38167	2.58531	2.90718	2.95363	3.00486	3.06208	3.12707
110	2.20294	2.35446	2.55637	2.87549	2.92153	2.97232	3.02905	3.09347
120	2.18068	2.33110	2.53153	2.84828	2.89398	2.94439	3.00070	3.06463

$\gamma=0.990$

p / u_p / n	0.00500	0.00400	0.00300	0.00200	0.00100	0.00050	0.00010	0.00001
	−2.57583	−2.65207	−2.74779	−2.87817	−3.09023	−3.29053	−3.71902	−4.26489
2	250.53061	256.61365	264.25025	274.65308	291.57267	307.55345	341.74112	385.29448
3	30.48269	31.23848	32.18761	33.48106	35.58588	37.57499	41.83311	47.26193
4	15.35427	15.74021	16.22497	16.88575	17.96136	18.97817	21.15569	23.93311
5	10.88713	11.16362	11.51095	11.98447	12.75540	13.48433	15.04571	17.03777
6	8.82707	9.05311	9.33709	9.72427	10.35472	10.95089	12.22809	13.85784
7	7.65000	7.84726	8.09509	8.43301	8.98329	9.50369	10.61867	12.04156
8	6.88808	7.06674	7.29122	7.59731	8.09578	8.56722	9.57733	10.86649
9	6.35330	6.51894	6.72706	7.01086	7.47304	7.91016	8.84680	10.04223
10	5.95609	6.11208	6.30808	6.57535	7.01063	7.42231	8.30446	9.43038
11	5.64858	5.79712	5.98375	6.23825	6.65273	7.04476	7.88480	8.95698
12	5.40281	5.54540	5.72456	5.96888	6.36678	6.74312	7.54955	8.57884
13	5.20145	5.33917	5.51223	5.74821	6.13254	6.49605	7.27499	8.26920
14	5.03308	5.16675	5.33470	5.56373	5.93674	6.28954	7.04553	8.01043
15	4.88998	5.02021	5.18383	5.40696	5.77036	6.11407	6.85058	7.79061
16	4.76664	4.89390	5.05380	5.27186	5.62699	5.96287	6.68261	7.60122
17	4.65908	4.78377	4.94043	5.15407	5.50199	5.83106	6.53619	7.43616
18	4.56434	4.68675	4.84057	5.05031	5.39190	5.71498	6.40726	7.29081
19	4.48016	4.60056	4.75184	4.95814	5.29411	5.61186	6.29273	7.16171
20	4.40477	4.52337	4.67240	4.87560	5.20654	5.51954	6.19021	7.04615
21	4.33682	4.45381	4.60079	4.80122	5.12763	5.43635	6.09783	6.94203
22	4.27519	4.39071	4.53585	4.73376	5.05607	5.36090	6.01406	6.84763
23	4.21901	4.33319	4.47665	4.67227	4.99085	5.29215	5.93772	6.76160
24	4.16754	4.28050	4.42242	4.61594	4.93110	5.22916	5.86779	6.68281
25	4.12018	4.23202	4.37253	4.56412	4.87614	5.17122	5.80347	6.61033
26	4.07644	4.18723	4.32644	4.51625	4.82537	5.11771	5.74406	6.54339
27	4.03588	4.14571	4.28371	4.47188	4.77831	5.06810	5.68900	6.48136
28	3.99815	4.10710	4.24397	4.43061	4.73454	5.02197	5.63780	6.42367
29	3.96296	4.07107	4.20690	4.39211	4.69371	4.97894	5.59004	6.36987
30	3.93004	4.03737	4.17222	4.35609	4.65552	4.93869	5.54537	6.31955
31	3.89915	4.00576	4.13969	4.32232	4.61970	4.90094	5.50348	6.27236
32	3.87012	3.97604	4.10911	4.29056	4.58603	4.86545	5.46410	6.22800
33	3.84276	3.94803	4.08030	4.26064	4.55431	4.83202	5.42699	6.18621
34	3.81692	3.92159	4.05309	4.23238	4.52435	4.80045	5.39197	6.14676
35	3.79248	3.89657	4.02735	4.20566	4.49601	4.77059	5.35883	6.10944
36	3.76931	3.87286	4.00295	4.18033	4.46916	4.74229	5.32744	6.07408
37	3.74732	3.85035	3.97979	4.15628	4.44367	4.71543	5.29763	6.04051
38	3.72641	3.82895	3.95777	4.13342	4.41943	4.68989	5.26929	6.00860
39	3.70649	3.80856	3.93680	4.11164	4.39634	4.66556	5.24231	5.97821
40	3.68749	3.78912	3.91680	4.09088	4.37433	4.64237	5.21658	5.94924
41	3.66935	3.77056	3.89770	4.07105	4.35331	4.62022	5.19201	5.92157
42	3.65201	3.75281	3.87944	4.05209	4.33321	4.59905	5.16852	5.89512
43	3.63541	3.73581	3.86196	4.03394	4.31398	4.57878	5.14604	5.86980
44	3.61949	3.71953	3.84520	4.01655	4.29554	4.55935	5.12449	5.84554
45	3.60422	3.70390	3.82913	3.99986	4.27785	4.54072	5.10382	5.82227
46	3.58956	3.68889	3.81369	3.98383	4.26086	4.52282	5.08397	5.79992
47	3.57546	3.67447	3.79885	3.96842	4.24453	4.50562	5.06489	5.77844
48	3.56189	3.66058	3.78456	3.95360	4.22882	4.48906	5.04653	5.75776
49	3.54883	3.64721	3.77081	3.93932	4.21369	4.47312	5.02885	5.73786
50	3.53623	3.63432	3.75755	3.92555	4.19910	4.45775	5.01180	5.71867
60	3.43114	3.52679	3.64694	3.81074	4.07743	4.32959	4.86968	5.55869
70	3.35301	3.44684	3.56472	3.72541	3.98702	4.23435	4.76410	5.43986
80	3.29214	3.38457	3.50067	3.65895	3.91661	4.16020	4.68191	5.34736
90	3.24309	3.33438	3.44906	3.60539	3.85988	4.10046	4.61570	5.27286
100	3.20251	3.29288	3.40638	3.56110	3.81297	4.05107	4.56095	5.21128
110	3.16826	3.25784	3.37035	3.52372	3.77338	4.00938	4.51476	5.15931
120	3.13886	3.22777	3.33943	3.49164	3.73941	3.97361	4.47513	5.11473

$\gamma = 0.950$

p / u_p / n	0.15000	0.12500	0.10000	0.09000	0.08000	0.07000	0.06000	0.05000
	−1.03643	−1.15035	−1.28155	−1.34076	−1.40507	−1.47579	−1.55477	−1.64485
2	25.52164	27.33857	29.43115	30.37539	31.40118	32.52907	33.78875	35.22540
3	6.76515	7.25760	7.82641	8.08357	8.36322	8.67104	9.01518	9.40808
4	4.34049	4.66265	5.03535	5.20401	5.38754	5.58966	5.81575	6.07402
5	3.44517	3.70540	4.00670	4.14313	4.29163	4.45522	4.63828	4.84745
6	2.97754	3.20596	3.47058	3.59043	3.72091	3.86469	4.02559	4.20948
7	2.68746	2.89648	3.13870	3.24843	3.36790	3.49955	3.64691	3.81534
8	2.48820	2.68411	2.91117	3.01404	3.12606	3.24950	3.38768	3.54562
9	2.34184	2.52825	2.74433	2.84224	2.94884	3.06633	3.19785	3.34819
10	2.22912	2.40833	2.61605	2.71018	2.81267	2.92563	3.05207	3.19662
11	2.13923	2.31275	2.51389	2.60504	2.70429	2.81367	2.93611	3.07608
12	2.06558	2.23450	2.43030	2.51903	2.61564	2.72212	2.84131	2.97757
13	2.00393	2.16904	2.36042	2.44714	2.54157	2.64564	2.76214	2.89531
14	1.95143	2.11332	2.30097	2.38600	2.47859	2.58063	2.69485	2.82541
15	1.90607	2.06522	2.24967	2.33325	2.42426	2.52455	2.63682	2.76515
16	1.86642	2.02318	2.20486	2.28718	2.37681	2.47560	2.58617	2.71256
17	1.83139	1.98606	2.16531	2.24653	2.33496	2.43242	2.54150	2.66619
18	1.80018	1.95300	2.13010	2.21034	2.29771	2.39399	2.50175	2.62493
19	1.77215	1.92332	2.09851	2.17788	2.26429	2.35952	2.46611	2.58794
20	1.74682	1.89651	2.06997	2.14855	2.23411	2.32840	2.43393	2.55455
21	1.72378	1.87213	2.04403	2.12191	2.20669	2.30012	2.40470	2.52422
22	1.70271	1.84985	2.02033	2.09756	2.18165	2.27430	2.37880	2.49653
23	1.68336	1.82939	1.99858	2.07522	2.15866	2.25061	2.35351	2.47113
24	1.66551	1.81052	1.97852	2.05462	2.13747	2.22877	2.33094	2.44771
25	1.64898	1.79306	1.95996	2.03556	2.11787	2.20856	2.31006	2.42606
26	1.63362	1.77683	1.94272	2.01786	2.09966	2.18979	2.29067	2.40595
27	1.61930	1.76170	1.92665	2.00136	2.08269	2.17231	2.27260	2.38722
28	1.60590	1.74755	1.91163	1.98594	2.06684	2.15598	2.25573	2.36973
29	1.59335	1.73430	1.89755	1.97149	2.05198	2.14067	2.23992	2.35334
30	1.58154	1.72184	1.88433	1.95792	2.03803	2.12629	2.22506	2.33794
31	1.57042	1.71010	1.87187	1.94514	2.02489	2.11275	2.21108	2.32345
32	1.55992	1.69902	1.86012	1.93307	2.01249	2.09998	2.19789	2.30977
33	1.54998	1.68854	1.84900	1.92166	2.00076	2.08790	2.18541	2.29685
34	1.54057	1.67861	1.83847	1.91085	1.98965	2.07646	2.17360	2.28460
35	1.53163	1.66918	1.82847	1.90059	1.97910	2.06560	2.16238	2.27298
36	1.52312	1.66022	1.81896	1.89084	1.96908	2.05527	2.15173	2.26194
37	1.51502	1.65168	1.80990	1.88155	1.95953	2.04545	2.14158	2.25143
38	1.50729	1.64353	1.80127	1.87269	1.95043	2.03607	2.13190	2.24140
39	1.49991	1.63575	1.79303	1.86423	1.94174	2.02713	2.12267	2.23183
40	1.49285	1.62831	1.78514	1.85615	1.93343	2.01857	2.11384	2.22269
41	1.48609	1.62119	1.77759	1.84841	1.92548	2.01038	2.10538	2.21393
42	1.47960	1.61436	1.77036	1.84099	1.91786	2.00254	2.09728	2.20554
43	1.47338	1.60781	1.76342	1.83386	1.91054	1.99501	2.08951	2.19749
44	1.46740	1.60151	1.75675	1.82703	1.90352	1.98778	2.08205	2.18976
45	1.46165	1.59545	1.75033	1.82045	1.89676	1.98082	2.07487	2.18233
46	1.45611	1.58963	1.74416	1.81412	1.89026	1.97413	2.06797	2.17518
47	1.45078	1.58401	1.73822	1.80803	1.88400	1.96769	2.06132	2.16830
48	1.44563	1.57860	1.73248	1.80215	1.87796	1.96148	2.05491	2.16166
49	1.44067	1.57337	1.72695	1.79648	1.87214	1.95548	2.04872	2.15525
50	1.43587	1.56832	1.72161	1.79100	1.86651	1.94969	2.04275	2.14907
60	1.39548	1.52584	1.67667	1.74493	1.81921	1.90102	1.99254	2.09709
70	1.36499	1.49380	1.64280	1.71022	1.78359	1.86438	1.95476	2.05799
80	1.34096	1.46857	1.61614	1.68291	1.75556	1.83556	1.92504	2.02725
90	1.32141	1.44804	1.59447	1.66072	1.73279	1.81215	1.90091	2.00229
100	1.30511	1.43094	1.57643	1.64224	1.71383	1.79266	1.88083	1.98151
110	1.29125	1.41642	1.56110	1.62655	1.69774	1.77612	1.86378	1.96389
120	1.27930	1.40388	1.54788	1.61301	1.68386	1.76186	1.84909	1.94870

$\gamma=0.950$

n \ p	0.04000	0.03000	0.02000	0.01000	0.00900	0.00800	0.00700	0.00600
u_p	−1.75069	−1.88079	−2.05375	−2.32635	−2.36562	−2.40892	−2.45727	−2.51215
2	36.91327	38.98827	41.74661	46.09405	46.72034	47.41085	48.18190	49.05714
3	9.87018	10.43889	11.19580	12.39045	12.56269	12.75263	12.96476	13.20562
4	6.37795	6.75221	7.25063	8.03787	8.15142	8.27665	8.41652	8.57535
5	5.09367	5.39697	5.80102	6.43945	6.53156	6.63314	6.74661	6.87547
6	4.42598	4.69271	5.04813	5.60983	5.69088	5.78027	5.88013	5.99352
7	4.01365	4.25801	4.58365	5.09835	5.17263	5.25454	5.34605	5.44997
8	3.73160	3.96079	4.26621	4.74901	4.81868	4.89552	4.98136	5.07885
9	3.52522	3.74338	4.03412	4.49373	4.56006	4.63321	4.71494	4.80774
10	3.36683	3.57659	3.85614	4.29807	4.36184	4.43218	4.51076	4.60000
11	3.24090	3.44402	3.71473	4.14268	4.20444	4.27255	4.34864	4.43506
12	3.13802	3.33575	3.59927	4.01586	4.07597	4.14228	4.21635	4.30047
13	3.05213	3.24539	3.50294	3.91009	3.96884	4.03364	4.10604	4.18825
14	2.97916	3.16863	3.42114	3.82030	3.87790	3.94143	4.01240	4.09300
15	2.91627	3.10249	3.35067	3.74297	3.79958	3.86202	3.93177	4.01099
16	2.86139	3.04479	3.28920	3.67555	3.73130	3.79279	3.86148	3.93949
17	2.81301	2.99394	3.23504	3.61615	3.67114	3.73180	3.79956	3.87650
18	2.76998	2.94870	3.18688	3.56335	3.61767	3.67758	3.74451	3.82052
19	2.73140	2.90816	3.14372	3.51604	3.56976	3.62901	3.69521	3.77037
20	2.69657	2.87158	3.10477	3.47336	3.52654	3.58520	3.65073	3.72514
21	2.66495	2.83836	3.06942	3.43462	3.48732	3.54544	3.61036	3.68409
22	2.63609	2.80803	3.03716	3.39928	3.45153	3.50916	3.57353	3.64663
23	2.60960	2.78022	3.00757	3.36687	3.41871	3.47589	3.53976	3.61229
24	2.58520	2.75460	2.98031	3.33702	3.38848	3.44525	3.50866	3.58067
25	2.56263	2.73090	2.95510	3.30942	3.36054	3.41692	3.47991	3.55143
26	2.54168	2.70890	2.93171	3.28381	3.33461	3.39064	3.45323	3.52430
27	2.52217	2.68842	2.90992	3.25996	3.31047	3.36617	3.42839	3.49905
28	2.50394	2.66928	2.88958	3.23770	3.28792	3.34332	3.40520	3.47546
29	2.48686	2.65136	2.87052	3.21685	3.26681	3.32192	3.38348	3.45338
30	2.47082	2.63453	2.85263	3.19727	3.24699	3.30183	3.36309	3.43265
31	2.45573	2.61869	2.83579	3.17885	3.22834	3.28293	3.34390	3.41314
32	2.44149	2.60375	2.81991	3.16148	3.21075	3.26510	3.32581	3.39475
33	2.42802	2.58962	2.80490	3.14506	3.19413	3.24825	3.30871	3.37736
34	2.41527	2.57624	2.79068	3.12951	3.17839	3.23230	3.29252	3.36090
35	2.40317	2.56355	2.77720	3.11476	3.16346	3.21717	3.27716	3.34529
36	2.39168	2.55149	2.76438	3.10075	3.14927	3.20279	3.26257	3.33046
37	2.38073	2.54001	2.75218	3.08741	3.13577	3.18911	3.24869	3.31634
38	2.37029	2.52906	2.74056	3.07470	3.12290	3.17607	3.23545	3.30288
39	2.36033	2.51861	2.72946	3.06257	3.11062	3.16362	3.22282	3.29004
40	2.35081	2.50863	2.71885	3.05098	3.09889	3.15173	3.21075	3.27777
41	2.34170	2.49907	2.70870	3.03988	3.08766	3.14035	3.19920	3.26603
42	2.33296	2.48991	2.69898	3.02925	3.07690	3.12944	3.18814	3.25478
43	2.32459	2.48113	2.68965	3.01906	3.06658	3.11898	3.17752	3.24399
44	2.31654	2.47270	2.68069	3.00927	3.05667	3.10894	3.16733	3.23364
45	2.30881	2.46459	2.67208	2.99987	3.04715	3.09930	3.15754	3.22368
46	2.30137	2.45679	2.66380	2.99082	3.03799	3.09001	3.14812	3.21411
47	2.29420	2.44928	2.65582	2.98210	3.02917	3.08107	3.13905	3.20489
48	2.28730	2.44204	2.64814	2.97371	3.02067	3.07246	3.13031	3.19600
49	2.28063	2.43505	2.64072	2.96561	3.01247	3.06415	3.12188	3.18743
50	2.27420	2.42831	2.63356	2.95779	3.00455	3.05613	3.11374	3.17916
60	2.22013	2.37165	2.57343	2.89212	2.93809	2.98878	3.04540	3.10970
70	2.17947	2.32905	2.52823	2.84279	2.88816	2.93819	2.99407	3.05753
80	2.14750	2.29557	2.49273	2.80406	2.84896	2.89847	2.95377	3.01657
90	2.12156	2.26841	2.46392	2.77264	2.81716	2.86626	2.92109	2.98336
100	2.09997	2.24581	2.43997	2.74652	2.79072	2.83947	2.89392	2.95574
110	2.08166	2.22664	2.41965	2.72437	2.76831	2.81676	2.87088	2.93233
120	2.06587	2.21012	2.40215	2.70529	2.74900	2.79720	2.85104	2.91217

$\gamma = 0.950$

n \ p	0.00500	0.00400	0.00300	0.00200	0.00100	0.00050	0.00010	0.00001
u_p	−2.57583	−2.65207	−2.74779	−2.87817	−3.09023	−3.29053	−3.71902	−4.26489
2	50.07279	51.28868	52.81510	54.89442	58.27631	61.47054	68.30393	77.00927
3	13.48518	13.81994	14.24032	14.81318	15.74534	16.62620	18.51174	20.91550
4	8.75973	8.98054	9.25786	9.63585	10.25104	10.83253	12.07758	13.66534
5	7.02506	7.20423	7.42927	7.73601	8.23532	8.70733	9.71813	11.00737
6	6.12517	6.28284	6.48090	6.75089	7.19039	7.60588	8.49573	9.63081
7	5.57062	5.71513	5.89665	6.14410	6.54693	6.92777	7.74344	8.78393
8	5.19203	5.32759	5.49788	5.73001	6.10792	6.46521	7.23045	8.20665
9	4.91549	5.04455	5.20666	5.42766	5.78745	6.12761	6.85616	7.78556
10	4.70360	4.82769	4.98358	5.19608	5.54203	5.86911	6.56965	7.46332
11	4.53538	4.65555	4.80650	5.01228	5.34729	5.66402	6.34240	7.20778
12	4.39813	4.51511	4.66205	4.86236	5.18847	5.49678	6.15713	6.99950
13	4.28369	4.39802	4.54163	4.73739	5.05610	5.35741	6.00276	6.82599
14	4.18657	4.29865	4.43944	4.63136	4.94380	5.23919	5.87184	6.67887
15	4.10295	4.21310	4.35146	4.54008	4.84714	5.13744	5.75918	6.55229
16	4.03005	4.13852	4.27478	4.46052	4.76290	5.04877	5.66103	6.44202
17	3.96584	4.07284	4.20724	4.39046	4.68873	4.97071	5.57462	6.34495
18	3.90877	4.01446	4.14722	4.32820	4.62282	4.90134	5.49785	6.25873
19	3.85764	3.96217	4.09346	4.27244	4.56379	4.83923	5.42911	6.18154
20	3.81153	3.91500	4.04497	4.22214	4.51056	4.78321	5.36714	6.11195
21	3.76968	3.87220	4.00098	4.17651	4.46227	4.73240	5.31092	6.04883
22	3.73150	3.83315	3.96084	4.13489	4.41821	4.68605	5.25965	5.99127
23	3.69650	3.79736	3.92404	4.09672	4.37783	4.64357	5.21266	5.93852
24	3.66426	3.76439	3.89016	4.06159	4.34065	4.60445	5.16940	5.88996
25	3.63446	3.73391	3.85883	4.02911	4.30628	4.56830	5.12941	5.84508
26	3.60681	3.70564	3.82977	3.99897	4.27440	4.53476	5.09233	5.80346
27	3.58107	3.67932	3.80272	3.97092	4.24472	4.50355	5.05781	5.76473
28	3.55704	3.65474	3.77746	3.94473	4.21702	4.47441	5.02559	5.72857
29	3.53453	3.63173	3.75381	3.92021	4.19108	4.44713	4.99543	5.69473
30	3.51341	3.61012	3.73161	3.89720	4.16673	4.42152	4.96712	5.66297
31	3.49353	3.58980	3.71072	3.87554	4.14383	4.39743	4.94049	5.63309
32	3.47478	3.57063	3.69102	3.85512	4.12223	4.37472	4.91538	5.60492
33	3.45706	3.55251	3.67241	3.83582	4.10182	4.35325	4.89166	5.57831
34	3.44029	3.53536	3.65478	3.81755	4.08250	4.33293	4.86920	5.55312
35	3.42438	3.51910	3.63807	3.80023	4.06417	4.31366	4.84791	5.52923
36	3.40926	3.50364	3.62219	3.78376	4.04676	4.29536	4.82767	5.50653
37	3.39487	3.48893	3.60707	3.76810	4.03020	4.27794	4.80843	5.48495
38	3.38116	3.47492	3.59267	3.75317	4.01441	4.26134	4.79008	5.46437
39	3.36808	3.46154	3.57893	3.73893	3.99935	4.24550	4.77258	5.44475
40	3.35558	3.44876	3.56579	3.72531	3.98495	4.23037	4.75586	5.42599
41	3.34361	3.43653	3.55323	3.71229	3.97118	4.21589	4.73986	5.40805
42	3.33215	3.42481	3.54119	3.69981	3.95799	4.20202	4.72454	5.39087
43	3.32116	3.41357	3.52964	3.68785	3.94534	4.18872	4.70984	5.37439
44	3.31061	3.40279	3.51856	3.67636	3.93319	4.17595	4.69574	5.35857
45	3.30046	3.39242	3.50791	3.66532	3.92152	4.16368	4.68218	5.34337
46	3.29071	3.38244	3.49766	3.65470	3.91029	4.15188	4.66914	5.32876
47	3.28131	3.37284	3.48780	3.64448	3.89949	4.14052	4.65659	5.31468
48	3.27226	3.36359	3.47829	3.63462	3.88907	4.12957	4.64450	5.30112
49	3.26353	3.35466	3.46912	3.62512	3.87902	4.11901	4.63283	5.28805
50	3.25510	3.34605	3.46027	3.61595	3.86933	4.10881	4.62157	5.27542
60	3.18433	3.27371	3.38596	3.53895	3.78794	4.02327	4.52710	5.16952
70	3.13118	3.21939	3.33017	3.48114	3.72685	3.95906	4.45621	5.09007
80	3.08946	3.17675	3.28638	3.43578	3.67891	3.90869	4.40059	5.02776
90	3.05563	3.14218	3.25087	3.39899	3.64005	3.86785	4.35552	4.97726
100	3.02750	3.11344	3.22135	3.36842	3.60775	3.83391	4.31807	4.93530
110	3.00366	3.08907	3.19633	3.34251	3.58037	3.80515	4.28633	4.89975
120	2.98312	3.06809	3.17478	3.32019	3.55679	3.78039	4.25900	4.86915

$\gamma=0.900$

p / n	0.15000	0.12500	0.10000	0.09000	0.08000	0.07000	0.06000	0.05000
u_p	−1.03643	−1.15035	−1.28155	−1.34076	−1.40507	−1.47579	−1.55477	−1.64485
2	12.72984	13.63692	14.68156	15.15292	15.66497	16.22798	16.85675	17.57385
3	4.70477	5.04955	5.44759	5.62749	5.82309	6.03834	6.27896	6.55362
4	3.34813	3.59968	3.89041	4.02190	4.16493	4.32240	4.49849	4.69957
5	2.79453	3.00900	3.25701	3.36922	3.49131	3.62574	3.77610	3.94784
6	2.48884	2.68333	2.90831	3.01011	3.12089	3.24289	3.37936	3.53525
7	2.29222	2.47414	2.68462	2.77987	2.88353	2.99769	3.12540	3.27128
8	2.15365	2.32689	2.52733	2.61806	2.71678	2.82551	2.94715	3.08611
9	2.04988	2.21673	2.40979	2.49717	2.59227	2.69700	2.81416	2.94801
10	1.96876	2.13069	2.31806	2.40287	2.49516	2.59681	2.71052	2.84043
11	1.90326	2.06128	2.24413	2.32688	2.41694	2.51613	2.62709	2.75385
12	1.84906	2.00388	2.18302	2.26410	2.35233	2.44951	2.55822	2.68240
13	1.80331	1.95546	2.13151	2.21119	2.29789	2.39339	2.50021	2.62225
14	1.76407	1.91396	2.08738	2.16587	2.25127	2.34534	2.45056	2.57077
15	1.72996	1.87790	2.04906	2.12652	2.21081	2.30364	2.40749	2.52611
16	1.69997	1.84621	2.01540	2.09197	2.17528	2.26704	2.36968	2.48693
17	1.67335	1.81810	1.98555	2.06133	2.14379	2.23460	2.33618	2.45222
18	1.64954	1.79295	1.95886	2.03394	2.11564	2.20561	2.30624	2.42120
19	1.62806	1.77030	1.93482	2.00928	2.09029	2.17950	2.27929	2.39329
20	1.60859	1.74975	1.91303	1.98692	2.06731	2.15585	2.25488	2.36800
21	1.59082	1.73101	1.89317	1.96654	2.04638	2.13429	2.23263	2.34496
22	1.57453	1.71384	1.87496	1.94787	2.02719	2.11455	2.21226	2.32386
23	1.55952	1.69802	1.85821	1.93069	2.00954	2.09638	2.19351	2.30445
24	1.54565	1.68340	1.84272	1.91481	1.99323	2.07960	2.17619	2.28652
25	1.53277	1.66984	1.82836	1.90008	1.97811	2.06403	2.16013	2.26990
26	1.52078	1.65721	1.81498	1.88637	1.96403	2.04954	2.14519	2.25444
27	1.50958	1.64542	1.80250	1.87357	1.95088	2.03602	2.13124	2.24000
28	1.49908	1.63437	1.79081	1.86158	1.93858	2.02336	2.11819	2.22649
29	1.48923	1.62400	1.77983	1.85033	1.92703	2.01148	2.10594	2.21381
30	1.47995	1.61423	1.76950	1.83974	1.91616	2.00031	2.09441	2.20189
31	1.47119	1.60502	1.75976	1.82976	1.90591	1.98976	2.08354	2.19064
32	1.46291	1.59631	1.75055	1.82032	1.89623	1.97980	2.07327	2.18002
33	1.45507	1.58806	1.74183	1.81139	1.88706	1.97037	2.06355	2.16996
34	1.44763	1.58024	1.73356	1.80291	1.87835	1.96142	2.05433	2.16042
35	1.44055	1.57280	1.72569	1.79485	1.87009	1.95292	2.04556	2.15136
36	1.43381	1.56572	1.71821	1.78718	1.86222	1.94483	2.03722	2.14273
37	1.42739	1.55896	1.71107	1.77987	1.85472	1.93712	2.02928	2.13451
38	1.42125	1.55252	1.70426	1.77290	1.84756	1.92976	2.02169	2.12667
39	1.41538	1.54635	1.69775	1.76623	1.84072	1.92273	2.01444	2.11917
40	1.40977	1.54045	1.69152	1.75984	1.83417	1.91600	2.00750	2.11200
41	1.40438	1.53480	1.68555	1.75373	1.82789	1.90955	2.00086	2.10513
42	1.39922	1.52937	1.67982	1.74786	1.82187	1.90336	1.99448	2.09854
43	1.39426	1.52416	1.67431	1.74222	1.81609	1.89742	1.98836	2.09221
44	1.38948	1.51915	1.66902	1.73681	1.81054	1.89171	1.98248	2.08613
45	1.38489	1.51433	1.66393	1.73159	1.80519	1.88621	1.97681	2.08027
46	1.38047	1.50969	1.65903	1.72657	1.80004	1.88092	1.97136	2.07464
47	1.37620	1.50521	1.65431	1.72173	1.79508	1.87582	1.96611	2.06921
48	1.37208	1.50089	1.64975	1.71706	1.79029	1.87090	1.96104	2.06397
49	1.36811	1.49672	1.64534	1.71256	1.78567	1.86615	1.95615	2.05891
50	1.36427	1.49268	1.64109	1.70820	1.78120	1.86156	1.95142	2.05402
60	1.33181	1.45864	1.60518	1.67145	1.74351	1.82285	1.91155	2.01282
70	1.30720	1.43285	1.57800	1.64363	1.71500	1.79356	1.88140	1.98168
80	1.28774	1.41246	1.55653	1.62166	1.69249	1.77045	1.85760	1.95710
90	1.27186	1.39584	1.53903	1.60376	1.67415	1.75162	1.83822	1.93709
100	1.25860	1.38196	1.52442	1.58882	1.65884	1.73591	1.82206	1.92040
110	1.24730	1.37015	1.51199	1.57611	1.64582	1.72254	1.80831	1.90621
120	1.23754	1.35994	1.50126	1.56513	1.63458	1.71100	1.79644	1.89396

$\gamma=0.900$

n \ p / u_p	0.04000	0.03000	0.02000	0.01000	0.00900	0.00800	0.00700	0.00600
	−1.75069	−1.88079	−2.05375	−2.32635	−2.36562	−2.40892	−2.45727	−2.51215
2	18.41631	19.45199	20.82870	22.99847	23.31104	23.65566	24.04048	24.47729
3	6.87660	7.27402	7.80285	8.63733	8.75763	8.89028	9.03843	9.20663
4	4.93613	5.22733	5.61500	6.22706	6.31532	6.41265	6.52136	6.64480
5	4.14992	4.39873	4.73004	5.25325	5.32870	5.41192	5.50488	5.61042
6	3.71869	3.94458	4.24540	4.72053	4.78906	4.86464	4.94906	5.04492
7	3.44297	3.65439	3.93597	4.38072	4.44487	4.51562	4.59465	4.68439
8	3.24965	3.45104	3.71927	4.14295	4.20406	4.27146	4.34675	4.43224
9	3.10553	3.29953	3.55790	3.96602	4.02489	4.08981	4.16233	4.24468
10	2.99331	3.18159	3.43235	3.82845	3.88559	3.94860	4.01898	4.09891
11	2.90303	3.08676	3.33144	3.71794	3.77369	3.83517	3.90385	3.98183
12	2.82855	3.00854	3.24825	3.62688	3.68149	3.74172	3.80900	3.88540
13	2.76587	2.94273	3.17827	3.55032	3.60398	3.66316	3.72927	3.80433
14	2.71223	2.88643	3.11843	3.48488	3.53773	3.59602	3.66113	3.73506
15	2.66571	2.83763	3.06657	3.42817	3.48033	3.53785	3.60210	3.67505
16	2.62491	2.79482	3.02109	3.37847	3.43002	3.48687	3.55037	3.62247
17	2.58877	2.75691	2.98083	3.33448	3.38549	3.44175	3.50458	3.57593
18	2.55648	2.72305	2.94488	3.29521	3.34574	3.40147	3.46371	3.53439
19	2.52742	2.69259	2.91254	3.25990	3.31000	3.36525	3.42696	3.49704
20	2.50110	2.66500	2.88325	3.22793	3.27764	3.33246	3.39370	3.46323
21	2.47713	2.63988	2.85659	3.19883	3.24818	3.30262	3.36362	3.43246
22	2.45518	2.61687	2.83218	3.17219	3.22123	3.27531	3.33571	3.40430
23	2.43499	2.59572	2.80974	3.14771	3.19645	3.25020	3.31024	3.37842
24	2.41634	2.57618	2.78901	3.12510	3.17357	3.22702	3.28673	3.35452
25	2.39905	2.55807	2.76980	3.10415	3.15237	3.20555	3.26494	3.33238
26	2.38297	2.54123	2.75194	3.08467	3.13266	3.18557	3.24468	3.31179
27	2.36796	2.52551	2.73527	3.06650	3.11427	3.16695	3.22578	3.29259
28	2.35392	2.51080	2.71968	3.04950	3.09706	3.14952	3.20811	3.27463
29	2.34074	2.49700	2.70505	3.03355	3.08093	3.13317	3.19153	3.25778
30	2.32834	2.48402	2.69129	3.01856	3.06575	3.11780	3.17593	3.24194
31	2.31665	2.47178	2.67832	3.00443	3.05145	3.10331	3.16124	3.22701
32	2.30561	2.46022	2.66607	2.99108	3.03795	3.08963	3.14736	3.21291
33	2.29515	2.44928	2.65447	2.97845	3.02516	3.07669	3.13423	3.19957
34	2.28524	2.43890	2.64348	2.96647	3.01305	3.06441	3.12178	3.18692
35	2.27582	2.42905	2.63303	2.95509	3.00154	3.05275	3.10996	3.17491
36	2.26686	2.41967	2.62310	2.94427	2.99059	3.04166	3.09871	3.16348
37	2.25832	2.41073	2.61363	2.93397	2.98016	3.03110	3.08799	3.15259
38	2.25017	2.40220	2.60460	2.92413	2.97021	3.02102	3.07777	3.14221
39	2.24238	2.39405	2.59597	2.91473	2.96070	3.01139	3.06800	3.13229
40	2.23493	2.38626	2.58771	2.90574	2.95160	3.00218	3.05866	3.12280
41	2.22779	2.37879	2.57980	2.89713	2.94289	2.99335	3.04971	3.11371
42	2.22094	2.37163	2.57221	2.88888	2.93454	2.98489	3.04113	3.10499
43	2.21437	2.36475	2.56493	2.88095	2.92652	2.97677	3.03290	3.09662
44	2.20805	2.35814	2.55794	2.87334	2.91882	2.96897	3.02499	3.08859
45	2.20198	2.35179	2.55121	2.86602	2.91141	2.96147	3.01737	3.08085
46	2.19612	2.34567	2.54473	2.85896	2.90427	2.95424	3.01005	3.07341
47	2.19048	2.33977	2.53848	2.85217	2.89740	2.94728	3.00299	3.06624
48	2.18504	2.33408	2.53246	2.84562	2.89077	2.94056	2.99618	3.05932
49	2.17979	2.32859	2.52664	2.83929	2.88437	2.93408	2.98961	3.05265
50	2.17472	2.32328	2.52103	2.83318	2.87819	2.92782	2.98326	3.04620
60	2.13195	2.27856	2.47370	2.78171	2.82612	2.87509	2.92979	2.99189
70	2.09962	2.24478	2.43797	2.74287	2.78683	2.83530	2.88944	2.95091
80	2.07412	2.21814	2.40979	2.71225	2.75586	2.80394	2.85764	2.91862
90	2.05337	2.19645	2.38686	2.68735	2.73067	2.77843	2.83178	2.89235
100	2.03606	2.17837	2.36775	2.66659	2.70967	2.75717	2.81023	2.87046
110	2.02134	2.16300	2.35151	2.64895	2.69183	2.73911	2.79192	2.85187
120	2.00863	2.14974	2.33749	2.63374	2.67644	2.72353	2.77612	2.83583

$\gamma=0.900$

n \ p / u_p	0.00500	0.00400	0.00300	0.00200	0.00100	0.00050	0.00010	0.00001
	−2.57583	−2.65207	−2.74779	−2.87817	−3.09023	−3.71902	−3.71902	−4.26489
2	24.98418	25.59099	26.35278	27.39050	29.07826	30.67236	34.08255	38.42688
3	9.40186	9.63562	9.92916	10.32915	10.97997	11.59492	12.91116	14.58898
4	6.78808	6.95966	7.17513	7.46879	7.94668	8.39832	9.36521	10.59801
5	5.73294	5.87966	6.06393	6.31507	6.72381	7.11013	7.93726	8.99199
6	5.15619	5.28946	5.45683	5.66495	6.05623	6.40716	7.15855	8.11676
7	4.78856	4.91331	5.07000	5.28356	5.63116	5.95970	6.66319	7.56032
8	4.53147	4.65032	4.79960	5.00305	5.33419	5.64719	6.31740	7.17210
9	4.34027	4.45476	4.59855	4.79453	5.11351	5.41502	6.06062	6.88393
10	4.19168	4.30279	4.44235	4.63255	4.94214	5.23476	5.86133	6.66037
11	4.07236	4.18078	4.31695	4.50254	4.80461	5.09013	5.70149	6.48112
12	3.97408	4.08029	4.21368	4.39549	4.69140	4.97109	5.56996	6.33368
13	3.89147	3.99583	4.12690	4.30554	4.59629	4.87110	5.45952	6.20990
14	3.82089	3.92367	4.05276	4.22870	4.51505	4.78571	5.36523	6.10424
15	3.75974	3.86116	3.98855	4.16216	4.44472	4.71179	5.28362	6.01281
16	3.70616	3.80640	3.93228	4.10386	4.38311	4.64704	5.21215	5.93277
17	3.65875	3.75793	3.88250	4.05228	4.32860	4.58977	5.14895	5.86199
18	3.61643	3.71468	3.83808	4.00626	4.27997	4.53868	5.09257	5.79886
19	3.57838	3.67580	3.79814	3.96489	4.23626	4.49275	5.04191	5.74215
20	3.54394	3.64060	3.76200	3.92745	4.19671	4.45121	4.99608	5.69085
21	3.51260	3.60857	3.72910	3.89337	4.16072	4.41340	4.95438	5.64418
22	3.48392	3.57926	3.69900	3.86220	4.12780	4.37882	4.91624	5.60150
23	3.45755	3.55232	3.67134	3.83355	4.09754	4.34704	4.88120	5.56230
24	3.43321	3.52745	3.64581	3.80711	4.06961	4.31771	4.84887	5.52612
25	3.41066	3.50441	3.62215	3.78261	4.04374	4.29054	4.81892	5.49262
26	3.38970	3.48299	3.60016	3.75983	4.01970	4.26529	4.79108	5.46148
27	3.37014	3.46301	3.57964	3.73859	3.99727	4.24174	4.76513	5.43245
28	3.35185	3.44432	3.56045	3.71873	3.97630	4.21972	4.74085	5.40531
29	3.33469	3.42679	3.54246	3.70009	3.95663	4.19907	4.71810	5.37986
30	3.31856	3.41031	3.52554	3.68258	3.93813	4.17965	4.69670	5.35593
31	3.30336	3.39478	3.50960	3.66607	3.92071	4.16136	4.67655	5.33340
32	3.28900	3.38011	3.49454	3.65048	3.90426	4.14409	4.65752	5.31212
33	3.27541	3.36623	3.48029	3.63573	3.88869	4.12775	4.63951	5.29199
34	3.26253	3.35308	3.46679	3.62175	3.87393	4.11226	4.62245	5.27292
35	3.25030	3.34058	3.45396	3.60848	3.85992	4.09755	4.60625	5.25481
36	3.23866	3.32870	3.44176	3.59585	3.84660	4.08356	4.59084	5.23759
37	3.22758	3.31737	3.43014	3.58382	3.83390	4.07024	4.57616	5.22118
38	3.21700	3.30657	3.41905	3.57234	3.82179	4.05753	4.56217	5.20554
39	3.20690	3.29625	3.40846	3.56138	3.81322	4.04539	4.54880	5.19059
40	3.19724	3.28638	3.39833	3.55090	3.79916	4.03377	4.53601	5.17630
41	3.18798	3.27693	3.38863	3.54085	3.78856	4.02265	4.52376	5.16262
42	3.17911	3.26787	3.37933	3.53123	3.77841	4.01199	4.51203	5.14950
43	3.17059	3.25917	3.37040	3.52199	3.76866	4.00176	4.50076	5.13692
44	3.16241	3.25081	3.36182	3.51311	3.75929	3.99193	4.48994	5.12482
45	3.15454	3.24277	3.35357	3.50457	3.75028	3.98248	4.47953	5.11320
46	3.14696	3.23503	3.34563	3.49635	3.74161	3.97338	4.46951	5.10200
47	3.13966	3.22757	3.33798	3.48843	3.73326	3.96461	4.45986	5.09122
48	3.13261	3.22038	3.33060	3.48079	3.72520	3.95616	4.45055	5.08082
49	3.12582	3.21344	3.32347	3.47342	3.71742	3.94800	4.44157	5.07079
50	3.11925	3.20674	3.31659	3.46630	3.70991	3.94012	4.43290	5.06110
60	3.06397	3.15028	3.25866	3.40636	3.64669	3.87379	4.35989	4.97956
70	3.02225	3.10768	3.21496	3.36114	3.59900	3.82377	4.30486	4.91811
80	2.98938	3.07412	3.18053	3.32553	3.56145	3.78438	4.26153	4.86973
90	2.96265	3.04683	3.15253	3.29657	3.53092	3.75236	4.22631	4.83042
100	2.94038	3.02409	3.12920	3.27244	3.50549	3.72569	4.19697	4.79769
110	2.92145	3.00477	3.10939	3.25194	3.48388	3.70303	4.17207	4.76989
120	2.90513	2.98810	3.09229	3.23426	3.46525	3.68350	4.15059	4.74592

γ=0.850

n \ p	0.15000	0.12500	0.10000	0.09000	0.08000	0.07000	0.06000	0.05000
u_p	−1.03643	−1.15035	−1.28155	−1.34076	−1.40507	−1.47579	−1.55477	−1.64485
2	8.45195	9.05513	9.74971	10.06309	10.40352	10.77780	11.19579	11.67248
3	3.77509	4.05369	4.37515	4.52039	4.67827	4.85199	5.04615	5.26773
4	2.85032	3.06680	3.31680	3.42980	3.55269	3.68795	3.83915	4.01177
5	2.44955	2.64002	2.86008	2.95958	3.06779	3.18691	3.32010	3.47217
6	2.22064	2.39671	2.60018	2.69218	2.79225	2.90242	3.02560	3.16626
7	2.07012	2.23698	2.42981	2.51701	2.61186	2.71628	2.83304	2.96637
8	1.96237	2.12278	2.30815	2.39199	2.48318	2.58357	2.69583	2.82402
9	1.88072	2.03634	2.21618	2.29751	2.38598	2.48338	2.59228	2.71665
10	1.81630	1.96820	2.14375	2.22314	2.30949	2.40456	2.51086	2.63225
11	1.76390	1.91282	2.08493	2.16276	2.24742	2.34062	2.44484	2.56385
12	1.72027	1.86675	2.03603	2.11258	2.19585	2.28751	2.39001	2.50705
13	1.68325	1.82768	1.99459	2.07007	2.15217	2.24254	2.34360	2.45900
14	1.65136	1.79404	1.95893	2.03349	2.11459	2.20387	2.30370	2.41769
15	1.62352	1.76471	1.92785	2.00162	2.08186	2.17019	2.26895	2.38172
16	1.59898	1.73884	1.90046	1.97353	2.05302	2.14052	2.23835	2.35006
17	1.57712	1.71583	1.87609	1.94856	2.02738	2.11415	2.21116	2.32193
18	1.55752	1.69519	1.85425	1.92618	2.00440	2.09051	2.18679	2.29673
19	1.53980	1.67654	1.83453	1.90597	1.98366	2.06919	2.16481	2.27399
20	1.52369	1.65960	1.81662	1.88761	1.96482	2.04982	2.14485	2.25335
21	1.50897	1.64412	1.80025	1.87085	1.94762	2.03213	2.12662	2.23451
22	1.49545	1.62990	1.78523	1.85546	1.93184	2.01591	2.10990	2.21722
23	1.48298	1.61679	1.77138	1.84127	1.91729	2.00095	2.09449	2.20129
24	1.47142	1.60466	1.75856	1.82815	1.90382	1.98711	2.08024	2.18656
25	1.46069	1.59338	1.74665	1.81595	1.89131	1.97426	2.06700	2.17288
26	1.45068	1.58286	1.73556	1.80459	1.87966	1.96229	2.05467	2.16013
27	1.44131	1.57303	1.72518	1.79396	1.86876	1.95109	2.04314	2.14822
28	1.43253	1.56381	1.71545	1.78400	1.85855	1.94061	2.03234	2.13707
29	1.42428	1.55515	1.70631	1.77464	1.84896	1.93075	2.02219	2.12658
30	1.41649	1.54698	1.69770	1.76583	1.83992	1.92147	2.01263	2.11671
31	1.40915	1.53928	1.68957	1.75751	1.83139	1.91271	2.00361	2.10739
32	1.40219	1.53198	1.68188	1.74964	1.82332	1.90442	1.99508	2.09858
33	1.39560	1.52507	1.67459	1.74217	1.81567	1.89657	1.98700	2.09024
34	1.38934	1.51850	1.66766	1.73509	1.80841	1.88911	1.97932	2.08231
35	1.38338	1.51225	1.66108	1.72835	1.80151	1.88202	1.97203	2.07478
36	1.37770	1.50630	1.65481	1.72194	1.79493	1.87527	1.96508	2.06760
37	1.37228	1.50062	1.64883	1.71582	1.78866	1.86883	1.95845	2.06076
38	1.36711	1.49520	1.64311	1.70997	1.78267	1.86268	1.95212	2.05423
39	1.36216	1.49001	1.63765	1.70438	1.77694	1.85680	1.94607	2.04798
40	1.35741	1.48504	1.63241	1.69902	1.77145	1.85117	1.94028	2.04200
41	1.35286	1.48027	1.62739	1.69389	1.76619	1.84577	1.93472	2.03626
42	1.34850	1.47570	1.62257	1.68896	1.76114	1.84059	1.92939	2.03076
43	1.34430	1.47130	1.61795	1.68422	1.75629	1.83561	1.92427	2.02547
44	1.34026	1.46707	1.61349	1.67967	1.75163	1.83082	1.91934	2.02039
45	1.33637	1.46300	1.60921	1.67529	1.74714	1.82621	1.91460	2.01550
46	1.33262	1.45907	1.60508	1.67106	1.74281	1.82177	1.91003	2.01078
47	1.32901	1.45529	1.60109	1.66699	1.73864	1.81749	1.90563	2.00623
48	1.32552	1.45164	1.59725	1.66305	1.73461	1.81335	1.90137	2.00185
49	1.32214	1.44811	1.59353	1.65926	1.73072	1.80936	1.89727	1.99761
50	1.31888	1.44469	1.58994	1.65558	1.72696	1.80550	1.89330	1.99352
60	1.29129	1.41583	1.55958	1.62454	1.69517	1.77290	1.85977	1.95892
70	1.27032	1.39390	1.53653	1.60098	1.67105	1.74816	1.83434	1.93270
80	1.25369	1.37653	1.51828	1.58234	1.65197	1.72859	1.81422	1.91196
90	1.24011	1.36234	1.50339	1.56711	1.63639	1.71262	1.79781	1.89504
100	1.22874	1.35047	1.49093	1.55439	1.62337	1.69927	1.78410	1.88090
110	1.21906	1.34036	1.48032	1.54355	1.61229	1.68791	1.77242	1.86887
120	1.21068	1.33161	1.47115	1.53418	1.60270	1.67809	1.76233	1.85847

γ=0.850

n \ p	0.04000	0.03000	0.02000	0.01000	0.00900	0.00800	0.00700	0.00600
u_p	−1.75069	−1.88079	−2.05375	−2.32635	−2.36562	−2.40892	−2.45727	−2.51215
2	12.23249	12.92090	13.83595	15.27806	15.48579	15.71483	15.97058	16.26089
3	5.52824	5.84874	6.27513	6.94781	7.04477	7.15168	7.27108	7.40664
4	4.21479	4.46462	4.79712	5.32188	5.39753	5.48096	5.57414	5.67993
5	3.65103	3.87119	4.16423	4.62680	4.69350	4.76705	4.84920	4.94247
6	3.33171	3.53537	3.80647	4.23445	4.29616	4.36422	4.44023	4.52653
7	3.12321	3.31627	3.57328	3.97902	4.03752	4.10204	4.17410	4.25593
8	2.97482	3.16044	3.40755	3.79767	3.85392	3.91596	3.98525	4.06392
9	2.86294	3.04303	3.28276	3.66123	3.71581	3.77599	3.84322	3.91954
10	2.77505	2.95083	3.18483	3.55424	3.60751	3.66625	3.73187	3.80636
11	2.70384	2.87616	3.10555	3.46769	3.51991	3.57749	3.64181	3.71484
12	2.64473	2.81421	3.03981	3.39595	3.44731	3.50394	3.56719	3.63901
13	2.59474	2.76182	2.98424	3.33535	3.38598	3.44181	3.50416	3.57497
14	2.55177	2.71682	2.93652	3.28333	3.33333	3.38848	3.45007	3.52001
15	2.51438	2.67766	2.89500	3.23809	3.28756	3.34211	3.40304	3.47223
16	2.48146	2.64320	2.85848	3.19831	3.24731	3.30134	3.36170	3.43022
17	2.45222	2.61259	2.82605	3.16300	3.21158	3.26516	3.32500	3.39294
18	2.42603	2.58518	2.79702	3.13140	3.17961	3.23278	3.29216	3.35958
19	2.40241	2.56047	2.77084	3.10291	3.15079	3.20359	3.26256	3.32952
20	2.38096	2.53803	2.74709	3.07708	3.12465	3.17712	3.23572	3.30225
21	2.36139	2.51757	2.72542	3.05351	3.10081	3.15297	3.21123	3.27738
22	2.34344	2.49879	2.70556	3.03190	3.07895	3.13084	3.18879	3.25459
23	2.32690	2.48150	2.68726	3.01201	3.05883	3.11046	3.16813	3.23360
24	2.31161	2.46551	2.67033	2.99361	3.04022	3.09162	3.14903	3.21420
25	2.29740	2.45066	2.65463	2.97655	3.02296	3.07414	3.13130	3.19620
26	2.28417	2.43683	2.64000	2.96065	3.00688	3.05786	3.11480	3.17944
27	2.27181	2.42391	2.62634	2.94581	2.99187	3.04266	3.09939	3.16379
28	2.26023	2.41181	2.61354	2.93191	2.97781	3.02842	3.08496	3.14914
29	2.24935	2.40045	2.60152	2.91886	2.96461	3.01506	3.07140	3.13538
30	2.23911	2.38974	2.59021	2.90657	2.95218	3.00248	3.05865	3.12242
31	2.22944	2.37964	2.57953	2.89498	2.94046	2.99061	3.04662	3.11021
32	2.22030	2.37010	2.56944	2.88402	2.92938	2.97939	3.03524	3.09866
33	2.21164	2.36105	2.55988	2.87365	2.91888	2.96876	3.02447	3.08772
34	2.20342	2.35247	2.55080	2.86380	2.90892	2.95868	3.01425	3.07735
35	2.19561	2.34431	2.54218	2.85444	2.89946	2.94910	3.00454	3.06749
36	2.18817	2.33654	2.53397	2.84553	2.89045	2.93998	2.99529	3.05810
37	2.18107	2.32913	2.52614	2.83704	2.88186	2.93128	2.98648	3.04915
38	2.17430	2.32205	2.51867	2.82893	2.87366	2.92298	2.97807	3.04061
39	2.16782	2.31529	2.51152	2.82118	2.86582	2.91504	2.97002	3.03244
40	2.16161	2.30881	2.50468	2.81376	2.85831	2.90745	2.96232	3.02462
41	2.15567	2.30260	2.49812	2.80665	2.85112	2.90017	2.95494	3.01713
42	2.14996	2.29665	2.49183	2.79983	2.84423	2.89319	2.94787	3.00995
43	2.14448	2.29093	2.48579	2.79327	2.83760	2.88648	2.94107	3.00304
44	2.13921	2.28542	2.47998	2.78698	2.83123	2.88003	2.93453	2.99641
45	2.13414	2.28013	2.47439	2.78091	2.82510	2.87383	2.92824	2.99003
46	2.12925	2.27503	2.46900	2.77508	2.81920	2.86785	2.92219	2.98388
47	2.12454	2.27011	2.46381	2.76945	2.81351	2.86209	2.91635	2.97795
48	2.11999	2.26537	2.45880	2.76402	2.80801	2.85653	2.91071	2.97223
49	2.11560	2.26078	2.45396	2.75877	2.80271	2.85116	2.90528	2.96671
50	2.11136	2.25636	2.44929	2.75371	2.79759	2.84598	2.90002	2.96137
60	2.07551	2.21896	2.40982	2.71094	2.75435	2.80221	2.85567	2.91635
70	2.04834	2.19063	2.37992	2.67857	2.72162	2.76908	2.82210	2.88228
80	2.02686	2.16823	2.35630	2.65300	2.69577	2.74292	2.79559	2.85537
90	2.00934	2.14997	2.33705	2.63216	2.67470	2.72160	2.77398	2.83345
100	1.99471	2.13472	2.32097	2.61477	2.65712	2.70381	2.75595	2.81515
110	1.98226	2.12174	2.30729	2.59997	2.64216	2.68867	2.74062	2.79959
120	1.97149	2.11053	2.29547	2.58719	2.62924	2.67560	2.72737	2.78615

$\gamma = 0.850$

p / u_p / n	0.00500	0.00400	0.00300	0.00200	0.00100	0.00050	0.00010	0.00001
	−2.57583	−2.65207	−2.74779	−2.87817	−3.09023	−3.29053	−3.71902	−4.26489
2	16.59776	17.00104	17.50731	18.19695	19.31858	20.37793	22.64413	25.53103
3	7.56397	7.75235	7.98888	8.31118	8.83555	9.33098	10.39130	11.74275
4	5.80273	5.94976	6.13440	6.38601	6.79543	7.18231	8.01045	9.06618
5	5.05073	5.18037	5.34318	5.56504	5.92608	6.26726	6.99764	7.92881
6	4.62671	4.74667	4.89732	5.10262	5.43672	5.75245	6.42837	7.29014
7	4.35090	4.46463	4.60746	4.80211	5.11887	5.41822	6.05907	6.87615
8	4.15524	4.26460	4.40193	4.58909	4.89365	5.18149	5.79769	6.58333
9	4.00813	4.11422	4.24746	4.42903	4.72450	5.00374	5.60154	6.36372
10	3.89283	3.99638	4.12643	4.30365	4.59204	4.86459	5.44806	6.19197
11	3.79961	3.90111	4.02859	4.20232	4.48502	4.75219	5.32414	6.05335
12	3.72237	3.82220	3.94757	4.11841	4.39643	4.65917	5.22162	5.93871
13	3.65715	3.75556	3.87915	4.04757	4.32165	4.58066	5.13512	5.84203
14	3.60118	3.69839	3.82046	3.98681	4.25752	4.51334	5.06099	5.75919
15	3.55253	3.64869	3.76944	3.93401	4.20180	4.45486	4.99659	5.68725
16	3.50975	3.60500	3.72460	3.88760	4.15283	4.40348	4.94003	5.62408
17	3.47180	3.56623	3.68482	3.84642	4.10940	4.35791	4.88988	5.56808
18	3.43784	3.53155	3.64923	3.80959	4.07055	4.31715	4.84503	5.51801
19	3.40723	3.50029	3.61715	3.77641	4.03555	4.28044	4.80465	5.47293
20	3.37947	3.47195	3.58807	3.74632	4.00382	4.24716	4.76804	5.43208
21	3.35416	3.44610	3.56155	3.71888	3.97489	4.21682	4.73467	5.39485
22	3.33096	3.42241	3.53725	3.69374	3.94839	4.18902	4.70411	5.36075
23	3.30960	3.40060	3.51487	3.67060	3.92399	4.16344	4.67598	5.32937
24	3.28985	3.38044	3.49419	3.64921	3.90144	4.13979	4.64999	5.30039
25	3.27153	3.36173	3.47501	3.62936	3.88053	4.11786	4.62589	5.27350
26	3.25447	3.34432	3.45714	3.61089	3.86106	4.09745	4.60345	5.24849
27	3.23855	3.32806	3.44047	3.59364	3.84288	4.07840	4.58252	5.22515
28	3.22363	3.31283	3.42485	3.57749	3.82586	4.06056	4.56291	5.20329
29	3.20963	3.29854	3.41019	3.56233	3.80989	4.04381	4.54452	5.18279
30	3.19645	3.28509	3.39639	3.54806	3.79486	4.02806	4.52721	5.16349
31	3.18402	3.27240	3.38338	3.53461	3.78068	4.01320	4.51088	5.14530
32	3.17226	3.26040	3.37108	3.52189	3.76728	3.99915	4.49546	5.12811
33	3.16114	3.24904	3.35943	3.50984	3.75459	3.98586	4.48086	5.11184
34	3.15058	3.23826	3.34838	3.49842	3.74256	3.97324	4.46701	5.09640
35	3.14054	3.22802	3.33787	3.48756	3.73112	3.96126	4.45384	5.08174
36	3.13099	3.21827	3.32788	3.47723	3.72023	3.94985	4.44132	5.06779
37	3.12189	3.20898	3.31835	3.46738	3.70986	3.93898	4.42938	5.05449
38	3.11319	3.20011	3.30925	3.45797	3.69996	3.92860	4.41799	5.04180
39	3.10488	3.19163	3.30056	3.44899	3.69049	3.91869	4.40710	5.02967
40	3.09693	3.18351	3.29224	3.44038	3.68143	3.90919	4.39668	5.01806
41	3.08931	3.17574	3.28426	3.43214	3.67275	3.90010	4.38670	5.00695
42	3.08200	3.16827	3.27661	3.42423	3.66443	3.89138	4.37713	4.99628
43	3.07498	3.16111	3.26927	3.41664	3.65643	3.88300	4.36793	4.98605
44	3.06823	3.15422	3.26220	3.40934	3.64875	3.87495	4.35910	4.97621
45	3.06173	3.14759	3.25541	3.40232	3.64135	3.86720	4.35060	4.96674
46	3.05548	3.14121	3.24887	3.39556	3.63423	3.85974	4.34241	4.95763
47	3.04945	3.13506	3.24256	3.38904	3.62737	3.85255	4.33452	4.94884
48	3.04363	3.12912	3.23647	3.38275	3.62074	3.84562	4.32691	4.94037
49	3.03801	3.12339	3.23060	3.37668	3.61435	3.83892	4.31956	4.93219
50	3.03258	3.11785	3.22492	3.37081	3.60817	3.83245	4.31246	4.92428
60	2.98679	3.07112	3.17702	3.32131	3.55607	3.77788	4.25260	4.85766
70	2.95213	3.03576	3.14078	3.28387	3.51667	3.73662	4.20735	4.80731
80	2.92476	3.00785	3.11217	3.25431	3.48557	3.70406	4.17166	4.76760
90	2.90247	2.98510	3.08886	3.23024	3.46024	3.67755	4.14259	4.73527
100	2.88386	2.96612	3.06941	3.21015	3.43911	3.65543	4.11835	4.70832
110	2.86803	2.94998	3.05288	3.19307	3.42114	3.63662	4.09774	4.68541
120	2.85436	2.93604	3.03859	3.17832	3.40563	3.62038	4.07995	4.66563

$\gamma=0.800$

n \ p / u_p	0.15000	0.12500	0.10000	0.09000	0.08000	0.07000	0.06000	0.05000
	−1.03643	−1.15035	−1.28155	−1.34076	−1.40507	−1.47579	−1.55477	−1.64485
2	6.30233	6.75308	7.27206	7.50619	7.76050	8.04010	8.35233	8.70839
3	3.21008	3.44871	3.72391	3.84821	3.98330	4.13191	4.29797	4.48746
4	2.52639	2.72024	2.94393	3.04500	3.15488	3.27578	3.41090	3.56513
5	2.21685	2.39128	2.59263	2.68362	2.78255	2.89141	3.01309	3.15198
6	2.03563	2.19911	2.38784	2.47313	2.56587	2.66792	2.78200	2.91222
7	1.91454	2.07092	2.25146	2.33306	2.42177	2.51941	2.62855	2.75313
8	1.82685	1.97822	2.15298	2.23196	2.31784	2.41235	2.51800	2.63859
9	1.75982	1.90744	2.07788	2.15491	2.23866	2.33083	2.43387	2.55148
10	1.70657	1.85128	2.01834	2.09385	2.17594	2.26629	2.36728	2.48256
11	1.66303	1.80539	1.96974	2.04401	2.12477	2.21365	2.31300	2.42640
12	1.62661	1.76703	1.92914	2.00241	2.08207	2.16973	2.26772	2.37957
13	1.59558	1.73438	1.89461	1.96703	2.04576	2.13240	2.22925	2.33980
14	1.56877	1.70618	1.86480	1.93649	2.01443	2.10020	2.19608	2.30551
15	1.54530	1.68151	1.83875	1.90980	1.98706	2.07207	2.16710	2.27557
16	1.52456	1.65971	1.81573	1.88623	1.96288	2.04724	2.14152	2.2495
17	1.50605	1.64027	1.79521	1.86522	1.94135	2.02512	2.11875	2.22562
18	1.48940	1.62280	1.77678	1.84636	1.92201	2.00525	2.09830	2.20450
19	1.47434	1.60699	1.76011	1.82930	1.90452	1.98729	2.07981	2.18541
20	1.46063	1.59261	1.74494	1.81377	1.88861	1.97096	2.06300	2.16806
21	1.44807	1.57944	1.73106	1.79958	1.87406	1.95603	2.04764	2.15220
22	1.43653	1.56734	1.71831	1.78653	1.86069	1.94231	2.03352	2.13763
23	1.42586	1.55616	1.70654	1.77449	1.84836	1.92964	2.02049	2.12419
24	1.41598	1.54580	1.69563	1.76333	1.83693	1.91791	2.00843	2.11174
25	1.40678	1.53616	1.68548	1.75295	1.82630	1.90701	1.99721	2.10016
26	1.39819	1.52717	1.67602	1.74327	1.81639	1.89684	1.98675	2.08937
27	1.39016	1.51876	1.66716	1.73422	1.80711	1.88732	1.97697	2.07928
28	1.38261	1.51086	1.65885	1.72572	1.79841	1.87840	1.96779	2.06982
29	1.37552	1.50343	1.65104	1.71773	1.79023	1.87001	1.95917	2.06092
30	1.36882	1.49642	1.64367	1.71020	1.78252	1.86210	1.95104	2.05254
31	1.36250	1.48980	1.63671	1.70308	1.77524	1.85463	1.94336	2.04462
32	1.35650	1.48354	1.63012	1.69635	1.76834	1.84756	1.93609	2.03712
33	1.35082	1.47759	1.62387	1.68996	1.76180	1.84085	1.92920	2.03002
34	1.34542	1.47194	1.61794	1.68389	1.75559	1.83448	1.92265	2.02327
35	1.34028	1.46657	1.61229	1.67812	1.74968	1.82843	1.91642	2.01685
36	1.33538	1.46144	1.60690	1.67262	1.74405	1.82265	1.91049	2.01074
37	1.33070	1.45655	1.60176	1.66736	1.73868	1.81714	1.90483	2.00490
38	1.32622	1.45187	1.59685	1.66234	1.73354	1.81188	1.89942	1.99933
39	1.32194	1.44740	1.59215	1.65754	1.72863	1.80684	1.89424	1.99399
40	1.31784	1.44311	1.58765	1.65294	1.72392	1.80201	1.88929	1.98888
41	1.31390	1.43900	1.58333	1.64853	1.71940	1.79738	1.88453	1.98398
42	1.31012	1.43505	1.57918	1.64429	1.71507	1.79294	1.87997	1.97928
43	1.30649	1.43125	1.57519	1.64022	1.71090	1.78867	1.87558	1.97476
44	1.30299	1.42759	1.57135	1.63630	1.70689	1.78456	1.87136	1.97041
45	1.29962	1.42407	1.56766	1.63252	1.70303	1.78060	1.86729	1.96622
46	1.29637	1.42068	1.56410	1.62888	1.69931	1.77679	1.86338	1.96219
47	1.29323	1.41741	1.56066	1.62537	1.69572	1.77311	1.85960	1.95829
48	1.29020	1.41424	1.55734	1.62199	1.69225	1.76956	1.85595	1.95454
49	1.28728	1.41119	1.55414	1.61871	1.68890	1.76613	1.85243	1.95091
50	1.28445	1.40823	1.55104	1.61555	1.68566	1.76281	1.84902	1.94740
60	1.26047	1.38321	1.52479	1.58874	1.65826	1.73473	1.82019	1.91770
70	1.24220	1.36415	1.50482	1.56836	1.63742	1.71339	1.79828	1.89515
80	1.22770	1.34904	1.48899	1.55220	1.62090	1.69647	1.78092	1.87728
90	1.21583	1.33668	1.47604	1.53898	1.60739	1.68265	1.76673	1.86268
100	1.20590	1.32633	1.46521	1.52793	1.59610	1.67109	1.75487	1.85047
110	1.19742	1.31750	1.45597	1.51851	1.58647	1.66123	1.74476	1.84007
120	1.19008	1.30986	1.44798	1.51035	1.57814	1.65270	1.73602	1.83107

$\gamma=0.800$

n \ p / u_p	0.04000	0.03000	0.02000	0.01000	0.00900	0.00800	0.00700	0.00600
	−1.75069	−1.88079	−2.05375	−2.32635	−2.36562	−2.40892	−2.45727	−2.51215
2	9.12666	9.64080	10.39417	11.40108	11.55620	11.72723	11.91820	12.13497
3	4.71020	4.98417	5.34858	5.92335	6.00618	6.09752	6.19952	6.31532
4	3.74645	3.96954	4.26634	4.73461	4.80211	4.87654	4.95967	5.05404
5	3.31530	3.51625	3.78364	4.20555	4.26637	4.33343	4.40834	4.49337
6	3.06534	3.25376	3.50448	3.90011	3.95715	4.02004	4.09028	4.17003
7	2.89963	3.07990	3.31979	3.69833	3.75290	3.81308	3.88028	3.95659
8	2.78041	2.95491	3.18712	3.55356	3.60639	3.66464	3.72970	3.80357
9	2.68978	2.85996	3.08643	3.44379	3.49531	3.55212	3.61556	3.68760
10	2.61812	2.78493	3.00690	3.35717	3.40766	3.46334	3.52553	3.59613
11	2.55975	2.72384	2.94219	3.28674	3.33641	3.39118	3.45235	3.52180
12	2.51110	2.67295	2.88830	3.22813	3.27711	3.33113	3.39147	3.45996
13	2.46980	2.62975	2.84259	3.17843	3.22684	3.28023	3.33986	3.40755
14	2.43419	2.59253	2.80321	3.13565	3.18357	3.23641	3.29543	3.36244
15	2.40311	2.56004	2.76886	3.09834	3.14584	3.19821	3.25671	3.32311
16	2.37569	2.53139	2.73857	3.06546	3.11258	3.16455	3.22258	3.28847
17	2.35128	2.50589	2.71162	3.03622	3.08301	3.13461	3.19223	3.25765
18	2.32937	2.48302	2.68745	3.01000	3.05649	3.10776	3.16502	3.23003
19	2.30958	2.46235	2.66561	2.98632	3.03255	3.08353	3.14046	3.20510
20	2.29159	2.44357	2.64578	2.96482	3.01080	3.06152	3.11815	3.18245
21	2.27514	2.42640	2.62765	2.94517	2.99094	3.04141	3.09778	3.16177
22	2.26003	2.41064	2.61101	2.92714	2.97271	3.02296	3.07908	3.14279
23	2.24610	2.39610	2.59567	2.91052	2.95590	3.00595	3.06184	3.12529
24	2.23320	2.38264	2.58146	2.89514	2.94035	2.99021	3.04589	3.10910
25	2.22121	2.37013	2.56826	2.88085	2.92590	2.97558	3.03107	3.09406
26	2.21003	2.35847	2.55596	2.86753	2.91244	2.96196	3.01726	3.08005
27	2.19957	2.34757	2.54446	2.85508	2.89985	2.94922	3.00436	3.06696
28	2.18977	2.33735	2.53368	2.84341	2.88806	2.93729	2.99226	3.05468
29	2.18055	2.32774	2.52354	2.83245	2.87697	2.92607	2.98090	3.04315
30	2.17187	2.31868	2.51400	2.82212	2.86653	2.91550	2.97020	3.03229
31	2.16367	2.31013	2.50498	2.81237	2.85668	2.90553	2.96009	3.02203
32	2.15591	2.30205	2.49646	2.80315	2.84735	2.89610	2.95053	3.01234
33	2.14855	2.29438	2.48837	2.79441	2.83852	2.88716	2.94148	3.00315
34	2.14157	2.28710	2.48070	2.78611	2.83013	2.87867	2.93288	2.99442
35	2.13492	2.28017	2.47340	2.77822	2.82216	2.87060	2.92471	2.98613
36	2.12859	2.27358	2.46645	2.77071	2.81456	2.86292	2.91692	2.97823
37	2.12255	2.26728	2.45982	2.76354	2.80731	2.85558	2.90949	2.97069
38	2.11678	2.26127	2.45348	2.75669	2.80039	2.84858	2.90240	2.96350
39	2.11126	2.25552	2.44742	2.75014	2.79377	2.84189	2.89562	2.95661
40	2.10597	2.25001	2.44162	2.74387	2.78744	2.83547	2.88912	2.95002
41	2.10090	2.24473	2.43605	2.73786	2.78136	2.82933	2.88289	2.94371
42	2.09603	2.23966	2.43071	2.73209	2.77553	2.82343	2.87692	2.93764
43	2.09135	2.23478	2.42558	2.72655	2.76993	2.81776	2.87117	2.93182
44	2.08685	2.23010	2.42065	2.72122	2.76454	2.81231	2.86565	2.92622
45	2.08252	2.22559	2.41589	2.71609	2.75935	2.80706	2.86034	2.92082
46	2.07835	2.22124	2.41132	2.71114	2.75435	2.80200	2.85522	2.91563
47	2.07432	2.21704	2.40690	2.70637	2.74954	2.79713	2.85028	2.91062
48	2.07043	2.21300	2.40264	2.70177	2.74488	2.79242	2.84551	2.90578
49	2.06667	2.20909	2.39852	2.69733	2.74039	2.78788	2.84091	2.90111
50	2.06304	2.20530	2.39454	2.69303	2.73605	2.78348	2.83646	2.89660
60	2.03234	2.17334	2.36090	2.65672	2.69935	2.74637	2.79886	2.85847
70	2.00901	2.14907	2.33536	2.62918	2.67152	2.71821	2.77035	2.82955
80	1.99054	2.12985	2.31515	2.60739	2.64950	2.69594	2.74780	2.80667
90	1.97546	2.11417	2.29865	2.58961	2.63154	2.67777	2.72940	2.78801
100	1.96284	2.10105	2.28486	2.57475	2.61652	2.66259	2.71403	2.77242
110	1.95210	2.08988	2.27312	2.56910	2.60374	2.64966	2.70094	2.75915
120	1.94280	2.08022	2.26297	2.55116	2.59269	2.63849	2.68963	2.74768

$\gamma = 0.800$

n \ p / u_p	0.00500	0.00400	0.00300	0.00200	0.00100	0.00050	0.00010	0.00001
	−2.57583	−2.65207	−2.74779	−2.87817	−3.09023	−3.29053	−3.71902	−4.26489
2	12.38651	12.68764	13.06566	13.58058	14.41804	15.20898	16.90093	19.05622
3	6.44971	6.61061	6.81265	7.08791	7.53572	7.95880	8.86416	10.01798
4	5.16357	5.29472	5.45940	5.68379	6.04888	6.39383	7.13212	8.07316
5	4.59208	4.71026	4.85867	5.06089	5.38992	5.70082	6.36626	7.21449
6	4.26259	4.37343	4.51260	4.70225	5.01082	5.30240	5.92650	6.72206
7	4.04515	4.15120	4.28437	4.46583	4.76108	5.04008	5.63725	6.39849
8	3.88930	3.99196	4.12087	4.29652	4.58234	4.85242	5.43050	6.16740
9	3.77121	3.87132	3.99703	4.16834	4.44708	4.71046	5.27421	5.99284
10	3.67808	3.77621	3.89942	4.06732	4.34052	4.59866	5.15120	5.85554
11	3.60241	3.69893	3.82013	3.98529	4.25401	4.50793	5.05142	5.74422
12	3.53946	3.63466	3.75420	3.91708	4.18211	4.43254	4.96855	5.65181
13	3.48612	3.58019	3.69833	3.85930	4.12122	4.36870	4.89841	5.57363
14	3.44021	3.53333	3.65026	3.80960	4.06885	4.31381	4.83812	5.50645
15	3.40019	3.49248	3.60838	3.76629	4.02323	4.26601	4.78563	5.44798
16	3.36494	3.45650	3.57148	3.72815	3.98305	4.22391	4.73943	5.39653
17	3.33358	3.42450	3.53867	3.69424	3.94735	4.18651	4.69838	5.35083
18	3.30548	3.39583	3.50927	3.66385	3.91535	4.15299	4.66161	5.30991
19	3.28012	3.36994	3.48274	3.63643	3.88649	4.12276	4.62845	5.27301
20	3.25708	3.34644	3.45864	3.61153	3.86028	4.09531	4.59835	5.23953
21	3.23604	3.32497	3.43664	3.58879	3.83635	4.07026	4.57088	5.20898
22	3.21673	3.30527	3.41645	3.56794	3.81440	4.04728	4.54569	5.18096
23	3.19894	3.28712	3.39784	3.54871	3.79418	4.02611	4.52248	5.15516
24	3.18247	3.27032	3.38063	3.53093	3.77547	4.00652	4.50102	5.13130
25	3.16718	3.25472	3.36464	3.51441	3.75810	3.98834	4.48109	5.10915
26	3.15292	3.24018	3.34974	3.49903	3.74191	3.97140	4.46254	5.08853
27	3.13961	3.22659	3.33582	3.48465	3.72679	3.95557	4.44520	5.06926
28	3.12712	3.21386	3.32278	3.47118	3.71262	3.94074	4.42896	5.05122
29	3.11540	3.20190	3.31052	3.45852	3.69931	3.92682	4.41371	5.03427
30	3.10435	3.19064	3.29898	3.44660	3.68678	3.91370	4.39935	5.01832
31	3.09392	3.18000	3.28809	3.43535	3.67495	3.90133	4.38580	5.00327
32	3.08406	3.16995	3.27778	3.42472	3.66377	3.88962	4.37299	4.98904
33	3.07472	3.16042	3.26802	3.41464	3.65317	3.87854	4.36085	4.97557
34	3.06585	3.15137	3.25875	3.40507	3.64311	3.86801	4.34933	4.96278
35	3.05741	3.14277	3.24994	3.39597	3.63355	3.85801	4.33839	4.95062
36	3.04938	3.13458	3.24155	3.38731	3.62444	3.84849	4.32796	4.93905
37	3.04172	3.12677	3.23355	3.37905	3.61576	3.83940	4.31802	4.92802
38	3.03440	3.11930	3.22591	3.37116	3.60747	3.83073	4.30853	4.91749
39	3.02741	3.11217	3.21860	3.36362	3.59954	3.82224	4.29946	4.90741
40	3.02071	3.10534	3.21160	3.35639	3.59195	3.81450	4.29077	4.89778
41	3.01428	3.09879	3.20490	3.34947	3.58467	3.80689	4.28245	4.88854
42	3.00812	3.09250	3.19846	3.34282	3.57769	3.79959	4.27446	4.87967
43	3.00220	3.08647	3.19228	3.33644	3.57098	3.79258	4.26679	4.87116
44	2.99650	3.08066	3.18633	3.33030	3.56454	3.78583	4.25942	4.86298
45	2.99102	3.07507	3.18061	3.32440	3.55833	3.77934	4.25232	4.85510
46	2.98574	3.06969	3.17509	3.31871	3.55235	3.77309	4.24548	4.84752
47	2.98065	3.06450	3.16978	3.31322	3.54658	3.76706	4.23889	4.84020
48	2.97573	3.05948	3.16464	3.30792	3.54102	3.76124	4.23253	4.83315
49	2.97099	3.05465	3.15969	3.30281	3.53565	3.75563	4.22638	4.82633
50	2.96640	3.04997	3.15490	3.29787	3.53046	3.75020	4.22045	4.81975
60	2.92764	3.01045	3.11444	3.25612	3.48660	3.70436	4.17033	4.76418
70	2.89824	2.98049	3.08377	3.22447	3.45337	3.66962	4.13238	4.72211
80	2.87500	2.95680	3.05951	3.19945	3.42711	3.64218	4.10240	4.68888
90	2.85603	2.93748	3.03973	3.17905	3.40569	3.61980	4.07796	4.66181
100	2.84019	2.92133	3.02321	3.16201	3.38780	3.60111	4.05755	4.63921
110	2.82671	2.90759	3.00915	3.14750	3.37258	3.58521	4.04019	4.61998
120	2.81505	2.89571	2.99699	3.13497	3.35943	3.57147	4.02520	4.60338

$\gamma = 0.750$

n \ p / u_p	0.15000	0.12500	0.10000	0.09000	0.08000	0.07000	0.06000	0.05000
	−1.03643	−1.15035	−1.28155	−1.34076	−1.40507	−1.47579	−1.55477	−1.64485
2	5.00377	5.36267	5.77580	5.96216	6.16457	6.38708	6.63555	6.91888
3	2.81643	3.02739	3.27055	3.38034	3.49964	3.63085	3.77744	3.94468
4	2.28877	2.46613	2.67067	2.76303	2.86342	2.97386	3.09726	3.23806
5	2.04144	2.20387	2.39121	2.47582	2.56779	2.66897	2.78202	2.91104
6	1.89379	2.04766	2.22516	2.30533	2.39247	2.48834	2.59547	2.71772
7	1.79384	1.94213	2.11318	2.19044	2.27443	2.36682	2.47007	2.58790
8	1.72079	1.86512	2.03159	2.10679	2.18853	2.27845	2.37894	2.49361
9	1.66458	1.80592	1.96896	2.04260	2.12265	2.21072	2.30913	2.42143
10	1.61967	1.75868	1.91903	1.99146	2.07019	2.15680	2.25359	2.36404
11	1.58279	1.71992	1.87810	1.94955	2.02721	2.11265	2.20812	2.31787
12	1.55183	1.68741	1.84379	1.91443	1.99121	2.07568	2.17007	2.27778
13	1.52538	1.65965	1.81453	1.88448	1.96051	2.04416	2.13764	2.24430
14	1.50245	1.63561	1.78919	1.85856	1.93396	2.01691	2.10960	2.21537
15	1.48235	1.61453	1.76699	1.83586	1.91070	1.99304	2.08506	2.19005
16	1.46453	1.59587	1.74735	1.81576	1.89013	1.97194	2.06335	2.16766
17	1.44862	1.57920	1.72981	1.79783	1.87176	1.95310	2.04399	2.14770
18	1.43428	1.56419	1.71402	1.78170	1.85525	1.93616	2.02658	2.12975
19	1.42129	1.55060	1.69973	1.76708	1.84029	1.92083	2.01082	2.11351
20	1.40944	1.53820	1.68671	1.75378	1.82667	1.90687	1.99647	2.09872
21	1.39859	1.52685	1.67478	1.74159	1.81420	1.89408	1.98334	2.08519
22	1.38859	1.51640	1.66381	1.73038	1.80273	1.88232	1.97126	2.07274
23	1.37935	1.50675	1.65067	1.72002	1.79210	1.87146	1.96011	2.06125
24	1.37078	1.49779	1.64426	1.71041	1.78231	1.86139	1.94977	2.05060
25	1.36280	1.48945	1.63551	1.70147	1.77316	1.85203	1.94015	2.04069
26	1.35534	1.48166	1.62734	1.69312	1.76463	1.84328	1.93117	2.03145
27	1.34835	1.47437	1.61968	1.68531	1.75663	1.83510	1.92276	2.02279
28	1.34179	1.46752	1.61250	1.67797	1.74913	1.82741	1.91488	2.01467
29	1.33561	1.46107	1.60574	1.67107	1.74207	1.82018	1.90745	2.00703
30	1.32978	1.45499	1.59936	1.66456	1.73542	1.81336	1.90046	1.99983
31	1.32427	1.44923	1.59333	1.65840	1.72912	1.80692	1.89384	1.99302
32	1.31905	1.44379	1.58762	1.65257	1.72317	1.80082	1.88758	1.98658
33	1.31409	1.43861	1.58220	1.64704	1.71751	1.79503	1.88164	1.98047
34	1.30938	1.43370	1.57705	1.64178	1.71214	1.78953	1.87600	1.97466
35	1.30489	1.42902	1.57215	1.63678	1.70702	1.78429	1.87063	1.96913
36	1.30061	1.42455	1.56747	1.63201	1.70215	1.77930	1.86550	1.96386
37	1.29652	1.42029	1.56301	1.62745	1.69749	1.77454	1.86062	1.95883
38	1.29261	1.41622	1.55874	1.62310	1.69304	1.76998	1.85594	1.95402
39	1.28887	1.41231	1.55465	1.61893	1.68878	1.76562	1.85147	1.94942
40	1.28528	1.40857	1.55074	1.61493	1.68470	1.76144	1.84719	1.94501
41	1.28183	1.40499	1.54698	1.61110	1.68078	1.75743	1.84307	1.94078
42	1.27852	1.40154	1.54337	1.60742	1.67702	1.75358	1.83912	1.93672
43	1.27534	1.39822	1.53990	1.60388	1.67340	1.74988	1.83533	1.93282
44	1.27228	1.39503	1.53656	1.60047	1.66992	1.74632	1.83168	1.92906
45	1.26932	1.39195	1.53334	1.59718	1.66657	1.74289	1.82816	1.92544
46	1.26648	1.38899	1.53024	1.59402	1.66334	1.73958	1.82476	1.92195
47	1.26373	1.38613	1.52724	1.59097	1.66022	1.73639	1.82149	1.91859
48	1.26107	1.38336	1.52435	1.58802	1.65720	1.73331	1.81833	1.91534
49	1.25851	1.38069	1.52156	1.58516	1.65429	1.73033	1.81528	1.91220
50	1.25603	1.37811	1.51885	1.58241	1.65147	1.72745	1.81232	1.90916
60	1.23497	1.35619	1.49594	1.55904	1.62761	1.70304	1.78731	1.88344
70	1.21890	1.33948	1.47848	1.54124	1.60944	1.68445	1.76826	1.86387
80	1.20613	1.32620	1.46461	1.52710	1.59501	1.66970	1.75315	1.84835
90	1.19567	1.31533	1.45327	1.51554	1.58321	1.65764	1.74079	1.83565
100	1.18691	1.30623	1.44376	1.50585	1.57333	1.64754	1.73045	1.82503
110	1.17942	1.29845	1.43565	1.49759	1.56490	1.63892	1.72162	1.81597
120	1.17294	1.29172	1.42863	1.49044	1.55760	1.63147	1.71399	1.80812

$\gamma=0.750$

p / u_p / n	0.04000	0.03000	0.02000	0.01000	0.00900	0.00800	0.00700	0.00600
	−1.75069	−1.88079	−2.05375	−2.32635	−2.36562	−2.40892	−2.45727	−2.51215
2	7.25168	7.66074	8.20460	9.06105	9.18444	9.32048	9.47238	9.64480
3	4.14122	4.38293	4.70436	5.21120	5.28424	5.36477	5.45469	5.55678
4	3.40356	3.60713	3.87789	4.30494	4.36648	4.43434	4.51013	4.59616
5	3.06269	3.24924	3.49739	3.88880	3.94521	4.00741	4.07688	4.15574
6	2.86144	3.03822	3.27338	3.64433	3.69779	3.75674	3.82258	3.89732
7	2.76240	2.89679	3.12344	3.48096	3.53249	3.58931	3.65277	3.72481
8	2.62842	2.79425	3.01484	3.36281	3.41296	3.46826	3.53002	3.60013
9	2.55345	2.71586	2.93189	3.27266	3.32177	3.37593	3.43641	3.50508
10	2.49388	2.65359	2.86605	3.20118	3.24948	3.30274	3.36222	3.42975
11	2.44515	2.60270	2.81227	3.14284	3.19048	2.24302	3.30169	3.36830
12	2.40439	2.56015	2.76733	3.09413	3.14123	3.19316	3.25116	3.31701
13	2.36969	2.52393	2.72910	3.05271	3.09935	3.15078	3.20822	3.27342
14	2.33970	2.49265	2.69609	3.01697	3.06322	3.11422	3.17117	3.23582
15	2.31347	2.46529	2.66723	2.98575	3.03166	3.08227	3.13880	3.20298
16	2.29028	2.44111	2.64174	2.95818	3.00379	3.05407	3.11023	3.17399
17	2.26961	2.41956	2.61902	2.93362	2.97896	3.02896	3.08479	3.14817
18	2.25102	2.40020	2.59861	2.91157	2.95667	3.00640	3.06194	3.12500
19	2.23421	2.38268	2.58016	2.89163	2.93652	2.98602	3.04129	3.10405
20	2.21891	2.36674	2.56337	2.87350	2.91820	2.96748	3.02252	3.08500
21	2.20490	2.35215	2.54801	2.85692	2.90144	2.95053	3.00535	3.06759
22	2.19203	2.33875	2.53390	2.84169	2.88605	2.93496	2.98958	3.05159
23	2.18014	2.32038	2.52088	2.82764	2.87185	2.92059	2.97503	3.03680
24	2.16912	2.31491	2.50881	2.81462	2.85869	2.90729	2.96156	3.02316
25	2.15888	2.30424	2.49759	2.80252	2.84646	2.89492	2.94903	3.01046
26	2.14932	2.29429	2.48712	2.79123	2.83506	2.88338	2.93735	2.99862
27	2.14037	2.28499	2.47733	2.78068	2.82439	2.87259	2.92643	2.98754
28	2.13197	2.27625	2.46814	2.77077	2.81439	2.86248	2.91618	2.97715
29	2.12408	2.26804	2.45950	2.76147	2.80498	2.85297	2.90655	2.96738
30	2.11663	2.26029	2.45136	2.75269	2.79612	2.84400	2.89747	2.95818
31	2.10960	2.25298	2.44367	2.74441	2.78775	2.83553	2.88890	2.94949
32	2.10294	2.24605	2.43639	2.73657	2.77982	2.82752	2.88079	2.94126
33	2.09662	2.23948	2.42949	2.72913	2.77231	2.81993	2.87310	2.93346
34	2.09062	2.23324	2.42293	2.72207	2.76518	2.81271	2.86580	2.92606
35	2.08491	2.22730	2.41669	2.71535	2.75839	2.80585	2.85885	2.91901
36	2.07946	2.22165	2.41074	2.70895	2.75193	2.79931	2.85223	2.91230
37	2.07427	2.21624	2.40507	2.70285	2.74576	2.79307	2.84591	2.90590
38	2.06930	2.21108	2.39965	2.69701	2.73986	2.78711	2.83988	2.89978
39	2.06455	2.20614	2.39446	2.69143	2.73422	2.78141	2.83411	2.89393
40	2.06000	2.20141	2.38949	2.68608	2.72882	2.77595	2.82858	2.88832
41	2.05563	2.19687	2.38472	2.68095	2.72364	2.77071	2.82327	2.88295
42	2.05143	2.19251	2.38014	2.67603	2.71867	2.76568	2.81818	2.87778
43	2.04740	2.18833	2.37574	2.67129	2.71389	2.76085	2.81329	2.87283
44	2.04352	2.18429	2.37151	2.66674	2.70929	2.75620	2.80858	2.86805
45	2.03979	2.18041	2.36743	2.66236	2.70486	2.75172	2.80405	2.86346
46	2.03618	2.17667	2.36351	2.65814	2.70059	2.74741	2.79969	2.85903
47	2.03271	2.17306	2.35972	2.65406	2.69648	2.74325	2.79547	2.85477
48	2.02935	2.16958	2.35606	2.65013	2.69250	2.73923	2.79141	2.85064
49	2.02611	2.16621	2.35252	2.64633	2.68867	2.73535	2.78748	2.84666
50	2.02298	2.16295	2.34911	2.64265	2.68495	2.73160	2.78368	2.84281
60	1.99643	2.13539	2.32018	2.61158	2.65356	2.69986	2.75157	2.81026
70	1.97624	2.11443	2.29819	2.58796	2.62972	2.67576	2.72717	2.78553
80	1.96022	2.09781	2.28077	2.56926	2.61083	2.65667	2.70785	2.76596
90	1.94713	2.08423	2.26653	2.55398	2.59540	2.64107	2.69207	2.74997
100	1.93618	2.07286	2.25462	2.54121	2.58250	2.62804	2.67888	2.73660
110	1.92684	2.06318	2.24448	2.53033	2.57152	2.61693	2.66765	2.72522
120	1.91875	2.05480	2.23569	2.52091	2.56201	2.60732	2.65793	2.71537

$\gamma=0.750$

n \ p	0.00500	0.00400	0.00300	0.00200	0.00100	0.00050	0.00010	0.00001
u_p	−2.57583	−2.65207	−2.74779	−2.87817	−3.09023	−3.29053	−3.71902	−4.26489
2	9.84488	10.08439	10.38505	10.79459	11.46063	12.08967	13.43521	15.14916
3	5.67526	5.81710	5.99519	6.23781	6.63250	7.00535	7.80315	8.81977
4	4.69601	4.81556	4.96567	5.17019	5.50290	5.81723	6.48990	7.34717
5	4.24727	4.35686	4.49446	4.68194	4.98695	5.27512	5.89182	6.67780
6	3.98407	4.08793	4.21835	4.39604	4.68512	4.95825	5.54278	6.28777
7	3.80842	3.90852	4.03422	4.20549	4.48412	4.74738	5.31078	6.02884
8	3.68151	3.77894	3.90128	4.06796	4.33915	4.59537	5.14371	5.84258
9	3.58477	3.68018	3.79999	3.96323	4.22881	4.47972	5.01671	5.70111
10	3.50812	3.60195	3.71978	3.88031	4.14149	4.38824	4.91633	5.58938
11	3.44560	3.53816	3.65437	3.81272	4.07034	4.31373	4.83462	5.49848
12	3.39343	3.48493	3.59982	3.75635	4.01102	4.25163	4.76655	5.42282
13	3.34910	3.43970	3.55347	3.70848	3.96066	4.19892	4.70881	5.35865
14	3.31086	3.40070	3.51350	3.66720	3.91725	4.15350	4.65907	5.30341
15	3.27746	3.36664	3.47861	3.63117	3.87937	4.11386	4.61568	5.25524
16	3.24798	3.33658	3.44782	3.59938	3.84595	4.07891	4.57744	5.21279
17	3.22173	3.30981	3.42040	3.57108	3.81621	4.04780	4.54341	5.17504
18	3.19817	3.28579	3.39579	3.54568	3.78952	4.01990	4.51289	5.14119
19	3.17688	3.26407	3.37356	3.52273	3.76542	3.99469	4.48534	5.11064
20	3.15751	3.24433	3.35335	3.50187	3.74351	3.97179	4.46031	5.08289
21	3.13981	3.22629	3.33487	3.48281	3.72349	3.95086	4.43744	5.05755
22	3.12355	3.20972	3.31790	3.46531	3.70510	3.93165	4.41645	5.03430
23	3.10856	3.19443	3.30225	3.44916	3.68815	3.91394	4.39710	5.01206
24	3.09467	3.18027	3.28776	3.43421	3.67246	3.89754	4.37920	4.99302
25	3.08176	3.16712	3.27429	3.42032	3.65787	3.88230	4.36256	4.97460
26	3.06972	3.15485	3.26174	3.40737	3.64428	3.86810	4.34706	4.95744
27	3.05846	3.14338	3.24999	3.39526	3.63157	3.85482	4.33257	4.94140
28	3.04790	3.13262	3.23898	3.38390	3.61965	3.84238	4.31899	4.92636
29	3.03798	3.12251	3.22863	3.37323	3.60846	3.83068	4.30622	4.91224
30	3.02863	3.11298	3.21888	3.36317	3.59791	3.81966	4.29420	4.89894
31	3.01980	3.10398	3.20967	3.35368	3.58794	3.80926	4.28285	4.88638
32	3.01144	3.09546	3.20096	3.34470	3.57852	3.79942	4.27212	4.87451
33	3.00352	3.08739	3.19270	3.33618	3.56959	3.79009	4.26195	4.86326
34	2.99599	3.07973	3.18486	3.32809	3.56111	3.78124	4.25229	4.85258
35	2.98884	3.07244	3.17740	3.32040	3.55304	3.77282	4.24311	4.84243
36	2.98202	3.06549	3.17029	3.31308	3.54536	3.76480	4.23437	4.83276
37	2.97551	3.05886	3.16351	3.30609	3.53803	3.75715	4.22602	4.82354
38	2.96930	3.05253	3.15703	3.29941	3.53103	3.74984	4.21806	4.81473
39	2.96335	3.04647	3.15084	3.29303	3.52433	3.74285	4.21044	4.80631
40	2.95766	3.04067	3.14490	3.28691	3.51792	3.73615	4.20314	4.79824
41	2.95220	3.03511	3.13921	3.28104	3.51177	3.72974	4.19615	4.79051
42	2.94696	3.02977	3.13375	3.27541	3.50587	3.72358	4.18944	4.78309
43	2.94192	3.02464	3.12850	3.27001	3.50020	3.71766	4.18299	4.77597
44	2.93707	3.01970	3.12345	3.26480	3.49474	3.71197	4.17679	4.76912
45	2.93241	3.01495	3.11859	3.25979	3.48949	3.70649	4.17082	4.76252
46	2.92791	3.01037	3.11391	3.25497	3.48443	3.70121	4.16507	4.75617
47	2.92357	3.00596	3.10939	3.25031	3.47955	3.69612	4.15952	4.75004
48	2.91939	3.00169	3.10503	3.24582	3.47484	3.69120	4.15417	4.74413
49	2.91534	2.99757	3.10082	3.24148	3.47030	3.68646	4.14900	4.73842
50	2.91143	2.99359	3.09675	3.23728	3.46590	3.68187	4.14400	4.73290
60	2.87837	2.95992	3.06231	3.20181	3.42873	3.64309	4.10179	4.68628
70	2.85327	2.93436	3.03617	3.17488	3.40052	3.61368	4.06977	4.65095
80	2.83339	2.91412	3.01548	3.15357	3.37821	3.59041	4.04446	4.62302
90	2.81716	2.89760	2.99859	3.13618	3.35999	3.57142	4.02380	4.60025
100	2.80359	2.88378	2.98447	3.12164	3.34477	3.55555	4.00655	4.58122
110	2.79203	2.87202	2.97244	3.10926	3.33181	3.54204	3.99187	4.56504
120	2.78203	2.86184	2.96204	3.09855	3.32061	3.53037	3.97918	4.55105

$\gamma=0.700$

p	0.15000	0.12500	0.10000	0.09000	0.08000	0.07000	0.06000	0.05000
u_p / n	−1.03643	−1.15035	−1.28155	−1.34076	−1.40507	−1.47579	−1.55477	−1.64485
2	4.13047	4.42778	4.76993	4.92424	5.09184	5.27606	5.48176	5.71629
3	2.51927	2.70948	2.92860	3.02749	3.13493	3.25308	3.38504	3.53557
4	2.10171	2.26619	2.45573	2.54129	2.63425	2.73650	2.85071	2.98101
5	1.90027	2.05309	2.22921	2.30872	2.39511	2.49013	2.59628	2.71738
6	1.77802	1.92410	2.09246	2.16847	2.25106	2.34190	2.44339	2.55916
7	1.69438	1.83602	1.99928	2.07298	2.15307	2.24116	2.33957	2.45184
8	1.63278	1.77126	1.93088	2.00294	2.08124	2.16737	2.26358	2.37335
9	1.58510	1.72120	1.87807	1.94889	2.02585	2.11049	2.20505	2.31293
10	1.54684	1.68107	1.83579	1.90564	1.98154	2.06502	2.15829	2.26469
11	1.51529	1.64802	1.80100	1.87006	1.94511	2.02766	2.11987	2.22507
12	1.48873	1.62021	1.77175	1.84017	1.91451	1.99628	2.08762	2.19183
13	1.46599	1.59641	1.74674	1.81461	1.88835	1.96947	2.06008	2.16345
14	1.44623	1.57576	1.72504	1.79244	1.86568	1.94623	2.03621	2.13887
15	1.42887	1.55761	1.70600	1.77299	1.84578	1.92584	2.01528	2.11732
16	1.41346	1.54152	1.68912	1.75575	1.82815	1.90778	1.99675	2.09823
17	1.39967	1.52712	1.67402	1.74033	1.81239	1.89165	1.98018	2.08119
18	1.38724	1.51415	1.66042	1.72645	1.79820	1.87712	1.96527	2.06584
19	1.37595	1.50238	1.64808	1.71386	1.78534	1.86395	1.95176	2.05194
20	1.36566	1.49164	1.63683	1.70238	1.77361	1.85194	1.93945	2.03928
21	1.35621	1.48179	1.62652	1.69186	1.76286	1.84094	1.92817	2.02768
22	1.34751	1.47272	1.61703	1.68217	1.75296	1.83081	1.91778	2.01700
23	1.33945	1.46433	1.60825	1.67321	1.74381	1.82145	1.90819	2.00713
24	1.33197	1.45654	1.60010	1.66490	1.73532	1.81277	1.89928	1.99798
25	1.32501	1.44928	1.59250	1.65716	1.72741	1.80468	1.89099	1.98946
26	1.31849	1.44250	1.58541	1.64993	1.72003	1.79713	1.88325	1.98150
27	1.31239	1.43614	1.57877	1.64315	1.71311	1.79005	1.87600	1.97405
28	1.30665	1.43017	1.57253	1.63679	1.70661	1.78341	1.86919	1.96706
29	1.30124	1.42455	1.56665	1.63079	1.70050	1.77715	1.86279	1.96047
30	1.29614	1.41924	1.56110	1.62514	1.69472	1.77125	1.85674	1.95426
31	1.29131	1.41422	1.55586	1.61979	1.68927	1.76567	1.85102	1.94839
32	1.28674	1.40946	1.55088	1.61472	1.68409	1.76039	1.84561	1.94283
33	1.28239	1.40494	1.54617	1.60992	1.67919	1.75537	1.84047	1.93755
34	1.27826	1.40064	1.54168	1.60534	1.67452	1.75060	1.83559	1.93253
35	1.27432	1.39655	1.53741	1.60099	1.67008	1.74606	1.83093	1.92776
36	1.27057	1.39264	1.53333	1.59683	1.66584	1.74173	1.82650	1.92320
37	1.26698	1.38892	1.52944	1.59287	1.66179	1.73759	1.82226	1.91886
38	1.26354	1.38535	1.52571	1.58907	1.65792	1.73364	1.81821	1.91470
39	1.26025	1.38193	1.52215	1.58544	1.65421	1.72985	1.81434	1.91072
40	1.25710	1.37865	1.51873	1.58196	1.65066	1.72622	1.81062	1.90690
41	1.25407	1.37551	1.51545	1.57862	1.64725	1.72274	1.80706	1.90324
42	1.25116	1.37249	1.51230	1.57540	1.64398	1.71939	1.80363	1.89973
43	1.24837	1.36958	1.50926	1.57232	1.64083	1.71617	1.80034	1.89634
44	1.24567	1.36678	1.50634	1.56934	1.63779	1.71307	1.79716	1.89309
45	1.24307	1.36408	1.50353	1.56648	1.63487	1.71009	1.79411	1.88996
46	1.24057	1.36148	1.50082	1.56371	1.63205	1.70721	1.79116	1.88693
47	1.23815	1.35897	1.49820	1.56105	1.62933	1.70443	1.78832	1.88402
48	1.23581	1.35655	1.49567	1.55847	1.62671	1.70175	1.78558	1.88120
49	1.23355	1.35420	1.49323	1.55598	1.62417	1.69916	1.78292	1.87847
50	1.23137	1.35193	1.49086	1.55357	1.62171	1.69665	1.78035	1.87584
60	1.21281	1.33267	1.47080	1.53314	1.60088	1.67538	1.75859	1.85352
70	1.19862	1.31797	1.45548	1.51755	1.58499	1.65916	1.74200	1.83650
80	1.18734	1.30627	1.44331	1.50516	1.57237	1.64627	1.72883	1.82300
90	1.17809	1.29669	1.43334	1.49501	1.56203	1.63572	1.71804	1.81194
100	1.17033	1.28865	1.42498	1.48651	1.55336	1.62689	1.70901	1.80268
110	1.16370	1.28179	1.41784	1.47925	1.54597	1.61934	1.70130	1.79478
120	1.15796	1.27584	1.41166	1.47296	1.53957	1.61281	1.69462	1.78794

$\gamma = 0.700$

p / u_p / n	0.04000	0.03000	0.02000	0.01000	0.00900	0.00800	0.00700	0.00600
	−1.75069	−1.88079	−2.05375	−2.32635	−2.36562	−2.40892	−2.45727	−2.51215
2	5.99175	6.33030	6.78020	7.48903	7.59112	7.70368	7.82936	7.97201
3	3.71244	3.92991	4.21904	4.67483	4.74049	4.81290	4.89375	4.98553
4	3.13412	3.32240	3.57276	3.96750	4.02438	4.08709	4.15713	4.23663
5	2.85970	3.03471	3.26744	3.63440	3.68728	3.74558	3.81069	3.88460
6	2.69523	2.86255	3.08507	3.43593	3.48649	3.54224	3.60449	3.67517
7	2.58379	2.74605	2.96183	3.30208	3.35111	3.40517	3.46554	3.53408
8	2.50235	2.66100	2.87197	3.20463	3.25257	3.30543	3.36445	3.43146
9	2.43972	2.59563	2.80297	3.12992	3.17703	3.22898	3.28699	3.35285
10	2.38973	2.54350	2.74800	3.07045	3.11691	3.16815	3.22536	3.29031
11	2.34871	2.50075	2.70294	3.02176	3.06770	3.11835	3.17492	3.23914
12	2.31430	2.46491	2.66519	2.98100	3.02650	3.07668	3.13271	3.19632
13	2.28494	2.43434	2.63300	2.94627	2.99141	3.04118	3.09676	3.15986
14	2.25951	2.40787	2.60516	2.91624	2.96107	3.01049	3.06569	3.12835
15	2.23723	2.38469	2.58078	2.88997	2.93452	2.98364	3.03850	3.10078
16	2.21750	2.36417	2.55921	2.86673	2.91105	2.95991	3.01447	3.07641
17	2.19989	2.34585	2.53996	2.84601	2.89011	2.93874	2.99304	3.05468
18	2.18403	2.32938	2.52265	2.82738	2.87130	2.91971	2.97378	3.03516
19	2.16968	2.31446	2.50697	2.81053	2.85427	2.90250	2.95635	3.01749
20	2.15660	2.30086	2.49270	2.79518	2.83877	2.88683	2.94049	3.00142
21	2.14462	2.28842	2.47964	2.78114	2.82459	2.87249	2.92598	2.98671
22	2.13359	2.27697	2.46762	2.76823	2.81155	2.85931	2.91264	2.97318
23	2.12341	2.26639	2.45653	2.75631	2.79951	2.84714	2.90032	2.96070
24	2.11396	2.25659	2.44624	2.74526	2.78835	2.83586	2.88891	2.94913
25	2.10517	2.24746	2.43666	2.73498	2.77797	2.82537	2.87829	2.93838
26	2.09696	2.23894	2.42773	2.72540	2.76829	2.81558	2.86839	2.92834
27	2.08927	2.23096	2.41937	2.71642	2.75922	2.80642	2.85912	2.91895
28	2.08206	2.22348	2.41152	2.70800	2.75072	2.79782	2.85042	2.91014
29	2.07527	2.21643	2.40413	2.70008	2.74272	2.78974	2.84225	2.90185
30	2.06886	2.20979	2.39717	2.69261	2.73518	2.78212	2.83453	2.89404
31	2.06281	2.20351	2.39059	2.68556	2.72806	2.77492	2.82725	2.88666
32	2.05707	2.19756	2.38436	2.67888	2.72131	2.76810	2.82035	2.87967
33	2.05163	2.19191	2.37845	2.67254	2.71492	2.76164	2.81381	2.87304
34	2.04646	2.18655	2.37283	2.66652	2.70884	2.75550	2.80760	2.86675
35	2.04154	2.18145	2.36748	2.66079	2.70305	2.74965	2.80169	2.86076
36	2.03684	2.17658	2.36239	2.65533	2.69754	2.74408	2.79605	2.85505
37	2.03236	2.17193	2.35752	2.65012	2.69228	2.73877	2.79068	2.84960
38	2.02808	2.16749	2.35287	2.64514	2.68725	2.73369	2.78554	2.84440
39	2.02397	2.16324	2.34842	2.64037	2.68244	2.72882	2.78062	2.83942
40	2.02004	2.15917	2.34416	2.63581	2.67783	2.72417	2.77591	2.83464
41	2.01627	2.15526	2.34006	2.63143	2.67341	2.71970	2.77139	2.83007
42	2.01265	2.15150	2.33613	2.62722	2.66916	2.71541	2.76705	2.82567
43	2.00917	2.14790	2.33236	2.62318	2.66508	2.71128	2.76288	2.82145
44	2.00581	2.14442	2.32872	2.61929	2.66115	2.70732	2.75886	2.81738
45	2.00258	2.14108	2.32522	2.61554	2.65737	2.70349	2.75500	2.81347
46	1.99947	2.13785	2.32185	2.61193	2.65373	2.69981	2.75127	2.80969
47	1.99647	2.13474	2.31859	2.60845	2.65021	2.69626	2.74768	2.80605
48	1.99356	2.13173	2.31544	2.60508	2.64681	2.69283	2.74421	2.80254
49	1.99076	2.12883	2.31240	2.60183	2.64353	2.68951	2.74086	2.79914
50	1.98805	2.12602	2.30947	2.59869	2.64036	2.68631	2.73762	2.79586
60	1.96506	2.10222	2.28458	2.57208	2.61350	2.65917	2.71018	2.76807
70	1.94755	2.08409	2.26563	2.55184	2.59307	2.63854	2.68931	2.74695
80	1.93365	2.06971	2.25060	2.53579	2.57688	2.62218	2.67278	2.73020
90	1.92228	2.05794	2.23832	2.52268	2.56365	2.60882	2.65926	2.71652
100	1.91275	2.04809	2.22803	2.51170	2.55257	2.59764	2.64796	2.70508
110	1.90463	2.03969	2.21926	2.50235	2.54313	2.58810	2.63832	2.69533
120	1.89759	2.03242	2.21167	2.49425	2.53497	2.57986	2.62998	2.68689

$\gamma=0.700$

p	0.00500	0.00400	0.00300	0.00200	0.00100	0.00050	0.00010	0.00001
n \ u_p	−2.57583	−2.65207	−2.74779	−2.87817	−3.09023	−3.29053	−3.71902	−4.26489
2	8.13754	8.33569	8.58443	8.92323	9.47421	9.99456	11.10755	12.52520
3	5.09204	5.21955	5.37964	5.59772	5.95246	6.28754	7.00445	7.91789
4	4.32889	4.43935	4.57803	4.76697	5.07431	5.36464	5.98585	6.77744
5	3.97038	4.07308	4.20201	4.37768	4.66343	4.93338	5.51100	6.24706
6	3.75718	3.85538	3.97866	4.14663	4.41987	4.67799	5.23032	5.93416
7	3.61361	3.70884	3.82840	3.99129	4.25626	4.50659	5.04223	5.72480
8	3.50923	3.60233	3.71922	3.87848	4.13755	4.38230	4.90600	5.57337
9	3.42927	3.52077	3.63566	3.79217	4.04679	4.28732	4.80201	5.45789
10	3.36568	3.45593	3.56923	3.72360	3.97471	4.21193	4.71954	5.36639
11	3.31366	3.40289	3.51491	3.66753	3.91581	4.15036	4.65223	5.29178
12	3.27014	3.35852	3.46949	3.62067	3.86660	4.09892	4.59605	5.22954
13	3.23308	3.32075	3.43082	3.58078	3.82473	4.05518	4.54829	5.17666
14	3.20106	3.28812	3.39742	3.54634	3.78858	4.01742	4.50710	5.13108
15	3.17305	3.25958	3.36822	3.51622	3.75699	3.98444	4.47112	5.09129
16	3.14830	3.23436	3.34241	3.48962	3.72909	3.95531	4.43936	5.05618
17	3.12622	3.21187	3.31940	3.46591	3.70422	3.92936	4.41108	5.02493
18	3.10639	3.19167	3.29874	3.44461	3.68190	3.90605	4.38570	4.99689
19	3.08844	3.17339	3.28004	3.42535	3.66171	3.88499	4.36276	4.97156
20	3.07212	3.15676	3.26304	3.40782	3.64335	3.86584	4.34190	4.94854
21	3.05718	3.14155	3.24748	3.39180	3.62655	3.84832	4.32284	4.92751
22	3.04345	3.12757	3.23318	3.37707	3.61113	3.83223	4.30534	4.90819
23	3.03077	3.11466	3.21998	3.36348	3.59689	3.81739	4.28919	4.89038
24	3.01902	3.10270	3.20776	3.35088	3.58370	3.80364	4.27424	4.87389
25	3.00810	3.09158	3.19639	3.33918	3.57144	3.79086	4.26034	4.85857
26	2.99791	3.08121	3.18578	3.32826	3.56001	3.77894	4.24738	4.84429
27	2.98838	3.07150	3.17586	3.31804	3.54932	3.76780	4.23527	4.83094
28	2.97943	3.06239	3.16655	3.30846	3.53929	3.75734	4.22391	4.81843
29	2.97102	3.05383	3.15780	3.29945	3.52986	3.74752	4.21324	4.80667
30	2.96309	3.04576	3.14955	3.29096	3.52097	3.73826	4.20318	4.79559
31	2.95560	3.03813	3.14176	3.28293	3.51258	3.72951	4.19368	4.78513
32	2.94850	3.03092	3.13438	3.27534	3.50464	3.72124	4.18469	4.77523
33	2.94178	3.02407	3.12739	3.26814	3.49711	3.71339	4.17617	4.76585
34	2.93539	3.01757	3.12075	3.26131	3.48995	3.70594	4.16808	4.75695
35	2.92931	3.01138	3.11442	3.25480	3.48315	3.69885	4.16039	4.74848
36	2.92352	3.00549	3.10840	3.24860	3.47667	3.69210	4.15306	4.74042
37	2.91799	2.99986	3.10265	3.24269	3.47048	3.68566	4.14607	4.73272
38	2.91271	2.99449	3.09716	3.23704	3.46457	3.67950	4.13939	4.72538
39	2.90765	2.98934	3.09190	3.23163	3.45892	3.67362	4.13300	4.71835
40	2.90281	2.98441	3.08687	3.22645	3.45350	3.66798	4.12688	4.71162
41	2.89816	2.97969	3.08204	3.22148	3.44831	3.66257	4.12102	4.70517
42	2.89370	2.97515	3.07741	3.21671	3.44332	3.65738	4.11538	4.69897
43	2.88941	2.97079	3.07295	3.21213	3.43853	3.65239	4.10997	4.69302
44	2.88529	2.96659	3.06866	3.20772	3.43392	3.64759	4.10477	4.68730
45	2.88132	2.96255	3.06454	3.20348	3.42948	3.64297	4.09976	4.68179
46	2.87749	2.95865	3.06056	3.19938	3.42520	3.63852	4.09493	4.67649
47	2.87380	2.95490	3.05672	3.19544	3.42108	3.63422	4.09027	4.67137
48	2.87023	2.95127	3.05301	3.19163	3.41709	3.63008	4.08578	4.66643
49	2.86678	2.94777	3.04944	3.18794	3.41325	3.62607	4.08144	4.66166
50	2.86345	2.94438	3.04597	3.18438	3.40953	3.62220	4.07724	4.65705
60	2.83526	2.91570	3.01669	3.15428	3.37807	3.58946	4.04177	4.61808
70	2.81383	2.89391	2.99444	3.13140	3.35417	3.56461	4.01485	4.58853
80	2.79685	2.87664	2.97681	3.11328	3.33525	3.54493	3.99355	4.56515
90	2.78297	2.86253	2.96241	3.09848	3.31980	3.52886	3.97617	4.54609
100	2.77137	2.85073	2.95037	3.08510	3.30688	3.51544	3.96164	4.53016
110	2.76148	2.84068	2.94010	3.07556	3.29588	3.50400	3.94927	4.51660
120	2.75292	2.83198	2.93123	3.06644	3.28637	3.49411	3.93858	4.50488

$\gamma=0.600$

p / u_p / n	0.15000	0.12500	0.10000	0.09000	0.08000	0.07000	0.06000	0.05000
	−1.03643	−1.15035	−1.28155	−1.34076	−1.40507	−1.47579	−1.55477	−1.64485
2	3.02057	3.24003	3.49244	3.60623	3.72978	3.86557	4.01714	4.18993
3	2.08671	2.24697	2.43138	2.51454	2.60486	2.70413	2.81498	2.94135
4	1.81549	1.96041	2.12718	2.20240	2.28409	2.37389	2.47415	2.58847
5	1.67844	1.81625	1.97484	2.04637	2.12406	2.20946	2.30482	2.41355
6	1.59304	1.72669	1.88051	1.94989	2.02525	2.10809	2.20058	2.30605
7	1.53358	1.66449	1.81516	1.88312	1.95693	2.03807	2.12868	2.23199
8	1.48924	1.61819	1.76661	1.83355	1.90626	1.98619	2.07545	2.17722
9	1.45459	1.58206	1.72878	1.79496	1.86684	1.94586	2.03410	2.13471
10	1.42659	1.55290	1.69829	1.76387	1.83510	1.91340	2.00084	2.10054
11	1.40337	1.52874	1.67305	1.73815	1.80885	1.88658	1.97337	2.07234
12	1.38371	1.50831	1.65174	1.71643	1.78670	1.86395	1.95021	2.04857
13	1.36681	1.49076	1.63343	1.69779	1.76769	1.84454	1.93035	2.02820
14	1.35208	1.47547	1.61750	1.68157	1.75116	1.82766	1.91309	2.01050
15	1.33910	1.46200	1.60347	1.66729	1.73661	1.81281	1.89791	1.99494
16	1.32754	1.45002	1.59101	1.65461	1.72368	1.79963	1.88443	1.98113
17	1.31718	1.43928	1.57983	1.64324	1.71211	1.78782	1.87236	1.96877
18	1.30781	1.42957	1.56975	1.63298	1.70166	1.77716	1.86148	1.95762
19	1.29929	1.42076	1.56058	1.62366	1.69217	1.76749	1.85160	1.94751
20	1.29151	1.41270	1.55221	1.61515	1.68351	1.75866	1.84258	1.93828
21	1.28436	1.40530	1.54453	1.60734	1.67556	1.75055	1.83430	1.92981
22	1.27775	1.39847	1.53744	1.60013	1.66822	1.74308	1.82668	1.92201
23	1.27164	1.39215	1.53088	1.59346	1.66144	1.73617	1.81962	1.91479
24	1.26595	1.38627	1.52478	1.58726	1.65513	1.72975	1.81307	1.90808
25	1.26065	1.38079	1.51910	1.58149	1.64926	1.72376	1.80696	1.90184
26	1.25569	1.37566	1.51378	1.57609	1.64376	1.71817	1.80125	1.89600
27	1.25103	1.37085	1.50879	1.57102	1.63861	1.71292	1.79590	1.89053
28	1.24665	1.36633	1.50410	1.56626	1.63377	1.70799	1.79087	1.88539
29	1.24252	1.36206	1.49969	1.56177	1.62921	1.70334	1.78613	1.88054
30	1.23862	1.35804	1.49551	1.55753	1.62490	1.69896	1.78166	1.87597
31	1.23493	1.35422	1.49156	1.55352	1.62082	1.69481	1.77743	1.87165
32	1.23142	1.35061	1.48782	1.54972	1.61695	1.69087	1.77342	1.86755
33	1.22809	1.34717	1.48426	1.54611	1.61328	1.68714	1.76961	1.86366
34	1.22493	1.34390	1.48088	1.54267	1.60979	1.68358	1.76599	1.85996
35	1.22191	1.34079	1.47765	1.53940	1.60646	1.68020	1.76254	1.85643
36	1.21902	1.33781	1.47457	1.53627	1.60329	1.67697	1.75924	1.85307
37	1.21627	1.33497	1.47163	1.53329	1.60025	1.67388	1.75610	1.84986
38	1.21363	1.33225	1.46882	1.53043	1.59735	1.67093	1.75309	1.84678
39	1.21110	1.32964	1.46612	1.52769	1.59457	1.66810	1.75021	1.84384
40	1.20868	1.32714	1.46354	1.52507	1.59190	1.66539	1.74744	1.84102
41	1.20635	1.32474	1.46105	1.52255	1.58934	1.66278	1.74479	1.83831
42	1.20411	1.32243	1.45867	1.52012	1.58688	1.66028	1.74224	1.83571
43	1.20195	1.32021	1.45637	1.51779	1.58452	1.65787	1.73979	1.83320
44	1.19987	1.31807	1.45416	1.51555	1.58224	1.65555	1.73743	1.83079
45	1.19787	1.31601	1.45202	1.51339	1.58004	1.65332	1.73515	1.82847
46	1.19594	1.31402	1.44997	1.51130	1.57792	1.65116	1.73295	1.82623
47	1.19408	1.31210	1.44798	1.50928	1.57587	1.64908	1.73083	1.82406
48	1.19227	1.31024	1.44606	1.50734	1.57389	1.64707	1.72879	1.82198
49	1.19053	1.30844	1.44421	1.50545	1.57198	1.64513	1.72681	1.81995
50	1.18884	1.30671	1.44241	1.50363	1.57013	1.64325	1.72489	1.81800
60	1.17449	1.29193	1.42715	1.48816	1.55442	1.62728	1.70863	1.80141
70	1.16350	1.28063	1.41548	1.47632	1.54241	1.61507	1.69621	1.78875
80	1.15474	1.27162	1.40619	1.46690	1.53285	1.60536	1.68634	1.77868
90	1.14755	1.26423	1.39857	1.45918	1.52502	1.59740	1.67824	1.77043
100	1.14152	1.25802	1.39217	1.45270	1.51845	1.59073	1.67145	1.76351
110	1.13635	1.25272	1.38671	1.44716	1.51283	1.58503	1.66566	1.75761
120	1.13188	1.24812	1.38197	1.44236	1.50796	1.58009	1.66063	1.75249

$\gamma=0.600$

p / u_p / n	0.04000	0.03000	0.02000	0.01000	0.00900	0.00800	0.00700	0.00600
	−1.75069	−1.88079	−2.05375	−2.32635	−2.36562	−2.40892	−2.45727	−2.51215
2	4.39282	4.64212	4.97333	5.49501	5.57013	5.65295	5.74542	5.85038
3	3.08978	3.27220	3.51462	3.89656	3.95157	4.01222	4.07994	4.15681
4	2.72276	2.88780	3.10714	3.45275	3.50253	3.55741	3.61870	3.68826
5	2.54127	2.69825	2.90687	3.23562	3.28297	3.33518	3.39348	3.45965
6	2.42994	2.58221	2.78459	3.10349	3.14943	3.20008	3.25663	3.32082
7	2.35335	2.50251	2.70076	3.01317	3.05817	3.10778	3.16318	3.22607
8	2.29677	2.44371	2.63901	2.94677	2.99111	3.03998	3.09456	3.15651
9	2.25290	2.39817	2.59124	2.89551	2.93933	2.98765	3.04161	3.10286
10	2.21766	2.36162	2.55295	2.85447	2.89790	2.94579	2.99926	3.05995
11	2.18859	2.33149	2.52142	2.82072	2.86384	2.91137	2.96445	3.02470
12	2.16411	2.30614	2.49490	2.79237	2.83522	2.88247	2.93522	2.99510
13	2.14314	2.28443	2.47221	2.76814	2.81077	2.85777	2.91025	2.96982
14	2.12493	2.26558	2.45253	2.74714	2.78958	2.83637	2.88862	2.94793
15	2.10893	2.24903	2.43526	2.72873	2.77100	2.81761	2.86965	2.92873
16	2.09473	2.23436	2.41994	2.71241	2.75454	2.80099	2.85286	2.91173
17	2.08202	2.22123	2.40625	2.69783	2.73983	2.78614	2.83785	2.89655
18	2.07057	2.20939	2.39392	2.68471	2.72660	2.77278	2.82435	2.88289
19	2.06017	2.19866	2.38274	2.67282	2.71460	2.76068	2.81212	2.87052
20	2.05069	2.18887	2.37254	2.66198	2.70368	2.74964	2.80098	2.85924
21	2.04200	2.17990	2.36319	2.65205	2.69366	2.73954	2.79077	2.84892
22	2.03399	2.17163	2.35459	2.64292	2.68445	2.73024	2.78138	2.83942
23	2.02658	2.16399	2.34664	2.63447	2.67594	2.72165	2.77270	2.83064
24	2.01970	2.15690	2.33925	2.62664	2.66804	2.71368	2.76465	2.82250
25	2.01329	2.15029	2.33238	2.61935	2.66069	2.70627	2.75716	2.84498
26	2.00730	2.14411	2.32596	2.61254	2.65383	2.69934	2.75017	2.80786
27	2.00169	2.13833	2.31995	2.60617	2.64740	2.69286	2.74362	2.80124
28	1.99642	2.13290	2.31430	2.60019	2.64137	2.68677	2.73747	2.79502
29	1.99145	2.12778	2.30898	2.59455	2.63569	2.68104	2.73169	2.78918
30	1.98676	2.12295	2.30397	2.58924	2.63033	2.67564	2.72623	2.78366
31	1.98233	2.11838	2.29922	2.58422	2.62527	2.67053	2.72108	2.77845
32	1.97813	2.11406	2.29473	2.57946	2.62048	2.66570	2.71619	2.77351
33	1.97414	2.10995	2.29046	2.57495	2.61593	2.66111	2.71156	2.76883
34	1.97035	2.10604	2.28641	2.57066	2.61160	2.65675	2.70716	2.76438
35	1.96674	2.10233	2.28255	2.56657	2.60749	2.65260	2.70297	2.76015
36	1.96329	2.09878	2.27887	2.56268	2.60356	2.64864	2.69897	2.75611
37	1.96000	2.09539	2.27535	2.55896	2.59982	2.64486	2.69516	2.75225
38	1.95685	2.09215	2.27199	2.55541	2.59624	2.64125	2.69151	2.74857
39	1.95384	2.08905	2.26877	2.55201	2.59281	2.63779	2.68802	2.74504
40	1.95095	2.08607	2.26568	2.54875	2.58952	2.63448	2.68468	2.74166
41	1.94817	2.08322	2.26272	2.54562	2.58637	2.63130	2.68147	2.73842
42	1.94551	2.08048	2.25988	2.54261	2.58334	2.62825	2.67839	2.73531
43	1.94294	2.07784	2.25714	2.53972	2.58043	2.62531	2.67542	2.73231
44	1.94047	2.07530	2.25451	2.53694	2.57763	2.62248	2.67257	2.72943
45	1.93810	2.07285	2.25197	2.53426	2.57493	2.61976	2.66983	2.72666
46	1.93580	2.07049	2.24953	2.53168	2.57233	2.61714	2.66718	2.72398
47	1.93359	2.06822	2.24717	2.52919	2.56982	2.61461	2.66463	2.72140
48	1.93145	2.06602	2.24489	2.52678	2.56739	2.61216	2.66216	2.71891
49	1.92938	2.06389	2.24268	2.52446	2.56505	2.60980	2.65977	2.71650
50	1.92738	2.06183	2.24055	2.52221	2.56278	2.60752	2.65747	2.71417
60	1.91041	2.04439	2.22248	2.50316	2.54359	2.58816	2.63794	2.69444
70	1.89746	2.03109	2.20871	2.48864	2.52897	2.57343	2.62308	2.67943
80	1.88716	2.02051	2.19777	2.47713	2.51737	2.56174	2.61129	2.66753
90	1.87873	2.01186	2.18882	2.46771	2.50789	2.55219	2.60165	2.65779
100	1.87166	2.00461	2.18132	2.45983	2.49995	2.54419	2.59358	2.64965
110	1.86563	1.99842	2.17493	2.45311	2.49318	2.53737	2.58670	2.64271
120	1.86040	1.99306	2.16939	2.44729	2.48732	2.53146	2.58075	2.63670

$\gamma=0.600$

n \ p / u_p	0.00500	0.00400	0.00300	0.00200	0.00100	0.00050	0.00010	0.00001
	−2.57583	−2.65207	−2.74779	−2.87817	−3.09023	−3.29053	−3.71902	−4.26489
2	5.97216	6.11793	6.30091	6.55012	6.95535	7.33802	8.15642	9.19869
3	4.24601	4.35278	4.48681	4.66938	4.96629	5.24670	5.84651	6.61054
4	3.76898	3.86561	3.98691	4.15214	4.42087	4.67467	5.21758	5.90919
5	3.53643	3.62835	3.74374	3.90093	4.15657	4.39801	4.91451	5.57247
6	3.39531	3.48448	3.59642	3.74891	3.99691	4.23114	4.73222	5.37055
7	3.29904	3.38639	3.49605	3.64544	3.88839	4.11786	4.60874	5.23410
8	3.22840	3.31446	3.42249	3.56965	3.80900	4.03506	4.51867	5.13476
9	3.17393	3.25901	3.36582	3.51131	3.74794	3.97144	4.44955	5.05865
10	3.13039	3.21470	3.32055	3.46473	3.69923	3.92071	4.39453	4.99815
11	3.09461	3.17831	3.28338	3.42650	3.65929	3.87915	4.34949	4.94869
12	3.06459	3.14777	3.25220	3.39445	3.62581	3.84433	4.31181	4.90735
13	3.03895	3.12170	3.22559	3.36711	3.59727	3.81466	4.27972	4.87218
14	3.01674	3.09913	3.20255	3.34344	3.57258	3.78900	4.25199	4.84183
15	2.99728	3.07935	3.18237	3.32271	3.55096	3.76655	4.22775	4.81530
16	2.98005	3.06184	3.16451	3.30437	3.53185	3.74670	4.20633	4.79188
17	2.96466	3.04620	3.14856	3.28800	3.51479	3.72899	4.18724	4.77102
18	2.95082	3.03214	3.13422	3.27328	3.49946	3.71308	4.17009	4.75229
19	2.93828	3.01940	3.12124	3.25996	3.48558	3.69869	4.15458	4.73537
20	2.92685	3.00780	3.10941	3.24783	3.47295	3.68559	4.14047	4.71998
21	2.91639	2.99717	3.09858	3.23672	3.46139	3.67360	4.12757	4.70592
22	2.90677	2.98740	3.08862	3.22651	3.45077	3.66258	4.11572	4.69300
23	2.89788	2.97837	3.07942	3.21708	3.44096	3.65241	4.10478	4.68109
24	2.88964	2.97000	3.07090	3.20833	3.43186	3.64299	4.09465	4.67006
25	2.88196	2.96222	3.06296	3.20020	3.42341	3.63423	4.08524	4.65981
26	2.87480	2.95495	3.05556	3.19261	3.41552	3.62605	4.07645	4.65025
27	2.86810	2.94814	3.04863	3.18551	3.40813	3.61840	4.06824	4.64132
28	2.86181	2.94175	3.04212	3.17884	3.40121	3.61123	4.06054	4.63295
29	2.85589	2.93575	3.03600	3.17257	3.39469	3.60448	4.05330	4.62507
30	2.85030	2.93008	3.03023	3.16666	3.38855	3.59813	4.04648	4.61766
31	2.84502	2.92472	3.02478	3.16107	3.38275	3.59212	4.04003	4.61066
32	2.84003	2.91965	3.01962	3.15578	3.37725	3.58644	4.03394	4.60404
33	2.83529	2.91484	3.01472	3.15077	3.37205	3.58104	4.02816	4.59776
34	2.83078	2.91027	3.01007	3.14600	3.36710	3.57592	4.02267	4.59180
35	2.82649	2.90592	3.00564	3.14147	3.36239	3.57105	4.01745	4.58614
36	2.82241	2.90178	3.00142	3.13715	3.35790	3.56641	4.01247	4.58074
37	2.81851	2.89782	2.99739	3.13302	3.35362	3.56198	4.00773	4.57559
38	2.81478	2.89404	2.99354	3.12908	3.34953	3.55775	4.00320	4.57068
39	2.81121	2.89041	2.98985	3.12531	3.34562	3.55370	3.99886	4.56598
40	2.80779	2.88695	2.98632	3.12169	3.34187	3.54982	3.99471	4.56147
41	2.80450	2.88362	2.98293	3.11823	3.33827	3.54610	3.99072	4.55716
42	2.80135	2.88042	2.97968	3.11490	3.33482	3.54253	3.98690	4.55301
43	2.79832	2.87735	2.97656	3.11170	3.33150	3.53910	3.98323	4.54903
44	2.79541	2.87439	2.97355	3.10862	3.32831	3.53580	3.97970	4.54521
45	2.79260	2.87154	2.97065	3.10566	3.32523	3.53262	3.97630	4.54152
46	2.78989	2.86880	2.96786	3.10280	3.32227	3.52956	3.97302	4.53797
47	2.78728	2.86615	2.96516	3.10004	3.31941	3.52660	3.96986	4.53455
48	2.78476	2.86359	2.96256	3.09738	3.31665	3.52375	3.96681	4.53125
49	2.78232	2.86112	2.96005	3.09481	3.31398	3.52100	3.96386	4.52806
50	2.77997	2.85873	2.95762	3.09232	3.31140	3.51833	3.96101	4.52498
60	2.76001	2.83850	2.93704	3.07128	3.28960	3.49580	3.93694	4.49893
70	2.74483	2.82312	2.92140	3.05528	3.27303	3.47869	3.91867	4.47920
80	2.73279	2.81091	2.90899	3.04260	3.25990	3.46514	3.90423	4.46360
90	2.72295	2.80094	2.89886	3.03224	3.24918	3.45409	3.89244	4.45088
100	2.71471	2.79260	2.89038	3.02358	3.24022	3.44484	3.88259	4.44027
110	2.70769	2.78549	2.88316	3.01620	3.23259	3.43697	3.87421	4.43123
120	2.70162	2.77934	2.87691	3.00982	3.22599	3.43017	3.86696	4.42343

$\gamma=0.500$

n \ p / u_p	0.15000	0.12500	0.10000	0.09000	0.08000	0.07000	0.06000	0.05000
	−1.03643	−1.15035	−1.28155	−1.34076	−1.40507	−1.47579	−1.55477	−1.64485
2	2.33284	2.50454	2.70184	2.79074	2.88724	2.99325	3.11156	3.24639
3	1.77349	1.91232	2.07187	2.14376	2.22180	2.30755	2.40324	2.51230
4	1.59609	1.72614	1.87560	1.94295	2.01607	2.09640	2.18605	2.28823
5	1.50313	1.62912	1.77394	1.83919	1.91004	1.98788	2.07475	2.17376
6	1.44399	1.56764	1.70977	1.77382	1.84336	1.91976	2.00503	2.10222
7	1.40225	1.52437	1.66475	1.72801	1.79670	1.87217	1.95640	2.05240
8	1.37082	1.49186	1.63100	1.69371	1.76180	1.83661	1.92011	2.01528
9	1.34608	1.46631	1.60454	1.66684	1.73447	1.80880	1.89175	1.98631
10	1.32597	1.44557	1.58309	1.64507	1.71236	1.78631	1.86884	1.96292
11	1.30921	1.42832	1.56526	1.62699	1.69401	1.76765	1.84985	1.94354
12	1.29498	1.41367	1.55015	1.61167	1.67846	1.75186	1.83379	1.92717
13	1.28270	1.40105	1.53714	1.59849	1.66509	1.73829	1.81998	1.91311
14	1.27197	1.39003	1.52579	1.58699	1.65343	1.72645	1.80796	1.90087
15	1.26249	1.38030	1.51578	1.57685	1.64316	1.71603	1.79737	1.89009
16	1.25403	1.37162	1.50686	1.56782	1.63401	1.70675	1.78795	1.88051
17	1.24643	1.36383	1.49885	1.55972	1.62581	1.69843	1.77951	1.87192
18	1.23955	1.35679	1.49161	1.55240	1.61839	1.69092	1.77188	1.86417
19	1.23329	1.35038	1.48503	1.54574	1.61165	1.68409	1.76495	1.85713
20	1.22756	1.34451	1.47901	1.53965	1.60549	1.67785	1.75862	1.85070
21	1.22229	1.33911	1.47348	1.53405	1.59983	1.67212	1.75281	1.84480
22	1.21742	1.33413	1.46837	1.52889	1.59460	1.66683	1.74745	1.83936
23	1.21290	1.32951	1.46363	1.52410	1.58977	1.66193	1.74249	1.83432
24	1.20870	1.32521	1.45923	1.51966	1.58527	1.65738	1.73787	1.82964
25	1.20477	1.32120	1.45513	1.51551	1.58107	1.65313	1.73357	1.82528
26	1.20110	1.31745	1.45128	1.51162	1.57714	1.64916	1.72955	1.82119
27	1.19765	1.31392	1.44767	1.50798	1.57346	1.64543	1.72578	1.81737
28	1.19440	1.31061	1.44428	1.50455	1.57000	1.64193	1.72223	1.81377
29	1.19133	1.30748	1.44108	1.50132	1.56673	1.63863	1.71889	1.81038
30	1.18844	1.30452	1.43806	1.49827	1.56365	1.63551	1.71573	1.80718
31	1.18569	1.30172	1.43520	1.49538	1.56073	1.63256	1.71274	1.80416
32	1.18309	1.29907	1.43248	1.49264	1.55796	1.62976	1.70991	1.80129
33	1.18062	1.29654	1.42990	1.49003	1.55533	1.62710	1.70722	1.79856
34	1.17826	1.29414	1.42744	1.48755	1.55283	1.62457	1.70466	1.79597
35	1.17601	1.29184	1.42510	1.48519	1.55044	1.62216	1.70222	1.79350
36	1.17386	1.28966	1.42287	1.48293	1.54816	1.61985	1.69989	1.79114
37	1.17181	1.28756	1.42073	1.48078	1.54598	1.61765	1.69767	1.78889
38	1.16984	1.28556	1.41869	1.47871	1.54390	1.61555	1.69554	1.78673
39	1.16796	1.28364	1.41673	1.47674	1.54190	1.61353	1.69350	1.78467
40	1.16615	1.28180	1.41485	1.47484	1.53999	1.61160	1.69154	1.78269
41	1.16441	1.28003	1.41304	1.47302	1.53815	1.60974	1.68967	1.78079
42	1.16274	1.27832	1.41130	1.47127	1.53688	1.60796	1.68786	1.77896
43	1.16113	1.27669	1.40963	1.46958	1.53468	1.60624	1.68613	1.77720
44	1.15958	1.27511	1.40802	1.46796	1.53304	1.60458	1.68445	1.77551
45	1.15809	1.27359	1.40647	1.46639	1.53146	1.60299	1.68284	1.77388
46	1.15665	1.27212	1.40497	1.46488	1.52994	1.60145	1.68129	1.77231
47	1.15525	1.27070	1.40352	1.46342	1.52847	1.59996	1.67979	1.77079
48	1.15391	1.26933	1.40213	1.46201	1.52705	1.59853	1.67833	1.76932
49	1.15260	1.26800	1.40077	1.46065	1.52567	1.59714	1.67693	1.76791
50	1.15134	1.26672	1.39947	1.45933	1.52434	1.59580	1.67557	1.76653
60	1.14060	1.25579	1.38834	1.44811	1.51303	1.58438	1.66405	1.75488
70	1.13236	1.24742	1.37982	1.43953	1.50437	1.57565	1.65524	1.74598
80	1.12579	1.24074	1.37303	1.43269	1.49748	1.56870	1.64823	1.73890
90	1.12039	1.23526	1.36745	1.42707	1.49183	1.56300	1.64248	1.73310
100	1.11585	1.23065	1.36277	1.42236	1.48708	1.55822	1.63766	1.72823
110	1.11197	1.22671	1.35877	1.41834	1.48303	1.55414	1.63354	1.72408
120	1.10860	1.22329	1.35530	1.41484	1.47951	1.55060	1.62997	1.72048

$\gamma=0.500$

p / u_p / n	0.04000	0.03000	0.02000	0.01000	0.00900	0.00800	0.00700	0.00600
	−1.75069	−1.88079	−2.05375	−2.32635	−2.36562	−2.40892	−2.45727	−2.51215
2	3.40465	3.59906	3.85724	4.26374	4.32226	4.38678	4.45880	4.54055
3	2.64033	2.79761	3.00650	3.33543	3.38279	3.43500	3.49329	3.55945
4	2.40819	2.55555	2.75128	3.05951	3.10389	3.15281	3.20744	3.26943
5	2.29000	2.43280	2.62249	2.92119	2.96421	3.01162	3.06456	3.12465
6	2.21633	2.35651	2.54272	2.83597	2.87819	2.92474	2.97672	3.03571
7	2.16512	2.30360	2.48756	2.77726	2.81898	2.86497	2.91631	2.97459
8	2.12702	2.26431	2.44668	2.73390	2.77526	2.82085	2.87176	2.92954
9	2.09733	2.23372	2.41492	2.70030	2.74139	2.78670	2.83728	2.89469
10	2.07338	2.20909	2.38938	2.67334	2.71423	2.75931	2.80965	2.86677
11	2.05356	2.18873	2.36830	2.65113	2.69186	2.73676	2.78690	2.84380
12	2.03683	2.17155	2.35054	2.63245	2.67305	2.71781	2.76778	2.82450
13	2.02246	2.15682	2.33532	2.61647	2.65696	2.70159	2.75143	2.80800
14	2.00996	2.14401	2.32210	2.60261	2.64300	2.68754	2.73726	2.79370
15	1.99897	2.13275	2.31049	2.59044	2.63076	2.67521	2.72483	2.78116
16	1.98920	2.12275	2.30018	2.57966	2.61991	2.66428	2.71383	2.77006
17	1.98045	2.11379	2.29096	2.57003	2.61022	2.65452	2.70399	2.76014
18	1.97255	2.10572	2.28265	2.56135	2.60149	2.64574	2.69514	2.75122
19	1.96538	2.09839	2.27511	2.55349	2.59358	2.63778	2.68712	2.74314
20	1.95883	2.09170	2.26824	2.54632	2.58637	2.63052	2.67982	2.73577
21	1.95283	2.08557	2.26193	2.53976	2.57977	2.62388	2.67313	2.72903
22	1.94729	2.07991	2.25613	2.53371	2.57369	2.61776	2.66697	2.72283
23	1.94216	2.07468	2.25076	2.52813	2.56808	2.61211	2.66129	2.71710
24	1.93740	2.06983	2.24578	2.52295	2.56287	2.60688	2.65601	2.71179
25	1.93297	2.06530	2.24114	2.51813	2.55802	2.60200	2.65111	2.70684
26	1.92882	2.06107	2.23680	2.51363	2.55350	2.59745	2.64653	2.70223
27	1.92493	2.05711	2.23274	2.50941	2.54926	2.59319	2.64224	2.69791
28	1.92128	2.05339	2.22893	2.50546	2.54528	2.58919	2.63822	2.69386
29	1.91784	2.04988	2.22533	2.50173	2.54154	2.58543	2.63443	2.69005
30	1.91459	2.04657	2.22195	2.49822	2.53801	2.58188	2.63086	2.68645
31	1.91151	2.04344	2.21874	2.49490	2.53468	2.57852	2.62749	2.68306
32	1.90860	2.04048	2.21571	2.49176	2.53152	2.57535	2.62429	2.67984
33	1.90583	2.03766	2.21282	2.48878	2.52852	2.57234	2.62126	2.67679
34	1.90320	2.03498	2.21008	2.48594	2.52567	2.56947	2.61838	2.67389
35	1.90070	2.03243	2.20748	2.48325	2.52296	2.56675	2.61564	2.67114
36	1.89830	2.03000	2.20499	2.48067	2.52038	2.56415	2.61303	2.66851
37	1.89602	2.02767	2.20261	2.47822	2.51791	2.56167	2.61054	2.66600
38	1.89383	2.02545	2.20034	2.47587	2.51555	2.55930	2.60815	2.66360
39	1.89174	2.02332	2.19817	2.47363	2.51330	2.55704	2.60587	2.66131
40	1.88973	2.02128	2.19608	2.47147	2.51114	2.55486	2.60369	2.65911
41	1.88781	2.01932	2.19408	2.46941	2.50906	2.55278	2.60159	2.65700
42	1.88595	2.01744	2.19216	2.46743	2.50707	2.55078	2.59958	2.65498
43	1.88417	2.01563	2.19031	2.46552	2.50516	2.54886	2.59765	2.65303
44	1.88246	2.01389	2.18853	2.46368	2.50331	2.54700	2.59579	2.65116
45	1.88081	2.01221	2.18682	2.46192	2.50154	2.54522	2.59400	2.64936
46	1.87921	2.01059	2.18517	2.46021	2.49983	2.54350	2.59227	2.64762
47	1.87767	2.00903	2.18357	2.45857	2.49818	2.54185	2.59060	2.64595
48	1.87619	2.00752	2.18203	2.45698	2.49659	2.54024	2.58899	2.64433
49	1.87475	2.00606	2.18055	2.45545	2.49505	2.53870	2.58744	2.64276
50	1.87336	2.00465	2.17911	2.45397	2.49356	2.53720	2.58594	2.64125
60	1.86156	1.99267	2.16691	2.44142	2.48095	2.52454	2.57322	2.62846
70	1.85256	1.98354	2.15761	2.43187	2.47137	2.51492	2.56355	2.61875
80	1.84540	1.97629	2.15023	2.42430	2.46378	2.50730	2.55590	2.61106
90	1.83953	1.97035	2.14420	2.41812	2.45757	2.50107	2.54964	2.60477
100	1.83462	1.96537	2.13914	2.41295	2.45238	2.49587	2.54442	2.59952
110	1.83042	1.96113	2.13483	2.40854	2.44796	2.49143	2.53996	2.59505
120	1.82679	1.95745	2.13111	2.40473	2.44414	2.48759	2.53611	2.59119

$\gamma = 0.500$

n \ p	0.00500	0.00400	0.00300	0.00200	0.00100	0.00050	0.00010	0.00001
u_p	−2.57583	−2.65207	−2.74779	−2.87817	−3.09023	−3.29053	−3.71902	−4.26489
2	4.63540	4.74892	4.89140	5.08544	5.40092	5.69879	6.33572	7.14671
3	3.63621	3.72809	3.84341	4.00047	4.25584	4.49697	5.01262	5.66926
4	3.34137	3.42747	3.53554	3.68273	3.92205	4.14804	4.63132	5.24677
5	3.19436	3.27781	3.38255	3.52521	3.75717	3.97620	4.44464	5.04119
6	3.10415	3.18608	3.28891	3.42897	3.65671	3.87176	4.33168	4.91741
7	3.04221	3.12315	3.22475	3.36313	3.58813	3.80060	4.25502	4.83374
8	2.99658	3.07683	3.17757	3.31476	3.53785	3.74851	4.19907	4.77288
9	2.96131	3.04105	3.14114	3.27746	3.49913	3.70846	4.15616	4.72635
10	2.93306	3.01240	3.11200	3.24765	3.46823	3.67653	4.12204	4.68944
11	2.90982	2.98886	3.08806	3.22318	3.44289	3.65037	4.09414	4.65933
12	2.89031	2.96908	3.06797	3.20265	3.42166	3.62848	4.07083	4.63423
13	2.87363	2.95220	3.05082	3.18514	3.40357	3.60984	4.05102	4.61292
14	2.85919	2.93757	3.03597	3.16999	3.38793	3.59373	4.03392	4.59457
15	2.84652	2.92476	3.02296	3.15672	3.37424	3.57965	4.01900	4.57857
16	2.83531	2.91341	3.01146	3.14499	3.36214	3.56721	4.00583	4.56448
17	2.82530	2.90329	3.00118	3.13453	3.35136	3.55613	3.99411	4.55195
18	2.81629	2.89418	2.99195	3.12512	3.34167	3.54618	3.98360	4.54073
19	2.80813	2.88593	2.98359	3.11660	3.33291	3.53719	3.97411	4.53061
20	2.80070	2.87842	2.97598	3.10886	3.32494	3.52901	3.96549	4.52143
21	2.79390	2.87154	2.96901	3.10177	3.31766	3.52153	3.95761	4.51305
22	2.78764	2.86522	2.96261	3.09525	3.31096	3.51467	3.95039	4.50537
23	2.78186	2.85938	2.95669	3.08924	3.30478	3.50834	3.94373	4.49830
24	2.77650	2.85397	2.95121	3.08367	3.29906	3.50248	3.93757	4.49176
25	2.77152	2.84894	2.94612	3.07849	3.29375	3.49703	3.93185	4.48569
26	2.76687	2.84424	2.94137	3.07366	3.28879	3.49196	3.92653	4.48005
27	2.76251	2.83985	2.93692	3.06914	3.28415	3.48721	3.92155	4.47478
28	2.75843	2.83572	2.93274	3.06490	3.27981	3.48277	3.91689	4.46985
29	2.75459	2.83184	2.92882	3.06091	3.27572	3.47859	3.91251	4.46522
30	2.75096	2.82819	2.92512	3.05716	3.27188	3.47465	3.90839	4.46086
31	2.74754	2.82473	2.92163	3.05361	3.26824	3.47094	3.90450	4.45675
32	2.74430	2.82146	2.91832	3.05025	3.26480	3.46742	3.90083	4.45287
33	2.74123	2.81836	2.91519	3.04707	3.26155	3.46410	3.89735	4.44920
34	2.73831	2.81542	2.91221	3.04405	3.25845	3.46094	3.89404	4.44572
35	2.73553	2.81261	2.90938	3.04117	3.25551	3.45793	3.89091	4.44241
36	2.73288	2.80994	2.90668	3.03844	3.25271	3.45507	3.88792	4.43926
37	2.73036	2.80739	2.90410	3.03582	3.25004	3.45234	3.88507	4.43627
38	2.72794	2.80496	2.90164	3.03333	3.24749	3.44974	3.88235	4.43341
39	2.72563	2.80263	2.89929	3.03094	3.24504	3.44725	3.87976	4.43067
40	2.72342	2.80040	2.89703	3.02865	3.24271	3.44486	3.87727	4.42806
41	2.72129	2.79826	2.89487	3.02646	3.24047	3.44258	3.87489	4.42556
42	2.71926	2.79620	2.89279	3.02436	3.23832	3.44038	3.87260	4.42316
43	2.71730	2.79423	2.89080	3.02234	3.23625	3.43828	3.87041	4.42085
44	2.71541	2.79233	2.88888	3.02039	3.23427	3.43625	3.86830	4.41864
45	2.71360	2.79050	2.88703	3.01852	3.23235	3.43430	3.86627	4.41651
46	2.71185	2.78874	2.88525	3.01672	3.23051	3.43242	3.86432	4.41446
47	2.71016	2.78704	2.88353	3.01498	3.22874	3.43061	3.86244	4.41249
48	2.70853	2.78539	2.88188	3.01330	3.22702	3.42887	3.86062	4.41058
49	2.70696	2.78381	2.88028	3.01168	3.22537	3.42718	3.85887	4.40875
50	2.70544	2.78228	2.87873	3.01011	3.22377	3.42555	3.85718	4.40697
60	2.69257	2.76931	2.86565	2.99686	3.21026	3.41180	3.84291	4.39205
70	2.68280	2.75947	2.85572	2.98682	3.20004	3.40140	3.83214	4.38082
80	2.67506	2.75168	2.84787	2.97889	3.19196	3.39320	3.82366	4.37199
90	2.66875	2.74533	2.84147	2.97242	3.18538	3.38652	3.81676	4.36482
100	2.66347	2.74002	2.83612	2.96701	3.17989	3.38095	3.81102	4.35887
110	2.65898	2.73550	2.83157	2.96242	3.17523	3.37621	3.80615	4.35382
120	2.65509	2.73160	2.82763	2.95845	3.17120	3.37213	3.80195	4.34947

ICS 03.120.30
A 41

中华人民共和国国家标准

GB/T 4888—2009
代替 GB/T 4888—1985

故障树名词术语和符号

Terms and symbols for fault tree

2009-10-15 发布　　　　2009-12-01 实施

中华人民共和国国家质量监督检验检疫总局
中国国家标准化管理委员会　发布

前　言

本标准代替 GB/T 4888—1985《故障树名词术语和符号》。

本标准与 GB/T 4888—1985 相比主要变化如下：

——按 GB/T 1.1—2000《标准化工作导则　第1部分：标准的结构和编写规则》的要求对标准格式进行了修订；

——增加了标准的适用范围；

——增加了“事件”的定义；

——增加了参考文献；

——删除了一些不必要的注释；

——改正了一些错误的表示符号。

本标准的附录 A 为资料性附录。

本标准由全国统计方法应用标准化技术委员会(SAC/TC 21)提出并归口。

本标准起草单位：中国科学院数学与系统科学研究院、中国航天科工集团公司、中国标准化研究院、北京工业大学。

本标准主要起草人：于丹、郝云峰、丁文兴、于振凡、冯士雍、陈敏、谢田法。

本标准所代替标准的历次版本发布情况为：

——GB/T 4888—1985。

故障树名词术语和符号

1 范围

本标准规定了故障树分析法常用的基本术语的定义和符号。

本标准适用于故障树分析法的流程表示。

2 事件及其符号

2.1

事件 event

条件或动作的发生称之为事件。

2.2

底事件 bottom event

仅导致其他事件的原因事件。

注1：底事件位于所讨论的故障树底端，总是某个逻辑门的输入事件而不是输出事件。

注2：底事件分为基本事件与未探明事件。

2.2.1

基本事件 basic event

无须探明其发生原因的底事件。

基本事件用图1所示的圆形符号表示。

图1 基本事件

释例参见附录A中A.1。

2.2.2

未探明事件 undeveloped event；incomplete event

原则上应进一步探明其原因但暂时不必或者暂时不能探明其原因的底事件。

未探明事件用图2所示的菱形符号表示。

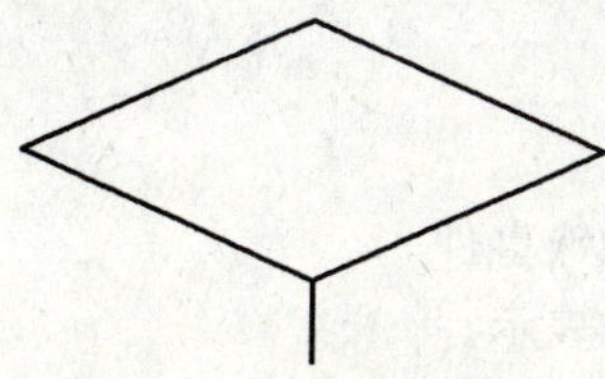

图2 未探明事件

释例参见附录A中A.1。

2.3

结果事件　resultant event

由其他事件或事件组合所导致的事件。

结果事件总位于某个逻辑门的输出端。

结果事件用图 3 所示的长方形符号表示。

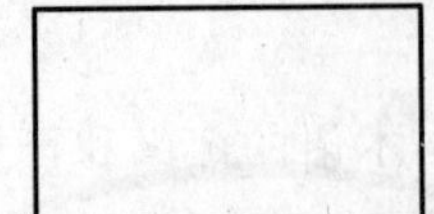

图 3　结果事件

结果事件分为顶事件与中间事件。

2.3.1

顶事件　top event; head event; undesired event

所有事件联合发生作用的结果事件。

顶事件位于故障树的顶端，总是所讨论故障树中逻辑门的输出事件而不是输入事件。

释例参见附录 A。

2.3.2

中间事件　intermediate event

位于底事件和顶事件之间的结果事件。

中间事件既是某个逻辑门的输出事件，同时又是别的逻辑门的输入事件。

释例参见附录 A。

2.4

特殊事件　special event

需用特殊符号表明其特殊性或引起注意的事件。

2.4.1

开关事件　switch event; trigger event; normal event

在正常工作条件下必然发生或必然不发生的特殊事件。

开关事件用图 4 所示的房形符号表示。

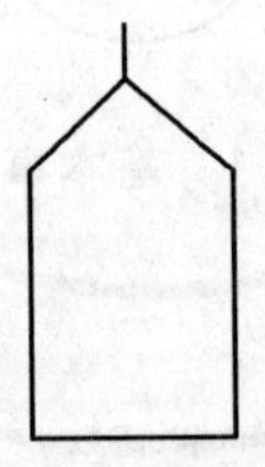

图 4　开关事件

释例参见附录 A 中 A.3。

2.4.2

条件事件　conditional event

描述逻辑门起作用的具体限制的特殊事件。

条件事件用图 5 所示的椭圆形符号表示。

图 5 条件事件

释例参见附录 A 中 A.3。

注：在需要区分工作人员的差错或疏忽以提醒有关人员注意的特殊场合，可采用虚线表示人为事件，如 A.1 和 A.3 中的释例。

3 逻辑门及其符号

在故障树分析中逻辑门只描述事件间的逻辑因果关系。

3.1

与门 AND gate

表示仅当所有输入事件发生时，输出事件才发生。

与门符号如图 6。释例参见附录 A 中 A.1。

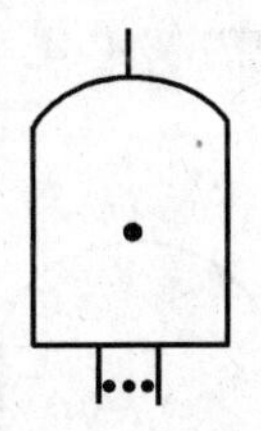

图 6 与门

3.2

或门 OR gate

表示至少一个输入事件发生时，输出事件就发生。

或门符号如图 7。释例参见附录 A 中 A.2。

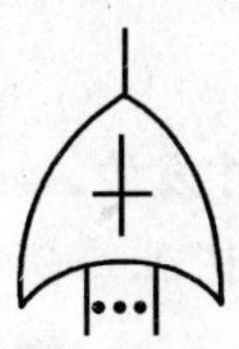

图 7 或门

3.3

非门 NOT gate

表示输出事件是输入事件的对立事件。

非门符号如图 8。释例参见附录 A 中 A.2。

图 8 非门

3.4 特殊门

3.4.1

顺序与门 sequential AND gate;priority AND gate

表示仅当输入事件按规定的顺序发生时,输出事件才发生。

顺序与门符号如图9。释例参见附录A中A.4.1。

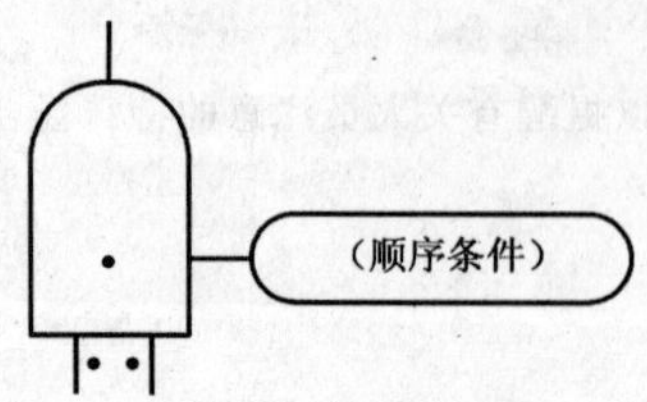

图9 顺序与门

3.4.2

表决门 voting gate;*r* out of *n* gate;combinatorial gate

表示仅当 n 个输入事件中有 r 个或 r 个以上的事件发生时,输出事件才发生。

表决门的符号如图10。释例参见附录A中A.4.2。

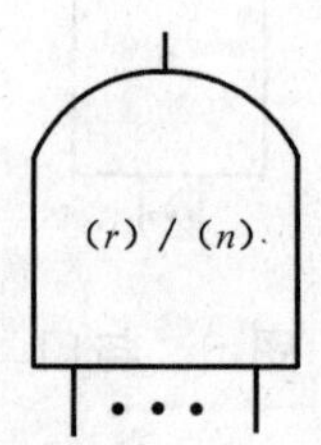

图10 表决门

注:或门和与门都是表决门的特例。或门是 $r=1$ 的表决门,与门是 $r=n$ 的表决门。

3.4.3

异或门 exclusive OR gate

表示仅当单个输入事件发生时,输出事件才发生。

异或门的符号如图11。释例参见附录A中A.4.3。

图11 异或门

3.4.4

禁门 inhibit gate

表示仅当条件事件发生时,输入事件的发生方导致输出事件的发生。

禁门的符号如图12。释例参见附录A中A.3。

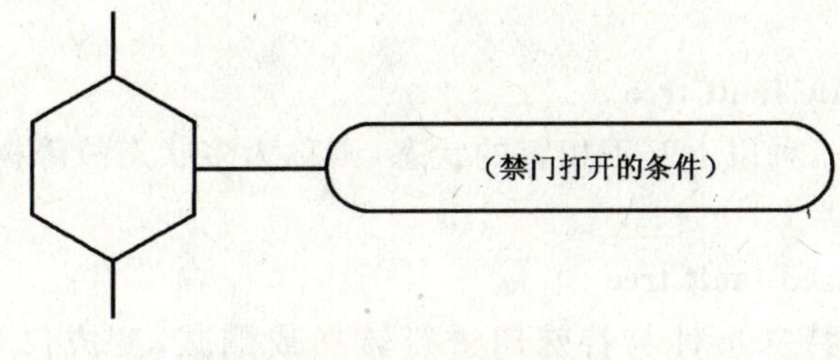

图 12 禁门

4 转移符号

转移符号是为了避免画图时重复和使图形简明而设置的符号。

4.1

相同转移符号 **identical transfer symbol**

图 13 所示是一对相同转移符号,用以指明子树的位置。图 13a)是相同转向(transfer in *)符号,表示“下面转到以字母数字为代号所指的子树去”。图 13b)是转此(transfer out *)符号,表示“由具有相同字母数字的转向符号处转到这里来”。

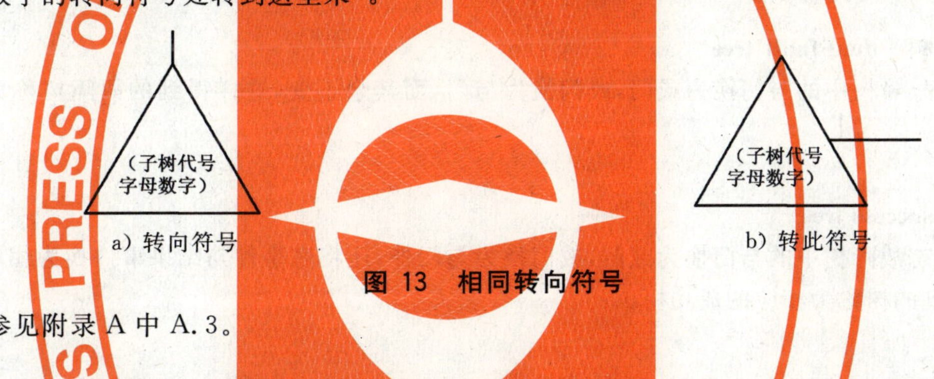

图 13 相同转向符号

释例参见附录 A 中 A.3。

4.2

相似转移符号 **similar transfer symbol**

图 14 所示是一对相似转移符号,用以指明相似子树的位置。图 14a)是相似转向符号,表示“下面转到以字母数字为代号所指结构相似而事件标号不同的子树去”,不同的事件标号在三角形旁边注明。图 14b)是相似转此符号,表示“相似转向符号所指子树与此处子树相似但事件符号不同”。

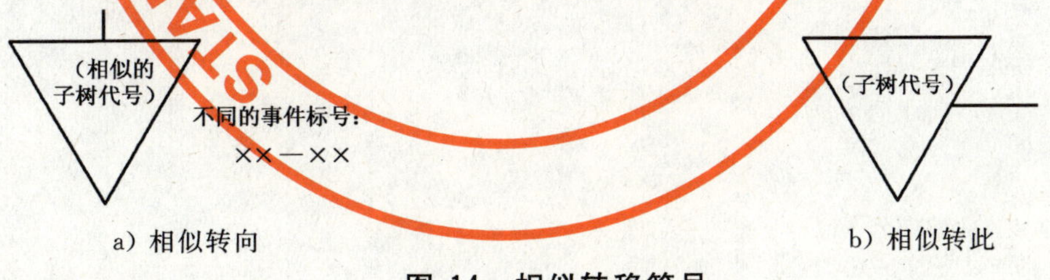

图 14 相似转移符号

释例参见附录 A 中 A.4.2。

5 故障树

故障树是一种特殊的倒立树状逻辑因果关系图,它用前述的事件符号、逻辑门符号和转移符号描述系统中各种事件之间的因果关系。逻辑门的输入事件是输出事件的“因”,逻辑门的输出事件是输入事件的“果”。

5.1

二状态故障树 **2-state fault tree**

如果故障树的底事件刻划一种状态,而其对立事件也只刻划一种状态,则称为二状态故障树。

5.2

多状态故障树 multistate fault tree

如果故障树的底事件有三种以上互不相容的状态，则称为多状态故障树。

5.3

规范化故障树 normalized fault tree

将画好的故障树中各种特殊事件与特殊门进行转换或删减，变成仅含有底事件、结果事件以及“与”、“或”、“非”三种逻辑门的故障树，这种故障树称为规范化故障树。

以下所述故障树均指规范化故障树。

5.4

正规故障树 regular fault tree

仅含故障事件以及与门、或门的故障树称为正规故障树。

5.5

非正规故障树 non-regular fault tree

含有成功事件或者非门的故障树称为非正规故障树。

5.6

对偶故障树 dual fault tree

将二状态故障树中的与门换为或门，或门换为与门，而其余不变，这样得到的故障树称为原故障树的对偶故障树。

5.7

成功树 success tree

除将二状态故障树中的与门换为或门，或门换为与门外，还将底事件与结果事件换为相应的对立事件，这样所得到的树称为相应的成功树。

附　录　A
（资料性附录）
故障树名词术语和符号的释例

A.1　正规故障树释例：某工厂金属屑伤眼事故分析（如图A.1）。

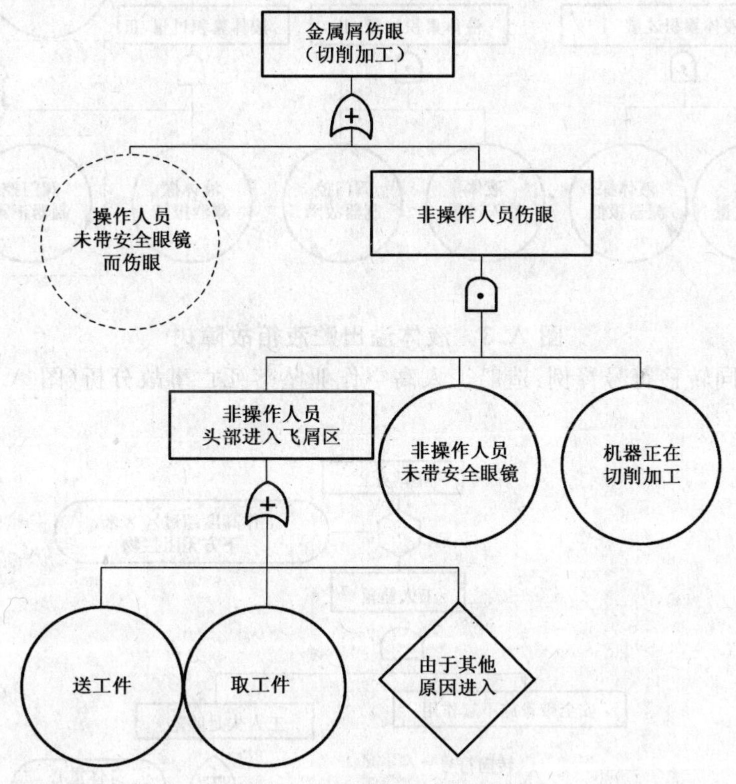

图A.1　金属屑伤眼事故分析图

A.2　非正规故障树释例：化工厂传输液溢出贮液箱事故分析（图A.2、图A.3）。
最简单的流程示意图如图A.2。

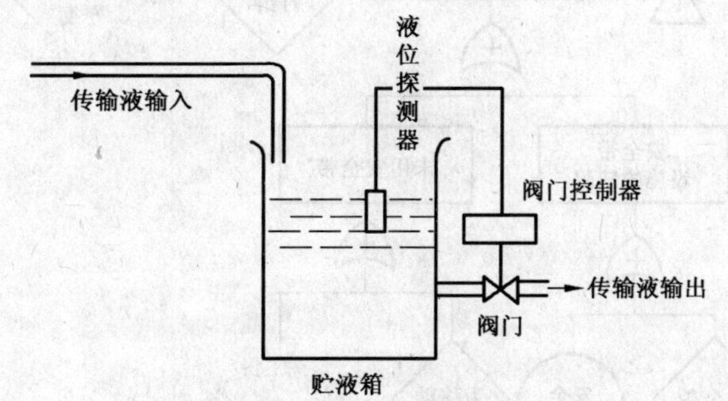

图A.2　传输液流程示意图

若假定：a)　输入只有正常、过量二状态；
b)　阀门不会失效；
c)　探测器的故障只有一种：报低；
d)　探测器的故障只有一种：无反应；
则传输液溢出事故有如图A.3所示的二状态故障树。

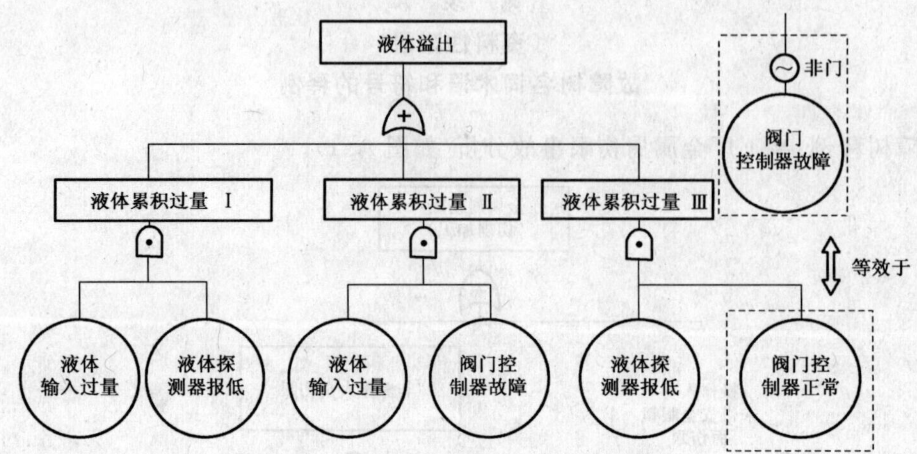

图 A.3 液体溢出贮液箱故障树

A.3 房形符号及相同转移符号释例：造船工人高空作业坠落死亡事故分析（图 A.4）。

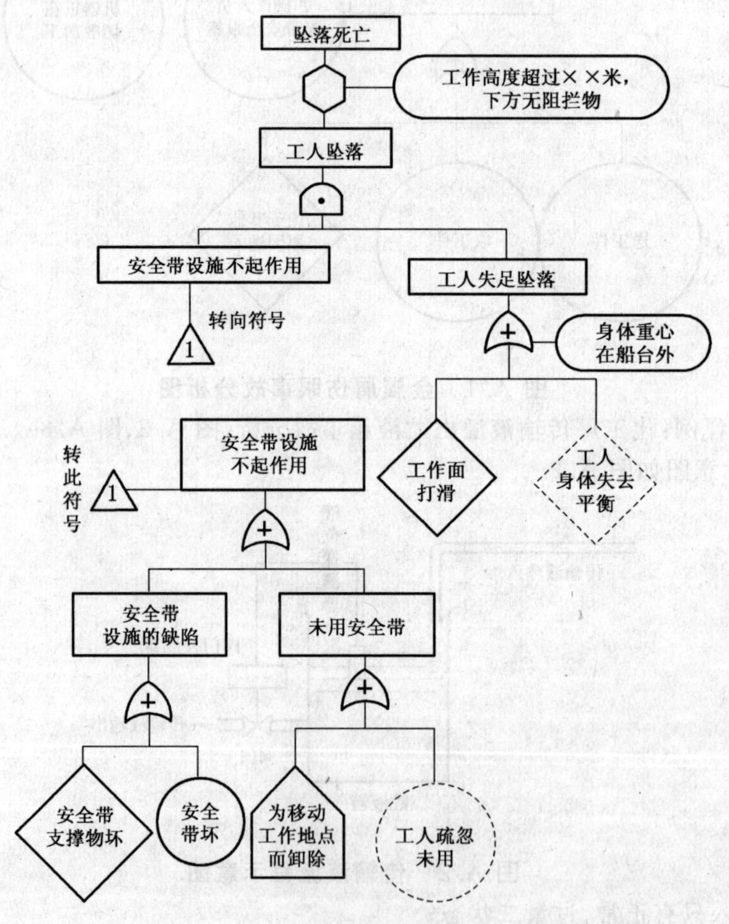

图 A.4 造船工人高空作业坠落死亡事故分析图

A.4 特殊门释例

A.4.1 顺序与门释例：起动转速甚慢的机轮伤人事故分析（图 A.5）。

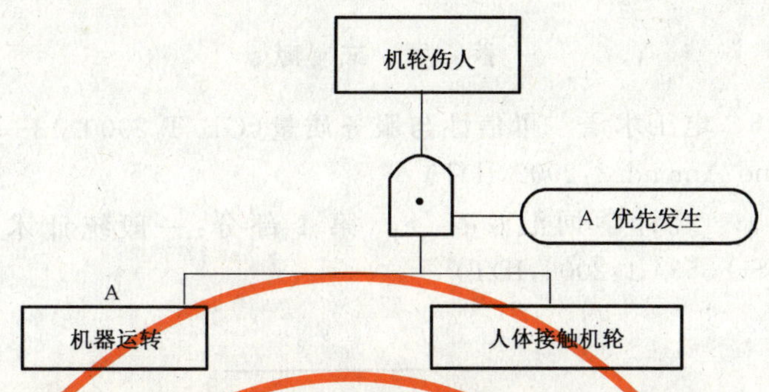

图 A.5　起动转速甚慢的机轮伤人事故分析图

A.4.2　表决门及相似转移符号释例：对某型号飞机不能正常飞行的分析。已知该机三个发动机中若有二个以上发生故障时便不能正常飞行(图 A.6)。

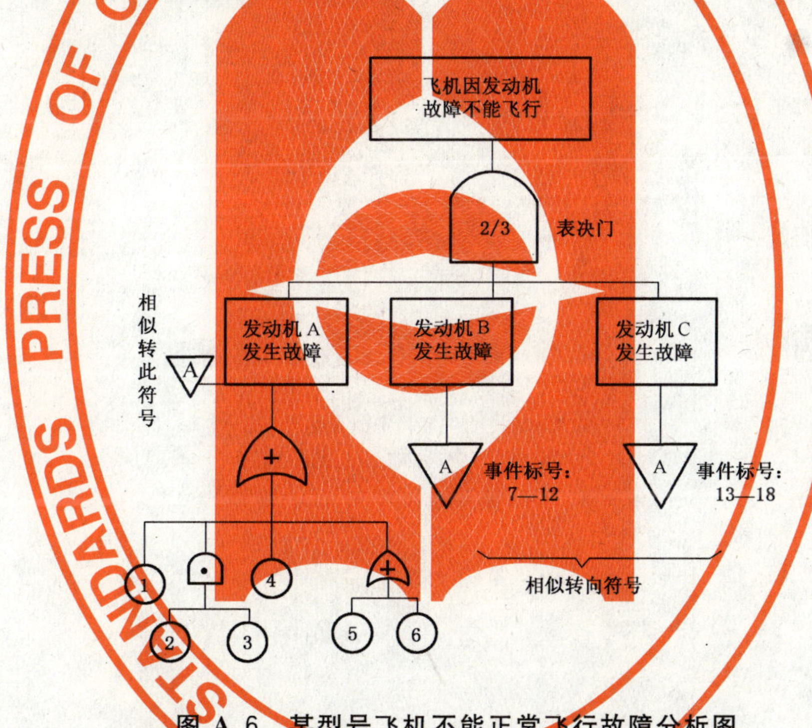

图 A.6　某型号飞机不能正常飞行故障分析图

A.4.3　异或门释例：双推进器运输艇不对称推进分析(图 A.7)。

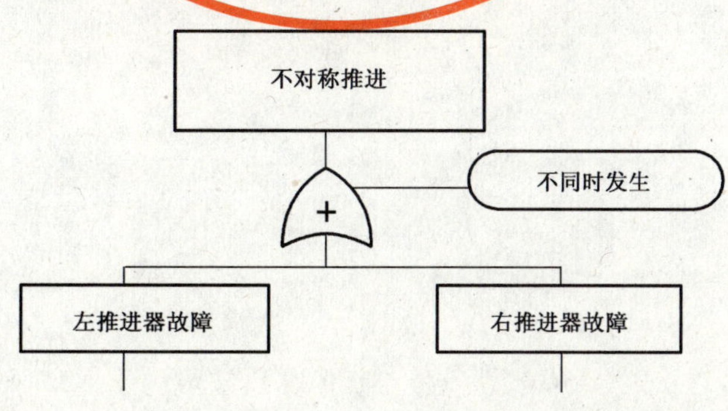

图 A.7　双推进器运输艇不对称推进分析图

参 考 文 献

[1] GB/T 2900.13 电工术语 可信性与服务质量(GB/T 2900.13—2008,IEC 60050(191):1990、Amend.1:1999 And Amend.2:2002,IDT)

[2] GB/T 3358.1 统计学词汇及符号 第1部分:一般统计术语与用于概率的术语(GB/T 3358.1—2009,ISO 3534-1:2006,IDT)

ICS 01.140.20
A 14

中华人民共和国国家标准

GB/T 4894—2009
代替 GB/T 4894—1985,GB/T 13143—1991

信息与文献 术语

Information and documentation—Vocabulary

(ISO 5127:2001,MOD)

2009-09-30 发布 2010-02-01 实施

中华人民共和国国家质量监督检验检疫总局
中国国家标准化管理委员会 发布

前 言

本标准修改采用 ISO 5127:2001《信息与文献　术语》。

本标准与 ISO 5127:2001 的主要差异如下：

——新增了部分词汇。在 4.1 基本和框架术语部分新增了“字符串”、“校验符”、“文件名”、“虚拟访问”、“信息资源”、“连续性资源”、“集成性资源”、“电子资源”、“万维网”等词汇；在 4.2 文献、数据和媒介及其部分中新增了“电子图书”、“地图文献”、“数字文献”、“作品”、“DVD”等词汇；在 4.3 文献机构及其馆藏部分新增了“馆藏记录”、“馆藏说明”、“电子馆藏”等词汇；在 4.4 文献工作过程部分新增了“书目条目”、“书目资源”、“著录款目”、“元数据”、“分类组织”、“互操作”、“DOI”等词汇；在 4.5 信息与文献的使用部分新增了“下载”、“目标服务对象”、“访问权”、“用户培训”等词汇；在 4.6 文献的保存部分新增了“宣纸”、“甲骨”、“竹简”等词汇；

——删减了部分词汇。在 4.6 文献保存中删减了“油墨”、“染料”、“颜料”、“溶剂”、“溶液”、“胶水”、“浆糊”、“明矾”、“纤维素酯”、装订后期工序、“真菌”、“劣质纸”、“最后细加工”等词汇；在 4.7 信息与文献的法律方面问题部分中删减了“专利的重新发布”、“专利复审”、“联合优先权”、“第三方”等词汇；

——为便于使用，增加了汉语拼音索引和英文对应词索引。

本标准代替 GB/T 4894—1985《情报与文献工作词汇　基本术语》和 GB/T 13143—1991《情报与文献工作词汇　传统文献》，增加了部分新词条。

本标准由全国信息与文献标准化技术委员会(SAC/TC 4)提出并归口。

本标准起草单位：国家图书馆、清华大学图书馆、中科院文献情报中心、中国科学技术信息研究所。

本标准主要起草人：顾犇、孙平、徐引篪、刘春燕、沈玉兰、孙蓓欣。

本标准所代替标准的历次版本发布情况为：

——GB/T 4894—1985；

——GB/T 13194—1991。

信息与文献　术语

1　范围

本标准提供了信息与文献领域的基本术语及其定义。

本标准适用于信息与文献领域的知识共享和信息交流。

2　规范性引用文件

下列文件中的条款通过本标准的引用而成为本标准的条款。凡是注日期的引用文件，其随后所有的修改单(不包括勘误的内容)或修订版均不适用于本标准，然而，鼓励根据本标准达成协议的各方研究是否可使用这些文件的最新版本。凡是不注日期的引用文件，其最新版本适用于本标准。

GB/T 10112—1999　术语工作　原则与方法(neq ISO/DIS 704:1997)

GB/T 15237.1—2000　术语工作　词汇　第1部分:理论与应用(neq ISO 1087-1:2000)

GB/T 17532—2005　术语工作　计算机应用　词汇(ISO 1087-2:2000,MOD)

GB/T 20001.1—2001　标准编写规则　第1部分:术语(ISO 10241:1992,NEQ)

3　原则和方法

3.1　词条

本标准主要由一系列词条组成，包括编号和优先选择的术语、广泛认可的同义词和对术语的简单定义。部分词条还包括例子和注释，以便于理解概念和与其他领域的相关词条之间的关系。对术语词条的处理采用了GB/T 15237.1和GB/T 17532的方法。

3.2　词条的组织

按照GB/T 20001.1的原则对词条进行组织。

3.3　词条的分类

按照术语的逻辑结构，将词条分成以下7个大类：

——基本和框架术语；

——文献、数据介质及其他；

——文献机构及其馆藏；

——文献工作过程；

——信息和文献的使用；

——文献保存；

——信息与文献工作的法律问题。

4　术语

4.1　基本和框架术语

4.1.1　相关领域的基本术语

4.1.1.1　一般术语

4.1.1.1.1

概念　concept

由特性的唯一组合创建的知识(4.1.1.3.16)的单位。

注1：来源于GB/T 15237.1—2000。

注2：概念不局限于特定的语言。但它们受社会和文化环境的影响。

4.1.1.1.2

对象 object

任何可以被感知和构想的事物。

注1：来源于 GB/T 15237.1—2000。

注2：对象可以是物质的(例如引擎、纸张、钻石)，也可以是非物质的(例如转换率、项目计划)或想象的东西(如独角兽)。

4.1.1.1.3

集合 set

作为整体考虑的**对象**(4.1.1.1.2)或**概念**(4.1.1.1.1)的集合体。

4.1.1.1.4

单元 element

构成**集合**(4.1.1.1.3)的**对象**(4.1.1.1.2)。

4.1.1.1.5

关系 relation

两个或多个**单元**(4.1.1.1.4)之间的知识关联。

4.1.1.1.6

系统 system

互相关联的**概念**(4.1.1.1.1)或**对象**(4.1.1.1.2)的**集合**(4.1.1.1.3)。

4.1.1.1.7

主题领域(1) subject field (1)

专门**知识**(4.1.1.3.16)的领域。

注：来源于 GB/T 15237.1—2000。

4.1.1.1.8

顺序 order

不同**单元**(4.1.1.1.4)之间的**关系**(4.1.1.1.5)已被确认的**集合**(4.1.1.1.3)状态。

4.1.1.1.9

主题领域(2) domain;subject field (2)

一个人类**知识**(4.1.1.3.16)单位的**概念**(4.1.1.1.1)**集合**(4.1.1.1.3)。

4.1.1.2 语言和术语

4.1.1.2.1

语言 language

用于**通信**(4.1.1.3.1)的**记号**(4.1.1.3.2)**系统**(4.1.1.1.6)，通常由词汇和规则构成。

4.1.1.2.2

自然语言 natural language

人类社会中正在使用或曾经用过的**语言**(4.1.1.2.1)，其使用规则主要是在使用中推演出来的。

4.1.1.2.3

人工语言 artificial language

在使用之前已确定其规则的**语言**(4.1.1.2.1)。

注：来源于 ISO/IEC 2382-1:1993。

4.1.1.2.4

文本 text

以**字符**(4.1.1.2.14)、**符号**(4.1.1.2.16)、**词(1)**(4.1.1.2.12)、短语、段落、句子、**表格**(4.2.2.1.33)或其他字符**排列**(4.4.3.1.7)形成的**数据**(4.1.1.4.1)，用于表达**意义**(4.1.1.3.4)，其解释基本上取决于读

者对于某种**自然语言**(4.1.1.2.2)或**人工语言**(4.1.1.2.3)的**知识**(4.1.1.3.16)。

注：来源于 ISO/IEC 2382-1:1993。

4.1.1.2.5

术语短语　terminological phrase

至少包含一个**术语**(4.1.1.2.17)和一系列其他词汇的**词**(1)(4.1.1.2.12)的组合，其选择受到所涉及的术语的限制。

4.1.1.2.6

串　string

具有相同性质的**单元**(4.1.1.1.4)序列，通常是一个整体。

注：来源于 GB/T 17532—2005。

示例：字符 Characters；位 bits；脉冲 pulses。

4.1.1.2.7

字符串　character string

字母、数字、标点符号或其他符号的组合。

4.1.1.2.8

校验符　check character

通过**字符串**(4.1.1.2.7)的数学关系，用于校验字符串的准确性而附加的字符。

4.1.1.2.9

文件名　file name

通常由字符或数字组成，用于识别电子数据或计算机程序的名称，也可用作数据集名称。

4.1.1.2.10

指纹　fingerprint

唯一**标识**(4.1.1.2.15)**出版物**(4.2.1.12)的一组**字符**(4.1.1.2.14)。

4.1.1.2.11

字体　font

具有同样基本设计的字形样式。

4.1.1.2.12

词(1)　word (1)；orthographic word

表示特别**意义**(4.1.1.3.4)并且可以在句子中作为独立单位存在的最小语言单位。

注 1：参见词(2)(4.1.1.2.13)。

注 2：西文中词(1)(4.1.1.2.12)的前后由空格或标点符号隔开。

4.1.1.2.13

词(2)　word (2)

被认为用于特定目的的一个单位的**字符**(4.1.1.2.14)**串**(4.1.1.2.6)。

注 1：参见词(1)(4.1.1.2.12)。

注 2：改编自 ISO/IEC 2382-4:1999。

注 3：ISO/IEC 2382-4:1999 还给出了"字母词"(alphabetic word)的定义(04.06.02)。

4.1.1.2.14

字符　character

用于**数据**(4.1.1.4.1)表示、组织或控制的**单元**(4.1.1.1.4)**集合**(4.1.1.1.3)的成分。

注 1：来源于 GB/T 17532—2005。

注 2：字符可以被分为图形字符或控制字符。

4.1.1.2.15

标识　designation

用记号(4.1.1.3.2)表达的**概念**(4.1.1.1.1)的表示。

注1：来源于GB/T 15237.1—2000。

注2：在术语工作中，应区分三种不同的标识：符号、术语和名称。

4.1.1.2.16

符号　symbol

用字母、数字、象形文字或其任何组合的**标识**(4.1.1.2.15)。

4.1.1.2.17

术语　term

在一个特定的**主题领域**(1)(4.1.1.1.7)中，一个一般**概念**(4.1.1.1.1)的词语**标识**(4.1.1.2.15)。

注1：来源于GB/T 15237.1—2000。

注2：术语可以包含符号，并可能有变体(例如不同的拼写形式)。

4.1.1.2.18

名称　name

用语言表达的个别**概念**(4.1.1.1.1)的**标识**(4.1.1.2.15)。

注：改编自GB/T 15237.1—2000。

4.1.1.2.19

术语集　terminology

一种特定**语言**(4.1.1.2.1)的**标识**(4.1.1.2.15)的**集合**(4.1.1.1.3)。

注：来源于GB/T 15237.1—2000。

4.1.1.2.20

命名法　nomenclature

根据确定的命名规则进行结构编排的**术语集**(4.1.1.2.19)。

注1：改编自GB/T 15237.1—2000。

注2：各个不同的领域(例如生物学、医学、物理学和化学)有不同的命名法。

4.1.1.2.21

同义　synonymy

在一种指定的**语言**(4.1.1.2.1)中，表示同样**概念**(4.1.1.1.1)的**术语**(4.1.1.2.17)之间的**关系**(4.1.1.1.5)。

注：来源于GB/T 15237.1—2000。

示例：范畴 category - 类 class；重氢 deuterium - 重氢 heavy hydrogen。

4.1.1.2.22

准同义　quasi-synonymy

在一种指定的**语言**(4.1.1.2.1)中，表示不同**概念**(4.1.1.1.1)却有相似**意义**(4.1.1.3.4)，在某些场合可以被认为是同义词的**术语**(4.1.1.2.17)之间的**关系**(4.1.1.1.5)。

4.1.1.2.23

一词多义　polysemy

在一种指定**语言**(4.1.1.2.1)中，**标识**(4.1.1.2.15)共享某些特征的两种或更多种**概念**(4.1.1.1.1)之间的**关系**(4.1.1.1.5)。

注：来源于GB/T 15237.1—2000。

示例：桥 bridge：1) 跨越空间间隔承载车辆的结构；2) 弦乐器的部件(琴马)；3) 齿桥。

4.1.1.2.24

同音 **homonymy**

在一种指定**语言**(4.1.1.2.1)中,**标识**(4.1.1.2.15)具有相同读音的两种或更多不相关的**概念**(4.1.1.1.1)之间的**关系**(4.1.1.1.5)。

注:来源于 GB/T 15237.1—2000。

示例:bark: 1) 犬吠声;2) 树皮;3) 帆船。

4.1.1.2.25

同形异义 **homography**

具有同样图形形式但是**意义**(4.1.1.3.4)无关的两种或更多的**术语**(4.1.1.2.17)的**性质**(4.1.3.2)。

4.1.1.2.26

同音异义 **homophony**

具有同样发音形式但是**意义**(4.1.1.3.4)无关的两种或更多的**术语**(4.1.1.2.17)的**性质**(4.1.3.2)。

4.1.1.2.27

转写 **transcription**

用一种书写**系统**(4.1.1.1.6)的**字符**(4.1.1.2.14)或者用一种特别设计的**标记**(2)(4.4.2.2.4.18)系统进行的一种给定**语言**(4.1.1.2.1)的发音表示。

注:这些特别的系统可以是字母表(例如国际语音协会(IPA)符号),也可以是非字母形式的。

4.1.1.2.28

转译 **transliteration**

一种书写**系统**(4.1.1.1.6)的**字符**(4.1.1.2.14)按字母或按发音用另一种书写系统进行表示。

4.1.1.2.29

罗马化 **romanization**

非拉丁书写**系统**(4.1.1.1.6)通过**转译**(4.1.1.2.28)、**转写**(4.1.1.2.27)或同时采用这两种方法实现拉丁字母书写系统的转换。

4.1.1.2.30

翻译 **translation**

从一种**语言**(4.1.1.2.1)到另一种语言之间的转换。

注:通常这样的语言是自然语言。

4.1.1.2.31

乐谱 **notation(1)**

表示音乐中的数字、数量、音高和声音持续时间的**符号**(4.1.1.2.16)的**集合**(4.1.1.1.3)。

注1:来源于 BSI-DD 247:1998。

注2:参见标记(2)(4.4.2.2.4.18)。

4.1.1.2.32

图形字符 **graphic character**

直观表示**数据**(4.1.1.4.1)的字符。

4.1.1.2.33

控制符 **control character**

用作**数据**(4.1.1.4.1)组织的字符。

注:图形字符可以用作控制符。

4.1.1.2.34

标记(1) **notation(2)**

表示**数据**(4.1.1.4.1)所需**处理**(4.6.1.22)的**符号**(4.1.1.2.16)和规则之**集合**(4.1.1.1.3)。

注:参见标记(2)(4.4.2.2.4.18)。

4.1.1.3 通信和信息

4.1.1.3.1

通信 communication

通过信号(4.1.1.3.3)的传递而进行的意义(4.1.1.3.4)的转移。

4.1.1.3.2

记号 sign

对能传递意义(4.1.1.3.4)的任何物理现象的解释。

4.1.1.3.3

信号 signal

用以代表数据(4.1.1.4.1)的物理量的变化。

注：来源于 ISO/IEC 2382-1:1993。

4.1.1.3.4

意义 meaning

与一个记号(4.1.1.3.2)相关联的一个概念(4.1.1.1.1)的解释。

4.1.1.3.5

消息 message

为通信(4.1.1.3.1)的目的所用的数据(4.1.1.4.1)。

4.1.1.3.6

通信理论 communication theory

着重研究通信(4.1.1.3.1)过程和通信系统(4.1.1.3.7)的学科。

4.1.1.3.7

通信系统 communication system

管理通信(4.1.1.3.1)过程的系统(4.1.1.1.6)。

4.1.1.3.8

信息(1) information(1)

被交流的知识(4.1.1.3.16)。

注1：参见信息(2)(4.1.1.3.9)。

注2：改编自 GB/T 17532—2005。

注3：信息(1)涉及事实、概念、对象、事件、观念、过程等。

4.1.1.3.9

信息(2) information (2)

在通信(4.1.1.3.1)过程中为了增加知识(4.1.1.3.16)用以代表信息(1)(4.1.1.3.8)的一般消息(4.1.1.3.5)。

注：参见信息(1)(4.1.1.3.8)。

4.1.1.3.10

记录信息 recorded information

用数据媒介(4.1.1.4.2)储存的信息(1)(4.1.1.3.8)。

4.1.1.3.11

记录(1) record (1)

为一个预定目的而选择并表示个人或对象(4.1.1.1.2)的数据(4.1.1.4.1)集合(4.1.1.1.3)。

注:参见记录(2) (4.2.2.1.8)。

4.1.1.3.12

信息系统 information system

实现信息(2)(4.1.1.3.9)通信(4.1.1.3.1)和处理的通信系统(4.1.1.3.7)。

4.1.1.3.13

存取 access

从**文献**(4.1.2.2)中获得**信息**(1)(4.1.1.3.8)的权利、机会或手段。

4.1.1.3.14

虚拟访问 virtual visit

来自外部的对**信息服务**(4.5.5.2)机构网站的用户请求。

4.1.1.3.15

远程访问 remote access

用户不直接操作物理**载体**(4.6.1.6),而是通过输入输出装置(如一个终端)与计算机系统(如网上资源)、存储于硬盘或其他存储装置中的资源连接实现的访问。

4.1.1.3.16

知识 knowledge

基于推理并经过证实的认识。

4.1.1.4 **数据处理**

4.1.1.4.1

数据 data,pl

用适合于**通信**(4.1.1.3.1)、解释和处理的形式表示的**信息**(1)(4.1.1.3.8)。

注:来源于 GB/T 17532—2005。

4.1.1.4.2

数据媒介 data medium

可记录**数据**(4.1.1.4.1)并可进行检索的物质材料。

注:来源于 GB/T 17532—2005。

4.1.1.4.3

数据处理 data processing;DP

对**数据**(4.1.1.4.1)所进行的系统性的操作。

注:来源于 GB/T 17532—2005。

示例:数据的算术或逻辑操作、数据的合并或排序、程序的汇编或编译等,或文字编辑、排序、合并、储存、检索、显示或打印等对于文本的操作。

4.1.1.4.4

数据变换 data transformation

将**数据**(4.1.1.4.1)从一种**数据媒介**(4.1.1.4.2)变换成另一种数据媒介。

示例:纸张到缩微品;计算机输入缩微胶卷(CIM)。

4.1.1.4.5

数据转换 data conversion

将**数据**(4.1.1.4.1)从一种表示形式变换成另一种表示形式。

4.1.1.4.6

代码(1) **code (1)**

将一种**语言**(4.1.1.2.1)变换到另一种语言的规则的**集合**(4.1.1.1.3)。

注:参见**代码**(2)(4.1.1.4.7)。

4.1.1.4.7

代码(2) **code (2)**

根据预先制定的规则变换成或表示成不同形式的**数据**(4.1.1.4.1)**集合**(4.1.1.1.3)。

注1:参见**代码**(1)(4.1.1.4.6)。

注2:在 GB/T 17532—2005 中,**代码**(2)被称为"标识符"。

4.1.1.4.8

编码　coding

数据变换(4.1.1.4.4)或数据表示的过程。

4.1.1.4.9

格式(1)　format (1)

预先确定的**数据媒介**(4.1.1.4.2)上的**数据**(4.1.1.4.1)**排列**(4.4.3.1.1.7)。

注1:参见**格式(2)**(4.4.2.1.1.18)。

注2:改编自GB/T 17532—2005。

注3:格式可以被细分为输入格式、储存格式和输出格式。

4.1.1.4.10

资料库　data bank

由**存储(1)**(4.4.3.1.1.1)**系统**(4.1.1.1.6)、处理系统和**检索系统**(4.4.3.2.1.1)组合成的**文件(2)**(4.2.3.4.11)或**数据库**(4.1.1.4.11)的**集合**(4.1.1.1.3)。

注:也称数据仓库。

4.1.1.4.11

数据库　database

用于指定目的或指定**数据处理**(4.1.1.4.3)**系统**(4.1.1.1.6)的相关**数据**(4.1.1.4.1)的**集合**(4.1.1.1.3)。

4.1.1.4.12

全文数据库　full text database

包含完整**文献**(4.1.2.2)或文献基本部分的源**数据库**(4.1.1.4.11)。

4.1.1.4.13

文摘索引数据库　abstract and indexing database

能连续分析、揭示某一学科或地区的期刊或其他文献的参考书目集合。

注:包括电子参考书目和索引工具等。

4.1.1.4.14

信息资源　information resource

任何可标识(4.1.1.2.15)的**对象**(4.1.1.1.2),包括媒介和记录信息的组合、以物质或数字形态表达的知识成果等。

4.1.1.4.15

集成性资源　integrating resource

通过更新进行增补或修改的资源,其更新部分不是离散的而是集成到整体中的,可以是有限完成的,也可以是继续进行的。

注:集成性资源的例子包括不断更新的散页和不断更新的网站。

4.1.1.4.16

连续性资源　continuing resource

一种在发行时间上没有事先确定结束的资源,可能是连续出版物,或尚在更新中的**集成性资源**(4.1.1.4.15)。

4.1.1.4.17

电子资源　electronic resource

由具有特定题目的单独条目组成、以一个或几个单元出版的电子格式文献。

注:包括电子图书、电子期刊等。

4.1.1.4.18

主机 **host**

通过**通信**(4.1.1.3.1)网络可以被其他计算机存取的存有**数据库**(4.1.1.4.11)的计算机。

4.1.1.4.19

因特网 **internet**

通过网关连接,实现世界范围内**数据**(4.1.1.4.1)传递的互相连接的计算机**系统**(4.1.1.1.6)和计算机网络。又称互联网。

4.1.1.4.20

万维网 **World Wide Web;WWW**

利用**超文本**(4.4.3.1.1.20)技术链接众多电子资源的一种互联网,采用单词、统一资源地址等链接形式去寻找和访问存储于互联网上的文献。

注:参见因特网(4.1.1.4.19)。

4.1.1.4.21

数据元 **data element**

可标识和定义的数据基本单元,它有一个作为标识符的数据元名和表示特定事实的一个或几个值。

4.1.1.4.22

数据类型 **data type**

对数据特性的定义。

4.1.1.4.23

数据质量 **data quality**

专指**数据**(4.1.1.4.1)管理的**质量**(4.1.3.2)。

4.1.1.4.24

字处理 **word processing**

对机关和行政事务工作的**文本处理**(4.1.1.4.25)之应用,也应用于不强求格式化而需要直接输出的其他工作。

4.1.1.4.25

文本处理 **text processing**

对**文本**(4.1.1.2.4)操作的系统工作。

注:如输入、存储、恢复、检索、替换、排序、显示、格式、递送给输出设备等。

4.1.1.4.26

病毒 **virus**

故意破坏其他计算机程序、计算机**系统**(4.1.1.1.6)和**数据**(4.1.1.4.1)的一个计算机小程序。

4.1.1.4.27

标签(用于编程语言) **label** 〈in programming languages〉;**tag**

替代若干或全部**对象**(4.1.1.1.2)特征的一个标识符。

4.1.1.4.28

数据描述 **data description**

在数据结构的上下文中对数据**单元**(4.1.1.1.4)的正式**描述**(4.7.2.3.4.2)。

4.1.1.4.29

覆盖图 **overlay**

将其层叠放置在另一图像上以形成一个合成图像的图像。

4.1.1.4.30

备份 **to back-up**,verb;**to archive**

为了安全或以后的**处理**(4.6.1.22)而保留**数据**(4.1.1.4.1)(的方法)。

4.1.1.4.31

照相排版　photogypesetting; photocomposition

用摄影技术将**文本**(4.1.1.2.4)和其他图形**单元**(4.1.1.1.4)的格式化和输出。

4.1.2　信息和文献工作基本术语

4.1.2.1

文献工作　documentation

为了**存储**(1)(4.4.3.1.1.1)、**分类**(4.4.2.2.3.1)、检索、利用或传递，而对**记录信息**(4.1.1.3.10)所进行的连续和系统的汇编和处理。

4.1.2.2

文献　document

在**文献工作**(4.1.2.1)过程中作为一个单位处理的**记录信息**(4.1.1.3.10)或**实物对象**(4.1.1.1.2)。

注：在档案中也称文件。

4.1.2.3

二次文献　secondary document; derived document

包含其他文献的**数据**(4.1.1.4.1)、**信息**(1)(4.1.1.3.8)或**信息**(2)(4.1.1.3.9)的**文献**(4.1.2.2)。

4.1.2.4

信息管理　information management

一个机构对**信息**(1)(4.1.1.3.8)源的规划、控制和开发。

4.1.2.5

信息检索　information retrieval

从**存储**(1)(4.4.3.1.1.1)信息中获得特定**信息**(1)(4.1.1.3.8)或**信息**(2)(4.1.1.3.9)的过程。

4.1.2.6

文献检索　document retrieval

从**存储**(1)(4.4.3.1.1.1)文献中获得特定**文献**(4.1.2.2)的过程。

4.1.2.7

参照检索　reference retrieval

限制在**参照**(4.4.2.1.3.7)中的**信息检索**(4.1.2.5)。

4.1.2.8

信息科学　information science

对**信息**(1)(4.1.1.3.8)或**信息**(2)(4.1.1.3.9)的功能、结构和传递以及**信息系统**(4.1.1.3.12)的管理所进行的研究。

4.1.2.9

档案学　archival science

应用于**档案**(4.3.1.1)或**档案馆**(4.3.1.2)的组织、管理和运行的**信息科学**(4.1.2.8)的分支。

注：主要研究档案的形成规律、性质、特点以及档案工作方法与发展规律。

4.1.2.10

图书馆学　library science

涉及**图书馆**(1)(4.3.1.3)或**图书馆**(2)(4.3.1.4)的组织、管理和运行的**信息科学**(4.1.2.8)的分支。

4.1.2.11

图书馆工作　librarianship

图书馆学(4.1.2.10)的职业应用。

4.1.2.12

博物馆学 museology

博物馆(1)(4.3.1.5)或博物馆(2)(4.3.1.6)的组织以及博物馆立法应用的理论、活动和技术。

4.1.2.13

博物馆技术学 museography

识别和描述保存在**博物馆**(1)(4.3.1.5)或**博物馆**(2)(4.3.1.6)中的**文献**(4.1.2.2)的技术。

4.1.2.14

文献学 bibliography (1)

识别和描述**文献**(4.1.2.2)的理论、活动和技术。

注：参见书目(4.4.3.2.1.6)。

4.1.2.15

书志学 bibliology

对**图书**(4.2.1.13)和**卷**(2)(4.2.4.1)的制作和传播技术的研究。

4.1.2.16

复印术 reprography

对**文献**(4.1.2.2)的影像进行**复制件**(4.2.1.3)制作的技术。

注：在档案中也称复制。

4.1.2.17

印刷 printing

用蘸油墨的活字、金属印板、木版、滚筒或油墨喷射器在一个表面压上印记。

4.1.2.18

远程通信 telecommunication

通过电磁或电子手段传播**信号**(4.1.1.3.3)的理论和技术。

4.1.2.19

术语工作 terminology work

概念(4.1.1.1.1)及其**标识**(4.1.1.2.15)的系统收集、描述、处理和呈现的工作。

注1：来源于GB/T 15237.1—2000。

注2：术语工作应在既定原则和方法的基础上进行。术语工作包括术语选录、概念协调、术语协调和术语编纂。

4.1.2.20

虚拟文献 virtual document

以有形的但非图示形式存在的**文献**(4.1.2.2)。

4.1.3 管理和专业术语

4.1.3.1

评估(1) evaluation

在机构目标的实现中，对有贡献的候选人、雇员、项目、机构、运行或资源的效率或结果的评价。

4.1.3.2

性质 quality

满足指定或潜在需求的产品或**服务**(4.5.5.1)的整体特征。

注：改编自ISO 8402:1994。

4.1.3.3

文献计量学 bibliometrics

应用于**文献**(4.1.2.2)**利用**(4.6.1.23)和出版模式的数学和统计方法。

4.1.3.4

信息计量学 infometrics

应用于通信(4.1.1.3.1)和信息的使用(4.5.1.1)的数学和统计方法。

4.1.3.5

档案工作者 archivist

在档案领域受过培训并工作的人。

4.1.3.6

保管工作者 conservator

在专业上或技术上接受过训练,具备从事维持对象(4.1.1.1.2)的整体性和价值所需物理操作的知识(4.1.1.3.16)和技能的人。

4.1.3.7

管理员 curator

负责收藏(4.3.1.7)及其新增文献(4.4.1.2.2),并维护其完整性的人。

4.1.3.8

文献工作者 documentalist

在文献工作(4.1.2.1)领域受过培训并工作的人。

4.1.3.9

信息经纪人 information broker

从事商业性的关于任何对象(4.1.1.1.2)的信息(1)(4.1.1.3.8)或信息(2)(4.1.1.3.9)的定位、检索和提供的人。

4.1.3.10

信息管理者 information manager;information officer [US]

负责信息管理(4.1.2.4)的人。

4.1.3.11

图书馆员 librarian

在图书馆工作(4.1.2.11)领域受过培训并工作的人。

注:所有图书馆教育因各国的教学内容而不同。

4.1.3.12

记录管理者 records manager

在记录(1)(4.1.1.3.11)管理中经济、高效地完成创建、利用(4.6.1.23)、维护和处置(4.4.1.1.24)的人。

4.1.3.13

出版者 publisher

印刷(4.1.2.17)和发行出版物(4.2.1.12)的团体或个人。

4.1.3.14

学科专家 subject specialist

信息(1)(4.1.1.3.8)和文献工作(4.1.2.1)机构的员工,由于具备在一个主题或学科领域受过高等知识(4.1.1.3.16)教育的素质,而在有关主题领域(1)(4.1.1.1.7)从事选书和新增文献(4.4.1.2.2)的主题编目(4.4.2.1.1.5)并从事有关的信息服务(4.5.5.2)。

4.1.3.15

登记者 registrar

信息(1)(4.1.1.3.8)和文献工作(4.1.2.1)机构的负责登记处(4.3.3.15)工作的人员。

4.2 文献、数据媒介及其他

4.2.1 一般术语

4.2.1.1

原始文献 **original document**

由其产生**复本**(2)(4.2.1.6)的初始创建的**文献**(4.1.2.2)。

注：在档案中也称原件。

4.2.1.2

母本 **master**

可以用来制作其他**复本**(2)(4.2.1.6)的**文献**(4.1.2.2)的**复本**(3)(4.2.1.17)或**原始文献**(4.2.1.1)。

4.2.1.3

复制件 **reproduction**

从**原始文献**(4.2.1.1)复制而来并与之相似的**文献**(4.1.2.2)。

4.2.1.4

摹真复制件 **facsimile**

与原始文献(4.2.1.1)在内容、形式和外观上尽可能相同，但尺寸未必相同的**复制件**(4.2.1.3)。

4.2.1.5

复本(1) **copy** (1)

最终制作**复制件**(4.2.1.3)或更完美文献的作为原件的**文献**(4.1.2.2)。

注1：参见**复本**(2)(4.2.1.6)、**复本**(3)(4.2.1.17)。

注2：在普通的语言中，复本(1)(4.2.1.5)经常称为"原件"(original)。

4.2.1.6

复本(2) **copy** (2)

文献(4.1.2.2)的**复制件**(4.2.1.3)或抄本。

注1：参见**复本**(1)(4.2.1.5)、**复本**(3)(4.2.1.17)。

注2：在档案中也称副本。

4.2.1.7

复印 **copying**

通过摄像或静电印刷传送影像在**纸张**(4.6.5.1)上，产生另一个影像文件**复制件**(4.2.1.3)。

4.2.1.8

硬复本 **hard copy**

可以不借助于技术设备阅读的、通常在**纸张**(4.6.5.1)上的**复本**(2)(4.2.1.6)。

4.2.1.9

格式文献 **form**

用指定的空间记录特定**信息**(1)(4.1.1.3.8)的印刷的或用其他方式制作的**文献**(4.1.2.2)。

4.2.1.10

改编 **adaptation**

从另一种作品派生出来的作品，通常采用不同的媒介、文学形式或音乐形式。

注：来源于BSI-DD 247:1998。

4.2.1.11

改编曲 **arrangement** (1)

用不同于原始作曲所用的人演唱或乐器演奏，或者由不同于最初设计之级别的音乐家演奏或歌手演唱的作品的音乐**改编**(4.2.1.10)。

注1：来源于BSI-DD 247:1998。

注2：参见**排列**(4.4.3.1.1.7)。

4.2.1.12

出版物　publication

用于一般发行并通常制作成多个**复本**(2)(4.2.1.6)的**文献**(4.1.2.2)。

4.2.1.13

图书　book

通常是分页并形成一个物理单元的,以书写、印刷或电子形式出版的**知识作品**(4.7.2.1.1)。

4.2.1.14

电子图书　electronic book;eBook

可供检索,如同印刷书籍一样阅读的**数字文献**(4.2.1.21)。

4.2.1.15

档案单元　archival unit;item

作为一个实体处理的**档案馆**(4.3.1.2)中的单个**文献**(4.1.2.2)或文献的**集合**(4.1.1.1.3)。

4.2.1.16

全宗　fonds

机构、组织或个人形成的有机联系的档案整体。

4.2.1.17

复本(3)　copy (3)

以多个样本存在的**文献**(4.1.2.2)的一个样本。

注1:参见**复本**(1)(4.2.1.5)、**复本**(2)(4.2.1.6)。

注2:在档案中也称**复制件**。

4.2.1.18

件　piece

归档文件的整理单位。

4.2.1.19

图形文献　graphic document;iconic document

以图像展示为主要特征的印刷型**文献**(4.1.2.2)。

注:图形文献是绘画形式的,而不是文字、音乐或者地图形式的。包括艺术印刷、艺术原创、艺术再现、照片、海报、教学挂图、技术制图等。

4.2.1.20

制图文献　cartographic document

包括在空间与时间上可定位某一具体或抽象**对象**(4.1.1.1.2)的文献,惯以缩小比例表示。

4.2.1.21

数字文献　digital document

通过数字化或采购的、以数字形式存在的带有特定内容的信息单元。

注:包括电子图书、电子专利、网络视听资料等。

4.2.1.22

政府文献　government document

由政府支付费用而出版的,或依据法律或国际组织(如联合国、欧盟、联合国教科文组织等)要求而出版的文献。

4.2.1.23

图片　picture

一个或多个**对象**(4.1.1.1.2)或形状的二维呈现。

4.2.1.24

插图　illustration

文本(4.1.1.2.4)附带的、采用非文字的图形对文字内容的形象化表示。

4.2.1.25

视听作品　audiovisual work

使用专用设备读和(或)听的**作品**(4.2.2.1.40)。

注：也称音像制品。

4.2.1.26

连续视听作品　serial audiovisual work

单个剧集或部分之间互有关系、整个系列通常又有一个共同题目的**视听作品**(4.2.1.25)。

4.2.1.27

衍生作品　derivation

主要从其他作品的素材中产生出来的不同**作品**(4.2.2.1.40)。

4.2.2　文献及其部分

4.2.2.1　文献

4.2.2.1.1

文稿　draft

起草过程中形成的历次稿子。

4.2.2.1.2

补遗　supplement

补充**文献**(4.1.2.2)正文的资料。

4.2.2.1.3

节略文献　abridgement

从一种文献精练而成的**文献**(4.1.2.2)。

4.2.2.1.4

概要　brief

一种**文献**(4.1.2.2)内容的**提要**(4.4.2.2.2.5)、**文摘**(4.4.2.2.2.1)或**节略文献**(4.2.2.1.3)。

4.2.2.1.5

集　collection (1)

通常在一个**共同题名**(4.4.2.1.4.10)下、将一个或多个**著者**(4.4.2.1.5.2)或**编者**(4.4.2.1.5.8)关于一个或多个主题的作品汇集在一起的**文献**(4.1.2.2)。

4.2.2.1.6

文选　anthology;selected extracts

由通常是文学作品的文献或**选段**(4.2.2.2.6)的**集**(4.2.2.1.5)组成的**文献**(4.1.2.2)。

4.2.2.1.7

文件(1)　file (1)

由创建者为现行使用,或在档案整理过程中汇集起来的属于同一个主题、活动或事务的**文献**(4.1.2.2)的组织单元。

注1：参见**文件**(2)(4.2.3.4.11)。

注2：在档案中也称**案卷**。

4.2.2.1.8

记录(2)　record (2)

机构、组织或个人在履行法律义务或者在业务事务中所创建、接收并且进行维护的**文献**(4.1.2.2)。

注1：参见**记录**(1)(4.1.1.3.11)。

注2：在档案中也称文件。

4.2.2.1.9

纪要 minutes,pl

在会议或大会上言行的正式**记录**(2)(4.2.2.1.8)。

4.2.2.1.10

会议录 proceedings,pl;**transactions**,pl

包含向大会提交的论文、通常还有论文的讨论和与论文相关事务等内容报道的**文本**(4.1.1.2.4)**文献**(4.1.2.2)。

注:来源于 BSI-DD 247:1998。

4.2.2.1.11

报告 report

包含反映某个活动、调查或事件的事实或**记录**(2)(4.2.2.1.8)的**文献**(4.1.2.2)。

4.2.2.1.12

日志 journal (1)

按时间顺序排列的一个组织或立法机构的日常事情、事务或活动的客观描述**记录**(2)(4.2.2.1.8)。

注:参见**期刊**(4.2.4.13)。

4.2.2.1.13

备忘录 memorandum

用作内部通讯且作为提醒用的**信息**(1)(4.1.1.3.8)的**文献**(4.1.2.2)。

4.2.2.1.14

书信 letter

给指定个人或机构的**文献**(4.1.2.2)。

4.2.2.1.15

工具书 reference work

对给定主题的专门**信息**(1)(4.1.1.3.8)提供快速**存取**(4.1.1.3.13)的**文献**(4.1.2.2)。

4.2.2.1.16

学位论文 thesis

申请人为证实其学位而提交的报道其研究与成果的**文献**(4.1.2.2)。

4.2.2.1.17

词典 dictionary

一种**语言**(4.1.1.2.1)的**词**(2)(4.1.1.2.13)或一个词的**范畴**(4.4.2.2.4.7)列表,它按字母顺序或按系列排序,并用该语言解释或者翻译成为一种或多种语言。

4.2.2.1.18

词表 vocabulary

包含来自一个或多个**主题领域**(1)(4.1.1.1.7)的**标识**(4.1.1.2.15)和定义的**词典** (4.2.2.1.17)。

注1:改编自 GB/T 15237.1—2000。

注2:**词表**可以是单语言、双语言或多语言的。

4.2.2.1.19

词汇表 glossary

技术**术语**(4.1.1.2.17)或者是难解、废弃或方言**词**(2)(4.1.1.2.13)的列表。

4.2.2.1.20

百科全书 encyclopedia

综合所有主题或一组主题的**知识**(4.1.1.3.16)的**文献**(4.1.2.2),它按字母顺序或按一定的系统顺序排列,通常由扩展**文章**(4.2.4.29)组成。

4.2.2.1.21

指南(1)　guide (1)

包含可全面满足用户进行某一操作需求的介绍**信息**(1)(4.1.1.3.8)的**文献**(4.1.2.2)。

注：参见**指南**(2)(4.4.2.2.2.7)。

4.2.2.1.22

手册(1)　handbook (1)

提供特定主题的基本**知识**(4.1.1.3.16)的**工具书**(4.2.2.1.15)。

4.2.2.1.23

手册(2)　manual

关于实践、制造、使用或修理的详细**指南**(1)(4.2.2.1.21)。

4.2.2.1.24

日历(1)　calendar (1)

同一**系列**(4.4.3.1.1.17)或**类**(4.4.2.2.4.3)或者来自各种信息源的特定种类的单个**文献**(4.1.2.2)的列表，通常以年代**顺序**(4.1.1.1.8)排列，并附有每个文献的**概要**(4.2.2.14)描述。

注：参见**日历**(2)(4.2.2.1.25)。

4.2.2.1.25

日历(2)　calendar (2)

表示关于时间度量**信息**(1)(4.1.1.3.8)的**文献**(4.1.2.2)。

注1：参见**日历**(1)(4.2.2.1.24)。

注2：通常按照年、月、周、日排列，经常附有各种附加信息。

4.2.2.1.26

年鉴　yearbook

按年度编辑出版的，包含所修订的参考资料的**连续出版物**(4.2.4.8)。

注：来源于 BSI-DD 247:1998。

4.2.2.1.27

名录　directory

提供个人或机构的基本**信息**(1)(4.1.1.3.8)的**工具书**(4.2.2.1.15)，通常按字母、年代或一定的系统**顺序**(4.1.1.1.8)排列。

4.2.2.1.28

地图册　atlas

地图(4.2.2.1.29)的**集**(4.2.2.1.5)。

4.2.2.1.29

地图　map

以一缩小比例、通常以平面的形式对局部时空现象的常规表示。

4.2.2.1.30

详图　plan

一个有限地区的大比例尺**地图**(4.2.2.1.29)。

4.2.2.1.31

球仪　globe

一个天体的球面展示。

4.2.2.1.32

图表　chart

以图形形式显示列表及有序排列之**信息**(1)(4.1.1.3.8)的**文献**(4.1.2.2)。

4.2.2.1.33

表格　tables,pl

按行和列(4.2.4.28)的形式排序**数据**(4.1.1.4.1),并且可能附有**文本**(4.1.1.2.4)的**文献**(4.1.2.2)。

4.2.2.1.34

名册　roll (1)

为指定目的编写的、罗列个人**名称**(4.1.1.2.18)的**文献**(4.1.2.2)。

注:参见**卷**(4.2.3.1.4)。

4.2.2.1.35

公文　bull

一般用一个圆形金属印封口或附有这样一个印的正式**文献**(4.1.2.2)。

4.2.2.1.36

印章　stamp

附加在**文献**(4.1.2.2)上以明确识别其某个特征的标记。

注:这样的特征可以是来源、所有权、创建时间、版本等。

4.2.2.1.37

总谱　score

以多行谱表完整地表示一首多声部音乐作品的**乐谱**(4.1.1.2.31)**文献**(4.1.2.2)。

注:来源于 BSI-DD 247:1998。

4.2.2.1.38

台本　libretto

包含有大型音乐作品**词**(1)(4.1.1.2.12)的**文献**(4.1.2.2)。

注 1:改编自 BSI-DD 247:1998。

注 2:这样的音乐作品可以是歌剧。

4.2.2.1.39

出版者内容简介　blurb

出版者(4.1.3.13)对**文献**(4.1.2.2)的描述。

注:来源于 BSI-DD 247:1998。

4.2.2.1.40

作品　work;textual work

一种独特的抽象的知识或者艺术创作,主要由词语组合构成,其存在可以通过一种或多种表现形式体现。

4.2.2.2　文献的部分

4.2.2.2.1

题名页　title page

卷(2)(4.2.4.1)中包含完整书目**信息**(1)(4.1.1.3.8)的**页**(4.2.4.27)。通常出现在资源的开始,呈现关于资源及其所包含作品的最详细信息的一页。通常包含**题名**(4.4.2.1.4.1)和(通常但未必)最完整的题名信息、责任说明以及完整的或部分的**出版说明**(4.2.2.2.4)。

4.2.2.2.2

代题名页　title-page substitute

资源的一**页**(4.2.4.27)、一页的部分或其他组成部分,包含通常出现于**题名页**(4.2.2.2.1)上的信息,在没有题名页的情况下替代作为题名页(例如封面、文首、刊头、编者说明页、乐谱的第一页、书末出版说明(尾署))。

4.2.2.2.3

起首词　incipit

给出**题名**(4.4.2.1.4.1)和**著者**(4.4.2.1.5.2)**名称**(4.1.1.2.18)的**手稿**(1)(4.2.3.1.1)、**摇篮本**(4.2.4.24)或早期印刷**卷**(2)(4.2.4.1)的开始**词**(1)(4.1.1.2.12)或短语。

4.2.2.2.4

出版说明　colophon

在**卷**(2)(4.2.4.1)中、**题名页**(4.2.2.2.1)背面或书卷末尾的关于著者、**版权**(4.7.2.2.2)、制作和出版细节的综合说明。

4.2.2.2.5

特定文献类型标识　specific material designation

表示**出版物**(4.2.1.12)所属某种特定资料类别的**术语**(4.1.1.2.17)。

4.2.2.2.6

目次　table of contents

按出现的顺序,表示其起始**页**(4.2.4.27)或**列**(4.2.4.28)、**文献**(4.1.2.2)部分的标题和子标题的列表。

4.2.2.2.7

导言　preface

在**文献**(4.1.2.2)开始关于该作品的历史和目的的说明。

4.2.2.2.8

引言　introduction

在**文献**(4.1.2.2)开始,关于其背景、内容或结构之一般**信息**(1)(4.1.1.3.8)的**文本**(4.1.1.2.4)。

4.2.2.2.9

图　figure

为解释或完善**文本**(4.1.1.2.4)的**插图**(4.2.1.24)。

4.2.2.2.10

插图说明　caption

插图(4.2.1.24)所附的解释其表示主题的**文本**(4.1.1.2.4)。

4.2.2.2.11

注解　note

在**页**(4.2.4.27)末、**文献**(4.1.2.2)末或文献部分末,用以澄清或完善主要**文本**(4.1.1.2.4)**信息**(1)(4.1.1.3.8)的指示。

4.2.2.2.12

藏书票　bookplate

固定在**文献**(4.1.2.2)上表示其所有权的标签。

4.2.2.2.13

附录　appendix

位于**文献**(4.1.2.2)末尾,对主要**文本**(4.1.1.2.4)起补充的资料。

4.2.2.2.14

补编　addenda,pl

作为**附件**(4.2.4.31),用于完善或更正**文本**(4.1.1.2.4),且明确表明其作用的**文献**(4.1.2.2)的后续制作部分。

4.2.2.2.15

勘误表 errata,pl;corrigenda,pl

作为**附件**(4.2.4.31),用于列举**文本**(4.1.1.2.4)中的错误及其更正的**文献**(4.1.2.2)的后续印刷部分。

4.2.2.2.16

前页 preliminary pages;prelims,abbr.;front matter

出现在**文献**(4.1.2.2)起始的书页。

注:包含书籍第一页上的书名或篇章名、书名页、目次及序言等。

4.2.2.2.17

右页 recto (1)

卷(2)(4.2.4.1)的**右页**(4.2.4.27),通常带有奇数编号。

4.2.2.2.18

正面 recto (2)

叶(4.2.4.26)上应首先阅读的一面。

注:参见右页(4.2.2.2.17)。

4.2.2.2.19

页眉 header

页(4.2.4.27)顶端的标题。

4.2.2.2.20

页脚 footer;footline

页(4.2.4.27)底端的标题。

4.2.2.2.21

置标 markup;mark-up

虚拟**文献**(4.1.2.20)的**数据**(4.1.1.4.1)内容中用以帮助描述或处理的附加**信息**(2)(4.1.1.3.9)。

4.2.2.2.22

折叠插页 fold out;gatefold

插入在**文献**(4.1.2.2)**页**(4.2.4.27)之间的折叠的**纸张**(4.6.5.1)。

注:如果展开折页,该折叠插页上的文字或插图资料所占据的面积比文献中通常排版区域的面积要大。

4.2.3 按媒介划分的文献

4.2.3.1 手工制作的文献

4.2.3.1.1

手稿(1) manuscript (1)

手工书写或复制的**文献**(4.1.2.2)。

注:参见手稿(2)(4.2.3.1.3)。

4.2.3.1.2

打印稿 typescript

通过打字机或计算机制作的印刷**文献**(4.1.2.2)。

4.2.3.1.3

手稿(2) manuscript (2)

为出版成多个**复本**(2)(4.2.1.6)或**复本**(3)(4.2.1.17)而准备的**手稿**(1)(4.2.3.1.1)或**打印稿**(4.2.3.1.2)。

注:参见手稿(1)(4.2.3.1.1)。

4.2.3.1.4

卷(1)　roll (2)

由一张或多张羊皮纸或**纸张**(4.6.5.1)组成的、末端缝合并卷起来的**文献**(4.1.2.2)。

注：参见**名册 roll** (1)(4.2.2.1.34)。

4.2.3.1.5

素描　drawing

用实心矿物质或尖头工具制作的**图片**(4.2.1.23)。

4.2.3.1.6

描图　tracing (1)

通过在另一幅图上放置半透明的**纸张**(4.6.5.1)，并在其上选择**单元**(4.1.1.1.4)并绘制而获得的**图片**(4.2.1.23)。

注：参见**根查**(4.4.2.1.3.6)。

4.2.3.1.7

转印图　transfer (1)

通过直接接触将其颜料从一个表面移动到另一个表面所获得的**图片**(4.2.1.23)。

注：参见**移交**(4.4.1.2.4)。

4.2.3.1.8

拓片　rubbing

把**纸张**(4.6.5.1)放在凸起的、雕刻的或有纹理的物体表面、用颜料通过磨压而形成的**图片**(4.2.1.23)。

4.2.3.1.9

水彩画　watercolour

用墨、水彩颜料或水稀释的有颜色的**图片**(4.2.1.23)。

4.2.3.1.10

水粉画　wash drawing

用铅笔或油墨以及**水彩画**(4.2.3.1.9)涂层的**素描**(4.2.3.1.5)。

4.2.3.1.11

底稿　cartoon (1)

为**油画**(4.2.3.1.12)、镶嵌图案或装饰所作的，通常与完成作品是同样尺寸的预备性**素描**(4.2.3.1.5)。

4.2.3.1.12

油画　painting

用颜料制作的**图片**(4.2.1.23)。

4.2.3.1.13

单版画　monotype

通过施压制作**油画**(4.2.3.1.12)的**转印图**(4.2.3.1.7)而形成的唯一的**图片**(4.2.1.23)。

4.2.3.1.14

彩饰　miniature (1)

画在**手稿**(1)(4.2.3.1.1)或**卷**(2)(4.2.4.1)上的**图片**(4.2.1.23)。

注：参见**微型画**(4.2.3.1.15)。

4.2.3.1.15

微型画　miniature (2)

象牙或犊皮上高度细致的**图片**(4.2.1.23)。

注：通常是肖像画，高度很少超过 50 mm。

4.2.3.1.16

拼贴画　collage

由各种不同的材料组成的艺术对象(4.1.1.1.2)。

4.2.3.2　印刷文献

4.2.3.2.1

印刷品　print

转印到敏感材料的图像的复本(3)(4.2.1.17)。

4.2.3.2.2

印数;印次　impression

一种文献(4.1.2.2)一次印刷的所有复本(3)(4.2.1.17)。

注:来源于 BSI-DD 247:1998。

4.2.3.2.3

校样　proof

供校对用的印刷品(4.2.3.2.1)的试印样张。

4.2.3.2.4

凸版印刷品　relief print

对金属版、木版或滚筒的凸起区域上油墨印刷而形成的印刷品(4.2.3.2.1)。

4.2.3.2.5

凹版印刷品　intaglio print

对金属版或滚筒的下陷区域上油墨印刷而形成的印刷品(4.2.3.2.1)。

4.2.3.2.6

平版印刷品　lithograph (1)

由吸水的石头或者经特殊处理的金属或双金属板制作的印刷品(4.2.3.2.1),其印刷表面吸收油墨或排斥油墨的性质导致其上印刷油墨只附着在已经设计的图像区域上。

4.2.3.2.7

丝网印刷品　screen print

通过其印刷区域可渗透液体颜料的丝或合成薄纸而形成的印刷品(4.2.3.2.1)。

4.2.3.2.8

孔板印刷品　stencil print

从模板的孔中注入油墨或在其周围区域着墨,并将其各个部分用网连在一起而形成的印刷品(4.2.3.2.1)。

4.2.3.2.9

点阵印刷品　dot matrix print

通过按列(4.2.4.28)或行排列的打印单元(4.1.1.1.4)组成的打印头,在电子逻辑控制下形成点、呈现图形而制作出的印刷品(4.2.3.2.1)。

4.2.3.2.10

喷墨印刷品　ink jet print

使用按排版和其他图形指令的计算机辅助印刷设备,将油墨喷射到纸张(4.6.5.1)而制作出的印刷品(4.2.3.2.1)。

4.2.3.2.11

激光印刷品　laser print

根据排版和其他图形指令,计算机辅助印刷设备上的激光束将粉末喷到纸张(4.6.5.1)上而制作的印刷品(4.2.3.2.1)。

4.2.3.2.12

安全印刷品　security print

为防止假冒复制，通过图形过程或某种保密的制作方法而制作的**印刷品**(4.2.3.2.1)。

4.2.3.2.13

木版画　woodcut

沿木版纹理锯开，将非印刷区域切除以使要印刷的图像部分凸起而制作的**印刷品**(4.2.3.2.1)。

4.2.3.2.14

木雕印刷品　wood-engraving

沿木版纹理锯开，在非印刷区域雕刻以使要印刷的图像部分凸起而制作的**印刷品**(4.2.3.2.1)。

4.2.3.2.15

雕版印刷品(1)　engraving (1)

由任何种类的、用手工工具或机器雕刻或用酸蚀刻，以使印刷区域比非印刷区域低的凹版所制作的**印刷品**(4.2.3.2.1)。

注：参见**雕版印刷品**(4.2.3.2.18)。

4.2.3.2.16

铜雕版印刷品　copper engraving

由印刷区域被雕刻得比非印刷区域低的铜版或钢表面铜版所制作的**印刷品**(4.2.3.2.1)。

4.2.3.2.17

钢雕版印刷品　steel engraving

由印刷区域被雕刻得比非印刷区域低的钢版所制作的**印刷品**(4.2.3.2.1)。

4.2.3.2.18

雕版印刷品(2)　engraving (2)

由印刷区域雕刻得比非印刷区域低的金属版所制作的**印刷品**(4.2.3.2.1)。

4.2.3.2.19

蚀刻印刷品　etching

使用先涂以防酸底，后绘制设计图，然后用酸在不同程度上腐蚀，以使印刷区域比非印刷区域低的金属版制作的**印刷品**(4.2.3.2.1)。

4.2.3.2.20

凹版蚀刻印刷品　aquatint

先涂以树脂粉末或沥青，然后部分去除并额外撒上粉末形成设计图，然后用酸在不同程度上腐蚀而成的金属版制作的**印刷品**(4.2.3.2.1)。

4.2.3.2.21

石版印刷品　lithograph (2)

用平版印刷石将图像的设计图直接画在其上，或从特殊制备的**纸张**(4.6.5.1)形成的**转印图**(4.2.3.1.7)而制作的平版**印刷品**(4.2.3.2.1)。

注：参见**平版印刷品**(4.2.3.2.6)。

4.2.3.2.22

珂罗版印刷品　collotype print

在一个平板上涂以重铬酸盐凝胶，在反转的照相负片光线下曝光，每部分接收光线的程度按比例硬化，油墨根据其硬化程度的比例附着在表面上，从而印刷制作的**印刷品**(4.2.3.2.1)。

4.2.3.3　**摄影和其他光学文献**

4.2.3.3.1

照片　photograph;photo

通过电磁辐射作用，将直接的和持久的图像固定到感光表面上而获得的**图片**(4.2.1.23)。

注：辐射可以是光线、X射线等。

4.2.3.3.2

达盖尔银版照片　daguerreotype

涂银铜版上的正像照片(4.2.3.3.1)。

4.2.3.3.3

碳素印刷品　carbon print

通过负片曝光将碳素薄纸显影到纸张(4.6.5.1)或任何其他稳定支撑物的过程中转印成的印刷品(4.2.3.2.1)。

4.2.3.3.4

蛋白印刷品　albumen print

与银盐一起感光,且通过负片曝光的蛋白涂层(4.6.3.1)中获得的印刷品(4.2.3.2.1)。

4.2.3.3.5

幻灯条片　filmstrip;filmslip[US]

载有照片图像、用静止图片(4.2.1.23)投影的短电影(4.2.3.3.6)。

4.2.3.3.6

电影　cinematographic film;film;motion picture

记录在一条透明的材料上或记录在电子数据媒介(4.1.1.4.2)上,在屏幕上连续快速投影时,会产生自然和连续运动幻觉的一系列图片(4.2.1.23)。

4.2.3.3.7

复印件　photocopy

通过电磁辐射的作用制作在感光材料上或通过感光材料制作的硬复本(4.2.1.8)。

注:包含一些专利技术,如 Photostat 和 Xerox。

4.2.3.3.8

缩微品　microform

通常是胶卷或胶片的缩微影像文献(4.1.2.2)。

注:改编自 ISO 6196-1:1993。

4.2.3.3.9

缩微卡　microcard

将缩微影像以网格形式排列在不透明薄片上的缩微品(4.2.3.3.8)。

4.2.3.3.10

缩微胶卷　microfilm

条或卷形状的缩微品(4.2.3.3.8)。

注:来源于 ISO 6196-4:1998。

4.2.3.3.11

缩微平片　microfiche

载有一个或多个缩微影像,通常以网格模式排列,在顶端通栏有一个头标区域的矩形缩微品(4.2.3.3.8)。

注:来源于 ISO 6196-4:1998。

4.2.3.3.12

超级平片　ultrafiche

图像缩率高于 90 倍的缩微平片(4.2.3.3.11)。

4.2.3.3.13

全息图　hologram

由安排好的相干光束之间的干涉而产生的三维照片表示。

4.2.3.4 电磁和电子文献及其载体

4.2.3.4.1

盘 disc;disk [US]

信息(1)(4.1.1.3.8)或**信息**(2)(4.1.1.3.9)被压制或压缩在材料表面上,可以用特殊的设备将其恢复的,扁平的圆形**数据媒介**(4.1.1.4.2)。

4.2.3.4.2

唱片 gramophone record

通常用塑料制成的,声音以螺旋纹的形式被记录在其上,并可回放的**盘**(4.2.3.4.1)。

4.2.3.4.3

磁带 magnetic tape

通常用塑料制成、表面覆盖着可以记录**数据**(4.1.1.4.1)的磁化层的带子。

4.2.3.4.4

录像带 videotape

记录并回放**电影**(4.2.3.3.6)的**磁带**(4.2.3.4.3)。

4.2.3.4.5

磁盘 magnetic disc

表面覆盖着可以记录**数据**(4.1.1.4.1)的磁化层的扁平的**盘**(4.2.3.4.1)。

4.2.3.4.6

软磁盘 diskette;floppy disc

用柔软材料制成的、标准尺寸的,用于**存储**(1)(4.4.3.1.1.1)计算机制作的数字**数据**(4.1.1.4.1)的便携式**磁盘**(4.2.3.4.5)。

4.2.3.4.7

光盘 optical disc

通过激光扫描仪记录、回放或检索**数据**(4.1.1.4.1)的**盘**(4.2.3.4.1)。

4.2.3.4.8

密致光盘 compact disc;CD

小型**光盘**(4.2.3.4.7)。

注:通常**密致光盘**的直径为11.989 cm(4.72 in)。

4.2.3.4.9

数字视频光盘 DVD

标准尺寸的、圆盘形的大容量视频储存媒体。

注:DVD是digital versatile disk的缩写。

4.2.3.4.10

只读光盘 CD-ROM

只能阅读的**致密光盘**(4.2.3.4.8)。

注:CD-ROM是compact disc read-only memory的缩写。

4.2.3.4.11

文件(2) file (2)

储存在一起并作为一个单元处理的**记录**(1)(4.1.1.3.11)的**集合**(4.1.1.1.3)。

4.2.3.4.12

屏幕图像 screen image

模拟或数字**数据**(4.1.1.4.1)在显示器上或在其他适合的仪器上的图形表示。

4.2.4 按状态划分的文献

4.2.4.1

卷(2) **volume**

通过**装订**(1)(4.6.8.1)维系在一起形成一个物理单位的一摞**叶**(4.2.4.26)。

注：参见**图书**(4.2.1.13)。

4.2.4.2

单行出版物 **monograph;monographic publication**

一个完整的**卷**(2)(4.2.4.1)或者其完整的有限部分的**出版物**(4.2.1.12),可以是印刷型或非印刷型。

4.2.4.3

小册子 **pamphlet**

少于48**页**(4.2.4.27)的**单行出版物**(4.2.4.2)。

4.2.4.4

版本(1) **edition**

具有共同特性的同一**印次**(4.2.3.2.2)的所有**复本**(3)(4.2.1.17)。

注：这样的特性可以是格式、修订等。

4.2.4.5

版本(2) **version**

与**版本**(1)(4.2.4.4)相关可以表示其主要的和次要的变化,但不一定是新的版本,例如版次。

注：参见**版本**(1)(4.2.4.4)。

4.2.4.6

再版 **re-edition**

由于**出版物**(4.2.1.12)的内容变动或版面设计变动而与前一版不同的版本,要求有新的国际标准书号。

4.2.4.7

章 **chapter**

总体上自成一体,但内容与其前后部分相关,有编号或有标题的**文献**(4.1.2.2)的一部分。

4.2.4.8

连续出版物 **serial;serial publication**

以连续的各个部分发行的、通常具有数字或年代标识的、计划无限期继续下去的,周期可长可短的印刷型或非印刷型的**出版物**(4.2.1.12)。

4.2.4.9

定期刊物 **periodical**

通常以**出版物**(4.2.1.12)内和各期之间内容和著者不同为特征的,以一定的周期出版的**连续出版物**(4.2.4.8)。

注：来源于BSI-DD 247:1998。

4.2.4.10

丛编 **series (1)**

由一组无论是否编号的**卷**(2)(4.2.4.1)组成,每卷有其**题名**(4.4.2.1.4.1),在一个**共同题名**(4.4.2.1.4.10)下组织起来,并以不定的周期出版。

注：参见**系列**(4.4.3.1.1.17)。

4.2.4.11

主丛编 **main series**

包含一种或多种**分丛编**(4.2.4.12)的**丛编**(4.2.4.10)。

4.2.4.12

分丛编 subseries (1)

作为**主丛编**(4.2.4.11)的部分出现的**丛编**(4.2.4.10),不一定有从属于**主丛编题名**(4.4.2.1.4.1)的题名和编号。

注1:参见**共同题名**(4.4.2.1.4.10)、**从属题名**(4.4.2.1.4.14)。

注2:参见**分系列**(4.4.3.1.1.18)。

4.2.4.13

期刊 journal

面向特定主题或专业读者的**连续出版物**(4.2.4.8)。

注:参见**日志**(4.2.2.1.12)。

4.2.4.14

快报 newsletter

由机构发行的提供其活动范围内当前**信息**(1)(4.1.1.3.8)的**连续出版物**(4.2.4.8)。

4.2.4.15

报纸 newspaper

以频繁的周期发行、提供关于当前事件最新**信息**(1)(4.1.1.3.8)并通常附有评论的**连续出版物**(4.2.4.8)。

4.2.4.16

栏目 column (1)

连续出版物(4.2.4.8)中定期出现的相关**文章**(4.2.4.29)的专题。

4.2.4.17

短期文献 ephemera, pl

为特定事件或系列事件制作、在一定时间后或在另一个场合不能发挥其原有作用的**文献**(4.1.2.2)。

4.2.4.18

短期小册子 brochure

短期性的**小册子**(4.2.4.3)。

4.2.4.19

单页出版物 simple type

在单张或多张纸或其他材料上的一面或两面印刷的单独出版的资料,通常要展开阅读,可以折页式发行。

注:参见**单面印刷品**(4.2.3.2.1)。

4.2.4.20

招贴 poster

用于在平坦表面展示的单面**印刷品**(4.2.3.2.1)。

4.2.4.21

连环画 cartoon (2)

形成一个故事,通常附有简短**文本**(4.1.1.2.4)的**图片**(4.2.1.23)。

注:参见**底稿**(4.2.3.1.11)。

4.2.4.22

明信片 postcard

通过邮局传送、经常在一面有**图片**(4.2.1.23)的卡片。

4.2.4.23

单张乐谱 sheet music

没有**封面**(4.6.8.11)的印刷乐谱，不管其是否印刷在单张上。

注：来源于 BSI-DD 247:1998。

4.2.4.24

摇篮本 incunabulum

1501 年 1 月 1 日以前在欧洲用活字印刷的**卷**(2)(4.2.4.1)。

注：摇篮本印刷者的名称可以从印刷用的活字推断出来。

4.2.4.25

抽印本 offprint

出版物(4.2.1.12)的一部分，用其排版图像制作并可单独获得的**文献**(4.1.2.2)。

4.2.4.26

叶 leaf

已在其上记录或可在其上记录**信息**(1)(4.1.1.3.8)的**纸张**(4.6.5.1)或类似的薄材料。

4.2.4.27

页 page

叶(4.2.4.26)的一面。

注：来源于 BSI-DD 247:1998。

4.2.4.28

列 column (2)

页(4.2.4.27)的垂直分割。

注 1：改编自 BSI-DD 247:1998。

注 2：参见**栏目**(4.2.4.16)。

4.2.4.29

文章 article

形成**出版物**(4.2.1.12)一部分的独立**文本**(4.1.1.2.4)。

4.2.4.30

封皮 binding (1);**book binding**

附加在**书芯**(4.6.8.2)一边缘的**封面**(4.6.8.11)。

注：参见**装订**(1)(4.6.8.1)。

4.2.4.31

附件 accompanying material

主体部分所附带的旨在与主体部分一起使用的资料。

4.3 文献机构及其馆藏

4.3.1 一般术语

4.3.1.1

档案 archives (1),pl

机构、组织或个人在社会活动中直接形成的有价值的各种形式的历史**记录**(2)(4.2.2.1.8)。

注：参见**档案馆**(4.3.1.2)。

4.3.1.2

档案馆 archives (2),pl

负责**档案**(4.3.1.1)的选择、**采访**(4.4.1.2.1)、**保存**(4.6.1.1)和**获得**(4.5.6.6)的专门机构。

注：参见**档案**(4.3.1.1)。

4.3.1.3

图书馆(1)　library (1)

为确定的**目标人群**(4.5.1.4)**利用**(4.6.1.23)而选择并拥有的有组织的**文献**(4.1.2.2)**收藏**(4.3.1.7)。

注：参见图书馆(2)(4.3.1.4)。

4.3.1.4

图书馆(2)　library (2)

通过员工**服务**(4.5.5.1)使**图书馆**(1)(4.3.1.3)得到发展、维护和利用的机构或机构的一部分。

注：参见图书馆(1)(4.3.1.3)。

4.3.1.5

博物馆(1)　museum (1)

具有文化或科学意义、为有计划地展示而永久储存的人工制品和自然物品的有组织的**收藏**(4.3.1.7)。

注：参见博物馆(2)(4.3.1.6)。

4.3.1.6

博物馆(2)　museum (2)

负责收集、保存和展示**博物馆**(1)(4.3.1.5)**文献**(4.1.2.2)的机构或机构的一部分。

注：参见博物馆(1)(4.3.1.5)。

4.3.1.7

收藏　collection (2)

不考虑其**出处**(4.4.1.1.10)、以某种共同特征为基础汇集起来的**文献**(4.1.2.2)的聚集。

注1：参见集(4.2.2.1.5)、手稿集(4.3.1.12)。

注2：在档案中也称收集。

4.3.1.8

全面收藏　comprehensive collection

一个特定**主题领域**(1)(4.1.1.1.7)、时间或**出处**(4.4.1.1.10)的完整性的**收藏**(4.3.1.7)。

4.3.1.9

保密收藏　classified collection

限制存取记录(4.7.3.5.4)的**收藏**(4.3.1.7)。

4.3.1.10

专藏　special collection

根据形式、类型、主题、时期或地理区域而编辑的、分开管理的**收藏**(4.3.1.7)部分。

4.3.1.11

参考特藏　reference collection;on-site collection

方便**存取**(4.1.1.3.13)并通常不能**外借**(4.5.4.3)的、主要是**工具书**(4.2.2.1.15)和其他经常需要的**文献**(4.1.2.2)的**收藏**(4.3.1.7)或部分**收藏**(4.3.1.7)。

4.3.1.12

手稿集　collection (3)

一个**手稿**(1)(4.2.3.1.1)库的全部**馆藏**(4.3.1.13)。

4.3.1.13

馆藏　holdings

信息(1)(4.1.1.3.8)和**文献工作**(4.1.2.1)机构所**保管**(4.6.1.2)**文献**(4.1.2.2)的总和。

4.3.1.14

馆藏记录　holdings record

在某编目系统中，用于**著录**(4.4.2.1.1.1)、分析和控制同一书目记录**馆藏**(4.3.1.13)的记录。

4.3.1.15

馆藏说明 holdings statement

一个特定书目单元(4.4.2.1.1.11)或资源的具体位置的记录,有时也包括该处收藏的数量说明。

注:在本标准中,馆藏说明只反映现馆藏而不反映已被注销的或准备要收藏的书目条目。

4.3.1.16

基本收藏 basic collection;basic level collection;back stock

提供一个或多个主题领域(1)(4.1.1.1.7)基本知识(4.1.1.3.16)的收藏(4.3.1.7)。

4.3.1.17

保存收藏 reserve collection (1);off-site collection;storage collection

因为不经常利用(4.6.1.23)而分开储存的部分收藏(4.3.1.7)。

注:参见收藏(4.3.1.7)。

4.3.1.18

数字馆藏 digital collection

信息(1)(4.1.1.3.8)和文献工作(4.1.2.1)机构馆藏(4.3.1.13)中所有以数字形式存在的资源。

注:数字馆藏包括数据库(4.1.1.4.11)、数字文献(4.2.1.21)和计算机文档等。

4.3.1.19

展览 exhibition

按顺序组织的艺术、历史、科学或技术文献(4.1.2.2)的汇集,使参观者接受教育或得到美学欣赏。

4.3.1.20

画廊 gallery

展示油画(4.2.3.1.12)、雕塑和其他艺术作品的场所。

4.3.1.21

信息中心 information centre

提供信息服务的机构。

4.3.1.22

文献中心 documentation centre

履行文献工作(4.1.2.1)职能的组织。

4.3.1.23

印刷所 printing house

以印刷为主要业务工作的机构。

4.3.1.24

信息交换中心 clearing-house

负责提供制作或汇集文献(4.1.2.2)的服务点。

4.3.2 图书馆

4.3.2.1

综合图书馆 general library

原则上覆盖所有主题领域(1)(4.1.1.1.7)的图书馆(1)(4.3.1.3)或图书馆(2)(4.3.1.4)。

4.3.2.2

国家图书馆 national library

具有获得并保存一个国家出版物(4.2.1.12)复本(1)(4.2.1.5)责任的图书馆(2)(4.3.1.4)。

4.3.2.3

版本图书馆 copyright library

根据正式法令,在指定图书馆(2)(4.3.1.4)中储存(4.4.1.2.8)的一个国家的法定呈缴(4.4.1.2.7)图书馆(2) (4.3.1.4)。

4.3.2.4

专业图书馆 special library

覆盖一个学科或特定**主题领域**(1)(4.1.1.1.7),或者满足特定**用户群**(4.5.1.9)需求的**图书馆**(1)(4.3.1.3)或**图书馆**(2)(4.3.1.4)。

注:同样的基本定义还适用于其他类型图书馆的名称,例如“医学图书馆”或“儿童图书馆”。

4.3.2.5

专题图书馆 main subject library

在全国范围内专门负责一个特定**主题领域**(1)(4.1.1.1.7)内**文献**(4.1.2.2)的**图书馆**(2)(4.3.1.4)。

4.3.2.6

研究图书馆 research library

可以在一个特定**主题领域**(1)(4.1.1.1.7)内进行全面调查研究的**图书馆**(1)(4.3.1.3)或**图书馆**(2)(4.3.1.4)。

4.3.2.7

中心图书馆(1) central library (1)

在一个地区或机构内向其他**图书馆**(2)(4.3.1.4)提供指定**服务**(4.5.5.1)的**图书馆**(2)(4.3.1.4)。

注:参见**中心图书馆**(2)(4.3.2.8)。

4.3.2.8

中心图书馆(2) central library (2);main library

安置主要的管理资源和通常是最大且最重要**馆藏**(4.3.1.13)的**图书馆**(2)(4.3.1.4)部分。

注:参见**中心图书馆**(1)(4.3.2.7)。

4.3.2.9

分馆 branch library

中心图书馆(2)(4.3.2.8)以外的**图书馆**(2)(4.3.1.4)部分。

4.3.2.10

储存图书馆 deposit library

专门用于储存**文献**(4.1.2.2)的**图书馆**(2)(4.3.1.4)。

4.3.2.11

参考图书馆 reference library

仅供在一个**图书馆**(2)(4.3.1.4)的建筑内**利用**(4.6.1.23)的**图书馆**(1)(4.3.1.3)。

4.3.2.12

学校图书馆 school library

附属于高等教育水平以下的各类学校的图书馆,主要功能是为校内的学生和老师提供服务。

注1:学校图书馆也可能为普通大众服务。

注2:包括高等教育水平以下的所有教育机构的图书馆和资源收藏,这些机构可能被称之为“学院”、“继续教育学院”和“职业学院”。

4.3.2.13

保留收藏 reserve collection (2);reserve books collection

就一个指定主题,为某个事件并主要为该事件参与者短期**利用**(4.6.1.23)而编辑的**参考特藏**(4.3.1.11)。

注:参见**保存收藏**(4.3.1.17)。

4.3.2.14

外借收藏 loan collection

可以**外借**(4.5.4.3)的**文献**(4.1.2.2)的**收藏**(4.3.1.7)。

4.3.2.15

短期外借收藏　short loan collection

通常有多个**复本**(3)(4.2.1.17)、为学生在一个有限的时间段内**利用**(4.6.1.23)的教科书或类似教科书的基本**出版物**(4.2.1.12)的**外借收藏**(4.3.2.14)。

4.3.2.16

公共图书馆　public library

为公众服务的**综合图书馆**(4.3.2.1)。

注：同样的基本定义适用于用其他类型图书馆的名称，例如"城市图书馆"(city library)、"市立图书馆"(municipal library)等。

4.3.2.17

流动图书馆　mobile library

使用特殊装备和设施的交通工具，直接向用户提供**文献**(4.1.2.2)的**图书馆**(2)(4.3.1.4)。

4.3.2.18

巡回图书馆　travelling library

根据预先确定的日程，将**收藏**(4.3.1.7)放置在一个**服务**(4.5.5.1)点、然后再运至另一个服务点的**图书馆**(2)(4.3.1.4)。

4.3.2.19

私立图书馆　private library

个人或团体拥有的**图书馆**(1)(4.3.1.3)或**图书馆**(2)(4.3.1.4)。

4.3.2.20

学术图书馆　academic library

高等教育机构或研究机构建立并管理的**图书馆**(2)(4.3.1.4)。

注：同样的定义适用于其他类型高等教育机构的名称，例如学院图书馆、系图书馆等。

4.3.2.21

行政机关图书馆　administrative library

政府机构内部主要供员工**利用**(4.6.1.23)的**图书馆**(1)(4.3.1.3)或**图书馆**(2)(4.3.1.4)。

4.3.2.22

善本图书馆　rare book library; rare book collection

主要由年代久远或稀有的**图书**(4.1.3.13)组成的**图书馆**(1)(4.3.1.3)。

4.3.2.23

艺术图书馆　art library

由原创艺术和**复制件**(4.2.1.3)以及相关文献组成的**收藏**(4.3.1.7)。

4.3.3　档案馆

4.3.3.1

国家档案　national archives

主要源自国家的中央政府的中央**档案**(4.3.1.1)。

4.3.3.2

地区档案　regional archives

主要源自政府的中间层的**档案**(4.3.1.1)。

4.3.3.3

地方档案　local archives

主要源自城市或其他地方政府当局的**档案**(4.3.1.1)。

4.3.3.4

部门档案 departmental archives

政府部门、行政机构或组织的档案(4.3.1.1)。

4.3.3.5

综合档案馆 comprehensive archives

按照行政区划或历史时期设置的,管理规定范围内多种门类档案(4.3.1.1)的档案馆(4.3.1.2)。

4.3.3.6

专业档案馆 specialized archives

管理特定范围专业档案(4.3.1.1)的档案馆(4.3.1.2)。

4.3.3.7

部门档案馆 departmental archives

管理本部门及其直属机构档案(4.3.1.1)的档案馆(4.3.1.2)。

4.3.3.8

企业档案馆 business archives

企业设置的管理本企业档案(4.3.1.1)的档案馆(4.3.1.2)。

4.3.3.9

文件中心 records centre

介于文件形成机构和档案馆(4.3.1.2)之间的中间性或过渡性文件管理机构。

4.3.3.10

现行记录 current records

机构或组织当前业务经常要使用的记录(1)(4.1.1.3.11)。

4.3.3.11

半现行记录 semicurrent records

在当前业务中不经常需要的记录(1)(4.1.1.3.11)。

4.3.3.12

非现行记录 noncurrent records

在业务上不再需要的记录(1)(4.1.1.3.11)。

4.3.3.13

公共记录(1) public records (1)

政府机构在行使公共事务的过程中创建或接受并且积累的记录(1)(4.1.1.3.11)或档案(4.3.1.1)。

注:参见公共记录(2)(4.7.1.1)。

4.3.3.14

私人档案 private archives,pl

私人或私人组织在社会活动中形成的为私人所有的档案(4.3.1.1)。

4.3.3.15

登记处 registry

机构中负责现行记录(4.3.3.10)的创建和控制的部门。

4.3.4 博物馆

4.3.4.1

综合博物馆 general museum

原则上覆盖所有领域知识(4.1.1.3.16)的博物馆(1)(4.3.1.5)或博物馆(2)(4.3.1.6)。

4.3.4.2

国家博物馆　national museum

在一个国家负责获取和保护重要**博物馆**(1)(4.3.1.5)**文献**(4.1.2.2)的**博物馆**(2)(4.3.1.6)。

4.3.4.3

专业博物馆　specialized museum

一个主题的所有方面都得以表现或者满足一个特定群体需求的**博物馆**(1)(4.3.1.5)或**博物馆**(2)(4.3.1.6)。

注：同样的基本定义还适用于使用其他类型机构名称的术语，例如海洋博物馆、儿童博物馆等。

4.3.4.4

省博物馆　provincial museum

为一个省或相当行政单位服务并且负责获取和保存对于该省重要的**博物馆**(1)(4.3.1.5)**文献**(4.1.2.2)的**综合博物馆**(4.3.4.1)。

4.3.4.5

地区博物馆　regional museum

为一个特定地区服务并且负责获取和保存对于该地区重要的**博物馆**(1)(4.3.1.5)**文献**(4.1.2.2)的**综合博物馆**(4.3.4.1)。

4.3.4.6

城市博物馆　city museum; municipal museum

为一个地方社区服务并且负责获取和保存对于该社区重要的**博物馆**(1)(4.3.1.5)**文献**(4.1.2.2)的**综合博物馆**(4.3.4.1)。

4.3.4.7

私立博物馆　private museum

个人或团体所有的**博物馆**(1)(4.3.1.5)或**博物馆**(2)(4.3.1.6)。

4.3.4.8

大学博物馆　university museum

由大学建立并管理的**博物馆**(2)(4.3.1.6)。

注：同样的定义还适用于使用其他类型高等教育机构名称的术语，例如学院博物馆、研究院博物馆等。

4.3.4.9

艺术博物馆　art museum; art gallery

包含艺术原作和**复制件**(4.2.1.3)的**博物馆**(1)(4.3.1.5)或**博物馆**(2)(4.3.1.6)。

4.3.4.10

露天博物馆　open air museum

其**收藏**(4.3.1.7)是在一个确定地理区域内的户外发展起来的**博物馆**(1)(4.3.1.5)或**博物馆**(2)(4.3.1.6)。

注：露天博物馆可以展示作为其**收藏**(4.3.1.7)部分的建筑的部分和建筑内的其他人工制品。

4.3.4.11

工业博物馆　industrial museum; factory museum

其主要**博物馆**(1)(4.3.1.5)**文献**(4.1.2.2)就是工厂及其完整装置和设备的**博物馆**(1)(4.3.1.5)或**博物馆**(2)(4.3.1.6)。

4.4　文献工作过程

4.4.1　藏书规划、发展和采访

4.4.1.1　藏书规划和发展

4.4.1.1.1

藏书建设　collection development

包括**收藏**(4.3.1.7)的规划、建立、发展和维护的**信息**(1)(4.1.1.3.8)和**文献工作**(4.1.2.1)组织的

应用领域。

4.4.1.1.2

收藏政策　collection policy

一个**信息**(1)(4.1.1.3.8)和**文献工作**(4.1.2.1)组织对其**藏书建设**(4.4.1.1.1)所配置资源的有效使用所应遵循的策略。

4.4.1.1.3

藏书管理　collection management

收藏政策(4.4.1.1.2)的实施所需要的运行规划和执行。

4.4.1.1.4

主题范围　subject scope

收藏政策(4.4.1.1.2)中所包括的**主题领域**(1)(4.1.1.1.7)的范围。

4.4.1.1.5

收藏宽度　collection breadth

收藏(4.3.1.7)与其**主题范围**(4.4.1.1.4)相关的完整度。

4.4.1.1.6

收藏深度　collection depth

收藏(4.3.1.7)在其所覆盖的每一个**主题领域**(1)(4.1.1.1.7)内的完整度。

4.4.1.1.7

收藏新度　collection currency

一个**收藏**(4.3.1.7)中**文献**(4.1.2.2)反映最新**知识**(4.1.1.3.16)的程度。

4.4.1.1.8

覆盖面　coverage

收藏(4.3.1.7)在**收藏宽度**(4.4.1.1.5)、**收藏深度**(4.4.1.1.6)和**收藏新度**(4.4.1.1.7)方面的完整程度。

4.4.1.1.9

覆盖率　coverage ratio

在一个给定的**主题领域**(1)(4.1.1.1.7)内,与估计的**文献**(4.1.2.2)总体相关的**收藏深度**(4.4.1.1.6)的度量。

4.4.1.1.10

出处　provenance

创建、积累、维护和使用过**记录**(2)(4.2.2.1.8)的机构或个人。

4.4.1.1.11

评估(2)　appraisal

确定**记录**(2)(4.2.2.1.8)的价值并决定其**处置**(4.4.1.1.24)的过程。

4.4.1.1.12

第一价值　primary value

记录(2)(4.2.2.1.8)或**档案**(4.3.1.1)的内容以及形成这些内容的延续性业务所具有的价值。

4.4.1.1.13

管理价值　administrative value

对于行使管理工作而言的**记录**(2)(4.2.2.1.8)和**档案**(4.3.1.1)的**第一价值**(4.4.1.1.12)。

4.4.1.1.14

财政价值　fiscal value;financial value

对于行使财务或财政工作或者其证据而言的**记录**(2)(4.2.2.1.8)和**档案**(4.3.1.1)的**第一价值**

(4.4.1.1.12)。

4.4.1.1.15

法律价值　legal value

对于行使法律工作或作为法律证据的**记录**(2)(4.2.2.1.8)和**档案**(4.3.1.1)的**第一价值**(4.4.1.1.12)。

4.4.1.1.16

第二价值　secondary value;archival value

记录(2)(4.2.2.1.8)或**档案**(4.3.1.1)的内容对于其创建者以外的个人或组织所具有的价值。

注：在档案中也称档案价值。

4.4.1.1.17

证据价值　evidential value

为提供创建者的来源、职能和活动的证据的**记录**(2)(4.2.2.1.8)和**档案**(4.3.1.1)的**第二价值**(4.4.1.1.16)。

4.4.1.1.18

信息价值　informational value

对于源自其包含之信息的参考和研究的**记录**(2)(4.2.2.1.8)和**档案**(4.3.1.1)的**第二价值**(4.4.1.1.16)。

4.4.1.1.19

内在价值　intrinsic value

文献(4.1.2.2)除了作为**信息**(1)(4.1.1.3.8)源以外的内在价值。

注：这样的价值可以源自年代、使用率、创建的环境、签名或附带的印章。

4.4.1.1.20

记录调查　records survey

一个组织为了规划记录管理、档案业务和活动而收集关于**记录**(2)(4.2.2.1.8)的基本**信息**(1)(4.1.1.3.8)的过程。

4.4.1.1.21

记录明细表　records schedule;disposal schedule;retention schedule

描述一个组织建立**保留期**(4.4.1.1.23)并提供其**处置**(4.4.1.1.24)授权的**记录**(2)(4.2.2.1.8)的**文献**(4.1.2.2)。

4.4.1.1.22

一般记录明细表　general records schedule;general schedule;common records schedule

管理一个组织若干或所有部门或行政单位指定的**记录**(2)(4.2.2.1.8)**系列**(4.4.3.1.1.17)的**记录明细表**(4.4.1.1.21)。

4.4.1.1.23

保留期　retention period

记录(2)(4.2.2.1.8)未转移到**信息**(4.1.1.3.8)和**文献**(4.1.2.2)组织或其他处理机构的时期。

4.4.1.1.24

处置　disposal;disposition

在**评估**(2)(4.4.1.1.11)和**保留期**(4.4.1.1.23)截止以后针对**记录**(2)(4.2.2.1.8)的操作。

注：包括销毁或者转移到**档案**(4.3.1.1)中等操作。

4.4.1.1.25

抽样　sampling

从**记录**(2)(4.2.2.1.8)的主体中选取代表整体的项目。

4.4.1.1.26

临时记录　temporary record

被评估为缺少**第二价值**(4.4.1.1.16)并且被批准立即或在**保留期**(4.4.1.1.23)后**处置**(4.4.1.1.24)

的记录(2)(4.2.2.1.8)。

4.4.1.1.27

冻结记录　frozen record

因为特殊情况需要临时延长指定**保留期**(4.4.1.1.23),不能根据**记录明细表**(4.4.1.1.21)销毁的**临时记录**(4.4.1.1.26)。

注:这样的特殊情况可以是法院命令。

4.4.1.2　采访

4.4.1.2.1

采访　acquisition

建立、扩大或更新一个**信息**(1)(4.1.1.3.8)和**文献工作**(4.1.2.1)机构**馆藏**(4.3.1.13)的业务。

注:在档案中也称**收集**或**征集**。

4.4.1.2.2

新增文献　accession

增加到一个**信息**(1)(4.1.1.3.8)和**文献工作**(4.1.2.1)机构**馆藏**(4.3.1.13)中的**文献**(4.1.2.2)或一组文献。

4.4.1.2.3

增量　accrual

一个**档案馆**(4.3.1.2)收藏**系列**(4.4.3.1.1.17)中的**新增文献**(4.4.1.2.2)。

4.4.1.2.4

移交　transfer (2)

记录(2)(4.2.2.1.8)和**档案**(4.3.1.1)交给接收方保存的过程。

注:参见**转印图**(4.2.3.1.7)。

4.4.1.2.5

积累　accumulation

在各种事件的实施中,创建**记录**(2)(4.2.2.1.8)和**档案**(4.3.1.1)的过程或其结果。

4.4.1.2.6

发订前检索　pre-order search

为了避免重复**采访**(4.4.1.2.1)**文献**(4.1.2.2)的查重过程。

4.4.1.2.7

法定呈缴　legal deposit; copyright deposit

根据法律,**文献**(4.1.2.2)被加入**版本图书馆**(4.3.2.3)**馆藏**(4.3.1.13)的过程或按此呈缴的文献。

4.4.1.2.8

委托保管　deposit

不改变所有权或法律权利,将**文献**(4.1.2.2)**移交**(4.4.1.2.4)给一个**信息**(1)(4.1.1.3.8)和**文献工作**(4.1.2.1)机构。

注:在档案中也称寄存。

4.4.1.2.9

交换　exchange

通过物物交换或实物偿付的形式进行的**采访**(4.4.1.2.1)。

4.4.1.2.10

捐赠　donation; gift

无偿赠送、改变所有权和法律权利的**采访**(4.4.1.2.1)。

4.4.1.2.11

请求(1) **request (1)**

通过**交换**(4.4.1.2.9)、**捐赠**(4.4.1.2.10)或**储存**(4.4.1.2.8)而获得**文献**(4.1.2.2)的过程。

4.4.1.2.12

特需文献 **desiderata**,pl

一个**信息**(1)(4.1.1.3.8)和**文献工作**(4.1.2.1)机构根据一个特定用户的**请求**(2)(4.5.1.13)而寻求的**文献**(4.1.2.2)。

4.4.1.2.13

采访号 **acquisition number**

一个**信息**(1)(4.1.1.3.8)和**文献工作**(4.1.2.1)机构为了标识订单上的一种**文献**(4.1.2.2)或一组文献而分配的唯一号码。

4.4.1.2.14

核对 **collating**

确认一种**文献**(4.1.2.2)完整并且没有制作错误的过程。

4.4.1.2.15

确认 **authentication**

证实一种**文献**(4.1.2.2)的价值的操作。

4.4.1.2.16

入藏 **accessioning**

将**新增文献**(4.4.1.2.2)组织到**收藏**(4.3.1.7)的**馆藏**(4.3.1.13)中的作业。

4.4.1.2.17

入藏登记 **accession register;accession record**

按接收日期的**顺序**(4.1.1.1.8)排列的所有**新增文献**(4.4.1.2.2)的登记。

注:在某些情况下,这一顺序可以是字母顺序。

4.4.1.2.18

新增文献目录 **accession list**

信息(1)(4.1.1.3.8)和**文献工作**(4.1.2.1)机构新近增加的**馆藏**(4.3.1.13)**文献**(4.1.2.2)目录。

4.4.1.2.19

移交列表 **transfer list**

在一次**移交**(4.4.1.2.4)中所包括的**记录**(2)(4.2.2.1.8)或**档案**(4.3.1.1)的列表。

4.4.1.2.20

入藏号 **accession number**

在**入藏登记**(4.4.1.2.17)中为永久标识一种**文献**(4.1.2.2)或一组文献所分配的唯一号码或**代码**(2)(4.1.1.4.7)。

4.4.1.2.21

盖印章 **stamping**

在一种**文献**(4.1.2.2)或其**叶**(4.2.4.26)上盖标识性**印章**(4.2.1.1.36),以表示它是一个机构或个人的财产或者在该机构或个人的法律**保管**(4.6.1.2)下。

4.4.1.2.22

架上生命期 **shelf life (1)**

一个**信息**(1)(4.1.1.3.8)和**文献工作**(4.1.2.1)机构应该将**文献**(4.1.2.2)提供公开获取的理想时间段。

注:参见**在架生命期**(4.5.6.8)、**生命期**(4.6.1.19)。

4.4.1.2.23

剔除(1)　weeding

根据预先确定的标准从**收藏**(4.3.1.7)或**积累**(4.4.1.2.5)中去除个别**文献**(4.1.2.2)的作业。

注：该标准可以是缺少**第二价值**(4.4.1.1.16)，缺少当前性，或者因为物理状态等。

4.4.1.2.24

重复本　duplicate

文献(4.1.2.2)在**收藏**(4.3.1.7)中的**复本**(2)(4.2.1.6)。

4.4.1.2.25

附加复本　added copy

一个**收藏**(4.3.1.7)在特藏中为获取和保留之目的的**重复本**(4.4.1.2.24)。

4.4.1.2.26

续订记录　continuation record

根据长期订单接收的、部分发行的所有**文献**(4.1.2.2)的列表。

4.4.1.2.27

重新评估　reappraisal

为**档案馆**(4.3.1.2)是否应新增**馆藏**(4.3.1.13)而进行的重新评价。

4.4.1.2.28

剔除(2)　de-accessioning

从**收藏**(4.3.1.7)或**积累**(4.4.1.2.5)中去除**文献**(4.1.2.2)。

4.4.1.2.29

让渡　alienation

将**记录**(2)(4.2.2.1.8)或**档案馆**(4.3.1.2)的**保管**(4.6.1.2)权从其保管人或所有人**移交**(4.4.1.2.4)给没有法律授权的人或是放弃。

4.4.1.2.30

剔除登记　de-accession register;discards regiseter

从**收藏**(4.3.1.7)或**积累**(4.4.1.2.5)中去除**文献**(4.1.2.2)的**记录**(4.2.2.1.8)。

4.4.1.2.31

转移档案　removed archives;migrated archives

不再正式**保管**(4.6.1.2)或从其最初积累的国家移交的**档案**(4.3.1.1)。

4.4.1.2.32

收回　withdrawal

文献(4.1.2.2)从**档案馆**(4.3.1.2)的物理和法律的**保管**(4.6.1.2)返回到来源办公室或其继任者，如是**储存**(4.4.1.2.8)则返回到原所有者。

4.4.2　分析、表示和内容描述

4.4.2.1　形式表示

4.4.2.1.1　著录和编目

4.4.2.1.1.1

著录　description (1);document description

为保证**文献**(4.1.2.2)的标识和控制，对文献上的**数据**(4.1.1.4.1)进行捕捉、分析、组织和记录的操作或其结果。

注：参见**描述**(4.7.2.3.4.2)。

4.4.2.1.1.2

书目著录　bibliographic description

根据既定的规则，取自于**文献**(4.1.2.2)内特定的信息源转录的**书目单位**(4.4.2.1.1.10)**数据**

(4.1.1.4.1)的著录(4.4.2.1.1.1)。

4.4.2.1.1.3

书目条目　bibliographic item

形成基本书目著录(4.4.2.1.1.2)的一个或一组书目单元。

4.4.2.1.1.4

书目资源　bibliographic resource

形成单一资源著录(4.4.2.1.1.1)基础的连续或非连续的实体。

4.4.2.1.1.5

编目　cataloguing;cataloging [US]

按照一定的规则进行著录(4.4.2.1.1.1),组织成目录(4.4.3.2.1.5)并进行维护的过程。

4.4.2.1.1.6

在版编目　cataloguing in publication;CIP

出版者(4.1.3.13)或书目机构在发布文献(4.1.2.2)时或之前准备的著录(4.4.2.1.1.1)。

注:CIP 可以包括主题标目、索引词、分类号。

4.4.2.1.1.7

共享编目　shared cataloguing

两个或更多的信息(1)(4.1.1.3.8)和文献工作(4.1.2.1)组织为了避免重复工作所做的编目(4.4.2.1.1.5)。

4.4.2.1.1.8

集中编目　centralized cataloguing

由一个指定的书目机构或图书馆(2)(4.3.1.4)所做的编目(4.4.2.1.1.5)。

4.4.2.1.1.9

描述单位　unit of description

作为一个实体处理的文献(4.1.2.2)及其部分或集成。

4.4.2.1.1.10

书目单位　bibliographic unit

在书目著录(4.4.2.1.1.2)中使用的描述单位(4.4.2.1.1.9)。

4.4.2.1.1.11

书目单元　bibliographic element

书目著录(4.4.2.1.1.2)中所使用的最小的逻辑数据(4.1.1.4.1)单位。

4.4.2.1.1.12

款目　entry

文献(4.1.2.2)的记录(1)(4.1.1.3.11)。

注:款目频繁地与"目录"、"书目"等各种查找工具结合使用。

4.4.2.1.1.13

书目款目　bibliographic entry

包含书目著录(4.4.2.1.1.2)的款目(4.4.2.1.1.12)。

4.4.2.1.1.14

检索点　access point

在其下书目款目(4.4.2.1.1.13)可以被检索和标识的每一个单元(4.1.1.1.4)。

注:检索点可以是名称、术语和代码等。

4.4.2.1.1.15

著录款目　descriptive entry

详细著录(4.4.2.1.1.1) 文献(4.1.2.2)的书目款目(4.4.2.1.1.13)。

4.4.2.1.1.16

主要款目　main entry

具有最完整书目著录(4.4.2.1.1.2)的书目款目(4.4.2.1.1.13)。

4.4.2.1.1.17

规范记录　authority record

规范文档(4.4.2.1.1.24)中的款目(4.2.1.1.12)。

4.4.2.1.1.18

格式(2)　format (2)

著录(4.4.2.1.1.1)单元及其对应代码(2)(4.1.1.4.7)和应用规则的规定序列

注：参见格式(1)(4.1.1.4.9)。

4.4.2.1.1.19

元数据　metadata

关于数据的内容、质量、状况和其他特性的描述性数据(4.1.1.4.1)。

4.4.2.1.1.20

都柏林核心元数据　Dublin core metadata;DC

一种根据各类信息资源的共同特点确定的，适用于不同领域间信息资源、特别是网络信息资源的元数据(4.4.2.1.1.19)。

4.4.2.1.1.21

国际标准书目著录　international standard bibliographic description;ISBD

书目著录(4.4.2.1.1.2)的国际标准化规则。

4.4.2.1.1.22

国际档案著录标准　international standard for archival description

档案文献著录(4.4.2.1.1.1)的国际标准化规则。

4.4.2.1.1.23

规范控制　authority control

在检索系统(4.4.3.2.1.1)中保证文献(4.1.2.2)检索点(4.4.2.1.1.14)标准化配置的操作。

4.4.2.1.1.24

规范文档　authority file

检索点(4.4.2.1.1.14)的标准列表，建立在受控词表(4.4.2.2.1.3)的基础上。

4.4.2.1.1.25

置标语言　markup language

标识机读文本(4.1.1.2.4)的各个单元性质的编码(4.1.1.4.8)系统(4.1.1.1.6)。

4.4.2.1.1.26

标准通用置标语言　standard generalized markup language;SGML

置标语言(4.4.2.1.1.25)应用的标准。

注：改编自 ISO 8879:1986。

4.4.2.1.1.27

超文本置标语言　hypertext markup language;HTML

允许文献(4.1.2.2)通过所选检索点(4.4.2.1.1.14)进行连接的标准通用置标语言(4.4.2.1.1.26)。

注：HTML 是 SGML 的一个子集。

4.4.2.1.1.28

通用资源标识符　universal resource identifier;URI

标识因特网(4.1.1.4.19)上文献(4.1.2.2)的单一复本(2)(4.2.1.6)或其他资源的地址代码(1)

(4.1.1.4.6)。

4.4.2.1.1.29

通用资源地址　universal resource locator;URL

标识因特网(4.1.1.4.19)上文献(4.1.2.2)的单一复本(2)(4.2.1.6)或任何其他资源或服务(4.5.5.1)的地址代码(1)(4.1.1.4.6)。

4.4.2.1.1.30

通用资源名称　universal resource name;URN

标识因特网(4.1.1.4.19)上服务(4.5.5.1)或资源的代码(1)(4.1.1.4.6)。

4.4.2.1.1.31

网站　website

在因特网(4.1.1.4.19)上具有特有的域名,并提供数字文献(4.2.1.21)的服务。

注:网站的各个页面通常用超链接连接起来。

4.4.2.1.1.32

网页　web page

万维网(4.1.1.4.20)地址中超文本(4.4.3.1.1.20)的页面。

4.4.2.1.1.33

主页　homepage

可以通过因特网(4.1.1.4.19)或任何其他基于超文本(4.4.3.1.1.20)系统(4.1.1.1.6)访问数据(4.1.1.4.1)提供者提供的信息(1)(4.1.1.3.8)检索点(4.4.2.1.1.14)的屏幕图像(4.2.3.4.12)。

注:主页是网页(4.4.2.1.1.32)的一个子集,呈现关于系统、服务和产品的信息,此外还以词、网址(URL)等形式提供与其他相关文件和网站(4.4.2.1.1.31)的链接。

4.4.2.1.2　编号系统

4.4.2.1.2.1

国际标准书号　international standard book number;ISBN

标识图书(4.2.1.13)或其他单行出版物(4.2.4.2)题名(4.4.2.1.4.1)或版本(1)(4.2.4.4)的国际标准代码(1)(4.1.1.4.6)。

4.4.2.1.2.2

国际标准连续出版物号　international standard serial number;ISSN

标识连续出版物(4.2.4.8)的国际标准代码(1)(4.1.1.4.6)。

注:ISSN系统曾经称为ISDS(国际连续出版物数据系统,international serial data system)。

4.4.2.1.2.3

国际标准乐谱号　international standard music number;ISMN

标识印刷乐谱的国际标准代码(1)(4.1.1.4.6)。

4.4.2.1.2.4

国际标准录音代码　international standard recording code;ISRC

标识音乐录音的国际标准代码(1)(4.1.1.4.6)。

4.4.2.1.2.5

国际标准电影号　international standard film number;ISFN

标识电影(4.2.3.3.6)的国际标准代码(1)(4.1.1.4.6)。

4.4.2.1.2.6

国际标准技术报告号　international standard technical report number;ISRN

标识技术报告的国际标准代码(1)(4.1.1.4.6)。

4.4.2.1.2.7

国际标准视听作品号　international standard audiovisual number;ISAN

标识视听作品(4.2.1.25)的国际标准代码(1)(4.1.1.4.6)。

4.4.2.1.2.8

国际标准文本号　international standard text code;ISTC

标识文本作品的国际标准代码(1)(4.1.1.4.6)。

4.4.2.1.2.9

条形码　bar code

国际上通用的、标识各种商品、也被应用于信息(1)(4.1.1.3.8)和文献工作(4.1.2.1)组织的条形组成的编码(4.1.1.4.8)系统(4.1.1.1.6)。

示例:条形码通过文献附加的标签,将出版社或发行商的在版编目数据转录到图书馆。

4.4.2.1.2.10

欧洲商品号　European article number;EAN

主要在欧洲使用的标识商品并且也应用于图书馆(2)(4.3.1.4)的标准代码(1)(4.1.1.4.6)。

注:图书馆用 EAN 来标识图书和期刊。

4.4.2.1.2.11

国家代码　country code

表示现有的国家、独立机构或特殊地理政治区域的名称代码(1)(4.1.1.4.6)。

4.4.2.1.2.12

语种代码　language code

表示一种或多种语言名称的字符组合。

4.4.2.1.2.13

数字对象标识符　digital object identifier;DOI

专门用来标识数字化对象的命名系统,为数字对象提供唯一的标识符,结构为有关联的数字符号构成的字符串(4.1.1.2.7)。

4.4.2.1.3　标目

4.4.2.1.3.1

标目　heading

在信息(1)(4.1.1.3.8)检索系统(4.4.3.2.1.1)中一个著录(4.4.2.1.1.1)的第一个检索点(4.4.2.1.1.14)。

4.4.2.1.3.2

著者标目　author heading

基于著者(4.4.2.1.5.2)名称(4.1.1.2.18)的标目(4.4.2.1.3.1)。

注:著者标目后有时是职能、头衔或日期。

4.4.2.1.3.3

形式标目　form heading

用于配置具有同样书目形式的文献(4.1.2.2)款目(4.2.1.1.12)的标目(4.4.2.1.3.1)。

4.4.2.1.3.4

主题标目　subject heading

用于配置具有相似内容文献(4.1.2.2)款目(4.2.1.1.12)的标目(4.4.2.1.3.1)。

4.4.2.1.3.5

子标目　subheading

用于复分标目的标目(4.4.2.1.3.1)。

4.4.2.1.3.6

根查　tracing (2)

文献(4.1.2.2)多个款目(4.2.1.1.12)的所有交替和相关标目(4.4.2.1.3.1)的列表。

注：参见描图(4.2.3.1.6)。

4.4.2.1.3.7

参照　reference

目录(4.4.3.2.1.5)或书目(4.4.3.2.1.6)中对有可能找到相关文献(4.1.2.2)的其他检索点(4.4.2.1.1.14)的指示。

4.4.2.1.4　题名

4.4.2.1.4.1

题名　titles

标识文献(4.1.2.2)且通常用于区分其他文献的、位于文献顶端的词(1)(4.1.1.2.12)。

4.4.2.1.4.2

正题名　title proper

被认为是文献(4.1.2.2)主要题名的题名(4.4.2.1.4.1)。

注：正题名包括交替题名，但是不包括副题名和并列题名。

4.4.2.1.4.3

副题名　subtitle

对含义模糊的正题名(4.4.2.1.4.2)进行解释的题名(4.4.2.1.4.1)附加部分。

4.4.2.1.4.4

并列题名　parallel title

以另一种语言(4.1.1.2.1)或文字表示的题名(4.4.2.1.4.1)。

4.4.2.1.4.5

原题名　original title

一种文献(4.1.2.2)原版本(1)(4.2.4.4)的题名(4.4.2.1.4.1)。

4.4.2.1.4.6

封面题名　cover title

印刷在出版物(4.2.1.12)封面上的题名(4.4.2.1.4.1)。

4.4.2.1.4.7

统一题名　uniform title

对具有多种题名的文献(4.1.2.2)所确定的标准题名(4.4.2.1.4.1)。

4.4.2.1.4.8

识别题名　key title

国际标准连续出版物号(4.4.2.1.2.2)系统所给定的连续出版物(4.2.4.8)的唯一题名(4.4.2.1.4.1)。

4.4.2.1.4.9

交替题名　alternative title

文献(4.1.2.2)正题名(4.4.2.1.4.2)的第二部分，一般用“或”(or)连接第一部分。

4.4.2.1.4.10

共同题名　common title

形成一个集合(4.1.1.1.3)的若干书目单位(4.4.2.1.1.10)所共同的题名(4.4.2.1.4.1)部分。

4.4.2.1.4.11

总题名　collective title

若干描述单位(4.4.2.1.1.9)所共同的题名(4.4.2.1.4.1)或题名的部分。

4.4.2.1.4.12

半题名 half title

在**书叶**(4.2.4.26)正面并在**题名页**(4.2.2.2.1)前的,通常是节略的**题名**(4.4.2.1.4.1)。

4.4.2.1.4.13

逐页题名 running title

在每一个**文本**(4.1.1.2.4)**页**(4.2.4.27)上重复的、通常是节略的**题名**(4.4.2.1.4.1)。

4.4.2.1.4.14

从属题名 dependent title

本身不足以标识一种**出版物**(4.2.1.12),需要加上**共同题名**(4.4.2.1.4.10)或主体出版物**题名**(4.4.2.1.4.1)或**主丛编**(4.2.4.11)题名才能充分标识该出版物的题名。例如**分部题名**(4.4.2.1.4.15)、某些**补编**(4.2.2.2.14)题名和某些**分丛编**(4.2.4.12)题名。

4.4.2.1.4.15

分部题名 section title

在一组具有**共同题名**(4.4.2.1.4.10)的相关电子资源中,用于识别其组成部分的专有**题名**(4.4.2.1.4.1)。

4.4.2.1.5 其他著录单元

4.4.2.1.5.1

责任说明 statement of responsiblity

描述在**文献**(4.1.2.2)创建中的**著者**(4.4.2.1.5.2)和其他撰稿人的名称及其作用。

4.4.2.1.5.2

著者 author

对**文献**(4.1.2.2)的创建负责的个人。

4.4.2.1.5.3

贡献者 contributor

对**作品**(4.2.2.1.40)的产生有全部或部分贡献的个人或组织。

4.4.2.1.5.4

注册者 registrant

为了获取**作品**(4.2.2.1.40)的国际**编码**(4.1.1.4.8),在编码系统中进行注册的生产者或生产者的授权办理机构,或其他这样的实体或个人。

4.4.2.1.5.5

笔名 pseudonym

著者(4.4.2.1.5.2)出版一种**文献**(4.1.2.2)所用的虚构**名称**(4.1.1.2.18)或其他措辞。

4.4.2.1.5.6

著者所属机构 author affiliation

著者(4.4.2.1.5.2)所附属的团体。

4.4.2.1.5.7

团体著者 corporate author

对一种**文献**(4.1.2.2)的创建负责的团体。

4.4.2.1.5.8

编者 editor

在知识上对一种**出版物**(4.2.1.12)负责的团体或个人。

4.4.2.1.5.9

无名氏文献　anonymous document

著者未知或未提及的文献(4.1.2.2)。

4.4.2.1.5.10

版本说明　statement of edition

关于文献(4.1.2.2)的版本(4.2.4.4)或印次(4.2.3.2.2)的数据(4.1.1.4.1)。

4.4.2.1.5.11

出版项　imprint

关于出版地、出版者(4.1.3.13)以及出版和印刷(4.1.2.17)年的数据(4.1.1.4.1)。

4.4.2.1.5.12

载体形态　physical description

关于文献(4.1.2.2)的尺寸、媒介、插图(4.2.1.24)、附件和相关数据(4.1.1.4.1)的著录(4.4.2.1.1.1)。

4.4.2.1.5.13

一般资料标识　general material designation

出版物(4.2.1.12)所属广义的资料类别的表示。

4.4.2.1.5.14

叶码　foliation

文献(4.1.2.2)的叶(4.2.4.26)的编号。

4.4.2.1.5.15

页码　pagination

文献(4.1.2.2)的页(4.2.4.27)的编号。

4.4.2.1.5.16

丛编说明　series statement

文献(4.1.2.2)所属的丛编(4.2.4.10)的描述,经常给出相应的国际标准连续出版物号(4.4.2.1.2.2)。

4.4.2.1.5.17

分丛编标识　subseries designation

主丛编(4.2.4.11)题名(4.4.2.1.4.1)后的编号,可以单独或与分丛编(4.2.4.12)的题名一起出现。

4.4.2.1.5.18

附注　notes,pl

著录(4.4.2.1.1.1)的非正式部分。

4.4.2.1.5.19

传记附注　biographical note

个人传记的附注(4.4.2.1.5.18)。

4.4.2.2　内容分析和描述

4.4.2.2.1　一般术语

4.4.2.2.1.1

内容分析　content analysis;subject analysis

对文献(4.1.2.2)内容及其组成部分之间关系(4.1.1.1.5)的分析。

注:来源于 BSI-DD 247:1998。

4.4.2.2.1.2

内容描述　content description

根据文献(4.1.2.2)的数据(4.1.1.4.1),按标引语言(4.4.2.2.1.4)所指定的标引词(4.4.2.2.1.6)或

标记(2)(4.4.2.2.4.18)而进行的著录(4.4.2.1.1.1)。

注：内容描述还可以通过文字表示来实现，标引词可以人工产生，也可以通过程序产生。

4.4.2.2.1.3

受控词表 controlled vocabulary

用于标引(4.4.2.2.7.1)的规范化的词(1)(4.1.1.2.12)或短语的列表。

4.4.2.2.1.4

标引语言 indexing language

为反映文献(4.1.2.2)特征或形式特征所建立的人工语言(4.1.1.2.3)。

4.4.2.2.1.5

关键词 keyword

为表现内容而取自文献(4.1.2.2)题名(4.4.2.1.4.1)或文本(4.1.1.2.4)的非规范化词(1)(4.1.1.2.12)。

4.4.2.2.1.6

标引词 index term

索引(4.4.3.2.1.7)中的词(1)(4.1.1.2.12)或短语。

4.4.2.2.1.7

编辑 editing

审阅文献(4.1.2.2)或数据(4.1.1.4.1)集合(4.1.1.1.3)并且进行必要修改的过程.。

4.4.2.2.2 反映内容分析和著录的文献和文献的部分

4.4.2.2.2.1

文摘 abstract

经智力加工实现的、指示文献(4.1.2.2)总体内容的文献描述。

4.4.2.2.2.2

注释 annotation

文献(4.1.2.2)的简短内容描述(4.4.2.2.1.2)。

注：注释通常由一个短语或句子组成。

4.4.2.2.2.3

指示性文摘 indicative abstract

反映文献(4.1.2.2)内容和形式的简短文摘(4.4.2.2.2.1)。

4.4.2.2.2.4

报道性文摘 informative abstract

足以让使用者决定是否阅读完整文本(4.1.1.2.4)的、说明文献(4.1.2.2)内容的文摘(4.4.2.2.2.1)。

4.4.2.2.2.5

提要 summary

按内容顺序对文献(4.1.2.2)的简要描述。

4.4.2.2.2.6

摘录 extract

对文献(4.1.2.2)的词(1)(4.1.1.2.12)、短语或句子的简短选录。

4.4.2.2.2.7

指南(2) guide (2)

信息(1)(4.1.1.3.8)和文献工作(4.1.2.1)机构的馆藏(4.3.1.13)查找工具(4.4.3.2.1.2)。

注：参见指南(1)(4.2.2.1.21)。

4.4.2.2.2.8

位置索引　location index;location register

档案(4.3.1.1)的一般查找工具(4.4.3.2.1.2),以此指示其位置的索引(4.4.3.2.1.7)或登记(4.7.1.7)。

注:参见排架目录(4.4.3.1.3.4)。

4.4.2.2.3 分类法的类型

4.4.2.2.3.1

分类　classification

类(4.4.2.2.4.3)及其复分中的概念(4.1.1.1.1)符号(4.1.1.2.16)的排列(4.4.3.1.1.7),以表达它们之间的属种关系(4.4.2.2.5.2)或其他类型关系(4.1.1.1.5)。

4.4.2.2.3.2

图书馆分类法　bibliographic classification;library classification;book classification

使得图书馆(4.3.1.4)可以用一个标记(2)(4.4.2.2.4.18)来标记每一卷(2)(4.2.4.1)的通用分类(4.4.2.2.3.1)设计。

示例:中国图书馆分类法。

4.4.2.2.3.3

单一列类法　monothetic classification

性质完全相似作为列类(4.4.2.2.4.3)标准的分类(4.4.2.2.3.1)方法。

4.4.2.2.3.4

多重列类法　polythetic classification

性质部分相似作为列类(4.4.2.2.4.3)标准的分类(4.4.2.2.3.1)方法。

4.4.2.2.3.5

不连接分类　disjunct classification

描述单位(4.4.2.1.1.9)只能是一个类(4.4.2.2.4.3)之部分的分类(4.4.2.2.3.1)。

4.4.2.2.3.6

连接分类　conjunct classification

允许描述单位(4.4.2.1.1.9)属于多个类(4.4.2.2.4.3)的分类(4.4.2.2.3.1)。

4.4.2.2.4 分类法及其组成单元

4.4.2.2.4.1

分类体系　classification system

带有指定标记(2)(4.4.2.2.4.18)的标引语言(4.4.2.2.1.4)。

4.4.2.2.4.2

给分类号　classifying

给文献(4.1.2.2)分配一个取自分类体系(4.4.2.2.4.1)的类(4.4.2.2.4.3)符号(4.1.1.2.16)。

4.4.2.2.4.3

类目　class

至少具有一个共同特征的单元(4.1.1.1.4)的集合(4.1.1.1.3)。

4.4.2.2.4.4

主要类目　main class

分类体系(4.4.2.2.4.1)的主要划分。

4.4.2.2.4.5

子类　subclass

类(4.4.2.2.4.3)的二次划分。

4.4.2.2.4.6

类链 **chain**

等级层次中，第一个类以外的每个从属于前面的类(4.4.2.2.4.3)系列。

4.4.2.2.4.7

范畴 **category; broad facet**

一个特殊**分类体系**(4.4.2.2.4.1)或一个一般类的**主要类目**(4.4.2.2.4.4)的一次划分。

4.4.2.2.4.8

划分原则 **principle of division**

用于划分到类(4.4.2.2.4.3)的标准。

4.4.2.2.4.9

属概念 **genus; generic concept**

对应于根据共同性质形成一个组的两个或更多**对象**(4.1.1.1.2)的**概念**(4.1.1.1.1)。

注：在词典编纂学和词汇学里，倾向于用一般概念这个术语。

4.4.2.2.4.10

属性 **attribute**

搜索项的特征或共同构成搜索项特征的几个特征部件之一。

4.4.2.2.4.11

种概念 **species; specific concept**

在**属种关系**(4.4.2.2.5.2)中的**下位概念**(4.1.1.1.1)。

注：在词典编纂学和词汇学中，一般倾向于用特定概念这个术语。

4.4.2.2.4.12

组面 **facet; array**

应用一个划分标准而产生的**类**(4.4.2.2.4.3)或**子类**(4.4.2.2.4.5)。

4.4.2.2.4.13

亚面 **subfacet**

通过**组面**(4.4.2.2.4.12)中的一个**焦点**(4.4.2.2.4.14)的划分而产生的**子类**(4.4.2.2.4.5)。

4.4.2.2.4.14

焦点 **focus**

一个**组面**(4.4.2.2.4.12)的**类**(4.4.2.2.4.3)成员或**子类**(4.4.2.2.4.5)成员。

4.4.2.2.4.15

引用次序 **citation order**

在一个复合主题中各种**组面**(4.4.2.2.4.12)呈现的**顺序**(4.1.1.1.8)。

4.4.2.2.4.16

标准引用次序 **standard citation order**

由伦敦分类研究组(CG)建立的基于**组面**(4.4.2.2.4.12)分析的**引用次序**(4.4.2.2.4.15)。

4.4.2.2.4.17

倒置原则 **principle of inversion**

引用次序(4.4.2.2.4.15)和**归档**(4.4.3.1.2.1)顺序之间的倒置**关系**(4.1.1.1.5)。

4.4.2.2.4.18

标记(2) **notation (3)**

用以表达**类**(4.4.2.2.4.3)之间的**关系**(4.1.1.1.5)，并维护**分类体系**(4.4.2.2.4.1)预先确定之顺序的**序数符号**(4.1.1.2.16)**系统**(4.1.1.1.6)。

注：参见标记(1)(4.1.1.2.34)。

4.4.2.2.4.19

表达性 expressiveness

允许使用者用类(4.4.2.2.4.3)的符号(4.1.1.2.16)以综合、关系(4.1.1.1.5)或记忆系统等方式获得附加信息(1)(4.1.1.3.8)的标记(2)(4.4.2.2.4.18)的性质(4.1.3.2)。

4.4.2.2.4.20

容纳性 hospitality

允许标记(2)(4.4.2.2.4.18)在分类体系(4.4.2.2.4.1)中包容新主题的性质(4.1.3.2)。

4.4.2.2.4.21

反向标记 retroactive notation

通过把一个字符(4.1.1.2.14)变成另一个排序(4.4.3.3.2.6)较低的字符的转换,以表现组面(4.4.2.2.4.12)之间的关系(4.1.1.1.5)而构建类(4.4.2.2.4.3)的方法。

4.4.2.2.4.22

列举式分类法 enumerative classification system

以预先确定的概念(4.1.1.1.1)之间的正式关系(4.4.2.2.5.6)为特征的分类体系(4.4.2.2.4.1)。

4.4.2.2.4.23

分面分类法 faceted classification system

在标引(4.4.2.2.7.1)或给分类号(4.4.2.2.4.2)过程中建立概念(4.1.1.1.1)之间正式关系(4.4.2.2.5.6)的分类体系(4.4.2.2.4.1)。

4.4.2.2.4.24

主表 main tables

包含主要类目(4.4.2.2.4.4)及其特殊复分的分类体系(4.4.2.2.4.1)的部分。

4.4.2.2.4.25

附表 auxiliary table

包含应用于两个或更多主要类目(4.4.2.2.4.4)通用复分的分类体系(4.4.2.2.4.1)的部分。

4.4.2.2.5 关系的类型

4.4.2.2.5.1

语义关系 semantic relation

概念(4.1.1.1.1)之间和类(4.4.2.2.4.3)符号(4.1.1.2.16)及其意义(4.1.1.3.4)之间的关系(4.1.1.1.5)。

注:在叙词表中,语义关系包括语言描述词之间的所有类型的关系。

4.4.2.2.5.2

属种关系 generic relation

两个概念(4.1.1.1.1)之间的关系(4.1.1.1.5),其中一个概念的内涵包括另一个概念的内涵以及至少包括一个附加限定特征。

注:来源于 GB/T 15237.1—2000。

示例:词—名词;交通工具—汽车;人—小孩。

4.4.2.2.5.3

整体与部分的关系 partititive relation

两个概念(4.1.1.1.1)之间的关系(4.1.1.1.5),其中一个概念作为整体覆盖一个对象(4.1.1.1.2),而另一个概念则覆盖该整体的一部分。

注:改编自 GB/T 15237.1—2000。

示例:星期—日;分子—原子。

4.4.2.2.5.4

相关关系　associative relation

由于经验而产生的两个概念(4.1.1.1.1)之间所具有的非等级层次主题联系的关系(4.1.1.1.5)。

注：来源于 GB/T 15237.1—2000。

示例：教育—教学；烤—炉。

4.4.2.2.5.5

例举关系　instance relation

一般概念(4.1.1.1.1)和个别概念之间的关系(4.1.1.1.5)。

注：个别概念可以是个人或单件。

4.4.2.2.5.6

正式关系　formal relation

索引语言(4.4.2.2.1.4)术语(4.1.1.2.17)之间的关系(4.1.1.1.5)。

4.4.2.2.5.7

分析关系　analytic relation

在表格(4.2.2.1.33)中明确的正式关系(4.4.2.2.5.6)，或标引语言(4.4.2.2.1.4)的术语(4.1.1.2.17)列表。

4.4.2.2.5.8

层次关系　hierarchical relation

其中一个概念(4.1.1.1.1)从属于另一个概念的概念之间的正式关系(4.4.2.2.5.6)。

4.4.2.2.5.9

组配关系　synthetic relation

应用规则而建立起来的概念(4.1.1.1.1)之间的正式关系(4.4.2.2.5.6)。

4.4.2.2.5.10

短语关系　phrase relation

在范畴(4.4.2.2.4.7)和组面(4.4.2.2.4.12)以外的两个或更多的主要类目(4.4.2.2.4.4)的正式关系(4.4.2.2.5.6)。

4.4.2.2.5.11

组面内关系　intrafacet relation

组面(4.4.2.2.4.12)内焦点(4.4.2.2.4.14)之间的正式关系(4.4.2.2.5.6)。

4.4.2.2.5.12

组面间关系　interfacet relation

不同组面(4.4.2.2.4.12)内焦点(4.4.2.2.4.14)之间的正式关系(4.4.2.2.5.6)。

4.4.2.2.5.13

等同关系　equivalence relation

不同概念(4.1.1.1.1)用同样的正式叙词(4.4.2.2.6.4)或类(4.4.2.2.4.3)符号(4.1.1.2.16)表现的正式关系(4.4.2.2.5.6)。

4.4.2.2.6　词表及其单元

4.4.2.2.6.1

叙词表　thesaurus

包括等同关系词(4.2.2.6.11)、交互关系和应用规则的受控词表(4.4.2.2.1.3)。

4.4.2.2.6.2

上位词　broader terms;BT

与另一个有向下层次关系(4.4.2.2.5.8)的标引词相比，表示一个更广泛概念(4.1.1.1.1)的叙词表(4.4.2.2.6.1)的标引词(4.4.2.2.1.6)。

4.4.2.2.6.3

下位词 narrower term;NT

与另一个有向上层次关系(4.4.2.2.5.8)的标引词相比,表示一个更特定概念(4.1.1.1.1)的词表(4.4.2.2.6.1)的标引词(4.4.2.2.1.6)。

4.4.2.2.6.4

正式叙词 preferred term;descriptor

在叙词表(4.4.2.2.6.1)中与另一个相关的交替或等同的款目(4.2.1.1.12)术语(4.1.1.2.17)相比,更优先使用的标引词(4.4.2.2.1.6)。

注:与另一个术语之间的关系可以是同义或准同义。

4.4.2.2.6.5

族首词 top terms

一个叙词表(4.4.2.2.6.1)的标引词(4.4.2.2.1.6),表示与其具有向下层次关系(4.4.2.2.5.8)的标引词的最宽泛的概念(4.1.1.1.1),而且没有上位词(4.4.2.2.6.2)。

4.4.2.2.6.6

相关叙词 related term;RT

与另一个标引词具有同等关系(4.1.1.1.5)并且具有相同级别的标引词(4.4.2.2.1.6)。

注:相关叙词与另一个术语具有关联的意义,但不是同义词。

4.4.2.2.6.7

内容叙词 content descriptor

表示文献(4.1.2.2)的主题的正式叙词(4.4.2.2.6.4)。

4.4.2.2.6.8

形式叙词 form descriptor

表示文献(4.1.2.2)的物理形式或书目形式的标引词(4.4.2.2.1.6)。

4.4.2.2.6.9

范围注释 scope note

关于如何使用标引词(4.4.2.2.1.6)的简短解释。

4.4.2.2.6.10

非叙词 non-descriptor

在叙词表(4.4.2.2.6.1)中不代表概念(4.1.1.1.1),并且有一个或多个正式叙词(4.4.2.2.6.4)可代替它使用的参照术语(4.1.1.2.17)。

4.4.2.2.6.11

等同关系词 equivalent term

通过等同关系(4.4.2.2.5.13)与另一个术语相关的术语(4.1.1.2.17)。

4.4.2.2.6.12

先验法 gestalt method;a priori method

基于词源分析的叙词表(4.4.2.2.6.1)构造方法。

4.4.2.2.6.13

后验法 analytical method;a posteriori method

基于文献(4.1.2.2)的分析并用于受控词表(4.4.2.2.1.3)构造的方法。

4.4.2.2.6.14

综合叙词表 macrothesaurus

覆盖广泛知识(4.1.1.3.16)领域的高层次的综合标引词(4.4.2.2.1.6)的词表(4.4.2.2.6.1)。

4.4.2.2.6.15

专业叙词表　microthesaurus

覆盖一个有限**知识**(4.1.1.3.16)领域的深层次的**词表**(4.4.2.2.6.1)。

4.4.2.2.6.16

源词表　source thesaurus

在双语言或**多语种叙词表**(4.4.2.2.6.19)的构造中构成基本信息源的**叙词表**(4.4.2.2.6.1)。

4.4.2.2.6.17

目标词表　target thesaurus

从一个**源词表**(4.4.2.2.6.16)建立的**叙词表**(4.4.2.2.6.1)。

4.4.2.2.6.18

单语种叙词表　monolingual thesaurus

只用一种**语言**(4.1.1.2.1)**标引词**(4.4.2.2.1.6)的**叙词表**(4.4.2.2.6.1)。

4.4.2.2.6.19

多语种叙词表　multilingual thesaurus

用多种**语言**(4.1.1.2.1)**标引词**(4.4.2.2.1.6)及其**等同关系词**(4.4.2.2.6.11)的**叙词表**(4.4.2.2.6.1)。

4.4.2.2.6.20

分类显示　classified display

以结构化的序列显示**标引词**(4.4.2.2.1.6)的**词表**(4.4.2.2.6.1)。

4.4.2.2.6.21

字顺显示　alphabetical display

以字母顺序显示**术语**(4.1.1.2.17)及其与其他**标引词**(4.4.2.2.1.6)和**等同关系词**(4.4.2.2.6.11)之间**关系**(4.1.1.1.5)的**词表**(4.4.2.2.6.1),有时包括**范围注释**(4.4.2.2.6.9)。

4.4.2.2.6.22

图示化词表　thesaurus diagram;graphic display

以图形形式显示**标引词**(4.4.2.2.1.6)的**词表**(4.4.2.2.6.1)。

4.4.2.2.7　标引

4.4.2.2.7.1

标引　indexing

根据**标引语言**(4.4.2.2.1.4)的规则,用**词**(1)(4.1.1.2.12)、短语或**标记**(2)(4.4.2.2.4.18)对**文献**(4.1.2.2)内容或形式的表示。

4.4.2.2.7.2

专指原则　principle of specificity

以**文献**(4.1.2.2)的专指程度来进行**标引**(4.4.2.2.7.1)的原则。

4.4.2.2.7.3

抽词标引　derived indexing

标引词(4.4.2.2.1.6)取自**文献**(4.1.2.2)的**标引**(4.4.2.2.7.1)方法。

4.4.2.2.7.4

赋词标引　assigned indexing

标引词(4.4.2.2.1.6)取自**标引语言**(4.4.2.2.1.4)的**标引**(4.4.2.2.7.1)方法。

4.4.2.2.7.5

深标引　depth indexing

使用大量的**标引词**(4.4.2.2.1.6),对**文献**(4.1.2.2)的若干部分或所有部分做标引的**标引**(4.4.2.2.7.1)方法。

4.4.2.2.7.6

浅标引 shallow indexing

使用有限量的标引词(4.4.2.2.1.6),只对文献(4.1.2.2)的主要部分做标引的标引(4.4.2.2.7.1)方法。

4.4.2.2.7.7

自动标引 automatic indexing

用计算机程序所做的标引(4.4.2.2.7.1)。

4.4.2.2.7.8

分类标引 classified indexing

对文献(4.1.2.2)内容进行主题分析,赋予分类(4.4.2.2.3.1)标识的标引(4.4.2.2.7.1)方法。

4.4.2.2.7.9

主题标引 subject indexing

对文献(4.1.2.2)内容进行主题分析,赋予主题标识的标引(4.4.2.2.7.1)方法。

4.4.2.2.7.10

受控标引 controlled indexing

索引词(4.4.2.2.1.6)取自受控词表(4.4.2.2.1.3)的标引(4.4.2.2.7.1)方法。

4.4.2.2.7.11

自由标引 free indexing

标引词(4.4.2.2.1.6)使用关键词(4.4.2.2.1.5)等自然语言的标引(4.4.2.2.7.1)方法。

4.4.2.2.8 标引结果的评价

4.4.2.2.8.1

术语/文献矩阵 term/document matrix

显示文献(4.1.2.2)和标引词(4.4.2.2.1.6)之间匹配的矩阵。

4.4.2.2.8.2

聚类 clustering

文献(4.1.2.2)的自动分类(4.4.2.2.3.1),通常是多重列类法(4.4.2.2.3.5),无序、且经常是独有的。

4.4.2.2.8.3

加权 weighting

某些术语(4.1.1.2.17)被赋予比其他术语更多重要性的技术。

4.4.2.2.8.4

术语区分值 term discrimination value

区分文献(4.1.2.2)标引词(4.4.2.2.1.6)性质(4.1.3.2)的度量。

4.4.3 存储、查找和检索

4.4.3.1 直接存储

4.4.3.1.1 一般术语

4.4.3.1.1.1

存储(1) storage (1)

为数据(4.1.1.4.1)和文献(4.1.2.2)的后续利用(4.6.1.23)而进行的放置和保持的过程。

注:参见存储(2)(4.6.1.7)。

4.4.3.1.1.2

仓储 repository

为用于档案馆(4.3.1.2)和图书馆(4.3.1.4)收藏(4.3.1.7)的长期保管(4.6.1.2)而专门设计或安

排的建筑或房间。

注:仓储也指各种机读数据(如电子文挡、计算机数据库、电子出版物等)的长期存储、保护(以便将来检索利用)的措施。

4.4.3.1.1.3

直接存储 **direct storage**

根据**存储计划**(4.4.3.1.1.4)进行的**文献**(4.1.2.2)的有序**存储**(1)(4.4.3.1.1.1)。

4.4.3.1.1.4

存储计划 **storage plan;filing plan;filing system**

对书架位置和其他设备、对实际和可能获得的书库空间使用或**存储**(1)(4.4.3.1.1.1)区域所制定的的计划。

4.4.3.1.1.5

远程存储 **remote storage**

文献(4.1.2.2)非本地**存储**(1)(4.4.3.1.1.1)。

4.4.3.1.1.6

中间存储 **intermediate storage**

记录中心中有待最终**处置**(4.4.1.1.24)的**半现行记录**(4.3.3.11)的**存储**(1)(4.4.3.1.1.1)。

4.4.3.1.1.7

排列 **arrangement**

组织和控制**文献**(4.1.2.2)的智力的和物理的操作。

注:**排列**经常被用于标明此类操作的结果。

4.4.3.1.1.8

排列层次 **level of arrangement**

为管理和知识控制而对**记录**(2)(4.2.2.1.8)进行的等级层次分组。

注:这些层次包括资源库、记录组、特藏、子组、丛编、分丛编、文件和单件。

4.4.3.1.1.9

相关性原则 **principle of pertinence**

基于**文献**(4.1.2.2)主题内容的排序原则。

4.4.3.1.1.10

来源原则 **principle of provenance**

基于**文献**(4.1.2.2)来源的排序原则。

4.4.3.1.1.11

尊重原始顺序原则 **principle of respect for original order**

文献(4.1.2.2)**排列**(4.4.3.1.1.7)保留**档案**(4.3.1.1)创建者的排序原则。

4.4.3.1.1.12

档案组 **archive group;record group**

在独立发起单位或机构层次上进行的档案**排列**(4.4.3.1.1.7)的初次划分。

4.4.3.1.1.13

封闭档案组 **closed record group**

不可能再添加**档案**(4.3.1.1)的**档案组**(4.4.3.1.1.12)。

4.4.3.1.1.14

档案文献 **archive document**

由单一或系列组成的原始文献的记录。

4.4.3.1.1.15

关闭文件　closed file

其包含的**文献**(4.1.2.2)所涉及的作业已经完成,而且不会再增加新文献的**文件**(1)(4.2.2.1.7)。

4.4.3.1.1.16

分组　subgroup

一个**档案组**(4.4.3.1.1.12)的分部,它表示发起单位或组织的一个行政分支。

4.4.3.1.1.17

系列　series (2)

具有同样**出处**(4.4.1.1.10)和功能或形式的**文献**(4.1.2.2)。

注:参见丛编(4.2.4.10)。

4.4.3.1.1.18

分系列　subseries (2)

共享归档**排列**(4.4.3.1.1.7)、形式、类型或内容的**文献**(4.1.2.2)的**系列**(4.4.3.1.1.17)。

注:参见分丛编(4.2.4.12)。

4.4.3.1.1.19

全文存储　full-text storage

在机器可读的媒介中完整**文献**(4.1.2.2)**文本**(4.1.1.2.4)的**存储**(1)(4.4.3.1.1.1)。

4.4.3.1.1.20

超文本　hypertext

检索点(4.4.2.1.1.14)之间有链接、允许一个文献或文献之间即时转换的**文献**(4.1.2.2)**存储**(1)(4.4.3.1.1.1)结构。

4.4.3.1.1.21

记录(3)　record (3)

从内容和使用的角度被作为一个整体来识别的一组**词**(1)(4.1.1.2.12)、数字、**符号**(4.1.1.2.16)或其组合。

4.4.3.1.1.22

电子记录　electronic record;machine-readable record

在机器可读的媒介中存储的**记录**(2)(4.2.2.1.8)。

4.4.3.1.1.23

索取号　call number

馆藏地数据项中的**数据元**(4.4.4.6),表示**书目条目**(4.4.2.1.1.3)或**书目单元**(4.4.2.1.1.11)在馆藏中的物理位置。

4.4.3.1.2　归档

4.4.3.1.2.1

归档　filing

将**文献**(4.1.2.2)系统整理并保存在**文件**(1)(4.2.2.1.7)或**文件**(2)(4.2.3.4.11)中的过程。

4.4.3.1.2.2

垂直归档　vertical filing

在书架上垂直摆放**文献**(4.1.2.2)。

4.4.3.1.2.3

扁平归档　flat filing

沿书架平行方向摆放**文献**(4.1.2.2)。

4.4.3.1.3　排架

4.4.3.1.3.1

排架　shelving

文献(4.1.2.2)在书架上的**直接存储**(4.4.3.1.1.3)。

4.4.3.1.3.2

档案盒　archive box

为**文献**(4.1.2.2)便利**排架**(4.4.3.1.3.1)和处理所用的保护性容器。

4.4.3.1.3.3

图柜　plan cabinet; plan case

为**存储**(1)(4.4.3.1.1.1)特大**文献**(4.1.2.2)而用的柜子。

4.4.3.1.3.4

排架目录　shelf list

反映**存储**(1)(4.4.3.1.1.1)结构的**馆藏**(4.3.1.13)清单。

4.4.3.1.3.5

蜂巢排架　honeycombing

在排架的**文献**(4.1.2.2)之间留出空间以便插入**增量**(4.4.1.2.3)文献的排架方法。

4.4.3.1.3.6

开架　open shelves, pl

用户可以**存取**(4.1.1.3.13)的书架。

4.4.3.1.3.7

闭架　closed shelves, pl

通常不对用户开放的书架。

4.4.3.1.3.8

密集排架　compact shelving

采用移动设备以节省空间并增加安全性的**排架**(4.4.3.1.3.1)方法。

4.4.3.1.3.9

双面排架　back-to-back shelving

两排书架背面邻接的**排架**(4.4.3.1.3.1)。

4.4.3.1.3.10

隔段排架　bay shelving

单面或双面的书架单元在竖框之间水平封闭排列而形成的**排架**(4.4.3.1.3.1)。

注：隔段排架单元可以提供两面的存取。

4.4.3.2　间接存储和检索系统

4.4.3.2.1　一般术语

4.4.3.2.1.1

检索系统　retrieval system

能对文献的表现形式以及它们在**收藏**(4.3.1.7)中的地址和对文献本身进行**存取**(4.1.1.3.13)的**系统**(4.1.1.1.6)。

4.4.3.2.1.2

查找工具　finding aid

为对**记录**(2)(4.2.2.1.8)或**档案**(4.3.1.1)进行控制而制作的**检索系统**(4.4.3.2.1.1)。

示例：查找工具包括**指南**(2)(4.4.2.2.2.7)、详细目录等。

4.4.3.2.1.3

书目检索系统 bibliographic retrieval system

允许**存取**(4.1.1.3.13)**书目数据**(4.1.1.4.1)的**检索系统**(4.4.3.2.1.1)。

4.4.3.2.1.4

书目数据库 bibliographic database

数据库(4.1.1.4.11)形式的**书目检索系统**(4.4.3.2.1.3)。

注:**书目数据库**还经常包含内容描述和标引词。

4.4.3.2.1.5

目录 catalogue;catalog [US]

能对一个或多个**集**(4.2.2.1.5)中馆藏**文献**(4.1.2.2)**数据**(4.1.1.4.1)进行**存取**(4.1.1.3.13)的有序列表或**书目检索系统**(4.4.3.2.1.3)。

4.4.3.2.1.6

书目 bibliography (2)

允许**存取**(4.1.1.3.13)描述和唯一标识**文献**(4.1.2.2)**数据**(4.1.1.4.1)的**书目检索系统**(4.4.3.2.1.3),不仅限于馆藏。

注1:参见**文献学**(4.1.2.14)。

注2:有时还包含对文献内容的描述。

4.4.3.2.1.7

索引 index

允许**存取**(4.1.1.3.13)**文献**(4.1.2.2)地址或文献本身的**检索系统**(4.4.3.2.1.1)的有序列表。

注:在索引中,指向文献位置的术语列表通常选自文献本身。

4.4.3.2.1.8

主题索引 subject index

在**检索系统**(4.4.3.2.1.1)的**表格**(4.2.2.1.33)中,显示其位置的**主题标目**(4.4.2.1.3.4)的字顺**索引**(4.4.3.2.1.7)。

4.4.3.2.1.9

类链索引 chain index

通过**类**(4.4.2.2.4.3)**符号**(4.1.1.2.16)的**类链**(4.4.2.2.4.6)分析而建立的**主题索引**(4.4.3.2.1.8)。

4.4.3.2.1.10

相关索引 relative index

杜威十进分类法(DDC)给予**主题索引**(4.4.3.2.1.8)的**名称**(4.1.1.2.18)。

4.4.3.2.1.11

引文 citation;quotation

一**文献**(4.1.2.2)中指向另一文献或文献部分的**参照**(4.4.2.1.3.7)。

4.4.3.2.1.12

引文索引 citation index

通过其所包含的**引文**(4.4.3.2.1.11)而连接**文献**(4.1.2.2)的**索引**(4.4.3.2.1.7)。

4.4.3.2.1.13

书目耦合 bibliographic coupling

基于对一篇或更多文献有共同**引文**(4.4.3.2.1.11)的两篇**文献**(4.1.2.2)形成的连接来进行**标引**(4.4.2.2.7.1)或给**分类号**(4.4.2.2.4.2)的方法。

4.4.3.2.1.14

共引 co-citation

一种**文献**(4.1.2.2)在两种或多种文献中的**引文**(4.4.3.2.1.11)。

4.4.3.2.1.15

协调表 concordance list;conversion list

两种或多种标引语言(4.4.2.2.1.4)间的关系表,或者是不同排列的查找工具(4.4.3.2.1.2)。

4.4.3.2.2 特定的和间接的存储和检索系统

4.4.3.2.2.1

先组索引 precoordinate index

复合主题在标引(4.4.2.2.7.1)阶段被分析成基本的单元(4.1.1.1.4),这些单元以预先确定的顺序(4.1.1.1.8),使用类(4.4.2.2.4.3)和术语(4.1.1.2.17)之间固定顺序的标引语言(4.4.2.2.1.4),从而组成的索引(4.4.3.2.1.7)。

注:改编自 BSI-DD 247:1998。

4.4.3.2.2.2

分类目录 classified catalogue

基于分类体系(4.4.2.2.4.1)和主题索引(4.4.3.2.1.8)款目(4.2.1.1.12)的目录(4.4.3.2.1.5)。

4.4.3.2.2.3

主题目录 subject catalogue

款目(4.2.1.1.12)取自主题标目(4.4.2.1.3.4)表或规范文档(4.4.2.1.1.24),按主题的字母顺序(4.1.1.1.8)或分类顺序归档的目录(4.4.3.2.1.5)。

4.4.3.2.2.4

字典式目录 dictionary catalogue

取自主题标目(4.4.2.1.3.4)表或规范文档(4.4.2.1.1.24)的主题款目(4.2.1.1.12),与著者(4.4.2.1.5.2)和题名(4.4.2.1.4.1)款目合并或交叉,归档形成一个受控字母序列的目录(4.4.3.2.1.5)。

4.4.3.2.2.5

著者目录 author catalogue

以著者(4.4.2.1.5.2)和题名(4.4.2.1.4.1)款目(4.2.1.1.12)作为检索点(4.4.2.1.1.14)的目录(4.4.3.2.1.5)。

4.4.3.2.2.6

字母-分类目录 alphabetico-classiffied catalogue

大类(4.4.2.2.4.3)基于字母顺序,在每一个类内部按字母顺序根据主题复分的目录(4.4.3.2.1.5)。

4.4.3.2.2.7

后组索引 postcoordinate index

不涉及类(4.4.2.2.4.3)或术语(4.1.1.2.17)固定顺序(4.1.1.1.8)的一种索引(4.4.3.2.1.7),其中的复合主题在标引(4.4.2.2.7.1)时被分析成基本概念(4.1.1.1.1),但这些概念直到查找和检索(4.4.3.3.1.1)阶段才组合起来。

注:来源于 BSI-DD 247:1998。

4.4.3.2.2.8

文献款目系统 item entry system

以书目数据(4.1.1.4.1)作为文献(4.1.2.2)检索点(4.4.2.1.1.14)的检索系统(4.4.3.2.1.1)。

4.4.3.2.2.9

术语款目系统 term entry system

以标引词(4.4.2.2.1.6)代表的对象(4.1.1.1.2)为检索点(4.4.2.1.1.14)的后组标引(4.4.2.2.7.1)系统(4.1.1.1.6)。

4.4.3.3　查找和检索

4.4.3.3.1　查找方法和元素

4.4.3.3.1.1

查找和检索　search and retrieval

通过检索系统(4.4.3.2.1.1)获得**文献**(4.1.2.2)**信息**(1)(4.1.1.3.8)的操作。

4.4.3.3.1.2

检索语言　search language

用于实现查找的人工语言(4.1.1.2.3),通常是**标引语言**(4.4.2.2.1.4)与指定**软件系统**(4.1.1.1.6)的菜单或命令(4.4.3.3.2.4)的组合。

4.4.3.3.1.3

用户需求档　request profile

用**自然语言**(4.1.1.2.2)对**请求**(2)(4.5.1.13)的**著录**(4.4.2.1.1.1)以及对用户兴趣范围的表示。

4.4.3.3.1.4

截词　truncation

查询(4.4.3.3.2.3)中取**词**(1)(4.1.1.2.12)的第一部分、中间部分或最后部分进行查找。

4.4.3.3.1.5

交互式查找　interactive search

在联机与检索系统(4.4.3.2.1.1)交互时,允许改变所采用的**检索策略**(4.4.3.3.2.1)的查找方法。

4.4.3.3.1.6

批查找　batch search;differed search

在检索系统(4.4.3.2.1.1)的批作业中,若干**查询**(4.4.3.3.2.3)一起联合处理的查找方法。

4.4.3.3.1.7

布尔式查找　Boolean search

使用逻辑运算符的检索式查找。

4.4.3.3.1.8

菜单式查找　menu-based search

借助检索系统(4.4.3.2.1.1)所预定的选择用**查询**(4.4.3.3.2.3)程式进行的查找。

4.4.3.3.1.9

自由文本查找　free-text search

使用**自然语言**(4.1.1.2.2)扫描整个或部分**文献**(4.1.2.2)以寻找可能匹配的查找。

4.4.3.3.1.10

概率检索　probabilistic retrieval

为评估**收藏**(4.3.1.7)**文献**(4.1.2.2)的可能**相关性**(4.4.3.3.2.12),在**信息检索**(4.1.2.5)领域内进行的、基于贝叶斯定理和假设的查找。

4.4.3.3.1.11

匹配函数　matching function

度量**文献**(4.1.2.2)和**查询**(4.4.3.3.2.3)之间相似性的数学函数。

4.4.3.3.1.12

相似性测度　similarity measure

用于表示**文献**(4.1.2.2)的聚类和查找**术语**(4.1.1.2.17)之间匹配的度量。

4.4.3.3.2　服务和查找评价

4.4.3.3.2.1

检索策略　search strategy

从一系列选项中选取查找过程的一般特征以满足**信息**(1)(4.1.1.3.8)需求。

4.4.3.3.2.2

检索提问式　search profile

用一种标引语言(4.4.2.2.1.4)对用户需求进行的描述。

4.4.3.3.2.3

查询　query

通过一个或多个步骤,从**检索系统**(4.4.3.2.1.1)中获得以**参照**(4.4.2.1.3.7)形式或其他**数据**(4.1.1.4.1)形式答案的查找。

4.4.3.3.2.4

命令　command

用**检索语言**(4.4.3.3.1.2)对**检索系统**(4.4.3.2.1.1)发出的指令。

4.4.3.3.2.5

命中　hit

从检索系统(4.4.3.2.1.1)获得的与检索式匹配的结果。

4.4.3.3.2.6

排序　sort

按一个匹配函数(4.3.3.1.11)对**命中**(4.4.3.3.2.5)进行排列。

4.4.3.3.2.7

查找历史　search history

一个或一次若干**查询**(4.4.3.3.2.3)所进行查找的**记录**(2)(4.2.2.1.8)。

4.4.3.3.2.8

检索评价　search evaluation

对**检索系统**(4.4.3.2.1.1)的效率和所采取的**检索策略**(4.4.3.3.2.1)所达到结果的分析。

4.4.3.3.2.9

噪音　noise

对一个**查询**(4.4.3.3.2.3)所检索出来作为结果的非相关**文献**(4.1.2.2)。

4.4.3.3.2.10

零结果　silence

对一个**查询**(4.4.3.3.2.3)没有找到作为答案的相关**文献**(4.1.2.2)。

4.4.3.3.2.11

冗余　redundancy

对于**信息用户**(4.5.1.5)已知的次要**相关性**(4.4.3.3.2.12)的**命中**(4.4.3.3.2.5)。

4.4.3.3.2.12

相关性　relevance

与**用户需求档**(4.4.3.3.1.3)相关的成功**命中**(4.4.3.3.2.5)的**文献**(4.1.2.2)的**性质**(4.1.3.2)。

4.4.3.3.2.13

贴近性　pertinence

与**信息用户**(4.5.1.5)的需求相关的成功**命中**(4.4.3.3.2.5)的**文献**(4.1.2.2)的**性质**(4.1.3.2)。

4.4.3.3.2.14

查全率　recall

相关**命中**(4.4.3.3.2.5)对于所有相关**文献**(4.1.2.2)的比率。

4.4.3.3.2.15

查准率　precision

相关**命中**(4.4.3.3.2.5)对于所有命中的比率。

4.4.3.3.2.16

离散率　fallout

不相关命中(4.4.3.3.2.5)与所有不相关文献(4.1.2.2)的比率。

4.4.3.3.2.17

意外命中性能　serendipity factor

检索系统(4.4.3.2.1.1)增加信息用户(4.5.1.5)意外成功命中(4.4.3.3.2.5)机遇的性质(4.1.3.2)。

4.4.3.3.2.18

浏览　browsing

为满足一个查询(4.4.3.3.2.3),以一般方式而不是以特定方式查看收藏(4.3.1.7)的所有文献(4.1.2.2),或者查看一个文件(1)(4.2.2.1.7)中所有记录(2)(4.2.2.1.8)的数据(4.1.1.4.1)查找方法。

4.4.3.3.2.19

冲浪　surfing

在网络中浏览(4.3.3.2.1)。

4.4.4　互操作

4.4.4.1

互操作　interoperability

在用户不完全了解各功能单元特征的情况下,能在这些功能单元之间进行通信、执行程序或传送数据的能力。

4.4.4.2

客户机服务器　client server

在网络环境下目的方和起源方的应用,包括数据库的用户和提供者。

4.4.4.3

工作站　workstation

独自工作或联网的计算机或不具有智能的终端(4.4.4.4)。

4.4.4.4

终端　terminal

由键盘和监视器或屏幕组成,用于发送和接收信息或指令的输入输出装置。

4.4.4.5

字段　field

数据元素的属性。

4.5　信息和文献的使用

4.5.1　一般术语

4.5.1.1

信息的使用　use of information

对信息(1)(4.1.1.3.8)和文献工作(4.1.2.1)机构所提供的基础设施、服务(4.5.5.1)或资料的利用。

4.5.1.2

可存取性　accessibility

法律授权和现行查找工具(4.4.3.2.1.2)所给予的查阅文献(4.1.2.2)的可获得性(4.5.6.6)和存取(4.1.1.3.13)的便利性。

4.5.1.3

信息素养　information literacy

使用潜在**信息(1)**(4.1.1.3.8)、**信息(2)**(4.1.1.3.9)和相关资源的意识和能力。

4.5.1.4

目标人群　target population

利用特定**信息(1)**(4.1.1.3.8)和**文献工作**(4.1.2.1)机构所提供**信息服务**(4.5.5.2)的实际或潜在的**信息用户**(4.5.1.5)。

4.5.1.5

信息用户　information user

信息中心(4.3.1.21)所提供的基础设施、**服务**(4.5.5.1)或资料的利用者。

4.5.1.6

下载　download

成功请求了描述性记录或内容单元,例如显示、打印、保存或发送电子邮件。

4.5.1.7

最终用户　end user

为满足**信息(1)**(4.1.1.3.8)需求而利用**信息服务**(4.5.5.2),进行特定查找而得到最终结果的**信息用户**(4.5.1.5)。

4.5.1.8

专家用户　expert user

对所提供的**信息服务**(4.5.5.2)有丰富经验的**信息用户**(4.5.1.5)。

注:**信息服务**可以有不同于标准用户模式的针对专家用户的特殊模式。

4.5.1.9

用户群　user group

具有共同兴趣的**信息用户**(4.5.1.5)。

4.5.1.10

目标服务对象　target population

适合个别图书馆特定服务目标或主要利用该图书馆特定文献资料的实际和潜在的用户群。

4.5.1.11

限定用户群　closed user group;CUG

在公共网络或在图文系统(4.1.1.1.6)中,对**数据**(4.1.1.4.1)、**信息(1)**(4.1.1.3.8)或**信息(2)**(4.1.1.3.9)具专有**存取**(4.1.1.3.13)权的**用户群**(4.5.1.9)。

4.5.1.12

信息服务网络　information service network

为**信息用户**(4.5.1.5)的利益而共同工作,共享**服务**(4.5.5.1)和资源的群体或单位。

4.5.1.13

请求(2)　request (2)

信息用户(4.5.1.5)向**信息(1)**(4.1.1.3.8)和**文献工作**(4.1.2.1)机构提出的咨询或要求。

注1:参见**请求(1)**(4.4.1.2.11)。

注2:**请求(2)**(4.5.1.13)可以包括特定资料的外借或查询,或者是信息和咨询服务帮助等。

4.5.1.14

信息请求　information request

图书馆员发出的联系信息,内容包括对一个或多个信息资源(如印本或非印本资料、机读数据库、本馆或其他机构的目录)的了解或利用。

4.5.1.15

访问权 **access rights**

获取或利用**图书馆**(1)(4.3.1.3)**馆藏**(4.3.1.13)的权利。

注：对电子馆藏而言，这意味着图书馆需要依据法律、许可或者其他契约或合作协议，确保其用户永久或暂时的获取权利。

4.5.1.16

协议 **protocol**

控制**消息**(4.1.1.3.5)交流的指令的**集合**(4.1.1.1.3)。

4.5.2 管理

4.5.2.1

存取时间 **access hours**, pl

信息(1)(4.1.1.3.8)和**文献工作**(4.1.2.1)机构可以被**信息用户**(4.5.1.5)利用的小时、天数和年中时间段。

4.5.2.2

开放时间 **opening hours**

信息(1)(4.1.1.3.8)和**文献工作**(4.1.2.1)机构对**信息用户**(4.5.1.5)开放的时段。

4.5.2.3

外借期 **loan period; lending period**

信息用户(4.5.1.5)被授权在外借机构建筑实体以外保留**文献**(4.1.2.2)的时间长度。

4.5.2.4

文献传递时间 **document delivery time**

满足**信息用户**(4.5.1.5)单一**文献**(4.1.2.2)**请求**(2)(4.5.1.13)所需的时间长度。

4.5.2.5

借出(1) **charge out** (1)

记录**文献**(4.1.2.2)移出**存储**(1)(4.4.3.1.1.1)地点的操作。

注：参见借出(2)(4.5.2.6)。

4.5.2.6

借出(2) **charge out** (2)

借出(1)(4.5.2.5)**文献**(4.1.2.2)的记录。

注：参见借出(1)(4.5.2.5)。

4.5.2.7

注册用户 **registered user**

其**数据**(4.1.1.4.1)被**信息**(1)(4.1.1.3.8)和**文献工作**(4.1.2.1)机构记录，并被授权使用信息和文献工作机构在该机构建筑内外**收藏**(4.3.1.7)文献的**信息用户**(4.5.1.5)。

4.5.2.8

用户标识卡 **user identification card; reader's ticket; admission card**

由**信息**(1)(4.1.1.3.8)和**文献工作**(4.1.2.1)机构发行并允许**存取**(4.1.1.3.13)的标识卡。

4.5.2.9

网络用户标识 **network user identification; NUI**

给予网络**服务**(4.5.5.1)预订者以表示其作为授权**信息用户**(4.5.1.5)的标识。

4.5.2.10

用户口令 **user password**

用以标识允许**信息用户**(4.5.1.5)**存取**(4.1.1.3.13)特定**计算机化系统**(4.1.1.1.6)的**词**(2)

(4.1.1.2.13)、代码(2)(4.1.1.4.7)或字符(4.1.1.2.14)的集合(4.1.1.1.3)。

4.5.2.11

开放存取 open access

对信息(2)(4.1.1.3.9)、文献(4.1.2.2)或信息服务(4.5.5.2)无限制的存取(4.1.1.3.13)。

4.5.2.12

封闭存取 closed access

根据一般的或特殊的规定对信息(2)(4.1.1.3.9)、文献(4.1.2.2)或信息服务(4.5.5.2)的存取(4.1.1.3.13)。

4.5.3 基础设施

4.5.3.1

服务区 service area

一个机构向居民提供并传递其信息服务(4.5.5.2)的地理区域。

4.5.3.2

联机公共检索目录 online public access catalogue;OPAC

其信息(2)(4.1.1.3.9)存储在计算机系统(4.1.1.1.6)的数据库(4.1.1.4.11)中,并可以直接由信息用户(4.5.1.5)通过远程终端查询的目录(4.4.3.2.1.5)。

4.5.3.3

服务台 help desk

员工可以向信息用户(4.5.1.5)提供对指定系统(4.1.1.1.6)、信息服务(4.5.5.2)或数据库(4.1.1.4.11)的建议或帮助的地方、电话或电子邮件联系方式。

4.5.3.4

读者区 reader area

在一个信息(1)(4.1.1.3.8)和文献工作(4.1.2.1)机构内为信息用户(4.5.1.5)分配的空间。

4.5.3.5

阅览室 reading room

在一个信息(1)(4.1.1.3.8)和文献工作(4.1.2.1)机构内,通常配有参考特藏(4.3.1.11)的为查询文献(4.1.2.2)而提供的空间。

4.5.3.6

隔间 bay;carrel

读者区域(4.5.3.4)中与周围环境隔离但是不完全封闭的信息用户(4.5.1.5)的工作空间。

注:在隔间里,工作文件可以被保留用于持续性的研究。

4.5.3.7

研究室 study cabin

位于读者区域(4.5.3.4)中完全封闭的用于研究的房间。

4.5.3.8

投书处 book drop

信息用户(4.5.1.5)无须员工帮助可归还文献(4.1.2.2)的接受处。

4.5.3.9

流通处 circulation desk

信息(1)(4.1.1.3.8)和文献工作(4.1.2.1)机构中员工处理外借(4.5.4.3)及与外借相关程序的区域。

4.5.4 使用类型

4.5.4.1

文献的本地使用 inhouse use of documents

文献(4.1.2.2)不借出(1)(4.5.2.5)而在信息中心(4.3.1.21)建筑内查询。

4.5.4.2

远程使用 **remote use**

在**中心图书馆**(2)(4.3.2.8)或**分馆**(4.3.2.9)的建筑外,通过**检索点**(4.4.2.1.1.14)利用**中心图书馆**(2)(4.3.2.8)在电子网络上提供的**服务**(4.5.5.1)。

4.5.4.3

外借 **loan**

文献(4.1.2.2)在一个定义的时间段内,从**存储**(1)(4.4.3.1.1.1)地点到另一个地点的物理**移交**(4.4.1.2.4)。

4.5.4.4

互借 **interlending;interloan**

在特定的条件下,在一个定义的时间段内,**文献**(4.1.2.2)从一个**图书馆**(2)(4.3.1.4)或**档案馆**(4.3.1.2)到另一个图书馆或档案馆的物理**移交**(4.4.1.2.4)。

4.5.4.5

馆际互借 **interlibrary loan;ILL;interlibrary lending**

文献(4.1.2.2)实体或其部分、或其复本,从一个图书馆借出或传递到另一个不属同一管理范围的图书馆。

注:提倡以电子形式传递文献。

4.5.4.6

电子传递 **electronic-delivery;electronic-delivery-service**

文献(4.1.2.2)通过电信以电子形式传递。

注:不包括磁盘和光盘的传递。

4.5.4.7

阅览室借阅 **reading room lending**

在**信息**(1)(4.1.1.3.8)和**文献工作**(4.1.2.1)机构内部,为查阅目的而进行的**文献**(4.1.2.2)从一个**存储**(1)(4.4.3.1.1.1)地点到另一个地点的**移交**(4.4.1.2.4)。

4.5.4.8

外借可获得性 **loan availability**

所求**外借**(4.5.4.3)**文献**(4.1.2.2)的**可获得性**(4.5.6.6)及其外借条件的表示。

4.5.4.9

续借 **renewal of loan**

被授权延长的**外借期**(4.5.2.3)。

4.5.4.10

本地请求号 **local request number**

由**信息**(1)(4.1.1.3.8)和**文献工作**(4.1.2.1)机构根据本地惯例,给**外借**(4.5.4.3)**请求**(2)(4.5.1.13)所分配的、用以标识所有与单个外借**请求**(1)相关联**消息**(4.1.1.3.5)的号码。

4.5.4.11

文献定位请求 **document-location request**

希望收到被请求**文献**(4.1.2.2)**复本**(3)(4.2.1.17)列表的**请求**(2)(4.5.1.13)。

4.5.4.12

续借请求 **loan-renewal request**

希望延长**外借期**(4.5.2.3)的**请求**(2)(4.5.1.13)。

4.5.4.13

过期通知 **overdue notice**

告知**信息用户**(4.5.1.5)所借**文献**(4.1.2.2)已经超过**外借期**(4.5.2.3)应即归还的消息。

4.5.4.14

归还通知 recall notice

要求信息用户(4.5.1.5)归还借阅文献(4.1.2.2)的消息。

4.5.5 服务

4.5.5.1

服务 service

在与用户交互中,提供者为满足用户需求而进行的内部活动所产生的结果。

注:改编自 ISO 8402:1994。

4.5.5.2

信息服务 information service

存储、存取、处理或传递信息(1)(4.1.1.3.8)或信息(2)(4.1.1.3.9)以满足特定信息用户(4.5.1.5)的需求。

注:信息服务可以包括传统的图书馆和信息服务,例如处理图书、杂志、档案(4.3.1.1)、标准、专利、研究报告等,也可以包括电子资料和服务,例如处理只读光盘、电子文献、多媒体、联机检索、最新信息提醒、电子文献传递等。

4.5.5.3

延伸项目 outreach programme

信息(1)(4.1.1.3.8)和文献工作(4.1.2.1)机构为了解其所提供信息服务(4.5.5.2)的潜在信息用户(4.5.1.5)而开展的有组织活动。

4.5.5.4

延伸服务 outreach service;extension service

信息(1)(4.1.1.3.8)和文献工作(4.1.2.1)机构在常规的服务区(4.5.3.1)以外(通常在没有其他信息服务的地方,或者当信息用户无法访问的时候)向实际的或潜在的信息用户(4.5.1.5)提供的信息服务(4.5.5.2)。

4.5.5.5

咨询面谈 reference interview;presearch interview

为确定确切的需求并且形成适当的检索策略(4.4.3.3.2.1),在信息用户(4.5.1.5)和信息(2)(4.1.1.3.9)员工之间的讨论。

4.5.5.6

参考服务 reference service

信息(1)(4.1.1.3.8)和文献工作(4.1.2.1)机构为响应请求(2)(4.5.1.13)而提供信息(2)(4.1.1.3.9)和帮助。

4.5.5.7

推介服务 referral service

信息服务(4.5.5.2)在无法提供所请求的信息(1)(4.1.1.3.8)或信息(2)(4.1.1.3.9)时,向信息用户(4.5.1.5)推荐另一个潜在的信息源或信息服务。

4.5.5.8

最新通报服务 current awareness service

向信息用户(4.5.1.5)定期提供与其兴趣相关的新近可获得文献(4.1.2.2)的信息(1)(4.1.1.3.8)。

4.5.5.9

定题服务 selective dissemination of information;SDI

与信息用户(4.5.1.5)预置的检索提问式(4.4.3.3.2.2)相匹配的最新通报服务(4.5.5.8)。

4.5.5.10

后续服务 back-up service

成功查找以后提供所选文献(4.1.2.2)的后续信息服务(4.5.5.2)。

4.5.5.11

信息打包 **information repackaging**

通过重新整理或合并来自不同信息源的资料，为特定**用户群**(4.5.1.9)的需求定制而提供**信息服务**(4.5.5.2)或产品。

4.5.5.12

文献传递服务 **document delivery service;document supply service**

与提供**外借**(4.5.4.3)复本相反，提供被**信息用户**(4.5.1.5)保留的**文献**(4.1.2.2)的**复本**(1)(4.2.1.5)或**复本**(2)(4.2.1.6)。

4.5.5.13

咨询服务 **advisory service;consulting service**

信息(2)(4.1.1.3.9)员工向**信息用户**(4.5.1.5)提供口头的或书面的帮助。

4.5.5.14

用户培训 **user training**

建立在特定课程计划基础上的培训项目，目的在于实现用户对图书馆服务的利用。

注：**用户培训**的形式可以是图书馆参观、用户教育，或者基于网络的用户服务。

4.5.5.15

用户教育 **user education;bibliographic instruction** [US]

为**信息用户**(4.5.1.5)有效利用**图书馆**(2)(4.3.1.4)、**文献中心**(4.3.1.22)或任何其他**信息**(1)(4.1.1.3.8)和**文献工作**(4.1.2.1)机构所设计的信息源和**信息服务**(4.5.5.2)的正式指导项目。

4.5.5.16

用户指南 **user guide**

向用户指引一个特定的**信息**(1)(4.1.1.3.8)和**文献工作**(4.1.2.1)机构物理安排的**记号**(4.1.1.3.2)、路标、书面指南或小册子、**地图**(4.2.2.1.29)或示意图。

4.5.5.17

电子邮件 **electronic mail;e-mail**

提供注册用户之间**书信**(4.2.2.1.14)**性质**(4.1.3.2)**通信**(4.1.1.3.1)的电子**服务**(4.5.5.1)。

4.5.6 用户研究

4.5.6.1

用户研究 **user study**

关于**信息的使用**(4.5.1.1)、**信息**(1)(4.1.1.3.8)需要和**信息**(1)需求，以及**信息用户**(4.5.1.5)对**信息服务**(4.5.5.2)期望的科学研究。

4.5.6.2

服务绩效 **service performance**

信息(1)(4.1.1.3.8)和**文献工作**(4.1.2.1)机构所提供的**信息服务**(4.5.5.2)的效果以及它们所配置资源的效率。

4.5.6.3

绩效测度 **performance measure**

用以评估**信息**(1)(4.1.1.3.8)和**文献工作**(4.1.2.1)机构**服务绩效**(4.5.6.2)的比率或其他定量方法。

4.5.6.4

绩效指标 **performance indicator**

与实现预先确定的目标相关的，表示所进行活动或所提供**服务**(4.5.5.1)的数量。

4.5.6.5

馆藏使用量 collection use

信息用户(4.5.1.5)在一个指定的时间段内查询**收藏**(4.3.1.7)的次数。

4.5.6.6

可获得性 availability

依据**信息用户**(4.5.1.5)的要求,**信息**(1)(4.1.1.3.8)和**文献工作**(4.1.2.1)机构实际提供资料、设施或**信息服务**(4.5.5.2)的程度。

4.5.6.7

流通量 circulation

在一个指定的时间段内,**信息**(1)(4.1.1.3.8)和**文献工作**(4.1.2.1)机构向**信息用户**(4.5.1.5)提供**文献**(4.1.2.2)的数量。

4.5.6.8

在架生命期 shelf life (2)

文献(4.1.2.2)在两次**外借**(4.5.4.3)之间停留在架位上的时间段。

注:参见**架上生命期**(4.4.1.2.22)、**生命期**(4.6.1.19)。

4.5.6.9

外借频率 lending frequency

表示**文献**(4.1.2.2)在一个指定的时间段内外借的次数。

4.5.6.10

文献查询频率 document consultation frequency

表示**文献**(4.1.2.2)在一个指定的时间段内被查询的次数。

4.5.6.11

文献过时 obsolescence

文献(4.1.2.2)或文献组查询的减少,随着它们的衰老在某些情况下对于给定的**主题领域**(1)(4.1.1.1.7)内其价值降低。

4.5.6.12

用户满意度 user satisfaction

表示**信息用户**(4.5.1.5)的**信息**(1)(4.1.1.3.8)需求与其对所提供的**信息服务**(4.5.5.2)满意度之间比率的**绩效测度**(4.5.6.3)。

4.5.6.13

请求满意度 request satisfaction

表示**信息**(1)(4.1.1.3.8)和**文献工作**(4.1.2.1)机构成功处理**请求**(2)(4.5.1.13)的数量或百分比与**请求**(2)(4.5.1.13)总数相比较的**绩效测度**(4.5.6.3)。

注:为统计和评估的目的,请求满意度可以通过绩效指标来度量。

4.5.6.14

用户反馈 user feedback

信息用户(4.5.1.5)向**信息**(1)(4.1.1.3.8)和**文献工作**(4.1.2.1)机构表示其**用户满意度**(4.5.6.12)的答复。

4.5.6.15

用户特征表 user profile

关于**信息用户**(4.5.1.5)兴趣领域或机构归属的表示。

4.6 文献保存

4.6.1 一般术语

4.6.1.1

保存 preservation

用于维护**文献**(4.1.2.2)或**集**(4.2.2.1.5)的整体性和延长它们寿命的所有措施(包括财务决策和战略决策)。

4.6.1.2

保管 custody

维护**文献**(4.1.2.2)完整与安全的**保存**(4.6.1.1)。

4.6.1.3

保护(1) conservation

防止、遏止或延缓**文献**(4.1.2.2)**退变**(4.6.1.12)的干预技术和抢救、修复受损文献的工作。

4.6.1.4

修复 restoration

使**退变**(6.1.12)或**损坏**(4.6.1.13)的**文献**(4.1.2.2)恢复或接近原有特征、或对其进行加固的过程。

注:在档案中,修复不包括重新创建缺失的文本等处理。

4.6.1.5

修整 repair

为恢复**文献**(4.1.2.2)原样而采取的**保护**(1)(4.6.1.3)和**修复**(4.6.1.4)措施。

4.6.1.6

载体 carrier

为表示**信息**(1)(4.1.1.3.8)而应用于**数据媒介**(4.1.1.4.2)的材料。

示例:墨水、颜料、可磁化层、石头(在雕刻中)等。

4.6.1.7

存储(2) storage (2)

保持**文献**(4.1.2.2)在规定条件下,允许对其**检索系统**(4.4.3.2.1.1)或对其中所包含的**信息**(1)(4.1.1.3.8)进行检索的**保存**(4.6.1.1)措施。

注:参见存储(1)(4.4.3.1.1.1)。

4.6.1.8

加固 consolidation

利用合适的物质强化**数据媒介**(4.1.1.4.2)。

4.6.1.9

保护记录 conservation record

对**文献**(4.1.2.2)的条件或者对其的应用实施**保护**(1)(4.6.1.3)和**修复**(4.6.1.4)措施的**文献工作**(4.1.2.1)。

4.6.1.10

可逆性 reversibility

保证**文献**(4.1.2.2)**无损坏**(4.6.1.13)地恢复到处理前状态的**保护**(1)(4.6.1.3)处理性能。

4.6.1.11

档案性质 archival quality

保护(1)(4.6.1.3)或**修复**(4.6.1.4)时,**文献**(4.1.2.2)或资料中所固有的允许其在受控制条件下无限期**保存**(4.6.1.1)和**利用**(4.6.1.23)的物理性质。

4.6.1.12

退变 deterioration

文献(4.1.2.2)材料因理化或生物作用而逐步老化变质甚至损毁的过程。

4.6.1.13

损坏 damage

由于外部或内部作用而导致文献(4.1.2.2)物理状况的有害变化。

4.6.1.14

失灵 failure

一个功能单元履行其所规定功能的能力终止。

4.6.1.15

生物退变 biodeterioration

由于生物物质导致的退变(4.6.1.12)。

4.6.1.16

机械损坏 mechanical damage

物质对象(4.1.1.1.2)内部或其上因物理力的相互作用而导致的使其变形或变质的损坏(4.6.1.13)。

4.6.1.17

化学损坏 chemical damage

由于自身不稳定或者与外部影响的相互作用,使组成物质对象(4.1.1.1.2)的物质变化而导致的损坏(4.6.1.13)。

4.6.1.18

疲劳失灵 fatique failure

材料随着时间流逝在重复张力下的失灵(4.6.1.14)。

4.6.1.19

生命期 shelf life (3)

材料因退变(4.6.1.12)而不宜再利用(4.6.1.23)以前的时间段。

注:参见在架生命期(4.5.6.8)。

4.6.1.20

老化 aging

随着时间流逝的退变(4.6.1.12)。

4.6.1.21

加速老化 accelerated aging

将资料放在导致退变(4.6.1.12)的高强环境条件下,以估计资料老化(4.6.1.20)效果的测试方法。

4.6.1.22

处理 handling

文献(4.1.2.2)保存(4.6.1.1)和利用(4.6.1.23)所需要的物理作用。

4.6.1.23

利用 use

对文献(4.1.2.2)的各种使用。

注:利用既包括个别的查阅,也包括展览之类的集体查阅。

4.6.1.24

绝对湿度 absolute humidity;humidity;moisture content

在一个单位空气容量中水汽的实际含量。

4.6.1.25

相对湿度 relative humidity

在一个给定的空气容量中和温度下,用百分比表示水汽的量与该容量中和该温度下的水汽最大量之比。

4.6.1.26

相对湿度计 hygrometer

测量**相对湿度**(4.6.1.25)的仪器。

4.6.1.27

温度湿度计 thermo-hygrograph;hygrothermograph [US]

连续记录温度和**相对湿度**(4.6.1.25)的仪器。

4.6.1.28

防灾预案 disaster control plan

为避免自然或人为灾难而有组织地限制其影响且便于恢复的方案。

4.6.2 保存材料的性质

4.6.2.1

永久性 permanence

材料长时间抵抗化学变化、能够在常规**存储**(2)(4.6.1.7)和**利用**(4.6.1.23)条件下,延续至少几百年而没有重大**退变**(4.6.1.12)的能力。

4.6.2.2

耐用性 durability

材料在**存储**(2)(4.6.1.7)和**利用**(4.6.1.23)中保持其物理强度和化学稳定性的能力。

4.6.2.3

可渗透性 permeability

允许液体或气体从一个表面穿透到另一个表面的材料性质。

4.6.2.4

不褪色性 fastness

色素或染料允许材料保持原有色彩的性质。

4.6.2.5

碱储量 alkali reserve

在指定的测试条件下,加入**纸张**(4.6.5.1)以中和因自然**老化**(4.6.1.20)或大气污染产生的酸的化合物的度量。

4.6.2.6

耐破强度 bursting strength

在指定的测试条件下,材料经受表面垂直均匀分布压力的能力测度。

4.6.2.7

拉伸强度 tensile strength

在指定的测试条件下,材料经受拉伸而不破裂的能力测度。

4.6.2.8

折皱性 creasability

一张材料折叠后不**开裂**(4.6.6.8)的能力。

4.6.2.9

折叠耐久性 folding endurance

在指定的测试条件下,材料经受折叠的能力测度。

4.6.2.10

弹性 elasticity

材料在拉伸后回归其先前的形状而没有**损坏**(4.6.1.13)的能力。

4.6.2.11

柔性 flexibility

材料在弯曲后回归其先前形状而没有**损坏**(4.6.1.13)的能力。

4.6.2.12

塑性 plasticity

材料采用新的形状而没有**损坏**(4.6.1.13)的能力。

4.6.2.13

可延伸性 extensibility

材料被延伸而没有**损坏**(4.6.1.13)的能力。

4.6.2.14

刚性 rigidity

在经受机械力时,物资**对象**(4.1.1.1.2)或结构保持其形状而没有**损坏**(4.6.1.13)的能力。

4.6.2.15

脆性 brittleness

在经受机械力的情况下刚性材料突然**失灵**(4.6.1.14)的趋势。

4.6.2.16

可擦除性 erasability

载体(4.6.1.6)允许从其上删除**记录信息**(4.1.1.3.10)并被重新使用的能力。

4.6.2.17

抗撕性 tear resistance

在指定测试条件下材料经受撕拉的能力测度。

4.6.2.18

维度稳定性 dimensional stability

不受加工、环境、**老化**(4.6.1.20)和**利用**(4.6.1.23)的影响,材料保持其维度和形状的能力。

4.6.2.19

抗湿性 wet strength

在指定的测试条件下,材料浸水后抵抗破裂和分裂的能力测度。

4.6.2.20

抗水性 water resistance

材料抵抗但不是完全阻止水的作用或者渗透的能力。

4.6.2.21

防火性 fire resistance

在指定测试条件下,材料或结构抵抗倒塌、火焰穿透和非接触表面上温度过度上升的能力测度。

4.6.2.22

非可燃性 non-combustibility

在指定测试条件下空气加热时材料阻止烧毁的能力测度。

4.6.2.23

非易燃性 non-flammability

在指定测试条件下被燃烧时材料阻止燃烧的能力的测度。

4.6.2.24

pH 值　pH value

在水溶液中材料的酸性或碱性浓度的测度。

4.6.2.25

颜色　colour

虹的任何色彩以及将这些色彩与白色或黑色混合所产生的任何色调或色度。

4.6.2.26

光滑性　smoothness

由指定的测试条件而确定的材料表面凹凸程度的测度。

4.6.2.27

白度　whiteness

材料表面反射光线的能力的测度。

4.6.2.28

不透明性　opacity

材料所反射的光线量与所吸收的光线量之比率。

4.6.2.29

半透明性　translucence

材料表面传递光线但是不透明的能力。

4.6.2.30

透明性　transparence

材料允许通过固体物质或通过缝隙清晰可见的能力。

4.6.3　文献制作或保护的过程

4.6.3.1

涂层　coating

在材料的表面应用一种或多种液体形式的其他材料的过程。

4.6.3.2

涂料　sizing

在**纸张**(4.6.5.1)或**纸板**(1)(4.6.5.2)堆或表面上附加材料的过程,通常是为了增强抵抗液体(例如墨水)渗透或扩散的能力并且增强其表面强度。

4.6.3.3

漂白　bleaching (1)

用化学物质处理纸浆以改进所生产**纸张**(4.6.5.1)的亮度。

4.6.4　导致文献损坏的触媒

4.6.4.1

微生物　micro-organism

通常肉眼难以看见的生物。

示例:细菌或病毒。

4.6.4.2

真菌　fungus

不含叶绿素,以有机物质为养料的隐花植物。

注:真菌有很多种形式。文献中最常见的形式就是霉菌。

4.6.4.3

书虱　book louse

靠用植物制作的材料上的微小**真菌**(4.6.4.2)为食的啮虫科昆虫。

4.6.4.4

书蠹　bookworm

已知破坏**文献**(4.1.2.2)的若干种甲虫中任何一种的幼虫。

4.6.5　在文献的组成或保护中使用的材料

4.6.5.1

纸张　paper

通过液体悬浮的纸浆干燥以后在精致的网板上形成的纤维张或网。

注：**纸张**可以同时用于纸张和**纸板**(1)(4.6.5.2)。克重低于 225 g/m² 的一般被认为是纸张，克重等于或大于 225 g/m² 的一般被认为是纸板。

4.6.5.2

纸板(1)　board (1)

具有相对高**刚性**(4.6.2.14)的**纸张**(4.6.5.1)。

注 1：参见**纸板**(2)(4.6.8.14)。

注 2：**纸张**可以用于纸张和**纸板**(1)(4.6.5.2)。克重低于 225 g/m² 的一般被认为是纸张，克重等于或大于 225 g/m² 的一般被认为是纸板。

4.6.5.3

机械木浆纸　mechanical woodpulp paper

通过机械手段从木材获得纤维所制造的**纸张**(4.6.5.1)。

注：在历史上，由于木质素含量高，磨木浆纸容易磨损。

4.6.5.4

无木浆纸　woodfree paper；lignin-free paper

原则上仅用通过化学方式从木材或者其他植物获得的纤维制造的**纸张**(4.6.5.1)。

4.6.5.5

无酸纸　acid-free paper

pH 值(4.6.2.24)显示为中性或碱性的**纸张**(4.6.5.1)。

4.6.5.6

档案纸　archival paper；permanent paper

经过在**图书馆**(2)(4.3.1.4)、**档案馆**(4.3.1.2)和其他受保护环境中的长期**存储**(2)(4.6.1.7)，很少或不会产生**利用**(4.6.1.23)性质变化的**无酸纸**(4.6.5.5)。

4.6.5.7

再生纸　reclaimed paper

用纸张生产过程中的废物纤维制造的**纸张**(4.6.5.1)。

4.6.5.8

再造纸　recycled paper

用从**利用**(4.6.1.23)后回收的纸张中获得的纤维制造的**纸张**(4.6.5.1)。

4.6.5.9

耐用纸　durable paper

在指定测试条件下满足**耐用性**(4.6.2.2)需求的**纸张**(4.6.5.1)。

4.6.5.10

新闻纸　newsprint

用**机械木浆纸**(4.6.5.3)制造的、很少或没有添加矿物质的**纸张**(4.6.5.1)。

4.6.5.11

铜板纸(1)　art paper (1)

高档的绘画**纸张**(4.6.5.1)。

注：参见**铜板纸**(2)(4.6.5.12)。

4.6.5.12

铜板纸(2)　art paper (2)

不含机械木浆的、用于精细丝网**印刷**(4.1.2.17)的**涂布纸**(4.6.5.17)。

注：参见**铜板纸**(1)(4.6.5.11)。

4.6.5.13

仿铜板纸　imitation art paper

经过填料和压光产生出**铜板纸**(2)(4.6.5.12)特征的非涂布**纸张**(4.6.5.1)。

4.6.5.14

印度纸　India paper

薄、强度大、耐久性高的**印刷**(4.1.2.17)**纸张**(4.6.5.1)，一般用于打印非大开本的多卷文献。

4.6.5.15

设计纸　plan paper; map paper

具有较强性质，特别有**拉伸强度**(4.6.2.7)、**折叠耐久性**(4.6.2.9)和**抗摩擦损耗**(4.6.6.2)，并具维**度稳定性**(4.6.2.18)的大量施胶的**纸张**(4.6.5.1)。

4.6.5.16

安全纸张　security paper

具有标识特征以防止伪造的**纸张**(4.6.5.1)。

示例：用于印刷纸币的纸张。

4.6.5.17

涂布纸　coated paper

用黏土或其他材料涂层的**纸张**(4.6.5.1)。

4.6.5.18

研光纸　calendered paper

经过一次或多次滚压而使表面光滑的**纸张**(4.6.5.1)。

4.6.5.19

非施胶纸　unsized paper

没有添加涂料的**纸张**(4.6.5.1)。

示例：吸墨纸，修改纸。

4.6.5.20

防护纸　barrier sheet

为防止**页**(4.2.4.27)和页之间背面**蹭脏**(4.6.6.17)或化学试剂迁移而插入的**纸张**(4.6.5.1)。

4.6.5.21

皮纸　parchment

动物皮经处理而获得的材料。

注：通常是绵羊或山羊的皮。

4.6.5.22

精制犊皮纸　vellum

用犊皮制作的精制**皮纸**(4.6.5.21)。

4.6.5.23

宣纸　xuan-paper

以青檀树皮为主要原料，经过浸泡、蒸煮、漂白、打浆、水捞、加胶等十八道工序制作而成的**纸张**(4.6.5.1)。

4.6.5.24

甲骨 **oracle bones**

中国最早的记录文字载体，古代殷周时期占卜时用的龟甲和兽骨。卜甲和卜骨合称为甲骨。

注：甲骨上多刻有占卜记录，其文字即甲骨文。

4.6.5.25

竹简 **bamboo-slips**

作为中国古代典籍的主要载体之一，用线绳或牛皮绳将加工好的狭长竹片编联。

注：用于纸张发明并普遍用于书写之前的时期，即公元四世纪前。

4.6.5.26

薄页纸 **tissue**

轻质的**非施胶纸**(4.6.5.19)。

4.6.5.27

修复薄页纸 **repair tissue**

在**纸张**(4.6.5.1)**文献**(4.1.2.2)的**修复**(4.6.1.4)中用作上衬的**薄页纸**(4.6.5.26)。

4.6.5.28

粘合剂 **adhesive**

通过化学或机械作用或者兼有两种作用而将材料互相结合起来的物质。

4.6.5.29

张 **sheet**

按一定拼版模式通常在正反两面印刷若干**页**(4.2.4.27)的一大**纸张**(4.6.5.1)。

4.6.6 文献损坏的类型

4.6.6.1

损耗 **wear and tear**

文献(4.1.2.2)**处理**(4.6.1.22)和**利用**(4.6.1.23)中机械力所导致的**损坏**(4.6.1.13)。

4.6.6.2

摩擦损耗 **abrasion**

因材料与其他材料之间的接触而摩擦和**损耗**(4.6.6.1)所导致的**损坏**(4.6.1.13)。

4.6.6.3

泡 **blister**

由于含有空气、气体或液体导致材料表面的局部凸起变形。

4.6.6.4

脆化 **embrittlement**

材料性质从**柔性**(4.6.2.11)向**脆性**(4.6.2.15)的变化。

4.6.6.5

变形 **buckling**

在一个或多个平面上的扭曲而导致的原始形状的**缺失**(4.6.6.18)。

4.6.6.6

起皱 **cockling**

在一个平面上以波纹形式的**变形**(4.6.6.5)。

4.6.6.7

卷曲 **curling**

一张(纸等)在一个平面上卷起的**变形**(4.6.6.5)。

4.6.6.8

开裂 **cracking**

在**对象**(4.1.1.1.2)的表面或者内部以不连续性的形式所出现的**损坏**(4.6.1.13)。

4.6.6.9

纹裂 **crazing**

对象(4.1.1.1.2)的整个表面以某种图案形状延伸的**开裂**(4.6.6.8)。

4.6.6.10

蠕变(1) **creep (1)**

文献(4.1.2.2)由于长期负荷出现维度扩张形式的**变形**(4.6.6.5)。

注:参见**蠕变**(2)(4.6.6.11)。

4.6.6.11

蠕变(2) **creep (2)**

粘合剂(4.6.5.28)经长时期后扩散到最初应用点以外的地方。

注:参见**蠕变**(1)(4.6.6.10)。

4.6.6.12

潮湿延伸 **damp stretching**

文献(4.1.2.2)由于吸收湿气而出现维度扩张形式的**变形**(4.6.6.5)。

4.6.6.13

收缩 **shrinking**

文献(4.1.2.2)以维度减少形式的**变形**(4.6.6.5)。

4.6.6.14

裁切 **cropping**

文献(4.1.2.2)的部分被切除以至于其维度甚至其上记录的**信息**(1)(4.1.1.3.8)发生改变。

4.6.6.15

折角 **dog-eared**

由于制造**损坏**(4.6.1.13)、故意行为或者**损耗**(4.6.6.1)所导致的一**叶**(4.2.4.26)的角被折转。

4.6.6.16

渗色 **bleeding**

由于与液体的接触而使得色素或染料被洗出或迁移到临近区域。

4.6.6.17

蹭脏 **off-setting**

在**印刷**(4.1.2.17)过程中的干燥之前或者在后续的迁移中,油墨转移到相临的**叶**(4.2.4.26)或另一**载体**(4.6.1.6)上的现象。

4.6.6.18

缺失 **loss**

文献(4.1.2.2)整体或部分的不存在。

4.6.6.19

脱漏 **lacuna**

图形**文献**(4.1.2.2)中**记录信息**(4.1.1.3.10)的**缺失**(4.6.6.18)。

4.6.6.20

变色 **discolouration**

一种颜色的色度或**性质**(4.1.3.2)的变化。

4.6.6.21

沾污 stain

由于与其他物质接触而导致的**变色**(4.6.6.20)。

4.6.6.22

泛黄 foxing

纸张(4.6.5.1)出现棕色小斑的**变色**(4.6.6.20)。

注：泛黄是由真菌的活动所致。

4.6.6.23

发黄 yellowing

由于**老化**(4.6.1.20)而逐渐发黑，最终变成棕色的**变色**(4.6.6.20)。

4.6.6.24

光降解 photodegradation

由光的作用而导致的**退变**(4.6.1.12)。

4.6.6.25

酸退变 acid deterioration

由于内部或外部化学试剂的作用而产生的**退变**(4.6.1.12)。

4.6.6.26

酸迁移 acid migration

由于接触使得酸从酸性材料向较低酸性材料的转移。

4.6.6.27

氧化 oxidation

通过电子交换而改变化合物性质的化学反应的结果。

4.6.7 保护措施

4.6.7.1

清洁 cleaning

从**文献**(4.1.2.2)上去除污垢和灰尘等外来物质。

4.6.7.2

机械清洁 mechanical cleaning

用机械手段清除**文献**(4.1.2.2)表面的灰尘和污垢。

示例：通过刷、吹、真空吸尘。

4.6.7.3

干清洁 dry cleaning

使用擦抹物进行**清洁**(4.6.7.1)。

4.6.7.4

清洗 washing

通过浸入水中或者表面施加水的方法进行**清洁**(4.6.7.1)。

4.6.7.5

生物清洁 biological cleaning

应用酶来进行**清洁**(4.6.7.1)。

4.6.7.6

化学清洁 chemical cleaning

通过浸入化学物质中或者表面施加化学物质的方法来**清洁**(4.6.7.1)。

4.6.7.7

漂洗　bleaching (2)

用氧化或还原试剂进行的**化学清洁**(4.6.7.6)。

注：参见漂白(4.6.3.3)。

4.6.7.8

脱酸　deacidification

为有利于**对象**(4.1.1.1.2)的**保存**(4.6.1.1),用碱性物质提高物质对象的 **pH 值**(4.6.2.24)。

4.6.7.9

水脱酸　aqueous deacidification

使用基于水的溶液的**脱酸**(4.6.7.8)。

4.6.7.10

无水脱酸　non-aqueous deacidification

使用不基于水的溶液的**脱酸**(4.6.7.8)。

4.6.7.11

重施涂料　resizing

通过施加涂料增加**对象**(4.1.1.1.2)机械强度的**修复**(4.6.1.4)技术。

4.6.7.12

浸渍　impregnation

在材料**对象**(4.1.1.1.2)中注入或吸收液体。

4.6.7.13

杀虫　disinfestation

去除昆虫、小啮齿目动物和其他害虫。

4.6.7.14

消毒　disinfection

消灭有害的**微生物**(4.6.4.1)。

4.6.7.15

熏蒸　fumigation

将**文献**(4.1.2.2)材料置于密闭环境中与气体或蒸汽接触,进行**杀虫**(4.6.7.13)或**消毒**(4.6.7.14)。

4.6.7.16

加湿(1)　humidification (1)

在维持稳定温度的情况下增加**相对湿度**(4.6.1.25)。

注：参见加湿(2)(4.6.7.17)。

4.6.7.17

加湿(2)　humidification (2)

通过**加湿(1)**(4.6.7.16)增加一个物质**对象**(4.1.1.1.2)的**绝对湿度**(4.6.1.24)的**保护**(1)(4.6.1.3)处理。例如将过于干燥和易碎文件放在蒸气室或有潮湿空气的容器内,使之逐步吸收水分以增加柔性。

4.6.7.18

去湿　dehumidification

降低**相对湿度**(4.6.1.25)。

4.6.7.19

平整　flattening

去除**文献**(4.1.2.2)的平面变形。

4.6.7.20

装裱　mounting

将一个**数据媒介**(4.1.1.4.2)附加到一个**文献**(4.1.2.2)上的**保护**(1)(4.6.1.3)处理。

注：装裱经常是为了处置或展示的目的而采取的保护措施。

4.6.7.21

背衬　backing

在**文献**(4.1.2.2)的背后增加加固层并尽可能地保持文献的原状。

4.6.7.22

封装　encapsulation

将材料**对象**(4.1.1.1.2)密封在惰性透明材料层之间。

4.6.7.23

层压　lamination

为加固和保护将透明材料粘合到**纸张**(4.6.5.1)的一面或两面。

4.6.7.24

裱褙　silking

使用丝网的**层压**(4.6.7.23)。

4.6.7.25

热封　heat-sealing

用热和压力实现粘合的**层压**(4.6.7.23)。

4.6.7.26

层离　delamination

通过物理或化学手段去除层压材料。

4.6.7.27

干裱　dry mounting

由热和压力激活的非液体**粘合剂**(4.6.5.28)实现粘连的**装裱**(4.6.7.20)。

4.6.7.28

填充　infilling

用合适的材料在物理上替代物质**对象**(4.1.1.1.2)的缺失部分。

4.6.7.29

批量保护　mass conservation

用自动化**保护**(1)(4.6.1.3)技术同时处理大量的**文献**(4.1.2.2)。

4.6.7.30

图像增强　image enhancement

用光学或电子技术重新创建模糊的或不完整的**信息**(1)(4.1.1.3.8)。

4.6.8　装订图书的部分

4.6.8.1

装订(1)　binding (2)

将**叶**(4.2.4.26)固定在一起并附加**封面**(4.6.8.11)的过程或技术。

注：参见**封皮**(4.2.4.30)。

4.6.8.2

书芯　book block

准备**装订**(1)(4.6.8.1)的牢固结合在一起的一**卷**(2)(4.2.4.1)的**叶**(4.2.4.26)。

4.6.8.3

配页(1)　section;gathering

为**装订**(1)(4.6.8.1)的目的聚集起来并作为一个单位处理的若干折叠的**叶**(4.2.4.26)。

注：参见**配页**(2)(4.6.10.1)。

4.6.8.4

插页　insert

与**文本**(4.1.1.2.4)分开印刷并且在**装订**(1)(4.6.8.1)中缝或贴到**书芯**(4.6.8.2)中的印张。

4.6.8.5

折标　signature

通常印在出版物第一或后续几个单数页的地脚处,以便于资料印刷、折叠和装订的字母和/或符号、数字。

4.6.8.6

书背　back

书芯(4.6.8.2)的装订边缘。

4.6.8.7

背衬　lining

用**粘合剂**(4.6.5.28)粘到**书芯**(4.6.8.2)的**书背**(4.6.8.6),或粘到**书壳**(4.6.8.13)的**书脊**(4.6.8.16)上的材料。

4.6.8.8

冷纱布　super

粘到**书背**(4.6.8.6)或**书芯**(4.6.8.2)上形成精装**卷**(2)(4.2.4.1)的第一层**背衬**(4.6.8.7)的粗布。

4.6.8.9

环衬纸　endpaper

粘联**书芯**(4.6.8.2)的折叠的**纸张**(4.6.5.1),在**卷**(2)(4.2.4.1)装订**书壳**(4.6.8.13)时,其外**页**(4.2.4.27)用**粘合剂**(4.6.5.28)与内侧粘连。

4.6.8.10

衬页　paste-down

粘到**纸板**(2)(4.6.8.14)内侧的**环衬纸**(4.6.8.9)的一半。

4.6.8.11

封面　cover

在**利用**(4.6.1.23)中起保护作用的粘连到**书背**(4.6.8.6)上和**书芯**(4.6.8.2)侧边的材料。

4.6.8.12

硬皮封面　hard cover

用柔韧材料制作的书的封面,通常是硬纸板托住的布或纸。

4.6.8.13

书壳　case

在粘连到**书芯**(4.6.8.2)上之前已经完成了的**封面**(4.6.8.11)。

4.6.8.14

纸板(2)　board (2)

作为**封面**(4.6.8.11)部分粘连到**书芯**(4.6.8.2)任何一侧的**纸板**(1)(4.6.5.2)。

4.6.8.15

装订纸板　binder's board

用作**纸板**(2)(4.6.8.14)的硬**纸板**(1)(4.6.5.2)。

4.6.8.16

书脊　spine

卷(2)(4.2.4.1)的书背(4.6.8.6)以及覆盖其上的封面(4.6.8.11)的部分。

4.6.8.17

书脊槽　joint

当封面开合时会弯曲的书脊(4.6.8.16)和封面(4.6.8.11)的结合部位。

4.6.8.18

装订线　gutter

卷(2)(4.2.4.1)的两个对页(4.2.4.27)的两个内侧边缘所形成的区间。

4.6.9　装订类型

4.6.9.1

全装订　full binding

用同样的材料对卷(2)(4.2.4.1)书脊(4.6.8.16)和边进行完整的装订(1)(4.6.8.1)。

4.6.9.2

布面精装　cloth binding

用布和硬纸板(2)(4.6.8.14)做的全装订(4.6.9.1)。

4.6.9.3

半装订　half binding

书脊(4.6.8.16)延伸到纸板(2)(4.6.8.14)宽度的四分之一,纸板(2)(4.6.8.14)的两个角用一种材料覆盖,其余边用另一种材料覆盖的装订(1)(4.6.8.1)。

4.6.9.4

四分之一装订　quarter binding

书脊(4.6.8.16)用一种材料覆盖,侧边用另一种材料覆盖的装订(1)(4.6.8.1)。

4.6.9.5

图书馆装订　library binding

为图书馆频繁利用(4.6.1.23)而做的装订(1)(4.6.8.1)。

4.6.9.6

粘合装订　adhesive binding;perfect binding

用粘合剂(4.6.5.28)将分开的叶(4.2.4.26)粘连在一起的装订(1)(4.6.8.1)。

4.6.9.7

机械装订　mechanical binding

使用机械装置而不是用线或粘合剂(4.6.5.28)来连接叶(4.2.4.26)的装订(1)(4.6.8.1)。

4.6.9.8

螺旋装订　spiral binding

叶(4.2.4.26)和外侧封面(4.6.8.11)上钻一排孔,并且由连续的螺旋金属线穿过这些孔而完成的机械装订(4.6.9.7)。

4.6.9.9

梳式装订　comb binding

从塑料书脊(4.6.8.16)延伸出来的弯曲尖头,被插入叶(4.2.4.26)和外侧封面(4.6.8.11)中的槽所做的机械装订(4.6.9.7)。

4.6.10　装订过程

4.6.10.1

配页(2)　collation

以正确的顺序(4.1.1.1.8)装配叶(4.2.4.26)或配页(1)(4.6.8.3)。

4.6.10.2

锁线装订　sewing

用针和线固定**配页**(1)(4.6.8.3)。

4.6.10.3

装订(2)　stitching

用线和金属丝等固定**叶**(4.2.4.26)或**配页**(1)(4.6.8.3)。

4.6.10.4

平订　side stitching;side sewing

线或金属丝穿过整个**卷**(2)(4.2.4.1)的厚度的**装订**(2)(4.6.10.3)。

4.6.10.5

骑马订　saddle stitching

金属订书钉穿过由一个**配页**(4.6.8.3)组成的**卷**(2)(4.2.4.1)中间折叠页的**装订**(2)(4.6.10.3)。

4.6.10.6

粘插页　tipping-in

用一条窄的**粘合剂**(4.6.5.28)将一**叶**(4.2.4.26)沿着被插入的叶的一边与另一叶粘连起来。

4.6.10.7

上书壳　casing-in

将**粘合剂**(4.6.5.28)施加在**书芯**(4.6.8.2)最外部的**环衬纸**(4.6.8.9)上,并将书芯装入**书壳**(4.6.8.13)的过程。

4.6.10.8

涂胶　gluing-off

锁线装订(4.6.10.2)以后,在**书芯**(4.6.8.2)的**书背**(4.6.8.6)上施加**粘合剂**(4.6.5.28)的过程。

4.6.10.9

压平　nipping

锁线装订(4.6.10.2)和**书背**(4.6.8.6)**涂胶**(4.6.10.8)以后,在**书芯**(4.6.8.2)上施加压力以减少线引起的隆起。

4.6.10.10

开槽　notching

粘合装订(4.6.9.6)时,在施加**粘合剂**(4.6.5.28)之前在**书芯**(4.6.8.2)的**书背**(4.6.8.6)上刻槽。

4.7　信息和文献工作的法律问题

4.7.1　一般术语

4.7.1.1

公共记录(2)　public records (2)

国家立法中所称的**记录**(1)(4.1.1.3.11)和**档案**(4.3.1.1)。

注:参见**公共记录**(1)(4.3.3.13)。

4.7.1.2

不可让渡性　inalienability;inviolability

公共记录(2)(4.7.1.1)不可以转让给没有被法律赋予所有权的任何人。

4.7.1.3

不受约束性　imprescriptibility

公共记录(2)(4.7.1.1)由于其不可让渡而可以永久被追回的原则。

4.7.1.4

认证(1)　certification (1)

证实**文献**(4.1.2.2)或其**复本**(1)(4.2.1.5)或**复本**(2)(4.2.1.6)的正式特性的行为。

注：参见认证(2)(4.7.1.5)。

4.7.1.5

认证(2)　certification (2)

在一个控制程序中对确定产品和服务满足规定要求程度的陈述。

注：参见认证(1)(4.7.1.4)。

4.7.1.6

认证复本　certified copy

经由权威确认的**复本**(2)(4.2.1.6)。

4.7.1.7

登记册　register

由法定权威机构正式录入**数据**(4.1.1.4.1)的**文献**(4.1.2.2)，通常为**卷**(2)(4.2.4.1)。

4.7.1.8

法案　act

体现立法机关或其他公共当局决策的**文献**(4.1.2.2)。

4.7.1.9

文化产权法　cultural property law

私有**文献**(4.1.2.2)和其他国家文化遗产资料销售和出口规定的**法案**(4.7.1.8)。

4.7.1.10

官方公报　official bulletin

具有法律性质的作为权威**信息**(2)(4.1.1.3.9)来源的**文献**(4.1.2.2)。

4.7.2　文学、艺术和工业产权

4.7.2.1　一般术语

4.7.2.1.1

知识作品　intellectual work

由知识活动产生的、因其**独创性**(4.7.2.1.5)或**新颖性**(4.7.2.1.6)而享有**版权**(4.7.2.2.2)或**工业产权所有权**(4.7.2.3.1.2)的**文献**(4.1.2.2)。

4.7.2.1.2

保护(2)　protection

赋予一种**知识作品**(4.7.2.1.1)**著作权**(4.7.2.2.1)或**工业产权所有权**(4.7.2.3.1.2)的法律保证。

4.7.2.1.3

公有领域　public domain

因为不会侵犯**精神权**(4.7.2.2.9.1)而可以自由利用的**知识作品**(4.7.2.1.1)的总体。

4.7.2.1.4

先有技术　prior art

在**专利申请**(4.7.2.3.3.2)的**优先日期**(4.7.2.3.3.5)之前，按使用或其他任何方式通过书面或口头**描述**(4.7.2.3.4.2)可以被公众获得的所有东西。

4.7.2.1.5

独创性　originality；inventive height

不是直接从其他现有知识作品派生出来，或者将其他现有知识作品组合而成的**知识作品**(4.7.2.1.1)的性质。

注：所有独创作品都是新颖的。

4.7.2.1.6

新颖性 novelty

知识作品(4.7.2.1.1)区别于其他现有知识作品的性质。

注：并非所有新颖作品都是独创的。

4.7.2.1.7

查新 novelty search

对可能影响一件**发明**(4.7.2.1.8)的**新颖性**(4.7.2.1.6)或**独创性**(4.7.2.1.5)的**单元**(4.1.1.1.4)进行查找。

4.7.2.1.8

发明 invention

具有可申请专利特征的，涉及一个**对象**(4.1.1.1.2)、一个装置、一个物质的组成部分或其生产过程的**知识作品**(4.7.2.1.1)。

4.7.2.1.9

可获专利性 patentability

知识作品(4.7.2.1.1)在**工业产权**(4.7.2.3.1.1)领域中满足获得**专利**(4.7.2.3.1.9)的法律要求的能力。

4.7.2.1.10

许可(1) licence

在指定条件下对**知识作品**(4.7.2.1.1)的利用所作的授权。

4.7.2.1.11

许可(2) clearance

对于特定**保密数据**(4.7.3.2.5)**存取**(4.1.1.3.13)的授权。

4.7.2.1.12

转让 assignment

将**著作权**(4.7.2.2.1)、发明权或**工业产权所有权**(4.7.2.3.1.2)转让给另一个人或组织。

4.7.2.1.13

盗版作品 pirated work;piracy

故意侵犯与**知识作品**(4.7.2.1.1)所关联的权利，以任何手段完整或部分地对知识作品的复制、公开演出、远程**通信**(4.1.1.3.1)，或者**二次文献**(4.1.2.3)的制作。

4.7.2.1.14

剽窃 plagiary

通过借用或模仿，完整或部分地将另一个**著者**(4.4.2.1.5.2)的**知识作品**(4.7.2.1.1) 作为自己的作品。

4.7.2.1.15

合理使用 fair dealing;fair use[US]

在法律法规规定或公约允许范围内，**知识作品**(4.7.2.1.1)的自由使用。

4.7.2.2 著作权

4.7.2.2.1

著作权 author's rights,pl

赋予**知识作品**(4.7.2.1.1)的**著者**(4.4.2.1.5.2)的所有权利。

注：也称作者权。

4.7.2.2.2

版权 copyright

利用**知识作品**(4.7.2.1.1)的专有的权利。

4.7.2.2.3

版权通告 **copyright notice**

表示文献**版权**(4.7.2.2.2)的年份和拥有者的关于文献**出版项**(4.4.2.1.5.11)的通告。

4.7.2.2.4

邻接权 **neighbouring rights**,pl

赋予传播文学或艺术作品贡献者的**著作权**(4.7.2.2.1)。

4.7.2.2.5

死后的出版物权 **right of posthumous publication**

著者(4.4.2.1.5.2)死后对其尚未出版的**知识作品**(4.7.2.1.1)拥有的**著作权**(4.7.2.2.1)。

4.7.2.2.6

翻译权 **right of translation**

知识作品(4.7.2.1.1)的拥有者享有的自行翻译或他人**翻译**(4.1.1.2.30)的**著作权**(4.7.2.2.1)。

4.7.2.2.7

翻译许可 **translation licence**

当一种书面的**知识作品**(4.7.2.1.1)的原始**出版物**(4.2.1.12)七年以后没有被翻译,且证明不可能获得**翻译权**(4.7.2.2.6)拥有者许可时,国家赋予的**翻译**(4.1.1.2.30)成民族**语言**(4.1.1.2.1)的非专有的权利。

4.7.2.2.8

专有权 **exclusive rights**,pl

排除其他人从一种**知识作品**(4.7.2.1.1)获得利益的**著作权**(4.7.2.2.1)。

4.7.2.2.9 著者的精神权

4.7.2.2.9.1

精神权 **moral right**

著作权(4.7.2.2.1)的永久的、不可让渡的和不受约束的部分。

4.7.2.2.9.2

署名权 **right of appellation;right of respect for the name;right to be identified**

著者(4.4.2.1.5.2)在其**知识作品**(4.7.2.1.1)上根据自己的意愿署名,当其作品被引用或被表演时以被识别的**精神权**(4.7.2.2.9.1)。

4.7.2.2.9.3

尊重作品权 **right of respect for the work;right to object to derogatory treatment**

保护**知识作品**(4.7.2.1.1)反对歪曲和其他任何贬低行动的**精神权**(4.7.2.2.9.1)。

4.7.2.2.9.4

公开权 **right of disclosure**

著者(4.4.2.1.5.2)是否出版**知识作品**(4.7.2.1.1)的**精神权**(4.7.2.2.9.1)。

4.7.2.2.9.5

更正收回权 **right of correction or withdrawal**

知识作品(4.7.2.1.1)的**著者**(4.4.2.1.5.2)在支付**出版者**(4.1.3.13)补偿后,从流通中销毁、修改或收回作品的**精神权**(4.7.2.2.9.1)。

4.7.2.2.10 著者的经济权利

4.7.2.2.10.1

经济权 **economic rights**,pl

赋予为赢利目的而利用**知识作品**(4.7.2.1.1)的专有权的**著作权**(4.7.2.2.1)。

4.7.2.2.10.2

公开演出权 right of public performance

著作权(4.7.2.2.1)拥有者决定知识作品(4.7.2.1.1)公开演出或远程通信(4.1.1.3.1)的经济权(4.7.2.2.10.1)。

4.7.2.2.10.3

复制权 right of reproduction

著作权(4.7.2.2.1)拥有者决定其知识作品(4.7.2.1.1)是否可以并且以何种形式被复制的经济权(4.7.2.2.10.1)。

4.7.2.2.10.4

改编权 right of adaptation

著作权(4.7.2.2.1)拥有者允许创建知识作品(4.7.2.1.1)二次文献(4.1.2.3)的经济权(4.7.2.2.10.1)。

4.7.2.2.10.5

版税权 right to royalties

著作权(4.7.2.2.1)拥有者共享其知识作品(4.7.2.1.1)利用的周期性支付回报的经济权(4.7.2.2.10.1)。

4.7.2.3 工业产权

4.7.2.3.1 一般术语

4.7.2.3.1.1

工业产权 industrial property

发明(4.7.2.1.8)、设计(4.7.2.3.1.7)、商标(4.7.2.3.1.5)、服务商标(4.7.2.3.1.6)或商品名称(4.1.1.2.18)的拥有权。

4.7.2.3.1.2

工业产权所有权 industrial property title

向有资格的专利局(4.7.2.3.1.10)申请,或者由有资格的专利局赋予或注册的工业产权(4.7.2.3.1.1)的专有权。

4.7.2.3.1.3

实用新型专利 utility model patent

通常被赋予较短的期限,且与可专利性的保护(2)(4.7.2.1.2)条件相比较不严格的有限的工业产权所有权(4.7.2.3.1.2)。

4.7.2.3.1.4

发明者许可 investor's certificate

赋予发明者精神权(4.7.2.2.9.1)以及应得的报酬,但保留完全经济权(4.7.2.2.10.1)的发明(4.7.2.1.8)的工业产权所有权(4.7.2.3.1.2)。

4.7.2.3.1.5

商标 trade mark

企业用以区别产品的记号(4.1.1.3.2)或符号(4.1.1.2.16)。

4.7.2.3.1.6

服务商标 service mark

企业用以区别服务的记号(4.1.1.3.2)或符号(4.1.1.2.16)。

注:服务商标通常包括在商标(4.7.2.3.1.5)的概念中。

4.7.2.3.1.7

设计 design

一个对象(4.1.1.1.2)整体或部分的形状和构造(内部或外部)的外观或单元(4.1.1.1.4)。

4.7.2.3.1.8

设计文件　design document

设计(4.7.2.3.1.7)的**记录**(2)(4.2.2.1.8)。

注：设计文件可以是图画、文字文献、照片、存储在计算机中的数据或任何其他记录。

4.7.2.3.1.9

专利　patent;patent of invention;exlusion patent

对**发明**(4.7.2.1.8)、**实用新型专利**(4.7.2.3.1.3)或**设计**(4.7.2.3.1.7)给以一个指定时间段**保护**(2)(4.7.2.1.2)的**工业产权所有权**(4.7.2.3.1.2)。

4.7.2.3.1.10

专利局　patent office

负责管理一个或多个国家的**工业产权**(4.7.2.3.1.1)法，特别是注册、检查、赋予和发布**工业产权所有权**(4.7.2.3.1.2)的政府或行政当局。

4.7.2.3.2　专利的类型

4.7.2.3.2.1

主专利　main patent

包含一个或多个从属的**增补专利**(4.7.2.3.2.2)的**专利**(4.7.2.3.1.9)。

4.7.2.3.2.2

增补专利　patent of addition

通常代表同一个拥有者的、从属于另一个**专利**(4.7.2.3.1.9)的、表示**发明**(4.7.2.1.8)的次要改进或次要变化的专利。

4.7.2.3.2.3

改进专利　improvement patent

表示一项**发明**(4.7.2.1.8)的改进，且要求在实施前得到其先前专利拥有者许可的**专利**(4.7.2.3.1.9)。

4.7.2.3.2.4

国家专利　national patent

仅在一个国家内有效的**专利**(4.7.2.3.1.9)。

4.7.2.3.2.5

区域专利　regional patent

在达成共同专利**系统**(4.1.1.1.6)协议的国家中有效的**专利**(4.7.2.3.1.9)。

4.7.2.3.2.6

小专利　petty patent

经过简单的**专利申请**(4.7.2.3.3.2)程序，便被接受且保护期较短的**专利**(4.7.2.3.1.9)。

4.7.2.3.3　工业产权所有权的获得

4.7.2.3.3.1

事先披露　prior disclosure

在**专利申请**(4.7.2.3.3.2)的**优先日期**(4.7.2.3.3.5)前，同一个**著者**(4.4.2.1.5.2)关于同一主题的**出版物**(4.2.1.12)。

4.7.2.3.3.2

专利申请　patent application

向有资格的**专利局**(4.7.2.3.1.10)提交**归档**(4.4.3.1.2.1)，以获得**专利**(4.7.2.3.1.9)的**专利说明书**(4.7.2.3.4.4)和填写完的**格式文献**(4.2.1.9)。

注：该术语也适用于法律程序中的专利申请行为。

4.7.2.3.3.3

专利证书 letters patent;patent abridgement (1)

由**专利局**(4.7.2.3.1.10)发布的作为**工业产权所有权**(4.7.2.3.1.2)证据的**文献**(4.1.2.2)。

注1:在其他情况下,**专利证书**是一个更广泛的术语,表示为有利于特定被授权人的盖章的正式文献,但是用一般的措辞,以使大家了解其内容。

注2:参见**专利文摘**(4.7.2.3.4.3)。

4.7.2.3.3.4

专利登记 patent register

关于**专利申请**(4.7.2.3.3.2)和**专利**(4.7.2.3.1.9)**数据**(4.1.1.4.1)有效性和所有权的**登记**(4.7.1.7)。

4.7.2.3.3.5

优先日期 priority date

明确**专利**(4.7.2.3.1.9)权起始日期的**专利申请**(4.7.2.3.3.2)首次归档的日期。

4.7.2.3.4 工业产权所有权的部分

4.7.2.3.4.1

权利要求 claim

对被要求或被获得**保护**(2)(4.7.2.1.2)的**发明**(4.7.2.1.8)的技术特征范围的陈述。

4.7.2.3.4.2

描述 description (2)

文献工作(4.1.2.1)对发明对象的**发明**(4.7.2.1.8)和**专利说明书**(4.7.2.3.4.4)内容的完全和清楚的说明。

注:参见**著录**(4.4.2.1.1.1)。

4.7.2.3.4.3

专利文摘 patent abstract;patent abridgement (2)

文献工作(4.1.2.1)对发明对象的**发明**(4.7.2.1.8)的简要**描述**(4.7.2.3.4.2)。

4.7.2.3.4.4

专利说明书 patent specification

与**专利**(4.7.2.3.1.9)相关的**描述**(4.7.2.3.4.2)和**权利要求**(4.7.2.3.4.1)。

注:**专利说明书**通常还包含数字和文摘。

4.7.2.3.4.5

导言 preamble

权利要求(4.7.2.3.4.1)的第一部分,说明**发明**(4.7.2.1.8)的领域。

4.7.2.3.4.6

特征部分 characterizing portion

权利要求(4.7.2.3.4.1)的第二部分,说明**发明**(4.7.2.1.8)所需或所获得**保护**(2)(4.7.2.1.2)的范围,并且特别描述其所具有的必要的**新颖性**(4.7.2.1.6)或**独创性**(4.7.2.1.5)部分。

4.7.2.3.4.7

主要声明 main claim

包含尽可能最广泛定义**保护**(2)(4.7.2.1.2)范围的第一个**权利要求**(4.7.2.3.4.1)。

4.7.2.3.4.8

独立声明 independent claim

不同于**主要声明**(4.7.2.3.4.7)并且涉及其中不包含的技术问题的**权利要求**(4.7.2.3.4.1)。

4.7.2.3.4.9

从属声明 dependeng claim

与先前的声明相关并且限制和澄清先前声明范围的**权利要求**(4.7.2.3.4.1)。

4.7.3 隐私和信息获取

4.7.3.1 一般术语

4.7.3.1.1

数据主体 data subject

其个人数据(4.7.3.2.1)被记录的个人。

4.7.3.1.2

数据持有者 data holder

被授权记录和使用数据(4.1.1.4.1)的个人和组织。

4.7.3.1.3

数据处理者 data handler

被授权对数据(4.1.1.4.1)进行操作的个人。

4.7.3.1.4

第三方 third party

除了数据主体(4.7.3.1.1)或数据用户(4.7.3.1.5)以外的任何个人或组织。

4.7.3.1.5

数据用户 data user

被授权利用数据(4.1.1.4.1)的个人或组织。

4.7.3.1.6

数据完整性 data integrity

合法获取、批准、存储并更新的数据(4.1.1.4.1)的性质(4.1.3.2)。

4.7.3.1.7

数据损坏 data corruption;data contamination

未保证数据完整性(4.7.3.1.6)的后果。

4.7.3.2 数据的类型

4.7.3.2.1

个人数据 personal data

与经过识别的或可识别的个人相关的数据(4.1.1.4.1)。

4.7.3.2.2

无限制数据 unrestricted data

从公开可获得的来源得到的数据(4.1.1.4.1)。

4.7.3.2.3

匿名化数据 anonymized data

去除了直接涉及数据主体(4.7.3.1.1)的个人数据(4.7.3.2.1)。

4.7.3.2.4

敏感数据 sensitive data

如果公开(4.7.3.3.1.3)或滥用会造成潜在有害效果的数据(4.1.1.4.1)。

4.7.3.2.5

保密数据 classified data

根据数据保护(4.7.3.3.1.1)所需程度的不同而通过管理手段限制存取(4.1.1.3.13)的数据(4.1.1.4.1)。

4.7.3.2.6

机密数据 confidential data

只有有限的个人可以存取(4.1.1.3.13)并且限制使用的数据(4.1.1.4.1)。

4.7.3.3 数据保护和安全

4.7.3.3.1 一般术语

4.7.3.3.1.1

数据保护 data protection

为避免数据(4.1.1.4.1)未授权存取(4.1.1.3.13)和使用所采取的法律、行政、技术或物理手段。

4.7.3.3.1.2

数据安全 data security

为保证数据完整性(4.7.3.1.6)所采取的数据保护(4.7.3.3.1.1)措施的结果。

4.7.3.3.1.3

公开 disclosure

将数据(4.1.1.4.1)提供给第三方(4.7.3.1.4)存取(4.1.1.3.13)。

4.7.3.3.1.4

处理许可 processing permit

授权数据处理者(4.7.3.1.3)或数据用户(4.7.3.1.5)对记录数据(4.1.1.4.1)进行特定的操作。

注：这类操作包括数据的消除、修改、复制或公开等。

4.7.3.3.1.5

重新定级 regrading

保密数据(4.7.3.2.5)保护(2)(4.7.2.1.2)级别的改变。

4.7.3.3.1.6

降级 downgrading

保密数据(4.7.3.2.5)降低保护(2)(4.7.2.1.2)级别的重新定级(4.7.3.3.1.5)。

4.7.3.3.1.7

解密 declassification

解除对保密数据(4.7.3.2.5)存取(4.1.1.3.13)的限制。

4.7.3.3.1.8

数据保护监管部门 data protection supervisory authority

负责数据保护(4.7.3.3.1.1)立法或法规实施的政府部门或个人。

4.7.3.3.1.9

水印 watermark

通过局部的纤维移位而产生的、通过对比背景可以看到的纸张(4.6.5.1)中刻意制作的设计。

4.7.3.3.2 数据安全测量

4.7.3.3.2.1

认证(3) accreditation

由数据保护监管部门(4.7.3.3.1.8)赋予的处理敏感数据(4.7.3.2.4)的授权。

4.7.3.3.2.2

存取控制 access control

将存取(4.1.1.3.13)限于拥有适当许可(2)(4.7.2.1.11)的数据用户(4.7.3.1.5)的措施。

4.7.3.3.2.3

数据的限制 blocking of data;locking of data

在保留数据(4.1.1.4.1)的同时防止输入、处理或传输的措施。

4.7.3.4 数据保护权

4.7.3.4.1

同意 consent

数据主体(4.7.3.1.1)按要求批准或由法律规定数据持有者(4.7.3.1.2)记录个人数据(4.7.3.2.1)。

4.7.3.4.2

知情权　right to know

公众对法律定义的记录**数据**(4.1.1.4.1)种类的存在所进行的操作和**第三方**(4.7.3.1.4)**存取**(4.1.1.3.13)规定的**被告知权**(4.7.3.4.3)。

4.7.3.4.3

被告知权　right to be informed

数据主体(4.7.3.1.1)被告知关于他们**个人数据**(4.7.3.2.1)的存在、内容、用途和使用的权利。

4.7.3.4.4

审核权　right to inspect

数据主体(4.7.3.1.1)审核关于他们**个人数据**(4.7.3.2.1)的权利。

4.7.3.4.5

审查权　right of inspection

数据保护监管部门(4.7.3.3.1.8)查阅和控制**数据**(4.1.1.4.1)的权利。

4.7.3.4.6

申诉权　right of complaint

当涉及**个人数据**(4.7.3.2.1)**数据保护**(4.7.3.3.1.1)的法规受到侵犯时,**数据主体**(4.7.3.1.1)或**数据保护监管部门**(4.7.3.3.1.8)采取法律行动的权利。

4.7.3.4.7

纠正权　right to correction

数据主体(4.7.3.1.1)纠正任何与他们相关的不准确记录**个人数据**(4.7.3.2.1)的权利。

4.7.3.4.8

数据删除权　right to deletion of data

在确认侵犯**数据保护**(4.7.3.3.1.1)立法或法规后,**数据主体**(4.7.3.1.1)或**数据保护监管部门**(4.7.3.3.1.8)删除**数据**(4.1.1.4.1)的权利。

4.7.3.4.9

数据限制权　right to data blocking;right to data locking

在出现不正常情况时,**数据主体**(4.7.3.1.1)或**数据保护监管部门**(4.7.3.3.1.8)限制**数据**(4.1.1.4.1)的权利。

4.7.3.4.10

并行记录权　right of parallel recording

数据主体(4.7.3.1.1)在**数据持有者**(4.7.3.1.2)存储数据的同时拥有自己一套**个人数据**(4.7.3.2.1)的权利。

4.7.3.5　信息存取

4.7.3.5.1

信息存取　access to information;freedom of information

在一些特定的条件下获得政府机构的**记录**(2)(4.2.2.1.8)中所包含的**信息**(1)(4.1.1.3.8)的权利。

4.7.3.5.2

存取日期　access date

记录(2)(4.2.2.1.8)或**档案**(4.3.1.1)开始提供给公众获取的日期。

注:日期通常从记录或档案创建开始以来的特定的年数确定。一般来说,这只适用于没有信息存取立法的国家。

4.7.3.5.3

开放存取记录　open access records

没有公共**存取**(4.1.1.3.13)限制的**记录**(2)(4.2.2.1.8)。

4.7.3.5.4

限制存取记录　restricted access records

有公共**存取**(4.1.1.3.13)限制的**记录**(2)(4.2.2.1.8)。

4.7.3.5.5

封闭存取记录　closed access records

不公共**存取**(4.1.1.3.13)的**记录**(2)(4.2.2.1.8)。

4.7.3.5.6

筛选　screening

审核**馆藏**(4.3.1.13)以确定是否有**限制存取记录**(4.7.3.5.4)或**封闭存取记录**(4.7.3.5.5)。

索 引

汉语拼音索引

E

F

H

J

K

L

T

W

X

Y

英文对应词索引

A

C

E

F

I

M

N

O

P

Q

R

U

V

W

X

Y

ICS 29.060.10
K 11

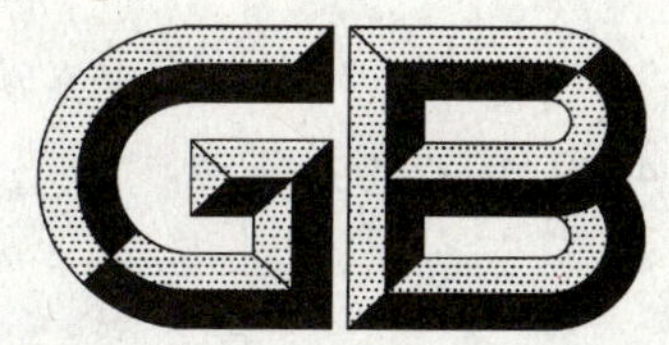

中华人民共和国国家标准

GB/T 4909.1—2009
代替 GB/T 4909.1—1985

裸电线试验方法 第1部分：总则

Test methods for bare wires—Part 1：General

2009-03-19 发布

2009-12-01 实施

中华人民共和国国家质量监督检验检疫总局
中国国家标准化管理委员会 发布

前　言

GB/T 4909《裸电线试验方法》分为十二个部分：

——第1部分：总则；

——第2部分：尺寸测量；

——第3部分：拉力试验；

——第4部分：扭转试验；

——第5部分：弯曲试验——反复弯曲；

——第6部分：弯曲试验——单向弯曲；

——第7部分：卷绕试验；

——第8部分：硬度试验——布氏法；

——第9部分：镀层连续性试验——多硫化钠法；

——第10部分：镀层连续性试验——过硫酸铵法；

——第11部分：镀层附着性试验；

——第12部分：镀层可焊性试验——焊球法。

本部分为GB/T 4909的第1部分。

本部分代替GB/T 4909.1—1985《裸电线试验方法　总则》。

本部分与GB/T 4909.1—1985相比主要变化如下：

——按照GB/T 1.1—2000的要求，对编排格式进行了修改，并对部分文字进行了修饰；

——本部分的适用范围增加了“双金属线、镀层金属线”(1985年版的第1章；本版的第1章)；

——增加了“规范性引用文件”一章(1985年版无；本版的第2章)；

——增加了数值修约规定(1985年版无；本版的4.4)；

——修改了例行试验的定义(1985年版的3.3；本版的3.1)；

——修改了抽样试验的定义(1985年版的3.2；本版的3.2)；

——修改了型式试验的定义(1985年版的3.1；本版的3.3)。

本部分由中国电器工业协会提出。

本部分由全国电线电缆标准化技术委员会(SAC/TC 213)归口。

本部分起草单位：上海电缆研究所、深圳市神州线缆有限公司、无锡江南电缆有限公司、河南通达电缆有限公司、江苏圣安电缆有限公司、昆明电缆股份有限公司、宝胜科技创新股份有限公司、上海亚龙工业股份有限公司和湖南湘能电工股份有限公司。

本部分起草人：陆盛叶、邢海甬、章鹏、张传省、史万福、孙萍、何文均、蒋仁章、李斌、吴学愚。

本部分所代替标准的历次版本发布情况为：

——GB/T 4909.1—1985。

裸电线试验方法
第1部分:总则

1 范围

GB/T 4909 的本部分规定了裸电线试验方法的术语及定义、一般规定等。

本部分适用于电工用铜、铝及其合金圆线、扁线、型线、双金属线、镀层金属线及绞合导体等裸电线的机械物理性能试验。

2 规范性引用文件

下列文件中的条款通过 GB/T 4909 的本部分的引用而成为本部分的条款。凡是注日期的引用文件,其随后所有的修改单(不包括勘误的内容)或修订版均不适用于本部分,然而,鼓励根据本部分达成协议的各方研究是否可使用这些文件的最新版本。凡是不注日期的引用文件,其最新版本适用于本部分。

GB/T 8170—1987 数值修约规则

3 术语和定义

3.1

例行试验 routine tests

R

制造方对全部成品产品进行的试验。

3.2

抽样试验 sample tests

S

制造方按制造批量抽取成圈或成盘的产品并从其上截取试样进行的试验,以检查产品是否符合设计技术条件。

3.3

型式试验 type tests

T

按一般商业原则对本部分所包含产品在供货之前所进行的试验,以证明该产品能满足设计技术条件。该试验的特点是:除非产品材料、设计或制造工艺的改变可能影响产品的特性,试验做过以后就不需要重做。

3.4

正常视力 normal vision

正常视力是指 1.0/1.0 的视力,必要时,可用眼镜校正。

4 一般规定

4.1 温度

试验时的环境温度一般为(10～35)℃,有控制要求时为(23±5)℃,并应在相应标准中规定。

4.2 取样

除相应标准中另有规定者外,试样应从整盘或整圈的样品中选取。

4.3 仪器设备

试验方法标准中试验仪器和设备的附图，均为该项试验可能采用的一种仪器的示意图。

各种试验仪器设备，应按照规定进行定期检验，以保持良好的使用状态。

4.4 数值修约

本部分中所有计算数值均按照GB/T 8170—1987规定的方法修约。

4.5 其他

本部分中未规定的试验条件以产品标准为准。

ICS 29.060.10
K 11

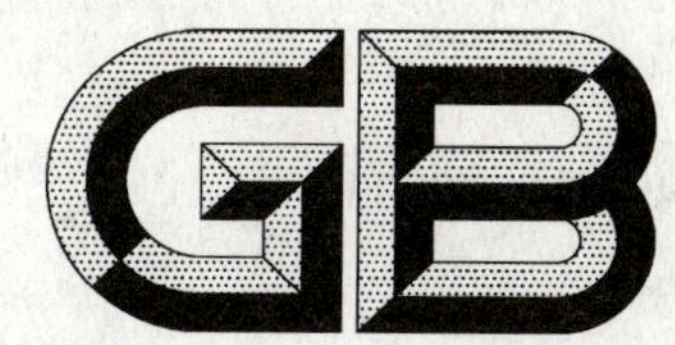

中华人民共和国国家标准

GB/T 4909.2—2009
代替 GB/T 4909.2—1985

裸电线试验方法 第2部分:尺寸测量

Test methods for bare wires—
Part 2: Measurement of dimensions

2009-03-19 发布 2009-12-01 实施

中华人民共和国国家质量监督检验检疫总局
中国国家标准化管理委员会 发布

前　言

GB/T 4909《裸电线试验方法》分为十二个部分：

——第 1 部分：总则；

——第 2 部分：尺寸测量；

——第 3 部分：拉力试验；

——第 4 部分：扭转试验；

——第 5 部分：弯曲试验——反复弯曲；

——第 6 部分：弯曲试验——单向弯曲；

——第 7 部分：卷绕试验；

——第 8 部分：硬度试验——布氏法；

——第 9 部分：镀层连续性试验——多硫化钠法；

——第 10 部分：镀层连续性试验——过硫酸铵法；

——第 11 部分：镀层附着性试验；

——第 12 部分：镀层可焊性试验——焊球法。

本部分为 GB/T 4909 的第 2 部分。

本部分代替 GB/T 4909.2—1985《裸电线试验方法　尺寸测量》。

本部分与 GB/T 4909.2—1985 相比主要变化如下：

——按照 GB/T 1.1—2000 的要求，对编排格式进行了修改，并对部分文字进行了修饰；

——增加了“规范性引用文件”一章(1985 年版无；本版的第 2 章)；

——对千分尺的测力和测量头直径进行重新规定(1985 年版的 2.1；本版的 3.1)；

——增加了钢皮直尺的规格(1985 年版的 2.3；本版的 3.3)；

——增加了对塞尺的要求(1985 年版的 2.6；本版的 3.6)；

——修改了精密天平的称量范围(1985 年版的 2.7；本版的 3.7)；

——修改了试样制备的要求(1985 年版第 3 章；本版的第 4 章)；

——修改了量具的选择及示值误差(1985 年版的 4.1；本版的 5.1)；

——增加了束线直径的测量方法(1985 年版的 4.2；本版的 5.2.2)；

——增加了复绞线直径的测量方法(1985 年版的 4.2；本版的 5.2.3)；

——增加了双金属线外层金属厚度的测量方法(1985 年版的 4.2；本版的 5.2.4)。

本部分由中国电器工业协会提出。

本部分由全国电线电缆标准化技术委员会(SAC/TC 213)归口。

本部分起草单位：上海电缆研究所、无锡江南电缆有限公司、河南通达电缆有限公司、江苏圣安电缆有限公司、昆明电缆股份有限公司、宝胜科技创新股份有限公司、上海亚龙工业股份有限公司、湖南湘能电工股份有限公司和深圳市神州线缆有限公司。

本部分起草人：陆盛叶、邢海甬、张传省、史万福、孙萍、何文均、蒋仁章、李斌、吴学愚、章鹏。

本部分所代替标准的历次版本发布情况为：

——GB/T 4909.2—1985。

裸电线试验方法
第2部分：尺寸测量

1 范围

GB/T 4909 的本部分规定了裸电线尺寸测量试验的测量工具、试样制备、测量步骤、试验结果及评定等。

本部分适用于测量各种圆形、矩形、异形导体及绞合导体的外形尺寸、圆角半径、节径比和截面积等。

当对外形尺寸等的测量精度有更高要求时，以相应的产品标准为准。

本部分应与 GB/T 4909.1—2009 一起使用。

2 规范性引用文件

下列文件中的条款通过 GB/T 4909 的本部分的引用而成为本部分的条款。凡是注日期的引用文件，其随后所有的修改单(不包括勘误的内容)或修订版均不适用于本部分，然而，鼓励根据本部分达成协议的各方研究是否可使用这些文件的最新版本。凡是不注日期的引用文件，其最新版本适用于本部分。

GB/T 1216—2004 外径千分尺(DIN 683—1999,MOD)

GB/T 3048.2—2007 电线电缆电性能试验方法 第2部分 金属材料电阻率试验(IEC 60498:1974,MOD)

GB/T 4909.1—2009 裸电线试验方法 第1部分：总则

GB/T 8061—2004 杠杆千分尺

GB/T 21389—2008 游标、带表和数显卡尺

JB/T 8788—1998 塞尺

3 测量工具

3.1 千分尺

外径千分尺应符合 GB/T 1216—2004 规定，杠杆千分尺应符合 GB/T 8061—2004 规定。

对于 0.1 mm 以下的试件，千分尺的测力应为 0.1 N～1.0 N，测量头直径应为 2 mm～8 mm。对于 0.1 mm 及以上的试件，千分尺的测力应为 1 N～3 N，测量头直径应为 5 mm～8 mm。

允许采用其他合适的量具。

3.2 游标卡尺

游标卡尺应符合 GB/T 21389—2008 规定。

3.3 钢皮直尺

300 mm 和 1 000 mm 两种规格。

3.4 投影仪或放大镜

放大倍数为 10 倍～20 倍。

3.5 特制样板

标准样板或极限样板。

3.6 塞尺

塞尺应符合 JB/T 8788—1998 要求。

3.7 精密天平

称量范围:0～200 g,感量:0.1 mg;

称量范围:201 g～1 000 g,感量:1 mg。

4 试样制备

4.1 实心圆导体

取试样一根,长度应不小于 1 m。

4.2 绞合圆导体

取试样一根,长度应不小于 1.5 m。取样时应将切割处预先扎紧。

4.3 非圆截面导体

取试样一根,长度应不小于 1 m。

4.4 束合导体

取试样一根,长约 1 m。取样时切割处应预先扎紧。

4.5 测量点选取

在成圈或成盘的试样上直接测量时,应距端头至少 1 m;在成捆试样上测量时,应在两端距端头至少 200 mm 处分别进行。

5 测量步骤

5.1 量具

测量各种裸电线尺寸用的量具应符合表 1 规定

表 1 量具的选择及其示值误差

单位为毫米

标称尺寸	量具名称	示值误差
0.020～0.100	杠杆千分尺	±0.002
0.101～0.250	外径千分尺	±0.002
0.251～10.00	外径千分尺	±0.004
10.00 以上	游标卡尺、外径千分尺	±0.02
注:应根据尺寸的精度要求在相应标准中规定采用的量具。		

5.2 直径与厚度

5.2.1 圆导体直径

在垂直于试样轴线的同一截面上,且相互垂直的方向上测量。至少在试样的两端和中部共测量三处,各测量点之间的距离应不小于 200 mm。

5.2.2 束合导体直径

束线外径为卷绕在锥棒上的束线层宽度除以卷绕圈数。束线应以一定张力紧密卷绕在如图 1 所示的抛光锥棒上,张力数值(N)为束线标称截面数值(mm^2)的 65 倍。外径 0.5 mm 及以下的束线的卷绕宽度应不小于 10 mm,外径 0.5 mm 以上的束线的卷绕宽度应不小于 20 mm。测量精度为 0.5 mm。

5.2.3 复绞线直径

对于复绞线的直径测量可以采用纸带法,即在平放并拉直的试样上,用薄纸带紧贴试样表面缠绕一圈,用铅笔或其他适当的方法划一记号,测量其圆周长,并换算成直径。

5.2.4 双金属线外层金属厚度

双金属线的外层金属厚度最薄点的测定应采用“断面抛光测量法”。从样品一端截取适当长度的双金属线试样,将导线横截面研磨、抛光后,使用足够精度的读数显微镜在图 2 所示的相互垂直的四个位置上测定外层金属厚度，在这四个位置中应包含外层金属最薄厚度。

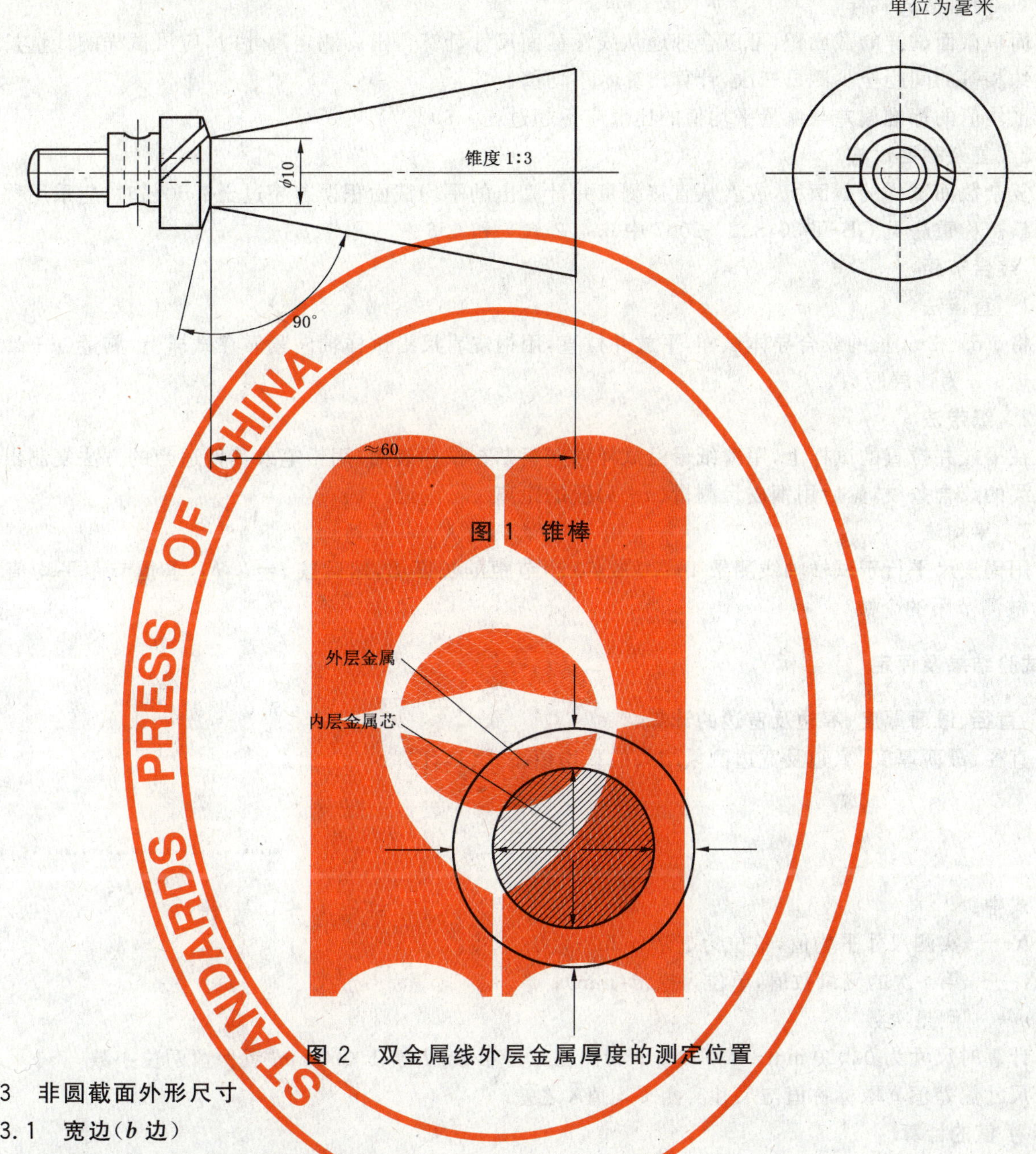

图 1 锥棒

图 2 双金属线外层金属厚度的测定位置

5.3 非圆截面外形尺寸

5.3.1 **宽边（*b* 边）**

在平直试样的两端和中部各测量一次。

5.3.2 **窄边（*a* 边）**

宽边在 4.00 mm 及以下者，在平直试样的两端和中部各测量一次。

宽边在 4.01 mm～10.00 mm 者，在平直试样的两端和中部每处的平面两侧各测量一次。

宽边在 10.00 mm 以上者，在平直试样的两端和中部每处的平面两侧和中部各测量一次。

测量平面时，量具端头平面约有二分之一的面积应与试样平面接触。

5.3.3 **平直度**

将规定长度试样的被测面置于基准平板上，用塞尺直接测量被测面和基准平面间最大间隙距离。

5.3.4 **圆角半径及夹角**

用样板测量，或者切取截面垂直于试样轴线的试件，抛光后，用 20 倍放大镜或投影仪与特制样板比较测量。

5.4 截面积

5.4.1 简单截面试样

简单截面试样的截面积，可以合理地从线性截面尺寸计算得出。测定尺寸时，应沿试样的计量长度以大约相等的间距至少测量三次，计算出算术平均值。

平均值的标准偏差与测量平均值的比值应不超过±0.50%。

5.4.2 复杂截面试样

复杂截面试样的截面积，或者从直接测量并计算出的平均截面积误差超过±0.50%时，应采用称重法测量。称重法见 GB/T 3048.2—2007 中 6.4.2、6.5 和 6.6。

5.5 绞合节距

5.5.1 直接法

将 1 m～2 m 长的绞合导体试样，平放并拉直，用钢皮直尺沿试样轴向紧靠在试样上，测量$(n+1)$股的距离。n 为该层股数。

5.5.2 纸带法

在平放并拉直的试样上，用薄纸带沿试样轴向紧贴在试样表面，用铅笔或其他适当的方法复制出该层股线的绞合条纹，然后用钢皮尺测量$(n+1)$股的距离。

5.5.3 平均法

用钢皮尺平行于试样轴线测量 10、20 或 50 个节距的长度 L，然后按 $l=L/M$，求得节距平均值 l。M 为被测节距的个数。

6 试验结果及评定

6.1 直径、最薄厚度、窄边及宽边的计算

直径、最薄厚度、窄边及宽边测量结果的平均值按式(1)计算：

$$\overline{X}=\frac{\sum_{i=1}^{m}X_i}{m} \qquad \cdots\cdots(1)$$

式中：

$\overline{X}$——实测尺寸平均值，单位为毫米(mm)；

X_i——第 i 次的测量数值，单位为毫米(mm)；

m——测量次数。

计算时尺寸为 0.020 mm～1.000 mm 者保留三位小数；大于 1.000 mm 者保留两位小数。

尺寸偏差值 δ 取标称值与尺寸实测平均值$\overline{X}$之差。

6.2 f 值的计算

f 值，又称不圆度。即指在同一截面上测量的最大读数与最小读数之差。

按 5.2.1 测量。试验结果取三个截面上测得的直径差值之最大值作为 f 值。

6.3 截面积的计算

6.3.1 简单截面试样

a) 实心圆形导体的截面积按照式(2)计算：

$$S=\frac{\pi d^2}{4} \qquad \cdots\cdots(2)$$

式中：

S——实心圆形导体的截面积，单位为平方毫米(mm^2)；

d——实心单根导体直径的实测值，应符合式(1)规定，单位为毫米(mm)。

b) 绞合圆形导体截面积按照式(3)计算：

$$S_1 = \frac{\pi d^2}{4} \times n_1 \quad \cdots\cdots(3)$$

式中：

S_1——绞合圆形导体截面积，单位为平方毫米(mm^2)；

d——实心单根导体直径的实测值，应符合式(1)规定，单位为毫米(mm)；

n_1——绞合导体中单线的根数。

c) 有圆角的矩形导体的截面积 S_2 按照式(4)计算：

$$S_2 = a \times b - 0.858\,4r^2 \quad \cdots\cdots(4)$$

式中：

S_2——有圆角的矩形导体的截面积，单位为平方毫米(mm^2)；

a——窄边的实测值，应符合式(1)规定，单位为毫米(mm)；

b——宽边的实测值，应符合式(1)规定，单位为毫米(mm)；

r——试样的圆角半径，单位为毫米(mm)。

d) 无圆角的矩形导体的截面积 S_2' 按照式(5)计算：

$$S_2' = a \times b \quad \cdots\cdots(5)$$

式中：

S_2'——无圆角的矩形导体的截面积，单位为平方毫米(mm^2)；

a——窄边的实测值，应符合式(1)规定，单位为毫米(mm)；

b——宽边的实测值，应符合式(1)规定，单位为毫米(mm)。

6.3.2 复杂截面试样

复杂截面试样的截面积测量结果按式(6)计算：

$$S = \frac{m}{Ld_s} \times 10^3 \quad \cdots\cdots(6)$$

式中：

S——复杂截面试样的截面积，单位为平方毫米(mm^2)；

m——称量测量试样的视在质量，精确到±0.10%，单位为克(g)；

L——试样长度，精确到±0.20%，单位为毫米(mm)；

d_s——试样密度，精确到±0.45%，单位为克每立方厘米(g/cm^3)。

6.4 评定

试验结果符合相关产品标准要求，判为合格。

ICS 29.060.10
K 11

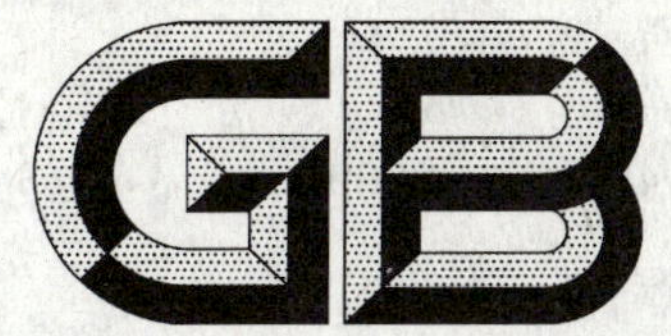

中华人民共和国国家标准

GB/T 4909.3—2009
代替 GB/T 4909.3—1985

裸电线试验方法 第3部分:拉力试验

Test methods for bare wires—Part 3:Tensile test

2009-03-19 发布 2009-12-01 实施

中华人民共和国国家质量监督检验检疫总局
中国国家标准化管理委员会 发布

前言

GB/T 4909《裸电线试验方法》分为十二个部分:
——第1部分:总则;
——第2部分:尺寸测量;
——第3部分:拉力试验;
——第4部分:扭转试验;
——第5部分:弯曲试验——反复弯曲;
——第6部分:弯曲试验——单向弯曲;
——第7部分:卷绕试验;
——第8部分:硬度试验——布氏法;
——第9部分:镀层连续性试验——多硫化钠法;
——第10部分:镀层连续性试验——过硫酸铵法;
——第11部分:镀层附着性试验;
——第12部分:镀层可焊性试验——焊球法。

本部分为GB/T 4909的第3部分。

本部分代替GB/T 4909.3—1985《裸电线试验方法　拉力试验》。

本部分与GB/T 4909.3—1985相比主要变化如下:
——按照GB/T 1.1—2000的要求,对编排格式进行了修改,并对部分文字进行了修饰;
——增加了"规范性引用文件"一章(1985年版无;本版的第2章);
——增加了断裂时标距长度的定义(1985年版无;本版的3.1.2);
——断裂伸长率的定义细化为"断裂时伸长率"和"断裂后伸长率"(1985年版本的2.4;本版的3.4和3.5);
——修改了试件的原始标距长度(1985年版本的4.1.3;本版的5.1.3);
——修改了绞合导体的取样长度(1985年版的4.2.1;本版的5.2.1);
——对以拉伸前后两钳口间距离差值作为伸长量的试验方法,补充规定了断口位置要求(1985年版无;本版的6.4注2);
——与3.4和3.5相对应。"断裂伸长率"的计算方法也分为"断裂时伸长率"和"断裂后伸长率"的计算方法(1985年版的6.2;本版的7.2)。

本部分由中国电器工业协会提出。

本部分由全国电线电缆标准化技术委员会(SAC/TC 213)归口。

本部分起草单位:上海电缆研究所、河南通达电缆有限公司、江苏圣安电缆有限公司、昆明电缆股份有限公司、宝胜科技创新股份有限公司、上海亚龙工业股份有限公司、湖南湘能电工股份有限公司、深圳市神州线缆有限公司和无锡江南电缆有限公司。

本部分起草人:陆盛叶、邢海甬、史万福、孙萍、何文均、蒋仁章、李斌、吴学愚、章鹏、张传省。

本部分所代替标准的历次版本发布情况为:
——GB/T 4909.3—1985。

裸电线试验方法
第3部分:拉力试验

1 范围

GB/T 4909 的本部分规定了裸电线拉力试验的试验设备、试样制备、测量步骤、试验结果及评定等。

本部分适用于各种圆形、矩形、异形导体及绞合导体的拉伸性能的测量。

本部分规定的试验方法是使一定长度的试件承受递增的拉应力,通常是直到试样断裂,测定其破断力和伸长率。

本部分应与 GB/T 4909.1—2009 一起使用。

2 规范性引用文件

下列文件中的条款通过 GB/T 4909 的本部分的引用而成为本部分的条款。凡是注日期的引用文件,其随后所有的修改单(不包括勘误的内容)或修订版均不适用于本部分,然而,鼓励根据本部分达成协议的各方研究是否可使用这些文件的最新版本。凡是不注日期的引用文件,其最新版本适用于本部分。

GB/T 228—2002 金属材料 室温拉伸试验方法(eqv ISO 6892:1998)

GB/T 4909.1—2009 裸电线试验方法 第1部分:总则

GB/T 4909.2—2009 裸电线试验方法 第2部分:尺寸测量

3 术语和定义

3.1

标距长度 gauge length

在试验时的任一瞬间,测定试件伸长时的规定长度。特别应分清下述定义之间的区别。

3.1.1

原始标距长度 original gauge length

L_0

在试件变形前的标距长度。

3.1.2

断裂时标距长度 gauge length when fracture

L_h

在试件断裂时的标距长度。

3.1.3

最终标距长度 gauge length after fracture

L_h

在试件断裂后并且将断裂部分仔细地对合在一起使之处于一直线上的标距长度。

3.2

最大力 maximum force

F_m

在试验中试件承受的最大力。

3.3

抗拉强度　tensile stress

σ_b

最大力除以试件的原始横截面积，即相当于最大力时的应力。

3.4

断裂时伸长率　percentage elongation when fracture

δ_s

将断裂时标距长度的断时伸长 L_s-L_0 表示为原始标距长度 L_0 的百分数。

3.5

断裂后伸长率　percentage elongation after fracture

δ_h

将断裂后标距长度的永久伸长 L_h-L_0 表示为原始标距长度 L_0 的百分数。

4 试验设备

拉力试验机，示值误差应不超过±1%。

引伸仪，示值误差应不超过±1%。

5 试样制备

5.1 实心导体

5.1.1 取样

从外观检查合格的样品一端截取试件三根，试件长度为原始标距长度加两倍钳口夹持长度。

取样时，应尽可能避免试件受到拉伸、扭转、弯曲或其他机械损伤。

5.1.2 校直试件

小心地用手工校直，必要时允许将试件放在木垫上用木槌轻轻敲直，当只测定抗拉强度时，试件可不必仔细校直。

5.1.3 标出标距长度

在平直的试件中部标出原标距长度 L_0。原始标距长度 L_0 应符合产品标准的规定，一般为 250 mm 或 200 mm。标志方法应不致使试件产生早期断裂，标志线应细而清晰。标距长度误差：硬线试件应不超过±0.2 mm，软线试件应不超过±0.5 mm。

宽边较大的非圆截面导体，也可以机加工成较小宽边的试件。为了不使试件的性能发生变化，机加工时要防止试件发热、变形。试件的尺寸可按 GB/T 228—2002 规定。

5.2 绞合导体

5.2.1 取样

应从外观检查合格的样品中截取试件三根，其长度应为导线直径的 400 倍，且不少于 10 m。

注：假如制造厂能证明使用一较短长度试样也能得出相同的精确结果，并且提供有效的相当的试验结果使需方满意，则允许较短长度的试样。

5.2.2 试件加工

解开试件两端的股线，分开并弯成圆钩形。清洗后，用低熔合金或树脂浇灌锥体端头。也可用压接法或夹具法制作。

6 试验步骤

6.1 试件夹持位置

将试件夹持在试验机的钳口内，标志线应露出在钳口处。夹紧后试件的位置应保证试件的纵轴与拉伸的中心线重合。

6.2 拉伸速度

软态铜	不大于 300 mm/min；
铝、铝合金、硬态铜和双金属	20 mm/min～100 mm/min。

6.3 启动

启动试验机，加载应平稳，速度均匀，无冲击。

6.4 读数

当试件被拉伸断裂后，存储或记录最大负荷和断裂时标距长度 L_h。取下试件将断口小心对齐，挤紧，测量并记录最终标距长度 L_u。

注1：当进行伸长率试验时，试样的断裂应发生在标距长度内，且离标志线大于 20 mm。若断裂处离标志线距离小于 20 mm，且伸长率达不到规定时，应另取试件重新试验。无论断裂位置如何，若伸长率达到规定值，测定也被认为是有效的。

注2：标称直径 0.30 mm 及以下试件的断时伸长量可取拉伸前后两钳口间的距离差值。拉伸前的钳口距离即为原始标距长度。若断裂处离两端钳口的距离小于 25 mm，且断时伸长率达不到规定时，应另取试件重新试验。无论断裂位置如何，若断时伸长率达到规定值，测定也被认为是有效的。

7 试验结果及评定

7.1 抗拉强度

抗拉强度按式(1)计算，精确到 1 N/mm²：

$$\sigma_b = \frac{F_m}{S} \qquad \cdots\cdots(1)$$

式中：

σ_b——抗拉强度，单位为牛顿每平方毫米(N/mm²)；

F_m——最大力，单位为牛顿(N)；

S——试件实测面积，单位为平方毫米(mm²)，按 GB/T 4909.2—2009 规定测量。

7.2 断裂伸长率

断裂时伸长率按式(2)计算

$$\delta_s = \frac{L_s - L_0}{L_0} \times 100 \qquad \cdots\cdots(2)$$

式中：

δ_s——断时伸长率，单位为百分数(%)；

L_h——断时标距长度，单位为毫米(mm)；

L_0——原始标距长度，单位为毫米(mm)。

断裂后伸长率按式(3)计算

$$\delta_h = \frac{L_h - L_0}{L_0} \times 100 \qquad \cdots\cdots(3)$$

式中：

δ_h——断后伸长率，单位为百分数（%）；

L_h——断后标距长度，单位为毫米（mm）；

L_0——原始标距长度，单位为毫米（mm）。

计算时，伸长率小于5%者，修约到一位小数；大于或等于5%者，修约到整数。

7.3 试验结果

试验结果取三个试件计算数据的算术平均值。

7.4 评定

试验结果符合相关产品标准规定，判为合格。

ICS 29.060.10
K 11

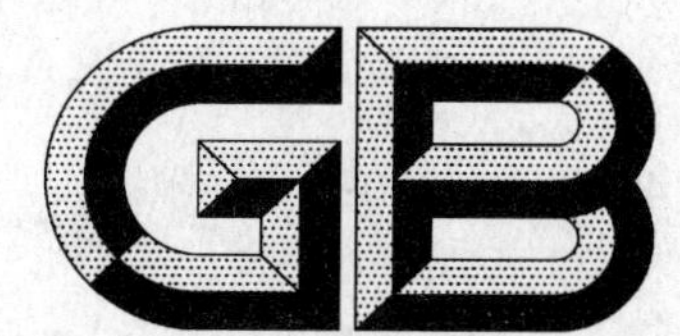

中华人民共和国国家标准

GB/T 4909.4—2009
代替 GB/T 4909.4—1985

裸电线试验方法
第4部分:扭转试验

Test methods for bare wires—
Part 4:Torsion test

2009-03-19 发布 2009-12-01 实施

中华人民共和国国家质量监督检验检疫总局
中国国家标准化管理委员会 发布

前 言

GB/T 4909《裸电线试验方法》分为十二个部分：

——第1部分：总则；

——第2部分：尺寸测量；

——第3部分：拉力试验；

——第4部分：扭转试验；

——第5部分：弯曲试验——反复弯曲；

——第6部分：弯曲试验——单向弯曲；

——第7部分：卷绕试验；

——第8部分：硬度试验——布氏法；

——第9部分：镀层连续性试验——多硫化钠法；

——第10部分：镀层连续性试验——过硫酸铵法；

——第11部分：镀层附着性试验；

——第12部分：镀层可焊性试验——焊球法。

本部分为GB/T 4909的第4部分。

本部分代替GB/T 4909.4—1985《裸电线试验方法　扭转试验》。

本部分与GB/T 4909.4—1985相比主要变化如下：

——按照GB/T 1.1—2000的要求，对编排格式进行了修改，并对部分文字进行了修饰；

——扩大了标准的适用范围(1985年版第1章；本版第1章)；

——增加了“规范性引用文件”一章(1985年版无；本版的第2章)；

——对扭转机及其夹头提出更为详细的要求(1985年版第2章；本版第3章)；

——重新规定了扭转速度(1985年版4.4；本版5.4)；

——删除了“二重扭转”扭转方式(1985年版4.5；本版无)。

本部分由中国电器工业协会提出。

本部分由全国电线电缆标准化技术委员会(SAC/TC 213)归口。

本部分起草单位：上海电缆研究所、江苏圣安电缆有限公司、昆明电缆股份有限公司、宝胜科技创新股份有限公司、上海亚龙工业股份有限公司、湖南湘能电工股份有限公司、深圳市神州线缆有限公司、无锡江南电缆有限公司和河南通达电缆有限公司。

本部分起草人：陆盛叶、邢海甬、孙萍、何文均、蒋仁章、李斌、吴学愚、章鹏、张传省、史万福。

本部分所代替标准的历次版本发布情况为：

——GB/T 4909.4—1985。

裸电线试验方法
第4部分:扭转试验

1 范围

GB/T 4909 的本部分规定了裸电线扭转试验的试验设备、试件制备、测量步骤、试验结果及评定等。

本部分适用于测定标称直径 d 为 0.300 mm~10.00 mm 的铜、铝及其合金、双金属线等圆截面导体及特征尺寸 $a \leqslant 20.00$ mm 的异形截面导体(如接触线等)的扭转性能。

本部分是将规定长度的试件,以其自身的轴线为中线扭转,直至断裂或达到规定的扭转次数为止。

本部分应与 GB/T 4909.1—2009 一起使用。

2 规范性引用文件

下列文件中的条款通过 GB/T 4909 的本部分的引用而成为本部分的条款。凡是注日期的引用文件,其随后所有的修改单(不包括勘误的内容)或修订版均不适用于本部分,然而,鼓励根据本部分达成协议的各方研究是否可使用这些文件的最新版本。凡是不注日期的引用文件,其最新版本适用于本部分。

GB/T 4909.1—2009 裸电线试验方法 第1部分:总则

3 试验设备

扭转试验机应满足下列要求:

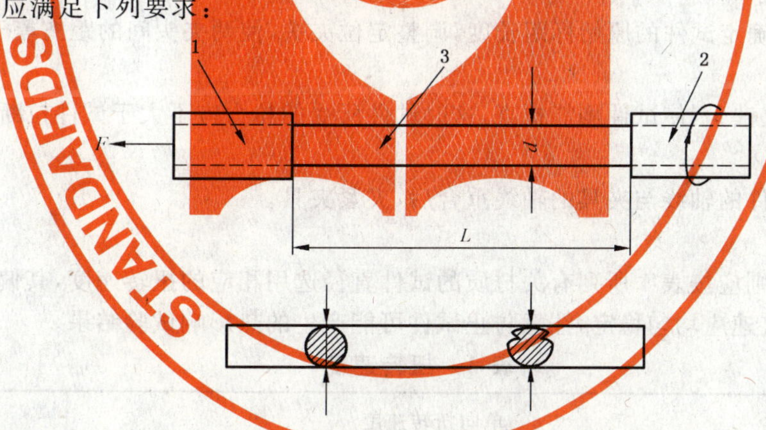

1——定位夹头;
2——旋转夹头;
3——试件;
d——圆形截面试件标称直径;
a——异形截面试件特征尺寸;
L——标距长度;
F——负荷。

图 1 扭转试验机原理图

3.1 夹头

3.1.1 夹头硬度

夹头应具有足够的硬度,夹持钳口的硬度为 55 HRC~65 HRC。

3.1.2 **夹头位置**

夹头应保持在一轴线上，对试件不增加任何弯曲力，不应妨碍由试件引起的夹头之间长度的变化，并与试件的扭转轴线重合。

3.1.3 **旋转夹头**

旋转夹头应能绕试件轴线双向旋转，旋转夹头的转速应可调，转速均匀稳定。

3.1.4 **定位夹头**

定位夹头能沿轴向移动调节两夹头间的距离，当旋转夹头转动时不产生任何角度的偏转。定位夹头上能施加一定的负荷，使扭转的试件始终处于平直状态。

3.2 **扭转机**

扭转机应配备测量两夹头间标距长度的刻度尺，并能自动记录和控制扭转次数。

4 试件制备

4.1 **取样**

应从外观检查合格试件的一端，取试件五根，试件长度应为原始标距长度加两倍夹持长度。存在局部硬弯的线材不应用于试验。

4.2 **校直试件**

应小心地用手校直试件，必要时，允许将试件置于木材、塑料平面上，用木锤轻轻校直。校直时，不应损伤试件表面，也不应扭曲试件。

4.3 **标距**

除非产品标准另有规定，试验机两夹头间的标距长度应为 100d，最大不超过 500 mm。

5 试验步骤

5.1 **夹头定位**

应根据试件尺寸，确定试件的原始标距长度，调整定位夹头，使两夹头间的距离等于原始标距长度。

5.2 **负荷**

在定位夹头上挂上砝码，使试件刚能拉直，这时试件所受的拉力应不大于试件拉断力的 2%。

5.3 **试件定位**

装上试件，确信试件的轴线与夹具的轴线重合后，夹紧夹具。

5.4 **扭转速度**

除非另有规定，否则应按表 1 所列有关材质的试件直径选用相应的扭转速度，其偏差应控制在规定转速的±10%以内。转速应均匀稳定，注意防止试件可能产生的热影响试验结果。

表 1 扭转速度

<table>
<tr><th rowspan="2">试件标称直径 d
或特征尺寸 a
mm</th><th colspan="3">单向扭转速度
r/min</th><th rowspan="2">双向扭转速度
r/min</th></tr>
<tr><th>钢</th><th>铜及铜合金</th><th>铝及铝合金</th></tr>
<tr><td>$d(a)<3.6$</td><td>60</td><td rowspan="2">60</td><td rowspan="3">60</td><td rowspan="2">60</td></tr>
<tr><td>$3.6\leqslant d(a)<5.0$</td><td rowspan="2">30</td></tr>
<tr><td>$5.0\leqslant d(a)<10.0$</td><td>30</td><td>30</td></tr>
</table>

试验进行到规定扭转次数（N）或完全断裂为止。

5.5 **扭转方式**

单向扭转：试件绕自身轴线向一个方向均匀旋转 360°作为一次扭转，扭转至规定次数或试样断裂。

双向扭转：试件绕自身轴线向一个方向均匀旋转 360°作为一次扭转，扭转至规定次数后，向相反方向旋转相同次数或试样断裂。

扭转方式的选择见相应的产品标准规定。

注：当扭转次数达到规定值时，无论断裂位置如何，均认为试验有效。如断裂处在夹头钳口内或离钳口的距离小于 $2d$，且扭转次数未达到规定值，应另取试样重新试验。如试件发生严重劈裂，则最后一次扭转不计。

6 试验结果及评定

6.1 试验记录

试验记录中应注明试件尺寸、标距长度、施加的负荷及扭转速度。

如果作外观检查时，还应注明如下：

——试件全长上的扭转纹距均匀度；

——试件断口形状及缺陷：平的、阶梯形的、斜的、扇形的、带裂缝的、带缩孔的等；

——试件的裂层：沿试件扭转条纹出现破坏金属连续性的裂缝或飞刺等。

6.2 评定

试验结果符合相关产品标准的规定，判为合格。

ICS 29.060.10
K 11

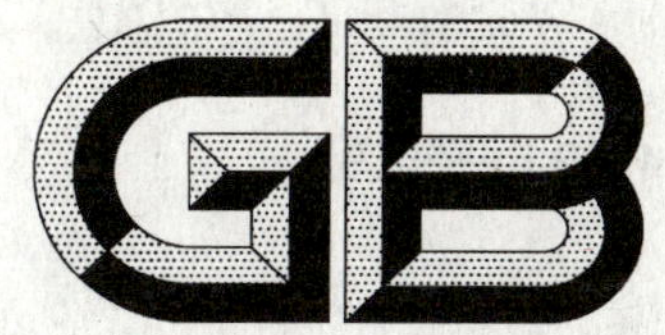

中华人民共和国国家标准

GB/T 4909.5—2009
代替 GB/T 4909.5—1985

裸电线试验方法 第5部分:弯曲试验——反复弯曲

Test methods for bare wires—Part 5:Bend test—Reverse bend test

2009-03-19 发布 2009-12-01 实施

中华人民共和国国家质量监督检验检疫总局
中国国家标准化管理委员会 发布

前　言

GB/T 4909《裸电线试验方法》分为十二个部分：

——第1部分：总则；

——第2部分：尺寸测量；

——第3部分：拉力试验；

——第4部分：扭转试验；

——第5部分：弯曲试验——反复弯曲；

——第6部分：弯曲试验——单向弯曲；

——第7部分：卷绕试验；

——第8部分：硬度试验——布氏法；

——第9部分：镀层连续性试验——多硫化钠法；

——第10部分：镀层连续性试验——过硫酸铵法；

——第11部分：镀层附着性试验；

——第12部分：镀层可焊性试验——焊球法。

本部分为GB/T 4909的第5部分。

本部分代替GB/T 4909.5—1985《裸电线试验方法　弯曲试验　反复弯曲》。

本部分与GB/T 4909.5—1985相比主要变化如下：

——按照GB/T 1.1—2000《标准化工作导则　第1部分：标准的结构和编写规则》的要求，对编排格式进行了修改，并对部分文字进行了修饰；

——扩大了标准的适用范围(1985年版的第1章；本版的第1章)；

——增加了“规范性引用文件”一章(1985年版无；本版的第2章)；

——增加了对弯曲圆柱和夹块的尺寸、位置的要求(1985年版的2.1；本版的3.2)；

——增加了对弯曲臂和拨杆的尺寸、位置的要求(1985年版的2.1；本版的3.3)；

——修改了弯曲试验的参数(1985年版4.1；本版5.1)；

——对异形截面试件的夹持方法作了规定(1985年版无；本版5.2)；

——增加了试验结果的表述内容(1985年版第5章；本版6.1)；

——增加了试验结果的评定(1985年版第5章；本版6.2)。

本部分由中国电器工业协会提出。

本部分由全国电线电缆标准化技术委员会(SAC/TC 213)归口。

本部分起草单位：上海电缆研究所、昆明电缆股份有限公司、宝胜科技创新股份有限公司、上海亚龙工业股份有限公司、湖南湘能电工股份有限公司、深圳市神州线缆有限公司、无锡江南电缆有限公司、河南通达电缆有限公司和江苏圣安电缆有限公司。

本部分起草人：陆盛叶、邢海甬、何文均、蒋仁章、李斌、吴学愚、章鹏、张传省、史万福、孙萍。

本部分所代替标准的历次版本发布情况为：

——GB/T 4909.5—1985。

裸电线试验方法
第5部分：弯曲试验——反复弯曲

1 范围

GB/T 4909的本部分规定了裸电线弯曲试验中的反复弯曲试验的试验设备、试件制备、测量步骤、试验结果及评定等。

本部分适用于测定标称直径 d 为0.3 mm～10.0 mm的铜、铝及其合金、双金属线等圆截面导体及特征尺寸 $a \leqslant 20.0$ mm的异形截面导体(如接触线等)的反复弯曲性能。

本部分是将试件一端固定，自由端沿规定半径的圆柱面作正反方向90°的弯曲试验，弯曲到规定的次数或到试件断裂为止。

本部分应与GB/T 4909.1—2009一起使用。

2 规范性引用文件

下列文件中的条款通过GB/T 4909的本部分的引用而成为本部分的条款。凡是注日期的引用文件，其随后所有的修改单(不包括勘误的内容)或修订版均不适用于本部分，然而，鼓励根据本部分达成协议的各方研究是否可使用这些文件的最新版本。凡是不注日期的引用文件，其最新版本适用于本部分。

GB/T 4909.1—2009　裸电线试验方法　第1部分：总则

3 试验设备

3.1 一般要求

3.1.1 圆截面导体反复弯曲试验机

圆截面导体反复弯曲试验机的工作原理示意图如图1所示。

3.1.2 异形截面导体反复弯曲试验机

异型截面导体反复弯曲试验机的工作原理示意图如图2所示。

3.2 弯曲圆柱和夹块

弯曲圆柱和夹持块应具有足够的硬度，其与试件接触的圆柱表面应磨光，其表面粗糙度应为 Ra 0.63 μm。

弯曲圆柱半径不应超出表1给出的标称尺寸允许偏差。

弯曲圆柱轴线应垂直于弯曲平面并相互平行，而且在同一平面内，偏差不应超过0.1 mm。

夹块夹持面应稍突出于弯曲圆柱但不应超过0.1 mm，即测量两弯曲圆柱的曲率中心连线上试样与弯曲圆柱间的间隔不应大于0.1 mm。

夹块的顶面应低于两弯曲圆柱曲率中心连线。当弯曲圆柱半径 r 等于或小于2.5 mm时，弯曲圆柱轴线的平面至与试件接触最近点的距离 y 值应为1.5 mm；当弯曲圆柱半径 r 大于2.5 mm时，弯曲圆柱轴线的平面至与试件接触最近点的距离 y 值应为3 mm。

3.3 弯曲臂及拨杆

对于所有尺寸的弯曲圆柱，弯曲臂的转动轴心至弯曲圆柱顶部的距离应为1.0 mm。

拨杆孔两端应稍大，且孔径符合表 1 规定。

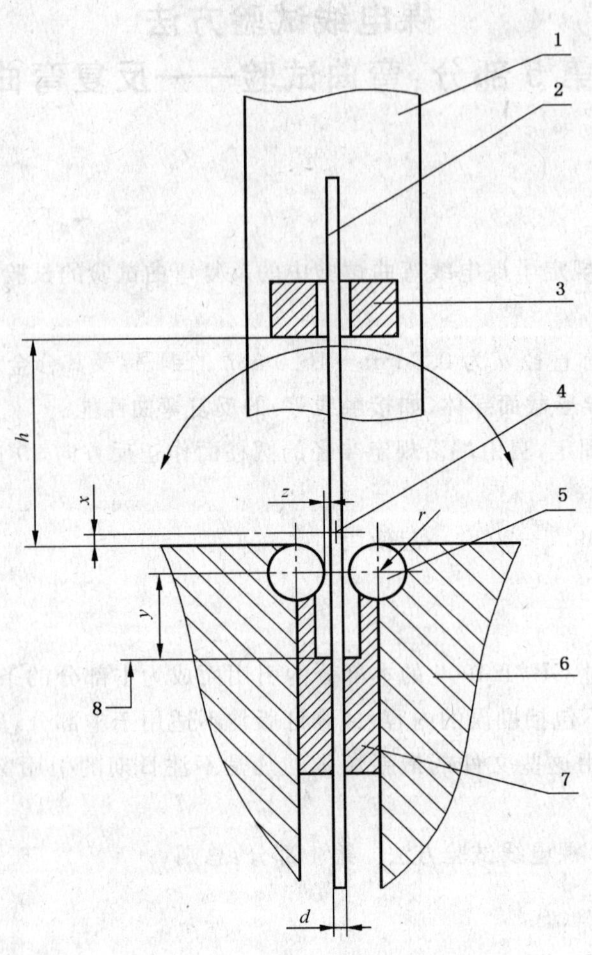

1——拨杆或套筒；

2——试件；

3——导块；

4——拨杆转动轴线；

5——弯曲圆柱 A 和 B；

6——支座；

7——支座夹持面；

8——试件接触最近点；

d——圆导体直径；

h——支座顶面至导块地面距离；

r——弯曲圆柱半径；

x——操作柄转动轴线至圆柱形支座顶部平面距离；

y——弯曲圆柱的平面至与试件接触最近点的距离；

z——试件与圆柱形支座的间隙。

图 1　圆截面导体反复弯曲试验装置原理图

1——拨杆或套筒；
2——试件；
3——支座；
4——导向槽；
5——台钳；
a——异形截面导体特征尺寸；
h——支座顶面至导块底面距离；
r——弯曲圆柱半径。

图 2　异型截面导体反复弯曲试验装置原理图

4　试件制备

4.1　取样

从外观检查合格的试件一端截取长约 300 mm 的试件五个，取样时应尽可能避免试件受到拉伸、扭转、弯曲或其他机械损伤。

4.2　校直试件

小心地用手校直试件，必要时，允许将试件置于木材或塑料平面上，用木锤轻轻校直。校直时，不应损伤试件表面，也不应扭曲试件。有局部硬弯的试件应不校直。

5　试验步骤

5.1　夹模选择

根据表 1 中规定选好弯曲圆柱半径 r、弯曲圆柱顶部至拨杆底部距离 h 以及拨杆孔直径 d_s 并在试验机或钳台上装好。

5.2　试件固定

如图 1 所示，使弯曲臂处于垂直位置，将试件由拨杆孔插入，当试件的位置垂直于夹具两弯曲圆柱的轴线的平面时，夹紧试件。

异形截面试件的夹持，应使其较大尺寸平行于或近似平行于夹持面，如图 3 所示。

表 1　弯曲试验参数的选择

单位为毫米

试件标称直径 d 或特征尺寸 a	弯曲圆柱半径 r	距离 h	拨杆孔直径 d_s
$0.3<d(a)\leqslant 0.5$	1.25±0.05	15	2.0
$0.5<d(a)\leqslant 0.7$	1.75±0.05	15	2.0
$0.7<d(a)\leqslant 1.0$	2.5±0.1	15	2.0
$1.0<d(a)\leqslant 1.5$	3.75±0.1	20	2.0
$1.5<d(a)\leqslant 2.0$	5.0±0.1	20	2.0 或 2.5
$2.0<d(a)\leqslant 3.0$	7.5±0.1	25	2.5 或 3.5
$3.0<d(a)\leqslant 4.0$	10±0.1	35	3.5 或 4.5
$4.0<d(a)\leqslant 6.0$	15±0.1	50	4.5 或 7.0
$6.0<d(a)\leqslant 8.0$	20±0.1	75	7.0 或 9.0
$8.0<d(a)\leqslant 10.0$	25±0.1	100	9.0 或 11.0
$d(a)>10.0$	30±0.1	125	$d(a)+1.0$
注：对于在第 1 栏所列范围直径，应选择合适的拨杆孔直径以保证试件在孔内自由运动。			

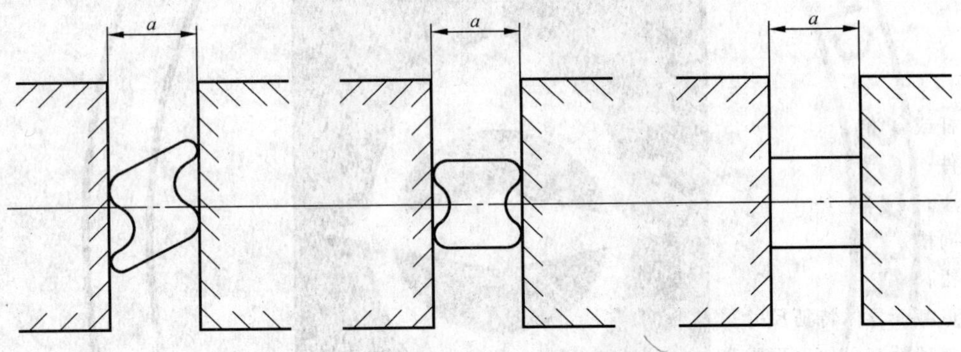

图 3　异形截面试件的夹持

5.3　施加负荷

在伸出拨杆孔外的试件上端，沿试件轴线方向施加适当的负荷，张紧试件，使试件弯曲时能与弯曲圆柱面保持良好的接触和不产生扭曲，负荷一般应不超过试件抗拉强度 2%的应力。

5.4　弯曲试件

启动试验机，以均匀平稳的速度弯曲试件，弯曲速度应使试件可能产生的热不影响试验结果，除另有规定者外，一般为 1 次/s，

试件从垂直于弯曲圆柱轴线平面的起始位置，沿圆柱 A 弯曲 90°，然后回到原来的位置，为第一次弯曲，再在同一平面内以相反的方向沿圆柱 B 弯曲 90°，然后回到原来的位置，为第二次弯曲，如图 4。如此重复进行，直到规定的弯曲次数，或试件断裂。记录弯曲次数 N，试件在最后恢复到起始位置前折断时，该最后一次弯曲不记入试验结果。

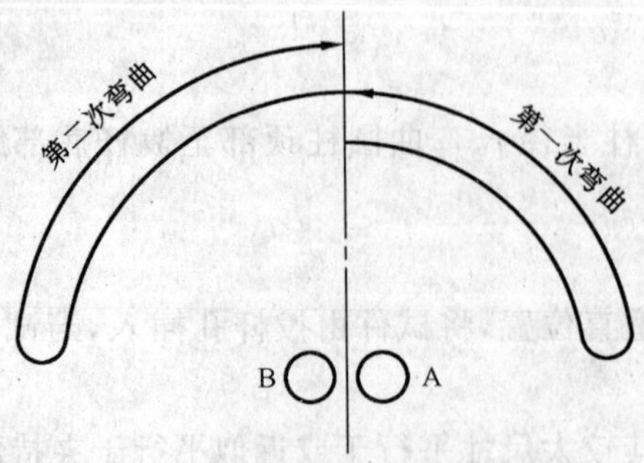

图 4　反复弯曲的计数方法

连续试验至相关产品标准中规定的弯曲次数或肉眼可见的裂纹为止;或者如相关产品标准规定,连续试验至试样完全断裂为止。

弯曲试验过程应是连续的,不允许有间断。可手动弯曲。

6 试验结果及评定

6.1 试验结果

以五个试件弯曲次数的平均值表示试件的试验结果,或观察试件弯曲后断口情况。

6.2 评定

试验结果符合相关的产品标准要求,判为合格。

ICS 29.060.10
K 11

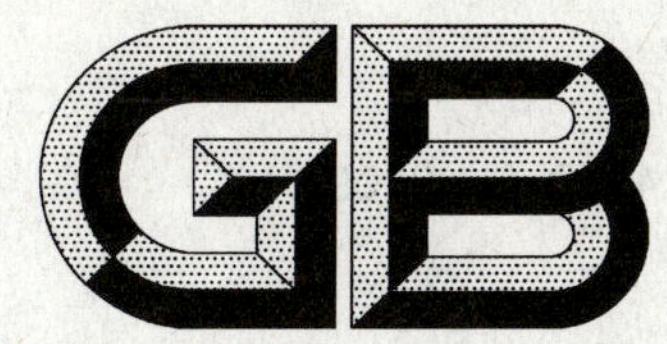

中华人民共和国国家标准

GB/T 4909.6—2009
代替 GB/T 4909.6—1985

裸电线试验方法 第6部分：弯曲试验——单向弯曲

Test methods for bare wires—Part 6: Bend test—Single bend test

2009-03-19 发布　　　　2009-12-01 实施

中华人民共和国国家质量监督检验检疫总局
中国国家标准化管理委员会　发布

前　言

GB/T 4909《裸电线试验方法》分为十二个部分：

——第1部分：总则；

——第2部分：尺寸测量；

——第3部分：拉力试验；

——第4部分：扭转试验；

——第5部分：弯曲试验——反复弯曲；

——第6部分：弯曲试验——单向弯曲；

——第7部分：卷绕试验；

——第8部分：硬度试验——布氏法；

——第9部分：镀层连续性试验——多硫化钠法；

——第10部分：镀层连续性试验——过硫酸铵法；

——第11部分：镀层附着性试验；

——第12部分：镀层可焊性试验——焊球法。

本部分为GB/T 4909的第6部分。

本部分代替GB/T 4909.6—1985《裸电线试验方法　弯曲试验　单向弯曲》。

本部分与GB/T 4909.6—1985相比主要变化如下：

——按照GB/T 1.1—2000的要求，对编排格式进行了修改，并对部分文字进行了修饰；

——增加了“规范性引用文件”一章(1985年版无；本版的第2章)；

——修改了支辊半径(直径)要求(1985年版的2.2；本版的3.1)；

——修改了支辊间距离的计算公式(1985年版的4.2.1；本版的3.1)；

——增加了虎钳式弯曲装置(1985年版的第2章；本版的3.2)；

——增加了对试件外观的要求(1985年版的第3章；本版的4.2)；

——增加了对试件长度的要求(1985年版的第3章；本版的4.3)；

——增加了虎钳式弯曲试验方法(1985年版的第4章；本版的5.3)。

本部分由中国电器工业协会提出。

本部分由全国电线电缆标准化技术委员会(SAC/TC 213)归口。

本部分起草单位：上海电缆研究所、宝胜科技创新股份有限公司、上海亚龙工业股份有限公司、湖南湘能电工股份有限公司、深圳市神州线缆有限公司、无锡江南电缆有限公司、河南通达电缆有限公司、江苏圣安电缆有限公司和昆明电缆股份有限公司。

本部分起草人：陆盛叶、邢海甬、蒋仁章、李斌、吴学愚、章鹏、张传省、史万福、孙平、何文均。

本部分所代替标准的历次版本发布情况为：

——GB/T 4909.6—1985。

裸电线试验方法
第6部分：弯曲试验——单向弯曲

1 范围

GB/T 4909的本部分规定了裸电线弯曲试验中的单向弯曲试验的试验设备、试件制备、测量步骤、试验结果及评定等。

本部分适用于测定标称直径 d 为0.300 mm～10.00 mm的铜、铝及其合金、双金属线等圆形、矩形截面导体的单向弯曲性能。

本部分是将试件沿规定弯曲半径弯成一定的角度，观察弯曲后试件的张力表面情况。

本部分应与GB/T 4909.1—2009一起使用。

2 规范性引用文件

下列文件中的条款通过GB/T 4909的本部分的引用而成为本部分的条款。凡是注日期的引用文件，其随后所有的修改单(不包括勘误的内容)或修订版均不适用于本部分，然而，鼓励根据本部分达成协议的各方研究是否可使用这些文件的最新版本。凡是不注日期的引用文件，其最新版本适用于本部分。

GB/T 4909.1—2009　裸电线试验方法　第1部分：总则

3 试验设备

3.1 弯曲装置

弯曲装置示意图如图1和图2所示。图2中支辊长度应大于试样宽度或直径，半径应为1倍～10倍试件厚度或直径。支辊应具有足够的硬度。

除非另有规定，支辊间的距离应按照式(1)确定，并在试验期间内应保持不变。

$$l=(D+3a)\pm 0.3a \qquad (1)$$

式中：

l——支辊距离，单位为毫米(mm)；

D——弯曲圆柱直径，单位为毫米(mm)；

a——试件厚度或直径，单位为毫米(mm)。

弯曲圆柱直径 d 见相关产品标准要求，弯曲压头宽度应大于试件宽度或直径，弯曲压头应具有足够的硬度和光洁度。

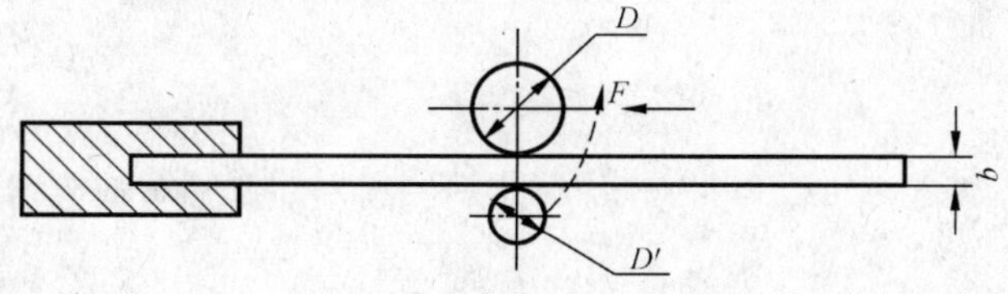

D——弯曲圆柱直径；

D'——压辊直径；

F——作用力；

b——宽边。

图1　a 边弯曲装置示意图

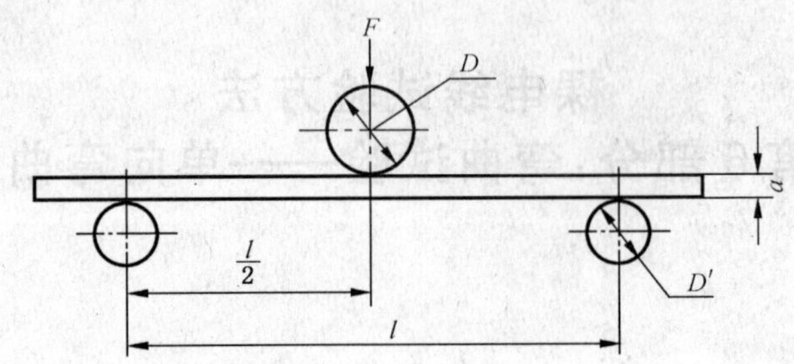

D——弯曲圆柱直径；

D′——支辊直径；

F——作用力；

l——支辊距离；

a——窄边。

图 2 *b* 边支辊式弯曲装置示意图

3.2 虎钳式弯曲装置

虎钳式弯曲装置由虎钳配备足够硬度的弯心组成(见图 3)，可以配置加力杠杆。弯心直径 *d* 见相关产品标准要求，弯心柱面宽度应大于试件宽度或直径。

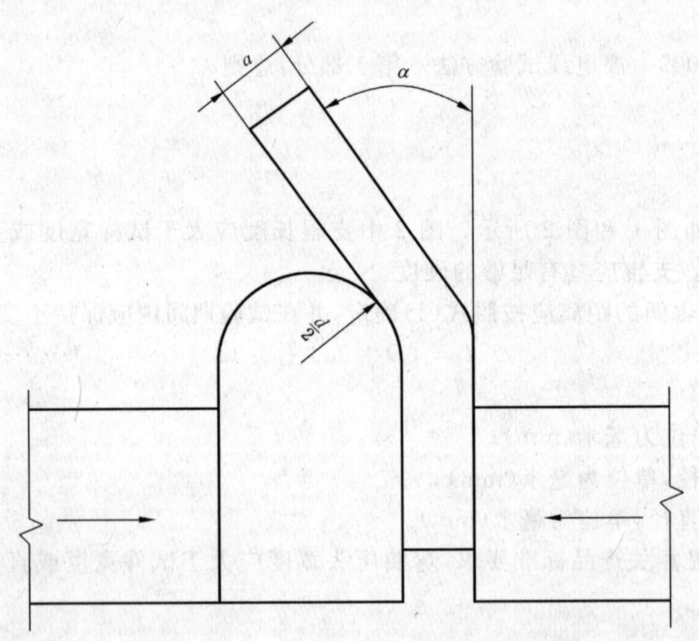

a——试件厚度或直径；

d——弯曲压头直径；

α——弯曲角度。

图 3 虎钳式弯曲装置示意图

4 试件制备

4.1 试件数量

从外观检查合格的试件一端截取适当长度的试件 2 个。

4.2 试件外观

试件表面不应有划痕和损伤；

试件应平直，必要时允许小心校直。

4.3 试件长度

试件长度应根据试件厚度和所使用的试验设备确定。采用图1的方法时，可以按照式(2)确定：

$$L = 0.5\pi(d + a) + 140 \quad \cdots\cdots(2)$$

式中：

L——试件长度，单位为毫米(mm)；

d——弯曲柱面直径，单位为毫米(mm)；

a——试件厚度或直径，单位为毫米(mm)。

5 试验步骤

5.1 *a* 边弯曲试验

将试件装上试验机，试件的一端固定(见图1)。根据产品标准规定的弯曲半径选定弯曲圆柱，调整压辊的位置，使试件弯曲时与弯曲圆柱面保持良好接触和不产生扭曲。启动试验机，平稳而缓慢地弯曲试件直至要求的角度。

5.2 *b* 边弯曲试验

将试件放置在试验装置的两个处于水平位置的支辊上(见图2)。根据产品标准规定的弯曲半径选定弯曲压头。调整弯曲压头和两支辊的相对位置，使压头的轴线垂直于两个支辊中心连线，且位于中点。启动试验机，平稳而缓慢地施加垂直于试件平面的作用力，弯曲试件直至要求的角度。

5.3 虎钳式弯曲试验

也可以采用图3所示的虎钳式弯曲试验。试件一端固定。根据产品标准规定的弯曲半径选定弯心圆柱面直径，绕弯心进行弯曲，直至规定的弯曲角度。

6 试验结果及评定

试验结果应符合相关产品标准规定。如未规定具体要求，弯曲试验后任一试件弯曲外表面无肉眼可见裂纹应评定为合格。

ICS 29.060.10
K 11

中华人民共和国国家标准

GB/T 4909.7—2009
代替 GB/T 4909.7—1985

裸电线试验方法 第7部分:卷绕试验

Test methods for bare wires—Part 7: Mandrel winding test

2009-03-19 发布 2009-12-01 实施

中华人民共和国国家质量监督检验检疫总局
中国国家标准化管理委员会 发布

前 言

GB/T 4909《裸电线试验方法》分为十二个部分：

——第1部分：总则；

——第2部分：尺寸测量；

——第3部分：拉力试验；

——第4部分：扭转试验；

——第5部分：弯曲试验——反复弯曲；

——第6部分：弯曲试验——单向弯曲；

——第7部分：卷绕试验；

——第8部分：硬度试验——布氏法；

——第9部分：镀层连续性试验——多硫化钠法；

——第10部分：镀层连续性试验——过硫酸铵法；

——第11部分：镀层附着性试验；

——第12部分：镀层可焊性试验——焊球法。

本部分为GB/T 4909的第7部分。

本部分代替GB/T 4909.7—1985《裸电线试验方法　卷绕试验》。

本部分与GB/T 4909.7—1985相比主要变化如下：

——按照GB/T 1.1—2000的要求，对编排格式进行了修改，并对部分文字进行了修饰；

——扩大了适用范围(1985年版的第1章；本版的第1章)；

——增加了“规范性引用文件”一章(1985年版无；本版的第2章)。

本部分由中国电器工业协会提出。

本部分由全国电线电缆标准化技术委员会(SAC/TC 213)归口。

本部分起草单位：上海电缆研究所、上海亚龙工业股份有限公司、湖南湘能电工股份有限公司、深圳市神州线缆有限公司、无锡江南电缆有限公司、河南通达电缆有限公司、江苏圣安电缆有限公司、昆明电缆股份有限公司和宝胜科技创新股份有限公司。

本部分起草人：陆盛叶、邢海甬、李斌、吴学愚、章鹏、张传省、史万福、孙平、何文均、蒋仁章。

本部分所代替标准的历次版本发布情况为：

——GB/T 4909.7—1985。

裸电线试验方法
第7部分:卷绕试验

1 范围

GB/T 4909 的本部分规定了裸电线卷绕试验的试验设备、试件制备、测量步骤、试验结果及评定等。

本部分适用于测定标称直径 d 为 0.3 mm～10.0 mm 的铜、铝及其合金、双金属线等圆截面导体及特征尺寸 $a \leqslant 20.0$ mm 的异形截面导体(如接触线等)的卷绕性能。

本试验方法是将试件围绕规定直径的试棒卷绕规定圈数,观察其表面的变化。卷绕方式可以是重复卷绕或一次卷绕。

本部分应与 GB/T 4909.1—2009 一起使用。

2 规范性引用文件

下列文件中的条款通过 GB/T 4909 的本部分的引用而成为本部分的条款。凡是注日期的引用文件,其随后所有的修改单(不包括勘误的内容)或修订版均不适用于本部分,然而,鼓励根据本部分达成协议的各方研究是否可使用这些文件的最新版本。凡是不注日期的引用文件,其最新版本适用于本部分。

GB/T 4909.1—2009 裸电线试验方法 第1部分:总则

3 试验设备

卷绕试验装置如图1。试棒应具有足够刚性,表面抛光。

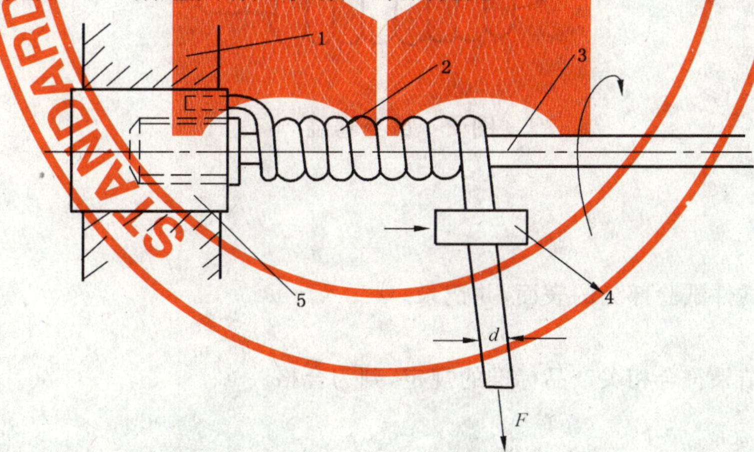

1——夹具;
2——试件;
3——试棒;
4——导块;
5——试棒座;
d——试件直径;
F——张力。

图1 卷绕试验装置原理图

4 试件制备

从表面检查合格的试件上截取两个试件，试件长度应满足规定卷绕圈数和操作的要求。

5 试验步骤

5.1 试棒选择

根据产品标准规定的卷绕直径选定试棒。

5.2 试棒固定

将试棒固定在夹具内，试棒的轴线和夹具的中心线应很好地重合。

5.3 施加负荷

装上试件，在试件的自由端施加不超过试件拉断力5%的应力。

5.4 卷绕试件

启动试验机卷绕试件。转速应稳定、均匀、缓慢，一般应不超过10次/分。

应按产品标准规定的方法进行卷绕试验，线匝应紧密排列，不应重叠，并紧贴在试棒的表面上。如产品标准未规定，可以从下列方法中任取一种卷绕方法：

方法A：重复卷绕试件在规定直径的试棒上紧密卷绕八圈，退绕六圈，退绕时试件呈螺旋状的部分应展开成直线形状，然后重新紧密卷绕在试棒上。

方法B：一次卷绕试件在规定直径的试棒上紧密卷绕八圈。

5.5 手工卷绕

当试棒直径等于试件的标称直径时，也允许用手工卷绕。先将试件弯成U形，并夹紧成"r"扣，然后用手工将试件一端绕着另一端紧密卷绕，如图2。

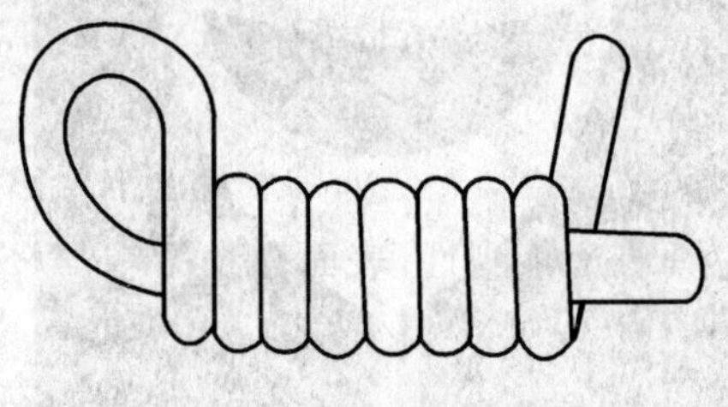

图2 自身卷绕

6 试验结果及评定

6.1 试验结果

用正常视力检查试件试验部分的表面，并记录。

6.2 评定

每个试件的试验结果符合相关产品标准的规定，判为合格。

ICS 29.060.10
K 11

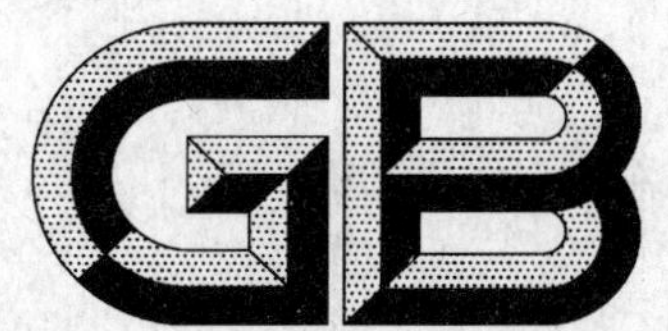

中华人民共和国国家标准

GB/T 4909.8—2009
代替 GB/T 4909.8—1985

裸电线试验方法 第8部分:硬度试验——布氏法

Test methods for bare wires—Part 8:Hardness test—Brinell hardness test

2009-03-19 发布 2009-12-01 实施

中华人民共和国国家质量监督检验检疫总局
中国国家标准化管理委员会 发布

前　言

GB/T 4909《裸电线试验方法》分为十二个部分：

——第1部分：总则；

——第2部分：尺寸测量；

——第3部分：拉力试验；

——第4部分：扭转试验；

——第5部分：弯曲试验——反复弯曲；

——第6部分：弯曲试验——单向弯曲；

——第7部分：卷绕试验；

——第8部分：硬度试验——布氏法；

——第9部分：镀层连续性试验——多硫化钠法；

——第10部分：镀层连续性试验——过硫酸铵法；

——第11部分：镀层附着性试验；

——第12部分：镀层可焊性试验——焊球法。

本部分为GB/T 4909的第8部分。

本部分代替GB/T 4909.8—1985《裸电线试验方法　硬度试验　布氏法》。

本部分与GB/T 4909.8—1985相比主要变化如下：

——按照GB/T 1.1—2000的要求，对编排格式进行了修改，并对部分文字进行了修饰；

——增加了对本试验方法试验范围的上限的规定(1985年版无；本版的第1章)；

——增加了"规范性引用文件"一章(1985年版无；本版的第2章)；

——试验力的单位统一成牛顿(1985年版的1.2、4.2和5.2；本版的第3章、6.1、7.2)；

——修改了对试件制备的要求(1985年版的第3章；本版的第5章)；

——增加了加载时间，修改了试验力持续时间(1985年版的4.5；本版的6.3)

——修改了压痕位置要求(1985年版的4.3；本版的6.4)；

——修改了布氏硬度的标识符号(1985年版的5.2；本版的7.2)。

本部分的附录A为规范性附录、附录B为资料性附录。

本部分由中国电器工业协会提出。

本部分由全国电线电缆标准化技术委员会(SAC/TC 213)归口。

本部分起草单位：上海电缆研究所、湖南湘能电工股份有限公司、深圳市神州线缆有限公司、无锡江南电缆有限公司、河南通达电缆有限公司、江苏圣安电缆有限公司、昆明电缆股份有限公司、宝胜科技创新股份有限公司和上海亚龙工业股份有限公司。

本部分起草人：陆盛叶、邢海甬、吴学恩、章鹏、张传省、史万福、孙平、何文均、蒋仁章、李斌。

本部分所代替标准的历次版本发布情况为：

—— GB/T 4909.8—1985。

裸电线试验方法
第8部分:硬度试验——布氏法

1 范围

GB/T 4909的本部分规定了裸电线布氏法硬度试验的试验原理、试验设备、试件制备、测量步骤、试验结果及评定等。

本部分适用于测定铜、铝及其合金导体的硬度。

本部分规定的布氏硬度试验范围上限为150 HBW。

本部分应与GB/T 4909.1—2009一起使用。

2 规范性引用文件

下列文件中的条款通过GB/T 4909的本部分的引用而成为本部分的条款。凡是注日期的引用文件,其随后所有的修改单(不包括勘误的内容)或修订版均不适用于本部分,然而,鼓励根据本部分达成协议的各方研究是否可使用这些文件的最新版本。凡是不注日期的引用文件,其最新版本适用于本部分。

GB/T 231.1—2002 金属布氏硬度试验 第1部分:试验方法(eqv ISO 6506-1:1999)

GB/T 231.2—2002 金属布氏硬度试验 第2部分:硬度计的检验与校准(eqv ISO 6506-2:1999)

GB/T 4909.1—2009 裸电线试验方法 第1部分:总则

3 试验原理

本部分规定的试验方法是用一硬质合金球在试验力作用下压入试件表面,直至规定时间后卸除试验力,测量试件表面压痕的直径,如图1。导体布氏硬度用式(1)计算:

$$\text{布氏硬度} = 0.102 \times \frac{2F}{\pi D(D-\sqrt{D^2-d^2})} \quad \cdots\cdots(1)$$

式中:

F——试验力,单位为牛顿(N);

D——压头球直径,单位为毫米(mm);

d——压痕实测平均直径,单位为毫米(mm)。

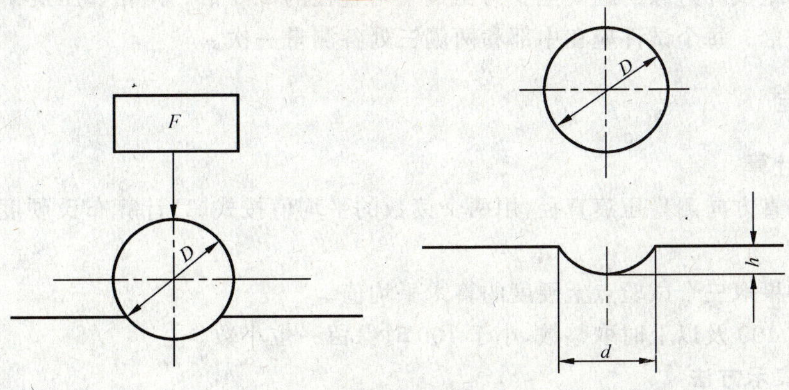

图1 布氏硬度试验示意图

4 试验设备

4.1 布氏硬度试验机

布氏硬度试验机应符合 GB/T 231.2—2002 的规定，能施加表 1 中规定的试验力。

4.2 压头

硬质合金球压头应符合 GB/T 231.2—2002 的要求。

4.3 压痕测量装置

压痕测量装置应符合 GB/T 231.2—2002 的规定。

硬度计的日常检测可按照 GB/T 231.1—2002 的规定进行。

5 试件制备

从样品上截取长约 100 mm 的试件一个。试件表面应平滑和平坦，并且不应有氧化皮及外界污物，尤其不应有油脂。试件表面应能保证压痕直径的精确测量。

当需进行导体横截面的硬度测量时，制备试件和表面磨平、抛光过程中，应避免过热。

试件厚度至少应为压痕深度的 8 倍。

6 试验步骤

6.1 硬质合金球直径和试验力的选择

根据表 1 选择相应的硬质合金球直径和试验力。

表 1 硬质合金球直径和试验力的选择

试件厚度/mm	F/D^2 值	硬质合金球直径 D/mm	试验力/N
$a<3$	10	2.5	612.9
$3\leqslant a<6$		5	2 452
$a\geqslant 6$		10	9 807

6.2 施加试验力

启动试验机，通过硬质合金球向试件表面施加试验力，试验力应平稳地增加，直至规定值为止，应注意防止冲击负荷和振动，以免影响试验结果。

6.3 试验时间

试验力的加载时间应控制在(8±1) s。试验力保持时间为(15±2) s。

6.4 压痕位置

任一压痕中心距试件边缘的距离至少为压痕平均直径的 2.5 倍。两相邻压痕中心间的距离至少为压痕平均直径的 3 倍。每个试件应在中部和两侧三处各测量一次。

7 试验结果及评定

7.1 试验结果的计算

应在两相互垂直方向测量压痕直径，用两个读数的平均值按式(1)计算布氏硬度，或可从附录 A 中查表得出。

试件的试验结果取三个试验点上硬度的算术平均值。

计算的结果在 100 及以上时取整数，小于 100 时保留一位小数。

7.2 试验结果的表示方法

布氏硬度用符号 HBW 表示，符号 HBW 前面为硬度值，符号后面是按如下顺序表示的试验条件的指标：

a） 球直径，单位为毫米(mm)；

b） 试验力，单位为牛顿(N)(见表1)。

示例：90.3 HBW5/250　表示用直径5 mm的硬质合金球在250 N试验力下保持15 s测定的布氏硬度值为90.3。

7.3 试验结果的评定

试验结果符合相关产品标准的要求，判为合格。

附 录 A
（规范性附录）
压痕直径与布氏硬度换算关系

表 A.1 给出了压痕直径与布氏硬度的换算关系。

表 A.1 压痕直径与布氏硬度换算关系表

压痕直径 d_{10}、$2d_5$ 或 $4d_{2.5}$/mm	在试验力 F(N)=$10D^2\times9.8$ 下布氏硬度数	压痕直径 d_{10}、$2d_5$ 或 $4d_{2.5}$/mm	在试验力 F(N)=$10D^2\times9.8$ 下布氏硬度数	压痕直径 d_{10}、$2d_5$ 或 $4d_{2.5}$/mm	在试验力 F(N)=$10D^2\times9.8$ 下布氏硬度数
2.89	149	3.19	122	3.49	101
2.90	148	3.20	121	3.50	101
2.91	147	3.21	120	3.51	100
2.92	146	3.22	120	3.52	99.5
2.93	145	3.23	119	3.53	98.9
2.94	144	3.24	118	3.54	98.3
2.95	143	3.25	117	3.55	97.7
2.96	142	3.26	117	3.56	97.2
2.97	141	3.27	116	3.57	96.6
2.98	140	3.28	115	3.58	96.1
2.99	139	3.29	114	3.59	95.5
3.00	138	3.30	114	3.60	95.0
3.01	137	3.31	113	3.61	94.4
3.02	136	3.32	112	3.62	93.9
3.03	135	3.33	112	3.63	93.3
3.04	135	3.34	111	3.64	92.8
3.05	134	3.35	110	3.65	92.3
3.06	133	3.36	110	3.66	91.8
3.07	132	3.37	109	3.67	91.2
3.08	131	3.38	108	3.68	90.7
3.09	130	3.39	108	3.69	90.2
3.10	129	3.40	107	3.70	89.7
3.11	128	3.41	106	3.71	89.2
3.12	128	3.42	106	3.72	88.7
3.13	127	3.43	105	3.73	88.2
3.14	126	3.44	104	3.74	87.7
3.15	125	3.45	104	3.75	87.2
3.16	124	3.46	103	3.76	86.8
3.17	123	3.47	102	3.77	86.3
3.18	123	3.48	102	3.78	85.8

表 A.1（续）

压痕直径 d_{10}、$2d_5$ 或 $4d_{2.5}$/mm	在试验力 F(N)＝$10D^2\times9.8$ 下布氏硬度数	压痕直径 d_{10}、$2d_5$ 或 $4d_{2.5}$/mm	在试验力 F(N)＝$10D^2\times9.8$ 下布氏硬度数	压痕直径 d_{10}、$2d_5$ 或 $4d_{2.5}$/mm	在试验力 F(N)＝$10D^2\times9.8$ 下布氏硬度数
3.79	85.3	4.09	72.8	4.39	62.7
3.80	84.9	4.10	72.4	4.40	62.4
3.81	84.4	4.11	72.0	4.41	62.1
3.82	84.0	4.12	71.7	4.42	61.8
3.83	83.5	4.13	71.3	4.43	61.5
3.84	83.0	4.14	71.0	4.44	61.2
3.85	82.6	4.15	70.6	4.45	60.9
3.86	82.1	4.16	70.2	4.46	60.6
3.87	81.7	4.17	69.9	4.47	60.4
3.88	81.3	4.18	69.5	4.48	60.1
3.89	80.8	4.19	69.2	4.49	59.8
3.90	80.4	4.20	68.8	4.50	59.5
3.91	80.0	4.21	68.5	4.51	59.2
3.92	79.6	4.22	68.2	4.52	59.0
3.93	79.1	4.23	67.8	4.53	58.7
3.94	78.7	4.24	67.5	4.54	58.4
3.95	78.3	4.25	67.1	4.55	58.1
3.96	77.9	4.26	66.8	4.56	57.9
3.97	77.5	4.27	66.5	4.57	57.6
3.98	77.1	4.28	66.2	4.58	57.3
3.99	76.7	4.29	65.8	4.59	57.1
4.00	76.3	4.30	65.5	4.60	56.8
4.01	75.9	4.31	65.2	4.61	56.5
4.02	75.5	4.32	64.9	4.62	56.3
4.03	75.1	4.33	64.6	4.63	56.0
4.04	74.7	4.34	64.2	4.64	55.8
4.05	74.3	4.35	63.9	4.65	55.5
4.06	73.9	4.36	63.6	4.66	55.3
4.07	73.5	4.37	63.3	4.67	55.0
4.08	73.2	4.38	63.0	4.68	54.8

表 A.1(续)

压痕直径 d_{10}、$2d_5$ 或 $4d_{2.5}$/mm	在试验力 $F(N)=10D^2\times9.8$ 下布氏硬度数	压痕直径 d_{10}、$2d_5$ 或 $4d_{2.5}$/mm	在试验力 $F(N)=10D^2\times9.8$ 下布氏硬度数	压痕直径 d_{10}、$2d_5$ 或 $4d_{2.5}$/mm	在试验力 $F(N)=10D^2\times9.8$ 下布氏硬度数
4.69	54.5	4.99	47.7	5.29	42.1
4.70	54.3	5.00	47.5	5.30	41.9
4.71	54.0	5.01	47.3	5.31	41.7
4.72	53.8	5.02	47.1	5.32	41.5
4.73	53.5	5.03	46.9	5.33	41.4
4.74	53.3	5.04	46.7	5.34	41.2
4.75	53.0	5.05	46.5	5.35	41.0
4.76	52.8	5.06	46.3	5.36	40.9
4.77	52.6	5.07	46.1	5.37	40.7
4.78	52.3	5.08	45.9	5.38	40.5
4.79	52.1	5.09	45.7	5.39	40.4
4.80	51.9	5.10	45.5	5.40	40.2
4.81	51.7	5.11	45.3	5.41	40.0
4.82	51.4	5.12	45.1	5.42	39.9
4.83	51.2	5.13	45.0	5.43	39.7
4.84	51.0	5.14	44.8	5.44	39.6
4.85	50.7	5.15	44.6	5.45	39.4
4.86	50.5	5.16	44.4	5.46	39.2
4.87	50.3	5.17	44.2	5.47	39.1
4.88	50.1	5.18	44.0	5.48	38.9
4.89	49.8	5.19	43.8	5.49	38.8
4.90	49.6	5.20	43.7	5.50	38.6
4.91	49.4	5.21	43.5	5.51	38.5
4.92	49.2	5.22	43.3	5.52	38.3
4.93	49.0	5.23	43.1	5.53	38.2
4.94	48.8	5.24	42.9	5.54	38.0
4.95	48.6	5.25	42.8	5.55	37.9
4.96	48.4	5.26	42.6	5.56	37.7
4.97	48.1	5.27	42.4	5.57	37.6
4.98	47.9	5.28	42.2	5.58	37.4

表 A.1（续）

压痕直径 d_{10}、$2d_5$ 或 $4d_{2.5}$/mm	在试验力 $F(\mathrm{N})=10D^2\times9.8$ 下布氏硬度数	压痕直径 d_{10}、$2d_5$ 或 $4d_{2.5}$/mm	在试验力 $F(\mathrm{N})=10D^2\times9.8$ 下布氏硬度数	压痕直径 d_{10}、$2d_5$ 或 $4d_{2.5}$/mm	在试验力 $F(\mathrm{N})=10D^2\times9.8$ 下布氏硬度数
5.59	37.3	5.74	35.1	5.89	33.2
5.60	37.1	5.75	35.0	5.90	33.1
5.61	37.0	5.76	34.9	5.91	32.9
5.62	36.8	5.77	34.7	5.92	32.8
5.63	36.7	5.78	34.6	5.93	32.7
5.64	36.5	5.79	34.5	5.94	32.6
5.65	36.4	5.80	34.3	5.95	32.4
5.66	36.3	5.81	34.2	5.96	32.3
5.67	36.1	5.82	34.1	5.97	32.2
5.68	36.0	5.83	33.9	5.98	32.1
5.69	35.8	5.84	33.8	5.99	32.0
5.70	35.7	5.85	33.7	6.00	31.8
5.71	35.6	5.86	33.6		
5.72	35.4	5.87	33.4		
5.73	35.3	5.88	33.3		

注：表中压痕直径为 10 mm 硬质合金球试验数值，如用 5 mm 硬质合金球试验时，所得压痕直径应增加 2 倍，而用 2.5 mm 硬质合金球时则增加 4 倍。例如，用 5 mm 硬质合金球在 2 452 N 负荷下所得压痕直径为 1.65 mm，则在查表时应用 3.30 mm(2×1.65＝3.30)，而其相当硬度值为 114。

附 录 B
（资料性附录）
注 意 事 项

B.1 当硬质合金球在使用后产生残余变形超过规定偏差或被损伤时，应立即更换，且该次试验无效。每次更换硬质合金球后的第一次试验结果不能采用。

B.2 试验表明，大多数铜和铜合金的布氏硬度值随硬质合金球直径和试验负荷的大小而略有变化，试验中应注意这一点。

B.3 硬度计使用前应按仪器说明书调整好加荷速度。

B.4 没有普遍适用的精确方法将布氏硬度值换算成其他硬度或抗拉强度。除非通过对比试验得到相关的换算数据，或产品标准另有规定，否则应避免这些换算。

B.5 压痕深度可按式(B.1)计算：

$$h=\frac{F\times 0.102}{\pi D\times HBW} \qquad \text{(B.1)}$$

式中：

h——压痕深度，单位为毫米(mm)；

F——试验力，单位为牛顿(N)；

D——压头球直径，单位为毫米(mm)；

HBW——布氏硬度值。

检22